U0802664

青海省科学技术学术著作出版资金资助出版

青海省海南藏族自治州维管植物图谱

[上卷]

周华坤　任　飞　霍　青　著

科 学 出 版 社
北　京

内 容 简 介

本书是中国科学院西北高原生物研究所、青海大学、海南藏族自治州科学技术局和青海省寒区恢复生态学重点实验室、省部共建三江源生态与高原农牧业国家重点实验室等多家单位与机构多年来进行植物资源考察和整理的成果之一。全书共记录青海省海南藏族自治州维管植物 1244 种（含种下等级），隶属 99 科 443 属，约占青海维管植物总数的 46%。

本书全面系统地记录了海南藏族自治州维管植物的学名、中文名、别名、藏名（译音）、形态特征、地理分布和经济用途，并整理收录了 1015 种常见植物的彩色照片 3400 余幅，近距离呈现这些植物的生境及花、果实、叶片等识别特征，为海南藏族自治州及毗邻地区植物的识别、利用和生态保护提供第一手的参考资料。

本书具有较强的参考价值，可作为生态保护与建设者鉴定海南藏族自治州常见植物的参考书，也可作为青海省高等院校植物学及相关专业野外实习的参考用书，以及植物分类和生态旅游爱好者的实用工具书。

图书在版编目（CIP）数据

青海省海南藏族自治州维管植物图谱（上下卷）/ 周华坤等著. —北京：科学出版社，2020.6

ISBN 978-7-03-064561-6

Ⅰ. ①青… Ⅱ. ①周… Ⅲ. ①植物－海南藏族自治州－图谱 Ⅳ. ①Q948.524.42-62

中国版本图书馆CIP数据核字（2020）第036755号

责任编辑：罗　静 / 责任校对：郑金红

责任印制：肖　兴 / 书籍设计：北京美光设计制版有限公司

科学出版社 出版

北京东黄城根北街16号

邮政编码：100717

http://www.sciencep.com

北京九天鸿程印刷有限责任公司 印刷

科学出版社发行　各地新华书店经销

*

2020年6月第　一　版　开本：889×1194　1/16

2020年6月第一次印刷　印张：72　1/2

字数：2 450 000

定价：1280.00元（上下卷）

（如有印装质量问题，我社负责调换）

资助项目

第二次青藏高原综合科学考察研究项目：草地生态系统与生态畜牧业（2019QZKK0302）

青海省创新平台建设专项：青海省寒区恢复生态学重点实验室（2017-ZJ-Y20）

国家重点研发计划课题："退化高寒草甸适应性恢复及生态功能提升技术与示范"（2016YFC0501901）

国家自然科学基金 - 面上项目：实验增温下高寒草甸植物功能多样性与功能冗余对群落稳定性的影响（31672475）

国家自然科学基金 - 青年项目：冷龙岭南坡高山草线过渡带植物的群落特征、分布格局及变化机制（31901171）

中国科学院科技服务网络计划（STS 计划：KFJ-STS-ZDTP-056）

中国科学院泛第三极专项子专题：典型高寒区域天然草地与人工草地耦合（XDA2005010405）

青海省科技厅项目：青海省海南州可持续发展创新示范区建设战略研究（2018-SF-136）

青海省科技厅重大科技专项（2019-SF-A12、2018-NK-A3-3、2016-NK-A7-BA-02）

青海省自然科学基金 - 面上项目（2019-ZJ-908）

青海省自然科学基金 - 青年项目（2018-ZJ-967Q）

青海大学省部共建三江源生态与高原农牧业国家重点实验室自主课题（2017-ZZ-04）

2017 年度青海三江源生态保护和建设二期工程科研和推广项目（2017-S-1）

青海省"高端创新人才千人计划"项目

编委会

主　　任　索南东智　张文魁

副 主 任　石金友　霍　青　周华坤　任　飞

成　　员　何香龙　旦　主　李桂花　闫　辉　卢元儒　宁发贵　张德显　韩龙彦

主　　编　周华坤　任　飞　霍　青

副 主 编　赵新全　石金友　陆福根　陈　哲

参编人员　朱鑫鑫　贾留坤　白　瑜　李小伟　张海华　苏清海　李波卡
张　磊　何　理　欧为友　师　燕　张　婵　米兆荣　周同永
李以康　张振华　索南吉　陈梦娇　温　军　汪新川　张中华
张　骞　贺有龙　汪海波　姚步青　马　真　张春辉　王　蕾
王宝林　王晓丽　杜岩功　杨晓霞　王芳萍　陈立同　李世雄
蔡　海　聂秀清　雷占兰　刘　塔　何生平　马向花　杨文磊
张毓幼　赵宏魁　胡桂莲　魏东升　孙爱文　李桂花　余　鹏
党国武　达洛太　陈　军　韩龙彦　邓艳芳　王　芳　徐文华
乔安海　于红妍　周秉荣　李红梅　杨永胜　王文颖　石国玺
金　欣　周彦艳　应成玉　郭　婧　佘延娣　马　丽　靳永忠
何香龙　蔡佩云　李文平　李文靖　肖　洒　王　凯　赵得萍
李惠梅　黄晓凤　牛建伟　刘选德　罗增海　范月君　芦光新
孙海群　徐成体　王党军　黄小涛　王立亚　辛玉春　孙　建
董世魁　徐　进　尚占环　徐兴良　宋明华　金艳霞　薛　雯
胡宜刚　常小峰　李军乔　施建军　盛庭岩　杨晓渊　仁钦端智
窦声云　张法伟　杨其恩　林　丽　刘海瑞　宋成刚　徐维新
曲家鹏　孙艳霞　闫　辉　马玉寿　张　波　贾永忠　时保国
李兰平　殷恒霞　梁德飞　李宏林　李希来　李春丽　宋喜英
张　丹　高　宇　任　静　林　淼　王慧春　杨文智　刘汉武
于　龙　巨秉花　龙　洲　郭小伟　苏洪烨　杨伟成　闫彩霞
张　雄　李领兄　赵依湄　韩　诺　潘思辰　李斌庆　徐得金
周玉碧　侯志强　坛　吉　王九峦　周海军　久美战斗

参编人员单位

中国科学院西北高原生物研究所　青海省寒区恢复生态学重点实验室
青海大学　省部共建三江源生态与高原农牧业国家重点实验室
海南藏族自治州科学技术局　海南藏族自治州科普与信息中心
中国科学院三江源国家公园研究院
海南藏族自治州林草局
中国科学院高原生物适应与进化重点实验室
信阳师范学院
中国科学院昆明植物研究所
宁夏大学
四川大学
兰州大学
福建农林大学
青海师范大学
河南师范大学
河南科技学院
中国科学院地理科学与资源研究所
中国科学院西北生态环境与资源研究院
中国科学院西双版纳热带植物园
中国科学院武汉植物园
北京师范大学
西北农林科技大学
青海省草原总站
青海省科学技术信息研究所有限公司
青海省水利水电科学研究院有限公司
青海民族大学
武威职业学院
青海省草地改良站
青海省海东市乐都区草原站
青海大学畜牧兽医科学院
青海畜牧兽医职业技术学院
青海省气象科学研究所
青海省牧草良种繁殖场
甘肃省华亭市自然资源局

序　一

海南藏族自治州（简称海南州）位于青藏高原东北部、青海湖之南，地处青海三江源国家自然保护区、青海三江源国家生态保护综合试验区和青海湖国家级自然保护区，其地域辽阔、资源丰富、人文荟萃、文化灿烂，是联合国教科文组织确定的“全球无公害超净区”的组成部分，是全国唯一的生态畜牧业可持续发展实验区，也是全国首批新能源示范城市。

海南州总面积4.45万平方千米，辖5县36个乡镇424个行政村，总人口47.03万，约77%为少数民族，其中藏族人口占67%。地域广袤，四周环山，盆地居中，高原丘陵和河谷台地相间，地势起伏较大，环境复杂多样。平均海拔3000米以上，最高海拔5305米，最低海拔2168米，年均气温4.6℃，日平均光照时间7.9小时，属典型的高原大陆性气候，具有草地、农田、荒漠、湖泊、湿地、林地等众多生态系统和极高的植物生物多样性。现有耕地143万亩（1亩≈666.67平方米），林地348万亩，天然草场5411.7万亩，森林覆盖率10.8%，广泛分布冬虫夏草、甘草、雪莲、大黄、枸杞等20余种名贵草药，以及青海云杉、祁连圆柏、白桦、油松等树种，在生物多样性保护方面具有重要意义。境内青海湖是中国最大的内陆咸水湖，是青藏高原生物多样性宝库、国际重要湿地，有着“高原蓝宝石”的美誉。黄河横贯5县20个乡镇，流长411公里，拥有一级支流101条，输入黄河水量占流域总径流量的19%，是“中华水塔”的重要组成部分。

《青海省海南藏族自治州维管植物图谱》体现了对习近平总书记“四个扎扎实实”重大要求和“青海最大的价值在生态、最大的责任在生态、最大的潜力也在生态”重要指示的深刻把握，是贯彻青海省委“一优两高”战略部署的具体实践。该书编著历时5年，是中国科学院西北高原生物研究所、青海大学、海南州科技局和青海省寒区恢复生态学重点实验室、省部共建三江源生态与高原农牧业国家重点实验室等单位与机构的一线科研工作者联合开展“第二次青藏高原综合科学考察研究”的成果。该书全面、科学、系统评估了海南州生态价值总量和植物资源潜力，通过完整记录海南州维管植物的形态特征、生境产地、经济用途、藏语名称、植物中文名和学名等内容，翔实系统地介绍海南州植物种类，记录高等植物99科443属1244种（含种下等级），收录大量精美图片展示常见植物的形态特征和分类特点，真实反映海南州地区五彩斑斓的植物资源和自然风貌，填补了海南州高等植物名录和图鉴等本底资料的空白，可读性高，参考价值大，对挖掘海南州高等植物资源、科学评估海南州生态潜力，加快推动科考成果转化、推进生态文明建设、促进生态环境保护和构建国家生态安全屏障具有重大实践意义，有助于加快实施三江源生态保护工程和国家公园示范省建设及国家可持续发展议程创新示范区创建。在该书即将出版之际，乐为之作序祝贺。

张文魁

青海省政协副主席、海南藏族自治州委书记

2019年8月28日

序　二

海南藏族自治州（简称海南州）为青藏高原的东门户，以地处青海湖之南而得名，位于三江源生态保护区和青海湖自然保护区的核心区域，是“中华水塔”的重要组成部分，也是青海牧区与东部农业区的连接地带，地理位置承东接西，十分重要。

海南州总面积 4.45 万平方千米，人口 47.03 万人，其中藏族人口占 67%，在全国 10 个藏族自治州中有鲜明代表性和影响力，在泛第三极地区有典型示范性。海南州近零污染的生态环境得天独厚，是联合国教科文组织确定的“全球无公害超净区”的组成部分，天下黄河贵德清举世闻名，绿色畜产品享誉全国，是我国唯一的生态畜牧业国家可持续发展实验区。

海南州地域广阔，东西宽 260 千米，南北长 270 千米，境内地形四周环山，盆地居中，高原丘陵和河谷台地相间其中，地势起伏较大，环境复杂多样，景观类型多样，具有草地、农田、荒漠、湖泊、湿地、林地等众多的生态系统类型和极高的植物多样性。境内现有耕地 143 万亩，林地 348 万亩，天然草场 5411.7 万亩，森林覆盖率 10.8%，主要有青海云杉、祁连圆柏、白桦、油松等树种；林地和草地上生物资源丰富，冬虫夏草、雪莲、大黄等多种名贵药用资源分布其中，在地方经济发展、生物多样性利用与保护和区域生态安全方面都具有重要意义。

周华坤博士等著的《青海省海南藏族自治州维管植物图谱》包括海南州主要植物名录、常见植物图谱、植物形态特征、生境产地、经济用途说明、藏语名称、植物中文名索引和学名索引等内容，翔实系统地介绍了海南州植物种类，记录高等植物 99 科 443 属 1244 种（含种下等级），收录了大量精美图片用以展示常见植物的形态特征和分类特点。撰写出版该书是深入贯彻党中央国务院决策部署和省委省政府要求的具体体现：

（1）落实习近平总书记提出的青海“三个最大”指示资源的本底——“青海最大的价值在生态、最大的责任在生态、最大的潜力也在生态”，急需系统评估海南州生态价值总量和植物资源潜力。

（2）创建“国家可持续发展示范区”，急需摸清海南州植物资源的本底资料。目前海南州紧紧围绕落实联合国《2030 年可持续发展议程》，贯彻落实十九大精神和“创新、协调、绿色、开放、共享”五大发展理念及青海省“一优两高”发展战略，积极筹备创建国家可持续发展创新示范区。

（3）“以国家公园为主体的自然保护地体系示范省”的建设，急需海南州植物名录和图鉴等本底资料。海南州地处三江源国家公园和青海湖国家公园区域，积极响应推进省委十三届五次全会，要在全国率先形成以国家公园为主体的自然保护地体系，全面启动实施国家公园示范省建设。

（4）积极融入“第二次青藏高原综合科学考察研究”，急需海南州植物名录和图鉴等支撑材料。该书的出版有助于深入推动海南州科考成果转化、推进生态文明建设、促进生态环境保护和可持续发展，积极参与到国家第二次青藏科考工作中，在青藏高原的建设发展进程中发挥出青海作用。

该书编制历时5年，是中国科学院西北高原生物研究所、青海大学、中国科学院三江源国家公园研究院、海南州科技局和青海省寒区恢复生态学重点实验室、省部共建三江源生态与高原农牧业国家重点实验室等单位与机构众多一线科研工作者们辛勤劳动的成果，他们的足迹遍布海南州的山山水水和每一个角落。著书恰逢其时，可读性高，参考价值大，真实地反映了海南州地区五彩斑斓的植物资源和自然风貌，对挖掘海南州植物资源、科学评估海南州生态潜力具有实践意义，对国家生态安全屏障构建及三江源生态保护和建设工程具有极其重要的指导意义。在该书即将出版之际，乐为之作序祝贺。

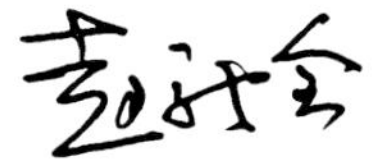

2019年9月6日

前　言

青海雄踞于有“世界屋脊”、“第三极”之称的青藏高原东北部，境内山峦起伏，沟壑纵横，河流交错，湖泊棋布，唐古拉山脉横亘千里，长江、黄河由此源远流长，“万山之祖”昆仑山巍巍屹立，“高原明珠”青海湖碧波荡漾。高原复杂多样的地形、神秘独特的地貌，以及差异显著的生境小气候，为植物提供了丰富多样的栖息地，造就了森林、草地、荒漠和湿地等多种生态系统共存的分布格局，涵盖了森林、灌丛、湿地、草甸、草原、荒漠、垫状植被、高山流石滩稀疏植被等众多植被类型，形成了青藏高原丰富而独特的植物景观。据估计，青海有维管植物约 3000 种（含种下等级），很多植物种类具有极高的经济价值和生态价值，其中包含药用植物约 1000 种、珍稀濒危保护植物约 150 种，青海特有植物约 100 种，是发展地方经济、建设生态青海得天独厚的重要战略资源。

海南藏族自治州（简称海南州）位于青海省的东部，因坐落于著名的青海湖之南而得名，是青藏高原的东门户，素有“海藏通衢”之称。海南州总面积 4.45 万平方千米，管辖共和、贵德、兴海、贵南、同德 5 县，孕育了华夏文明的黄河贯穿全境，举世闻名的青海湖镶嵌在此，自然风光雄浑壮美，人文历史悠久厚重。全州地势除青海南山外，呈西南向东北降低的趋势，由于黄河流经中部，整个地势又以黄河为中轴轴向倾斜。境内地形以山地为主，四周环山，西部与西南部有鄂拉山；盆地居中，高原丘陵和河谷台地相间其中，地势起伏较大，生境复杂多样。全州平均海拔在 3000 米以上，最高海拔 5305 米，最低海拔 2168 米。黄河横贯中南部 5 县 20 个乡镇，长 411.3 千米，有支流 101 条；以青海湖为主的 6 个内陆水系有支流 40 余条。自然独特的地貌和复杂多样的生境使海南州具有多种多样的生态系统类型，孕育了极高的生物多样性，在青海省具有很好的代表性。

《青海省海南藏族自治州维管植物图谱》记录维管植物（含部分常见栽培植物）1244 种（含亚种、变种、变型等种下等级），隶属 99 科 443 属，约占青海高等植物的 46%，其中蕨类植物 7 科 8 属 10 种，裸子植物植物 3 科 6 属 12 种，种子植物 89 科 429 属 1222 种。本书比较全面地介绍了青海省海南州维管植物的学名、中文名、藏名、别名、形态特征、地理分布和经济用途等，并整理收录了 1015 种植物的彩色照片 3400 余幅，近距离呈现植物的外观、生态环境或花、果、叶等的局部特写，为该地区维管植物的识别、利用和保护提供第一手参考资料。同时，书中列及的植物，除了标明其在海南州的分布外，还参考《青海植物志》和编者的野外记录，对其在青海省及国内外的分布也做了介绍，以便为海南州之外的植物识别和鉴定提供参考。近些年，涉及青藏高原植物生态和植物资源的调查研究越来越多，很多工作也需了解该地区植物种类和分布，本书具有较强的参考价值，可作为当地和外来生态保护与建设者鉴定海南州常见植物的参考书，也可作为高等院校植物学野外实习用书，以及植物分类学爱好者的实用工具书。

本书中有关植物学名和中文名的使用，以英文版中国植物志*Flora of China*（*FOC*）的最新修订为准；生境分布以调查结果为准，并参考《青海植物志》；植物形态特征的描述信息均来自《青海植物志》和《中国植物志》，并以《西藏植物志》和《中国高等植物图鉴》作为参考，最后根据页面排版需求，本着“简练但不失精准”的原则做了适当的删减和增改；植物经济用途的描述信息参考《中国植物志》、《青海经济植物志》、《西藏常用中草药》和《中华藏本草》；藏名的使用参考《中华藏本草》、《青海经济植物志》的记载，并请当地专家做了部分核实和校正。需要注意的是，*FOC*中部分植物的中文名和学名变动较大，如鹿蹄草科（*Pyrolaceae*）并入杜鹃花科（*Ericaceae*），鹅观草属（*Roegneria*）并入披碱草属（*Elymus*），凹舌兰属（*Coeloglossum*）修订为掌裂兰属（*Dactylorhiza*），沼兰属（*Malaxis*）修订为原沼兰属（*Malaxis*），甘青黄耆（*Astragalus tanguticus*）正名为蒺藜叶膨果豆（*Phyllolobium tribulifolium*），小苞黄耆（*Astragalus prattii*）正名为长小苞膨果豆（*Phyllolobium balfourianum*），广布红门兰（*Orchis chusua*）更名为广布小红门兰（*Ponerorchis chusua*），宽叶红门兰（*Orchis latifolia*）更名为掌裂兰（*Dactylorhiza hatagirea*），红花岩黄耆（*Hedysarum multijugum*）修订为红花山竹子（*Corethrodendron multijugum*），卷茎蓼更名为蔓首乌，膜荚黄芪更名为蒙古黄耆等，希望读者查阅时注意以*FOC*最新资料为准。另外，为方便物种检索和对照查阅中文志书资料，本书中植物科、属的排列顺序仍按照《青海植物志》和《中国植物志》中科属的排列顺序排列。同时，考虑到图谱图片的美观性，部分图片并非拍摄自海南州境内，特此说明。

本书的编撰得到了中国科学院西北高原生物研究所、青海大学和海南藏族自治州科技局等单位相关项目的资助，受到青海省寒区恢复生态学重点实验室、青海大学省部共建三江源生态与高原农牧业国家重点实验室、中国科学院高原生物适应与进化重点实验室和中国科学院三江源国家公园研究院等平台和机构的支持，并得到省内外植物学专家及相关部门技术人员的大力支持，部分图片承蒙陆福根、朱鑫鑫、李小伟、白瑜、张海华、苏清海、李波卡、何理、张磊、欧为友、陈哲、王蕾、周玉碧、王宝林、李以康、李世雄、温军、蔡海等老师提供和鉴定，本书的出版得到“青海省科学技术学术著作出版资金”资助和科学出版社及北京美光制版有限公司的大力支持，在此一并表示诚挚感谢。

因编者水平有限、难免有物种鉴定错误和物种信息漏误之处，恳请专家、学者批评指正。

周华坤

2019 年 9 月 1 日

目 录

海南藏族自治州简介

海南藏族自治州维管植物区系

海南藏族自治州简介[1]

一、地理位置

海南藏族自治州（简称海南州）位于青海省东部，因地处我国最大的咸水湖“青海湖”之南而得名，素有“海藏通衢”之称。海南州是青藏高原的东门户，东与海东地区和黄南藏族自治州毗邻，西与海西蒙古族藏族自治州相接，南与果洛藏族自治州为邻，北隔青海湖与海北藏族自治州相望；地理坐标为34° 38′ ～37° 10′ N，98° 55′ ～105° 50′ E；东西宽260km，南北长270km，面积为$4.45\times10^4km^2$，占青海省总面积的6.18%。

全州共辖5个县（共和县、兴海县、同德县、贵德县、贵南县）、36个乡镇（其中15个镇，21个乡）、424个行政村（其中牧业村176个）、1341个农牧业生产合作社（其中牧业562个）、27个社区居民委员会，2018年常住人口47.63万人，有藏族、汉族、回族、土族、蒙古族等22个民族，其中藏族占总人口的约67%，州府设在共和县恰卜恰镇，海拔2900m，距离省会西宁142km。

二、地形地貌

海南州地形以山地为主，四周环山，盆地居中，高原丘陵和河谷台地相间其中，地势起伏较大，复杂多样。全州平均海拔在3000m以上，最高点虽根尔岗海拔5305m，最低海拔2168m。在地貌分区上属柴达木—湟中海拔盆地大区，青海东部中海拔盆地分区，青海湖—共和中海拔盆地小区。全州呈北西西—南东东向之盆地与山地相间的格局，由北而南依次为青海湖盆地、青海南山中起伏山地、共和—贵德盆地、河卡山中起伏山地、兴海—同德盆地，蘑菇山—桑赤岗大起伏山地。在这种近东西向起伏相间的格局两端，西为北北西—北西走向的鄂拉山大起伏山地，东为西山—扎马日岗中起伏山地，这种基本地貌的形成，是基于地质构造山断块抬升的山地，与山间断陷盆地的差异性升降运动，以及共和盆地东西两侧各存在一个近南北向的构造带。山地是全州主要地貌类型，占全州陆地总面积的42.3%，丘陵及残山占全州陆地总面积的11%；中海拔平原和台地占全州陆地总面积的46.7%，其中河谷阶地为12.4%。

1　资料来源于《海南州志》。

三、气候特征

海南藏族自治州属典型的高原大陆性气候，其特征是大气稀薄，干旱少雨，光照时间长，太阳辐射强，气候温凉寒冷，气温年较差小、日较差大。春季干旱多风，夏季短促凉爽，秋季阴湿多雨，冬季漫长干燥。由于区域内地形复杂，高低悬殊，气候又显示出不同温度的差异，在低温少雨的共性基础上，又形成了形形色色的个性地方气候和小气候特点。区域内平均气温随着海拔的升高而降低。年平均气温以黄河下段谷地为最高，达7℃；共和盆地约3℃；3400m以上地区低于0℃；4000m以上地区在-4℃以下，年较差为24～26℃。年均温的年际变化整体趋势为南部（同德）小于北部（共和），其中7月为最暖月，1月为最冷月。青海湖滨地带年均日较差小于12℃，其他地区在15～17℃。6～8月平均日较差为12～15℃。区域内南部和青海湖湿地区年降水量400～500mm，共和盆地和兴海子科滩等地年降水量300～360mm，雨热同期，降水量分配不均，形成明显的雨季和旱季，雨季一般自5月中下旬开始，于9月下旬至10月上旬结束。降水强度也以南部和湖滨地区为大，东部和共和盆地较小。全州除贵德（6～9月）和贵南（8月）等河谷地带，以及共和盆地（7～8月）无降雪外，其他地区全年均降雪，南部和湖滨地区积雪期一般从10月中旬至翌年5月中旬，贵德等地一般从11月下旬至翌年3月下旬。各地11月和3～4月前后积雪最深，滩地和河谷地带最大深度10～17cm，湖滨地区和南部山地可达26cm以上。区域内东部、北部及湖湿地区年平均日照2900～3040h，中部和南部地区年平均日照2690～2770h。

四、水系水文

海南藏族自治州区域内河流众多，主要为黄河水系和青海湖水系，其他水系河流包括茶卡盐湖水系、沙珠玉水系、河卡河、苦海水系、英德尔海、上更尕海、下更尕海、尕海和直亥英措湖等。海南藏族自治州区域内青海湖是中国最大的内陆高原微咸水湖，位于州的北部。地理坐标位于36° 32′～37° 15′ N，99° 36′～100° 47′ E。东西最长106km，南北最宽63km，湖面积约4600km^2，湖水总容量854亿m^3。含盐量12.49g/L，矿化度在12.5～13.2g/L。湖面海拔3196m，平均水深19.15m。黄河穿越黄南藏族自治州和果洛藏族自治州后，在海南州同德县河北乡多尔根河汇合口以南3km入境，在贵德县尕让乡松巴峡口出境，高程3168m，境内流长411.3km，总流域面积约3.4×10^4km^2，占全州陆地总面积的71%。

五、土壤

根据《全国第二次土壤普查暂行技术规程》和《青海省土壤分类系统（草案）》规定的土壤分类原则，海南州地区的土壤分为17个土类、33个亚类、27个土属、51个土种。其水平分布受水分条件的影响，从北向南大体呈棕钙土—栗钙土—草原土。垂直分布变化明显，依次为：灰钙土在海拔2170～2400m，栗钙土在2400～3200m，棕钙土在3000～3400m，黑钙土在2900～3500m，灰褐土在3200～4000m，山地草甸土在3300～3800m，高山草甸土在3600～4400m，高山寒漠土在4100m以上地区。非地带性土壤由于受地形、气候、生物和水文地质条件的影响，呈区域性分布，如红黏土、新积土、风沙土、灌淤土、草甸土、沼泽土、泥炭土、潮土、盐土等。

1. 高山寒漠土

高山寒漠土分布于青海南山、拉鸡山、扎马山、万秀山、杂日干山、大坂山、小坂山、鄂拉山、哇洪山等现代冰川前缘的极高山分水岭、山脊、山峰或古冰碛平台上，阳坡海拔在4300m以上，阴坡在3900m以上。面积约1420km^2，约占全州总土地面积的3.2%。高山寒漠土是在高寒气候条件下发育起来的，成土母质为冰碛物或冰水沉积物，土层浅薄，夏季融冻深度不超过40cm，下面为永冻层，植被稀疏，仅在岩石缝隙和局部凹陷处生长雪莲（*Saussurea* spp.）、点地梅（*Androsace* spp.）、绿绒蒿（*Meconopsis* spp.）、虎耳草（*Saxifraga* spp.）等，阳坡有少量嵩草（*Kobresia* spp.），岩石表面生有苔藓植物和地衣等。

2. 高山草甸土

高山草甸土在全州分布最广，面积约11 450km^2，占全州总土地面积的26%。主要分布于各中高山地区，如青海南山、鄂拉山、哇洪山、拉鸡山、青阳山、东山、直亥山、恰千山、居布日群山、赛欠山、小坂山、大坂山等地。海拔在3600～5000m。它是在寒冷、半湿润气候和高寒植被条件下形成的，成土母质多为残积物、坡积物、冰碛物和冲洪积物，土体润湿，不受地下水影响。土层浅薄，表层根系盘结紧密，具有弹性，粗有机质含量高。植被主要有高山嵩草（*Kobresia pygmaea*）、矮生嵩草（*Kobresia humilis*）、薹草（*Carex* spp.）、鬼箭锦鸡儿（*Caragana jubata*）、杜鹃（*Rhododendron* spp.）、山生柳（*Salix oritrepha*）、金露梅（*Potentilla fruticosa*）。该土类可又分为4个亚类。

（1）原始高山草甸土：多分布于高山砾石带下部，与高山寒漠土相接，海拔在4300～5000m，阴坡稍低于阳坡。面积约1700km^2，约占全州总土地面积的4%。由于气候冷湿，植被以高山嵩草（*Kobresia pygmaea*）、山生柳（*Salix oritrepha*）、金露梅（*Potentilla fruticosa*）、鬼箭锦鸡儿（*Caragana jubata*）等为主，覆盖度一般为30%，高可达60%～70%。

（2）碳酸盐高山草甸土：主要分布于原始高山草甸土以下的高山阳坡和开阔地带，海拔在3600～4700m，多与高山草甸土、高山灌丛草甸土成为复合区，面积约5800km^2，约占全州土地总面积的13%。植被以嵩草（*Kobresia* spp.）、薹草（*Carex* spp.）为主，植被覆盖度50%～80%。

（3）高山草甸土：分布于各高山中部，上接原始高山草甸土，海拔在3600～4300m，个别地区可达4900m。面积有2200km^2，约占全州土地总面积的5%。沟脑和分水岭土层较薄，缓坡、山谷凹陷部位土层较厚，母质为坡积物、残积物、冰碛物，质地为砂壤土。植被以高山嵩草（*Kobresia pygmaea*）、线叶嵩草（*Kobresia capillifolia*）和龙胆（*Gentiana* spp.）、绿绒蒿（*Meconopsis* spp.）等杂类草组成，植被覆盖度为50%～90%。

（4）高山灌丛草甸土：分布于各高山区，与碳酸盐高山草甸土、高山草甸土呈镶嵌分布，海拔为3600～4300m。面积约1600km^2，约占全州总土地面积的4%。它是在原生灌丛植被和草甸植被共同作用下发育的土壤，陡坡土层浅薄，缓坡土层较厚，土质松软寒湿，腐殖质含量高。植被以山生柳（*Salix oritrepha*）、金露梅（*Potentilla fruticosa*）、杜鹃（*Rhododendron* spp.）、鬼箭锦鸡儿（*Caragana jubata*）为主，嵩草（*Kobresia* spp.）、薹草（*Carex* spp.）次之，还有部分苔藓植物，植被覆盖度70%～90%。

3. 高山草原土

高山草原土在高寒半干旱气候和草原植被条件下形成，主要分布于州的北部、西部、南部宽谷及湖盆周围的山地、古冰碛平台、湖成阶地和山前洪积裙等处，海拔在3500～4300m，最高到4600m，面积约3200km^2，约占全州总土地面积的7%。植被以针茅（*Stipa* spp.）、早熟禾（*Poa* spp.）、固沙草（*Orinus* spp.）、芨芨草（*Achnatherum* spp.）、黄耆（*Astragalus* spp.）等组成，植被覆盖度40%～70%。根据植被类型、旱化和钙积层状况又可分为3个亚类。

（1）高山草甸草原土：主要分布于兴海县青根河流城、日干山和门日山山地及雅尔吉龙洼、索拉曲冲积阶地，同德县托赛、秀麻等地也有分布，海拔3980～4400m，面积约340km^2，约占全州土地总面积的0.8%。植被以针茅（*Stipa* spp.）、冰草（*Agropyron* spp.）为主，嵩草（*Kobresia* spp.）、薹草（*Carex* spp.）等次之，覆盖度50%～60%，最高可达80%以上。

（2）高山草原土：主要分布于青海湖湖滨、青海南山南麓坡地和滩地、青根河流城、南木塘盆地、苦海周围的洪积扇和冲积阶地，海拔3500～4300m。面积约2300km^2，约占全州总土地面积的5%。它是在草原植被下形成的高山土壤，母质为坡积物、残积物、洪积物，土质为轻壤，植被稀疏，以针茅（*Stipa* spp.）、冰草（*Agropyron* spp.）、赖草（*Leymus* spp.）、芨芨草（*Achnatherum* spp.）、棘豆（*Oxytropis* spp.）、黄耆（*Astragalus* spp.）等组成，覆盖度20%～40%，最高可达70%。

（3）高山荒漠化草原土：分布于青根河流域的纳洞、那里根休麻、纳土龙、玛日塘、都龙、切龙岗和苦海的东北面，海拔4100～4600m，面积约560km^2，约占全州总土地面积的1%。土壤母质以残积物、湖积物、洪积物、坡积物为主，植被稀疏，覆盖度20%左右。

4. 灰褐土

灰褐土为森林土壤。主要分布在海拔2800～3800m的贵德县江拉、多拉、东山、都秀，贵南县莫曲沟、居布日，兴海县中铁、尕空，同德县江群、河北等林区，面积约420km^2，占全州总土地面积的0.9%。成土母质为坡积物、残积物。植被是针叶林和针阔叶混交林，以青海云杉（*Picea crassifolia*）、祁连圆柏（*Juniperus przewalskii*）、山杨（*Populus davidiana*）、白桦（*Betula platyphylla*）等为主，还有灌木、草本植物和部分苔藓植物。根据碳酸钙积累和淋溶状况，又可分为两个亚类。

（1）淋溶灰褐土：主要发育在海拔2800～3800m的山地阴坡，面积约50km^2，占全州总土地面积的0.1%。植被以青海云杉（*Picea crassifolia*）、青杨（*Populus cathayana*）、白桦（*Betula platyphylla*）混交林为主。成土母质为坡积物、残积物，土层较薄，土壤疏松。

（2）碳酸盐灰褐土：发育在海拔3200～4000m的山地阳坡。主要分布于贵德县多拉、东山、都秀，兴海县中铁、切穷、吾青沟，同德县江群、河北等林区。面积约300km^2，占全州总土地面积的0.7%。它是在森林和草原植被条件下形成的土壤，土体较薄，地表多砾石，成土母质为坡积物、残积物。植被以祁连圆柏（*Juniperus przewalskii*）为主，也有白桦（*Betula platyphylla*），林下有灌木和草本植物，覆盖度50%～80%。

5. 黑钙土

黑钙土是靠近阳山滩地边缘地带的土壤。主要分布于贵南县，贵德县尕让、罗汉堂、常牧，兴海县的纳洞滩、麻卓滩、日干滩、赛塘滩、吉浪滩，同德县南巴滩、北巴滩、克日布滩、谷芒滩、唐干滩也有分布。海拔在2700～3600m。面积约2040km^2，约占全州土地面积的5%。成土母质为黄土、冲积沉积物、坡积物，具有团粒状结构。植被有嵩草（*Kobresia* spp.）、针茅（*Stipa* spp.）、黄耆（*Astragalus* spp.）、委陵菜（*Potentilla* spp.）等。又分为3个亚类。

（1）淋溶黑钙土：分布于贵南县的青禾羊多布龙洼和同德县的南巴滩山地阴坡，是黑钙土向山地草甸土过渡的亚类，海拔3400～3600m。冻土层每年延续到6月尚不能完全解冻，底层水分几乎处于饱和状态。面积约250km^2，约占全州土地面积的0.5%。

（2）黑钙土：分布于贵德县的夸乃亥、亦扎石、曲卜藏、下岗察，贵南县的尕家、木格滩、巴洛乎滩，兴海县的恰当滩、纳洞滩、夏塘滩，同德县的南巴滩、北巴滩、拉加寺、江群等地，海拔3000～3600m。面积约500km^2，占全州土地面积的1%。土壤母质为黄土、冲积物、沉积物。植被以针茅（*Stipa* spp.）为主，覆盖度40%～95%。

（3）碳酸盐黑钙土：分布地区热量与干燥程度较其他亚类高，主要有贵南县的塔秀滩、扎日干滩、巴洛乎滩、霞石铎滩、木格滩，兴海县子科滩、赛塘滩、吉浪滩，同德县南巴滩、北巴滩、克日布滩等，海拔3100～3400m，面积约1300km^2，约占全州土地面积的3%。土壤母质为坡积物、冲积物、沉积物。植被以针茅（*Stipa* spp.）为主，覆盖度50%～95%。

6. 草甸土

草甸土仅在兴海县的泉曲、沙多等地河漫滩有零星分布，与栗钙土成复合区，面积约10km^2，海拔2700～3100m。它是在草甸植被下，受地下水季节性浸润发育成的半水成性土壤，母质为冲洪积物，植被以羊茅（*Festuca* spp.）和苔藓植物为主，覆盖度在70%以上。

7. 栗钙土

栗钙土广泛分布于全州的山间盆地及青海湖周围滩地和河湖阶地上，海拔2400～3500(～3700)m，是水平地带性土壤，质地多为砂壤、轻壤和中壤。面积约12 100km^2，占全州土地面积的28%。它多发育在第四纪河湖沉积物、洪积物、黄土和风沙土母质上。植被主要由耐旱的多年生草本植物组成，有针茅（*Stipa* spp.）、芨芨草（*Achnatherum* spp.）、赖草（*Leymus* spp.）、青海苜蓿（*Medicago archiducis-nicolai*）、早熟禾（*Poa* spp.）、委陵菜（*Potentilla* spp.）等，覆盖度40%～60%，又可分为4个亚类。

（1）暗栗钙土：在栗钙土垂直分布带内属高位土带，上接高山草甸，常与黑钙土成复合区。主要分布于共和县青海湖滨平原、倒淌河镇次汉达哇，贵德县的江拉、西山、东山，贵南县的哇什塘、扎德滩，兴海县的土尕当、纳洞台、龙曲沟、子科滩、野马台、河卡滩、切吉滩、赛什塘滩，同德县的唐干、谷芒滩、南巴滩、北巴滩等地，海拔3100～3500m。面积约3850km^2，约占全州土地面积的9%。母质为冲积物、沉积物、坡积物和黄土，质地为中壤。植被以针茅（*Stipa* spp.）、赖草（*Leymus* spp.）、芨芨草（*Achnatherum* spp.）为主，覆盖度50%～90%。

（2）栗钙土：主要分布于共和县的切扎、曲什那、浪娘、英德尔、尕海滩，贵南县的官塘、巴洛乎滩、木格滩、水磨沟，贵德县的曲卜藏、格拉山、拉德西山，兴海县的杜宗沟、野马台滩、子科滩等地，同德县的南巴滩、北巴滩、拉加寺一带也有分布，海拔在2700～3400m。面积约4350km^2，占全州土地面积的10%。栗钙土是在干旱草原植被下发育形成的，母质为次生黄土、坡积物、冲积物、沉积物，表层为轻壤，中、下层为中壤，植被为干旱草原和羊荒漠草原类型，有针茅（*Stipa* spp.）和芨芨草（*Achnatherum* spp.）等，覆盖度30%～80%。

（3）淡栗钙土：分布于黄河及其支流两岸和盆地边缘地带，处栗钙土带的较低部位，与风沙土、草甸土成复合区，海拔多在3700m以下。面积约3500km^2，约占全州土地面积的8%。淡栗钙土是干旱草原向荒漠草原过渡地带的土壤，母质为黄土、冲积物、沉积物、风蚀物，土层深厚。植被均为旱生植物，如白刺（*Nitraria* spp.）、针茅（*Stipa* spp.）和各类蒿（*Artemisia* spp.）等，覆盖度约20%。

（4）盐化栗钙土：仅在兴海县栗钙土带有零星分布，即在海拔3250～3480m的唐乃亥、河卡乡红旗村及三塔拉湾一带。面积约45km^2，占全州土地面积的0.1%。该亚类含盐量高，表层常见有白色盐霜，平均含盐量0.5%。土壤母质为冲积物、沉积物，质地为中壤或轻壤。

8. 灰钙土

灰钙土主要分布于贵德县黄河两岸阶地、谷地和部分丘陵地上，同德县巴沟附近也有分布，海拔在2170～2400m。面积约200km^2，约占全州土地面积的0.5%。土壤母质为冲积物、洪积物和黄土，质地为砂壤。植被多为荒漠型，主要有赖草（*Leymus* spp.）、芨芨草（*Achnatherum* spp.）、多裂骆驼蓬（*Peganum multisectum*）、白刺（*Nitraria* spp.）等，覆盖度10%～60%。

9. 棕钙土

棕钙土是温带草原向荒漠草原过渡的一种地带性土壤。分布于共和县西部哇洪山一带，兴海县的切吉滩也有分布，海拔3000～3300m。面积约1500km^2，约占全州土地面积的4%。母质为冲积物、沉积物，质地多为砂壤、轻壤、中壤。植被以针茅（*Stipa* spp.）、芨芨草（*Achnatherum* spp.）、固沙草（*Orinus* spp.）为主，覆盖度30%～50%。

10. 红黏土

红黏土是在第三纪红土母质和第四纪早期红黄土母质上发育的土壤，质地偏黏。主要分布于贵德县的黄河谷地和丘陵地，如东河、西河、尕让等地，海拔2100～3400m。面积约250km^2，约占全州土地面积的0.5%。植被以针茅（*Stipa* spp.）、白刺（*Nitraria* spp.）、霸王（*Sarcozygium* spp.）为主，覆盖度20%～75%。

11. 新积土

新积土是在河流冲积物、洪积物上发育的土壤，属新近流水沉积物，很少有天然植被，多分布于黄德县三河地区和同德县巴沟一带，海拔2800m以下。面积约60km^2，约占全州土地面积的0.15%。新积土非一次沉积而成，土体呈多层性，以石质轻壤为多。

12. 风沙土

风沙土是在干旱、半干旱气候条件下，第四纪早期沉积物上经过风蚀、砂压，淋溶面形成的幼年性土壤。分布于青海湖东岸、沙珠玉河流城、塔拉滩、木格滩等地，与栗钙土成复合区，海拔2700～3200m。面积约2000km^2，约占全州土地面积的4.5%。植被以沙蒿（*Artemisia desertorum*）、固沙草（*Orinus* spp.）为主，覆盖度极低。又可分为3个亚类。

（1）流动风沙土：以新月型沙丘链或沙垄的形态存在，随主风向由西北向东南移动。沙丘表层土壤干燥、疏松母质是黄土，颗粒组成均匀。分布于青海湖东、沙珠玉、塔拉滩、木格滩南部。面积约1500km^2，约占全州土地面积的3.5%。植被主要以沙蒿（*Artemisia desertorum*）为主，覆盖度1%～10%。

（2）半固定风沙土：分布于沙珠玉河北岸，一塔拉、二塔拉的中部和南部，贵南县汪什科拉东山、夏塘山顶部和木格滩中部，海拔2900～3200m。面积约200km^2，约占全州土地面积的0.5%。其表层受风沙中度侵蚀，局部地面有风蚀槽谷。植被以沙蒿（*Artemisia desertorum*）、冰草（*Agropyron* spp.）、固沙草（*Orinus* spp.）、芨芨草（*Achnatherum* spp.）为主，并有少量锦鸡儿（*Caragana* spp.）、白刺（*Nitraria* spp.）等灌木，植被覆盖度20%～40%。

（3）固定风沙土：分布在共和县一塔拉和二塔拉，贵南县沙沟河东岸、茫拉河南岸、木格滩中南部和过马营地区。面积有300km^2，占全州土地面积的0.7%。其表层为腐殖质层，植被和根系固结作用增加。母质为黄土、风积物，质地松软干燥。植被有芨芨草（*Achnatherum* spp.）、冰草（*Agropyron* spp.）、针茅（*Stipa* spp.）、锦鸡儿（*Caragana* spp.）和多裂骆驼蓬（*Peganum multisectum*）等，植被覆盖度40%～80%。

13. 灌淤土

灌淤土是以泥沙含量较多的浑水人为灌淤沉积，经不断耕作培肥而形成的种耕作土壤。主要分布于贵德县河阴川水地区，海拔2200～2800m。面积约40km^2，约占全州土地面积的0.08%。淤层深1m以上，完全改变了原来土壤的性状。该土质地偏松，表层为粒状或团状结构，保水保肥性能好。

14. 山地草甸土

山地草甸土是全州主要土壤之一。分布于费德县的常牧、尕让、罗汉堂，贵南县的过马营、森多，共和县的石乃亥、黑马河、切吉、什地、沙珠玉、曲沟等地，以及兴海县、同德县各山前洪积扇中部、山根坡地一带。海拔3300～3800m。面积约6100km^2，约占全州土地面积的14%。它是在草甸、草原植物覆盖和冷温微湿气候条件下形成的。母质为坡积物、残积物、冲积物。植被由线叶嵩草（*Kobresia capillifolia*）、羊茅（*Festuca* spp.）、薹草（*Carex* spp.）、金露梅（*Potentilla fruticosa*）、锦鸡儿（*Caragana* spp.）等组成，覆盖度70%～90%。又可分为3个亚类。

（1）山地灌丛草甸土：是在山地阴坡灌丛和杂草草甸下发育的土壤，母质为坡积物，质地属中壤。主要分布于贵德县多拉、千户，贵南县达龙沟、结琼沟、曲卜藏沟、老虎口，兴海县达拉松、红曲沟及同德县居布、江群、秀麻、河北等地，海拔3500～3700m。面积约600km^2，占全州土地面积的1.5%。植被有杜鹃（*Rhododendron* spp.）、山生柳（*Salix oritrepha*）、金露梅（*Potentilla fruticosa*）、锦鸡儿（*Caragana* spp.）等灌木和嵩草（*Kobresia* spp.）、薹草（*Carex* spp.）等，覆盖度70%～90%。

（2）山地草甸土：分布于贵德县的上岗查、下岗查、都秀、拉德滩、干果羊（常牧）、浪查，贵南县的麻什干、芒日勇，兴海县的满丈沟、娘木山，同德县的尕日干、江群、河北等地，海拔3200～3600m。面积约980km^2，约占全州土地面积的2%。母质为坡积物，质地为轻壤、中壤。植被主要由嵩草（*Kobresia* spp.）组成，植被覆盖度70%～90%。

（3）山地草原化草甸土：是山地草甸土向草原土过渡的1个亚类，共和县石乃亥、黑马河、沙珠玉、切吉、曲沟、什地，贵德县子合日、过马塘、加龙山，贵南县贡卡滩、查乃亥，兴海县加当山、日干山，同德县江前、秀麻、赛欠等地皆有分布。面积约4500km^2，占全州土地面积的10%。母质为坡积物、沉积物，质地为砂壤、轻壤。植被以嵩草

（*Kobresia* spp.）、针茅（*Stipa* spp.）为主，植被覆盖度60%～80%。

15. 潮土

潮土分布于贵德县西河、咋那河和贵南县茫拉河的河漫滩上，面积约30km^2，占全州总面积的0.06%。它是在地下水季节性浸润作用和草甸植被条件下发育的一种半水成地域土壤，母质为冲积物、沉积物，质地为砂壤、轻壤、中壤。

16. 沼泽土

全州5县皆有分布，主要在共和、兴海两县，贵德最少。它分布在海拔高、地下水位高、地表有积水的低洼地，如青海湖、更尕海周围，直亥山碟形洼地，水纳滩、河卡滩、水塔拉、青根河滩及同德的河北、秀麻的低洼地带。面积约500km^2，占全州土地面积的1.2%。植被主要由薹草、唐松草组成，植被覆盖度60%～90%，又可分为两个亚类。

（1）草甸沼泽土：分布于共和县切吉、沙珠玉、英德尔，贵德县上岗查，贵南县直亥、吉克杜纳，兴海县水塔拉、那文、加木格尔及同德县的尕日干、秀麻等地，面积约300km^2，占全州土地面积的0.8%。它是草甸土受地表径流和地下水作用，在平缓台掌或鞍脊部发育成的，成土母质为坡积物、冲积物、积物，质地为砂壤。

（2）泥炭沼泽土：是在地下水长期作用下形成的，母质为洪积物、坡积物，质地为轻壤。分布于共和县上塔买、下塔买、阿乙亥，兴海县大河坝，同德县秀麻、河北等地区。面积约170km^2，约占全州土地面积的0.4%。

17. 盐土

盐土系因长期积水或排水不良，加之气候干燥、蒸发量大，盐分随地下水上升到地表而形成的。主要分布于共和县切吉滩，兴海县操什达、大米滩。面积约160km^2，占全州土地面积的0.4%。植物有多裂骆驼蓬（*Peganum multisectum*）、盐爪爪（*Kalidium* spp.）、芨芨草（*Achnatherum* spp.）、白刺（*Nitraria* spp.）等，覆盖度约30%。

海南藏族自治州维管植物区系[1]

一、维管植物物种多样性综述

海南州位于青藏高原东北部，州内地形起伏，既有高山，亦有湖盆和盆地，还有切割的河谷和中山。除东南面处于秦岭山系的西倾山边缘外，其余广大地区则属于青藏高原。全州地貌具有如下特征：

一是山地以高山为主体，四周环山；盆地居中，盆地内地貌类型多样，有低山、丘陵、倾斜平原和大、小侵蚀面。

二是全州范围内具有边高中低、南高北低、西高东低的地势；除青海湖滨外，其余广大地区的整个地势以黄河为中轴轴向倾斜。

三是从第四纪以来，由于整个大地不断抬升和断裂活动交替进行，因而出现了断块山脉和断陷盆地。山体都为大起伏、中起伏高山；盆地有大量的阶级、台地和谷地形态出现。

四是由于外营力作用，山体受现代流水侵蚀，肢解了原始高原面，形成高山峡谷，增大了地形高差，滩地受风和风沙的吹蚀和磨蚀、搬运沙物资，形成风蚀地貌和风积地貌，造成了地表起伏形态。

由于海南州地处青藏高原独特的自然地理环境条件，气候变化剧烈，地貌类型多样，发育了森林、灌丛、草原、草甸、荒漠等多种植被类型，植物种类亦比较丰富多样。

（一）植物种的多样性

通过对历年植物资源，包括林地、草地、湿地、农地的各类植物资源的调查和查阅有关青海植物资源的专著、文献资料，海南州常见的维管植物有1244种（含亚种、变种及变型，下同，表1），占全省种子植物总数（2710种）的45.90%，隶属于99科443属，其中蕨类植物7科8属10种，占全省蕨类植物种数的24.39%；裸子植物3科6属12种，占全省裸子植物种数的36.36%；被子植物89科429属1222种，占全省被子植物种的数46.36%（表1）。

1 全省植物物种数据引自《青海植物志》，下同。

表1　海南州维管植物植物科、属、种数统计

植物类别	海南州常见植物			青海省植物总数			占全省植物的百分比 / %		
	科	属	种	科	属	种	科	属	种
总计	99	443	1244	114	632	2710	86.84	70.09	45.90
蕨类植物	7	8	10	14	19	41	50.00	42.11	24.39
裸子植物	3	6	12	3	7	33	100.00	85.71	36.36
被子植物	89	429	1222	97	606	2636	91.75	70.79	46.36

由表1可知：海南州常见植物科数占全省植物总科数的86.84%，属数占全省植物总属数的70.09%，种数占全省植物总种数的45.90%。由此可见，海南州常见维管植物的科、属、种数量较多，植物多样性很高。

（二）植物科、属、种丰富度排序

根据植物种数目的统计，海南州常见维管植物（以下简称海南州植物）在21种植物以上的科仅为15个，占植物科数的15.15%，但植物种数却有920种，占植物总数的73.95%，而种数在20种以下的科有84个，占植物科数的84.85%，占植物总数26.05%，这些植物大多为各植被类型的伴生种，出现的频度较低，有些则仅为偶见种。其中植物种数100种以上的科有3个，占海南州植物总科数的3.03%，这些植物共127属426种，分别占海南州植物总属数和总种数的2.67%和34.24%；而植物种数只有1种的科有29个，分别占海南州植物总科数、总属数及总种数的29.29%、6.55%和2.33%（详见表2）。

海南州常见维管植物种数最大的科为禾本科，共有168个物种，占植物总种数的13.50%，其次是菊科，有156种，占植物总种数的12.54%，第三位是豆科，有102种，占植物总种数的8.20%，第四位是蔷薇科，有植物68种，占植物总种数的5.47%，第五位是玄参科，有植物53种，占植物总种数的4.26%，第六位是十字花科，有植物51种，占植物总种数

表2　海南州维管植物科的大小比较

科名	科数	属数	种数	占海南州维管植物种数的百分比 / %
>100种的科	3	127	426	34.24
61～80种的科	1	22	68	5.47
41～60种的科	6	80	280	22.51
21～40种的科	5	46	146	11.74
11～20种的科	8	51	124	9.97
6～10种的科	9	22	57	4.58
2～5种的科	38	66	114	9.16
1种的科	29	29	29	2.33
合计	99	443	1244	100

的4.10%。以上六科植物占植物总科数（99科）的6.06%，植物总种数为598种，占植物总种数1244种的48.07%。其余93个科的植物占总科数的93.94%，而种数为646种，占总植物种数的51.93%。由此可见，海南州维管植物的组成以禾本科、菊科、豆科、蔷薇科、玄参科、十字花科植物为主（详见表3）。

表3　海南州常见维管植物科的大小顺序排列

科名	科数	属数	种数
>100种的科	3	127	426
禾本科Poaceae		48	168
菊科Asteraceae		55	156
豆科Fabaceae		24	102
61～80种的科	1	22	68
蔷薇科Rosaceae		22	68
41～60种的科	6	80	280
玄参科Scrophulariaceae		9	53
十字花科Brassicaceae		22	51
藜科Chenopodiaceae		18	47
莎草科Cyperaceae		8	45
毛茛科Ranunculaceae		15	43
龙胆科Gentianaceae		8	41
21～40种的科	5	46	146
石竹科Caryophyllaceae		12	36
百合科Liliaceae		8	31
伞形科Apiaceae		15	30
杨柳科Salicaceae		2	25
紫草科Boraginaceae		9	24
11～20种的科	8	51	124
蓼科Polygonaceae		6	20
罂粟科Papaveraceae		6	20
虎耳草科Saxifragaceae		4	17
唇形科Lamiaceae		10	17
报春花科Primulaceae		4	14
茄科Solanaceae		9	12
鸢尾科Iridaceae		2	12

续表

科名	科数	属数	种数
兰科Orchidaceae		10	12
6～10种的科	9	22	57
景天科Crassulaceae		4	9
荨麻科Urticaceae		2	6
小檗科Berberidaceae		2	6
柽柳科Tamaricaceae		3	6
杜鹃花科Ericaceae		3	6
木犀科Oleaceae		3	6
茜草科Rubiaceae		2	6
忍冬科Caprifoliaceae		2	6
灯心草科Juncaceae		1	6
2～5种的科	38	66	114
麻黄科Ephedraceae		1	5
牻牛儿苗科Geraniaceae		2	5
大戟科Euphorbiaceae		2	5
胡颓子科Elaeagnaceae		2	5
车前科Plantaginaceae		1	5
葫芦科Cucurbitaceae		3	5
桔梗科Campanulaceae		4	5
松科Pinaceae		3	4
锦葵科Malvaceae		2	4
柳叶菜科Onagraceae		3	4
旋花科Convolvulaceae		3	4
列当科Orobanchaceae		2	4
柏科Cupressaceae		2	3
苋科Amaranthaceae		3	3
芍药科Paeoniaceae		1	3
亚麻科Linaceae		1	3
白刺科Nitrariaceae		1	3
蒺藜科Zygophyllaceae		2	3
堇菜科Violaceae		1	3
木贼科Equisetaceae		1	2

续表

科名	科数	属数	种数
冷蕨科Cystopteridaceae		1	2
水龙骨科Polypodiaceae		2	2
胡桃科Juglandaceae		2	2
桦木科Betulaceae		2	2
榆科Ulmaceae		1	2
大麻科Cannabaceae		2	2
马齿苋科Portulacaceae		1	2
瑞香科Thymelaeaceae		2	2
白花丹科Plumbaginaceae		2	2
萝藦科Asclepiadaceae		1	2
马鞭草科Verbenaceae		1	2
紫葳科Bignoniaceae		1	2
五福花科Adoxaceae		2	2
败酱科Valerianaceae		1	2
刺参科Morinaceae		1	2
香蒲科Typhaceae		1	2
眼子菜科Potamogetonaceae		2	2
水麦冬科Juncaginaceae		1	2
1种的科		29	29
碗蕨科Dennstaedtiaceae		1	1
凤尾蕨科Pteridaceae		1	1
铁角蕨科Aspleniaceae		1	1
鳞毛蕨科Dryopteridaceae		1	1
桑科Moraceae		1	1
檀香科Santalaceae		1	1
槲寄生科Viscaceae		1	1
紫茉莉科Nyctaginaceae		1	1
金鱼藻科Ceratophyllaceae		1	1
星叶草科Circaeasteraceae		1	1
熏倒牛科Biebersteiniaceae		1	1
旱金莲科Tropaeolaceae		1	1
骆驼蓬科Peganaceae		1	1

续表

科名	科数	属数	种数
芸香科Rutaceae		1	1
苦木科Simaroubaceae		1	1
远志科Polygalaceae		1	1
无患子科Sapindaceae		1	1
凤仙花科Balsaminaceae		1	1
鼠李科Rhamnaceae		1	1
葡萄科Vitaceae		1	1
藤黄科Clusiaceae		1	1
杉叶藻科Hippuridaceae		1	1
锁阳科Cynomoriaceae		1	1
五加科Araliaceae		1	1
夹竹桃科Apocynaceae		1	1
狸藻科Lentibulariaceae		1	1
川蔓藻科Ruppiaceae		1	1
角果藻科Zannichelliaceae		1	1
浮萍科Lemnaceae		1	1
合计99科		443	1244

二、海南州维管植物区系成分

植物资源研究，不仅包括植物分类学和植物群落学，而且还包括植物的区系组成与地理成分，以及它们的形成特点和在自然历史条件综合作用下植物界本身发展演化的结果。

植物区系地理成分是根据地理学原则和按照它们的分布区类型来划分的。这对研究植物起源及地理变迁具有重要的科学价值，对生态环境保护也具有实际意义。参照中国种子植物属的分布区类型，现将海南州常见的维管植物443个属，划分为15个分布区类型（见表4）。

（一）世界分布植物

海南州植物属于世界分布植物的有60属239种，分别占全州植物总属数、总种数的13.54%、19.21%。该分布区种数最多的是黄耆属（*Astragalus*），共有28种；早熟禾属（*Poa*）位居第二，共有21种，往后依次为龙胆属（*Gentiana*）20种，薹草属（*Carex*）19种，毛茛属（*Ranunculus*）10种，蓼属（*Polygonum*）与荸荠属（*Eleocharis*）8种、繁

表4 海南州常见维管植物属的分布类型

分布区类型	属数	占总属数/%	种数	占总种数/%
一、世界分布	60	13.54	239	19.21
二、泛热带分布	24	5.42	30	2.41
三、热带亚洲和热带美洲间断分布	10	2.26	11	0.88
四、旧世界热带分布	3	0.68	6	0.48
五、热带亚洲至热带大洋洲分布	4	0.90	4	0.32
六、热带亚洲至热带非洲分布	3	0.68	4	0.32
七、热带亚洲分布	3	0.68	3	0.24
八、北温带分布	164	37.02	660	53.05
九、东亚和北美洲间断分布	10	2.26	14	1.13
十、旧世界温带分布	54	12.19	103	8.28
十一、温带亚洲分布	17	3.84	47	3.78
十二、地中海区、西亚至中亚分布	35	7.90	44	3.54
十三、中亚分布	21	4.74	29	2.33
十四、东亚分布	22	4.97	36	2.90
十五、中国特有分布	13	2.92	14	1.13
合计	443	100	1244	100

缕属（*Stellaria*）7种，滨藜属（*Atriplex*）、藜属（*Chenopodium*）、猪毛菜属（*Salsola*）和灯心草属（*Juncus*）6种，独行菜属（*Lepidium*）、银莲花属（*Anemone*）、拉拉藤属（*Galium*）及车前属（*Plantago*）5种，酸模属（*Rumex*）、碱蓬属（*Suaeda*）、老鹳草属（*Geranium*）及茄属（*Solanum*）4种，铁线莲属（*Clematis*）、堇菜属（*Viola*）、膨果豆属（*Phyllolobium*）及剪股颖属（*Agrostis*）3种，木贼属（*Hippochaete*）、冷蕨属（*Cystopteris*）、刺藜属（*Dysphania*）、碎米荠属（*Cardamine*）、槐属（*Sophora*）、旋花属（*Convolvulus*）、鼠尾草属（*Salvia*）、千里光属（*Senecio*）、水麦冬属（*Triglochin*）、香蒲属（*Typha*）2种，蕨属（*Pteridium*）、粉背蕨属（*Aleuritopteris*）、铁角蕨属（*Asplenium*）、鳞毛蕨属（*Dryopteris*）、拟漆姑草属（*Spergularia*）、金鱼藻属（*Ceratophyllum*）、悬钩子属（*Rubus*）、刺槐属（*Robinia*）、远志属（*Polygala*）、杉叶藻属（*Hippuris*）、芹属（*Apium*）、补血草属（*Limonium*）、百金花属（*Centaurium*）、狸藻属（*Utricularia*）、飞蓬属（*Erigeron*）、鬼针草属（*Bidens*）、苍耳属（*Xanthium*）、川蔓藻属（*Ruppia*）、角果藻属（*Zannichellia*）、芦苇属（*Phragmites*）、三棱草属（*Bolboschoenus*）、细莞属（*Isolepis*）、水葱属（*Schoenoplectus*）、浮萍属（*Lemna*）、原沼兰属（*Malaxis*）各1种。

（二）泛热带分布植物

属于这一分布区类型的植物共计24属30种，分别占全州植物总属、种数的5.42%和2.41%。其中除麻黄属（*Ephedra*）有5种植物，马齿苋属（*Portulaca*）和鹅绒藤属（*Cynanchum*）各有2种植物外，其余19个属均只有1种植物，即血苋属（*Iresine*）、青葙属（*Celosia*）、刀豆属（*Canavalia*）、扁豆属（*Lablab*）、菜豆属（*Phaseolus*）、蒺藜属（*Tribulus*）、花椒属（*Zanthoxylum*）、凤仙花属（*Impatiens*）、枣属（*Ziziphus*）、茉莉属（*Jasminum*）、菟丝子属（*Cuscuta*）、番薯属（*Ipomoea*）、曼陀罗属（*Datura*）、烟草属（*Nicotiana*）、金鸡菊属（*Coreopsis*）、孔颖草属（*Bothriochloa*）、虎尾草属（*Chlori*）、狼尾草属（*Pennisetum*）、棒头草属（*Polypogon*）、锋芒草属（*Tragus*）、狗尾草属（*Setaria*）。

（三）热带亚洲和热带美洲间断分布植物

这一分布区类型的植物共有10属11种，且均为栽培植物，分别占全州常见植物总属、种数的2.26%、0.88%。除南瓜属（*Cucurbita*）2种外，其余均为1属1种，即千日红属（*Gomphrena*）、紫茉莉属（*Mirabilis*）、番茄属（*Lycopersicon*）、辣椒属（*Capsicum*）、秋英属（*Cosmos*）、大丽花属（*Dahlia*）、万寿菊属（*Tagetes*）、百日菊属（*Zinnia*）和玉蜀黍属（*Zea*）。

（四）旧世界热带分布植物

这一分布区类型植物有3属6种，分别占全州常见植物总属、种数的0.68%和0.48%。其中天门冬属（*Asparagus*）有4种植物，槲寄生属（*Viscu*）和百蕊草属（*Thesium*）则均为1种植物。

（五）热带亚洲至热带大洋洲分布植物

这一分布区类型植物有4属4种，分别占全州常见植物总属、种数的0.90%和0.32%，包括槲蕨属（*Drynaria*）、旱金莲属（*Tropaeolum*）、臭椿属（*Ailanthus*）和蓖麻属（*Ricinus*），各属仅有1种植物。

（六）热带亚洲至热带非洲分布植物

这一分布区类型植物有3属4种，分别占全州常见植物总属、种数的0.68%和0.32%，除黄瓜属（*Cucumi*）有2种外，瓦韦属（*Lepisorus*）、西瓜属（*Citrullus*）均只有1种植物。

（七）热带亚洲分布植物

该分布区类型植物仅3属3种，分别占全州常见植物总属、种数的0.68%和0.24%，即苦荬菜属（*Ixeris*）、猬菊属（*Olgaea*）和薏苡属（*Coix*）。

（八）北温带分布植物

这一分布区类型的植物共有164属660种，分别占海南州常见植物总属、种数的37.02%和53.05%。其中马先蒿属（*Pedicularis*）最多，有34种，蒿属（*Artemisia*）其次，有33种，往后依次为：风毛菊属（*Saussurea*）31种，委陵菜属（*Potentilla*）23种，柳属（*Salix*）21种，棘豆属（*Oxytropis*）18种，披碱草属（*Elymus*）15种，针茅属（*Stipa*）及葱属（*Allium*）各13种，紫堇属（*Corydalis*）、羊茅属（*Festuca*）及嵩草属（*Kobresia*）各12种，野豌豆属（*Vicia*）及鸢尾属（*Iris*）各11种，虎耳草属（*Saxifraga*）10种，蝇子草属（*Silene*）、葶苈属（*Draba*）、紫菀属（*Aster*）及芸薹属（*Brassica*）各9种，柴胡属（*Bupleurum*）及火绒草属（*Leontopodium*）各8种，苹果属（*Malus*）、报春花属（*Primula*）、无心菜属（*Arenaria*）及婆婆纳属（*Veronica*）各7种，蔷薇属（*Rosa*）、大麦属（*Hordeum*）、唐松草属（*Thalictrum*）及碱茅属（*Puccinellia*）各6种，虫实属（*Corispermum*）、乌头属（*Aconitum*）、小檗属（*Berberis*）、栒子属（*Cotoneaster*）、点地梅属（*Androsace*）、肋柱花属（*Lomatogonium*）、齿缘草属（*Eritrichium*）、忍冬属（*Lonicera*）、荨麻属（*Urtica*）、雀麦属（*Bromus*）及赖草属（*Leymus*）各5种，杨属（*Populus*）、翠雀属（*Delphinium*）、红景天属（*Rhodiola*）、梅花草属（*Parnassia*）、杜鹃花属（*Rhododendron*）、扁蕾属（*Gentianopsis*）、香青属（*Anaphalis*）、蒲公英属（*Taraxacum*）、发草属（*Deschampsia*）、野青茅属（*Deyeuxia*）、地肤属（*Kochia*）、大戟属（*Euphorbia*）、喉毛花属（*Comastoma*）及獐牙菜属（*Swertia*）各4种，芍药属（*Paeonia*）、绿绒蒿属（*Meconopsis*）、景天属（*Sedum*）、锦葵属（*Malva*）、玄参属（*Scrophularia*）、蓟属（*Cirsium*）、狗舌草属（*Tephroseris*）、燕麦属（*Avena*）、拂子茅属（*Calamagrostis*）、画眉草属（*Eragrostis*）、百合属（*Lilium*）、黄精属（*Polygonatum*）、兔耳草属（*Lagotis*）、卷耳属（*Cerastium*）、亚麻属（*Linum*）、鹤虱属（*Lappula*）、异燕麦属（*Helictotrichon*）、臭草属（*Melica*）及三毛草属（*Trisetum*）各3种，落叶松属（*Larix*）、刺柏属（*Juniperus*）、榆属（*Ulmus*）、金莲花属（*Trollius*）、罂粟属（*Papaver*）、南芥属（*Arabis*）、花楸属（*Sorbus*）、岩黄蓍属（*Hedysarum*）、胡颓子属（*Elaeagnus*）、葛缕子属（*Carum*）、青兰属（*Dracocephalum*）、小米草属（*Euphrasia*）、列当属（*Orobanche*）、苦苣菜属（*Sonchus*）、眼子菜属（*Potamogeton*）、冰草属（*Agropyron*）、沿沟草属（*Catabrosa*）、稗属（*Echinochloa*）、黄花茅属（*Anthoxanthum*）、落芒草属（*Oryzopsis*）、洼瓣花属（*Lloydia*）、贝母属（*Fritillaria*）、掌裂兰属（*Dactylorhiza*）、角盘兰属（*Herminium*）、金腰属（*Chrysosplenium*）、柳叶菜属（*Epilobium*）、当归属（*Angelica*）、假龙胆属（*Gentianella*）、缬草属（*Valeriana*）及洽草属（*Koeleria*）各2种，云杉属（*Picea*）、松属（*Pinus*）、胡桃属（*Juglans*）、桦木属（*Betula*）、葎草属（*Humulus*）、桑属（*Morus*）、墙草属（*Parietaria*）、首乌属（*Fallopia*）、驼绒藜属（*Ceratoides*）、升麻属（*Cimicifuga*）、飞燕草属（*Consolida*）、碱毛茛属（*Halerpestes*）、桦木属（*Betula*）、荠属（*Capsella*）、播娘蒿属（*Descurainia*）、菥蓂属（*Thlaspi*）、费菜属（*Phedimus*）、茶藨子属（*Ribes*）、沼委陵菜属（*Comarum*）、山楂属（*Crataegus*）、草莓属（*Fragaria*）、李属（*Prunus*）、地榆属（*Sanguisorba*）、绣线菊属（*Spiraea*）、葡萄属（*Vitis*）、柳兰属（*Chamaenerion*）、露珠草属（*Circaea*）、胡萝卜属（*Daucus*）、独活属（*Heracleum*）、藁本属（*Ligusticum*）、海乳草属（*Glaux*）、薄荷属（*Mentha*）、荚蒾属（*Viburnu*）、五福花属（*Adox*）、风铃草属（*Campanula*）、岩参属（*Cicerbita*）、还阳参属（*Crepi*）、菊蒿属（*Tanacetum*）、篦齿眼子菜属（*Stuckenia*）、菵草属（*Beckmanni*）、短柄草属（*Brachypodium*）、掌裂兰属（*Dactylorhiza*）火烧兰属（*Epipactis*）、斑叶兰属（*Goodyera*）、玉凤花属（*Habenaria*）、小红门兰属（*Ponerorchis*）、绶草属（*Spiranthes*）、单侧花属（*Orthilia*）、北极果属（*Arctostaphylo*）、冰岛蓼属（*Koenigi*）、肉叶荠属（*Braya*）、山萮菜属（*Eutrem*）、水毛茛属（*Batrachium*）、驴蹄草属（*Caltha*）、大蒜芥属

（*Sisymbrium*）、路边青属（*Geum*）、山黧豆属（*Lathyru*）、花锚属（*Halenia*）、枸杞属（*Lycium*）、茜草属（*Rubia*）、蓝花矢车菊属（*Cyanus*）、九顶草属（*Enneapogon*）、看麦娘属（*Alopecurum*）等各1种。

（九）东亚和北美洲间断分布植物

这一分布区类型植物共有10属14种，分别占海南州常见植物属、种数的2.26%和1.13%。其中野决明属（*Thermopsis*）有3种、胡枝子属（*Lespedeza*）和向日葵属（*Helianthus*）各2种，其余各属仅含1种，即荷包牡丹属（*Lamprocapnos*）、羽叶花属（*Acomastylis*）、珍珠梅属（*Sorbaria*）、紫穗槐属（*Amorpha*）、莛子藨属（*Triosteum*）、蟹甲草属（*Cacalia*）和针蔺属（*Baeothryon*）等。

（十）旧世界温带分布植物

这一分布区类型植物共有54属103种，分别占海南州常见植物属、种数的12.19%和8.28%。其中，芨芨草属（*Achnatherum*）6种，苜蓿属（*Medicago*）和棱子芹属（*Pleurospermum*）各5种，梨属（*Pyrus*）和橐吾属（*Ligularia*）各4种，石竹属（*Dianthus*）、山莓草属（*Sibbaldia*）、柽柳（*Tamarix*）、沙棘属（*Hippophae*）、丁香属（*Syringa*）、香薷属（*Elsholtzia*）和萱草属（*Hemerocalli*）等7属各3种，荞麦属（*Fagopyrum*）、甜菜属（*Beta*）、草木樨属（*Melilotus*）、益母草属（*Leonurus*）、荆芥属（*Nepeta*）、糙苏属（*Phlomis*）、沙参属（*Adenophora*）、旋覆花属（*Inula*）、隐子草属（*Cleistogenes*）、黑麦草属（*Lolium*）、扁穗草属（*Blysmus*）、鸟巢兰属（*Neottia*）、桃属（*Amygdalus*）、连翘属（*Forsythia*）、刺参属（*Morina*）、桃属（*Amygdalus*）及鲜卑花属（*Sibiraea*）等16属各2种，麦蓝菜属（*Vaccaria*）、石头花属（*Gypsophila*）、侧金盏花属（*Adonis*）、萝卜属（*Raphanus*）、蜀葵属（*Althaea*）、水柏枝属（*Myricaria*）、瑞香属（*Daphne*）、菊属（*Chrysanthemum*）、蓝刺头属（*Echinops*）、毛连菜属（*Picris*）、鸦葱属（*Scorzonera*）、麻花头属（*Serratula*）、款冬属（*Tussilago*）、顶冰花属（*Gagea*）、牛蒡属（*Arctium*）、飞廉属（*Carduus*）、天名精属（*Carpesium*）、茼蒿属（*Glebionis*）、筋骨草属（*Ajuga*）、野芝麻属（*Lamium*）、夹竹桃属（*Nerium*）、漏芦属（*Rhaponticum*）、天仙子属（*Hyoscyamus*）、前胡属（*Peucedanum*）、胡卢巴属（*Trigonella*）、莴苣属（*Lactuca*）等26属各1种。

（十一）温带亚洲分布植物

这一分布区类型植物共17属47种，分别占海南州常见植物属、种数的3.84%和3.78%。锦鸡儿属（*Caragana*）是这一分布区类型植物种类最多的属，共12种，其次是以礼草属（*Kengyilia*）有8种，黄属（*Rheum*）及细柄茅属（*Ptilagrostis*）各4种，亚菊属（*Ajania*）3种，轴藜属（*Axyri*）、地蔷薇属（*Chamaerhodos*）、附地菜属（*Trigonotis*）及豆列当属（*Mannagettaea*）4属各含2种，鸦跖花属（*Oxygraphis*）、孩儿参属（*Pseudostellaria*）、杏属（*Armeniana*）、无尾果属（*Coluria*）、双果荠属（*Megadenia*）、狼毒属（*Stellera*）及芯芭属（*Cymbaria*）8属则只含有1种植物。

（十二）地中海区、西亚至中亚分布植物

这一分布区类型植物有35属44种，分别占海南州常见植物属、种数的7.90%和3.54%。其中含3种植物的属有2个，即糖芥属（*Erysimum*）、白刺属（*Nitraria*）；含2种植物的

属有5个，即盐爪爪属（*Kalidium*）、涩芥属（*Malcolmia*）、念珠芥属（*Neotorularia*）、红砂属（*Reaumuria*）、霸王属（*Zygophyllum*）；其余均为1属1种，包括雾冰藜属（*Bassia*）、盐生草属（*Halogeton*）、小蓬属（*Nanophyton*）、菠菜属（*Spinacia*）、裸果木属（*Gymnocarpos*）、薄蒴草属（*Lepyrodiclis*）、角茴香属（*Hypecoum*）、芝麻菜属（*Eruca*）、四棱荠属（*Goldbachia*）、驴食豆属（*Onobrychis*）、豌豆属（*Pisum*）、苦马豆属（*Sphaerophysa*）、熏倒牛属（*Biebersteinia*）、锁阳属（*Cynomorium*）、芫荽属（*Coriandrum*）、茴香属（*Foeniculu*）、鸡娃草属（*Plumbagella*）、糙草属（*Asperugo*）、聚合草属（*Symphytum*）、疗齿草属（*Odontites*）、金盏花属（*Calendula*）、红花属（*Carthamus*）、假苦菜属（*Askellia*）、小麦属（*Triticum*）、唐菖蒲属（*Gladiolus*）、骆驼蓬属（*Peganum*）、甘草属（*Glycyrrhiza*）、牻牛儿苗属（*Erodium*）等28属。

（十三）中亚分布植物

这一分布区类型植物共有21属29种，分别占海南州常见植物属、种数的4.74%和2.33%。其中花旗杆属（*Dontostemon*）有4种，固沙草属（*Orinus*）、沟子荠属（*Taphrospermum*）及山竹子属（*Corethrodenron*）3属各2种，迷果芹属（*Sphallerocarpus*）、紫筒草属（*Stenosolenium*）、紫菀木属（*Asterothamnus*）、短舌菊属（*Brachanthemum*）、小甘菊属（*Cancrinia*）、栉叶蒿属（*Neopallasia*）、大麻属（*Cannabis*）、双脊荠属（*Dilophia*）、新麦草属（*Psathyrostachys*）、冠毛草属（*Stephanachne*）、沙蓬属（*Agriophyllum*）、合头草属（*Sympegma*）、囊种草属（*Thylacospermum*）、拟耧斗菜属（*Paraquilegia*）、扇穗茅属（*Littledalea*）、藏荠属（*Hedinia*）等17属各1种。

（十四）东亚分布植物

这一分布区类型植物共有22属36种，分别占海南州常见植物属、种数的4.97%和2.90%。其中微孔草属（*Microula*）有9种，垂头菊属（*Cremanthodium*）有5种，莸属（*Caryopteris*）和丝瓣芹属（*Acronema*）各2种，其他均为1属1种，包括党参属（*Codonopsis*）、黄鹌菜属（*Youngia*）、桃儿七属（*Sinopodophyllum*）、秃疮花属（*Dicranostigma*）、侧柏属（*Platycladus*）、星叶草属（*Circaeaster*）、独一味属（*Lamiophlomis*）、东俄芹属（*Tongoloa*）、肉果草属（*Lancea*）、锚刺果属（*Actinocarya*）、蓝钟花属（*Cyananthus*）、绢毛菊属（*Soroseris*）、枫杨属（*Pterocarya*）、金丝桃属（*Hypericum*）、五加属（*Acanthopanax*）、山莨菪属（*Anisodus*）、翠菊属（*Callistephus*）、假还阳参属（*Crepidiastrum*）等18属。

（十五）中国特有分布植物

这一分布区类型植物共有13属14种，分别占海南州常见植物属、种数的2.92%和1.13%。除羌活属（*Notopterygium*）有2种外，其余12属均为1种植物，即虎榛子属（*Ostryopsi*）、小果滨藜属（*Microgynoecium*）、高山豆属（*Tibetia*）、文冠果属（*Xanthoceras*）、羽叶点地梅属（*Pomatosace*）、颈果草属（*Metaeritrichium*）、细穗玄参属（*Scrofella*）、马尿泡属（*Przewalskia*）、合头菊属（*Syncalathium*）、黄缨菊属（*Xanthopappus*）、三蕊草属（*Sinochasea*）和孔唇兰属（*Porolabium*）。

三、海南州植物区系特征

（一）植物分布区呈多样性

海南州植物共有15个分布区和16个变型，由于生境条件各异，而产生不同类型的植物种类，包括干旱草原、高寒草原、荒漠草原、温性荒漠、高寒荒漠、高寒草甸、沼泽草甸等植被所生长的植物，其植物生活型既有乔木和灌木，也有种类繁多、形态各异的草本植物。有不少种类为各植被类型的建群种和（或）优势种，如森林植被中的青海云杉（*Picea crassifolia*）、祁连圆柏（*Juniperus przewalskii*）、白桦（*Betula platyphylla*）和山杨（*Populus davidiana*）等，灌丛植被中的山生柳（*Salix oritrepha*）、金露梅（*Potentilla fruticosa*）、鬼箭锦鸡儿（*Caragana jubata*）等，以及草原、草甸等草本植被中的针茅属（*Stipa*）、芨芨草属（*Achnatherum*）、披碱草属（*Elymus*）、嵩草属（*Kobresia*）、薹草属（*Carex*）等；而菊科、豆科、蔷薇科、十字花科、毛茛科、龙胆科、玄参科等的植物则多数是各植被类型中的伴生种。

（二）以北温带和世界分布植物为主

海南州植物区系共有443属，其中北温带分布植物有164属，占全州植物区系总属数的37.02%，世界分布植物有60属，占13.54%。种数大于20种植物的属的分布区均在北温带和世界分布区，如马先蒿属（34种）、蒿属（33种）、黄耆属（31种）、委陵菜属（23种）、早熟禾属（21种）、柳属（21种）等共有163种植物，占植物总数的13.62%。

（三）地中海区分布植物种类比较丰富

海南州维管植物属于地中海区分布的种类比较丰富，共有37属49种，具有代表性的植物有藜科的盐爪爪（*Kalidium foliatum*）、地肤（*Kochia scoparia*）、角果碱蓬（*Suaeda corniculata*）、甘草（*Glycyrrhiza uralensis*）、小果白刺（*Nitraria sibirica*）、骆驼蓬（*Peganum harmala*）、红砂（*Reaumuria soongorica*）、锁阳（*Cynomorium songaricum*）、糙草（*Asperugo procumbens*）、芨芨草（*Achnatherum splendens*）、羽茅（*Achnatherum sibiricum*）等，均为古地中海孑遗物种。

（四）中国特有属较少，中国特有种较多

海南州植物属于中国特有属的只有13属，仅占全州维管植物总属数的2.93%。但是中国、青海及海南州特有种较多，经统计共有324种，占全州维管植物种数的26.05%，即华北落叶松（*Larix gmelinii* var. *principis-rupprechtii*）、青海云杉（*Picea crassifolia*）、油松（*Pinus tabuliformis*）、祁连圆柏（*Juniperus przewalskii*）、奇花柳（*Salix atopantha*）、乌柳（*S. cheilophila* var. *cheilophila*）、吉拉柳（*S. gilashanica*）、贵南柳（*S. juparica*）、光果贵南柳（*S. juparica* var. *tibetica*）、拉马山柳（*S. lamashanensis*）、山生柳（*S. oritrepha*）、青山生柳（*S. oritrepha* var. *amnematchinensis*）、新山生柳（*S. neoamnematchinensis*）、康定柳（*S. paraplesia* var. *paraplesia*）、青皂柳（*S. pseudowallichiana*）、川滇柳（*S. rehderiana*）、中国黄花柳（*S. sinica*）、匙叶柳（*S. spathulifolia*）、洮河柳（*S. taoensis*）、宽线叶柳（*S. wilhelmsiana* var. *latifolia*）、虎榛子（*Ostryopsis davidiana*）、三角叶荨麻（*Urtica triangularis*）、羽裂荨麻（*U. triangularis* subsp. *pinnatifida*）、毛果荨麻（*Urtica triangularis* subsp. *trichocarpa*）、线叶槲寄生（*Viscum fargesii*）、漆姑无心菜（*Arenaria saginoides*）、铁棒锤（*Aconitum pendulum*）、

高乌头（*A. sinomontanum* var. *sinomontanum*）、甘青乌头（*A. tanguticum*）、毛果甘青乌头（*A. tanguticum* var. *trichocarpum*）、蓝侧金盏花（*Adonis coerulea*）、叠裂银莲花（*Anemone imbricata*）、白蓝翠雀花（*Delphinium albocoeruleum*）、大通翠雀花（*D. pylzowii*）、三果大通翠雀花（*D. pylzowii* var. *trigynum*）、叉裂毛茛（*Ranunculus furcatifidus*）、甘藏毛茛（*R. glabricaulis*）、砾地毛茛（*R. glareosus*）、三裂毛茛（*R. hirtellus* var. *orientalis*）、青藏金莲花（*Trollius pumilus* var. *tanguticus*）、鲜黄小檗（*Berberis diaphana*）、置疑小檗（*B. dubia*）、川滇小檗（*B. jamesiana*）、匙叶小檗（*B. vernae*）、灰绿黄堇（*Corydalis adunca*）、鸡冠黄堇（*C. crista-galli*）、曲花紫堇（*C. curviflora*）、迭裂黄堇（*C. dasyptera*）、条裂黄堇（*C. linarioides*） 暗绿紫堇（*C. melanochlora*）、粗糙黄堇（*C. scaberula*）、草黄堇（*C. straminea*）、糙果紫堇（*C. trachycarpa*）、细果角茴香（*Hypecoum leptocarpum*）、五脉绿绒蒿（*Meconopsis quintuplinervia*）、西藏花旗杆（*Dontostemon tibeticus*）、楔叶独行菜（*Lepidium cuneiforme*）、泉沟子荠（*Taphrospermum fontanum*）、轮叶沟子荠（*T. verticillatum*）、唐古特红景天（*Rhodiola tangutica*）、隐匿景天（*Sedum celatum*）、黄花梅花草（*Parnassia lutea*）、细叉梅花草（*P. oreophila*）、三脉梅花草（*P. trinervis*）、绿花梅花草（*P. viridiflora*）、黑虎耳草（*Saxifraga atrata*）、青藏虎耳草（*S. przewalskii*）、狭瓣虎耳草（*S. pseudohirculus*）、西藏虎耳草（*S. tibetica*）、爪瓣虎耳草（*S. unguiculata*）、西北栒子（*Cotoneaster zabelii*）、白毛小叶金露梅（*Potentilla parvifolia* var. *hypoleuca*）、丛生钉柱委陵菜（*P. saundersiana* var. *caespitosa*）、齿裂西山委陵菜（*P. sischanensis* var. *peterae*）、黄刺玫（*Rosa xanthina*）、单瓣黄刺玫（*Rosa xanthina* f. *normalis*）、纤细山莓草（*Sibbaldia tenuis*）、窄叶鲜卑花（*Sibiraea angustata*）、华北珍珠梅（*Sorbaria kirilowii*）、陕甘花楸（*Sorbus koehneana*）、祁连山黄耆（*Astragalus chilienshanensis*）、金翼黄耆（*A. chrysopterus*）、大通黄耆（*A. datunensis*）、贵南黄耆（*A. guinanicus*）、淡黄花黄耆（*A. luteolus*）、甘肃黄耆（*A. licentianus*）、多毛马衔山黄芪（*A. mahoschanicus* var. *multipilosus*）、茵垫黄耆（*A. mattam*）、单蕊黄耆（*A. monadelphus*）、黑紫花黄耆（*A. przewalskii*）、松潘黄耆（*A. sungpanensis*）、肾形子黄耆（*A. skythropos*）、玉门黄耆（*A. yumenensis*）、东俄洛黄耆（*A. tongolensis*）、长小苞膨果豆（*Phyllolobium balfourianum*）、青海锦鸡儿（*Caragana chinghaiensis*）、密叶锦鸡儿（*C. densa*）、川西锦鸡儿（*C. erinacea*）、荒漠锦鸡儿（*C. roborovskyi*）、牛枝子（*Lespedeza potaninii*）、贵南棘豆（*Oxytropis guinanensis*）、长宽苞棘豆（*O. latibracteata* var. *longibracteata*）、玛沁棘豆（*O. maqinensis*）、青海棘豆（*O. qinghaiensis*）、白刺（*Nitraria tangutorum*）、青藏大戟（*Euphorbia altotibetica*）、甘肃大戟（*E. kansuensis*）、中国沙棘（*Hippophae rhamnoides* subsp. *sinensis*）、尖瓣芹（*Acronema chinense*）、矮尖瓣芹（*A. chinense* var. *humile*）、紫花鸭跖柴胡（*Bupleurum commelynoideum*）、簇生柴胡（*B. condensatum*）、秦岭柴胡（*B. longicaule* var. *giraldii*）、小叶黑柴胡（*B. smithii* var. *parvifolium*）、宽叶羌活（*Notopterygium franchetii*）、羌活（*N. incisum*）、垫状棱子芹（*Pleurospermum hedinii*）、西藏棱子芹（*P. hookeri* var. *thomsonii*）、青藏棱子芹（*P. pulszkyi*）、青海棱子芹（*P. szechenyii*）、瘤果棱子芹（*P. wrightianum*）、条叶东俄芹（*Tongoloa taeniophylla*）、烈香杜鹃（*Rhododendron anthopogonoides*）、头花杜鹃（*Rh. capitatum*）、陇蜀杜鹃（*Rh. przewalskii*）、千里香杜鹃（*Rh. thymifolium*）、西藏点地梅（*Androsace mariae*）、雅江点地梅（*A. yargongensis*）、羽叶点地梅（*Pomatosace filicula*）、黄花粉叶报春（*Primula flava*）、苞芽粉报春（*P. gemmifera*）、甘青报春（*P. tangutica*）、岷山报春（*P.

woodwardii）、星毛补血草（*Limonium potaninii*）、皱边喉毛花（*Comastoma polycladum*）、开张龙胆（*Gentiana aperta*）、刺芒龙胆（*G. aristata*）、青藏龙胆（*G. futtereri*）、南山龙胆（*G. grumii*）、偏翅龙胆（*G. pudica*）、条纹龙胆（*G. striata*）、大花龙胆（*G. szechenyii*）、短茎三歧龙胆（*G. trichotoma* var. *chingii*）、三色龙胆（*G. tricolor*）、紫红假龙胆（*Gentianella arenaria*）、细萼扁蕾（*Gentianopsis barbata* var. *stenocalyx*）、黄白扁蕾（*G. barbata* var. *albiflavida*）、密序肋柱花（*Lomatogonium rotatum* var. *floribundum*）、二叶獐牙菜（*Swertia bifolia*）、抱茎獐牙菜（*S. franchetiana*）、四数獐牙菜（*S. tetraptera*）、华北獐牙菜（*S. wolfgangiana*）、针刺齿缘草（*Eritrichium acicularum*）、异果齿缘草（*E. heterocarpum*）、矮齿缘草（*E. humillimum*）、青海齿缘草（*E. medicarpum*）、唐古拉齿缘草（*E. tangkulaense*）、尖叶微孔（*Microula blepharolepis*）、疏散微孔草（*M. diffusa*）、多花微孔草（*M. floribunda*）、多花微孔草（*M. stenophylla*）、宽苞微孔草（*M. tangutica*）、小花西藏微孔草（*M. tibetica* var. *pratensis*）、光果莸（*Caryopteris tangutica*）、白苞筋骨草（*Ajuga lupulina*）、甘青青兰（*Dracocephalum tanguticum*）、小头花香薷（*Elsholtzia cephalantha*）、高原香薷（*E. feddei*）、蓝花荆芥（*Nepeta coerulescens*）、康藏荆芥（*N. prattii*）、尖齿糙苏（*Phlomis dentosa*）、渐光糙苏（*Ph. dentosa* var. *glabrescens*）、甘西鼠尾草（*Salvia przewalskii*）、粘毛鼠尾草（*S. roborowskii*）、宁夏枸杞（*Lycium barbarum*）、短穗兔耳草（*Lagotis brachystachya*）、短筒兔耳草（*L. brevituba*）、阿拉善马先蒿（*Pedicularis alaschanica*）、鸭首马先蒿（*P. anas*）、黄花鸭首马先蒿（*P. anas* var. *xanthantha*）、短唇马先蒿（*P. brevilabris*）、中国马先蒿（*P. chinensis*）、凸额马先蒿（*P. cranolopha*）、弯管马先蒿（*P. curvituba*）、祁连费尔氏马先蒿（*P. pheulpinii* subsp. *chilienensis*）、硕大马先蒿（*P. ingens*）、白花甘肃马先蒿（*P. kansuensis* subsp. *kansuensis* f. *albiflora*）、青海甘肃马先蒿（*P. kansuensis* subsp. *kokonorica*）、毛颏马先蒿（*P. lasiophrys*）、藓生马先蒿（*P. muscicola*）、中国欧氏马先蒿（*P. oederi* subsp. *oederi* var. *sinensis*）、拟篦齿马先蒿（*P. pectinatiformis*）、绵穗马先蒿（*P. pilostachya*）、多齿马先蒿（*P. polyodonta*）、普氏马先蒿（*P. przewalskii*）、假弯管马先蒿（*P. pseudocurvituba*）、劳氏马先蒿（*P. roborowskii*）、粗野马先蒿（*P. rudis*）、鹬形马先蒿（*P. scolopa*）、半扭卷马先蒿（*P. semitorta*）、团花马先蒿（*P. sphaerantha*）、四川马先蒿（*P. szetschuanica*）、三叶马先蒿（*P. ternata*）、唐古特轮叶马先蒿（*P. verticillata* subsp. *tangutica*）、细穗玄参（*Scrofella chinensis*）、甘肃玄参（*Scrophularia kansuensis*）、小花玄参（*S. souliei*）、毛果婆婆纳（*Veronica eriogyne*）、丝梗婆婆纳（*V. filipes*）、光果婆婆纳（*V. rockii*）、唐古拉婆婆纳（*V. vandellioides*）、四川波罗花（*Incarvillea berezovskii*）、密生波罗花（*I. compacta*）、豆列当（*Mannagettaea labiata*）、矮生忍冬（*Lonicera rupicola* var. *minuta*）、绿花党参（*Codonopsis viridiflora*）、柳叶亚菊（*Ajania salicifolia*）、青海二色香青（*Anaphalis bicolor* var. *kokonorica*）、淡黄香青（*A. flavescens*）、乳白香青（*A. lactea*）、青藏蒿（*Artemisia duthreuil-de-rhinsi*）、紫花冷蒿（*A. frigida* var. *atropurpurea*）、甘肃蒿（*A. gansuensis*）、江孜蒿（*A. gyangzeensis*）、昆仑蒿（*A. nanschanica*）、藏岩蒿（*A. prattii*）、藏龙蒿（*A. waltonii*）、日喀则蒿（*A. xigazeensis*）、狭苞紫菀（*A. farreri*）、夏河云南紫菀（*A. yunnanensis* var. *labrangensis*）、星毛短舌菊（*Brachanthemum pulvinatum*）、三角叶蟹甲草（*Parasenecio deltophyllus*）、矮天名精（*Carpesium humile*）、川甘岩参（*Cicerbita roborowskii*）、褐毛垂头菊（*Cremanthodium brunneopilosum*）、美头火绒草（*Leontopodium calocephalum*）、银叶火绒草（*L. souliei*）、

掌叶橐吾（*Ligularia przewalskii*）、唐古特橐吾（*L. tangutorum*）、无梗风毛菊（*Saussurea apus*）、沙生风毛菊（*S. arenaria*）、异色风毛菊（*S. brunneopilosa*）、抱茎风毛菊（*S. chingiana*）、川西风毛菊（*S. dzeurensis*）、柳叶菜风毛菊（*S. epilobioides*）、红柄雪莲（*S. erubescens*）、球花雪莲（*S. globosa*）、披针叶风毛菊（*S. souliei*）、钝苞雪莲（*S. nigrescens*）、红叶雪兔子（*S. paxiana*）、褐花雪莲（*S. phaeantha*）、小风毛菊（*S. minuta*）、尖苞风毛菊（*S. acutisquama*）、林生风毛菊（*S. sylvatica*）、唐古特雪莲（*S. tangutica*）、西藏风毛菊（*S. tibetica*）、羌塘雪兔子（*S. wellbyi*）、帚状鸦葱（*Scorzonera pseudodivaricata*）、异羽千里光（*Senecio diversipinnus*）、缢苞麻花头（*Klasea centauroides* subsp. *strangulata*）、橙舌狗舌草（*Tephroseris rufa*）、毛果橙舌狗舌草（*T. rufa* var. *chaetocarpa*）、细叶芨芨草（*Achnatherum chingii*）、光药芨芨草（*A. psilantherum*）、甘青剪股颖（*Agrostis hugoniana*）、岩生剪股颖（*A. sinorupestris*）、大雀麦（*Bromus magnus*）、华雀麦（*B. sinensis*）、短枝发草（*Deschampsia cespitosa* subsp. *ivanovae*）、黄花野青茅（*Deyeuxia flavens*）、青海野青茅（*D. kokonorica*）、矮野青茅（*D. tibetica* var. *przevalskyi*）、硬穗披碱草（*Elymus barystachyus*）、短芒披碱草（*E. breviaristatus*）、肃草（*E. strictus*）、林地披碱草（*E. sylvaticus*）、玉龙羊茅（*Festuca forrestii*）、甘肃羊茅（*F. kansuensis*）、中华羊茅（*F. sinensis*）、藏异燕麦（*Helictotrichon tibeticum*）、糙毛以礼草（*Kengyilia hirsuta*）、大颖以礼草（*K. grandiglumis*）、无芒以礼草（*K. mutica*）、大黑药以礼草（*K. melanthera* var. *tahopaica*）、硬秆以礼草（*Kengyilia rigidula*）、窄颖以礼草（*Kengyilia stenachyra*）、弯曲赖草（*Leymus flexus*）、扇穗茅（*Littledalea racemosa*）、甘肃臭草（*Melica przewalskyi*）、青海固沙草（*Orinus kokonorica*）、藏落芒草（*Piptatherum tibeticum* var. *tibeticum*）、垂枝早熟禾（*Poa szechuensis* var. *debilior*）、法氏早熟禾（*P. faberi*）、宿生早熟禾（*P. perennis*）、青海早熟禾（*P. qinghaiensis*）、堇色早熟禾（*P. araratica* subsp. *ianthina*）、疏花针茅（*Stipa penicillata*）、毛疏花针茅（*S. penicillata* var. *hirsuta*）、糙喙薹草（*Carex scabrirostris*）、干生薹草（*C. aridula*）、唐古拉薹草（*C. tangulashanensis*）、短刚毛荸荠（*Eleocharis abnorma*）、耳海荸荠（*E. erhaiensis*）、本兆荸荠（*E. penchaoi*）、青海荸荠（*E. qinghaiensis*）、康藏嵩草（*Kobresia littledalei*）、长柱灯心草（*Juncus przewalskii*）、折被韭（*Allium chrysocephalu*）、杯花韭（*A. cyathophorum*）、唐古韭（*A. tanguticum*）、长花天门冬（*Asparagus longiflorus*）、暗紫贝母（*Fritillaria unibracteata*）、青海鸢尾（*Iris qinghainica*）等。

属于中国特有珍稀濒危植物有11种，仅占全州植物总数的0.88%，即洮河红景天（*Rhodiola himalensis* subsp. *taohoensis*）、冰川景天（*Sedum sinoglaciale*）、紫罗兰报春（*Primula purdomii*）、狭萼报春（*Primula stenocalyx*）、管花秦艽（*Gentiana siphonantha*）、颈果草（*Metaeritrichium microuloides*）、盘状合头菊（*Syncalathium disciforme*）、三蕊草（*Sinochasea trigyna*）、泽库薹草（*Carex zekogensis*）、甘肃贝母（*Fritillaria przewalskii*）和西藏玉凤花（*Habenaria tibetica*）。

仅分布在海南州境内的特有种有8种，即贵南黄耆（*Astragalus guinanicus*）、多毛马衔山黄耆（*A. mahoschanicus* var. *multipieis*）、大花多枝黄耆（*A. polycladus* var. *magniflorum*）、贵南棘豆（*Oxytropis guinanensis*）、长宽苞棘豆（*O. latibracteata* var. *longibracteata*）、短刚毛荸荠（*Eleocharis abnorma*）、耳海荸荠（*E. erhaiensis*）和本兆荸荠（*E. penchaoi*）。

青海省

海南藏族自治州
维管植物图谱

问荆　藏名：邦才

Equisetum arvense Linnaeus

Equisetaceae 木贼科　Equisetum 木贼属

【形态特征】 中小型植物。根茎斜升、直立或横走，黑棕色，节和根密生黄棕色长毛或光滑无毛。地上茎当年枯萎。枝二型。能育枝春季先萌发，高5～35cm，中部直径3～5mm，节间长2～6cm，黄棕色，无轮茎分枝，脊不明显，有密纵沟；鞘筒栗棕色或淡黄色，长约0.8cm，鞘齿9～12枚，栗棕色，长4～7mm，狭三角形，鞘背仅上部有1浅纵沟，孢子散后能育枝枯萎。不育枝后萌发，高达40cm，主枝中部直径1.5～3mm，节间长2～3cm，绿色，轮生茎分枝多，主枝中部以下有分枝。脊的背部弧形，无棱，有横纹，无小瘤；鞘筒狭长，绿色，鞘齿三角形，5～6枚，中间黑棕色，边缘膜质，淡棕色，宿存。侧枝柔软纤细，扁平状，有3～4条狭而高的脊，脊的背部有横纹；鞘齿3～5枚，披针形，绿色，边缘膜质，宿存。孢子囊穗圆柱形，长1.8～4.0cm，直径0.9～1.0cm，顶端钝，成熟时柄伸长，柄长3～6cm。

【经济用途】 全草入药，疏风解痉、明目退翳、止血、利尿、活血化瘀；治目赤肿痛、云翳、风肠、崩漏、痔疮便血、跌打损伤和尿路感染等。

【生境分布】 贵德、贵南、同德、兴海。生于林下、沼泽水沟边、河滩、草甸，海拔2230～4100m。分布于东北、华北、山东、湖北、四川、贵州、西藏、新疆和喜马拉雅等地；北温带及北寒带广布；亚洲、欧洲、北美洲有分布。在青海亦分布于囊谦、玉树、称多、班玛、久治、玛沁、同仁、泽库、格尔木、德令哈、乌兰、西宁、大通、湟源、湟中、乐都、互助、海晏、门源。

白瑜 摄

节节草 节节木贼 藏名：女策 阿哇

Equisetum ramosissimum **Desfontaines**

Equisetaceae 木贼科 Equisetum 木贼属

【形态特征】 多年生草本。高20～60cm，根状茎横走，黑色。地上茎一型，茎直立、坚硬，多分枝，分枝轮生，直径1～3mm；中心孔大形，外面有纵棱脊10～20条，较狭、粗糙，每棱脊上面有硅质的疣状突起1行，或具小横纹。沟内有气孔线1～4行。鞘圆筒形，长为直径的2倍，鞘片背上无棱脊，鞘齿披针状钻形，棕褐色，边缘白色膜质，顶部膜质尖尾易脱落。孢子囊穗生枝顶，排列紧密，长圆形，长5～15mm，无柄，具小尖头。孢子叶六角状盾形，棕褐色，中央微凹，下生6～9个孢子囊，孢子一型，成熟后于内侧开裂。

【相近种】 与问荆 *E. arvense* 的区别在于节节草地上茎一型，茎中空；而问荆地上茎二型，茎不中空。

【经济用途】 全草入药，为藏药“木贼”，清热、利湿、明目、排脓、降压、止血，治目赤肿痛、云翳眼疾、胸腔脓疡、高血压、痔疮便血。

【生境分布】 贵南、兴海。生于河沟边、地边、沼泽地，海拔1900～3400m。广布全国各地；欧洲、亚洲、非洲的温带地区广布。在青海亦分布于玉树、尖扎、同仁、西宁、大通、湟中、民和、互助。

蕨 蕨菜 蕨萁 如意菜
藏名：玉周歧哇曼巴

***Pteridium aquilinum* var. *latiusculum* (Desvaux) Underwood ex A. Heller**

Dennstaedtiaceae 碗蕨科 Pteridium 蕨属

【形态特征】 植株高可达1m。根状茎粗壮，长而横走，密被锈黄色柔毛，以后逐渐脱落。叶远生，幼时拳卷密被绒毛，以后脱落；叶柄长20～80cm，基部粗3～6mm，淡褐色、褐棕色或棕禾秆色，略有光泽，光滑，上面有浅纵沟1条；叶片阔三角形或长圆三角形，长20～60cm，宽15～40cm，基部圆楔形，先端渐尖，三回羽状；羽片4～6对，对生或近对生（或互生），斜展，基部一对最大，三角形，具柄，柄长3～5cm；向上几对略变小，二回羽状；小羽片约10对，近互生，斜展，长圆状披针形，长6～10cm，宽1.5～2.5cm，先端尾状渐尖（尾尖头的基部略呈楔形收缩），基部近平截，具短柄或几无柄；中部以上的羽片逐渐变为一回羽状，末回小羽片互生，与下部羽片的裂片同形，小羽轴下侧的较上侧的稍大，长圆形至短披针形，基部截形，无柄，顶端圆形或钝尖，全缘或有时羽裂，长0.5～1.5cm，宽3～6mm；叶脉羽状，侧脉分叉，背面隆起；叶片近革质，腹面无毛，背面沿各回羽轴及叶脉上有灰白色短毛；各回羽轴上面均有深纵沟1条，沟内无毛。孢子囊群线形，沿叶边缘着生在边脉上，连续，囊群盖两层，内盖薄膜质，外盖厚膜质。

【经济用途】 ①根状茎提取的淀粉称蕨根粉，供食用；②根状茎的纤维可制绳缆，能耐水湿；③嫩叶可食，称蕨菜；④全株入药，清热退烧、止痛、催产，治中毒性发烧、慢性病发烧、筋骨疼痛、胎衣不下。

【生境分布】 贵德。生于山坡、林下、田边、岩石缝隙及山沟草丛中等阳光充足的地方，海拔2300～2800m。广布全国各地，但主要产于长江流域及以北地区；世界热带、亚热带及温带地区均有。在青海主要分布于东部地区。

陕西粉背蕨 藏名：热然

Aleuritopteris argentea var. ***obscura*** (Christ) Ching

Pteridaceae 凤尾蕨科 Aleuritopteris 粉背蕨属

【形态特征】 植株高15～35cm。根状茎短而直立，密被鳞片，鳞片披针形，中间亮褐色，边缘有棕色狭边。叶簇生，叶柄长8～25cm，粗0.1～0.2cm，栗红色，有光泽，光滑，基部疏生鳞片；叶片五角形，尾状长渐尖，长宽几相等，6～12cm，基部三回羽裂，中部二回羽裂，顶部一回羽裂，分裂度细；侧生羽片4～6对，对生或近对生；基部一对羽片最大，近三角形，先端尾状长渐尖，基部与叶轴合生，无柄，基部下侧1～2片小羽片宽披针形，长3～5cm，宽1～2cm，一回羽裂，有裂片4～5对，彼此以阔间隔分开；第三对小羽片分裂或不分裂，较基部一对小羽片短而狭；第二对羽片宽披针形，先端长尾尖，基部与叶轴合生，以阔翅沿叶轴下延，有不整齐的裂片4～5对，裂片镰刀形，先端钝尖，长1cm，宽2mm，斜展；第二对以上羽片偶为不整齐的羽裂，裂片大都为镰刀形，向顶部逐渐缩短。叶片干后纸质或薄革质，叶脉不显，上面光滑，下面无粉末；羽轴、小羽轴与叶轴同色，末回裂片边全缘或具微齿。孢子囊群线形或圆形，周壁疏具颗粒状纹饰。

【经济用途】 全草入药，清热退烧、解毒明目、舒筋活络、调经活血，治热性病、目赤红肿、经络损伤、经络疼痛、腹泻、月经不调、痛经。

【生境分布】 同德。生于林下、田边、山沟、石缝中，海拔2260～4000m。分布于四川、新疆、甘肃、陕西、山西、河北、河南、山东等省区。在青海亦分布于囊谦、玉树、尖扎、泽库、西宁、循化、乐都、民和、互助。

冷蕨

Cystopteris fragilis (Linnaeus) Bernhard

Cystopteridaceae 冷蕨科　Cystopteris 冷蕨属

【形态特征】 植株高10～25cm。根状茎短而横走，被淡棕色、阔披针形鳞片。叶近生或簇生，柄长5～12cm，基部黑褐色，被鳞片，向上禾秆色或红棕色，略有光泽；叶片披针形至长圆状披针形，长7～20cm，宽3～6cm，二回羽状或三回羽裂；羽片10～15对，斜展，彼此远离，长圆状披针形，基部一对略缩短，第一对最大，长2～5cm或稍长，基部宽0.8～2.5cm，向上渐尖，具短尖头，一回羽状，小羽片约5对，近平展，长圆形或卵形，基部一对最大，顶端钝或尖，基部偏斜，下延，以狭翅相连，边缘有粗齿或浅裂，或羽状分裂，其余向上各对渐缩短；叶脉羽状，小脉伸达锯齿顶端。叶片干后草质，绿色或黄绿色。孢子囊群圆形，背生于叶脉中部，每小羽片有2～4对；囊群盖卵形，膜质，成熟时破裂。孢子表面深棕色，具较密而均匀的刺状突起。

【生境分布】 同德。生于山坡石缝或云杉林中，海拔3200～3600m。分布于西藏、云南、四川，以及西北、华北、东北、台湾等省区；广布欧洲、亚洲和北美洲。在青海亦分布于泽库、乐都。

皱孢冷蕨 北方冷蕨

Cystopteris dickieana Sim

Cystopteridaceae 冷蕨科 Cystopteris 冷蕨属

【形态特征】 本种外形与冷蕨 *C. fragilis* 几乎完全相同，很难区分，但孢子显著不同，周壁不具刺状突起，而具皱纹或不规则的矮突起。叶片通常较宽。

【生境分布】 同德。生于阴坡灌丛、岩石缝隙，海拔2800～4290m。分布于西藏、四川、新疆、甘肃、陕西及河北等省区。在青海亦分布于泽库、乐都、祁连、门源。

变异铁角蕨 藏名：敦布热惹

Asplenium varians Wallich ex Hooker & Greville

Aspleniaceae 铁角蕨科 Asplenium 铁角蕨属

【形态特征】 植株高10～20cm。根状茎短而直立，顶部被褐色、全缘、披针形鳞片。鳞片透明，具粗筛孔。叶簇生，柄长2～5cm，基部栗色，疏生鳞片，上部绿色，近光滑；叶片长圆状披针形，长7～15cm，宽2～4cm，顶端渐尖，基部不变狭或略变狭，二回羽状；羽片8～10对，互生，长圆形或卵状三角形，顶端钝尖，基部不对称，具短柄，中部的常稍大，一回羽状；小羽片2～3对，基部上侧一片先出，较大，倒卵状三角形或扇形，顶部有尖锐锯齿，或有时深裂，基部楔形下延与小叶轴相连；叶脉羽状，侧脉分叉或单一，每齿有1条小脉；叶片草质，叶轴绿色，孢子囊群线形或长圆形，每裂片有2～4枚，近主脉排列，成熟后布满叶背；囊群盖灰白色，膜质，全缘。

【经济用途】 根茎入药，为藏药“耳蕨”，清热解毒、止血愈伤，治食物中毒、斑疹毒、子宫出血、衄血、便血、外伤出血。

【生境分布】 同德、共和。生于林下阴湿处及潮湿岩石上，海拔3200～3400m。分布于陕西、四川、云南和西藏东南部；缅甸、印度、不丹、尼泊尔、斯里兰卡、中南半岛、印度尼西亚、夏威夷群岛和非洲南部均有分布。在青海亦分布于泽库。

注：本种形体变异较大。

近多鳞鳞毛蕨

Dryopteris komarovii **Kosshinsky**

Dryopteridaceae 鳞毛蕨科　Dryopteris 鳞毛蕨属

【形态特征】 植株高30～50cm。根状茎丛生，短而直立，密被红棕色、长圆状披针形鳞片。叶簇生；柄长8～18cm，粗约0.5cm，棕褐色，基部被棕色、大、卵圆形鳞片，向上渐疏；叶片长圆状披针形，长20～35cm，宽8～10cm，先端钝尖头，基部略狭缩，二回羽状，偶有三回羽裂；侧生羽片18～20对，中部羽片长3.5～5cm，宽1.2～2cm，披针形，钝尖头，基部最宽，无柄，基部一对羽片长2.5～4cm，卵圆状披针形，羽状深裂；小羽片8～10对，斜展，彼此以狭间隔分开，长圆形，先端钝圆，具整齐的三角形齿牙，基部与羽轴合生，边缘通常具圆齿，基部数对偶为羽裂；叶片干后黄绿色，纸质；叶脉两面明显；叶轴、羽轴密被棕色、披针形和线状披针形鳞片，少有纤维状鳞毛；羽片上面光滑，下面具纤维状鳞毛。孢子囊群生于小羽轴两侧，中等大；囊群盖棕色，膜质，边缘有不整齐的齿牙。

【相近种】 本种与多鳞鳞毛蕨 *D. barbigera*（青海亦产）相近，但植株较矮小，叶片长圆状披针形，向基部略狭缩，二回羽状，叶柄鳞片稀疏，少有纤维状鳞毛，可以区别。

【经济用途】 全草入药，清热解毒、补肾、愈伤、活血、止痛，治食物中毒、跌打瘀痛、筋骨疼痛、肾虚耳鸣。

【生境分布】 同德。生于山坡灌丛、岩石缝隙、林下或山坡草地，海拔2600～4100m。分布于台湾、甘肃、陕西、四川、云南、西藏；俄罗斯、印度、尼泊尔、不丹、缅甸也有分布。在青海亦分布于囊谦、玉树、班玛、久治、同仁、大通、湟中、民和、乐都、互助。

天山瓦韦

Lepisorus albertii (Regel) Ching

Polypodiaceae 水龙骨科　Lepisorus 瓦韦属

【形态特征】 植株高5～10cm。根状茎横走，粗壮，直径约3mm，密被鳞片；鳞片披针形，基部阔卵形，上部渐狭，具长的芒状先端，网眼近方形或短长方形，大而透明，边缘具粗长刺，褐色。叶近生或远生；叶柄长0.5～5.5cm，纤细，禾秆色，光滑；叶片线状披针形，长5～14cm，中部宽4～12mm，两端渐狭，圆钝头，基部楔形，常下延，对称，边缘平直，干后两面深绿色或灰绿色，纸质。主脉上下均隆起，小脉不显。孢子囊群近圆形，着生于主脉与叶边之间，略靠近主脉，幼时被隔丝覆盖；隔丝鳞片状，网眼不规则，大而透明，边缘有粗长刺，褐色。

【经济用途】 全草入药，清热利湿、利尿通淋、止血活血。

【生境分布】 同德、兴海、共和。生于阳山坡、岩石荫蔽处及岩石缝隙，海拔1700～3750m。分布于新疆、河北、山西、四川、甘肃。在青海亦分布于杂多、门源、祁连、玉树、民和、湟源、河南等地。

秦岭槲蕨　华槲蕨　骨碎补　毛姜
藏名：帕江热惹
Drynaria baronii Diels

Drynariaceae 槲蕨科　Drynaria 槲蕨属

【形态特征】 植株高16～50cm。根状茎肉质、粗壮，直径1～2cm，横走，有宿存的光突叶柄和叶轴，密被棕色至棕褐色、膜质、钻状披针形、边缘有睫毛的鳞片。鳞片斜升，近盾状着生，基部有短耳，长4～11mm，宽0.5～1.5mm，边缘具重齿。叶二型。不育叶矮小，无柄；叶片卵状披针形或长圆状披针形，长12～18cm，宽4～5cm，黄绿色或褐黄色，羽状深裂达羽轴，裂片10～12(～20)对，边缘略成齿状，下部裂片缩短，不呈耳状。能育叶高大，柄长3～8cm，直径约2cm，深禾秆色，基部被鳞片，向上在柄两侧各有1狭翅；叶片狭长圆形或长圆状披针形，顶端渐尖，下部裂片略狭或缩成耳形，长20～40cm。宽4～10cm，羽状深裂达叶轴；裂片15～25(～30)对，互生，线状披针形，长2.5～6cm，宽0.5～1cm，顶端钝或渐尖，边缘有细齿或缺刻，叶脉网状，明显，有内藏小脉，叶片纸质，两面沿叶脉及叶轴疏被白色短毛，孢子囊群圆形，较大，沿主脉两侧各排成整齐的1行，靠近主脉。孢子外壁光滑或有褶皱，具刺状突起，周壁具小疣状纹饰。

【经济用途】 ①根状茎入药，为藏药“槲蕨”，清热退烧、止痛、补肾接骨、行血止血，主治骨折损伤、外伤出血、风湿疼痛、肾虚久泻、牙痛等症；②藏医还用以催产，治胎衣不下症。

【生境分布】 贵德、同德、兴海。生于山坡、灌丛、林下、岩石缝隙及田边，海拔2100～3500m。中国特有种，分布于陕西、山西、甘肃、西藏东部、四川、云南。在青海亦分布于囊谦、玉树、班玛、玛沁、同仁、泽库、大通、湟源、湟中、循化、乐都、民和、互助、祁连、门源。

落叶松

兴安落叶松　意气松　达乌里落叶松

Larix gmelinii (Ruprecht) Kuzeneva

Pinaceae 松科　Larix 落叶松属

【形态特征】 乔木，高达35m，胸径60～90cm；幼树树皮深褐色，裂成鳞片状块片，老树树皮灰色、暗灰色或灰褐色，纵裂成鳞片状剥离，剥落后内皮呈紫红色；枝斜展或近平展，树冠卵状圆锥形；一年生长枝较细，淡黄褐色或淡褐黄色，直径约1mm，无毛或有散生长毛或短毛，或被或疏或密的短毛，基部常有长毛，二、三年生枝褐色、灰褐色或灰色；短枝直径2～3mm，顶端叶枕之间有黄白色长柔毛；冬芽近圆球形，芽鳞暗褐色，边缘具睫毛，基部芽鳞的先端具长尖头。叶片倒披针状条形，长1.5～3cm，宽0.7～1mm，先端尖或钝尖，上面中脉不隆起，有时两侧各有1～2条气孔线，下面沿中脉两侧各有2～3条气孔线。球果幼时紫红色，成熟前卵圆形或椭圆形，成熟时上部的种鳞张开，黄褐色、褐色或紫褐色，长1.2～3cm，直径1～2cm，种鳞14～30枚；中部种鳞五角状卵形，长1～1.5cm，宽0.8～1.2cm，先端截形、圆截形或微凹，鳞背无毛，有光泽；苞鳞较短，长为种鳞的1/3～1/2，近三角状长卵形或卵状披针形，先端具中肋延长的急尖头；种子斜卵圆形，灰白色，具淡褐色斑纹，长3～4mm，直径2～3mm，连翅长约1cm，种翅中下部宽，上部斜三角形，先端钝圆；子叶4～7枚，针形，长约1.6cm；初生叶片窄条形，长1.2～1.6cm，上面中脉平，下面中脉隆起，先端钝或微尖。花期5～6月，球果9月成熟。

【相近种】 本种与其变种华北落叶松*L. gmelinii* var. *principis-rupprechtii*相近，区别在于落叶松一年生长枝较细，直径约1mm，短枝直径2～3mm，球果长1.2～3cm，直径1～2cm，种鳞14～30枚，成熟时上部的种鳞张开；而华北落叶松一年生枝常较粗壮，直径1.4～2.5mm，短枝直径3～4mm，球果长2～4cm，直径2～3cm，种鳞26～45枚，成熟时上部的种鳞不张开或微张开。另外，落叶松较耐寒，在树形上比华北落叶松更加高大，但胸径较小。

【经济用途】 ① 木材可供房屋建筑、土木工程、电线杆、舟车、细木加工及木纤维工业原料等用材；② 树干可提取树脂，树皮可提取栲胶；③ 可做观赏盆景。

【生境分布】 海南州各地均有栽培。

朱鑫鑫 摄

朱鑫鑫 摄

朱鑫鑫 摄

华北落叶松 雾灵落叶松 落叶松

***Larix gmelinii* var. *principis-rupprechtii* (Mayr) Pilger**

Pinaceae 松科 Larix 落叶松属

【形态特征】 乔木，高达30m，胸径1m；树皮暗灰褐色，不规则纵裂，成小块片脱落；枝平展，具不规则细齿；苞鳞暗紫色，近带状矩圆形，长0.8～1.2cm，基部宽，中上部微窄，先端圆截形，中肋延长成尾状尖头，仅球果基部苞鳞的先端露出；种子斜倒卵状椭圆形，灰白色，具不规则的褐色斑纹，长3～4mm，直径约2mm，种翅上部三角状，中部宽约4mm，种子连翅长1～1.2cm；子叶5～7枚，针形，长约1cm，下面无气孔线。花期4～5月，球果10月成熟。

【生境分布】 海南州各地均有栽培。中国特有种，分布于山西、河北，为华北地区高山针叶林带中的主要森林树种。青海西宁、大通、乐都、互助等地也有栽培，海拔2200～3000m。

青海云杉 藏名：仲美兴

Picea crassifolia Komarov

Pinaceae 松科 Picea 云杉属

【形态特征】 乔木，高达23m，胸径30～60cm；一年生嫩枝淡绿黄色，有或多或少的短毛，或几无毛至无毛，干后或二年生小枝呈粉红色或淡褐黄色，稀呈黄色，通常有明显或微明显的白粉（尤以叶枕顶端的白粉显著），或无白粉，老枝呈淡褐色、褐色或灰褐色；冬芽圆锥形，通常无树脂，基部芽鳞有隆起的纵脊，小枝基部宿存芽鳞的先端常开展或反曲。叶较粗，四棱状条形，近辐射伸展，或小枝上面之叶直上伸展，下面及两侧之叶向上弯伸，多少弯曲或直，长1.2～3.5cm，宽2～3mm，先端钝，或具钝尖头，横切面四棱形，稀两侧扁，四面有气孔线，上面每边5～7条，下面每边4～6条。球果圆柱形或矩圆状圆柱形，长7～11cm，直径2～3.5cm，成熟前种鳞背部露出部分绿色，上部边缘紫红色；中部种鳞倒卵形，长约1.8cm，宽约1.5cm，先端圆，边缘全缘或微成波状，微向内曲，基部宽楔形；苞鳞短小，三角状匙形，长约4mm；种子斜倒卵圆形，长约3.5mm，连翅长约1.3cm，种翅倒卵状，淡褐色，先端圆。花期4～5月，球果9～10月成熟。

【经济用途】 ① 材质优良、抗旱性较强，为青海东部、甘肃北部山区和祁连山区的优良造林树种；② 根皮、树脂和球果入药。

【生境分布】 海南州各地均有栽培。生于河谷、阴坡、山顶，常在山谷与阴坡组成单纯林分，海拔2400～3800m。中国特有种，分布于甘肃、宁夏、内蒙古。在青海亦分布于玛沁、同仁、泽库、河南、格尔木、都兰、湟源、湟中、乐都、民和、互助、刚察、海晏、祁连、门源。

油松 藏名：仲兴

Pinus tabuliformis Carrière

Pinaceae 松科 Pinus 松属

【形态特征】 乔木，高达25m，胸径可达1m以上；树皮灰褐色或褐灰色，裂成不规则较厚的鳞状块片，裂缝及上部树皮红褐色；枝平展或向下斜展，老树树冠平顶，小枝较粗，褐黄色，无毛，幼时微被白粉；冬芽矩圆形，顶端尖，微具树脂，芽鳞红褐色，边缘有丝状缺裂。针叶2针1束，深绿色，粗硬，长10～15cm，直径约1.5mm，边缘有细锯齿，两面具气孔线；横切面半圆形，树脂道5～8个或更多，边生，多数生于背面，腹面有1～2个，稀角部有1～2个中生树脂道，叶鞘初呈淡褐色，后呈淡黑褐色。雄球花圆柱形，长1.2～1.8cm，在新枝下部聚生成穗状。球果卵形或圆卵形，长4～9cm，有短梗，向下弯垂，成熟前绿色，熟时淡黄色或淡褐黄色，常宿存树上近数年之久；中部种鳞近矩圆状倒卵形，长1.6～2cm，宽约1.4cm，鳞盾肥厚，隆起或微隆起，扁菱形或菱状多角形，横脊显著，鳞脐凸起有尖刺；种子卵圆形或长卵圆形，淡褐色有斑纹，长6～8mm，直径4～5mm，连翅长1.5～1.8cm；子叶8～12枚，长3.5～5.5cm；初生叶窄条形，长约4.5cm，先端尖，边缘有细锯齿。花期4～5月，球果第2年10月成熟。

【经济用途】 ① 树干可割取松脂，含松香、松节油；② 松枝、松针、松树皮、松香、松节油、花粉、球果均可入药，功能主治各有不同。

【生境分布】 海南州各地均有栽培。生于山坡、河边，海拔2000～2800m。中国特有种，分布于四川、甘肃、陕西、宁夏、山西、河北、内蒙古、辽宁、吉林、河南、山东等省区。在青海亦分布于尖扎、同仁、西宁、循化、乐都、互助、门源等地。

侧柏 黄柏 香柏 扁柏 藏名：热秀

Platycladus orientalis (Linnaeus) Franco

Cupressaceae 柏科 Platycladus 侧柏属

【形态特征】 乔木，高可超过20m，胸径1m；树皮薄，浅灰褐色，纵裂成条片；枝条向上伸展或斜展，幼树树冠卵状尖塔形，老树树冠则为广圆形；生鳞叶的小枝细，向上直展或斜展，扁平，排成一平面。叶片鳞形，长1～3mm，先端微钝，小枝中央的叶露出的部分呈倒卵状菱形或斜方形，背面中间有条状腺槽，两侧的叶片船形，先端微内曲，背部有钝脊，尖头的下方有腺点。雄球花黄色，卵圆形，长约2mm；雌球花近球形，直径约2mm，蓝绿色，被白粉。球果近卵圆形，长1.5～2.5cm，成熟前近肉质，蓝绿色，被白粉，成熟后木质，开裂，红褐色；中间2对种鳞倒卵形或椭圆形，鳞背顶端的下方有一向外弯曲的尖头，上部1对种鳞窄长，近柱状，顶端有向上的尖头，下部1对种鳞极小，长达13mm，稀退化而不显著；种子卵圆形或近椭圆形，顶端微尖，灰褐色或紫褐色，长6～8mm，稍有棱脊，无翅或有极窄之翅。花期3～4月，球果10月成熟。

【经济用途】 ① 优质木材；② 枝叶可提取挥发油；③ 枝叶和未开裂果实入药，前者清肾热、解毒，后者清肺热、利肝胆。

【生境分布】 贵德栽培作庭园树。分布几遍全国，除野生外，各地均有栽培。

祁连圆柏 陇东圆柏 蒙古圆柏
藏名：秀巴巧
Juniperus przewalskii Komarov

Cupressaceae 柏科 Juniperus 刺柏属

【形态特征】 乔木，高达12米，稀灌木状；树干直或略扭，树皮灰色或灰褐色，裂成条片脱落；枝条开展或直伸，枝皮裂成不规则的薄片脱落；小枝不下垂，一年生枝的一回分枝圆形，直径约2mm，二回分枝较密，近等长，方圆形或四棱形，直径1.2～1.5mm，微成弧状弯曲或直。叶有刺叶与鳞叶，幼树之叶通常全为刺叶，壮龄树上兼有刺叶与鳞叶，大树或老树则几全为鳞叶；鳞叶交互对生，排列较疏或较密，叶片菱状卵形，长1.2～3mm，上部渐狭或微圆，先端尖或微钝、微向外展或向内靠覆，背面多少被蜡粉，稀无蜡粉，腺体位于叶背基部或近基部，圆形、卵圆形或椭圆形；刺叶3枚交互轮生，多少开展，长4～7mm，三角状披针形，上面凹，有白粉带，中脉隆起，下面拱圆或上部具钝脊，先端成角质锐尖。雌雄同株，雄球花卵圆形，长约2.5mm，雄蕊5对，花药3枚。球果卵圆形或近圆球形，长8～13mm，成熟前绿色，微具白粉，熟后蓝褐色、蓝黑色或黑色，微有光泽，有1粒种子；种子扁方圆形或近圆形，稀卵圆形，两端钝，长7～9.5mm，直径6～10mm，具或深或浅的树脂槽，两侧有明显而凸起的棱脊，或仅上部之脊较明显。

【经济用途】 ① 优质木材；耐旱性强，可作造林树种；② 枝叶入药，清肝热、胆热、肺热，祛湿利尿；③ 果实入药，清肾热、愈疮、利胆；④ 树脂入药，干黄水、愈疮。

【生境分布】 海南州各地。生于海拔2380～4100m的阳坡、半阳坡及石缝中。中国特有种，分布于甘肃河西走廊及南部、四川北部（松潘）。在青海亦分布于互助、民和、循化、湟源、门源、天峻、乌兰、都兰、玛沁等地。

叉子圆柏
砂地柏　沙地柏　新疆圆柏　爬柏
Juniperus sabina Linnaeus

Cupressaceae 柏科　Juniperus 刺柏属

【形态特征】 匍匐灌木，高不及1m，稀灌木或小乔木；枝密，斜上伸展，枝皮灰褐色，裂成薄片脱落；一年生枝的分枝皆为圆柱形，直径约1mm。叶二型：刺叶常生于幼树上，稀在壮龄树上与鳞叶并存，常交互对生或兼有三叶交叉轮生，排列较密，向上斜展，长3～7mm，先端刺尖，上面凹，下面拱圆，中部有长椭圆形或条形腺体；鳞叶交互对生，排列紧密或稍疏，斜方形或菱状卵形，长1～2.5mm，先端微钝或急尖，背面中部有明显的椭圆形或卵形腺体。雌雄异株，稀同株；雄球花椭圆形或矩圆形，长2～3mm，雄蕊5～7对，各具2～4枚花药，药隔钝三角形；雌球花曲垂或初期直立而随后俯垂。球果生于向下弯曲的小枝顶端，成熟前蓝绿色，熟时褐色至紫蓝色或黑色，多少有白粉，具1～4(～5)粒种子，多为2～3粒，形状各式，多为倒三角状球形，长5～8mm，直径5～9mm；种子常为卵圆形，微扁，长4～5mm，顶端钝或微尖，有纵脊与树脂槽。

【相近种】 本种易与铺地柏 *J. procumbens*（别称爬地柏、匐地柏）混淆，但叉子圆柏枝叶离地斜生、刺叶和鳞叶均有、叶片多为交互对生；而铺地柏枝叶贴地伸展、叶片全为刺叶且多为三叶交叉轮生，易于区别。

【经济用途】 ① 枝叶供药用，具祛风湿、活血止痛功用，主治风湿症，亦可与侧柏叶同等入药；② 本种耐旱性强，可作地被植物用于观赏或水土保持及固沙造林。

【生境分布】 贵南、共和（青海湖）。生于海拔3000～4000m的多石山坡阳坡、沙地、沙丘，或生于针叶树或针叶树阔叶树混交林内。分布于新疆天山至阿尔泰山、宁夏贺兰山、内蒙古、甘肃祁连山北坡及古浪、景泰、靖远等地，以及陕西北部榆林；欧洲南部至中亚也有分布。在青海亦分布于乌兰、班玛等地。

蔡海 摄

木贼麻黄 木麻黄 山麻黄 藏名：才登

Ephedra equisetina **Bunge**

Ephedraceae 麻黄科 Ephedra 麻黄属

【形态特征】 直立小灌木，高达1m，木质茎粗长，直立，稀部分匍匐状，基部直径达1～1.5cm，中部茎枝一般直径3～4mm；小枝细，直径约1mm，节间短，长1～3.5cm，多为1.5～2.5cm，纵槽纹细浅不明显，常被白粉呈蓝绿色或灰绿色。叶2裂，长1.5～2mm，褐色，大部合生，上部约1/4分离，裂片短三角形，先端钝。雄球花单生或3～4个集生于节上，无梗或开花时有短梗，卵圆形或窄卵圆形，长3～4mm，宽2～3mm，苞片3～4对，基部约1/3合生，假花被近圆形．雄蕊6～8枚，花丝全部合生，微外露，花药2室，稀3室；雌球花常2个对生于节上，窄卵圆形或窄菱形，苞片3对，菱形或卵状菱形，最上一对苞片约2/3合生，雌花1～2朵，珠被管长达2mm，稍弯曲。雌球花成熟时肉质红色，长卵圆形或卵圆形，长8～10mm，直径4～5mm，具短梗；种子通常1粒，窄长卵圆形，长约7mm，直径2.5～3mm，顶端窄缩成颈柱状，基部渐窄圆，具明显的点状种脐与种阜。花期6～7月，种子8～9月成熟。

【经济用途】 全株入药，含多种生物碱，清热、利水、止血、止咳喘，治伤寒感冒、咳嗽气喘、外伤出血、月经过多、肿瘤等。本种生物碱含量较同属其他种类为高，为提制麻黄碱的重要原料。

【生境分布】 贵德。生于海拔2500～3900m的干旱山坡或石缝中。分布于新疆、甘肃、陕西西部、内蒙古、山西、河北等省区；蒙古、俄罗斯也有分布。在青海亦分布于乐都、互助、德令哈等地。

陈立同 摄

中麻黄　藏名：才登

Ephedra intermedia Schrenk ex C. A. Meyer

Ephedraceae 麻黄科　Ephedra 麻黄属

【形态特征】 灌木，高20～100cm；茎直立或匍匐斜上，粗壮，基部分枝多；绿色小枝常被白粉呈灰绿色，直径1～2mm，节间通常长3～6cm，纵槽纹较细浅。叶3裂及2裂混见，下部约2/3合生成鞘状，上部裂片钝三角形或窄三角披针形。雄球花通常无梗，数个密集于节上成团状，稀2～3个对生或轮生于节上，具5～7对交叉对生或5～7轮（每轮3片）苞片，雄花有5～8枚雄蕊，花丝全部合生，花药无梗；雌球花2～3个成簇，对生或轮生于节上，无梗或有短梗，苞片3～5轮（每轮3片）或3～5对交叉对生，通常仅基部合生，边缘常有明显膜质窄边，最上一轮苞片有2～3朵雌花；雌花的珠被管长达3mm，常成螺旋状弯曲。雌球花成熟时肉质红色，椭圆形、卵圆形或矩圆状卵圆形，长6～10mm，直径5～8mm；种子包于肉质红色的苞片内，不外露，3粒或2粒，形状变异颇大，常呈卵圆形或长卵圆形，长5～6mm，直径约3mm。花期5～6月，种子7～8月成熟。

【相近种】 中麻黄在生长较大时具木质茎，形体也较高大，在无花时常易与木贼麻黄E. equisetina和膜果麻黄*E. przewalskii*相混，但木贼麻黄的小枝节间较细，常较短，叶全为2裂与本种不同；而膜果麻黄的叶几乎全为3裂，本种则为2～3裂混见，亦可区分。

【经济用途】 ① 供药用，但生物碱含量较木贼麻黄和草麻黄为少，具发汗解表、宣肺平喘、利尿消肿作用，治感冒、伤寒、骨节疼痛、咳喘、支气管炎、急性肾炎、荨麻疹；② 根治盗汗；③ 肉质多汁的苞片可食；④ 根和茎枝在当地常作燃料。

【生境分布】 贵南、兴海、共和。生于1800～3500m的干旱荒漠、沙滩地区及干旱的山坡或草地、田边。为中国分布最广的麻黄之一，分布于新疆、甘肃、宁夏、陕西、山西、河北、内蒙古、辽宁、山东等省区，以西北各省区最为常见；阿富汗、伊朗和俄罗斯也有分布。在青海亦分布于民和、循化、同仁、尖扎、大柴旦、格尔木等地。

白瑜 摄

单子麻黄 小麻黄 藏名：才登

Ephedra monosperma **Gmelin ex C. A. Meyer**

Ephedraceae 麻黄科 Ephedra 麻黄属

【形态特征】 草本矮小灌木，高5～15cm；木质茎短小，长1～5cm，多分枝，弯曲并有节结状突起，皮多呈褐红色；绿色小枝开展或稍开展，常微弯曲，节间细短，长1～2cm，稀更长，直径约1mm。叶2片对生，膜质鞘状，长2～3mm，下部1/3～1/2合生，裂片短三角形，先端钝或尖。雄球花生于小枝上下各部，单生枝顶或对生节上，多成复穗状，长3～4mm，直径2～4mm，苞片3～4对，广圆形，中部绿色，两侧膜质边缘较宽，合生部分近1/2，假花被较苞片长，倒卵圆形，雄蕊7～8枚，花丝完全合生；雌球花单生或对生节上，无梗，苞片3对，基部合生，雌花通常1朵，稀2朵，胚珠的珠被管较长而弯曲，稀较短直。雌球花成熟时肉质红色，微被白粉，卵圆形或矩圆状卵圆形，长6～9mm，直径5～8mm，最上一对苞片约1/2分裂；种子外露，多为1粒，三角状卵圆形或矩圆状卵圆形，长约5mm，直径约3mm，无光泽。花期6月，种子8月成熟。

【经济用途】 ① 含生物碱，供药用，具发汗、平喘、利尿作用，治风寒感冒、肺热咳喘、慢性支气管炎、水肿、尿少、伤寒、骨节疼痛；② 根治盗汗。

【生境分布】 兴海、共和。生于海拔3000～4500m的山坡石缝或树木稀少的干燥地区。广布种，分布于黑龙江、河北、山西、内蒙古、新疆、宁夏、甘肃、四川、西藏等省区；俄罗斯也有分布。在青海亦分布于久治、玛沁、海西、玉树。

朱鑫鑫 摄

膜果麻黄 藏名：才登

Ephedra przewalskii Stapf

Ephedraceae 麻黄科 Ephedra 麻黄属

【形态特征】 灌木，高50～240cm；木质茎明显，为植株高的1/2或更高，基部直径约1cm或更粗，茎皮灰黄色或灰白色，细纤维状，纵裂成窄椭圆形网眼；茎的上部具多数绿色分枝，老枝黄绿色，纵槽纹不甚明显，小枝绿色，2～3枝生于节上，分枝基部再生小枝，形成假轮生状，每节常有假轮生小枝9～20枚或更多，小枝节间粗长，长2.5～5cm，直径2～3mm。叶通常3裂并有少数2裂混生，下部1/2～2/3合生，裂片三角形或长三角形，先端急尖或具渐尖的尖头。球花通常无梗，常多数密集成团状复穗花序，对生或轮生于节上；雄球花淡褐色或褐黄色，近圆球形，直径2～3mm，苞片3～4轮，每轮3片，稀2片对生，膜质，黄色或淡黄绿色，中央有绿色草质肋，三角状宽卵形或宽倒卵形，仅基部合生，假花被宽扁而拱突似蚌壳状，雄蕊7～8枚，花丝大部合生，先端分离，花药有短梗；雌球花淡绿褐色或淡红褐色，近圆球形，直径3～4mm，苞片4～5轮，每轮3片，稀2片对生，干燥膜质，仅中央有较厚的绿色部分，扁圆形或三角状扁卵形，几全部离生，基部窄缩成短柄状或具明显的爪，最上一轮或一对苞片各生1朵雌花，胚珠窄卵圆形，顶端1/4处常窄缩成颈状，珠被管长1.5～2mm，伸于苞片之外，直立、弯曲或卷曲，裂口约占全长的1/2。雌球花成熟时苞片增大成干燥半透明的薄膜状，淡棕色；种子通常3粒，稀2粒，包于干燥膜质苞片内，暗褐红色，长卵圆形，长约4mm，直径2～2.5mm，顶端细窄成尖突状，表面常有细密纵皱纹。

【经济用途】 固沙植物，茎枝可作燃料。

【生境分布】 共和。生于荒漠、戈壁沙滩及干旱山麓，海拔2700～3300m。在多砂石的盐碱土上也能生长，在水分稍充足的地区常组成大面积的群落，或与梭梭、柽柳、沙拐枣等旱生植物混生。分布于内蒙古、宁夏、甘肃北部、新疆天山南北麓；蒙古也有。在青海亦分布于格尔木、大柴旦、都兰、诺木洪。

陆福根 摄

草麻黄 华麻黄 藏名：才登

Ephedra sinica **Stapf**

Ephedraceae 麻黄科 Ephedra 麻黄属

【形态特征】 草本灌木，高20～40cm；木质茎短或成匍匐状，小枝直伸或微曲，表面细纵槽纹常不明显，节间长2.5～5.5cm，多为3～4cm，直径约2mm。叶2裂，鞘占全长的1/3～2/3，裂片锐三角形，先端急尖。雄球花多成复穗状，常具总梗，苞片通常4对，雄蕊7～8枚，花丝合生，稀先端稍分离；雌球花单生，在幼枝上顶生，在老枝上腋生，常在成熟过程中基部有梗抽出，使雌球花呈侧枝顶生状，卵圆形或矩圆状卵圆形，苞片4对，下部3对合生部分占1/4～1/3，最上1对合生部分达1/2以上；雌花2朵，胚珠的珠被管长1mm或稍长，直立或先端微弯，管口隙裂窄长，占全长的1/4～1/2，裂口边缘不整齐，常被少数绒毛。雌球花成熟时肉质红色，矩圆状卵圆形或近于圆球形，长约8mm，直径6～7mm；种子通常2粒，包于苞片内，不露出或与苞片等长，黑红色或灰褐色，三角状卵圆形或宽卵圆形，长5～6mm，直径2.5～3.5mm，表面具细皱纹，种脐明显，半圆形。花期5～6月，种子8～9月成熟。

【经济用途】 药用植物，麻黄碱含量仅次于木贼麻黄，且木质茎少，较易于加工提炼；因其常生于平原、山坡、河床、草原等易于采处收，故在药用上用量多于木贼麻黄，为我国提制麻黄碱的主要植物。

【生境分布】 贵南。生于干燥山坡、荒地、河滩、沙丘，常组成大面积的单纯群落，海拔2300～3400m。分布于陕西、山西、河北、内蒙古、辽宁、吉林、河南（西北部）等省区；蒙古也有。在青海亦分布于尖扎、同仁、泽库、河南、乌兰、民和。

李小伟 摄

白瑜 摄

李小伟 摄

新疆杨

Populus alba var. ***pyramidalis*** Bunge

Salicaceae 杨柳科　Populus 杨属

【形态特征】 乔木，高15～30m。树干通直，树冠窄圆柱形或尖塔形。树皮白色或青灰色，光滑少裂。小枝初被白色绒毛，萌条密被绒毛，后局部或全部脱落，棕褐色，有光泽；萌条和长枝叶掌状深裂，基部平截；短枝叶圆形，有粗缺齿，侧齿几对称，基部平截，背面绿色几无毛。仅见雄株。叶柄短于或等于叶片，略侧扁，被白绒毛。雄花序长3～6cm；花序轴有毛，苞片膜质，宽椭圆形，长约3mm，边缘有规则齿牙和长毛；花盘有短梗，宽椭圆形，歪斜；雄蕊8～10枚，花丝细长，花药紫红色；雌花序长5～10cm，花序轴有毛，雌蕊具短柄，花柱短，柱头2枚，有淡黄色长裂片。蒴果细圆锥形，长约5mm，2瓣裂，无毛。花期4～5月，果期5月。

【经济用途】 ① 木材供建筑、家具等用；② 优良的绿化和防护林树种。

【生境分布】 贵德、共和等地栽培。我国除华南地区及华东地区的部分省区外，各地均有栽培，以新疆最为普遍；中亚、西亚、欧洲等地也有。青海省西宁、大通也有栽培。

张磊 摄

张磊 摄

青杨 河弯杨

Populus cathayana Rehder

Salicaceae 杨柳科 Populus 杨属

【形态特征】 乔木，高达30m。树冠阔卵形；树皮幼时光滑，灰绿色，老时沟裂，暗灰色。枝圆柱形，有时具角棱，幼时橄榄绿色，后变为橙黄色至灰黄色，无毛。芽长圆锥形，无毛，紫褐色或黄褐色，多黏质。短枝叶卵形、椭圆状卵形、椭圆形或狭卵形，长5～10cm，宽3.5～7cm，最宽处在中部以下，先端渐尖或突渐尖，基部圆形，稀近心形或阔楔形，边缘具腺圆锯齿，上面亮绿色，下面绿白色，脉两面隆起，尤以下面明显，具侧脉5～7条，无毛，叶柄圆柱形，长2～7cm，无毛；长枝或萌枝叶较大，卵状长圆形，长10～20cm，基部常微心形；叶柄圆柱形，长1～3cm，无毛。雄花序长5～6cm，雄蕊30～35枚，苞片条裂；雌花序长4～5cm，柱头2～4裂；果序长10～15cm。蒴果卵圆形，长6～9mm，3～4瓣裂，稀2瓣裂。花期3～5月，果期5～7月。

【相近种】 本种近似冬瓜杨*P. purdomii*和川杨*P. szechuanica*，其不同点在于：冬瓜杨叶较长（短枝叶长7～14cm，萌枝叶长25cm），叶脉具疏柔毛，锯齿先端具短尖头，果多2～3裂；川杨枝条粗壮，幼时紫色，老则变为黄褐色，芽紫色，幼叶红色，萌枝叶卵状长圆形至卵状披针形，长10～20cm，有时达20cm以上，宽6～11cm，短枝叶基部较宽圆。

【经济用途】 木材纹理直，结构细，质轻柔，易加工，可做家具、箱板及建筑用材，为“四旁”绿化及防林树种。

【生境分布】 贵德。生于山坡、山谷中，海拔2200～3900m。分布于四川、新疆东部、甘肃、陕西、宁夏、山西、河北、内蒙古、辽宁、湖北、河南、山东、江西等省区，是我国北方习见树种，各地有栽培。在青海亦分布于囊谦、玉树、尖扎、同仁、泽库、西宁、大通、湟源、湟中、循化、乐都、民和、互助、门源等地。

山杨 藏名：玛更

Populus davidiana Dode

Salicaceae 杨柳科 Populus 杨属

【形态特征】 乔木，高达25m，胸径达60cm。树皮光滑，灰绿色或灰白色，老树基部黑色，粗糙；树冠圆形。小枝圆筒形，光滑，赤褐色，萌枝被柔毛。芽卵形或卵圆形，无毛，微有黏质。叶片三角状卵圆形或近圆形，长宽近等，长3～6cm，先端钝尖、急尖或短渐尖，基部圆形、截形或浅心形，边缘有密波状浅齿，发叶时显红色，萌枝叶大，三角状卵圆形，下面被柔毛；叶柄侧扁，长2～6cm。花序轴有疏毛或密毛；苞片棕褐色，掌状条裂，边缘有密长毛；雄花序长5～9cm，雄蕊5～12枚，花药紫红色；雌花序长4～7cm；子房圆锥形，柱头2深裂，带红色。果序长达12cm；蒴果卵状圆锥形，长约5mm，有短柄，2瓣裂。花期3～4月，果期4～5月。

【相近种】 山杨叶较欧洲山杨*P. tremula*为小，边缘具浅而密的锯齿，可与之区别；本种又颇似清溪杨*P. rotundifolia* var. *duclouxiana*，其叶形较大，基部通常为浅心形，先端短渐尖，且果序长达16cm，可与山杨区别。

【经济用途】 ①绿化树种，木材白色，轻软，富弹性，供造纸、火柴杆及民房建筑等用；②萌枝条可编筐；③幼枝及叶可作饲料；④树皮药用，清热解毒、疏脉止痛、祛风湿、利肺，治肺病、瘟病时疫、风湿痹痛、跌打瘀痛。

【生境分布】 海南州各地。多生于山坡、山脊和沟谷地带，海拔2000～3000m。常形成小面积纯林或与其他树种形成混交林。分布广泛，我国除华南和华东的部分地区外，各地均有分布。朝鲜、俄罗斯也有分布。在青海亦分布于尖扎、泽库、西宁、大通、湟中、循化、乐都、民和、祁连、门源等地。

小叶杨

Populus simonii **Carrière**

Salicaceae 杨柳科　Populus 杨属

【形态特征】　乔木，高达20m，胸径50cm以上。树皮幼时灰绿色，老时暗灰色，沟裂；树冠近圆形。幼树小枝及萌枝有明显棱脊，常为红褐色，后变黄褐色，老树小枝圆形，细长而密，无毛。芽细长，先端长渐尖，褐色，有黏质。叶片菱状卵形、菱状椭圆形或菱状倒卵形，长3～12cm，宽2～8cm，中部以上较宽，先端突急尖或渐尖，基部楔形、宽楔形或窄圆形，边缘平整，具细锯齿，无毛，上面淡绿色，下面灰绿色或微白色，无毛；叶柄圆筒形，长0.5～4cm，黄绿色或带红色。雄花序长2～7cm，花序轴无毛，苞片细条裂，雄蕊8～9枚；雌花序长2.5～6cm；苞片淡绿色，裂片褐色，无毛，柱头2裂。果序长达15cm；蒴果小，2～3瓣裂，无毛。花期3～5月，果期4～6月。

【经济用途】　① 木材轻软细致，供民用建筑、家具、火柴杆、造纸等用；② 为防风固沙、护堤固土、绿化观赏树种。

【生境分布】　贵德、贵南、同德、共和都有栽培，沿溪沟可见，海拔1900～3350m。广泛分布于我国东北、华北、华中、西北及西南地区。在青海亦分布于同仁、泽库、都兰、西宁、大通、湟源、湟中、乐都、民和、互助、祁连、门源及柴达木等地。

奇花柳

Salix atopantha C. K. Schneider

Salicaceae 杨柳科 Salix 柳属

【形态特征】 灌木，高1～2m。小枝黑紫色或黄红色，初有毛，后无毛。叶片椭圆状长圆形或长圆形，稀披针形，长1.5～2.5cm，宽5～10mm，先端急尖或钝，基部楔形至圆形，上面深绿色，初有柔毛，后无毛，下面带白色，无毛，边缘有不明显的腺锯齿或少数小叶全缘，侧脉一般6～7对，上年的落叶发锈色；叶柄长2～6mm。花与叶同时开放，花序长圆形至短圆柱形，长1.5～2cm，粗5～6mm，有花序梗，长4～10mm，具3～4片叶，雄蕊2枚，花药球形，黄色，或在花序上部红色，花丝达中部以上有绵毛；苞片倒卵形，先端圆截形，或有不规则的浅圆齿，黄色或先端带褐色，稍有短柔毛及缘毛，长为花丝的1/3～1/2；腺体2个，通常圆柱形，稀先端分裂，长为苞片的1/2；子房卵形，有密绵毛，无柄，花柱及柱头明显，2深裂，红色；苞片倒卵形或椭圆形，先端圆形，常有不明显的细圆齿，黑红褐色，外面被白绵毛，或外面上部毛少，内面近无毛，与子房近等长；腺体2个，腹腺常2～3裂，背腺小，有时无。花期6月上中旬，果期7月。

【生境分布】 贵德、同德、兴海。生于海拔2100～3650m的山坡、山谷及河滩。中国特有种，分布于四川西北部、西藏东部、青海东南部及甘肃南部。在青海亦分布于班玛、玛沁、尖扎、同仁、泽库、湟中、循化、乐都、海晏、祁连、门源等地。

何理 摄

何理 摄

何理 摄

何理 摄

乌柳 筐柳 小红柳

***Salix cheilophila* Schneider**

Salicaceae 杨柳科 Salix 柳属

【形态特征】 灌木或小乔木，高达5.4m。枝初被绒毛或柔毛，后无毛，灰黑色或黑红色。芽具长柔毛。叶片线形或线状倒披针形，长2.5～3.5(～5)cm，宽3～5(～7)mm，先端渐尖或具短硬尖，基部渐尖，稀钝，上面绿色疏被柔毛，下面灰白色，密被绢状柔毛，中脉显著突起，边缘外卷，上部具腺锯齿，下部全缘；叶柄长1～3mm，具柔毛。花序与叶同时开放，近无梗，基部具2～3片小叶；雄花序长1.5～2.3cm，直径3～4mm，密被花；雄蕊2枚，完全合生，花丝无毛，花药黄色，4室；苞片倒卵状长圆形，先端钝或微缺，基部具柔毛；腺体1个，腹生，狭长圆形，先端稀浅2裂；雌花序长1.3～2cm，粗1～2mm（果序长可达3.5cm），密花，花序轴具柔毛；子房卵形或卵状长圆形，密被短毛，无柄，花柱短或无，柱头小；苞片近圆形，长为子房的2/3；腺体同雄花。蒴果长3mm。花期4～5月，果期5月。

【相近种】 本种近似线叶柳*S. wilhelmsiana*，二者的区别主要是：本种的花枝较粗，多绒毛，灰黑色或黑红色，叶片长是宽的5～6倍，常上部较宽；而后者花枝较细，紫红色或栗色，常无毛，叶片线形，长为宽的10倍以上。

【经济用途】 ① 茎、枝皮和叶入药，消肿止痛、托引肺脓，治肺部脓疡、脉管肿胀、寒热水肿、麻疹不透、风寒湿痹疼痛、皮肤瘙痒；② 果穗入药，治风寒感冒和湿疹。

【生境分布】 同德、贵德、贵南。生于山坡、山谷及河流两岸，海拔1550～4500m。中国特有种，分布于河北、山西、陕西、宁夏、甘肃、河南、四川、云南、西藏东部。在青海亦分布于曲麻莱、玉树、班玛、同仁、大柴旦、乌兰、西宁、大通、湟源、湟中、循化、乐都、互助、祁连、门源等地。

吉拉柳

Salix gilashanica C. Wang & P. Y. Fu

Salicaceae 杨柳科　Salix 柳属

【形态特征】　灌木。小枝黑紫色或褐色，较粗壮，光滑。芽长7～10mm。叶片倒卵状椭圆形、倒卵形或椭圆形，长3～5cm，宽1～3cm，无毛，边缘具腺锯齿或近全缘，先端急尖至近圆形，基部钝或近圆形，两面无毛，或主脉上稍有柔毛，上面深绿色，下面色浅或有白粉；叶柄长5～13mm，光滑，发红色。花序长1.5～2.5(～3.5)cm，有短花序梗，基部有1～3片小叶；苞片椭圆形至宽倒卵形，先端圆形至截形，两面有毛；雄蕊2枚，花丝离生，至中部有绵毛，比苞片长1倍，花药椭圆形，黄色；腺体2个，背生和腹生，条形或圆柱形，不分裂或2裂，子房卵形，密被柔毛，花柱长，约与子房等长，2中裂，背腺较腹腺稍细小，或无。果序长可达5cm；蒴果长达6mm。花期7月中旬，果期8月。

【生境分布】　兴海。生于山坡，海拔3440m。中国特有种，分布于西藏东部和云南西北部、四川西部。在青海亦分布于循化。

贵南柳

Salix juparica Goerz ex Rehder & Kobuski

Salicaceae 杨柳科　Salix 柳属

【形态特征】　灌木，高约4m。当年生枝被柔毛；1～2年生枝暗褐色或褐色；大枝灰色。叶片椭圆形，稀卵形，长2～4(～5)cm，宽1.8～2.2cm，先端急尖，基部楔圆形，上面深绿色，下面发白色，边缘有细锯齿或细圆齿，稀近全缘，两面除中脉有短柔毛外无毛，侧脉约10对，不明显；叶柄短，长2～5mm，有柔毛。花与叶同时开放；雄花序圆柱形，密花，长约2cm，粗4～5mm，花序梗短，长4～8mm，基部有2～3片小叶，轴有毛；雄蕊2枚，长约3mm，离生，花药近球形，金黄色，花丝中下部有柔毛；苞片倒卵状长圆形，长约1mm，被短柔毛；腺体1个，腹生；雌花序短圆柱形，长达2.5cm，粗约9mm（果序粗达1cm以上），密花；子房狭卵形，长约2mm，被灰柔毛，有柄，长约0.5mm，花柱长约0.5mm，柱头头状，或2浅裂；苞片长圆形或倒卵状长圆形，长约2mm，两面中下部有柔毛；腺体1个，狭卵形，与子房柄近等长，腹生。蒴果卵状圆锥形，长4.5～6mm。花期6月上中旬，果期6月下旬或7月上旬。

【生境分布】　贵南、同德、兴海，生于海拔2700～4100m的山坡、林中。青海特有种，中国特有种，模式标本采自贵南与同德之间的居布日山。在青海亦分布于囊谦、玉树、玛多、玛沁、泽库、乌兰、循化、互助等地。

光果贵南柳

Salix juparica var. ***tibetica*** (Goerz ex Rehder & Kobuski) C. F. Fang

Salicaceae 杨柳科　Salix 柳属

【形态特征】　与原变种的区别是：子房无毛。

【生境分布】　贵南、同德、兴海。青海特有种，中国特有种，分布地同原变种。

拉马山柳

Salix lamashanensis K. S. Hao ex Fang & A. K. Skvortsov

Salicaceae 杨柳科　Salix 柳属

【形态特征】　灌木。小枝发黑，无毛。叶片倒披针形，长4～6cm，宽5～12mm，先端渐尖，基部楔形，边缘有疏锯齿，上面绿色，下面灰白色，中脉淡黄色，侧脉呈锐角开展，无毛，幼叶有短绒毛；叶柄长5～10mm，有短绒毛。花序卵形，长约1cm，无花序梗，基部具2枚披针形鳞片；苞片椭圆状长圆形，长为子房的一半，外面有疏柔毛，棕色；腺体1个，腹生，圆柱形；子房卵形，密被绒毛，近无柄，花柱短，柱头头状，2裂。蒴果淡黄色，有绒毛。花期6月，果期6～7月。

【生境分布】　贵德。生于山坡、河谷，海拔1900～3400m。中国特有种，分布于甘肃、陕西等省。在青海亦分布于乌兰、西宁、民和、祁连、门源等地。

旱柳

Salix matsudana **Koidzumi**

Salicaceae 杨柳科　Salix 柳属

【形态特征】 乔木，高达18m，胸径达80cm。大枝斜上，树冠广圆形；树皮暗灰黑色，有裂沟；枝细长，直立或斜展，浅褐黄色或带绿色，后变褐色，无毛，幼枝有毛。芽微有短柔毛。叶片披针形，长5～10cm，宽1～1.5cm，先端长渐尖，基部窄圆形或楔形，上面绿色，无毛，有光泽，下面苍白色或带白色，有细腺锯齿缘，幼叶有丝状柔毛；叶柄短，长5～8mm，在上面有长柔毛；托叶披针形或缺，边缘有细腺锯齿。花序与叶同时开放；雄花序圆柱形，长1.5～2.5cm，粗6～8mm，多少有花序梗，轴有长毛；雄蕊2枚，花丝基部有长毛，花药卵形，黄色；苞片卵形，黄绿色，先端钝，基部多少有短柔毛；腺体2个；雌花序较雄花序短，长达2cm，粗4mm，有3～5片小叶生于短花序梗上，轴有长毛；子房长椭圆形，近无柄，无毛，无花柱或很短，柱头卵形，近圆裂；苞片同雄花；腺体2个，背生和腹生。果序长达2～2.5cm。花期4月，果期4～5月。

【经济用途】 ① 树皮含鞣质，可提制栲胶；② 木材白色，质轻软，供建筑器具、造纸、人造棉、火药等用；③ 嫩叶可食，又为良好的饲料；④ 芽、叶、皮、枝及根均入药，有清热解毒、驱风湿、止血等功用，主治急性扁桃体炎、上呼吸道感染、盆腔炎、黄疸性肝炎、疖肿、结膜炎、风湿性关节炎、大骨节病、地方性甲状腺肿、淋巴结核、功能性子宫出血、牛皮癣、湿疹、口臭等；⑤ 早春蜜源树，又为固沙保土“四旁”绿化树种。

【生境分布】 贵德、共和、贵南。多生长于海拔2000～3500m的河岸湿地或高地。分布于我国除西藏、福建、台湾以外的各省区，为平原地区常见树种；朝鲜、日本、俄罗斯远东地区也有分布。在青海亦分布于班玛、尖扎、同仁、西宁、循化、湟中等地。

坡柳

Salix myrtillacea Andersson

Salicaceae 杨柳科　Salix 柳属

【形态特征】 灌木。小枝暗紫红色或灰黑色，无毛，有光泽，花芽卵形，渐尖，叶芽长圆状披针形。叶片倒卵状长圆形、倒披针形，稀为倒卵状椭圆形，长3～6cm，宽1～2cm，先端急尖，基部近圆形至楔形，两面无毛，下面浅绿色，中脉隆起，边缘有细锯齿；叶柄短。花序先叶开放，无花序梗，长2～3cm，粗10～13mm；雄蕊2枚，花药紫红色，合生为一或仅花丝合生，无毛或基部有柔毛；苞片黑色或下部为褐黄色，椭圆形或卵形，先端短渐尖或急尖，两面有白色长柔毛，通常上部的长毛脱落；仅1个腹腺，短圆柱形，红黄色；子房卵形，密被短柔毛，花柱明显，长约为子房的1/2；腹腺1个，卵形；苞片特征同雄花。花期4月中下旬，果期5月下旬～6月。

【生境分布】 贵德。生于2700～4800m的山谷溪流旁或湿润的山坡上。分布于云南西北部、四川西部、西藏东部、青海和甘肃东南部；尼泊尔、印度也有。在青海亦分布于囊谦、玉树、班玛、玛沁、尖扎、泽库、河南、乌兰、大通、湟中、乐都、互助、海晏等地。

何理 摄

何理 摄

何理 摄

何理 摄

山生柳 高山柳 藏名：江玛

Salix oritrepha C. K. Schneider

Salicaceae 杨柳科 Salix 柳属

【形态特征】 直立矮小灌木，高60～120cm。幼枝被灰绒毛，后无毛。叶片椭圆形或卵圆形，长1～1.5cm，宽4～8mm，萌枝叶和强枝叶最大者长可达2.4cm，宽达1.5cm，先端钝或急尖，基部圆形或钝，上面绿色，具疏柔毛或无毛，下面灰色或稍苍白色，有疏柔毛，后无毛，叶脉网状凸起，全缘；叶柄长5～8mm，紫色，具短柔毛或近无毛。雄花序圆柱形，长1～1.4cm，粗约5mm，花密集，花序梗短，具2～3片倒卵状椭圆形小叶；雌花序长1～1.5cm，粗约1cm，花密生，花序梗长3～7mm，具2～3片叶，轴有柔毛；子房卵形，无柄，具长柔毛，花柱2裂，柱头2裂；苞片宽倒卵形，两面具毛，深紫色，与子房近等长；腺体2个，常分裂，而基部结合，形成假花盘状。花期6月，果期7月。

【经济用途】 ① 树皮和叶含鞣质，可提制栲胶；② 幼叶为牛羊喜食，且可驱除牛羊肠道寄生虫；③ 枝条供编织；④ 柳絮可作为椅垫、枕头等的填充物；⑤ 本种在青海分布极广，适应力强，为山地水土保持的优良植物，常形成大片的高山灌丛，是青海高山灌丛的主要建群种之一。

【生境分布】 海南州各地。生于山谷、山坡、草地中，海拔2100～4700m。中国特有种，分布于西藏、云南、四川、新疆、甘肃、陕西、宁夏、内蒙古、湖北、广西等省区。在青海广布于除海西州的沙漠地区和可可西里地区以外的全省各地。

朱鑫鑫 摄

朱鑫鑫 摄

青山生柳

Salix oritrepha var. ***amnematchinensis*** (K. S. Hao ex C. F. Fang & A. K. Skvortsov) G. Zhu

Salicaceae 杨柳科 Salix 柳属

【形态特征】 与原变种的区别主要为：叶片椭圆状卵形或椭圆状披针形。

【生境分布】 同原变种。中国特有种。

新山生柳

Salix neoamnematchinensis T. Y. Ding & C. F. Fang

Salicaceae 杨柳科　Salix 柳属

【形态特征】 灌木，高40～100cm。当年生枝褐绿色或黄红色，有柔毛，老枝紫红色。芽卵形或狭卵形，有柔毛。叶片倒披针形或倒卵状长椭圆形，长8～20mm（萌枝叶可达32mm），宽6～8mm，顶端急尖，基部楔形至圆形，表面绿色，有白色柔毛，背面淡绿色，无毛，全缘，叶柄长1～4mm。花序与叶同时开放，有短梗，基部有1～2片小叶；雄花序长圆柱状，长约8mm，直径约3mm，雄蕊2枚，离生，花丝中上部以下有毛，苞片卵形或长卵形，两面有柔毛，顶端钝，具长圆柱状的腹腺和背腺，离生，背腺比腹腺稍短。雌花序球状，长约5mm，有短梗，基部有1～2片鳞片状小叶，子房圆锥形，有短柄，密被短毛，花柱不明显，柱头(2～)3～4裂，苞片同雄花，仅有1片圆柱状腹腺，比子房柄稍长。果序长约1cm，有短梗，蒴果有毛，有短柄，常呈红色。

【相近种】 本种因萌枝叶与青山生柳*S. oritrepha* var. *amnematchinensis*类似而常被错误鉴定，与青山生柳的区别在于其花序长只有0.5cm左右，果序长也不超过1cm，花柱不明显，雌花只有1个腺体，而青山生柳雌花具2个腺体，且基部合生呈假花盘状。

【生境分布】 贵德、贵南。中国特有种。生于山坡灌丛中，海拔2700～3700m。本种为青海省东部较常见的灌木柳树，常独自或与山生柳一起形成大片的高山灌丛。

康定柳 拟五蕊柳

Salix paraplesia **C. K. Schneider**

Salicaceae 杨柳科 Salix 柳属

【形态特征】 小乔木，高6～7m，小枝带紫色或灰色，无毛。叶片倒卵状椭圆形或椭圆状披针形，稀披针形，长3.5～6.5cm，宽1.8～2.8cm，先端渐尖或急尖，基部楔形，上面深绿色，下面带白色，两面均无毛，边缘有明显的细腺锯齿；叶柄长5～8mm，无毛，先端有腺点。花叶同时开放，密生；花序梗长，具3～5片叶；花序轴有柔毛；雄花序通常长3.5cm，可达6cm，粗约7mm；雄蕊5～7枚，长短不一，长的达3.5mm，花丝基部有柔毛，花药宽椭圆形或近球形；苞片长圆形或椭圆形，长约2mm，先端钝或圆截形，常有腺齿，两面有毛，或外面上部无毛，有2～3条脉，腺体2个，背腺宽扁，2～3浅裂，腹腺稍小，先端2裂，背腹腺基部常结合；雌花序长2～3(～4)cm，果序达5cm；子房长卵形或卵状圆锥形，长4～5mm，有短柄，花柱与柱头都明显，2裂；苞片同雄花，受粉后逐渐脱落；雌花仅有腹腺1～2个，或2深裂。蒴果卵状圆锥形，有光泽，长约9mm。花期4～5月，果期6～7月。

【生境分布】 贵德、同德、兴海。生于海拔2100～4000m的山沟、山脊及河流两岸。中国特有种，分布于山西、陕西、甘肃、宁夏、四川及西藏东部等地。在青海亦分布于班玛、玛沁、同仁、泽库、西宁、大通、湟源、循化、乐都、互助、海晏、祁连、门源等地。

白瑜 摄

陆福根 摄

青皂柳

Salix pseudowallichiana **Goerz ex Rehder & Kobuski**

Salicaceae 杨柳科　Salix 柳属

【形态特征】 大灌木或小乔木，高达6m。小枝较细，嫩枝有柔毛；一年生枝无毛，暗红色或黄褐色。芽棕色，无毛。叶片宽卵状椭圆形、宽椭圆形、倒卵状椭圆形，稀卵状披针形，长3～5cm，宽1.5～3cm，无毛或仅脉上有毛，先端急尖，基部圆形或楔圆形，上面暗绿色，下面粉绿色或发白色，侧脉7～10对，稍突起，全缘或上部有不规则锯齿，托叶缺或小，半心形。花与叶同时开放或稍先叶开放；雄花序广椭圆形，长约2cm，粗1.5cm；雄蕊2枚，花药外壁红色或金黄色，花丝自基部至中上部合生，中部以下有柔毛，长6.5mm；苞片长圆状椭圆形或倒卵状长圆形，先端圆钝形，上部紫黑色，长约2mm，外面和边缘有长柔毛；仅1个腹腺；雌花序粗，圆柱形，长3.5cm，粗1.5cm，有极短的花序梗；子房长圆锥形，长5mm，有柔毛，花柱短，柱头2裂，有长柄，长约1mm；苞片同雄花，先端渐尖至圆钝形；腹腺1个，很小。蒴果，开裂后果瓣向外拳卷。花期5月中旬～6月初，果期6月。

【相近种】 本种与中国黄花柳*S. sinica* 相似，主要不同为本种花丝部分合生，有柔毛；果序较短；叶片通常较宽，先端较短，表面较光滑、不发皱。

【生境分布】 同德（模式标本产地）。生于山坡、山谷、林中、溪流边，海拔2500～3150m。中国特有种，分布于西藏、四川、甘肃、宁夏、河北等省区。在青海亦分布于循化、乐都、互助、门源等地。

川滇柳

Salix rehderiana **C. K. Schneider**

Salicaceae 杨柳科　Salix 柳属

【形态特征】 灌木或小乔木。小枝褐色、暗褐色或紫褐色，无毛或有疏毛。芽卵状长圆形，黄褐色。叶片披针形至倒披针形，长5～11cm，宽1.2～2.5cm，先端钝或急尖，或短渐尖，基部楔形（稀圆形），上面深绿色，具白色柔毛，尤以中脉处为多，下面浅绿色，有白色柔毛或无毛，边缘近全缘或有腺圆锯齿，稀全缘；叶柄长2～8mm，具白色柔毛；托叶半卵状椭圆形，长7～8mm，先端长渐尖，边缘有腺齿。花序先叶开放或近同时开放；雄花序椭圆形至短圆柱形，无梗，长达2.5cm，粗约10mm；雄蕊2枚，花丝离生或基部合生，无毛或基部具疏长毛，花药黄色，开裂后，内壁外翻，呈紫色；苞片长圆形，具长柔毛；腺体1个，腹生，狭长圆形，长为苞片的1/3；雌花序圆柱形，长2～6cm，粗约8mm，有短的花序梗，基部有2～3片长圆形、全缘的小叶；子房长圆状卵形，长4～6mm，有柔毛或近无毛，近无柄，花柱长约为子房的1/2，柱头2个（稀4个）；苞片长圆形，两面有长柔毛，长为子房的3/4，褐色；腺体1个，腹生。蒴果淡褐色，有毛或无毛。花期4月，果期5～6月。

【生境分布】 海南州各地。生于山坡、山谷、林下及灌丛中，海拔2300～3750m。中国特有种，分布于西藏、云南、贵州、四川、甘肃、陕西、宁夏、山西、河北、湖北等省区。在青海亦分布于玉树、班玛、玛沁、尖扎、泽库、西宁、大通、湟中、循化、乐都、民和、互助、海晏、祁连、门源及柴达木等地。

硬叶柳

Salix sclerophylla **Andersson**

Salicaceae 杨柳科　Salix 柳属

【形态特征】 直立灌木，高0.3～2m。小枝多节，呈串珠状，暗紫红色，或有白粉，无毛。芽卵形，微三棱状，褐红色。叶片革质，形状多变化，椭圆形、倒卵形或广椭圆形，长2～3.4cm，宽1～1.6cm，基部楔形至圆形，先端急尖至圆形，两面有柔毛或近无毛，上面绿色，下面浅绿色，全缘；叶柄1～2mm，开花时叶小，长仅达1cm，椭圆形或卵形，两面有毛，或近无毛。花序椭圆形至长圆状椭圆形，长1cm左右，无梗或有短梗，基部无小叶或有1～2片小叶；雄蕊2枚，花丝基部有柔毛，长约3mm；苞片椭圆形或倒卵形，先端圆截形，长约为花丝一半，褐色或褐紫色，外面有柔毛或内面无毛，常有短缘毛；腺体2个，背腺有时分裂；子房狭卵形或卵形，有密柔毛，比苞片长近一倍，花柱短，柱头4裂；苞片同雄花；有背腺和腹腺（腺体偶有分裂），稀背腺缺。蒴果卵状圆锥形，长3.2mm，有柔毛，无柄或有短柄。

【生境分布】 同德、兴海、共和。生于高山河滩、山顶灌丛、山坡林中，海拔2800～4800m。分布于西藏东部、云南、四川西部、甘肃东南部；印度、尼泊尔、巴基斯坦也有。在青海亦分布于玉树、班玛、玛沁、泽库、互助、海晏、祁连、门源等地。

中国黄花柳

Salix sinica (K. S. Hao ex C. F. Fang & A. K. Skvortsov) G. Zhu

Salicaceae 杨柳科　Salix 柳属

【形态特征】 灌木或小乔木。当年生幼枝有柔毛，后无毛，小枝红褐色。叶形多变化，一般为椭圆形、椭圆状披针形、椭圆状菱形、倒卵状椭圆形，稀披针形或卵形、宽卵形，长3.5～6cm，宽1.5～2.5cm，先端短渐尖或急尖，基部楔形或圆楔形，幼叶有毛，后无毛，上面暗绿色，下面发白色，多全缘，在萌枝或小枝上部的叶较大，并常有皱纹，下面常被绒毛，边缘有不规整的牙齿；叶柄有毛；托叶半卵形至近肾形。花先叶开放；雄花序无梗，宽椭圆形至近球形，长2～2.5cm，粗1.8～2cm，开花顺序自上往下；雄蕊2枚，离生，花丝细长，长约6mm，基部有极疏的柔毛，花药长圆形，黄色；苞片椭圆状卵形或微倒卵状披针形，长约3mm，深褐色或近黑色，两面被白色长毛；仅1个腺体，近方形，腹生；雌花序短圆柱形，长2.5～3.5cm，粗7～9mm，无梗，基部有2枚具绒毛的鳞片，子房狭圆锥形，长约3.5mm，柄长1.2mm，有毛，花柱短，柱头2裂，苞片椭圆状披针形，长约2.5mm，深褐色或黑色，两面密被白色长毛；仅1个腹腺。蒴果线状圆锥形，长达6mm，果柄与苞片几等长。花期4月下旬，果期5月下旬。

【生境分布】 贵南。生于山坡、山谷、林下、溪流边，海拔2000～3400m。中国特有种，分布于四川、甘肃、陕西、宁夏、山西、河北、内蒙古、湖北、河南、山东、江苏等省区。在青海亦分布于班玛、尖扎、同仁、泽库、西宁、大通、平安、循化、乐都、民和、互助、门源等地。

张海华 摄

张海华 摄

匙叶柳

Salix spathulifolia **Seemen ex Diels**

Salicaceae 杨柳科　Salix 柳属

【形态特征】 灌木。枝褐色，无毛。芽卵圆形，黄褐色，无毛。叶片倒卵状长圆形、狭倒卵状椭圆形，稀宽倒披针形或椭圆形，长4～9cm，宽1.5～2.5(～3.5)cm，先端急尖或钝尖，基部宽楔形或近圆形，上面深绿色，幼时有毛，后无毛，下面苍白色或有白粉，初有长柔毛，后无毛，叶脉突起，边缘有不规则的细锯齿，稀近全缘；叶柄长达1.5cm。花后叶开放，花序梗明显，具2～4片正常叶，花序长2～4cm，粗6～8mm；雄蕊2枚，离生，花丝中下部有柔毛，长约3mm；苞片宽椭圆形，长为花丝的2/3，先端圆形或圆截形或有不规则的浅齿，外面下部有柔毛，上部近无毛，内面近无毛，具缘毛；具背腺和腹腺，腺体有时先端浅裂；子房卵形，无柄，被柔毛，花柱细长，2深裂，常扭曲，柱头2裂；苞片同雄花；腺体1个，卵形，腹生。果序长达6.5cm；蒴果卵状长圆形，被灰白色柔毛，无柄或有短柄。花期6月上中旬，果期7月中旬。

【生境分布】 贵德。生于山坡、山谷、林中、溪流边，海拔2200～3960m。中国特有种，分布于云南、四川、甘肃、陕西、河北、内蒙古等地。在青海亦分布于玉树、班玛、久治、尖扎、泽库、西宁、大通、湟源、循化、乐都、互助、祁连、门源等地。

洮河柳

Salix taoensis **Gorz**

Salicaceae 杨柳科 Salix 柳属

【形态特征】 大灌木。小枝红褐色或紫红色至黑紫色，有时有白粉；二年生枝灰褐色。芽扁卵形，微有毛。叶片狭倒卵状长圆形至狭倒披针形，长2～4cm，宽0.5～1cm，先端急尖，基部楔形至圆形，上面绿色，下面淡绿色或稍发白色，边缘有锯齿，或向基部全缘；叶柄短。花序长圆形，无梗，花先叶开放或近同时开放；雄花序长1.2～2(～2.5)cm，粗约1cm；雄蕊2枚，花丝合生，长约3mm，无毛，花药离生或微合生，外壁红色；苞片倒卵形，长约1mm，先端急尖或钝，上部焦黑色，下部黄绿色，有长毛；腺体1个，腹生，多条形；雌花序长约1cm，粗约7mm；子房卵形，无柄，被密毛，花柱明显，柱头2裂或不裂；苞片倒卵形或近圆形，2色，外面稍有长毛，仅1个腹腺。果序长1.5～2(～4)cm，无梗，蒴果，有毛。花期5月上中旬。

【生境分布】 贵德、贵南、同德（模式标本产地：拉加寺）。生于山坡、山谷、水边、河流两岸，海拔2200～4100m。中国特有种，分布于西藏、四川、甘肃等省区。在青海亦分布于囊谦、玉树、班玛、久治、玛沁、尖扎、同仁、泽库、都兰、西宁、大通、循化、乐都、互助、祁连、门源等地。

线叶柳

Salix wilhelmsiana Bieberstein

Salicaceae 杨柳科 Salix 柳属

【形态特征】 灌木或小乔木，高达5～6m。小枝细长，末端半下垂，紫红色或栗色，被疏毛，稀近无毛。芽卵圆形，顶端钝，先端有绒毛。叶片线形或线状披针形，长2～6cm，宽2～4mm，嫩叶两面密被绒毛，后仅下面有疏毛，边缘有细锯齿，稀近全缘；叶柄短，托叶细小，早落。花序与叶近同时开放，密生于上年生小枝上；雄花序近无梗；雄蕊2枚，连合成单体，花丝无毛，花药黄色，初红色，球形；苞片卵形或长卵形，淡黄色或淡黄绿色，外面和边缘无毛，稀有疏柔毛或基部较密；仅1个腹腺；雌花序细圆柱形，长2～3cm，果期伸长，基部具小叶；子房卵形，密被灰绒毛，无柄，花柱较短，红褐色，柱头几乎直立，全缘或2裂；苞片卵圆形，淡黄绿色，仅基部有柔毛；腺体1个，腹生。花期5月，果期6月。

【生境分布】 贵德、贵南、同德、共和。生于河滩、沙地中，海拔3100m。分布于新疆、甘肃、宁夏、内蒙古等省区；欧洲、俄罗斯、伊朗、巴基斯坦、印度也有。在青海亦分布于祁连等地。

宽线叶柳

Salix wilhelmsiana var. ***latifolia*** Chang Y. Yang

Salicaceae 杨柳科 Salix 柳属

【形态特征】 与原变种的区别：叶片宽，枝、叶和果实均无毛。

【生境分布】 共和。生于渠边。中国特有种，分布于我国新疆南部。

垂柳

Salix babylonica Linnaeus

Salicaceae 杨柳科 Salix 柳属

【形态特征】 乔木，高达12～18m，树冠开展而疏散。树皮灰黑色，不规则开裂；枝细，下垂，淡褐黄色、淡褐色或带紫色，无毛。芽线形，顶端急尖。叶片狭披针形或线状披针形，长9～16cm，宽0.5～1.5cm，顶端长渐尖，基部楔形，两面无毛或微有毛，表面绿色，背面色较淡，锯齿缘；叶柄长(3～)5～10mm，有短柔毛；托叶仅生在萌发枝上，斜披针形或卵圆形，边缘有齿牙。花序先叶开放，或与叶同时开放；雄花序长1.5～2cm，有短梗，花序轴有毛；雄蕊2枚，花丝与苞片近等长或较长，基部多少有长毛，花药红黄色；苞片披针形，外面有毛；腺体2个；雌花序长达2～3(～5)cm，有梗，基部有3～4片小叶，花序轴有毛；子房椭圆形，无毛或下部稍有毛，无柄或近无柄，花柱短，柱头2～4深裂；苞片披针形，长1.8～2(～2.5)mm，外面有毛；腺体1个。蒴果长3～4mm，带绿黄褐色。花期3～4月，果期4～5月。

【经济用途】 同乌柳。

【生境分布】 贵德、贵南有栽培。原产于长江流域与黄河流域；全国各地均有栽培。亚洲、欧洲、美洲、大洋洲各国都有引种。

胡桃　核桃　藏名：达嘎

Juglans regia Linnaeus

Juglandaceae 胡桃科　Juglans 胡桃属

【形态特征】　乔木，高达20～25m；树干较别的种类矮，树冠广阔；树皮幼时灰绿色，老时灰白色而纵向浅裂；小枝无毛，具光泽，被盾状着生的腺体，灰绿色，后来带褐色。奇数羽状复叶长25～30cm，叶柄及叶轴幼时被极短腺毛及腺体；小叶通常5～9片，稀3片，椭圆状卵形至长椭圆形，长6～15cm，宽3～6cm，顶端钝圆或急尖、短渐尖，基部歪斜、近于圆形，边缘全缘或在幼树上者具稀疏细锯齿，上面深绿色，无毛，下面淡绿色，侧脉11～15对，腋内具簇状短柔毛，侧生小叶具极短的小叶柄或近无柄，生于下端者较小，顶生小叶常具长3～6cm的小叶柄。雄性柔荑花序下垂，长5～10cm、稀达15cm。雄花的苞片、小苞片及花被片均被腺毛；雄蕊6～30枚，花药黄色，无毛。雌性穗状花序通常具1～3(～4)朵雌花。雌花的总苞被极短腺毛，柱头浅绿色。果序短，俯垂，具1～3个果实；果实近于球状，直径4～6cm，无毛；果核稍具皱曲，有2条纵棱，顶端具短尖头；隔膜较薄，内里无空隙；内果皮壁内具不规则的空隙或无空隙而仅具皱曲。花期5月，果期10月。

【经济用途】　① 种仁含油量高，可生食，亦可榨油，入药补肝肾、润肺、平喘、化痰；② 优质硬木材料；③ 内果皮可制活性炭，亦可入药；④ 树皮和外果皮可制栲胶；树皮纤维是人造棉和造纸原料；外果皮亦可供药用；⑤ 树叶、未成熟外果皮可治蚜虫、菜青虫、马铃薯晚疫病。

【生境分布】　贵德。栽培于海拔2000m以下的庭园和村旁、河谷及丘陵地带。全国大部分地区有栽培；品种繁多。在青海亦分布于民和、乐都、循化。

贾留坤 摄

枫杨 麻柳 蜈蚣柳

***Pterocarya stenoptera* C. de Candolle**

Juglandaceae 胡桃科 Pterocarya 枫杨属

【形态特征】 大乔木，高达30m，胸径达1m；幼时树皮平滑，浅灰色，老时深纵裂；小枝灰色至暗褐色，具灰黄色皮孔；芽具柄，密被锈褐色盾状着生的腺体。叶多为偶数、稀奇数羽状复叶，长8～16(～25)cm，叶柄长2～5cm，叶轴具翅至翅不甚发达，与叶柄一样被或疏或密的短毛；小叶(6～)10～16(～25)片，无小叶柄，对生或稀近对生，长椭圆形至长椭圆状披针形，长8～12cm，宽2～3cm，顶端常钝圆或稀急尖，基部歪斜，上方一侧楔形至阔楔形，下方一侧圆形，边缘有向内弯的细锯齿，上面被有细小的浅色疣状突起，沿中脉及侧脉被有极短的星芒状毛，下面幼时被有散生的短柔毛，成长后脱落而仅留有极稀疏的腺体及侧脉腋内留有1丛星芒状毛。雄性柔荑花序长6～10cm，单独生于去年生枝条上叶痕腋内，花序轴常有稀疏的星芒状毛。雄花常具1（稀2或3）枚发育的花被片，雄蕊5～12枚。雌性柔荑花序顶生，长10～15cm，花序轴密被星芒状毛及单毛，下端不生花的部分长达3cm，具2枚长达5mm的不孕性苞片。雌花几乎无梗，苞片及小苞片基部常有细小的星芒状毛，并密被腺体。果序长20～45cm，果序轴常被有宿存的毛。果实长椭圆形，长6～7mm，基部常有宿存的星芒状毛；果翅狭，条形或阔条形，长12～20mm，宽3～6mm，具近于平行的脉。花期4～5月，果熟期8～9月。

【经济用途】 ① 树皮和枝皮含鞣质，可提取栲胶，亦可作纤维原料；② 果实可作饲料或酿酒，种子还可榨油。

【生境分布】 贵德有引进栽培。生于海拔1500m以下的沿溪涧河滩、阴湿山坡地的林中，现已广泛栽植作庭园树或行道树。分布于我国陕西、河南、山东、安徽、江苏、浙江、江西、福建、台湾、广东、广西、湖南、湖北、四川、贵州、云南，华北和东北仅有栽培；日本和韩国也有。

李波卡 摄

白桦 藏名：绰巴

Betula platyphylla **Sukaczev**

Betulaceae 桦木科 Betula 桦木属

【形态特征】 乔木，高可达27m；树皮灰白色，成层剥裂；枝条暗灰色或暗褐色，无毛，具或疏或密的树脂腺体或无；小枝暗灰色或褐色，无毛亦无树脂腺体，有时疏被毛和疏生树脂腺体。叶片厚纸质，三角状卵形、三角状菱形或三角形，少有菱状卵形和宽卵形，长3～9cm，宽2～7.5cm，顶端锐尖、渐尖至尾状渐尖，基部截形、宽楔形或楔形，有时微心形或近圆形，边缘具重锯齿，有时具缺刻状重锯齿或单齿，上面于幼时疏被毛和腺点，成熟后无毛无腺点，下面无毛，密生腺点，侧脉5～7(～8)对；叶柄细瘦，长1～2.5cm，无毛。果序单生，圆柱形或矩圆状圆柱形，通常下垂，长2～5cm，直径6～14mm；序梗细瘦，长1～2.5cm，密被短柔毛，成熟后近无毛，无或具或疏或密的树脂腺体；果苞长5～7mm，背面密被短柔毛，至成熟时毛渐脱落，边缘具短纤毛，基部楔形或宽楔形，中裂片三角状卵形，顶端渐尖或钝，侧裂片卵形或近圆形，直立、斜展至向下弯，如为直立或斜展时则较中裂片稍宽且微短，如为横展至下弯时则长及宽均大于中裂片。小坚果狭矩圆形、矩圆形或卵形，长1.5～3mm，宽1～1.5mm，背面疏被短柔毛，膜质翅较果长1/3，较少与之等长，与果等宽或较果稍宽。

【经济用途】 ① 木材供建筑等用；② 树皮可提取栲胶和用为人造纤维原料；③ 种子油可用为肥皂原料；④ 木材和叶可作黄色染料；⑤ 树皮和芽药用，清热、利肺，树皮泡油可治中耳炎、耳聋；⑥ 本种易栽培，可为庭园树种。

【生境分布】 贵德、同德、兴海。生于山坡、沟谷林地，海拔2300～3900m。常为次生林的先锋树种，分布于西南、西北、华北、东北及河南等地；俄罗斯西伯利亚和远东地区、蒙古东部、朝鲜、日本也有。在青海亦分布于囊谦、玉树、玛沁、尖扎、同仁、泽库、海晏、门源、湟源、湟中、平安、循化、乐都、民和、互助等地。

虎榛子 棱榆 榛榆

Ostryopsis davidiana **Decaisne**

Betulaceae 桦木科 Ostryopsis 虎榛子属

【形态特征】 落叶灌木，高1～3m，树皮浅灰色；枝条灰褐色，无毛，密生皮孔；小枝褐色，具条棱，密被短柔毛，疏生皮孔；芽卵状，细小，长1～2mm，具数枚膜质、被短柔毛、覆瓦状排列的芽鳞。叶片卵形或椭圆状卵形，长2～6.5cm，宽1.5～5cm，顶端渐尖或锐尖，基部心形、斜心形或几圆形，边缘具重锯齿，中部以上具浅裂；上面绿色，多少被短柔毛，下面淡绿色，密被褐色腺点，疏被短柔毛，侧脉7～9对，上面微陷，下面隆起，密被短柔毛，脉腋间具簇生的髯毛；叶柄长3～12mm，密被短柔毛。雄花序单生于小枝的叶腋，倾斜至下垂，短圆柱形，长1～2cm，直径4mm；花序梗不明显；苞鳞宽卵形，外面疏被短柔毛。果4枚至多枚排成总状，下垂，着生于当年生小枝顶端；果梗短；序梗细瘦，长可达2.5cm，密被短柔毛，间有稀疏长硬毛；果苞厚纸质囊状，长1～1.5cm，下半部紧包果实，上半部延伸呈管状，外面密被短柔毛，具条棱，绿色带紫红色，成熟后一侧开裂，顶端4浅裂，裂片长达果苞的1/4～1/3。小坚果卵球形，长5～6mm，褐色，有光泽，疏被短柔毛，具细肋。

【经济用途】 ①树皮及叶含鞣质，可提取栲胶；②种子含油，供食用和制肥皂；③枝条可编农具，经久耐用；④本种常成丛密生于山坡或陡沟岸上，故为很好的水土保持树种。

【生境分布】 贵德。生于海拔2300～3000m的多石块山坡上。中国特有种，分布于甘肃、陕西、内蒙古、山西、河北、辽宁西部及四川北部。在青海亦分布于班玛、西宁、门源、海晏、大通、互助、乐都、民和、尖扎、循化、化隆等地。

榆树 白榆 家榆 钻天榆 钱榆
藏名：唷保
Ulmus pumila Linnaeus

Ulmaceae 榆科 Ulmus 榆属

【形态特征】 落叶乔木，高达25m，胸径1m，在干瘠之地长成灌木状；幼树树皮平滑，灰褐色或浅灰色，大树之皮暗灰色，不规则深纵裂，粗糙；小枝无毛或有毛，淡黄灰色、淡褐灰色或灰色，稀淡褐黄色或黄色，有散生皮孔，无膨大的木栓层及凸起的木栓翅；冬芽近球形或卵圆形，芽鳞背面无毛，内层芽鳞的边缘具白色长柔毛。叶片椭圆状卵形、长卵形、椭圆状披针形或卵状披针形，长2～8cm，宽1.2～3.5cm，先端渐尖或长渐尖，基部偏斜或近对称，一侧楔形至圆形，另一侧圆形至半心形，叶面平滑无毛，叶背幼时有短柔毛，后变无毛或部分脉腋有簇生毛，边缘具重锯齿或单锯齿，侧脉每边9～16条，叶柄长4～10mm，通常仅上面有短柔毛。花先叶开放，在去年生枝的叶腋成簇生状。翅果近圆形，稀倒卵状圆形，长1.2～2cm，除顶端缺口柱头面被毛外，余处无毛，果核部分位于翅果的中部，上端不接近或接近缺口，成熟前后其色与果翅相同，初淡绿色，后白黄色，宿存花被无毛，4浅裂，裂片边缘有毛，果梗较花被为短，长1～2mm，被（或稀无）短柔毛。花果期3～6月。另有栽培品种金叶榆*U. pumila* 'Jinye'，其叶片金黄色，卵圆形，叶脉清晰，稍短于榆树，广泛应用于园林绿化。

【经济用途】 ① 绿化树种，耐寒、抗风沙；② 树皮可代麻制绳索、麻袋，或作人造棉和造纸；③ 嫩叶可做饲料，亦可做羹汤；④ 幼嫩榆钱可与面粉混合蒸食；⑤ 树皮药用，清热利诸疮，治陈旧热症、关节病等。

【生境分布】 海南州各地。生于海拔2000～2500m的河谷地和山坡。分布于新疆、甘肃、陕西、山西、河北、内蒙古、辽宁、吉林、黑龙江、四川、湖北、河南、山东、安徽、江苏、云南、湖南、江西、浙江、福建等省区；朝鲜、俄罗斯、蒙古也有分布。在青海亦分布于东部地区。

金叶榆

金叶榆

金叶榆

龙爪榆 垂榆 倒榆 垂枝榆

Ulmus pumila* Linnaeus *'Pendula'

Ulmaceae 榆科 Ulmus 榆属

【形态特征】 园林树种，可供观赏。与榆树的主要区别在于：小枝卷曲或扭曲而下垂。

【生境分布】 海南州各地。

大麻 线麻 火麻 山丝苗 野麻
藏名：索玛那布
Cannabis sativa Linnaeus

Cannabaceae 大麻科 Cannabis 大麻属

【形态特征】 一年生直立草本，高1～3m，枝具纵沟槽，密生灰白色贴伏毛，有特异气味。叶掌状全裂，裂片披针形或线状披针形，长7～15cm，中裂片最长，宽0.5～2cm，先端渐尖，基部狭楔形，表面深绿色，微被糙毛，背面幼时密被灰白色贴状毛，后变无毛，边缘具向内弯的粗锯齿，中脉及侧脉在表面微下陷，背面隆起；叶柄长3～15cm，密被灰白色贴伏毛；托叶线形。雄花序腋生组成圆锥状，长达25cm；花黄绿色，花被5枚，膜质，长卵形，外面被细伏贴毛，雄蕊5枚，花丝极短，花药大，长圆形，纵裂；小花柄长2～4mm；雌花序短，腋生，球形或短穗状；花绿色；花被1枚，紧包子房，略被小毛；子房近球形，外面包于苞片。瘦果为宿存黄褐色苞片所包，果皮坚脆，表面具细网纹。花期7～8月，果期9～10月。

【经济用途】 ① 茎皮纤维长而坚韧，可用以织麻布或纺线、制绳索、编织渔网和造纸；② 种子榨油，可供做油漆、涂料等，油渣可作饲料；③ 果实（中医称“火麻仁”或“大麻仁”）入药，有小毒，滋补明目、镇静止痛、解毒、干黄水；④ 雌花序（“麻勃”）入药，主治恶风、经闭、健忘；⑤ 果壳和苞片（“麻蕡”）入药，有小毒，治瘾病、神经病、胃痉挛、偏头痛、失眠等，多服令人发狂；⑥ 叶含麻醉性树脂，可以配制麻醉剂。

【生境分布】 海南州各地。生于田埂、农田或林缘灌丛边，海拔2200～2800m，一般为栽培，也常逸为野生。原产中亚，现各国均有野生或栽培。我国各地也有栽培或沦为野生，新疆常见野生。在青海亦分布于西宁、乐都、民和、互助等地。

张海华 摄

苏清海 摄

苏清海 摄

李波卡 摄

啤酒花 华忽布花
Humulus lupulus **Linnaeus**

Cannabaceae 大麻科 Humulus 葎草属

【形态特征】 多年生攀缓草本，茎、枝和叶柄密生绒毛和倒钩刺。叶片卵形或宽卵形，长4～11cm，宽4～8cm，先端急尖，基部心形或近圆形，不裂或3～5裂，边缘具粗锯齿，表面密生小刺毛，背面疏生小毛和黄色腺点；叶柄长不超过叶片。雄花排列为圆锥花序，花被片与雄蕊均为5枚；雌花每两朵生于1枚苞片腋间；苞片呈覆瓦状排列为1个近球形的穗状花序。果穗球果状，直径3～4cm；宿存苞片干膜质，果实增大，长1cm，无毛，具油点。瘦果扁平，每苞腋1～2个，内藏。花期秋季。

【经济用途】 果穗供制啤酒用，雌花药用。

【生境分布】 海南州各地。生于林缘、山谷、沟边、灌丛及荒地，海拔2200～2400m。分布于四川、甘肃、陕西、山西、河北、浙江、广东等省；黑龙江、辽宁、河北、山东等省有栽培；亚洲北部和东北部、美洲东部也有。在青海亦分布于西宁（栽培）、大通、循化。

桑 桑树 家桑 藏名：塔尔兴

Morus alba Linnaeus

Moraceae 桑科 Morus 桑属

【形态特征】 乔木或为灌木，高3～10m或更高，胸径可达50cm，树皮厚，灰色，具不规则浅纵裂；冬芽红褐色，卵形，芽鳞覆瓦状排列，灰褐色，有细毛；小枝有细毛。叶片卵形或广卵形，长5～15cm，宽5～12cm，先端急尖、渐尖或圆钝，基部圆形至浅心形，边缘锯齿粗钝，有时叶为各种分裂，表面鲜绿色，无毛，背面沿脉有疏毛，脉腋有簇毛；叶柄长1.5～5.5cm，具柔毛；托叶披针形，早落，外面密被细硬毛。花单性，腋生或生于芽鳞腋内，与叶同时生出；雄花序下垂，长2～3.5cm，密被白色柔毛，雄花花被片宽椭圆形，淡绿色；花丝在芽时内折，花药2室，球形至肾形，纵裂；雌花序长1～2cm，被毛，总花梗长5～10mm，被柔毛，雌花无梗，花被片倒卵形，顶端圆钝，外面和边缘被毛，两侧紧包子房，无花柱，柱头2裂，内面有乳头状突起。聚花果卵状椭圆形，长1～2.5cm，成熟时红色或暗紫色。花期4～5月，果期5～8月。

【经济用途】 ① 树皮纤维柔细，可作纺织原料、造纸原料；② 根皮、果实及枝条入药；③ 叶为养蚕的主要饲料，亦作药用，并可作土农药；④ 木材坚硬，可制家具、乐器、雕刻等；⑤ 果实（桑葚）可食，亦可酿桑子酒。

【生境分布】 贵德。栽培于庭园中，海拔2200～2400m。原产于我国中部和北部，现东北至西南各省区、西北直至新疆均有栽培；朝鲜、日本、蒙古、中亚各国、俄罗斯、欧洲等地，以及印度、越南亦有栽培。在青海亦分布于西宁、乐都、民和、循化、尖扎、化隆等地。

墙草　藏名：萨其阿亚

Parietaria micrantha Ledebour

Urticaceae 荨麻科　Parietaria 墙草属

【形态特征】 一年生铺散草本，长10～40cm。茎上升、平卧或直立，肉质，纤细，多分枝，被短柔毛。叶片膜质，卵形或卵状心形，长0.5～3cm，宽0.4～2.2cm，先端锐尖或钝尖，基部圆形或浅心形，稀宽楔形或骤狭，上面疏生短糙伏毛，下面疏生柔毛，钟乳体点状，在上面明显，基出脉3条，侧出的一对稍弧曲，伸达中部边缘，侧脉常1对，常从叶的近基部伸出达上部，在近边缘处消失；叶柄纤细，长0.4～2cm，被短柔毛。花杂性，聚伞花序数朵，具短梗或近簇生状；苞片条形，单生于花梗的基部或3枚在基部合生呈轮生状，着生于花被的基部，绿色，外面被腺毛，在果时伸长达1.5mm。两性花具梗，长0.6mm，花被片4深裂，褐绿色，外面有毛，膜质，裂片长圆状卵形；雄蕊4枚，花丝纤细，花药近球形，淡黄色；柱头画笔头状。雌花具短梗或近无梗；花被片合生成钟状，4浅裂，浅褐色，薄膜质，裂片三角形。果实坚果状，卵形，长1～1.3mm，黑色，极光滑，有光泽，具宿存的花被和苞片。花期6～7月，果期8～10月。

【经济用途】 全草入药，祛风湿、利疮、止痛、止血，治恶心、腹水肿胀、风湿关节痛；外用治疮疖痈肿、脓疡不敛、外伤出血。

【生境分布】 共和。生于林下、岩石缝隙，海拔2700～3420m。分布于新疆、西藏、云南、贵州、湖南、湖北、安徽、四川、甘肃、陕西、山西、河北、内蒙古、辽宁、吉林、黑龙江、台湾；日本、朝鲜、蒙古、印度北部、不丹、尼泊尔、俄罗斯西伯利亚及高加索、伊朗南部和非洲东部也有。在青海亦分布于同仁、泽库。

高原荨麻　藏名：萨珠木

Urtica hyperborea **Jacquin ex Weddell**

Urticaceae 荨麻科　Urtica 荨麻属

【形态特征】　多年生草本，根状茎木质化，粗壮。茎高15～50(～100)cm，四棱形，常淡紫色，疏生刺毛和细糙毛。叶片卵形或卵状披针形，长3～7cm，宽1～3.5cm，顶端渐尖，基部圆形或心形，边缘具细齿，表面疏生刺毛和细糙毛，背面被短柔毛，叶脉上疏生刺毛，钟乳体点状，基出脉3条，其侧出的一对稍弧曲，伸达中部齿尖；叶柄长0.8～3cm，疏生刺毛和细糙毛；托叶每节4枚，离生，披针形，长约4mm。雌雄同株；雄花序圆锥状，生下部叶腋；雌花序近穗状，生上部叶腋，花序长1～5cm，多少下垂，序轴纤细。雄花具短梗，长1～2mm，芽时直径约1.5mm，开放时直径约2.5mm；雌花具短梗，纤细。瘦果三角状卵形，稍扁，长1.5～1.8mm，顶端锐尖，宿存花被膜质，内面2枚宽卵形，盖过果，被细糙毛和1～2根刺毛，外面2枚卵形，较内面短约7倍。花期6～7月，果期8～9月。

【经济用途】　荨麻属植物地上植株和果实均可入药，提升胃温、祛风除湿、降压、解痉，治风热病、胃寒、消化不良、风湿疼痛、高血压、荨麻疹、抽风，外用治毒蛇咬伤、疮疖疔毒。

【生境分布】　兴海、共和。生于河谷、公路边，海拔3400～3700m。分布于新疆（昆仑山）、西藏南部至北部、四川西北部、甘肃南部；印度（锡金）也有分布。在青海亦分布于杂多、治多、曲麻莱、玉树、称多、玛多、久治、玛沁、天峻、祁连。

异株荨麻 西藏荨麻 藏名：萨珠木

Urtica dioica Linnaeus

Urticaceae 荨麻科 Urtica 荨麻属

【形态特征】 多年生草本，根状茎木质化，粗达1cm。茎自基部生出，高40～100cm，四棱形，带淡紫色，疏生刺毛和细糙毛，有少数分枝或近不分枝。叶片卵形至披针形，稀长圆状披针形，长3～8cm，宽1.3～4cm，先端渐尖，基部圆形或心形，边缘有细牙齿，上面疏生刺毛和细糙毛，下面被短柔毛和脉上疏生刺毛，钟乳体点状，基出脉3条，其侧出的一对稍弧曲，伸达中部齿尖；叶柄长1～3cm，疏生刺毛和细糙毛；托叶每节4枚，离生，披针形或条形，长2～7mm，被微柔毛。花雌雄同株，雄花序圆锥状，生下部叶腋，雌花序近穗状或具少数分枝，生上部叶腋，花序长2～7cm，多少下垂，序轴纤细，疏生刺毛和细糙毛。雄花具短梗，芽时直径约2mm，开放后约3mm；花被片4枚，合生至中部，裂片卵形，疏生微柔毛和钟乳体；退化雌蕊杯状，近无梗，中空，中央有柱头残迹；雌花具短梗；瘦果三角状卵形，稍压扁，长1.5～1.8mm，顶端锐尖，初时苍白色，后变淡褐色，光滑；宿存花被膜质，内面的2枚宽卵形，长约2.2mm，盖过果，被细糙毛和1～2根刺毛，外面2枚卵形，较内面的短约7倍。花期6～7月，果期8～10月。

【相近种】 本种与三角叶荨麻 *U. triangularis* 近似，但叶边缘的牙齿较多（13～21枚）；果序轴较纤细，常下垂；雌花被膜质，盖过果；瘦果三角状卵形，顶端锐尖，光滑等性状，以及水平和垂直分布区带均明显不同。

【经济用途】 全草入药，功效同高原荨麻。

【生境分布】 兴海、共和。生于山坡阴湿处，海拔3300～3700m。分布于西藏；亚洲西部、欧洲和北非广布。在青海亦分布于称多、班玛。

三角叶荨麻　花叶活麻　火麻

藏名：萨珠木

Urtica triangularis Handel-Mazzetti

Urticaceae 荨麻科　Urtica 荨麻属

【形态特征】 多年生草本，根状茎粗达1cm。茎高60～150cm，四棱形，带淡紫色，疏生刺毛和细糙毛，中下部常分枝，上部几乎不分枝。叶片狭三角形至三角状披针形，长2.5～11cm，宽15cm，上部的叶呈条形，宽4～10mm，先端锐尖，基部近截形至浅心形，边缘具近规则的7～12枚粗牙齿或锐裂的锯齿，有时下部的齿为重锯齿，上面疏生刺毛和细糙伏毛，下面疏生刺毛和短柔毛，钟乳体点状，尤在上面明显，基出脉3条，其侧出的一对常只达中部以下的齿尖，侧脉2～4对；叶柄长1～5cm，自下而上缩短，生稍密的刺毛和细糙毛；托叶每节4枚，在叶柄间离生，近膜质，条状披针形，长(2～)5～10mm，被微柔毛。花雌雄同株，雄花序圆锥状，生下部叶腋，开展；雌花序近穗状，在下部有少数短的分枝，生上部叶腋，直立或斜展，果序轴粗壮。雄花具短梗或近无梗，芽时直径约1.5mm，开放时约2.7mm；花被片4枚，合生至中下部，裂片长圆状卵形，退化雌蕊杯状，长约0.3mm，具短柄，中央有柱头残余；雌花小，近无梗。瘦果卵形，稍压扁，长约2mm，熟时褐色，表面有带红色的疣点和不明显的疏微毛；宿存花被片4枚，在下部约1/4处合生，被细糙毛，和内面的花被片外面各有1～3根刺毛，内面的花被片卵形，与果近等大，外面2枚卵形，比内面的短2～3倍。花期6～8月，果期8～10月。

【经济用途】 ① 嫩叶可食；② 枝叶可作饲料；③ 全草入药，功效同高原荨麻。

【生境分布】 共和。生于山坡、河滩、沟底、路边，海拔3500～4150m。中国特有种，分布于西藏、云南、四川。在青海亦分布于治多、曲麻莱、囊谦、玉树。

张海华 摄

张海华 摄

羽裂荨麻　藏名：萨珠木

Urtica triangularis **subsp.** ***pinnatifida*** (Handel-Mazzetti) C. J. Chen

Urticaceae 荨麻科　Urtica 荨麻属

【形态特征】 与原亚种三角叶荨麻的区别在于：叶片边缘除在上部为粗牙齿或锐裂锯齿外，在下部具数对半裂至深裂的羽裂片，其最下对最大，裂片常在外缘有数枚不规则的牙齿状锯齿（在内缘的较少或无）；雌花被外面2枚狭卵形，常有刺毛；瘦果熟时具较粗的疣点，有时其中一面具1条纵棱。花期6～8月，果期8～9月。

【经济用途】 ① 嫩叶可食；② 枝叶可作饲料；③ 全草入药，有祛风湿、解痉、活血之功效。

【生境分布】 共和。生于山坡、河滩、林缘、草甸、田边地头，海拔1850～4000m。中国特有种，分布于西藏东部、云南西北部和甘肃南部。在青海亦分布于杂多、西宁、大通、循化、乐都、民和、互助、门源。

毛果荨麻 藏名：萨珠木

Urtica triangularis subsp. ***trichocarpa*** C. J. Chen

Urticaceae 荨麻科 Urtica 荨麻属

【形态特征】 与原亚种三角叶荨麻的区别在于：叶片卵形至披针形，基部常圆形，有时浅心形，先端锐尖或渐尖，边缘具粗牙齿，齿尖略内倾，侧出的一对基脉近直出，伸达上部齿尖；雌花被片外面2枚狭卵形或长圆形；果序多少下垂；瘦果双凸透镜状，长1.2～1.5mm，表面有较明显的疏微毛和细洼点。花期7～8月，果期8～9月。

【经济用途】 全草入药，功效同高原荨麻。

【生境分布】 同德、贵德。生于山坡、林缘、灌丛、草甸、田边、河滩、沟谷，海拔2500～3800m。中国特有种，分布于四川西北部、甘肃。在青海亦分布于班玛、同仁、泽库、河南、大通、湟源、湟中、乐都、互助、门源。

长叶百蕊草

Thesium longifolium Turczaninow

Santalaceae 檀香科　Thesium 百蕊草属

【形态特征】 多年生草本，高约50cm；茎簇生，有明显的纵沟。叶无柄，线形，长4～4.5cm，宽2.5mm，两端渐尖，有3条脉。总状花序腋生或顶生；花黄白色，钟状，长4～5mm；花梗长0.6～2cm，有细条纹；苞片1枚，线形，长1cm；小苞片2枚，狭披针形，长约4.5mm，边缘均粗糙；花被5裂，裂片狭披针形，顶端锐尖，内弯；雄蕊5枚，插生于裂片基部，内藏；花柱内藏，子房柄长0.5mm。坚果近球形或椭圆状，黄绿色，长3.5～4mm，表面偶有分叉的纵脉（棱），宿存花被比果短。花果期6～7月。

【经济用途】 全草入药，清热、通脉，治肺热病、心脏病、肺脓疡。

【生境分布】 同德、共和。生于林缘沟谷、沙质山坡及草地、灌丛中。分布于四川、甘肃、内蒙古、东北等省区；中亚、西伯利亚、蒙古、日本也有。在青海亦分布于玉树、玛沁、同仁、西宁、民和、互助、祁连、门源等地。

陆福根 摄

线叶槲寄生 藏名：线丹

Viscum fargesii Lecomte

Viscaceae 槲寄生科 Viscum 槲寄生属

【形态特征】 灌木，高15～50cm；茎圆柱状，通常二歧分枝，节间长6～11cm，粗2～4mm，枝的节间长3～8cm，粗1～1.5mm。叶对生，叶片革质，线形，长(2～)3～5cm，宽(1～)2～4mm，顶端圆钝，基部渐狭；叶脉不明显；叶柄短。雌雄异株；雄花序聚伞状，顶生，具花1～3朵，总花梗几无，雄花花蕾时近球形，长约3mm，萼片4枚；雌花序聚伞式穗状，顶生或腋生于茎叉状分枝处，总花梗长2～4mm，具花3～5朵，顶生的花具2枚苞片或无，交叉对生的花各具1枚苞片，苞片三角形，长约2mm，初具细缘毛，后变全缘。雌花花托卵球形，长0.5mm；萼片4枚，长约1mm。果卵球形，长4.5～5mm，直径约3mm，绿色，果皮平滑。花期6～7月，果期7～10月。

【相近种】 本种近似槲寄生*V. coloratum*，区别在于线叶槲寄生枝的节间细长，叶片线形，通常宽2～4mm，嫩叶更狭。

【生境分布】 贵德、共和。生于山麓、河谷中的杨树枝干上，海拔1800～2000m。中国特有种，分布于四川、甘肃、陕西、山西。在青海亦分布于民和、互助等地。

贾留坤 摄

贾留坤 摄

荞麦 甜荞 藏名：查乌

Fagopyrum esculentum Moench

Polygonaceae 蓼科 Fagopyrum 荞麦属

【形态特征】 一年生草本。茎直立，高30～90cm，上部分枝，绿色或红色，具纵棱，无毛或于一侧沿纵棱具乳头状突起。叶片三角形或卵状三角形，长2.5～7cm，宽2～5cm，顶端渐尖，基部心形，两面沿叶脉具乳头状突起；下部叶具长叶柄，上部较小近无梗；托叶鞘膜质，短筒状，长约5mm，顶端偏斜，无缘毛，易破裂脱落。花序总状或伞房状，顶生或腋生，花序梗一侧具小突起；苞片卵形，长约2.5mm，绿色，边缘膜质，每苞内具3～5朵花；花梗比苞片长，无关节，花被5深裂，白色或淡红色，花被片椭圆形，长3～4mm；雄蕊8枚，比花被短，花药淡红色；花柱3个，柱头头状。瘦果卵形，具3条锐棱，顶端渐尖，长5～6mm，暗褐色，无光泽，比宿存花被长。花期5～9月，果期6～10月。

【经济用途】 ① 种子可食用，淀粉含量高；② 种子亦可入药，有健胃、收敛、止虚汗之功能；③ 全草入药，清热解毒、散瘀消肿、理气止痛，主治疔毒疮痈、跌打损伤、狗咬伤等症；④ 花及叶能降压、止血，主治毛细血管脆弱性出血，防治中风、视网膜出血、肺出血、高血压；⑤ 蜜源植物。

【生境分布】 海南州各地均有零星栽培，或逸生于荒地、路边，海拔2100～2600m。原产于中亚，亚洲、欧洲有栽培，我国北方各省区广泛栽培。青海西宁、黄南及海东各县农田也有栽培，并逸为野生。

苦荞 苦荞麦 野荞麦

Fagopyrum tataricum (Linnaeus) Gaertner

Polygonaceae 蓼科 Fagopyrum 荞麦属

【形态特征】 一年生草本。茎直立，高30～70cm，分枝，绿色或微呈紫色，有细纵棱，一侧具乳头状突起，叶片宽三角形，长2～7cm，两面沿叶脉具乳头状突起，下部叶具长叶柄，上部叶较小，具短柄；托叶鞘偏斜，膜质，黄褐色，长约5mm。花序总状，顶生或腋生，花排列稀疏；苞片卵形，长2～3mm，每苞内具2～4朵花，花梗中部具关节；花被5深裂，白色或淡红色，花被片椭圆形，长约2mm；雄蕊8枚，比花被短；花柱3枚，短，柱头头状。瘦果长卵形，长5～6mm，具3条棱及3条纵沟，上部棱角锐利，下部圆钝，有时具波状齿，黑褐色，无光泽，比宿存花被长。花期6～9月，果期8～10月。

【经济用途】 同荞麦。

【生境分布】 贵德、同德、兴海，栽培并逸为野生。生于海拔2700～4000m的田边。分布于河北、山西、陕西、甘肃、四川、云南、西藏等地；广泛分布于亚洲、欧洲及美洲。在青海亦分布于东部农业区及同仁、泽库、玉树、称多、囊谦、班玛等地。

冰岛蓼 藏名：傲加措布哇

Koenigia islandica Linnaeus

Polygonaceae 蓼科 Koenigia 冰岛蓼属

【形态特征】 一年生草本。茎矮小，细弱，高3～7cm，通常簇生，带红色，无毛，分枝开展。叶片宽椭圆形或倒卵形，长3～6mm，宽2～4mm，无毛，顶端通常圆钝，基部宽楔形；叶柄长1～3mm；托叶鞘短，膜质，褐色；花簇腋生或顶生，花被3深裂，淡绿色，花被片宽椭圆形，长约1mm；雄蕊3枚，比花被短；花柱2枚，极短，柱头头状。瘦果长卵形，双凸透镜状，黑褐色，具颗粒状小点，无光泽，比宿存花被稍长。花期7～8月，果期8～9月。

【经济用途】 全草药用，清热消肿。

【生境分布】 贵德、同德、兴海、共和。生于河滩、山坡、山口冷湿草甸和沙土地，海拔3000～4400m。分布于西藏、云南、四川、甘肃、山西等地；北极地区、欧洲北部、哈萨克斯坦、俄罗斯、蒙古、巴基斯坦、尼泊尔、不丹、印度西北部、克什米尔地区也有。在青海亦分布于治多、曲麻莱、玉树、称多、久治、玛沁、同仁、泽库、河南、门源、循化、乐都、民和、互助等地。

蔓首乌 卷茎蓼 卷旋蓼

Fallopia convolvulus (Linnaeus) Á. Löve

Polygonaceae 蓼科 Fallopia 首乌属

【形态特征】 一年生草本。茎缠绕，长1～1.5m，具纵棱，自基部分枝，具小突起。叶片卵形或心形，长2～6cm，宽1.5～4cm，顶端渐尖，基部心形，两面无毛，下面沿叶脉具小突起，边缘全缘，具小突起；叶柄长1.5～5cm，沿棱具小突起；托叶鞘膜质，长3～4mm，偏斜，无缘毛。花序总状，腋生或顶生，花稀疏，下部间断，有时成花簇，生于叶腋；苞片长卵形，顶端尖，每苞内具2～4朵花；花梗细弱，比苞片长，中上部具关节；花被5深裂，淡绿色，边缘白色，花被片长椭圆形，外面3片背部具龙骨状突起或狭翅；果时稍增大，雄蕊8枚，比花被短；花柱3枚，极短，柱头头状。瘦果椭圆形，具3条棱，长3～3.5mm，黑色，密被小颗粒，无光泽，包于宿存花被内。花期5～8月，果期6～9月。

【生境分布】 贵德、共和。生于林缘、灌丛边及山坡田边，海拔2100～3600m。分布于西藏、云南、四川、甘肃、陕西、河北、山西、内蒙古、辽宁、吉林、黑龙江和山东；日本、朝鲜、巴基斯坦、阿富汗、欧洲、非洲北部以及北美洲也有。在青海亦分布于班玛、泽库、西宁、大通、湟中、循化、乐都。

萹蓄 扁竹 竹叶草 藏名：尼阿罗哇

Polygonum aviculare **Linnaeus**

Polygonaceae 蓼科 Polygonum 蓼属

【形态特征】 一年生草本。茎平卧、上升或直立，高10～40cm，自基部多分枝，具纵棱。叶片椭圆形，狭椭圆形或披针形，长1～4cm，宽3～12mm，顶端钝圆或急尖，基部楔形，边缘全缘，两面无毛，下面侧脉明显；叶柄短或近无柄，基部具关节；托叶鞘膜质，下部褐色，上部白色，撕裂脉明显。花单生或数朵簇生于叶腋，遍布植株；苞片薄膜质；花梗细，顶部具关节；花被5深裂，花被片椭圆形，长2～2.5mm，绿色，边缘白色或淡红色；雄蕊8枚，花丝基部扩展；花柱3枚，柱头头状。瘦果卵形，具3条棱，长2.5～3mm，黑褐色，密被由小点组成的细条纹，无光泽，与宿存花被近等长或稍长。花期5～7月，果期6～8月。

【经济用途】 全草药用，通经利尿、清热解毒。

【生境分布】 海南州各地。生于田边、路边荒地及河边、渠旁，海拔1700～3600m。我国南北各地均产；广布于亚洲、欧洲和北美洲。在青海亦分布于杂多、囊谦、玉树、称多、久治、玛沁、尖扎、同仁、泽库、河南及海北、西宁、大通和海东地区各县。

硬毛神血宁 硬毛蓼 假大黄

Polygonum hookeri **Meisner**

Polygonaceae 蓼科 Polygonum 蓼属

【形态特征】 多年生草本。根状茎粗壮，木质。茎直立，高10～20(～30)cm，不分枝，通常数条自根状茎发出，疏生长硬毛。叶片长椭圆形或匙形，长5～10cm，宽1.5～3cm，顶端圆钝，基部狭楔形，两面疏生长硬毛，下面中脉上毛较密，边缘全缘，密生缘毛，茎生叶较小；叶柄长0.5～1cm；托叶鞘筒状，膜质，顶端偏斜，松散，密被长硬毛。花序圆锥状，顶生，分枝稀疏，花序轴具长硬毛；苞片狭披针形，每苞内具1朵花，花梗稍粗壮，无关节；花单性，雌雄异株。雌花花被5深裂，深紫红色，边缘黄绿色，花被片长圆形，顶端圆钝，具脉，长2～3mm，大小不相等；花柱3枚，柱头头状。雄花雄蕊8枚，比花被短，花药紫红色。瘦果宽卵形，具3条棱，长2.5～3mm，顶端尖，基部缢缩成柄状，黄褐色，有光泽，稍突出花被之外。花期6～8月，果期8～9月。

【生境分布】 同德、兴海。生于高寒草甸和高寒灌丛中，海拔3400～4600m。分布于云南、四川、西藏甘肃南部；印度（锡金）也有。在青海亦分布于玉树、果洛、黄南等地。

贾留坤 摄

贾留坤 摄

马蓼 酸模叶蓼 大马蓼

Polygonum lapathifolium **Linnaeus**

Polygonaceae 蓼科 Polygonum 蓼属

【形态特征】 一年生草本，高40～90cm。茎直立，具分枝，无毛，节部膨大。叶片披针形或宽披针形，长5～15cm，宽1～3cm，顶端渐尖或急尖，基部楔形，上面绿色，常有1个大的黑褐色、新月形斑点，两面沿中脉被短硬伏毛，全缘，边缘具粗缘毛；叶柄短，具短硬伏毛；托叶鞘筒状，长1.5～3cm，膜质，淡褐色，无毛，具多条脉，顶端截形，无缘毛，稀具短缘毛。总状花序呈穗状，顶生或腋生，近直立，花紧密，通常由数个花穗再组成圆锥状，花序梗被腺体；苞片漏斗状，边缘具稀疏短缘毛；花被淡红色或白色，4(～5)深裂，花被片椭圆形，外面两面较大，脉粗壮，顶端叉分，外弯；雄蕊通常6枚。瘦果宽卵形，双凹，长2～3mm，黑褐色，有光泽，包于宿存花被内。花期6～8月，果期7～9月

【经济用途】 ① 全草入药，清热解毒、利湿止痒，主治肠炎、痢疾，外用治湿疹、颈淋巴结结核；② 果实入药，活血、消积、止痛、利尿，主治胃痛、腹胀、脾肿大、肝硬化腹水、颈淋巴结结核。

【生境分布】 贵德、共和。生于海拔1900～2800m的路旁湿地和沟渠边及河漫滩。分布于全国南北各省区。在青海亦分布于西宁、湟中、大通、循化、湟源、尖扎等地。

圆穗拳参 圆穗蓼 藏名：榜然木

***Polygonum macrophyllum* D. Don**

Polygonaceae 蓼科 Polygonum 蓼属

【形态特征】 多年生草本。根状茎粗壮，弯曲，直径1～2cm。茎直立，高8～30cm，不分枝，2～3条自根状茎发出。基生叶长圆形或披针形，长3～11cm，宽1～3cm，顶端急尖，基部近心形，上面绿色，下面灰绿色，有时疏生柔毛，边缘叶脉增厚，外卷；叶柄长3～8cm；茎生叶较小，狭披针形或线形，叶柄短或近无柄；托叶鞘筒状，膜质，下部绿色，上部褐色，顶端偏斜，开裂，无缘毛。总状花序呈短穗状，顶生，长1.5～2.5cm，直径1～1.5cm；苞片膜质，卵形，顶端渐尖，长3～4mm，每苞内具2～3朵花；花梗细弱，比苞片长；花被5深裂，淡红色或白色，花被片椭圆形，长2.5～3mm；雄蕊8枚，比花被长，花药黑紫色；花柱3枚，基部合生，柱头头状。瘦果卵形，具3条棱，长2.5～3mm，黄褐色，有光泽，包于宿存花被内。花期7～8月，果期9～10月。

【经济用途】 全草入药，健胃、调经、止血，治胃病、胃寒、消化不良、血痢、发烧、寒性腹泻。

【生境分布】 海南州各地。生于高寒草甸和高山灌丛中，海拔3000～4800m。分布于西藏、云南、贵州、四川、甘肃、陕西、湖北；尼泊尔、印度、不丹也有。在青海亦分布于玉树、果洛、黄南、海北以及海东市各县。

红蓼 荭草 东方蓼

Polygonum orientale Linnaeus

Polygonaceae 蓼科 Polygonum 蓼属

【形态特征】 一年生草本。茎直立，粗壮，高1～2m，上部多分枝，密被开展的长柔毛。叶片宽卵形、宽椭圆形或卵状披针形，长10～20cm，宽5～12cm，顶端渐尖，基部圆形或近心形，微下延，边缘全缘，密生缘毛，两面密生短柔毛，叶脉上密生长柔毛；叶柄长2～10cm，具开展的长柔毛；托叶鞘筒状，膜质，长1～2cm，被长柔毛，具长缘毛，通常沿顶端具草质、绿色的翅。总状花序呈穗状，顶生或腋生，长3～7cm，花紧密，微下垂，通常数个再组成圆锥状；苞片宽漏斗状，长3～5mm，草质，绿色，被短柔毛，边缘具长缘毛，每苞内具3～5朵花；花梗比苞片长；花被5深裂，淡红色或白色；花被片椭圆形，长3～4mm；雄蕊7枚，比花被长；花盘明显；花柱2枚，中下部合生，比花被长，柱头头状。瘦果近圆形，双凹，直径3～3.5mm，黑褐色，有光泽，包于宿存花被内。花期6～9月，果期8～10月。

【经济用途】 果实入药，名“水红花子”，有活血、止痛、消积、利尿功效。

【生境分布】 贵德、共和。多栽培于庭院或生于山坡、路旁，海拔2200～2450m。我国南北各地均有；日本、朝鲜、印度、马来西亚、菲律宾、欧洲和澳大利亚广布。在青海亦栽培于同仁、循化、西宁等地的庭院及园地。

西伯利亚神血宁

西伯利亚蓼　藏名：曲玛孜

Polygonum sibiricum Laxmann

Polygonaceae 蓼科　Polygonum 蓼属

【形态特征】 多年生草本，高10～25cm。根状茎细长。茎外倾或近直立，自基部分枝，无毛。叶片长椭圆形或披针形，无毛，长5～13cm，宽0.5～1.5cm，顶端急尖或钝，基部戟形或楔形，边缘全缘，叶柄长8～15mm；托叶鞘筒状，膜质，上部偏斜，开裂，无毛，易破裂。花序圆锥状，顶生，花排列稀疏，通常间断；苞片漏斗状，无毛，通常每苞内具4～6朵花；花梗短，中上部具关节；花被5深裂，黄绿色，花被片长圆形，长约3mm；雄蕊7～8枚，稍短于花被，花丝基部较宽，花柱3枚，较短，柱头头状。瘦果卵形，具3条棱，黑色，有光泽，包于宿存花被内或凸出。花果期6～9月。

【经济用途】 全草入药，作小大黄代用品，功能主治同小大黄。

【生境分布】 海南州各地。生于河岸、湖滨砂砾地、河边、渠旁湿沙滩或盐碱土草地，海拔1800～4600m。分布于我国西南、西北、华北、东北各地；蒙古、中亚和俄罗斯（西伯利亚）也有。青海各州县均产。

细叶西伯利亚神血宁　细叶西伯利亚蓼

Polygonum sibiricum var. ***thomsonii*** Meisner

Polygonaceae 蓼科　Polygonum 蓼属

【形态特征】　与原变种的主要区别是：植株矮小，高2～5cm；叶片极狭窄，线形，宽1.5～2.5mm，长2～4cm；花序较小。

【生境分布】　兴海、共和。生于寒旱地区湖边湿润沙地、河滩沙地及荒漠地区的湖、河边碱性湿地，海拔2700～4500m。分布于西藏西部；巴基斯坦、克什米尔地区、阿富汗和帕米尔高原也有。在青海亦分布于曲麻莱、玛多、久治、格尔木、乌兰、刚察、海晏、门源等地。

陆福根 摄

陈哲 摄

珠芽拳参

珠芽蓼　山谷子　山高粱　染布子　藏名: 然布

Polygonum viviparum Linnaeus

Polygonaceae 蓼科　Polygonum 蓼属

【形态特征】 多年生草本。根状茎粗壮，弯曲，黑褐色，直径1～2cm。茎直立，高15～60cm，不分枝，通常2～4条自根状茎发出。基生叶长圆形或卵状披针形，长3～10cm，宽0.5～3cm，顶端尖或渐尖，基部圆形、近心形或楔形，两面无毛，边缘脉端增厚，外卷，具长叶柄；茎生叶较小，披针形，近无柄；托叶鞘筒状，膜质，下部绿色，上部褐色，偏斜，开裂，无缘毛。总状花序呈穗状，顶生，紧密，下部生珠芽；苞片卵形，膜质，每苞内具1～2朵花；花梗细弱；花被5深裂，白色或淡红色。花被片椭圆形，长2～3mm；雄蕊8枚，花丝不等长；花柱3枚，下部合生，柱头头状。瘦果卵形，具3条棱，深褐色，有光泽，长约2mm，包于宿存花被内。花期5～7月，果期7～9月。

【经济用途】 ① 根状茎入药，温胃、止寒泻，治寒性胃腹疼痛、腑脏疾病、寒性泻痢、久痢不止；② 根状茎和果实含淀粉，可酿酒；③ 茎叶嫩时为羊饲料；④ 全草捣烂制成粉剂或溶液，能防治农作物害虫。

【生境分布】 海南州各地。生于海拔2300～4000m的潮湿草地、河滩、林缘、灌丛等处。分布于吉林、内蒙古、河北、山西、陕西、甘肃、新疆、四川、云南、西藏等省区。青海各州县均产。

穗序大黄
Rheum spiciforme **Royle**

Polygonaceae 蓼科　Rheum 大黄属

【形态特征】 矮壮草本，无茎。叶基生，叶片近革质，卵圆形或宽卵状椭圆形，长10～20cm，宽8～15cm，顶端圆钝，稀较窄，基部圆形或浅心形，全缘，边缘略呈波状，基出脉多为5条，叶面暗绿色或黄绿色，下面紫红色，两面被乳突状毛或上面无毛；叶柄粗壮，长3～10cm，半圆柱状，紫红色，无毛或具小乳突。花葶2～4枝，有时可达7～8枝，自根状茎顶端抽出，高于叶或稍矮，长10～30cm，具细棱线，被乳突，基部直径4～7mm；穗状总状花序，花淡绿色，花梗细，长约3mm，关节近基部；花被片椭圆形或长椭圆形，外轮较窄小，长1.8～2mm，宽约1mm，内轮较大，长2.2～2.5mm，宽约1.2mm；雄蕊9枚，与花被近等长，花药黄色；子房略倒卵球形，花柱短，横展，柱头大，表面有凸起，果实矩圆状宽椭圆形，长8～10mm，宽7～9mm，稀稍大，顶端阔圆或微凹，翅宽2.5～3.5mm，纵脉在翅的中间。花期6月，果期8月。

【经济用途】 根及根茎入药，作藏药“亚大黄（藏名：曲匝）”的代用品，清腹热、泻疫疠、消肿、愈疮。

【生境分布】 贵德、共和。生于高山砾石滩、碎石山坡及河滩砂砾地，海拔3800～4800m。分布于西藏中部、南部和西部较寒旱的草地和砂砾地；不丹、尼泊尔、印度西北部、巴基斯坦和阿富汗也有。在青海亦分布于曲麻莱、囊谦、玉树、玛多、格尔木、天峻、祁连、互助等地。

歧穗大黄

Rheum przewalskyi Losinskaja

Polygonaceae 蓼科　Rheum 大黄属

【形态特征】 多年生低矮、无茎草本。根粗壮，伸长，直径2～4cm；根状茎顶端具多层托叶鞘，棕褐色，干后膜质或纸质，光滑无毛。根茎上部膨大，宿存枯老叶柄。叶全部基生，2～4片，具柄，叶片宽卵形、卵形或菱状宽卵形，长11～25cm，宽8～15cm，顶端圆或钝，边缘不规则浅波状或近全缘，微皱，基部心形、圆形或楔形，两面疏生鳞片状短毛，具5～7条基出脉，基出脉粗壮，突出；叶柄粗壮，长4～8cm，疏生微柔毛或近无毛。穗状总状花序1～5枚，由根茎顶部生出，具2～3歧状分枝，长8～20cm；花被片绿白色或黄白色，宽卵形或卵状长圆形，长1.5～2mm，花梗长约2mm，关节在下部；雄蕊8～9枚，与花被近等长或稍外露，花丝基部与花盘合生，花药紫褐色；花柱3枚，外弯，柱头膨大成盘状或盾状，表面不平。瘦果宽卵形、长圆状宽卵形或梯状卵形，长(7～)8～9mm，宽(6～)7～8mm，顶端微凹，基部略呈心形，紫红色或深褐色。翅宽约3mm，纵脉在翅的中部偏外缘。花期6～8月，果期7～9月。

【经济用途】 同穗序大黄。

【生境分布】 共和。生于高山砾石坡、石缝和干旱河滩地，海拔3400～4900m。分布于四川、甘肃、新疆西南部。在青海亦分布于治多、玛多、玛沁、德令哈、大柴旦、祁连、门源。

小大黄 矮大黄 藏名：曲玛子

Rheum pumilum **Maximowicz**

Polygonaceae 蓼科 Rheum 大黄属

【形态特征】 矮小草本，高10～25cm。茎细，直立，下部直径2～3.5mm，具细纵沟纹，被有稀疏的灰白色短毛，靠近上部毛较密。基生叶2～3片，叶片卵状椭圆形或卵状长椭圆形，长1.5～5cm，宽1～3cm，近革质，顶端圆，基部浅心形，全缘，基出脉3～5条，中脉发达粗壮，叶上面光滑无毛，或偶在主脉基部具稀疏短柔毛，下面具稀疏白色短毛，毛多生于叶脉及叶缘上；叶柄半圆柱状，与叶片等长或稍长，被短毛；茎生叶1～2片，通常叶腋均具花序分枝，稀最下部一片叶腋无花序分枝，叶片较窄小，近披针形；托叶鞘短，长约5mm，干后膜质，常破裂，光滑无毛。花序窄圆锥状，分枝稀而不具复枝，具稀短毛，花2～3朵簇生，花梗极细，长2～3mm，关节在基部；花被不开展，花被片椭圆形或宽椭圆形，长1.5～2mm，边缘为紫红色；雄蕊9枚，稀较少，不外露；子房宽椭圆形，花柱短，柱头近头状。果实三角形或角状卵形，长5～6mm，最下部宽约4mm，顶端具小凹，基部平直或稍内凹，翅窄，宽1～1.5mm，纵脉在翅的中间部分。种子卵形，宽2～2.5mm。花期6～7月，果期8～9月。

【经济用途】 根及根状茎入药，清热、消渴、除烦、泻黄水和恶性腹水、下淤血、消痈肿，主治食积停滞、脘腹胀痛、实热内蕴、大便秘结、风火牙痛、口干舌燥、跌打损伤、淤血作痛。

【生境分布】 海南州各地。生于海拔3000～4700m的高山阴坡、半阴坡草地及潮湿处或灌丛草甸。分布于甘肃、四川、西藏等地。在青海亦分布于乐都、互助、尖扎、同仁、泽库、门源、祁连、刚察、天峻、玉树、治多、囊谦、曲麻莱、久治、班玛等地。

鸡爪大黄 唐古特大黄 将军 代黄 金木
藏名：君木扎

Rheum tanguticum (Maximowicz ex Regel) Maximowicz ex Balfour

Polygonaceae 蓼科 Rheum 大黄属

【形态特征】 高大草本，高1.5～2m，根及根状茎粗壮，黄色。茎粗，中空，具细棱线，光滑无毛或在上部的节处具粗糙短毛。茎生叶大型，叶片近圆形或宽卵形，长30～60cm，顶端窄长急尖，基部略呈心形，通常掌状5深裂，最基部1对裂片简单，中间3个裂片多为三回羽状深裂，小裂片窄长披针形，基出脉5条，叶上面具乳突或粗糙，下面具密短毛；叶柄近圆柱状，与叶片近等长，被粗糙短毛；茎生叶较小，叶柄亦较短，裂片多更狭窄；托叶鞘大型，以后多破裂，外面具粗糙短毛。大型圆锥花序，分枝较紧聚，花小，紫红色稀淡红色；花梗丝状，长2～3mm，关节位于下部；花被片近椭圆形，内轮较大，长约1.5mm；雄蕊多为9枚，不外露；花盘薄并与花丝基部连合成极浅盘状；子房宽卵形，花柱较短，平伸，柱头头状。果实矩圆状卵形至矩圆形，顶端圆形或平截，基部略心形，长8～9.5mm，宽7～7.5mm，翅宽2～2.5mm，纵脉近翅的边缘。种子卵形，黑褐色。花期6月，果期7～8月。

【经济用途】 ① 根及根状茎入药，泻下攻积、清热泻火、凉血解毒、逐淤通经、利湿退黄，主治实热便秘、食积痞满、里急后重、湿热黄疸、血淤经闭、痈肿疔毒、跌打损伤、吐血、衄血；② 根含鞣质，可提制栲胶。

【生境分布】 同德。生于海拔1700～3900m的山地林缘、灌丛、草坡，并常见于庭院栽培。分布于内蒙古、四川西部、西藏东部等地。在青海亦分布于黄南、海北、果洛、玉树等地。

酸模 遏蓝菜 酸溜溜 藏名：肖芒 龙肖

***Rumex acetosa* Linnaeus**

Polygonaceae 蓼科 Rumex 酸模属

【形态特征】 多年生草本。根为须根。茎直立，高40～100cm，具深沟槽，通常不分枝。基生叶和茎下部叶箭形，长3～12cm，宽2～4cm，顶端急尖或圆钝，基部裂片急尖，全缘或微波状；叶柄长2～10cm；茎上部叶较小，具短叶柄或无柄；托叶鞘膜质，易破裂。花序狭圆锥状，顶生，分枝稀疏；花单性，雌雄异株；花梗中部具关节；花被片6枚，排成2轮，雄花内花被片椭圆形，长约3mm，外花被片较小，雄蕊6枚；雌花内花被片果时增大，近圆形，直径3.5～4mm，全缘，基部心形，网脉明显，基部具极小的小瘤，外花被片椭圆形，反折，瘦果椭圆形，具3条锐棱，两端尖，长约2mm，黑褐色，有光泽。花期5～7月，果期6～8月。

【经济用途】 ① 全草入药，有凉血、解毒之功效；② 嫩茎、叶可作蔬菜及饲料。

【生境分布】 海南州各地。生于山麓、山沟、河滩草地及林间或灌丛草甸，海拔2800～4200m。分布于我国南北各省区；朝鲜、日本、蒙古、俄罗斯（西伯利亚）、中亚及欧洲和北美洲也有。在青海亦分布于囊谦、玉树、班玛、久治、同仁、泽库、河南、大通等地。

白瑜 摄

白瑜 摄

水生酸模

Rumex aquaticus Linnaeus

Polygonaceae 蓼科　Rumex 酸模属

【形态特征】 多年生草本。茎直立，高30～120cm，通常上部分枝，具沟槽。基生叶长圆状卵形或卵形，长10～30cm，宽4～13cm，顶端尖，基部心形，边缘波状，两面无毛或下面沿叶脉具乳头状突起；叶柄与叶片近等长，无毛或具乳头状突起；茎生叶较小，长圆形或宽披针形，托叶鞘膜质，易破裂。花序圆锥状，狭窄，分枝近直立；花两性；花梗纤细，丝状，中下部具关节，关节在果时不明显；外花被片长圆形，长约2mm，内花被片果时增大，卵形，长5～8mm，宽4～6mm，顶端尖，基部近截形，边缘近全缘，全部无小瘤。瘦果椭圆形，两端尖，具3条锐棱，长3～4mm，褐色，有光泽。花期5～6月，果期6～7月。

【经济用途】 根入药，主治消化不良和急性肝炎。

【生境分布】 同德、兴海。生于海拔2700～3500m的山沟流水旁、河滩及沼泽草甸边缘。分布于我国东北、华北至西北等地。在青海亦分布于乐都、大通、同仁、泽库、河南、门源、海晏、刚察、久治等地。

朱鑫鑫 摄

朱鑫鑫 摄

皱叶酸模　羊蹄　土大黄　藏名：甲肖

Rumex crispus Linnaeus

Polygonaceae 蓼科　Rumex 酸模属

【形态特征】 多年生草本。根粗壮，黄褐色。茎直立，高50～120cm，不分枝或上部分枝，具浅沟槽。基生叶披针形或狭披针形，长10～25cm，宽2～5cm，顶端急尖，基部楔形，边缘皱波状；茎生叶较小，狭披针形；叶柄长3～10cm；托叶鞘膜质，易破裂。花序狭圆锥状，花序分枝近直立或上升；花两性，淡绿色；花梗细，中下部具关节，关节果时稍膨大；花被片6枚，外花被片椭圆形，长约1mm，内花被片果时增大，宽卵形，长4～5mm，网脉明显，顶端稍钝，基部近截形，边缘近全缘，全部具小瘤（稀1片具小瘤），小瘤卵形，长1.5～2mm。瘦果卵形，顶端急尖，具3条锐棱，暗褐色，有光泽。花期5～6月，果期6～7月。

【经济用途】 ①根、叶入药，清热、解毒、凉血、止血、消肿、祛湿、愈疮，治结膜炎、胆热病、咽喉病、中毒症、慢性肠炎、子宫功能性出血等，外用治疥癣、疮疖、脂溢性皮炎；②根和叶均含鞣质，可提制栲胶；③嫩叶可作蔬菜及绿肥或饲料。

【生境分布】 海南州各地。生于海拔1700～3500m的田边、路旁、山坡湿地及沟渠边。分布于我国东北、华北、西北，以及四川、云南、福建、广西、台湾等省区。在青海亦分布于东部农业区及尖扎、同仁、泽库、门源、都兰等地。

巴天酸模 土大黄 牛西西

Rumex patientia Linnaeus

Polygonaceae 蓼科 Rumex 酸模属

【形态特征】 多年生草本。根肥厚，直径可达3cm；茎直立，粗壮，高90～150cm，上部分枝，具深沟槽。基生叶长圆形或长圆状披针形，长15～30cm，宽5～10cm，顶端急尖，基部圆形或近心形，边缘波状；叶柄粗壮，长5～15cm；茎上部叶披针形，较小，具短叶柄或近无柄；托叶鞘筒状，膜质，长2～4cm，易破裂。花序圆锥状，大型；花两性；花梗细弱，中下部具关节；关节果时稍膨大，外花被片长圆形，长约1.5mm，内花被片果时增大，宽心形，长6～7mm，顶端圆钝，基部深心形，边缘近全缘，具网脉，全部或一部分具小瘤；小瘤长卵形，通常不能全部发育。瘦果卵形，具3条锐棱，顶端渐尖，褐色，有光泽，长2.5～3mm。花期5～6月，果期6～7月。

【经济用途】 药用，功效同皱叶酸模。

【生境分布】 同德、兴海。生于海拔2300～3700m的路边、田边、潮湿地和水沟边，或住宅周围空地上。分布于黑龙江、辽宁、内蒙古、河北、山西、河南、山东、陕西、甘肃、新疆等地。在青海亦分布于西宁、大通、民和、互助、柴达木、河南和囊谦等地。

沙蓬 沙米

Agriophyllum squarrosum (Linnaeus) Moquin-Tandon

Chenopodiaceae 藜科 Agriophyllum 沙蓬属

【形态特征】 植株高14～60cm。茎直立，坚硬，浅绿色，具不明显的条棱，幼时密被分枝毛，后脱落；由基部分枝，最下部的一层分枝通常对生或轮生，平卧，上部枝条互生，斜展。叶无柄，叶片披针形、披针状条形或条形，长1.3～7cm，宽0.1～1cm，先端渐尖，具小尖头，向基部渐狭，叶脉浮凸，纵行，3～9条。穗状花序紧密，卵圆形或椭圆形，无梗，腋生；苞片宽卵形，先端急缩，具小尖头，后期反折，背部密被分枝毛。花被片1～3枚，膜质；雄蕊2～3枚，花丝锥形，膜质，花药卵圆形。果实卵圆形或椭圆形，两面扁平或背部稍凸，幼时在背部被毛，后期秃净，上部边缘略具翅缘；果喙深裂成两个扁平的条状小喙，微向外弯，小喙先端外侧各具1个小齿突。种子近圆形，光滑，有时具浅褐色的斑点。花果期8～10月。

【经济用途】 ① 种子可食，含丰富的粗蛋白和淀粉，为救荒植物；② 植株可作牲畜（骆驼）饲料。

【生境分布】 海南州各地。生于海拔2900～3000m的沙丘、流动沙丘背风坡上，为我国北部沙漠地区常见的沙生植物。分布于东北、华北、西北及河南、西藏等地；蒙古和俄罗斯也有分布。在青海亦分布于都兰。

中亚滨藜

Atriplex centralasiatica Iljin

Chenopodiaceae 藜科　Atriplex 滨藜属

【形态特征】 一年生草本，高15～30cm。茎通常自基部分枝；枝钝四棱形，黄绿色，无色条，有粉或下部近无粉。叶具短柄，枝上部的叶近无柄；叶片卵状三角形至菱状卵形，长2～3cm，宽1～2.5cm，边缘具疏锯齿，近基部的1对锯齿较大而呈裂片状，或仅有1对浅裂片而其余部分全缘，先端微钝，基部圆形至宽楔形，上面灰绿色，无粉或稍有粉，下面灰白色，有密粉；叶柄长2～6mm。花集成腋生团伞花序；雄花花被5深裂，裂片宽卵形，雄蕊5枚，花丝扁平，基部连合，花药宽卵形至短矩圆形，长约0.4mm；雌花的苞片近半圆形至平面钟形，边缘近基部以下合生，果时长6～8mm，宽7～10mm，近基部的中心部鼓胀并木质化，表面具多数疣状或肉棘状附属物，缘部草质或硬化，边缘具不等大的三角形牙齿；苞柄长1～3mm。胞果扁平，宽卵形或圆形，果皮膜质，白色，与种子贴伏。种子直立，红褐色或黄褐色，直径

李波卡 摄

李波卡 摄

李波卡 摄

2～3mm。花期7～8月，果期8～9月。

【经济用途】 ①带苞的果实称"软蒺藜"，为明目、强壮、缓和药；②鲜草、干草均可作猪饲料。

【生境分布】 兴海、共和。生于干旱河滩、山麓、湖滨和盐碱化荒漠砾地，海拔3000～4300m。分布于新疆、甘肃、陕西、宁夏、山西、河北、内蒙古及东北各地；蒙古、中亚和西伯利亚也有。在青海亦分布于治多、玛多、德令哈。

野滨藜 三齿粉藜

Atriplex fera **(Linnaeus) Bunge**

Chenopodiaceae 藜科 Atriplex 滨藜属

【形态特征】 一年生草本，高20～80cm。茎直立或外倾，四棱形或下部圆柱形，有条棱及绿色色条，通常自基部起分枝；枝细瘦，斜升，上部通常弯曲，稍有粉。叶片卵状矩圆形至卵状披针形，长2～7cm，宽0.8～2cm，全缘，较少在中部以下具1至数对波状钝齿，两面均为灰绿色，先端钝或短渐尖，基部宽楔形至楔形；叶柄长6～12mm。团伞花序腋生；雄花4基数，早落；雌花在每团伞花序中3～10朵或更多；苞片边缘全部合生，果时两面鼓胀，坚硬，卵形或椭圆形，黄绿色，表面有浮凸的网状脉及1～2个位置不规则的棘状突起，稍有粉，顶缘具3个短齿，苞柄长3～4mm。胞果扁平，圆形；果皮膜质，白色，与种子贴伏。种子直立，棕色，直径1.5～2mm。花果期7～9月。

【经济用途】 为盐碱地牧草，牛、羊、骆驼均喜食，鲜草、干草均可作猪饲料。

【生境分布】 共和。生于海拔2200～3000m的河滩、湖边、路旁等含盐碱处。分布于东北、华北、西北；蒙古和俄罗斯（西伯利亚东部）也有。在青海亦分布于西宁、都兰等地。

榆钱菠菜 洋菠菜

Atriplex hortensis **Linnaeus**

Chenopodiaceae 藜科 Atriplex 滨藜属

【形态特征】 一年生草本，高可达2m，无粉或幼嫩部分稍有粉。茎直立，粗壮；枝斜伸，钝四棱形，有绿色色条。叶片卵状矩圆形至卵状三角形，长5～25cm，宽3～18cm，先端微钝，基部戟形至宽楔形，两面均为绿色，下面稍有粉，全缘或具不整齐锯齿；叶柄长1～3cm。花序穗状圆锥状，腋生及顶生；雄花花被片5枚，雄蕊5枚。雌花二型：有花被雌花的花被裂片5片，矩圆形，无苞片；种子横生，扁球形，直径1.5～2mm，种皮薄壳质，黑色，有光泽。无花被雌花具2枚苞片，苞片仅基部着生点合生；苞片果时近圆形，直径1～1.5cm，先端急尖，全缘，基部截形或微凹，有很短的柄，表面有浮凸的网状脉，无粉。种子直立，扁平，圆形，直径3～4mm，种皮通常为膜质，黄褐色，无光泽。花果期8～9月。

【经济用途】 蔬菜。

【生境分布】 海南州各地曾有零星栽培。原产欧洲，我国北方各省区多见栽培，供蔬菜用。

滨藜

Atriplex patens **(Litvinov) Iljin**

Chenopodiaceae 藜科 Atriplex 滨藜属

【形态特征】 一年生草本，高20～60cm。茎直立或外倾，无粉或稍有粉，具绿色色条及条棱，通常上部分枝；枝细瘦，斜上。叶互生，或在茎基部近对生；叶片披针形至条形，长3～9cm，宽4～10mm，先端渐尖或微钝，基部渐狭，两面均为绿色，无粉或稍有粉，边缘具不规则的弯锯齿或微锯齿，有时几全缘。花序穗状，或有短分枝，通常紧密，于茎上部再集成穗状圆锥状；花序轴有密粉；雄花花被4～5裂，雄蕊与花被裂片同数；雌花的苞片果时菱形至卵状菱形，长约3mm，宽约2.5mm，先端急尖或短渐尖，下半部边缘合生，上半部边缘通常具细锯齿，表面有粉，有时靠上部具疣状小突起。种子二型，扁平，圆形或双凸透镜形，黑色或红褐色，有细点纹，直径1～2mm。花果期8～10月。

【生境分布】 共和。生于路边、田边沙土地，海拔2900m。分布于新疆、甘肃、陕西、宁夏、河北、内蒙古、辽宁、吉林、黑龙江等地；国外分布于东欧、全中亚地区、西伯利亚及远东。

西伯利亚滨藜 软蒺藜

Atriplex sibirica **Linnaeus**

Chenopodiaceae 藜科 Atriplex 滨藜属

【形态特征】 一年生草本，高20～50cm。茎通常自基部分枝；枝外倾或斜伸，钝四棱形，无色条，有粉。叶片卵状三角形至菱状卵形，长3～5cm，宽1.5～3cm，先端微钝，基部圆形或宽楔形，边缘具疏锯齿，近基部的1对齿较大而呈裂片状，或仅有1对浅裂片而其余部分全缘，上面灰绿色，无粉或稍有粉，下面灰白色，有密粉；叶柄长3～6mm。团伞花序腋生；雄花花被5深裂，裂片宽卵形至卵形；雄蕊5枚，花丝扁平，基部连合，花药宽卵形至短矩圆形，长约0.4mm；雌花的苞片连合成筒状，仅顶缘分离，果时鼓胀，略呈倒卵形，长5～6mm（包括柄），宽约4mm，木质化，表面具多数不规则的棘状突起，顶缘薄，牙齿状，基部楔形。胞果扁平，卵形或近圆形；果皮膜质，白色，与种子贴伏。种子直立，红褐色或黄褐色，直径2～2.5mm。花期6～7月，果期8～9月。

【经济用途】 ① 牧草，羊和骆驼喜食，也可采集作猪饲料；② 果实为明目、强壮、缓和药，主治恶血症结、头痛、咳逆、皮肤风痒、疮痒、肿毒及妇女乳闭不通等症。

【生境分布】 海南州各地。生于海拔2800～3000m的盐碱荒漠、湖边、固定沙丘等处。分布于东北、华北、西北；蒙古及哈萨克斯坦、俄罗斯（西伯利亚）也有分布。在青海亦分布于海西州。

陆福根 摄

陆福根 摄

陆福根 摄

鞑靼滨藜

Atriplex tatarica **Linnaeus**

Chenopodiaceae 藜科 Atriplex 滨藜属

【形态特征】 一年生草本，高20～80cm。茎直立或外倾，苍白色，下部茎皮薄片状剥落，通常多分枝；枝较细瘦，斜伸。叶片宽卵形、三角状卵形、矩圆形至宽披针形，长2～7cm，宽1～4cm，边缘具不整齐缺刻状或浅裂状锯齿，先端急尖或短渐尖，具半透明的刺芒状短尖头，基部宽楔形至楔形，上面绿色，无粉，下面灰白色，有密粉，有时两面均有粉而近于同色；叶柄很短或长达2cm。花簇生于叶腋，并于茎和枝的上部集成穗状圆锥状花序，花序轴有密粉和薄片状毛丛；雄花花被倒圆锥形，5深裂，雄蕊5枚，花药矩圆形；雌花的苞片果时菱状卵形至卵形，下部的边缘合生，靠基部的中心部黄白色，具浮凸脉，有时有少数疣状附属物，缘部有绿色网脉，边缘多少有齿。胞果扁，卵形或近圆形；果皮白色，膜质，与种子贴伏。种子直立，直径1.5～2.5mm，黄褐色至红褐色；胚乳块状，黄褐色。花果期7～9月。

【经济用途】 牧草，骆驼喜食，绵羊在秋季吃。

【生境分布】 共和。生于戈壁荒漠和干旱草原中的盐碱地，有时也见于田边及较潮湿的草地，海拔3000～3100m。分布于西藏西部、新疆及甘肃西部；欧洲、地中海沿岸、小亚细亚、俄罗斯西伯利亚及蒙古西部也有。在青海亦分布于茫崖。

杂配轴藜

Axyris hybrida Linnaeus

Chenopodiaceae 藜科　Axyris 轴藜属

【形态特征】 植株高5～40cm，茎直立，由基部分枝，分枝通常斜展或上升，幼时被星状毛，后期秃净。叶柄较短，叶片卵形、椭圆形或矩圆状披针形，长0.5～3.5cm，宽0.2～1cm，先端钝或渐尖，具小尖头，基部楔形或渐狭，全缘，背部叶脉明显，两面皆被星状毛。雄花序穗状，花被片3枚，膜质，矩圆形，先端钝，基部渐狭，背部被毛，后秃净，雄蕊3枚，与花被片对生，伸出花被外。雌花花被片3枚，侧生2枚较大，宽卵形，顶端全缘或微有缺齿，近苞片处1枚花被片小，长圆形。果实宽椭圆状倒卵形，长1.5～2mm，宽约1.5mm，两侧面具同心圆状皱纹，顶端具2个小的三角状附属物。花果期7～8月。

【相近种】 与轴藜*A. amaranthoides*较为相近，注意区分。轴藜的叶片较大，长3～7cm，披针形，背部星状毛较密，果实矩圆状倒卵形，顶端具1个较大的冠状附属物；而杂配轴藜叶片较小，长0.5～3.5cm，椭圆形或卵形，两面均密被星状毛，果实倒卵形，侧面具同心圆状皱纹，顶端具2个小三角状附属物。

【生境分布】 贵南、共和。生于田边、沙质河滩、山坡、山麓洪积扇，海拔2700～4200m。分布于云南、西藏、新疆、甘肃、山西、河北、内蒙古、黑龙江西部及河南西北部；中亚和蒙古也有。在青海亦分布于玉树、治多、玛沁、都兰、刚察、湟源等地。

平卧轴藜

Axyris prostrata Linnaeus

Chenopodiaceae 藜科　Axyris 轴藜属

【形态特征】 植株高2～8cm，茎枝平卧或上升，密被星状毛，毛在后期大部脱落。叶柄几与叶片等长，叶片宽椭圆形、卵圆形或近圆形，长0.5～1cm，宽0.4～0.7cm，先端圆形，具小尖头，基部急缩并下延至柄，全缘，两面均被星状毛，中脉不明显。雄花花序头状，花被片3枚（稀5枚），膜质，倒卵形，背部密被星状毛，毛后期脱落，雄蕊3枚（稀5枚），与花被片对生，伸出花被外。雌花花被片3枚，膜质，被毛；子房卵状，扁平，花柱短，柱头2枚，细长。果实圆形或倒卵圆形，侧扁，两侧面具同心圆状皱纹，顶端附属物2个，小，乳头状或有时不显。花果期7～8月。

【生境分布】 贵南、共和。生于河滩、湖边、阶地、多石山坡或草滩、棚圈周围及草地破损处，海拔3200～4800m。本种我国仅见于青海、新疆和西藏的高海拔地区；国外分布于俄罗斯和蒙古。在青海亦分布于治多、玛多、玛沁、刚察、门源等地。

雾冰藜　肯诺藜　星状刺果藜　雾冰草

Bassia dasyphylla (Fischer & C. A. Meyer) Kuntze

Chenopodiaceae 藜科　Bassia 雾冰藜属

【形态特征】 植株高3～50cm，茎直立，具条棱，黄绿色带浅紫红色，密被水平伸展的长柔毛；分枝多，开展，与茎夹角通常大于45°，有的几成直角。叶互生，肉质，圆柱状或半圆柱状条形，密被开展的长柔毛，长3～15mm，宽1～1.5mm，先端钝，基部渐狭。花两性，单生或两朵簇生，通常仅一朵花发育。花被草质，顶端5裂，筒密被长柔毛，裂齿不内弯，果时花被背部具5个钻状附属物，三棱状，平直，坚硬，形成一平展的五角星状；雄蕊5枚，花丝条形，伸出花被外；子房卵状，具短的花柱和2(～3)个长的柱头。果实卵圆状。种子近圆形，光滑，直径1～2mm。花期7～8月，果期8～9月。

【生境分布】 贵南、同德、共和。生于沙滩、盐碱荒地及沙丘，海拔2700～3200m。分布于西藏、新疆、甘肃、陕西、山西、河北、内蒙古、辽宁、吉林、黑龙江及山东等地；蒙古、中亚、全西伯利亚也有。在青海亦分布于格尔木、德令哈、都兰等地。

陆福根 摄

甜菜 莙菜 藏名：昂菜

Beta vulgaris Linnaeus

Chenopodiaceae 藜科 Beta 甜菜属

【形态特征】 二年生草本，根圆锥状至纺锤状，多汁。茎直立，多少有分枝，具条棱及色条。基生叶矩圆形，长20～30cm，宽10～15cm，具长叶柄，上面皱缩不平，略有光泽，下面有粗壮凸出的叶脉，全缘或略呈波状，先端钝，基部楔形、截形或略呈心形；叶柄粗壮，下面凸，上面平或具槽；茎生叶互生，较小，卵形或披针状矩圆形，先端渐尖，基部渐狭入短柄。花2～3朵团集，果时花被基底部彼此合生；花被裂片条形或狭矩圆形，果时变为革质并向内拱曲。胞果下部陷在硬化的花被内，上部稍肉质。种子双凸透镜形，直径2～3mm，红褐色，有光泽；胚环形，苍白色；胚乳粉状，白色。花期5～6月，果期7月。

【经济用途】 经济作物，广为栽培、品种繁多。

【生境分布】 海南州各地。全国各地均有栽培。

饲用甜菜

Beta vulgaris var. ***lutea*** Candolle

Chenopodiaceae 藜科 Beta 甜菜属

【形态特征】 根肥大，浅橙黄色。

【经济用途】 根供饲料用。

【生境分布】 共和有栽培。甘肃、内蒙古一带栽培较多。

驼绒藜 优若藜 藏名：起兴

Krascheninnikovia ceratoides (Linnaeus) Gueldenstaedt

Chenopodiaceae 藜科 Krascheninnikovia 驼绒藜属

【形态特征】 植株高0.1～1m，分枝多集中于下部，斜展或平展。叶较小，叶片条形、条状披针形、披针形或矩圆形，长1～2(～5)cm，宽0.2～0.5(～1)cm，先端急尖或钝，基部渐狭，楔形或圆形，具1条脉，有时近基处有2条侧脉，极稀为羽状。雄花序较短，长达4cm，紧密。雌花管椭圆形，长3～4mm，宽约2mm；花管裂片角状，较长，其长为管长的1/3至等长。果直立，椭圆形，被毛。花果期6～9月。

【经济用途】 荒漠区牧草。

【生境分布】 海南州各地。生于海拔2700～4600m的沙地、低山岩漠、砾石缓坡、洪积扇、阶地、路边及土坡等处。分布于新疆、西藏、甘肃、内蒙古等地；蒙古、欧洲东南部及非洲北部的干旱地区也有。在青海亦分布于大通、湟源、刚察、德令哈、都兰、诺木洪、泽库、河南、曲麻莱、玉树等地。

尖头叶藜 绿珠藜

Chenopodium acuminatum Willdenow

Chenopodiaceae 藜科 Chenopodium 藜属

【形态特征】 一年生草本，高20～80cm。茎直立，具条棱及绿色色条，有时色条带紫红色，多分枝；枝斜升，较细瘦。叶片宽卵形至卵形，茎上部的叶有时呈卵状披针形，长2～4cm，宽1～3cm，先端急尖或短渐尖，有1个短尖头，基部宽楔形、圆形或近截形，上面无粉，浅绿色，下面多少有粉，灰白色，全缘并具半透明的环边；叶柄长1.5～2.5cm。花两性，团伞花序于枝上部排列成紧密的或有间断的穗状或穗状圆锥状花序，花序轴（或仅在花间）具圆柱状毛束；花被扁球形，5深裂，裂片宽卵形，边缘膜质，并有红色或黄色粉粒，果时背面大多增厚，并彼此合成五角星形；雄蕊5枚，花药长约0.5mm。胞果顶基扁，圆形或卵形。种子横生，直径约1mm，黑色，有光泽，表面略具点纹。花期6～7月，果期8～9月。

【生境分布】 共和。生于田边、荒地及沟边，海拔2500～2700m。分布于黑龙江、吉林、辽宁、内蒙古、河北、山东、浙江、河南、山西、陕西、宁夏、甘肃、新疆等省区；日本、朝鲜、中亚和西伯利亚地区也有。在青海亦分布于祁连、门源等地。

李小伟 摄

李小伟 摄

李小伟 摄

藜 灰藋 灰菜 灰条 藏名：博尼

Chenopodium album **Linnaeus**

Chenopodiaceae 藜科 Chenopodium 藜属

【形态特征】 一年生草本，高30～150cm。茎直立，粗壮，具条棱及绿色或紫红色色条，多分枝；枝条斜升或开展。叶片菱状卵形至宽披针形，长3～6cm，宽2.5～5cm，先端急尖或微钝，基部楔形至宽楔形，上面通常无粉，有时嫩叶的上面有紫红色粉，下面多少有粉，边缘具不整齐锯齿；叶柄与叶片近等长，或为叶片长的1/2。花两性，花簇于枝上部排列成或大或小的穗状圆锥或圆锥花序；花被裂片5枚，宽卵形至椭圆形，背面具纵隆脊，有粉，先端或微凹，边缘膜质；雄蕊5枚，花药伸出花被，柱头2枚。果皮与种子贴生。种子横生，双凸透镜状，直径1.2～1.5mm，边缘钝，黑色，有光泽，表面具浅沟纹；胚环形。花果期5～10月。

【经济用途】 ① 幼苗可作蔬菜及家畜饲料；② 全草入药，清热解毒、止血、愈疮，治疮疡痈肿、久溃不愈；③ 种子可榨油，供食用或工业用。

【生境分布】 海南州各地。生于海拔2200～4200m的田边、路边、河滩，为很难除掉的杂草。分布遍及全球温带及热带地区，我国分布于辽宁、吉林、黑龙江、内蒙古、山东、山西、河南、河北、四川、新疆、台湾等省区。在青海亦分布于西宁、诺木洪、同仁、泽库、曲麻莱、治多、久治、玉树等地。

灰绿藜 藏名：博尼

Chenopodium glaucum Linnaeus

Chenopodiaceae 藜科 Chenopodium 藜属

【形态特征】 一年生草本，高20～40cm。茎平卧或外斜，具条棱及绿色或紫红色色条。叶片矩圆状卵形至披针形，长2～4cm，宽6～20mm，肥厚，先端急尖或钝，基部渐狭，边缘具缺刻状牙齿，上面无粉，平滑，下面有粉而呈灰白色，有稍带紫红色；中脉明显，黄绿色；叶柄长5～10mm。花两性兼有雌性，通常数花聚成团伞花序，再于分枝上排列成有间断而通常短于叶的穗状或圆锥状花序；花被裂片3～4枚，浅绿色，稍肥厚，通常无粉，狭矩圆形或倒卵状披针形，长不及1mm，先端通常钝；雄蕊1～2枚，花丝不伸出花被，花药球形；柱头2枚，极短。胞果顶端露出于花被外，果皮膜质，黄白色。种子扁球形，直径0.75mm，横生、斜生及直立，暗褐色或红褐色，边缘钝，表面有细点纹。花果期5～10月。

【经济用途】 同藜。

【生境分布】 海南州各地。生于农田、菜园、村房、水边等有轻度盐碱的土壤上。广布于南北半球的温带地区。我国除台湾、福建、江西、广东、广西、贵州、云南诸省区外，其他各地都有分布。在青海亦分布于玉树、同仁、泽库、德令哈、都兰、乌兰、西宁及海东等地。

杂配藜 大叶藜 血见愁 藏名：博尼

***Chenopodium hybridum* Linnaeus**

Chenopodiaceae 藜科 Chenopodium 藜属

【形态特征】 一年生草本，高40～120cm。茎直立，粗壮，具淡黄色或紫色条棱，上部有疏分枝，无粉或枝上稍有粉。叶片宽卵形至卵状三角形，长6～15cm，宽5～13cm，两面均呈亮绿色，无粉或稍有粉，先端急尖或渐尖，基部圆形、截形或略呈心形，边缘掌状浅裂；裂片2～3对，不等大，轮廓略呈五角形，先端通常锐；上部叶较小，叶片多呈三角状戟形，边缘具较少数的裂片状锯齿，有时几全缘；叶柄长2～7cm。花两性兼有雌性，通常数个团集，在分枝上排列成开散的圆锥状花序；花被裂片5枚，狭卵形，先端钝，背面具纵脊并稍有粉，边缘膜质；雄蕊5枚。胞果双凸透镜状；果皮膜质，有白色斑点，与种子贴生。种子横生，与胞果同形，直径通常2～3mm，黑色，无光泽，表面具明显的圆形深洼或呈凹凸不平；胚环形。花果期7～9月。

【经济用途】 ①全草（或花、果）入药，可调经止血；②种子可榨油。

【生境分布】 同德。生于海拔2300～3500m的田边、路边林下。分布于黑龙江、吉林、辽宁、内蒙古、河北、浙江、山西、陕西、宁夏、甘肃、四川、云南、西藏、新疆等省区；国外分布于北美洲、欧洲、中亚地区、俄罗斯（西伯利亚）、蒙古、朝鲜、日本、夏威夷群岛（美国）、印度东部。在青海亦分布于互助、大通、祁连、同仁、泽库、玉树等地。

小白藜

Chenopodium iljinii Goloskokov

Chenopodiaceae 藜科　Chenopodium 藜属

【形态特征】　一年生草本，高10～30cm，全株有粉。茎通常平卧或斜升，多分枝，有时自基部分枝而无主茎。叶片卵形至卵状三角形，通常长0.5～1.5cm，宽0.4～1.2cm，两面均有密粉，呈灰绿色，先端急尖或微钝，基部宽楔形，全缘或3浅裂，侧裂片在近基部，钝；叶柄细瘦，长0.4～1cm。花簇于枝端及叶腋的小枝上集成短穗状花序；花被裂片5枚，较少为4枚，倒卵状条形至矩圆形，背面有密粉，无隆脊；花药宽椭圆形，花丝稍短于花被；柱头2枚，丝状，花柱不明显。胞果顶基扁。种子双凸透镜形，有时为扁卵形，横生，较少为斜生，直径0.8～1.2mm，黑色，有光泽，表面近平滑或微有沟纹。花果期8～10月。

【生境分布】　贵德、同德、共和。生于海拔2500～3200m的河谷阶地、山坡及较干旱的草地。分布于宁夏、甘肃西部和西南部、四川西北部、新疆；中亚地区也有分布。在青海亦分布于玛沁、循化等地。

朱鑫鑫 摄

朱鑫鑫 摄

平卧藜

Chenopodium karoi (Murr) Aellen

Chenopodiaceae 藜科　Chenopodium 藜属

【形态特征】 一年生草本，高20～40cm。茎平卧或斜升，多分枝，圆柱状或有钝棱，具绿色色条。叶片卵形至宽卵形，通常3浅裂，长1.5～3cm，宽1～2.5cm，上面灰绿色，无粉或稍有粉，下面苍白色，有密粉，具互生浮凸的离基三出脉，基部宽楔形；中裂片全缘，很少微有圆齿，先端钝或急尖并有短尖头；侧裂片位于叶片中部或稍下，钝而全缘；叶柄长1～3cm，细瘦。花数个簇生，再于小分枝上排列成短于叶的腋生圆锥状花序；花被裂片5枚，较少为4枚，卵形，先端钝，背面微具纵隆脊，边缘膜质并带黄色，果时通常闭合；雄蕊与花被同数，开花时花药伸出花被；柱头2枚，很少为3枚，丝形。果皮膜质，黄褐色，与种子贴生。种子横生，双凸透镜状，直径1～1.2mm，黑色，稍有光泽，表面具蜂窝状细洼。花果期8～9月。

【相近种】 本种的体态与藜 *C. album*相似，但叶概为3浅裂，花序较叶短，种子表面有清晰的蜂窝状细洼，可以与藜区别。

【生境分布】 贵南。生于荒滩、野地或宅院、路边、畜圈、菜园等处，海拔2500～3200m。分布于甘肃、新疆、四川西北部和西藏；中亚、西伯利亚和蒙古也有。在青海亦分布于同仁、泽库、门源等地。

朱鑫鑫 摄

朱鑫鑫 摄

朱鑫鑫 摄

朱鑫鑫 摄

菊叶香藜 总状花藜 菊叶刺藜

Dysphania schraderiana (Roemer & Schultes) Mosyakin &Clemants

Chenopodiaceae 藜科 Dysphania 刺藜属

【形态特征】 一年生草本，高20～60cm，有强烈气味，全株有具节的疏生短柔毛。茎直立，具绿色色条，通常有分枝。叶片矩圆形，长2～6cm，宽1.5～3.5cm，边缘羽状浅裂至羽状深裂，先端钝或渐尖，有时具短尖头，基部渐狭，上面无毛或幼嫩时稍有毛，下面有具节的短柔毛，并兼有黄色无柄的颗粒状腺体，很少近于无毛；叶柄长2～10mm。复二歧聚伞花序腋生；花两性；花被直径1～1.5mm，5深裂；裂片卵形至狭卵形，有狭的膜质边缘，背面通常有具刺状突起的纵隆脊，并有短柔毛和颗粒状腺体，果时开展；雄蕊5枚，花丝扁平，花药近球形。胞果扁球形，果皮膜质。种子横生，周边钝，直径0.5～0.8mm，红褐色或黑色，有光泽，具细网纹；胚半环形，围绕胚乳。花期7～9月，果期9～10月。

【生境分布】 海南州各地。生于田边、宅旁、荒地、半干旱山坡、河滩、林缘草地、沟渠边，有时也为农田杂草，海拔2000～3600m。分布于四川、云南、西藏、甘肃、陕西、山西、内蒙古、辽宁；亚洲、非洲及欧洲均有。在青海亦分布于玉树、果洛、黄南、海北、西宁、海东等地。

刺藜 刺穗藜 针尖藜

Dysphania aristata (Linnaeus) Mosyakin & Clemants

Chenopodiaceae 藜科　Dysphania 刺藜属

【形态特征】 一年生草本，植株通常呈圆锥形，高10～40cm，无粉，秋后常带紫红色。茎直立，圆柱形或有棱，具色条，无毛或稍有毛，有多数分枝。叶片条形至狭披针形，长达7cm，宽约1cm，全缘，先端渐尖，基部收缩成短柄，中脉黄白色。复二歧式聚伞花序生于枝端及叶腋，最末端的分枝针刺状；花两性，几无柄；花被裂片5枚，狭椭圆形，先端钝或骤尖，背面稍肥厚，边缘膜质，果时开展。胞果顶基扁（底面稍凸），圆形；果皮透明，与种子贴生。种子横生，顶基扁，周边平截或具棱。花期8～9月，果期10月。

【经济用途】 全草可入药，有祛风止痒之功效。煎汤外洗，可治荨麻疹及皮肤瘙痒。

【生境分布】 共和、贵南。为农田杂草，多生于田间，也见于山坡、荒地等处。分布于四川及西北、华北、东北地区；亚洲及欧洲都有分布。在青海亦分布于玉树、同仁、泽库、河南、门源、西宁。

绳虫实

Corispermum declinatum Stephan ex Iljin

Chenopodiaceae 藜科　Corispermum 虫实属

【形态特征】 茎直立，高15～50cm，通常高约35cm，圆柱状，直径2.5～3mm；分枝较多，最下部者较长，上升，余者较短，斜展。叶片条形，长2～3(～6)cm，宽2～3mm，先端渐尖具小尖头，基部渐狭，1条脉。穗状花序顶生和侧生，细长，稀疏，长5～15cm，直径约0.5cm，圆柱形；苞片较狭，由条状披针形过渡成狭卵形，长0.5～3cm，宽2～3mm，先端渐尖，基部圆楔形，1条脉，具白色膜质边缘，除上部苞片较果稍宽外均较果窄。花被片1枚，稀3枚，近轴花被片宽椭圆形，先端全缘或齿啮状；雄蕊1～3枚（常1枚），花丝为花被片长的2倍。果实无毛，倒卵状矩圆形，长3～4mm，宽约2mm，顶端急尖，稀近圆形，基部圆楔形，背面凸出，其中央稍扁平，腹面扁平或稍凹入；果核狭倒卵形，平滑或具瘤状突起；果喙长约0.5mm，喙尖为喙长的1/3，直立；果翅窄或几近于无翅，全缘或具不规则的细齿。花果期6～9月。

【生境分布】 共和、贵南、兴海。生于河谷沙滩、干旱草原沙丘、湖滨沙滩，以及干旱沙土荒地、田边、路旁，海拔2200～3300m。分布于新疆、甘肃、陕西、河南、山西、河北、内蒙古、辽宁等省区；哈萨克斯坦、蒙古也有。在青海亦见西宁市。

贾留坤 摄

中亚虫实

Corispermum heptapotamicum Iljin

Chenopodiaceae 藜科　Corispermum 虫实属

【形态特征】 植株高9～40cm，茎直立，圆柱形，直径约2.5mm，密被毛；后期毛部分脱落；多分枝，下部分枝较长，上升或近平卧。叶片条形或倒披针形，长1.5～4cm，宽2～4(～8)mm，先端急尖，具小尖头，基部渐狭，1条脉，被毛。穗状花序顶生和侧生，细长，稍密，长4～18cm，通常长5～10cm；苞片由条形（多位于少数花序基部）至披针形和卵形，长4～17mm，宽1.5～2.5mm，先端渐尖或急尖，基部渐狭或近圆形，1条脉，被毛，具狭的膜质边缘。花被片1枚，稀3枚，近轴花被片矩圆形，顶端急尖；远轴2枚，通常不发育；雄蕊1枚，稀3枚，中间花丝通常超过花被片。果实椭圆形，长2.5～3mm，宽1.5～2mm，顶端近圆形，基部宽楔形，背部凸起，腹面凹入，无毛；果核倒卵形，光滑，灰绿色；果喙短，圆柱状，喙尖短，直立，果翅窄，不透明；黄绿色，全缘或齿啮状。花果期7～9月。

【生境分布】 共和。生于沙丘及干旱沙质荒地，海拔2800～3100m。分布于新疆塔里木盆地、甘肃河西走廊和宁夏中卫；哈萨克斯坦也有。青海亦分布于都兰。

鳞果虫实　青海虫实

Corispermum lepidocarpum Grubov

Chenopodiaceae 藜科　Corispermum 虫实属

【形态特征】 一年生草本，植株高6～13cm，果期常为紫红色或上部带绿色。茎圆柱形，分枝少。叶片线形，扁平，稍肉质，黄绿色或紫红色，长15～25mm，宽1～2.5mm，顶端急尖，具小尖头，基部渐狭，全缘，具1条脉，花序穗状，顶生和侧生，圆柱形，长5～45mm，直径4～10mm，花较密；苞片线状披针形至卵形，长5～15(～20)mm，宽2.5～3.5mm，顶端急尖，具小尖头，基部楔形至圆形，1～3条脉，具较宽的膜质边缘。近轴花被片1枚，膜质，矩圆形，长1～1.2mm，宽约1mm，顶缘呈不规则细齿状；雄蕊1～3枚，花丝长为花的1.5～2倍。果实矩圆形，长3.5～4.2mm，宽2.5～3.2mm，顶端凹缺，基部微心形或截形，背面隆起而中央扁平，腹面平或微凹，两面均有星状毛；果核椭圆状倒卵形，橄榄绿色，有深褐色斑点，果喙长0.6～0.8mm，喙尖长为喙的1/3～1/2；果翅宽0.6～0.7mm，翅缘具不规则细齿。花果期7～9月。

【生境分布】 共和（青海湖），产自青海湖东岸湖滨沙丘及沙地，海拔3160～3200m。

注：《青海植物志》所列的变种青海虫实*C. lepidocarpum* var. *kokonoricu*与鳞果虫实的区别仅在于果实矩圆形，较小，果翅较窄；苞片具1～3条脉，应归并入本种。

陆福根 摄

蒙古虫实

Corispermum mongolicum **Iljin**

Chenopodiaceae 藜科　Corispermum 虫实属

【形态特征】 植株高10～35cm，茎直立，圆柱形，直径约2.5mm，被毛；分枝多集中于基部，最下部分枝较长，平卧或上升，上部分枝较短，斜展。叶片条形或倒披针形，长1.5～2.5cm，宽0.2～0.5cm，先端急尖，具小尖头，基部渐狭，叶片脉1条。穗状花序顶生和侧生，细长，稀疏，圆柱形，长(1.5～)3～6cm；苞片条状披针形至卵形，长5～20mm，宽约2mm，先端渐尖，基部渐狭，被毛，1条脉，膜质缘较窄，全部掩盖果实。花被片1枚，矩圆形或宽椭圆形，顶端具不规则的细齿；雄蕊1～5枚，长超过花被片。果实较小，广椭圆形，长1.5～2.25(～3)mm，宽1～1.5mm，顶端近圆形，基部楔形，背部强烈凸起，腹面凹入；果核与果实同形，灰绿色，具光泽，有时具泡状突起，无毛；果喙极短，喙尖为喙长的1/2；翅极窄，几近无翅，浅黄绿色，全缘。花果期7～9月。

【生境分布】 贵德。生于河滩沙地、砾地，海拔1800～2800m。分布于新疆、甘肃、宁夏、内蒙古西部；蒙古和俄罗斯（西伯利亚）也有。在青海亦分布于格尔木、循化。

李波卡 摄

李波卡 摄

藏虫实

Corispermum tibeticum Iljin

Chenopodiaceae 藜科　Corispermum 虫实属

【形态特征】 植株高3～20cm，分枝集中于茎基部，下部分枝较长，上升或平卧，上部分枝斜展。叶片条形，长2～3.5cm，顶端急尖，具小尖头，基部渐狭，具1条脉。穗状花序顶生和侧生，圆柱状，细长，稀疏，长2～4(～7)cm；苞片由叶状过渡成狭卵形，具1条脉，具狭的膜质边缘，比果窄或等宽，有时略呈镰刀状弯曲。花被片1枚，近圆形，顶端具不规则细齿；雄蕊1～5枚，中间花丝长超过花被片1.5～2倍。果实广椭圆形或矩圆状广椭圆形，长3～4mm，宽2～2.5mm，顶端急尖或近圆形，基部近心形或近圆形，背面凸起而中央扁平，腹面凹入，无毛；果核椭圆形，黄绿色；果喙长约1mm，喙尖为喙长的1/3～1/2；翅较宽，为果核宽的1/6～1/3，浅黄色，不透明，缘具不规则的细齿。花果期7～9月。

【生境分布】 共和。生于河边沙地或半固定沙丘，海拔2600～2900m。分布于西藏西南部；中亚山地也有。在青海亦分布于治多、囊谦、都兰（香日德）。

注：《青海植物志》所列变种毛果藏虫实*C. tibeticum* var. *pilocarpum*（产于共和县沙珠玉、贵南县木格滩沙滩和沙丘地，海拔2900～3300m），与藏虫实的区别仅在于果实较大，长4mm，宽2～2.5mm，具星状毛和泡状突起，且果翅较宽，约0.7mm，并延伸至果喙两侧，*FOC*已并入本种。

白茎盐生草 灰蓬

Halogeton arachnoideus **Moquin-Tandon**

Chenopodiaceae 藜科 Halogeton 盐生草属

【形态特征】 一年生草本，高10～40cm。茎直立或斜升，自基部分枝，基部分枝常对生而弧曲上升，上部分枝互生；灰白色，幼时生蛛丝状毛，以后毛脱落。叶片圆柱形，长3～10mm，宽1.5～2mm，顶端钝或微膨胀，有时有小短尖；花通常2～3朵，簇生叶腋；小苞片卵形，边缘膜质；花被片5枚，宽披针形，膜质，背面有1条明显、粗壮的脉，果期花被片自背面的近顶部生翅；翅5个，半圆形，大小近相等，膜质透明，有多数明显的脉；雄蕊5枚，花丝狭条形或线形，花药矩圆形，顶端无附属物；子房卵形；花柱短，柱头2枚，丝状；果实为胞果，果皮膜质；种子横生，圆形，直径1～1.5mm。花果期7～9月。

【经济用途】 植株用火烧成灰后，可以取碱。

【生境分布】 海南州各地。生于荒漠盐碱滩地、沙地、干旱山坡及谷地，海拔2200～3400m。分布于新疆、甘肃、陕西、宁夏、山西、内蒙古等省区；中亚地区和蒙古也有。在青海亦分布于格尔木、德令哈、大柴旦、都兰、乌兰及西宁。

黄毛头

Kalidium cuspidatum **var. *sinicum*** **A. J. Li**

Chenopodiaceae 藜科　Kalidium 盐爪爪属

【形态特征】 灌木，高20～40cm。茎常由基部或下部分枝；分枝多而密集，近于直立，老枝灰褐色，小枝黄绿色。叶互生，叶片鳞片状卵形，长1～1.5mm，宽约1mm，顶端急尖，稍内弯，基部下延，半抱茎。花序穗状，生于枝条上部，长5～15mm，直径2～3mm；花排列紧密，每一苞片内有3朵花；花被合生；花药稍露出；果期花被上部扁平呈盾状长五角星形，具狭窄的翅状边缘。胞果近圆形，果皮膜质。种子近圆形，淡红褐色，直径约1mm，表面具乳头状突起。花期7～8月，果期9月。

【相近种】 本变种与原变种尖叶盐爪爪*K. cuspidatum*（青海不产）的主要区别在于其枝条密集；叶片较小，长1～1.5mm。

【经济用途】 干旱区牧草。

【生境分布】 共和。生于荒漠山丘、丘陵、干旱山坡、洪积扇边缘，海拔1700～3900m。分布于甘肃、宁夏、内蒙古。在青海亦分布于格尔木、都兰、乌兰、循化。

蔡海 摄

细枝盐爪爪 碱柴

Kalidium gracile Fenzl

Chenopodiaceae 藜科 Kalidium 盐爪爪属

【形态特征】 小灌木，高20～50cm。茎直立，多分枝；老枝灰褐色，树皮开裂，小枝纤细，黄褐色，易折断。叶不发育，瘤状，黄绿色，顶端钝，基部狭窄，下延。花序为长圆柱形的穗状花序，细弱，长1～3cm，直径约1.5mm，每一苞片内生1朵花；花被合生，上部扁平成盾状，顶端有4个膜质小齿。种子卵圆形，直径0.7～1mm，淡红褐色，密生乳头状小突起。花果期7～9月。

【经济用途】 荒漠区牧草。

【生境分布】 共和。生于河谷碱地、芨芨草滩及盐湖边。分布于内蒙古、陕西、甘肃、宁夏、新疆；蒙古也有。在青海亦分布于德令哈、都兰、乌兰等地。

白瑜 摄

白瑜 摄

黑翅地肤

Kochia melanoptera **Bunge**

Chenopodiaceae 藜科　Kochia 地肤属

【形态特征】 一年生草本，高15～40cm。茎直立，多分枝，有条棱及不明显的色条；枝斜上，有柔毛。叶片圆柱状或近棍棒状，长0.5～2cm，宽0.5～0.8mm，蓝绿色，有短柔毛，先端急尖或钝，基部渐狭，有很短的柄。花两性，通常1～3个团集，遍生叶腋；花被近球形，带绿色，有短柔毛；花被附属物5个，其中3个较大，翅状，披针形至狭卵形，平展，有粗壮的黑褐色脉，或为紫红色或褐色脉，另外2个较小，通常呈钻状，向上伸；雄蕊5枚，花药矩圆形，花丝稍伸出花被外；柱头2枚，淡黄色，花柱很短。胞果具厚膜质果皮。种子卵形；胚乳粉质，白色。花果期8～9月。

【生境分布】 共和。生于低山岩漠、干旱谷地岩石坡，海拔2600～3600m。分布于新疆、甘肃、宁夏；蒙古、俄罗斯、哈萨克斯坦也有。在青海亦分布于都兰。

注：本种花被附属物的形状、大小及脉的颜色变异较大，但仍是种内变异。

木地肤

Kochia prostrata (Linnaeus) Schrad

Chenopodiaceae 藜科　Kochia 地肤属

【形态特征】 半灌木，高20～80cm。木质茎通常低矮，高不过10cm，有分枝，黄褐色或带黑褐色；当年生枝淡黄褐色或淡红色，有微条棱，无色条，有密柔毛或近于无毛，分枝或不分枝。叶互生，叶片稍扁平，条形，常数片集聚于腋生短枝而呈簇生状，长8～20mm，宽1～1.5mm，先端钝或急尖，基部稍狭，无柄，两面有稀疏的绢状毛，脉不明显。花两性兼有雌性，通常2～3朵团集于叶腋，在当年生枝的上部或分枝上集成穗状花序；花被球形，有密绢状毛，花被裂片卵形或矩圆形，先端钝，内弯；翅状附属物扇形或倒卵形，膜质，具紫红色或黑褐色脉，边缘有不整齐的圆锯齿，或为啮蚀状；花丝丝状，稍伸出花被外；柱头2枚，丝状，紫褐色。胞果扁球形，果皮厚膜质，灰褐色。种子近圆形，黑褐色，直径1～5mm。花期7～8月，果期8～9月。

【经济用途】 荒漠地区的优良牧草，各类牲畜均喜食。

【生境分布】 兴海。生于山坡、沙地、荒漠及黄河边沙滩，海拔2550m。分布于黑龙江、辽宁、内蒙古、河北、山西、陕西、宁夏、甘肃西部、新疆、西藏；欧洲和中亚也有。

李波卡 摄

李波卡 摄

李波卡 摄

地肤

Kochia scoparia (Linnaeus) Schrader

Chenopodiaceae 藜科　Kochia 地肤属

【形态特征】 一年生草本，高50～100cm。根略呈纺锤形。茎直立，圆柱状，淡绿色或带紫红色，有多数条棱，稍有短柔毛或下部几无毛；分枝稀疏，斜上。叶为平面叶，叶片披针形或条状披针形，长2～5cm，宽3～7mm，无毛或稍有毛，先端短渐尖，基部渐狭入短柄，通常有3条明显的主脉，边缘有疏生的锈色绢状缘毛；茎上部叶较小，无柄，叶脉1条。花两性或雌性，通常1～3朵生于上部叶腋，构成疏穗状圆锥状花序，花下有时有锈色长柔毛；花被近球形，淡绿色，花被裂片近三角形，无毛或先端稍有毛；翅端附属物三角形至倒卵形，有时近扇形，膜质，脉不很明显，边缘微波状或具缺刻；花丝丝状，花药淡黄色；柱头2枚，丝状，紫褐色，花柱极短。胞果扁球形，果皮膜质，与种子离生。种子卵形，黑褐色，长1.5～2mm，稍有光泽；胚环形，胚乳块状。花期6～9月，果期7～10月。

【经济用途】 ① 幼苗可做蔬菜；② 果实称“地肤子”，为强壮利尿剂，治淋疾、水肿及脚气，煎汤洗濯，可治皮肤恶疮、疥癣、瘙痒等；③ 种子可榨油。

【生境分布】 海南州各地。生于海拔2200～2900m的水边、田边、路边、滩地。全国各地均产；分布于欧洲及亚洲。在青海亦分布于西宁、同仁、格尔木等地。

朱鑫鑫 摄

碱地肤

Kochia scoparia var. ***sieversiana*** (Pallas) Ulbrich ex Ascherson & Graebner

Chenopodiaceae 藜科　Kochia 地肤属

【形态特征】 本种与地肤非常相像，区别在于其花下有较密的束生锈色柔毛，果齿为圆齿，具明显脉纹。另外，本种还有一个园艺栽培变型扫帚菜 *f. trichophylla* (A. Voss) Stapf ex Schinz & Thellung，其分枝繁多，植株呈卵形或倒卵形；叶较狭。栽培作扫帚用。晚秋枝叶变红，可供观赏。

【生境分布】 共和。生于盐碱地、沙地及田边荒地，海拔2600～2900m。分布于黑龙江、吉林、辽宁、内蒙古、河北、山西、陕西、甘肃、宁夏、青海、新疆；蒙古和俄罗斯也有。在青海亦分布于同仁、民和等地。

李小伟 摄

李小伟 摄

扫帚菜

小果滨藜

Microgynoecium tibeticum J. D. Hooker

Chenopodiaceae 藜科　Microgynoecium 小果滨藜属

【形态特征】 小型草本，高8～25cm。茎自基部分枝，多条，通常外倾或平卧。叶片宽卵形、卵形或菱状卵形，稍肥厚，长6～12mm，宽5～7mm，先端急尖或微钝，基部楔形，全缘或呈3浅裂状，脉不明显；叶柄长4～15mm。雄花隐于枝端叶腋；花被长约0.8mm，浅褐色，裂至中部，裂片三角形，有粉粒；雄蕊1～4枚，着生于花被基部，花丝伸出于花被外，花药宽椭圆形，长约0.5mm。雌花1～7朵簇生于叶状苞片的腋部，但通常仅1～3朵发育；花被极微小，裂片丝状。胞果斜卵形，长1～1.5mm，黑褐色。种子有光泽；胚淡绿色或带褐色。花果期7～9月。

【生境分布】 同德。生于圈窝、山坡、草滩被破坏处或灌丛下，海拔3600～4400m。分布于西藏、甘肃；帕米尔高原及天山西部也有分布。在青海亦分布于曲麻莱、久治、尖扎、同仁、泽库、门源、河南等地。

小蓬

Nanophyton erinaceum (Pallas) Bunge

Chenopodiaceae 藜科　Nanophyton 小蓬属

【形态特征】 植株高不超过30cm。茎粗糙，弯拐，扭曲，灰褐色至黑褐色；老枝繁密，具多数侧生干枯短枝；当年生枝绿色，通常长5～10mm。叶长1.5～5mm，先端多少呈钻状，锐尖，背面有乳头状凸起，基部半抱茎，腋内具棉毛。花单生叶（苞）腋，通常1～4(～7)个集生于每一当年生枝的顶端；小苞片与苞片近同形，下部具膜质边缘；花被片排列成2轮，外轮2片，内轮3片，果时长8～12mm，麦秆黄色，互相包覆成扭曲的圆锥体，花药附属物稍带白色；花盘杯状，有5个稍肥厚的半圆形裂片；花柱淡黄色，长约1.25mm；柱头2枚，条形，外弯或直立，稍短于花柱。胞果卵形，长2～2.25mm，黄褐色。种子直立，胚平面螺旋形，黄绿色。花果期8～9月。

【经济用途】 优良牧草，骆驼最喜食，马和羊秋季喜食，其粗蛋白含量高，是催肥饲料。

【生境分布】 贵德、共和。生于黄河谷地干旱砾质山坡和干燥灰钙土山坡、阶地及堤坡，海拔2100～2600m。分布于新疆；蒙古、哈萨克斯坦及俄罗斯（西伯利亚）也有。在青海亦分布于尖扎等地。

蒿叶猪毛菜

Salsola abrotanoides Bunge

Chenopodiaceae 藜科　Salsola 猪毛菜属

【形态特征】 匍匐状半灌木，高15～40cm；老枝灰褐色，有纵裂纹，小枝草质，密集，黄绿色，有细条棱，密生小突起。叶片半圆柱状，互生，老枝上的叶簇生于短枝的顶端，长1～2cm，宽1～2mm，顶端钝或有小尖头，基部扩展，在扩展处的上部缢缩成柄状，叶片自缢缩处脱落。花序穗状，细弱，花排列稀疏；苞片比小苞片长；小苞片长卵形，比花被短，边缘膜质；花被片卵形，背面肉质，边缘膜质，顶端钝，果时自背面中部生翅；翅5个，其中3个较大，膜质，半圆形，黄褐色，有多数粗壮的脉；另外2个稍小，倒卵形；花被果时（包括翅）直径5～7mm；花被片在翅以上部分顶端钝，背部肉质，边缘为膜质，紧贴果实；花药附属物极小；柱头钻状，扁平，长为花柱的2倍。种子横生。花期7～8月，果期9～10月。

【经济用途】 可作荒漠区牧草。

【生境分布】 贵南、兴海、共和。生于山坡、山前干旱砾质地及干旱荒漠化草原，海拔2800～3500m。分布于新疆、甘肃西部；蒙古也有。在青海亦分布于德令哈、茫崖、大柴旦、都兰、乌兰等地。

猪毛菜 藏名：达才尔

Salsola collina Pallas

Chenopodiaceae 藜科 Salsola 猪毛菜属

【形态特征】 一年生草本，高20～100cm；茎自基部分枝，枝互生，伸展，茎、枝绿色，有白色或紫红色条纹，生短硬毛或近于无毛。叶片丝状圆柱形，伸展或微弯曲，长2～5cm，宽0.5～1.5mm，生短硬毛，顶端有刺状尖，基部边缘膜质，稍扩展而下延。花序穗状，生枝条上部；苞片卵形，顶部延伸，有刺状尖，边缘膜质，背部有白色隆脊；小苞片狭披针形，顶端有刺状尖，苞片及小苞片与花序轴紧贴；花被片卵状披针形，膜质，顶端尖，果时变硬，自背面中上部生鸡冠状突起；花被片在突起以上部分近革质，顶端为膜质，向中央折曲成平面，紧贴果实，有时在中央聚集成小圆锥体；花药长1～1.5mm；柱头丝状，长为花柱的1.5～2倍。种子横生或斜生。花期7～9月，果期9～10月。

【相近种】 本种和单翅猪毛菜*S. monoptera*近似，但后者花药较小，长约0.3mm；果时有1个花被片生翅；植株较小，可以区别。

【经济用途】 ① 植株地上部分入药，清疫热、肾热、平肝、降压；② 嫩茎叶可食或用作饲料；③ 种子可榨油；④ 全株可提取绿色或黄色染料，并可制碱。

【生境分布】 海南州各地。生于海拔2300～4000m的干旱山麓、沙滩、盐碱地。分布于东北、华北、西北、山东、河南、西藏等地；朝鲜、蒙古、俄罗斯、巴基斯坦也有。在青海亦分布于西宁、都兰、治多等地。

钝叶猪毛菜

Salsola heptapotamica Iljin

Chenopodiaceae 藜科 Salsola 猪毛菜属

【形态特征】 一年生草本，高15～40cm；茎直立，自基部分枝，下部有卷曲的长毛，以后长毛脱落，上部疏生短柔毛或近于无毛。叶片圆柱形，长1～1.5cm，宽1～2mm，顶端钝圆，基部扩展，下延，下部的叶密生卷曲的长毛，老时毛脱落，上部的叶无毛。花序穗状，生枝条顶部，花排列稀疏；苞片长卵形，顶端急尖，无毛，与小苞片等长或略超过；小苞片宽披针形，顶端急尖，背面有1条凸出的脉，短于花被；花被片披针形，膜质，无毛，果时自背面中下部生翅；翅3个为半圆形，膜质，黄褐色，有多数细而密集的脉；2个较狭窄；花被果时（包括翅）直径10～12mm；花被片在翅以上部分顶端渐尖，无毛，上部近于膜质，聚集成圆锥状；花药顶端有泡状附属物；附属物卵圆形，鲜黄色，干后为白色，长为花药的1/3或1/2；柱头丝状钻形，长为花柱的2～3倍。种子横生。花期7～8月，果期9～10月。

【生境分布】 共和。生于山麓低洼盐碱地及荒漠盐碱滩地，海拔2300～2900m。分布于新疆北部；哈萨克斯坦东部也有。在青海亦分布于德令哈、乌兰、西宁（西山）。

松叶猪毛菜

Salsola laricifolia Turczaninow ex Litvinov

Chenopodiaceae 藜科　Salsola 猪毛菜属

【形态特征】 小灌木，高40～90cm，多分枝；老枝黑褐色或棕褐色，有浅裂纹，小枝乳白色，无毛，有时有小突起。叶互生，老枝上的叶簇生于短枝的顶端，叶片半圆柱状，长1～2cm，宽1～2mm，肥厚，黄绿色，顶端钝或尖，基部扩展而稍隆起，不下延，扩展处的上部缢缩成柄状，叶片自缢缩处脱落，基部残留于枝上。花序穗状；苞片叶状，基部下延；小苞片宽卵形，背面肉质，绿色，顶端草质，急尖，两侧边缘为膜质；花被片长卵形，顶端钝，背部稍坚硬，无毛，淡绿色，边缘为膜质，果时自背面中下部生翅；翅5个，其中3个较大，肾形，膜质，有多数细而密集的紫褐色脉；另外2个较小，近圆形或倒卵形；花被果时（包括翅）直径8～11mm；花被片在翅以上部分向中央聚集成圆锥状；花药附属物顶端急尖；柱头扁平，钻状，长约为花柱的2倍。种子横生。花期6～8月，果期8～9月。

【生境分布】 海南州各地。生于山坡、砂丘、砾质荒漠。分布于新疆北部、内蒙古、甘肃北部及宁夏；蒙古和俄罗斯也有。

珍珠猪毛菜

Salsola passerina **Bunge**

Chenopodiaceae 藜科　Salsola 猪毛菜属

【形态特征】 半灌木，高15～30cm，植株密生“丁”字毛，自基部分枝；老枝木质，灰褐色，伸展；小枝草质，黄绿色，短枝缩短成球形。叶片锥形或三角形，长2～3mm，宽约2mm，顶端急尖，基部扩展，背面隆起，通常早落。花序穗状，生于枝条的上部；苞片卵形；小苞片宽卵形，顶端尖，两侧边缘为膜质；花被片长卵形，背部近肉质，边缘为膜质，果时自背面中部生翅；翅5个，其中3个为肾形，膜质，黄褐色或淡紫红色，密生细脉；另外2个较小，倒卵形；花被果时（包括翅）直径7～8mm；花被片在翅以上部分，生“丁”字毛，向中央聚集成圆锥状，在翅以下部分无毛；花药矩圆形，自基部分离至近顶部；花药附属物披针形，顶端急尖；柱头丝状。种子横生或直立。花期7～9月，果期8～9月。

【生境分布】 贵南、共和。生于砾质河滩、山前砾质平原，海拔3100m。分布于甘肃、宁夏、内蒙古；蒙古也有。在青海亦分布于柴达木、祁连。

李小伟 摄

李小伟 摄

李小伟 摄

刺沙蓬

Salsola tragus **Linnaeus**

Chenopodiaceae 藜科　Salsola 猪毛菜属

【形态特征】　一年生草本，高30～100cm；茎直立，自基部分枝，茎、枝生短硬毛或近于无毛，有白色或紫红色条纹。叶片半圆柱形或圆柱形，无毛或有短硬毛，长1.5～4cm，宽1～1.5mm，顶端有刺状尖，基部扩展，扩展处的边缘为膜质。花序穗状，生于枝条的上部；苞片长卵形，顶端有刺状尖，基部边缘膜质，比小苞片长；小苞片卵形，顶端有刺状尖；花被片长卵形，膜质，无毛，背面有1条脉；花被片果时变硬，自背面中部生翅；翅5个，其中3个较大，肾形或倒卵形，膜质，无色或淡紫红色，有数条粗壮而稀疏的脉；另外2个较狭窄；花被果时（包括翅）直径7～10mm；花被片在翅以上部分近革质，顶端为薄膜质，向中央聚集，包覆果实；柱头丝状，长为花柱的3～4倍。种子横生，直径约2mm。花期8～9月，果期9～10月。

【经济用途】　可作荒漠地区牧草。

【生境分布】　海南州各地。生于海拔2900～3100m的河谷沙地、砾质戈壁。分布于东北、华北、西北、山东、西藏、江苏等省区；蒙古、俄罗斯也有。在青海亦分布于都兰、诺木洪等地。

菠菜 菠薐

Spinacia oleracea **Linnaeus**

Chenopodiaceae 藜科 Spinacia 菠菜属

【形态特征】 植物高可达1m，无粉。根圆锥状，带红色，较少为白色。茎直立，中空，脆弱多汁，不分枝或有少数分枝。叶片戟形至卵形，鲜绿色，柔嫩多汁，稍有光泽，全缘或有少数牙齿状裂片。雄花集成球形团伞花序，再于枝和茎的上部排列成有间断的穗状圆锥花序；花被片通常4枚，花丝丝形，扁平，花药不具附属物；雌花团集于叶腋；小苞片两侧稍扁，顶端残留2个小齿，背面通常各具1个棘状附属物；子房球形，柱头4～5枚，外伸。胞果卵形或近圆形，直径约2.5mm，两侧扁；果皮褐色。

【经济用途】 全株用作蔬菜。

【生境分布】 海南州各地。原产伊朗，我国普遍栽培，青海农业区广泛栽培。

朱鑫鑫 摄

朱鑫鑫 摄

贾留坤 摄

角果碱蓬

Suaeda corniculata (C. A. Mey.) Bunge

Chenopodiaceae 藜科 Suaeda 碱蓬属

【形态特征】 一年生草本，高15～60cm，无毛。茎平卧、外倾或直立，圆柱形，微弯曲，淡绿色，具微条棱；分枝细瘦，斜升并稍弯曲。叶片条形，半圆柱状，长1～2cm，宽0.5～1mm，劲直或茎下部的稍弯曲，先端微钝或急尖，基部稍缢缩，无柄。团伞花序通常含3～6朵花，于分枝上排列成穗状花序；花两性兼有雌性；花被顶基略扁，5深裂，裂片大小不等，先端钝，果时背面向外延伸增厚，呈不等大的角状突出；花药细小，近圆形，长0.15～0.2mm，黄白色，花丝短，稍外伸；柱头2枚，花柱不明显。胞果扁，圆形，果皮与种子易脱离。种子横生或斜生，双凸透镜形，直径1～1.5mm，种皮壳质，黑色，有光泽，表面具清晰的蜂窝状点纹，周边微钝。花果期8～9月。

【经济用途】 ① 种子可榨油；② 荒漠地区牧草。

【生境分布】 贵德、贵南、共和，生于海拔2200～3700(～4300)m的荒漠化的盐滩、盐碱戈壁，以及漠地、河滩等处。分布于黑龙江、吉林、辽宁、内蒙古、河北、宁夏、甘肃西部、新疆；国外分布于中亚及西伯利亚。在青海亦分布于西宁、都兰、杂多、囊谦、乌兰、刚察、德令哈、玛多等地。

注：本种分布于海拔4000m以上的地区时，植株平卧，由基部分枝，叶片变短而宽扁，花被裂片近于相等。

碱蓬 盐蒿子

Suaeda glauca (Bunge) Bunge

Chenopodiaceae 藜科 Suaeda 碱蓬属

【形态特征】 一年生草本，高可达1m。茎直立，粗壮，圆柱状，浅绿色，有条棱，上部多分枝；枝细长，上升或斜伸。叶片丝状条形，半圆柱状，长1.5～5cm，宽约1.5mm，灰绿色，光滑无毛，稍向上弯曲，先端微尖，基部稍收缩。花两性兼有雌性，单生或2～5朵团集，大多着生于叶的近基部处；两性花花被杯状，长1～1.5mm，黄绿色；雌花花被近球形，直径约0.7mm，较肥厚，灰绿色；花被裂片卵状三角形，先端钝，果时增厚，使花被略呈五角星状，干后变黑色；雄蕊5枚，花药宽卵形至矩圆形，长约0.9mm；柱头2枚，黑褐色，稍外弯。胞果包在花被内，果皮膜质。种子横生或斜生，双凸透镜形，黑色，直径约2mm，周边钝或锐，表面具清晰的颗粒状点纹，稍有光泽；胚乳很少。花果期7～9月。

【经济用途】 种子含油量高（约25%），可榨油供工业用。

【生境分布】 共和。生于河谷地带、路边、田间及荒地等盐碱土壤上。分布于黑龙江、内蒙古、河北、山东、江苏、浙江、河南、山西、陕西、宁夏、甘肃和新疆南部；国外分布于蒙古、俄罗斯（西伯利亚及远东地区）、朝鲜、日本。在青海亦分布于海西州各地。

张海华 摄

张海华 摄

李小伟 摄

平卧碱蓬

***Suaeda prostrata* Pallas**

Chenopodiaceae 藜科　Suaeda 碱蓬属

【形态特征】 一年生草本，高20～50cm，无毛。茎平卧或斜升，基部有分枝并稍木质化，具微条棱，上部的分枝近平展并几等长。叶片条形，半圆柱状，灰绿色，长5～15mm，宽1～1.5mm，先端急尖或微钝，基部稍收缩并稍压扁；侧枝上的叶较短，等长或稍长于花被。团伞花序2朵至数朵花，腋生；花两性，花被绿色，稍肉质，5深裂，果时花被裂片增厚呈兜状，基部向外延伸出不规则的翅状或舌状突起；花药宽矩圆形或近圆形，长约0.2mm，花丝稍外伸；柱头2枚，黑褐色，花柱不明显。胞果顶基扁；果皮膜质，淡黄褐色。种子双凸透镜形或扁卵形，直径1.2～1.5mm，黑色，表面具清晰的蜂窝状点纹，稍有光泽。花果期7～10月。

【生境分布】 共和。生于盐湖湖边及荒漠低洼重盐碱地，海拔2700～3220m。分布于新疆、甘肃、宁夏、陕西北部、山西、河北、内蒙古和江苏北部；蒙古、俄罗斯（西伯利亚）、中亚和东欧也有。在青海亦分布于德令哈、大柴旦、都兰、乌兰。

贾留坤 摄

盐地碱蓬　翅碱蓬

***Suaeda salsa* (Linnaeus) Pallas**

Chenopodiaceae 藜科　Suaeda 碱蓬属

【形态特征】 一年生草本，高20～80cm，绿色或紫红色。茎直立，圆柱状，黄褐色，有微条棱，无毛；分枝多集中于茎的上部，细瘦，开散或斜升。叶片条形，半圆柱状，通常长1～2.5cm，宽1～2mm，先端尖或微钝，无柄，枝上部的叶较短。团伞花序通常含3～5朵花，腋生，在分枝上排列成有间断的穗状花序；小苞片卵形，几全缘；花两性，有时兼有雌性；花被半球形，底面平；裂片卵形，稍肉质，具膜质边缘，先端钝，果时背面稍增厚，有时并在基部延伸出三角形或狭翅状突出物；花药卵形或矩圆形，长0.3～0.4mm；柱头2枚，有乳头，通常带黑褐色，花柱不明显。胞果包于花被内；果皮膜质，果实成熟后常常破裂而露出种子。种子横生，双凸透镜形或歪卵形，直径0.8～1.5mm，黑色，有光泽，周边钝，表面具不清晰的网点纹。花果期7～10月。

【经济用途】 ①幼苗可做菜食用；②种子可食用。

【生境分布】 共和（青海湖东边）。生于盐碱土、湖边盐渍地，在湖边常形成单种群落，海拔2900～3800m。分布于西北、华北、东北及山东、江苏、浙江的沿海地区；欧洲也有。在青海亦分布于玛沁、海西（茫崖）。

合头草 黑柴

Sympegma regelii **Bunge**

Chenopodiaceae 藜科 Sympegma 合头草属

【形态特征】 直立，高可达1.5m。根粗壮，黑褐色。老枝多分枝，黄白色至灰褐色，通常具条状裂隙；当年生枝灰绿色，稍有乳头状突起，具多数单节间的腋生小枝；小枝长3～8mm，基部具关节，易断落。叶长4～10mm，宽约1mm，直或稍弧曲，向上斜伸，先端急尖，基部收缩。花两性，通常1～3朵簇生于具单节间小枝的顶端，花簇下具1（较少2）对基部合生的苞状叶，状如头状花序；花被片直立，草质，具膜质狭边，先端稍钝，脉显著浮凸；翅宽卵形至近圆形，不等大，淡黄色，具纵脉纹；雄蕊5枚，花药伸出花被外；柱头有颗粒状突起。胞果两侧稍扁，圆形，果皮淡黄色。种子直立，直径1～1.2mm；胚平面螺旋状，黄绿色。花果期7～10月。

【经济用途】 荒漠、半荒漠地区的优良牧草，羊和骆驼喜食其当年生枝叶，易增膘。

【生境分布】 共和。生于干旱阳坡、低山荒漠、盐碱旱谷及山麓盐碱滩地，海拔2300～3600m。分布于新疆、甘肃、宁夏、内蒙古等省区；哈萨克斯坦、蒙古也有。在青海亦分布于格尔木、都兰和西宁。

血苋 红叶苋

Iresine herbstii Hooker ex Lindley

Amaranthaceae 苋科　Iresine 血苋属

【形态特征】 多年生草本，高1～2m；茎粗壮，常带红色，有分枝，初有柔毛，后除节部外几无毛，具纵棱及沟。叶片宽卵形至近圆形，直径2～6cm，顶端凹缺或2浅裂，基部近截形，全缘，两面有贴生毛，紫红色，具淡色中脉及5～6对弧状侧脉，如叶为绿色或淡绿色，则有黄色叶脉；叶柄长2～3cm，有贴生毛或近无毛。雌雄异株，花成顶生及腋生的圆锥花序，由多数穗状花序形成，初有柔毛，后几无毛。苞片及小苞片卵形，长1～1.5mm，绿白色或黄白色，宿存，无毛，无脉；花微小，长约1mm，有极短花梗。雌花花被片矩圆形，长约1mm，绿白色或黄白色，外面基部疏生白色柔毛；不育雄蕊微小；子房球形，侧扁，花柱极短。雄花及果实未见。花期长。

【经济用途】 ①茎、叶入药，治吐血；②叶可做食用色素。

【生境分布】 贵德、贵南、同德和共和有栽培。原产于巴西，我国上海、广东、海南、广西、云南等地有栽培。为盆栽赏叶植物和花坛植物。我国栽培者多为雌株，不结果实。

朱鑫鑫 摄

朱鑫鑫 摄

朱鑫鑫 摄

鸡冠花 红鸡冠 鸡公苋

Celosia cristata Linnaeus

Amaranthaceae 苋科 Celosia 青葙属

【形态特征】 一年生草本，高30～50cm，全株无毛。茎直立，有分枝，紫褐色，具纵条棱。叶片卵形、卵状披针形或椭圆状披针形，长5～10cm，宽1.5～4cm，中部或边缘常带紫红色，顶端急尖，有时具芒状尖突，基部渐窄；叶柄长1.5～3cm。花序穗状圆锥形，顶部穗状花序宽大，密集、扁平呈鸡冠状、卷冠状或羽穗状，下部分枝穗状花序密集成短柱状或圆锥状，表面羽毛状，光亮；花被片5枚，紫红色，直立，矩圆形或短圆状披针形，顶端急尖或微具尖突，长约5mm，具1条中脉，背面凸起；花丝长3～4mm，花药紫褐色；子房倒卵形，有短柄，花柱深紫色，长2～3mm。胞果卵形，长2～3mm，包于宿存花被内。种子凸透镜状肾形，黑色。花期7～8月，果期9～10月。

【经济用途】 ① 花序和种子供药用，为收敛剂，止血止泻、清热明目，用于赤白痢疾、痔疮出血、肠出血、吐血、衄血，以及肝病和眼疾；② 花供观赏。

【生境分布】 贵德、共和。庭院栽培。全国各地广为栽培，广布于温暖地区，品种繁多。青海西宁和海东农业区也有栽培。

千日红 火球花

Gomphrena globosa **Linnaeus**

Amaranthaceae 苋科 Gomphrena 千日红属

【形态特征】 一年生直立草本，高20～60cm；茎粗壮，有分枝，枝略成四棱形，有灰色糙毛，幼时更密，节部稍膨大。叶片纸质，长椭圆形或矩圆状倒卵形，长3.5～13cm，宽1.5～5cm，顶端急尖或圆钝，凸尖，基部渐狭，边缘波状，两面有小斑点、白色长柔毛及缘毛，叶柄长1～1.5cm，有灰色长柔毛。花多数，密生，成顶生球形或矩圆形头状花序，单一或2～3朵，直径2～2.5cm，常紫红色，有时淡紫色或白色；总苞由2枚绿色对生叶状苞片而成，卵形或心形，长1～1.5cm，两面有灰色长柔毛；苞片卵形，长3～5mm，白色，顶端紫红色；小苞片三角状披针形，长1～1.2cm，紫红色，内面凹陷，顶端渐尖，背棱有细锯齿缘；花被片披针形，长5～6mm，不展开，顶端渐尖，外面密生白色绵毛，花期后不变硬；雄蕊花丝连合成管状，顶端5浅裂，花药生在裂片的内面，微伸出；花柱条形，比雄蕊管短，柱头2枚，叉状分枝。胞果近球形，直径2～2.5mm。种子肾形，棕色，光亮。花果期6～9月。

【经济用途】 ① 花序入药，有止咳定喘、平肝明目之功效，主治支气管哮喘、急/慢性支气管炎、百日咳、肺结核咯血等症；② 花供观赏，头状花序经久不变，除用作花坛及盆景外，还可作花圈、花篮等装饰品。

【生境分布】 贵德、贵南；庭院栽培。原产于美洲热带，我国南北各省区均有栽培。

朱鑫鑫 摄

紫茉莉 胭脂花 地雷花 夜饭花
藏名：帕布
Mirabilis jalapa Linnaeus

Nyctaginaceae 紫茉莉科 Mirabilis 紫茉莉属

【形态特征】 一年生草本，高可达1m。根肥粗，倒圆锥形，黑色或黑褐色。茎直立，圆柱形，多分枝，无毛或疏生细柔毛，节稍膨大。叶片卵形或卵状三角形，长3～15cm，宽2～9cm，顶端渐尖，基部截形或心形，全缘，两面均无毛，叶脉隆起；叶柄长1～4cm，上部叶几无柄。花常数朵簇生枝端；花梗长1～2mm；总苞钟形，长约1cm，5裂，裂片三角状卵形，顶端渐尖，无毛，具脉纹，果时宿存；花被紫红色、黄色、白色或杂色，高脚碟状，筒部长2～6cm，檐部直径2.5～3cm，5浅裂；花午后开放，有香气，次日午前凋萎；雄蕊5枚，花丝细长，常伸出花外，花药球形；花柱单生，线形，伸出花外，柱头头状。瘦果球形，直径5～8mm，革质，黑色，表面具皱纹；种子胚乳白粉质。花期6～10月，果期8～11月。

【经济用途】 根药用，增胃温、暖肾、生肌、壮力、排石、利尿，治黄水病、胃寒、肾寒、下身寒症、阳痿、结石、淋病、水肿、腰痛、关节痛。

【生境分布】 贵德。原产于热带美洲。我国南北各地常栽培，为观赏花卉，有时逸为野生。

大花马齿苋
半支莲　松叶牡丹　洋马齿苋　午时花
Portulaca grandiflora Hooker

Portulacaceae 马齿苋科　Portulaca 马齿苋属

【形态特征】 一年生低矮草本。茎平卧或斜升，多分枝，节上丛生毛。叶密集于枝端，较下的叶分开，不规则互生，叶片细圆柱形，有时微弯，长1～2.5cm，直径2～3mm，顶端圆钝，无毛；叶柄极短或近无柄，叶腋常生1撮白色长柔毛。花单生或数朵簇生枝端，直径2.5～4cm，日开夜闭；总苞8～9片，叶状，轮生，具白色长柔毛；萼片2枚，淡黄绿色，卵状三角形，长5～7mm，顶端急尖，多少具龙骨状凸起，两面均无毛；花瓣5枚或重瓣，倒卵形，顶端微凹，长12～30mm，红色、紫色或黄白色；雄蕊多数，长5～8mm，花丝紫色，基部合生；花柱与雄蕊近等长，柱头5～9裂，线形。蒴果近椭圆形，盖裂；种子细小，多数，圆肾形，直径不及1mm，铅灰色、灰褐色或灰黑色，有珍珠光泽，表面有小瘤状凸起。花期6～9月，果期8～11月。

【相近种】 栽培大花者，俗名或商品名为马齿苋、阔叶马齿苋、阔叶半枝莲、马齿牡丹的，一般都为环翅马齿苋 *P. umbraticola*的各种栽培品种，而非本种及其栽培品种。二者都广泛栽培，区别在于环翅马齿苋的叶互生或对生，阔叶型（叶片长圆状倒卵形，扁平肥厚，先端略急尖），果在后期增大时基部有环翅；而大花马齿苋的叶为不规则互生、针叶型（叶片为细长的圆柱形且顶端圆钝）。

【经济用途】 ① 观赏花卉，品种繁多，花型各异，花色多样；② 全草可供药用，有散瘀止痛、清热、解毒消肿之功效，治咽喉肿痛、烫伤、跌打损伤、疮疖肿毒。

【生境分布】 贵德有栽培。著名花卉，原产于巴西，我国各地公园、花圃均有栽培，容易繁殖，扦插或播种均可。

大花马齿苋

环翅马齿苋

大花马齿苋

大花马齿苋

环翅马齿苋

环翅马齿苋

马齿苋

酸菜　五行草　藏名：灿格日

Portulaca oleracea Linnaeus

Portulacaceae 马齿苋科　Portulaca 马齿苋属

【形态特征】 一年生草本，全株无毛。茎平卧或斜倚，伏地铺散，多分枝，圆柱形，长10～15cm，淡绿色或带暗红色。叶互生，有时近对生，叶片扁平，肥厚，倒卵形，似马齿状，长1～3cm，宽0.6～1.5cm，顶端圆钝或平截，有时微凹，基部楔形，全缘，上面暗绿色，下面淡绿色或带暗红色，中脉微隆起；叶柄粗短。花无梗，直径4～5mm，常3～5朵簇生枝端，午时盛开；苞片2～6枚，叶状，膜质，近轮生；萼片2枚，对生，绿色，盔形，左右压扁，长约4mm，顶端急尖，背部具龙骨状凸起，基部合生；花瓣5枚，稀4枚，黄色，倒卵形，长3～5mm，顶端微凹，基部合生；雄蕊常8枚或更多，长约12mm，花药黄色；子房无毛，花柱比雄蕊稍长，柱头4～6裂，线形。蒴果卵球形，长约5mm，盖裂；种子细小，多数，偏斜球形，黑褐色，有光泽，直径不及1mm，具小疣状凸起。花期5～8月，果期6～9月。

【经济用途】 ① 全草药用，有清热利湿、解毒消肿、消炎、止渴、利尿的作用；② 种子明目，亦可作兽药和农药；③ 嫩茎叶可作蔬菜，味酸，也是很好的饲料。

【生境分布】 共和。喜肥沃土壤，耐旱亦耐涝，生活力强，生于菜园、农田、路旁，为田间常见杂草。广布全世界温带和热带地区，我国南北各地均产。

贾留坤 摄

山居雪灵芝

***Arenaria edgeworthiana* Majumdar**

Caryophyllaceae 石竹科　Arenaria 无心菜属

【形态特征】 多年生垫状草本。根粗壮，木质化。茎高4～8cm，无毛，分枝密丛生，枝上密生叶。叶片钻状线形，长8～20mm，基部较宽，膜质，呈鞘状，顶端具硬刺状尖，边缘增厚，具小的缘毛，具1条凸起的脉。花单生小枝顶端，无梗；花大，直径约1.8cm；萼片披针形或卵状披针形，长7～8mm，宽约2mm，基部较宽，边缘宽膜质，顶端尖，外面具紧靠的3条脉；花瓣白色，宽倒卵形，长9～12mm，基部具爪，顶端钝圆；雄蕊10枚，花丝纤细，短于萼片，与萼片对生者基部具腺体；子房卵圆形，花柱3枚，线形。蒴果卵圆形，短于宿存萼，3瓣裂，裂瓣顶端2裂；种子倒卵状肾形。花期6～7月，果期7～8月。

【相近种】 本种花较大、萼片较长、花瓣较长，易与无心菜属其他植物区别。

【生境分布】 兴海。生于山顶、草甸阳坡、阶地、河漫滩砂砾地或崖边，海拔4050～4800m。分布于西藏；尼泊尔、印度（锡金）也有。在青海亦分布于杂多、治多、曲麻莱、囊谦、玛沁和河南等地。

甘肃雪灵芝　甘肃蚤缀　藏名：阿仲嘎布

***Arenaria kansuensis* Maximowicz**

Caryophyllaceae 石竹科　Arenaria 无心菜属

【形态特征】 多年生垫状草本，高4～5cm。主根粗壮，木质化，下部密集枯叶。叶片针状线形，长1～2cm，宽约1mm，基部稍宽，抱茎，边缘狭膜质，下部具细锯齿，稍内卷，顶端急尖，呈短芒状，上面微凹入，下面凸出，呈三棱形，质稍硬，紧密排列于茎上。花单生枝端；苞片披针形，长3～5mm，宽1～1.5mm，基部连合呈短鞘，边缘宽膜质，顶端锐尖，具1条脉；花梗长2.5～4mm，被柔毛；萼片5枚，披针形，长5～6mm，基部较宽，边缘宽膜质，顶端尖，具1条脉；花瓣5枚，白色，倒卵形，长4～5mm，基部狭，呈楔形，顶端钝圆；花盘杯状，具5个腺体；雄蕊10枚，花丝扁线形，长约4mm，花药褐色；子房球形，1室，具多数胚珠，花柱3枚，线形，长约3mm。花期7月。

【经济用途】 全株入药，退烧、止咳、降血压、利肺、滋补。

【生境分布】 贵德、兴海、同德。生于山顶阳坡、高山流石坡、砾石带，海拔3800～5100m。中国特有种，分布于西藏东部、甘肃西南部和四川西北部。在青海亦分布于杂多、囊谦、玉树、称多、达日、玛沁、大通。

白瑜 摄

黑蕊无心菜

黑蕊蚤缀　大板山蚤缀　藏名：札阿仲

Arenaria melanandra (Maximowicz) Mattfeld ex Handel-Mazzetti

Caryophyllaceae 石竹科　Arenaria 无心菜属

【形态特征】 多年生草本，高6～10cm。根茎细长。茎单生或基部二分叉，下部倾斜，具碎片状剥落的鳞片，上部直立，褐色，被腺柔毛。叶片长圆形或长圆状披针形，长1～1.8cm，宽3～5mm，基部较狭，疏生缘毛，顶端钝，中脉明显；茎下部叶具短柄，上部叶无柄；叶腋生不育枝。花1～3朵，呈聚伞状，一般直立；苞片卵状披针形，长0.6～1cm，宽2～3mm，基部较狭，具缘毛，顶端急尖；花梗长0.5～2cm，密被腺柔毛；萼片5枚，椭圆形，长5～6mm，宽约2mm，基部较宽，边缘狭膜质，具缘毛，顶端钝，外面绿色，具1条脉，疏被黑紫色腺柔毛；花瓣5枚，白色，宽倒卵形，长1～1.2cm，宽5～6mm，基部渐狭成短爪，顶端微凹；花盘碟状，具5个椭圆形腺体；雄蕊10枚，花丝钻形，近等长，通常长于萼片，花药卵形，黑紫色；子房卵形，长约3mm，花柱2～3枚，线形，长约3mm，柱头棒状。蒴果长圆状卵形，稍短于宿存萼。长4～5mm，4～6裂，具短柄；种子卵圆形，长约1mm，表面具皱纹，灰褐色。花期7月，果期8月。

【经济用途】 全草入药，利湿、消炎、消肿，治湿痹水肿、炎症和腹水。

【生境分布】 贵德、共和和同德。生于高山草甸、河边岩石上、流石滩、高山草甸砾石带，海拔3750～4700m。分布于西藏、四川西南部和甘肃南部；尼泊尔、不丹和印度（锡金）也有。在青海亦分布于玉树、玛多、久治、玛沁、同仁、泽库、河南、大通、湟中、互助和门源（模式标本产地）。

白瑜 摄

福禄草
西北蚤缀　高原蚤缀　藏名：都子冈先

Arenaria przewalskii Maximowicz

Caryophyllaceae 石竹科　Arenaria 无心菜属

【形态特征】　多年生草本，密丛生，高10～12cm。主根细长，木质化，支根须状。茎基部匍生，宿存纤维状枯萎叶鞘，上部直立，密被淡褐色腺毛。基生叶线形，长2～3cm，宽1～2mm，基部较宽，连合成鞘，膜质，边缘稍反卷，具细小的齿状凸起，顶端钝或急尖，两面无毛，中脉凸起；茎生叶披针形或狭披针形，长1～1.5cm，宽2～3mm，边缘稍反卷，并具细小的齿状小凸起，顶端钝。花3朵，呈聚伞状花序；苞片卵状椭圆形，长4～7mm，宽1～2mm，基部稍狭，顶端钝，外面被腺毛；花梗长3～4mm，密被腺毛；萼片5枚，紫色，宽卵形，长4～5mm，宽2～3mm，基部较宽，边缘膜质，通常下部具缘毛，顶端钝圆，有时微凹，密被腺毛；花瓣5枚，白色，倒卵形，长8～10mm，宽约4mm，基部渐狭呈楔形，顶端钝圆，有时微凹；花盘碟形，具5枚椭圆形的腺体；雄蕊10枚，花丝扁线形，长约5mm，花药椭圆形，背面着生，黄色；子房长圆状倒卵形，具柄，花柱3枚，线形，长约3mm，柱头直立，长椭圆形。花期7～8月。

【经济用途】　全草入药，清热润肺，治肺结核、肺炎。

【生境分布】　同德、兴海。生于高山垭豁、高山草甸，海拔3500～4700m。中国特有种，分布于甘肃。在青海亦分布于玉树、达日、久治、玛沁、同仁、泽库、河南、大通、湟中、循化、乐都、互助、祁连、门源。

青海雪灵芝

Arenaria qinghaiensis Y. W. Tsui & L. H. Zhou

Caryophyllaceae 石竹科 Arenaria 无心菜属

【形态特征】 多年生垫状草本，高5～8cm。根粗壮，木质化。茎密丛生，基部木质化，下部密集枯叶。叶片针状线形，长1～1.5cm，宽约1mm，顶端急尖，基部较宽，膜质，抱茎，边缘狭膜质，疏生缘毛，稍内卷。花单生于小枝顶端；苞片线状披针形，长3～4mm，宽不足1mm；花梗长约1mm，无毛；萼片5枚，线状披针形，长7～8mm，宽1.5～2mm，顶端急尖，边缘膜质，基部较宽，具1～3条脉；花瓣5枚，白色，椭圆状卵形，长8～9mm，宽2.5～3mm，顶端钝；花盘碟状，具大而明显的5个椭圆状腺体；雄蕊10枚，花丝线形，长4～5mm，花药椭圆形，黄色；子房卵球形，长2～3mm，1室，具多数胚珠，花柱3枚，线形，长2.5～3mm。花期6～7月。

【相近种】 本种与青藏雪灵芝*A. roborowskii*近似，区别在于：本种花梗较短（约1mm），萼片较细长（线状披针形），花较大且花瓣为椭圆状卵形；而青藏雪灵芝花梗较长（5～10mm），萼片较宽短（披针形），花较小且花瓣为椭圆形。

【生境分布】 共和。生于高山砾石带、垫状植被中，海拔4200～4900m。分布于新疆东南部。在青海亦分布于甘德和都兰（模式标本产地）。

青藏雪灵芝 洛氏蚤缀

Arenaria roborowskii **Maximowicz**

Caryophyllaceae 石竹科 Arenaria 无心菜属

【形态特征】 多年生垫状草本，高5～8cm。根粗壮，木质化。茎紧密丛生，基部木质化，下部密集枯叶。叶片针状线形，长1～1.5cm，宽约1mm。基部较宽，膜质，抱茎，边缘狭膜质，疏生缘毛，稍内卷，微呈三棱状，顶端急尖，上面微凹，下面凸起，质稍硬，紧密排列于茎上。花单生枝端；苞片线状披针形，长4.5～5mm，宽约1.5mm，基部较宽，边缘狭膜质，顶端尖，具1条脉；花梗长5～10mm，无毛；萼片5枚，披针形，长约5mm，宽约1.5mm，基部较宽，边缘狭膜质，顶端尖，具1～3条脉；花瓣5枚，白色，椭圆形，长约4mm，宽约1.4mm，基部楔形，顶端尖；花盘碟状，具大而明显的5个长圆形腺体；雄蕊10枚，花丝线形，短于花瓣，花药近圆形；子房球形，稍压扁，直径约1.5mm，1室，具多数胚珠，花柱3枚，线形，长约1.5mm。花期7～8月。

【生境分布】 同德、贵德和兴海。生于山顶流石坡、砾石带、高山草甸、高山宽谷，海拔3000～5000m。中国特有种，分布于云南、西藏东北部、四川西部、甘肃。在青海亦分布于囊谦、玉树、称多、达日、玛多、班玛、久治、玛沁、同仁、河南、大通、湟中、互助、祁连、门源。

漆姑无心菜 漆姑草蚤缀

Arenaria saginoides **Maximowicz**

Caryophyllaceae 石竹科 Arenaria 无心菜属

【形态特征】 一年生小草本，高2～4cm。根纤细。茎由基部二歧式多分枝，直立，无毛，稀在花序下部疏生腺柔毛。叶片线状匙形，长4～5mm，宽1～2mm，基部较狭，顶端钝，中脉不明显，草质，绿色。花顶生或为腋生的三歧聚伞花序；苞片与叶同形而小，长2～3mm，宽约1mm，基部较窄，顶端稍急尖，绿色；花梗近开花期较细，短于苞片，果期时增粗，超过苞片，长达5～7mm，有时疏生腺柔毛；萼片4～5（当有2枚较宽时很少为5枚），长卵形，长2～2.5mm，宽1～1.5mm，基部增厚，呈囊状凸出，边缘膜质，顶端钝，质薄，具1条脉，有时疏生腺柔毛；花瓣4枚，稀5枚，仅2～3枚发育，白色，狭匙形或倒卵形，顶端微凹，有时具不整齐的裂齿，长2～2.5mm，宽约1mm；花盘碟状，具4个绿色腺体；雄蕊8枚，有时5枚，长为萼片的2/3～3/4，花丝钻形，花药近圆形，赭黄色；子房椭圆形，长约1.5mm，1室，具6个胚珠，花柱2枚，粗壮，长约1mm，柱头为直立的椭圆形，具腺柔毛状物。蒴果卵状锥形，较宿存萼长，2瓣裂，裂片顶端2裂；种子6枚，近扁圆形，直径约1mm；胚马蹄形，带绿色。花果期7～9月。

【生境分布】 兴海、共和。生于河岸沙滩、山坡草地和高山草甸，海拔2300～5000m。中国特有种，分布于西藏北部和东部、新疆西南部（疏勒等地）和四川西部（德格一带）。在青海亦分布于治多、杂多、玛沁、天峻、西宁。

卷耳 藏名：欧斗

Cerastium arvense subsp. ***strictum*** Gaudin

Caryophyllaceae 石竹科　Cerastium 卷耳属

【形态特征】 多年生疏丛草本，高10～35cm。茎基部匍匐，上部直立，绿色并带淡紫红色，下部被下向的毛，上部混生腺毛。叶片线状披针形或长圆状披针形，长1～2.5cm，宽1.5～4mm，顶端急尖，基部楔形，抱茎，被疏长柔毛，叶腋具不育短枝。聚伞花序顶生，具3～7朵花；苞片披针形，草质，被柔毛，边缘膜质；花梗细，长1～1.5cm，密被白色腺柔毛；萼片5枚，披针形，长约6mm，宽1.5～2mm，顶端钝尖，边缘膜质，外面密被长柔毛；花瓣5枚，白色，倒卵形，比萼片长1倍或更长，顶端2裂深达1/4～1/3；雄蕊10枚，短于花瓣；花柱5枚，线形。蒴果长圆形，长于宿存萼1/3，顶端倾斜，10齿裂；种子肾形，褐色，略扁，具瘤状凸起。花期5～8月，果期7～9月。

【生境分布】 同德。生于山地草地、高山草甸、灌丛草甸、河滩，海拔2350～4200m。分布于云南、四川、甘肃、新疆、宁夏、陕西、华北、东北；欧亚温带地区也有。在青海亦分布于治多、囊谦、久治、玛沁、同仁、河南、西宁、大通、祁连、门源。

簇生泉卷耳 簇生卷耳 藏名：欧斗

Cerastium fontanum subsp. ***vulgare*** (Hartman) Greuter & Burdet

Caryophyllaceae 石竹科 Cerastium 卷耳属

【形态特征】 多年生或一、二年生草本，高15～30cm。茎单生或丛生，近直立，被白色短柔毛和腺毛。基生叶近匙形或倒卵状披针形，基部渐狭，呈柄状，两面被短柔毛；茎生叶近无柄，卵形、狭卵状长圆形或披针形，长1～3(～4)cm，宽3～10(～12)mm，顶端急尖或钝尖，两面均被短柔毛，边缘具缘毛。聚伞花序顶生；苞片草质；花梗细，长5～25mm，密被长腺毛，花后弯垂；萼片5枚，长圆状披针形，长5.5～6.5mm，外面密被长腺毛，边缘中部以上膜质；花瓣5枚，白色，倒卵状长圆形，等长或微短于萼片，顶端2浅裂，基部渐狭，无毛；雄蕊短于花瓣，花丝扁线形，无毛；花柱5枚，短线形。蒴果圆柱形，长8～10mm，长为宿存萼的2倍，顶端10齿裂；种子褐色，具瘤状凸起。花期5～6月，果期6～7月。

【经济用途】 全草入药，解毒、滋阴、补阳，治体虚乏力、食物中毒。

【生境分布】 贵德、贵南、同德。生于山坡草地、林下、灌丛、草甸、河漫滩，海拔2350～4600m。分布于西北、华北、东北和长江流域各地；世界广布。在青海亦分布于治多、曲麻莱、囊谦、玉树、称多、玛多、达日、久治、玛沁、同仁、泽库、河南、天峻、西宁、大通、湟中、平安、循化、乐都、互助、祁连、门源。

朱鑫鑫 摄

山卷耳 苍白卷耳

Cerastium pusillum Seringe

Caryophyllaceae 石竹科 Cerastium 卷耳属

【形态特征】 多年生草本，高5～15cm。须根纤细。茎丛生，上升，密被柔毛。茎下部叶较小，叶片匙状，顶端钝，基部渐狭成短柄状，被长柔毛；茎上部叶稍大，叶片长圆形至卵状椭圆形，长5～15mm，宽3～7mm，顶端钝，基部钝圆或楔形，两面均密被白色柔毛，边缘具缘毛，下面中脉明显。聚伞花序顶生，具2～7朵花；苞片草质；花梗细，长5～8mm，密被腺柔毛，花后常弯垂；萼片5枚，披针状长圆形，长5～6mm，下面密被柔毛，顶端两侧宽膜质，有时带紫色；花瓣5枚，白色，长圆形，比萼片长1/3～1/2，基部稍狭，顶端2浅裂至1/4处；花柱5枚，线形。蒴果长圆形，10齿裂；种子褐色，扁圆形，具疣状凸起。花期7～8月，果期8～9月。

【生境分布】 兴海。生于高山草甸、阳坡，海拔2380～4500m。分布于云南、甘肃、宁夏、新疆；俄罗斯、哈萨克斯坦、蒙古也有。在青海亦分布于大通、海晏、祁连、门源。

须苞石竹 美国石竹 十样锦 五彩石竹

Dianthus barbatus **Linnaeus**

Caryophyllaceae 石竹科 Dianthus 石竹属

【形态特征】 多年生草本，高30～60cm，全株无毛。茎直立，有棱。叶片披针形，长4～8cm，宽约1cm，顶端急尖，基部渐狭，合生成鞘，全缘，中脉明显。花多数，集成头状，有数枚叶状总苞片；花梗极短；苞片4枚，卵形，顶端尾状尖，边缘膜质，具细齿，与花萼等长或稍长；花萼筒状，长约1.5cm，裂齿锐尖；花瓣具长爪，瓣片卵形，通常红紫色，有白点斑纹，顶端齿裂，喉部具髯毛；雄蕊稍露于外；子房长圆形，花柱线形。蒴果卵状长圆形，长约1.8cm，顶端4裂至中部；种子褐色，扁卵形，平滑。花果期5～10月。

【经济用途】 观赏花卉。

【生境分布】 海南州各地。原产于欧洲，我国云南、四川、湖南、江西和东北地区有野生种，西北各地栽培较为普遍。青海黄南、西宁和海东地区公园和庭院内也有栽培。

朱鑫鑫 摄

张海华 摄

朱鑫鑫 摄

张海华 摄

石竹 美丽石竹

Dianthus chinensis Linnaeus

Caryophyllaceae 石竹科 Dianthus 石竹属

【形态特征】 多年生草本，高30～50cm，全株无毛，带粉绿色。茎疏丛生，直立，上部分枝。叶片线状披针形，长3～5cm，宽2～4mm，顶端渐尖，基部稍狭，全缘或有细小齿，中脉较明显。花单生枝端或数朵集成聚伞花序；花梗长1～3cm；苞片4枚，卵形，顶端长渐尖，长达花萼1/2以上，边缘膜质，有缘毛；花萼圆筒形，长15～25mm，直径4～5mm，有纵条纹，萼齿披针形，长约5mm，直伸，顶端尖，有缘毛；花瓣长16～18mm，瓣片倒卵状三角形，长13～15mm，紫红色、粉红色、鲜红色或白色，顶缘不整齐齿裂，喉部有斑纹，疏生髯毛；雄蕊露出喉部外，花药蓝色；子房长圆形，花柱线形。蒴果圆筒形，包于宿存萼内，顶端4裂；种子黑色，扁圆形。花期5～6月，果期7～9月。

【经济用途】 ① 观赏花卉，现已广泛栽培，并育出许多品种；② 根和全草入药，作瞿麦使用，清热利尿、破血通经，主治泌尿系统感染、结石、小便不利、尿血闭经、皮肤湿疹等；③ 根可治肿瘤。

【生境分布】 海南州各地。原产于我国北方，现在南北普遍生长和栽培。野生者生于草原和山坡草地。俄罗斯（西伯利亚）和朝鲜也有。

瞿麦　藏名：亚格莫

Dianthus superbus Linnaeus

Caryophyllaceae 石竹科　Dianthus 石竹属

【形态特征】 多年生草本，高50～60cm，有时更高。茎丛生，直立，绿色，无毛，上部分枝。叶片线状披针形，长5～10cm，宽3～5mm，顶端锐尖，中脉特明显，基部合生成鞘状，绿色，有时带粉绿色。花1朵或2朵生枝端，有时顶下腋生；苞片2～3对，倒卵形，长6～10mm，约为花萼的1/4，宽4～5mm，顶端长尖；花萼圆筒形，长2.5～3cm，直径3～6mm，常染紫红色晕，萼齿披针形，长4～5mm；花瓣长4～5cm，爪长1.5～3cm，包于萼筒内，瓣片宽倒卵形，中部或中部以上常深裂呈缕状，通常淡红色或带紫色，稀白色，喉部具丝毛状鳞片；雄蕊和花柱微外露。蒴果圆筒形，与宿存萼等长或微长，顶端4裂；种子扁卵圆形，长约2mm，黑色，有光泽。花期6～9月，果期8～10月。

【经济用途】 ① 观赏花卉；② 全草入药，利尿通淋、破血通经、清热明目，治泌尿系统感染、淋病、眼翳；③ 根可治肿瘤。

【生境分布】 贵德、同德。生于高山草地、灌丛中，海拔3000～3500m。分布于西南、西北、华北、东北和华东；北欧、中欧、俄罗斯（西伯利亚）、哈萨克斯坦、蒙古（西部和北部）、朝鲜、日本也有。在青海亦分布于班玛、久治、玛沁、泽库、河南、大通、湟源、湟中、循化、民和、互助。

苏清海 摄

朱鑫鑫 摄

朱鑫鑫 摄

苏清海 摄

裸果木　瘦果石竹

Gymnocarpos przewalskii **Bunge ex Maximowicz**

Caryophyllaceae 石竹科　Gymnocarpos 裸果木属

【形态特征】 亚灌木状，高50～100cm。茎曲折，多分枝；树皮灰褐色，剥裂；嫩枝赭红色，节膨大。叶几无柄，叶片稍肉质，线形，略成圆柱状，长5～10mm，宽1～1.5mm，顶端急尖，具短尖头，基部稍收缩；托叶膜质，透明，鳞片状。聚伞花序腋生；苞片白色，膜质，透明，宽椭圆形，长6～8mm，宽3～4mm；花小，不显著；花萼下部连合，长1.5mm，萼片倒披针形，长约1.5mm，顶端具芒尖，外面被短柔毛；花瓣无；外轮雄蕊无花药，内轮雄蕊花丝细，长约1mm，花药椭圆形，纵裂；子房近球形。瘦果包于宿存萼内；种子长圆形，直径约0.5mm，褐色。花期5～7月，果期8月。

【经济用途】 ① 骆驼喜食嫩枝；② 固沙植物。

【生境分布】 共和。生于海拔1000～2500m荒漠区的干河床、戈壁滩、砾石山坡，性耐干旱。分布于内蒙古、宁夏、甘肃、新疆；蒙古也有。

李小伟 摄

李小伟 摄

李小伟 摄

李小伟 摄

细叶石头花 尖叶丝石竹

Gypsophila licentiana Handel-Mazzetti

Caryophyllaceae 石竹科　Gypsophila 石头花属

【形态特征】 多年生草本，高30～50cm。茎细，无毛，上部分枝。叶片线形，长1～3cm，宽约1mm，顶端具骨质尖，边缘粗糙，基部连合成短鞘。聚伞花序顶生，花较密集；花梗长2～3(～10)mm，带紫色；苞片三角形，长1.5mm，渐尖，边缘白色，膜质，具短缘毛；花萼狭钟形，长2～3mm，具5条绿色或带深紫色脉，脉间白色，膜质，齿裂达1/3，卵形，渐尖；花瓣白色，三角状楔形，为萼片长的1.5～2倍，宽约1mm，顶端微凹；雄蕊比花瓣短，花丝线形，不等长，花药小，球形；子房卵球形，花柱与花瓣等长。蒴果略长于宿存萼；种子圆肾形，直径约1mm，具疣状凸起。花期7～8月，果期8～9月。

【生境分布】 贵德。生于山坡、沙地、石隙，海拔2240～2800m。分布于内蒙古、河北、山西、陕西（北部）、宁夏、甘肃、新疆、内蒙古；中亚地区也有。在青海亦分布于同仁、西宁、湟源、互助。

注：本种以往被错误鉴定为尖叶石头花G. acutifolia，但该种茎上部和花序均被腺毛，产于高加索地区，而我国不产。

白瑜 摄

白瑜 摄

薄蒴草 蓝布衫 藏名：兴治噶布

Lepyrodiclis holosteoides (C. A. Meyer) Fenzl ex Fisher & C. A. Meyer

Caryophyllaceae 石竹科 Lepyrodiclis 薄蒴草属

【形态特征】 一年生草本，全株被腺毛。茎高40～100cm，具纵条纹，上部被长柔毛。叶片披针形，长3～7cm，宽2～5mm，最宽可达10mm，顶端渐尖，基部渐狭，上面被柔毛，沿中脉较密，边缘具腺柔毛。圆锥花序开展；苞片草质，披针形或线状披针形；花梗细，长1～2(～3)cm，密生腺柔毛；萼片5枚，线状披针形，长4～5mm，顶端尖，边缘狭膜质，外面疏生腺柔毛；花瓣5枚，白色，宽倒卵形，与萼片等长或稍长，顶端全缘；雄蕊通常10枚，花丝基部宽扁；花柱2枚，线形。蒴果卵圆形，短于宿存萼，2瓣裂；种子扁卵圆形，红褐色，具凸起。花期5～7月，果期7～8月。

【经济用途】 花期全草入药，有利肺、托疮之功效，治肺病、肺热咳嗽、痈疖疔疮。

【生境分布】 海南州各地。生于山坡草地、林间空地、荒地、田野、河滩，海拔2280～4150m。分布于内蒙古、陕西、宁夏、甘肃、新疆、四川、西藏；土耳其、小亚细亚至高加索、中亚地区、伊朗、克什米尔地区、阿富汗、巴基斯坦、印度西北部、尼泊尔、蒙古也有。在青海亦分布于杂多、囊谦、尖扎、同仁、泽库、河南、西宁、大通、湟源、湟中、乐都、民和、互助、刚察、祁连、门源。

隐瓣蝇子草 无瓣女娄菜

Silene gonosperma **(Ruprecht) Bocquet**

Caryophyllaceae 石竹科 Silene 蝇子草属

【形态特征】 多年生草本，高6～20cm。根粗壮，常具多头根颈。茎疏丛生或单生，直立，不分枝，密被短柔毛，上部被腺毛和黏液。基生叶线状倒披针形，长3～6cm，宽4～8mm，基部渐狭成柄状，顶端钝或急尖，两面被短柔毛，边缘具缘毛；茎生叶1～3对，无柄，叶片披针形。花单生，稀2～3朵，俯垂，花梗长2～5cm，密被腺柔毛；苞片线状披针形，具稀疏缘毛；花萼狭钟形，长13～15mm，直径7～10mm，基部圆形，被柔毛和腺毛，纵脉暗紫色，脉端不连合，萼齿三角形，顶端钝，边缘膜质；雌雄蕊柄极短；花瓣暗紫色，内藏，稀微露出花萼，爪楔形，无缘毛，具圆耳，瓣片凹缺或2浅裂，副花冠片缺或不明显；雄蕊内藏，花丝无毛；花柱内藏。蒴果椭圆状卵形，长10～12mm，10齿裂；种子圆形，压扁，褐色，连翅直径1.5～2mm。花期6～7月，果期8月。

【经济用途】 药用，功效同女娄菜。

【生境分布】 贵德、同德、兴海。生于高山砾石带、高山草甸、山坡草地、灌丛中和河边滩地，海拔2500～4700m。分布于西藏、云南西北部、四川西部、甘肃、陕西；广布中亚地区和喜马拉雅山区。在青海亦分布于杂多、曲麻莱、玉树、称多、玛多、玛沁、同仁、泽库、兴海、大通、湟源、湟中、循化、民和、互助、祁连、门源。

须弥蝇子草　喜马拉雅蝇子草

Silene himalayensis (Rohrbach) Majumdar

Caryophyllaceae 石竹科　Silene 蝇子草属

【形态特征】　多年生草本，高20～80cm。根粗壮。茎纤细，疏丛生或单生，直立，不分枝，被短柔毛，上部被稀疏腺毛。基生叶狭倒披针形，长4～10cm，宽4～10mm，基部渐狭成柄状，顶端渐尖，稀急尖，两面被短柔毛或近无毛，边缘具缘毛；茎生叶3～6对，叶片披针形或线状披针形，基部楔形或渐狭。总状花序，常具3～7朵花；花微俯垂，花梗细，长1～5cm，密被短柔毛和稀疏腺毛；苞片线状披针形，草质，被毛；花萼卵状钟形，长约10mm，紧贴果实，密被短柔毛和腺毛，纵脉紫色，多少分叉，脉端连合，萼齿三角形，顶端钝，边缘膜质，具缘毛；雌雄蕊柄长约1mm；花瓣暗红色，长约10mm，不露或微露出花萼，爪楔形，无毛，耳不明显，瓣片2浅裂，副花冠片小，鳞片状；雄蕊内藏，花丝无毛；花柱内藏。蒴果卵形，长8～10mm，短于宿存萼，10齿裂；种子圆形，压扁，褐色，连翅直径约1.5mm。花期6～7月，果期7～8月。

【生境分布】　贵德、兴海。生于高山草甸、河滩、碎石带、砾石流，海拔2800～5600m。分布于西藏、四川西部；中亚地区、阿富汗、印度西北部、巴基斯坦也有。在青海亦分布于治多、囊谦、玉树、玛多、达日、久治、玛沁、同仁、泽库、河南、循化、互助、祁连、门源。

张海华 摄

女娄菜 桃色女娄菜 藏名：苏巴

Silene aprica Turczaninow ex Fischer & C. A. Meyer

Caryophyllaceae 石竹科 Silene 蝇子草属

【形态特征】 一年生或二年生草本，高30～70cm，全株密被灰色短柔毛。主根较粗壮，稍木质。茎单生或数个丛生，直立，分枝或不分枝。基生叶倒披针形或狭匙形，长4～7cm，宽4～8mm，基部渐狭成长柄状，顶端急尖，中脉明显；茎生叶倒披针形、披针形或线状披针形，比基生叶稍小。圆锥花序较大型；花梗长5～20(～40)mm，直立；苞片披针形，草质，渐尖，具缘毛；花萼卵状钟形，长6～8mm，近草质，密被短柔毛，果期时长达12mm，纵脉绿色，脉端多少连结，萼齿三角状披针形，边缘膜质，具缘毛；雌雄蕊柄极短或近无，被短柔毛；花瓣白色或淡红色，倒披针形，长7～9mm，微露出花萼或与花萼近等长，爪具缘毛，瓣片倒卵形，2裂；副花冠片舌状；雄蕊不外露，花丝基部具缘毛；花柱不外露，基部具短毛。蒴果卵形，长8～9mm，与宿存萼近等长或微长；种子圆肾形，灰褐色，长0.6～0.7mm，肥厚，具小瘤。花期5～7月，果期6～8月。

【经济用途】 全草入药，清热、利胆、止血、降血压，治黄疸病、咽喉炎、月经过多、中耳炎。根单用可止泻。

【生境分布】 贵南、同德、兴海、共和。生于山坡草地、灌丛、林下、河边、滩地及冰川边缘、岩石上，海拔2000～4150m。分布于甘肃、陕西、宁夏及华北、东北和华东；朝鲜、日本、蒙古和俄罗斯（西伯利亚和远东地区）也有。在青海亦分布于杂多、曲麻莱、玉树、称多、久治、达日、玛多、玛沁、同仁、泽库、河南、天峻、西宁、大通、湟源、循化、乐都、民和、互助、刚察、门源。

李小伟 摄

白瑜 摄

腺毛蝇子草 腺女娄菜 具腺女娄菜

Silene yetii **Bocquet**

Caryophyllaceae 石竹科 Silene 蝇子草属

【形态特征】 多年生草本，高30～50cm，全株密被腺毛和黏液。主根垂直，粗壮，稍木质，多侧根。茎疏丛生，稀单生，粗壮，直立，不分枝或下部分枝，常带紫色。基生叶倒披针形或椭圆状披针形，长5～10(～13)cm，宽1～2(～2.5)cm，基部渐狭成长柄状，顶端急尖或钝，两面被腺毛，边缘和沿叶脉具硬毛，中脉明显；上部茎生叶倒披针形至披针形，长3～5cm，宽5～15mm，基部半抱茎。总状花序，常3～5朵花，稀更多；花微俯垂，后期直立，花梗长5～50mm；苞片线状披针形，草质，长5～7mm；花萼钟形，长12～15mm，宽5～6mm，口张开，基部圆形，密被腺毛，果期微膨大，纵脉黑紫色或褐色，脉端在萼齿多少连合，被腺毛，萼齿卵状三角形，顶端钝，边缘膜质，白色，具缘毛；雌雄蕊柄长1～1.5mm；花瓣露出花萼5～6mm，爪近楔形，具圆耳，基部无毛或被疏毛，瓣片紫色或淡红色，轮廓近椭圆形，长约3mm，2浅裂，裂片狭椭圆状，副花冠片圆形，细小；雄蕊内藏，花丝具毛；花柱内藏。蒴果卵形，长12～14mm，宽约9mm，比宿存萼短，5瓣裂或10齿裂；种子肾形，长约1mm，灰褐色，两侧耳状凹，具线条纹，脊厚，具小瘤。花期7月，果期8月。

【经济用途】 药用，功效同女娄菜。

【生境分布】 同德、兴海、共和。生于山坡、草甸、阴坡、高山砾石带、滩地，海拔2800～4800m。分布于西藏、云南西北部、四川和甘肃。在青海亦分布于杂多、玉树、玛多、玛沁、互助、门源。

尼泊尔蝇子草 多茎女娄菜

Silene nepalensis **Majumdar**

Caryophyllaceae 石竹科 Silene 蝇子草属

【形态特征】 多年生草本，高10～50cm。根粗壮，具多头根颈。茎丛生，直立，不分枝，密被短柔毛。基生叶线状披针形，长3～14cm，宽3～7mm，基部渐狭成柄状，多少合生，顶端渐尖，两面和边缘无毛或近无毛，中脉明显；上部茎生叶几无柄，与基生叶同形，基部多少合生，两面和边缘被短柔毛。圆锥花序具数朵至多数花；花俯垂，后期直立，花梗短，长5～10mm，密被短柔毛；苞片线形，被短柔毛；花萼钟形，有时球状钟形，微膨大，近草质，长8～10mm，直径3～4mm，密被短柔毛，口张开，基部圆形，纵脉暗紫色或暗绿褐色，明显，脉端通常在萼齿连合，萼齿三角形，长约3mm，顶端钝，边缘膜质，具缘毛；雌雄蕊柄长1～1.5mm，被短柔毛；花瓣露出花萼2～3mm，爪宽楔形，长6～8mm，基部近无毛，具耳，瓣片紫色，轮廓近卵形，长1.5～3mm，凹缺或2裂，裂片全缘，有时具不明显的齿，副花冠片小，近圆形，顶端钝或微缺；雄蕊内藏，花丝无毛；花柱5枚，有时4枚，内藏。蒴果卵状椭圆形，长8～10mm，比宿存萼短或微长，5瓣裂或10齿裂；种子肾形，肥厚，微压扁，长约0.6mm，灰褐色，两侧具线条纹，脊具小瘤。花期7～8月，果期8月。

【生境分布】 兴海、共和。生于海拔2700～5100m的山坡草地。分布于四川、云南、西藏；克什米尔地区、印度西北部、不丹、尼泊尔、巴基斯坦也有。在青海亦分布于治多、囊谦、久治、玛沁、同仁、泽库、河南、祁连、门源。

麦瓶草

银柴胡　米瓦罐　天香炉　藏名：普坡孜

Silene conoidea Linnaeus

Caryophyllaceae 石竹科　*Silene* 蝇子草属

【形态特征】 一年生草本，高25～60cm，全株被短腺毛。根为主根系，稍木质。茎单生，直立，不分枝。基生叶匙形，茎生叶长圆形或披针形，长5～8cm，宽5～10mm，基部楔形，顶端渐尖，两面被短柔毛，边缘具缘毛，中脉明显。二歧聚伞花序具数朵花；花直立，直径约20mm；花萼圆锥形，长20～30mm，直径3～4.5mm，绿色，基部脐形，果期膨大，长达35mm，下部宽卵状，直径6.5～10mm，纵脉30条，沿脉被短腺毛，萼齿狭披针形，长为花萼的1/3或更长，边缘下部狭膜质，具缘毛；雌雄蕊柄几无；花瓣淡红色，长25～35mm，爪不露出花萼，狭披针形，长20～25mm，无毛，耳三角形，瓣片倒卵形，长约8mm，全缘或微凹缺，有时微啮蚀状；副花冠片狭披针形，长2～2.5mm，白色，顶端具数浅齿；雄蕊微外露或不外露，花丝具稀疏短毛；花柱微外露。蒴果梨状，长约15mm，直径6～8mm；种子肾形，长约1.5mm，暗褐色。花期5～6月，果期6～7月。

【经济用途】 全草入药，调经活血、通淋、止痛，治肺结核、疟疾发烧、肠炎、痢疾、月经过多、淋病。

【生境分布】 海南州各地；栽培或逸生。生于麦田、田间荒地、山坡和河谷，海拔1900～3600m。分布于西南、西北、华北地区及湖北、江苏；南欧、北非、亚洲（温带）、俄罗斯、印度北部和日本也有。在青海亦分布于囊谦、玉树、西宁、大通、湟源、民和、互助。

山蚂蚱草

旱麦瓶草　银柴胡　叶尼塞蝇子草

Silene jenisseensis Willdenow

Caryophyllaceae 石竹科　Silene 蝇子草属

【形态特征】　多年生草本。高20～50cm。根粗壮，木质。茎丛生，直立或近直立，不分枝，无毛，基部常具不育茎。基生叶狭倒披针形或披针状线形，长5～13cm，宽2～7mm，基部渐狭成长柄状，顶端急尖或渐尖，边缘近基部具缘毛，其余均无毛，中脉明显；茎生叶少数，较小，基部微抱茎。假轮伞状圆锥花序或总状花序，花梗长4～18mm，无毛；苞片卵形或披针形，基部微合生，顶端渐尖，边缘膜质，具缘毛；花萼狭钟形，后期微膨大，长8～10(～12)mm，无毛，纵脉绿色，脉端连结，萼齿卵形或卵状三角形，无毛，顶端急尖或渐尖，边缘膜质，具缘毛；雌雄蕊柄被短毛，长约2mm；花瓣白色或淡绿色，长12～18mm，爪狭倒披针形，无毛，耳不明显，瓣片叉状2裂达瓣片的中部，裂片狭长圆形；副花冠片长椭圆状，细小；雄蕊外露，花丝无毛；花柱外露。蒴果卵形，长6～7mm，比宿存萼短；种子肾形，长约1mm，灰褐色。花期7～8月，果期8～9月。

【经济用途】　根入药，称"山银柴胡"，清热凉血，治虚痨骨蒸、阴虚久疟、小儿疳热羸瘦和盗汗。

【生境分布】　共和。生于草原、草坡、林缘或固定沙丘。分布于黑龙江、吉林、辽宁、河北、内蒙古、山西；朝鲜、蒙古和俄罗斯（西伯利亚和远东地区）也有。

朱鑫鑫 摄

朱鑫鑫 摄

朱鑫鑫 摄

朱鑫鑫 摄

蔓茎蝇子草
毛萼麦瓶草　蔓麦瓶草　匍生鹤草　匍生蝇子草
Silene repens Patrin

Caryophyllaceae 石竹科　Silene 蝇子草属

【形态特征】 多年生草本，高15～50cm，全株被短柔毛。根状茎细长，分叉。茎疏丛生或单生，不分枝或有时分枝。叶片线状披针形、披针形、倒披针形或长圆状披针形，长2～7cm，宽3～10(～12)mm，基部楔形，顶端渐尖，两面被柔毛，边缘基部具缘毛，中脉明显。总状圆锥花序，小聚伞花序常具1～3朵花；花梗长3～8mm；苞片披针形，草质；花萼筒状棒形，11～15mm，直径3～4.5mm，常带紫色，被柔毛，萼齿宽卵形，顶端钝，边缘膜质，具缘毛；雌雄蕊柄被短柔毛，长4～8mm；花瓣白色，稀黄白色，爪倒披针形，不露出花萼，无耳，瓣片平展，轮廓倒卵形，2浅裂或深达中部；副花冠片长圆状，顶端钝，有时具裂片；雄蕊微外露，花丝无毛；花柱微外露。蒴果卵形，长6～8mm，比宿存萼短；种子肾形，长约1mm，黑褐色。花期6～8月，果期7～9月。

【经济用途】 全草入药，功效同麦瓶草。

【生境分布】 兴海。生于山顶倒石堆、阳坡和草地，海拔2500～5000m。分布于西藏、新疆、甘肃、陕西、华北、东北地区；欧洲、朝鲜、日本也有。在青海亦分布于杂多、治多、囊谦、甘德、玛沁、大通、祁连。

细蝇子草　九头草　滇瞿麦

***Silene gracilicaulis* C. L. Tang**

Caryophyllaceae 石竹科　Silene 蝇子草属

【形态特征】 多年生草本，高(15～)20～50cm。根粗壮，稍木质。茎疏丛生，稀较密，直立或上升，不分枝，稀下部具1～2分枝，无毛。基生叶线状倒披针形，长6～18cm，宽2～5mm，基部渐狭成柄状，顶端渐尖，两面均无毛，边缘近基部具缘毛；茎生叶线状披针形，比基生叶小，基部半抱茎，具缘毛。花序总状，花多数，对生，稀呈假轮生，花梗与花萼几等长，无毛；苞片卵状披针形，长4～12mm，基部合生，具缘毛，顶端渐尖；花萼狭钟形，长8～12mm，直径约4mm，无毛，纵脉10条，较细，紫色或绿色，脉端在萼齿处连合，萼齿三角状卵形，顶端圆钝，边缘膜质，白色，具短缘毛；雌雄蕊柄长约2mm，被短毛；花瓣白色、淡黄色、灰白色或玫瑰红色，爪倒披针形，无毛，耳呈三角状，瓣片露出花萼，2裂达瓣片中部或更深，裂片狭长圆形；副花冠片小，长圆形；雄蕊外露，花丝线形，无毛，长短不等；花柱3枚，外露，蒴果长圆状卵形，长6～8mm；种子圆肾形，长约1mm。花期7～8月，果期8～9月。

【经济用途】 全草或根入药，治小便不利、尿痛、尿血、经闭等症。

【生境分布】 海南州各地。生于高山草甸、山坡草地、林下、河滩、河边及岩石缝隙，海拔2400～4400m。分布于青海、内蒙古、四川、云南、西藏；克什米尔地区、尼泊尔、巴基斯坦、印度北部和俄罗斯也有。在青海亦分布于杂多、治多、曲麻莱、囊谦、玉树、称多、玛多、久治、玛沁、同仁、泽库、河南、乌兰、天峻、大通、湟源、湟中、乐都、民和、互助、祁连、刚察、门源。

异花孩儿参

假繁缕　矮小孩儿参　异花假繁缕

Pseudostellaria heterantha (Maximowicz) Pax

Caryophyllaceae 石竹科　Pseudostellaria 孩儿参属

【形态特征】 多年生草本，高8～10(～15)cm。块根近球形或纺锤形，长1～1.5cm，通常单生。茎单生，直立，稀疏分枝，被2列柔毛。叶片宽卵形、卵状披针形或披针形，长1～2cm，宽3～5(～10)mm，顶端尖，基部渐狭成短柄状，被柔毛。开花受精花单生枝端，花梗长5～15mm；萼片5枚，披针形，长3～5mm，宽约1.2mm，顶端渐尖，外面密被短柔毛及缘毛；花瓣5枚，白色，匙形或倒卵形，长5～7mm，宽2～3mm，顶端钝或有时微凹；雄蕊10枚，短于花瓣，花药蓝黑色；花柱2～3枚。闭花受精花稍小；萼片4枚，狭披针形，长约3mm，宽约1mm，顶端渐尖，被白色柔毛。蒴果卵圆形，长2～3mm，宽2～2.5mm，4瓣裂；种子具棘凸。花期5～6月，果期7～8月。

【生境分布】 同德。生于河谷、林下、林缘，海拔2450～4150m。分布于西南、西北和东北地区；俄罗斯（远东地区）和日本也有。在青海亦分布于囊谦、玉树、玛沁、久治、尖扎、循化（孟达天池）、泽库、大通、互助、民和、门源。

拟漆姑 牛漆姑草

Spergularia marina (Linnaeus) Grisebach

Caryophyllaceae 石竹科 Spergularia 拟漆姑属

【形态特征】 一年生草本，高10～30cm。茎丛生，铺散，多分枝，上部密被柔毛。叶片线形，长5～30mm，宽1～1.5mm，顶端钝，具凸尖，近平滑或疏生柔毛；托叶宽三角形，长1.5～2mm，膜质。花集生于茎顶或叶腋，成总状聚伞花序，果时下垂；花梗稍短于萼片，果时稍伸长，密被腺柔毛；萼片卵状长圆形，长3.5mm，宽1.5～1.8mm，外面被腺柔毛，具白色宽膜质边缘；花瓣淡粉紫色或白色，卵状长圆形或椭圆状卵形，长约2mm，顶端钝；雄蕊5枚；子房卵形。蒴果卵形，长5～6mm，3瓣裂；种子近三角形，略扁，长0.5～0.7mm，表面有乳头状凸起，多数种子无翅，成熟种子边缘具白色透明膜质翅。花期5～7月，果期6～9月。

【生境分布】 共和。生于河谷、阶地、河岸、水边、荒地，海拔1700～2880m。分布于新疆、甘肃、陕西、宁夏，以及华北、东北和华东；蒙古、俄罗斯、朝鲜和日本也有。在青海亦分布于西宁、民和、互助。

偃卧繁缕

Stellaria decumbens **Edgeworth**

Caryophyllaceae 石竹科　Stellaria 繁缕属

【形态特征】 多年生垫状草本，直径10～20cm。茎粗壮或纤细，密被白色柔毛。叶片卵状披针形，长3～4mm，宽1～1.5mm，顶端渐尖，基部近圆形，无柄，边缘无毛或具缘毛，硬质，中脉明显凸起。花单生或成少花聚伞花序；花梗短于萼片或等长；萼片5枚，卵状披针形或长圆状披针形，长约4mm，宽约1.5mm，顶端渐尖，具3条脉，草质，基部截形；花瓣5枚，白色，长仅为萼片之半，2深裂，裂片线形；雄蕊8～10枚；子房含多数胚珠；花柱3枚。蒴果短于宿存萼，6齿裂；种子2～8枚，近圆形，平滑。花期7～8月，果期9～10月。

【生境分布】 共和。生于高山石隙，海拔4000m。分布于西藏（东部、南部、西至仲巴、北至类乌齐）、云南西北部、四川西部；克什米尔地区、印度、尼泊尔、不丹也有。在青海亦分布于治多、祁连。

垫状偃卧繁缕 垫状繁缕

***Stellaria decumbens* var. *pulvinata* Edgeworth & J. D. Hooker**

Caryophyllaceae 石竹科 Stellaria 繁缕属

【形态特征】 本变种和原变种的主要区别在于：植株紧密呈垫状；茎无毛；叶片卵状钻形或长圆形，边缘膜质，具缘毛，在茎上呈覆瓦状排列；萼片具宽膜质边缘；花单生。

【生境分布】 兴海。生于山顶阳坡、倒石堆、高山草甸、山坡草地，海拔3800~5000m。分布于西藏（西起仲巴、东达类乌齐和八宿）、云南西北部（德钦）、四川西部；不丹、尼泊尔和印度也有。在青海亦分布于杂多、治多、囊谦、甘德、玛沁、大通、祁连。

叉歧繁缕 双歧繁缕 歧枝繁缕 叉繁缕

Stellaria dichotoma Linnaeus

Caryophyllaceae 石竹科 Stellaria 繁缕属

【形态特征】 多年生草本，高15～30(～60)cm，全株呈扁球形，被腺毛。主根粗壮，圆柱形。茎丛生，圆柱形，多次二歧分枝，被腺毛或短柔毛。叶片卵形或卵状披针形，长0.5～2cm，宽3～10mm，顶端急尖或渐尖，基部圆形或近心形，微抱茎，全缘，两面被腺毛或柔毛，稀无毛。聚伞花序顶生，具多数花；花梗细，长1～2cm，被柔毛；萼片5枚，披针形，长4～5mm，顶端渐尖，边缘膜质，外面多少被腺毛或短柔毛，稀近无毛，中脉明显；花瓣5枚，白色，轮廓倒披针形，长4mm，2深裂至1/3处或中部，裂片近线形；雄蕊10枚，长仅为花瓣的1/3～1/2；子房卵形或宽椭圆状倒卵形；花柱3枚，线形。蒴果宽卵形，长约3mm，比宿存萼短，6齿裂，含1～5枚种子；种子卵圆形，褐黑色，微扁，脊具少数疣状凸起。花期5～6月，果期7～8月。

【经济用途】 根入药，清热凉血，治结核发热、久疟发热、倒汗骨蒸。

【生境分布】 兴海。生于阳坡灌丛，海拔4000～4150m。分布于西北、华北、东北；俄罗斯（西伯利亚、远东地区）、蒙古也有。在青海亦分布于治多、囊谦。

朱鑫鑫 摄

朱鑫鑫 摄

朱鑫鑫 摄

朱鑫鑫 摄

朱鑫鑫 摄

朱鑫鑫 摄

禾叶繁缕 草状繁缕

Stellaria graminea Linnaeus

Caryophyllaceae 石竹科 Stellaria 繁缕属

【形态特征】 多年生草本，高10～30cm，全株无毛。茎细弱，密丛生，近直立，具4条棱。叶无柄，叶片线形，长0.5～4(～5)cm，宽1.5～3(～4)mm，顶端尖，基部稍狭，微粉绿色，边缘基部有疏缘毛，中脉不明显，下部叶腋生出不育枝。聚伞花序顶生或腋生，有时具少数花；苞片披针形，长2(～5)mm，边缘膜质，中脉明显；花梗纤细，长0.5～2.5cm；花直径约8mm；萼片5枚，披针形或狭披针形，长4～4.5mm，具3条脉，绿色，有光泽，顶端渐尖，边缘膜质；花瓣5枚，稍短于萼片，白色，2深裂；雄蕊10枚，花丝丝状，无毛，长4～4.5mm，花药带褐色，小，宽椭圆形，长0.3mm；子房卵状长圆形，花柱3枚，稀4枚，长约2mm。蒴果卵状长圆形，显著长于宿存萼，长3.5mm；种子近扁圆形，深栗褐色，具粒状钝凸起，长约1mm。花期5～7月，果期8～9月。

【生境分布】 同德、兴海。生于山坡岩石缝隙、山坡草地、林下灌丛、阳坡草甸、山坡、灌丛、河滩、田边，海拔2500～4200m。分布于北京、河北、山东、山西、湖北、云南、四川西部、西藏、陕西（秦岭西部）、新疆、甘肃等地；印度、喜马拉雅山区诸国、俄罗斯、阿富汗及全欧洲也有，引入北美洲。在青海亦分布于囊谦、玉树、久治、玛沁、同仁、河南、互助、祁连、门源。

繁缕

Stellaria media (Linnaeus) Villars

Caryophyllaceae 石竹科　Stellaria 繁缕属

【形态特征】 一年生或二年生草本，高10～30cm。茎俯仰或上升，基部多少分枝，常带淡紫红色，被1(～2)列毛。叶片宽卵形或卵形，长1.5～2.5cm，宽1～1.5cm，顶端渐尖或急尖，基部渐狭或近心形，全缘；基生叶具长柄，上部叶常无柄或具短柄。疏聚伞花序顶生；花梗细弱，具1列短毛，花后伸长，下垂，长7～14mm；萼片5枚，卵状披针形，长约4mm，顶端稍钝或近圆形，边缘宽膜质，外面被短腺毛；花瓣白色，长椭圆形，比萼片短，2深裂达基部，裂片近线形；雄蕊3～5枚，短于花瓣；花柱3枚，线形。蒴果卵形，稍长于宿存萼片，顶端6裂，具多数种子；种子卵圆形至近圆形，稍扁，红褐色，直径1～1.2mm，表面具半球形瘤状凸起，脊较显著。花期6～7月，果期7～8月。

【经济用途】 ① 地上部分供药用，主治肠炎、痢疾、肝炎、阑尾炎、产后淤血腹痛、头发早白、头皮痛、乳汁不下、乳腺炎、跌打损伤、恶疮肿毒；② 全株含皂甙具消炎抗菌作用；③ 全草并可作青饲料。

【生境分布】 海南州各地。生于山顶潮湿处、山坡草地、林缘、灌丛中和田边，海拔2316～3850m。分布于全国各地；欧洲和亚洲广布。

贺兰山繁缕 毛湿地繁缕

Stellaria alaschanica Y. Z. Zhao

Caryophyllaceae 石竹科 Stellaria 繁缕属

【形态特征】 多年生草本，高5～20cm。茎密丛生，细弱，多分枝，四棱形，沿棱被倒向柔毛。叶片线形或披针状线形，长5～20mm，宽约1mm，质硬，边缘稍卷，下部疏生缘毛，顶端锐尖；基生叶短小而密集，茎上部生叶较长而稀疏。聚伞花序顶生，通常1～3朵花；苞片卵状披针形，长1.5～3mm，边缘宽，膜质；花梗纤细，长5～15mm，无毛；萼片5枚，卵状披针形，长约3mm，宽约1.2mm，顶端锐尖，边缘膜质，无毛，具3条脉，中脉明显；花瓣5枚，白色，长约2mm，短于萼片1/3，2深裂达基部，裂片长圆状线形，顶端稍钝，基部渐狭；雄蕊10枚，略长于花瓣；花柱3枚，长约1mm。蒴果长圆状卵形，长约4mm，比宿存萼长近1倍；种子多数，宽卵形或近圆形，微扁，长0.5～0.8mm，近平滑。花期6～7月，果期8月。

【生境分布】 同德。生于阴坡、草甸、灌丛、山坡草地、河滩，海拔2200～4040m。中国特有种，分布于宁夏（贺兰山）、甘肃（天水）。在青海亦分布于囊谦、治多、玉树、班玛、久治、玛沁、甘德、尖扎、同仁、泽库、河南、大通、互助、刚察、门源。

朱鑫鑫 摄

伞花繁缕

Stellaria umbellata Turczaninow ex Karelin &Kirilov

Caryophyllaceae 石竹科　Stellaria 繁缕属

【形态特征】 多年生草本，高5～15cm，全株无毛。须根簇生。茎单生，分枝。叶片椭圆形，长1.5～2cm，宽4～5mm，顶端钝或急尖，基部楔形，微抱茎，两面无毛。聚伞状伞形花序，具3～10朵花，伞辐基部具3～5枚卵形、近膜质的苞片；花梗丝状，长5～20mm，果时微伸长，常下垂；萼片5枚，披针形，长2～3mm，顶端渐尖，绿色，边缘膜质；花瓣无；雄蕊10枚，短于萼片；子房长圆状卵形，花柱3枚，短线形。蒴果比宿存萼长近1倍，6齿裂；种子肾形，略扁，表面具皱纹，但无凸起。花期6～7月，果期7～8月。

【生境分布】 贵南。生于河谷、河滩、石隙、草甸、山坡、林下，海拔2190～5000m。分布于西藏、甘肃、新疆、陕西；蒙古、俄罗斯、哈萨克斯坦和北美洲也有。在青海亦分布于杂多、治多、囊谦、久治、玛沁、同仁、泽库、乌兰、大通、互助、祁连、门源。

囊种草　簇生柔子草　簇生囊种草

Thylacospermum caespitosum (Cambessedes) Schischkin

Caryophyllaceae 石竹科　Thylacospermum 囊种草属

【形态特征】 多年生垫状草本，常呈球形，直径达30cm或更大，全株无毛。茎基部强烈分枝，木质化。叶排列紧密，呈覆瓦状，叶片卵状披针形，长2～4mm，宽约2mm，顶端短尖，质硬，有光泽。花单生茎顶，几无梗；萼片披针形，长约2.5mm，宽约1mm，顶端钝或渐尖，具3条绿色脉；花瓣5枚，卵状长圆形，顶端稍圆钝，基部稍狭，全缘；花盘圆形，肉质，黄色；雄蕊10枚，短于萼片；花柱3枚，线形，常伸出萼外。蒴果球形，直径2.5～3mm，黄色，具光泽，6齿裂；种子肾形，直径约1.5mm，具海绵质种皮。花期6～7月，果期7～8月。

【生境分布】 兴海。生于冰渍地带、高山草甸、山坡、流石滩顶部，海拔4500～5100m。分布于西藏、新疆、甘肃、四川；尼泊尔、哈萨克斯坦、吉尔吉斯斯坦至印度西北部也有。在青海亦分布于杂多、囊谦、久治、玛沁和门源等地。。

朱鑫鑫 摄

麦蓝菜 王不留行 麦蓝子

Vaccaria hispanica (Miller) Rauschert

Caryophyllaceae 石竹科 Vaccaria 麦蓝菜属

【形态特征】 一年生或二年生草本，高30～70cm，全株无毛，微被白粉，呈灰绿色。根为主根系。茎单生，直立，上部分枝。叶片卵状披针形或披针形，长3～9cm，宽1.5～4cm，基部圆形或近心形，微抱茎，顶端急尖，具3条基出脉。伞房花序稀疏；花梗细，长1～4cm；苞片披针形，着生花梗中上部；花萼卵状圆锥形，长10～15mm，宽5～9mm，后期微膨大呈球形，棱绿色，棱间绿白色，近膜质，萼齿小，三角形，顶端急尖，边缘膜质；雌雄蕊柄极短；花瓣淡红色，长14～17mm，宽2～3mm，爪狭楔形，淡绿色，瓣片狭倒卵形，斜展或平展，微凹缺，有时具不明显的缺刻；雄蕊内藏；花柱线形，微外露。蒴果宽卵形或近圆球形，长8～10mm；种子近圆球形，直径约2mm，红褐色至黑色。花期5～7月，果期6～8月。

【经济用途】 ① 种子入药，治经闭、乳汁不通、乳腺炎和痈疖肿痛、难产逆生、胎死腹中、血淋不止，也可治诸淋及小便不利和阴中痛等，孕妇忌服；② 春季嫩芽为良好的蔬菜；③ 种子淀粉含量高，可酿酒，也可榨油。

【生境分布】 贵德、共和。生于菜地、田中、田边、河谷地带，为麦田常见杂草，海拔2300～3040m。分布于西南、西北、华北、东北和华中；广布于欧洲和亚洲温带地区。在青海亦分布于互助。

金鱼藻 软草 灯笼丝

Ceratophyllum demersum Linnaeus

Ceratophyllaceae 金鱼藻科 Ceratophyllum 金鱼藻属

【形态特征】 多年生沉水草本；茎长40～150cm，平滑，具分枝。叶4～12轮生，1～2次二叉状分歧，裂片丝状或丝状条形，长1.5～2cm，宽0.1～0.5mm，先端带白色软骨质，边缘仅一侧有数细齿。花直径约2mm；苞片9～12枚，条形，长1.5～2mm，浅绿色，透明，先端有3个齿及带紫色毛；雄蕊10～16枚，微密集；子房卵形，花柱钻状。坚果宽椭圆形，长4～5mm，宽约2mm，黑色，平滑，边缘无翅，有3根刺，顶生刺（宿存花柱）长8～10mm，先端具钩，基部2根刺向下斜伸，长4～7mm，先端渐细成刺状。花期6～7月，果期8～10月。

【经济用途】 ① 为鱼类饲料，又可喂猪；② 全草药用，治内伤吐血。

【生境分布】 贵德。生于池塘、河沟。全国广泛分布；全世界分布。

朱鑫鑫 摄

朱鑫鑫 摄

川赤芍　赤芍　藏名：匝日堵

Paeonia anomala subsp. ***veitchii*** (Lynch) D. Y. Hong & K. Y. Pan

Paeoniaceae 芍药科　Paeonia 芍药属

【形态特征】 多年生草本。根圆柱形，直径1.5～2cm。茎高30～80cm，少有1m以上，无毛。叶为二回三出复叶，叶片宽卵形，长7.5～20cm；小叶羽状分裂，裂片窄披针形至披针形，宽4～16mm，顶端渐尖，全缘，表面深绿色，沿叶脉疏生短柔毛，背面淡绿色，无毛；叶柄长3～9cm。花2～4朵，生茎顶端及叶腋，有时仅顶端1朵开放，而叶腋有发育不好的花芽，直径4.2～10cm；苞片2～3枚，分裂或不裂，披针形，大小不等；萼片4枚，宽卵形，长1.7cm，宽1～1.4cm；花瓣6～9枚，倒卵形，长3～4cm，宽1.5～3cm，紫红色或粉红色；花丝长5～10mm；花盘肉质，仅包裹心皮基部；心皮2～3(～5)枚，密生黄色绒毛。蓇葖长1～2cm，密生黄色绒毛。花期5～6月，果期7月。

【经济用途】 ① 可栽培做观赏花卉、绿化庭园；② 根供药用（称为“赤芍”），有抗菌作用，对赤痢菌、霍乱弧菌、葡萄球菌等作用较强，主治经行腹痛、经闭、跌扑淤结、斑疹、目赤及痈肿疮毒等。

【生境分布】 贵德。生于海拔2500～3600m的林下或灌丛中。分布于西藏东部、四川西部、甘肃及陕西南部。在青海亦分布于班玛、尖扎、同仁、大通、湟中、循化、乐都、民和、互助。

芍药　藏名：匝日堵

Paeonia lactiflora **Pallas**

Paeoniaceae 芍药科　Paeonia 芍药属

【形态特征】　多年生草本。根粗壮，分枝黑褐色。茎高40～70cm，无毛。下部茎生叶为二回三出复叶，上部茎生叶为三出复叶；小叶片狭卵形、椭圆形或披针形，顶端渐尖，基部楔形或偏斜，边缘具白色骨质细齿，两面无毛，背面沿叶脉疏生短柔毛。花数朵，生茎顶和叶腋，有时仅顶端1朵开放，而近顶端叶腋处有发育不好的花芽，直径8～11.5cm；苞片4～5枚，披针形，大小不等；萼片4枚，宽卵形或近圆形，长1～1.5cm，宽1～1.7cm；花瓣9～13枚，倒卵形，长3.5～6cm，宽1.5～4.5cm，白色，有时基部具深紫色斑块；花丝长0.7～1.2cm，黄色；花盘浅杯状，包裹心皮基部，顶端裂片钝圆；心皮4～5(～2)枚，无毛。蓇葖长2.5～3cm，直径1.2～1.5cm，顶端具喙。花期5～6月；果期8月。

【经济用途】　① 根药用，称“白芍”，镇痛、镇痉、祛淤、通经；② 花药用，消炎解毒；③ 种子含油量约25%，供制皂和涂料用。

【生境分布】　海南州各地，花瓣有各种颜色。野生种分布于华北及东北，甘肃、陕西、河北、云南、湖北、浙江等地有栽培。在青海西宁等地也有栽培。

牡丹 藏名：白玛

Paeonia suffruticosa Andrews

Paeoniaceae 芍药科 Paeonia 芍药属

【形态特征】 落叶灌木。茎高达2m；分枝短而粗。叶通常为二回三出复叶，偶尔近枝顶的叶为3片小叶；顶生小叶片宽卵形，长7～8cm，宽5.5～7cm，3裂至中部，裂片不裂或2～3浅裂，表面绿色，无毛，背面淡绿色，有时具白粉，沿叶脉疏生短柔毛或近无毛，小叶柄长1.2～3cm；侧生小叶片狭卵形或长圆状卵形，长4.5～6.5cm，宽2.5～4cm，不等2裂至3浅裂或不裂，近无柄；叶柄长5～11cm，和叶轴均无毛。花单生枝顶，直径10～17cm；花梗长4～6cm；苞片5枚，长椭圆形，大小不等；萼片5枚，绿色，宽卵形，大小不等；花瓣5枚，或为重瓣，玫瑰色、红紫色、粉红色至白色，通常变异很大，倒卵形，长5～8cm，宽4.2～6cm，顶端呈不规则的波状；雄蕊长1～1.7cm，花丝紫红色、粉红色，上部白色，长约1.3cm，花药长圆形，长4mm；花盘革质，杯状，紫红色，顶端有数个锐齿或裂片，完全包住心皮，在心皮成熟时开裂；心皮5枚，稀更多，密生柔毛。蓇葖长圆形，密生黄褐色硬毛。花期5月，果期6月。

【经济用途】 ① 观赏花卉，牡丹枝叶繁茂，花冠艳丽，雍容华贵，国色天香，自古尊为“花中之王”；② 根皮药用，称“丹皮”，为镇痉药，能凉血散淤，治中风、腹痛等症。

【生境分布】 贵德、共和有栽培。全国栽培甚广并引种国外，根据花色（如红、紫、紫红、粉、白、蓝、绿、黄、黑和复色如什样锦、娇容三变、斗艳、二乔等）和花型（如单瓣型、荷花型、皇冠型、楼子型、绣球型），可分为上千个品种。

拟耧斗菜 小叶假耧斗菜 假耧斗菜
藏名：益矛德斤

Paraquilegia microphylla (Royle) J. R. Drummond & Hutchinson

Ranunculaceae 毛茛科 Paraquilegia 拟耧斗菜属

【形态特征】 根状茎细圆柱形至近纺锤形，粗2～6mm。叶多数，通常为二回三出复叶，无毛；叶片三角状卵形，宽2～6cm，中央小叶片宽菱形至肾状宽菱形，长5～8mm，宽5～10mm，3深裂，每深裂片再2～3细裂，小裂片倒披针形至椭圆状倒披针形，通常宽1.5～2mm，表面绿色，背面淡绿色；叶柄细长，长2.5～11cm。花葶直立，比叶长，长3～18cm；苞片2枚，生于花下3～33mm处，对生或互生，倒披针形，长4～12mm，基部有膜质的鞘；花直径2.8～5cm；萼片淡堇色或淡紫红色，偶为白色，倒卵形至椭圆状倒卵形，长1.4～2.5cm，宽0.9～1.5cm，顶端近圆形；花瓣倒卵形至倒卵状长椭圆形，长约5mm，顶端微凹，下部浅囊状；花药长0.8～1mm，花丝长5～8.5mm；心皮5(～8)枚，无毛。蓇葖直立，连同2mm长的短喙共长11～14mm，宽约4mm；种子狭卵球形，长1.3～1.8mm，褐色，一侧生狭翅，光滑。花期6～8月，果期8～9月。

【经济用途】 枝、叶药用，退烧、止痛，治子宫出血等症。

【生境分布】 同德、兴海、共和。生于岩石缝隙、灌丛、林缘，海拔2900～4700m。分布于西藏、云南西北部、四川西部、新疆和甘肃西南部；不丹、尼泊尔及中亚地区也有。在青海亦分布于杂多、治多、曲麻莱、囊谦、玉树、久治、玛沁、同仁、泽库、河南、循化、互助、祁连、门源。

苏清海 摄

白瑜 摄

苏清海 摄

露蕊乌头 藏名：争巴达车

Aconitum gymnandrum **Maximowicz**

Ranunculaceae 毛茛科 Aconitum 乌头属

【形态特征】 一年生直立草本，根近圆柱形，长5～14cm，粗1.5～4.5mm。茎高(6～)25～55(～100)cm，被疏或密的短柔毛，下部有时变无毛，等距地生叶，常分枝。基生叶1～3(～6)枚，与最下部茎生叶通常在开花时枯萎；叶片宽卵形或三角状卵形，长3.5～6.4cm，宽4～5cm，3全裂，全裂片二至三回深裂，小裂片狭卵形至狭披针形，表面疏被短伏毛，背面沿脉疏被长柔毛或变无毛；下部叶柄长4～7cm，上部的叶柄渐变短，具狭鞘。总状花序有6～16朵花；基部苞片似叶，其他下部苞片3裂，中部以上苞片披针形至线形；花梗长1～5(～9)cm；小苞片生花梗上部或顶部，叶形状至线形，长0.5～1.5cm；萼片蓝紫色，少有白色，外面疏被柔毛，有较长爪，上萼片船形，高约1.8cm，爪长约1.4cm，侧萼片长1.5～1.8cm，瓣片与爪近等长；花瓣的瓣片宽6～8mm，疏被缘毛，距短，头状，疏被短毛；花丝疏被短毛；心皮6～13枚，子房有柔毛。蓇葖长0.8～1.2cm；种子倒卵球形，长约1.5mm，密生横狭翅。花期6～8月。

【经济用途】 全草入药，治风湿等症。

【生境分布】 海南州各地。生于山坡、河谷、农田边，海拔2230～4300m。分布于我国西藏、四川西部、甘肃南部。在青海亦分布于杂多、治多、曲麻莱、囊谦、玉树、玛多、班玛、大武、久治、尖扎、同仁、泽库、河南、西宁、大通（模式标本产地）、湟源、湟中、循化、乐都、民和、互助、祁连、门源。

铁棒锤 铁牛七 雪上一支篙
藏名：曼钦
Aconitum pendulum **Busch**

Ranunculaceae 毛茛科 Aconitum 乌头属

【形态特征】 块根倒圆锥形。茎高26～100cm，无毛，只在上部疏被短柔毛，中部以上密生叶（间或叶较疏生），不分枝或分枝。茎下部在开花时枯萎，中部叶有短柄；叶片宽卵形，长3.4～5.5cm，宽4.5～5.5cm，基部浅心形，三全裂，小裂片线形，宽1～2.2mm，两面无毛；叶柄长4～5mm。顶生总状花序长为茎长的1/4～1/5，有8～35朵花；轴和花梗密被伸展的黄色短柔毛；下部苞片叶状，或3裂，上部苞片线形；花梗短而粗，长2～6mm；小苞片生花梗上部，披针状线形，长4～5mm，疏被短柔毛；萼片黄色，常带绿色，有时蓝色，外面被近伸展的短柔毛，上萼片船状镰刀形或镰刀形，具爪，下缘长1.6～2cm，弧状弯曲，外缘斜，侧萼片圆倒卵形，长1.2～1.6cm，下萼片斜长圆形；花瓣无毛或有疏毛，瓣片长约8mm，唇长1.5～4mm，距长不到1mm，向后弯曲；花丝全缘，无毛或疏被短毛；心皮5枚，无毛或子房被伸展的短柔毛。蓇葖长1.1～1.4cm；种子倒卵状三棱形，长约3mm，光滑，沿棱具不明显的狭翅。花果期7～9月。

【相近种】 本种与伏毛铁棒锤*A. flavum*（海南州不产）相近，区别在于：铁棒锤花序的毛开展，上萼片比较窄，常呈镰刀形；而伏毛铁棒锤花序被伏贴的毛。

【经济用途】 块根有剧毒，供药用，清热、退烧、止痛、祛风、散淤止血，治跌打损伤、骨折、风湿性关节炎、关节疼痛、流行性感冒等。

【生境分布】 贵南、兴海、共和。生于山坡、河滩、水边砂砾地，海拔2600～4700m。中国特有种，分布于云南西北部、四川西部、甘肃南部、陕西南部及河南西部。在青海亦分布于杂多、曲麻莱、玉树、玛多、玛沁、泽库、互助、祁连、门源。

高乌头 穿心莲

Aconitum sinomontanum **Nakai**

Ranunculaceae 毛茛科 Aconitum 乌头属

【形态特征】 直立草本，长达20cm，根圆柱形，粗达2cm。茎高(60～)95～150cm，中部以下几无毛，上部近花序处被反曲的短柔毛，生4～6枚叶，不分枝或分枝。基生叶1枚，与茎下部叶具长柄；叶片肾形或圆肾形，长12～14.5cm，宽20～28cm，基部宽心形，3深裂约至本身长度的6/7处，中深裂片较小，楔状狭菱形，渐尖，3裂边缘有不整齐的三角形锐齿，侧深裂片斜扇形，不等3裂稍超过中部，两面疏被短柔毛或变无毛；叶柄长30～50cm，具浅纵沟，几无毛。总状花序长(20～)30～50cm，具密集的花；轴及花梗多少密被紧贴的短柔毛；苞片比花梗长，下部苞片叶状，其他苞片不分裂，线形，长0.7～1.8cm；下部花梗长2～5(～5.5)cm，中部以上的长0.5～1.4cm；小苞片通常生花梗中部，狭线形，长3～9mm；萼片蓝紫色或淡紫色，外面密被短曲柔毛，上萼片圆筒形，高1.6～2(～3)cm，粗4～7(～9)mm，外缘在中部之下稍缢缩，下缘长1.1～1.5cm；花瓣无毛，长达2cm，唇舌形，长约3.5mm，距长约6.5mm，向后拳卷；雄蕊无毛，花丝大多具1～2枚小齿；心皮3枚，无毛。蓇葖长1.1～1.7cm；种子倒卵形，具3条棱，长约3mm，褐色，密生横狭翅。花果期6～9月。

【经济用途】 根入药，有毒，祛风除湿、散淤止痛，主治风湿腰腿通、胃气痛和跌打损伤等。

【生境分布】 贵德。生于林下、林缘、灌丛中、山坡草地及河边，海拔2300～3200m。中国特有种，分布于贵州、四川东部、甘肃南部、陕西太白山、山西、河北、湖北。在青海亦分布于班玛、同仁、大通、循化、互助、门源。

白瑜 摄

白瑜 摄

甘青乌头 唐古特乌头 山附子 辣辣草 藏名：邦嘎尔

Aconitum tanguticum (Maximowicz) Stapf

Ranunculaceae 毛茛科 Aconitum 乌头属

【形态特征】 块根小，纺锤形或倒圆锥形，长约2cm。茎高8～50cm，疏被反曲而紧贴的短柔毛或几无毛，不分枝或分枝。基生叶7～9枚，有长柄；叶片圆形或圆肾形，长1.1～3cm，宽2～6.8cm，3深裂至中部或中部之下，深裂片互相稍覆压，深裂片浅裂边缘有圆牙齿，两面无毛；叶柄长3.5～14cm，无毛，基部具鞘。茎生叶1～2(～4)枚，稀疏排列，较小，通常具短柄。顶生总状花序有3～5朵花；轴和花梗多少密被反曲的短柔毛；苞片线形，或有时最下部苞片3裂；下部花梗长(1～)2.5～4.5(～6.5)cm，上部的变短；小苞片生花梗上部或与花近邻接，卵形至宽线形，长2～2.5mm；萼片蓝紫色，偶尔淡绿色，外面被短柔毛，上萼片船形，宽6～8mm，下缘稍凹或近直，长1.4～2.2cm，侧萼片长1.1～2.1cm，下萼片宽椭圆形或椭圆状卵形；花瓣无毛，稍弯，瓣片极小，长0.6～1.5mm，唇不明显，微凹，距短，直；花丝疏被毛，全缘或有2枚小齿；心皮5枚，无毛。蓇葖长约1cm；种子倒卵形，长2～2.5mm，具3条纵棱，只沿棱生狭翅。花期7～8月。

【经济用途】 全草入药，藏药名“乌头”，清热解毒，治肝炎、胆囊炎、肺炎、肠炎、流行性感冒及食物中毒等。

【生境分布】 兴海。生于河滩、阴坡、高山草甸和高山流石坡，海拔3450～4700m。中国特有种，分布于西藏东部、云南西北部、四川西部、甘肃南部、陕西秦岭。在青海亦分布于杂多、治多、曲麻莱、囊谦、玉树、玛多、久治、同仁、泽库、河南、大通（模式标本产地）、湟中、循化、互助、祁连、门源。

毛果甘青乌头

Aconitum tanguticum var. ***trichocarpum*** Handel-Mazzetti

Ranunculaceae 毛茛科　Aconitum 乌头属

【形态特征】 与甘青乌头的区别：子房被短柔毛。萼片蓝紫色，偶尔淡绿色。

【生境分布】 贵德。生于海拔3000～4600m的高山草地。中国特有种，分布于云南西北部（德钦）、四川西部、甘肃南部。在青海亦分布于果洛、黄南及东部农业区。

蓝侧金盏花　藏名：贾子豆罗

Adonis coerulea **Maximowicz**

Ranunculaceae 毛茛科　Adonis 侧金盏花属

【形态特征】 多年生草本，除心皮外，全部无毛。根状茎粗壮。茎高3～15cm，常在近地面处分枝，基部和下部有数个鞘状鳞片。茎下部叶有长柄，上部叶有短柄或无柄；叶片长圆形或长圆状狭卵形，少有三角形，长1～4.8cm，宽1～2cm，二至三回羽状细裂，羽片4～6对，稍互生，末回裂片狭披针形或披针状线形，顶端有短尖头；叶柄长达3.2cm，基部有狭鞘。花直径1～1.8cm；萼片5～7枚，倒卵状椭圆形或卵形，长4～6mm，顶端圆形；花瓣约8枚，淡紫色或淡蓝色，狭倒卵形，长5.5～11mm，顶端有少数小齿；花药椭圆形，花丝狭线形；心皮多数，子房卵形，花柱极短。瘦果倒卵形，长约2mm，下部有稀疏短柔毛。花果期4～7月。

【经济用途】 全草药用，藏药名“侧金盏”，外敷治疥疮和牛皮癣等皮肤病。

【生境分布】 同德、兴海、共和。生于山坡草地、灌丛、河滩，海拔2230～4700m。中国特有种，分布于西藏东北部（海拔4300～5000m）、四川西北部（海拔3500～4000m）、甘肃。在青海亦分布于玉树、玛多、久治、玛沁、尖扎、同仁、格尔木、大通、乐都、互助、门源。

叠裂银莲花　藏名：素嘎蚩保

Anemone imbricata **Maximowicz**

Ranunculaceae 毛茛科　Anemone 银莲花属

【形态特征】　植株高4～12(～20)cm。根状茎较粗，褐色。基生叶4～7枚，有长柄；叶片椭圆状狭卵形，长1.5～2.8cm，宽1.1～2.2cm，基部心形，3全裂，中裂片有细长柄（长2～6mm）或短柄，3全裂或3深裂，二回裂片浅裂，侧裂片无柄，长约为中全裂片的1/2，不等3深裂，各回裂片互相多少覆压，表面近无毛，背面和边缘密被长柔毛；叶柄长3～4.5cm，有密柔毛。花葶1～4个，直立或渐升，长4.5～13cm，密被长柔毛；苞片3枚，无柄，稍不等大，长1～1.6cm，3深裂；花梗1枚，长0.5～3.5cm，有柔毛；萼片6～9枚，白色、紫色或黑紫色，倒卵状长圆形或倒卵形，长1.1～1.3cm，宽5～7.5mm，无毛或外面有疏柔毛；雄蕊长约3.5mm，花药椭圆形；心皮约30枚，无毛。瘦果扁平，椭圆形，长约6.5mm，宽约4mm，有宽边缘，无毛，顶端有弯曲的短宿存花柱。花期7～8月。

【经济用途】　① 全草入药，祛风湿、止痢、化食，藏医用治淋病、消化不良、痢风寒湿痹、关节积黄水；② 果实入药，祛湿、散结、解毒，治各种寒症，痞块结疖，外用治虫、蛇咬伤。

【生境分布】　同德、兴海。生于高山草甸、灌丛、流石坡，海拔3200～5100m。中国特有种，分布于四川甘肃、西藏。在青海亦分布于杂多、治多、曲麻莱（模式标本产地）、囊谦、玉树、玛多、久治、玛沁、河南、乌兰、大通。

李世雄 摄

疏齿银莲花 藏名：素嘎

***Anemone geum* subsp. *ovalifolia* (Bruhl) R. P. Chaudhary**

Ranunculaceae 毛茛科 Anemone 银莲花属

【形态特征】 多年生草本，高3.5～15(～30)cm。根长2～8cm，稍肉质，簇生；基生叶具长柄，基部密集褐色枯萎、纤维状残叶基和花葶残基；叶片肾状五角形或宽卵形，长0.8～3.5cm，宽1～4.5cm，基部心形，3全裂，中裂片菱状倒卵形，二回全裂，侧裂片较小，3浅裂或3深裂，裂片全缘或具2～3个齿，叶两面被短柔毛，各回裂片多少互相邻接或稍覆压；叶柄长3～16cm。花葶3～5个，被开展的柔毛；苞片倒卵形、3裂，密被柔毛；花梗长1～10cm；萼片5枚，蓝色、黄色或白色；雄蕊长约3mm，花药黄色；心皮20～30枚，子房窄卵形，花柱短，被白色柔毛或无毛。瘦果倒卵形，多少被短柔毛，花柱宿存。花期6～7月，果期8～9月。

【相近种】 本种常被错误鉴定为钝裂银莲花*A. obtusiloba*，其区别在于本种植株通常较低矮，叶片3全裂，两面通常密被短柔毛，叶脉平，叶的侧全裂片较小，通常比中全裂片短1倍左右，3浅裂，裂片全缘或有1～2个齿，牙齿的数目通常为中全裂片牙齿数目之半或更少，花序有1朵花，心皮数目较多；而钝裂银莲花一般较高，叶脉微凸，叶的侧全裂片与中裂片近等大或稍小，二者牙齿的数目近相等，心皮数目较少（约8枚）。

【经济用途】 叶、花、果入药，藏医用于暖体、消积、祛湿、愈创、止血、排脓，治病后体温不足、淋病、关节积黄水、慢性气管炎、黄水疮、末梢神经麻痹，催吐胃酸。

【生境分布】 共和。生于河滩、河谷草地、林缘、灌丛中、高山草甸、高山流石坡，海拔2290～4800m。分布于西藏、云南、四川、甘肃、陕西、新疆、宁夏、山西、河北。在青海亦分布于曲麻莱、囊谦、玉树、久治、玛沁、黄南州各县、西宁、大通、乐都、民和、互助等地。

草玉梅 溪畔银莲花 藏名：素噶

Anemone rivularis Buchanan-Hamilton ex de Candolle

Ranunculaceae 毛茛科 Anemone 银莲花属

【形态特征】 植株高10～65cm。根状茎木质，垂直或稍斜，粗0.8～1.4cm。基生叶3～5枚，有长柄；叶片肾状五角形，长1.6～7.5cm，宽2～14cm，3全裂，中全裂片宽菱形或菱状卵形，有时为宽卵形，宽(0.7～)2.2～7cm，3深裂，深裂片上部有少数小裂片和牙齿，侧全裂片不等2深裂，两面都有糙伏毛；叶柄长3～22cm，有白色柔毛，基部有短鞘。花葶1(～3)个，直立；聚伞花序长(4～)10～30cm，(1～)2～3回分枝；苞片3～4枚，有柄，近等大，长2.2～9cm，似基生叶，宽菱形，3裂近基部，一回裂片多少细裂，柄扁平，膜质，长0.7～1.5cm，宽4～6mm；花直径1.3～3cm；萼片(6～)7～8(～10)枚，白色，倒卵形或椭圆状倒卵形，长0.6～1.4cm，宽3.5～10mm，外面有疏柔毛，顶端密被短柔毛；雄蕊长约为萼片之半，花药椭圆形，花丝丝形；心皮30～60枚，无毛，子房狭长圆形，有拳卷的花柱。瘦果狭卵球形，稍扁，长7～8mm，宿存花柱钩状弯曲。花期5～7月，果期5～8月。

【经济用途】 根入药，有小毒，清热利湿、消肿止痛，治咽喉肿痛、扁桃体炎、牙痛、胃痛、肝炎、风湿痛及跌打损伤等。

【生境分布】 海南州各地。生于海拔2600～3700m的林下、河滩或阴坡碎石中。分布于甘肃西南部、西藏南部和东部、四川、云南、贵州、湖北西南部和广西西部；尼泊尔、不丹、印度、斯里兰卡也有分布。在青海亦分布于产黄南、玉树和果洛等地。

小花草玉梅

Anemone rivularis var. _flore-minore_ Maximowicz

Ranunculaceae 毛茛科　Anemone 银莲花属

【形态特征】 与原变种草玉梅的区别为：苞片的深裂片通常不分裂，披针形至披针状线形；花较小，直径1～1.8cm；萼片5(～6)枚，狭椭圆形或倒卵状狭椭圆形，长6～9mm，宽2.5～4mm。植株常粗壮，高42～125cm。

【经济用途】 根状茎药用，治肝炎、筋骨疼痛等症。

【生境分布】 兴海。生于河滩、水渠边、山麓、山坡草地、林下、灌丛中。中国特有种，分布于四川、新疆、甘肃、陕西、宁夏、华北、内蒙古、辽宁西部。在青海亦分布于杂多、曲麻莱、玉树、西宁、大通（模式标本产地）、湟中、民和、互助。

条叶银莲花 条裂银莲花 藏名：布尔青

Anemone coelestina var. ***linearis*** (Diels) Ziman & B. E. Dutton

Ranunculaceae 毛茛科 Anemone 银莲花属

【形态特征】 多年生草本，高10～25cm。根状茎粗壮，直径8～10mm。基生叶具柄；叶片楔状倒卵形或匙形，长2.2～7.5cm，宽8～12mm，基部楔形，顶端具3个齿，两面密被柔毛；叶柄长0.5～3.5cm，扁平，基部较宽，被柔毛。花葶被柔毛，具细棱；苞片3枚，无柄，窄卵形或披针形，长0.8～1cm，宽2～3mm，顶端全缘，花梗长0.5～5cm；萼片5枚，白色、蓝色或黄色，倒卵形或椭圆形，长0.7～1.1cm，宽2～6mm，顶端圆形，外面中部被柔毛，雄蕊长3～4mm，花药椭圆形，黄色；心皮数枚，子房卵形，密被黄色柔毛，花柱长约2mm。花期7～8月。

【经济用途】 花和根入药，舒筋活血、止咳，治慢性支气管炎及末梢神经麻痹、神经痛、经络痛。

【生境分布】 同德、兴海。生于河滩、山坡草地、山地草甸，海拔2700～4400m。分布于西藏、云南、四川、甘肃。在青海亦分布于囊谦、玉树、班玛、久治、玛沁、同仁、河南、大通、循化。

朱鑫鑫 摄

朱鑫鑫 摄

朱鑫鑫 摄

朱鑫鑫 摄

朱鑫鑫 摄

朱鑫鑫 摄

朱鑫鑫 摄

朱鑫鑫 摄

水毛茛

Batrachium bungei **(Steudel) L. Liou**

Ranunculaceae 毛茛科　Batrachium 水毛茛属

【形态特征】 多年生沉水草本。茎长30cm以上，无毛或在节上有疏毛。叶有短或长柄，叶片近半圆形或扇状半圆形，直径2.5～4cm，三至五回2～3裂，小裂片近丝形，在水外通常收拢或近叉开，无毛或近无毛；叶柄长0.7～2cm，基部有宽或狭的鞘，鞘长3～4mm，通常多少有短伏毛，偶尔叶柄只有鞘状部分。花直径1～1.5(～2)cm；花梗长2～5cm，无毛；萼片反折，卵状椭圆形，长2.5～4mm，边缘膜质，无毛；花瓣白色，基部黄色，倒卵形，长5～9mm；雄蕊10余枚，花药长0.6～1mm；花托有毛。聚合果卵球形，直径约3.5mm；瘦果20～40个，斜狭倒卵形，长1.2～2mm，有横皱纹。花期6～8月。

【生境分布】 贵德、共和。生于河滩沼泽、河漫滩、湖边、小溪、水池中，海拔3000～4700m。分布于西藏、云南、四川、甘肃、山西、河北、辽宁、江苏、江西。在青海亦分布于杂多、治多、玉树、玛多、久治、同仁、泽库、河南、大通、祁连。

花葶驴蹄草 藏名：达弥切哇

Caltha scaposa J. D. Hooker & Thomson

Ranunculaceae 毛茛科 Caltha 驴蹄草属

【形态特征】 多年生低矮草本，全体无毛，具多数肉质须根。茎单一或数条，有时多达10条，直立或有时渐升，高3.5～18(～24)cm，粗1～2mm，通常只在顶端生1朵花，无叶或有时在中部或上部生1枚叶，在叶腋不生花或有时生出1朵花，稀生2枚叶。基生叶3～10枚，有长柄；叶片心状卵形或三角状卵形，有时肾形，长1～3(～3.7)cm，宽1.2～2.8(～4)cm，顶端圆形，基部深心形，边缘全缘或带波形，有时疏生小牙齿，叶柄长2.5～10(～15)cm，基部具膜质长鞘。茎生叶一般无，如存在则极小，具短柄或有时无柄，叶长短于1.2cm。花单生于茎顶部，或2朵形成简单的单歧聚伞花序；萼片5(～7)枚，黄色，倒卵形、椭圆形或卵形，长0.9～1.5(～1.9)cm，宽0.7～1.4cm，顶端圆形；雄蕊长3～8mm，花药长圆形，花丝狭线形；心皮(5～)6～8(～11)枚，与雄蕊近等长，具短柄和短花柱。蓇葖长1～1.6cm，宽2.5～3mm，具明显的横脉，心皮柄长1.8～3mm，喙长约1mm；种子黑色，肾状椭圆球形，稍扁，长1.2～1.5mm，光滑，有少数纵肋。花期6～8月，果期7～9月。

【经济用途】 ① 全草入药，祛风散寒、舒筋止痛，治筋骨疼痛、头晕目眩等症；② 花入药，治化脓性创伤等。

【生境分布】 贵德、共和。生于山坡草地、高寒灌丛、高寒草甸、河滩，海拔3400～4600m。分布于西藏、云南、四川和甘肃；尼泊尔、不丹和印度也有。在青海亦分布于杂多、治多、玉树、称多、玛多、久治、同仁、湟中、互助。

升麻 绿升麻 藏名：贾子豆洛

Cimicifuga foetida Linnaeus

Ranunculaceae 毛茛科 Cimicifuga 升麻属

【形态特征】 多年生草本。茎高1～2m，基部粗达1.4cm，微具槽，分枝，被短柔毛。根状茎粗壮，坚实，表面黑色，有许多内陷的圆洞状老茎残迹。叶为二至三回三出羽状复叶；茎下部叶三角形，宽达30cm；顶生小叶具长柄，菱形，长7～10cm，宽4～7cm，常浅裂，边缘有锯齿，侧生小叶具短柄或无柄，斜卵形，比顶生小叶略小，表面无毛，背面沿脉疏被白色柔毛；叶柄长达15cm。上部的茎生叶较小，具短柄或无柄。花序具分枝3～20条，长达45cm，下部的分枝长达15cm；轴密被灰色或锈色的腺毛及短毛；苞片钻形，比花梗短；花两性；萼片倒卵状圆形，白色或绿白色，长3～4mm；退化雄蕊宽椭圆形，长约3mm，顶端微凹或2浅裂，几膜质；雄蕊长4～7mm，花药黄色或黄白色；心皮2～5枚，密被灰色毛，无柄或有极短的柄。蓇葖长圆形，长8～14mm，宽2.5～5mm，有伏毛，基部渐狭成长2～3mm的柄，顶端有短喙；种子椭圆形，褐色，长2.5～3mm，有横向的膜质鳞翅，四周有鳞翅。花期7～9月，果期8～10月。

【经济用途】 ① 根、根茎及带花全草入药，清热解毒、发表透疹、强心愈伤，治流行性感冒、热病发斑、皮肤瘙痒、创口久溃不愈；② 可制农药，加水煮汁喷洒，可杀灭马铃薯块茎蛾；加等量苦楝果，磨粉投厕，可杀灭蝇蛆。

【生境分布】 贵德。生于林下林缘、灌丛中，海拔2700～3650m。分布于西藏、云南、甘肃、陕西、山西、河南；蒙古和俄罗斯（西伯利亚）也有。在青海亦分布于班玛、泽库、同仁、大通、湟中、循化、互助、门源。

白瑜 摄

芹叶铁线莲 透骨草
藏名：叶芒嘎保
Clematis aethusifolia Turczaninow

Ranunculaceae 毛茛科 Clematis 铁线莲属

【形态特征】 多年生草质藤本，幼时直立，以后匍匐，长0.5～4m。根细长，棕黑色。茎纤细，有纵沟纹，微被柔毛或无毛。二至三回羽状复叶或羽状细裂，连叶柄长达7～10cm，稀达15cm，末回裂片线形，宽2～3mm，顶端渐尖或钝圆，背面幼时微被柔毛，以后近于无毛，具1条中脉，在表面下陷，在背面隆起；小叶柄短或长0.5～1cm，边缘有时具翅；小叶间隔1.5～3.5cm；叶柄长1.5～2cm，微被绒毛或无毛。聚伞花序腋生，常1(～3)朵花；苞片羽状细裂；几花钟状下垂，直径1～1.5cm；萼片4枚，淡黄色，长方椭圆形或狭卵形，长1.5～2cm，宽5～8mm，两面近于无毛，外面仅边缘上密被乳白色绒毛，内面有3条直的中脉可见；雄蕊长为萼片的1/2，花丝扁平，线形或披针形，中部宽达1.5mm，两端渐窄，中上部被稀疏柔毛，其余无毛；子房扁平，卵形，被短柔毛，花柱被绢状毛。瘦果扁平，宽卵形或圆形，成熟后棕红色，长3～4mm，被短柔毛，宿存花柱长2～2.5cm，密被白色柔毛。花期7～8月，果期9月。

【经济用途】 全草入药，健胃、消食、散痞块、敛黄水，外用排脓治疮。藏医用于治消化不良、呕吐、肠痛、胃包囊虫和肝包囊虫等。

【识别特征】 本种具羽状细裂的叶片，花丝线形，近于无毛，中部较宽可达1.5mm，两端渐尖、上部有毛，较易于与本属其他种相区别。

【生境分布】 兴海。生于林缘、灌丛、山地阴坡、阳坡、河边，海拔2000～2800m。分布于甘肃、陕西、宁夏、华北；蒙古、俄罗斯也有。在青海亦分布于尖扎、同仁、西宁、湟源、循化、互助、祁连。

甘青铁线莲 唐古特铁线莲
藏名：叶芒茶保
Clematis tangutica (Maximowicz) Korshinsky

Ranunculaceae 毛茛科 Clematis 铁线莲属

【形态特征】 落叶藤本，长1～4m（生于干旱沙地的植株高仅30cm左右）。主根粗壮，木质。茎有明显的棱，幼时被长柔毛，后脱落。一回羽状复叶，有5～7枚小叶；小叶基部常浅裂、深裂或全裂，侧生裂片小，中裂片较大，卵状长圆形、狭长圆形或披针形，长(2～)3～4(～5.5)cm，宽0.5～1.5cm，顶端钝，有短尖头，基部楔形，边缘有不整齐缺刻状的锯齿，上面有毛或无毛，下面有疏长毛；叶柄长(2～)3～4(～7.5)cm。花单生，有时为单聚伞花序，有3朵花，腋生；花序梗粗壮，长(4.5～)6～15(～20)cm，有柔毛；萼片4枚，黄色，外面带紫色，斜上展，狭卵形、椭圆状长圆形，长1.5～2.5(～3.5)cm，顶端渐尖或急尖，外面边缘有短绒毛，中间被柔毛，内面无毛或近无毛；花丝下面稍扁平，被开展的柔毛，花药无毛；子房密生柔毛。瘦果倒卵形，长约4mm，有长柔毛，宿存花柱长达4cm。花期6～9月，果期9～10月。

【经济用途】 全草入药，祛风去湿、温胃消食、排脓、消痞块，主治胃寒腹胀、消化不良、风湿疼痛、胃腹痞块，外用治疮疖痈毒，久溃不敛等。

【生境分布】 海南州各地。生于林下、疏林中、河边、湖滨、山坡、草地，海拔2300～4280m。分布于西藏、四川西部、新疆、甘肃南部和东部、陕西；哈萨克斯坦也有。在青海亦分布于杂多、治多、曲麻莱、囊谦、玉树、玛多、班玛、玛沁、久治、黄南、大柴旦、都兰、西宁、大通、湟中、循化、乐都、民和、互助、刚察、祁连、门源。

注：本种叶片变异大，叶片由小到较大，顶端由钝到尖，边缘缺刻状锯齿由稀疏到较多。

小叶铁线莲

Clematis nannophylla **Maximowicz**

Ranunculaceae 毛茛科　Clematis 铁线莲属

【形态特征】 直立灌木，高20～50cm。幼枝红褐色，老枝灰色，有棱，嫩枝被较密的贴伏短柔毛。单叶对生或数叶簇生，具短柄或无柄；叶长椭圆形或卵形，长0.5～1cm，宽3～8mm，羽状全裂，裂片2～4对，裂片常2~3裂，裂片、小裂片为椭圆形至披针形，具2～3个缺刻状小齿或全缘，无毛或被短柔毛。花单生或三朵花排列成聚伞花序；萼片4枚，斜上呈钟状，黄色或淡褐色，长圆形、长椭圆形或倒卵形，长0.8～1.5cm，宽5～7mm，外面疏被柔毛，内面疏被短柔毛至近无毛；雄蕊长约5mm，花丝披针形；心皮多数，子房密被白色绒毛，花柱密被长柔毛。瘦果密被灰白色柔毛，宿存花柱长约2cm，密被黄色绢毛。花期6～7月，果期8～9月。

【生境分布】 贵德。生于山地阳坡，海拔1890～2650m。中国特有种，分布于甘肃、宁夏、陕西和内蒙古。在青海亦分布于尖扎、同仁、西宁、湟中、循化、互助、民和、平安等地。

白瑜 摄

飞燕草

Consolida rugulosa (Boissier) Schrodinger

Ranunculaceae 毛茛科　Consolida 飞燕草属

【形态特征】 茎高约60cm，与花序均被多少弯曲的短柔毛，中部以上分枝。茎下部叶有长柄，在开花时多枯萎，中部以上叶具短柄；叶长达3cm，掌状细裂，狭线形小裂片宽0.4～1mm，有短柔毛。花序生茎或分枝顶端；下部苞片叶状，上部苞片小，不分裂，线形；花梗长0.7～2.8cm；小苞片生花梗中部附近，小，条形；萼片紫色、粉红色或白色，宽卵形，长约1.2cm，外面中央疏被短柔毛，距钻形，长约1.6cm；花瓣的瓣片3裂，中裂片长约5mm，先端2浅裂，侧裂片与中裂片成直角展出，卵形；花药长约1mm。蓇葖长达1.8cm，直，密被短柔毛，网脉稍隆起，不太明显。种子长约2mm。

【生境分布】 海南州各地公园有栽培。原产于欧洲南部和亚洲西南部。在我国各城市均有栽培。

朱鑫鑫 摄

朱鑫鑫 摄

朱鑫鑫 摄

白蓝翠雀花

Delphinium albocoeruleum Maximowicz

Ranunculaceae 毛茛科 Delphinium 翠雀属

【形态特征】 茎高(10～)40～60(～100)cm，被反曲的短柔毛。基生叶在开花时存在或枯萎，茎生叶在茎上等距排列，下部叶有长柄；叶片五角形，长(1.4～)3.5～5.8cm，宽(2～)5.5～10cm，3裂至距基部1.5～4mm处，一回裂片偶尔浅裂，通常一至二回多少深裂，小裂片狭卵形至披针形或线形，宽2.5～5mm，常有1～2枚小齿，两面疏被短柔毛；叶柄长3.5～13cm。伞房花序有3～7朵花；下部苞片叶状；花梗长3～12cm，被反曲、偶尔开展的短柔毛，有时近无毛；小苞片生花梗近顶部或与花邻接，匙状线形，长6～14mm，宽1.5～3mm；萼片宿存，蓝紫色或蓝白色，长2～2.5(～3)cm，外面被短柔毛，上萼片圆卵形，其他萼片椭圆形，距圆筒状钻形或钻形，长1.7～2.5(～3.3)cm，基部粗2.5～3.5(～4)mm，末端稍向下弯曲；花瓣无毛；退化雄蕊黑褐色，瓣片卵形，2浅裂或裂至中部，腹面有黄色髯毛；花丝疏被短毛；心皮3枚，子房密被紧贴的短柔毛。蓇葖长约1.4cm；种子四面体形，长约1.5mm，有鳞状横翅。7～9月开花。

【经济用途】 全草入药，可消肠炎。

【生境分布】 兴海、共和。生于河谷、山坡、高山草甸、高山流石坡，海拔2850～4300m。中国特有种，分布于西藏东部、四川西北部、甘肃。在青海亦分布于曲麻莱、囊谦、玛多、久治、同仁、泽库、河南、都兰、德令哈、大通、祁连。

贾留坤 摄

蓝翠雀花 藏名：恰冈哇 恰羔贝

Delphinium caeruleum Jacquemont

Ranunculaceae 毛茛科 Delphinium 翠雀属

【形态特征】 茎高8～60cm，与叶柄均被反曲的短柔毛，通常自下部分枝。基生叶有长柄；叶片近圆形，宽1.8～5cm，3全裂，中央全裂片菱状倒卵形，细裂，末回裂片线形，宽1.5～2.5(～4)mm，顶端有短尖，侧全裂片扇形，二至三回细裂，表面密被短伏毛，背面的毛较稀疏且较长；叶柄长3.5～14cm，基部有狭鞘。茎生叶似基生叶，渐变小。伞房花序常呈伞状，有1～7朵花；下部苞片叶状或3裂，其他苞片线形；花梗细，长5～8cm，与轴密被反曲的白色短柔毛，有时混生开展的白色柔毛和黄色短腺毛；小苞片生花梗中部上下，披针形，长4～10mm；萼片紫蓝色，偶尔白色，椭圆状倒卵形或椭圆形，长1.5～1.8(～2.5)cm，外面有短柔毛，有时基部密被长柔毛，距钻形，长1.8～2.8cm，基部粗2～3mm，花瓣蓝色，无毛；退化雄蕊蓝色，瓣片宽倒卵形或近圆形，顶端不裂或微凹，腹面被黄色髯毛；花丝疏被短毛或无毛；心皮5枚，子房密被短柔毛。蓇葖长1.1～1.3cm；种子倒卵状四面体形，长约1.5mm，沿棱有狭翅。花期7～9月。

【相近种】 本种很接近翠雀*D. grandiflorum*，主要区别为花序伞房状，心皮5枚。

【经济用途】 全草入药，清热解毒，治瘟病时疫、毒热、赤巴病、皮肤病等。

【生境分布】 贵南、兴海。生于高山灌丛、山坡草地，海拔2700～4300m。分布于西藏、四川西部、甘肃；尼泊尔、印度（锡金）、不丹也有。在青海亦分布于杂多、囊谦、玉树、久治、玛多、同仁、泽库、天峻、大通、湟源、湟中、循化。

大通翠雀花 藏名：恰冈哇

Delphinium pylzowii Maximowicz

Ranunculaceae 毛茛科 Delphinium 翠雀属

【形态特征】 茎高(10～)20～55cm，自下部或中部分枝，稀不分枝，被反曲的短柔毛。基部叶在开花时多枯萎。下部叶具长柄；叶片圆五角形，长1～2.8cm，宽2.5～5cm，3全裂，中全裂片一回三裂或常二至三回近羽状细裂，小裂片稀疏，狭披针形至线形，两面疏被短柔毛；叶柄长3.5～7.5cm，基部近无鞘。伞房花序有2～6朵花；基部苞片叶状，上部的3裂或不分裂而呈钻形；花梗长4.5～9cm，密被反曲或开展的短柔毛，并混有黄色腺毛；小苞片生花梗中部上下，线形或钻形，长3～7mm；萼片宿存，蓝紫色，卵形，长1.6～1.8(～2.4)cm，外面有白色柔毛，内面无毛，距钻形，长2.1～2.4cm，上部粗约3mm，末端向下弯曲；花瓣无毛，顶端微凹；退化雄蕊的瓣片黑褐色，长6～9mm，2裂达中部，腹面被黄色髯毛，爪与瓣片近等长；雄蕊无毛；心皮5枚，子房密被柔毛。蓇葖长约1.8cm；种子倒圆锥状四面体形，长约1mm，沿棱近无翅。花期7～8月。

【经济用途】 全草入药，治肠炎、腹泻等症。

【生境分布】 同德、兴海。生于山坡草地、灌丛、河滩、沼泽、草甸、高山流石坡，海拔2500～5000m。中国特有种，分布于甘肃西部。在青海亦分布于杂多、治多、曲麻莱、囊谦、玉树、玛多、泽库、河南、大通（模式标本产地）、湟中、循化、互助、祁连。

三果大通翠雀花

Delphinium pylzowii var. ***trigynum*** W. T. Wang

Ranunculaceae 毛茛科 Delphinium 翠雀属

【形态特征】 与大通翠雀花的区别：心皮3枚。叶的中全裂片二至三回细裂。萼片颜色较淡，常呈淡灰蓝色。

【经济用途】 全草入药，可治肠炎。

【生境分布】 兴海。生于山坡、草甸、沼泽、河滩，海拔3950～4000m。中国特有种，分布于西藏东部、四川西北部、甘肃西南部。在青海亦分布于曲麻莱、玉树、玛多、泽库。

三裂碱毛茛 藏名：索冬巴

Halerpestes tricuspis (Maximowicz) Handel-Mazzetti

Ranunculaceae 毛茛科 Halerpestes 碱毛茛属

【形态特征】 多年生小草本。匍匐茎纤细，横走，节处生根和簇生数叶。叶均基生；叶片质地较厚，形状多变异，菱状楔形至宽卵形，长1～2cm，宽0.5～1cm，基部楔形至截圆形，3中裂至3深裂，有时侧裂片2～3裂或有齿，中裂片较长，长圆形，全缘，脉不明显，无毛或有柔毛；叶柄长1～2cm，基部有膜质鞘。花葶高2～4cm或更高，无毛或有柔毛，无叶或有1枚苞片；花单生，直径7～10mm；萼片卵状长圆形，长3～5mm，边缘膜质；花瓣5枚，黄色或表面白色，狭椭圆形，长约5mm，宽1.5～2mm，顶端稍尖，有3～5条脉，爪长约0.8mm，蜜槽点状或上部分离成极小鳞片；雄蕊约20枚，花药卵圆形，长0.5～0.8mm，花丝长为花药的2～3倍；花托有短毛。聚合果近球形，直径约6mm；瘦果20余枚，斜倒卵形，长1.2～2mm，宽约1mm，两面稍鼓起，有3～7条纵肋，无毛，喙长约0.5mm。花果期5～8月。

【经济用途】 全草入药，清热解毒，治烧伤、烫伤等。

【生境分布】 海南州各地。生于水渠边、河漫滩、河边、沼泽草甸、阴坡的潮湿地，海拔2230～4200m。分布于四川西北部、新疆、甘肃、陕西；不丹、尼泊尔、印度西北部也有。在青海亦分布于治多、玉树、久治、同仁、西宁、大通、互助、门源。

苏清海 摄

鸦跖花　藏名：塞迥色保

Oxygraphis glacialis (Fischer ex de Candolle) Bunge

Ranunculaceae 毛茛科　Oxygraphis 鸦跖花属

【形态特征】 植株高2～9cm，有短根状茎；须根细长，簇生。叶全部基生，叶片卵形、倒卵形至椭圆状长圆形，长0.3～3cm，宽5～25mm，全缘，有3出脉，无毛，常有软骨质边缘；叶柄较宽扁，长1～4cm，基部鞘状，最后撕裂成纤维状残存。花葶1～3(～5)条，无毛；花单生，直径1.5～3cm；萼片5枚，宽倒卵形，长4～10mm，近革质，无毛，果后增大，宿存；花瓣橙黄色或表面白色，10～15枚，披针形或长圆形，长7～15mm，宽1.5～4cm，有3～5条脉，基部渐狭成爪，蜜槽呈杯状凹穴；花药长0.5～1.2mm；花托较宽扁。聚合果近球形，直径约1cm；瘦果楔状菱形，长2.5～3mm，宽1～1.5mm，有4条纵肋，背肋明显，喙顶生，短而硬，基部两侧有翼。花果期6～8月。

【经济用途】 全草入药，疏风散寒、开窍通络、消炎镇痛，治恶寒无汗、传染病发烧、头痛、头伤，亦可熬膏外擦。

【生境分布】 同德、兴海。生于高山草甸、高山流石坡及倒石堆，海拔2300～4800m。分布于西藏、云南西北部、四川西部、新疆、甘肃、陕西南部；印度至中亚、俄罗斯（西伯利亚）也有。在青海亦分布于曲麻莱、玉树、称多、玛多、久治、玛沁、同仁、泽库、天峻、大通、循化、互助、祁连、门源。

白瑜 摄

茴茴蒜

Ranunculus chinensis Bunge

Ranunculaceae 毛茛科　Ranunculus 毛茛属

【形态特征】 一年生草本。须根多数，簇生。茎直立，粗壮，高20～70cm，直径在5mm以上，中空，有纵条纹，分枝多，与叶柄均密生开展的淡黄色糙毛。基生叶与下部叶有长达12cm的叶柄，为3出复叶，叶片宽卵形至三角形，长3～8(～12)cm，小叶2～3深裂，裂片倒披针状楔形，宽5～10mm，上部有不等的粗齿或缺刻或2～3裂，顶端尖，两面伏生糙毛，小叶柄长1～2cm或侧生小叶柄较短，生开展的糙毛。上部

叶较小和叶柄较短，叶片3全裂，裂片有粗齿牙或再分裂。花序有较多疏生的花，花梗贴生糙毛；花直径6～12mm；萼片狭卵形，长3～5mm，外面生柔毛；花瓣5枚，宽卵圆形，与萼片近等长或稍长，黄色或上面白色，基部有短爪，蜜槽有卵形小鳞片；花药长约1mm；花托在果期显著伸长，圆柱形，长达1cm，密生白短毛。聚合果长圆形，直径6～10mm；瘦果扁平，长3～3.5mm，宽约2mm，为厚的5倍以上，无毛，边缘有宽约0.2mm的棱，喙极短，呈点状，长0.1～0.2mm。花果期5～9月。

【经济用途】 全草入药，外敷引赤发泡，有消炎、退肿、截疟及杀虫之效。

【识别特点】 本种为一年生草本，叶为3出复叶，小叶再分裂；瘦果喙极短，多数着生于圆柱形、密生短毛的花托上，很容易识别。

【生境分布】 贵德。生于山坡、潮湿地及水渠边，海拔2200～3800m。分布于西藏、云南、四川、新疆、甘肃、陕西、华北、东北、华中、华东、华南；日本、朝鲜、印度、俄罗斯（西伯利亚及远东地区）也有。在青海亦分布于久治、尖扎、同仁、西宁、大通、循化、互助。

叉裂毛茛 叉裂花茛

Ranunculus furcatifidus W. T. Wang

Ranunculaceae 毛茛科 Ranunculus 毛茛属

【形态特征】 多年生草本。根状茎短，具纤维状根。茎高4～18cm，分枝，被贴伏短柔毛。基生叶叶柄长约5cm，叶片纸质，菱形，稀三角形，长1～2.5cm，宽0.7～2.3cm，基部宽楔形，稀近截形，3深裂，稀3全裂，中央裂片长椭圆状倒披针形或线形，通常不裂，或中上部具1枚小裂片，侧裂片斜披针形，不分裂，或斜楔形具不等的2～3枚小裂片，背面被贴伏短柔毛，柄长1.5cm，基部具窄鞘；茎生叶叶柄短或无柄，3全裂，裂片线形或窄线形。花单生顶端，直径0.5～1.2cm；萼片5枚，长椭圆形或椭圆形，长2.5～4.5mm，外面贴生白色短柔毛；花瓣5枚，黄色，椭圆状倒卵形，长3～5(～6)mm，宽2～3mm，顶端圆形，具极短的爪，蜜槽小；花药长椭圆形。聚合果长椭圆状卵形，长4～7mm，直径2.5～4mm；花托被白色短柔毛；瘦果窄倒卵形或斜倒卵形，长约1mm，宽0.5～0.7mm，无毛，花柱宿存，长不及0.5mm。花期6～7月，果期7～8月。

【生境分布】 贵德。生于河滩、砾石地、水溪边和水沼边，海拔2500～2700m。中国特有种，分布于云南、西藏、四川、新疆、内蒙古、河北等地。在青海亦分布于门源。

甘藏毛茛

Ranunculus glabricaulis (Handel-Mazzetti) L. Liou

Ranunculaceae 毛茛科 Ranunculus 毛茛属

【形态特征】 多年生矮小草本。茎单一直立，高2～5cm，近无毛。基生叶3～5枚，叶片肾状圆形至倒卵形，长与宽为5～10mm，3深裂至3全裂，裂片倒卵状楔形，中裂片3齿裂，侧裂片2深裂或再2裂，末回裂片长圆形至线形，顶端钝，基部浅心形至截形，无毛或生柔毛；叶柄长1～2cm，基部有膜质宽鞘，老后成纤维状包围着茎基。茎生叶2～3枚，叶片3～7掌状全裂，裂片长5～10mm，宽1～2mm，线形至线状披针形，大多无毛，基部成白色膜质宽鞘抱茎。花单生茎顶，直径1～1.5cm；花梗长1～2cm，通常无毛或有时生柔毛；萼片椭圆形，长5～7mm，顶端稍尖，紫褐色，无毛或疏生柔毛；花瓣5枚，宽倒卵形，长6～9mm，稍大于宽，有多数脉纹，顶端圆或有浅凹，基部有短爪，蜜槽点状；花药长约1.5mm；花托无毛。聚合果卵球形，直径约5mm；瘦果卵球形，无毛，喙长约0.5mm。花果期6～8月。

【识别特点】 本种以植株矮小，高2～5cm，叶片3全裂，裂片再一至二回深裂，末回裂片线形至长圆形，茎生1朵花，花梗近无毛，萼片紫褐色等，与其他种有别。

【生境分布】 兴海。生于河边和山地岩石碎屑中，海拔2300～4980m。中国特有种，分布于甘肃西部和西藏东部。在青海亦分布于杂多、治多、曲麻莱、玉树、西宁。

砾地毛茛

Ranunculus glareosus **Handel-Mazzetti**

Ranunculaceae 毛茛科　Ranunculus 毛茛属

【形态特征】　多年生草本。须根多带肉质，稍厚，伸长。茎倾卧斜升，高5～20cm，有时下部节着土生根，有分枝，近无毛。基生和下部的叶片近圆形或肾状五角形，直径1～3cm，基部心形至截形，3深裂至3全裂，有时3中裂，裂片有2～3浅裂或深裂，有时全缘，宽卵形或倒卵状披针形，边缘相互贴近或覆盖，顶端钝或稍尖，质地较厚，下面带紫色，无毛或上面有毛；叶柄长2～6cm，上部生曲柔毛，基部有膜质宽鞘。上部叶有短柄，叶片3全裂，裂片披针形，宽1～5mm。花单生，直径1.5～2(～2.5)cm；花梗生曲柔毛，果期伸长达6cm；萼片椭圆形，长4～6mm，带紫色，外面生柔毛，边缘膜质；花瓣5枚，宽倒卵形，长6～10mm，顶端圆或稍凹缺，基部有狭长爪，蜜槽呈棱形袋穴；花药椭圆形，长1～1.5mm；花托无毛。聚合果卵球形，直径约8mm；瘦果卵球形，长及宽约2mm或较大，为厚的2倍，大多平滑无毛，喙直伸至外弯，长约1mm。花果期7～8月。

【相近种】　本种与冷地毛茛*R. gelidus*相近，但以瘦果平滑无皱纹，无毛，须根肥厚伸长及基生叶裂片较宽大，分裂次数较少而有别。

【经济用途】　全草入药，镇痛、祛风湿。

【生境分布】　兴海。生于高山草甸、高山流石坡，海拔4100～4980m。中国特有种，分布于西藏东部、云南西北部、四川西部。在青海亦分布于杂多、治多、曲麻莱、囊谦、玉树、兴海、祁连。

三裂毛茛 吉隆毛茛

***Ranunculus hirtellus* var. *orientalis* W. T. Wang**

Ranunculaceae 毛茛科 Ranunculus 毛茛属

【形态特征】 多年生草本。根状茎延伸，簇生多数须根。茎直立或渐升，高15～25cm，有分枝，被柔毛。基生叶多数，叶片圆形至肾形，长1～4cm，宽2～5cm，基部心形至截形，3深裂，中裂片倒卵状楔形，顶端3齿裂，侧裂片2中裂再2～3齿裂，顶端尖，两面伏生柔毛；叶柄长4～10cm，生柔毛，基部有褐膜质长鞘，老后撕裂成纤维状残存。茎生叶与基生叶相似，叶较小，3深裂，裂片有2～4齿裂或深裂达基部，有被柔毛的短柄至无柄。花直径1～1.5cm；花梗与叶对生或顶生，长1～6cm，在果期伸长，被柔毛；萼片卵形，长3～5mm，外面密生柔毛；花瓣5枚，倒卵形，长5～7mm，有多数脉，基部有窄爪，蜜槽呈杯状袋穴；花药长1.1mm；花托在果期显著伸长，生细柔毛。聚合果长圆形，长6～7mm，宽4～5mm；瘦果卵球形，稍扁，长1.5～2mm，宽约1.4mm，厚约1mm，生细毛或后变少，喙细直稍弯，长约0.8mm。花果期6～8月。

【识别特征】 本种以叶片较宽大，直径达4～5cm，侧裂片再2裂，有齿，花梗与上部叶对生，花托及瘦果生有细毛，或有延伸的根状茎，与邻近种有别。

【经济用途】 全草入药，提升胃温、引流黄水、消痞块、干腹水，治寒性消化不良、咽喉炎、痞块、黄水病、腹积水等。

【生境分布】 兴海。生于高山草甸、路边，海拔2300～4100m。中国特有种，分布于西藏东南部、云南西北部和四川西部。在青海亦分布于循化。

朱鑫鑫 摄

朱鑫鑫 摄

朱鑫鑫 摄

朱鑫鑫 摄

朱鑫鑫 摄

棉毛茛 藏名：嘎察

Ranunculus membranaceus Royle

Ranunculaceae 毛茛科 Ranunculus 毛茛属

【形态特征】 多年生小草本。须根多数簇生，有时基部稍增厚。茎直立，高3～10cm，有分枝，全体生棉状柔毛而呈银白色。基生叶多数，叶片线状披针形或线形，全缘，长1～3cm，宽2～3mm，通常内卷，质地较厚，下面密生棉状白柔毛，上面毛少或无毛；有时外圈叶片呈卵形，顶端3齿裂，边缘疏生白柔毛；叶柄较短，生棉状绢毛，基部扩大成膜质长鞘，鞘白色而有光泽，长1～3cm，相互紧抱，老后撕裂成纤维状残存。茎生叶有短柄至无柄，叶片3深裂，裂片线形，下面密生棉状柔毛；上部叶不分裂或呈苞片状。花单生于茎顶和分枝顶端，直径1.2～1.8cm；花梗密生白绢毛；萼片椭圆形，长3～6mm，迟落或宿存，外面密生绢柔毛，花瓣5枚，橙黄色，倒卵形，长6～9mm，基部狭窄成爪，蜜槽成棱状袋穴；花药长圆形，长约1.5mm；花托肥厚，无毛或顶端生白毛。聚合果长圆形，直径5～6mm；瘦果卵球形，稍扁，长约1.5mm，无毛，背腹有纵肋，喙直伸或稍弯，长约0.5mm。花果期6～9月。

【相近种】 本种与云生毛茛*R. nephelogenes*相近，但全株密生棉状柔毛而呈银白色，并且生长于高山流石滩的砾石坡上而有别。

【经济用途】 药用，功效同三裂毛茛。

【生境分布】 同德。生于水沟边、湿地，海拔3180～4590m。分布于西藏、四川西部；印度北部也有。在青海亦分布于曲麻莱、囊谦、玛多、同仁、泽库、河南、互助、门源。

浮毛茛
Ranunculus natans C. A. Meyer

Ranunculaceae 毛茛科 Ranunculus 毛茛属

【形态特征】 多年生水生草本。茎多数，铺散蔓生，高20cm以上，直径2～3mm，节上生根和分枝长叶，无毛。基生叶和下部叶较多，有长柄；叶片肾形或肾圆形，长1～1.5cm，宽1.5～2.5cm，基部浅心形或截形，3～5浅裂，裂片钝圆，宽5～10mm，有时疏生圆齿，质地较厚，无毛；叶柄长2～8cm，无毛，基部有长鞘。上部叶较小，3浅裂或不分裂，叶柄较短。花单生，直径约7mm；花梗与上部叶对生，长1～4cm，大多无毛或贴生短毛；萼片卵圆形，长3～4mm，开展，无毛；花瓣5枚，倒卵圆形，稍长于萼片，有3～5条脉，下部骤然变窄成长约1mm的爪，蜜槽点状位于爪的上端；花药长约0.2mm；花托肥厚，直径3～5mm，散生短毛。聚合果近球形，直径约7mm；瘦果多，卵球形，稍扁，长约1.5mm，宽约1mm，厚约0.7mm，无毛，背腹纵肋常内凹成细槽，喙短，长约0.2mm。花果期6～7月。

【相近种】 以叶片宽厚，3～5浅裂，顶端圆，基部浅心形至圆截形及聚合果较大与沼地毛茛*R. radicans*等水生种类有别。

【生境分布】 共和。生于湖滨和河谷水湿地或沼泽，海拔2460～3200m。分布于西藏、新疆、内蒙古、黑龙江；俄罗斯（西伯利亚）、蒙古、阿尔泰地区也有。在青海亦分布于门源、大通和互助。

长茎毛茛

***Ranunculus nephelogenes* var. *longicaulis* (Trautvetter) W. T. Wang**

Ranunculaceae 毛茛科　Ranunculus 毛茛属

【形态特征】 多年生草本。须根伸长扭曲。茎直立，高20～30cm，直径2～5mm，有二至四次二歧长分枝，无毛或生细毛。基生叶多数；叶片长椭圆形至线状披针形，长1～5cm，宽5～12mm，全缘，有3～5条脉，顶端有钝点，基部楔形或圆形，无毛或生疏毛；叶柄长2～8cm，通常无毛；茎生叶数枚，叶片披针形至线形，宽1～4mm，全缘，多不分裂，基部成膜质宽鞘抱茎，无毛或边缘有柔毛。花单生于茎顶和分枝顶端，直径约1cm，有时达1.8cm；花梗伸长，贴生黄柔毛；萼片卵形，长约4mm，带紫色，外面密生短柔毛；花瓣5枚，倒卵形至卵圆形，稍长或2倍长于萼片，基部有短爪，蜜槽呈点状袋穴；花药长1～1.5mm；花托短圆锥形，生细毛。聚合果卵球形，直径约6mm；瘦果卵球形，稍扁，长2～2.2mm，宽约1.4mm，无毛，背腹有纵肋，喙直伸或外弯，长约1mm。花果期6～8月。

【相近种】 本种以叶片全缘，不分裂，披针形至线形，与近缘种美丽毛茛*R. pulchellus*等有别；又以植株较高，分枝伸长，花较小，瘦果喙下弯或不弯，分布多偏西北，并生长于海拔稍低或水湿条件较好处，与原变种云生毛茛*R. nephelogenes* var. *nephelogenes*有差别。

【生境分布】 兴海、共和。生于山地阴坡、河滩、林中潮湿处、水渠边，海拔2400～3760m。分布于西藏、新疆、甘肃西北部、山西中部、内蒙古；哈萨克斯坦、俄罗斯（西伯利亚）、蒙古也有。在青海亦分布于玉树、尖扎、泽库、河南、西宁、大通、祁连。

陈哲 摄

鸟足毛茛

Ranunculus brotherusii **Freyn**

Ranunculaceae 毛茛科　Ranunculus 毛茛属

【形态特征】　多年生草本。须根簇生。茎直立，高3～10cm，单一或分枝，有柔毛。基生叶多数，叶片肾圆形，长6～10mm，宽6～16mm，3深裂或达基部，中裂片长圆状倒卵形或披针形，全缘或有3齿，侧裂片2中裂至2深裂，散生柔毛，顶端稍尖，基部截形或宽楔形；叶柄细，长2～4cm，生柔毛，老后成纤维状残存。下部叶与基生叶相似，上部叶无柄，3～5深裂，裂片再不等2～3裂，末回裂片线形。花单生于茎顶，直径约1cm；花梗长1～3cm或果期伸长达6cm，生柔毛；萼片卵形，长3～4mm，外面生柔毛；花瓣5枚，长卵圆形，长5～6mm，基部有细爪，蜜槽点状，花药长约1mm；花托圆柱形，果期长约4mm，无毛。聚合果矩圆形，长5～6mm，约为宽的2倍，瘦果卵球形，长1～1.3mm，无毛，喙直伸或顶端弯，长0.5～0.8mm。花果期6～8月。

【生境分布】　兴海。生于高山草甸、山坡草地、河滩、沼泽草甸、高山流石坡，海拔2100～4700m。分布于甘肃（肃南）、内蒙古西南部（贺兰山）、山西（五台山）、四川西北部、西藏南部、新疆中部；哈萨克斯坦也有。在青海亦分布于曲麻莱、玉树、玛多、久治、玛沁、黄南各县、大通、乐都、互助、门源。

高原毛茛 藏名：嘎察

Ranunculus tanguticus (Maximowicz) Ovczinnikov

Ranunculaceae 毛茛科 Ranunculus 毛茛属

【形态特征】 多年生草本。须根基部稍增厚呈纺锤形。茎直立或斜升，高10～30cm，多分枝，生白柔毛。基生叶多数，和下部叶均有生柔毛的长叶柄；叶片圆肾形或倒卵形，长及宽1～4(～6)cm，三出复叶，小叶二至三回3全裂或深、中裂，末回裂片披针形至线形，宽1～3mm，顶端稍尖，两面或下面贴生白柔毛；小叶柄短或近无。上部叶渐小，3～5全裂，裂片线形，宽约1mm，有短柄至无柄，基部具生柔毛的膜质宽鞘。花较多，单生于茎顶和分枝顶端，直径8～12(～18)mm；花梗被白柔毛，在果期伸长；萼片椭圆形，长3～4(～6)mm，生柔毛；花瓣5枚，倒卵圆形，长5～8mm，基部有窄长爪，蜜槽点状；花托圆柱形，长5～7mm，宽1.5～2.5mm，较平滑，常生细毛。聚合果长圆形，长6～8mm，约为宽的2倍；瘦果小而多，卵球形，较扁，长1.2～1.5mm，稍大于宽，约为厚的2倍，无毛，喙直伸或稍弯，长0.5～1mm。花果期6～8月。

【相近种】 本种基生叶和下部叶为三出复叶，小叶二至三回3全裂或深裂，末回裂片披针形至线形，常具小叶柄，以及植株较高（约20cm），与鸟足毛茛*R. brotherusii*有别，但两者之间有过渡类型，有时很难判断。

【经济用途】 全草入药，清热解毒，治淋巴结核等症。

【生境分布】 兴海。生于河边、河漫滩、沼泽草甸、草甸和山地阴坡灌丛草甸，海拔2280～4400m。分布于西藏、云南西北部、四川、甘肃、陕西、山西、河北；尼泊尔、印度北部也有。在青海亦分布于曲麻莱、玉树、玛多、班玛、久治、玛沁、黄南各县、天峻、西宁、大通、循化、乐都、民和、互助、海晏、门源。

高山唐松草 藏名：莪加久

Thalictrum alpinum Linnaeus

Ranunculaceae 毛茛科 Thalictrum 唐松草属

【形态特征】 多年生小草本，全部无毛。叶4～5枚或更多，均基生，为二回羽状三出复叶；叶长1.5～4cm；小叶片薄革质，有短柄或无柄，圆菱形、菱状宽倒卵形或倒卵形，长和宽均为3～5mm，基部圆形或宽楔形，3浅裂，浅裂片全缘，脉不明显；叶柄长1.5～3.5cm。花葶1～2条，高6～20cm，不分枝；总状花序长2.2～9cm；苞片小，狭卵形；花梗向下弯曲，长1～10mm；萼片4枚，脱落，椭圆形，长约2mm；雄蕊7～10枚，长约5mm，花药狭长圆形，长约1.2mm，顶端有短尖头，花丝丝形；心皮3～5枚，柱头约与子房等长，箭头状。瘦果无柄或有不明显的柄，狭椭圆形，稍扁，长约3mm，有8条粗纵肋。花期6～8月。

【经济用途】 全草入药，清热解毒、敛疮，治诸热症、炭疽病、疮疡不愈。

【生境分布】 海南州各地。生于高山草甸、河漫滩、谷地，海拔2500～4700m。分布于西藏、新疆等地区；亚洲北部、西部和欧洲、北美洲也有。在青海亦分布于杂多、治多、曲麻莱、玉树、玛多、玛沁、海晏、门源。

直梗高山唐松草

亮叶子草　岩莲　亮星草　藏名：莪加久

Thalictrum alpinum* var. *elatum Ulbrich

Ranunculaceae 毛茛科 Thalictrum 唐松草属

【形态特征】 与原变种高山唐松草的区别为：花梗向上直展，不向下弯曲；瘦果基部不变细成柄；植株全部无毛。

【经济用途】 全草入药，功效同高山唐松草。

【生境分布】 兴海。生于高山草甸、河谷草地，海拔3300～4000m。分布于西藏东部、云南西北部、四川西部、甘肃南部、陕西西南部、宁夏、山西、河北西北部。在青海亦分布于玉树、玛沁、久治、尖扎、同仁、泽库、河南、大通、互助、门源。

腺毛唐松草 藏名：贡布莪正

Thalictrum foetidum Linnaeus

Ranunculaceae 毛茛科 Thalictrum 唐松草属

【形态特征】 根状茎短，须根密集。茎高15～100cm，无毛或幼时有短柔毛，后变无毛，上部分枝或不分枝。基生叶和茎下部叶在开花时枯萎或不发育。茎中部叶有短柄，为三回近羽状复叶；叶长5.5～12cm；小叶片草质，顶生小叶片菱状宽卵形或卵形，长4～15mm，宽3.5～15mm，顶端急尖或钝，基部圆楔形或圆形，有时浅心形，3浅裂，裂片全缘或有疏齿，表面脉稍凹陷，背面脉稍隆起，沿脉网有短柔毛和腺毛，偶尔无毛；叶柄短，有鞘，托叶膜质，褐色。圆锥花序有少数或多数花；花梗细，长5～12mm，通常有白色短柔毛和极短的腺毛；萼片5枚，淡黄绿色，卵形，长2.5～4mm，宽约1.5mm，外面常有疏柔毛；花药狭长圆形，长2.5～3.5mm，顶端有短尖，花丝上部狭线形，下部丝形；心皮4～8枚，子房常有疏柔毛，无柄，柱头三角状箭头形。瘦果半倒卵形，扁平，长3～5mm，有短柔毛，有8条纵肋，宿存柱头长约1mm。花期5～7月。

【相近种】 本种外形很像高原唐松草*T. cultratum*，但柱头发育呈三角状箭头形，瘦果更扁，有短毛可以区别。

【经济用途】 根入药，清热解毒、祛风凉血、消炎、止痢，治结膜炎、传染性肝炎、痈肿疮疖、痢疾等。

【生境分布】 贵南、兴海、共和。生于林下、林缘、灌丛中、山坡草地、岩石缝隙，海拔2560～3900m。分布于西藏、四川西部、新疆、甘肃、陕西、华北；蒙古、亚洲西部、欧洲也有。在青海亦分布于囊谦、玉树、河南、都兰、乌兰、德令哈、西宁、门源。

朱鑫鑫 摄

朱鑫鑫 摄

朱鑫鑫 摄

亚欧唐松草

Thalictrum minus **Linnaeus**

Ranunculaceae 毛茛科　Thalictrum 唐松草属

【形态特征】 植株全部无毛。茎下部叶有稍长柄或短柄，茎中部叶有短柄或近无柄，为四回三出羽状复叶；叶长达20cm；小叶片纸质或薄革质，顶生小叶片楔状倒卵形、宽倒卵形、近圆形或狭菱形，长0.7～1.5cm，宽0.4～1.3cm，基部楔形至圆形，3浅裂或有疏牙齿，偶而不裂，背面淡绿色，脉不明显隆起或只中脉稍隆起，脉网不明显；叶柄长达4cm，基部有狭鞘。圆锥花序长达30cm；花梗长3～8mm；萼片4枚，淡黄绿色，脱落，狭椭圆形，长约3.5mm；雄蕊多数，长约6mm，花药狭长圆形，长约2mm，顶端有短尖头，花丝丝形；心皮3～5枚，无柄，柱头正三角状箭头形。瘦果狭椭圆球形，稍扁，长约3.5mm，有8条纵肋。花期6～7月。

【生境分布】 兴海、共和。生于林缘、灌丛草甸、山坡草地，海拔2460～3700m。分布于四川西部、新疆、甘肃、山西；欧洲、亚洲也有。在青海亦分布于班玛、尖扎、同仁、河南、兴海、共和、大通、民和、互助、祁连、门源。

瓣蕊唐松草 马尾黄连 藏名：珠噶曼巴

Thalictrum petaloideum Linnaeus

Ranunculaceae 毛茛科 Thalictrum 唐松草属

【形态特征】 植株全部无毛。茎高20～80cm，上部分枝。基生叶数个，有短或稍长柄，为三至四回三出或羽状复叶；叶长5～15cm；小叶片草质，形状变异很大，顶生小叶片倒卵形、宽倒卵形、菱形或近圆形，长3～12mm，宽2～15mm，先端钝，基部圆楔形或楔形，3浅裂至3深裂，裂片全缘，叶脉平，脉网不明显，小叶柄长5～7mm；叶柄长达10cm，基部有鞘。花序伞房状，有少数或多数花；花梗长0.5～2.5cm；萼片4枚，白色，早落，卵形，长3～5mm；雄蕊多数，长5～12mm，花药狭长圆形，长0.7～1.5mm，顶端钝，花丝上部倒披针形，比花药宽；心皮4～13枚，无柄，花柱短，腹面密生柱头组织。瘦果卵形，长4～6mm，有8条纵肋，宿存花柱长约1mm。花期6～7月。

【经济用途】 根含小檗碱，可治黄疸型肝炎、腹泻、痢疾、渗出性皮炎等症。

【生境分布】 海南州各地。生于山坡草地、林缘、灌丛中，海拔1800～3000m。分布于四川西北部、甘肃、陕西、宁夏、华北、东北、河南、安徽；俄罗斯（西伯利亚）也有。在青海亦分布于玛多、尖扎、同仁、西宁、大通、循化、乐都、互助、门源。

芸香叶唐松草 藏名：莪加久

Thalictrum rutifolium J. D. Hooker & Thomson

Ranunculaceae 毛茛科 Thalictrum 唐松草属

【形态特征】 植株全部无毛。茎高11～50cm，上部分枝。基生叶和茎下部叶有长柄，为三至四回近羽状复叶；叶片长3.2～11cm；小叶片草质，顶生小叶片楔状倒卵形，有时菱形、椭圆形或近圆形，长3～8mm，宽2～7mm，顶端圆形，基部楔形至圆形，3裂或不分裂，通常全缘，两面脉平，脉网不明显；叶柄长达6cm，基部有短鞘，托叶膜质，分裂。花序似总状花序，狭长；花梗长2～7mm，结果时增长到8～14mm；萼片4枚，淡紫色，卵形，长约1.5mm，宽约1mm，早落；雄蕊4～18(～30)枚，长2～3mm，花药椭圆形，长0.5～1.5mm，顶端有短尖，花丝丝形；心皮3～5枚，基部渐狭成短柄，花柱短，腹面密生柱头组织。瘦果倒垂，稍扁，镰状半月形，长4～6mm，有8条纵肋，子房柱长约1mm，宿存花柱长约0.3mm，反曲。花期6月。

【经济用途】 药用，功效同高山唐松草。

【生境分布】 兴海、共和。生于山坡、草地、疏林下，海拔3200～4600m。分布于西藏、云南西北部、四川西部、甘肃中部和西南部；印度（锡金）也有。在青海亦分布于杂多、治多、曲麻莱、囊谦、玉树、玛多、久治、黄南、大通。

矮金莲花 五金草 藏名：麦朵色钦

Trollius farreri Stapf

Ranunculaceae 毛茛科 Trollius 金莲花属

【形态特征】 植株全部无毛。根状茎短。茎高5～17cm，不分枝。叶3～4枚，全部基生或近基生，长3.5～6.5cm，有长柄；叶片五角形，长0.8～1.1cm，宽1.4～2.6cm，基部心形，3全裂达或几达基部，中央全裂片菱状倒卵形或楔形，与侧生全裂片通常分开，3浅裂，小裂片互相分开，生2～3个不规则三角形牙齿，侧全裂片不等2裂稍超过中部，二回裂片生稀疏小裂片及三角形牙齿；叶柄长1～4cm，基部具宽鞘。花单生于茎顶，直径1.8～3.4cm；萼片黄色，外面常带暗紫色，5(～6)枚，宽倒卵形，长1～1.5cm，宽0.9～1.5cm，顶端圆形或近截形，宿存，偶尔脱落；花瓣匙状线形，比雄蕊稍短，长约5mm，宽0.5～0.8mm，顶端稍变宽，圆形；雄蕊长约7mm；心皮6～9(～25)枚。聚合果直径约8mm；蓇葖长0.9～1.2cm，喙长约2mm，直；种子椭圆球形，长约1mm，具4条不明显纵棱，黑褐色，有光泽。花期6～7月，果期8月。

【经济用途】 花入药，止血消炎、愈创解毒，治疮疖痈疽及外伤等症。

【生境分布】 贵南、同德、兴海、共和。生于山坡灌丛、草甸、高山流石坡、河滩，海拔2900～5200m。中国特有种，分布于西藏东北部、云南西北部、四川西部、甘肃南部、陕西南部。在青海亦分布于治多、囊谦、玉树、玛多、玛沁、同仁、河南、乌兰、大通、湟源、乐都、互助、门源。

青藏金莲花

Trollius pumilus **var.** ***tanguticus*** **Bruhl**

Ranunculaceae 毛茛科 Trollius 金莲花属

【形态特征】 茎高5～25(～30)cm，直立或近直立。叶基生或近茎生，具长柄，干后绿色，叶片五角形，长0.8～5cm，宽1～3.5cm，基部深心形，3深裂几至基部，中央裂片3浅裂，小裂片具粗圆齿，齿端具短尖；侧生裂片斜扇形，比中央裂片宽，复2裂至中部；叶柄长2～5cm，基部增宽呈鞘状。花单生于茎顶，直径2～3.5cm；萼片5枚，黄色，干后带绿色，近圆形或宽倒卵形，长1～1.6cm，宽7.5～14mm，先端圆形或圆状截形；花瓣近匙形，长约4mm；雄蕊比花瓣长约2倍，花丝线形，花药长圆形，长2～3mm；心皮6～15个。蓇葖长达8mm，喙直，长1.5～2mm。花期6～8月。

【生境分布】 兴海。生于山坡、草地、河滩、高山草甸、灌丛和山前洪积扇，海拔2700～5200m。中国特有种，分布西藏东部、四川西北部、甘肃西南部。在青海亦分布于杂多、囊谦、玉树、玛多、久治、尖扎、同仁、泽库、大通、循化、门源。

星叶草

Circaeaster agrestis Maximowicz

Circaeasteraceae 星叶草科　Circaeaster 星叶草属

【形态特征】 一年生小草本，高3～10cm。宿存的2枚子叶和叶簇生；子叶线形或披针状线形，长4～11mm，宽0.6～2mm，无毛；叶片菱状倒卵形、匙形或楔形，长0.3～2.3cm，宽1～11mm，基部渐狭，边缘上部有小牙齿，齿顶端有刺状短尖，无毛，背面粉绿色。花小，萼片2～3枚，狭卵形，长约0.5mm，无毛；雄蕊1～2(～3)枚，长0.6～1mm，无毛，花药椭圆球形，长约0.1mm，花丝线形；心皮1～3枚，比雄蕊稍长，无毛，子房长圆形，花柱不存在，柱头近椭圆球形。瘦果狭长圆形或近纺锤形，长2.5～3.8mm，有密或疏的钩状毛，偶尔无毛。花期5～7月。

【生境分布】 同德。生于林下、灌丛、石崖下潮湿、荫蔽的地方，海拔3050～4500m。分布于西藏东部、云南西北部、四川西部、新疆西部、甘肃南部、陕西南部；不丹、印度（锡金）、尼泊尔也有。在青海亦分布于杂多、治多、囊谦、玉树、玛多、班玛、久治、泽库、大通、互助、祁连。

白瑜 摄

朱鑫鑫 摄

朱鑫鑫 摄

鲜黄小檗　三颗针　黄花刺　黄檗　黄刺皮
藏名：吉尔哇

Berberis diaphana **Maximowicz**

Berberidaceae 小檗科　Berberis 小檗属

【形态特征】 落叶灌木，高1～3m。幼枝绿色，老枝灰色，具条棱和疣点；茎刺3分叉，粗壮，长1～2cm，淡黄色。叶片硬纸质，长圆形或倒卵状长圆形，长1.5～4cm，宽5～16mm，先端微钝，基部楔形，边缘具2～12个刺齿，偶有全缘，上面暗绿色，侧脉和网脉突起，背面淡绿色，有时微被白粉；具短柄。花2～5朵簇生，偶有单生，黄色；花梗长12～22mm；萼片2轮，外萼片近卵形，长约8mm，宽约5.5mm，内萼片椭圆形，长约9mm，宽约6mm；花瓣卵状椭圆形，长6～7mm，宽5～5.5mm，先端急尖，锐裂，基部缢缩呈爪，具2枚分离腺体；雄蕊长约4.5mm，药隔先端平截；胚珠6～10枚。浆果红色，卵状长圆形，长1～1.2cm，直径6～7mm，先端略斜弯，有时略被白粉，具明显宿存花柱。花期5～6月，果期7～9月。

【经济用途】 ① 根、茎、枝皮内含有黄色素，以明矾作媒染剂可用作制取淡黄色染料；② 浆果供酿酒用；③ 茎内皮、茎干和枝、花果均可入药，功能主治略有不同。

【生境分布】 贵德、同德。生于海拔2500～3000m的林缘、山坡、草地。中国特有种，分布于陕西、甘肃、四川。在青海亦分布于杂多、玉树、久治、玛沁、尖扎、同仁、泽库、河南、大通、湟源、湟中、循化、乐都、民和、互助、门源。

置疑小檗 拟小檗 藏名：吉尔哇

Berberis dubia C. K. Schneider

Berberidaceae 小檗科 Berberis 小檗属

【形态特征】 落叶灌木，高1～3m。老枝灰黑色，稍具棱槽和黑色疣点，幼枝紫红色，有光泽，明显具棱槽；茎刺单生或3分叉，长7～20mm，与枝同色。叶片纸质，狭倒卵形，长1.5～3cm，宽5～18mm，先端近渐尖，基部渐狭，上面深绿色，中脉和侧脉隆起，背面淡黄色，中脉和侧脉明显隆起，两面网脉显著隆起，无毛，也无白粉，叶缘平展，每边具6～14个细刺齿；叶柄长1～3mm。总状花序由5～10朵花组成，长1～3cm，总梗长0.5～1cm；花梗长3～6mm，细弱，无毛；花黄色；小苞片披针形，长约1.5mm，宽约1mm，先端急尖；萼片2轮，外萼片卵形，长约2.5mm，宽约1.5mm，内萼片阔倒卵形，长约4.5mm，宽约3.5mm；花瓣椭圆形，长约3.5mm，短于内萼片，先端浅缺裂，基部楔形，具2枚腺体；雄蕊长约2.5mm，药隔延伸，先端短突尖；胚珠2枚。浆果倒卵状椭圆形，红色，长约8mm，直径约4mm，顶端不具宿存花柱，不被白粉。花期5～6月，果期8～9月。

【经济用途】 药用部位和功效同鲜黄小檗。

【生境分布】 贵德、贵南。生于山坡、河谷，海拔2500～3850m。中国特有种，分布于甘肃。在青海亦分布于治多、玉树、囊谦、称多、玛沁、尖扎、同仁、泽库、河南、德令哈、都兰、乌兰、湟源、民和、祁连、门源。

张海华 摄

川滇小檗

Berberis jamesiana Forrest & W. W. Smith

Berberidaceae 小檗科 Berberis 小檗属

【形态特征】 落叶灌木，高1～3m。枝圆柱形，老枝暗灰色或紫黑色，幼枝紫色，无疣点；茎刺单生或3分叉，粗状，长1.5～3.5cm，腹面具浅槽。叶片近革质，椭圆形或长圆状倒卵形，长2.5～8cm，宽1～4cm，先端圆形或微凹，基部楔形，上面亮绿色，中脉微凹陷，背面灰绿色，中脉明显隆起，两面侧脉和网脉显著，无乳突，叶缘平展，全缘，或具疏细刺齿或具密细刺齿；叶柄长1～3mm。总状花序通常由

9～20朵花组成，有时可达40朵，长7～10cm，花序下部花常轮列，光滑无毛；总梗长0.5～3cm；花梗细弱，长7～10mm，无毛；花黄色；小苞片卵形，长2～2.5mm，宽约1.5mm，先端急尖；萼片2轮，外萼片长圆状倒卵形，长约3mm，宽约2mm，内萼片狭倒卵形，长约4.5mm，宽约2.5mm；花瓣倒卵形或狭长圆状椭圆形，长约4.5mm，宽约2mm，先端缺裂，裂片急尖，基部缢缩呈爪状，具2枚分离腺体；雄蕊长约3mm，药隔延伸，先端微突尖；胚珠2枚。浆果初时乳白色，后变为亮红色，近卵球形，长约10mm，直径7～8mm，顶端无宿存花柱，外果皮透明，不被白粉。花期5～7月，果期8～9月。

【经济用途】 药用部位和功效同鲜黄小檗。

【生境分布】 兴海。生于山坡、林缘、河边、林中或灌丛中，海拔2100～3600m。中国特有种，分布于云南、四川、西藏。在青海亦分布于玛沁。

匙叶小檗 西北小檗 藏名：吉尔哇

Berberis vernae C. K. Schneider

Berberidaceae 小檗科 Berberis 小檗属

【形态特征】 落叶灌木，高0.5～1.5m。老枝暗灰色，细弱，具条棱，无毛，散生黑色疣点，幼枝常带紫红色；茎刺粗壮，单生，淡黄色，长1～3cm。叶片纸质，倒披针形或匙状倒披针形，长1～5cm，宽0.3～1cm，先端圆钝，基部渐狭，上面亮暗绿色，中脉扁平，侧脉微显，背面淡绿色，中脉和侧脉微隆起，两面网脉显著，无毛，不被白粉，也无乳突，叶缘平展，全缘，偶具1～3个刺齿；叶柄长2～6mm，无毛。穗状总状花序具15～35朵花，长2～4cm，包括总梗长5～10mm，无毛；花梗长1.5～4mm，无毛；苞片披针形，短于花梗，长约1.3mm；花黄色；小苞片披针形，长约1mm，常红色；萼片2轮，外萼片卵形，长1.5～2.1mm，宽约1mm，先端急尖，内萼片倒卵形，长2.5～3mm，宽1.5～2mm；花瓣倒卵状椭圆形，长1.8～2mm，宽约1.2mm，先端近急尖，全缘，基部缩略呈爪状，具2枚分离腺体；雄蕊长约1.5mm，药隔先端不延伸，平截；胚珠1～2枚，近无柄。浆果长圆形，淡红色，长4～5mm，顶端不具宿存花柱，不被白粉。花期5～6月，果期8～9月。

【经济用途】 药用部位和功效同鲜黄小檗。

【生境分布】 兴海。生于山麓、河谷和河漫滩，海拔2700～3850m。中国特有种，分布于四川、甘肃。在青海亦分布于玉树、称多、尖扎、同仁、大通、湟源、乐都、民和、互助、门源。

欧洲小檗 普通小檗 刺檗 黄刺檗

Berberis vulgaris **Linnaeus**

Berberidaceae 小檗科 Berberis 小檗属

【形态特征】 落叶灌木，高1.5～2m。幼枝黄色、黄褐色，老枝灰色；刺3叉或单生，长0.5～2cm。叶簇生，叶片椭圆状倒卵形或倒卵形，长1～2cm，宽0.5～1cm，基部楔形，具短柄，顶端钝，边缘具细刺状齿或全缘，背面不具网状脉纹。总状花序，具数花至多花；小花梗长2～10mm；苞片卵形，长约2mm，橘红色，基部较宽，顶端具细长尖；萼片6枚。花瓣状，宽卵形或近圆形，长3～4mm，宽2～3.5mm；花瓣6片，深黄色，椭圆形，长3～4mm，宽2～3mm，基部具2枚分离蜜腺，顶端钝；雄蕊6枚，黄褐色；子房椭圆形。浆果椭圆形，红色。花期6～7月，果期8～9月。

【生境分布】 贵南、同德、兴海。生于林下、山坡、河谷，海拔2240～4100m。分布于四川、甘肃、宁夏、河北、河南；欧洲和亚洲温带部分也有。在青海亦分布于治多、曲麻莱、玉树、玛沁、尖扎、同仁、泽库、河南、德令哈、西宁、大通、乐都、互助、门源。

桃儿七　鬼臼　藏名：奥莫色

Sinopodophyllum hexandrum **(Royle) T. S. Ying**

Berberidaceae 小檗科　Sinopodophyllum 桃儿七属

【形态特征】 多年生草本，植株高20～50cm。根状茎粗短，节状，多须根；茎直立，单生，具纵棱，无毛，基部被褐色大鳞片。叶2枚，叶片薄纸质，非盾状，基部心形，3～5深裂几达中部，裂片不裂或有时2～3小裂，裂片先端急尖或渐尖，上面无毛，背面被柔毛，边缘具粗锯齿；叶柄长10～25cm，具纵棱，无毛。花大，单生，先叶开放，两性，整齐，粉红色；萼片6枚，早萎；花瓣6枚，倒卵形或倒卵状长圆形，长2.5～3.5cm，宽1.5～1.8cm，先端略呈波状；雄蕊6枚，长约1.5cm，花丝较花药稍短，花药线形，纵裂，先端圆钝，药隔不延伸；雌蕊1枚，长约1.2cm，子房椭圆形，1室，侧膜胎座，含多数胚珠，花柱短，柱头头状。浆果卵圆形，长4～7cm，直径2.5～4cm，熟时橘红色；种子卵状三角形，红褐色，无肉质假种皮。花期5～6月，果期7～9月。

【经济用途】 ① 根有毒，入药可抗肿瘤、清热解毒、活血散淤，外用治皮肤病、跌打损伤、黄水疮；② 果实药用，可调经、活血、止痛、利产。

【生境分布】 贵德。生于山谷、阴坡林下、灌丛中、河滩林缘湿地，海拔2300～3800m。分布于西藏、云南、四川、甘肃、陕西；尼泊尔、不丹、印度西北部、巴基斯坦、阿富汗、克什米尔地区也有。在青海亦分布于玉树、囊谦、班玛、同仁、大通、循化、民和、乐都、互助。

李以康 摄

李小伟 摄

欧为友 摄

李小伟 摄

欧为友 摄

灰绿黄堇 早生紫堇 藏名：帕蒙丝哇

Corydalis adunca Maximowicz

Papaveraceae 罂粟科 Corydalis 紫堇属

【形态特征】 多年生灰绿色丛生草本，高20～60cm，多少具白粉。主根具多头根茎，向上发出多茎。茎不分枝至少分枝，具叶。基生叶高达茎的1/2～2/3，具长柄，叶片狭卵圆形，二回羽状全裂，一回羽片4～5对，二回羽片1～2对，近无柄，长5～8mm，宽5～6mm，3深裂，有时裂片2～3浅裂，末回裂片顶端圆钝，具短尖。茎生叶与基生叶同形，上部的具短柄，近一回羽状全裂。总状花序长3～15cm，多花，常较密集。苞片狭披针形，约与花梗等长，边缘近于膜质，顶端渐狭成丝状。花梗长约5mm。花黄色，外花瓣顶端浅褐色，先近直立，后渐平展。萼片卵圆形，长约3mm，渐尖，基部多少具齿。外花瓣顶端兜状，具短尖，无鸡冠状突起。上花瓣长约1.5cm；距约占花瓣全长的1/4～1/3，末端圆钝；蜜腺体约占距长的1/2。下花瓣长约1cm，舟状内凹。内花瓣长约9mm，具鸡冠状突起，爪约与瓣片等长。雄蕊束披针形。柱头小，近圆形，具6个短柱状突起。蒴果长圆形，直立或斜伸，长约1.8cm，宽2.5mm，具长约5mm的花柱和1列种子。种子黑亮，具小凹点，直径约2mm，种阜大。

【经济用途】 全草入药，清热解毒、舒肝利胆、止痛止泻，治头发背心痛、血病引起的背痛、肝脏热病、胆病、腹泻等。

【生境分布】 同德、兴海。生于阴坡灌丛中、林下、阴坡潮湿处、山前洪积扇和河滩，海拔1700～4300m。中国特有种，分布于西藏东部、四川西北部、甘肃、宁夏、内蒙古西部。在青海亦分布于玛多、尖扎、同仁、西宁、大通、循化、乐都、民和、互助。

鸡冠黄堇 鸡冠花紫堇

***Corydalis crista-galli* Maximowicz**

Papaveraceae 罂粟科　Corydalis 紫堇属

【形态特征】 多年生绿色草本，高约19cm。主根纺锤形，几乎不分枝，多少纵裂，顶部外围具叶柄残基。茎1～2条，发自基生叶腋，不分枝，下部裸露，约中部以上具2～4枚叶。基生叶2～3枚，约与茎等长或稍短；叶片长5～11cm，宽2～4cm，一回羽状全裂；侧生羽片2～4对，具短柄，全部为心状圆形或心状卵圆形，最下部的长1～2.4cm，宽1.1～2.2cm，其余的与基生羽片等大或稍小，全部不等3深裂，顶生裂片较大，3裂，侧生裂片较小，2～3裂，稀全缘，末回裂片圆钝，具短尖。茎生叶与基生叶同形，但较小，叶柄仅长约1.5cm。总状花序长约5cm，宽4cm，多花，密集。下部苞片倒卵形，长约1cm，宽6mm，多少分裂，上部较小，不分裂。花梗长约1.3cm或更短。花淡黄白色，近平展，外花瓣瓣片鸡冠状突起部位紫褐色。萼片大，绿紫色，中部着生，长4.5mm。上花瓣长2～2.5cm，渐尖，鸡冠状突起高而具齿；距圆筒形，末端钝，长约10mm，宽3mm，多少下弯。内花瓣具3个鸡冠状突起，中央的细长，贯穿全瓣片，侧生的较粗短；爪长于瓣片。柱头2裂，具4～6个乳突。花期7～8月。

【生境分布】 同德。生于沟谷、阴坡山麓灌丛中，海拔3400～4100m。中国特有种，分布于西藏东北部。在青海亦分布于治多。

曲花紫堇 弯花紫堇 藏名：恰布子子曼巴

Corydalis curviflora **Maximowicz**

Papaveraceae 罂粟科 Corydalis 紫堇属

【形态特征】 多年生无毛小草本，高10～30cm。块根纺锤形或棒状。茎不分枝。基生叶具长柄，柄长2～7cm，细弱；叶片五角形，长0.5～1.5cm，宽1～2.5cm，3全裂，中间裂片3深裂，小裂片椭圆形或披针形，侧裂片2深裂；茎生叶无柄，长1～2.5cm，近指状分裂达基部，裂片线形，宽1～3mm。总状花序，长2～5cm，苞片披针形或窄披针形；萼片2枚，宽卵形，指状分裂，白色膜质，早落；花瓣4枚，蓝色，排成2轮，长0.8～1.5cm，外轮2瓣大，呈唇形，距向斜上方伸展，长6～8mm，内轮2瓣较小，顶端愈合；爪与外轮花瓣合生，雄蕊6枚，花丝连合成2束，子房椭圆形。花期6～8月。

【经济用途】 全草入药，凉血、止血、清热解毒、利气止痛，治流行性感冒、肝炎、胆囊炎、月经过多、鼻衄。

【生境分布】 贵德、贵南、同德。生于高山草甸、灌丛中、林下，海拔2600～4000m。中国特有种，分布于西藏、云南西北部、四川西部、甘肃、陕西秦岭和山西南部。在青海亦分布于玉树、久治、玛沁、尖扎、同仁、大通（模式标本产地）、湟中、循化、乐都、海晏。

张海华 摄

具爪曲花紫堇 具爪弯花紫堇

Corydalis curviflora subsp. ***rosthornii*** (Fedde) C. Y. Wu

Papaveraceae 罂粟科 Corydalis 紫堇属

【形态特征】 与原亚种曲花紫堇的区别在于：植株较粗壮，花序密集多花，上花瓣长于1cm，距与花瓣片近等长，外花瓣鸡冠高约2mm，超出花瓣片先端并延伸至距末，瓣片边缘具细齿，下花瓣明显具爪。

【经济用途】 同曲花紫堇。

【生境分布】 共和。生于高山草甸、沼泽草甸，海拔3800～4300m。分布于西藏、云南西北部、四川西部。在青海亦分布于久治、玛沁、尖扎。

叠裂黄堇

黄连　鸡爪黄连　藏名：格周色布

Corydalis dasyptera **Maximowicz**

Papaveraceae 罂粟科　Corydalis 紫堇属

【形态特征】 多年生铅灰色草本，高10～30cm。主根粗大，根茎长2～10cm，粗2～3mm，上部具淡棕色鳞片和叶柄残基。茎1至多条，发自基生叶腋，花葶状，无叶或具1～3枚退化的苞片状叶。基生叶多数，长10～15cm；叶柄约与叶片等长，基部鞘状宽展；叶片长圆形，一回羽状全裂，羽片5～7对，无柄，近对生至对生，通常较密集，彼此叠压，宽卵形，长约1.2～1.6cm，宽1cm，3深裂，裂片卵圆形或倒卵形，顶端圆钝。总状花序多花、密集。下部苞片长约2cm，宽1cm，羽状深裂，上部的具齿至全缘，全部长于花梗。花梗长约1cm，果期下弯。萼片小，椭圆形，具齿。花污黄色，直立或斜伸，后渐平展，外花瓣龙骨突起部位带紫褐色，具高而全缘的鸡冠状突起。上花瓣长约2cm，鸡冠状突起延伸至距中部；距约与瓣片等长，圆筒形，末端稍下弯；蜜腺体长约达距的1/2。下花瓣稍向前伸出，瓣片近爪处下弯；爪宽展，下凹。内花瓣具粗厚的鸡冠状突起；爪稍短于瓣片。雄蕊束披针形，向上渐狭。子房长圆形，稍长于花柱；蒴果下垂，长圆形，长1～1.4cm，宽2.5～3.5mm。

【经济用途】 全草入药，清腹热、解毒、愈疮、续脉、镇痛、消炎，治肠胃病、感冒、肉食中毒，外用治疮疡久溃不愈。

【生境分布】 贵南、同德、兴海、共和（模式标本产地：青海湖）。生于高山砾石带、流石坡、阴坡灌丛中，海拔2700～4800m。中国特有种，分布于西藏、四川西北部、甘肃。在青海亦分布于杂多、治多、囊谦、玉树、称多、玛多、久治、玛沁、尖扎、同仁、泽库、河南、天峻、大通、湟中、乐都、互助、刚察、海晏、祁连、门源。

白瑜 摄

条裂黄堇 铜锤紫堇 藏名：贾大丝哇

Corydalis linarioides **Maximowicz**

Papaveraceae 罂粟科　Corydalis 紫堇属

【形态特征】 直立草本，高25～50cm。块根纺锤形。茎2～5条，不分枝，上部具叶，下部裸露，基部变线形。基生叶少数，叶柄长达14cm，基部变线形，叶片近圆形，长约4cm，宽约3.5cm，二回羽状分裂，一回3全裂，顶生裂片具柄，5～7深裂，侧生裂片无柄，3裂，小裂片线形，背面具白粉，有时与茎生叶同形；茎生叶通常2～3枚，互生于茎上部，无柄，叶片一回奇数羽状全裂，全裂片3对，线形，长3～6cm，宽2～3mm，全缘，背面明显具3条纵脉。总状花序顶生，多花，花时密集，果时稀疏；苞片下部者羽状分裂，上部者狭披针状线形，最上部者线形。萼片鳞片状，边缘撕裂状，白色，微透明；花瓣黄色，上花瓣长1.6～1.9cm，花瓣片舟状卵形，背部鸡冠状突起高约2mm，自花瓣片先端稍后开始，延伸至距，距圆筒形，长0.9～1.1cm，下花瓣倒卵形，长0.9～1cm，背部鸡冠状突起较上花瓣的小，内花瓣提琴形，长7～8mm，爪与花瓣片近等长；雄蕊束长6～7mm，花药小，长圆形，花丝披针形，蜜腺体贯穿距的1/2；子房狭椭圆状线形，长4～5mm，花柱长2～3mm，先端弯曲，柱头双卵形，上端具2个乳突。蒴果长圆形，长约1.2cm，粗1.5～2mm，熟时自果梗基部反折。花果期6～9月。

【经济用途】 全草入药，治跌打损伤、风湿性疼痛、痨伤、皮肤风痒症等。

【生境分布】 同德、共和。生于阴坡草地、灌丛中、灌丛草甸，海拔2800～4700m。中国特有种，分布于甘肃。在青海亦分布于囊谦、玉树、称多、久治、玛沁、同仁、河南、大通、湟中、循化、乐都、民和、互助、海晏、祁连、门源。

注：本种分布较广，因此形态变异也较大。

暗绿紫堇 藏名：玉珠丝哇

Corydalis melanochlora **Maximowicz**

Papaveraceae 罂粟科　Corydalis 紫堇属

【形态特征】 多年生无毛草本，高5～18cm。须根多数成簇，棒状，肉质增粗，长达6cm，上部粗约3mm，向下渐狭，具少数细根，黄褐色。根茎短，具鳞茎；鳞片数枚，覆瓦状排列，褐色，椭圆形，长约1.5cm，宽约5mm，肉质。茎1～5条，不分枝，上部具叶，下部裸露，基部线形。基生叶2～4枚，叶柄长达10cm，叶片卵形或狭卵形，长2～3.5cm，宽1.5～2cm，三回羽状全裂，全裂片下部者具柄，上部者近无柄或无柄，圆形，互生，3全裂或深裂，小裂片不等的2～3浅裂，披针形或宽线形；茎生叶2枚，生于茎上部，通常近对生，具短柄或无柄，其他与基生叶相同，但裂片较疏离。总状花序顶生，有4～8朵花，密集近于伞形，长2～3cm；苞片指状全裂，裂片多数，狭倒披针形，长0.5～1.5cm；花梗纤细，比苞片稍短。萼片小，近圆形，呈撕裂状，微透明；花瓣天蓝色，上花瓣长2～2.5cm，花瓣片舟状卵形，背部具鸡冠状突起，距圆筒形，长1.3～1.5cm，末端钝，略下弯，下花瓣长1～1.2cm，具爪，内花瓣长约1cm，花瓣片倒卵状长圆形，先端深紫色，基部2个耳垂，爪线形，略短于花瓣片；花丝狭卵形，膜质，长约0.8cm；子房线形，长5～6mm，胚珠2列，花柱细，长约3mm，柱头近肾形，先端具6个乳突。花果期6～9月。

【经济用途】 全草药用，治赤巴热、隐热、败血症、流感、伤寒、创伤感染等。

【生境分布】 共和。生于流石坡、砾石带，海拔3200～5000m。中国特有种，分布于四川西北部和甘肃。在青海亦分布于杂多、玉树、河南、互助、祁连、门源、大通（模式标本产地）。

白瑜 摄

白瑜 摄

白瑜 摄

蛇果黄堇

弯果黄堇　断肠草　藏名：帕夏噶曼巴

Corydalis ophiocarpa **J. D. Hooker & Thomson**

Papaveraceae 罂粟科　Corydalis 紫堇属

【形态特征】 多年生丛生灰绿色草本，高30～120cm，具主根。茎常多条，具叶，分枝，枝条花葶状，对叶生。基生叶多数，长10～50cm；叶柄约与叶片等长，边缘具膜质翅，延伸至叶片基部；叶片长圆形，二回至一回羽状全裂，一回羽片4～5对，具短柄，二回羽片2～3对，无柄，倒卵圆形至长圆形，3～5裂，裂片长3～10mm，宽1～5mm，具短尖。茎生叶与基生叶同形，下部的具长柄，上部的具短柄，近一回羽状全裂；叶柄边缘延伸至叶片基部的翅较基生叶更明显。总状花序长10～30cm，多花，具短花序轴。苞片线状披针形，长约5mm。花梗长5～7mm。花淡黄色至苍白色，平展。外花瓣顶端着色较深，渐尖。上花瓣长9～12mm；距短囊状，占花瓣全长的1/4～1/3，多少上升；蜜腺体约贯穿距长的1/2。下花瓣舟状，多少向前伸出。内花瓣顶端暗紫红色至暗绿色，具伸出顶端的鸡冠状突起，爪短于瓣片。雄蕊束披针形，上部缢缩成丝状。子房线形，稍长于花柱；柱头宽浅，具4个乳突，顶生2个呈广角状叉分，侧生2个呈两臂状伸出，先下弯再弧形上伸。蒴果线形，长1.5～2.5cm，宽约1mm，蛇形弯曲，具1列种子。种子小，黑亮，具伸展狭直的种阜。

【经济用途】 ① 地上部分入药，清热解毒、活血、除湿，治肝胆病、血热引起的头疼、高血压、跌打淤痛；② 根入药，可治偏瘫。

【生境分布】 同德。生于河滩、河边石隙，海拔2300～3550m。分布于西藏、云南、贵州、四川、甘肃、陕西、宁夏、山西、河北、湖北、安徽、江西、台湾；印度（锡金）、不丹、日本也有。在青海亦分布于玉树、河南、西宁、互助。

粗糙黄堇

粗毛黄堇　藏名：桑格丝哇　贾大丝哇

Corydalis scaberula Maximowicz

Papaveraceae 罂粟科　Corydalis 紫堇属

【形态特征】 多年生草本，高8～15cm。块茎棒状长条形。茎1～4条，上部具叶，下部裸露，基部线形。基生叶少数，叶柄长5～11cm，叶片卵形，长2～6cm，宽1.5～4cm，三回羽状分裂，一回裂片4对，下部者具柄，上部者具短柄或近无柄，二回羽状深裂至浅裂，三回裂片下部者2～3浅裂，上部者全缘，背面具软骨质粗糙的柔毛，有时密集且明显，有时稀疏不明显；茎生叶通常2枚，近对生于茎的上部，具短柄，叶片长圆形，长3～8cm，宽1～2cm，其他与基生叶相同。总状花序长2.5～5cm，密集多花；苞片菱形，下半部楔形全缘，上半部扇状条裂，边缘具软骨质的糙毛；花梗细，短于苞片。萼片小，近肾形，具条裂状齿；花瓣淡黄色带紫色，开放后橙黄色，上花瓣长1.5～2cm，花瓣片舟状倒卵形，背部具绿色的鸡冠状突起，距圆筒形，长0.7～0.8cm，粗0.3～0.4cm，钝，下花瓣长0.8～1cm，背部具鸡冠状突起，内花瓣长约0.8cm，先端深紫色；雄蕊束长约0.8cm，花丝椭圆形，宽约2mm；子房椭圆形，长约0.6cm，粗约2mm，具2列胚珠，花柱纤细，长约2mm，柱头近肾形。蒴果长圆形，长约0.8cm，直径约2mm，具8～10枚种子，排成2列。种子圆形，直径约1.5mm；种阜具细牙齿。花果期6～9月。

【经济用途】 全草入药，清热凉血、活血镇痛、行气散淤；治血毒症、流感、头痛、发烧。

【生境分布】 兴海。生于高山草甸、高山流石坡、砾石带，海拔3800～5600m。中国特有种，分布于西藏、四川、甘肃。在青海亦分布于杂多、治多、曲麻莱、玉树、称多、玛多、久治、玛沁。

贾留坤 摄

张海华 摄

草黄堇

草黄花黄堇　藏名：赛博丝哇

Corydalis straminea Maximowicz

Papaveraceae 罂粟科　Corydalis 紫堇属

【形态特征】　多年生丛生草本，高30～60cm。主根粗大，老时多少扭曲，顶部具紫褐色鳞片和叶柄残基。茎发自鳞片或基生叶腋，具棱，中空，下部裸露，上部分枝、具叶。基生叶长约达茎的1/2，具长柄，叶片卵圆形或卵状长圆形，上面绿色，下面苍白色，二回羽状全裂；一回羽片约4对，具短柄；二回羽片约3枚，无柄，3深裂，有时裂片再2～3裂，末回裂片披针形，长1～2cm，宽5～10mm。茎生叶与基生叶同形，具短柄至无柄。总状花序多花、密集，长3～10cm。下部苞片叶状或3裂，其余的披针形、全缘，约与花梗等长。花梗长约1cm。萼片宽卵形，具尾状短尖，边缘具啮蚀状齿，有时近于全缘，长(2～)4～5mm。花草黄色，平展。上花瓣长1.8～2.5cm，无鸡冠状突起；距圆筒形，长于瓣片，末端圆钝，稍下弯；蜜腺体约贯穿距长的1/2。下花瓣舟状，后部近具囊，基部缢缩。内花瓣具鸡冠状突起；爪约与瓣片等长。雄蕊束披针形。柱头扁圆形，具8个乳突。蒴果线形，具1列种子。种子圆形，黑亮；种阜扁平，宽展，贴生。

【经济用途】　全草入药，治流感、伤寒、传染性热病、潜伏热症。

【生境分布】　同德。生于阴坡灌丛草甸、林下，海拔2400～3600m。中国特有种，分布于西藏、甘肃。在青海亦分布于久治、玛沁、尖扎、大通、循化、乐都、民和、互助、海晏、门源。

直茎黄堇

直立紫堇　劲直黄堇　藏名：帕蒙丝哇

Corydalis stricta Stephan ex Fischer

Papaveraceae 罂粟科　Corydalis 紫堇属

【形态特征】 多年生灰绿色丛生草本，高30～60cm，具主根和多头根茎。根茎具鳞片和多数叶柄残基。茎具棱，劲直，多少具白粉，不分枝或少分枝，疏具叶。基生叶长10～15cm，具长柄，叶片二回羽状全裂，一回羽片约4对，具短柄，二回羽片约3枚，宽卵圆形，长约1.2cm，宽1～1.2cm，质较厚而多少具白粉，3深裂，裂片卵圆形，近具短尖，有时羽片较小，二回3深裂，末回裂片狭披针形至狭卵圆形，长3～6mm，宽1～3mm，质较薄，无白粉。茎生叶与基生叶同形，具短柄至无柄。总状花序密具多花，长3～7cm，宽2～4cm。苞片狭披针形，长6～8mm，近白色。花梗长4～5mm，果期不伸长，下弯。花黄色，背部带浅棕色。萼片卵圆形，长2～4mm，有时基部具流苏状齿。外花瓣不宽展，具短尖，无鸡冠状突起，上花瓣长1.6～1.8cm；距短囊状，约占花瓣全长的1/5；蜜腺体粗短，长约1mm。下花瓣长约1.4cm。内花瓣长约1.2cm，具鸡冠状突起。雄蕊束披针形，具中肋。柱头小，近圆形，具10个乳突。蒴果长圆形，长1.5～2cm，宽3～4mm，下垂。

【经济用途】 全草入药，功效同灰绿黄堇。

【生境分布】 兴海、共和。生于山坡草地、阴坡、沙地、岩石缝隙，海拔3200～4900m。分布于西藏、新疆；蒙古、克什米尔地区、巴基斯坦、尼泊尔、俄罗斯（西伯利亚）和中亚也有。在青海亦分布于玉树、玛沁、格尔木、刚察。

注：本种是一个多型种，其体态、叶裂片和花的大小均存在变异。

糙果紫堇 藏名：冬日丝哇

Corydalis trachycarpa **Maximowicz**

Papaveraceae 罂粟科 Corydalis 紫堇属

【形态特征】 多年生粗壮直立草本，高(15～)25～35(～50)cm，全株无毛。块茎棒状长条形。茎具细棱，向基部渐细，中部有时分枝。基生叶少数，叶柄长达10cm，上部粗壮，下部2/3渐细，叶片宽卵形，长2.5～3(～6)cm，宽2～2.5(～4)cm，二至三回羽状分裂，一回全裂片通常3～4对，具长0.3～0.8cm的柄，二回深裂片无柄，深裂，小裂片狭倒卵形至狭倒披针形或狭椭圆形，长0.5～1cm，先端具小尖头，背面具白粉；茎生叶1～4枚，疏离互生，下部叶具柄，上部叶近无柄，其他与基生叶相同。总状花序生于茎和分枝顶端，长3～10cm，多花密集；苞片下部者扇状羽状全裂，上部者扇状掌状全裂，裂片均为线形；花梗明显短于苞片。萼片鳞片状，边缘具缺刻状流苏；花瓣紫色、蓝紫色或紫红色，上花瓣长2.5～3.2cm，花瓣片舟状卵形，先端钝，背部鸡冠状突起高1～2mm，自先端开始至瓣片中部消失，距圆锥形，锐尖，长为花瓣片的2倍或更多，平伸或弯曲，下花瓣长1～1.3cm，鸡冠状突起同上瓣，下部稍呈囊状，内花瓣长0.9～1.1cm，花瓣片倒卵形，具1个侧生囊，爪与花瓣片近等长；雄蕊束长7～9mm，花药极小，黄色，花丝披针形，膜质，白色，蜜腺体贯穿距的2/5；子房绿色，椭圆形，长2～4mm，具肋，肋上有密集排列的小瘤，胚珠2列，花柱比子房长，柱头双卵形，上端具2个乳突。蒴果狭倒卵形，长0.8～1cm，粗约3mm，具多数淡黄色的小瘤，密集排列成6条纵棱。花果期7～9月。

【经济用途】 全草入药，清胆热、隐热，治陈旧热症、传染性热病、瘟病时疫、流感发烧、伤寒，外敷治痈疖肿毒、烧伤烫伤。

【生境分布】 贵德、共和。生于流石坡、高山草甸、灌丛草地、岩石缝隙，海拔3100～4500m。中国特有种，分布于甘肃、四川和西藏。在青海亦分布于玉树、称多、久治、玛沁、同仁、河南、天峻、大通（模式标本产地）、湟中、互助、祁连、门源。

白瑜 摄

白瑜 摄

细果角茴香

节裂角茴香　藏名：巴尔巴大

Hypecoum leptocarpum J. D. Hooker & Thomson

Papaveraceae 罂粟科　Hypecoum 角茴香属

【形态特征】 一年生草本，略被白粉，高4～60cm。茎丛生，长短不一，铺散而先端向上，多分枝。基生叶多数，蓝绿色，叶柄长1.5～10cm，叶片狭倒披针形，长5～20cm，二回羽状全裂，裂片4～9对，宽卵形或卵形，长0.4～2.3cm，疏离，近无柄，羽状深裂，小裂片披针形、卵形、狭椭圆形至倒卵形，长0.3～2mm，先端锐尖；茎生叶同基生叶，但较小，具短柄或近无柄。花茎多数，高5～40cm，通常二歧状分枝；苞叶轮生，卵形或倒卵形，长0.5～3cm，二回羽状全裂，向上渐变小，至最上部者为线形。花小，排列成二歧聚伞花序，花直径5～8mm，花梗细长，每花具数枚刚毛状小苞片；萼片卵形或卵状披针形，长2～3(～4)mm，宽1～1.5(～2)mm，绿色，边缘膜质，全缘，稀具小牙齿；花瓣淡紫色，外面2枚宽倒卵形，长0.5～1cm，宽4～7mm，先端绿色，全缘，近革质，里面2枚较小，3裂几达基部，中裂片匙状圆形，具短柄或无柄，边缘内弯，几全缘，侧裂片较长，长卵形或宽披针形，先端钝且几全缘；雄蕊4枚，与花瓣对生，长4～7mm，花丝丝状，黄褐色，扁平，基部扩大，花药卵形，长约1mm，黄色；子房圆柱形，长5～8mm，粗约1mm，无毛，胚珠多数，花柱短，柱头2裂，裂片外弯。蒴果直立，圆柱形，长3～4cm，两侧压扁，成熟时在关节处分离成数小节，每节具1枚种子。种子扁平，宽倒卵形。花果期6～9月。

【经济用途】 全草入药，清热消炎、退烧止痛，治感冒、传染性热病、高烧、中毒性发烧、咽喉炎、胆囊炎、关节痛。

【生境分布】 海南州各地。生于山地阳坡、阴坡灌丛中、河谷滩地，海拔2250～4800m。分布于我国西南部和北部；蒙古和印度（锡金）也有。在青海亦分布于杂多、治多、曲麻莱、囊谦、玉树、玛多、久治、玛沁、尖扎、同仁、泽库、河南、德令哈、天峻、西宁、乐都、民和、互助、祁连、刚察、门源。

荷包牡丹 荷包花 鱼儿牡丹

Lamprocapnos spectabilis (Linnaeus) Fukuhara

Papaveraceae 罂粟科 Lamprocapnos 荷包牡丹属

【形态特征】 直立草本，高30～60cm或更高。茎圆柱形，带紫红色。叶片三角形，长(15～)20～30(～40)cm，宽(10～)14～17(～20)cm，二回三出全裂，一回裂片具长柄，中裂片的柄较侧裂片的长，二回裂片近无柄，2～3裂，小裂片通常全缘，表面绿色，背面具白粉，两面叶脉明显；叶柄长约10cm。总状花序长约15cm，有(5～)8～11(～15)朵花，于花序轴的一侧下垂；花梗长1～1.5cm；苞片钻形或线状长圆形，长3～5(～10)mm，宽约1mm。花优美，长2.5～3cm，宽约2cm，基部心形；萼片披针形，长3～4mm，玫瑰色，于花开前脱落；外花瓣紫红色至粉红色，稀白色，下部囊状，囊长约1.5cm，宽约1cm，具数条脉纹，上部变狭并向下反曲，长约1cm，宽约2mm，内花瓣长约2.2cm，花瓣片略呈匙形，长1～1.5cm，先端圆形部分紫色，背部鸡冠状突起自先端延伸至瓣片基部，高达3mm，爪长圆形至倒卵形，长约1.5cm，宽2～5mm，白色；雄蕊束弧曲上升，花药长圆形；子房狭长圆形，长1～1.2cm，粗1～1.5mm，胚珠数枚，于子房的下半部排列成2行，花柱细，长0.5～1.1cm，每边具1沟槽，柱头狭长方形，长约1mm，宽约0.5mm，顶端2裂，基部近箭形。果未见，花期4～6月。

【经济用途】 ① 全草入药，有镇痛、解痉、利尿、调经、散血、和血、除风、消疮毒等功效；② 庭园栽培供观赏。

【生境分布】 海南州各地。我国北方各省多有栽培，日本、朝鲜、俄罗斯有分布。

秃疮花 秃子花 勒马回

Dicranostigma leptopodum (Maximowicz) Fedde

Papaveraceae 罂粟科 Dicranostigma 秃疮花属

【形态特征】 多年生草本，高25～80cm，全株含淡黄色液汁，被短柔毛，稀无毛。主根圆柱形。茎多，绿色，具粉，上部具多数等高的分枝。基生叶丛生，叶片狭倒披针形，长10～15cm，宽2～4cm，羽状深裂，裂片4～6对，再次羽状深裂或浅裂，小裂片先端渐尖，顶端小裂片3浅裂，表面绿色，背面灰绿色，疏被白色短柔毛；叶柄条形，长2～5cm，疏被白色短柔毛，具数条纵纹；茎生叶少数，生于茎上部，长1～7cm，羽状深裂、浅裂或二回羽状深裂，裂片具疏齿，先端三角状渐尖；无柄。花1～5朵于茎和分枝先端排列成聚伞花序；花梗长2～2.5cm，无毛；具苞片。花芽宽卵形，长约1cm；萼片卵形，长0.6～1cm，先端渐尖成距，距末明显扩大成匙形，无毛或被短柔毛；花瓣倒卵形至回形，长1～1.6cm，宽1～1.3cm，黄色；雄蕊多数，花丝丝状，长3～4mm，花药长圆形，长1.5～2mm，黄色；子房狭圆柱形，长约6mm，绿色，密被疣状短毛，花柱短，柱头2裂，直立。蒴果线形，长4～7.5cm，粗约2mm，绿色，无毛，2瓣自顶端开裂至近基部。种子卵珠形，长约0.5mm，红棕色，具网纹。花期3～5月，果期6～7月。

【相近种】 本种易与白屈菜*Chelidonium majus*混淆，区别在于白屈菜植株高大，基生叶少且叶柄较短（0.5～1.5cm），并于早期凋落，茎生叶多，边缘常卷曲，多花组成伞形花序，花较小，雄蕊较少且长，蒴果较短（2～5cm）；而秃疮花植株较低矮，基生叶多且叶柄较长，茎生叶少，叶片边缘平整，花少数组成聚伞花序，花朵较大，雄蕊较多且短，蒴果较长。

【经济用途】 根及全草入药，有清热解毒、消肿镇痛、杀虫等功效，治风火牙痛、咽喉痛、扁桃体炎、淋巴结核、秃疮、疮疖疥癣、痈疽。

【生境分布】 同德。生于林缘，海拔3100～3350m。分布于西藏、云南、四川、甘肃、陕西、山西、河南等地。在青海亦分布于班玛。

白瑜 摄

白瑜 摄

多刺绿绒蒿
喜马拉雅蓝罂粟　藏名：乌巴拉色尔布　才温
Meconopsis horridula J. D. Hooker & Thomson

Papaveraceae 罂粟科　Meconopsis 绿绒蒿属

【形态特征】 一年生草本，全体被黄褐色或淡黄色、坚硬而平展的刺，刺长0.5～1cm。主根肥厚而延长，圆柱形，长达20cm或更多，上部粗1～1.5cm，果时达2cm。叶全部基生，叶片披针形，长5～12cm，宽约1cm，先端钝或急尖，基部渐狭而入叶柄，边缘全缘或波状，两面被黄褐色或淡黄色平展的刺；叶柄长0.5～3cm。花葶5～12条或更多，长10～20cm，坚硬，绿色或蓝灰色，密被黄褐色平展的刺，有时花葶基部合生。花单生于花葶上，半下垂，直径2.5～4cm；花芽近球形，直径约1cm或更大；萼片外面被刺；花瓣5～8枚，有时4枚，宽倒卵形，长1.2～2cm，宽约1cm，蓝紫色；花丝丝状，长约1cm，颜色比花瓣深，花药长圆形，稍旋扭；子房圆锥状，被黄褐色平伸或斜展的刺，花柱长6～7mm，柱头圆锥状。蒴果倒卵形或椭圆状长圆形，稀宽卵形，长1.2～2.5cm，被锈色或黄褐色、平展或反曲的刺，刺基部增粗，通常3～5瓣自顶端开裂至全长的1/4～1/3。种子肾形，种皮具窗格状网纹。花果期6～9月。

【经济用途】 花和全草入药，治骨热、骨折、跌打损伤、筋骨疼痛，花的疗效高于全草。

【生境分布】 同德、兴海、共和。生于高山砾石带、高山倒石堆、山坡、河滩，海拔3700～4800m。分布于西藏、云南西北部、四川；尼泊尔、不丹、印度（锡金）、缅甸北部也有。在青海亦分布于杂多、治多、曲麻莱、囊谦、玉树、称多、玛多、达日、大通、乐都、祁连和门源。

全缘叶绿绒蒿

黄芙蓉　雅片花　藏名：欧贝赛博

Meconopsis integrifolia (Maximowicz) Franchet

Papaveraceae 罂粟科　Meconopsis 绿绒蒿属

【形态特征】 多年生草本，高30～60cm，全株被红褐色或金黄色软毛。根圆锥形，肉质。基生叶密丛生或呈莲座状，基部残存密被红褐色毛的枯萎叶柄和老叶；叶柄长3～12cm；叶片倒披针形，长4～10cm，宽0.5～3cm，基部楔形，顶端钝圆或渐尖，全缘，具3条或多条明显的平行脉；上部叶无柄，近轮生，较小。花2～7朵，顶生或腋生，花梗长5～15cm，粗壮；萼片2枚，早落；花瓣6～9枚，倒卵形或近圆形，鲜黄色或淡黄色；雄蕊多数，花丝窄线形，长0.5～1.5cm，淡黄色，花药椭圆形，黄色；子房宽椭圆形、椭圆形或卵形，密被金黄色毛，花柱较短，柱头头状。蒴果宽椭圆形或椭圆形。

【经济用途】 花和全草入药，可催吐、清肝肺之热、止痛，治肝肺热症、胃酸、咳嗽、骨折、跌打损伤等。

【生境分布】 同德、兴海。生于高山草甸、山坡草地，海拔3200～4700m。分布于甘肃、四川、云南、西藏；缅甸也有分布。在青海亦分布于杂多、囊谦、玉树、达日、班玛、久治、玛沁、同仁、泽库、河南、大通、循化、乐都、互助、祁连、门源。

白瑜 摄

五脉绿绒蒿

野毛金莲　藏名：欧贝完博

Meconopsis quintuplinervia Regel

Papaveraceae 罂粟科　Meconopsis 绿绒蒿属

【形态特征】 多年生草本，高30～50cm，基部盖以宿存的叶基，其上密被淡黄色或棕褐色、具多短分枝的硬毛。须根纤维状，细长。叶全部基生，莲座状，叶片倒卵形至披针形，长2～9cm，宽1～3cm，先端急尖或钝，基部渐狭并下延入叶柄，边缘全缘，两面密被淡黄色或棕褐色、具多短分枝的硬毛。明显具3～5条纵脉；叶柄长3～6cm。花葶1～3条，具肋，被棕黄色、具分枝且反折的硬毛，上部毛较密。花单生于基生花葶上，下垂。花芽宽卵形；萼片长约2cm，宽约1.5cm，外面密被棕黄色、具分枝的硬毛；花瓣4～6枚，倒卵形或近圆形，长3～4cm，宽2.5～3.7cm，淡蓝色或紫色；花丝丝状，长1.5～2cm，与花瓣同色或白色，花药长圆形，长1～1.5mm，淡黄色；子房近球形、卵珠形或长圆形，长5～8mm，密被棕黄色、具分枝的刚毛，花柱短，长1～1.5mm，柱头头状，3～6裂。蒴果椭圆形或长圆状椭圆形，长1.5～2.5cm，密被紧贴的刚毛，3～6瓣自顶端微裂。种子狭卵形，长约3mm，黑褐色，种皮具网纹和皱褶。花果期6～9月。

【经济用途】 花入药，清热、利尿、镇痛息风、定喘，治肝炎、胆囊炎、肺炎、肺结核、胃溃疡、小儿惊风、咳喘。

【生境分布】 贵南、同德、兴海、共和。生于高山草甸、灌丛草甸，海拔2400～4000m。中国特有种，分布于西藏、四川、甘肃和陕西。在青海亦分布于达日、久治、玛沁、尖扎、同仁、泽库、河南、大通、湟中、循化、乐都、民和、互助、祁连、门源。

野罂粟

山大烟　山罂粟　冰岛虞美人　岩罂粟

Papaver nudicaule Linnaeus

Papaveraceae 罂粟科　Papaver 罂粟属

【形态特征】 多年生草本，高20～60cm。主根圆柱形，延长，上部粗2～5mm，向下渐狭，或为纺锤状；根茎短，增粗，通常不分枝，密盖麦秆色、覆瓦状排列的残枯叶鞘。茎极缩短。叶全部基生，叶片卵形至披针形，长3～8cm，羽状浅裂、深裂或全裂，裂片2～4对，全缘或再次羽状浅裂或深裂，小裂片狭卵形、狭披针形或长圆形，先端急尖、钝或圆，两面稍具白粉，密被或疏被刚毛，极稀近无毛；叶柄长(1～)5～12cm，基部扩大成鞘，被斜展的刚毛。花葶1至数条，圆柱形，直立，密被或疏被斜展的刚毛。花单生于花葶先端；花蕾宽卵形至近球形，长1.5～2cm，密被褐色刚毛，通常下垂；萼片2枚，舟状椭圆形，早落；花瓣4枚，宽楔形或倒卵形，长(1.5～)2～3cm，边缘具浅波状圆齿，基部具短爪，淡黄色、黄色或橙黄色，稀红色；雄蕊多数，花丝钻形，长0.6～1cm，黄色或黄绿色，花药长圆形，长1～2mm，黄白色、黄色或稀带红色；子房倒卵形至狭倒卵形，长0.5～1cm，密被紧贴的刚毛，柱头4～8枚，辐射状。蒴果狭倒卵形、倒卵形或倒卵状长圆形，长1～1.7cm，密被紧贴的刚毛，具4～8条淡色的宽肋；柱头盘平扁，具疏离、缺刻状的圆齿。种子多数，近肾形，小，褐色，表面具条纹和蜂窝小孔穴。花果期5～9月。

【经济用途】 果入药，治神经性头痛、偏头痛、久咳气喘、泻痢、便血、遗精、痛经、白带、脱肛、急性胃炎、慢性胃炎、胃溃疡、胃痛等。

【生境分布】 贵德、贵南；野生或栽培。生于山地阴坡，海拔2800～3000m。分布于河北、山西、内蒙古、黑龙江、陕西、宁夏、新疆等地，许多省区有栽培。在青海亦分布于泽库、大通、平安、化隆、湟中、民和、乐都、互助。

张海华 摄

陆福根 摄

张海华 摄

虞美人

Papaver rhoeas **Linnaeus**

Papaveraceae 罂粟科　Papaver 罂粟属

【形态特征】 一年生草本，全体被伸展的刚毛，稀无毛。茎直立，高25～90cm，具分枝，被淡黄色刚毛。叶互生，叶片披针形或狭卵形，长3～15cm，宽1～6cm，羽状分裂，下部全裂，全裂片披针形和二回羽状浅裂，上部深裂或浅裂，裂片披针形，最上部粗齿状羽状浅裂，顶生裂片通常较大，小裂片先端均渐尖，两面被淡黄色刚毛，叶脉在背面突起，在表面略凹；下部叶具柄，上部叶无柄。花单生于茎和分枝顶端；花梗长10～15cm，被淡黄色平展的刚毛。花蕾长圆状倒卵形，下垂；萼片2枚，宽椭圆形，长1～1.8cm，绿色，外面被刚毛；花瓣4枚。圆形、横向宽椭圆形或宽倒卵形，长2.5～4.5cm，全缘，稀圆齿状或顶端缺刻状，紫红色，基部通常具深紫色斑点；雄蕊多数，花丝丝状，长约8mm，深紫红色，花药长圆形，长约1mm，黄色；子房倒卵形，长7～10mm，无毛，柱头5～18枚，辐射状，连合成扁平、边缘圆齿状的盘状体。蒴果宽倒卵形，长1～2.2cm，无毛，具不明显的肋。种子多数，肾状长圆形，长约1mm。花果期3～8月。

【经济用途】 ① 花和全株入药，含多种生物碱，有镇咳、止泻、镇痛、镇静等功效；② 种子含油40%以上。

【生境分布】 海南州各地。原产于欧洲，我国各地常见栽培，为观赏植物。青海玉树、西宁、大通、乐都、门源等地庭院内也有栽培。

贺兰山南芥

Arabis alaschanica **Maximowicz**

Brassicaceae 十字花科　Arabis 南芥属

【形态特征】 多年生草本，高5～15cm。主根圆锥状，淡黄褐色。茎基部分枝，直立或倾斜，有宿存枯萎叶柄。叶于基部密集，呈莲座状，叶片倒披针形至倒卵形，长1～3cm，宽5～8mm，顶端锐尖，边缘全缘或上部具疏齿，仅边缘疏被睫毛；叶柄具窄翅。花茎自基部抽出，有花4～8朵，排列疏松；花萼长椭圆形，长2～3mm，背面有或无毛；花瓣白色或淡紫色，倒卵形，长约5mm，宽约1.5mm，基部具短爪，柱头头状。长角果窄条形，斜向伸展，长2～4cm，宽0.9～1.2mm，宿存花柱长约2mm；果瓣扁平，有时稍弯曲；果梗长约5mm。种子每室1行，约10粒；种子椭圆形，长约2mm，宽约1mm，棕褐色，具窄翅。花果期5～8月。

【经济用途】 全草入药，可解食物中毒和退烧。

【生境分布】 贵德（尕让）。生于山谷石缝，海拔3400m。分布于内蒙古、甘肃、宁夏（贺兰山）、四川。

李小伟 摄

李小伟 摄

李小伟 摄

李小伟 摄

垂果南芥

扁担蒿　大蒜芥　藏名：达牙甘

Arabis pendula **Linnaeus**

Brassicaceae 十字花科　Arabis 南芥属

【形态特征】 二年生草本，高30～150cm，全株被硬单毛、杂有2～3叉毛。主根圆锥状，黄白色。茎直立，上部有分枝。茎下部的叶长椭圆形至倒卵形，长3～10cm，宽1.5～3cm，顶端渐尖，边缘有浅锯齿，基部渐狭而成叶柄，长达1cm；茎上部的叶狭长椭圆形至披针形，较下部的叶略小，基部呈心形或箭形，抱茎，上面黄绿色至绿色。总状花序顶生或腋生，有花10余朵；萼片椭圆形，长2～3mm，背面被有单毛、2～3叉毛及星状毛，花蕾期更密；花瓣白色，匙形，长3.5～4.5mm，宽约3mm。长角果线形，长4～10cm，宽1～2mm，弧曲，下垂。种子每室1行，椭圆形，褐色，长1.5～2mm，边缘有环状的翅。花期6～9月，果期7～10月。

【经济用途】 地上带花部分和种子入药，愈骨伤，治头骨破裂、坚固软骨。

【生境分布】 同德、兴海。生于林缘草地、山坡、河滩及农田边，海拔1800～3900m。分布于西藏、云南、贵州、四川、新疆、甘肃、陕西、山西、河北、内蒙古、辽宁、吉林、黑龙江等省区；亚洲北部和东部也有。在青海亦分布于囊谦、玉树、班玛、泽库、大通、民和、互助等地。

李小伟 摄

白瑜 摄

欧洲油菜 甘蓝型油菜 大油菜

Brassica napus **Linnaeus**

Brassicaceae 十字花科 Brassica 芸苔属

【形态特征】 二年生草本，高30～90cm；茎粗壮，直立，分枝或不分枝，无毛或近无毛，稍带粉霜。基生叶大头羽裂，顶裂片圆形或卵形，边缘有不整齐弯缺牙齿，侧裂片1至数对，卵形；叶柄宽，长2～6cm，基部抱茎；下部茎生叶羽状半裂，长6～10cm，基部扩展且抱茎，两面有硬毛及缘毛；上部茎生叶长圆状倒卵形、长圆形或长圆状披针形，长2.5～8(～15)cm，宽0.5～4(～5)cm，基部心形，抱茎，两侧有垂耳，全缘或有波状细齿。总状花序在花期成伞房状，以后伸长；花鲜黄色，直径7～10mm；萼片长圆形，长3～5mm，直立开展，顶端圆形，边缘透明，稍有毛；花瓣倒卵形，长7～9mm，顶端近微缺，基部有爪。长角果线形，长3～8cm，宽2～4mm，果瓣有中脉及网纹，萼直立，长9～24mm；果梗长5～15mm。种子球形，直径约1.5mm。紫褐色。花果期6～8月。

【经济用途】 ① 重要油料作物，植株高，分枝多，产量较高，油供食用；② 嫩茎叶和总花梗作蔬菜；③ 种子入药，能行血、散结消肿；④ 叶可外敷痈肿。

【生境分布】 贵德、贵南有栽培，品种繁多。原产于欧洲，我国各地有栽培。青海省东部农业区亦有栽培。

芥菜
辣芥　野油菜　油芥菜　雪里蕻　藏名：运那
Brassica juncea (Linnaeus) Czernajew

Brassicaceae 十字花科　Brassica 芸苔属

【形态特征】　一年生草本，高30～150cm，常无毛，有时幼茎及叶具刺毛，带粉霜，有辣味；茎直立，有分枝。基生叶宽卵形至倒卵形，长15～35cm，顶端圆钝，基部楔形，大头羽裂，具2～3对裂片，或不裂，边缘均有缺刻或牙齿，叶柄长3～9cm，具小裂片；茎下部叶较小，边缘有缺刻或牙齿，有时具圆钝锯齿，不抱茎；茎上部叶窄披针形，长2.5～5cm，宽4～9mm，边缘具不明显疏齿或全缘。总状花序顶生，花后延长；花黄色，直径7～10mm；花梗长4～9mm；萼片淡黄色，长圆状椭圆形，长4～5mm，直立开展；花瓣倒卵形，长8～10mm，宽4～5mm。长角果线形，长3～5.5cm，宽2～3.5mm，果瓣具1条突出中脉；喙长6～12mm；果梗长5～15mm。种子球形，直径约1mm，紫褐色。花期3～5月，果期5～6月。

【经济用途】　①叶盐腌供食用；②种子及全草供药用，散寒、祛风、补血，治胃寒吐食、痈肿、淤血；③种子磨粉称芥末，为调味料，榨出的油称芥子油；⑤蜜源植物。

【生境分布】　贵德、贵南、同德、共和有栽培，有很多栽培品种。国内各地广泛栽培。青海尖扎、同仁、海西州各县、西宁、大通以及海东地区各县均有栽培，或在田边荒地成半野生。

芸苔　油菜　小油菜　白菜型油菜
Brassica rapa var. ***oleifera*** de Candolle

Brassicaceae 十字花科　Brassica 芸苔属

【形态特征】　一年或二年生草本，高30～50cm，具粉霜；茎直立，有分枝，仅幼叶有少数散生刚毛。下部叶大头羽裂，长5～25cm，宽2～6cm，顶裂片卵形，长7～9cm，顶端圆形，基部近平截，边缘具钝齿，侧裂片约2对，卵形，长1.5～2.5cm；叶柄长2.5～6cm，基部有裂片；中部及上部茎生叶由长圆状椭圆形渐变成披针形，基部心形，抱茎。总状花序伞房状；花直径10～15mm；花梗长

6～12mm；萼片卵形，长5～8mm；花瓣浅黄色，倒卵形，长10～15mm，爪长4～6mm。长角果线形，长40～80mm，果瓣具1条中脉，喙细，长1～2cm；果梗长约2cm。种子球形，直径约1.5mm。花果期6～8月。

【经济用途】 ①为北方主要油料植物之一，油供食用；②嫩茎叶和总花梗作蔬菜；③种子入药，能行血散结、消肿；④叶可外敷痈肿；⑤幼苗可做蔬菜。

【生境分布】 共和（青海湖沿岸）、贵南、贵德、同德都有栽培，有很多品种。原产于我国，大部分地区有栽培。青海省种植界限在海拔2000～3700m的地区。

青菜

小白菜　小油菜　油白菜　奶白菜

Brassica rapa **var.** ***chinensis*** **(Linnaeus) Kitamura**

Brassicaceae 十字花科　Brassica 芸苔属

【形态特征】 一年或二年生草本，高25～70cm，无毛，带粉霜；根粗，坚硬，常成纺锤形块根，顶端常有短根颈；茎直立，有分枝。基生叶倒卵形或宽倒卵形，长20～30cm，坚实，深绿色，有光泽，基部渐狭成宽柄。全缘或有不显明的圆齿或波状齿。中脉白色。宽达1.5cm，有多条纵脉；叶柄长3～5cm，有或无窄边；下部茎生叶和基生叶相似，基部渐狭成叶柄；上部茎生叶倒卵形或椭圆形，长3～7cm，宽1～3.5cm，基部抱茎，宽展，两侧有垂耳，全缘，微带粉霜。总状花序顶生，呈圆锥状；花浅黄色，长约1cm，授粉后长达1.5cm；花梗细，和花等长或较短；萼片长圆形，长3～4mm，直立开展，白色或黄色；花瓣长圆形，长约5mm，顶端圆钝，有脉纹，具宽爪。长角果线形，长2～6cm，宽3～4mm，坚硬，无毛，果瓣有明显中脉及网结侧脉；喙顶端细，基部宽，长8～12mm；果梗长8～30mm。种子球形，直径1～1.5mm，紫褐色，有蜂窝纹。花期4月，果期5月。

【经济用途】 嫩叶可做蔬菜，为春季主要蔬菜。

【生境分布】 海南州各地均有栽培，品种繁多，有青梗与白梗之分。原产于亚洲，我国南北各省区均有栽培，尤以长江流域为广。

花椰菜 花菜 球花甘蓝

***Brassica oleracea* var. *botrytis* Linnaeus**

Brassicaceae 十字花科 Brassica 芸苔属

【形态特征】 二年生草本，一年生株高15～30cm，二年生茎高60～90cm，被粉霜。茎直立，粗壮，有分枝。基生叶及下部叶长圆形至椭圆形，长2～3.5cm，灰绿色，顶端圆形，开展，不卷心，全缘或具细牙齿，有时叶片下延，具数个小裂片，并成翅状；叶柄长2～3cm；茎中上部叶较小且无柄，长圆形至披针形，抱茎。茎顶端有1个由总花梗、花梗和未发育的花芽密集成的乳白色、肉质头状体；总状花序顶生及腋生；花淡黄色，后变成白色。长角果圆柱形，长3～4cm，有1条中脉，喙下部粗上部细，长10～12mm。种子宽椭圆形，长近2mm，棕色。花期4月，果期5月。

【相近种】 另有栽培变种绿花菜*B. oleracea* var. *italica*，别称西蓝花、西兰花或青花菜，与本变种的区别为绿花菜为一年或二年生植物，植株高大，基生叶片蓝绿色，茎顶端肉质的总状花序轴、花梗和未开放的花蕾略密集成球状，为食用的主要部分。

【经济用途】 蔬菜，食用部分为其未发育的头状肉质花序。

【生境分布】 花椰菜和绿花菜在海南州农区均有栽培。原产于欧洲，世界各地广为栽培。

绿花菜

蔓菁　芜菁　蔓青　圆根　藏名：妞玛

Brassica rapa Linnaeus

Brassicaceae 十字花科　Brassica 芸苔属

【形态特征】　二年生草本，高达100cm；块根肉质，球形、扁圆形或长圆形，外皮白色、黄色或红色，根肉质，白色或黄色，无辣味；茎直立，有分枝，下部稍有毛，上部无毛。基生叶大头羽裂或为复叶，长20～34cm，顶裂片或小叶很大，边缘波状或浅裂，侧裂片或小叶约5对，向下渐变小，上面有少数散生刺毛，下面有白色尖锐刺毛；叶柄长10～16cm，有小裂片；中部及上部茎生叶长圆状披针形，长3～12cm，无毛，带粉霜，基部宽心形，至少半抱茎，无柄。总状花序顶生；花直径4～5mm；花梗长10～15mm；萼片长圆形，长4～6mm；花瓣鲜黄色，倒披针形，长4～8mm，有短爪。长角果线形，长3.5～8cm，果瓣具1条明显中脉；喙长10～20mm；果梗长达3cm。种子球形，直径约1.8mm，浅黄棕色，近种脐处黑色，有细网状窠穴。花期3～4月，果期5～6月。

【经济用途】　①块根熟食或用来泡酸菜，或作饲料；②种子解毒，治各种食物中毒。

【生境分布】　海南州各地；全国各地栽培。

甘蓝

卷心菜　圆白菜　莲花白　洋白菜　包菜

Brassica oleracea var. ***capitata*** Linnaeus

Brassicaceae 十字花科　Brassica 芸苔属

【形态特征】　二年生草本，矮且粗壮，被粉霜。一年生茎肉质，不分枝，绿色或灰绿色。基生叶多数，质厚，层层包裹成球状体，扁球形，直径10～30cm或更大，乳白色或淡绿色；二年生茎有分枝，具茎生叶。基生叶及下部茎生叶长圆状倒卵形至圆形，长和宽达30cm。顶端圆形，基部骤窄成极短有宽翅的叶柄，边缘有波状不显明锯齿；上部茎生叶卵形或长圆状卵形，长8～13.5cm，宽3.5～7cm，基部抱茎；最上部叶长圆形，长约4.5cm，宽约1cm，抱茎。总状花序顶生及腋生；花淡黄色，直径2～2.5cm；花梗长7～15mm；萼片直立，线状长圆形，长5～7mm；花瓣宽椭圆状倒卵形或近圆形，长13～15mm，脉纹显明，顶端微缺，基部骤变窄成爪，爪长5～7mm。长角果圆柱形，长6～9cm，宽4～5mm，两侧稍压扁，中脉突出，喙圆锥形，长6～10mm；果梗粗，直立开展，长2.5～3.5cm。种子球形，直径1.5～2mm，棕色。花期4月，果期5月。

【经济用途】　①作蔬菜及饲料用；②叶的浓汁用于治疗胃及十二指肠溃疡。

【生境分布】　海南州各地；全国各地栽培。

白菜 大白菜

***Brassica rapa* var. *glabra* Regel**

Brassicaceae 十字花科 Brassica 芸苔属

【形态特征】 二年生草本，高40～60cm，常全株无毛，有时叶下面中脉上有少数刺毛。基生叶多数，大形，倒卵状长圆形至宽倒卵形，长30～60cm，宽不及长的一半，顶端圆钝，边缘皱缩，波状，有时具不显明牙齿，中脉白色，很宽，有多数粗壮侧脉；叶柄白色，扁平，长5～9cm，宽2～8cm，边缘有具缺刻的宽薄翅；上部茎生叶长圆状卵形、长圆状披针形至长披针形，长2.5～7cm，顶端圆钝至短急尖，全缘或有裂齿，有柄或抱茎，有粉霜。花鲜黄色，直径1.2～1.5cm；花梗长4～6mm；萼片长圆形或卵状披针形，长4～5mm，直立，淡绿色至黄色；花瓣倒卵形，长7～8mm，基部渐窄成爪。长角果较粗短，长3～6cm，宽约3mm，两侧压扁，直立，喙长4～10mm，宽约1mm，顶端圆；果梗开展或上升，长2.5～3cm，较粗。种子球形，直径1～1.5mm，棕色。花期5月，果期6月。

【经济用途】 为东北及华北冬、春季主要蔬菜。生食、炒食、盐腌、酱渍均可；外层脱落的叶可作饲料。

【生境分布】 海南州各地，地方品种主要有“牛腿棒”（叶柄白色，叶片平展）、“青麻叶”（叶柄淡绿色，叶片皱缩）等。原产于我国华北，现各地广泛栽培。海南、海西、海北州及西宁和海东地区广为栽种。

西藏肉叶荠

红花肉叶荠 羽叶肉叶荠

***Braya rosea* (Turczaninow) Bunge**

Brassicaceae 十字花科 Braya 肉叶荠属

【形态特征】 多年生草本，高5～8cm，被白色2叉分枝毛，分枝等长或不等长。根状茎密被残存叶柄，近地面分枝，地上茎外倾或直立。叶全部基生，呈莲座状，叶片长匙形、窄长圆形、椭圆形或倒卵状披针形，长1～4cm，宽1～3mm，顶端钝或急尖，基部渐窄成宽叶柄，叶缘具稀疏波状齿或近全缘，叶柄具睫毛，常变为暗深红色。花葶偶具1或数枚苞片，花序为紧密的头状花序；萼片长约2.5mm，宿存，常为深红色，顶端与背面有长单毛；花瓣长圆状楔形，白色，后变为淡紫红色，长约3mm；子房具单毛与2叉毛。短角果椭圆形，长3.5～4mm，宽1～1.2mm，膨胀，花柱长0.5～0.75mm；果梗短。

【生境分布】 兴海。生于高山平缓岩屑坡和冷湿稀疏草滩，海拔3800～5200m。分布于新疆、西藏；印度、巴基斯坦也有分布。在青海亦分布于囊谦、杂多、曲麻莱（昆仑山口）、治多（可可西里五雪峰）、玛沁（阿尼玛卿山）、乌兰、天峻等地。

荠 荠菜 铲铲草 藏名：索噶哇

Capsella bursa-pastoris **(Linnaeus) Medikus**

Brassicaceae 十字花科 Capsella 荠属

【形态特征】 一年或二年生草本，高(7～)10～50cm，无毛、有单毛或分叉毛；茎直立，单一或从下部分枝。基生叶丛生呈莲座状，大头羽状分裂，长可达12cm，宽可达2.5cm，顶裂片卵形至长圆形，长5～30mm，宽2～20mm，侧裂片3～8对，长圆形至卵形，长5～15mm，顶端渐尖，浅裂或有不规则粗锯齿或近全缘，叶柄长5～40mm；茎生叶窄披针形或披针形，长5～6.5mm，宽2～15mm，基部箭形，抱茎，边缘有缺刻或锯齿。总状花序顶生及腋生，果期延长达20cm；花梗长3～8mm；萼片长圆形，长1.5～2mm；花瓣白色，卵形，长2～3mm，有短爪。短角果倒三角形或倒心状三角形，长5～8mm，宽4～7mm，扁平，无毛，顶端微凹，裂瓣具网脉；花柱长约0.5mm；果梗长5～15mm。种子2行，长椭圆形，长约1mm，浅褐色。花果期4～6月。

【经济用途】 ① 全草入药，有利尿、止血、清热、明目、消积之功效；② 茎叶作蔬菜食用；③ 种子药用，通脉络、止吐；④ 种子含油20%～30%，属干性油，供制油漆及肥皂用。

【生境分布】 海南州各地。生于山坡、田边及路旁，野生或偶有栽培。分布几遍全国；全世界温带地区广布。

白瑜 摄

大叶碎米荠 藏名：俄莫

Cardamine macrophylla Willdenow

Brassicaceae 十字花科 Cardamine 碎米荠属

【形态特征】 多年生草本，高30～100cm。根状茎匍匐延伸，密被纤维状的须根。茎较粗壮，圆柱形，直立，有时基部倾卧，不分枝或上部分枝，表面有沟棱。茎生叶通常4～5枚，有叶柄，长2.5～5cm；小叶4～5对，顶生小叶与侧生小叶的形状及大小相似，小叶片椭圆形或卵状披针形，长4～9cm，宽1～2.5cm，顶端钝或短渐尖，边缘具比较整齐的锐锯齿或钝锯齿，顶生小叶片基部楔形，无小叶柄，侧生小叶片基部稍不等，生于最上部的1对小叶片基部常下延，生于最下部的1对有时有极短的柄；小叶片上面毛少，下面散生短柔毛，有时两面均无毛。总状花序多花，花梗长10～14mm；外轮萼片淡红色，长椭圆形，长5～6.5mm，边缘膜质，外面有毛或无毛，内轮萼片基部囊状；花瓣淡紫色、紫红色，少有白色，倒卵形，长9～14mm，顶端圆或微凹，向基部渐狭成爪；花丝扁平；子房柱状，花柱短。长角果扁平，长35～45mm，宽2～3mm；果瓣平坦无毛，有时带紫色，花柱很短，柱头微凹；果梗直立开展，长10～25mm。种子椭圆形，长约3mm，褐色。花期5～6月，果期7～8月。

【经济用途】 ① 嫩苗可食或作饲料；② 全草入药，清热祛湿、利小便、止痛及治败血病。

【生境分布】 同德。生于林缘、林下、灌丛及河滩湿地，海拔2400～3900m。分布于西藏、云南、贵州、四川、甘肃、陕西、山西、河北、内蒙古、湖北等地；印度、俄罗斯远东及日本也有。在青海亦分布于囊谦、海西、乐都、民和、互助、玛沁。

紫花碎米荠 石芥菜 藏名：曲如巴

Cardamine purpurascens (O. E. Schulz) Al-Shehbaz et al.

Brassicaceae 十字花科 Cardamine 碎米荠属

【形态特征】 多年生草本，高15～50cm；根状茎细长呈鞭状，匍匐生长。茎单一，不分枝。基部倾斜，上部直立，表面具沟棱，下部无毛，上部有少数柔毛。基生叶有长叶柄；小叶3～5对，顶生小叶与侧生小叶的形态和大小相似，长椭圆形，长1.5～5cm，宽5～20mm，顶端短尖，边缘具钝齿，基部楔形或阔楔形，无小叶柄，两面与边缘有少数短毛；茎生叶通常只有3枚，着生于茎的中、上部，有叶柄，长1～4cm，小叶3～5对，与基生叶相似，但较狭小。总状花序有10余朵花，花梗长10～15mm；外轮萼片长圆形，内轮萼片长椭圆形，基部囊状，长5～7mm，边缘白色膜质，外面带紫红色，有少数柔毛；花瓣紫红色或淡紫色，倒卵状楔形，长8～15mm，顶端截形，基部渐狭成爪；花丝扁而扩大，花药狭卵形；雌蕊柱状，无毛，花柱与子房近于等粗，柱头不显著。长角果线形，扁平，长3～3.5cm，宽约2mm，基部具长约1mm的子房柄；果梗直立，长15～20mm。种子长椭圆形，长2.5～3mm，宽约1mm，褐色。花期5～7月，果期6～8月。

【相近种】 本种与大叶碎米荠*C. macrophylla*在形态特征上很相似，且也有相同的分布区；不同之点在于：本种茎生叶通常只有3(～4)枚，着生于茎的中、上部，小叶3～5对，叶形较狭小。

【经济用途】 ①全草可食用；②亦供药用，清热利湿、健胃、止泻，并可治黄水疮；③花治筋骨疼痛。

【生境分布】 海南州各地。生于河滩、山坡、林缘、林下、灌丛和草甸，海拔2400～4600m。分布于西藏东部、云南、四川、甘肃、陕西、山西、河北等地。在青海亦分布于玉树、果洛、黄南、海西（边缘山地）、海北、海东各州县及西宁各地。

播娘蒿 藏名：象才那保

Descurainia sophia (Linnaeus) Webb ex Prantl

Brassicaceae 十字花科 Descurainia 播娘蒿属

【形态特征】 一年生草本，高20～80cm，有毛或无毛，毛为叉状毛，以下部茎生叶为多，向上渐少。茎直立，分枝多，常于下部成淡紫色。叶为3回羽状深裂，长2～12(～15)cm，末端裂片条形或长圆形，裂片长(2～)3～5(～10)mm，宽0.8～1.5(～2)mm，下部叶具柄，上部叶无柄。花序伞房状，果期伸长；萼片直立，早落，长圆条形，背面有分叉细柔毛；花瓣黄色，长圆状倒卵形，长2～2.5mm，或稍短于萼片，具爪；雄蕊6枚，比花瓣长1/3。长角果圆筒状，长2.5～3cm，宽约1mm，无毛，稍内曲，与果梗不成1条直线，果瓣中脉明显；果梗长1～2cm。种子每室1行，种子形小，多数，长圆形，长约1mm，稍扁，淡红褐色，表面有细网纹。花期4～5月。

【经济用途】 ① 种子含油40%，油工业用，并可食用；② 种子亦可药用，有利尿消肿、祛痰定喘的效用。

【生境分布】 海南州各地。生于山坡、田野及农田。除华南外全国各地均产；亚洲、欧洲、非洲及北美洲均有分布。

盐泽双脊荠 双脊草

***Dilophia salsa* Thomson**

Brassicaceae 十字花科　Dilophia 双脊荠属

【形态特征】 多年生草本，高1～6cm，全株无毛；根状茎直径1～2mm，长可达10cm，分枝或不分枝；茎多数，丛生，分枝。基生叶莲座状，叶片线形或线状长圆形，长10～20mm，宽1～2mm，顶端圆形，基部渐狭，全缘或有少数钝齿，有短柄或无柄；茎生叶线形，在花序下的成苞片状，二者皆肉质。总状花序成密伞房状；萼片卵形，长约2mm，宿存；花瓣白色，匙形，长2.5～3mm，顶端略凹。短角果倒心形，直径约2mm，果瓣上有2个翅状突出物，隔膜有孔或不完全；果梗长达4.5mm，稍增粗。种子每室2～4枚，长圆形，长约0.8mm。花果期6～9月。

【生境分布】 兴海。生于河滩、湖滨的低洼沙石地，海拔3300～4700m。分布于新疆、西藏；尼泊尔、巴基斯坦及中亚地区也有。在青海亦分布于杂多、治多、曲麻莱、称多、玛多、玛沁、格尔木、天峻、祁连等地。

贾留坤 摄

张海华 摄

贾留坤 摄

腺花旗杆 腺异蕊芥

Dontostemon glandulosus (Karelin & Kirilov) O. E. Schulz

Brassicaceae 十字花科 Dontostemon 花旗杆属

【形态特征】 一年生草本，高3～15cm；茎多数呈铺散状，分枝或直立，植株具腺毛和单毛。单叶互生，叶片长椭圆形，长1～4cm，宽2～5mm，边缘具2～3对篦齿状缺刻或羽状深裂，两面皆被黄色腺毛和白色单毛。总状花序生枝顶，花序短缩，果时渐延长；萼片长椭圆形，长2～2.5mm，宽约1mm，具白色膜质边缘，背面常具白色单毛及腺毛，内轮2枚，基部略呈囊状；花瓣宽楔形，长3～4mm，顶端全缘，基部具短爪；长雄蕊花丝自顶端向下逐渐扩大，扁平，无齿。长角果圆柱形，长1.5～2cm，具腺毛；果梗长3～6mm，在总轴上斜上着生。种子每室1行，种子褐色而小，椭圆形，无膜质边缘；子叶斜背倚胚根。花果期6～9月。

【生境分布】 共和。生于河滩、湖滨沙砾地和沙质草甸，海拔3200～4900m。分布于甘肃、四川、宁夏、新疆、云南（德钦）、西藏；俄罗斯、印度（锡金）、哈萨克斯坦也有分布。在青海亦分布于格尔木市（唐古拉山乡各拉丹冬）、杂多、曲麻莱、玉树、久治、同仁、乌兰（宗务隆山）、互助等地。

羽裂花旗杆 异蕊芥 栉叶芥

Dontostemon pinnatifidus (Willdenow) Al-Shehbaz & H. Ohba

Brassicaceae 十字花科 Dontostemon 花旗杆属

【形态特征】 二年生直立草本，高10～35cm；茎单一或上部分枝，植株具腺毛及单毛。叶互生，叶片长椭圆形，长1～6cm，宽5～10mm，近无柄，边缘具2～4对篦齿状缺刻，两面均被黄色腺毛及白色长单毛。总状花序顶生，果时延长；萼片宽椭圆形，长2.5～3mm，宽约1.5mm，具白色膜质边缘，内轮2枚，基部略呈囊状，背面无毛或具少数白色长单毛；花瓣白色或淡紫红色，倒卵状楔形，长6～8mm，宽3～4mm，顶端凹缺，基部具短爪；长雄蕊花丝顶部一侧具齿或顶端向下逐渐扩大，扁平。长角果圆柱形，长1.5～2mm，宽约1mm，具腺毛；果梗长6～16mm，在总轴上近水平状着生。种子每室1行，椭圆形，褐色而小，顶端具膜质边缘；子叶背倚胚根。花果期5～9月。

【生境分布】 兴海。生于山坡草甸和灌丛中，海拔2700～4200m。分布于西藏、云南、四川、甘肃、河北、内蒙古和黑龙江等地；尼泊尔、印度北部和蒙古至俄罗斯（西伯利亚）也有。在青海亦分布于玉树、同仁、门源、乐都等地。

线叶花旗杆

Dontostemon integrifolius (Linnaeus) C. A. Meyer

Brassicaceae 十字花科 Dontostemon 花旗杆属

【形态特征】 一、二年生草本，植株被白色柔毛及黄色或黑色乳头状腺毛。茎高8～30cm，单一或在上部分枝。叶片线形，长1.5～4.5cm，宽1～2mm，有时在茎基部丛生，全缘，被腺毛和贴生柔毛，近无柄。总状花序顶生，果时长5～10(～13)cm，小花梗细，有柔毛及腺毛，通常斜向着生于总花梗上；萼片长椭圆形，长2.5～3mm，宽1～1.2mm，具白色膜质边缘，背面具腺毛和柔毛；花瓣淡紫色，倒卵形，长4～6mm，宽约3mm，顶端微凹，下部具爪；长雄蕊花丝成对联合。长角果细圆柱形，长1.5～2.5cm，具腺毛，花柱细，柱头稍膨大。种子细小，椭圆形，褐色，无膜质边缘；子叶斜背倚胚根。花果期7～10月。

【生境分布】 贵德、共和。生于河滩、湖滩及干旱草滩上的沙丘或沙地，海拔3200～3300m。分布于山西、辽宁、黑龙江等地；蒙古和俄罗斯（贝加尔湖地区）也有。在青海亦分布于河南。

西藏花旗杆 西藏豆瓣菜

Dontostemon tibeticus (Maximowicz) Al-Shehbaz

Brassicaceae 十字花科 Dontostemon 花旗杆属

【形态特征】 二年生矮小草本，高2～8cm；茎基部具多数分枝，铺散或斜升。茎、叶柄、花梗、萼片及果实皆具白色硬糙毛。叶基生，具柄，叶片披针形或长圆状披针形，长1～3cm，宽4～8mm，叶缘篦齿状深裂。总状花序短缩，果时延长；萼片宽椭圆形，长2.5～3mm，宽1.2～1.8mm，具膜质边缘；花瓣白色，瓣片下部带紫色，宽楔形，长3～5mm，宽1.5～3mm，顶端凹缺或截形，基部具细爪。长角果近圆柱形，长1～1.8cm，具硬毛。种子每室1行，椭圆形，直径约1mm，无膜质边缘，褐色；子叶倚胚根。花果期6～8月。

【生境分布】 贵德。生于河滩、湖滩砂砾地和山顶、山坡草地，海拔3800～4600m。中国特有种，分布于西藏东北部、四川西北部。在青海亦分布于杂多、治多、曲麻莱、称多、囊谦、玛多、玛沁、门源等地。

张海华 摄

阿尔泰葶苈 藏名：齐乌拉卜

Draba altaica (C. A. Meyer) Bunge

Brassicaceae 十字花科 Draba 葶苈属

【形态特征】 多年生丛生草本，高2～7cm，有时可达15cm。根茎分枝多，密集，基部密具干膜质纤维状枯叶，有光泽；上部簇生莲座状叶。花茎单一或有1个侧枝，直立，大多具1～2枚叶，很少无叶，被长单毛、有柄叉状毛及星状分枝毛。基生叶披针形或长圆形，长6～20mm，宽1～2mm，顶端渐尖，全缘或两缘有1～2个锯齿，基部渐窄，两面被长而硬的单毛、叉状毛为主，混生星状毛与分枝毛。茎生叶无柄，披针形，全缘或有1～2个锯齿。总状花序有花8～15朵，密集成头状，下面1～2朵花有时有叶状苞片；萼片长椭圆形，长1～2mm；花瓣白色，长倒卵状楔形，顶端微凹，长2～2.5mm。短角果聚生，近伞房状，椭圆形、长椭圆形或卵形，长3～6mm，宽1.5～2mm，无毛，罕有短单毛或二叉毛；果瓣扁平，或有槽纹。种子褐色。花期6～7月。

【经济用途】 葶苈属植物全草均可入药，健胃消化、解毒消炎，治消化不良、各种肉食中毒等症。

【生境分布】 兴海。生于山坡草地、山顶草甸及河谷、湖滨碎石草滩，海拔4100～5100m。分布于西藏、新疆、甘肃；喜马拉雅、巴基斯坦至中亚、俄罗斯（西伯利亚）和蒙古也有。在青海亦分布于杂多、治多（可可西里）、曲麻莱、囊谦、玛多、玛沁、玉树（江西沟、郭拉山）、门源、大通等地。

椭圆果葶苈

Draba ellipsoidea **J. D. Hooker & Thomson**

Brassicaceae 十字花科 Draba 葶苈属

【形态特征】 一年生草本，矮小，高1.5～8cm，主根细。茎直立上升，从基部分枝，被星状毛，叶片膜质，基部叶狭匙形或窄倒卵形，长0.5～2cm，宽2～4cm，顶端钝或渐尖，基部逐渐缩窄成柄，全缘或每缘有1～3个锯齿；茎生叶少，被叉状毛及星状毛。总状花序有花3～12朵，疏松，花梗长3～5mm；花小，白色。短角果椭圆形或近圆形，长3～9mm，宽3～3.5mm，几乎无花柱，绿色；果瓣薄，被单毛、叉状毛或少量星状毛。种子短椭圆形，深褐色，长不足1mm。果期8～9月。

【生境分布】 兴海。生于湿润草地及河岸阶地和坡地草丛，海拔3200～4000m。分布于西藏、云南、四川和甘肃；印度（锡金）也有。在青海亦分布于杂多、治多、久治等地。

白瑜 摄

陆福根 摄

白瑜 摄

毛葶苈

Draba eriopoda Turczaninow

Brassicaceae 十字花科　Draba 葶苈属

【形态特征】 越冬二年生草本，高6～40cm，有时可达69cm。茎直立，单一或有近于直立的分枝，密被长约1mm的单毛、叉状毛或星状毛，毛灰白色，常达花序梗。基生叶莲座状，叶片披针形，顶端渐尖，基部窄，全缘；茎生叶较多，常达14枚，着生的稀密变化较大，下部的叶片呈长卵形，上部的卵形，顶端渐尖，基部宽，两缘各有1～4个锯齿，上面的毛多为单毛、叉状毛，下面为单毛、叉状毛和星状毛，无柄或近于抱茎。总状花序有花20～50朵，密集成伞房状，花后显著伸长，疏松；小花梗长2～5mm；萼片椭圆形或卵形，长约2mm，顶端钝，背面有毛；花瓣金黄色，倒卵形，长3～4mm，顶端微凹，基部爪短缩；雄蕊1.8～2mm，花药卵形；雌蕊卵形，无毛，柱头小，花柱不发育。短角果卵形或长卵形，长5～10mm，宽2.5～3mm，果瓣薄；果梗长3～8mm，与果序轴成近于直角开展。种子卵形，褐色。花果期7～8月。

【生境分布】 贵南、同德、兴海。生于林缘、灌丛、河滩、山坡、温湿草地，海拔2300～4500m。分布于西藏、四川、新疆、甘肃、陕西、山西等省区；蒙古、俄罗斯（西伯利亚）、印度（锡金）等；亚洲北部地区也有。在青海亦分布于囊谦、玉树、玛多、班玛、久治、玛沁、同仁、泽库、河南、乌兰、门源及海东地区。

白瑜 摄

球果葶苈 粗球果葶苈

Draba glomerata **Royle**

Brassicaceae 十字花科 Draba 葶苈属

【形态特征】 多年生低矮草本，高3～6cm。根茎短，具分枝，密被鳞片状或纤维状叶片残基。茎多枚丛生，被单毛、叉状毛和近于星状分枝毛，毛被灰白色。基生叶莲座状，叶片椭圆形或长卵形，长0.6～1.6cm，宽2～4mm，顶端渐尖或钝。基部缩窄，全缘或两侧各有1～2个小齿；茎生叶3至多枚，长卵形，无柄，顶端渐尖，两侧不等，各有2～3个齿或全缘。叶两面均被单毛、叉状毛、星状毛或分枝毛。总状花序密集呈头状，常有1～4枚叶状苞片和总苞，果后花序不太伸长；萼片椭圆形，长约2.5mm，背面有单毛和叉状毛；花瓣白色，长3～3.5mm。短角果椭圆形或长圆形，长3～5mm，宽1.5～2mm，无毛，近头状聚生。花果期6～7月。

【生境分布】 贵德。生于山坡草地、砂砾质草甸或草原，海拔3600～5100m。分布于西藏、四川、新疆；尼泊尔西部、克什米尔至帕米尔东部。在青海亦分布于杂多、囊谦、玛多、祁连、门源（景阳岭）。

苞序葶苈 紫茎锥果葶苈

Draba ladyginii Pohle

Brassicaceae 十字花科 Draba 葶苈属

【形态特征】 多年生丛生草本，高10～30cm。根茎分枝多，基部宿存纤维状枯叶，上部簇生莲座状叶。茎直立，紫色或绿色，单一或在上部分枝，密被叉状毛、星状毛或单毛。基生叶椭圆状披针形，长1～1.5cm，宽2～2.7mm，顶端钝或渐尖，基部渐窄，全缘或每缘各有1个锯齿，密生单毛和星状毛；茎生叶卵形或长卵形，长4～16mm，宽3～4mm，顶端急尖，基部宽，无柄，每缘各有1～3个锯齿，有单毛、星状毛或分枝毛。总状花序下部数花具叶状苞片；花瓣白色或淡黄色，倒卵形，长约3mm，基部楔形，顶端微凹；雄蕊长1.8～2mm；子房条形，无毛。短角果条形，长7～12mm，宽约1.2mm，无毛，直或扭转，果梗与果序轴成直角向上开展；花柱长0.5～1mm；种子褐色，椭圆形。花期5～6月，果期7～8月。

【生境分布】 贵南、兴海。生于河滩、山坡、林缘、灌丛草甸和湿润草原中，海拔2500～5200m。分布于云南、四川、新疆、甘肃、陕西、宁夏、山西、河北、内蒙古、湖北等省区；俄罗斯（东西伯利亚）也有。在青海亦分布于杂多、治多（可可西里）、囊谦、玉树、玛多、玛沁、同仁、泽库、乌兰、天峻、门源、循化、乐都、互助等地。

朱鑫鑫 摄

锥果葶苈

光锥果葶苈　毛锥果葶苈　披针叶葶苈

***Draba lanceolate* Royle**

Brassicaceae 十字花科　Draba 葶苈属

【形态特征】 多年生、有时二年生丛生草本，高6～35cm。茎单一或分枝，直立，密生小分枝毛。基生叶莲座状丛生，叶片狭披针形或倒披针形，长1～2cm，宽3～5mm，顶端渐尖，基部缩狭，边缘有锯齿或全缘；茎生叶疏生，叶片长卵形或宽披针形，顶端渐尖，边缘有1～4个锯齿或近于全缘，无柄；叶均密生小星状毛及分枝毛，边缘有时有单毛、分枝毛。总状花序有花10～40朵，密集，果后呈辫状伸长；小花梗短，密生分枝毛及星状毛；萼片长椭圆形，背面密生单毛、分枝毛；花瓣白色，倒卵状楔形，长3～4mm。短角果长圆状披针形，长6～12mm，宽1.5mm，向上开展，贴近花序轴，排列呈辫状，紧密；果瓣密生分枝毛和星状毛；果梗较短。种子棕色。花期6～7月。

【生境分布】 兴海、共和。生于阴坡或河滩灌丛及湿润砂砾地，海拔2800～4500m。分布于甘肃、新疆、西藏；克什米尔地区、印度西北部及俄罗斯（西伯利亚、贝加尔湖、阿尔泰地区）也有分布。在青海亦分布于称多、囊谦、玛多、久治、玛沁、尖扎、乌兰、刚察、门源、乐都、互助等地。

贾留坤 摄

白瑜 摄

蒙古葶苈

Draba mongolica **Turczaninow**

Brassicaceae 十字花科　Draba 葶苈属

【形态特征】 多年生丛生草本，高5～20cm。根茎分枝多，分枝茎下部宿存纤维状枯叶，上部簇生莲座状叶。茎直立，单一或分枝，基生叶变化较大，有的疏生，有的紧密，被灰白色小星状毛、分枝毛或单毛。莲座状茎生叶披针形，长0.8～1.8cm，顶端渐尖，基部缩窄成柄，全缘或每缘有1～2个锯齿；茎生叶长卵形，基部宽，无柄或近于抱茎；每缘常有1～4个齿，密生单毛、分枝毛和星状毛。总状花序有花10～20朵，密集成伞房状，下面数花有时具叶状苞片；萼片椭圆形，背面生单毛和叉状毛；花瓣白色，长倒卵形，长2.5～3.5mm，宽约1.5mm；雄蕊短卵形，子房长椭圆形，无毛。短角果卵形或狭披针形，长5～10mm，宽1.5～3mm，扁平或扭转，无毛或疏生短单毛和叉状毛；果梗长2～5mm，呈近直角开展或贴近花序轴。种子黄棕色。花期6～7月。

【生境分布】 兴海。生于山顶石缝、草坡、灌丛及山沟水边湿地，海拔2900～4100m。分布于西藏、四川、新疆、甘肃、陕西、山西、河北、内蒙古、黑龙江；蒙古、俄罗斯（阿尔泰和贝加尔湖地区）也有。在青海亦分布于天峻、兴海、循化、互助、大通等地。

喜山葶苈 石波菜

Draba oreades **Schrenk**

Brassicaceae 十字花科 Draba 葶苈属

【形态特征】 多年生草本，高2～10cm。根茎分枝多，下部留有鳞片状枯叶，上部叶丛生呈莲座状，有时呈互生，叶片长圆形至倒披针形，长6～25mm，宽2～4mm，顶端渐钝，基部楔形，全缘，有时有锯齿，下面和叶缘有单毛、叉状毛或少量不规则分枝毛，上面有时近于无毛。花茎高5～8cm，无叶或偶有1枚叶，密生长单毛、叉状毛。总状花序密集成近于头状，果时疏松，但不伸长；小花梗长1～2mm；萼片长卵形，背面有单毛；花瓣黄色，倒卵形，长3～5mm。短角果短宽卵形，长4～6mm，宽3～4mm，顶端渐尖，基部圆钝，无毛，果瓣不平；花柱长约0.5mm。种子卵圆形，褐色。花期6～8月。

【生境分布】 同德、兴海。生于冰缘高山流石坡、泥石沟谷坡和高山泥石灌丛地，海拔3800～4950m。分布于西藏、云南、四川、新疆、甘肃、陕西和内蒙古；印度、尼泊尔、巴基斯坦至中亚、俄罗斯（西伯利亚西部、阿尔泰）和蒙古均有。在青海亦分布于曲麻莱、泽库、祁连、湟中等地。

朱鑫鑫 摄

丽江葶苈

Draba lichiangensis W. W. Smith

Brassicaceae 十字花科　Draba 葶苈属

【形态特征】　多年生矮小丛生草本。主根略木质化，向下伸长。根茎分枝多，下部宿存条状披针形枯叶，呈覆瓦状，上部着生莲座状叶。莲座状基生叶近于等长，叶片倒披针形，长8～10mm，宽1～2mm，顶端渐尖，全缘或略有锯齿，基部缩窄成柄，两面被星状毛、单毛或叉状毛，毛灰白色。花茎短，被单毛和叉状毛，有1～3枚叶，有时无叶。总状花序有花5～10朵，密集成伞房状，下面数花有叶状苞片；花小，萼片椭圆形，顶端圆钝，长1.2～1.5 mm，背面有毛；花瓣白色，倒卵圆形，长2～2.5mm，顶端微凹；雄蕊长1.2～1.5mm，花药椭圆形；子房卵圆形，无毛；花柱短。短角果卵形，长3.5～4mm，宽1.5～2mm；果梗纤细，长1～4mm。种子卵形，深褐色，长0.6～1mm。花果期6～8月。

【生境分布】　兴海。生于山坡流石滩或山涧边，海拔3700～5200m。分布于四川北部、云南西北部、西藏等地；不丹、尼泊尔也有。在青海亦分布于杂多、称多、玉树、玛沁、囊谦等地。

白瑜 摄

朱鑫鑫 摄

芝麻菜

Eruca vesicaria **subsp.** ***sativa*** (Miller) Thellung

Brassicaceae 十字花科　Eruca 芝麻菜属

【形态特征】 一年生草本，高20～90cm；茎直立，上部常分枝，疏生硬长毛或近无毛。基生叶及下部叶大头羽状分裂或不裂，长4～7cm，宽2～3cm，顶裂片近圆形或短卵形，有细齿，侧裂片卵形或三角状卵形，全缘，仅下面脉上疏生柔毛；叶柄长2～4cm；上部叶无柄，具1～3对裂片，顶裂片卵形，侧裂片长圆形。总状花序有多数疏生花；花直径1～1.5cm；花梗长2～3mm，具长柔毛；萼片长圆形，长8～10mm，带棕紫色，外面有蛛丝状长柔毛；花瓣黄色，后变白色，有紫纹，短倒卵形，长1.5～2cm，基部有窄线形长爪。长角果圆柱形，长2～3cm，果瓣无毛，有1条隆起中脉，喙剑形，扁平，长5～9mm，顶端尖，有5条纵脉；果梗长2～3mm；种子近球形或卵形，直径1.5～2mm，棕色，有棱角。花期5～6月，果期7～8月。

【经济用途】 ① 茎叶作蔬菜食用，亦可作饲料；② 种子可榨油，供食用及医药用。

【生境分布】 贵德、共和。野生或栽培，生于浅山阴坡，海拔1800～3000m。分布于四川、新疆、甘肃、陕西、山西、河北、内蒙古、辽宁、黑龙江等省区；欧洲北部、亚洲北部和西部及非洲西北部也有。在青海亦分布于尖扎、乌兰、门源、湟中、循化、民和、西宁。

紫花糖芥

Erysimum funiculosum **J. D. Hooker & Thomson**

Brassicaceae 十字花科　Erysimum 糖芥属

【形态特征】 多年生草本，高(1.5～)2～3cm，全株被二叉“丁”字毛；根粗，直径达6mm。茎短缩，根颈多头，或再分歧，在地面有多数叶柄残余。基生叶莲座状，叶片长圆状线形，长1～2cm，宽1～2mm，顶端急尖，基部渐狭，全缘；叶柄长1～2cm。花葶多数，直立，长约1cm，果期不外折；萼片长圆形，长2～3mm，背面凸出；花瓣浅紫色，匙形，长5～6mm，顶端圆形或截平，有脉纹，具爪。长角果长圆形，长1～2cm，宽1～2mm，有4条棱，坚硬，顶端稍弯曲；果梗长6～8mm，斜上。种子卵形或长圆形，长约1mm。花期6～7月，果期7～8月。

【经济用途】 全草入药，清血热、镇咳、强心，治疗虚劳发热、肺结核咳嗽、久病心力不足、解肉毒。

【生境分布】 贵德。生于高寒砂石山坡、河滩及流石滩地，海拔3900～4000m。分布于西藏、甘肃。在青海亦分布于杂多、治多（可可西里）、曲麻莱、囊谦、玉树、称多、玛多、久治、玛沁等地。

蒙古糖芥
阿尔泰糖芥　宽线叶糖芥　兴安糖芥

Erysimum flavum (Georgi) Bobrov

Brassicaceae 十字花科　Erysimum 糖芥属

【形态特征】　多年生草本，高15～30cm，全株密生伏贴二叉“丁”字毛；茎数个，直立，从基部分枝，稍有棱角。基生叶莲座状，叶片线状长圆形、倒披针形或宽线形，长3～5cm，宽1.5～2mm，顶端急尖，基部渐狭，全缘；叶柄长5～20mm；茎生叶线形，较短，宽1～1.5mm，无柄。总状花序果期延长达20cm；萼片长圆形，长4.5～7mm，顶端圆形，边缘白色膜质；花瓣黄色，宽倒卵形或近圆形，长10～12mm，爪长6～7mm。长角果线状长圆形，长4～6cm，宽1.5～2.5mm，侧扁，直立至稍开展；花柱长1～5mm，柱头2裂；果梗较粗，长4～6mm。种子长圆形，长1.5～2mm，褐色，顶端有或无不明显的翅。花期5～6月，果期7～8月。

【生境分布】　同德。生于干旱河谷石质山坡，海拔3430m。分布于西藏、新疆、内蒙古、黑龙江等地；蒙古、哈萨克斯坦、巴基斯坦及中亚地区均有。

红紫糖芥　红紫桂竹香　藏名：甲贝

Erysimum roseum (Maximowicz) Polatschek

Brassicaceae 十字花科　Erysimum 糖芥属

【形态特征】　多年生草本，高10～20cm，全体有贴生二叉分叉毛；茎直立，不分枝，基部具残存叶柄。基生叶披针形或线形，长2～7cm，宽3～5mm，顶端急尖，基部渐狭，全缘或具疏生细齿；叶柄长1～4cm；茎生叶较小，具短柄，上部叶无柄。总状花序有多数疏生花，长达9cm；花粉红色或红紫色，直径1.5～2cm；花梗长5～10mm，开展，密生叉状毛或无毛；萼片直立，长圆形、披针状长圆形或卵状长圆形，长7～8mm；花瓣倒披针形，长12～15mm，有深紫色脉纹，具长爪。长角果线形，有4条棱，长2～3.5cm，宽1.5～2mm，稍弯曲；花柱长约lmm；果梗增粗，长4～5mm。种子卵形，长约1mm，褐色。花期6～7月，果期7～8月。

【经济用途】　全草入药，清热解毒，主治胃病、扁桃腺炎、白喉、炭疽。

【生境分布】　海南州各地。生于高山草甸、灌丛和高山岩屑碎石坡及湖滨、河滩湿润砂砾地，海拔2800～5200m。分布于甘肃、四川西北部、西藏东北部。在青海亦分布于杂多、治多、曲麻莱、囊谦、玉树、称多、玛多、久治、玛沁、泽库、河南、祁连、门源、化隆、乐都、互助、大通等地。

密序山萮菜 西北山嵛菜

Eutrema heterophyllum (W. W. Smith) H. Hara

Brassicaceae 十字花科 Eutrema 山萮菜属

【形态特征】 多年生草本，高6～18cm，光滑无毛。根茎粗，有残存叶柄。茎单生或数个丛生，基部常带淡紫色。基生叶具长柄，柄长1.5～5cm，叶片长卵状圆形至卵状三角形，长7～15mm，宽约7mm，顶端钝或急尖，基部截形、略呈心形或渐窄；下部茎生叶具宽柄，上部的无柄，叶片长卵状圆形、窄卵状披针形或条形，顶端钝，基部渐窄，全缘。花序伞房状，果期略伸长，或密集呈头状，果期不伸长；花梗长1～2mm，果期伸长；外轮萼片宽卵状长圆形，内轮萼片卵形，长约2mm；果期脱落或宿存；花瓣白色，长圆状倒卵形，长3～4mm，顶端钝圆。角果纺锤形，长7～8mm，宽约1.5mm；果瓣中脉明显，顶端尖，基部钝圆；果梗长2～6mm。种子卵形，长约2mm，黑褐色，种柄丝状，悬垂。花期7～8月。

【相近种】 歪叶山萮菜*E. obliquum*（青海产于玛沁、泽库）与本种的区别在于：叶基部常歪斜，而密序山萮菜叶基部呈浅心形或截形，不偏斜，易于区分。

【生境分布】 兴海。生于山坡草甸或灌丛边，海拔3000～4800m。分布于西藏、云南、四川及西北诸省区；俄罗斯（西伯利亚）、中亚和欧洲北部也有。在青海亦分布于杂多、囊谦、玉树、玛多、久治、尖扎、泽库、祁连、门源、湟中、乐都、互助、大通等地。

独行菜

腺独行菜　腺茎独行菜　辣椒根　藏名：权浊巴

Lepidium apetalum Willdenow

Brassicaceae 十字花科　Lepidium 独行菜属

【形态特征】 一年或二年生草本，高5～30cm；茎直立，有分枝，无毛或具微小头状毛。基生叶窄匙形，一回羽状浅裂或深裂，长3～5cm，宽1～1.5cm；叶柄长1～2cm；茎上部叶线形，有疏齿或全缘。总状花序在果期可延长至5cm；萼片早落，卵形，长约0.8mm，外面有柔毛；花瓣不存或退化成丝状，比萼片短；雄蕊2枚或4枚。短角果近圆形或宽椭圆形，扁平，长2～3mm，宽约2mm，顶端微缺，上部有短翅，隔膜宽不到1mm；果梗弧形，长约3mm。种子椭圆形，长约1mm，平滑，棕红色。花果期5～7月。

【经济用途】 ①嫩叶作野菜食用；②全草及种子入药，清热利湿、活血止血、健胃，治高血压、风湿、水肿、结膜炎、久痢和各种出血，以及小儿消化不良。

【生境分布】 海南州各地。生于海拔1800～4400m的山坡、山沟、路旁、荒地、田边、住宅附近，为常见的田间杂草。分布于东北、华北、江苏、浙江、安徽及西北、西南地区；俄罗斯、亚洲东部及中部、喜马拉雅地区均有分布。青海各州县均产。

头花独行菜

Lepidium capitatum **J. D. Hooker & Thomson**

Brassicaceae 十字花科　Lepidium 独行菜属

【形态特征】 一年或二年生草本；茎匍匐或近直立，长达20cm，多分枝，披散，具腺毛。基生叶及下部叶羽状半裂，长2～6cm，基部渐狭成叶柄或无柄，裂片长圆形，长3～5mm，宽1～2mm，顶端急尖，全缘，两面无毛；上部叶相似但较小，羽状半裂或仅有锯齿，无柄。总状花序腋生，花紧密排列近头状，果时长达3cm；萼片长圆形，长约1mm；花瓣白色，倒卵状楔形，与萼片等长或稍短，顶端凹缺；雄蕊4枚。短角果卵形，长2.5～3mm，宽约2mm，顶端微缺，无毛，有不明显的翅；果梗长2～4mm，种子10粒，长圆状卵形，长约1mm，浅棕色。花果期5～6月。

【生境分布】 兴海。生于田边、渠边、河滩及沙土滩地，海拔2400～4300m。分布于西藏、云南、四川；印度、尼泊尔、不丹、巴基斯坦和克什米尔地区也有。在青海亦分布于杂多、治多、曲麻莱、玉树、玛多、久治、玛沁、同仁、河南、德令哈、天峻、刚察等地。

楔叶独行菜

Lepidium cuneiforme C. Y. Wu

Brassicaceae 十字花科　Lepidium 独行菜属

【形态特征】 二年生草本，高20～35cm；茎单一或数个，直立，分枝，有腺毛。茎下部叶匙形或楔形，长1～5cm，宽4～15mm，顶端微钝，基部渐狭，下部有时羽状分裂，中上部叶有不整齐钝齿，无毛；叶柄长5～10mm；上部叶近无柄或无柄。总状花序花后伸长；萼片卵形，长约1mm；花瓣白色，长圆形，与萼片近等长；雄蕊4枚。短角果卵形或近圆形，长2～3mm，宽1～2mm，顶端全缘或微缺，无毛，上部有窄翅，花柱极短；果梗长3～5mm，弧曲开展。种子长圆形，长约1mm，棕色。花果期4～7月。

【生境分布】 贵德、兴海。生于山坡、河滩及农田边，海拔2500～3700m。中国特有种，分布于云南、贵州、四川、甘肃、陕西。在青海亦分布于玉树、门源、大通等地。

贾留坤 摄

宽叶独行菜

Lepidium latifolium Linnaeus

Brassicaceae 十字花科 Lepidium 独行菜属

【形态特征】 多年生草本，高30～150cm；茎直立，上部多分枝，基部稍木质化，无毛或疏生单毛。基生叶及茎下部叶革质，长圆状披针形或卵形，长3～6cm，宽3～5cm，顶端急尖或圆钝，基部楔形，全缘或有牙齿，两面有柔毛；叶柄长1～3cm，茎上部叶披针形或长圆状椭圆形，长2～5cm，宽5～15mm，无柄。总状花序圆锥状；萼片脱落，卵状长圆形或近圆形，长约1mm，顶端圆形；花瓣白色，倒卵形，长约2mm，顶端圆形，爪明显或不明显；雄蕊6枚。短角果宽卵形或近圆形，长1.5～3mm，顶端全缘，基部圆钝，无翅，有柔毛，花柱极短；果梗长2～3mm。种子宽椭圆形，长约1mm，压扁，浅棕色，无翅。花期5～7月，果期7～9月。

【经济用途】 全草入药，清热燥湿，治菌痢、肠炎。

【生境分布】 贵德、贵南、共和。生于农田边、田埂、水渠旁及荒地，海拔1700～3100m。分布于西藏、甘肃、内蒙古；亚洲北部、欧洲、非洲北部皆有。在青海亦分布于德令哈、都兰、西宁、民和。

钝叶独行菜
Lepidium obtusum Basiner

Brassicaceae 十字花科　Lepidium 独行菜属

【形态特征】 多年生草本，高70～100cm，灰蓝色；茎直立。分枝，无毛。叶片革质，长圆形，长1.5～12cm，宽3～20mm，顶端钝，基部渐狭，全缘或边缘稍有1～2个锯齿，两面无毛，中脉及侧脉明显；无柄或近无柄。总状花序密集呈头状；花梗长1～3mm，有柔毛；萼片宿存，卵形，长约1mm，外面有细柔毛；花瓣白色，倒卵形，长约2mm。短角果宽卵形，长、宽各1.5～2mm，顶端圆形，基部心形，无毛也无翅，果瓣无中脉，网脉不明显，无花柱，柱头宿存；果梗细，长2～3mm。种子卵形，长约1mm，棕色。花果期7～8月。

【相近种】 与宽叶独行菜 *L. latifolium* 相近，但本种叶片顶端钝，总状花序在果期密集成头状，短角果基部心形，可以区别。

【生境分布】 共和。生于荒漠水沟边、沙地及绿洲田边和荒地，海拔2800～2900m。分布于新疆、甘肃；中亚、蒙古也有。在青海亦分布于格尔木、共和等地。

贾留坤 摄

贾留坤 摄

四棱荠

Goldbachia laevigata (Marschall von Bieberstein) de Candolle

Brassicaceae 十字花科　Goldbachia 四棱荠属

【形态特征】 一年生草本，高10～30cm，无毛，少数下部及叶边缘具极疏生硬毛。基生叶莲座状，叶片长圆状倒卵形、长椭圆形或倒披针形，长5～15cm，宽5～10mm，顶端圆钝，基部渐狭，边缘具波状齿或近全缘；叶柄长5～20mm；茎生叶无柄，叶片线状长圆形或披针形，长1～4cm，宽2～15mm，基部耳状抱茎，边缘具牙齿至全缘。总状花序具少数疏生花，花后伸长；萼片长圆形，长约1mm；花瓣白色或粉红色，匙形，长约2mm。短角果长圆形，长7～10mm，宽2～2.5mm，具4条棱，稍弯，裂瓣厚，平滑或具疣状突起，有1条明显的脉，常2室，室间有横隔，种子间稍缢缩；花柱长1～2mm；果梗下弯或平展，长5～10mm。种子长圆形，长约2mm，褐色。花果期6～7月。

【生境分布】 兴海、共和。生于田边、河滩、山坡弃耕地及灌丛、林边荒地，海拔2800～4040m。分布于西藏、新疆、甘肃、宁夏、内蒙古等地；亚洲北部、西部至欧洲西南部均有。在青海亦分布于治多、囊谦、玉树、称多、玛沁、都兰、乌兰、刚察、西宁、乐都等地。

藏荠

Hedinia tibetica (Thomson) Ostenfeld

Brassicaceae 十字花科　Hedinia 藏荠属

【形态特征】 多年生草本，全株有单毛及分叉毛；茎铺散，基部多分枝，长5～15cm。叶片线状长圆形，长6～25cm，羽状全裂，裂片4～6对，长圆形，长5～10mm，宽3～5mm，顶端急尖，基部楔形，全缘或具缺刻；基生叶有柄，上部叶近无柄或无柄。总状花序下部花有1枚羽状分裂的叶状苞片，上部花的苞片小或全缺，花生在苞片腋部，直径约3mm；萼片长圆状椭圆形，长约2mm；花瓣白色，倒卵形，长3～4mm，基部具爪。短角果长圆形，长约1cm，宽3～5mm，压扁，稍有毛或无毛，有1条显著中脉，花柱极短；果梗长2～3mm。种子多数，卵形，长约1mm，棕色。花果期6～8月。

【生境分布】 贵德、兴海、共和。生于河滩、湖畔、山坡砂砾质草甸草原或草原，海拔2900～5100m。分布于西藏、四川、新疆、甘肃等地；中亚、蒙古、印度西北部、尼泊尔和巴基斯坦也有。在青海亦分布于玉树州各县及玛多、久治、玛沁、泽库、格尔木（昆仑山）、德令哈、都兰、乌兰、祁连、门源等地。

涩芥

涩荠　马康草　离蕊芥　千果草　麦拉拉

Malcolmia africana (Linnaeus) R. Brown

Brassicaceae 十字花科　Malcolmia 涩芥属

【形态特征】 二年生草本，高8～35cm，密生单毛或叉状硬毛；茎直立或近直立，多分枝，有棱角。叶片长圆形、倒披针形或近椭圆形，长1.5～8cm，宽5～18mm，顶端圆形，有小短尖，基部楔形，边缘有波状齿或全缘；叶柄长5～10mm或近无柄。总状花序有10～30朵花，疏松排列，果期长达20cm；萼片长圆形，长4～5mm；花瓣紫色或粉红色，长8～10mm。长角果（线细状）圆柱形或近圆柱形，长3.5～7cm，宽1～2mm，近4条棱，倾斜、直立或稍弯曲，密生短或长的分叉毛或二者间生，或具刚毛，少数几无毛或完全无毛；柱头圆锥状；果梗加粗，长1～2mm。种子长圆形，长约1mm，浅棕色。花果期6～8月。

【生境分布】 同德、兴海。生于田边、沟边、山坡及河滩，海拔2100～3700m。分布于西藏、四川、新疆、甘肃、陕西、宁夏、河北、山西、河南、江苏、安徽等地；亚洲北部和西部、欧洲、非洲也有。在青海亦分布于玉树、尖扎、同仁、泽库、都兰、祁连、西宁、民和、互助等地。

刚毛涩芥 刚毛涩荠

Malcolmia hispida Litvinov

Brassicaceae 十字花科 Malcolmia 涩芥属

【形态特征】 一年生草本，高20～30cm，全体密生细长硬单毛及叉状毛。茎多数，较粗，基部多分枝。叶片长圆形，长1.5～4cm，宽5～12mm，顶端急尖，基部楔形，边缘有几对疏波状齿或近全缘；叶柄长5～10mm。总状花序顶生，花紫红色，直径2～3mm，花梗长1～2mm；萼片窄长圆形，长3～4mm，外面有细长分叉毛；花瓣倒披针形，长5～6mm，具不明显的脉纹，基部具爪。长角果线形，长3.5～5cm，宽0.5～1mm，坚硬，劲直，近水平开展；花柱长约1mm；果梗粗，长约1mm。种子多数，长圆形，长约1mm，棕色。花果期6～9月。

【生境分布】 海南州各地。生于田埂、干旱山坡、河滩及盐碱荒地，海拔2300～3000m。分布于新疆、甘肃；中亚也有。在青海亦分布于同仁、泽库、都兰、乌兰、门源、西宁、大通、乐都、民和等地。

短梗念珠芥 短梗涩荠

Neotorularia brevipes (Karelin & Kirilov) Hedge & J.Léonard

Brassicaceae 十字花科 Neotorularia 念珠芥属

【形态特征】 一年生草本，高10～35cm；茎从基部或下部分枝，疏生叉状毛，有时近无毛，叶片长圆状椭圆形或长圆形，长2～5cm，宽5～20mm，边缘具波状齿，小尖齿或近全缘；茎部叶长圆形至长圆状线形，较小，近无柄。总状花序顶生，花多数，果时花序伸长；花梗短；萼片直立，长圆形，长约3.5mm；花瓣粉红色至白色，倒卵状披针形至倒披针形，长8～10mm，下部有长爪。长角果线形，长3～6cm，宽约1mm，顶端或上部常弯曲，略呈念珠状，疏生叉状柔毛至无毛，果梗短粗，长不到1mm。花期6～7月，果期7～8月。

【生境分布】 贵德、贵南、同德、共和。生于田边、山坡、河滩等荒地，海拔2300～3400m；中亚、伊朗及巴基斯坦也有。在青海亦分布于泽库、西宁、大通、乐都等地。

蚓果芥

Neotorularia humilis (C. A. Meyer) Hedge & J. Léonard

Brassicaceae 十字花科　Neotorularia 念珠芥属

【形态特征】 多年生草本，高5～30cm，被二叉毛，并杂有三叉毛，毛的分枝弯曲，有的在叶上以三叉毛为主；茎自基部分枝，有的基部有残存叶柄。基生叶窄卵形，早枯；下部的茎生叶变化较大，叶片宽匙形至窄长卵形，长5～30mm，宽1～6mm，顶端钝圆，基部渐窄，近无柄，全缘，或具2～3对明显或不明显的钝齿；中、上部的叶片条形；最上部数叶常入花序而成苞片。花序呈紧密伞房状，果期伸长；萼片长圆形，长1.5～2.5mm，外轮的较内轮的窄，有的在背面顶端隆起，内轮的偶在基部略呈囊状，均有膜质边缘；花瓣倒卵形或宽楔形，白色，长2～3mm，顶端近截形或微缺，基部渐窄成爪；子房有毛。长角果筒状，长8～20(～30)mm，略呈念珠状，两端渐细，直或略曲，或作"之"字形弯曲；花柱短，柱头2浅裂；果瓣被二叉毛；果梗长3～6mm。种子长圆形，长约1mm，橘红色。花期4～6月。

【生境分布】 海南州各地。生于林下、河滩、草地，海拔1000～4200m。分布于河北、内蒙古、河南北部、陕西、甘肃、新疆（南部山区）、西藏；俄罗斯（西伯利亚）、中亚及朝鲜、蒙古和北美洲均有分布。模式标本采自西藏。

注：本种分布广泛，性状变化大。

双果荠 大腺芥

Megadenia pygmaea Maximowicz

Brassicaceae 十字花科　Megadenia 双果荠属

【形态特征】 一年生草本，高3～15cm，无毛。叶片心状圆形，长5～20mm，宽5～30mm，顶端圆钝，基部心形，全缘，有3～7个棱角，具羽状脉；叶柄长1.5～10cm。花直径约1mm；花梗细，长4～10mm，花期直立，果期外折；萼片宽卵形，长约1mm，边缘白色；花瓣白色，匙状倒卵形，长约1.5mm，基部具爪。短角果横卵形，长约2mm，宽约5mm，中间2深裂，宿存花柱生凹裂中，长约1mm，室壁坚硬，具网脉。种子球形，直径约1mm，坚硬，褐色。花期6月，果期7月。

【生境分布】 同德。生于灌丛、林下和石崖下阴湿处，海拔3000～4000m。分布于西藏、甘肃；俄罗斯（西伯利亚和远东地区）也有。在青海亦分布于玉树、囊谦、大通、乐都、互助、门源。

白瑜 摄

萝卜 莱菔 藏名：拉卜

Raphanus sativus Linnaeus

Brassicaceae 十字花科 Raphanus 萝卜属

【形态特征】 二年或一年生草本，高20～100cm；直根肉质，长圆形、球形或圆锥形，外皮绿色、白色或红色；茎有分枝，无毛，稍具粉霜。基生叶和下部茎生叶大头羽状半裂，长8～30cm，宽3～5cm，顶裂片卵形，侧裂片4～6对，长圆形，有钝齿，疏生粗毛，上部叶片长圆形，有锯齿或近全缘。总状花序顶生及腋生；花白色或粉红色，直径1.5～2cm；花梗长5～15mm；萼片长圆形，长5～7mm；花瓣倒卵形，长1～1.5cm，具紫色脉纹，下部有长5mm的爪。长角果圆柱形，长3～6cm，宽10～12mm，在种子间处缢缩，并形成海绵质横隔；顶端喙长1～1.5cm；果梗长1～1.5cm。种子1～6个，卵形，微扁，长约3mm，红棕色，有细网纹。花期4～5月，果期5～6月。

【经济用途】 ① 根作蔬菜食用，青海省常见的有"红蛋蛋"、"白蛋蛋"、水萝卜、大白萝卜、绿头冬萝卜及"心里美"等；② 种子（中药"莱菔子"）、鲜根、枯根、叶皆入药：种子消食化痰；鲜根止渴、助消化，枯根利二便；叶治初痢，并预防痢疾；③ 种子含油率45.01%，可以榨油供工业用及食用。

【生境分布】 海南州各地；原产于欧洲，全国各地普遍栽培。

垂果大蒜芥

Sisymbrium heteromallum C. A. Meyer

Brassicaceae 十字花科　Sisymbrium 大蒜芥属

【形态特征】 一年或二年生草本，高30～90cm。茎直立，不分枝或分枝，具疏毛。基生叶为羽状深裂或全裂，叶片长5～15cm，顶端裂片大，长圆状三角形或长圆状披针形，渐尖，基部常与侧裂片汇合，全缘或具齿，侧裂片2～6对，长圆状椭圆形或卵圆状披针形，下面中脉有微毛，叶柄长2～5cm；上部的叶无柄，叶羽状浅裂，裂片披针形或宽条形，总状花序密集成伞房状，果期伸长；花梗长3～10mm；萼片淡黄色，长圆形，长2～3mm，内轮的基部略成囊状；花瓣黄色，长圆形，长3～4mm，顶端钝圆，具爪。长角果线形，纤细，长4～8cm，宽约1mm，常下垂；果瓣略隆起；果梗长1～1.5cm。种子长圆形，长约1mm，黄棕色。花期5月，果期7～8月。

【生境分布】 兴海、共和。生于林下、林缘、灌丛、沟谷河滩，海拔2500～4300m。分布于云南、四川、新疆、甘肃、陕西、山西；蒙古、俄罗斯（西伯利亚）、印度北部及欧洲北部均有。在青海亦分布于杂多、治多、曲麻莱、囊谦、玉树、称多、玛多、班玛、久治、玛沁、乌兰、天峻、刚察、祁连、门源等地。

白瑜 摄

朱鑫鑫 摄

泉沟子荠 双脊荠

Taphrospermum fontanum (Maxim.) Al-Shehbaz & G. Yang

Brassicaceae 十字花科 Taphrospermum 沟子荠属

【形态特征】 多年生草本，高3～6cm；根肉质，纺锤形。茎多数，丛生，基部匍匐，后上升，分枝，有单毛。基生叶在花期枯萎，茎生叶宽卵形或长圆形。长6～10mm，宽2～5mm，顶端圆形，基部圆形或楔形，全缘或每侧有1个齿，两面无毛；叶柄长5～15mm，无毛；上部茎生叶较小，有短叶柄。总状花序在茎端密生，下部花单生叶腋，常有叶状苞片；萼片宽卵形，长约1.5mm，外面上方稍有柔毛；花瓣白色或浅紫色，长约2mm，顶端尖凹，下部有短爪。短角果宽卵形或宽倒三角形，长约3mm，宽约2mm，压扁，果瓣舟形，有不整齐小刺或小瘤，具1条不明显的脉，无隔膜；花柱长约2mm，较粗；果梗直立，开展，长6～8mm，稍具柔毛。种子4～6枚，宽卵形，长约1mm，棕色；子叶缘倚胚根。花期6～7月，果期8月。

【生境分布】 贵德。生于碎石山坡、草甸灌丛及河滩砂砾地，海拔3200～4800m。中国特有种，分布于西藏、四川、新疆、甘肃等地。在青海亦分布于杂多、治多、曲麻莱、玉树、称多、玛沁、同仁、河南、门源、祁连、化隆、互助等地。

轮叶沟子荠

轮叶无隔芥　轮叶柏蕾荠

Taphrospermum verticillatum (Jeffrey & W. W. Smith) Al-Shehbaz

Brassicaceae 十字花科　Taphrospermum 沟子荠属

【形态特征】 多年生草本，高5～15cm；根粗长。茎幼时多匍匐，后直立，1至数株丛生，常有小而稀疏白色单毛，基部常有细小鳞片状叶，叶柄宿存，淡白色或灰色。叶片肉质，茎下部的常4～8枚轮生，叶片匙形，连柄长5～35mm，宽3～10mm，顶端钝圆，基部渐窄成柄，叶全缘，两面无毛，叶脉不明显。花序伞房状，开花后伸长，每花均具苞片，花梗长3～6mm；萼片卵状长圆形，长2.5～3mm，顶端钝圆或钝尖，有白色膜质边缘；花瓣白色，倒卵形，长6～8cm，顶端截形或微缺；花丝近等长，长约4cm，向基部变宽。短角果倒卵形或圆形，长1～1.2cm，无毛，压扁；果瓣薄，有网状脉纹；无隔膜；果梗长2～5mm。种子6～8枚，深红褐色，长圆形，长2～2.5mm，种脐黑色；子叶缘倚胚根。花期6～7月，果期8月。

【生境分布】 贵德。生于高山碎石坡、碎石草甸及河滩地，海拔3800～4700m。中国特有种，分布于西藏、云南。在青海亦分布于玉树、玛沁、门源等地。

菥蓂

遏蓝菜　犁头草　铲铲草　藏名：折尕哇

Thlaspi arvense **Linnaeus**

Brassicaceae 十字花科　Thlaspi 菥蓂属

【形态特征】　一年生草本，高9～60cm，全株无毛；茎直立，不分枝或分枝，具棱。基生叶倒卵状长圆形，长3～5cm，宽1～1.5cm，顶端圆钝或急尖，基部抱茎，两侧箭形，边缘具疏齿；叶柄长1～3cm。总状花序顶生；花白色，直径约2mm；花梗细，长5～10mm；萼片直立，卵形，长约2mm，顶端圆钝；花瓣长圆状倒卵形，长2～4mm，顶端圆钝或微凹。短角果倒卵形或近圆形，长13～16mm，宽9～13mm，扁平，顶端凹入，边缘有翅，宽约3mm。种子每室2～8枚，倒卵形，长约1.5mm，稍扁平，黄褐色，有同心环状条纹。花期5～7月，果期6～8月。

【经济用途】　① 种子油供制肥皂，也作润滑油，还可食用；② 全草、嫩苗和种子均入药，全草清热解毒、消肿排脓；种子利肝明目；嫩苗和中益气、利肝明目；嫩苗用水炸后，浸去酸辣味，加油盐调食。

【生境分布】　海南州各地。生于海拔1800～4200m的田畔、水边、荒地及路旁。分布几遍全国；亚洲、欧洲、非洲北部也广布。青海各地均产。

瓦松

流苏瓦松　瓦塔　藏名：苦又巴

Orostachys fimbriata **(Turczaninow) A. Berger**

Crassulaceae 景天科　Orostachys 瓦松属

【形态特征】 二年生草本。一年生莲座丛的叶短；莲座叶线形，先端增大，为白色软骨质，半圆形，有齿；二年生花茎高(5～)10～20(～50)cm；叶互生，疏生，有刺，线形至披针形，长可达3cm，宽2～5mm。花序总状，紧密，或下部分枝，可呈宽20cm的金字塔形；苞片线状渐尖；花梗长达1cm，萼片5枚，长圆形，长1～3mm；花瓣5片，红色，披针状椭圆形，长5～6mm，宽1.2～1.5mm，先端渐尖，基部1mm合生；雄蕊10枚，与花瓣同长或稍短，花药紫色；鳞片5枚，近四方形，长0.3～0.4mm，先端稍凹。蓇葖5个，长圆形，长5mm，喙细，长1mm；种子多数，卵形，细小。花期8～9月，果期9～10月。

【经济用途】 全草入药，利尿、通淋。

【生境分布】 贵德、贵南、共和。生于海拔1900～3500m的干山坡、石崖及屋顶瓦隙中。分布于甘肃、宁夏、陕西、山西、内蒙古、河南、河北、浙江、江苏、山东、辽宁、吉林、黑龙江等地；朝鲜、日本、蒙古、俄罗斯也有。在青海亦分布于治多、同仁、都兰、乌兰、西宁、循化、乐都、互助、门源。

白瑜 摄

苏清海 摄

唐古红景天

唐古特红景天　藏名：苏罗玛保

Rhodiola tangutica (Maximowicz) S. H. Fu

Crassulaceae 景天科　Rhodiola 红景天属

【形态特征】 多年生草本，高6～24cm，无毛。根状茎粗长；疏具残茎。茎丛生，不分枝。叶片革质，线形，互生，长6～19mm，宽0.6～2mm，先端钝。雌雄异株；聚伞花序伞房状，具7～22朵花。雌花萼片5枚，稍肉质，紫红色，舌形，长3～3.2mm，宽约1mm，先端钝，3条脉；花瓣5片，浅红色，长椭圆形，长5～5.5mm，宽1.6～2mm，先端钝，具羽状脉；无雄蕊，稀具1～3枚退化雄蕊；鳞片5枚，与萼片互生，近长方形，长0.8mm，宽1～1.5mm，先端具波状齿；心皮4～5枚，离生，紫红色，长6.8～7.2mm，子房近上位。雄花雄蕊10枚，长6.5～7mm，花丝纤细，对瓣者，其下部1～2mm与花瓣合生；退化雄蕊长3.5～4mm。蓇葖披针形，长6～10mm，喙长0.5～1mm，直立或外弯。花果期6～9月。

【经济用途】 根茎入药，治肺病、气管炎、口臭、神经麻痹症及退烧。

【生境分布】 兴海、共和。生于海拔3200～4700m的阴坡岩石缝隙、高山流石坡、高山草甸、高山灌丛。中国特有种，分布于甘肃、四川、宁夏、西藏。在青海亦分布于杂多、曲麻莱、玉树、称多、玛多、班玛、久治、泽库、河南、德令哈、乌兰、天峻、大通、湟源、湟中、化隆、乐都、互助。

陆福根 摄

狭叶红景天
红叶红景天　长茎红景天　藏名：力尕都尔
Rhodiola kirilowii **(Regel) Maximowicz**

Crassulaceae 景天科　Rhodiola 红景天属

【形态特征】 多年生草本。根粗，直立。根颈直径1.5cm，先端被三角形鳞片。花茎少数，高15～60cm，少数可达90cm，直径4～6mm，叶密生。叶互生，叶片线形至线状披针形，长4～6cm，宽2～5mm，先端急尖，边缘有疏锯齿，或有时全缘，无柄。花序伞房状，有多花，宽7～10cm；雌雄异株；萼片4～5枚，三角形，长2～2.5mm，先端急尖；花瓣4～5枚，绿黄色，倒披针形，长3～4mm，宽0.8mm；雄花中雄蕊10枚或8枚，与花瓣同长或稍超出，花丝、花药黄色；鳞片4～5枚，近正方形或长方形，长0.8mm，先端钝或有微缺；心皮4～5枚，直立。蓇葖披针形，长7～8mm，有短而外弯的喙；种子长圆状披针形，长1.5mm。花期6～7月，果期7～8月。

【经济用途】 根茎入药，清热退烧，治肺炎、发烧、腹泻。

【生境分布】 贵德。生于高山岩隙、高山草甸、灌丛下、林下，海拔2300～4500m。分布于西藏、云南、四川、新疆、青海、甘肃、陕西、山西、河北；缅甸也有。在青海亦分布于囊谦、玉树、玛多、班玛、久治、玛沁、同仁、泽库、河南、西宁、大通、循化、乐都、互助、祁连、门源。

白瑜 摄

白瑜 摄

白瑜 摄

圆丛红景天 藏名：苏罗玛保

Rhodiola coccinea (Royle) Borissova

Crassulaceae 景天科 Rhodiola 红景天属

【形态特征】 多年生草本。主根长，长达25cm以上。根颈地上部分分枝，密集丛生，几为圆形，直径约10cm，先端被鳞片，鳞片宽三角形，钝；宿存老茎多数，短而细，不育茎长1.5～3cm，叶密集顶端。花茎多数，扇状分布，长2～4cm。叶片线状披针形，长3～5mm，宽0.6mm，先端急尖，有芒，全缘。花序紧密，花少数；苞片线形，长2～2.5mm，急尖；雌雄异株；雄花萼片5枚，长圆形，长1.5～2mm，钝；花瓣5枚，黄色，近倒卵形，长2.5mm，钝，先端有短尖；雄蕊10枚，长为花瓣之半；鳞片5枚，四方形，长0.8mm，宽0.9mm，先端有微缺；心皮5枚，近直立，椭圆形，长2.5～3mm，花柱极短。蓇葖果，有种子1～3枚，单生种子大，近卵状长圆形，长2mm，两端有翅，如有2～3枚种子时，种子长1mm。花期7月，果期8月。

【经济用途】 药用，功效同唐古红景天。

【生境分布】 海南州各地。生于高山碎石隙、冰碛坡、岩屑坡、高山草甸，海拔2800～4800m。分布于西藏、四川、新疆、甘肃；阿富汗、不丹、印度西北部、克什米尔地区和尼泊尔也有。在青海亦分布于治多、曲麻莱、囊谦、玉树、称多、玛多、久治、玛沁、尖扎、泽库、河南、格尔木、德令哈、乌兰、天峻、湟中、乐都、互助、祁连、门源。

洮河红景天

Rhodiola himalensis subsp. ***taohoensis*** (S. H. Fu) H. Ohba

Crassulaceae 景天科　Rhodiola 红景天属

【形态特征】　多年生草本，高6.5～19cm。根状茎粗壮；枯茎少，宿存。茎疏丛生，密被柔毛。根颈宿存老枝少数。叶互生，叶片披针形至倒披针形，长11～13.8mm，宽3.5～3.7mm，先端急尖或渐尖，基部圆形，两面和边缘被柔毛。雌雄异株；多歧聚伞花序，具4～49朵花；花序分枝和花梗被柔毛。雌花，萼片5枚，狭卵形，长2～2.2mm，宽约1mm，先端钝，3条脉，背面和边缘具短柔毛；花瓣5枚，紫色，狭卵形至舌形，长2.3～2.8mm，宽1～1.1mm，先端钝，具羽状脉；无雄蕊；鳞片5枚，半圆形，长约0.6mm，宽约1mm，先端钝圆或微凹；心皮5枚，长约5mm，下部合生，子房半下位，花柱长约1mm，外弯。雄花萼片、花瓣均为5枚；雄蕊10枚，长约2mm；鳞片4～5枚；退化心皮4～5枚，长约0.8mm。花果期6～8月。

【生境分布】　兴海。生于岩隙、高山草甸、山坡、湖边，海拔2600～4300m。中国特有珍稀濒危植物，分布于甘肃（卓尼、临洮）。在青海亦分布于玉树、玛多、德令哈、都兰、乌兰、天峻、大通、刚察。

费菜

土三七　长生景天　景天三七　还阳草

Phedimus aizoon (Linnaeus) 't Hart

Crassulaceae 景天科　Phedimus 费菜属

【形态特征】 多年生草本。根状茎短粗，茎高20～50cm，有1～3条茎，直立，无毛，不分枝。叶互生，叶片狭披针形、椭圆状披针形至卵状倒披针形，长3.5～8cm，宽1.2～2cm，先端渐尖，基部楔形，边缘有不整齐的锯齿；叶片坚实，近革质。聚伞花序有多花，水平分枝，平展，下托以苞叶。萼片5枚，线形，肉质，不等长，长3～5mm，先端钝；花瓣5枚，黄色，长圆形至椭圆状披针形，长6～10mm，有短尖；雄蕊10枚，较花瓣短；鳞片5枚，近正方形，长0.3mm，心皮5枚，卵状长圆形，基部合生，腹面凸出，花柱长钻形。蓇葖果星芒状排列，长7mm；种子椭圆形，长约1mm。花期6～7月，果期8～9月。

【经济用途】 根或全草入药，有止血散淤、安神镇痛之效。

【生境分布】 贵德。生于山沟林下，海拔2200～2700m。分布于四川、甘肃、陕西、宁夏、山西、河北、内蒙古、辽宁、吉林、黑龙江、湖北、河南、山东、江苏、安徽、浙江、江西；俄罗斯（乌拉尔）、蒙古、日本、朝鲜也有。在青海亦分布于平安、循化、乐都、互助。

苏清海 摄

隐匿景天

Sedum celatum Fröderström

Crassulaceae 景天科　Sedum 景天属

【形态特征】　二年生草本，无毛。主根圆锥形。花茎直立，自基部分枝，高3～9cm。叶片披针形或狭卵形，长5～7mm，有钝或近浅裂的距，先端渐尖。花序伞房状，有3～9朵花；苞片叶形。花为不等的5基数，花梗长2～6.5mm，无距，先端长渐尖；花瓣黄色，披针形，长3.5～4.5mm，合生0.2～0.3mm，先端渐尖，有长突尖头；雄蕊10枚，2轮，内轮的生于距花瓣基部0.5～0.7mm处，外轮的长约3mm；鳞片宽匙形，长约0.4mm，宽约0.5mm，先端微缺；心皮半长圆形，长3.5～3.8mm，基部合生0.6～0.7mm，有胚珠6～8枚；胎座镰刀形，上部外侧3～5裂。种子倒卵状长圆形，长0.7～1mm，有狭翅及乳头状突起。花期7月，果期8～9月。

【生境分布】　兴海。生于干山坡或高山草甸上，海拔2800～4200m。中国特有种，分布于甘肃南部（夏河、卓尼、临夏）；在青海亦分布于杂多、达日、同仁、泽库、河南。

陆福根 摄

阔叶景天

Sedum roborowskii **Maximowicz**

Crassulaceae 景天科　Sedum 景天属

【形态特征】 二年生草本，无毛。根纤维状。花茎近直立，高3.5～15cm，由基部分枝。叶片长圆形，长5～13mm，宽2～6mm，有钝距，先端钝。花序伞房状（近蝎尾状聚伞花序），疏生多数花；苞片叶形。花为不等的5基数；花梗长达3.5mm；萼片长圆形或长圆状倒卵形，不等长，长3～5mm，宽1.1～2mm，有钝距，先端钝（有时有乳头状突起）；花瓣淡黄色，卵状披针形，长3.5～3.8mm，宽约1mm，离生，先端钝；雄蕊10枚，2轮，外轮的长约2.7mm，内轮的生于距花瓣基部约0.7mm处，长约2mm；鳞片线状长方形（有时上部扩大），长0.6～0.9mm，先端微缺；心皮长圆形，长约6mm，先端突狭为长0.5～0.7mm的花柱，基部合生约0.7mm，有胚珠12～15枚。种子卵状长圆形，长约0.7mm，有小乳头状突起。花期8～9月，果期9月。

【生境分布】 兴海、共和。生于山顶阳坡石缝中或岩石上，海拔2200～4500m。分布于甘肃中部和西南部、宁夏中部、西藏南部和东部；尼泊尔也有。在青海亦分布于杂多、治多、玉树、称多、同仁、泽库、河南、大通、循化、祁连、门源。

冰川景天

Sedum sinoglaciale K. T. Fu

Crassulaceae 景天科　Sedum 景天属

【形态特征】 一年生草本，无毛。花茎直立或上升，高1.5～3cm，自基部分枝。叶片线形或线状长圆形，长4～7mm，有距，先端近钝。花序伞房状，有1～3朵花；苞片叶形。花为不等的5基数；花梗长3～7mm；萼片长圆形或线状长圆形，长5～7mm，有截形或钝形距，先端尖，6～8条脉；花瓣黄色，近倒卵形，长7～7.5mm，基部合生，先端钝，有极短突尖头；雄蕊10枚，2轮，内轮的生于距花瓣基部约2mm处，外轮的长5.5～6mm；鳞片匙形，长1～1.5mm，近基部较宽，先端微凹；心皮直立，长圆形，长约7mm，几离生，花柱长约1.8mm，有胚珠5枚；胎座镰刀形，但无柄。种子长圆形，长约1mm，有乳头状突起。花期8月，果期9月。

【生境分布】 贵德。生于山谷草地或岩石缝中，海拔3400～4700m。中国特有珍稀濒危植物，分布于云南西北部。在青海亦分布于治多、曲麻莱、囊谦、玉树、玛沁。

朱鑫鑫 摄

朱鑫鑫 摄

朱鑫鑫 摄

朱鑫鑫 摄

裸茎金腰　藏名：亚吉玛

Chrysosplenium nudicaule **Bunge**

Saxifragaceae 虎耳草科　Chrysosplenium 金腰属

【形态特征】 多年生草本，高4.5～10cm。茎疏生褐色柔毛或乳头状突起，通常无叶。基生叶具长柄，叶片革质，肾形，长约9mm，宽约13mm，边缘具(7～)11～15个浅齿，齿扁圆形，长约3mm，宽约4mm，先端凹陷且具1个疣点，通常相互叠结，两面无毛，齿间弯缺处具褐色柔毛或乳头状突起；叶柄长1～7.5cm，下部疏生褐色柔毛。聚伞花序密集呈半球形，长约1.1cm；苞叶革质，阔卵形至扇形，长3～6.8mm，宽2.8～8.1mm，具3～9个浅齿（齿扁圆形，先端通常具1个疣点，多少叠结），腹面具极少褐色柔毛，背面无毛，齿间弯缺处具褐色柔毛，柄长1～3mm，疏生褐色柔毛；杯托外面疏生褐色柔毛；萼片在花期直立，相互多少叠结，扁圆形，长1.8～2mm，宽3～3.5mm，先端钝圆，弯缺处具褐色柔毛和乳头状突起；雄蕊8枚，长约1.1mm；2枚心皮近等大，子房半下位，花柱长0.6～0.8mm，斜上。蒴果先端凹缺，长约3.4mm，2枚果瓣近等大，喙长约0.7mm；种子黑褐色，卵球形，长1.3～1.6mm，光滑无毛，有光泽。花果期6～8月。

【经济用途】 全草入药；藏医用于治胆病引起之发烧、头痛、急性黄疸型肝炎、肝硬化、胆囊炎、重型肝炎等，亦可催吐胆汁。

【生境分布】 兴海、共和。生于草甸、石隙，海拔3470～4600m。分布于西藏、云南、新疆、甘肃；尼泊尔、俄罗斯和蒙古也有。在青海亦分布于囊谦、玛多、久治、泽库、大通、互助、祁连。

单花金腰

Chrysosplenium uniflorum **Maximowicz**

Saxifragaceae 虎耳草科　Chrysosplenium 金腰属

【形态特征】 多年生草本，高(2～)6.5～15cm，地下具1个鳞茎；鞭匐枝出自叶腋，丝状，无毛。茎无毛，其节间有时极度缩短，但有时也伸长至4～9mm。叶互生，下部者为鳞片状，全缘，中上部者具柄，叶片肾形，长0.8～1.3cm，宽0.9～1.7cm，具7～11个圆齿（齿先端微凹且具1个疣点，齿间弯缺处具褐色乳头状突起），基部多少心形，两面无毛，但与苞叶和萼片均具褐色单宁质斑纹；叶柄长1～1.9cm，叶腋部具褐色乳头状突起。单花生于茎顶，或聚伞花序具2～3朵花；苞叶卵形至圆状心形，长0.3～1.3cm，宽0.25～1.3cm，边缘具5～11个圆齿，基部圆形至心形，两面无毛，苞腋部具褐色乳头状突起；几无花梗；萼片直立，阔卵形至近倒阔卵形，长2～3mm，宽2.2～3mm，先端钝或微凹，无毛，但在萼片间弯缺处具褐色乳头状突起；雄蕊8枚，花丝长1～1.6mm；雌蕊长2.6～4.1mm，子房半下位，花柱长0.9～1.1mm，斜上；花盘不明显。蒴果长约3mm，先端微凹，喙长约1mm；种子黑褐色，卵球形，长约1mm，无毛，有光泽。花果期7～8月。

【生境分布】 兴海。生于高山草甸或石隙，海拔3100～4700m。分布于西藏、云南、四川、甘肃、陕西；尼泊尔也有。在青海亦分布于杂多、治多、玛多、玛沁、久治、泽库、河南、互助。

朱鑫鑫 摄

朱鑫鑫 摄

朱鑫鑫 摄

黄花梅花草 黄瓣梅花草

Parnassia lutea Batalin

Saxifragaceae 虎耳草科 Parnassia 梅花草属

【形态特征】 多年生草本，高13～20cm。根状茎粗短，常呈块状，其上部有褐色膜质鳞片，向下生出多数细长纤维状根。基生叶2～4枚，具长柄；叶片卵形或长圆状卵形，长8～13(～25)mm，宽5～9(～15)mm，先端圆，基部下延或微近心形，全缘，上面深绿色，叶脉微下陷，下面粉绿色，有3(～5)条脉，明显突起；叶柄长1.2～2.5(～4)cm，扁平，下半部膜质，上半部叶质，有3条淡褐色突起条纹；托叶膜质。花葶1～3(～7)条，直立；花单生于茎顶，直径1.8～2.3cm；萼筒短陀螺状，萼片披针形，长约7mm，宽2～5mm，先端稍尖或略钝，全缘，有3条脉，偶5条脉，为花瓣长度的1/3～1/2；花瓣上面深黄色，下面色淡，倒卵形，长12～14mm，宽5～8mm，先端圆，并有2浅裂，基部有长爪，爪长约4mm，宽约1.5mm，有5条脉，脉弯曲而有分枝，花瓣比萼片长1.5～2倍，雄蕊5枚，花丝长约4mm，扁平，向基部逐渐加宽，花药黄色，长圆形，长约1.5mm，顶生，侧裂，全长为花瓣的1/3～1/2；退化雄蕊5枚，长约3.5mm，顶端3浅裂，裂片线形，长约1.2mm，先端圆，而略加厚，全长比花丝稍短；子房半下位，长卵球形；花柱极短，柱头3裂，裂片长圆形，几与花柱近等长，开展。蒴果卵球形，3裂；种子多数，褐色，沿整个缝线着生。花期7～8月，果期8月开始。

【相近种】 本种以花茎无叶、花瓣片近圆形、深黄色，易与细叉梅花草*P. oreophila*、三脉梅花草*P. trinervis*和绿花梅花草*P. viridiflora*区别。

【生境分布】 共和。生于高山草甸和高山灌丛，海拔3700～4300m。中国特有种，分布于西藏、甘肃。在青海亦分布于杂多、玉树、称多、互助、刚察、祁连。

贾留坤 摄

贾留坤 摄

贾留坤 摄

细叉梅花草　四川苍耳七

Parnassia oreophila Hance

Saxifragaceae 虎耳草科　Parnassia 梅花草属

【形态特征】 多年生草本，高10～37cm。根状茎粗壮，形状不定，常呈长圆形或块状，其上有残存褐色鳞片，周围长出丛密细长的根。基生叶2～8枚，具柄；叶片卵状长圆形或三角状卵形，长2～3.5cm，宽1～1.8cm，先端圆，有时带短尖头，基部常截形或微心形，有时下延于叶柄，全缘，上面深绿色，下面色淡，有3～5条明显突起的脉；叶柄长2～5(～10)cm，扁平，两侧均为窄膜质；托叶膜质，边有疏生褐色流苏状毛，早落。茎(1～)2～9条或更多，在中部或中部以下具1枚叶（苞叶），茎生叶卵状长圆形，长2.5～4.5cm，宽1～2.5cm，先端急尖，在基部常有数条锈褐色附属物，较早脱落，无柄半抱茎。花单生于茎顶，直径2～3cm；萼筒钟状；萼片披针形，长6～7mm，宽约2mm，先端钝，全缘，具明显3条脉；花瓣白色，宽匙形或倒卵状长圆形，长1～1.5cm，宽6～8mm，先端圆，基部渐窄成长约2mm的爪，有5条紫褐色脉；雄蕊5枚，长约6.5mm，向基部逐渐加宽，花药长圆形，长约1.5mm，顶生；退化雄蕊5枚，全长约5mm，与花丝近等长，具长1～1.5mm、宽约1.5mm的柄，头部长约4mm，宽约1.8mm，先端3深裂达2/3，稍稍超过中裂，裂片长可达3.2mm，先端平；子房半下位，长卵球形，花柱短，长约1mm，柱头3裂，裂片长圆形，长约1mm，花后开展。蒴果长卵球形，直径5～7mm；种子多数，沿整个缝线着生，褐色，有光泽。花期7～8月，果期9月。

【生境分布】 兴海。生于草甸、山坡、沟谷、滩地，海拔2500～3800m。中国特有种，分布于四川、新疆、甘肃、陕西、山西、河北、宁夏。在青海亦分布于玛沁、同仁、泽库、大通、湟源、湟中、循化、乐都、互助、祁连、门源。

三脉梅花草

Parnassia trinervis Drude

Saxifragaceae 虎耳草科　Parnassia 梅花草属

【形态特征】 多年生草本，高7～20(～30)cm。根状茎块状、圆锥状或呈不规则形状，其上有褐色膜质鳞片，周围长出发达纤维状根。基生叶4～9枚，具柄；叶片长圆形、长圆状披针形或卵状长圆形，长8～15mm，宽5～12mm，先端急尖，基部微心形、截形或下延而连于叶柄，上面深绿色，下面淡绿色，有3～5条突起的弧形脉；叶柄长8～15mm，稀达4cm，扁平，两边为窄膜质，有褐色条纹；托叶膜质。茎(1～)2～4(～8)条，近基部具单个茎生叶，茎生叶与基生叶同形，但较小，偶有甚小者，无柄半抱茎。花单生于茎顶，直径约1cm；萼筒漏斗状；萼片披针形或长圆状披针形，长约4mm，宽约1.5mm，先端钝，全缘，外面有明显的3条脉；花瓣白色，倒披针形，长约7.8mm，宽约2mm，先端圆，基部楔形下延成长约1.5mm的爪，边全缘，有明显的3条脉；雄蕊5枚，长约2.9mm，花丝长短不等，长者约2mm，短者约1.5mm，花药较大，椭圆形，顶生；退化雄蕊5枚，长约2.5mm，具长约1mm，宽约0.7mm的柄，头部宽约1.3mm，先端1/3浅裂，裂片短棒状，先端截形；子房长圆形，半下位，花柱极短，长约0.5mm，柱头3裂，裂片直立，花后反折。蒴果3裂；种子多数，褐色，有光泽。花果期7～9月。

【生境分布】 兴海、共和。生于灌丛草甸、河滩、山坡，海拔2800～4500m。中国特有种，分布于西藏、云南、四川、甘肃、陕西。在青海亦分布于杂多、囊谦、玉树、久治、玛沁、泽库、德令哈、祁连、门源。

绿花梅花草　绿花苍耳七

Parnassia viridiflora Batalin

Saxifragaceae 虎耳草科　Parnassia 梅花草属

【形态特征】 多年生草本，高7～14cm。根状茎稍增厚，球形或长圆形，其上有褐色膜质鳞片，周围有发达纤维状根。基生叶(1～)2～4(～5)枚，具长柄；叶片卵状椭圆形或三角状卵形，稀卵状心形，长1～2.5cm，宽6～15mm，先端钝或微尖，基部宽楔形、近截形或下延连于叶柄，上面深绿色，下面淡绿色，具5～7条弧形突起的脉，两面有或无紫色小点；叶柄长(1～)1.5～2.5cm，扁平，向基部逐渐加宽，呈膜质；托叶膜质。茎1条，偶2条，近基部具1枚茎生叶（苞叶），茎生叶与基生叶同形，但明显小，无柄半抱茎。花单生于茎顶，直径13～18mm；萼筒陀螺状；萼片卵状披针形或长圆状披针形，长3.5～5mm，宽1.5～1.8mm，先端钝，全缘，外面有明显的3条脉和不明显小褐点；花瓣绿色，长圆状披针形或窄长圆形，长7～8mm，宽2～2.5mm，先端圆，稀急尖，基部下延成长1.5～2mm的爪，边全缘，具5条紫色脉，偶有紫色小点；雄蕊5枚，长4.5mm，花丝长3.5mm，扁平，向基部逐渐加宽，花药椭圆形，长约1mm，顶生，纵裂；退化雄蕊5枚，长约2.5mm，具长约1mm、宽约0.8mm的柄，头部长、宽各1.5mm，先端3浅裂，裂片长度为头部长的1/5，先端截形；子房椭圆形，半下位，花柱短，长约0.5mm，柱头3裂，花后反折。蒴果椭圆形，有时外被紫色小点；种子多数，褐色，有光泽，沿整个缝线着生。花期7～8月，果期9月。

【生境分布】 兴海。生于沼泽草甸、山沟，海拔3400～3950m。中国特有种，分布于四川、陕西、云南。在青海亦分布于久治、大通、互助、门源。

冰川茶藨子

Ribes glaciale Wallich

Saxifragaceae 虎耳草科　Ribes 茶藨子属

【形态特征】 落叶灌木，高2～3(～5)m；小枝深褐灰色或棕灰色，枝皮长条状剥落，嫩枝红褐色，无毛或微具短柔毛，无刺；芽长圆形，长4～7mm，先端急尖，鳞片数枚，草质，褐红色，外面无毛。叶片长卵圆形，稀近圆形，长3～5cm，宽2～4cm，基部圆形或近截形，上面无毛或疏生腺毛，下面无毛或沿叶脉微具短柔毛，掌状3～5裂，顶生裂片三角状长卵圆形，先端长渐尖，比侧生裂片长2～3倍，侧生裂片卵圆形，先端急尖，边缘具粗大单锯齿，有时混生少数重锯齿；叶柄长1～2cm，浅红色，无毛，稀疏生腺毛。花单性，雌雄异株，组成直立总状花序；雄花序长2～5cm，具花10～30朵；雌花序短，长1～3cm，具花4～10朵；花序轴和花梗具短柔毛和短腺毛；花梗长2～4mm；苞片卵状披针形或长圆状披针形，长3～5mm，宽1～1.5mm，先端急尖或微钝，边缘有短腺毛，具单脉；花萼近辐状，褐红色，外面无毛；萼筒浅杯形，长1～2mm，宽大于长；萼片卵圆形或舌形，长1～2.5mm，宽0.7～1.3mm，先端圆钝或微尖，直立；花瓣近扇形或楔状匙形，短于萼片，先端圆钝；雄蕊稍长于花瓣或几与花瓣近等长，花丝红色，花药圆形，紫红色或紫褐色；雌花的雄蕊退化，长约0.4mm，花药无花粉；子房倒卵状长圆形，无柔毛，稀微具腺毛，雄花的子房退化；花柱先端2裂。果实近球形或倒卵状球形，直径5～7mm，红色，无毛。花期4～6月，果期7～9月。

【经济用途】 果味酸，可供食用。

【生境分布】 兴海、共和。生于高山灌丛、岩隙、江岸坡地，海拔2150～4010m。分布于西藏、云南、四川、甘肃、贵州、陕西、山西、河南、湖北。克什米尔地区、尼泊尔、印度（锡金）、不丹也有。在青海亦分布于曲麻莱、治多、杂多、玉树、囊谦、班玛、玛沁、久治、泽库、河南、西宁、循化、门源。

黑虎耳草

黑化虎耳草　藏名：乌丹尕保　松地噶保

Saxifraga atrata Engler

Saxifragaceae 虎耳草科　Saxifraga 虎耳草属

【形态特征】 多年生草本，高7～23cm。根状茎很短。叶基生；叶片卵形至阔卵形，长1.2～2.5cm，宽0.8～1.8cm，先端急尖或稍钝，边缘具圆齿状锯齿和睫毛，两面近无毛；叶柄长1～2cm。花葶单一，或数条丛生，疏生白色卷曲柔毛。聚伞花序圆锥状或总状，长3～9cm，具7～25朵花；花梗被柔毛；萼片在花期反曲，卵形或三角状卵形，长2.4～3.2mm，宽1.5～2mm，先端急尖或稍渐尖，无毛，3～7条脉于先端汇合成1个疣点；花瓣白色，卵形至椭圆形，长2.8～4mm，宽1.8～2.2mm，先端钝或微凹，基部狭缩成长0.8～1mm的爪，具5～7条脉；雄蕊长3～5.9mm，花药黑紫色，花丝钻形；心皮2枚，黑紫色，大部合生；子房阔卵球形，长1～3.4mm，花柱2枚，长1～2.5mm。花期7～8月。

【经济用途】 花入药，清热利肺，治肺部疾病。

【生境分布】 共和。生于高山草甸或石隙，海拔3000～3810m。中国特有种，分布于甘肃东南部。在青海亦分布于玛多、同仁、乌兰、天峻、大通、湟源（模式标本产地）、乐都、互助、祁连、门源。

白瑜 摄

零余虎耳草　点头虎耳草

Saxifraga cernua Linnaeus

Saxifragaceae 虎耳草科　Saxifraga 虎耳草属

【形态特征】 多年生草本，高6～25cm。茎被腺柔毛，分枝或不分枝，基部具芽，叶腋部具珠芽，有时还发出鞭匐枝；鞭匐枝疏生腺柔毛。基生叶具长柄，叶片肾形，长0.7～1.5cm，宽0.9～1.8cm，通常5～7浅裂，裂片近阔卵形，两面和边缘均具腺毛，叶柄长3～8cm，被腺毛，基部扩大，具卷曲长腺毛；茎生叶亦具柄，中下部者肾形，长0.8～2cm，宽1～2.4cm，5～7(～9)浅裂，两面和边缘均具腺毛，叶柄长0.3～3.4cm，被腺毛，上部者3浅裂，叶柄变短。单花生于茎顶或枝端，或聚伞花序具2～5朵花；苞腋具珠芽；花梗长0.6～3cm，被腺柔毛；萼片在花期直立，椭圆形、卵形至近长圆形，长3～3.7mm，宽1～2.8mm，先端急尖或稍钝，腹面无毛，背面和边缘具腺毛，3(～7)条脉于先端不汇合、半汇合至汇合（同时交错存在）；花瓣白色或淡黄色，倒卵形至狭倒卵形，长4.5～10.5mm，宽2.1～4.1mm，先端微凹或钝，基部渐狭成长1.2～1.8mm的爪，3～8(～10)条脉，无痂体；雄蕊长4～5.5mm，花丝钻形；2枚心皮中下部合生；子房近上位，卵球形，长1～2.5mm，花柱2枚，长0.9～2mm。花果期6～9月。

【生境分布】 兴海。生于高山流石坡、高山草甸，海拔3900～4700m。分布于西藏、云南、四川、新疆、陕西、宁夏、山西、河北、内蒙古、吉林、黑龙江；俄罗斯、日本、朝鲜、不丹至印度及北半球其他高山地区和寒带也有。在青海亦分布于治多、囊谦、玉树、玛多、久治、同仁、泽库、河南、乌兰、天峻、祁连、门源。

白瑜 摄

白瑜 摄

白瑜 摄

黑蕊虎耳草

黑心虎耳草　藏名：乌丹尕保

Saxifraga melanocentra Franchet

Saxifragaceae 虎耳草科　Saxifraga 虎耳草属

【形态特征】 多年生草本，高3.5～22cm。根状茎短。叶均基生，具柄，叶片卵形、菱状卵形、阔卵形、狭卵形至长圆形，长0.8～4cm，宽0.7～1.9cm，先端急尖或稍钝，边缘具圆齿状锯齿和腺睫毛，或无毛，基部楔形，稀心形，两面疏生柔毛或无毛；叶柄长0.7～3.6cm，疏生柔毛。花葶被卷曲腺柔毛；苞叶卵形、椭圆形至长圆形，长5～15mm，宽1.1～11mm，先端急尖，全缘或具齿，基部楔形，稀宽楔形，两面无毛或疏生柔毛。聚伞花序伞房状，长1.5～8.5cm，具2～17朵花；稀单花；萼片在花期开展或反曲，三角状卵形至狭卵形。长2.9～6.5mm，宽1.2～3mm，先端钝或渐尖，无毛或疏生柔毛，具3～8条脉，脉于先端汇合成1个疣点；花瓣白色，稀红色至紫红色，基部具2个黄色斑点，或基部红色至紫红色，阔卵形、卵形至椭圆形，长3～6.1mm，宽2.1～5mm，先端钝或微凹，基部狭缩成长0.5～1mm的爪，3～9(～14)条脉；雄蕊长2.2～5.5mm，花药黑色，花丝钻形；花盘环形；2枚心皮黑紫色，中下部合生；子房阔卵球形，长2.8～4mm，花柱2枚，长0.5～3mm。花果期7～9月。

【经济用途】 花和枝叶入药；清肺热、补血、散淤，治眼病。

【生境分布】 兴海。生于高山碎石隙、高山草甸、高山灌丛，海拔3000～4800m。分布于西藏、云南、四川、甘肃、陕西；尼泊尔、印度（锡金）也有。在青海亦分布于杂多、治多、曲麻莱、囊谦、玉树、称多、玛多、久治、玛沁、同仁、泽库、河南、循化、祁连。

山地虎耳草 藏名：塞迴色保

Saxifraga sinomontana J. T. Pan & Gornall

Saxifragaceae 虎耳草科　Saxifraga 虎耳草属

【形态特征】 多年生草本，丛生，高4.5～35cm。茎疏被褐色卷曲柔毛。基生叶发达，具柄，叶片椭圆形、长圆形至线状长圆形，长0.5～3.4cm，宽1.5～5.5mm，先端钝或急尖，无毛，叶柄长0.7～4.5cm，基部扩大，边缘具褐色卷曲长柔毛；茎生叶披针形至线形，长0.9～2.5cm，宽1.5～5.5mm，两面无毛或背面和边缘疏生褐色长柔毛，下部者具长0.3～2cm的叶柄，上部者变无柄。聚伞花序长1.4～4cm，具2～8朵花，稀单花；花梗长0.4～1.8cm，被褐色卷曲柔毛；萼片在花期直立，近卵形至近椭圆形，长3.8～5mm，宽2～3.3mm，先端钝圆，腹面无毛，背面有时疏生柔毛，边缘具卷曲长柔毛，5～8条脉于先端不汇合；花瓣黄色，倒卵形、椭圆形、长圆形、提琴形至狭倒卵形，长8～12.5mm，宽3.3～6.9mm，先端钝圆或急尖，基部具0.2～0.9mm的爪，5～15条脉，基部侧脉旁具2个痂体；雄蕊长4～6mm，花丝钻形；子房近上位，长3.3～5mm，花柱2枚，长1.1～2.5mm。花果期5～10月。

【经济用途】 花入药，消炎镇痛，治头痛、神经痛等，亦可熬膏外擦。

【生境分布】 贵德、同德、兴海、共和。生于高山碎石隙、高山草甸、高山灌丛，海拔3200～4800m。分布于西藏东部和南部、云南西北部、陕西、四川西部、甘肃南部；不丹至克什米尔地区也有。在青海亦分布于杂多、治多、囊谦、玉树、称多、玛多、班玛、久治、玛沁、同仁、泽库、河南、乌兰、大通、湟源、循化、乐都、互助、祁连、门源。

陆福根 摄

青藏虎耳草 藏名：松吉地

Saxifraga przewalskii Engler

Saxifragaceae 虎耳草科 Saxifraga 虎耳草属

【形态特征】 多年生草本，高4～11.5cm，丛生。茎不分枝，具褐色卷曲柔毛。基生叶具柄，叶片卵形、椭圆形至长圆形，长15～25mm，宽4～8mm，腹面无毛，背面和边缘具褐色卷曲柔毛，叶柄长1～3cm，基部扩大，边缘具褐色卷曲柔毛；茎生叶卵形至椭圆形，长1.5～2cm，向上渐变小。聚伞花序伞房状，具2～6朵花；花梗长5～19mm，密被褐色卷曲柔毛；萼片在花期反曲，卵形至狭卵形，长2.5～4.2mm，宽1.5～2mm，先端钝，两面无毛，边缘具褐色卷曲柔毛，3～5条脉于先端不汇合；花瓣腹面淡黄色且其中下部具红色斑点，背面紫红色，卵形、狭卵形至近长圆形，长2.5～5.2mm，宽1.5～2.1mm，先端钝，基部具长0.5～1mm的爪，3～5(～7)条脉，具2个痂体；雄蕊长2～3.6mm，花丝钻形；子房半下位，周围具环状花盘，花柱长1～1.5mm。花期7～8月。

【经济用途】 全草入药，清肝胆热、健胃补脾，治肝炎、胆囊炎、流感、发烧等。

【生境分布】 兴海、共和。生于海拔3700～4250m的林下、高山草甸和高山碎石隙。中国特有种，分布于西藏、甘肃。在青海亦分布于玛多、玛沁、尖扎、同仁、泽库、河南、乌兰、天峻、化隆、乐都、互助、祁连、门源。

狭瓣虎耳草

Saxifraga pseudohirculus Engler

Saxifragaceae 虎耳草科　Saxifraga 虎耳草属

【形态特征】 多年生草本，高4～16.7cm，丛生。茎下部具褐色卷曲长腺毛，并杂有短腺毛，中上部被黑褐色短腺毛。基生叶具柄，叶片披针形、倒披针形至狭长圆形，长2～11mm，宽0.6～2.5mm，先端稍钝，两面和边缘均具腺毛，叶柄长5.5～23mm，基部扩大，边缘具褐色卷曲长腺毛；茎生叶下部者具柄，中上部者渐变无柄，叶片近长圆形至倒披针形，长8～35mm，宽1.9～3.5mm，先端稍钝，两面和边缘均具短腺毛，叶柄长2～12mm，边缘具褐色卷曲长腺毛。聚伞花序具2～12朵花，或单花生于茎顶；花梗长5～38mm，被黑褐色短腺毛；萼片在花期直立至开展，阔卵形、近卵形至狭卵形，长2～4mm，宽1～2.9mm，先端钝或急尖，腹面疏生腺毛或无毛，背面和边缘密生黑褐色腺毛，3～5(～7)条脉于先端不汇合；花瓣黄色，披针形、狭长圆形至剑形，长4～11mm，宽1.3～3mm，先端钝圆至急尖，基部具长0.4～1.2mm的爪，3～5(～7)条脉，具2个痂体；雄蕊长1.5～5mm，花丝钻形；子房半下位，阔卵球形，长2.6～4.6mm，花柱长1.1～2.8mm。花果期7～9月。

【生境分布】 兴海。生于海拔3000～5800m的高山灌丛草甸、高山草甸和高山碎石隙。中国特有种，分布于西藏、四川、甘肃、陕西。在青海亦分布于杂多、囊谦、玉树、玛多、班玛、久治、同仁、泽库、河南、互助、门源。

金星虎耳草

Saxifraga stella-aurea J. D. Hooker & Thomson

Saxifragaceae 虎耳草科 Saxifraga 虎耳草属

贾留坤 摄

【形态特征】 多年生草本，高1.5～8cm，丛生。小主轴分枝，有时叠结成座垫状，具莲座叶丛；茎花葶状，被黑褐色腺毛。莲座叶肉质，近匙形、近椭圆形、近长圆形至近剑形，长2.5～5mm，宽1～2mm，先端通常钝，稀急尖，两面通常无毛，或有时两面近先端处具褐色腺毛，边缘具褐色腺毛（有时腺头掉落）。花单生于茎顶；花梗纤细，长0.65～4cm，被黑褐色腺毛，无苞片；萼片在花期反曲，近卵形、椭圆形至阔椭圆形，长2.1～3.3mm，宽1.2～2.5mm，先端钝或急尖，通常腹面无毛，背面和边缘多少具黑褐色腺毛，3～6条脉于先端不汇合至汇合；花瓣黄色，中部以下具橙色斑点，椭圆形、卵形至狭卵形，长4～7mm，宽2.1～3.4mm，先端钝，基部具长0.4～1mm的爪，3～6条脉，具不明显2个痂体；雄蕊长4.1～4.3mm，花丝钻形；子房近上位，阔卵球形至椭球形，长1.7～2mm，花柱长1.2～1.3mm。花果期7～10月。

【生境分布】 兴海。生于高山草甸和石隙，海拔4350～4850m。分布于西藏、云南、四川；印度、不丹、尼泊尔也有。在青海亦分布于玉树。

贾留坤 摄

唐古特虎耳草 甘青虎耳草 藏名：桑斗

Saxifraga tangutica Engler

Saxifragaceae 虎耳草科　Saxifraga 虎耳草属

【形态特征】 多年生草本，高3.5～31cm，丛生。茎被褐色卷曲长柔毛。基生叶具柄，叶片卵形、披针形至长圆形，长6～33mm，宽3～8mm，先端钝或急尖，两面无毛，边缘具褐色卷曲长柔毛，叶柄长1.7～2.5cm，边缘疏生褐色卷曲长柔毛；茎生叶下部者具长2～5.2mm的柄，上部者变无柄，叶片披针形、长圆形至狭长圆形，长7～17mm，宽2.3～6.5mm，腹面无毛，背面下部和边缘具褐色卷曲柔毛。多歧聚伞花序长1～7.5cm，(2～)8～24朵花；花梗密被褐色卷曲长柔毛；萼片在花期由直立变开展至反曲，卵形、椭圆形至狭卵形，长1.7～3.3mm，宽1～2.2mm，先端钝，两面通常无毛，有时背面下部被褐色卷曲柔毛，边缘具褐色卷曲柔毛，3～5条脉于先端不汇合；花瓣黄色，或腹面黄色而背面紫红色，卵形、椭圆形至狭卵形，长2.5～4.5mm，宽1.1～2.5mm，先端钝，基部具长0.3～0.8mm之爪，3～5(～7)脉，具2个痂体；雄蕊长2～2.2mm，花丝钻形；子房近下位，周围具环状花盘，花柱长约1mm。花果期6～10月。

【经济用途】 全草入药，功效同青藏虎耳草。

【生境分布】 贵南、兴海、共和。生于高山草甸、灌丛、石隙，海拔2900～4600m。分布于甘肃南部、西藏、四川北部和西部；不丹、克什米尔地区、尼泊尔和印度（锡金）也有。在青海亦分布于杂多、治多、曲麻莱、囊谦、玉树、称多、玛多、班玛、久治、玛沁、尖扎、同仁、河南、乌兰、天峻、大通、循化、乐都、民和、互助、刚察、祁连、门源。

西藏虎耳草

Saxifraga tibetica Losinskaja

Saxifragaceae 虎耳草科　Saxifraga 虎耳草属

【形态特征】 多年生草本，高(1～)2～16cm，密丛生。茎密被褐色卷曲长柔毛。基生叶具柄，叶片椭圆形至长圆形，长0.8～1cm，宽2～6.5mm，先端钝，无毛，叶柄长2～3cm，基部扩大，边缘具褐色卷曲柔毛；茎生叶，下部者具柄，上部者变无柄，叶片狭卵形、披针形至长圆形，长6～14mm，宽1.5～6mm，无毛或边缘具褐色卷曲柔毛，叶柄长1～1.3cm。单花生于茎顶；花梗长约5mm，被褐色卷曲柔毛；苞片1枚，狭卵形、狭披针形至长圆形，长3.5～9mm，宽1～3.5mm，两面无毛，边缘具卷曲柔毛；萼片在花期反曲，近卵形至近狭卵形，长3.2～4.1mm，宽1.5～2.5mm，先端钝，两面无毛，边缘具褐色卷曲柔毛，3～5条脉于先端不汇合；花瓣腹面上部黄色而下部紫红色，背面紫红色，卵形至狭卵形，长4～5mm，宽1.9～2.1mm，先端钝，基部具长0.5～1.4mm的爪，有3～5条脉，具2个痂体；雄蕊长2～3.5mm，花丝钻形；子房卵球形，长约2mm，周围具环状花盘，花柱长约1.5mm。蒴果长约4mm。花果期7～9月。

【生境分布】 兴海。生于高山草甸和石隙，海拔4080～4150m。中国特有种，分布于西藏。在青海亦分布于杂多、治多、曲麻莱、囊谦、玉树、玛多、玛沁等西南地区。

爪瓣虎耳草 藏名：赛滴

Saxifraga unguiculata Engler

Saxifragaceae 虎耳草科 Saxifraga 虎耳草属

【形态特征】 多年生草本，高2.5～13.5cm，丛生。小主轴分枝，具莲座叶丛；花茎具叶，中下部无毛，上部被褐色柔毛。莲座叶匙形至近狭倒卵形，长0.5～1.9cm，宽1.5～6.8mm，先端具短尖头，通常两面无毛，边缘多少具刚毛状睫毛；茎生叶较疏，稍肉质，长圆形、披针形至剑形，长4.4～8.8mm，宽1～2.3mm，先端具短尖头，通常两面无毛，边缘具腺睫毛（有时腺头掉落），稀无毛或背面疏被腺毛。花单生于茎顶，或聚伞花序具2～8朵花，长2～6cm，细弱；花梗长0.3～2.5cm，被褐色腺毛；萼片起初直立，后变开展至反曲，肉质，通常卵形，长1.5～3mm，宽1～2.1mm，先端钝或急尖，腹面和边缘无毛，背面被褐色腺毛，3～5条脉于先端不汇合、半汇合至汇合；花瓣黄色，中下部具橙色斑点，狭卵形、近椭圆形、长圆形至披针形，长4.6～7.5mm，宽1.8～2.9mm，先端急尖或稍钝，基部具长0.1～1mm的爪，有3～7条脉，具不明显的2个痂体或无痂体；雄蕊长2.8～4.3mm；子房近上位，阔卵球形，长2.3～3.8mm，花柱长0.5～1.4mm。花期7～8月。

【经济用途】 全草入药，性苦、寒；清肝胆之热，排脓敛疮。

【生境分布】 兴海。生于高山草甸和高山碎石隙，海拔3200～4800m。中国特有种，分布于西藏、云南、四川、甘肃。在青海亦分布于治多、曲麻莱、玉树、称多、玛多、班玛、久治、玛沁、同仁、大通、乐都、互助、祁连。

陈哲 摄

白瑜 摄

羽叶花

Acomastylis elata (Wallich ex G. Don) F. Bolle

Rosaceae 蔷薇科　Acomastylis 羽叶花属

【形态特征】 多年生草本。根粗壮，圆柱形。花茎直立，高20～40cm，被短柔毛。基生叶为间断羽状复叶，宽带形，有小叶9～13对，连叶柄长12～24cm；叶柄长1～4cm，被短柔毛或疏柔毛，稀脱落几无毛；小叶片半圆形，上部较大，下部较小，长0.4～2.5cm，宽0.3～2.2cm，顶端圆钝，基部宽楔形，大部与叶轴合生，边缘有不规则圆钝锯齿并有睫毛，两面绿色，被稀疏柔毛或脱落几无毛；茎生叶退化呈苞叶状，长圆状披针形，深裂；托叶草质，绿色，卵状披针形，全缘。聚伞花序2～6朵花顶生；花梗被短柔毛；花直径2.8～3.5cm；萼片卵状三角形，顶端急尖，副萼片细小，狭披针形，顶端急尖，比萼片短1倍以上，外面被短柔毛；花瓣黄色，宽倒卵形，顶端微凹，比萼片长1倍；子房密被硬毛，渐狭至花柱，花柱不扭曲，基部有稀疏柔毛，柱头细小。瘦果长卵形，花柱宿存。花果期6～8月。

【相近种】 本种植株外形与无尾果*Coluria longifolia*相像，不同在于后者花柱粗细相等，呈丝状，子房椭圆形，花柱与子房相接处在果时脱落，而羽叶花属植物种类花柱均宿存。

【生境分布】 兴海。生于高山灌丛下及河滩上，海拔3300～4500m。分布于西藏；印度（锡金）、尼泊尔、克什米尔地区也有。在青海亦分布于杂多、囊谦、同仁。

桃　藏名：康布

Amygdalus persica Linnaeus

Rosaceae 蔷薇科　Amygdalus 桃属

【形态特征】 乔木，高3～8m；树冠宽广而平展；树皮暗红褐色，老时粗糙呈鳞片状；小枝细长，无毛，有光泽，绿色，向阳处转变成红色，具大量小皮孔；冬芽圆锥形，顶端钝，外被短柔毛，常2～3个簇生，中间为叶芽，两侧为花芽。叶片长圆状披针形、椭圆状披针形或倒卵状披针形，长7～15cm，宽2～3.5cm，先端渐尖，基部宽楔形，上面无毛，下面在脉腋间具少数短柔毛或无毛，叶边具细锯齿或粗锯

齿，齿端具腺体或无腺体；叶柄粗壮，长1～2cm，常具1至数枚腺体，有时无腺体。花单生，先于叶开放，直径2.5～3.5cm；花梗极短或几无梗；萼筒钟形，被短柔毛，稀几无毛，绿色而具红色斑点；萼片卵形至长圆形，顶端圆钝，外被短柔毛；花瓣长圆状椭圆形至宽倒卵形，粉红色，罕为白色；雄蕊20～30枚，花药绯红色；花柱几与雄蕊等长或稍短；子房被短柔毛。果实形状和大小均有变异，卵形、宽椭圆形或扁圆形，直径(3～)5～7(～12)cm，长几与宽相等，色泽变化由淡绿白色至橙黄色，常在向阳面具红晕，外面密被短柔毛，稀无毛，腹缝明显，果梗短而深入果洼；果肉白色、浅绿白色、黄色、橙黄色或红色，多汁有香味，甜或酸甜；核大，离核或粘核，椭圆形或近圆形，两侧扁平，顶端渐尖，表面具纵、横沟纹和孔穴；种仁味苦，稀味甜。花期3～4月，果实成熟期因品种而异，通常为8～9月。

【经济用途】 ①桃树干上分泌的胶质，俗称桃胶，可用作黏合剂等，又可食用，也供药用，有破血、和血、益气之效；②食用，品种有离核和粘核之分。

【生境分布】 贵德有栽培。原产于我国，世界各地均广泛栽培。青海西宁、同仁、循化、民和等地也有栽培。

榆叶梅

Amygdalus triloba (Lindley) Ricker

Rosaceae 蔷薇科 Amygdalus 桃属

【形态特征】 灌木，稀小乔木，高2～3m；枝条开展，具多数短小枝；小枝灰色，一年生枝灰褐色，无毛或幼时微被短柔毛；冬芽短小，长2～3mm。短枝上的叶常簇生，一年生枝上的叶互生；叶片宽椭圆形至倒卵形，长2～6cm，宽1.5～3(～4)cm，先端短渐尖，常3裂，基部宽楔形，上面具疏柔毛或无毛，下面被短柔毛，叶片边具粗锯齿或重锯齿；叶柄长5～10mm，被短柔毛。花1～2朵，先于叶开放，直径2～3cm；花梗长4～8mm；萼筒宽钟形，长3～5mm，无毛或幼时微具毛；萼片卵形或卵状披针形，无毛，近先端疏生小锯齿；花瓣近圆形或宽倒卵形，长6～10mm，先端圆钝，有时微凹，粉红色；雄蕊25～30枚，短于花瓣；子房密被短柔毛，花柱稍长于雄蕊。果实近球形，直径1～1.8cm，顶端具短小尖头，红色，外被短柔毛；果梗长5～10mm；果肉薄，成熟时开裂；核近球形，具厚硬壳，直径1～1.6cm，两侧几不压扁，顶端圆钝，表面具不整齐的网纹。花期4～5月，果期5～7月。

【经济用途】 本种开花早，主要供观赏。

【生境分布】 贵德、共和；公园、庭院内栽培。分布于黑龙江、吉林、辽宁、内蒙古、河北、山西、陕西、甘肃、山东、江西、江苏、浙江等地。全国各地公园均有栽培；中亚地区也有。在青海亦栽培于西宁和海东各地庭院及公园。青海常见栽培种类为重瓣榆叶梅*A. triloba* f. *multiplex*，花重瓣，粉红色；萼片通常10枚，稀5枚。

榆叶梅

榆叶梅

重瓣榆叶梅

重瓣榆叶梅

杏　杏花　藏名：昂康木

Armeniaca vulgaris **Lamarck**

Rosaceae 蔷薇科　Armeniaca 杏属

【形态特征】 乔木，高5～8(～12)m；树冠圆形、扁圆形或长圆形；树皮灰褐色，纵裂；多年生枝浅褐色，皮孔大而横生，一年生枝浅红褐色，有光泽，无毛，具多数小皮孔。叶片宽卵形或圆卵形，长5～9cm，宽4～8cm，先端急尖至短渐尖，基部圆形至近心形，叶边有圆钝锯齿，两面无毛或下面脉腋间具柔毛；叶柄长2～3.5cm，无毛，基部常具1～6个腺体。花单生，直径2～3cm，先于叶开放；花梗短，长1～3mm，被短柔毛；花萼紫绿色；萼筒圆筒形，外面基部被短柔毛；萼片卵形至卵状长圆形，先端急尖或圆钝，花后反折；花瓣圆形至倒卵形，白色或带红色，具短爪；雄蕊20～45枚，稍短于花瓣；子房被短柔毛，花柱稍长或几与雄蕊等长，下部具柔毛。果实球形，稀倒卵形，直径约2.5cm以上，白色、黄色至黄红色，常具红晕，微被短柔毛；果肉多汁，成熟时不开裂；核卵形或椭圆形，两侧扁平，顶端圆钝，基部对称，稀不对称，表面稍粗糙或平滑，腹棱较圆，常稍钝，背棱较直，腹面具龙骨状棱；种仁味苦或甜。花期3～4月，果期6～7月。

【经济用途】 ① 栽培水果；② 种仁（杏仁）入药，止咳祛痰、定喘润肠。

【生境分布】 海南州各地。分布于全国各地，多数为栽培，尤以华北、西北和华东地区种植较多，少数地区逸为野生，在新疆伊犁一带野生成纯林或与新疆野苹果林混生，海拔可达3000m。世界各地均有栽培。青海海东及班玛、尖扎、同仁、贵德、西宁也有栽培。

地蔷薇 直立地蔷薇

Chamaerhodos erecta (Linnaeus) Bunge

Rosaceae 蔷薇科 Chamaerhodos 地蔷薇属

【形态特征】 二年生或一年生草本，具长柔毛及腺毛；根木质；茎直立或弧曲上升，高20～50cm，单一，少有多茎丛生，基部稍木质化，常在上部分枝。基生叶密生，莲座状，长1～2.5cm，二回羽状3深裂，侧裂片2深裂，中央裂片常3深裂，二回裂片具缺刻或3浅裂，小裂片条形，长1～2mm，先端圆钝，基部楔形，全缘，果期枯萎；叶柄长1～2.5cm；托叶形状似叶，3至多深裂；茎生叶似基生叶，3深裂，近无柄。聚伞花序顶生，具多朵花，二歧分枝形成圆锥花序，直径1.5～3cm；苞片及小苞片2～3裂，裂片条形；花梗细，长3～6mm；花直径2～3mm；萼筒倒圆锥形或钟形，长1mm，萼片卵状披针形，长1～2mm，先端渐尖；花瓣倒卵形，长2～3mm，白色或粉红色，无毛，先端圆钝，基部有短爪；花丝比花瓣短；心皮10～15枚，离生，花柱侧基生，子房卵形或长圆形。瘦果卵形或长圆形，长1～1.5mm，深褐色，无毛，平滑，先端具尖头。花果期6～8月。

【经济用途】 全草供入药，祛风湿，主治风湿性关节炎。

【生境分布】 贵德、兴海、共和。生于高山灌丛中、河滩砾石地，海拔2200～3400m。分布于新疆、陕西、内蒙古、辽宁、吉林、黑龙江；俄罗斯、蒙古、朝鲜也有。在青海亦分布于尖扎、大通、循化、民和、祁连、门源。

李小伟 摄

李小伟 摄

砂生地蔷薇

Chamaerhodos sabulosa Bunge

Rosaceae 蔷薇科 Chamaerhodos 地蔷薇属

【形态特征】 多年生草本；茎多数，丛生，平铺或上升，高6～10cm，少有达18cm，微坚硬，茎叶及叶柄均有短腺毛及长柔毛。基生叶莲座状，长1～3cm，三回3深裂，一回裂片3全裂，二回裂片2～3浅裂或不裂，小裂片长圆匙形，长1～2mm，先端圆钝，在果期不枯萎；叶柄长1.5～2.5cm；托叶不裂；茎生叶少数或不存，似基生叶，3深裂，裂片2～3全裂或不裂。圆锥状聚伞花序顶生，多花，在花期初紧密后疏散；苞片及小苞片条形，长1～2mm，不裂；花小，直径3～5mm；萼筒钟形或倒圆锥形，长2～4.5mm，有柔毛，萼片三角卵形，直立，先端锐尖，和萼筒等长或稍长；花瓣披针状匙形或楔形，长2～3mm，比萼片短或等长，白色或粉红色，先端圆钝；花丝无毛，比花瓣短；心皮常6～8枚，离生。瘦果卵形，长1mm，褐色，有光泽。花期6～7月，果期8～9月。

【相近种】 本种与地蔷薇相似，区别在于：本种为多年生草本，茎多数，丛生，基生叶莲座状，在果期仍不枯萎，花瓣比萼片短或等长，心皮6～8枚；瘦果有光泽；而地蔷薇为一、二年生草本，茎单一，少有多茎丛生，上部分枝，基生叶二回羽状3深裂，花较小（直径2～3mm），花瓣和萼片等长或稍长，心皮较多，10～15枚。

【生境分布】 共和。生于阳坡草地、砂地及湖岸边，海拔2440～3200m。分布于西藏、新疆、内蒙古；俄罗斯、蒙古也有。在青海亦分布于西宁、刚察。

无尾果

Coluria longifolia Maximowicz

Rosaceae 蔷薇科　Coluria 无尾果属

【形态特征】　多年生草本。基生叶为间断羽状复叶，长5～10cm；叶轴具沟，有长柔毛，上部小叶紧密排列无间隙，愈向下方各对小叶片间隔愈疏远，小叶片9～20对，上部者较大，愈向下方裂片愈小，皆无柄；上部小叶片宽卵形或近圆形，长5～15mm，宽3～8mm，先端圆钝或急尖，基部歪形，无柄，边缘有锐锯齿及黄色长缘毛，两面有柔毛或近无毛，下部小叶片卵形或长圆形，长1～3mm，宽0.5～1mm，歪形，全缘或有圆钝锯齿，具缘毛；叶柄长1～3cm，疏生长柔毛，基部膜质下延抱茎；托叶卵形，全缘或有1～2个锯齿，两面具柔毛及缘毛；茎生叶1～4枚，宽条形，长1～1.5cm，羽裂或3裂。花茎直立，高4～20cm，上部分枝，有短柔毛；聚伞花序有2～4朵花，稀具1朵花；苞片卵状披针形，长3～4mm，具长缘毛；花梗长1～2.5cm，密生短柔毛；花直径1.5～2.5cm；副萼片长圆形，长约2mm，先端圆钝，有长柔毛及缘毛；萼筒钟形，长2mm，外面密生短柔毛并有长柔毛，萼片三角卵形，长3～4mm，先端锐尖，外面密生短柔毛并有长柔毛；花瓣倒卵形或倒心形，长5～7mm，黄色，先端微凹，无毛；雄蕊40～60枚，花丝锥形，比花瓣短，无毛，基部扩大，宿存；心皮数个，子房长圆形，无毛，花柱丝状。瘦果长圆形，长2mm，黑褐色，光滑无毛。花期6～7月，果期8～10月。

【经济用途】　全草入药，止血止痛、清热。

【生境分布】　兴海、共和。生于高山草甸、砾石流草地、河滩及灌丛中，海拔2600～4850m。中国特有种，分布于西藏、云南、四川、甘肃。在青海亦分布于治多、曲麻莱、玉树、称多、玛多、久治、玛沁、泽库、河南、大通、湟中、循化、互助、祁连、门源。

西北沼委陵菜

Comarum salesovianum (Stephan) Ascherson & Graebner

Rosaceae 蔷薇科 Comarum 沼委陵菜属

【形态特征】 亚灌木，高30～100cm；茎直立，有分枝，幼时有粉质蜡层，具长柔毛，红褐色，冬季仅残留木质化基部。奇数羽状复叶，连叶柄长4.5～9.5cm，叶柄长1～1.5cm，小叶片7～11枚，纸质，互生或近对生，长圆状披针形或卵状披针形，稀倒卵状披针形，长1.5～3.5cm，宽4～12mm，越向下越小，先端急尖，基部楔形，边缘有尖锐锯齿，上面绿色，无毛，下面有粉质蜡层及贴生柔毛，中脉在下面微隆起，侧脉4～5对，不明显；叶轴带红褐色，有长柔毛；小叶柄极短或无；托叶膜质，先端长尾尖，大部分与叶柄合生，有粉质蜡层及柔毛，上部叶具3枚小叶或成单叶。聚伞花序顶生或腋生，有数朵疏生花；总梗及花梗有粉质蜡层及密生长柔毛，花梗长1.5～3cm；苞片及小苞片线状披针形，长6～20mm，红褐色，先端渐尖；花直径2.5～3cm；萼筒倒圆锥形，肥厚，外面被短柔毛及粉质蜡层，萼片三角状卵形，长约1.5cm，带红紫色，先端渐尖，外面有短柔毛及粉质蜡层，内面贴生短柔毛，副萼片线状披针形，长7～10mm，紫色，先端渐尖，外被柔毛；花瓣倒卵形，长1～1.5cm，约和萼片等长，白色或红色，无毛，先端圆钝，基部有短爪；雄蕊约20枚，花丝长5～6mm；花托肥厚，半球形，密生长柔毛；子房长圆卵形，有长柔毛。瘦果多数，长圆卵形，长约2mm，有长柔毛，埋藏在花托长柔毛内，外有宿存副萼片及萼片包裹。花期6～8月，果期8～10月。

【相近种】 本种和沼委陵菜*C. palustre*（青海不产）的区别在于：小叶片数较多，7～11枚；幼茎、总梗、花梗及花萼均被粉质蜡层及柔毛（有时蜡层不明显）；花瓣倒卵形，白色或红色，约和萼片等长，先端圆钝；瘦果有长柔毛；为亚灌木。

【生境分布】 贵德、兴海。生于河滩灌丛、河谷及山坡上，海拔1900～3700m。分布于西藏、新疆、甘肃、宁夏、内蒙古；俄罗斯、蒙古和喜马拉雅地区也有。在青海亦分布于泽库、德令哈、大柴旦、乌兰、湟源、循化、民和、祁连、门源。

匍匐栒子 匍匐灰栒子

Cotoneaster adpressus Bois

Rosaceae 蔷薇科 Cotoneaster 栒子属

【形态特征】 落叶匍匐灌木，茎不规则分枝，平铺地上；小枝细瘦，圆柱形，幼嫩时具糙伏毛，逐渐脱落，红褐色至暗灰色。叶片宽卵形或倒卵形，稀椭圆形，长5～15mm，宽4～10mm，先端圆钝或稍急尖，基部楔形，边缘全缘而呈波状，上面无毛，下面具稀疏短柔毛或无毛；叶柄长1～2mm，无毛；托叶钻形，成长时脱落。花1～2朵，几无梗，直径7～8mm；萼筒钟状，外面具稀疏短柔毛，内面无毛；萼片卵状三角形，先端急尖，外面有稀疏短柔毛，内面常无毛；花瓣直立，倒卵形，长约4.5mm，宽几与长相等，先端微凹或圆钝，粉红色；雄蕊10～15枚，短于花瓣；花柱2枚，离生，比雄蕊短；子房顶部有短柔毛。果近球形，直径6～7mm，鲜红色，无毛，通常有2小核，稀3小核。花期5～6月，果期8～9月。

【生境分布】 海南州各地。生于多石山坡、岩石缝隙、林间草地，海拔2200～4100m。分布于西藏、云南、贵州、甘肃、陕西、湖北；缅甸、尼泊尔、印度也有。在青海亦分布于囊谦、玉树、称多、班玛、久治、玛沁、尖扎、同仁、泽库、河南、大通、湟源、平安、循化、乐都、民和、互助、门源。

平枝栒子

Cotoneaster horizontalis Decaisne

Rosaceae 蔷薇科　Cotoneaster 栒子属

【形态特征】 落叶或半常绿匍匐灌木，高不超过0.5m，枝水平开张成整齐两列状；小枝圆柱形，幼时外被糙伏毛，老时脱落，黑褐色。叶片近圆形或宽椭圆形，稀倒卵形，长5～14mm，宽4～9mm，先端多数急尖，基部楔形，全缘，上面无毛，下面有稀疏平贴柔毛；叶柄长1～3mm，被柔毛；托叶钻形，早落。花1～2朵，近无梗，直径5～7mm；萼筒钟状，外面有稀疏短柔毛，内面无毛；萼片三角形，先端急尖，外面微具短柔毛，内面边缘有柔毛；花瓣直立，倒卵形，先端圆钝，长约4mm，宽3mm，粉红色；雄蕊约12枚，短于花瓣；花柱常为3枚，有时为2枚，离生，短于雄蕊；子房顶端有柔毛。果近球形，直径4～6mm，鲜红色，常具3小核，稀2小核。花期5～6月，果期9～10月。

【相近种】 本种与匍匐栒子*C. adpressus*相近，区别在于：匍匐栒子的茎平铺地上，呈不规则分枝，叶片宽卵形或倒卵形，稀椭圆形，叶边呈波状起伏，果直径6～7mm，常具2小核；而平枝栒子的茎水平展开，呈规则地二列分枝，叶片近圆形或宽椭圆形，稀倒卵形，边缘不呈波状，果直径4～6mm，常有3小核。

【生境分布】 同德。生于干旱石质山坡或灌木丛中，海拔3200～3750m。分布于陕西、甘肃、湖北、湖南、四川、贵州、云南；尼泊尔也有。在青海亦分布于玉树、玛沁，西宁植物园有栽培。

水栒子　多花灰栒子　多花栒子　栒子木

***Cotoneaster multiflorus* Bunge**

Rosaceae 蔷薇科　Cotoneaster 栒子属

【形态特征】 落叶灌木，高达4m；枝条细瘦，常呈弓形弯曲，小枝圆柱形，红褐色或棕褐色，无毛，幼时带紫色，具短睫毛，不久脱落。叶片卵形或宽卵形，长2～4cm，宽1.5～3cm，先端急尖或圆钝，基部宽楔形或圆形，上面无毛，下面幼时稍有绒毛，后渐脱落；叶柄长3～8mm，幼时有柔毛，以后脱落；托叶线形，疏生柔毛，脱落。花5～21朵，成疏松的聚伞花序，总花梗和花梗无毛，稀微具柔毛；花梗长4～6mm；苞片线形，无毛或微具柔毛；花直径1～1.2cm；萼筒钟状，内外两面均无毛；萼片三角形，先端急尖，通常除先端边缘外，内外两面均无毛；花瓣平展，近圆形，直径4～5mm，先端圆钝或微缺，基部有短爪，内面基部有白色细柔毛，白色；雄蕊约20枚，稍短于花瓣；花柱通常2枚，离生，比雄蕊短；子房先端有柔毛。果实近球形或倒卵形，直径8mm，红色，有1个由2枚心皮合生而成的小核。花期5～6月，果期8～9月。

【经济用途】 高大灌木，生长旺盛，夏季密着白花，秋季结红色果实，经久不凋，可作观赏植物。近年试作苹果砧木，有矮化之效。

【生境分布】 兴海，野生或栽培。生于山坡、河谷、林间、林缘，海拔1800～3700m。分布于西藏、云南、四川、新疆、甘肃、陕西、山西、河北、内蒙古、辽宁、黑龙江、湖北、河南；俄罗斯及亚洲中部和西部也有。在青海亦分布于玉树、班玛、玛沁、尖扎、同仁、泽库、西宁、大通、湟源、湟中、平安、循化、民和、互助、门源。

毛叶水栒子

Cotoneaster submultiflorus Popov

Rosaceae 蔷薇科　Cotoneaster 栒子属

【形态特征】 落叶直立灌木，高2～4m；小枝细，圆柱形，棕褐色或灰褐色，幼时密被柔毛，逐渐脱落，后无毛。叶片卵形、菱状卵形至椭圆形，长2～4cm，宽1.2～2cm，先端急尖或圆钝，基部宽楔形，全缘，上面无毛或幼时微具柔毛，下面具短柔毛，无白霜；叶柄长4～7mm，微具柔毛；托叶披针形，有柔毛，多数脱落。花多数，成聚伞花序，总花梗和花梗具长柔毛；花梗长4～6mm；苞片线形，有柔毛；花直径8～10mm；萼筒钟状，外面被柔毛，内面无毛；萼片三角形，先端急尖，外面被柔毛，内面无毛；花瓣平展，卵形或近圆形，长3～5mm，先端圆钝或稀微缺，白色；雄蕊15～20枚，短于花瓣；花柱2枚，离生，稍短于雄蕊；子房先端有短柔毛。果实近球形，直径6～7mm，亮红色，有1个由2枚心皮合生的小核。花期5～6月，果期9月。

【相近种】 本种和水栒子*C. multiflorus*相似，区别在于：水栒子叶片下面、花序和花萼均不具毛。

【生境分布】 兴海。生于河谷滩地、灌丛中或林缘，海拔1700～4200m。分布于西藏、新疆、甘肃、陕西、宁夏、山西、内蒙古；亚洲中部也有。在青海亦分布于囊谦、玉树、玛沁、尖扎、泽库、大通、湟源、湟中、平安、乐都、民和、互助、祁连、门源。

西北栒子 札氏栒子 杂氏灰栒子

Cotoneaster zabelii **C. K. Schneider**

Rosaceae 蔷薇科 Cotoneaster 栒子属

【形态特征】 落叶灌木，高达2m；枝条细瘦开张，小枝圆柱形，深红褐色，幼时密被带黄色柔毛，老时无毛。叶片椭圆形至卵形，长1.2～3cm，宽1～2cm，先端多数圆钝，稀微缺，基部圆形或宽楔形，全缘，上面具稀疏柔毛，下面密被带黄色或带灰色绒毛；叶柄长1～3mm，被绒毛；托叶披针形，有毛，在果期多数脱落。花3～13朵成下垂的聚伞花序，总花梗和花梗被柔毛；花梗长2～4mm；萼筒钟状，外面被柔毛；萼片三角形，先端稍钝或具短尖头，外面具柔毛，内面几无毛或仅沿边缘有少数柔毛；花瓣直立，倒卵形或近圆形，直径2～3mm，先端圆钝，浅红色；雄蕊18～20枚，较花瓣短；花柱2枚，离生，短于雄蕊，子房先端具柔毛。果实倒卵形至卵球形，直径7～8mm，鲜红色，常具2小核。花期5～6月，果期8～9月。

【生境分布】 兴海。生于山沟流水旁、灌木丛中，海拔2300～3440m。中国特有种，分布于甘肃、陕西、宁夏、山西、河北、湖北、湖南、河南、山东。在青海亦分布于循化。

甘肃山楂　面旦子　藏名：局如日

Crataegus kansuensis E. H. Wilson

Rosaceae 蔷薇科　Crataegus 山楂属

【形态特征】 灌木或乔木，高2.5～8m；枝刺多，刺锥形，长7～15mm；小枝细，圆柱形，无毛，绿色带红色，二年生枝光亮，紫褐色；冬芽近圆形，先端钝，无毛，紫褐色。叶片宽卵形，长4～6cm，宽3～4cm，先端急尖，基部截形或宽楔形，边缘有尖锐重锯齿和5～7对不规则羽状浅裂片，裂片三角状卵形，先端急尖或短渐尖，上面有稀疏柔毛，下面中脉及脉腋有髯毛，老时减少，近于无毛；叶柄细，长1.8～2.5cm，无毛；托叶膜质，卵状披针形，边缘有腺齿，早落。伞房花序，直径3～4cm，具花8～18朵；总花梗和花梗均无毛，花梗长5～6mm；苞片与小苞片膜质，披针形，长3～4mm，边缘有腺齿，早落；花直径8～10mm；萼筒钟状，外面无毛；萼片三角卵形，长2～3mm，约为萼筒之半，先端渐尖，全缘，内外两面均无毛；花瓣近圆形，直径3～4mm，白色；雄蕊15～20枚；花柱2～3枚，子房顶端被绒毛，柱头头状。果实近球形，直径8～10mm，红色或橘黄色，萼片宿存；果梗细，长1.5～2cm；小核2～3个，内面两侧有凹痕。花期5月，果期7～9月。

【经济用途】 果实入药，消积化滞、行气散淤，治肉食积滞、伤食腹泻、产后淤阻、腹痛、疝气、菌痢等。

【生境分布】 贵德。庭园栽培，海拔2100～2800m。分布于贵州、四川、甘肃、陕西、山西、河北。青海西宁、湟源、循化、民和也有栽培。

东方草莓

Fragaria orientalis **Losinskaja**

Rosaceae 蔷薇科　Fragaria 草莓属

【形态特征】　多年生草本，高5～30cm。茎被开展柔毛，上部较密，下部有时脱落。三出复叶，小叶几无柄，倒卵形或菱状卵形，长1～5cm，宽0.8～3.5cm，顶端圆钝或急尖，顶生小叶基部楔形，侧生小叶基部偏斜，边缘有缺刻状锯齿，上面绿色，散生疏柔毛，下面淡绿色，有疏柔毛，沿叶脉较密；叶柄被开展柔毛，有时上部较密。花序聚伞状，有花(1～)2～5(～6)朵，基部苞片淡绿色或具1枚有柄的小叶，花梗长0.5～1.5cm，被开展柔毛。花两性，稀单性，直径1～1.5cm；萼片卵圆状披针形，顶端尾尖，副萼片线状披针形，偶有2裂；花瓣白色，几圆形，基部具短爪；雄蕊18～22枚，近等长；雌蕊多数。聚合果半圆形，成熟后紫红色，宿存萼片开展或微反折；瘦果卵形，宽0.5mm，表面脉纹明显或仅基部具皱纹。花期5～7月，果期7～9月。

【相近种】　本种与野草莓*F. vesca*（青海产于大通、互助）极为相似，区别在于后者花梗被紧贴的毛；又与五叶草莓*F. pentaphylla*（青海产于囊谦、玉树和民和）相近，但后者为5枚小叶且质地较厚，易于区别。

【经济用途】　果实鲜红色，质软而多汁，香味浓厚，略酸微甜，可生食或供制果酒、果酱。

【生境分布】　海南州各地。生于高山灌丛中、林下、河滩及山坡草丛中，海拔2300～4100m。分布于甘肃、陕西、山西、河北、内蒙古、辽宁、吉林、黑龙江；朝鲜、蒙古及俄罗斯（远东地区）也有。在青海亦分布于囊谦、玉树、班玛、玛沁、尖扎、同仁、泽库、河南、西宁、大通、乐都、互助、祁连。

路边青 水杨梅 兰布政

Geum aleppicum Jacquin

Rosaceae 蔷薇科 Geum 路边青属

【形态特征】 多年生草本。须根簇生。茎直立，高30～100cm，被开展粗硬毛，稀几无毛。基生叶为大头羽状复叶，通常有小叶2～6对，连叶柄长10～25cm，叶柄被粗硬毛，小叶大小极不相等，顶生小叶最大，菱状广卵形或宽扁圆形，长4～8cm，宽5～10cm，顶端急尖或圆钝，基部宽心形至宽楔形，边缘常浅裂，有不规则粗大锯齿，锯齿急尖或圆钝，两面绿色，疏生粗硬毛；茎生叶羽状复叶，有时重复分裂，向上小叶逐渐减少，顶生小叶披针形或倒卵状披针形，顶端常渐尖或短渐尖，基部楔形；茎生叶托叶大，绿色，叶状，卵形，边缘有不规则粗大锯齿。花序顶生，疏散排列，花梗被短柔毛或微硬毛；花直径1～1.7cm；花瓣黄色，几圆形，比萼片长；萼片卵状三角形，顶端渐尖，副萼片狭小，披针形，顶端渐尖，稀2裂，比萼片短1倍，外面被短柔毛及长柔毛；花柱顶生，在上部1/4处扭曲，成熟后自扭曲处脱落，脱落部分下部被疏柔毛。聚合果倒卵球形，瘦果被长硬毛，花柱宿存部分无毛，顶端有小钩；果托被短硬毛，长约1mm。花果期7～10月。

【经济用途】 ① 全株含鞣质，可提制栲胶；② 全草入药，有祛风、除湿、止痛、镇痉之效；③ 种子含干性油，可用制肥皂和油漆；④ 鲜嫩叶可食用。

【生境分布】 同德。生于林下、林缘、河漫滩、路边、山坡草地，海拔1850～3800m。分布于西南、东北及新疆、甘肃、陕西、山西、内蒙古、湖北、河南、山东；广布北半球温带及暖温带。在青海亦分布于玉树、班玛、玛沁、泽库、大通、湟中、循化、乐都、民和、互助、门源。

花红 林檎 文林郎果 沙果

Malus asiatica Nakai

Rosaceae 蔷薇科 Malus 苹果属

【形态特征】 小乔木，高4～6m；小枝粗壮，圆柱形，嫩枝密被柔毛，老枝暗紫褐色，无毛，有稀疏浅色皮孔；冬芽卵形，先端急尖，初时密被柔毛，逐渐脱落，灰红色。叶片卵形或椭圆形，长5～11cm，宽4～5.5cm，先端急尖或渐尖，基部圆形或宽楔形，边缘有细锐锯齿，上面有短柔毛，逐渐脱落，下面密被短柔毛；叶柄长1.5～5cm，具短柔毛；托叶小，膜质，披针形，早落。伞房花序，具花4～7朵，集生于小枝顶端；花梗长1.5～2cm，密被柔毛；花直径3～4cm；萼筒钟状，外面密被柔毛；萼片三角状披针形，长4～5mm，先端渐尖，全缘，内外两面密被柔毛，萼片比萼筒稍长；花瓣倒卵形或长圆状倒卵形，长8～13mm，宽4～7mm，基部有短爪，淡粉色；雄蕊17～20枚，花丝长短不等，比花瓣短；花柱4(～5)枚，基部具长绒毛，比雄蕊长。果实卵形或近球形，直径4～5cm，黄色或红色，先端渐狭，不具隆起，基部陷入，宿存萼肥厚隆起。花期4～5月，果期8～9月。

【相近种】 本种与秋子*M. prunifolia*相近，但本种一般果形较大，果梗较短，叶片及新枝上的茸毛较密，可以区别。

【经济用途】 果实多数不耐储藏运输，供鲜食用，并可加工制果干、果丹皮及酿果酒。

【生境分布】 贵德有栽培，品种繁多。适宜生长于山坡阳处、平原砂地。分布于内蒙古、辽宁、河北、河南、山东、山西、陕西、甘肃、湖北、四川、贵州、云南、新疆。青海西宁、平安、乐都、民和、互助也有栽培。

贾留坤 摄

陇东海棠 甘肃海棠

Malus kansuensis (Batalin) C. K. Schneider

Rosaceae 蔷薇科 Malus 苹果属

【形态特征】 灌木至小乔木，高3～5m；小枝粗壮，圆柱形，嫩时有短柔毛，不久脱落。老时紫褐色或暗褐色；冬芽卵形，先端钝，鳞片边缘具绒毛，暗紫色。叶片卵形或宽卵形，长5～8cm，宽4～6cm，先端急尖或渐尖，基部圆形或截形，边缘有细锐重锯齿，通常3浅裂，稀有不规则分裂或不裂，裂片三角状卵形，先端急尖，下面有稀疏短柔毛；叶柄长1.5～4cm，有疏生短柔毛；托叶草质，线状披针形，先端渐尖，边缘有疏生腺齿，长6～10mm，稍有柔毛。伞形总状花序，具花4～10朵，直径5～6.5cm，总花梗和花梗嫩时有稀疏柔毛，不久即脱落，花梗长2.5～3.5cm；苞片膜质，线状披针形，很早脱落；花直径1.5～2cm；萼筒外面有长柔毛；萼片三角状卵形至三角状披针形，先端渐尖，全缘，外面无毛，内面具长柔毛，与萼筒等长或稍长；花瓣宽倒卵形，基部有短爪，内面上部有稀疏长柔毛，白色；雄蕊20枚，花丝长短不一，约为花瓣之半；花柱3枚，稀枚4枚或2枚，基部无毛，比雄蕊稍长。果实椭圆形或倒卵形，直径1～1.5cm，黄红色，有少数石细胞，萼片脱落，果梗长2～3.5cm。花期5～6月，果期7～8月。

【经济用途】 ① 果实味酸，可食或酿果酒和造果酱，也可作苹果的砧木；② 木材供雕刻；③ 常栽培于庭园，供绿化用。

【生境分布】 贵德。生于林中，海拔2300m。中国特有种，分布于甘肃、河南、陕西、四川。在青海亦分布于循化（孟达）。

李小伟 摄

李小伟 摄

李小伟 摄

毛山荆子 辽山荆子

Malus mandshurica (Maximowicz) Komarov ex Juzepczuk

Rosaceae 蔷薇科　Malus 苹果属

【形态特征】 乔木，高达15m；小枝细弱，圆柱形，幼嫩时密被短柔毛，老时逐渐脱落，紫褐色或暗褐色；冬芽卵形，先端渐尖，无毛或仅在鳞片边缘微有短柔毛，红褐色。叶片卵形、椭圆形至倒卵形，长5～8cm，宽3～4cm，先端急尖或渐尖，基部楔形或近圆形，边缘有细锯齿，基部锯齿浅钝，近于全缘，下面中脉及侧脉上具短柔毛或近于无毛；叶柄长3～4cm，具稀疏短柔毛；托叶叶质至膜质，线状披针形，长5～7mm，先端渐尖，边缘有稀疏腺齿，内面有疏生短柔毛，早落。伞形花序，具花3～6朵，无总梗，集生于小枝顶端，直径6～8cm；花梗长3～5cm，有疏生短柔毛；苞片小，膜质，线状披针形，很早脱落；花直径3～3.5cm；萼筒外面有疏生短柔毛；萼片披针形，先端渐尖，全缘，长5～7mm，内面被绒毛，比萼筒稍长；花瓣长倒卵形，长1.5～2cm，基部有短爪，白色；雄蕊30枚，花丝长短不齐，约等于花瓣之半或稍长；花柱4枚，稀5枚，基部具绒毛，较雄蕊稍长。果实椭圆形或倒卵形，直径8～12mm，红色，萼片脱落；果梗长3～5cm。花期5～6月，果期8～9月。

【相近种】 本种枝叶形态与山荆子*M. baccata*（青海产于孟达，西宁有栽培）很近似，唯叶边锯齿较为细钝，叶柄、花梗和萼筒外面具短柔毛，果形稍大，呈椭圆形，可以区别。

【经济用途】 本种耐寒性强，根系深，种子繁殖较易，常栽培，用于苹果和花红等果树的砧木，或供庭园绿化、观赏用。

【生境分布】 贵德。生于灌丛旁、山坡林中或庭园栽培，海拔2100～2600m。分布于甘肃、陕西、山西、内蒙古、辽宁、吉林、黑龙江；俄罗斯（西伯利亚）和日本也有。在青海亦分布于循化、民和及西宁。

秋子　楸子　海棠果

Malus prunifolia (Willdenow) Borkhausen

Rosaceae 蔷薇科　Malus 苹果属

【形态特征】 小乔木，高达3～8m；小枝粗壮，圆柱形，嫩时密被短柔毛，老枝灰紫色或灰褐色，无毛；冬芽卵形，先端急尖，微具柔毛，边缘较密，紫褐色，有数枚外露鳞片。叶片卵形或椭圆形，长5～9cm，宽4～5cm，先端渐尖或急尖，基部宽楔形，边缘有细锐锯齿，在幼嫩时上下两面的中脉及侧脉有柔毛，逐渐脱落，仅在下面中脉稍有短柔毛或近于无毛；叶柄长1～5cm，嫩时密被柔毛，老时脱落。花4～10朵，近似伞形花序，花梗长2～3.5cm，被短柔毛；苞片膜质，线状披针形，先端渐尖，微被柔毛，早落；花直径4～5cm；萼筒外面被柔毛；萼片披针形或三角状披针形，长7～9cm，先端渐尖，全缘，两面均被柔毛，萼片比萼筒长；花瓣倒卵形或椭圆形，长2.5～3cm，宽约1.5cm，基部有短爪，白色，含苞未放时粉红色；雄蕊20枚，花丝长短不齐，约为花瓣的1/3；花柱4(～5)枚，基部有长绒毛，比雄蕊较长。果实卵形，直径2～2.5cm，红色，先端渐尖，稍具隆起，萼洼微突，萼片宿存肥厚，果梗细长。花期4～5月，果期8～9月。

【经济用途】 ① 果实味甜酸，可供食用，也可加工成食品；② 因适应性强，抗寒抗旱也能耐湿，是苹果的优良砧木。

【生境分布】 贵德有栽培，品种多，海拔2300m。甘肃、陕西、山西、河北、内蒙古、辽宁、河南、山东有野生或栽培。在青海尖扎、同仁、西宁及海东也有栽培。

苹果　西洋苹果　藏名：固秀

Malus pumila Miller

Rosaceae 蔷薇科　Malus 苹果属

【形态特征】 乔木，高可达15m，多具圆形树冠和短主干；小枝短而粗，圆柱形，幼嫩时密被绒毛，老枝紫褐色，无毛；冬芽卵形，先端钝，密被短柔毛。叶片椭圆形、卵形至宽椭圆形，长4.5～10cm，宽3～5.5cm，先端急尖，基部宽楔形或圆形，边缘具圆钝锯齿，幼嫩时两面具短柔毛，长成后上面无毛；叶柄粗壮，长1.5～3cm，被短柔毛；托叶草质，披针形，先端渐尖，全缘，密被短柔毛，早落。伞房花序，具花3～7朵，集生于小枝顶端，花梗长1～2.5cm，密被绒毛；苞片膜质，线状披针形，先端渐尖，全缘，被绒毛；花直径3～4cm；萼筒外面密被绒毛；萼片三角状披针形或三角状卵形，长6～8mm，先端渐尖，全缘，内外两面均密被绒毛，萼片比萼筒长；花瓣倒卵形，长15～18mm，基部具短爪，白色，含苞未放时带粉红色；雄蕊20枚，花丝长短不齐，约为花瓣的1/2；花柱5枚，下半部密被灰

白色绒毛，较雄蕊稍长。果实扁球形，直径在2cm以上，先端常有隆起，萼洼下陷，萼片永存，果梗短粗。花期5月，果期7～10月。

【经济用途】 ①我国主要水果，可生食，或供制糕点、果脯、果干及果酒、果醋等用；②果实也可入药，作为强壮剂，治贫血症。

【生境分布】 海南州各地；栽培于河谷阶地、丘陵、村庄附近及庭园内，海拔1700～2900m。西藏、云南、四川、甘肃、陕西、山西、河北、内蒙古、辽宁、河南、山东有栽培；原产于欧洲及亚洲中部，栽培历史已久，全世界温带地区均有种植。在青海尖扎、同仁、都兰（香日德农场）、西宁、大通、平安、化隆、循化、乐都、民和、互助也有栽培。青海省栽培的品种很多，主要有国光、红玉、元帅、金帅、绯衣、丹顶、甘露、黄魁、大国光、青香蕉、倭锦、伏花皮等。

海棠花 海棠

Malus spectabilis (Aiton) Borkhausen

Rosaceae 蔷薇科 Malus 苹果属

【形态特征】 乔木，高可达8m；小枝粗壮，圆柱形，幼时具短柔毛，逐渐脱落，老时红褐色或紫褐色，无毛；冬芽卵形，先端渐尖，微被柔毛，紫褐色，有数枚外露鳞片。叶片椭圆形至长椭圆形，长5～8cm，宽2～3cm，先端短渐尖或圆钝，基部宽楔形或近圆形，边缘有紧贴细锯齿，有时部分近于全缘，幼嫩时上下两面具稀疏短柔毛，以后脱落，老叶无毛；叶柄长1.5～2cm，具短柔毛；托叶膜质，窄披针形，先端渐尖，全缘，内面具长柔毛。花序近伞形，有花4～6朵，花梗长2～3cm，具柔毛；苞片膜质，披针形，早落；花直径4～5cm；萼筒外面无毛或有白色绒毛；萼片三角状卵形，先端急尖，全缘，外面无毛或偶有稀疏绒毛，内面密被白色绒毛，萼片比萼筒稍短；花瓣卵形，长2～2.5cm，宽1.5～2cm，基部有短爪，白色，在芽中呈粉红色；雄蕊20～25枚，花丝长短不等，长约为花瓣之半；花柱5枚，稀4枚，基部有白色绒毛，比雄蕊稍长。果实近球形，直径2cm，黄色，萼片宿存，基部不下陷，梗洼隆起；果梗细长，先端肥厚，长3～4cm。花期4～5月，果期8～9月。

【经济用途】 果实味酸，可生食。本种花色艳丽，为著名的观赏树种，多栽培于庭园，供绿化用。

【生境分布】 贵德栽培，海拔2300m。云南、甘肃、陕西、河北、辽宁、山东、江苏、浙江、江西也有栽培。青海东部农业区和尖扎等地也有栽培。

西府海棠 小果海棠

***Malus* x *micromalus* Makino**

Rosaceae 蔷薇科　Malus 苹果属

【形态特征】 小乔木，高达2.5～5m，树枝直立性强；小枝细弱圆柱形，嫩时被短柔毛，老时脱落，紫红色或暗褐色，具稀疏皮孔；冬芽卵形，先端急尖，无毛或仅边缘有绒毛，暗紫色。叶片长椭圆形或椭圆形，长5～10cm，宽2.5～5cm，先端急尖或渐尖，基部楔形稀近圆形，边缘有尖锐锯齿，嫩叶被短柔毛，下面较密，老时脱落；叶柄长2～3.5cm；托叶膜质，线状披针形，先端渐尖，边缘有疏生腺齿，近于无毛，早落。伞形总状花序，有花4～7朵，集生于小枝顶端，花梗长2～3cm，嫩时被长柔毛，逐渐脱落；苞片膜质，线状披针形，早落；花直径约4cm；萼筒外面密被白色长绒毛；萼片三角状卵形、三角状披针形至长卵形，先端急尖或渐尖，全缘，长5～8mm，内面被白色绒毛，外面较稀疏，萼片与萼筒等长或稍长；花瓣近圆形或长椭圆形，长约1.5cm，基部有短爪，粉红色；雄蕊约20枚，花丝长短不等，比花瓣稍短；花柱5枚，基部具绒毛，约与雄蕊等长。果实近球形，直径1～1.5cm，红色，萼洼、梗洼均下陷，萼片多数脱落，少数宿存。花期4～5月，果期8～9月。

【相近种】 本种与海棠花*M. spectabilis*极近似，其区别在于：叶片形状较狭长，基部楔形，叶边锯齿稍锐，叶柄细长，果实基部下陷。

【经济用途】 ① 常见栽培果树及观赏树。树姿直立，花朵密集。果味酸甜，可供鲜食及加工用。栽培品种很多，果实形状、大小、颜色和成熟期均有差别，所以有热花红、冷花红、铁花红、紫海棠、红海棠、老海红、八楞海棠等名称；② 可作苹果或花红的砧木，生长良好，比山荆子抗旱力强。

【生境分布】 贵德栽培，海拔2300m。分布于辽宁、河北、山西、山东、陕西、甘肃、云南。

星毛委陵菜 无茎萎陵菜

Potentilla acaulis Linnaeus

Rosaceae 蔷薇科 Potentilla 委陵菜属

【形态特征】 多年生草本，高2～15cm，植株灰绿色。根圆柱形，多分枝。花茎丛生，密被星状毛及开展微硬毛。基生叶掌状3出复叶，连叶柄长1.5～7cm，叶柄密被星状毛及开展微硬毛，小叶常有短柄或几无柄；小叶片倒卵状椭圆形或菱状倒卵形，长0.8～3cm，宽0.4～1.5cm，顶端圆钝，基部楔形，每边有4～6个圆钝锯齿，两面灰绿色，密被星状毛及开展微硬毛，下面沿脉较密；茎生叶1～3枚，小叶与基生小叶相似；基生叶托叶膜质，淡褐色，被星状毛及开展微硬毛，茎生叶托叶草质，灰绿色，带形或带状披针形，外被星状毛。顶生花1～2朵或2～5朵成聚伞花序，花梗长1～2cm，密被星状毛及疏柔毛；花直径1.5cm；萼片三角状卵形，顶端急尖，副萼片椭圆形，顶端圆钝稀2裂，外面密被星状毛及疏柔毛；花瓣黄色、倒卵形，顶端微凹或圆钝，比萼片长约1倍；花柱近顶生，基部有乳头，柱头稍微扩大。瘦果近肾形，直径约1mm，有不明显的脉纹。花果期4～8月。

【生境分布】 贵南。生于干旱山坡、草地、沙丘，海拔2300～3300m。分布于新疆、甘肃、陕西、山西、河北、内蒙古、黑龙江；俄罗斯、蒙古也有。在青海亦分布于尖扎、西宁、大通、循化、刚察。

窄裂委陵菜

Potentilla angustiloba **T. T. Yu & C. L. Li**

Rosaceae 蔷薇科　Potentilla 委陵菜属

【形态特征】 多年生草本。根圆柱形，上部较粗壮，向下延伸细长。花茎铺散或上升，长8～30cm，伏生疏长柔毛或微硬毛。基生叶为5出掌状复叶，连叶柄长3～12cm，伏生疏长柔毛及微硬毛；小叶片倒卵状长椭圆形或长椭圆形，边缘深裂至中脉，每边有2～4个带形裂片，长0.5～1.5cm，宽0.8～1mm，顶部急尖或渐尖，上面伏生疏柔毛或几无毛，下面密被白色绒毛，沿脉伏生白色长柔毛；茎生叶1～3枚，小叶3～5分裂，与基生叶相似，唯叶柄向上逐渐缩短；基生叶托叶膜质，深褐色，被疏柔毛或几无毛，茎生叶托叶草质，绿色，卵状披针形，全缘或有1～2个齿，下面密被伏生柔毛。伞房状聚伞花序顶生，有花3～12朵，花梗长0.5～1cm，外被伏生长柔毛；花直径0.8～1cm；萼片三角状卵形或卵状长圆形，顶端渐尖，副萼片带状披针形，顶端渐尖，与萼片近等长或稍短，外面伏生长柔毛；花瓣黄色，倒卵形，顶端微凹，比萼片长或近等长；雄蕊约20枚；心皮多数，花柱近顶生，基部膨大，柱头稍扩大。花期6～8月，果期8～9月。

【生境分布】 兴海。生于山坡草地、河谷滩地及水渠边，海拔3000～3800m。分布于新疆、甘肃。在青海亦分布于玛沁、都兰、大通、刚察、祁连。

蕨麻　人参果　蕨麻委陵菜
藏名：卓老沙曾　卓玛
Potentilla anserina Linnaeus

Rosaceae 蔷薇科　Potentilla 委陵菜属

【形态特征】　多年生草本。根向下延长，有时在根的下部长成纺锤形或椭圆形块根。茎匍匐，在节处生根，常着地长出新植株，外被伏生或半开展疏柔毛或脱落几无毛。基生叶为间断羽状复叶，有小叶6～11对，连叶柄长2～20cm，叶柄被伏生或半开展疏柔毛，有时脱落几无毛。小叶对生或互生，无柄或顶生小叶有短柄，最上面1对小叶基部下延与叶轴汇合，基部小叶渐小呈附片状；小叶片通常椭圆形、倒卵状椭圆形或长椭圆形，长1～2.5cm，宽0.5～1cm，顶端圆钝，基部楔形或阔楔形，边缘有多数尖锐锯齿或呈裂片状，上面绿色，被疏柔毛或脱落几无毛，下面密被紧贴银白色绢毛，叶脉明显或不明显，茎生叶与基生叶相似，唯小叶对数较少；基生叶和下部茎生叶托叶膜质，褐色，和叶柄连成鞘状，外面被疏柔毛或脱落几无毛，上部茎生叶托叶草质，多分裂。单花腋生；花梗长2.5～8cm，被疏柔毛；花直径1.5～2cm；萼片三角状卵形，顶端急尖或渐尖，副萼片椭圆形或椭圆状披针形，常2～3裂，稀不裂，与副萼片近等长或稍短；花瓣黄色，倒卵形、顶端圆形，比萼片长1倍；花柱侧生，小枝状，柱头稍扩大。

【经济用途】　① 在高寒地区，根部膨大，含丰富淀粉，市称“蕨麻”或“人参果”，治贫血和营养不良等，又可供甜制食品及酿酒用；② 根含鞣料，可提制栲胶，并可入药，作收敛剂；③ 茎叶可提取黄色染料；④ 蜜源植物和饲料植物。

【生境分布】　海南州各地。生于高山草甸、山坡湿润草地、河滩、水沟边、路旁和畜圈附近，海拔1700～4400m。分布于西藏、云南、四川、新疆、甘肃、陕西、宁夏、山西、河北、内蒙古、辽宁、吉林、黑龙江；北半球温带地区、拉丁美洲、大洋洲也有。青海其他各州县均产。

白瑜 摄

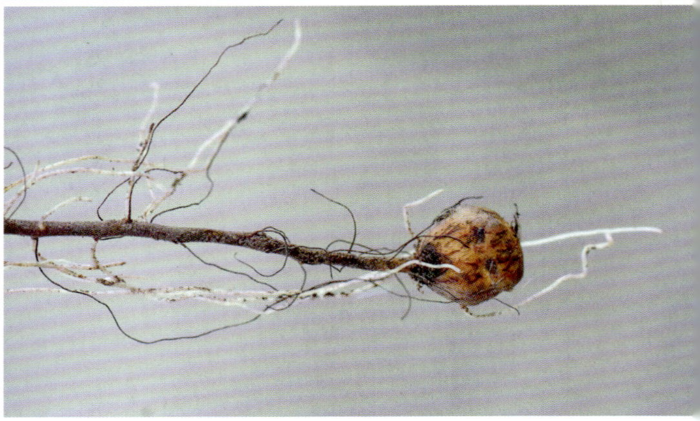

二裂委陵菜 叉叶委陵菜

Potentilla bifurca Linnaeus

Rosaceae 蔷薇科　Potentilla 委陵菜属

【形态特征】 多年生草本或亚灌木。根圆柱形，纤细，木质。花茎直立或上升，高5～20cm，密被疏柔毛或微硬毛。羽状复叶，有小叶5～8对，最上面2～3对小叶基部下延与叶轴汇合，连叶柄长3～8cm；叶柄密被疏柔毛或微硬毛，小叶无柄，对生稀互生，椭圆形或倒卵状椭圆形，长0.5～1.5cm，宽0.4～0.8cm，顶端常2裂，稀3裂，基部楔形或宽楔形，两面绿色，伏生疏柔毛；下部叶托叶膜质，褐色，外面被微硬毛，稀脱落几无毛，上部茎生叶托叶草质，绿色，卵状椭圆形，常全缘稀有齿。近伞房状聚伞花序，顶生，疏散；花直径0.7～1cm；萼片卵圆形，顶端急尖，副萼片椭圆形，顶端急尖或钝，比萼片短或近等长，外面被疏柔毛；花瓣黄色，倒卵形，顶端圆钝，比萼片稍长；心皮沿腹部有稀疏柔毛；花柱侧生，棒形，基部较细，顶端缢缩，柱头扩大。瘦果表面光滑。花果期5～9月。

【经济用途】 ① 本种植物幼芽密集簇生，形成红紫色的垫状丛，内蒙古土名称“地红花”，据传入药能止血，主治功能性子宫出血、产后出血过多；② 中等饲料植物，羊与骆驼均喜食。

【生境分布】 青海各州县均产。生于干山坡、撂荒地、路边、河滩及疏林和灌丛下，海拔2080～4300m。分布于西藏、四川、新疆、甘肃、陕西、宁夏、山西、河北、内蒙古、黑龙江；欧洲中部至亚洲温带其他地区也有。

矮生二裂委陵菜

Potentilla bifurca var. ***humilior*** Osten-Sacken & Ruprecht

Rosaceae 蔷薇科　Potentilla 委陵菜属

【形态特征】 本变种与原变种的区别为：植株矮小铺散，花茎长在7cm以下，小叶通常3～5对，稀达6对，大多全缘，偶有顶端2裂者，花常单生。花果期5～10月。

【生境分布】 共和。生于山坡草地、河漫滩、路边及砂砾地，海拔3200～4950m。分布于西藏、四川、新疆、甘肃、陕西、宁夏、山西、河北、内蒙古；中亚地区、蒙古也有。在青海亦分布于治多、曲麻莱、囊谦、玉树、久治、玛沁、泽库、河南、格尔木、天峻、西宁、刚察、门源。

长叶二裂委陵菜

高二裂委陵菜　小叉叶委陵菜

Potentilla bifurca var. ***major*** Ledebour

Rosaceae 蔷薇科　Potentilla 委陵菜属

【形态特征】 本变种与原变种的区别为：植株高大，叶柄、花茎下部伏生柔毛或脱落几无毛；小叶带形或长椭圆形，顶端圆钝或2裂；花序聚伞状，花朵较大，直径1.2～1.5cm。花果期5～10月。

【生境分布】 贵德、贵南、共和。生于田埂、滩地及山坡草地，海拔2200～3200m。分布于新疆、甘肃、陕西、山西、河北、内蒙古、吉林、黑龙江；欧洲至俄罗斯（远东地区）也有。在青海亦分布于同仁、西宁。

苏清海 摄

金露梅

金老梅　金蜡梅　药王茶　藏名：班那

Potentilla fruticosa Linnaeus

Rosaceae 蔷薇科　Potentilla 委陵菜属

【形态特征】 灌木，高0.5～2m，多分枝，树皮纵向剥落。小枝红褐色，幼时被长柔毛。羽状复叶，有小叶2对，稀3枚小叶，上面1对小叶基部下延与叶轴汇合；叶柄被绢毛或疏柔毛；小叶长圆形、倒卵状长圆形或卵状披针形，长0.7～2cm，宽0.4～1cm，全缘，边缘平坦，顶端急尖或圆钝，基部楔形，两面绿色，疏被绢毛或柔毛，或脱落近于几毛；托叶薄膜质，宽大，外面被长柔毛或脱落。单花或数朵生于枝顶，花梗密被长柔毛或绢毛；花直径2.2～3cm；萼片卵圆形，顶端急尖至短渐尖，副萼片披针形至倒卵状披针形，顶端渐尖至急尖，与萼片近等长，外面疏被绢毛；花瓣黄色，宽倒卵形，顶端圆钝，比萼片长；花柱近基生，棒形，基部稍细，顶部缢缩，柱头扩大。瘦果近卵形，褐棕色，长1.5mm，外被长柔毛。花果期6～9月。

【经济用途】 ① 枝叶茂密，黄花鲜艳，适宜作庭园观赏灌木，或作矮篱也很美观；② 叶与果含鞣质，可提制栲胶；③ 嫩叶可代茶叶饮用；④ 花叶入药，有健脾、化湿、清暑、调经的功效；⑤ 藏区广泛用作建筑材料，填充在屋檐下或门窗上下。

【生境分布】 青海各州县均产。生于高山灌丛或高山草甸中、林缘、河滩及山坡、路旁，海拔2500～4200m。分布于西藏、云南、四川、新疆、甘肃、陕西、山西、河北、内蒙古、辽宁、吉林、黑龙江；北温带广布。

注：本种枝叶、花朵形态变异大。

白毛金露梅

Potentilla fruticosa var. ***albicans*** Rehder & E. H. Wilson

Rosaceae 蔷薇科　Potentilla 委陵菜属

【形态特征】 本变种与原变种的区别为：小叶下面密被银白色绒毛或绢毛。

【生境分布】 贵南、兴海。生于山谷中、沙丘上、山沟林缘及灌丛草甸中，海拔2000～3700m。分布于西藏、云南、四川、新疆。在青海亦分布于循化、乐都、民和、门源。

银露梅

银老梅　白花棍儿茶　藏名：班玛嘎布

Potentilla glabra Loddiges

Rosaceae 蔷薇科　Potentilla 委陵菜属

【形态特征】 灌木，高0.3～2m，稀达3m，树皮纵向剥落。小枝灰褐色或紫褐色，被稀疏柔毛。叶为羽状复叶，有小叶2对，稀3枚小叶，上面1对小叶基部下延与轴汇合，叶柄被疏柔毛；小叶椭圆形、倒卵状椭圆形或卵状椭圆形，长0.5～1.2cm，宽0.4～0.8cm，顶端圆钝或急尖，基部楔形或几圆形，边缘平坦或微向下反卷，全缘，两面绿色，被疏柔毛或几无毛；托叶薄膜质，外被疏柔毛或脱落几无毛。顶生单花或数朵，花梗细长，被疏柔毛；花直径1.5～2.5cm；萼片卵形，急尖或短渐尖，副萼片披针形、倒卵状披针形或卵形，比萼片短或近等长，外面被疏柔毛；花瓣白色，倒卵形，顶端圆钝；花柱近基生，棒状，基部较细，在柱头下缢缩，柱头扩大。瘦果表面被毛。花果期6～11月。

【经济用途】 花入药，治牙病、肺病、胸肋胀痛等。

【生境分布】 海南州各地均产。生于山坡、河漫滩、林缘及灌丛中，海拔2400～4200m。分布于西藏、云南、四川、甘肃、陕西、山西、河北、内蒙古、湖北、安徽；朝鲜、俄罗斯、蒙古也有。在青海亦分布于囊谦、玉树、达日、班玛、久治、玛沁、尖扎、同仁、泽库、大通、乐都、互助、门源。

白毛银露梅

华西银露梅　华西银腊梅　观音茶

Potentilla glabra var. ***mandshurica*** (Maximowicz) Handel-Mazzetti

Rosaceae 蔷薇科　Potentilla 委陵菜属

【形态特征】　本变种与原变种的区别为：小叶上面或多或少伏生柔毛，下面密被白色绒毛或绢毛。花果期5～9月。

【生境分布】　兴海、共和。生于高山山坡草地、河漫滩、林下及灌丛中，海拔2200～4100m。分布于东北、华北及西藏、云南、四川、甘肃、陕西；朝鲜也有。在青海亦分布于杂多、囊谦、玉树、玛沁、尖扎、同仁、泽库、河南、格尔木、西宁、大通、湟源、湟中、循化、乐都、民和、互助、海晏、祁连、门源。

腺毛委陵菜 粘萎陵菜

Potentilla longifolia **Willdenow ex Schlechtendal**

Rosaceae 蔷薇科 Potentilla 委陵菜属

【形态特征】 多年生草本。根粗壮，圆柱形。花茎直立或微上升，高30～90cm，被短柔毛、长柔毛及腺体。基生叶羽状复叶，有小叶4～5对，连叶柄长10～30cm，叶柄被短柔毛、长柔毛及腺体，小叶对生，稀互生，无柄，最上面1～3对小叶基部下延与叶轴汇合；小叶长圆状披针形至倒披针形，长1.5～8cm，宽0.5～2.5cm，顶端圆钝或急尖，边缘有缺刻状锯齿，上面被疏柔毛或脱落无毛，下面被短柔毛及腺体，沿脉疏生长柔毛；茎生叶与基生叶相似；基生叶托叶膜质，褐色，外被短柔毛及长柔毛，茎生叶托叶草质，绿色，全缘或分裂，外被短柔毛及长柔毛。伞房花序集生于花茎顶端，少花，花梗短；花直径1.5～1.8cm；萼片三角状披针形，顶端通常渐尖，副萼片长圆状披针形，顶端渐尖或圆钝，与萼片近等长或稍短，外面密被短柔毛及腺体；花瓣宽倒卵形，顶端微凹，与萼片近等长，果时直立增大；花柱近顶生，圆锥形，基部明显具乳头，膨大，柱头不扩大。瘦果近肾形或卵球形，直径约1mm，光滑。花果期7～9月。

【相近种】 本种与菊叶委陵菜*P. tanacetifolia*相近，但后者植株腺毛较为稀疏或不明显，基生叶小叶对数较多，通常有5～8对；花序疏散，多花，花直径通常不超过1.5cm，萼片比副萼片长或近等长，果时不增大，可以区别。

【经济用途】 全草入药，清热解毒、消炎、收敛、止血止痢，治胃痛、肠炎、痢疾。

【生境分布】 同德、兴海。生于山坡草地、河漫滩及灌丛林下，海拔2300～3200m。分布于西藏、四川、新疆、甘肃、山西、河北、内蒙古、吉林、黑龙江；俄罗斯、蒙古、朝鲜也有。在青海亦分布于同仁、泽库、西宁、循化、互助、祁连。

多茎委陵菜

Potentilla multicaulis **Bunge**

Rosaceae 蔷薇科　Potentilla 委陵菜属

【形态特征】 多年生草本。根粗壮，圆柱形。花茎多而密集丛生，上升或铺散，长7～35cm，常带暗红色，被白色长柔毛或短柔毛。基生叶为羽状复叶，有小叶4～6对，稀达8对，间隔0.3～0.8cm，连叶柄长3～10cm，叶柄暗红色，被白色长柔毛，小叶对生稀互生，无柄，椭圆形至倒卵形，上部小叶远比下部小叶大，长0.5～2cm，宽0.3～0.8cm，边缘羽伏深裂，裂片带形，排列较为整齐，顶端舌状，边缘平坦，或略微反卷，上面绿色，主脉、侧脉微下陷，被稀疏伏生柔毛，稀脱落几无毛，下面被白色绒毛，脉上疏生白色长柔毛，茎生叶与基生叶形状相似，唯小叶对数较少；基生叶托叶膜质，棕褐色，外面被白色长柔毛；茎生叶托叶草质，绿色，全缘，卵形，顶端渐尖。聚伞花序多花，初开时密集，花后疏散；花直径0.8～1cm，稀达1.3cm；萼片三角状卵形，顶端急尖，副萼片狭披针形，顶端圆钝，比萼片短约一半；花瓣黄色，倒卵形或近圆形，顶端微凹，比萼片稍长或长达1倍；花柱近顶生，圆柱形，基部膨大。瘦果卵球形，有皱纹。花果期4～9月。

【相近种】 本种与多裂委陵菜*P. multifida*形态相似，唯本种基生叶小叶对数较多（4～8），下面边缘平坦稀略微反卷；花朵较小，直径0.8～1cm，副萼片狭窄细小，显著比萼片短而狭；茎生叶托叶常全缘；而多裂委陵菜小叶对数较少（3～5），下面边缘多反卷，茎生叶托叶多分裂或有锯齿，极稀全缘；花较大，直径1.2～1.5cm，副萼片宽阔，与萼片近等长或稍短，二者可以区别。

【生境分布】 贵南、兴海、共和。生于疏林下、林缘、向阳山坡、草地及河滩、田边和路旁，海拔2300～4800m。分布于西藏、新疆、甘肃、陕西、山西、河北、内蒙古、辽宁、黑龙江、河南。在青海亦分布于玛多、同仁、格尔木、西宁、大通、湟中、乐都、互助、刚察、门源。

多裂委陵菜 细叶委陵菜

Potentilla multifida Linnaeus

Rosaceae 蔷薇科 Potentilla 委陵菜属

【形态特征】 多年生草本。根圆柱形，稍木质化。花茎上升，稀直立，高12～40cm，被紧贴或开展的短柔毛或绢状柔毛。基生叶羽状复叶，有小叶3～5对，稀达6对，间隔0.5～2cm，连叶柄长5～17cm，叶柄被紧贴或开展的短柔毛；小叶对生，稀互生，羽状深裂几达中脉，长椭圆形或宽卵形，长1～5cm，宽0.8～2cm，向基部逐渐减小，裂片带形或带状披针形，顶端舌状或急尖，边缘向下反卷，上面伏生短柔毛，稀脱落几无毛，中脉、侧脉下陷，下面被白色绒毛，沿脉伏生绢状长柔毛；茎生叶2～3枚，与基生叶形状相似，唯小叶对数向上逐渐减少；基生叶托叶膜质，褐色，外被疏柔毛，或脱落几无毛；茎生叶托叶草质，绿色，卵形或卵状披针形，顶端急尖或渐尖，2裂或全缘。花序为伞房状聚伞花序，花后花梗伸长疏散；花梗长1.5～2.5cm，被短柔毛；花直径1.2～1.5cm；萼片三角状卵形，顶端急尖或渐尖，副萼片披针形或椭圆状披针形，先端圆钝或急尖，比萼片略短或近等长，外面被伏生长柔毛；花瓣黄色，倒卵形，顶端微凹，长不超过萼片的1倍；花柱圆锥形，近顶生，基部具乳头膨大，柱头稍扩大。瘦果平滑或具皱纹。花期5～8月。

【经济用途】 带根全草入药，清热利湿、止血、杀虫，治外伤出血，研末外敷伤处。

【生境分布】 贵德、共和。生于山坡草地、河漫滩、灌丛及林缘，海拔3200～4200m。分布于西藏、云南、四川、新疆、甘肃、陕西、河北、内蒙古、辽宁、吉林、黑龙江；欧洲、美洲及亚洲其他地区也有。在青海亦分布于玉树、称多、尖扎、同仁、西宁、大通、湟中、乐都、互助、祁连、门源。

矮生多裂委陵菜

***Potentilla multifida* var. *nubigena* Th. Wolf**

Rosaceae 蔷薇科　Potentilla 委陵菜属

【形态特征】 与原变种多裂委陵菜的区别为：植株极为矮小，花茎接近地面铺散，长3～8cm，花朵较少，基生叶有小叶(2～)3对，连叶柄长2.5～4cm，小叶裂片呈舌状带形，上面密被伏生柔毛，下面密被绒毛及长绢毛。花果期5～7月。

【生境分布】 兴海、共和。生于山坡草地、河谷阶地、河漫滩及住宅旁，海拔3200～4200m。分布于西藏、新疆、甘肃、陕西、河北、内蒙古；伊朗、俄罗斯、中亚地区及阿尔泰高山地区也有。在青海亦分布于治多、曲麻莱、玉树、河南、格尔木、德令哈、都兰、乌兰、天峻。

小叶金露梅

Potentilla parvifolia Fischer ex Lehmann

Rosaceae 蔷薇科 Potentilla 委陵菜属

【形态特征】 灌木，高0.3～1.5m，分枝多，树皮纵向剥落。小枝灰色或灰褐色，幼时被灰白色柔毛或绢毛。叶为羽状复叶，有小叶2对，常混生有3对，基部2对小叶呈掌状或轮状排列；小叶片小，披针形、带状披针形或倒卵状披针形，长0.7～1cm，宽2～4mm，顶端常渐尖，稀圆钝，基部楔形，边缘全缘，明显向下反卷，两面绿色，被绢毛，或下面粉白色，有时被疏柔毛；托叶膜质，褐色或淡褐色，全缘，外面被疏柔毛。顶生单花或数朵，花梗被灰白色柔毛或绢状柔毛；花直径1.2～2.2cm；萼片卵形，顶端急尖，副萼片披针形、卵状披针形或倒卵状披针形，顶端渐尖或急尖，短于萼片或近等长，外面被绢状柔毛或疏柔毛；花瓣黄色，宽倒卵形，顶端微凹或圆钝，比萼片长1～2倍；花柱近基生，棒状，基部稍细，在柱头下缢缩，柱头扩大。瘦果表面被毛。花果期6～8月。

【生境分布】 青海各州县均产。生于高山草甸、林缘、灌丛中及河漫滩、沟谷山坡，海拔2230～5000m。分布于西藏、四川、甘肃、内蒙古、黑龙江。俄罗斯、蒙古、克什米尔地区、尼泊尔也有。

白毛小叶金露梅

Potentilla parvifolia var. ***hypoleuca***
Handel-Mazzetti

Rosaceae 蔷薇科　Potentilla 委陵菜属

【形态特征】 本变种与原变种的区别为：小叶上面被短绢毛，下面被白色绒毛及绢毛。花果期6～9月。

【生境分布】 贵南、共和。生于干山坡、沙丘、山坡灌丛，海拔3000～3800m。中国特有种，分布于西藏、云南、四川、甘肃。在青海亦分布于班玛、玛沁、尖扎、大柴旦、乐都、刚察。

羽毛委陵菜
Potentilla plumosa T. T. Yu & C. L. Li

Rosaceae 蔷薇科 Potentilla 委陵菜属

【形态特征】 多年生草本。根茎粗壮，圆柱形，木质化。花茎铺散或上升，高4～30cm，被开展的白色绢状长柔毛。基生叶羽状复叶，有小叶6～9对，排列较为整齐，呈羽毛状，间隔0.2～0.4cm，连叶柄长2～7cm，叶柄被白色绒毛及长柔毛，小叶对生或互生，无柄；小叶片椭圆形，长0.3～1.5cm，宽0.2～0.8cm，边缘深裂几达中脉，每边各有裂片3～5枚，排列较为整齐，上面绿色，伏生白色短柔毛，下面被白色绒毛，有时脱落变稀疏，沿脉密被伏生白色长柔毛，在裂片顶端呈毛笔状，裂片带形，边缘微反卷，顶端圆钝，茎生叶与基生叶相似，唯小叶仅有3～5对；基生叶托叶膜质，褐色，外被白色长柔毛，稀脱落，茎生叶托叶草质，绿色，卵形或卵状披针形，顶端渐尖，边缘齿牙状2～4裂或有锯齿，外面密被伏生柔毛。伞房状聚伞花序，有花3～10朵，集生于顶端或疏散；花直径1～1.5cm；萼片卵形或三角状卵形，顶端急尖或渐尖，副萼片卵状披针形，顶端圆钝或急尖，比萼片稍短，外面密被短柔毛或长柔毛；花瓣黄色，倒卵形，顶端微凹，比萼片长约1倍；雄蕊20枚，长短不相等；雌蕊多数，子房近肾形；花柱近顶生，基部膨大不明显，柱头头状，微扩大。瘦果光滑，腹部膨胀，卵状椭圆形。花果期6～8月。

【相近种】 本种与多裂委陵菜*P. multifida*相近，不同在于本种的基生叶有小叶6～9对，小叶排列较整齐，如羽毛状，小叶裂片带形，通常在裂片顶端有呈毛笔状柔毛，下面绒毛上疏被白色长柔毛，易于区别。与多茎委陵菜*P. multicaulis*相比较，后者小叶常3～5对，稀达8对，下面沿脉疏生白色长柔毛，裂片顶端不呈毛笔状，花朵稍小，直径0.8～1cm，三种易于识别。

【生境分布】 贵南、同德、兴海。生于高山草坡、草地、水渠边及河滩湿地，海拔3200～4050m。中国特有种，分布于西藏、四川、甘肃。在青海亦分布于杂多、囊谦、玉树、久治、玛沁、同仁、泽库、刚察、门源。

华西委陵菜
Potentilla potaninii Wolf

Rosaceae 蔷薇科 Potentilla 委陵菜属

【形态特征】 多年生草本。根常分枝，花茎丛生，直立或上升，高10～30cm，被白色绒毛及疏柔毛。基生叶羽状复叶，有小叶2～3对，间隔0.3～0.5cm，连叶柄长2～10cm，叶柄被白色绒毛及疏柔毛，小叶对生，无柄或几无柄；小叶片倒卵形或倒卵状椭圆形，长0.5～2.5cm，宽0.3～1.5cm，顶端圆钝，基部楔形，边缘具长圆形锯齿，顶端圆钝或急尖，上面绿色，被伏生柔毛，下面被白色绒毛，沿脉伏生长柔毛，茎生叶羽状5小叶或掌状3小叶；基生叶托叶膜质，褐色，外被柔毛，茎生叶托叶绿色，草质，披针形或卵状披针形，顶端渐尖，边缘全缘，下面被白色绒毛及疏柔毛。聚伞花序疏散，有花多朵，花梗长1.5～2.5cm，外被白色绒毛；花直径1～1.5cm；萼片卵状披针形或长卵形，顶端渐尖，副萼片披针形或长椭圆状披针形，

与萼片近等长，稍稍短，外面被疏柔毛；花瓣黄色，倒卵形，顶端微凹，比萼片长0.5～1倍；花柱近顶生，基部微膨大，柱头扩大。瘦果光滑。花果期6～8月。

【相近种】 本种基生叶有小叶2～3对，其中有2对小叶间距较远，与钉柱委陵菜*P. saundersiana*相似，区别主要在于前者为明显羽状复叶，而后者常为掌状复叶，有时边缘2个小叶稍往下生，近于掌状。

【生境分布】 贵南、同德。生于山坡草地、林缘灌木林及河漫滩，海拔2300～4000m。分布于西藏、云南、四川、甘肃；不丹也有。在青海亦分布于治多、囊谦、玉树、久治、玛沁、同仁、泽库、河南、西宁、大通、乐都、民和、互助。

钉柱委陵菜 藏名：热衮巴

Potentilla saundersiana Royle

Rosaceae 蔷薇科 Potentilla 委陵菜属

【形态特征】 多年生草本。根粗壮，圆柱形。花茎直立或上升，高10～20cm，被白色绒毛及疏柔毛。基生叶3～5掌状复叶，连叶柄长2～5cm，被白色绒毛及疏柔毛，小叶无柄；小叶片长圆状倒卵形，长0.5～2cm，宽0.4～1cm，顶端圆钝或急尖，基部楔形，边缘有多数缺刻状锯齿，齿顶端急尖或微钝，上面绿色，伏生稀疏柔毛，下面密被白色绒毛，沿脉伏生疏柔毛，茎生叶1～2枚，小叶3～5枚，与基生叶小叶相似；基生叶托叶膜质，褐色，外面被白色长柔毛或脱落几无毛，茎生叶托叶草质，绿色，卵形或卵状披针形，通常全缘，顶端渐尖或急尖，下面被白色绒毛及疏柔毛。聚伞花序顶生，有花多朵，疏散，花梗长1～3cm，外被白色绒毛；花直径1～1.4cm；萼片三角状卵形或三角状披针形，副萼片披针形，顶端锐尖，比萼片短或几等长，外被白色绒毛及柔毛；花瓣黄色，倒卵形，顶端下凹，比萼片略长或长1倍；花柱近顶生，基部膨大不明显，柱头略扩大。瘦果光滑。花果期6～8月。

【生境分布】 贵南、同德、兴海、共和。生于高山灌丛、草甸、山坡草地、河漫滩及多石山顶，海拔2500～5400m。分布于西藏、云南、四川、新疆、甘肃、陕西、宁夏、山西；印度、尼泊尔、不丹、印度（锡金）也有。在青海亦分布于杂多、囊谦、玉树、玛多、久治、玛沁、尖扎、同仁、泽库、河南、德令哈、乌兰、天峻、西宁、大通、湟源、湟中、乐都、互助、海晏、祁连、门源。

丛生钉柱委陵菜 雪委陵菜

Potentilla saundersiana var. ***caespitosa*** (Lehmann) Th. Wolf

Rosaceae 蔷薇科 Potentilla 委陵菜属

【形态特征】 本变种与原变种的区别为：植株矮小丛生，根向下生长较细，叶常三出，小叶片宽倒卵形，边缘浅裂至深裂，单花顶生，稀2朵花。

【生境分布】 同德、共和。生于高山草甸、灌丛、流石滩及山坡草地，海拔3000～5500m。中国特有种，分布于西藏、云南、四川、新疆、甘肃、陕西、山西、内蒙古。在青海亦分布于杂多、治多、曲麻莱、囊谦、玉树、称多、玛多、达日、久治、玛沁、同仁、格尔木、乌兰、天峻、大通、乐都、互助、祁连、门源。

绢毛委陵菜 白毛小委陵菜 毛叶委陵菜

Potentilla sericea Linnaeus

Rosaceae 蔷薇科 Potentilla 委陵菜属

【形态特征】 多年生草本。根粗壮，圆柱形，稍木质化。花茎直立或上升，高5～20cm，被开展的白色绢毛或长柔毛。基生叶为羽状复叶，有小叶3～6对，间隔0.3～0.5cm，连叶柄长3～8cm，叶柄被开展的白色绢毛或长柔毛，小叶对生稀互生，无柄；小叶片长圆形，上部小叶比下部小叶大，通常长0.5～1.5cm，宽0.3～0.8cm，边缘羽状深裂，裂片带形，呈篦齿状排列，顶端急尖或圆钝，边缘反卷，上面绿色，伏生绢毛，下面密被白色绒毛，绒毛上密盖一层白色绢毛，茎生叶1～2枚；基生叶托叶膜质，褐色，外面被绢毛或长柔毛，茎生叶托叶草质，绿色，卵圆形，顶端渐尖，边缘锐裂稀全缘，外被长柔毛。聚伞花序疏散；花梗长1～2cm，密被短柔毛及长柔毛；花直径0.8～2.2cm；萼片三角状卵形，顶端急尖，副萼片披针形，顶端圆钝，比萼片稍短，稀近等长；花瓣黄色，倒卵形，顶端微凹，比萼片稍长；花柱近顶生，花柱基部膨大。瘦果长圆状卵形，褐色，有皱纹。花果期5～9月。

【生境分布】 兴海。生于山坡草地、草原、湖岸岩缝及多碎石地，海拔3200～4300m。分布于西藏、新疆、甘肃、内蒙古、吉林、黑龙江；俄罗斯、蒙古也有。在青海亦分布于玉树、玛多、玛沁、刚察。

齿裂西山委陵菜

Potentilla sischanensis var. ***peterae*** (Handel-Mazzetti) T. T. Yu & C. L. Li

Rosaceae 蔷薇科 Potentilla 委陵菜属

【形态特征】 多年生草本，高5～20cm。全株除叶腹面和花瓣外几乎全部被白色绒毛。根粗壮，圆柱形，木质化；茎丛生，上升或铺散，稀直立。基生叶为奇数羽状复叶，近革质，具小叶7～11对，长3～15cm；小叶无柄，小叶片卵形、长椭圆形或披针形，长0.3～2.5cm，边缘锯齿状浅裂，裂片三角形或三角状卵形，顶端急尖或圆钝，腹面绿色，被稀疏长柔毛，背面沿脉伏生白色长柔毛及绒毛，边缘稍反卷；茎生叶少，呈苞叶状；基生叶托叶膜质，褐色，背面被白色长柔毛；茎生叶托叶亚革质，绿色，卵状披针形。聚伞花序疏生，花梗长1～1.5cm，有对生小苞片；花直径0.8～1cm；萼片卵状披针形，副萼片狭窄，披针形，比萼片短；花瓣黄色，倒卵形，先端钝圆，比萼片长；花柱近顶生，柱头稍扩大。瘦果卵圆形。花果期5～8月。

【生境分布】 贵德。生于山坡草地、路旁、水沟边，海拔1700～3600m。中国特有种，分布于四川、甘肃、陕西、宁夏、山西、内蒙古。在青海亦分布于西宁、湟源、乐都、循化、民和。

菊叶委陵菜 蒿叶委陵菜 叉菊萎陵菜

Potentilla tanacetifolia Willdenow ex Schlechtendal

Rosaceae 蔷薇科 Potentilla 委陵菜属

【形态特征】 多年生草本。根粗壮，圆柱形。花茎直立或上升，高15～65cm，被长柔毛、短柔毛或卷曲柔毛，并被稀疏腺体，有时脱落。基生叶羽状复叶，有小叶5～8对，间隔0.3～1cm，连叶柄长5～20cm，叶柄被长柔毛、短柔毛或卷曲柔毛，有稀疏腺体，稀脱落；小叶互生或对生，顶生小叶有短柄或无柄，最上面1～3对小叶基部下延与叶轴汇合，小叶片长圆形、长圆状披针形或长圆状倒卵披针形，长1～5cm，宽0.5～1.5cm，顶端圆钝，基部楔形，边缘有缺刻状锯齿，上面伏生疏柔毛或密被长柔毛，或脱落几无毛，下面被短柔毛，叶脉伏生柔毛，或被稀疏腺毛；茎生叶与基生叶相似，唯小叶对数较少；基生叶托叶膜质，褐色，外被疏柔毛，茎生叶托叶草质，绿色，边缘深撕裂状，下面被短柔毛或长柔毛。伞房状聚伞花序，多花，花梗长0.5～2cm，被短柔毛；花直径1～1.5cm；萼片三角状卵形，顶端渐尖或急尖，副萼片披针形或椭圆状披针形，顶端圆钝或急尖，比萼片短或近等长，外被短柔毛和腺毛；花瓣黄色，倒卵形，顶端微凹，比萼片长约1倍；花柱近顶生，圆锥形，柱头稍扩大。瘦果卵球形，长2.5mm，具脉纹。花果期5～10月。

【经济用途】 全草入药，有清热解毒、消炎止血之功效，根含鞣质。

【生境分布】 贵德。生于山坡草地、河边、路边及山谷林缘，海拔2150～3000m。分布于甘肃、陕西、宁夏、山西、河北、内蒙古、辽宁、吉林、黑龙江、山东；俄罗斯（西伯利亚）、蒙古也有。在青海亦分布于、西宁、大通、湟源、平安、循化、乐都、民和。

李 嘉应子

Prunus salicina Lindley

Rosaceae 蔷薇科 Prunus 李属

【形态特征】 落叶乔木，高9～12m；树冠广圆形，树皮灰褐色，起伏不平；老枝紫褐色或红褐色，无毛；小枝黄红色，无毛；冬芽卵圆形，红紫色，有数枚覆瓦状排列鳞片，通常无毛，稀鳞片边缘有极稀疏毛。叶片长圆状倒卵形、长椭圆形，稀长圆状卵形，长6～8(～12)cm，宽3～5cm，先端渐尖、急尖或短尾尖，基部楔形，边缘有圆钝重锯齿，常混有单锯齿，幼时齿尖带腺，上面深绿色，有光泽，侧脉6～10对，不达到叶片边缘，与主脉成45°角，两面均无毛，有时下面沿主脉有稀疏柔毛或脉腋有髯毛；托叶膜质，线形，先端渐尖，边缘有腺，早落；叶柄长1～2cm，通常无毛，顶端有2个腺体或无，有时在叶片基部边缘有腺体。花通常3朵并生；花梗1～2cm，通常无毛；花直径1.5～2.2cm；萼筒钟状；萼片长圆状卵形，长约5mm，先端急尖或圆钝，边有疏齿，与萼筒近等长，萼筒和萼片外面均无毛，内面在萼筒基部被疏柔毛；花瓣白色，长圆状倒卵形，先端啮蚀状，基部楔形，有明显带紫色脉纹，具短爪，着生于萼筒边缘，比萼筒长2～3倍；雄蕊多数，花丝长短不等，排成不规则2轮，比花瓣短；雌蕊1枚，柱头盘状，花柱比雄蕊稍长。核果球形、卵球形或近圆锥形，直径3.5～5cm，栽培品种可达7cm，黄色或红色，有时为绿色或紫色，梗凹陷入，顶端微尖，基部有纵沟，外被蜡粉；核卵圆形或长圆形，有皱纹。花期4月，果期7～8月。

【经济用途】 ① 果实味酸甜，可供生食、酿酒、制李干或蜜饯；② 根入药，清热解毒、利湿、止痛、治牙痛、消渴、痢疾、白带；③ 核仁入药，活血祛淤、润肠、利尿，治跌打损伤、淤血作痛、大便燥肿、浮肿；④ 树干分泌的胶质，可用作黏合剂或赋形剂；⑤ 花早春开放，绚丽多姿，可作观赏和庭园绿化，又是较好的蜜源植物。

【生境分布】 贵德县及青海省东部农业区有栽培。青海省栽培的李子品种包括小红李、小黄李、甜李和大紫李。吉林、辽宁、内蒙古、河北、山西、河南、山东、陕西、甘肃、四川、云南、湖北、浙江、江苏、广东、广西等地常有栽培。

杜梨 土梨 海棠梨 灰梨

Pyrus betulifolia Bunge

Rosaceae 蔷薇科 Pyrus 梨属

【形态特征】 乔木，高达10m，树冠开展，枝常具刺；小枝嫩时密被灰白色绒毛，二年生枝条具稀疏绒毛或近于无毛，紫褐色；冬芽卵形，先端渐尖，外被灰白色绒毛。叶片菱状卵形至长圆状卵形，长4～8cm，宽2.5～3.5cm，先端渐尖，基部宽楔形，稀近圆形，边缘有粗锐锯齿，幼叶上下两面均密被灰白色绒毛，成长后脱落，老叶上面无毛而有光泽，下面微被绒毛或近于无毛；叶柄长2～3cm，被灰白色绒毛；托叶膜质，线状披针形，长约2mm，两面均被绒毛，早落。伞形总状花序，有花10～15朵，总花梗和花梗均被灰白色绒毛，花梗长2～2.5cm；苞片膜质，线形，长5～8mm，两面均微被绒毛，早落；花直径1.5～2cm；萼筒外密被灰白色绒毛；萼片三角状卵形，长约3mm，先端急尖，全缘，内外两面均密被绒毛，花瓣宽卵形，长5～8mm，宽3～4mm，先端圆钝，基部具有短爪。白色；雄蕊20枚，花药紫色，长约为花瓣之半；花柱2～3枚，基部微具毛。果实近球形，直径5～10mm，2～3室，褐色，有淡色斑点，萼片脱落，基部具带绒毛的果梗。花期4月，果期8～9月。

【经济用途】 ① 本种抗干旱、耐寒凉，通常作各种栽培梨的砧木，结果期早，寿命很长；② 木材致密可作各种器物；③ 树皮含鞣质，可提制栲胶并入药。

【生境分布】 贵南、贵德有栽培。分布于甘肃、陕西、山西、河北、辽宁、河南、山东、江苏、安徽、江西。青海西宁及海东各地也有栽培。

苏清海 摄

白梨
***Pyrus bretschneideri* Rehder**

Rosaceae 蔷薇科　Pyrus 梨属

【形态特征】 乔木，高达5～8m，树冠开展；小枝粗壮，圆柱形，微屈曲，嫩时密被柔毛，不久脱落，二年生枝紫褐色，具稀疏皮孔；冬芽卵形，先端圆钝或急尖，鳞片边缘及先端有柔毛，暗紫色。叶片卵形或椭圆状卵形，长5～11cm，宽3.5～6cm，先端渐尖稀急尖，基部宽楔形，稀近圆形，边缘有尖锐锯齿，齿尖有刺芒，微向内合拢，嫩时紫红绿色，两面均有绒毛，不久脱落，老叶无毛；叶柄长2.5～7cm，嫩时密被绒毛，不久脱落；托叶膜质，线形至线状披针形，先端渐尖，边缘具有腺齿，长1～1.3cm，外面有稀疏柔毛，内面较密，早落。伞形总状花序，有花7～10朵，直径4～7cm，总花梗和花梗嫩时有绒毛，不久脱落，花梗长1.5～3cm；苞片膜质，线形，长1～1.5cm，先端渐尖，全缘，内面密被褐色长绒毛；花直径2～3.5cm；萼片三角形，先端渐尖，边缘有腺齿，外面无毛，内面密被褐色绒毛；花瓣卵形，长1.2～1.4cm，宽1～1.2cm，先端常呈啮齿状，基部具有短爪；雄蕊20枚，长约等于花瓣之半；花柱4～5枚，与雄蕊近等长，无毛。果实卵形或近球形，长2.5～3cm，直径2～2.5cm，先端萼片脱落，基部具肥厚果梗，黄色，有细密斑点，4～5室；种子倒卵形，微扁，长6～7mm，褐色。花期4月，果期8～9月。

【相近种】 本种与秋子梨*P. ussuriensis*甚为近似，但后者的叶片较宽，基部圆形或近心形，锯齿刺芒较为显著，果实上具有宿存萼片；而本种叶片稍较狭长，基部宽楔形或近圆形，锯齿上刺芒较短并向内合拢，果实大多数不具宿萼，易于区别。

【经济用途】 果实品质好，果肉脆、香、甜，细而多汁，含石细胞较少，可供生食，或熬制雪梨膏和梨膏，养阴清肺、除烦止咳，主治肺燥咳嗽、吐血、咯血、心火烦躁、口渴喉干等症。

【生境分布】 贵德及青海东部农业区均有栽培。分布于甘肃、陕西、山西、河北、河南；现我国北方广泛栽培。河北的鸭梨、蜜梨、雪花梨、象牙梨和秋白梨等，山东的在梨、窝梨、鹅梨、坠子梨和长把梨等，山西的黄梨、油梨、夏梨和红梨等均属于本种的重要栽培品种。青海省栽培品种包括：冬果梨（大冬果与小冬果两个品系）、乐都香水梨、红霄梨、冰糖梨、撒拉梨、金瓶梨、黄梨、民和热果等。

新疆梨
Pyrus sinkiangensis T. T. Yu

Rosaceae 蔷薇科　Pyrus 梨属

【形态特征】 乔木，高达6～9m，树冠半圆形，枝条密集开展；小枝圆柱形，微带棱条，无毛，紫褐色或灰褐色，具白色皮孔；冬芽卵形，先端急尖，鳞片边缘具白色柔毛。叶片卵形、椭圆形至宽卵形，长6～8cm，宽3.5～5cm，先端短渐尖头，基部圆形，稀宽楔形，边缘上半部有细锐锯齿，下半部或基部锯齿浅或近于全缘，两面无毛，或在幼嫩时具白色绒毛；叶柄长3～5cm，幼时具白色绒毛，不久脱落；托叶膜质，线状披针形，长8～10mm，先端渐尖，边缘具有稀疏腺齿，被白色长绒毛，早期脱落。伞形总状花序，有花4～7朵，花梗长1.5～4cm，总花梗和花梗均被绒毛，以后脱落无毛；苞片膜质，线状披针形，长1～1.3cm，先端渐尖，边缘有疏生腺齿和褐色长绒毛，早落；花直径1.5～2.5cm；萼筒外面无毛；萼片三角状卵形，先端渐尖，约长于萼筒之半，边缘有腺齿，长6～7mm，内面密被褐色绒毛；花瓣倒卵形，长1.2～1.5cm，宽0.8～1cm，先端啮蚀状，基部具爪；雄蕊20枚，花丝长不及花瓣之半；花柱5枚，比雄蕊短，基部被柔毛。果实卵形至倒卵形，直径2.5～5cm，黄绿色，5室，萼片宿存；果心大，石细胞多；果梗先端肥厚，长4～5cm。花期4月，果期9～10月。

【经济用途】 果实生食，也可作果脯、果酒、果汁等。

【生境分布】 贵德；栽培。新疆、陕西、甘肃也有栽培。青海省重要的栽培品种包括贵德长把梨、饺团梨、酸梨、窝窝梨等。青海省东部农业区及西宁、尖扎、同仁也有栽培。

秋子梨 青梨

Pyrus ussuriensis Maximowicz

Rosaceae 蔷薇科 Pyrus 梨属

【形态特征】 乔木，高达15m，树冠宽广；嫩枝无毛或微具毛，二年生枝条黄灰色至紫褐色，老枝转为黄灰色或黄褐色，具稀疏皮孔；冬芽肥大，卵形，先端钝，鳞片边缘微具毛或近于无毛。叶片卵形至宽卵形，长5～10cm，宽4～6cm，先端短渐尖，基部圆形或近心形，稀宽楔形，边缘具有带刺芒状尖锐锯齿，上下两面无毛或在幼嫩时被绒毛，不久脱落；叶柄长2～5cm，嫩时有绒毛，不久脱落；托叶线状披针形，先端渐尖，边缘具有腺齿，长8～13mm，早落。花序密集，有花5～7朵，花梗长2～5cm，总花梗和花梗在幼嫩时被绒毛，不久脱落；苞片膜质，线状披针形，先端渐尖，全缘，长12～18mm；花直径3～3.5cm；萼筒外面无毛或微具绒毛；萼片三角状披针形，先端渐尖，边缘有腺齿，长5～8mm，外面无毛，内面密被绒毛；花瓣倒卵形或广卵形，先端圆钝，基部具短爪，长约18mm，宽约12mm，无毛，白色；雄蕊20枚，短于花瓣，花药紫色；花柱5枚，离生，近基部有稀疏柔毛。果实近球形，黄色，直径2～6cm，萼片宿存，基部微下陷，具短果梗，长1～2cm。花期5月，果期8～10月。

【经济用途】 ①食用水果，果与冰糖煎膏有清肺止咳之效；②本种非常抗寒，其实生苗在果园中常被用为梨的抗寒砧木。

【生境分布】 贵德有栽培。尖扎、同仁、西宁、海东农业区均有栽培。我国东北、华北和西北各地均有栽培，品种很多，市场上常见的香水梨、安梨、酸梨、沙果梨、京白梨、鸭广梨等均属于本种。青海省栽培品种包括平顶软儿梨、苏梅梨、麦梨、热梨、砂疤溶梨、蜡台软儿梨等。

月季花 月月红

Rosa chinensis Jacquin

Rosaceae 蔷薇科 Rosa 蔷薇属

【形态特征】 直立灌木，高1～2m；小枝粗壮，圆柱形，近无毛，有短粗的钩状皮刺或无刺。小叶3～5枚，稀7枚，连叶柄长5～11cm，小叶片宽卵形至卵状长圆形，长2.5～6cm，宽1～3cm，先端长渐尖或渐尖，基部近圆形或宽楔形，边缘有锐锯齿，两面近无毛，上面暗绿色，常带光泽，下面颜色较浅，顶生小叶有柄，侧生小叶近无柄，总叶柄较长，有散生皮刺和腺毛；托叶大部贴生于叶柄，仅顶端分离部分成耳状，边缘常有腺毛。花几朵集生，稀单生，直径4～5cm；花梗长2.5～6cm，近无毛或有腺毛，萼片卵形，先端尾状渐尖，有时呈叶状，边缘常有羽状裂片，稀全缘，外面无毛，内面密被长柔毛；花瓣重瓣至半重瓣，红色、粉红色至白色，倒卵形，先端有凹缺，基部楔形；花柱离生，伸出萼筒口外，约与雄蕊等长。果实卵球形或梨形，长1～2cm，红色，萼片脱落。花期4～9月，果期6～11月。

【经济用途】 花、根、叶均入药；花含挥发油、槲皮苷鞣质、没食子酸、色素等，治月经不调、痛经、痛疖肿毒；叶治跌打损伤；鲜花或叶外用，捣烂敷患处。

【生境分布】 贵德、贵南、同德、共和；栽培，园艺品种很多。原产于中国，全国各地普遍栽培。

陕西蔷薇

Rosa giraldii Crépin

Rosaceae 蔷薇科　Rosa 蔷薇属

【形态特征】 灌木，高达2m；小枝细弱，直立而开展，有疏生直立皮刺。小叶7～9枚，连叶柄长4～8cm；小叶片近圆形、倒卵形、卵形或椭圆形，长1～2.5cm，宽6～15mm，先端圆钝或急尖，基部圆形或宽楔形，边缘有锐单锯齿，基部近全缘，上面无毛，下面有短柔毛或至少在中肋上有短柔毛，小叶柄和叶轴有散生的柔毛、腺毛和小皮刺；托叶大部贴生于叶柄，离生部分卵形，边缘有腺齿。花单生或2～3朵簇生；苞片1～2枚，卵形，先端急尖或短尾尖，边缘有腺齿，无毛；花梗短，长不超过1cm，花梗和萼筒有腺毛；花直径2～3cm；萼片卵状披针形，先端延长成尾状，全缘或有1～2枚裂片，外面有腺毛，内面被短柔毛；花瓣粉红色，宽倒卵形，先端微凹，基部楔形；花柱离生，密被黄色柔毛，比雄蕊短。果实卵球形，直径约1cm，先端有短颈，暗红色，有或无腺毛，萼片常直立宿存。花期5～7月，果期7～10月。

【相近种】 本种与钝叶蔷薇*R. sertata*（青海产于循化）近似，但后者小叶较大，多圆形至卵状椭圆形，先端急尖或圆钝，常两面无毛，花梗长1.5～3cm，易于区别。

【生境分布】 贵德、同德。生于山坡上、林下灌木丛中或河滩上，海拔2300～3100m。中国特有种，分布于四川、甘肃、陕西、山西、湖北、河南。在青海亦分布于玛沁、尖扎、同仁、西宁、大通、湟源、互助、祁连、门源。

玫瑰 藏名：色哇

Rosa rugosa Thunberg

Rosaceae 蔷薇科 Rosa 蔷薇属

【形态特征】 直立灌木，高可达2m；茎粗壮，丛生；小枝密被绒毛，并有针刺和腺毛，有直立或弯曲、淡黄色的皮刺，皮刺外被绒毛。小叶5～9枚，连叶柄长5～13cm；小叶片椭圆形或椭圆状倒卵形，长1.5～4.5cm，宽1～2.5cm，先端急尖或圆钝，基部圆形或宽楔形，边缘有尖锐锯齿，上面深绿色，无毛，叶脉下陷，有褶皱，下面灰绿色，中脉突起，网脉明显，密被绒毛和腺毛，有时腺毛不明显；叶柄和叶轴密被绒毛和腺毛；托叶大部贴生于叶柄，离生部分卵形，边缘有带腺锯齿，下面被绒毛。花单生于叶腋，或数朵簇生，苞片卵形，边缘有腺毛，外被绒毛；花梗长5～25mm，密被绒毛和腺毛；花直径4～5.5cm；萼片卵状披针形，先端尾状渐尖，常有羽状裂片而扩展成叶状，上面有稀疏柔毛，下面密被柔毛和腺毛；花瓣倒卵形，重瓣至半重瓣，芳香，紫红色至白色；花柱离生，被毛，稍伸出萼筒口外，比雄蕊短很多。果扁球形，直径2～2.5cm，砖红色，肉质，平滑，萼片宿存。花期5～6月，果期8～9月。

【经济用途】 ① 鲜花可以蒸制芳香油，供食用及化妆品用；② 花瓣可以制饼馅、玫瑰酒、玫瑰糖浆，干制后可以泡茶；③ 花蕾入药治肝胃气痛、胸腹胀满和月经不调；④ 果实含丰富的维生素C、葡萄糖、果糖、蔗糖、枸橼酸、苹果酸及胡萝卜素等；⑤ 种子含油约14%。

【生境分布】 海南州各地。原产于我国华北及日本和朝鲜，全国各地广泛栽培。园艺品种很多，有粉红单瓣*R. rugosa* f. *rosea*、白花单瓣*f. alba*、紫花重瓣*f. plena*、白花重瓣*f. albo*等供观赏用。青海尖扎、同仁、西宁及海东也有栽培。

小叶蔷薇

Rosa willmottiae Hemsley

Rosaceae 蔷薇科　Rosa 蔷薇属

【形态特征】 灌木，高1～3m；小枝细弱，无毛，有成对或散生、直细或稍弯的皮刺，极稀在老枝上有刺毛。小叶7～9枚，稀11枚，连叶柄长2～4cm，小叶片椭圆形、倒卵形或近圆形，长6～17mm，宽4～12mm，先端圆钝，基部近圆形，稀宽楔形，边缘有单锯齿，中部以上具重锯齿，近基部全缘，上面无毛，下面无毛或沿中脉有短柔毛；小叶柄和叶轴无毛或有稀疏短柔毛、腺毛和小皮刺；托叶大部贴生于叶柄，离生部分卵状披针形，边缘有带腺锯齿或全缘。花单生，苞片卵状披针形，先端尾尖，边缘有带腺锯齿，外面中脉明显；花梗长1～1.5cm，无毛，常有腺毛；花直径约3cm；萼片三角状披针形，先端稍伸长，全缘，外面无毛，内面密被柔毛；花瓣粉红色，倒卵形，先端微凹，基部楔形；花柱离生，密被柔毛，比雄蕊短很多。果长圆形或近球形，直径约1cm，橘红色，有光泽，果成熟时萼片同萼筒上部一同脱落。花期5～6月，果期7～9月。

【经济用途】 ① 花入药，降气利胆、调经活血，治肺热咳嗽、吐血、脉管淤痛、乳痈、月经不调、赤白带下；② 果实入药，祛风活络、滋补、止泻，治风湿痹痛、关节痛、脉管淤痛。

【生境分布】 贵德、同德。生于山坡上、沟谷边或灌丛中，海拔2200～3400m。中国特有种，分布于西藏、四川、陕西。在青海亦分布于玛沁、泽库、西宁、大通、互助、祁连。

黄刺玫

Rosa xanthine **Lindley**

Rosaceae 蔷薇科　Rosa 蔷薇属

【形态特征】 直立灌木，高2～3m；枝粗壮，密集，披散；小枝无毛，有散生皮刺，无针刺。小叶7～13枚，连叶柄长3～5cm；小叶片宽卵形或近圆形，稀椭圆形，先端圆钝，基部宽楔形或近圆形，边缘有圆钝锯齿，上面无毛，幼嫩时下面有稀疏柔毛，逐渐脱落；叶轴、叶柄有稀疏柔毛和小皮刺；托叶带状披针形，大部贴生于叶柄，离生部分呈耳状，边缘有锯齿和腺。花单生于叶腋，重瓣或半重瓣，黄色，无苞片；花梗长1～1.5cm，无毛，无腺；花直径3～4(～5)cm；萼筒、萼片外面无毛，萼片披针形，全缘，先端渐尖，内面有稀疏柔毛，边缘较密；花瓣黄色，宽倒卵形，先端微凹，基部宽楔形；花柱离生，被长柔毛，稍伸出萼筒口外部，比雄蕊短很多。果近球形或倒卵圆形，紫褐色或黑褐色：直径8～10mm，无毛，花后萼片反折。花期4～6月，果期7～8月。

【经济用途】 各地庭园习见栽培，早春繁花满枝，颇为美观。

【生境分布】 海南州各地栽培。中国特有种，华北、东北庭园有栽培；西宁庭园有栽培。

单瓣黄刺玫

Rosa xanthina f. ***normalis*** Rehder & E. H. Wilson

Rosaceae 蔷薇科　Rosa 蔷薇属

【形态特征】　单瓣黄色。为栽培黄刺玫的原始种。

【生境分布】　贵德、共和；栽培。生于林下及灌丛下，海拔2300m。中国特有种，分布于华北、东北及甘肃、陕西、山东。在青海亦分布于循化（孟达），西宁也有栽培。

紫色悬钩子 莓子 悬钩子

Rubus irritans **Focke**

Rosaceae 蔷薇科 Rubus 悬钩子属

【形态特征】 矮小半灌木或近草本状，高10～60cm；枝被紫红色针刺、柔毛和腺毛。三出复叶，长3～5cm，宽2～3.5cm，顶端急尖至短渐尖，基部宽楔形至近圆形，顶生小叶基部近截形，上面具细柔毛，下面密被灰白色绒毛，边缘有不规则粗锯齿或重锯齿；叶柄长3～5cm，顶生小叶柄长1～2cm，侧生小叶几无柄，具紫红色针刺、柔毛和腺毛；托叶线形或线状披针形，具柔毛和腺毛。花下垂，常单生或2～3朵生于枝顶；花梗长1.5～3cm，被针刺、柔毛和腺毛；苞片与托叶相似，但稍小；花直径1.5～2cm；花萼带紫红色，外面被紫红色针刺、柔毛和腺毛；萼筒浅杯状；萼片长卵形或卵状披针形，长1～1.5cm，顶端渐尖至尾尖，花后直立；花瓣宽椭圆形或匙形，白色，具柔毛，基部有短爪，短于萼片；雄蕊多数，花丝线形，几与花柱等长或稍长；雌蕊多数，子房具灰白色绒毛。果实近球形，直径1～1.5cm，红色，被绒毛；核较平滑或稍有网纹。花期6～7月，果期8～9月。

【相近种】 本种和库页悬钩子*R. sachalinensis*（青海产于乐都、湟中等地）很相近，区别在于后者为灌木或小灌木；花常5～9朵成伞房状花序，稀单生；花直径约1cm；萼片披针形，长约1cm；果实直径约1cm。

【生境分布】 兴海。生于高山灌丛、林下、草甸及山沟湿润处，海拔2700～3800m。分布于西藏东南部、四川、甘肃；印度西北部、克什米尔地区、巴基斯坦、阿富汗、伊朗也有。在青海亦分布于玉树、班玛、玛沁、同仁、泽库、西宁、大通、湟中、乐都、互助、祁连、门源。

地榆 枣儿草 藏名：抱尔

Sanguisorba officinalis Linnaeus

Rosaceae 蔷薇科 Sanguisorba 地榆属

【形态特征】 多年生草本，高30～120cm。根粗壮，多呈纺锤形，稀圆柱形，表面棕褐色或紫褐色，有纵皱及横裂纹，横切面黄白色或紫红色，较平正。茎直立，有棱，无毛或基部有稀疏腺毛。基生叶为羽状复叶，有小叶4～6对，叶柄无毛或基部有稀疏腺毛；小叶有短柄，卵形或长圆状卵形，长1～7cm，宽0.5～3cm，顶端圆钝稀急尖，基部心形至浅心形，边缘有多数粗大圆钝稀急尖的锯齿，两面绿色，无毛；茎生叶较少，小叶有短柄至几无柄，长圆形至长圆状披针形，狭长，基部微心形至圆形，顶端急尖；基生叶托叶膜质，褐色，外面无，毛或被稀疏腺毛，茎生叶托叶大，草质，半卵形，外侧边缘有尖锐锯齿。穗状花序椭圆形、圆柱形或卵球形，直立，通常长1～3(～4)cm，横直径0.5～1cm，从花序顶端向下开放，花序梗光滑或偶有稀疏腺毛；苞片膜质，披针形，顶端渐尖至尾尖，比萼片短或近等长，背面及边缘有柔毛；萼片4枚，紫红色，椭圆形至宽卵形，背面被疏柔毛，中央微有纵棱脊，顶端常具短尖头；雄蕊4枚，花丝丝状，不扩大，与萼片近等长或稍短；子房外面无毛或基部微被毛，柱头顶端扩大，盘形，边缘具流苏状乳头。果实包藏在宿存萼筒内，外面有4棱。花果期7～10月。

【经济用途】 ① 全草入药，顺气、消食、发汗，治长期感冒不愈、胸腹胀痛、消化不良、感冒恶寒等症；② 嫩叶可食，又作代茶饮。

【生境分布】 贵德。生于田边路旁、水沟草丛、山坡草地、草甸，海拔2000～3000m。分布于西南、西北、华北、东北、华中及山东、江苏、安徽、浙江、江西、广西；广布于欧洲、亚洲北温带。在青海亦分布于同仁、泽库、西宁、循化、乐都、民和、互助和湟中。

伏毛山莓草

Sibbaldia adpressa **Bunge**

Rosaceae 蔷薇科 Sibbaldia 山莓草属

【形态特征】 多年生草本。根木质细长，多分枝。花茎矮小，丛生，高1.5～12cm，被绢状糙伏毛。基生叶为羽状复叶，有小叶2对，上面1对小叶基部下延与叶轴汇合，有时混生有3枚小叶，连叶柄长1.5～7cm，叶柄被绢状糙伏毛；顶生小叶片倒披针形或倒卵状长圆形，顶端截形，有(2～)3个齿，极稀全缘，基部楔形，稀阔楔形，侧生小叶全缘，披针形或长圆状披针形，长5～20mm，宽1.5～6mm，顶端急尖，基部楔形，上面暗绿色，伏生稀疏柔毛或脱落几无毛，下面绿色，被绢状糙伏毛；茎生叶1～2枚，与基生叶相似；基生叶托叶膜质，暗褐色，外面几无毛，茎生叶托叶草质，绿色，披针形。聚伞花序数朵，或单花顶生；萼片三角状卵形，顶端急尖，副萼片长椭圆形，顶端圆钝或急尖，比萼片略长或稍短，外面被绢状糙伏毛；花瓣5枚，黄色或白色，倒卵状长圆形；雄蕊10枚，与萼片等长或稍短；花柱近基生。瘦果表面有显著皱纹。花果期5～8月。

【生境分布】 海南州各地。生于农田边、河滩砾石地、林间空隙间及干旱山坡，海拔2350～4200m。分布于西藏、新疆、甘肃、河北、内蒙古、黑龙江；俄罗斯、蒙古也有。在青海亦分布于杂多、囊谦、玉树、玛沁、尖扎、同仁、格尔木（乌兰乌拉）、乌兰、西宁、大通、乐都、互助、刚察、祁连、门源。

纤细山莓草

Sibbaldia tenuis Handel-Mazzetti

Rosaceae 蔷薇科　Sibbaldia 山莓草属

【形态特征】 多年生草本。根纤细，多分枝，有时地下横走萌生新植株。花茎高1.5～6cm，密被短柔毛。基生叶三出复叶，连叶柄长1～8.5cm，叶柄被伏生疏柔毛，小叶无柄，椭圆形或倒卵形，长3～15mm，宽2.5～13mm，顶端圆钝，稀近截形，基部几圆形或阔楔形，边缘有缺刻状锯齿，锯齿急尖，两面绿色，被伏生疏柔毛，茎生叶无；基生叶托叶膜质，褐色，外面伏生疏柔毛或脱落无毛。伞房状聚伞花序多花；花直径约5mm；萼片卵状三角形，顶端渐尖，副萼片披针形，顶端渐尖至急尖，比萼片稍短，外被伏生疏柔毛；花瓣粉红色，狭窄，长圆形，顶端圆钝，与萼片近等长；雄蕊5枚，稀6枚，插生于花盘外面，花盘宽阔，5～6裂；花柱近顶生。花期6月。

【生境分布】 同德。生于云杉林或柳树林下及水道旁，海拔2800～3400m。中国特有种，分布于四川西北部、甘肃南部。在青海亦分布于泽库、互助、门源。

贾留坤 摄

贾留坤 摄

贾留坤 摄

四蕊山莓草

Sibbaldia tetrandra **Bunge**

Rosaceae 蔷薇科　Sibbaldia 山莓草属

【形态特征】 丛生或垫状多年生草本。根粗壮，圆柱形。花茎高2～5cm。三出复叶，连叶柄长0.5～1.5cm，叶柄被白色疏柔毛；小叶片倒卵状长圆形，长5～8mm，宽3～4mm，先端截形（中间小叶先端有3齿，两侧小叶先端有2齿），基部圆楔形，两面伏生柔毛；托叶膜质，褐色，扩大，背面被稀疏长柔毛。花单性，雌雄异株或同株，单生或2～5朵花组成顶生聚伞花序；花直径约4mm；萼片3～4枚，三角状卵形，先端急尖或钝圆，副萼片细小，3～4枚，短于萼片或退化消失；花瓣3～4枚，黄色，倒卵状长圆形，与萼片近等长或稍长；雄蕊3～4枚，着生在花盘外面，雌花的雄蕊3～4枚退化；花盘宽阔，3～4裂，雌蕊4～5枚，花柱侧生，雄花无雌蕊。瘦果光滑。花果期5～8月。

【生境分布】 贵德。生于高山流石滩、碎石缝中及山坡草地，海拔3800～5100m。分布于西藏、新疆；中亚地区及印度（锡金）也有。在青海亦分布于杂多、治多、囊谦、乌兰、大通、湟中、互助、祁连、门源。

白瑜 摄

窄叶鲜卑花

Sibiraea angustata (Rehder) Handel-Mazzetti

Rosaceae 蔷薇科 Sibiraea 鲜卑花属

【形态特征】 灌木，高达2～2.5m；小枝圆柱形，微有棱角，幼时微被短柔毛，暗紫色，老时光滑无毛，黑紫色；冬芽卵形至三角状卵形，先端急尖或圆钝，微被短柔毛，有2～4片外露鳞片。叶在当年生枝条上互生，在老枝上通常丛生，叶片窄披针形、倒披针形，稀长椭圆形，长2～8cm，宽1.5～2.5cm，先端急尖或突尖，稀渐尖，基部下延呈楔形，全缘，上下两面均不具毛，仅在幼时边缘具柔毛，老时近于无毛，下面中脉明显，侧脉斜出；叶柄很短，不具托叶。顶生穗状圆锥花序，长5～8cm，直径4～6cm，花梗长3～5mm，总花梗和花梗均密被短柔毛；苞片披针形，先端渐尖，全缘，内外两面均被柔毛；花直径约8mm；萼筒浅钟状，外被柔毛；萼片宽三角形，先端急尖，全缘，内外两面均被稀疏柔毛；花瓣宽倒卵形，先端圆钝，基部下延呈楔形，白色；雄花具雄蕊20～25枚，着生于萼筒边缘，花丝细长，药囊黄色，与花瓣近等长或稍长，雌花具退化雄蕊，花丝极短；花盘环状，肥厚，具10枚裂片；雄花具3～5枚退化雌蕊，四周密被白色柔毛，雌花具雌蕊5枚，花柱稍偏斜，柱头肥厚，子房光滑无毛。蓇葖果直立，长约4mm，具宿存直立萼片，果梗长3～5mm，具柔毛。花期6月，果期8～9月。

【生境分布】 同德、共和。高山山坡上、灌丛中或河漫滩，海拔2500～4300m。中国特有种，分布于西藏、云南、四川、甘肃。在青海亦分布于杂多、曲麻莱、囊谦、玉树、称多、班玛、久治、玛沁、同仁、泽库、河南、乌兰、大通、湟源、湟中、平安、乐都、互助、刚察、海晏、门源。

鲜卑花

Sibiraea laevigata (Linnaeus) Maximowicz

Rosaceae 蔷薇科　Sibiraea 鲜卑花属

【形态特征】 灌木，高约1.5m；小枝粗壮，圆柱形，光滑无毛，幼时紫红色，老时黑褐色；冬芽卵形，先端急尖，外被紫褐色鳞片。叶在当年生枝条多互生，在老枝上丛生，叶片线状披针形、宽披针形或长圆状倒披针形，长4～6.5cm，宽1～2.3cm，先端急尖或突尖，稀圆钝，基部渐狭，全缘，上下两面无毛，有明显中脉及4～5对侧脉；叶柄不明显，无托叶。顶生穗状圆锥花序，长5～8cm，直径4～6cm，花梗长约3mm，总花梗与花梗不具毛；苞片披针形，长约3mm；花直径约5mm；萼筒浅钟状；萼片三角状卵形，先端急尖，全缘，内外两面均不具毛；花瓣倒卵形，先端圆钝，基部下延呈宽楔形，两面无毛，白色；雄花具雄蕊20～25枚，着生于萼筒边缘，花丝细长，药囊黄色，与花瓣近等长或稍长；雌花具退化雄蕊，花丝极短；花盘环状，肥厚，具10枚裂片；雄花具3～5枚退化雌蕊；雌花具雌蕊5枚，花柱稍偏斜，柱头肥厚，子房光滑无毛。蓇葖果5枚，并立，长3～4mm，具直立稀开展的宿萼，果梗长5～8mm。花期7月，果期8～9月。

【生境分布】 同德、兴海、共和。生于高山山坡、草甸灌丛及河滩，海拔2300～4000m。分布于西藏、甘肃；俄罗斯（西伯利亚）也有。在青海亦分布于治多、久治、玛沁、尖扎、同仁、泽库、西宁、大通、湟中、乐都、民和、互助、海晏、祁连、门源。

华北珍珠梅 吉氏珍珠梅

***Sorbaria kirilowii* (Regel & Tiling) Maximowicz**

Rosaceae 蔷薇科 Sorbaria 珍珠梅属

【形态特征】 灌木，高达3m，枝条开展；小枝圆柱形，稍有弯曲，光滑无毛，幼时绿色，老时红褐色；冬芽卵形，先端急尖，无毛或近于无毛，红褐色。羽状复叶，具有小叶13～21对，连叶柄在内长21～25cm，宽7～9cm，光滑无毛；小叶对生，相距1.5～2cm，披针形至长圆状披针形，长4～7cm，宽1.5～2cm，先端渐尖，稀尾尖，基部圆形至宽楔形，边缘有尖锐重锯齿，上下两面均无毛或在脉腋间具短柔毛，羽状网脉，侧脉15～23对，近平行，叶脉在下面显著；小叶柄短或近于无柄，无毛；托叶膜质，线状披针形，长8～15mm，先端钝或尖，全缘或顶端稍有锯齿，无毛或近于无毛。顶生大型密集的圆锥花序，分枝斜出或稍直立，直径7～11cm。长15～20cm，无毛，微被白粉；花梗长3～4mm；苞片线状披针形，先端渐尖，全缘，长2～3mm；花直径5～7mm；萼筒浅钟状，内外两面均无毛；萼片长圆形，先端圆钝或截形，全缘，萼片与萼筒约近等长；花瓣倒卵形或宽卵形，先端圆钝，基部宽楔形，长4～5mm，白色；雄蕊20枚，与花瓣等长或稍短于花瓣，着生于花盘边缘；花盘圆杯状；心皮5枚，无毛，花柱稍短于雄蕊。蓇葖果长圆柱形，无毛，长约3mm，花柱稍侧生，向外弯曲：萼片宿存，反折，稀开展；果梗直立。花期6～7月，果期9～10月。

【经济用途】 本种具顶生的大型圆锥花序，常栽培于庭园供观赏。

【生境分布】 贵德、共和；庭园或路边栽培。生于海拔1900～2200m的山坡灌丛中。中国特有种，分布于内蒙古、河北、山西、河南、山东等地。在青海亦分布于循化（孟达林区）。

陕甘花楸　昆氏花楸　白皂角

Sorbus koehneana **C. K. Schneider**

Rosaceae 蔷薇科　Sorbus 花楸属

【形态特征】 灌木或小乔木，高达4m；小枝圆柱形，暗灰色或黑灰色，具少数不明显皮孔，无毛；冬芽长卵形，先端急尖或稍钝，外被数枚红褐色鳞片，无毛或仅先端有褐色柔毛。奇数羽状复叶，连叶柄长10～16cm，叶柄长1～2cm；小叶8～12对，间隔7～12mm，长圆形至长圆状披针形，长1.5～3cm，宽0.5～1cm，先端圆钝或急尖，基部偏斜圆形，边缘每侧有尖锐锯齿10～14枚，全部有锯齿或仅基部全缘，上面无毛，下面灰绿色，仅在中脉上有稀疏柔毛或近无毛，不具乳头状突起；叶轴两面微具窄翅，有极稀疏柔毛或近无毛，上面有浅沟；托叶草质，少数近于膜质，披针形，有锯齿，早落。复伞房花序多生在侧生短枝上，具多数花朵，总花梗和花梗有稀疏白色柔毛；花梗长1～2mm；萼筒钟状，内外两面均无毛；萼片三角形，先端圆钝，外面无毛，内面微具柔毛；花瓣宽卵形，长4～6mm，宽3～4mm，先端圆钝，白色，内面微具柔毛或近无毛；雄蕊20枚，长约为花瓣的1/3；花柱5枚，几与雄蕊等长，基部微具柔毛或无毛。果实球形，直径6～8mm，白色，先端具宿存闭合萼片。花期6月，果期9月。

【相近种】 本种与西南花楸*S. rehderiana*（青海产于囊谦、玉树、班玛和玛沁）的区别在于本种小枝较细，小叶对数较多，花序上被毛较少，果实白色。

【经济用途】 ①树皮含鞣质，可提制栲胶；②本种引种栽培，可作城市及庭园绿化树种，枝叶秀丽，秋季结实累累，可供观赏。

【生境分布】 贵德。生于海拔2600～3500m的高山灌丛、林下及林缘。中国特有种，分布于河南、山东、安徽、湖北、江西、陕西、甘肃、宁夏、四川、贵州等地。在青海亦分布于西宁、民和、循化、大通、湟源、平安、尖扎、乐都、同仁、泽库、河南、门源、刚察、囊谦、久治、玉树、班玛等地。

天山花楸

Sorbus tianschanica Ruprecht

Rosaceae 蔷薇科　Sorbus 花楸属

【形态特征】 灌木或小乔木，高达5m；小枝粗壮，圆柱形，褐色或灰褐色，有皮孔，嫩枝红褐色，微具短柔毛；冬芽大，长卵形，先端渐尖，有数枚褐色鳞片，外被白色柔毛。奇数羽状复叶，连叶柄长14～17cm，叶柄长1.5～3.3cm；小叶(4～)6～7对，间隔1.5～2cm，顶端和基部的稍小，卵状披针形，长5～7cm，宽1.2～2cm，先端渐尖，基部偏斜圆形或宽楔形，边缘大部分有锐锯齿，仅基部全缘，两面无毛，下面色较浅；叶轴微具窄翅，上面有沟，无毛；托叶线状披针形，膜质，早落。复伞房花序大形，有多数花，排列疏松，无毛；花梗长4～8mm；花直径15～18(～20)mm；萼筒钟状，内外两面均无毛；萼片三角形，先端钝，稀急尖，外面无毛，内面有白色柔毛；花瓣卵形或椭圆形，长6～9mm，宽5～7mm，先端圆钝，白色。内面微具白色柔毛；雄蕊15～20枚，通常20枚，长约为花瓣的1/2或更短；花柱3～5枚，通常5枚，稍短于雄蕊或几乎等长，基部密被白色绒毛。果实球形，直径10～12mm，鲜红色，先端具宿存闭合萼片。花期5～6月，果期9～10月。

【识别特征】 本种最显著的特点在其大形花朵和比较大的红色果实；嫩枝和冬芽密被柔毛，但叶片和花序完全无毛，小叶片经常6对，少数为4对或7对，叶边有向上紧贴的短锯齿，易与本属其他种类区别。

【经济用途】 ① 茎、茎皮和果实均可入药；果实健胃补虚，治胃炎、维生素A、维生素C缺乏症；茎和茎皮清肺止咳，治肺结核、哮喘、咳嗽；② 本种树形优美，枝叶雅洁，具密集的花朵和红色果实，可栽培供观赏用。

【生境分布】 同德、兴海、共和。生于云杉及油松林内、河谷山坡上，海拔2300～3600m。分布于新疆、甘肃；土耳其和阿富汗也有。在青海亦分布于尖扎、同仁、泽库、河南、大通、湟源、乐都、互助、祁连、门源。

苏清海 摄

高山绣线菊

Spiraea alpina Pallas

Rosaceae 蔷薇科　Spiraea 绣线菊属

【形态特征】 灌木，高50～120cm；枝条直立或开张，小枝有明显棱角，幼时被短柔毛，红褐色，老时灰褐色，无毛；冬芽小，卵形，通常无毛，有数枚外露鳞片。叶多数簇生，叶片线状披针形至长圆状倒卵形，长7～16mm，宽2～4mm，先端急尖或圆钝，基部楔形，全缘，两面无毛，下面灰绿色，具粉霜，叶脉不显著；叶柄甚短或几无柄。伞形总状花序具短总梗，有花3～15朵；花梗长5～8mm，无毛；苞片小，线形；花直径5～7mm；萼筒钟状，外面无毛，内面具短柔毛；萼片三角形，先端急尖，内面被短柔毛；花瓣倒卵形或近圆形，先端圆钝或微凹，长与宽各2～3mm，白色；雄蕊20枚，几与花瓣等长或稍短于花瓣；花盘显著，圆环形，具10个发达的裂片；子房外被短柔毛，花柱短于雄蕊。蓇葖果开张，无毛或仅沿腹缝线具稀疏短柔毛，花柱近顶生，开展，常具直立或半开张萼片。花期6～7月，果期8～9月。

【经济用途】 本种可栽培供观赏用。

【生境分布】 同德、兴海、共和。生于海拔2600～4600m的阴坡灌丛草甸或河漫滩上。分布于陕西、甘肃、四川、西藏等地；蒙古、俄罗斯（西伯利亚）也有分布。在青海亦分布于循化、化隆、大通、湟中、互助、尖扎、同仁、泽库、河南、门源、祁连、海晏、班玛、玛沁、久治、囊谦等地。

紫穗槐 棉槐 紫槐 穗花槐

Amorpha fruticosa Linnaeus

Fabaceae 豆科 Amorpha 紫穗槐属

【形态特征】 落叶灌木，丛生，高1～4m。小枝灰褐色，被疏毛，后变无毛，嫩枝密被短柔毛。叶互生，奇数羽状复叶，长10～15cm，有小叶11～25枚，基部有线形托叶；叶柄长1～2cm；小叶片卵形或椭圆形，长1～4cm，宽0.6～2.0cm，先端圆形，锐尖或微凹，有1个短而弯曲的尖刺，基部宽楔形或圆形，上面无毛或被疏毛，下面有白色短柔毛，具黑色腺点。穗状花序常1至数个顶生和枝端腋生，长7～15cm，密被短柔毛；花有短梗；苞片长3～4mm；花萼长2～3mm，被疏毛或几无毛，萼齿三角形，较萼筒短；旗瓣心形，紫色，无翼瓣和龙骨瓣；雄蕊10枚，下部合生成鞘，上部分裂，包于旗瓣中，伸出花冠外。荚果下垂，长6～10mm，宽2～3mm，微弯曲，顶端具小尖，棕褐色，表面有凸起的疣状腺点。花果期5～10月。

【经济用途】 ① 枝叶作绿肥、家畜饲料；② 茎皮可提取栲胶，枝条编制篓筐；③ 果实含芳香油，种子含油率10%，可作油漆、甘油和润滑油原料；④ 栽植于河岸、河堤、沙地、山坡及铁路沿线，有护堤防沙、防风固沙的作用。

【生境分布】 贵德；栽培，海拔2300m。原产于美国东北部和东南部，现我国东北、华北、西北及山东、安徽、江苏、河南、湖北、广西、四川等地均有栽培。青海西宁与海东地区也有栽培。

李小伟 摄

李小伟 摄

斜茎黄耆　斜升黄芪　直立黄芪　沙打旺

Astragalus laxmannii Jacquin

Fabaceae 豆科　Astragalus 黄耆属

【形态特征】　多年生草本，高20～60cm。根较粗壮，暗褐色，有时有长主根。茎多数或数个丛生，直立或斜上，有毛或近无毛。羽状复叶有9～25枚小叶，叶柄较叶轴短；托叶三角形，渐尖，基部稍合生或有时分离，长3～7mm；小叶片长圆形、近椭圆形或狭长圆形，长10～25(～35)mm，宽2～8mm，基部圆形或近圆形，有时稍尖，上面疏被伏贴毛，下面较密。总状花序长圆柱状、穗状，稀近头状，生多数花，排列密集，有时较稀疏；总花梗生于茎的上部，较叶长或与其等长；花梗极短；苞片狭披针形至三角形，先端尖；花萼管状钟形，长5～6mm，被黑褐色或白色毛，或有时被黑白混生毛，萼齿狭披针形，长为萼筒的1/3；花冠近蓝色或红紫色，旗瓣长11～15mm，倒卵圆形，先端微凹，基部渐狭，翼瓣较旗瓣短，瓣片长圆形，与瓣柄等长，龙骨瓣长7～10mm，瓣片较瓣柄稍短；子房被密毛，有极短的柄。荚果长圆形，长7～18mm，两侧稍扁，背缝凹入成沟槽，顶端具下弯的短喙，被黑色、褐色或和白色混生毛，假2室。花期6～8月，果期8～9月。

【经济用途】　① 种子入药，为强壮剂，治神经衰弱；② 优良牧草和保土植物。

【生境分布】　海南州各地。生于林缘、河滩灌丛、盐碱沙地、山坡草甸、草原，海拔1900～3600m。分布于东北、华北、西北、西南地区；朝鲜、日本、蒙古、俄罗斯也有。在青海亦分布于西宁、大通及海北、海东、黄南、海西、果洛地区。

祁连山黄耆

Astragalus chilienshanensis Y. C. Ho

Fabaceae 豆科 Astragalus 黄耆属

【形态特征】 多年生草本，高20～30cm。茎多少短缩，具条棱，被极稀疏的白色或黑色柔毛。羽状复叶有9～13枚小叶，长4～7cm；叶柄长2～3cm；托叶离生，叶状，椭圆形，长5～13mm，宽3～7mm，具白色缘毛；小叶片卵圆形或长圆形，长1～2cm，宽5～10mm，先端钝或微凹，基部宽楔形或近圆形，两面无毛或仅具缘毛。总状花序有10余朵花，稍紧密，长1～2cm，花序轴花后伸长；总花梗比叶长2～3倍；苞片线形，长4～6mm，下面散生白色长柔毛；花梗长约2mm，同花序轴密被黑色柔毛；花萼钟状，长约5mm，萼筒带黑紫色，无毛，萼齿披针形，长约2mm，内面被黑色柔毛；花冠黄色，干时呈黑褐色，旗瓣宽倒卵形，长10～11mm，先端微凹，最宽处约8mm，基部渐狭成瓣柄，翼瓣与旗瓣近等长，瓣片长圆形，长约4mm，基部具短耳，瓣柄细，长约为瓣片的2倍，龙骨瓣与翼瓣近等长，瓣片半卵形，瓣柄较瓣片长近2倍；子房狭卵形，密被白色和黑色柔毛，具柄。荚果纺锤形，长约2cm，散生黑色柔毛，果颈与萼筒近等长，1室，有种子7～8颗；种子肾形，暗褐色，长约2mm。花期7月，果期8月。

【生境分布】 同德。生于林间草地、阴坡灌丛、高山草甸及沼泽草甸，海拔2600～4200m。中国特有种，在青海亦分布于大通、祁连（模式标本产地为牛心山）、门源、互助、湟中、久治。

金翼黄耆　藏名：塞色

Astragalus chrysopterus **Bunge**

Fabaceae 豆科　Astragalus 黄耆属

【形态特征】 多年生草本，高30～70cm。根茎粗壮，直径可达2cm，黄褐色。茎细弱，具条棱，多少被伏贴的柔毛。羽状复叶有12～19枚小叶，长4～8.5cm；叶柄长1～2cm，向上逐渐变短；托叶离生，狭披针形，长4～6mm，下面疏被柔毛；小叶片宽卵形或长圆形，长7～20mm，宽3～8mm，顶端钝圆或微凹，具小凸尖，基部楔形，上面无毛，下面粉绿色，疏被白色伏贴柔毛。总状花序腋生，生3～13朵花，疏松；总花梗通常较叶长；苞片小，披针形，长1～2mm，背面被白色柔毛；花萼钟状，长约4.5mm，被稀疏白色柔毛，萼齿狭披针形，长约为萼筒的一半，毛稍密；花冠黄色，旗瓣倒卵形，长8.5～12mm，宽4～8mm，先端微凹，基部渐狭成瓣柄，翼瓣与旗瓣近等长，瓣片长圆形，具与瓣柄近等长的耳，瓣柄较瓣片略短，龙骨瓣明显较旗瓣、翼瓣长，长达15mm，瓣片半卵形，具短耳；子房无毛，具长柄。荚果倒卵形，长约9mm，宽约4mm，先端有尖喙，无毛，有网纹，果颈远较荚果长；种子2～4颗。花果期6～8月。

【经济用途】 ① 全草入药，利尿、愈合血管，治痢疾、血管破裂；② 鲜草外用治疮疖肿毒、创伤。

【生境分布】 同德、兴海。生于山坡及沟谷的林下、灌丛中，海拔2300～3750m。中国特有种，分布于四川、河北、山西、陕西、甘肃、宁夏。在青海亦分布于大通、祁连、门源、互助、乐都、民和、循化、湟中、同仁、泽库、河南、都兰、玛沁。

丛生黄耆

Astragalus confertus Bunge

Fabaceae 豆科　Astragalus 黄耆属

【形态特征】 多年生草本。根粗壮，木质，直伸。茎多数丛生，高5～15cm。奇数羽状复叶，具11～19枚小叶，长1.5～3cm；托叶膜质，基部互相多少合生，披针形，长1～1.5mm，下面散生白色柔毛；小叶片卵形或长圆状卵形，长2～5mm，宽1.5～2.5mm，先端钝尖或微凹，基部宽楔形，两面被白色伏贴柔毛，具短柄。总状花序生6～8朵花，密集呈头状；总花梗近顶生，通常较叶短，被白色或混有黑色伏贴柔毛；苞片膜质，披针形，长约1.5mm；小苞片缺；花梗短，密被黑色柔毛；花萼钟状，长约3mm，外面散生黑色或混有白色柔毛，萼齿披针形，长约1mm；花冠青紫色，旗瓣宽倒卵形，长约7mm，先端微凹，基部渐狭成瓣柄，翼与旗瓣近等长或稍短，瓣片长圆形，具短耳，瓣柄长约3mm，龙骨瓣较翼瓣稍短，瓣片半圆形，先端深蓝色，具短耳，瓣柄长约3mm；子房线形，被伏贴短柔毛，具短柄。荚果长圆形，稍弯曲，长5～8mm，两端尖，被伏贴短柔毛，果颈较宿萼稍短，1室，有少数种子。花期7～8月，果期8～9月。

【生境分布】 海南州各地。生于高山草地、沙砾坡、河滩砂地或林缘草甸，海拔3500～4700m。分布于四川、西藏；印度北部、巴基斯坦、克什米尔地区也有。在青海亦分布于大通、湟中、海西州、果洛州、玉树州。

大通黄耆

Astragalus datunensis Y. C. Ho

Fabaceae 豆科　Astragalus 黄耆属

【形态特征】 多年生草本。根直伸。地上茎短缩，基部为淡褐色残存的鳞片所围。羽状复叶基生，多少呈莲座状，有21～27枚小叶，长4～6cm；叶柄长1～2cm，密被白色柔毛；托叶膜质，离生，卵状披针形，长5～8mm，具白色缘毛；小叶片宽卵形，长4～6mm，宽2～4mm，先端钝圆或微尖，基部近圆形，具短柄，两面均被白色长伏贴柔毛。总状花序生4～6朵花，稍疏，下垂；总花梗腋生，长3～5cm，密被白色长柔毛；苞片披针形，长约5mm，背面被白色和黑色长柔毛；花梗长3～4mm，密被黑色柔毛；花萼钟状，长达10mm，密被黑毛混生白色长柔毛，萼齿狭披针形，长3～4mm；花冠黄色，旗瓣倒卵形，长约15mm，最宽处约7mm，先端微凹，基部渐狭成长约5mm的瓣柄，翼瓣较旗瓣稍短，瓣片长圆形，先端钝圆，带白色，基部具长达4mm的耳，瓣柄长约5mm，龙骨瓣较旗瓣略长，瓣片半卵形，瓣柄长约6mm；子房狭卵形，密被白色和黑色长柔毛，具明显的柄。未见成熟果实。花期7月。

【生境分布】 贵德。生于高山草甸、山坡灌丛及水边草地中，海拔3800～4000m。在青海亦分布于大通（模式标本产地）、门源、湟源、湟中。

白瑜 摄

橙黄花黄耆 黄白花黄芪 黄白悬垂黄耆

Astragalus aurantiacus Handel-Mazzetti

Fabaceae 豆科 Astragalus 黄耆属

【形态特征】 多年生草本，高20～40cm。主根粗壮。茎基部多分枝，疏被白色短柔毛。奇数羽状复叶，长3～6cm；叶柄和叶轴疏被黑色和白色短柔毛；托叶离生，三角形，疏被短柔毛；小叶11～17枚，小叶片线形或线状长圆形，长7～15mm，宽2～4mm，先端钝圆或微凹，基部圆形，腹面无毛，背面疏被短柔毛，具短柄。总状花序腋生，具多花，长12～24cm，散生白色和黑色短柔毛；苞片三角状披针形，长约1mm，被黑色短柔毛；花萼钟状，长约2.5mm，疏被黑色短柔毛，萼齿三角形，长约0.8mm；花冠淡黄色或近白色；旗瓣倒卵形，长6～7mm，宽约4mm，先端微凹，基部渐狭，爪不明显；翼瓣狭长圆形，长5～6mm，宽约1.5mm，先端为不等的2裂，基部有耳和斜伸的细爪；龙骨瓣半月形，长4～5mm，宽约1.5mm，有小耳和爪；子房无毛。荚果椭圆形，长34mm，宽2～3mm，具长喙，有隆起的横肋，2室，含种子4～5枚；种子圆肾形，长约1mm，褐色。花期6～7月，果期7～8月。

【生境分布】 同德、兴海（模式标本产地）、共和。生于山坡草地、河边沙地等处，海拔2000～3800m。在青海亦分布于都兰、西宁、循化、湟中。

云南黄耆 西北黄耆

Astragalus yunnanensis Franchet

Fabaceae 豆科 Astragalus 黄耆属

【形态特征】 多年生草本。主根粗壮，木质。茎短缩，分枝。奇数羽状复叶，长8～18cm，叶柄和叶轴疏被白色柔毛；托叶矩圆形或三角状披针形，长6～14mm，宽2～4mm，边缘被长柔毛；小叶17～35枚，卵形、椭圆形或几圆形，长3～12mm，宽2～10mm，先端钝圆或截形，基部圆形，腹面无毛，背面疏被毛或仅沿中脉及边缘被毛。总状花序腋生，自基部抽出，顶端密集10～20朵花；总花梗长6～24cm，下部疏被、上部密被黑色和白色柔毛；苞片膜质，披针形，长6～9mm，被毛；花萼筒状，长8～12mm，密被黑色夹有少量白色长柔毛，萼齿长3～5mm；花冠橘黄色；旗瓣匙状倒卵形，先端微凹，自中部骤缩后渐狭，长约19 mm，宽约9mm；翼瓣约等长于旗瓣，爪长9mm，耳长2mm；龙骨瓣长约21mm，有长爪；子房密被长柔毛，有柄，花柱和柱头无毛。荚果卵状披针形，长2～3cm，密被黑色和白色长柔毛，顶端渐尖，有宿存花柱，1室。花期6～8月，果期7～9月。

【生境分布】 同德、兴海、共和。生于阴坡高山草甸、山坡灌丛、疏林草地及山顶碎石地，海拔3000～4800m。分布于四川、甘肃、河南、山东、西藏、云南；印度、尼泊尔也有。在青海亦分布于杂多、玛多、治多、曲麻莱、囊谦、玉树、称多、久治、玛沁、同仁、河南、尖扎、乐都、祁连。

多花黄耆 小叶黄芪 藏名：赛色

Astragalus floridulus Podlech

Fabaceae 豆科 Astragalus 黄耆属

【形态特征】 多年生草本，被黑色或白色长柔毛。根粗壮，直伸，暗褐色。茎直立，高30～60cm，有时可达100cm，下部常无枝叶。羽状复叶有13～14枚小叶，长4～12cm；叶柄长0.5～1cm；托叶离生，披针形或狭三角形，长8～10mm，下面散生白色和黑色柔毛；小叶片线状披针形或长圆形，长8～22mm，宽2.5～5mm，上面绿色，近无毛，下面被灰白色、多少伏贴的白色柔毛。总状花序腋生，生13～40朵花，偏向一边；花序轴和总花梗均被黑色伏贴柔毛，花后伸长；总花梗比叶长；苞片膜质，披针形至钻形，长约5mm；花梗细，长约5mm，被黑色伏贴柔毛；花萼钟状，长5～7mm，外面及萼齿里面均被黑色伏贴柔毛，萼齿钻形，较萼筒略短或近等长；花冠白色或淡黄色，旗瓣匙形，长11～13mm，先端微凹，基部具短瓣柄，翼瓣比旗瓣略短，瓣片线形，宽1～1.5mm，具短耳，瓣柄与瓣片近等长，龙骨瓣与旗瓣近等长，瓣片半卵形，最宽处达3～3.5mm，具短耳，瓣柄与瓣片近等长；子房线形，密被黑色或混生白色柔毛，具柄。荚果纺锤形，长12～15mm，宽约6mm，两端尖，表面被棕色或黑色半开展或倒伏柔毛；果颈与萼筒近等长，1室；种子3～5颗。花期7～8月，果期8～9月。

【经济用途】 ① 全草入药，内服利尿、愈合血管，外用治创伤；② 根入药，益气固卫、排脓生肌、和缓强壮、利尿止痛，治久病衰弱、慢性肾炎浮肿、消化不良、贫血、自汗、盗汗、糖尿病、痈肿疮疖、痢疾、月经不调、带下等；③ 根生用，主治血痹、痈疽不溃或溃久不敛；④ 根炙用，主治内伤痨倦、脾虚、泄泻、脱肛、气虚、血脱、崩带等。

【生境分布】 同德、兴海。生于林缘草地、河谷及山坡灌丛，海拔2300～4300m。分布于甘肃、四川、西藏；尼泊尔、印度（锡金）、不丹也有。在青海亦分布于西宁、大通、祁连、门源、互助、同仁、泽库、河南、玛沁、久治、玉树、称多、杂多、囊谦。

乳白花黄耆 乳白黄耆

Astragalus galactites Pallas

Fabaceae 豆科　Astragalus 黄耆属

【形态特征】　年生草本，高5～15cm。根粗壮。茎极短缩。羽状复叶有9～37枚小叶；叶柄较叶轴短；托叶膜质，密被长柔毛，下部与叶柄贴生，上部卵状三角形；小叶片长圆形或狭长圆形，稀为披针形或近椭圆形，长8～18mm，宽1.5～6mm，先端稍尖或钝，基部圆形或楔形，面无毛，下面被白色伏贴毛。花生于基部叶腋。通常2朵花簇生；苞片披针形或线状披针形，长5～9mm，被白色长毛；花萼管状钟形。长8～10mm，萼齿线状披针形或近丝状，长与萼筒等长或稍短，密被白色长绵毛；花冠乳白色或稍带黄色，旗瓣狭长圆形，长20～28mm，先端微凹，中部稍缢缩，下部渐狭成瓣柄，翼瓣较旗瓣稍短，瓣片先端有时2浅裂，瓣柄长为瓣片的2倍，龙骨瓣长17～20mm，瓣片短，长约为瓣柄的一半；子房无柄，有毛，花柱细长。荚果小，卵形或倒卵形，先端有味，1室，长4～5mm，通常不外露，后期宿萼脱落，幼果有时密被白毛，后渐脱落。种子通常2颗。花期5～6月，果期6～8月。

【生境分布】　贵南、共和。生于干山坡、草滩、沙地，海拔2000～3400m。分布于西北、华北、东北；蒙古、俄罗斯也有。在青海亦分布于西宁、天峻、乐都、刚察、尖扎。

贵南黄耆

Astragalus guinanicus **Y. H. Wu**

Fabaceae 豆科 Astragalus 黄耆属

【形态特征】 多年生草本或小半灌木，高50～70cm。茎直立，疏生黑色并混有白色短柔毛。奇数羽状复叶，长7～10cm，叶柄长4～6mm；托叶离生，三角状披针形，长3～4mm，背面被黑色毛；小叶17～25枚，条状披针形，长20～30mm，宽1～2.5mm，先端渐尖，基部楔形，腹面无毛，背面被白色贴伏柔毛，几无小叶柄。总状花序长达22cm，具25～50朵花，总花梗显著长于叶，长达20cm，疏被黑色短柔毛；苞片披针形，白色，膜质，长34mm，外被黑色柔毛；花梗长约1mm；花萼钟状，长4～5mm，与花序轴和花梗均被较密的黑色柔毛，萼齿钻状，与萼筒近等长；花冠蓝紫色；旗瓣长圆状倒卵形，长约10mm，宽约5.5mm，先端钝或不明显微凹，基部渐狭成爪；翼瓣长圆形，长7～8mm，宽约2mm，先端钝圆，爪长约2.5mm，耳短；龙骨瓣半倒卵形，长约5mm，宽约2mm，爪与瓣片近等长；子房椭圆形，被毛或无毛。荚果圆球形，直径约4mm，密被黑色毛；种子肾形，长约2mm，宽约1.5mm，栗褐色。花期6～7月，果期7～8月。

【生境分布】 贵南（模式标本产地：黄沙头）。海南州特有种，青海特有种，中国特有种。生于沙滩，海拔3200m。

淡黄花黄耆　黄花黄耆

Astragalus luteolus H.T.Tsai & T.F.Yü

Fabaceae 豆科　Astragalus 黄耆属

【形态特征】 多年生草本。茎高可达1m，上部被白色和黑色柔毛。托叶披针形，两面疏被毛；奇数羽状复叶；小叶5～13枚，长圆状披针形，先端圆形或急尖，有时微缺而有细尖，基部宽楔形，长20～30mm，宽4～8mm，两面被毛。总状花序腋生，密生约20朵花；总花梗长约5cm；苞片线形，急尖，两面均被黑色柔毛；花萼钟状，长约7mm，萼筒外面疏被黑色柔毛，里面仅于萼齿下部有很少柔毛，萼齿披针形，长约1.5mm，两面均被黑色柔毛；花冠黄色；旗瓣倒卵形，长约13mm，宽约5mm，先端圆形，微凹，中部以下渐狭成爪；翼瓣和龙骨瓣均稍短于旗瓣，二者的爪均稍长于瓣片；子房密被毛，有子房柄，花柱与柱头无毛。荚果梭状，长达2.5cm，宽约5mm，无隔膜，被黑毛；果柄稍短于花萼，被黑毛。花期7～8月，果期8～9月。

【生境分布】 兴海。生于海拔3000～3400m附近的山坡、路旁。中国特有种，分布于四川。

马衔山黄耆　马河山黄芪　藏名：塞色

Astragalus mahoschanicus Handel-Mazzetti

Fabaceae 豆科　Astragalus 黄耆属

【形态特征】 多年生草本。根粗壮，直伸，灰白色，根茎短缩，具分叉。茎细弱，高15～40cm，具条棱，被白色和黑色伏贴柔毛。羽状复叶有9～19枚小叶，长5～8cm；托叶离生，宽三角形，长3～5mm，先端尖，下面被白色柔毛；叶柄长1～3.5mm；小叶片卵形至长圆状披针形，长10～20mm，宽3～6mm，先端钝圆或短渐尖，基部近圆形，上面无毛，下面连同叶轴被白色伏贴柔毛，几无小叶柄。总状花序生15～40朵花，密集呈圆柱状；总花梗长达10cm，被黑毛或混有白色伏贴柔毛；苞片披针形，长1.5～3mm，膜质，下面有黑色柔毛；花萼钟状，长4～5mm，被较密的黑色伏贴柔毛，萼齿钻状，与萼筒近等长；花冠黄色，

白瑜 摄

旗瓣长圆形，长约7mm，先端微凹，基部渐狭成瓣柄，翼瓣较旗瓣稍短，长约6mm，瓣片长圆形，先端有不等的2裂，基部具细瓣柄及短耳，龙骨瓣最短，长约5mm，瓣片半卵形，瓣柄细，与瓣片近等长；子房球形，密被白毛或混生黑色长柔毛，具短柄。荚果球状，直径约3mm，近假2室，每室具1颗种子；种子肾形，长约1.2mm，栗褐色。花期6～7月，果期7～8月。

【经济用途】 全草入药，内服利尿、愈合血管，外用治创伤。

【生境分布】 海南州各地。生于林缘灌丛、高山草甸及阳坡、河滩草地、沙土地，海拔2000～4250m。分布于新疆、甘肃、内蒙古、四川。在青海亦分布于西宁、大通及海北、海东、黄南、果洛、玉树各州县和都兰。

多毛马衔山黄芪

Astragalus mahoschanicus var. ***multipilosus*** Y. H. Wu

Fabaceae 豆科　Astragalus 黄耆属

【形态特征】 本变种与原变种的区别在于：小叶两面均密被白色贴伏柔毛；旗瓣长9～10mm，先端钝圆；托叶三角状披针形，长达8mm；苞片长达5mm。

【生境分布】 贵德（模式标本产地）。海南州特有种、青海特有种、中国特有种。生于阳坡草地，海拔3000m。

甘肃黄耆 藏名：赛盎

Astragalus licentianus Handel-Mazzetti

Fabaceae 豆科 Astragalus 黄耆属

【形态特征】 多年生草本。根直伸，暗褐色，颈部具数个细瘦的根状茎。地上茎短缩。羽状复叶基生，有15～33枚小叶，长4～11cm；叶柄长1.5～3cm，连同叶轴散生白色长柔毛；托叶离生，三角状披针形，长6～7mm，具白色长缘毛；小叶片卵形，长5～9mm，宽2～4mm，先端钝圆，基部圆形或微心形，近无柄，两面密被苍白色长柔毛。总状花序生8～18朵花，稍密集，偏向一边；总花梗生于基部叶腋，与叶近等长或较长，具条棱，散生白色长柔毛，上部混有黑色柔毛；苞片长圆形或披针形，膜质，长5～6mm，下面散生白毛或混生黑色长柔毛；花梗长2～3mm，连同花序轴均密被黑色长柔毛；花萼管状，长7～9mm，密被黑色柔毛，萼齿披针形或钻形，长2～3mm；花冠青紫色，旗瓣倒卵形，长14～15mm，先端微凹，基部渐狭成瓣柄，翼瓣与旗瓣近等长，瓣片长圆形，基部具长约2mm的耳，瓣柄与瓣片近等长；龙骨瓣较旗瓣短或近等长，瓣片半卵形，具短耳，瓣柄与瓣片近等长；子房具短柄，被白色和混生黑色长柔毛。荚果狭椭圆状长圆形，先端尖，长13～14mm，宽4～6mm，稍膨胀，果颈与萼筒近等长；种子5～6颗，褐色，卵形。花期7月，果期8月。

【经济用途】 全草入药，镇痛、催吐、利尿、愈疮，治溃疡、胃痉挛、水肿、诸疮；外用熬膏治创伤。

【生境分布】 海南州各地。中国特有种，生于阴坡灌丛草甸及高山草甸，海拔3500～4500m。分布于甘肃、西藏。在青海亦分布于大通、天峻、祁连、门源、乐都、互助、同仁、乌兰、久治。

茵垫黄耆

Astragalus mattam H.T.Tsai & T.F.Yü

Fabaceae 豆科　Astragalus 黄耆属

【形态特征】 多年生草本。茎枝交错呈垫状，高2～5cm，被较密的白色柔毛。奇数羽状复叶，具9～15枚小叶，长2～4cm；托叶膜质，基部多少互相合生，三角状披针形，长1～3mm；小叶片长圆状卵形，长3～5mm，宽1.5～3mm，先端钝或尖，基部宽楔形，具短柄。总状花序生3～5朵花，花序轴较短，顶生；总花梗较叶长，被白色伏贴柔毛，上部混有黑色柔毛；苞片膜质，披针形，长2～3mm，边缘被黑色柔毛；花梗较苞片稍短，被黑色柔毛；花萼钟状，长6～7mm，密被黑色或混有白色柔毛，萼齿线状披针形，与萼筒近等长或较萼筒稍长；花冠青紫色，旗瓣近圆形，长12～13mm，先端微凹，基部渐狭，翼瓣长10～11mm，瓣片长圆形，基部具短耳，瓣柄长约2.5mm，龙骨瓣宽斧形，较翼瓣长，基部具短耳；子房披针形，被柔毛，具柄，有5～7枚胚珠。花期7月。

【生境分布】 同德（模式标本产地）。青海特有种、中国特有种。生于高山草甸、阴坡草地、高山碎石坡，海拔4000～4800m。青海亦分布于治多、曲麻莱、玛多、玛沁、泽库、河南。

草木樨状黄耆 藏名：苏巴达息

Astragalus melilotoides Pallas

Fabaceae 豆科 Astragalus 黄耆属

【形态特征】 多年生草本。主根粗壮。茎直立或斜生，高30～50cm，多分枝，具条棱，被白色短柔毛或近无毛。羽状复叶有5～7枚小叶，长1～3cm；叶柄与叶轴近等长；托叶离生，三角形或披针形，长1～1.5mm；小叶片长圆状楔形或线状长圆形，长7～20mm，宽1.5～3mm，先端截形或微凹，基部渐狭，具极短的柄，两面均被白色细伏贴柔毛。总状花序生多数花，稀疏；总花梗远较叶长；花小；苞片小，披针形，长约1mm；花梗长1～2mm，连同花序轴均被白色短伏贴柔毛；花萼短钟状，长约1.5mm，被白色短伏贴柔毛，萼齿三角形，较萼筒短；花冠白色或带粉红色，旗瓣近圆形或宽椭圆形，长约5mm，先端微凹，基部具短瓣柄，翼瓣较旗瓣稍短，先端有不等的2裂或微凹，基部具短耳，瓣柄长约1mm，龙骨瓣较翼瓣短，瓣片半月形，先端带紫色，瓣柄长为瓣片的1/2；子房近无柄，无毛。荚果宽倒卵状球形或椭圆形，先端微凹，具短喙，长2.5～3.5mm，假2室，背部具稍深的沟，有横纹；种子4～5颗，肾形，暗褐色，长约1mm。花期7～8月，果期8～9月。

【经济用途】 ① 全草入药，止咳化痰，治咳嗽、耳聋等症；② 该种耐旱耐寒，为防沙、水土保持植物，并可作牧草。

【生境分布】 海南州各地。生于阳坡草地、沟谷、河滩、田边及沟边，海拔1800～2900m。分布于甘肃、宁夏、陕西、河南、山西、河北、内蒙古、山东及东北；蒙古、俄罗斯也有。在青海亦分布于西宁、大通、同仁、尖扎及海东各县。

张海华 摄

陆福根 摄

蒙古黄耆 黄芪 膜荚黄芪

Astragalus mongholicus Bunge

Fabaceae 豆科 Astragalus 黄耆属

【形态特征】 多年生草本，高50～100cm。主根肥厚，木质，常分枝，灰白色。茎直立，上部多分枝，有细棱，被白色柔毛。羽状复叶有13～27枚小叶，长5～10cm；叶柄长0.5～1cm；托叶离生，卵形、披针形或线状披针形，长4～10mm，下面被白色柔毛或近无毛；小叶片椭圆形或长圆状卵形，长7～30mm，宽3～12mm，先端钝圆或微凹，具小尖头或不明显，基部圆形，上面绿色，近无毛，下面被伏贴白色柔毛。总状花序稍密，有10～20朵花；总花梗与叶近等长或较长，至果期显著伸长；苞片线状披针形，长2～5mm，背面被白色柔毛；花梗长3～4mm，连同花序轴稍密被棕色或黑色柔毛；小苞片2枚；花萼钟状，长5～7mm，外面被白色或黑色柔毛，有时萼筒近于无毛，仅萼齿有毛，萼齿短，三角形至钻形，长仅为萼筒的1/4～1/5；花冠黄色或淡黄色，旗瓣倒卵形，长12～20mm，顶端微凹，基部具短瓣柄，翼瓣较旗瓣稍短，瓣片长圆形，基部具短耳，瓣柄较瓣片长约1.5倍，龙骨瓣与翼瓣近等长，瓣片半卵形，瓣柄较瓣片稍长；子房有柄，被细柔毛。荚果薄膜质，稍膨胀，半椭圆形，长20～30mm，宽8～12mm，顶端具刺尖，两面被白色或黑色细短柔毛，果颈超出萼外；种子3～8颗。花期6～8月，果期7～9月。

【经济用途】 全国各地多有栽培，为常用中药材之一。

【生境分布】 同德。栽培或野生于山坡及沟谷林间草地、林缘灌丛及河滩草甸，海拔2400～3400m。分布于甘肃、新疆、四川、西藏及华北、东北；朝鲜、蒙古、俄罗斯也有分布。在青海亦分布于大通、湟中、循化、泽库、班玛；西宁和门源也有栽培。

单蕊黄耆 单体蕊黄芪

Astragalus monadelphus Bunge

Fabaceae 豆科 Astragalus 黄耆属

【形态特征】 多年生草本；根圆锥形，直径5～7mm，黄褐色，有分枝。茎丛生，高30～70cm，直径2.5～4mm，无毛，有条棱。羽状复叶有9～15枚小叶，长7～9cm，近无毛或叶轴上面具白色疏毛；托叶离生，长圆状披针形，长10～12mm，先端尖，干膜质，有缘毛；叶柄长5～20mm；小叶对生，长圆状披针形或长圆状椭圆形，长6～24mm，宽4～11mm，先端圆形，具短尖头，基部圆形或钝圆形，上面无毛，下面疏生柔毛，小叶柄长约1mm，疏生白色长毛。总状花序疏生10～16朵花，无毛或散生白色毛；总花梗长4～12cm，较叶长；苞片线形至狭椭圆形，长8～10mm，宽2～3mm，具缘毛；花梗长1～3mm，被白色或褐色开展毛；花萼钟状，长7～7.5mm，散生伏毛，萼筒长5～6mm，萼齿披针形，长约2.5mm，内面及口部被褐色毛；花冠黄色；旗瓣圆匙形，长12～13mm，瓣片近圆形，长7～8mm，宽6～7mm，先端微缺，中部以下渐狭为长柄，翼瓣与旗瓣近等长，瓣片长圆形，长5～7mm，宽1.6～2mm，先端圆，基部耳向外展，瓣柄长6～8mm，龙骨瓣长10～11mm，瓣片近半圆形，长4～4.5mm，宽2.5～3mm，先端钝尖，瓣柄长约6.5mm；子房密被白色半开展毛，柄长5～6mm。荚果略膨胀，披针形，长约2cm，宽4.5～5mm，先端渐尖，基部狭入果颈，被白色柔毛，1室，含4～5粒种子，果颈露出宿萼很多；种子深褐色，宽肾形，长约2.5mm，横宽约3mm，平滑。花期7～8月，果期8～9月。

【生境分布】 贵德、同德。生于林缘草地、灌丛，海拔2800～3600m。中国特有种，分布于甘肃中部及西南部、陕西、四川西北部。在青海亦分布于大通、乐都、互助、同仁及玉树。

川青黄耆 线苞黄耆

Astragalus peterae H. T. Tsai & T. T. Yü

Fabaceae 豆科 Astragalus 黄耆属

【形态特征】 多年生草本，高15-55cm。茎直立或斜升，基部多分枝，疏被黑色毛。奇数羽状复叶；托叶离生，卵形、三角形或披针形，长5～8mm，疏被黑色短毛；小叶9～19枚，椭圆形、卵状椭圆形或线形，长5～22mm，宽3～7mm，先端圆、尖或微凹，腹面无毛，背面被贴伏白色短柔毛，柄短。总状花序腋生，长10～24cm；总花梗疏被黑色毛；苞片线形，长5～8mm，被黑色毛；花梗长1～2mm，与花序轴同密被黑色短柔毛；花萼钟状，长6～8mm，密被黑色和白色短柔毛，萼齿线状披针形；花冠紫红色或蓝紫色；旗瓣长约13mm，宽约9mm，瓣片宽卵形，先端深凹，基部短爪较宽；翼瓣长约11mm，爪长6mm；龙骨瓣长8mm，具长爪与短耳；子房有毛。荚果矩圆形，长8～10mm，顶端具喙，密被黑色短柔毛，含种子2～4枚；种子淡黄色，肾形，长约2.5mm，光滑，表面有紫色斑点。花期5～8月，果期7～9月。

【生境分布】 海南州各地。生于山沟林缘、阴坡灌丛及高山草甸和河岸草丛等处，海拔2000～4500m。在青海亦分布于大通及海北、海东、黄南、果洛、玉树各州县和都兰。

白瑜 摄

雪地黄耆

***Astragalus nivalis* Karelin & Kirilov**

Fabaceae 豆科　Astragalus 黄耆属

【形态特征】 多年生草本，常密丛状，被灰白色伏贴毛。茎斜上，稀匍匐，高8～25cm。羽状复叶有9～17枚小叶，长2～5cm；叶柄较叶轴短；托叶下部或达中部以上合生，分离部分三角形，长3～4mm，被白毛，混生少量的黑毛；小叶片圆形或卵圆形，长2～5mm，顶端钝圆，两面被灰白色伏贴毛。总状花序圆球形，生数花；总花梗与叶等长或为叶长的1～2倍，被白色毛，接近花序部分混生黑毛；苞片卵圆形，长2～3mm，被白、黑色毛；花萼初期管状，长8～11mm，果期膨大成卵圆形，被伏贴或半开展的白毛和较少的黑毛，萼齿狭长三角形，先端钝，长约1mm，有黑色粗毛；花冠淡蓝紫色；旗瓣长15～22mm，瓣片长圆状倒卵形，先端微凹，下部1/3处收狭成瓣柄，翼瓣较旗瓣稍短，瓣片长圆形，上部微开展，先端2裂，较瓣柄短，龙骨瓣较翼瓣短，瓣柄较瓣片长。荚果卵状椭圆形，长5～6mm，宽3.5mm，薄革质，具短喙，有短柄，被开展的白毛和黑毛，假2室。花期6～7月，果期7～8月。

【生境分布】 兴海、共和。生于砾质山坡、河沟石隙、沙砾滩地、干旱草原，海拔2800～4400m。分布于西藏、新疆；印度、俄罗斯也有。在青海亦分布于玉树及称多、杂多、玛多、玛沁、都兰、乌兰、德令哈、格尔木、可可西里、大柴旦、冷湖、茫崖、天峻、刚察、祁连。

贾留坤 摄

陆福根 摄

贾留坤 摄

多枝黄耆 藏名：塞木

Astragalus polycladus Bureau & Franchet

Fabaceae 豆科 Astragalus 黄耆属

【形态特征】 多年生草本。根粗壮。茎多数，纤细，丛生，平卧或上升，高5～35cm，被灰白色伏贴柔毛或混有黑色毛，或几无毛。奇数羽状复叶，具11～23枚小叶，长2～6cm；叶柄长0.5～1cm，向上逐渐变短；托叶离生，披针形，长2～4mm；小叶片披针形或近卵形，长2～7mm，宽1～3mm，先端钝尖或微凹，基部宽楔形，两面披白色伏贴柔毛或上面无毛，具短柄。总状花序生多数花，密集呈头状；总花梗腋生，较叶长；苞片膜质，线形，长1～2mm，下面被伏贴柔毛；花梗极短；花萼钟状，长2～3mm，外面被白色或混有黑色短伏贴毛，萼齿线形，与萼筒近等长；花冠红色或青紫色，旗瓣宽倒卵形，长7～8mm，先端微凹，基部渐狭成瓣柄，翼瓣与旗瓣近等长或稍短，具短耳，瓣柄长约2mm，龙骨瓣较翼瓣短，瓣片半圆形；子房线形，被白色或混有黑色短柔毛。荚果长圆形，微弯曲，长5～8mm，先端尖，被白色或混有黑色伏贴柔毛，或无毛，1室，有种子5～7枚，果颈较宿萼短。花期7～8月，果期9月。

【经济用途】 全草入药，清热、消炎、利尿、开郁，治热病、水肿、烦闷、疮热；外用消炎。

【生境分布】 海南州各地。生于山坡、沟谷、河滩及林缘草甸、草原、荒漠草原，海拔1900～4550m。中国特有种，分布于甘肃、四川、西藏。青海省各州县均产。

黑紫花黄耆

Astragalus przewalskii **Bunge**

Fabaceae 豆科 Astragalus 黄耆属

【形态特征】 多年生草本，地下具纺锤状块根。茎直立，高30～100cm，通常中部以下无叶，仅有叶鞘，叶鞘膜质，卵形，抱茎，长约1cm。羽状复叶有9～17枚小叶，长5～12cm；叶柄长约1cm；托叶离生，披针形，长5～8mm，无毛或下面疏被白色柔毛；小叶片线状披针形，长1.5～3.5cm，宽2～8mm，先端渐尖，基部钝圆，上面绿色，无毛，下面灰绿色，疏被白色短柔毛。总状花序稍密集，有10余朵花；总花梗与叶近等长或稍长；苞片披针形，长3～5mm，背面被白色或黑色柔毛；花梗长2～3mm，连同花序轴均被白色或黑色柔毛；花萼钟状，长5～7mm，外面被黑色柔毛，萼齿三角状披针形，长1.5～2mm；花冠黑紫色，旗瓣倒卵形，长10～12mm，先端微凹，基部渐狭成瓣柄，翼瓣较旗瓣稍短，瓣片长圆形，具短耳，瓣柄与瓣片近等长，龙骨瓣较翼瓣稍短，瓣柄与瓣片等长或稍长；子房明显具柄，被黑色短柔毛。荚果膜质，膨大，梭形或披针形，成熟时两侧压扁，长18～30mm，宽8～9mm，先端尖，果颈与萼筒近等长，被黑色短柔毛，网纹明显，1室；种子5～8颗，圆肾形，直径约2mm，棕褐色。花期7～8月，果熟期8～9月。

【生境分布】 同德、兴海、共和。生于山坡，沟谷林下，林缘草甸及阴坡高寒灌丛中，海拔2900～4300m。中国特有种，分布于我国四川西北部及甘肃。在青海亦分布于玉树、玛多、玛沁、同仁、泽库、河南、大通、湟中、乐都、互助、祁连、门源。

茸毛黄耆 短毛黄芪

Astragalus puberulus **Ledebour**

Fabaceae 豆科 Astragalus 黄耆属

【形态特征】 多年生草本，高20～45cm，全株被白色短柔毛。茎数条或单一，直立，有条棱，被贴伏短柔毛，稀无毛。托叶卵状披针形，长2～3mm，膜质，分离，被贴伏短柔毛；奇数羽状复叶，长3～6cm，叶柄很短，被贴伏短柔毛；小叶9～21枚，条形或条状矩圆形，长5～12mm，宽1.5～3mm，先端钝或微凹，稀锐尖，腹面疏被短柔毛，背面被贴伏柔毛。总花梗长于叶达2倍或近相等，被白色贴伏短柔毛；总状花序长5～15cm，被白色和黑色毛；花稀疏；小苞片宽披针形，长约1mm，被白色毛；花萼钟形，萼筒长2～2.5mm，被贴伏白色和黑色毛，萼齿三角状钻形；花冠淡紫色；旗瓣长5～6mm，瓣片宽倒卵形，先端微凹，长于爪2倍；翼瓣长4～6mm，瓣片宽矩圆形，长于爪近3倍；龙骨瓣长3.5～4mm。荚果近矩圆形，长6～7mm，宽2.54mm，膜质，背部有沟槽，腹部龙骨状，被短柔毛。花期5～6月，果期7～8月。

【生境分布】 共和。生于沙砾滩地、丘间低地和撂荒地，海拔2800～3200m。分布于新疆；蒙古和俄罗斯也有。在青海亦分布于都兰、德令哈、格尔木。

笔直黄耆 劲直黄芪 沙打旺

Astragalus strictus Graham ex Bentham

Fabaceae 豆科 Astragalus 黄耆属

【形态特征】 多年生草本。根圆柱形，直径2～2.5mm，淡黄褐色。茎丛生，直立或上升，高15～28cm，疏被白色伏毛，有细棱，分枝。羽状复叶有19～31枚小叶，长5～6(～10)cm；叶柄长15～20(～40)mm，连同叶轴疏被白色毛；托叶基部或中部以下合生，三角状卵形，长6～8mm，先端尾尖，散生缘毛；小叶对生，长圆形至披针状长圆形，长6～9(～15)mm，宽2～5mm，先端尖或钝，基部钝，上面无毛或被疏毛或仅中脉上被白色伏毛，下面疏被白色伏毛或半伏毛；小叶柄长不及1mm。总状花序生多数花，密集而短，花序轴长2～3cm；总花梗长4～7(～12)cm，较叶长，连同花序轴疏被或稍密被白色半伏毛；苞片线状钻形，长4～5mm，膜质，具疏缘毛；花梗长约1mm；花萼钟状，长4～5mm，萼筒长2～2.5mm，被褐色或白色伏毛，萼齿钻形，与筒部近等长，被毛；花冠紫红色或白色，旗瓣宽倒卵形，长8～9mm，宽6～6.5mm，先端微缺，中部以下渐狭，瓣柄短，翼瓣长6～7mm，瓣片长约5mm，宽1.5～1.8mm，先端钝，基部耳向内弯，瓣柄长约2mm，龙骨瓣长约6mm，瓣片半圆形，长约3.5mm，宽约2mm，先端钝，瓣柄长约2.5mm；子房几无柄或仅长1mm，被白色柔毛。荚果狭卵形或狭椭圆形，长6～7(～12)mm，微弯，疏被褐色短柔毛，半假2室，含4～6颗种子，果颈不露出宿萼外。种子褐色，宽肾形，长约2mm，横宽约2.8mm，平滑。花期7～8月，果期8～9月。

【经济用途】 ① 种子入药，主治遗精早泄、小便频数、遗尿、妇女带下等症；② 本种是固沙、保土的优良植物，并可作牧草和绿肥。

【生境分布】 贵德、同德。生于阳坡草地、河滩灌丛、田边湿草地、砾石滩，海拔2800～4600m。分布于西藏、云南；尼泊尔、印度、克什米尔地区、巴基斯坦等喜马拉雅地区也有。在青海亦分布于囊谦、玉树、玛多、玛沁、互助。

陆福根 摄

陆福根 摄

陆福根 摄

松潘黄耆
Astragalus sungpanensis E. Peter

Fabaceae 豆科　Astragalus 黄耆属

【形态特征】 多年生草本。根稍粗壮，直伸。茎直立或上升，基部常平卧，多分枝，高25～35cm，具条棱，常被白色伏贴柔毛。奇数羽状复叶，具15～29枚小叶，长4～8cm；叶柄长0.5～1cm；托叶离生，卵形或三角状卵形，长1～2mm，下面被白色伏贴短柔毛；小叶片卵形、椭圆形或近披针形，长3～8mm，宽1～3mm，先端钝或微凹，基部宽楔形或近圆形，上面散生白色短柔毛，下面毛较密，具短柄。总状花序生多数花，较密集呈头状；总花梗腋生，通常较叶长；苞片披针形，长1～3mm，下面被毛；小苞片缺；花梗短，连同花序轴和总花梗被黑色或混有白色短柔毛；花萼钟状，长4～5mm，外面密被黑色或混有白色短柔毛，萼齿披针形，与萼筒近等长或稍短；花冠青紫色或白色（产于兴海），旗瓣倒卵形，长约10mm，最宽处约5mm，先端微凹，基部渐狭，翼瓣较旗瓣稍短，瓣片狭长圆形，基部具圆形短耳，瓣柄长约2mm，龙骨瓣较翼瓣短，长6～7mm，瓣片半卵形；子房线形，被白色伏贴柔毛，具短柄。荚果长圆形，长5～10mm，先端急尖，微弯，被白色伏贴柔毛，果颈较宿萼短，1室，有6～7枚种子。花期6～7月。

【生境分布】 贵德、同德、兴海。生于高山草甸、高寒草原、山坡砾石地及河边砾石滩中，海拔3200～4600m。中国特有种，分布于四川北部、甘肃东南部。在青海亦分布于治多、杂多、囊谦、玉树、玛多、玛沁、久治、都兰、格尔木。

张海华 摄

张海华 摄

张海华 摄

肾形子黄耆

Astragalus skythropos Bunge

Fabaceae 豆科 Astragalus 黄耆属

【形态特征】 多年生草本，高10～35cm。根纺锤形，暗褐色。地上茎短缩或不明显。羽状复叶丛生呈假莲座状，有13～31枚小叶，长4～20cm；叶柄长2～5cm，连同叶轴散生白色长柔毛；托叶膜质，离生，披针形，长3～12mm，下面被白色长柔毛；小叶片宽卵形或长圆形，长5～18mm，宽4～10mm，先端渐狭，钝圆或微凹，基部宽楔形或近圆形，上面无毛或疏被柔毛，下面或沿叶脉疏被白色长柔毛。总状花序生多数花，下垂，偏向一边；总花梗生基部叶腋，长5～25cm，具条棱，散生白毛或上部混生褐色长柔毛；苞片披针形，长5～8mm，背面被白色长柔毛；花梗长1～2mm，密被黑色柔毛；花萼狭钟状，长7～8mm，外面被褐色细柔毛；萼齿披针形至钻形，长约3mm；花冠红色至紫红色，旗瓣倒卵形，长15～20mm，先端微凹，基部渐狭成瓣柄，翼瓣与旗瓣近等长，瓣片长圆形，基部具长约3mm的耳，瓣柄与瓣片近等长，龙骨瓣较翼瓣稍长或近等长，瓣片半卵形，与瓣柄近等长；子房长圆形，被白色和棕色长伏贴柔毛，具柄。荚果披针状卵形，长约2cm，两端尖，密被白色和棕色长柔毛，果颈较萼筒稍长；种子4～6颗，肾形。花期7月。

【生境分布】 海南州各地。生于高山草甸及阴坡灌丛草甸，海拔3100～4170m。中国特有种，分布于甘肃、四川、云南（西北部）、西藏、新疆。在青海亦分布于大通及海北、海东、黄南、果洛、玉树各州县。

玉门黄耆

Astragalus yumenensis S. B. Ho

Fabaceae 豆科　Astragalus 黄耆属

【形态特征】 多年生草本，高15～25cm。根粗壮，木质化，根颈有多数分枝。茎不发达，高2～6cm，被灰白色伏贴毛。羽状复叶有5～7枚小叶，长5～7cm；叶柄较叶轴稍短；托叶基部同叶柄贴生，分离部分三角形，被白色伏贴毛；小叶片狭线形，长10～25mm，宽1～1.5mm，两面疏被白色伏贴毛。总状花序的花序轴长3～4cm，生5～15朵花；总花梗长为叶长的1.5～3倍，被白色伏贴毛；苞片披针形，近膜质，较花梗长，长约2mm，被白色和黑色缘毛；花萼管状，长8～12mm，被白、黑伏贴毛，萼齿钻状，长约2mm；花冠紫红色，旗瓣长17～20mm，倒卵状狭长圆形，先端微凹，下部渐狭，翼瓣长14～16mm，瓣片线状长圆形，先端微缺，与瓣柄近等长，龙骨瓣长10～14mm，瓣片较瓣柄稍短；子房无柄，线形，被黑、白伏贴毛。荚果圆柱形，长约10～15mm，厚约2mm，腹缝线稍龙骨状凸起，背缝线有沟槽，被白色和杂有少量的黑色毛，假2室，每室有种子数颗。花期5～6月，果期7～8月。

【生境分布】 贵德。生于海拔2200～2400m左右的干旱山坡。中国特有种，分布于甘肃西部（酒泉、玉门、肃南）。

东俄洛黄耆　藏名：达牙甘

Astragalus tongolensis Ulbrich

Fabaceae 豆科　Astragalus 黄耆属

【形态特征】　多年生草本。根粗壮，直伸。茎直立，高30～70cm。羽状复叶有9～13枚小叶，长10～15cm，下部叶柄长2～3cm，向上逐渐变短；托叶离生，卵形或卵状长圆形，长1.5～4cm，具缘毛，宿存；小叶片卵形或长圆状卵形，长1.5～4cm，宽0.5～2cm，先端钝或微凹，基部近圆形，上面散生白色柔毛或近无毛，下面和边缘被白色柔毛，小叶两面及叶缘均无毛。总状花序腋生，生10～20朵花，稍密集；总花梗远较叶为长；苞片线形或线状披针形，长4～6mm，被白毛或混生黑色缘毛；花梗长约2mm，连同花序轴密被黑色柔毛；花萼钟状，长约7mm，外面无毛或疏生黑色柔毛或近无毛，内面中部以上被黑色伏贴柔毛，萼齿三角形或三角状披针形，长1～2mm；花冠黄色，旗瓣匙形，长约18mm，宽约7mm，先端微凹，中部以下渐狭，翼瓣、龙骨瓣与旗瓣近等长，具短耳，瓣柄较瓣片约长1倍；子房密被黑色绒毛，具长柄。荚果披针形，长约2.5cm，表面密被黑色柔毛，果颈较萼筒长；种子5～6颗，肾形，暗褐色，长3～4mm。花期7～8月，果期8～9月。

【经济用途】　① 全草入药，消炎接骨，治关节炎，外用消肿止痒；② 根入药，益气固卫、排脓生肌、和缓强壮、利尿止痛；生用治自汗、盗汗、血痹、浮肿、痈疽不溃或溃久不敛；炙用补中益气，治内伤痨倦、脾虚、泄泻、脱肛、气虚、血脱崩带等症。

【生境分布】　同德。生于海拔3200～4250m的山坡草地、林间空地和林缘灌丛中。中国特有种，分布于西藏、云南西北部、四川西部和甘肃。在青海亦分布于黄南和果洛等州。

蒺藜叶膨果豆
甘青黄耆　青海黄耆　藏名：塞盎

Phyllolobium tribulifolium (Bentham ex Bunge) M. L. Zhang & Podlech

Fabaceae 豆科　Phyllolobium 膨果豆属

【形态特征】 茎平卧或上升，多数，长20～40cm，密被白色开展的短柔毛，多分枝。羽状复叶具11～21枚小叶，长2～4cm；托叶三角状披针形，长达4mm，上面无毛；叶柄长4～6mm；小叶近对生，椭圆状长圆形或倒卵状长圆形，长4～11mm，宽2～4mm，先端圆或截形，有短尖头，基部圆或钝形，上面有时有疏柔毛，下面被白色半开展柔毛，小叶柄短。总状花序呈伞形；生4～10朵花，长4～10cm，疏被白色或混有黑色柔毛；总花梗长2～4cm；苞片披针形，长约2.3mm；花梗长1～1.2mm；小苞片细小；花萼钟状，疏被白色及黑色柔毛，萼筒2～2.5mm，萼齿线状披针形，长2.5～3mm；花冠青紫色；旗瓣长约10mm，宽10～10.5mm，瓣片近圆形，长8～9mm，先端微缺，基部突然收狭，瓣柄长1.7～2mm，翼瓣长约8mm，瓣片近长圆形，长7～8mm，宽2.5～2.8mm，先端圆形，瓣柄长2.5～2.8mm，龙骨瓣长9～10mm，瓣片倒卵形，长7～8mm，宽3.5～4mm，瓣柄较短；子房有柄，密被白色柔毛，柄长约1mm，柱头被簇毛。荚果近圆形或长圆形，长7～8mm，直径4～4.5mm，具网脉，疏被白色短柔毛，假2室，含多颗种子，果颈不露出宿萼外；种子棕色，圆肾形，长约2mm，横宽约2.5mm，平滑。花期5～8月，果期8～10月。

【经济用途】 全草入药，镇痛、催吐、利尿，治溃疡病、胃痉挛、水肿等症，外用熬膏治创伤。

【生境分布】 海南州各地。生于高山草甸、林缘、灌丛草甸，海拔3000～3600m。分布于甘肃西南部、四川西北部、西藏东部和云南；印度、尼泊尔和巴基斯坦也有。在青海亦分布于玉树、玛沁、河南。

注：《中国植物志》记载的甘青黄耆Astragalus tanguticus（《青海植物志》中文名为青海黄芪），FOC修订为本种。

毛柱膨果豆
绒毛黄芪 毛柱黄耆 长爪黄芪 短爪黄耆
Phyllolobium heydei (Baker) M. L. Zhang & Podlech

Fabaceae 豆科 Phyllolobium 膨果豆属

【形态特征】 根状茎圆柱形，褐色，直径1～1.5mm。茎单一或2枝生于根状茎顶端，高3～5cm，连同全株密被白色绒毛。羽状复叶具11～17枚小叶，长1.5～2cm，宽10～11mm，叶柄长6～7mm；托叶宽卵形或近半长圆形，长1.5～2mm，先端钝圆，下部合生，疏被白色绒毛；小叶近无柄，长圆状倒卵形或椭圆形，长3～6mm，宽1.5～2.5mm，先端尖或钝，基部楔形或钝形，密集或重叠。花单一顶生或2朵孪生；苞片与托叶近同形；花梗长2～3mm；花萼钟状，萼筒长2～4mm，宽约2.5mm，萼齿三角状披针形，长1.5～2.5mm；花冠紫红色，旗瓣近扁圆形，长9～10mm，宽8.5～9mm，瓣片长7～7.5mm，先端微缺，基部突然收狭，瓣柄长2.5～3mm，翼瓣长9～9.5mm，瓣片长圆形，长7～7.5mm，宽3～3.5mm，先端钝圆，瓣柄长3～3.5mm，龙骨瓣与翼瓣近等长，瓣片近倒卵形，长7～7.5mm，宽3.5～4mm，瓣柄长3～3.5mm；子房有短柄，柄长1.5～1.8mm，柱头被簇毛。荚果淡紫色，椭圆形或倒卵形，长15～22mm，宽7～9mm，被弯曲绒毛，果颈长约2mm，不露出宿萼外。花期7～8月，果期8～9月。

【生境分布】 共和。生于海拔3200～4800m的砾石山坡、沙滩地或半固定沙坡。分布于西藏、新疆；印度和尼泊尔也有。在青海亦分布于杂多、治多、玉树、玛沁、格尔木、海晏。

长小苞膨果豆 小苞黄耆
Phyllolobium balfourianum (N. D. Simpson) M. L. Zhang & Podlech

Fabaceae 豆科 膨果豆属 Phyllolobium

【形态特征】 根状茎纤细。茎外倾或平铺，长6～18cm，被白色和黑色伏毛。羽状复叶有7～15枚小叶，长约3.5cm；叶柄长3～5mm；托叶披针形，长达4mm，渐尖，无毛；小叶片倒卵形或长圆状倒卵形，长6～10mm，宽3～6mm，先端圆形，稀钝形，有时微缺，稀具短尖头，基部圆形，稀宽楔形，上面无毛，下面被伏毛，小叶柄短。总状花序生2～5朵花，呈伞形花序式，疏被黑色短柔毛；总花梗长2.2～4.5cm；苞片线形，长4～6.5mm，白色；花梗很短；小苞片长0.5～2mm；花萼钟状，密被褐色毛，萼筒长4mm，9齿线形，长3～3.5mm，渐尖；花冠紫红色，旗瓣长14～15mm，宽12～13mm，瓣片近圆形，长10～11.5mm，先端微缺，基部突狭，瓣柄长4～4.5mm，翼瓣长11～13mm，瓣片狭长圆形，长7～8mm，宽2～2.5mm，先端圆，瓣柄长3.5～4mm，龙骨瓣长12～13.5mm，瓣片近倒卵形，长9～9.5mm，宽4～5mm，瓣柄长约4mm；子房有柄，疏被白色短毛，柄长2.5～3mm，柱头被簇毛。荚果膨胀，披针形，长1.5～2cm，被黑色或白色短伏毛，假2室，含多颗种子，果颈不露出宿萼外。花期8～9月，果期9～10月。

【生境分布】 同德。生于山坡林缘、沟谷草甸，海拔3600～3750m。中国特有种，分布于四川西部至西北部、甘肃南部。在青海亦分布于河南县。

刀豆 挟剑豆 藏名：克肖

Canavalia gladiata (Jacquin) Candolle

Fabaceae 豆科 Canavalia 刀豆属

【形态特征】 缠绕草本，长达数米，无毛或稍被毛。羽状复叶具3枚小叶，小叶片卵形，长8～15cm，宽(4～)8～12cm，先端渐尖或具急尖的尖头，基部宽楔形，两面薄被微柔毛或近无毛，侧生小叶偏斜；叶柄常较小叶为短；小叶柄长约7mm，被毛。总状花序具长总花梗，有花数朵生于总轴中部以上；花梗极短，生于花序轴隆起的节上；小苞片卵形，长约1mm，早落；花萼长15～16mm，稍被毛，上唇约为萼管长的1/3，具2枚阔而圆的裂齿，下唇3裂，齿小，长2～3mm，急尖；花冠白色或粉红，长3～3.5cm，旗瓣宽椭圆形，顶端凹入，基部具不明显的耳及阔瓣柄，翼瓣和龙骨瓣均弯曲，具向下的耳；子房线形，被毛。荚果带状，略弯曲，长20～35cm，宽4～6cm，离缝线约5mm处有棱；种子椭圆形或长椭圆形，长约3.5cm，宽约2cm，厚约1.5cm，种皮红色或褐色，种脐约为种子周长的3/4。花期7～9月，果期10月。

【经济用途】 ① 嫩荚和种子供食用，但须先用盐水煮熟，然后换清水煮，方可食用；② 可作绿肥，覆盖作物及饲料；③ 种子药用，治肾寒病、肾脏病、心脏病。

【生境分布】 海南州各地栽培。我国长江以南各地有栽培。热带亚热带及非洲广布。

短叶锦鸡儿
猪儿刺　猫儿刺　藏名：扎玛
Caragana brevifolia Komarov

Fabaceae 豆科　Caragana 锦鸡儿属

【形态特征】 灌木，高1～2m，全株无毛。树皮深灰褐色，稍有光泽，老时龟裂；小枝有棱，有时弯曲。假掌状复叶有4枚小叶，托叶硬化成针刺，长3～6mm，宿存；长枝上叶轴长3～8mm，短枝上叶柄极短，有时近无柄；小叶片披针形或倒卵状披针形，长2～8mm，宽1～4mm，先端锐尖，基部楔形。花梗单生于叶腋；长5～8mm，关节在中部或下部；花萼管状钟形，长5～6mm，宽3～4mm，带褐色，常被白粉，萼齿三角形，锐尖，长约1mm；花冠黄色，长14～16mm，旗瓣宽卵形，长约14mm，宽约11mm，先端稍截平，瓣柄长约4mm，翼瓣较旗瓣稍长，瓣柄与瓣片近等长，耳短小，齿状，龙骨瓣的瓣柄与瓣片近等长，耳齿状，子房无毛。荚果圆筒状，长1～2.5(～3.5)cm，成熟时黑褐色。花期6～7月，果期8～9月。

【经济用途】 根入药，解毒消炎、清热散肿、生肌止痛，治痈疽、疮疖肿痛。

【生境分布】 海南州各地。生于山坡草地、沟谷林缘、灌丛中，海拔2000～3800m。分布于甘肃、四川。在青海亦分布于西宁、大通及海东、黄南、海北、果洛、玉树。

白瑜 摄

青海锦鸡儿
Caragana chinghaiensis Y. X. Liou

Fabaceae 豆科　Caragana 锦鸡儿属

【形态特征】 灌木，高0.5～1m，多针刺。小枝粗壮，黄褐色，有明显条棱，无毛；老枝绿褐色或深褐色，有光泽，皮剥落。假掌状复叶有4片小叶；托叶披针形，长2～3mm，先端具刺尖，脱落或宿存；叶柄长5～7mm，水平开展或向外弯，硬化宿存；小叶狭倒披针形，长6～10mm，宽2～3mm，先端锐尖或短渐尖，基部楔形，无毛。花梗单生，长4～5mm，稍被短柔毛，关节在基部；花萼钟状，基部不为囊状凸起，长约6mm，宽约4mm；花冠黄色，长16～20mm，旗瓣宽倒卵形，先端凹入，瓣柄很短，翼瓣长圆形，瓣柄略短于瓣片的1/2，耳与瓣柄近等长，线形，龙骨瓣的瓣柄稍长于瓣片的1/2，耳不明显；子房无毛。荚果圆筒状，长3～4cm，粗3～4mm。花期5月，果期9月。

【生境分布】 贵南、同德、兴海（模式标本产地）。中国特有种。生于山坡草地、沟谷林缘、灌丛中，海拔2100～3800m。分布于甘肃、四川。在青海亦分布于西宁、大通及海东、黄南、海北、果洛、玉树。

沙地锦鸡儿

Caragana davazamcii Sanchir

Fabaceae 豆科 Caragana 锦鸡儿属

【形态特征】 灌木，高0.3～1.5m；老枝淡黄色，一年生枝密被短柔毛。羽状复叶有4～9对小叶；托叶的针刺长5～8mm，硬化宿存；叶轴长2.5～4cm，脱落，密被短柔毛；小叶片长圆形或倒卵状披针形，长5～10mm，宽3～6mm，先端圆，有刺尖，基部楔形，两面密被白色伏贴绢毛，灰绿色。花梗单生或并生，长1～2cm，密被柔毛，关节在下部或上部；花萼宽管状，长8～10mm，宽7～9mm，被伏贴柔毛。花冠黄色，旗瓣近圆形或圆卵形，长20～30mm，具短瓣柄，先端凹入，翼瓣具长瓣柄，瓣片披针状长圆形，长14～20mm，宽5～6mm，先端渐尖，耳齿状或狭线形，长1～3mm，龙骨瓣的瓣片长与瓣柄近相等，瓣片长9～14mm，宽6～7mm，基部截平或稍成心形；子房有柄，无毛或疏被披伏贴柔毛。荚果线形，长3.5～5cm，宽4～5mm，向下呈镰刀状弯曲，具果颈，先端短渐尖，无毛。花期5～6月，果期6～7月。

【经济用途】 优良固沙和绿化荒山植物。

【生境分布】 同德、共和有栽培。分布于陕西、内蒙古、宁夏。青海西宁、共和、海东有也栽培。

注：本种在水肥等条件优越时，花2～4朵簇生。

贾留坤 摄

密叶锦鸡儿

Caragana densa Komarov

Fabaceae 豆科　Caragana 锦鸡儿属

【形态特征】　灌木，高1～1.5m。树皮暗褐色、绿褐色或黄褐色，有光泽或无光泽，片状剥落；小枝常弯曲，有条棱。假掌状复叶有4枚小叶；托叶在长枝者常硬化成针刺，长2～4mm，宿存，在短枝者脱落；小叶片倒披针形或线形，长6～13mm，宽2～3mm，先端锐尖，有刺尖，基部狭楔形，两面绿色，上面无毛，下面疏被短柔毛；长枝者叶柄长10～12mm，宿存，短枝者叶柄较细，长5～10mm，常脱落。花梗单生，长3～4mm，被柔毛，关节在基部；花萼钟状，长7～10mm，宽4～5mm，萼齿三角状卵形，长2～3mm；花冠黄色，长18～23mm，旗瓣宽卵形，具长瓣柄，瓣柄较瓣片短，翼瓣长圆形，瓣柄较瓣片稍长，耳线形，长约为瓣柄的1/3，龙骨瓣的瓣柄与瓣片近等长，耳稍成长圆形；子房近无毛。荚果圆筒状，稍扁，长3～3.5cm，宽3～4mm，内外无毛。花期5～6月，果期7～8月。

【生境分布】　兴海。生于山地草原灌丛，海拔2000～3500m。中国特有种，分布于甘肃南部、四川西北部、新疆天山东麓。在青海亦分布于玉树、河南。

川西锦鸡儿

藏刺锦鸡儿　繁华锦鸡儿　藏名：扎玛

Caragana erinacea Komarov

Fabaceae 豆科　Caragana 锦鸡儿属

【形态特征】　灌木，高30～60cm。老枝绿褐色或褐色，常具黑色条棱，有光泽；一年生枝黄褐色或褐红色。羽状复叶有2～4对小叶；托叶褐红色，被短柔毛，刺针很短，长2～3mm，脱落或宿存；长枝上叶轴长1.5～2cm，宿存，短枝上叶轴密集，长2～15mm，稍硬化，脱落或宿存；小叶短枝者常2对，线形、倒披针形或倒卵状长圆形，长3～12mm，宽1～2.5mm，先端锐尖，上面无毛，下面疏被短柔毛。花梗极短，常1～4个簇生于叶腋，被伏贴短柔毛成无毛；花萼管状，长8～10mm，宽3～4mm；花冠黄色，长18～25mm，旗瓣宽卵形至长圆状倒卵形，有时中部及顶部呈紫红色，翼瓣长圆形或线状长圆形，瓣柄稍长于瓣片，耳圆钝，小，龙骨瓣瓣柄长于瓣片，耳不明显；子房被密柔毛。荚果圆筒形，长1.5～2cm，先端尖，无毛或被短柔毛。花期5～6月，果期8～9月。

【生境分布】　同德。生于砾质干山坡、河岸及林缘灌丛，海拔2550～4600m。中国特有种，分布于甘肃、四川西部、西藏。在青海亦分布于大通、河南、玛沁、久治、达日、玉树、囊谦。

张海华 摄

张海华 摄

鬼箭锦鸡儿 鬼箭愁 狼麻 藏名：佐摸兴

Caragana jubata (Pallas) Poiret

Fabaceae 豆科 Caragana 锦鸡儿属

【形态特征】 灌木，直立或伏地，高0.3～2m，基部多分枝。树皮深褐色、绿灰色或灰褐色。羽状复叶有4～6对小叶；托叶先端刚毛状，不硬化成针刺；叶轴长5～7cm，宿存，被疏柔毛。小叶片长圆形，长11～15mm，宽4～6mm，先端圆或尖，具刺尖头，基部圆形，绿色，被长柔毛。花梗单生，长约0.5mm，基部具关节，苞片线形；花萼钟状管形，长14～17mm，被长柔毛，萼齿披针形，长为萼筒的1/2；花冠玫瑰色、淡紫色、粉红色或近白色，长27～32mm，旗瓣宽卵形，基部渐狭成长瓣柄，翼瓣近长圆形，瓣柄长为瓣片的2/3～3/4，耳狭线形，长为瓣柄的3/4，龙骨瓣先端斜截平而稍凹，瓣柄与瓣片近等长，耳短，三角形；子房被长柔毛。荚果长约3cm，宽6～7mm，密被丝状长柔毛。花期6～7月，果期8～9月。

【经济用途】 ① 全草入药，内服平血压，治由高血压引起的发烧，外用消毒散肿，治疖疮痈疽；② 根入药，清热散肿、生肌止痛，治痈疽疮疖肿痛、跌打损伤、风湿疼痛、月经不调、乳房发炎等；③ 花入药，治头晕头痛、耳鸣眼花、肺痨咳嗽、小儿疳积等症；④ 茎纤维可制绳索与麻袋；⑤ 栽培可供观赏并可作绿篱。

【生境分布】 海南州各地。生于阴山坡和高山灌丛中，海拔3000～4700m。分布于甘肃、宁夏、新疆、山西、内蒙古、河北、辽宁、四川、西藏；蒙古、俄罗斯、尼泊尔、印度（锡金）、不丹也有。在青海亦分布于大通及海北、海东、黄南、果洛、玉树各州县。

白瑜 摄

柠条锦鸡儿 柠条 白柠条 毛条

Caragana korshinskii Komarov

Fabaceae 豆科 Caragana 锦鸡儿属

【形态特征】 灌木，有时小乔状，高1～4m；老枝金黄色，有光泽；嫩枝被白色柔毛。羽状复叶有6～8对小叶；托叶在长枝者硬化成针刺，长3～7mm，宿存；叶轴长3～5cm，脱落；小叶片披针形或狭长圆形，长7～8mm，宽2～7mm，先端锐尖或稍钝，有刺尖，基部宽楔形，灰绿色，两面密被白色伏贴柔毛。花梗长6～15mm，密被柔毛，关节在中上部；花萼管状钟形，长8～9mm，宽4～6mm，密被伏贴短柔毛，萼齿三角形或披针状三角形；花冠长20～23mm，旗瓣宽卵形或近圆形，先端截平而稍凹，宽约16mm，具短瓣柄，翼瓣瓣柄细窄，稍短于瓣片，耳短小，齿状，龙骨瓣具长瓣柄，耳极短；子房披针形，无毛。荚果扁，披针形，长2～2.5cm，宽6～7mm，有时被疏柔毛。花期5月，果期6月。

【经济用途】 ① 本种为良好的固沙、保土植物；② 栽培供观赏；③ 枝叶可作绿肥。

【生境分布】 海南州各地栽培。分布于甘肃、宁夏、内蒙古；蒙古也有。青海西宁、大通、互助、民和也有栽培。

矮锦鸡儿

Caragana pygmaea **(Linnaeus) Candolle**

Fabaceae 豆科　Caragana 锦鸡儿属

【形态特征】 灌木，高30～50cm。树皮金黄色，有光泽；小枝有条棱，嫩时被短柔毛，后渐无毛。假掌状复叶有4枚小叶；托叶顶端针刺状，长2～4mm，硬化，宿存；叶柄在长枝者长4～6mm，硬化，宿存，短枝上小叶无柄，簇生，狭倒披针形，长7～10mm，宽1～3mm，先端钝或锐尖，基部楔形，两面绿色，无毛。花梗长6～10mm，关节在中部，近无毛；花萼管状钟形，长5～6mm，宽约3mm，近无毛；花冠黄色，长15～16mm，旗瓣宽倒卵形，先端圆形，基部有短瓣柄，翼瓣长圆形，耳短；子房有密毛。荚果线形，长2～3cm，稍扁，被柔毛。花期5月，果期6月。

【生境分布】 共和。生于沙丘及干砂砾滩，海拔2800m。分布于西藏、甘肃、内蒙古；蒙古也有分布。

小叶锦鸡儿

Caragana microphylla **Lamarck**

Fabaceae 豆科　Caragana 锦鸡儿属

【形态特征】 灌木，高1～2(～3)m；老枝深灰色或黑绿色，嫩枝被毛，直立或弯曲。羽状复叶有5～10对小叶；托叶长1.5～5cm，脱落；小叶片倒卵形或倒卵状长圆形，长3～10mm，宽2～8mm，先端圆或钝，很少凹入，具短刺尖，幼时被短柔毛。花梗长约1cm，近中部具关节，被柔毛；花萼管状钟形，长9～12mm，宽5～7mm，萼齿宽三角形；花冠黄色，长约25mm，旗瓣宽倒卵形，先端微凹，基部具短瓣柄，翼瓣的瓣柄长为瓣片的1/2，耳短，齿状；龙骨瓣的瓣柄与瓣片近等长，耳不明显，基部截平；子房无毛。荚果圆筒形，稍扁，长4～5cm，宽4～5mm，具锐尖头。花期5～6月，果期7～8月。

【经济用途】 ① 枝条可做绿肥；② 嫩枝叶可做饲草；③ 固沙和水土保持植物。

【生境分布】 共和有栽培。分布于甘肃东部及华北和东北；蒙古和俄罗斯也有。青海西宁及海东也有栽培。

注：本种分布广，形态变化多。

甘蒙锦鸡儿 藏名：扎玛

Caragana opulens Komarov

Fabaceae 豆科 Caragana 锦鸡儿属

【形态特征】 灌木，高40～60cm。树皮灰褐色，有光泽；小枝细长，稍呈灰白色，有明显条棱。假掌状复叶有4枚小叶；托叶在长枝者硬化成针刺，直或弯，针刺长2～5mm，在短枝者较短，脱落；小叶片倒卵状披针形，长3～12mm，宽1～4mm，先端圆形或截平，有短刺尖，近无毛或稍被毛，绿色。花梗单生，长7～25mm，纤细，关节在顶部或中部以上；花萼钟状管形，长8～10mm，宽约6mm，无毛或稍被疏毛，基部显著具囊状凸起，萼齿三角状，边缘有短柔毛；花冠黄色，旗瓣宽倒卵形，长20～25mm，有时略带红色，顶端微凹，基部渐狭成瓣柄，翼瓣长圆形，先端钝，耳长圆形，瓣柄长稍短于瓣片，龙骨瓣的瓣柄稍短于瓣片，耳齿状；子房无毛或被疏柔毛。荚果圆筒状，长2.5～4cm，宽4～5mm，先端短渐尖，无毛。花期5～6月，果期6～7月。

【相近种】 本种与白毛锦鸡儿*C. licentiana*（青海产于民和、互助）的区别在于：果无毛；叶、萼、花梗、子房无毛或近无毛。

【生境分布】 海南州各地。生于草原石质坡地、灌丛、干旱山坡及林缘陡坡，海拔1800～3600m。分布于内蒙古、河北、山西、陕西、宁夏、甘肃、四川北部、西藏昌都地区。在青海亦分布于西宁、大通及海东、黄南、玉树。

注：本种分布广，形态变化多。

荒漠锦鸡儿
洛氏锦鸡儿　猫耳刺
Caragana roborovskyi Komarov

Fabaceae 豆科　Caragana 锦鸡儿属

【形态特征】 灌木，高0.3～1m，直立或外倾，由基部多分枝。老枝黄褐色，被深灰色剥裂皮；嫩枝密被白色柔毛。羽状复叶有3～6对小叶；托叶膜质，被柔毛，先端具刺尖；叶轴宿存，全部硬化成针刺，长1～2.5cm，密被柔毛；小叶片宽倒卵形或长圆形，长4～10mm，宽3～5mm，先端圆或锐尖，具刺尖，基部楔形，密被白色丝质柔毛。花梗单生，长约4mm，关节在中部到基部，密被柔毛；花萼管状，长11～12mm，宽4～5mm，密被白色长柔毛，萼齿披针形，长约4mm；花冠黄色，旗瓣有时带紫色，倒卵圆形，长23～27mm，宽12～13mm，基部渐狭成瓣柄，翼瓣片披针形，瓣柄长为瓣片的1/2，耳线形，较瓣柄略短，龙骨瓣先端尖，瓣柄与瓣片近相等，耳圆钝，小；子房密被毛。荚果圆筒状，长2.5～3cm，被白色长柔毛，先端具尖头，花萼常宿存。花期5月，果期6～7月。

【生境分布】 贵德、同德、兴海、共和。生于荒漠带和半荒漠带的草原干山坡、沙砾地，海拔1700～3100m。中国特有种，分布于甘肃、宁夏、新疆、内蒙古。在青海亦分布于西宁、乐都、民和、平安、循化、化隆、尖扎。

白瑜 摄

白瑜 摄

白瑜 摄

毛刺锦鸡儿
川青锦鸡儿　康青锦鸡儿　藏锦鸡儿
Caragana tibetica (Maximowicz ex C. K. Schneider) Komarov

Fabaceae 豆科　Caragana 锦鸡儿属

【形态特征】 矮灌木，高20～30cm，常呈垫状。老枝皮灰黄色或灰褐色，多裂；小枝密集，淡灰褐色，密被长柔毛。羽状复叶有3～4对小叶；托叶卵形或近圆形；叶轴硬化成针刺，长2～3.5cm，宿存，淡褐色，无毛，嫩枝叶轴长约2cm，密被长柔毛，灰色；小叶片线形，长8～12mm，宽0.5～1.5mm，先端尖，有刺尖，基部狭近无柄，密被灰白色长柔毛。花单生，近无梗；花萼管状，长8～15mm，宽约5mm；花冠黄色，长22～25mm，旗瓣倒卵形，先端稍凹、瓣柄长约为瓣片的1/2，翼瓣的瓣柄较瓣片等长或稍长，龙骨瓣的瓣柄较瓣片稍长，耳短小，齿状；子房密被柔毛。荚果椭圆形，长7～8mm，外面密被柔毛，里面密被绒毛。花期5～7月，果期7～8月。

【相近种】 本种外形极似猫头刺*Oxytropis aciphylla*（刺叶柄棘豆，青海分布于共和、兴海、都兰、乌兰、格尔木、海晏、循化），但猫头刺花紫色，荚果背缝线深陷，小叶常为3对，易于区别。

【生境分布】 海南州各地。生于草原和半荒漠地带的干旱阳坡和河滩地，海拔2200～3500m。分布于甘肃、宁夏、内蒙古、四川、西藏；蒙古也有。在青海亦分布于西宁、乐都、玉树、格尔木。

扁豆

藊豆　火镰扁豆　鹊豆　藏名：门塞了莫噶布

Lablab purpureus **(Linnaeus) Sweet**

Fabaceae 豆科　Lablab 扁豆属

【形态特征】 多年生缠绕藤本。全株几无毛，茎长可达6m，常呈淡紫色。羽状复叶具3枚小叶；托叶基着，披针形；小托叶线形，长3～4mm；小叶片宽三角状卵形，长6～10cm，宽约与长相等，侧生小叶两边不等大，偏斜，先端急尖或渐尖，基部近截平。总状花序直立，长15～25cm，花序轴粗壮，总花梗长8～14cm；小苞片2枚，近圆形，长3mm，脱落；花2至多朵簇生于每一节上；花萼钟状，长约6mm，上方2裂齿几完全合生，下方的3枚近相等；花冠白色或紫红色，旗瓣圆形，基部两侧具2枚长而直立的小附属体，附属体下有2耳，翼瓣宽倒卵形，具截平的耳，龙骨瓣呈直角弯曲，基部渐狭成瓣柄；子房线形，无毛，花柱比子房长，弯曲不逾90°，一侧扁平，近顶部内缘被毛。荚果长圆状镰形，长5～7cm，近顶端最阔，宽1.4～1.8cm，扁平，直或稍向背弯曲，顶端有弯曲的尖喙，基部渐狭；种子3～5颗，扁平，长椭圆形，在白花品种中为白色，在紫红花品种中为紫黑色，种脐线形，长约占种子周围的2/5。花期4～12月。

【经济用途】 本种花有红、白两种，豆荚有绿白、浅绿、粉红或紫红等色，嫩荚作蔬食，白花和白色种子入药，可消暑除湿、健脾止泻。

【生境分布】 贵德有栽培。我国各地广泛栽培。可能原产于印度，今世界各热带地区均有栽培。

贾留坤 摄

贾留坤 摄

贾留坤 摄

贾留坤 摄

甘草 甜草 国老 甜根子 藏名：兴额尔

Glycyrrhiza uralensis Fischer ex Candolle

Fabaceae 豆科 Glycyrrhiza 甘草属

【形态特征】 多年生草本；根与根状茎粗壮，直径1～3cm，外皮褐色，里面淡黄色，具甜味。茎直立，多分枝，高30～120cm，密被鳞片状腺点、刺毛状腺体及白色或褐色的绒毛，叶长5～20cm；托叶三角状披针形，长约5mm，宽约2mm，两面密被白色短柔毛；叶柄密被褐色腺点和短柔毛；小叶5～17枚，卵形、长卵形或近圆形，长1.5～5cm，宽0.8～3cm，上面暗绿色，下面绿色，两面均密被黄褐色腺点及短柔毛，顶端钝，具短尖，基部圆，边缘全缘或微呈波状，多少反卷。总状花序腋生，具多数花，总花梗短于叶，密生褐色的鳞片状腺点和短柔毛；苞片长圆状披针形，长3～4mm，褐色，膜质，外面被黄色腺点和短柔毛；花萼钟状，长7～14mm，密被黄色腺点及短柔毛，基部偏斜并膨大呈囊状，萼齿5枚，与萼筒近等长，上部2齿大部分连合；花冠紫色、白色或黄色，长10～24mm，旗瓣长圆形，顶端微凹，基部具短瓣柄，翼瓣短于旗瓣，龙骨瓣短于翼瓣；子房密被刺毛状腺体。荚果弯曲呈镰刀状或呈环状，密集成球，密生瘤状突起和刺毛状腺体。种子3～11颗，暗绿色，圆形或肾形，长约3mm。花期6～8月，果期7～10月。

【经济用途】 ① 根和根状茎入药，为镇咳祛痰药，润肺止咳、祛痰平喘，治咽喉燥痛、脾胃虚弱；② 茎的韧皮纤维可制麻袋、搓绳索；③ 提取甘草膏后的残渣可以造纸。

【生境分布】 海南州各地。生于碱化沙地、沙质草原、田埂、路边、山麓，海拔2100～2950m。分布于西北、华北、东北；蒙古、俄罗斯、中亚地区、巴基斯坦、阿富汗也有。在青海亦分布于西宁、尖扎及海东、海西。

块茎岩黄耆　藏名：塞盎

Hedysarum algidum L. Z. Shue

Fabaceae 豆科　Hedysarum 岩黄耆属

【形态特征】　多年生草本，高5～10cm。根通常呈不同程度的圆锥状，深埋于土层中，根颈通常生出若干纤细的茎，其节间膨大，呈念珠状。茎细弱，仰卧，有1～2个分枝，被柔毛。托叶披针形，棕褐色干膜质，长6～10mm，合生至上部，外被短柔毛；小叶5～11枚，近无柄，小叶片椭圆形或卵形，长8～10mm，宽4～5mm，上面无毛，下面被贴伏短柔毛，先端圆形或截平状，基部四楔形。总状花序腋生，高于叶近1倍；花6～12朵，长12～15mm，外展，疏散排列，具3～4mm长的被短柔毛的花梗；苞片披针形，棕褐色干膜质，稍长于花梗，被短柔毛；花萼钟状，长4～6mm，萼筒淡污紫红色，萼齿三角状披针形，与萼筒约等长，被柔毛，下萼齿稍长于其余萼齿，齿间呈锐角；花冠紫红色，下部色较淡或近白色，旗瓣倒卵形，长13～14mm，翼瓣线形，与旗瓣近等长，龙骨瓣稍长于旗瓣；子房线形，腹缝线具柔毛，其余部分几无毛。

【经济用途】　全草入药，可退烧、镇痛、催吐、利尿，治溃疡病、胃痉挛、水肿等。

【生境分布】　海南州各地。生于海拔2800～4200m的山坡草地和灌丛中。中国特有种，分布于甘肃、四川、云南和西藏等地。在青海亦分布西宁、大通及海东、黄南各地。

锡金岩黄耆

Hedysarum sikkimense Bentham ex Baker

Fabaceae 豆科　Hedysarum 岩黄耆属

【形态特征】 多年生草本，高5～15cm。根为直根系，肥厚，粗达1～2cm，外皮暗褐色，淡甘甜；根颈向上分枝，形成仰卧的地上茎。茎被短柔毛和深沟纹，无明显的分枝。托叶宽披针形，棕褐色干膜质，长6～8mm，合生至上部，外被疏柔毛；小叶通常17～23枚，具长约1mm的短柄；小叶片长圆形或卵状长圆形，长7～12mm，宽3～5mm，先端钝，具短尖头或有时具缺刻，基部圆楔形，上面无毛，下面沿主脉和边缘被疏柔毛。总状花序腋生，明显超出叶，花序轴和总花梗被短柔毛；花一般7～15朵，长12～14mm，外展，常偏于一侧着生，具长1～3mm的花梗；苞片披针状卵形，先端渐尖，外被柔毛；花萼钟状，长4～6(～8)mm，萼筒暗污紫色，半透明，萼齿绿色，狭披针形，近等长或有时下萼齿稍长，等于或稍长于萼筒，外被柔毛；花冠紫红色或后期变为蓝紫色，旗瓣倒长卵形，长12～13mm，先端圆形，微凹，翼瓣线形，长约等于旗瓣，常被短柔毛，龙骨瓣长于旗瓣1～2mm或初花时几相等，沿前下角有时被短柔毛；子房线形，扁平，初花时仅沿腹缝线被短柔毛，花后期被密的伏贴柔毛。荚果1～2节，节荚近圆形、椭圆形或倒卵形，长8～9mm，宽6～7mm，被短柔毛，边缘常具不规则齿。种子圆肾形，黄褐色，长约2mm，宽约1.5mm。花期7～8月，果期8～9月。

【生境分布】 兴海。生于高寒草甸或林缘灌丛，海拔3500～4900m。分布于西藏、云南西北部、四川西部；不丹、尼泊尔东部也有。在青海亦分布于果洛、玉树、黄南等州县。

张海华 摄

红花山竹子 红花岩黄耆

Corethrodendron multijugum (Maximowicz) B. H. Choi & H. Ohashi

Fabaceae 豆科 Corethrodendron 山竹子属

【形态特征】 半灌木或仅基部木质化而呈草本状，高40～80cm，茎直立，多分枝，具细条纹，密被灰白色短柔毛。叶长6～18cm；托叶卵状披针形，棕褐色干膜质，长4～6mm，基部合生，外被短柔毛；叶轴被灰白色短柔毛；小叶通常15～29枚，具约长1mm的短柄；小叶片阔卵形、卵圆形，长5～8(～15)mm，宽3～5(～8)mm，顶端钝圆或微凹，基部圆形或圆楔形，上面无毛，下面被贴伏短柔毛。总状花序腋生，上部明显超出叶，花序长达28cm，被短柔毛；花9～25朵，长16～21mm，外展或平展，疏散排列，果期下垂，苞片钻状，长1～2mm，花梗与苞片近等长；萼斜钟状，长5～6mm，萼齿钻状或锐尖，短于萼筒3～4倍，下萼齿稍长于上萼齿或为其2倍，通常上萼齿间分裂深达萼筒中部以下，亦有时两侧萼齿与上萼间分裂较深；花冠紫红色或玫瑰状红色，旗瓣倒阔卵形，先端圆形，微凹，基部楔形，翼瓣线形，长为旗瓣的1/2，龙骨瓣稍短于旗瓣；子房线形，被短柔毛。荚果通常2～3节，节荚椭圆形或半圆形，被短柔毛，两侧稍凸起，具细网纹，网结通常具不多的刺，边缘具较多的刺。花期6～8月，果期8～9月。

【经济用途】 根入药，代"黄芪"用，补中升阳、固表止汗、利尿排脓；蜜炒补虚，生用托疮生肌；治久病衰弱多汗、脱肛、子宫下垂、痈疽肿久不溃或溃久不敛、肾炎浮肿、强心利尿。

【生境分布】 海南州各地。生于阳坡、沟谷、河滩、堤岸、沙砾地，海拔1800～3800m。中国特有种，分布于西北、华北、西南。青海各州县均产。

细枝山竹子 细枝岩黄耆

Corethrodendron scoparium (Fischer & C. A. Meyer) Fischer & Basiner

Fabaceae 豆科 Corethrodendron 山竹子属

【形态特征】 灌木或半灌木，高0.8～2m。茎和下部枝条紫红色或黄褐色，皮剥落，多分枝；幼枝黄绿色，有纵条棱，被贴伏短柔毛。托叶卵状披针形．联合，背面被平伏柔毛，早落；叶轴长10～17cm；小叶9～19枚，矩圆状椭圆形或条形，长12～20mm，宽2～5mm，先端尖，基部楔形，两面被贴伏柔毛，上部叶具小叶较少，最上部叶轴完全无小叶。总状花序腋生；总花梗长于叶，疏被短毛；苞片小，三角状卵形，密被柔毛；花少数，疏生；花梗长3～4mm，密被短柔毛；花萼钟状，长约7mm，密被短毛，萼齿三角形，长2～3mm；花冠紫红色，长约20mm；旗瓣宽倒卵形，长约18mm，先端微凹，基部有短爪；翼瓣长约10mm，宽1.5mm，爪长4mm，耳长超过爪之半；龙骨瓣与旗瓣等长或稍长，爪稍短于瓣片，耳钝圆，长约2mm；子房条形，有密毛。荚果1～4节，节荚近球形，膨胀，具明显网脉，密被白色柔毛。花期7～8月，果期8～9月。

【生境分布】 海南州各地。生于固定及流动沙丘。分布于甘肃、宁夏、内蒙古；俄罗斯、蒙古也有。在青海亦分布于都兰。

山黧豆 五脉山黧豆 五脉香豌豆

Lathyrus quinquenervius (Miquel) Litvinov

Fabaceae 豆科 Lathyrus 山黧豆属

【形态特征】 多年生草本，根状茎不增粗，横走。茎通常直立，单一，高20～50cm，具棱及翅，有毛，后渐脱落。偶数羽状复叶，叶轴末端具不分枝的卷须，下部叶的卷须短，成针刺状；托叶披针形到线形，长7～23mm，宽0.2～2mm；叶具小叶1～2(～3)对；小叶片质坚硬，椭圆状披针形或线状披针形，长35～80mm，宽5～8mm，先端渐尖，具细尖，基部楔形，两面被短柔毛，上面稀疏，老时毛渐脱落，具5条平行脉，两面明显凸出。总状花序腋生，具5～8朵花。花梗长3～5mm；萼钟状，被短柔毛，最下一萼齿约与萼筒等长；花紫蓝色或紫色，长(12～)15～20mm；旗瓣近圆形，先端微缺，瓣柄与瓣片约等长，翼瓣狭倒卵形，与旗瓣等长或稍短，具耳及线形瓣柄，龙骨瓣卵形，具耳及线形瓣柄；子房密被柔毛。荚果线形，长3～5cm，宽4～5mm。花期5～7月，果期8～9月。

【生境分布】 贵德。生于林缘、河谷草地、田边、草坡，海拔1800～2600m。分布于甘肃、陕西及华北、东北；俄罗斯、朝鲜、日本也有。在青海亦分布于尖扎、同仁、西宁、湟源、湟中、平安、化隆、循化、乐都、民和、互助。

兴安胡枝子

达乌里胡枝子　豆豆苗　毛果胡枝子

Lespedeza davurica **(Laxmann) Schindler**

Fabaceae 豆科　Lespedeza 胡枝子属

【形态特征】　小灌木，高达1m。茎通常稍斜升，单一或数个簇生；老枝黄褐色或赤褐色，被短柔毛或无毛，幼枝绿褐色，有细棱，被白色短柔毛。羽状复叶具3枚小叶；托叶线形，长2～4mm；叶柄长1～2cm；小叶片长圆形或狭长圆形，长2～5cm，宽5～16mm，先端圆形或微凹，有小刺尖，基部圆形，上面无毛，下面被贴伏的短柔毛；顶生小叶较大。总状花序腋生。较叶短或与叶等长；总花梗密生短柔毛；小苞片披针状线形，有毛；花萼5深裂，外面被白毛，萼裂片披针形，先端长渐尖，成刺芒状，与花冠近等长；花冠白色或黄白色，旗瓣长圆形，长约1cm，中央稍带紫色，具瓣柄，翼瓣长圆形，先端钝，较短，龙骨瓣比翼瓣长，先端圆形；闭锁花生于叶腋，结实。荚果小，倒卵形或长倒卵形，长3～4mm，宽2～3mm，先端有刺尖，基部稍狭，两面凸起，有毛，包于宿存花萼内。花期7～8月，果期9～10月。

【经济用途】　为优良的饲用植物，幼嫩枝条各种家畜均喜食，亦可做绿肥，并可改良土壤。

【生境分布】　海南州各地。生于干山坡、灌丛石隙、田边草地，海拔1800～2900m。分布于西北、华北、东北、华中、西南；朝鲜、日本、俄罗斯也有。在青海亦分布于西宁及海东各市县。

李波卡 摄

张海华 摄

牛枝子 牛筋子

Lespedeza potaninii V. N. Vassiljev

Fabaceae 豆科 Lespedeza 胡枝子属

【形态特征】 半灌木，高20～60cm。茎斜升或平卧，基部多分枝，有细棱，被粗硬毛。托叶刺毛状，长2～4mm；羽状复叶具3枚小叶，小叶片狭长圆形，稀椭圆形至宽椭圆形，长8～15(～22)mm，宽3～5(～7)cm，先端钝圆或微凹，具小刺尖，基部稍偏斜，上面苍白绿色，无毛，下面被灰白色粗硬毛。总状花序腋生；总花梗长，明显超出叶；花疏生；小苞片锥形，长1～2mm；花萼密被长柔毛，5深裂，裂片披针形，长5～8mm，先端长渐尖，呈刺芒状；花冠黄白色，稍超出萼裂片，旗瓣中央及龙骨瓣先端带紫色，翼瓣较短；闭锁花腋生，无梗或近无梗。荚果倒卵形，长3～4mm，双凸镜状，密被粗硬毛，包于宿存萼内。花期7～9月，果期9～10月。

【生境分布】 兴海、同德。生于干山坡、河滩砾地，海拔1800～3000m。中国特有种，分布于甘肃、内蒙古、河南、江苏、辽宁、宁夏、陕西、山东、山西、四川、云南。青海多见于海东及西宁。

天蓝苜蓿 藏名：布苏夯

Medicago lupulina Linnaeus

Fabaceae 豆科 Medicago 苜蓿属

【形态特征】 一、二年生或多年生草本，高15～60cm，全株被柔毛或有腺毛。主根浅，须根发达。茎平卧或上升，多分枝，叶茂盛。羽状三出复叶；托叶卵状披针形，长可达1cm，先端渐尖，基部圆或戟状，常齿裂；下部叶柄较长，长1～2cm，上部叶柄比小叶短；小叶片倒卵形、阔倒卵形或倒心形，长5～20mm，宽4～16mm，纸质，先端多少截平或微凹，具细尖，基部楔形，边缘在上半部具不明显尖齿，两面均被毛，侧脉近10对，平行达叶边，几不分叉，上下均平坦；顶生小叶较大，小叶柄长2～6mm，侧生小叶柄甚短。花序小头状，具花10～20朵；总花梗细，挺直，比叶长，密被贴伏柔毛；苞片刺毛状，甚小；花长2～2.2mm；花梗短，长不到1mm；萼钟形，长约2mm，密被毛，萼齿线状披针形，稍不等长，比萼筒略长或等长；花冠黄色，旗瓣近圆形，顶端微凹，翼瓣和龙骨瓣近等长，均比旗瓣短；子房阔卵形，被毛，花柱弯曲，胚珠1粒。荚果肾形，长3mm，宽2mm，表面具同心弧形脉纹，被稀疏毛，熟时变黑；有种子1粒。种子卵形，褐色，平滑。花期7～9月，果期8～10月。

【经济用途】 全草入药，消炎止血、清热利湿、舒筋活络，治黄疸型肝炎、便血、痔疮出血、白血病、坐骨神经痛、腰肌劳损；外用治蛇咬伤和蜈蚣咬伤以及风湿筋骨疼痛。

【生境分布】 海南州各地。生于山坡、沟谷草地、田边、水边湿地，海拔2000～3500m。分布于西北、华北、华中、东北、西南；朝鲜、日本、蒙古、俄罗斯、印度和欧洲也有。在青海亦分布于西宁、大通、海东、海北、黄南、果洛、玉树。

紫苜蓿 紫花苜蓿

Medicago sativa Linnaeus

Fabaceae 豆科 Medicago 苜蓿属

【形态特征】 多年生草本，高30～100cm。根粗壮，深入土层，根颈发达。茎直立、丛生至平卧，四棱形，无毛或微被柔毛，枝叶茂盛。羽状三出复叶；托叶大，卵状披针形，先端锐尖，基部全缘或具1～2齿裂，脉纹清晰；叶柄比小叶短；小叶片长卵形、倒长卵形至线状卵形，等大，或顶生小叶稍大，长(5～)10～25(～40)mm，宽3～10mm，纸质，先端钝圆，具由中脉伸出的长齿尖，基部狭窄，楔形，边缘1/3以上具锯齿，上面无毛，深绿色，下面被贴伏柔毛，侧脉8～10对，与中脉成锐角，在近叶边处略有分叉；顶生小叶柄比侧生小叶柄略长。花序总状或头状，长1～2.5cm，具花5～30朵；总花梗挺直，比叶长；苞片线状锥形，比花梗长或等长；花长6～12mm；花梗短，长约2mm；萼钟形，长3～5mm，萼齿线状锥形，比萼筒长，被贴伏柔毛；花冠淡黄色、深蓝色至暗紫色，花瓣均具长瓣柄，旗瓣长圆形，先端微凹，明显较翼瓣和龙骨瓣长，翼瓣较龙骨瓣稍长；子房线形，具柔毛，花柱短阔，上端细尖，柱头点状，胚珠多数。荚果螺旋状紧卷2～4(～6)圈，中央无孔或近无孔，直径5～9mm，被柔毛或渐脱落，脉纹细，不清晰，成熟时棕色；有种子10～20粒。种子卵形，长1～2.5mm，平滑，黄色或棕色。花期5～7月，果期6～8月。

【经济用途】 欧亚大陆和世界各国广泛种植为饲料与牧草。

【生境分布】 海南州各地栽培。原产于欧洲及亚洲西部。生于田边、路旁、旷野、草原、河岸及沟谷等地，全国各地都有栽培或呈半野生状态。青海西宁及海东、海西也有栽培或逸生。青海引进的新品种有阿岗奎图、特来克和长热来思德等。

注：本种性状因栽培类型与生境不同，差别较大。

花苜蓿 扁蓿豆 藏名：布苏夯

Medicago ruthenica (Linnaeus) Trautvetter

Fabaceae 豆科 Medicago 苜蓿属

【形态特征】 多年生草本，高25～80cm。主根圆锥形，粗壮。茎四棱形，多分枝，斜升或直立，疏被白色短柔毛。托叶披针状锥形或披针形，脉纹明显，先端渐尖，基部宽，具齿牙或裂片，有毛；小叶3枚，矩圆状楔形、线状楔形、倒卵形或椭圆形，长6～20mm，宽3～8mm，先端截形或微凹，有小尖头，基部楔形，边缘除楔形的基部外，均有锯齿，腹面近无毛，背面疏生伏毛，叶脉明显。总状花序腋生，具4～12(～20)朵花；苞片细小，锥形；花梗长1～2mm，有毛；花萼钟状，长3～3.5mm，密被柔毛，萼齿等长于萼筒；花冠黄色带深紫色，长6～7mm；旗瓣狭倒卵形，先端微凹；翼瓣矩圆形，短于旗瓣，基部具爪和耳；龙骨瓣短于翼瓣。荚果扁平而直，或稍弯曲，常为黑色，矩圆形、倒卵形或椭圆形，长6～14mm，宽3～3.5mm，网纹明显，顶端具短喙，含种子2～5枚；种子长2mm，黄褐色。花期7～8月，果期8～9月。

【经济用途】 ①优良牧草，牲畜均喜采食；②全草入药，退烧、消炎止血，内服治肺热咳嗽、赤痢等，外用消炎止血。

【生境分布】 贵德。生于田边及山坡草地，海拔1900～2700m。分布于西北、华北、东北及四川、西藏；蒙古、俄罗斯（西伯利亚地区）、朝鲜也有。在青海亦分布于西宁、大通及海东、黄南各地。

注：本种因生境不同，其植株大小、叶形、花的多少和荚果形状等都有变化。生于干旱的和高海拔生境地区，其植株较小而被毛较多；生于较湿润地区，如田边、林缘等处，则植株较小且被毛较疏。

青海苜蓿

青藏扁蓿豆　矩镰果苜蓿　藏青胡卢巴

Medicago archiducis-nicolai **Sirj**

Fabaceae 豆科　Medicago 苜蓿属

【形态特征】 多年生草本，高5～30cm。茎四棱形，铺散、斜升或直立，基部多分枝，微被毛或有时无毛。托叶卵状披针形，先端渐尖，基部箭头形，有锯齿，无毛；小叶3枚，近圆形、阔卵形、椭圆形至阔倒卵形，先端截形或微凹，具短尖，基部宽楔形或近圆形，长8～16mm，宽6～14mm，顶端小叶较大，分枝上的小叶较小，两面无毛或背面微被毛；小叶柄短。总状花序腋生，具2～5朵花；苞片锥状披针形，长约1mm；花梗纤细，长3～5mm，微被毛；花萼宽钟状，长3～4mm，疏被柔毛，萼齿三角状披针形，与萼筒近等长或稍短；花冠黄色或白色带紫色，长8～9mm；旗瓣倒卵状楔形，先端微凹，基部楔形；翼瓣稍短或等长于旗瓣，基部具爪，耳稍短于爪；龙骨瓣短，具长爪和短耳；子房线形，顶端弯。荚果矩圆形至近镰形，长8～16mm，宽4～6mm，顶端具短喙，无毛，有网纹，含种子2～4枚；种子长约2.5mm。花期6～7月，果期7～9月。

【经济用途】 同花苜蓿。

【生境分布】 共和、贵德。生于沟谷草甸、河滩砾地、林缘灌丛、山坡草地、田埂，海拔2000～4250m。中国特有种，分布于甘肃、宁夏、西藏、四川。在青海亦分布于西宁、大通、海北及海东。

注：本种因生境不同而其花色和叶形等都有较大变化：生于林下阴湿处的花常呈紫色，叶大而为椭圆形或近圆形；生于山坡及田埂的则花多为黄色带紫色，叶较小而多为阔倒卵形至卵形，或为近菱形。另外，荚果也有直或弯等变化。

野苜蓿 矩镰荚苜蓿

Medicago falcata **Linnaeus**

Fabaceae 豆科 Medicago 苜蓿属

【形态特征】 多年生草本，高(20～)40～100(～120)cm。主根粗壮，木质，须根发达。茎平卧或上升，圆柱形，多分枝。羽状三出复叶；托叶披针形至线状披针形，先端长渐尖，基部戟形，全缘或稍具锯齿，脉纹明显；叶柄细，比小叶短；小叶片倒卵形至线状倒披针形，长(5～)8～15(～20)mm，宽(1～)2～5(～10)mm，先端近圆形，具刺尖，基部楔形，边缘上部四分之一具锐锯齿，上面无毛，下面被贴伏毛，侧脉12～15对，与中脉成锐角平行达叶边，不分叉；顶生小叶稍大。花序短总状，长1～2(～4)cm，具花6～20(～25)朵，稠密，花期几不伸长；总花梗腋生，挺直，与叶等长或稍长；苞片针刺状，长约1mm；花长6～9(～11)mm；花梗长2～3mm，被毛；萼钟形，被贴伏毛，萼齿线状锥形，比萼筒长；花冠黄色，旗瓣长倒卵形，翼瓣和龙骨瓣等长，均比旗瓣短；子房线形，被柔毛，花柱短，略弯，胚珠2～5粒。荚果镰形，长(8～)10～15mm，宽2.5～3.5(～4)mm，脉纹细，斜向，被贴伏毛；有种子2～4粒。种子卵状椭圆形，长2mm，宽1.5mm，黄褐色，胚根处凸起。花期6～8月，果期7～9月。

【经济用途】 适应能力强，耐寒抗旱、耐盐碱、抗病虫害，是营养价值很高的野生牧草，并可药用，治肺炎、咳嗽等。

【生境分布】 贵德。产东北、华北、西北各地。生于砂质偏旱耕地、山坡、草原及河岸杂草丛中。欧洲盛产，俄罗斯、中亚地区广泛分布，世界各国都有引种栽培。

白花草木犀
白香草木樨 白草木樨 白甜车轴草
Melilotus albus **Medikus**

Fabaceae 豆科 Melilotus 草木犀属

【形态特征】 一、二年生草本，高70～200cm。茎直立，圆柱形，中空，多分枝，几无毛。羽状三出复叶；托叶尖刺状锥形，长6～10mm，全缘；叶柄比小叶短，纤细；小叶片长圆形或倒披针状长圆形，长15～30cm，宽(4～)6～12mm，先端钝圆，基部楔形，边缘疏生浅锯齿，上面无毛，下面被细柔毛，侧脉12～15对，平行直达叶缘齿尖，两面均不隆起，顶生小叶稍大，具较长小叶柄，侧生小叶的叶柄短。总状花序长9～20cm，腋生，具花40～100朵，排列疏松；苞片线形，长1.5～2mm；花长4～5mm；花梗短，长1～1.5mm；萼钟形，长约2.5mm，微被柔毛，萼齿三角状披针形，短于萼筒；花冠白色，旗瓣椭圆形，稍长于翼瓣，龙骨瓣与翼瓣等长或稍短；子房卵状披针形，上部渐窄至花柱，无毛，胚珠3～4粒。荚果椭圆形至长圆形，长3～3.5mm，先端锐尖，具尖喙，表面脉纹细，网状，棕褐色，老熟后变黑褐色；有种子1～2粒。种子卵形，棕色，表面具细瘤点。花期5～7月，果期7～9月。

【经济用途】 本种为重要的饲料，并可作绿肥，亦是很好的水土保持植物。有一年生和二年生丛生类型和许多栽培品系。

【生境分布】 海南州各地，栽培或逸生。原产于亚洲西部，我国西北、华北、东北、华东、西南有栽培，亦有逸生。印度、克什米尔地区、巴基斯坦、阿富汗、土耳其、中亚地区、俄罗斯、蒙古、马来西亚、澳大利亚、欧洲、非洲和美洲也有。青海西宁及海东、黄南也有栽培或逸生。

贾留坤 摄

草木犀

黄花草木樨　黄香草木犀　藏名：甲贝

Melilotus officinalis (Linnaeus) Lamarck

Fabaceae 豆科　Melilotus 草木犀属

【形态特征】　二年生草本，高40～100(～250)cm。茎直立，粗壮，多分枝，具纵棱，微被柔毛。羽状三出复叶；托叶镰状线形，长3～5(～7)mm，中央有1条脉纹，全缘或基部有1枚尖齿；叶柄细长；小叶片倒卵形、阔卵形、倒披针形至线形，长15～25(～30)mm，宽5～15mm，先端钝圆或截形，基部阔楔形，边缘具不整齐疏浅齿，上面无毛，粗糙，下面散生短柔毛，侧脉8～12对，平行直达齿尖，两面均不隆起，顶生小叶稍大，具较长的小叶柄，侧生小叶的小叶柄短。总状花序长6～15(～20)cm，腋生，具花30～70朵，初时稠密，花开后渐疏松，花序轴在花期中显著伸展；苞片刺毛状，长约1mm；花长3.5～7mm；花梗与苞片等长或稍长；萼钟形，长约2mm，脉纹5条，甚清晰，萼齿三角状披针形，稍不等长，比萼筒短；花冠黄色，旗瓣倒卵形，与翼瓣近等长，龙骨瓣稍短或三者均近等长；雄蕊筒在花后常宿存包于果外；子房卵状披针形，胚珠(4～)6(～8)粒，花柱长于子房。荚果卵形，长3～5mm，宽约2mm，先端具宿存花柱，表面具凹凸不平的横向细网纹，棕黑色；有种子1～2粒。种子卵形，长2.5mm，黄褐色，平滑。花期5～9月，果期6～10月。

【经济用途】　① 优良牧草，营养价值高，饲养家畜易上膘，还可作绿肥；② 地上部分入药，清热解毒、干四肢“黄水”，治白喉、扁桃体炎、炭疽、胃疼、四肢关节积黄水。

【生境分布】　海南州各地。喜生于山沟林下、河岸、田边及山麓等处，1800～2800m。分布于东北、华南、西南；欧洲、亚洲中部和东部其他地区也有。青海西宁及海东、海西也有栽培或逸生。

驴食草 红豆草 红羊草

Onobrychis viciifolia Scopoli

Fabaceae 豆科 Onobrychis 驴食豆属

【形态特征】 多年生草本，高40～80cm。茎直立，中空，被向上贴伏的短柔毛。小叶13～19枚，几无小叶柄；小叶片长圆状披针形或披针形，长20～30mm，宽4～10mm，上面无毛，下面被贴伏柔毛。总状花序腋生，明显超出叶层；花多数，长9～11mm，具1mm左右的短花梗；萼钟状，长6～8mm，萼齿披针状钻形，长为萼筒的2～2.5倍，下萼齿较短；花冠玫瑰紫色，旗瓣倒卵形，翼瓣长为旗瓣的1/4，龙骨瓣与翼瓣约等长；子房密被贴伏柔毛。荚果具1个节荚，节荚半圆形，上部边缘具或尖或钝的刺。

【生境分布】 海南州各地均有栽培，并有逸生。主要分布于欧洲；我国华北、西北地区栽培。

猫头刺 刺叶柄棘豆 老虎爪子 鬼见愁
Oxytropis aciphylla Ledebour

Fabaceae 豆科 Oxytropis 棘豆属

【形态特征】 垫状矮小半灌木，高8～20cm。根粗壮，根系发达。茎多分枝，开展，全体呈球状植丛。偶数羽状复叶；托叶膜质，彼此合生，下部与叶柄贴生，先端平截或呈2个尖，后撕裂，被贴伏白色柔毛或无毛，边缘有白色长毛；叶轴宿存，木质化，长2～6cm，下部粗壮，先端尖锐，呈硬刺状，老时淡黄色或黄褐色，嫩时灰绿色，密被贴伏绢状柔毛；小叶4～6对，线形或长圆状线形，长5～18mm，宽1～2mm，先端渐尖，具刺尖，基部楔形，边缘常内卷，两面密被贴伏白色绢状柔毛和不等臂的“丁”字毛。1～2朵花组成腋生总状花序；总花梗长3～10mm，密被贴伏白色柔毛；苞片膜质，披针状钻形，小；花萼筒状，长8～15mm，宽3～5mm，花后稍膨胀，密被贴伏长柔毛，萼齿锥状，长约3mm；花冠红紫色、蓝紫色至白色，旗瓣倒卵形，长13～24mm，宽7～10mm，先端钝，基部渐狭成瓣柄，翼瓣长12～20mm，宽3～4mm，龙骨瓣长11～13mm，喙长1～1.5mm；子房圆柱形，花柱先端弯曲，无毛。荚果硬革质，长圆形，长10～20mm，宽4～5mm，腹缝线深陷，密被白色贴伏柔毛，隔膜发达，不完全2室。种子圆肾形，深棕色。花期5～6月，果期6～7月。

【经济用途】 ① 牧草，动物采食其嫩枝叶；② 药用，茎叶捣碎煮汁，可治脓疮。

【生境分布】 兴海、共和。生于砾石山坡、沙丘、沙砾滩地及阳坡阶地，海拔2800～3500m。分布于甘肃、新疆、宁夏、陕西、内蒙古、河北；蒙古、俄罗斯也有。在青海亦分布于都兰、乌兰、格尔木、海晏、循化。

李小伟 摄

温军 摄

地角儿苗 二色棘豆 人头草 地丁

Oxytropis bicolor **Bunge**

Fabaceae 豆科 Oxytropis 棘豆属

【形态特征】 多年生草本，高5～20cm，全株被开展白色长柔毛。主根发达。近无茎，花葶及叶平卧。托叶卵状披针形，密被毛；轮生羽状复叶，长4～25cm；小叶5～17轮（对），对生或3～4枚轮生，卵形、条形至披针形，长3～28mm，宽1.5～8mm，先端锐尖，基部圆形，两面被白色长柔毛。总状花序疏或密生多花；总花梗与叶等长或稍长，稀较短；苞片长3～7mm，有毛；花萼筒状，长9～15mm，宽2.5～4mm，密被长柔毛，萼齿长2～6mm；花冠蓝紫色，干后常有黄绿色斑；旗瓣长18～24mm，宽9～10mm，瓣片卵状椭圆形，先端微凹或近截形，略长于爪；翼瓣长15～20mm，爪稍短于瓣片；龙骨瓣长约1.5mm，喙长2～2.5mm，爪长于瓣片；子房有毛，花柱下部有毛。荚果矩圆形，长10～17mm，宽约4mm，顶端有喙，密被白色长柔毛，腹缝线有较深沟槽，稍坚硬。花期5～7月，果期6～9月。

【生境分布】 共和、兴海、同德。生于砾石山坡、沙丘、沙砾滩地及阳坡阶地，海拔2800～3500m。分布于甘肃、新疆、宁夏、陕西、内蒙古、河北；蒙古、俄罗斯也有。在青海亦分布于西宁、都兰、乌兰、格尔木、海晏、循化。

急弯棘豆

Oxytropis deflexa (Pallas) Candolle

Fabaceae 豆科 Oxytropis 棘豆属

【形态特征】 多年生草本，高2～24cm，全株密被开展的白色或淡黄色长柔毛，呈灰绿色。茎短缩或近无茎。托叶分离，披针形，密被长柔毛；奇数羽状复叶，长3～20cm；叶柄被毛；小叶15～35枚，密集，卵形、卵状披针形或矩圆形，长3～18mm，宽29mm，先端尖或钝圆，基部圆形或宽楔形，两面被贴伏或半开展的长柔毛。总花梗等长或稍长于叶；总状花序密生多花，后期延伸；苞片膜质，线形，等长于萼筒，超出花梗；花萼钟状，长4～6mm，密被黑白色相间的柔毛，萼齿线形，长2～4mm；花冠小，淡蓝紫色，完全开放时下垂；旗瓣长约7mm，宽约4mm，瓣片卵形，先端微凹，基部具爪；翼瓣与旗瓣近等长；龙骨瓣长约5mm，喙长0.5mm；子房有毛。荚果矩圆形，长10～18mm，宽4～5mm，被开展黑色与黑白色相间的短柔毛。花期6～8月，果期6～9月。

【生境分布】 海南州各地。生于高山草甸、林缘灌丛、河滩沙地，海拔2900～4500m。分布于新疆、甘肃、山西、内蒙古；蒙古、俄罗斯也有。在青海亦分布于大通、海北、黄南、海西、果洛及玉树各州县。

镰荚棘豆　镰形棘豆　藏名：莪大夏　大夏

Oxytropis falcate Bunge

Fabaceae 豆科　Oxytropis 棘豆属

【形态特征】 多年生草本，高10～25cm，具腺体，有黏性，被伏生柔毛。茎短缩，丛生，基部密被宿存的残叶柄。奇数羽状复叶，长4～15cm；托叶宽卵形，下半部与叶柄联合，先端渐尖或锐尖，被长柔毛和腺体；小叶20～45枚，对生或互生，少有4枚轮生，条状披针形或条形，长3～12mm，宽1～2mm，先端锐尖或钝，边缘内卷，被毛。总状花序近头状，密集6～10朵花；总花梗与叶近等长或长于叶；苞片卵形或卵状披针形，长6～12mm，宽3～5mm；花萼筒状，长10～12mm，被黑色、褐色和白色长柔毛，萼齿长约2mm；花冠蓝紫色；旗瓣倒卵形，长约25mm，宽约12mm，先端微凹，爪稍短于瓣片；翼瓣长约22mm，上部宽，爪与瓣片近等长；龙骨瓣长约18mm，喙长约2mm，爪稍长于瓣片；子房棒状，密被毛。荚果镰刀形弯曲，长2～3.5cm，宽4～8mm，近2室，开裂，有腺毛和柔毛；种子多数。花期5～7月，果期7～9月。

【经济用途】 全草入药，清热解毒、生肌愈创、干“黄水”、止血、通便，治高烧、喉炎、黄水疮、便血、红白痢、出血、炭疽；外用治炭疽、痈疖肿毒、创伤、刀伤和骨伤疼痛等。

【生境分布】 海南州各地。生于湖滨沙滩、砾石地、山坡岸地、河滩灌丛，海拔2700～4900m。分布于甘肃、新疆、四川和西藏；蒙古也有分布。在青海亦分布于杂多、治多、曲麻莱、囊谦、玉树、称多、玛多、达日、班玛、甘德、久治、玛沁、泽库、河南、格尔木、德令哈、大柴旦、都兰、乌兰、天峻、刚察、祁连、海晏、门源。

小花棘豆

马绊肠　绊肠草　醉马草　小叶棘豆　细叶棘豆

***Oxytropis glabra* Candolle**

Fabaceae 豆科　Oxytropis 棘豆属

【形态特征】　多年生草本，高20(～35)～80cm。根细而直伸。茎分枝多，直立或铺散。长30～70cm，无毛或疏被短柔毛。绿色。羽状复叶长5～15cm；托叶草质，卵形或披针状卵形，彼此分离或于基部合生，长5～10mm，无毛或微被柔毛；叶轴疏被开展或贴伏短柔毛；小叶11～19(～27)枚，披针形或卵状披针形，长5(～10)～25mm，宽3～7mm，先端尖或钝，基部宽楔形或圆形，上面无毛，下面微被贴伏柔毛。多花组成稀疏总状花序，长4～7cm；总花梗长5～12cm，通常较叶长，被开展的白色短柔毛；苞片膜质，狭披针形，长约2mm，先端尖，疏被柔毛；花长6～8mm；花梗长1mm；花萼钟形，长42mm。被贴伏白色短柔毛，有时混生少量的黑色短柔毛，萼齿披针状锥形，长1.5～2mm；花冠淡紫色或蓝紫色，旗瓣长7～8mm，瓣片圆形，先端微缺，翼瓣长6～7mm，先端全缘，龙骨瓣长5～6mm，喙长0.25～0.5mm；子房疏被长柔毛。荚果膜质，长圆形，膨胀，下垂，长10～20mm，宽3～5mm，喙长1～1.5mm，腹缝具深沟，背部圆形，疏被贴伏白色短柔毛或混生黑、白柔毛，后期无毛，1室；果梗长1～2.5mm。花期6～9月，果期7～9月。

【经济用途】　① 全草有毒，牲畜误食后易中毒，其中马最易中毒，症状也最重，其次是山羊、绵羊，再次为牛，猪较迟钝；② 本种可药用，麻醉、镇静、止痛，治关节炎、牙痛、神经衰弱、皮肤瘙痒等症。

【生境分布】　海南州各地。生于河滩沙地、湖盆边缘、沙丘间和山坡草地，海拔2200～3000m。分布于甘肃、新疆、陕西、山西、内蒙古和西藏；蒙古、俄罗斯也有。在青海亦分布于西宁及海东、海西等地。

贵南棘豆

Oxytropis guinanensis Y. H. Wu

Fabaceae 豆科　Oxytropis 棘豆属

【形态特征】 多年生草本，高约11cm，基部密被残存的叶柄和托叶。主根黄棕色。无茎。奇数羽状复叶，长3～10cm；叶柄长2～5cm，连同叶轴上面均有沟，并被贴伏白色短柔毛；托叶膜质，中上部合生并与叶柄贴生，长约10mm，密被白色长柔毛，分离部分三角形；小叶9～15枚，狭椭圆形，长5～16mm，宽1.5～3.5mm，先端急尖或钝，基部圆形或楔形，两面密被白色贴伏柔毛。总状花序具3～4朵花；总花梗长6～8cm，直立，密被白色长柔毛；苞片长圆形或卵状披针形，长5～7mm，宽1～2mm，密被毛；花梗长约3mm；花萼筒状钟形，长12～14mm，宽4～5mm，密被开展的白色长柔毛和黑色短柔毛，萼齿钻状，长3～4mm，两面密被毛；花冠紫红色；旗瓣长约24mm，宽约12mm，瓣片卵形，中上部缢缩，先端截形，爪长10mm；翼瓣长约10mm，耳内弯，长约0.5mm；龙骨瓣长约18mm，喙长约3mm；子房被毛。

【生境分布】 贵南（模式标本产地）。海南州特有种，青海特有种，中国特有种。生于沙丘，海拔3200m。

米尔克棘豆 密花棘豆

***Oxytropis merkensis* Bunge**

Fabaceae 豆科 Oxytropis 棘豆属

【形态特征】 多年生草本。根粗壮。茎分枝，缩短，被浅灰色短柔毛，或绿色，为托叶和叶柄的残体所覆盖。羽状复叶长5～15cm；托叶与叶柄贴生很高，分离部分披针状钻形，基部三角形，被贴伏疏柔毛，边缘具刺纤毛；叶柄与叶轴短，被贴伏或半开展柔毛；小叶13～25枚，长圆形、广椭圆状披针形、披针形，长5～7(～20)mm，宽2～4(～5)mm，先端尖，两面被疏柔毛，边缘微卷。多花组成疏散总状花序，盛花期和果期伸长达10～20cm；总花梗长比叶长1～2倍，被贴伏白色疏柔毛，通常在上部混生白色柔毛；苞片锥形，长于花梗，被疏柔毛；花萼钟状，长4～5mm，被贴伏黑色短柔毛和黑色疏柔毛，萼齿钻形，短于萼筒；花冠紫色或淡白色，旗瓣长7～10mm，瓣片几圆形，先端微缺，瓣柄比瓣片短1～1.5倍，翼瓣与旗瓣等长或稍短，龙骨瓣等于或长于翼瓣，先端具暗紫色斑点，喙长锥状，长1.5～2mm；胚珠6～7枚；子房柄长0.5～1mm。荚果广椭圆状长圆形，下垂，长10～12(～16)mm，宽5～6mm，先端短渐尖，被贴伏白色疏柔毛，1室；果梗与花萼等长。种子圆肾形，直径2mm，光滑，锈色。花期6～7月，果期7～9月。

【生境分布】 贵德、同德、兴海、共和。生于阳坡草地、荒漠沙地，海拔1800～3900m。分布于新疆、内蒙古、宁夏、甘肃；中亚地区也有。在青海亦分布于乌兰、德令哈、玛沁、尖扎、同仁、乌兰、西宁、大通、湟源、湟中、乐都、民和、互助、刚察、门源。

甘肃棘豆 疯马豆 马绊肠 藏名：塞嘎尔

Oxytropis kansuensis Bunge

Fabaceae 豆科 Oxytropis 棘豆属

【形态特征】 多年生草本，高10～35cm。茎直立，丛生，较细弱，基部分枝，疏被白色和黑色柔毛。托叶卵状披针形，疏被毛，彼此联合至中部，抱茎；奇数羽状复叶，长6～12cm；小叶13～27枚，卵状披针形，长6～22mm，宽2～5mm，先端渐尖，基部圆形，两面疏被白色平伏长柔毛。总状花序腋生，密集多花，呈头状；总花梗长8～22cm，疏被柔毛；苞片条状披针形，长4～10mm，疏被长柔毛；花萼筒状，长7～10mm，密被黑色和白色相间的短柔毛，萼齿等长于萼筒或稍短；花冠黄色；旗瓣长约13mm，瓣片宽卵形，先端微凹，基部具爪；翼瓣长约12mm，爪长5mm；龙骨瓣长约8mm，爪长4.5mm，耳短，具短喙；子房被毛。荚果长椭圆形或卵状矩圆形，长10～14mm，宽4～5mm，膨胀，密被毛；种子肾形，褐色，长约2mm。花期6～8月，果期8～9月。

【相近种】 与黄花棘豆*O. ochrocephala*近似，但植株较矮而柔弱、小叶较小、萼齿较萼筒短或近等长、花序和果序密而短等与黄花棘豆易于区别。

【经济用途】 花入药，无毒，利水、清脾热、肺热，治腹水、体虚水肿。

【生境分布】 海南州各地。生于高山草甸、山沟林下、阴坡灌丛、河滩草地，海拔2300～4600m。分布于甘肃、四川西部和西北部、云南西北部、西藏；尼泊尔也有。青海其他州县也均有分布。

宽苞棘豆

Oxytropis latibracteata **Jurtzev**

Fabaceae 豆科　Oxytropis 棘豆属

【形态特征】　多年生草本，高10～33cm。主根粗壮。茎极短缩，基部具多数褐色枯叶柄。托叶膜质，卵形或三角状披针形，与叶柄基部合生，密被长柔毛；奇数羽状复叶，长4～20cm；叶轴密生平伏绢毛；小叶9～21枚，卵形至披针形，长4～16mm，宽2～5mm，先端渐尖，基部圆形，两面密被白色或黄褐色贴伏绢毛。总状花序近头状，密生数花至10余花；总花梗长8～32cm，密被毛；苞片卵状披针形，长5～12mm，宽3～4mm，密被毛；花萼筒状，长10～13mm，宽4～5mm，密被长绢毛并混生黑色短毛，萼齿长2.5～3.5mm；花冠紫红色、蓝色或蓝紫色；旗瓣矩圆形，长20～25mm，宽7～8mm，先端微凹，中部以下渐狭；翼瓣长18～21mm，有长爪；龙骨瓣长17mm，爪长11mm，喙长2mm。荚果膨胀，卵状矩圆形或卵形，长10～17mm，顶端急尖，具喙，密被短柔毛。花期6～8月，果期7～9月。

【生境分布】　海南州各地。生于高寒草甸、高寒草原、荒漠带河滩草地、林缘灌丛、干旱阳坡草地、石隙、砾地，海拔2500～4500m。中国特有种，分布于甘肃、内蒙古、四川西北部。在青海亦分布于大通、玛沁、玛多、玉树、治多及海北、海东、黄南、海西各州县。

白瑜 摄

长宽苞棘豆

Oxytropis latibracteata **var.** ***longibracteata*** **Y. H. Wu**

Fabaceae 豆科　Oxytropis 棘豆属

【形态特征】　本变种与原变种的区别为：小叶片椭圆形，长可达29mm；苞片长14～18mm，长于花萼，宽可达6mm；花萼长达15mm，萼齿长达5mm，旗瓣长达27mm。

【生境分布】　共和（模式标本产地）。海南州特有种，青海特有种，中国特有种。生于灌丛草地，海拔3500～3700m。

玛沁棘豆

***Oxytropis maqinensis* Y. H. Wu**

Fabaceae 豆科　Oxytropis 棘豆属

【形态特征】 多年生草本，高20～40cm。主根褐色。茎直立，无沟槽，疏被白色和黑色短柔毛。奇数羽状复叶，长5～14cm；叶柄长0.5～4cm，与叶轴疏被毛；下部的托叶于中部合生，上部的托叶离生，卵状披针形或披针形，长9～12mm，密被白色长柔毛；小叶15～23枚，卵状披针形或长圆形，长6～17mm，宽2～5mm，先端渐尖，基部圆形，两面疏被白色贴伏柔毛。总状花序密生多花；总花梗长10～16cm，疏被白色或有时混生黑色柔毛，近花序处常密被黑色短柔毛；苞片披针形或卵状披针形，长6～11mm，密被白色和褐色长柔毛；花萼筒状钟形，长约11mm，宽约3.5mm，密被白色长柔毛和褐色短柔毛，萼齿线形，长5～6mm；花冠淡蓝紫色；旗瓣长15～16mm，瓣片卵形，宽约8mm，先端微凹，爪长约6mm；翼瓣长14mm，瓣片斜长倒卵形，宽4mm，先端钝或偶有不明显微凹，爪长6mm；龙骨瓣长12mm，喙长约1mm，爪长6mm；子房线形，无毛或疏被毛。荚果长圆形，长15～20mm，宽约4mm，喙长约1mm，先端急尖，密被半开展白色和黑色柔毛；种子肾形，长2～3mm，褐色。花期7～8月，果期8～9月。

【生境分布】 兴海、共和。青海特有种，中国特有种。生于高山草甸、山坡砾地。海拔3300～4500m。在青海亦分布于玛沁（模式标本产地）、玛多、河南。

黑萼棘豆 藏名：塞盎

Oxytropis melanocalyx Bunge

Fabaceae 豆科 Oxytropis 棘豆属

【形态特征】 多年生疏丛生草本，直立或铺散，高6～15cm。茎较短，细弱，基部分枝。奇数羽状复叶，长4～10cm；托叶草质，卵状三角形，彼此联合但与叶柄分离，疏被长柔毛；叶柄和叶轴疏被短柔毛；小叶9～23枚，卵状披针形、卵形或矩圆状披针形，长4～12mm，宽2～5mm，先端渐尖，基部圆形，两面疏被白色贴伏长柔毛。伞形总状花序腋生，具3～10朵花；总花梗长于叶，疏被白色和黑色短柔毛；苞片卵状披针形，被毛；花萼钟状，长6～9mm，密被黑色短柔毛并杂有白色长柔毛，萼齿条状披针形，与萼筒近等长或稍短于萼筒；花冠蓝紫色；旗瓣长10～14mm，宽7～9mm，瓣片宽卵形或近圆形，先端微凹，爪长3～5mm；翼瓣长9～12mm，先端微凹，细爪长3～5mm，耳钝圆；龙骨瓣稍短于翼瓣，喙长不及1mm，爪长于瓣片；子房条形，腹缝线及上部被黑色毛。荚果纸质，长椭圆形，长15～18mm，宽6～8mm，稍膨胀，疏被黑色短柔毛，腹缝线不凹，无隔膜，具短柄。花期6～7月，果期7～8月。

【生境分布】 贵德、同德。生于高山草甸、阴坡灌丛、林缘草地，海拔3500～4300m。分布于西藏、四川、云南、甘肃、陕西。在青海亦分布于杂多、囊谦、玉树、称多、玛多、玛沁、久治、河南、湟中。

白瑜 摄

黄毛棘豆

黄穗棘豆　黄土毛棘豆　白毛棘豆

Oxytropis ochrantha Turczaninow

Fabaceae 豆科　Oxytropis 棘豆属

【形态特征】 多年生草本，高10～30cm，全株密被土黄色或白色丝质长柔毛。主根木质化。茎极短缩，多分枝。托叶膜质，宽卵形，中下部联合，基部与叶柄贴生，密被毛；轮生羽状复叶，长6～20cm；叶轴密被毛；小叶6～10对，对生或4枚轮生，卵形、披针形、线形或矩圆形，长6～20mm，宽2～6mm，先端尖，基部圆形，两面密被土黄色绢状长柔毛。总状花序圆筒状，密生多花；总花梗坚挺，直立或斜升，与叶等长或稍长，密生长毛；苞片卵状披针形，长8～18mm，先端尖，有密长毛；花萼筒状，长9～13mm，密生土黄色长柔毛或白色与黑色短柔毛，萼齿长4～6mm；花冠黄色或白色；旗瓣倒卵状长椭圆形，长16～21mm，宽约6mm，先端圆形，基部渐狭；翼瓣短于旗瓣而长于龙骨瓣，细爪短于瓣片；龙骨瓣喙长2mm，爪长于瓣片；子房密被毛，花柱无毛。荚果卵形，长14～18mm，密被毛。花期6～7月，果期8～9月。

【生境分布】 兴海、共和。生于山坡草地、河滩草甸、砾地，海拔2300～4200m。分布于甘肃、陕西、山西、河北、内蒙古、四川、西藏；蒙古也有分布。在青海亦分布于西宁、门源、互助、同仁、玉树、囊谦。

黄花棘豆 团巴草 马绊肠 藏名：塞嘎尔

Oxytropis ochrocephala Bunge

Fabaceae 豆科 Oxytropis 棘豆属

【形态特征】 多年生草本，高20～40cm。根粗壮，圆柱状棕褐色。茎粗壮，基部分枝，密被白色或黄色长柔毛。托叶卵形，先端尖，密被长柔毛，下部联合；奇数羽状复叶，长10～16cm；叶轴密被长柔毛；小叶15～41枚，卵状披针形，长10～28mm，宽3～9mm，先端渐尖，基部圆形，两面密被丝状长柔毛。总状花序腋生，圆筒状或卵圆形，密生多花；总花梗长10～26cm，密生长柔毛；苞片披针形，长8～12mm，密被毛；花萼筒状，后期略膨胀，长12～16mm，密被白色或黄褐色长短交织的柔毛，萼齿条状披针形，与萼筒等长或稍长；花冠黄色；旗瓣长15～16mm，宽约8mm，瓣片扇形，先端圆形，中部以下渐狭成长爪；翼瓣长约12mm，爪长于瓣片；龙骨瓣短于翼瓣，喙长1mm。荚果卵状矩圆形，膨胀，长12～15mm，宽5～6mm，密被黑色、褐色或白色短柔毛。花期6～8月，果期7～9月。

【相近种】 与甘肃棘豆*O. kansuensis*的区别为：茎、枝较粗壮，小叶较大，全体密被白色或黄色长柔毛，萼齿较长，托叶较大。

【经济用途】 ① 花入药，利水，治各种水肿。② 草地有毒杂草，毒性以盛花期至绿果期最大，各类家畜采食后都可引起慢性积累中毒，可导致牲畜中毒死亡，以马中毒最为严重。

【生境分布】 海南州各地。生于林缘草地、沟谷灌丛、高山草甸、山坡砾地，海拔2000～4300m。分布于甘肃、内蒙古、四川、西藏。在青海亦分布于西宁、大通及海北、海东、黄南、果洛、玉树和德令哈。

注：本种的生长状态、枝、叶、花萼及毛被等常因生态条件而发生变异，特别是花萼及毛被变异更大。

青海棘豆

Oxytropis qinghaiensis Y. H. Wu

Fabaceae 豆科　Oxytropis 棘豆属

【形态特征】 多年生草本，高15～40cm，全株密被白色开展长柔毛，植株呈灰色。茎自基部分枝，直立、铺散或丛生，密被白色开展长柔毛。托叶卵状披针形，被毛，彼此联合至中下部，抱茎；奇数羽状复叶，长5～12cm；小叶13～29枚，卵形或卵状披针形，长3～12mm，宽2～7mm，先端渐尖或圆形，基部圆形，两面密被白色长柔毛。总状花序腋生，密集多花，头状；总花梗长6～16cm，密被白色开展长柔毛和黑色短柔毛；苞片条状披针形，长4～7mm，被毛；花萼筒状钟形，长6～8mm，密被白色开展长柔毛和黑色短柔毛，萼齿等长于萼筒或稍短；花冠紫红色或蓝紫色；旗瓣长约12mm，瓣片宽卵形，先端微凹，基部具爪；翼瓣长约10mm，有折囊，细爪长4～5mm；龙骨瓣长约9mm，爪长4mm，耳短，具短喙；子房被黑白色相间的柔毛，花柱无毛。荚果长椭圆形，长12～16mm，宽5～7mm，膨胀，密被白色或黑白色相间的柔毛；种子肾形，棕色，长1.5～2mm。花期6～8月，果期8～9月。

【经济用途】 有毒杂草。

【生境分布】 同德（模式标本产地）、共和。青海特有种，中国特有种。生于高山草甸、林缘、灌丛草甸，海拔3000～3600m。在青海亦分布于玉树、玛沁、河南。

陈哲 摄

鳞萼棘豆

Oxytropis squammulosa **Candolle**

Fabaceae 豆科　Oxytropis 棘豆属

【形态特征】 多年生草本，高3～5cm。根近木质化，褐色，粗壮，圆柱形。茎极缩短，丛生羽状复叶长5～12cm；托叶膜质，线状披针形，于基部与叶柄贴生，先端渐尖，边缘具白色纤毛；叶柄成棘状，淡黄色，无毛。宿存；小叶7～15枚，狭线形，长7～15mm，宽1～1.5mm，边缘常上卷，无毛或先端疏被白毛。通常2～3朵花组成总状花序；花葶极短；苞片膜质，披针形，长约5mm，先端长渐尖，边缘具白色纤毛，密生圆形黄色腺体；花长约25mm；花萼筒状，长11～14mm，宽约3mm，无毛，密生圆形黄色腺体，萼齿近三角形或披针状钻形，长2～4mm，边缘疏生白色纤毛；花冠乳白色，旗瓣长25～29mm，宽9mm，瓣片广椭圆形，先端圆或钝，翼瓣椭圆形，长19～22mm，宽2～3mm，瓣柄长10～12mm，龙骨瓣长17～19mm，先端具蓝紫色斑块，喙长1～2mm；子房和花柱无毛，无子房柄。荚果硬革质，坚果状卵球形，膨胀，长11～15mm，宽7～8mm，喙长约7mm，无毛，具细横皱纹，隔膜宽2～4mm，不完全2室。种子圆肾形，直径约1mm，淡褐色。花期4～9月，果期7～10月。

【生境分布】 共和。生于砾石滩、阳坡草地、河谷阶地，海拔3000～3300m。分布于甘肃、陕西、宁夏、新疆、内蒙古；蒙古、俄罗斯也有。在青海亦分布于刚察。

胀果棘豆

Oxytropis stracheyana Bunge

Fabaceae 豆科　Oxytropis 棘豆属

【形态特征】 多年生草本，高2～3cm。根粗壮，直伸。茎缩短，丛生垫状，密被枯萎叶柄和托叶；羽状复叶长2～3cm；托叶薄膜质，白色，于基部与叶柄贴生，于叶柄背面的一侧彼此合生，分离部分三角形，边缘被疏柔毛；小叶5～9枚，长圆形，长3～7mm，宽1～2mm，先端钝，两面密被白色绢状柔毛。3～6朵花组成伞形总状花序；总花梗长约45mm，密被绢状柔毛；苞片卵形，长4～5mm，密被绢状柔毛；花长约25mm；花萼筒状，长12～14mm，密被白色绢状柔毛，萼齿三角形，长约4mm；花冠粉红色、淡蓝色、紫红色，旗瓣长23～25mm，瓣片宽卵状长圆形，翼瓣长20～23mm，瓣片倒卵状长圆形，龙骨瓣长17～19mm，喙长约2mm，子房密被白色绢状长柔毛，具短柄。荚果卵圆形，膨胀，长约12mm，密被白色绢状长柔毛，隔膜窄。花果期7～9月。

【生境分布】 贵南。生于山坡草地、河滩砾地、砾石坡、沙丘，海拔3200～5000m。分布于西藏；巴基斯坦、印度、俄罗斯也有。在青海亦分布于杂多、治多、玉树、曲麻莱、玛多、玛沁、格尔木、都兰、乌兰、德令哈、刚察、祁连。

陆福根 摄

陆福根 摄

胶黄耆状棘豆

Oxytropis tragacanthoides **Fischer ex Candolle**

Fabaceae 豆科 Oxytropis 棘豆属

【形态特征】 球形垫状矮灌木，高5～20(～30)cm，一般直径约30cm。根粗壮而深，直径1～1.5cm，褐色。茎很短，分枝多。老枝粗壮，密被红褐色针刺状宿存叶轴，茎短，多分枝。奇数羽状复叶，长2～8cm；托叶膜质，疏被毛，下部与叶柄联合；叶轴粗壮，初时密被白色贴伏柔毛，叶落后变成无毛的刺状，宿存；奇数羽状复叶长3～7cm；托叶膜质，锈色，无毛，上部边缘具白色纤毛，与叶柄贴生至1/3处，于1/3处彼此合生，后被撕裂，分离部分三角形；叶轴钻形，初时密被贴伏白色柔毛，叶落后变成无毛的扁粗刺，宿存；小叶7～11(～15)枚，椭圆形、长圆形、卵形或线形，长6～9mm，宽2～3.5mm，先端钝或突尖，无小刺尖，基部圆形或狭，两面密被贴伏绢状毛。2～5朵花组成短总状花序；总花梗较叶短，密被白色绢状柔毛；苞片线状披针形，长3～5mm，被绢状毛；花萼筒状，长10～14mm，宽约4mm，密被白色长柔毛，偶尔间生黑色短毛，萼齿线状钻形，长2～4mm；花冠紫色或紫红色，旗瓣长19～23mm，瓣片宽椭圆形或宽卵形，先端圆或微凹，翼瓣长17～19mm，瓣片上部极扩展，先端斜截形，凹陷，爪稍长于瓣片；龙骨瓣长14～16mm，爪长于瓣片，喙长1～2mm；子房几无柄，密被绢状毛，胚珠多数。荚果球状卵形，长20～22mm，宽10～12mm，近无柄，膨胀成膀胱状，疏被白色和褐色柔毛，腹隔膜宽1～1.5mm，不完全2室。花期6～8月，果期7～8月。

【生境分布】 共和。生于山坡草地、砾石山麓、阳坡、沟谷石隙，海拔2800～4150m。分布于甘肃、新疆、内蒙古；蒙古、俄罗斯也有。在青海亦分布于玛多、格尔木、大柴旦、祁连、门源。

菜豆 四季豆

Phaseolus vulgaris **Linnaeus**

Fabaceae 豆科 Phaseolus 菜豆属

【形态特征】 一年生缠绕草本。茎长2～3m，被短毛。托叶小，卵状披针形或三角状披针形，基部着生；小托叶长圆状披针形或线形；叶柄长4～14cm；小叶柄长3～4mm，密被黄褐色毛；小叶片宽卵形至菱状卵形，长5～9cm，宽3～7cm，先端短渐尖或急尖，基部圆形或宽楔形，侧生小叶基部偏斜，全缘，两面沿脉被毛。总状花序腋生，短或长于叶，具数朵花；花梗长8～15mm，疏被毛；小苞片卵形或狭卵形；花萼钟状，上方2枚萼齿合生，较短；花冠白色、朱红色或淡紫色，长14～18mm；旗瓣扁圆形或肾形，基部具短爪；翼瓣匙形，有短爪；龙骨瓣上端卷曲1圈至近2圈；子房条形，无柄，有毛，花柱及花丝随龙骨瓣卷旋，上部较肥厚而为圆柱形，内侧被白毛。荚果条形，稍弯，长10～15cm，宽0.8～2cm，顶端具喙，幼时密被毛，含种子数枚；种子长圆形或肾形，光亮。花期6～7月，果期8～9月。

【经济用途】 ①豆荚供食用，为很好的蔬菜；②种子含油，可入药，清凉利尿、消肿。

【生境分布】 海南州各地栽培。河北、山西、甘肃、陕西、四川、云南、湖北和江苏等地广泛种植，青海海东地区、西宁、黄南等地也都有栽培。

豌豆 荷兰豆 雪豆 青豆
藏名：塞玛日布

Pisum sativum Linnaeus

Fabaceae 豆科 Pisum 豌豆属

【形态特征】 一年生攀缓草本，高0.5～2m。全株绿色，光滑无毛，被粉霜。叶具小叶4～6枚，托叶比小叶大，叶状，心形，下缘具细牙齿。小叶片卵圆形，长2～5cm，宽1～2.5cm；花于叶腋单生或数朵排列为总状花序；花萼钟状，深5裂，裂片披针形；花冠颜色多样，随品种而异，但多为白色和紫色，二体雄蕊（9+1枚）。子房无毛，花柱扁，内面有髯毛。荚果肿胀，长椭圆形，长2.5～10cm，宽0.7～14cm，顶端斜急尖，背部近于伸直，内侧有坚硬纸质的内皮；种子2～10颗，圆形，青绿色，有皱纹或无，干后变为黄色。花期6～7月，果期7～9月。

【经济用途】 ① 幼叶、幼嫩荚果、半成熟和成熟荚果及种子供食用；② 花和种子入药，治月经过多、鼻血、咯血、益肾。

【生境分布】 海南州各地栽培。全国各地都有栽培，品种繁多，如“大荚荷兰豆”，嫩荚宽大翠绿，口感清脆，可生食也可做菜。

刺槐 洋槐

Robinia pseudoacacia Linnaeus

Fabaceae 豆科 Robinia 刺槐属

【形态特征】 落叶乔木，高10～25m；树皮灰褐色至黑褐色，浅裂至深纵裂，稀光滑。小枝灰褐色，幼时有棱脊，微被毛，后无毛；具托叶刺，长达2cm；冬芽小，被毛。羽状复叶长10～25(～40)cm；叶轴上面具沟槽；小叶2～12对，常对生，椭圆形、长椭圆形或卵形，长2～5cm，宽1.5～2.2cm，先端圆，微凹，具小尖头，基部圆至阔楔形，全缘，上面绿色，下面灰绿色，幼时被短柔毛，后变无毛；小叶柄长1～3mm；小托叶针芒状，总状花序腋生，长10～20cm，下垂，花多数，芳香；苞片早落；花梗长7～8mm；花萼斜钟状，长7～9mm，萼齿5枚，三角形至卵状三角形，密被柔毛；花冠白色，各瓣均具瓣柄，旗瓣近圆形，长16mm，宽约19mm，先端凹缺，基部圆，反折，内有黄斑，翼瓣斜倒卵形，与旗瓣几等长，长约16mm，基部一侧具圆耳，龙骨瓣镰状，三角形，与翼瓣等长或稍短，前缘合生，先端钝尖；二体雄蕊，对旗瓣的1枚分离；子房线形，长约1.2cm，无毛，柄长2～3mm，花柱钻形，长约8mm，上弯，顶端具毛，柱头顶生。荚果褐色，或具红褐色斑纹，线状长圆形，长5～12cm，宽1～1.3(～1.7)cm，扁平，先端上弯，具尖头，果颈短，沿腹缝线具狭翅；花萼宿存，有种子2～15粒；种子褐色至黑褐色，微具光泽，有时具斑纹，近肾形，长5～6mm，宽约3mm，种脐圆形，偏于一端。花期4～6月，果期8～9月。

【经济用途】 ① 木材坚硬，为很好的家具用材；② 花入药，民间用于止大肠下血、咯血、吐血，治妇女红崩；③ 花泡茶可治高血压；④ 优良的蜜源植物；⑤ 花可提取黄色染料和芳香油；⑥ 种子含油率约12%，可作肥皂及油漆原料；⑦ 嫩叶及花可拌面蒸食；⑧ 树皮可作造纸及人造棉的原料；⑨ 茎皮、根叶亦可供药用，有利尿止血之效。

【生境分布】 贵德有栽培。本种原产于美国东部，17世纪传入欧洲及非洲。我国于18世纪末从欧洲引入青岛栽培，现全国各地广泛栽植。青海海东地区和西宁也有栽培，多种植于庭园，为绿化树种，每到开花季节，满园芳香。

苦豆子

Sophora alopecuroides Linnaeus

Fabaceae 豆科　Sophora 槐属

【形态特征】 草本，或基部木质化成亚灌木状，高30～80(～100)cm。枝被白色或淡灰白色长柔毛或贴伏柔毛。羽状复叶；叶柄长1～2cm；托叶着生于小叶柄的侧面，钻状，长约5mm，常早落；小叶7～13对，对生或近互生，纸质，披针状长圆形或椭圆状长圆形，长15～30mm，宽约10mm，先端钝圆或急尖，常具小尖头，基部宽楔形或圆形，上面被疏柔毛，下面毛被较密，中脉上面常凹陷，下面隆起，侧脉不明显。总状花序顶生；花多数，密生；花梗长3～5mm；苞片似托叶，脱落；花萼斜钟状，5枚萼齿明显，不等大，三角状卵形；花冠白色或淡黄色，旗瓣形状多变，通常为长圆状倒披针形，长15～20mm，宽3～4mm，先端圆或微缺，或明显呈倒心形，基部渐狭或骤狭成柄，翼瓣常单侧生，稀近双侧生，长约16mm，卵状长圆形，具1个三角形耳，皱褶明显，龙骨瓣与翼瓣相似，先端明显具突尖，背部明显呈龙骨状盖叠，柄纤细，长约为瓣片的1/2，具1个三角形耳，下垂；雄蕊10枚，花丝不同程度连合，有时近二体雄蕊，连合部分疏被极短毛，子房密被白色近贴伏柔毛，柱头圆点状，被稀少柔毛。荚果串珠状，长8～13cm，直，具多数种子；种子卵球形，稍扁，褐色或黄褐色，味道极苦。花期5～6月，果期8～10月。

【经济用途】 根茎、种子入药，主治胃痛、催吐酸水、疮疖、外伤化脓、溃疡、急慢性痢疾、阿米巴痢疾、湿疹、顽癣、滴虫、肠炎、白带过多、黄疸、热病、狂躁。本品有毒，中毒时有头晕、恶心、腹胀等症，可按生物碱中毒解救。

【生境分布】 贵德、共和。生于河谷，田边等阳光充足、排水良好的石灰性土壤或沙质土上，海拔1700～2800m。分布于内蒙古、山西、陕西、宁夏、甘肃、新疆、河南、西藏；俄罗斯、阿富汗、伊朗、土耳其、巴基斯坦和印度北部也有分布。在青海亦分布于西宁、海东、海西各州县。

贾留坤 摄

李波卡 摄

李波卡 摄

槐 守宫槐 豆槐

Sophora japonica **Linnaeus**

Fabaceae 豆科 Sophora 槐属

【形态特征】 乔木，高达25m；树皮灰褐色，具纵裂纹。当年生枝绿色，无毛。羽状复叶长达25cm；叶轴初被疏柔毛，旋即脱净；叶柄基部膨大，包裹着芽；托叶形状多变，有时呈卵形、叶状，有时线形或钻状，早落；小叶4～7对，对生或近互生，纸质，卵状披针形或卵状长圆形，长2.5～6cm，宽1.5～3cm，先端渐尖，具小尖头，基部宽楔形或近圆形，稍偏斜，下面灰白色，初被疏短柔毛，旋变无毛；小托叶2枚，钻状。圆锥花序顶生，常呈金字塔形，长达30cm；花梗比花萼短；小苞片2枚，形似小托叶；花萼浅钟状，长约4mm，萼齿5枚，近等大，圆形或钝三角形，被灰白色短柔毛，萼管近无毛；花冠白色或淡黄色，旗瓣近圆形，长和宽约11mm，具短柄，有紫色脉纹，先端微缺，基部浅心形，翼瓣卵状长圆形，长10mm，宽4mm，先端浑圆，基部斜戟形，无皱褶，龙骨瓣阔卵状长圆形，与翼瓣等长，宽达6mm；雄蕊近分离，宿存；子房近无毛。荚果串珠状，长2.5～5cm或稍长，直径约10mm，种子间缢缩不明显，种子排列较紧密，具肉质果皮，成熟后不开裂，具种子1～6粒；种子卵球形，淡黄绿色，干后黑褐色。花期7～8月，果期8～10月。

【经济用途】 ① 树冠优美，花芳香，是行道树和优良的蜜源植物；② 花和荚果入药，有清凉收敛、止血降压作用；③ 叶和根皮入药，清热解毒，可治疗疮毒；④ 木材供建筑用。

【生境分布】 贵德；栽培。原产于中国，现南北各地广泛栽培，华北和黄土高原地区尤为多见。日本、越南也有分布，朝鲜并见有野生，欧洲、美洲各国均有引种。青海西宁、海东各地栽培。

注：本种由于生境不同，或由于人工选育结果，形态多变，产生许多变种和变型。

苦马豆

红花苦豆子　泡泡豆　羊尿泡　尿泡草

Sphaerophysa salsula (Pallas) Candolle

Fabaceae 豆科　Sphaerophysa 苦马豆属

【形态特征】 半灌木或多年生草本，茎直立或下部匍匐，高0.3～0.6m，稀达1.3m；枝开展，具纵棱脊，被疏至密的灰白色丁字毛；托叶线状披针形，三角形至钻形，自茎下部至上部渐变小。叶轴长5～8.5cm，上面具沟槽；小叶11～21枚，倒卵形至倒卵状长圆形，长5～15(～25)mm，宽3～6(～10)mm，先端微凹至圆，具短尖头，基部圆至宽楔形，上面疏被毛至无毛，侧脉不明显，下面被细小、白色丁字毛；小叶柄短，被白色细柔毛。总状花序常较叶长，长6.5～13(～17)cm，生6～16朵花；苞片卵状披针形；花梗长4～5mm，密被白色柔毛，小苞片线形至钻形；花萼钟状，萼齿三角形，上边2齿较宽短，其余较窄长，外面被白色柔毛；花冠初呈鲜红色，后变紫红色，旗瓣瓣片近圆形，向外反折，长12～13mm，宽12～16mm，先端微凹，基部具短柄，翼瓣较龙骨瓣短，连柄长12mm，先端圆，基部具长3mm微弯的瓣柄及长2mm先端圆的耳状裂片，龙骨瓣长13mm，宽4～5mm，瓣柄长约4.5mm，裂片近成直角，先端钝；子房近线形，密被白色柔毛，花柱弯曲，仅内侧疏被纵列髯毛，柱头近球形。荚果椭圆形至卵圆形，膨胀，长1.7～3.5cm，直径1.7～1.8cm，先端圆，果颈长约10mm，果瓣膜质，外面疏被白色柔毛，缝线上较密；种子肾形至近半圆形，长约2.5mm，褐色，珠柄长1～3mm，种脐圆形凹陷。花期5～8月，果期6～9月。

【经济用途】 ① 果实和全草入药，利尿、消肿，治肾炎水肿、慢性肝炎、肝硬化腹水、尿崩、遗精、血管神经性水肿，但有小毒；② 可作绿肥，对牲畜有毒；③ 亦可供观赏。

【生境分布】 贵德、共和。生于河谷滩地的沙质土壤上，海拔2000～3000m。分布于陕西、甘肃、新疆、山西、内蒙古、河南、河北；中亚及俄罗斯、蒙古、日本也有。在青海亦分布于西宁及海东、黄南、海西州各地。

白瑜 摄

轮生叶野决明　胀果黄华　藏名：酒杜加木

Thermopsis inflata **Cambessedes**

Fabaceae 豆科　Thermopsis 野决明属

【形态特征】 多年生草本，高10～20cm。具根状茎。茎直立，分枝，被白色绢状长柔毛。小叶三出，但茎下常为1～2枚，与托叶呈轮生状，长1.6～2.8cm；叶柄短，长1～3mm，或几无柄；托叶叶状，阔倒卵形，先端急尖，长1.5～2.5cm，宽1～1.6cm，上面近无毛，下面被白色伸展毛。小叶片倒卵形，两侧略不等大，先端锐尖，基部楔形，上面无毛，下面尤以嫩时明显被白色伸展长柔毛；总状花序顶生，疏松，长3～10cm；苞片叶状，长1～1.5cm，7～8mm，上面无毛，下面被白色长柔毛；花长近2.5cm；花梗长5～7mm；萼钟形，长16～20mm，被白色柔毛，背部稍呈囊状隆起，下方萼齿披针形，与萼筒等长，花冠黄色，花瓣均等长，旗瓣近圆形，长2.3～2.4cm，宽1.6～1.8cm，先端凹缺，基部渐狭至长瓣柄，瓣柄长7～9mm，翼瓣最窄，宽5～5.5mm，龙骨瓣宽7～8mm；子房线形，柄长5～10mm，密被长柔毛，胚珠12～17粒。荚果阔卵形，膨胀，亮褐色，先端向下弯曲，长3～5cm，宽1.8～3cm，先端钝圆，背缝线延伸至长尖喙，基部具果颈，颈长几与萼相等，被伸展长柔毛；有多数种子。种子肾形，黑色，长6～7mm，宽4～5mm，光滑。花期6～7月，果期7～8月。

【生境分布】 海南州各地。生于阳坡沙砾质山麓、河漫滩、高寒草原和高寒草甸，海拔3200～4500m。分布于西藏、云南、四川、新疆；印度东北部、尼泊尔、不丹、克什米尔地区和巴基斯坦也有分布。在青海亦分布于果洛州和海北州各地。

披针叶野决明

披针叶黄华　牧马豆　藏名：热都

Thermopsis lanceolata R. Brown

Fabaceae 豆科　Thermopsis 野决明属

【形态特征】 多年生草本，高12～30(～40)cm。茎直立，分枝或单一，具沟棱，被黄白色贴伏或伸展柔毛。3枚小叶；叶柄短，长3～8mm；托叶叶状，卵状披针形，先端渐尖，基部楔形，长1.5～3cm，宽4～10mm，上面近无毛，下面被贴伏柔毛；小叶片狭长圆形、倒披针形，长2.5～7.5cm，宽5～16mm，上面通常无毛，下面多少被贴伏柔毛。总状花序顶生，长6～17cm，具花2～6轮，排列疏松；苞片线状卵形或卵形，先端渐尖，长8～20mm，宽3～7mm，宿存；萼钟形，长1.5～2.2cm，密被毛，背部稍呈囊状隆起，上方2齿连合，三角形，下方萼齿披针形，与萼筒近等长。花冠黄色，旗瓣近圆形，长2.5～2.8cm，宽1.7～2.1cm，先端微凹，基部渐狭成瓣柄，瓣柄长7～8mm，翼瓣长2.4～2.7cm，先端有长4～4.3mm的狭窄头，龙骨瓣长2～2.5cm，宽为翼瓣的1.5～2倍；子房密被柔毛，具柄，柄长2～3mm，胚珠12～20粒。荚果线形，长5～9cm，宽7～12mm，先端具尖喙，被细柔毛，黄褐色，种子6～14粒，位于中央。种子圆肾形，黑褐色，具灰色蜡层，有光泽，长3～5mm，宽2.5～3.5mm。花期5～7月，果期6～10月。

【经济用途】 ① 根入药，清热解毒，治梅毒性鼻疳、虫牙、咳嗽痰喘、扁桃腺炎、热毒、咽喉肿痛、感冒等；② 可作绿肥。

【生境分布】 海南州各地。生于海拔1900～3700m的砂质和山坡草地。分布于甘肃、陕西、山西、内蒙古、河北和吉林等地；蒙古及俄罗斯也有。在青海亦分布于西宁、黄南、海北、玉树、果洛和海东等地。

高山野决明　高山黄华　光叶黄华

Thermopsis alpine (Pallas) Ledebour

Fabaceae 豆科　Thermopsis 野决明属

【形态特征】 多年生草本，高12～30cm。根状茎发达。茎直立，分枝或单生，具沟棱，初被白色伸展柔毛，旋即秃净，或在节上留存。托叶卵形或阔披针形，长2～3.5cm，宽6～20mm，先端锐尖，基部楔形或近钝圆，上面无毛，下面和边缘被长柔毛，后渐脱落；小叶片线状倒卵形至卵形，长2～5.5cm，宽8～25mm，先端渐尖，基部楔形，上面沿中脉和边缘被柔毛或无毛，下面有时毛被较密。总状花序顶生，长5～15cm，具花2～3轮，2～3朵花轮生；苞片与托叶同形，长10～18mm，宽7mm，被长柔毛；萼钟形，长10～17mm，被伸展柔毛，背侧稍呈囊状隆起，上方2齿合生，齿长3mm，三角形，下方萼齿三角状披针形，与萼筒近等长；花冠黄色，花瓣均具长瓣柄，旗瓣阔卵形或近肾形，长2～2.8cm，宽17～27mm，先端凹缺，基部狭至瓣柄，瓣柄长5～9mm，翼瓣与旗瓣几等长，宽9～12mm，龙骨瓣长2～2.1cm，与翼瓣近等宽；子房密被长柔毛，具短柄，柄长2～5mm，胚珠4～8粒。荚果长圆状卵形，长2～5(～6)cm，宽1～2cm，先端骤尖至长喙，扁平，亮棕色，被白色伸展长柔毛，种子处隆起，通常向下稍弯曲；有3～4粒种子。种子肾形，微扁，褐色，长5～6mm，宽3～4mm，种脐灰色，具长珠柄。花期5～7月，果期7～8月。

【生境分布】 贵德、同德、兴海、共和。生于阴坡灌丛及山坡草地，海拔3800～4850m。分布于西藏、云南、新疆、陕西、山西、河北、内蒙古；俄罗斯、蒙古和中亚地区也有。在青海亦分布于大通、湟源及玉树、果洛、海东各地。

白瑜 摄

高山豆

单花米口袋　异叶米口袋　藏名：佳巴曲图

Tibetia himalaica (Baker) H. P. Tsui

Fabaceae 豆科　Tibetia 高山豆属

【形态特征】 多年生草本，主根直下，上部增粗，分茎明显。叶长2～7cm，叶柄被稀疏长柔毛；托叶大，卵形，长达7mm，密被贴伏长柔毛；小叶9～13枚，圆形至椭圆形、宽倒卵形至卵形，长1～9mm，宽1～8mm，顶端微缺至深缺，被贴伏长柔毛。伞形花序具1～3朵花，稀4朵；总花梗与叶等长或较叶长，具稀疏长柔毛；苞片长三角形。花萼钟状，长3.5～5mm，被长柔毛，上2枚萼齿较大，长1.5～2mm，基部合生至1/2处，下3枚萼齿较狭而短；花冠深蓝紫色；旗瓣卵状扁圆形，长6.5～8mm，宽4.5～7.5mm，顶端微缺至深缺，瓣柄长2mm；翼瓣宽楔形，具斜截头，长6～7mm，宽2～3mm，线形瓣柄长1.5mm，龙骨瓣近长方形。长3～4mm，宽1～2mm，瓣柄长约1.5mm；子房被长柔毛，花柱折曲成直角。荚果圆筒形或有时稍扁，被稀疏柔毛或近无毛。种子肾形，光滑。花期5～6月，果期7～8月。

【生境分布】 海南州各地。生于高山草甸、林缘灌丛、河谷阶地、阳坡、河漫滩，海拔2400～4150m。分布于甘肃、四川、西藏；尼泊尔、不丹、印度、巴基斯坦也有。在青海亦分布于大通及海东、海北、黄南、海西、果洛、玉树各州县。

胡卢巴
香草　香豆子　芸香　藏名：西毛洒
Trigonella foenum-graecum Linnaeus

Fabaceae 豆科　Trigonella 胡卢巴属

【形态特征】　一年生草本，高30～80cm。主根深达土中80cm，根系发达。茎直立，圆柱形，多分枝，微被柔毛。羽状三出复叶；托叶全缘，膜质，基部与叶柄相连，先端渐尖，被毛；叶柄平展，长6～12mm；小叶片长倒卵形、卵形至长圆状披针形，近等大，长15～40mm，宽4～15mm，先端钝，基部楔形，边缘上半部具三角形尖齿，上面无毛，下面疏被柔毛，或秃净，侧脉5～6对，不明显；顶生小叶具较长的小叶柄。花无梗，1～2朵着生叶腋，长13～18mm；萼筒状，长7～8mm，被长柔毛，萼齿披针形，锥尖，与萼等长；花冠黄白色或淡黄色，基部稍呈堇青色，旗瓣长倒卵形，先端深凹，明显地比翼瓣和龙骨瓣长；子房线形，微被柔毛，花柱短，柱头头状，胚珠多数。荚果圆筒状，长7～12cm，直径4～5mm，直或稍弯曲，无毛或微被柔毛，先端具细长喙，喙长约2cm（包括子房上部不育部分），背缝增厚，表面有明显的纵长网纹，有种子10～20粒。种子长圆状卵形，长3～5mm，宽2～3mm，棕褐色，表面凹凸不平。花期4～7月，果期7～9月。

【经济用途】　① 茎叶干后磨粉即为香豆粉，香气甚浓，可做焜锅、花卷等的调色和香料，是为青海特色；② 全草入药，温肾助阳、祛寒湿，治阳痿遗精、寒疝腹痛、腹胁胀满、寒湿、脚气、肾虚腰酸和小肠气痛等症；③ 茎、叶、种子可提取芳香油，作食品和烟叶的香精；④ 全草亦可作饲料。

【生境分布】　海南州各地；栽培。原产于欧洲南部和亚洲，现甘肃、新疆、陕西、河北等地均有种植，在西南、西北各地呈半野生状态，生于田间、路旁。青海海东地区和黄南州也有栽培。

李小伟 摄

李小伟 摄

大龙骨野豌豆　窄叶大龙骨野豌豆
Vicia megalotropis Ledebour

Fabaceae 豆科　Vicia 野豌豆属

【形态特征】　一年生或二年生直立或斜升草本，高50～80cm。根茎纤细，疏被柔毛。茎单生。偶数羽状复叶；卷须分枝，长1～3cm；托叶长5～8mm，半箭头形或披针形，下部有1～2裂齿，先端锐尖或钝，被贴伏柔毛，脉不清晰，侧脉致密但无网纹。总状花序与叶近等长，具10～20花，花密集并偏向一侧；花冠长1.2～1.5cm，紫红色；花萼钟形，萼齿三角形，下方1萼齿较长，几乎等长于萼筒；旗瓣长于翼瓣和龙骨瓣。荚果菱形或长圆形，长2～2.5cm，宽6～7mm，含种子3～6枚。花果期6～7月。

【生境分布】　兴海。生于阴坡草丛、阳坡疏林下、高阶地、阳坡草甸、田边，海拔2600～4200m。分布于四川及西北、华北；中亚地区、俄罗斯也有；在青海亦分布于囊谦、玉树、久治、同仁、尖扎、循化、乐都。

山野豌豆

狭叶山野豌豆　藏名：尼牙托巴

Vicia amoena Fischer ex Seringe

Fabaceae 豆科　Vicia 野豌豆属

【形态特征】 多年生草本，高30～100cm，植株被疏柔毛，稀近无毛。主根粗壮，须根发达。茎具棱，多分枝，细软，斜升或攀缘。偶数羽状复叶，长5～12cm，几无柄，顶端卷须有2～3个分支；托叶半箭头形，长0.8～2cm，边缘有3～4个裂齿；小叶4～7对，互生或近对生，椭圆形、长圆形、卵状披针形或长披针形，长1.3～4cm，宽0.5～1.8cm；先端圆，微凹，基部近圆形，上面被贴伏长柔毛，下面粉白色；沿中脉毛被较密，侧脉扇状展开直达叶缘。总状花序通常长于叶；花10～20(～30)朵密集着生于花序轴上部；花冠红紫色、蓝紫色或蓝色，花期颜色多变；花萼斜钟状，萼齿近三角形，上萼齿长0.3～0.4cm，明显短于下萼齿；旗瓣倒卵圆形，长1～1.6cm，宽0.5～0.6cm，先端微凹，瓣柄较宽，翼瓣与旗瓣近等长，瓣片斜倒卵形，瓣柄长0.4～0.5cm，龙骨瓣短于翼瓣，长1.1～1.2cm；子房无毛，胚珠6枚，花柱上部四周被毛，子房柄长约0.4cm。荚果长圆形，长1.8～2.8cm，宽0.4～0.6cm。两端渐尖，无毛。种子1～6粒，圆形，直径0.35～0.4cm；种皮革质，深褐色，具花斑；种脐内凹，黄褐色，长相当于种子周长的1/3。花期4～6月，果期7～10月。

【经济用途】 ① 全草入药，有小毒，民间药用称“透骨草”，祛风湿、活血、舒筋止痛，治风湿性关节炎、挫伤、无名肿毒、阴囊湿疹、鼻衄、子宫功能性出血、跌打损伤等症；② 优良牧草，蛋白质含量高，牲畜喜食；③ 本种繁殖迅速，再生力强，是防风、固沙、水土保持及绿肥作物之一；④ 其花期长，色彩艳丽亦可作绿篱、荒山、园林绿化，建立人工草场和早春蜜源植物。

【生境分布】 贵德。生于林缘灌丛、草地、沟谷、河边、田埂，海拔1800～3800m。分布于华北、东北及甘肃、陕西、宁夏、河南、山东、湖北、江苏、安徽；俄罗斯、蒙古、朝鲜、日本也有。在青海亦分布于玉树、囊谦、同仁、尖扎、西宁、大通、湟源、湟中、平安、化隆、循化、乐都、民和、互助。

窄叶野豌豆

Vicia sativa subsp. *nigra* Ehrhart

Fabaceae 豆科　Vicia 野豌豆属

【形态特征】 一年生或二年生草本，高20～50(～80)cm。茎斜升、蔓生或攀缓，多分支，被疏柔毛。偶数羽状复叶长2～6cm，叶轴顶端卷须发达；托叶半箭头形或披针形，长约0.15cm，有2～5个齿，被微柔毛；小叶4～6对，线形或线状长圆形，长1～2.5cm，宽0.2～0.5cm，先端平截或微凹，具短尖头，基部近楔形，叶脉不甚明显，两面被浅黄色疏柔毛。花1～2(3～4)朵腋生，有小苞叶；花萼钟形，萼齿5枚，三角形，外面被黄色疏柔毛；花冠红色或紫红色，旗瓣倒卵形，先端圆，微凹，有瓣柄，翼瓣与旗瓣近等长，龙骨瓣短于翼瓣；子房纺锤形，被毛，胚珠5～8枚，子房柄短，花柱顶端具一束髯毛。荚果长线形，微弯，长2.5～5cm，宽约0.5cm，种皮黑褐色，革质，种脐线形，长相当于种子圆周的1/6。花期3～6月，果期5～9月。

【经济用途】 ① 绿肥及牧草；② 早春蜜源植物；③ 可做观赏绿篱等。

【生境分布】 海南州各地。生于河滩、山地、林缘、田边草丛，海拔2100～3300m。分布于西南、西北、华中、华东、华南；欧洲、亚洲及非洲北部也有。在青海亦分布于班玛、同仁、尖扎、泽库、河南、西宁、湟源、湟中、平安、化隆、循化、乐都、民和、互助。

蚕豆 胡豆 大豆

Vicia faba Linnaeus

Fabaceae 豆科 Vicia 野豌豆属

【形态特征】 一年生草本，高30～100(～120)cm。主根短粗，多须根，根瘤粉红色，密集。茎粗壮，直立，直径0.7～1cm，具4条棱，中空、无毛。偶数羽状复叶，叶轴顶端卷须短缩为短尖头；托叶戟形或近三角状卵形，长1～2.5cm，宽约0.5cm，略有锯齿，具深紫色密腺点；小叶通常1～3对，互生，上部小叶可达4～5对，基部较少，小叶椭圆形、长圆形或倒卵形，稀圆形，长4～6(～10)cm，宽1.5～4cm，先端圆钝，具短尖头，基部楔形，全缘，两面均无毛。总状花序腋生，花梗近无；花萼钟形，萼齿披针形，下萼齿较长；具花2～4(～6)朵，呈丛状着生于叶腋，花冠白色或粉色，具紫色脉纹及黑色斑晕，长2～3.5cm，旗瓣中部缢缩，基部渐狭，翼瓣短于旗瓣，长于龙骨瓣；雄蕊2体（9+1），子房线形无柄，胚珠2～4(～6)枚，花柱密被白柔毛，顶端远轴面有1束髯毛。荚果肥厚，长5～10cm，宽2～3cm；表皮绿色被绒毛，内有白色海绵状横隔膜，成熟后表皮变为黑色。种子2～4(～6)粒，长方圆形或近长方形，中间内凹，种皮革质，青绿色、灰绿色至棕褐色，稀紫色或黑色；种脐线形，黑色，位于种子一端。花期4～5月，果期5～6月。

【经济用途】 ① 是良好的精饲料，也是人类最早栽培的豆类作物之一；② 果荚、种壳、种子及叶均可入药，止血利尿、解毒消肿；可治肺热咳嗽、湿热带下、脓疮、烫伤等症。

【生境分布】 海南州各地；栽培作物，品种繁多。原产于欧洲地中海沿岸，亚洲西南部至北非。现全国各地均有栽培，以长江以南为胜。青海海东、海北、黄南等州县也有栽培。

多茎野豌豆

Vicia multicaulis **Ledebour**

Fabaceae 豆科　Vicia 野豌豆属

【形态特征】 多年生草本，高10～50cm。根茎粗壮。茎多分枝，具棱，被微柔毛或近无毛。偶数羽状复叶，顶端卷须分支或单一；托叶半戟形，长0.3～0.6cm，脉纹明显；小叶4～8对，长圆形至线形，长1～2cm，宽约0.3cm，具短尖头，基部圆形，全缘，叶脉羽状，十分明显，下面被疏柔毛。总状花序长于叶，具花14～15朵，长1.3～1.8cm；花萼钟状，萼齿5枚，狭三角形，下萼齿较长，花冠紫色或紫蓝色，旗瓣长圆状倒卵形，中部缢缩，瓣片短于瓣柄，翼瓣及龙骨瓣短于旗瓣；子房线形，具细柄，花柱上部四周被毛。荚果扁，长3～3.5cm，先端具喙，表皮棕黄色。种子扁圆，直径0.3cm，深褐色种脐长相当于周长的1/4。花果期6～9月。

【生境分布】 同德。生于林缘灌丛、阳坡、田边，海拔3000～3850m。分布于新疆、内蒙古及东北；俄罗斯、蒙古、日本也有。在青海亦分布于玉树、玛沁。

东方野豌豆 日本野豌豆

Vicia japonica A. Gray

Fabaceae 豆科 Vicia 野豌豆属

【形态特征】 多年生草本，高60～120cm。茎有棱，匍匐、蔓生或攀援，被淡黄白色柔毛，后渐脱落。偶数羽状复叶长5～15cm，叶轴顶端卷须有2～3个分支；托叶线形或线状披针形，长0.5～0.7cm，宽约0.1cm，具裂齿；小叶5～8对，椭圆形、广椭圆形至长卵圆形，长12cm，宽0.6～1.4cm，先端圆钝，微凹，有短尖头，基部渐狭，上面绿色无毛，下面微被柔毛，叶脉稀疏，侧脉7～9对。总状花序与叶近等长或略长；被长柔毛，具花7～15朵，花生于一侧，总花梗甚长，小花梗长约3mm，花冠蓝色或紫色；萼钟状，外面被长柔毛，萼齿三角状锥形，长1～2mm，短于萼筒，旗瓣长圆形，先端微凹，基部圆形，长1～1.4cm，翼瓣与旗瓣近等长，龙骨瓣略短；子房线形，长0.6～1.2cm，子房柄长约0.4cm，胚珠2～7枚，花柱急弯，上部四周被毛，柱头头状。荚果近长圆状菱形，长15～25mm，先端有喙，长约0.3cm。种子1～3粒，扁圆球形，直径约0.3cm，表皮黑褐色，种脐线形。花果期6～9个月。

【经济用途】 ① 优良牧草，牛羊喜食；② 可作绿肥，草场改良广布种。

【生境分布】 同德、兴海。生于峡谷、石崖阳坡、河滩，海拔2800～3800m。分布于东北、华北、西北等地；俄罗斯（西伯利亚和远东地区）、朝鲜、日本亦有分布。在青海亦分布于玉树、久治、河南。

大花野豌豆 三齿野豌豆

Vicia bungei Ohwi

Fabaceae 豆科 Vicia 野豌豆属

【形态特征】 一、二年生缠绕或匍匐草本，高15～40(～50)cm。茎有棱，多分枝，近无毛，偶数羽状复叶，顶端卷须有分枝；托叶半箭头形，长0.3～0.7cm，有锯齿；小叶3～5对，长圆形或狭倒卵长圆形，长1～2.5cm，宽0.2～0.8cm，先端平截微凹，稀齿状，上面叶脉不甚清晰，下面叶脉明显，被疏柔毛。总状花序长于叶或与叶轴近等长；具花2～4(～5)朵，着生于花序轴顶端，长2～2.5cm，萼钟形，被疏柔毛，萼齿披针形；花冠红紫色或金蓝紫色，旗瓣倒卵披针形，先端微缺，翼瓣短于旗瓣，长于龙骨瓣；子房柄细长，沿腹缝线被金色绢毛，花柱上部被长柔毛。荚果扁长圆形，长2.5～3.5cm，宽约0.7cm。种子2～8粒，球形，直径约0.3cm。花期4～5月，果期6～7月。

【生境分布】 兴海。生于水沟边、林缘、草地，海拔2100～2500m。分布于西南、西北、华北、东北及山东、江苏、安徽；韩国也有。在青海亦分布于班玛、西宁、大通、循化。

救荒野豌豆
箭筈豌豆　普通野豌豆　光叶苕子
Vicia sativa Linnaeus

Fabaceae 豆科　Vicia 野豌豆属

【形态特征】 一年生或二年生草本，高15～90(～105)cm。茎斜升或攀缘，单一或多分枝，具棱，被微柔毛。偶数羽状复叶，长2～10cm，叶轴顶端卷须有2～3个分支；托叶戟形，通常2～4个裂齿，长0.3～0.4cm，宽0.15～0.35cm；小叶2～7对，长椭圆形或近心形，长0.9～2.5cm，宽0.3～1cm，先端圆或平截有凹，具短尖头，基部楔形，侧脉不甚明显，两面被贴伏黄柔毛。花1～2(～4)朵腋生，近无梗；萼钟形，外面被柔毛，萼齿披针形或锥形；花冠紫红色或红色，旗瓣长倒卵圆形，先端圆，微凹，中部缢缩，翼瓣短于旗瓣，长于龙骨瓣；子房线形，微被柔毛，胚珠4～8枚，子房具柄短，花柱上部被淡黄白色髯毛。荚果线状长圆形，长4～6cm，宽0.5～0.8cm，表皮土黄色，种间缢缩，有毛，成熟时背腹开裂，果瓣扭曲。种子4～8粒，圆球形，棕色或黑褐色，种脐长相当于种子圆周的1/5。花期4～7月，果期7～9月。

【经济用途】 ① 为绿肥及优良牧草；② 全草药用，有活血平胃、利五脏、明目之效，捣烂外敷，治疗疔疮；③ 嫩茎、叶可作蔬菜。

【生境分布】 贵南、同德。原产于欧洲南部和亚洲西部，现我国各地均有栽培。在青海玉树、果洛、黄南、海西、海北、海东等地都有分布或栽培。

西藏野豌豆

Vicia tibetica Prain ex C. E. C. Fischer

Fabaceae 豆科　Vicia 野豌豆属

【形态特征】 多年生草本，高10～50cm。茎有分枝，四棱形，被微柔毛或近无毛。偶数羽状复叶，长4～7cm，顶端卷须有2～3个分支；托叶三角形，具3～5个齿；小叶3～6对，互生，厚纸质，长圆形，长1.2～1.8cm，宽0.4～0.6cm，先端圆，具短尖头，基部圆，渐尖，叶脉密致，两面凸出。总状花序长6～7.5cm；花梗短；花萼斜钟状，长约0.6cm，宽0.4cm，下面萼齿较长；花4～13朵，着生于花序轴上部一侧，花冠红色、紫红色或淡蓝色，旗瓣长1.1cm，宽0.4cm，先端圆微凹，中部缢缩，瓣片略短于瓣柄，与瓣柄等宽；翼瓣与旗瓣近等长，瓣片卵圆形，与瓣柄等长，瓣柄和耳均较细；龙骨瓣明显短于翼瓣；子房纺锤形，长约0.3cm，胚珠2～6枚，花柱短，顶端有毛。荚果扁，长圆形，长约2.1cm，宽0.5～0.6cm，果皮光滑，棕黄色或草黄色，具褐斑点。种子1～4粒，长圆形，长0.4cm，宽0.3cm，种皮黑色，种脐灰色，长相当于种子圆周的1/3。花果期5～8月。

【生境分布】 同德、兴海。生于峡谷、石崖阳坡、河滩，海拔2800～3800m。分布于西北、华北、东北；俄罗斯、朝鲜、日本也有。在青海亦分布于玉树、久治、河南。

歪头菜 两叶豆苗 偏头草 草豆

Vicia unijuga **A. Braun**

Fabaceae 豆科 Vicia 野豌豆属

【形态特征】 多年生草本，高(15～)40～100(～180) cm。根茎粗壮近木质，主根长达8～9cm，直径2.5cm，须根发达，表皮黑褐色。通常数茎丛生，具棱，疏被柔毛，老时渐脱落，茎基部表皮红褐色或紫褐红色。叶轴末端为细刺尖头；偶见卷须，托叶戟形或近披针形，长0.8～2cm，宽3～5mm，边缘有不规则齿蚀状；小叶1对，卵状披针形或近菱形，长(1.5～)3～7(～11)cm，宽1.5～4(～5)cm，先端渐尖，边缘具小齿状，基部楔形，两面均疏被微柔毛。总状花序单一，稀有分支呈圆锥状复总状花序，明显长于叶，长4.5～7cm；花8～20朵一面向密集于花序轴上部；花萼紫色，斜钟状或钟状，长约0.4cm，直径0.2～0.3cm，无毛或近无毛，萼齿明显短于萼筒；花冠蓝紫色、紫红色或淡蓝色，长1～1.6cm，旗瓣倒提琴形，中部缢缩，先端圆有凹，长1.1～1.5cm，宽0.8～1cm，翼瓣先端钝圆，长1.3～1.4cm，宽0.4cm，龙骨瓣短于翼瓣，子房线形，无毛，胚珠2～8枚，具子房柄，花柱上部四周被毛。荚果扁，长圆形，长2～3.5cm，宽0.5～0.7cm，无毛，表皮棕黄色，近革质，两端渐尖，先端具喙，成熟时腹背开裂，果瓣扭曲。种子3～7粒，扁圆球形，直径0.2～0.3cm，种皮黑褐色，革质，种脐长相当于种子圆周的1/4。花期6～7月，果期8～9月。

【经济用途】 ① 优良牧草、牲畜喜食；② 嫩时亦可为蔬菜；③ 本种生长旺盛，广布荒草坡，亦用于水土保持及绿肥；④ 早春蜜源植物；⑤ 全草入药，补虚、理气止痛、调肝，治病后体虚、肝胃不和、脘胁胀痛和头痛等症。

【生境分布】 贵德、兴海。生于林缘草甸、河谷灌丛、河边、山坡湿地、林下，海拔2500～3400m。分布于西南、西北、东北、华北、华东；俄罗斯、蒙古、朝鲜、日本也有。在青海亦分布于班玛、尖扎、同仁、泽库、河南、西宁、大通、湟源、湟中、平安、化隆、循化、乐都、民和、互助、刚察、海晏、祁连、门源。

长柔毛野豌豆
柔毛苕子　毛苕子　毛叶苕子
Vicia villosa Roth

Fabaceae 豆科　Vicia 野豌豆属

【形态特征】　一年生草本，攀缓或蔓生，植株被长柔毛，长30～150cm，茎柔软，有棱，多分枝。偶数羽状复叶，叶轴顶端卷须有2～3个分支；托叶披针形或2深裂，呈半边箭头形；小叶通常5～10对，长圆形、披针形至线形，长1～3cm，宽0.3～0.7cm，先端渐尖，具短尖头，基部楔形，叶脉不甚明显。总状花序腋生，与叶近等长或略长于叶；具花10～20朵，一面向着生于总花序轴上部；花萼斜钟形，长约0.7cm，萼齿5枚，近锥形，长约0.4cm，下面的3枚较长；花冠紫色、淡紫色或紫蓝色，旗瓣长圆形，中部缢缩，长约0.5cm，先端微凹；翼瓣短于旗瓣；龙骨瓣短于翼瓣。荚果长圆状菱形，长2.5～4cm，宽0.7～1.2cm，侧扁，先端具喙。种子2～8粒，球形，直径约0.3cm，表皮黄褐色至黑褐色，种脐长相等于种子圆周的1/7。花果期4～10月。

【经济用途】　为优良牧草及绿肥作物。

【生境分布】　贵德有栽培。原产于欧洲、中亚、伊朗，现西南、西北、华北、东北及山东、江苏、湖南、广东广泛栽培。青海海东也有栽培。

贾留坤 摄

贾留坤 摄

贾留坤 摄

牻牛儿苗
勾链链　车车路　藏名：蒂达惹贡玛
Erodium stephanianum Willdenow

Geraniaceae 牻牛儿苗科　Erodium 牻牛儿苗属

【形态特征】 多年生草本，高通常15～50cm，根为直根，较粗壮，少分枝。茎多数，仰卧或蔓生，具节，被柔毛。叶对生；托叶三角状披针形，分离，被疏柔毛，边缘具缘毛；基生叶和茎下部叶具长柄，叶柄长为叶片长的1.5～2倍，被开展的长柔毛和倒向短柔毛；叶片卵形或三角状卵形，基部心形，长5～10cm，宽3～5cm，二回羽状深裂，小裂片卵状条形，全缘或具疏齿，表面被疏伏毛，背面被疏柔毛，沿脉被毛较密。伞形花序腋生，明显长于叶，总花梗被开展长柔毛和倒向短柔毛，每梗具2～5朵花；苞片狭披针形，分离；花梗与总花梗相似，等于或稍长于花，花期直立，果期开展，上部向上弯曲；萼片矩圆状卵形，长6～8mm，宽2～3mm，先端具长芒，被长糙毛，花瓣紫红色，倒卵形，等于或稍长于萼片，先端圆形或微凹；雄蕊稍长于萼片，花丝紫色，中部以下扩展，被柔毛；雌蕊被糙毛，花柱紫红色。蒴果长约4cm，密被短糙毛。种子褐色，具斑点。花期6～8月，果期8～9月。

【经济用途】 全草入药，祛风除湿、清热解毒；种子入药，治眼疾、云翳。

【生境分布】 贵德、同德、兴海。生于山坡草地、田边及路旁，海拔1700～3750m。分布于黄河以北各地；中亚地区、阿富汗、克什米尔地区、尼泊尔、俄罗斯、蒙古也有。在青海亦分布于囊谦、玉树、玛沁、同仁、泽库、德令哈、西宁、乐都、民和、互助。

尼泊尔老鹳草 五叶草

Geranium nepalense **Sweet**

Geraniaceae 牻牛儿苗科 Geranium 老鹳草属

【形态特征】 多年生草本，高30～50cm。根为直根，多分枝，纤维状。茎多数，细弱，多分枝，仰卧，被倒生柔毛。叶对生或偶为互生；托叶披针形，棕褐色，干膜质，长5～8mm，外被柔毛；基生叶和茎下部叶具长柄，柄长为叶片长的2～3倍，被开展的倒向柔毛；叶片五角状肾形，茎部心形，掌状5深裂，裂片菱形或菱状卵形，长2～4cm，宽3～5cm，先端锐尖或钝圆，基部楔形，中部以上边缘齿状浅裂或缺刻状，表面被疏伏毛，背面被疏柔毛，沿脉被毛较密；上部叶具短柄，叶片较小，通常3裂。总花梗腋生，长于叶，被倒向柔毛，每梗2朵花，少有1朵花；苞片披针状钻形，棕褐色干膜质；萼片卵状披针形或卵状椭圆形，长4～5mm，被疏柔毛，先端锐尖，具短尖头，边缘膜质；花瓣紫红色或淡紫红色，倒卵形，等于或稍长于萼片，先端截平或圆形，基部楔形，雄蕊下部扩大成披针形，具缘毛；花柱不明显，柱头分枝长约1mm。蒴果长15～17mm，果瓣被长柔毛，喙被短柔毛。花期4～9月，果期5～10月。

【经济用途】 全草入药，具强筋骨、祛风湿、收敛和止泻之效。

【生境分布】 同德。生于山地阔叶林林缘、灌丛、荒山草坡，亦为山地杂草。分布于陕西、湖北、四川、贵州、云南和西藏东部；中南半岛、孟加拉国、印度（锡金）、尼泊尔等地皆有分布。

草地老鹳草 草原老鹳草

Geranium pratense **Linnaeus**

Geraniaceae 牻牛儿苗科 Geranium 老鹳草属

【形态特征】 多年生草本，高30～50cm。根茎粗壮，斜生，具多数纺锤形块根，上部被鳞片状残存基生托叶。茎单一或数个丛生，直立，假二叉状分枝，被倒向弯曲的柔毛和开展的腺毛。叶基生，茎生叶对生；托叶披针形或宽披针形，长10～12mm，宽4～5mm，外被疏柔毛；基生叶和茎下部叶具长柄，柄长为叶片长的3～4倍，被倒向短柔毛和开展的腺毛，近叶片处被毛密集，向上叶柄渐短，明显短于叶；叶片肾圆形或上部叶五角状肾圆形，基部宽心形，长3～4cm，宽5～9cm，掌状7～9深裂近茎部，裂片菱形或狭菱形，羽状深裂，小裂片条状卵形，常具1～2枚齿，表面被疏伏毛，背面通常仅沿脉被短柔毛。总花梗腋生或于茎顶集为聚伞花序，长于叶，密被倒向短柔毛和开展腺毛，每梗具2朵花；苞片狭披针形，长12～15mm，宽约2mm，花梗与总花梗相似，明显短于花，向下弯曲或果期下折；萼片卵状椭圆形或椭圆形，长10～12mm，宽4～5mm，背面密被短柔毛和开展腺毛，先端具长约2mm的尖头；花瓣紫红色，宽倒卵形，长为萼片的1.5倍，先端钝圆，茎部楔形；雄蕊稍短于萼片，花丝上部紫红色，下部扩展，具缘毛，花药紫红色；雌蕊被短柔毛，花柱分枝紫红色。蒴果长2.5～3cm，被短柔毛和腺毛。花期6～7月，果期7～9月。

【生境分布】 同德、兴海、共和。生于林下、灌丛下草地和河滩。分布于西藏、四川及西北、华北、东北；欧洲及亚洲西部、中亚地区、喜马拉雅地区、蒙古、朝鲜、日本也有。在青海亦分布于杂多、囊谦、玉树、称多、班玛、玛沁、同仁、泽库、乌兰、大通、乐都、祁连、门源。

陆福根 摄

李波卡 摄

甘青老鹳草　藏名：拉龚哇

Geranium pylzowianum Maximowicz

Geraniaceae 牻牛儿苗科　Geranium 老鹳草属

【形态特征】 多年生草本，高10～20cm。根茎细长，横生，节部常念珠状膨大，膨大处生有不定根和常发育有地上茎。茎直立，细弱，被倒向短柔毛或下部近无毛，具1～2个分枝。叶互生；托叶披针形，长4～5mm，宽1.5～2mm，基部合生；基生叶和茎下部叶具长柄，柄长为叶片长的4～6倍，密被倒向短柔毛；叶片肾圆形，长2～3.5cm，宽2.5～4cm，掌状5～7深裂至基部，裂片倒卵形，1～2次羽状深裂，小裂片矩圆形或宽条形，先端急尖，表面被疏伏柔毛，背面仅沿脉被伏毛。花序腋生和顶生，明显长于叶，每梗具2朵花或为4朵花的二歧聚伞状；总花梗密被倒向短柔毛；苞片披针形，长5～8mm，宽2～3mm，边缘被长柔毛；花梗与总花梗相似，长为花的1.5～2倍，下垂；萼片披针形或披针状矩圆形，长8～10mm，宽4～5(～6)mm，外被长柔毛；花瓣紫红色，倒卵圆形，长为萼片的2倍，先端平截，基部骤狭，背面基部被长毛；雄蕊与萼片近等长，花丝淡棕色，下部扩展，被疏柔毛，花药深紫色；子房被伏毛，花柱分枝暗紫色。蒴果长2～3cm，被疏短柔毛。花期7～8月，果期9～10月。

【经济用途】 ① 地上部分入药，消炎、解毒、排脓、藏医用于治喉炎、气管炎、肺炎、腹泻等；② 可栽培供观赏。

【生境分布】 贵德、同德、兴海、共和。生于高山草甸、灌丛下、林下及滩地潮湿处，海拔2900～3900m。分布于西藏、云南西北部、四川西部、甘肃、陕西；尼泊尔也有分布。在青海亦分布于囊谦、玉树、玛多、班玛、久治、玛沁、尖扎、同仁、泽库、湟源、湟中、乐都、互助。

鼠掌老鹳草 老鹳草

Geranium sibiricum Linnaeus

Geraniaceae 牻牛儿苗科 Geranium 老鹳草属

【形态特征】 一年生或多年生草本，高30～70cm，根为直根，有时具不多的分枝。茎纤细，仰卧或近直立，多分枝，具棱槽，被倒向疏柔毛。叶对生；托叶披针形，棕褐色，长8～12cm，先端渐尖，基部抱茎，外被倒向长柔毛；基生叶和茎下部叶具长柄，柄长为叶片长的2～3倍；下部叶片肾状五角形，基部宽心形，长3～6cm，宽4～8cm，掌状5深裂，裂片倒卵形、菱形或长椭圆形，中部以上齿状羽裂或齿状深缺刻，下部楔形，两面被疏伏毛，背面沿脉被毛较密；上部叶片具短柄，3～5裂。总花梗丝状，单生于叶腋，长于叶，被倒向柔毛或伏毛，具1朵花或偶具2朵花；苞片对生，棕褐色、钻伏、膜质，生于花梗中部或基部；萼片卵状椭圆形或卵状披针形，长约5mm，先端急尖，具短尖头，背面沿脉被疏柔毛；花瓣倒卵形，淡紫色或白色，等于或稍长于萼片，先端微凹或缺刻状，基部具短爪；花丝扩大成披针形，具缘毛；花柱不明显，分枝长约1mm。蒴果长15～18mm，被疏柔毛，果梗下垂。种子肾状椭圆形，黑色，长约2mm，宽约1mm。花期6～7月，果期8～9月。

【经济用途】 全草入药，祛风活络、收敛止泻，治风湿性关节炎、赤白痢疾、月经不调等症。

【生境分布】 贵德、同德、共和。生于海拔2100～3700m的田边路旁、林下、灌丛、河滩等处。分布于东北、华北、湖北、西北、西南；欧洲、高加索地区、中亚地区、俄罗斯（西伯利亚）、蒙古、朝鲜和日本北部皆有分布。在青海亦分布于西宁、海东、黄南、海北、玉树等地。

熏倒牛 臭蒿 藏名：明涧纳博

Biebersteinia heterostemon Maximowicz

Biebersteiniaceae 熏倒牛科 Biebersteinia 熏倒牛属

【形态特征】 一年生草本，高30～90cm，具浓烈腥臭味，全株被深褐色腺毛和白色糙毛。根为直根，粗壮，少分枝。茎单一，直立，上部分枝。叶为三回羽状全裂，末回裂片长约1cm，狭条形或齿状；基生叶和茎下部叶具长柄，柄长为叶长的1.5～2倍，上部叶柄渐短或无柄；托叶半卵形，长约1cm，与叶柄合生，先端撕裂。花序为圆锥聚伞花序，长于叶，由3朵花构成的多数聚伞花序组成；苞片披针形，长2～3mm，每花具1枚钻状小苞片；花梗长为苞片长的5～6倍；萼片宽卵形，长6～7mm，先端急尖；花瓣黄色，倒卵形，稍短于萼片，边缘具波状浅裂。蒴果肾形，不开裂，无喙。种子肾形，长约1.5mm，宽约1mm，具皱纹。花期7～8月，果期8～9月。

【经济用途】 果穗或地上全草入药，清热、镇痉，治流感、小儿惊风、高烧、手足抽搐痉挛。

【生境分布】 同德、兴海。生于海拔2200～3700m的路边、河滩、山坡等处。分布于甘肃、四川、宁夏、新疆、西藏等地。在青海亦分布于玉树、玛沁、尖扎、同仁、泽库、西宁、湟中、平安、乐都、民和、互助。

旱金莲　荷叶七　旱莲花

***Tropaeolum majus* Linnaeus**

Tropaeolaceae 旱金莲科　Tropaeolum 旱金莲属

【形态特征】 一年生肉质草本，蔓生，无毛或被疏毛。叶互生；叶柄长6～31cm，向上扭曲，盾状，着生于叶片的近中心处；叶片圆形，直径3～10cm，有主脉9条，由叶柄着生处向四面放射，边缘为波浪形的浅缺刻，背面通常被疏毛或有乳凸点。单花腋生，花柄长6～13cm；花黄色、紫色、橘红色或杂色，直径2.5～6cm；花托杯状；萼片5枚，长椭圆状披针形，长1.5～2cm，宽5～7mm，基部合生，边缘膜质，其中1枚延长成1个长距，距长2.5～3.5cm，渐尖；花瓣5枚，通常圆形，边缘有缺刻，上部2枚通常全缘，长2.5～5cm，宽1～1.8cm，着生在距的开口处，下部3枚基部狭窄成爪，近爪处边缘具睫毛；雄蕊8枚，长短互间，分离；子房3室，花柱1枚，柱头3裂，线形。果扁球形，成熟时分裂成3个具1粒种子的瘦果。花期6～10月，果期7～11月。

【经济用途】 ① 观赏花卉；② 全草入药，清热解毒，治眼结膜炎、痈疖肿毒。

【生境分布】 海南州各地都有栽培，花色因栽培品种不同而变异较大。原产于南美洲，现全国各地均有栽培。青海西宁及海东也有栽培。

短柱亚麻 垂果亚麻 藏名：日吉洒尔玛

Linum pallescens Bunge

Linaceae 亚麻科 Linum 亚麻属

【形态特征】 多年生草本，高10～30cm。直根系，粗壮，根茎木质化。茎多数丛生，直立或基部仰卧，不分枝或上部分枝，基部木质化，具卵形鳞片状叶；不育枝通常发育，具狭的密集的叶。茎生叶散生，线状条形，长7～15mm，宽0.5～1.5mm，先端渐尖，基部渐狭，叶缘内卷，具1条或3条脉。单花腋生或组成聚伞花序，花直径约7mm；萼片5枚，卵形，长约3.5mm，宽约2mm，先端钝，具短尖头，外面3枚具1～3条脉或间为5条脉，侧脉纤细而短，果期中脉明显隆起；花瓣倒卵形，白色或淡蓝色，长为萼片的2倍，先端圆形、微凹，基部楔形；雄蕊和雌蕊近等长，长约4mm。蒴果近球形，草黄色，直径约4mm。种子扁平，椭圆形，褐色，长约4mm，宽约2mm。花果期6～9月。

【经济用途】 藏医以花果入药，通经活血，治子宫淤血闭经，身体虚弱等症。

【生境分布】 共和。生于山坡草地、河滩沙地及杂木林缘，海拔1800～3800m。分布于西藏、甘肃、陕西、宁夏、内蒙古；俄罗斯和中亚地区也有。在青海亦分布于玉树、玛沁、尖扎、同仁、都兰、西宁、民和、门源。

宿根亚麻

多年生亚麻　豆麻　藏名：日吉洒尔玛

Linum perenne **Linnaeus**

Linaceae 亚麻科　Linum 亚麻属

【形态特征】 多年生草本，高20～90cm。根为直根，粗壮，根颈头木质化。茎多数，直立或仰卧，中部以上多分枝，基部木质化，具密集狭条形叶的不育枝。叶互生；叶片狭条形或条状披针形，长8～25mm，宽0.8～3(～4)mm，全缘内卷，先端锐尖，基部渐狭，具1～3条脉（实际上由于侧脉不明显而为1条明显的中脉）。花3～6朵，组成蝎尾状聚伞花序，蓝色、蓝紫色或淡蓝色，直径约2cm；花梗细长，长1～2.5cm，直立或稍向一侧弯曲。萼片5枚，卵形，长3.5～5mm，外面3枚先端急尖，内面2枚先端钝，全缘，具5～7条脉，稍凸起；花瓣5枚，倒卵形，长1～1.8cm，顶端圆形，基部楔形；雄蕊5枚，长于或短于雌蕊，或与雌蕊近等长，花丝中部以下稍宽，基部合生；退化雄蕊5枚，与雄蕊互生；子房5室，花柱5枚，分离，柱头头状。蒴果近球形，直径3.5～7(～8)mm，草黄色，开裂。种子椭圆形，褐色，长4mm，宽约2mm。花期6～7月，果期8～9月。

【经济用途】 ① 花果入药，痛经活血，藏医用于治子宫淤血闭经、身体虚弱等症；② 种子榨油，供工业用，为高级干性油。

【生境分布】 贵南、同德、共和。生于山坡草地、山沟荒地及路边，海拔2300～3800m。分布于西藏、云南、贵州、四川、新疆、甘肃、陕西、山西、河北、内蒙古；欧洲至俄罗斯也有。在青海亦分布于囊谦、玉树、班玛、同仁、河南、都兰、西宁、湟源、化隆、乐都、海晏、门源。

亚麻　山西胡麻　胡麻　藏名：洒玛　洒尔玛

Linum usitatissimum Linnaeus

Linaceae 亚麻科　Linum 亚麻属

【形态特征】 一年生草本。茎直立，高30～120cm，多在上部分枝，有时自茎基部亦有分枝，但密植则不分枝，基部木质化，无毛，韧皮部纤维强韧弹性，构造如棉。叶互生，叶片线形、线状披针形或披针形，长2～4cm，宽1～5mm，先端锐尖，基部渐狭，无柄，内卷，有3(～5)条基出脉。花单生于枝顶或枝的上部叶腋，组成疏散的蝎尾状聚伞花序；花直径15～20mm；花梗长1～3cm，直立；萼片5枚，卵形或卵状披针形，长5～8mm，先端凸尖或长尖，有3(～5)条脉；中央1条脉明显凸起，边缘膜质，无腺点，全缘，有时上部有锯齿，宿存；花瓣5枚，倒卵形，长8～12mm，蓝色或紫蓝色，稀白色或红色，先端啮蚀状；雄蕊5枚，花丝基部合生；退化雄蕊5枚，钻状；子房5室，花柱5枚，分离，柱头比花柱微粗，细线状或棒状，长于或几等于雄蕊。蒴果球形，干后棕黄色，直径6～9mm，顶端微尖，室间开裂成5瓣；种子10粒，长圆形，扁平，长3.5～4mm，棕褐色。花期6～8月，果期7～10月。

【经济用途】 ① 纤维植物，韧皮部纤维为优良纺织原料，用以纺织夏布、网系绳索和麻袋等及造纸；② 重要的油料作物，种子榨油，供食用；③ 花、果实和种子入药，治神经性头痛、过敏性皮炎，肠燥便秘等。

【生境分布】 海南州各地都有栽培。原产于地中海地区，现全国各地皆有栽培，但以北方和西南地区较为普遍；有时逸为野生。青海尖扎、同仁、都兰、乌兰、西宁、大通、湟源、湟中、平安、化隆、循化、乐都、民和、互助、刚察、海晏、祁连、门源等地也有栽培或逸为野生。

大白刺 齿叶白刺 罗氏白刺
***Nitraria roborowskii* Komarov**

Nitrariaceae 白刺科 Nitraria 白刺属

【形态特征】 灌木，高1～2m，枝平卧，有时直立；不孕枝先端刺针状，嫩枝白色。叶2～3枚簇生，矩圆状匙形或倒卵形，长25～40mm，宽7～20mm，先端圆钝，有时平截，全缘或先端具不规则2～3枚齿裂。花较其他种稀疏。核果卵形，长12～18mm，直径8～15mm，成熟时深红色，果汁紫黑色。果核狭卵形，长8～10mm，宽3～4mm。花期6月，果期7～8月。

【相近种】 本种有时由于干旱，叶形变小，接近白刺*N. tangutorum*，但其花序上花较稀疏，果及核均较大，尚易分开。

【经济用途】 ①果在本属中最大，且酸甜适口，有"沙樱桃"之称，也可加工成饮料，清凉味美，营养丰富；②果入药，可治胃病；③枝、叶、果可做家畜饲料，猪吃大白刺果有催肥之效；④枝条平铺地面，积沙成丘"白刺包"，有时高达20余米，故为优良固沙植物。

【生境分布】 贵德、贵南。生于荒漠草原、戈壁沙滩、沙丘上及渠边和沟边沙地，海拔2300～3300m。分布于新疆、甘肃、宁夏、内蒙古；蒙古和俄罗斯也有。在青海亦分布于格尔木、德令哈、茫崖、大柴旦、都兰、乌兰、西宁。

注：本种果的颜色和形态变化很多，叶有灰绿色和绿色、嫩枝叶有被白柔毛和无毛之别。

小果白刺 西伯利亚白刺
***Nitraria sibirica* Pallas**

Nitrariaceae 白刺科 Nitraria 白刺属

【形态特征】 灌木，高0.5～1.5m，弯，多分枝，枝铺散，少直立。小枝灰白色，不孕枝先端刺针状。叶近无柄，在嫩枝上4～6枚簇生，倒披针形，长6～15mm，宽2～5mm，先端锐尖或钝，基部渐窄成楔形，无毛或幼时被柔毛。聚伞花序长1～3cm，被疏柔毛；萼片5枚，绿色，花瓣黄绿色或近白色，矩圆形，长2～3mm。果椭圆形或近球形，两端钝圆，长6～8mm，成熟时暗红色，果汁暗蓝色，带紫色，味甜而微咸；果核卵形，先端尖，长4～5mm。花期5～6月，果期7～8月。

【经济用途】 ①耐盐碱和沙埋，适于地下水位1～2m深的沙地生长；沙埋能生不定根，积沙形成小沙包，对湖盆和绿洲边缘沙地有良好地固沙作用；②果入药，健脾胃、助消化；③枝、叶、果可做饲料。

【生境分布】 贵德、兴海、共和。生于山坡滩地、湖边沙地、荒漠草原、沙丘或路旁，海拔1850～3700m。分布于西北、华北及东北沿海地区；俄罗斯、蒙古也有。在青海亦分布于尖扎、格尔木、德令哈、冷湖、大柴旦、都兰、乌兰、西宁、化隆、循化、乐都、民和。

张海华 摄

白刺 唐古特白刺

***Nitraria tangutorum* Bobrov**

Nitrariaceae 白刺科 Nitraria 白刺属

【形态特征】 灌木，高1～2m。多分枝，弯、平卧或开展；不孕枝先端刺针状；嫩枝白色。叶在嫩枝上2～3(～4)枚簇生，宽倒披针形，长18～30mm，宽6～8mm，先端圆钝，基部渐窄成楔形，全缘，稀先端齿裂。花排列较密集。核果卵形，有时椭圆形，成熟时深红色，果汁玫瑰色，长8～12mm，直径6～9mm。果核狭卵形，长5～6mm，先端短渐尖。花期5～6月，果期7～8月。

【经济用途】 ① 本种为优良的防风固沙植物，亦可作牧场饲料；② 果味酸甜可食，用作饮料，并可治肺病和胃病；③ 果核油可制肥皂。

【生境分布】 贵德、兴海、共和。生于干山坡、河谷、河滩、戈壁滩、冲积扇前缘，海拔1900～3500m。中国特有种，分布于陕西北部、内蒙古西部、宁夏、甘肃河西、新疆及西藏东北部。在青海亦分布于同仁、格尔木、德令哈、大柴旦、都兰、乌兰、西宁、民和。

多裂骆驼蓬 匐根骆驼蓬

Peganum multisectum **(Maximowicz) Bobrov**

Peganaceae 骆驼蓬科 Peganum 骆驼蓬属

【形态特征】 多年生草本，嫩时被毛。茎平卧，长30～80cm。叶二至三回深裂，基部裂片与叶轴近垂直，裂片长6～12mm，宽1～1.5mm。萼片3～5深裂。花瓣淡黄色，倒卵状矩圆形，长10～15mm，宽5～6mm；雄蕊15枚，短于花瓣，基部宽展。蒴果近球形，顶部稍平扁。种子多数，略成三角形，长2～3mm，稍弯，黑褐色，表面有小瘤状突起。花期5～7月，果期6～9月。

【经济用途】 ① 全草含多种生物碱、消旋骆驼蓬碱等；② 种子入药，治咳嗽气喘；③ 全草外用治无名肿毒、风湿性关节炎；④ 种子油供制肥皂和油漆用；⑤ 牧草植物。

【生境分布】 海南州各地。生于干山坡、草地、沙丘及路旁荒地，海拔1700～3900m。分布于甘肃、陕西、宁夏、内蒙古西部。在青海亦分布于尖扎、同仁、乌兰、西宁、循化、乐都、民和。

蒺藜 白蒺藜 藏名：随玛拉高 色玛

Tribulus terrestris **Linnaeus**

Zygophyllaceae 蒺藜科 Tribulus 蒺藜属

【形态特征】 一年生草本。茎平卧，无毛，被长柔毛或长硬毛，枝长20～60cm，偶数羽状复叶，长1.5～5cm；小叶对生，3～8对，矩圆形或斜短圆形，长5～10mm，宽2～5mm，先端锐尖或钝，基部稍偏斜，被柔毛，全缘。花腋生，花梗短于叶，花黄色；萼片5枚，宿存；花瓣5枚；雄蕊10枚，生于花盘基部，基部有鳞片状腺体，子房具5条棱，柱头5裂，每室3～4枚胚珠。果有分果瓣5瓣，硬，长4～6mm，无毛或被毛，中部边缘有锐刺2枚，下部常有小锐刺2枚，其余部位常有小瘤体。花期5～8月，果期6～9月。

【经济用途】 ①果入药，利水祛湿、平肝明目、散风行血，治肾炎、营养不良性水肿、风湿性关节炎、目赤肿痛等症；②种子油供工业用，亦可代替桐油；③茎叶青鲜时可做饲料，但果刺易粘附家畜毛间，有损皮毛质量，为草场有害植物。

【生境分布】 贵德、贵南、兴海、共和。生于干旱坡地、干草原、河滩沙地或田边杂草地，海拔1880～3250m。分布于我国各地；全世界温带地区也有。在青海亦分布于尖扎、西宁、大通、循化、民和。

朱鑫鑫 摄

朱鑫鑫 摄

蝎虎霸王 蝎虎驼蹄瓣 蝎虎草

Zygophyllum mucronatum **Maximowicz**

Zygophyllaceae 蒺藜科 Zygophyllum 霸王属

【形态特征】 多年生草本，高15～25cm。根木质。茎多数，多分枝，细弱，平卧或开展，具沟棱和粗糙皮刺。托叶小，三角状，边缘膜质，细条裂；叶柄及叶轴具翼，翼扁平，有时与小叶等宽；小叶2～3对，条形或条状矩圆形，长约1cm，顶端具刺尖，基部稍钝。花1～2朵腋生，花梗长2～5mm；萼片5枚，狭倒卵形或矩圆形，长5～8mm，宽3～4mm；花瓣5枚，倒卵形，稍长于萼片，上部近白色，下部橘红色，基部渐窄成爪；雄蕊长于花瓣，花药矩圆形，橘黄色，鳞片长达花丝之半。蒴果披针形、圆柱形，稍具5条棱，先端渐尖或锐尖，下垂，心皮5枚，每室有1～4粒种子。种子椭圆形或卵形，黄褐色，表面有密孔。花期6～8月，果期7～9月。

【生境分布】 贵德、共和。生于山地荒漠、山坡滩地、河流阶地、湖积平原及田旁，海拔1800～3500m。分布于甘肃、宁夏、内蒙古西部；蒙古也有。在青海亦分布于乌兰、化隆、循化。

霸王
Zygophyllum xanthoxylon (Bunge) Maximowicz

Zygophyllaceae 蒺藜科　Zygophyllum 霸王属

【形态特征】 灌木，高50～100cm。枝弯曲，开展，皮淡灰色，木质部黄色，先端具刺尖，坚硬。叶在老枝上簇生，幼枝上对生；叶柄长8～25mm；小叶1对，长匙形、狭矩圆形或条形，长8～24mm，宽2～5mm，先端圆钝，基部渐狭，肉质，花生于老枝叶腋；萼片4枚，倒卵形，绿色，长4～7mm；花瓣4枚，倒卵形或近圆形，淡黄色，长8～11mm；雄蕊8枚，长于花瓣。蒴果近球形，长18～40mm，翅宽5～9mm，常3室，每室有1粒种子。种子肾形，长6～7mm，宽约2.5mm。花期4～5月，果期7～8月。

【生境分布】 贵德。生于荒漠中的沙质河流阶地、山沟、干山坡及黄土陡壁和河谷地，海拔1600～2600m。分布于新疆、甘肃、宁夏、内蒙古；蒙古也有。在青海亦分布于尖扎、同仁、西宁、乐都、民和。

李小伟 摄

花椒 藏名：叶儿玛

Zanthoxylum bungeanum Maximowicz

Rutaceae 芸香科 Zanthoxylum 花椒属

【形态特征】 落叶小乔木，高3～7m。茎干上的刺常早落，枝有短刺，小枝上的刺基部宽而扁且劲直的长三角形，当年生枝被短柔毛。叶有小叶5～13枚，叶轴常有甚狭窄的叶翼；小叶对生，无柄，卵形、椭圆形，稀披针形，位于叶轴顶部的较大，近基部的有时圆形，长2～7cm，宽1～3.5cm，叶缘有细裂齿，齿缝有油点。其余无或散生肉眼可见的油点，叶背基部中脉两侧有丛毛或小叶两面均被柔毛，中脉在叶面微凹陷，叶背干后常有红褐色斑纹。花序顶生或生于侧枝之顶，花序轴及花梗密被短柔毛或无毛；花被片6～8枚，黄绿色，形状及大小大致相同；雄花的雄蕊5枚或多至8枚；退化雌蕊顶端叉状浅裂；雌花很少有发育雄蕊，有心皮3枚或2枚，间有4枚，花柱斜向背弯。果紫红色，单个分果瓣直径4～5mm，散生微凸起的油点，顶端有甚短的芒尖或无；种子长3.5～4.5mm。花期4～5月，果期8～10月。

【经济用途】 ① 果皮（常含种子）为调味品，含挥发油；② 果实供药用，散寒燥湿、下气温中、健胃止痛、驱虫；③ 种子可榨油。

【生境分布】 贵德。生于山坡、山沟林缘及河边或庭院栽培，海拔1600～2400m。我国大多数地有栽培，也有野生，台湾、海南及广东不产。青海尖扎、同仁、西宁、循化、民和、互助也有栽培。

臭椿

Ailanthus altissima (Miller) Swingle

Simaroubaceae 苦木科 Ailanthus 臭椿属

【形态特征】 落叶乔木，高可达20m，树皮平滑而有直纹；嫩枝有髓，幼时被黄色或黄褐色柔毛，后脱落。叶为奇数羽状复叶，长40～60cm，叶柄长7～13cm，有小叶13～27枚；小叶对生或近对生，纸质，卵状披针形，长7～13cm，宽2.5～4cm，先端长渐尖，基部偏斜，截形或稍圆，两侧各具1～2个粗锯齿，齿背有腺体1个，叶面深绿色，背面灰绿色，柔碎后具臭味。圆锥花序长10～30cm；花淡绿色，花梗长1～2.5mm；萼片5枚，覆瓦状排列，裂片长0.5～1mm；花瓣5枚，长2～2.5mm，基部两侧被硬粗毛；雄蕊10枚，花丝基部密被硬粗毛，雄花花丝长于花瓣，雌花花丝短于花瓣；花药长圆形，长约1mm；心皮5枚，花柱粘合，柱头5裂。翅果长椭圆形，长3～4.5cm，宽1～1.2cm；种子位于翅的中间，扁圆形。花期4～5月，果期8～10月。

【经济用途】 ① 根皮、树皮、果皮均可入药，清热燥湿、收敛止痢，治赤白痢疾，肠风下血等症；② 速生木材，硬度适中，可制车辆和家具；③ 树皮可提制栲胶；④ 本种在北美洲、欧洲、亚洲不少城市自行繁殖，成为“杂草树”。

【生境分布】 贵德；栽培于庭园及宅边。全国大部分地区均有分布，世界各地广为栽培。青海循化、尖扎、民和、乐都等地也有栽培。

西伯利亚远志 藏名：齐象噶莫

Polygala sibirica Linnaeus

Polygalaceae 远志科 Polygala 远志属

【形态特征】 多年生草本，高10～30cm；根直立或斜生，木质。茎丛生，通常直立，被短柔毛。叶互生，叶片纸质至亚革质，下部叶小，卵形，长约6mm，宽约4mm，先端钝，上部者大，披针形或椭圆状披针形，长1～2cm，宽3～6mm，先端钝，具骨质短尖头，基部楔形，全缘，略反卷，绿色，两面被短柔毛，主脉上面凹陷，背面隆起，侧脉不明显，具短柄。总状花序腋外生或假顶生，通常高出茎顶，被短柔毛，具少数花；花长6～10mm，具3枚小苞片，钻状披针形，长约2mm，被短柔毛；萼片5枚，宿存，背面被短柔毛，具缘毛，外面3枚披针形，长约3mm，里面2枚花瓣状，近镰刀形，长约7.5mm，宽约3mm，先端具突尖，基部具爪，淡绿色，边缘色浅；花瓣3枚，蓝紫色，侧瓣倒卵形，长5～6mm，2/5以下与龙骨瓣合生，先端圆形，微凹，基部内侧被柔毛，龙骨瓣较侧瓣长，背面被柔毛，具流苏状鸡冠状附属物；雄蕊8枚，花丝长5～6mm，2/3以下合生成鞘，且具缘毛，花药卵形，顶孔开裂；子房倒卵形，直径约2mm，顶端具缘毛，花柱肥厚，顶端弯曲，长约5mm，柱头2枚，间隔排列。蒴果近倒心形，直径约5mm，顶端微缺，具狭翅及短缘毛。种子长圆形，扁，长约1.5mm，黑色，密被白色柔毛，具白色种阜。花期4～7月，果期5～8月。

【经济用途】 全草和根可以代远志*P. tenuifolia*入药，祛痰利窍、安心益智，治咳嗽痰喘、心悸少眠、水肿和癫痫等症。

【生境分布】 兴海。生于林下、灌丛中、河谷坡地及山坡路旁和草地，海拔1800～4000m。除华东外分布于全国各地；欧洲东部、俄罗斯（西伯利亚）、蒙古、尼泊尔、印度东北部也有。在青海亦分布于囊谦、玉树、尖扎、同仁、大通、湟源、湟中、乐都、民和、祁连、门源。

青藏大戟

Euphorbia altotibetica Paulsen

Euphorbiaceae 大戟科 Euphorbia 大戟属

【形态特征】 多年生草本，高7～26cm。根状茎匍匐生根，通常发出数茎。茎具条纹，分枝，无毛。茎生叶互生，下部者膜质，鳞片状，以上则为三角状心形、椭圆形至近披针形，长0.7～2.2cm，宽0.4～1.8cm，先端钝，边缘微波状并具细齿，基部心形，抱茎，近无柄，无毛。杯状花序组成聚伞花序，顶生和腋生；顶生者其下部具苞叶3枚，苞叶轮生，三角状心形至狭卵形，长2～2.2cm；1级伞梗通常3个，2级以上伞梗均为2个，各具苞叶2枚；总苞5裂，裂片长约1mm，先端通常2裂，里面和边缘具柔毛；腺体4～5枚，横椭圆形，长2.3～2.8mm；雄花约30朵，雌花1朵，子房无毛，花柱3枚，花梗下具苞片5枚，花瓣状，长3mm，先端具齿，背面具1枚片状附属物，被柔毛。蒴果阔卵球形，长4～5mm，宿存花柱浅2裂，无毛；种子卵球形，长2.7mm，具种阜，无毛。花果期5～8月。

【经济用途】 根入药，藏医用于治癣症及黄水疮。

【生境分布】 贵德、同德、兴海、共和。生于高山草甸、草原、山坡石隙、沙丘，海拔2560～4400m。中国特有种，分布于西藏、甘肃、宁夏。在青海亦分布于杂多、玛多、玛沁、曲麻莱、玉树、称多、尖扎、泽库、河南、格尔木、德令哈、刚察、祁连。

泽漆 五朵云 五灯草 猫眼草 猫儿眼

Euphorbia helioscopia **Linnaeus**

Euphorbiaceae 大戟科 Euphorbia 大戟属

【形态特征】 一年生草本。根纤细，长7～10cm，直径3～5mm，下部分枝。茎直立，单一或自基部多分枝，分枝斜展向上，高10～30(～50)cm，直径3～5(～7)mm，光滑无毛。叶互生，叶片倒卵形或匙形，长1～3.5cm，宽5～15mm，先端具牙齿，中部以下渐狭或呈楔形；总苞叶5枚，倒卵状长圆形，长3～4cm，宽8～14mm，先端具牙齿，基部略渐狭，无柄；总伞幅5枚，长2～4cm；苞叶2枚，卵圆形，先端具牙齿，基部呈圆形。花序单生，有柄或近无柄；总苞钟状，高约2.5mm，直径约2mm，光滑无毛，边缘5裂，裂片半圆形，边缘和内侧具柔毛；腺体4个，盘状，中部内凹，基部具短柄，淡褐色。雄花数朵，明显伸出总苞外；雌花1朵，子房柄略伸出总苞边缘。蒴果三棱状阔圆形，光滑，无毛；具明显的3条纵沟，长2.5～3.0mm，直径3～4.5mm；成熟时分裂为3个分果瓣。种子卵状，长约2mm，直径约1.5mm，暗褐色，具明显的脊网；种阜扁平状，无柄。花果期4～10月。

【经济用途】 ① 全草入药，清热解毒、利水消肿，治水肿、无名肿毒等症；② 可作农药；③ 种子含油量达30%，可供工业用。

【生境分布】 共和。生于林缘、山坡、河滩、田边，海拔2210～3800m。分布于全国各地；欧洲及日本、印度也有。在青海亦分布于班玛、玛沁、尖扎、同仁、泽库、西宁、湟中、循化、乐都、互助。

地锦草 铺地锦 田代氏大戟

Euphorbia humifusa Willdenow

Euphorbiaceae 大戟科 Euphorbia 大戟属

【形态特征】 一年生草本。根纤细，长10～18cm，直径2～3mm，常不分枝。茎匍匐，自基部以上多分枝，偶尔先端斜向上伸展，基部常红色或淡红色，长达20(～30)cm，直径1～3mm，被柔毛或疏柔毛。叶对生，叶片矩圆形或椭圆形，长5～10mm，宽3～6mm，先端钝圆，基部偏斜，略渐狭，边缘常于中部以上具细锯齿；叶面绿色，叶背淡绿色，有时淡红色，两面被疏柔毛；叶柄极短，长1～2mm。花序单生于叶腋，基部具1～3mm的短柄；总苞陀螺状，高与直径各约1mm，边缘4裂，裂片三角形；腺体4个，矩圆形，边缘具白色或淡红色附属物。雄花数朵，近与总苞边缘等长；雌花1朵，子房柄伸出至总苞边缘；子房三棱状卵形，光滑无毛；花柱3枚，分离；柱头2裂。蒴果三棱状卵球形，长约2mm，直径约2.2mm，成熟时分裂为3个分果瓣，花柱宿存。种子三棱状卵球形，长约1.3mm，直径约0.9mm，灰色，每个棱面无横沟，无种阜。花果期5～10月。

【经济用途】 全草入药，有清热解毒、利尿、通乳、止血及杀虫作用。

【生境分布】 贵南、兴海。生于干草原、山坡、河滩、田边，海拔1900～3250m。分布几遍全国；俄罗斯（西伯利亚）、朝鲜、日本也有。在青海亦分布于尖扎、西宁、循化、乐都、互助。

甘肃大戟 阴山大戟

Euphorbia kansuensis Prokhanov

Euphorbiaceae 大戟科 Euphorbia 大戟属

【形态特征】 多年生草本，全株无毛。根圆柱状，肉质，分枝或否，长10～30cm，直径3～7cm。茎单一直立，高20～60cm，直径3～7mm。叶互生，叶片线形、线状披针形或倒披针形，变化较大，较典型的呈长圆形，长6～9cm，宽1～2cm，先端圆或渐尖，基部渐狭或呈楔形；侧脉羽状，不明显；无柄；杯状聚伞花序，顶生者具一级伞梗5个，疏生柔毛，总苞叶3～5(～8)枚，轮生，同茎生叶；2级伞梗2个，下具苞叶2枚，卵状三角形，长2～2.5cm，宽2.2～2.7cm，先端尖，基部平截或略内凹；腋生者具1个伞梗或假二叉分枝，无柄；总苞钟状，高与直径均2.5～3mm，边缘4裂，裂片三角状卵形，全缘；腺体4～5个，半圆形，暗褐色。雄花14～21朵，伸出总苞之外；雌花1枚，子房柄长约3mm，伸出总苞外；子房光滑无毛；花柱3枚，中部以下合生，柱头2浅裂。蒴果三角状球形，长5～5.8mm，直径5～6mm，具微皱纹，无毛；花柱宿存；成熟时分裂为3个分果瓣。种子三棱状卵形，长与直径均约4mm；淡褐色至灰褐色，光滑，腹面具1条纹；种阜具柄。花果期4～6月。

【相近种】 本种与狼毒*Stellera chamaejasme*极相似，但茎基部无鳞片状叶，子房及蒴果均无白色柔毛，容易区别。

【经济用途】 肉质根入药，作用同狼毒。

【生境分布】 兴海、共和。生于山谷、河滩、高山流石坡、高山草甸，海拔2600～4400m。中国特有种，分布于西藏、河北、山西、陕西、四川、江苏、河南、湖北、甘肃和内蒙古。在青海亦分布于杂多、治多、称多、玛多、班玛、久治、玛沁、泽库、河南、天峻、循化、民和。

蓖麻 藏名：丹察
Ricinus communis Linnaeus

Euphorbiaceae 大戟科 Ricinus 蓖麻属

【形态特征】 一年生粗壮草本（栽培）或多年生草质灌木（逸生），高达5m；小枝、叶和花序通常被白霜，茎多液汁。叶片近圆形，长和宽达40cm或更大，掌状7～11裂，裂缺几达中部，裂片卵状长圆形或披针形，顶端急尖或渐尖，边缘具锯齿；掌状脉7～11条。网脉明显；叶柄粗壮，中空，长可达40cm，顶端具2枚盘状腺体，基部具盘状腺体；托叶长三角形，长2～3cm，早落。总状花序或圆锥花序，长15～30cm或更长；苞片阔三角形，膜质，早落。雄花花萼裂片卵状三角形，长7～10mm，雄蕊束众多；雌花萼片卵状披针形，长5～8mm，凋落，子房卵状，直径约5mm，密生软刺或无刺，花柱红色，长约4mm，顶部2裂，密生乳头状突起。蒴果卵球形或近球形，长1.5～2.5cm，果皮具软刺或平滑；种子椭圆形，微扁平，长8～18mm，平滑，斑纹淡褐色或灰白色；种阜大。花期几全年或6～9月（栽培）。

【经济用途】 ① 种子入药，润肠通便、祛湿通路、催吐解毒、消肿拔毒，治中毒症、大便秘结；但种子有毒，若误食种子过量（小孩2～7粒，成人约20粒）后，将导致中毒死亡；② 种仁含油率高达70%，可制优良的润滑油，亦可制肥皂及印刷油等，在医药上作缓泻剂；③ 茎秆纤维可造纸。

【生境分布】 贵德；栽培于庭院及田埂。本种的栽培品种多，依茎、叶呈红色或绿色，果具软刺或无，种子的大小和斑纹颜色等区分。原产于非洲，我国各地均有栽培。青海西宁及海东地区也有栽培。

李小伟 摄

文冠果

文冠树　文冠木　文光果　藏名：生等

Xanthoceras sorbifolium Bunge

Sapindaceae 无患子科　Xanthoceras 文冠果属

【形态特征】 落叶灌木或小乔木，高2～5m；小枝粗壮，褐红色，无毛，顶芽和侧芽有覆瓦状排列的芽鳞。叶连柄长15～30cm；小叶4～8对，膜质或纸质，披针形或近卵形，两侧稍不对称，长2.5～6cm，宽1.2～2cm，顶端渐尖，基部楔形，边缘有锐利锯齿，顶生小叶通常3深裂，腹面深绿色，无毛或中脉上有疏毛，背面鲜绿色，嫩时被绒毛和成束的星状毛；侧脉纤细，两面略凸起。花序先叶抽出或与叶同时抽出，两性花的花序顶生，雄花序腋生，长12～20cm，直立，总花梗短，基部常有残存芽鳞；花梗长1.2～2cm；苞片长0.5～1cm；萼片长6～7mm，两面被灰色绒毛；花瓣白色，基部紫红色或黄色，有清晰的脉纹，长约2cm，宽7～10mm，爪的两侧有须毛；花盘的角状附属体橙黄色，长4～5mm；雄蕊长约1.5cm，花丝无毛；子房被灰色绒毛。蒴果长达6cm；种子长达1.8cm，黑色而有光泽。花期春季，果期秋初。

【经济用途】 ① 种子嫩时白色，可食，风味似板栗；② 木本油料植物，种子油供食用或工业用，营养价值高；③ 茎干木质部入药，治风湿性关节炎、皮肤风湿、风湿内热。

【生境分布】 贵德、同德、共和；栽培于院内及苗圃。野生于林缘，海拔约2200m。分布于我国北部和东北部；韩国、朝鲜也有。青海都兰、西宁、乐都、循化也有栽培。

凤仙花 指甲花 急性子 凤仙透骨草

Impatiens balsamina Linnaeus

Balsaminaceae 凤仙花科 Impatiens 凤仙花属

【形态特征】 一年生草本，高60～100cm。茎粗壮，肉质，直立，不分枝或有分枝，无毛或幼时被疏柔毛，基部直径可达8mm，具多数纤维状根，下部节常膨大。叶互生，最下部叶有时对生；叶片披针形、狭椭圆形或倒披针形，长4～12cm、宽1.5～3cm，先端尖或渐尖，基部楔形，边缘有锐锯齿，向基部常有数对无柄的黑色腺体，两面无毛或被疏柔毛，侧脉4～7对；叶柄长1～3cm，上面有浅沟，两侧具数对具柄的腺体。花单生或2～3朵簇生于叶腋，无总花梗，白色、粉红色或紫色，单瓣或重瓣；花梗长2～2.5cm，密被柔毛；苞片线形，位于花梗的基部；侧生萼片2枚，卵形或卵状披针形，长2～3mm，唇瓣深舟状，长13～19mm，宽4～8mm，被柔毛，基部急尖，呈长1～2.5cm内弯的距；旗瓣圆形，兜状，先端微凹，背面中肋具狭龙骨状突起，顶端具小尖，翼瓣具短柄，长23～35mm，2裂，下部裂片小，倒卵状长圆形，上部裂片近圆形，先端2浅裂，外缘近基部具小耳；雄蕊5枚，花丝线形，花药卵球形，顶端钝；子房纺锤形，密被柔毛。蒴果宽纺锤形，长10～20mm；两端尖，密被柔毛。种子多数，圆球形，直径1.5～3mm，黑褐色。花期7～10月。

【经济用途】 ① 我国各地庭园广泛栽培，为习见的观赏花卉，供观赏；② 民间常用其花及叶汁染指甲；③ 茎及种子入药，茎称“凤仙透骨草”，祛风湿、活血、止痛，用于治疗风湿性关节痛、屈伸不利；种子称“急性子”，软坚、消积，用于治噎膈、骨鲠咽喉、腹部肿块、闭经；④ 种子还可榨油。

【生境分布】 海南州各地；庭园栽培。原产于印度，我国广为栽培。青海西宁、湟中等地也有栽培。

无刺枣 藏名：齐比喀

***Ziziphus jujuba* var. *inermis* (Bunge) Rehder**

Rhamnaceae 鼠李科 Ziziphus 枣属

【形态特征】 落叶灌木或小乔木，高1～3m。枝分长枝、短枝和无芽小枝（当年生枝）。长枝光滑，紫红色或灰褐色，呈“之”字形曲折，幼时被柔毛，后无毛，具2个托叶刺，短刺下弯，长4～6mm，长刺可达3cm，粗直；短枝短粗，矩状，自老枝发出；当年生小枝绿色，下垂。叶片纸质，椭圆形、卵形或卵状披针形，长1.5～3.5cm，宽0.5～2cm，先端钝或有时微凹，基部圆形，边缘具钝齿状锯齿，腹面绿色，背面浅绿色，基生3出脉；叶柄长1～4mm；无托叶刺。花黄绿色，两性，无毛，具短总花梗，单生或2～8朵密集成腋生聚伞花序；花梗长2～3mm；萼片5枚，卵状三角形；花瓣5枚，倒卵圆形，基部有爪，与雄蕊等长；花盘厚，肉质，圆形，5裂；子房下部藏于花盘内，与花盘合生，2室，每室有1枚胚珠，花柱2半裂。核果矩圆形或长卵圆形，长2～3.5cm，直径1.5～2cm，成熟时红色，后变红紫色，中果皮肉质，厚，味甜，核顶端锐尖，基部锐尖或钝，2室，具1～2枚种子，果梗长2～5mm；种子扁椭圆形，长约1cm，宽8mm。花期5～7月，果期8～10月。

【相近种】 本变种与原变种枣（青海不产）的主要区别是：长枝无皮刺，幼枝无托叶刺。

【经济用途】 ① 果实味甜，为食用果品，也可制蜜饯、果脯及糕点，又可为酿酒原料；果实及种子入药，补脾益胃、安中养血、益气养容；② 优良的蜜源植物；③ 种子可榨油，含油量50%；④ 木材坚硬致密，可制器具或供雕刻。

【生境分布】 贵德；栽培于庭院，海拔2300m。中国特有种。全国在海拔1600m以下地区有广泛的栽培。青海民和、循化、尖扎等地也有栽培。

葡萄 蒲陶 藏名：滚朱木

Vitis vinifera Linnaeus

Vitaceae 葡萄科 Vitis 葡萄属

【形态特征】 木质藤本。小枝圆柱形，有纵棱纹，无毛或被稀疏柔毛。卷须2叉分枝，每隔2节间断与叶对生。叶片卵圆形，显著3～5浅裂或中裂，长7～18cm，宽6～16cm，中裂片顶端急尖，裂片常靠合，基部常缢缩，裂缺狭窄，间或宽阔，基部深心形，基缺凹成圆形，两侧常靠合，边缘有22～27个锯齿，齿深而粗大，不整齐，齿端急尖，上面绿色，下面浅绿色，无毛或被疏柔毛；基生脉5出，中脉有侧脉4～5对，网脉不明显突出；叶柄长4～9cm，几无毛；托叶早落。圆锥花序密集或疏散，多花，与叶对生，基部分枝发达，长10～20cm，花序梗长2～4cm，几无毛或疏生蛛丝状绒毛；花梗长1.5～2.5mm，无毛；花蕾倒卵状圆形，高2～3mm，顶端近圆形；萼浅碟形，边缘呈波状，外面无毛；花瓣5枚，呈帽状粘合脱落；雄蕊5枚，花丝丝状，长0.6～1mm，花药黄色，卵圆形，长0.4～0.8mm，在雌花内显著短而败育或完全退化；花盘发达，5浅裂；雌蕊1枚，在雄花中完全退化，子房卵圆形，花柱短，柱头扩大。果实球形或椭圆形，直径1.5～2cm；种子倒卵状椭圆形，顶短近圆形，基部有短喙，种脐在种子背面中部呈椭圆形，种脊微突出，腹面中棱脊突起，两侧洼穴宽沟状，向上达种子1/4处。花期4～5月，果期8～9月。

【经济用途】 ① 著名水果，果实除供生食外，还可制葡萄干或酿葡萄酒，酿酒后的酒脚可提酒食酸；② 根和藤可入药，止呕、安胎；③ 葡萄干入药，润肺、明目、解表、透疹，治肺热、肺炎、肺病。

【生境分布】 贵德；栽培，海拔1600～2230m。原产于亚洲西部；我国北部及西北部广泛栽培。青海西宁、循化、民和也有栽培。

李小伟 摄

锦葵 荆葵 钱葵 金钱紫花葵 棋盘花

Malva cathayensis M. G. Gilbert，Y. Tang & Dorr

Malvaceae 锦葵科 Malva 锦葵属

【形态特征】 二年生或多年生直立草本，高50～90cm，分枝多，疏被粗毛。叶片圆心形或肾形，具5～7个圆齿状钝裂片，长5～12cm，宽几相等，基部近心形至圆形，边缘具圆锯齿，两面均无毛或仅脉上疏被短糙伏毛；叶柄长4～8cm，近无毛，但上面槽内被长硬毛；托叶偏斜，卵形，具锯齿，先端渐尖。花3～11朵簇生，花梗长1～2cm，无毛或疏被粗毛；小苞片3枚，长圆形，长3～4mm，宽1～2mm，先端圆形，疏被柔毛；萼状，长6～7mm，萼裂片5枚，宽三角形，两面均被星状疏柔毛；花紫红色或白色，直径3.5～4cm，花瓣5枚，匙形，长2cm，先端微缺，爪具髯毛；雄蕊柱长8～10mm，被刺毛，花丝无毛；花柱分枝9～11个，被微细毛。果扁圆形，直径约5～7mm，分果瓣9～11个，肾形，被柔毛；种子黑褐色，肾形，长2mm。花期5～10月。

【经济用途】 花供园林观赏，地植或盆栽均宜。

【生境分布】 海南州各地都有栽培。分布于全国各地；印度也有，偶有逸生。青海西宁、大通、同仁也见栽培。

冬葵

葵菜　皱叶锦葵　藏名：江巴

***Malva verticillata* var. *crispa* Linnaeus**

Malvaceae 锦葵科　Malva 锦葵属

【形态特征】 一年生草本，高1m；不分枝，茎被柔毛。叶片圆形，常5～7裂或角裂，直径5～8cm，基部心形，裂片三角状圆形，边缘具细锯齿，并极皱缩扭曲，两面无毛至疏被糙伏毛或星状毛，在脉上尤为明显；叶柄瘦弱，长4～7cm，疏被柔毛。花小，白色，直径约6mm，单生或几个簇生于叶腋，近无花梗至具极短梗；小苞片3枚，披针形，长4～5mm，宽1mm，疏被糙伏毛；萼浅杯状，5裂，长8～10mm，裂片三角形，疏被星状柔毛；花瓣5枚，较萼片略长。果扁球形，直径约8mm，分果瓣11个，网状，具细柔毛；种子肾形，直径约1mm，暗黑色。花期6～9月。

【经济用途】 种子入药，利水通淋、润肠下乳；藏医用花果治月经过多、水肿、腰痛等症。

【生境分布】 海南州各地。生于海拔1600～3200m的路旁、荒地等处，也有栽培。全国各地均有分布。在青海亦分布于黄南、海北、海西等州县及东部农业区。

野葵 冤葵 旅葵 菁葵叶

Malva verticillata Linnaeus

Malvaceae 锦葵科 Malva 锦葵属

【形态特征】 二年生草本，高50～100cm，茎干被星状长柔毛。叶片肾形或圆形，直径5～11cm，通常为掌状5～7裂，裂片三角形，具钝尖头，边缘具钝齿，两面被极疏糙伏毛或近无毛；叶柄长2～8cm，近无毛，上面槽内被绒毛；托叶卵状披针形，被星状柔毛。花3至多朵簇生于叶腋，具极短柄至近无柄；小苞片3枚，线状披针形，长5～6mm，被纤毛；萼杯状，直径5～8mm，5齿裂，广三角形，疏被星状长硬毛；花冠长稍微超过萼片，淡白色至淡红色，花瓣5枚，长6～8mm，先端凹入，爪无毛或具少数细毛；雄蕊柱长约4mm，被毛；花柱分枝10～11个。果扁球形，直径5～7mm；分果瓣10～11个，背面平滑，厚1mm，两侧具网纹；种子肾形，直径约1.5mm，无毛，紫褐色。花期3～11月。

【经济用途】 ① 种子、根和叶入药，利水滑窍、润便利尿、下乳汁；② 鲜茎叶和根可拔毒排脓，疔疔疮疖痈；③ 嫩苗也可供蔬食。

【生境分布】 兴海、共和、同德、贵南。生于田边、村旁路边或河滩，海拔1800～4200m。分布于全国各地；朝鲜、印度、缅甸及欧洲也有。在青海亦分布于治多、囊谦、玉树、玛沁、尖扎、同仁、泽库、河南、西宁、大通、湟源、湟中、循化、乐都、民和、互助、门源。

蜀葵

一丈红　麻杆花　藏名：哈洛美多

Alcea rosea Linnaeus

Malvaceae 锦葵科　Alcea 蜀葵属

【形态特征】　二年生直立草本，高达2m，茎枝密被刺毛。叶片近圆心形，直径6～16cm，掌状5～7浅裂或波状棱角，裂片三角形或圆形，中裂片长约3cm，宽4～6cm，上面疏被星状柔毛，粗糙，下面被星状长硬毛或绒毛；叶柄长5～15cm，被星状长硬毛；托叶卵形，长约8mm，先端具3尖。花腋生，单生或近簇生，排列成总状花序式，具叶状苞片，花梗长约5mm，果时延长至1～2.5cm，被星状长硬毛；小苞片杯状，常6～7裂，裂片卵状披针形，长10mm，密被星状粗硬毛，基部合生；萼钟状，直径2～3cm，5齿裂，裂片卵状三角形，长1.2～1.5cm，密被星状粗硬毛；花大，直径6～10cm，有红、紫、白、粉红、黄和黑紫等色，单瓣或重瓣，花瓣倒卵状三角形，长约4cm，先端凹缺，基部狭，爪被长髯毛；雄蕊柱无毛，长约2cm，花丝纤细，长约2mm，花药黄色；花柱分枝多数，微被细毛。果盘状，直径约2cm，被短柔毛，分果爿近圆形，多数，背部厚达1mm，具纵槽。花期2～8月。

【经济用途】　① 栽培花卉，供观赏；② 花、种子和根入药；花治月经过多、鼻衄不止；种子治小便不通、腹泻、肾炎、水肿等症；根补肾、健胃，治肾衰、食欲不振；③ 种子可榨油；④ 茎皮纤维可代麻用。

【生境分布】　海南州各地都有栽培。全国各地普遍栽培；欧洲、美洲及亚洲其他地区也广泛栽培。青海西宁及黄南、海东、海北州都有栽培。

突脉金丝桃
大花金丝桃　甘青金丝桃　大叶刘寄奴
Hypericum przewalskii **Maximowicz**

Clusiaceae 藤黄科　Hypericum 金丝桃属

【形态特征】 多年生草本，高0.3～0.5m，全体无毛。茎多数，圆柱形，具多数叶，不分枝或有时在上部具腋生小枝。叶无柄，叶片向茎基部者渐变小而靠近，茎最下部者为倒卵形，向茎上部者为卵形或卵状椭圆形，长2～5cm，宽1～2.5(～3)cm，先端钝形且常微缺，基部心形而抱茎，全缘，坚纸质，上面绿色，下面白绿色，散布淡色腺点，侧脉约4对，与中脉在上面凹陷，下面凸起，脉网稀疏，只在下面隐约可见。花序顶生，为了花的聚伞花序，有时连同侧生小花枝组成伞房花序或为圆锥状。花直径约2cm，开展；花蕾长卵珠形，先端锐尖；花梗伸长，长达3(～4)cm。萼片直伸，长圆形，不等大，长8～10mm，宽2～4mm，边缘全缘但常呈波状，无腺点，果时萼片增大，长达15mm，宽5mm。花瓣5枚，长圆形，稍弯曲，长约14mm，宽约为长的1/2。雄蕊5束，每束有雄蕊约15枚，与花瓣等长或略超出花瓣，花药近球形，无腺点。子房卵珠形，长6～8mm，5室，光滑；花柱5枚，长约6mm，自中部以上分离。蒴果卵珠形，长约1.8cm，宽1.2cm，散布纵线纹，成熟后先端5裂。种子淡褐色，圆柱形，长5mm，两端锐尖，一侧有龙骨状突起，表面有细蜂窝纹。花期6～7月，果期8～9月。

【经济用途】 ① 全草入药，活血调经、止血止痛、利水消肿、祛风除湿；② 可栽培供观赏。

【生境分布】 贵德。生于沟谷灌丛中或林缘和林下，海拔2300～2800m。分布于四川、甘肃、陕西、湖北、河南。在青海亦分布于大通、循化、乐都、民和、互助、门源、湟中、泽库。

具鳞水柏枝

Myricaria squamosa Desvaux

Tamaricaceae 柽柳科　Myricaria 水柏枝属

【形态特征】 直立灌木，高1～5m；茎直立，上部多分枝；老枝紫褐色、红褐色或灰褐色，光滑，有条纹，常有白色皮膜，薄片状剥落；去年生枝黄褐色或红褐色；当年生枝淡黄绿色至红褐色。叶片披针形、卵状披针形、长圆形或狭卵形，长1.5～5(～10)mm，宽0.5～2mm，先端钝或锐尖，基部略扩展，具狭膜质边。总状花序侧生于老枝上，单生或数个花序簇生枝腋；花序在开花前较密集，以后伸长，较疏松，基部被多数覆瓦状排列的鳞片；鳞片宽卵形或椭圆形，近膜质，中脉粗厚带绿色；苞片椭圆形、宽卵形或倒卵状长圆形，长4～6(～8)mm，宽3～4mm，等于或长于花萼（加花梗），稀短于花萼，顶端圆钝或急尖，基部狭缩，具宽膜质边或几为膜质，中脉粗厚，常带绿色；花梗长2～3mm；萼片卵状披针形、长圆形或长椭圆形，长2～4mm，宽0.5～1mm，先端锐尖或钝，有宽或狭的膜质边；花瓣倒卵形或长椭圆形，长4～5mm，宽约2mm，先端圆钝，基部狭缩，常内曲，紫红色或粉红色；花丝约2/3部分合生；子房圆锥形，长3～5mm。蒴果狭圆锥形，长约10mm。种子狭椭圆形或狭倒卵形，长约1mm，顶端具芒柱，芒柱一半以上被白色长柔毛。花期5～6月，果期6～8月。

【生境分布】 贵德、共和。生于河滩、河谷阶地、河床、湖边沙地及流水边，海拔2200～4000m。分布于西藏、四川、新疆、甘肃、宁夏、山西、河北；塔吉克斯坦、吉尔吉斯斯坦、乌兹别克斯坦、哈萨克斯坦、阿富汗、巴基斯坦、印度也有。在青海亦分布于玉树、果洛、黄南、海西、西宁、海北、海东。

五柱红砂 五柱枇杷柴

Reaumuria kaschgarica Ruprecht

Tamaricaceae 柽柳科　Reaumuria 红砂属

【形态特征】 矮小半灌木，高10～20cm，具多数曲折的细枝，成垫状；老枝灰棕色，当年生枝淡红色至淡红棕色；由老枝发出的当年生嫩枝绿色，长约4～9(～15)cm；花枝初由老枝生出，后期则自当年生新枝叶腋生出。叶略扁，由基部的鳞片状向上渐变长，成线形，或略近圆柱形，常略弯，肉质，长4～10mm，宽0.6～1mm，顶端钝或稍尖，向基部微变狭。花单生小枝顶端，几无梗；苞片稀少，形同叶片，长3～4mm，与花萼等长或略长，绕萼而生；萼片5枚，基部略连合，长3～4mm，卵状披针形，外伸，近渐尖，基部变宽，边缘膜质，几全缘；花瓣5枚，粉红色，椭圆形，比花萼长1/3～1/2，内侧有两片长圆形的附属物，长为花瓣的1/3或略短，上部边缘缝状撕裂或锯齿状；雄蕊通常约15枚，略短于花瓣或与之等长，花丝中下部变宽，两侧撕裂或具细齿，基部合生；子房卵圆形，长3mm，花柱5枚，柱头狭尖。蒴果长圆状卵形，长7mm，宽3～4mm，5瓣裂。种子细小，长圆状椭圆形，基部变细，顶端有突起，除突起处外，全被被褐色毛。花期7～8月。

【生境分布】 共和、贵德、兴海。生于盐土荒漠、砾石山坡、阶地和干旱山坡上。海拔2500～3900m。分布于西藏北部、新疆、甘肃、内蒙古；塔吉克斯坦、吉尔吉斯斯坦、乌兹别克斯坦、哈萨克斯坦也有。青海也见于海西州各地。

红砂 红砂枇杷柴

Reaumuria soongarica (Pallas) Maximowicz

Tamaricaceae 柽柳科 Reaumuria 红砂属

【形态特征】 小灌木，仰卧，高10～30(～70)cm，多分枝，老枝灰褐色，树皮为不规则的波状剥裂，小枝多拐曲，皮灰白色，粗糙，纵裂。叶肉质，短圆柱形，鳞片状，上部稍粗，长1～5mm，宽0.5～1mm，常微弯，先端钝，浅灰蓝绿色，具点状的泌盐腺体，常4～6枚簇生在叶腋缩短的枝上，花期有时叶变紫红色。小枝常呈淡红色。花单生叶腋（实为生在极度短缩的小枝顶端），或在幼枝上端集为少花的总状花序状；无花梗；直径约4mm；苞片3枚，披针形，先端尖，长0.5～0.7mm；花萼钟形，下部合生，长1.5～2.5mm，裂片5枚，三角形，边缘白膜质，具点状腺体；花瓣5枚，白色略带淡红色，长圆形，长约4.5mm，宽约2.5mm，先端钝，基部楔状变狭，张开，上部向外反折，下半部内侧的2附属物倒披针形，薄片状，顶端缝状。着生在花瓣中脉的两侧；雄蕊6～8(～12)枚，分离，花丝基部变宽，几与花瓣等长；子房椭圆形，花柱3枚，具狭尖的柱头。蒴果长椭圆形或纺锤形，或作三棱锥形，长4～6mm，宽约2mm，高出花萼2～3倍，具3棱，3（稀4）瓣裂，通常具3～4枚种子。种子长圆形，长3～4mm，先端渐尖，基部变狭，全部被黑褐色毛。花期7～8月，果期8～9月。

【经济用途】 荒漠和草原区域的重要建群种，红砂群落可用作荒漠区域的良好草场，供放牧羊群和骆驼之用。

【生境分布】 贵德、兴海、共和。生于荒漠、半荒漠、盐碱地及干旱山坡，海拔1800～3000m。分布于西北、东北西部及内蒙古；俄罗斯、蒙古及中亚地区也有。在青海亦分布于海西、海东及西宁各地。

柽柳 三春柳 西湖杨 观音柳 红筋条

***Tamarix chinensis* Loureiro**

Tamaricaceae 柽柳科 Tamarix 柽柳属

【形态特征】 大灌木或小乔木，高2～5m。老枝直立，暗褐红色，光亮，小枝纤细，稠密而下垂，红紫色或淡黄绿色。叶片鲜绿色，卵形、长圆状披针形或卵状披针形，长1.5～3mm，先端干膜质或草质，内弯。春季总状花序侧生于去年生枝上，长3～5cm，花较疏，有总花梗；夏秋季总状花序顶生于当年生枝上，长3～4cm，狭细，花密生，组成大型圆锥花序，开展而下垂；苞片条状披针形或长圆形，长1～1.5mm；花梗短而纤细；春花大，夏秋花小；萼片5枚，长卵形或三角状卵形，长约1mm，边缘膜质；花瓣5枚，充分张开，粉红色，少淡紫红色，矩圆状倒卵形或卵状椭圆形，长约1.6mm，宽约1mm，果时宿存；花盘5裂或每裂片先端再2裂；雄蕊5枚，长于或略长于花瓣，花丝着生在花盘主裂片间；子房圆锥瓶状，花柱3枚，棒状。蒴果圆锥形，长4～4.5mm。花期5～8月，果期5～9月。

【经济用途】 ① 防风固沙植物；② 细枝柔韧耐磨，可编筐或制农具；③ 观赏植物，一年可开花3次；④ 嫩枝入药，发表透疹。

【生境分布】 兴海。分布于河北、辽宁、河南、山东、江苏、安徽；全国各地均有栽培；日本、美国也有栽培。西宁公园有栽培。

多枝柽柳 红柳

Tamarix ramosissima Ledebour

Tamaricaceae 柽柳科 Tamarix 柽柳属

【形态特征】 灌木或小乔木，高1～6m，树干和老枝的树皮暗灰色，当年生木质化的生长枝淡红或橙黄色，长而直伸，有分枝，第二年生枝则颜色渐变淡。嫩枝上的叶片披针形或条状披针形，基部短，半抱茎，微下延；绿色营养枝上的叶片短卵圆形或三角状心形，长2～5mm，急尖，略向内倾，几抱茎，下延。总状花序生在当年生枝顶，长(0.5～)1～3(～6)cm，组成顶生圆锥花序，有总花梗长0.2～1cm；苞片披针形、卵状披针形或条状钻形，卵状长圆形，渐尖，长1.5～2(～2.8)mm，与花萼等长或超过花萼（包括花梗）；花梗长0.5～1mm，短于或等于花萼；花5数；花萼长0.5～1mm，萼片广椭圆状卵形或卵形，渐尖或钝，内面3枚比外面2枚宽，长0.5～0.7mm，宽0.3～0.5mm，边缘窄膜质，有不规则的齿牙，无龙骨；花瓣粉红色或紫色，倒卵形至阔椭圆状倒卵形，顶端微缺（弯），长1～1.7mm，宽0.7～1mm，比花萼长1/3，直伸，靠合，形成闭合的酒杯状花冠，果时宿存；花盘5裂，裂片顶端有或大或小的凹缺；雄蕊5枚，与花冠等长，或超出花冠1.5倍，花丝基部不变宽，着生在花盘裂片间边缘略下方，花药钝或在顶端具钝突起；子房锥形瓶状具3条棱，花柱3枚，棍棒状，为子房长的1/3～1/4。蒴果三棱圆锥形瓶状，长3～5mm，比花萼长3～4倍。花期5～9月。

【经济用途】 同柽柳。

【生境分布】 兴海。生于干河床、洪积扇、河漫滩、阶地、盐碱滩和沙丘上，海拔2000～2950m。分布于新疆、西藏西部、甘肃、宁夏和内蒙古；东欧、俄罗斯、中亚地区、蒙古也有。在青海亦分布于格尔木、大柴旦、都兰。

贾留坤 摄

贾留坤 摄

甘蒙柽柳
Tamarix austromongolica **Nakai**

Tamaricaceae 柽柳科　Tamarix 柽柳属

【形态特征】 灌木或乔木，高1～5m，树干和老枝栗红色，枝直立；幼枝及嫩枝质硬直伸而不下垂。叶片灰蓝绿色，木质化生长枝上基部的叶片阔卵形，急尖，上部的叶片卵状披针形，急尖，长2～3mm，先端均呈尖刺状，基部向外鼓胀；绿色嫩枝上的叶片长圆形或长圆状披针形，渐尖，基部亦向外鼓胀。春和夏秋均开花；春季开花，总状花序自去年生的木质化的枝上发出，侧生，花序轴质硬而直伸，长3～4cm，宽0.5cm，着花较密，有短总花梗或无梗；有苞叶或无，苞叶蓝绿色，宽卵形，突渐尖，基部渐狭；苞片线状披针形，浅白或带紫蓝绿色；花梗极短。夏、秋季开花，总状花序较春季的狭细，组成顶生大型圆锥花序，生当年生幼枝上，多挺直向上；花5数，萼片5枚，卵形，急尖，绿色，边缘膜质透明；花瓣5枚，倒卵状长圆形，淡紫红色，顶端向外反折，花后宿存。花盘5裂，顶端微缺，紫红色；雄蕊5枚，伸出花瓣之外，花丝丝状，着于花盘裂片间，花药红色；子房三棱状卵圆形，红色，花柱与子房等长，柱头3枚，下弯。蒴果长圆锥形，长约5mm。花期5～9月，果期7～10月。

【经济用途】 ① 本种性喜水，也能耐干旱、盐碱和霜冻，为黄河中游半干旱和半湿润地区、黄土高原及山坡的主要水土保持林和用柴林造林树种；② 枝条坚韧，为编筐原料，老枝用作农具柄。

【生境分布】 同德。生于盐碱化河漫滩、灌溉盐碱地边和山坡，海拔1850～2500m。分布于甘肃、陕西、宁夏、内蒙古、山西、河北、河南。在青海亦分布于循化、乐都、民和及西宁。同德县巴沟乡然果村有一片树龄超过百年的甘蒙柽柳林，个体茎围超过30cm，高度超过16m，堪称世界之最。

贾留坤 摄

同德县巴沟乡然果村的古甘蒙柽柳林　贾留坤 摄

鳞茎堇菜

Viola bulbosa Maximowicz

Violaceae 堇菜科　Viola 堇菜属

【形态特征】 多年生低矮草本，具短的地上茎，高2.5～4.5cm。根状茎细长，垂直，具多数细根，下部具1个小鳞茎；鳞茎直径5～6mm，由4～6枚白色、肉质、船形的鳞片所组成，下部生多数须状根。叶簇集茎端；叶片长圆状卵形或近圆形，长1～2.5cm，宽5～14mm，先端圆或有时急尖，基部楔形或浅心形，边缘具明显的波状圆齿，无毛或下面特别是幼叶有白色柔毛；叶柄具狭翅，通常较叶短或近等长，被柔毛；托叶狭，大部分与叶柄合生，分离部分极短，先端尖，无毛或疏生腺状缘毛。花小，白色；花梗自地上茎叶腋抽出，通常稍高于叶或与叶近等长，中部以上有2枚线形小苞片；萼片卵形或长圆形，长3～4mm，宽1.2～1.5mm，先端尖，基部附属物短而圆，无毛或有缘毛；花瓣倒卵形，侧瓣长8～10mm，无须毛，下方花瓣长7～8mm，有紫堇色条纹，先端有微缺；距短而粗，呈囊状，长1.2～1.7mm，粗约2mm，末端钝；花药连药隔顶部附属物长约2.5mm，下方2枚雄蕊背部的距较短粗，末端钝而稍弯；子房无毛，花柱基部稍膝曲，向上略增粗，柱头三角形，两侧及后方略增厚成狭的缘边，先端具明显的喙；喙短，近直立，柱头孔与近喙等粗。蒴果未见。花期5～6月。

【生境分布】 贵德、同德、兴海。生于高山草甸、草原、灌丛下、林下、水边、荒地，海拔2560～4150m。分布于西藏、四川、甘肃；不丹、印度北部和尼泊尔也有。在青海亦分布于杂多、囊谦、久治、玛沁、同仁、泽库、河南、大通、乐都、民和、互助、刚察、门源。

西藏堇菜 藏东堇菜

Viola kunawarensis Royle

Violaceae 堇菜科 Viola 堇菜属

【形态特征】 多年生矮小草本，无地上茎，高2.5～6cm。根状茎缩短，较粗壮，节间短，节密生；根圆锥状，带褐色或苍白色，细长，通常不分枝。叶均基生，莲座状；叶片厚纸质，卵形、圆形或长圆形，长0.5～2cm，宽2～5mm，先端钝，基部楔形或宽楔形，略下延，边缘全缘或疏生浅圆齿，两面均无毛，主脉明显隆起；叶柄较叶片稍长或近等长；托叶膜质，带白色，1/2～2/3与叶柄合生，离生部分披针形，先端渐尖，边缘疏生具腺体的流苏。花小，深蓝紫色；花梗细而挺直，稍长于或与叶近等长，中部稍上处有2枚小苞片；小苞片近对生，线形或狭披针形，先端渐尖，边缘下部疏生腺体状流苏；萼片长圆形或卵状披针形，长3～4mm，宽1～1.5mm，先端钝，基部附属物极短，末端钝圆，具3条脉，边缘狭膜质；花瓣长圆状倒卵形，长7～10mm，先端钝圆，基部稍狭，侧方花瓣无须毛，下方花瓣稍短，有白色脉纹；距极短，呈囊状，稍长于或不长于萼的附属物；花药长约1.5mm，药隔顶部的附属物长约1mm，下方2枚雄蕊背方之距极短，长仅0.4mm；子房卵球形，长约1.5mm，平滑无毛；花柱棍棒状，基部明显膝曲，顶部钝圆无缘边，向前方伸出极短的喙；喙端具较细的柱头孔。蒴果卵圆形，长5～7mm。花期6～7月，果期7～8月。

【生境分布】 兴海。生于高山灌丛、高山草甸、林缘，海拔3100～4750m。分布于西藏、四川、新疆、甘肃；中亚地区、喜马拉雅地区、帕米尔地区也有。在青海亦分布于杂多、囊谦、玉树、玛沁、尖扎、天峻、门源。

三色堇 蝴蝶花

Viola tricolor Linnaeus

Violaceae 堇菜科 Viola 堇菜属

【形态特征】 一、二年生或多年生草本，高10～40cm。地上茎较粗，直立或稍倾斜，有棱，单一或多分枝。基生叶长卵形或披针形，具长柄；茎生叶卵形、长圆状圆形或长圆状披针形，先端圆或钝，基部圆，边缘具稀疏的圆齿或钝锯齿，上部叶叶柄较长，下部者较短；托叶大型，叶状，羽状深裂，长1～4cm。花大，直径3.5～6cm，每个茎上有3～10朵，通常每花有紫、白、黄三色；花梗稍粗，单生叶腋，上部具2枚对生的小苞片；小苞片极小，卵状三角形；萼片绿色，长圆状披针形，长1.2～2.2cm，宽3～5mm，先端尖，边缘狭膜质，基部附属物发达，长3～6mm，边缘不整齐；上方花瓣深紫堇色，侧方及下方花瓣均为三色，有紫色条纹，侧方花瓣里面基部密被须毛，下方花瓣距较细，长5～8mm；子房无毛，花柱短，基部明显膝曲，柱头膨大，呈球状，前方具较大的柱头孔。蒴果椭圆形，长8～12mm。无毛。花期4～7月，果期5～8月。

【相近种】 本种易与栽培的角堇菜*V. cornuta*混淆，但本种略高大，花大，常三色，单株的花较少；而角堇菜较矮小，花小，但单株的花很多，杂色或纯色，易于区分。

【经济用途】 全草入药，止咳、利尿。

【生境分布】 贵德、共和有栽培。青海常见地栽花卉，原产于欧洲，各地栽培供观赏。

角堇菜

唐古特瑞香

甘肃瑞香　陕甘瑞香　藏名：森星那玛

Daphne tangutica Maximowicz

Thymelaeaceae 瑞香科　Daphne 瑞香属

【形态特征】 常绿灌木，高15～60cm，不规则多分枝；枝肉质，较粗壮，幼枝灰黄色，分枝短，较密，几无毛或散生黄褐色粗柔毛，老枝淡灰色或灰黄色，微具光泽，叶迹较小。叶互生，叶片革质或亚革质，披针形至长圆状披针形或倒披针形，长2～8cm，宽0.5～1.7cm，先端钝形，尖头通常钝形；稀凹下，幼时具一束白色柔毛，基部下延于叶柄，楔形，边缘全缘，反卷，上面深绿色，下面淡绿色，干燥后茶褐色，有时上面具皱纹，两面无毛或幼时下面微被淡白色细柔毛，中脉在上面凹下，下面稍隆起，侧脉不甚显著或下面稍明显；叶柄短或几无叶柄，长约1mm，无毛。花外面紫色或紫红色，内面白色，头状花序生于小枝顶端；苞片早落，卵形或卵状披针形，长5～6mm，宽3～4mm，顶端钝尖，具1束白色柔毛，边缘具白色丝状纤毛，其余两面无毛；花序梗长2～3mm，有黄色细柔毛，花梗极短或几无花梗，具淡黄色柔毛；花萼筒圆筒形，长9～13mm，宽2mm，无毛，具显著的纵棱，裂片4枚，卵形或卵状椭圆形，长5～8mm，宽4～5mm，开展，先端钝形，脉纹显著；雄蕊8枚，2轮，下轮着生于花萼筒的中部稍上面，上轮着生于花萼筒的喉部稍下面，花丝极短，花药橙黄色，长圆形，长1～1.2mm，略伸出于喉部；花盘环状，小，长不到1mm，边缘不规则浅裂；子房长圆状倒卵形，长2～3mm，无毛，花柱粗短。浆果卵形或近球形，无毛，长6～8mm，直径6～7mm，幼时绿色，成熟时红色，干燥后紫黑色；种子卵形。花期5～6月，果期7～9月。

【经济用途】 ① 根、皮、花、果实入药，有小毒，果、叶、皮熬膏可驱虫，治梅毒性鼻炎及下疳；花治肺脓肿；根、皮治骨痛、关节炎；② 可作观赏植物；③ 茎皮纤维为很好的造纸原料。

【生境分布】 贵德、贵南。生于山坡灌丛、林下、林缘或岩石缝中，海拔2700～3800m。分布于西藏、云南、陕西、四川、甘肃、陕西、贵州。除海西州外，青海各地均产。

陆福根 摄

陆福根 摄

狼毒

瑞香狼毒　馒头花　藏名：热加巴

Stellera chamaejasme Linnaeus

Thymelaeaceae 瑞香科　Stellera 狼毒属

【形态特征】 多年生草本，高20～50cm；根茎木质，粗壮，圆柱形，不分枝或分枝，表面棕色，内面淡黄色；茎直立，丛生，不分枝，纤细，绿色，有时带紫色，无毛，草质，基部木质化，有时具棕色鳞片。叶散生，稀对生或近轮生，叶片薄纸质，披针形或长圆状披针形，稀长圆形，长12～28mm，宽3～10mm，先端渐尖或急尖，稀钝形，基部圆形至钝形或楔形，上面绿色，下面淡绿色至灰绿色，边缘全缘，不反卷或微反卷，中脉在上面扁平，下面隆起，侧脉4～6对，第2对直伸直达叶片的2/3，两面均明显；叶柄短，长约1.1mm，基部具关节，上面扁平或微具浅沟。花白色、黄色至带紫色，芳香，多花的头状花序，顶生，圆球形；具绿色叶状总苞片；无花梗；花萼筒细瘦，长9～11mm，具明显纵脉，基部略膨大，无毛，裂片5枚，卵状长圆形，长2～4mm，宽约2mm，顶端圆形，稀截形，常具紫红色的网状脉纹；雄蕊10枚，2轮，下轮着生花萼筒的中部以上，上轮着生于花萼筒的喉部，花药微伸出，花丝极短，花药黄色，线状椭圆形，长约1.5mm；花盘一侧发达，线形，长约1.8mm，宽约0.2mm，顶端微2裂；子房椭圆形，几无柄，长约2mm，直径1.2mm，上部被淡黄色丝状柔毛，花柱短，柱头头状，顶端微被黄色柔毛。果实圆锥形，长5mm，直径约2mm，上部或顶部有灰白色柔毛，为宿存的花萼筒所包围；种皮膜质，淡紫色。花期4～6月，果期7～9月。

【经济用途】 ① 根入药，有毒，熬膏内服可治内脏肿瘤，外用治各种炎症；② 根含淀粉，可酿酒提取酒精，但有毒忌饮；③ 根与茎含纤维，可作造纸原料。

【生境分布】 海南州各地。生于草原、高山草甸、干山坡、河滩，海拔2200～4700m。分布于西南、西北、华北、东北及河南；朝鲜、蒙古、俄罗斯、印度也有。青海各地均产。

沙枣

七里香　香柳　银柳　桂香柳　藏名：巴尔达

Elaeagnus angustifolia Linnaeus

Elaeagnaceae 胡颓子科　Elaeagnus 胡颓子属

【形态特征】落叶乔木或小乔木，高5～10m，无刺或具刺，刺长30～40mm，棕红色，发亮；幼枝密被银白色鳞片，老枝鳞片脱落，红棕色，光亮。叶片薄纸质，矩圆状披针形至线状披针形，长3～7cm，宽1～1.3cm，顶端钝尖或钝形，基部楔形，全缘，上面幼时具银白色圆形鳞片，成熟后部分脱落，带绿色，下面灰白色，密被白色鳞片，有光泽，侧脉不甚明显；叶柄纤细，银白色，长5～10mm。花银白色，直立或近直立，密被银白色鳞片，芳香，常1～3朵花簇生新枝基部最初5～6片叶的叶腋；花梗长2～3mm；萼筒钟形，长4～5mm，在裂片下面不收缩或微收缩，在子房上骤收缩，裂片宽卵形或卵状矩圆形，长3～4mm，顶端钝渐尖，内面被白色星状柔毛；雄蕊几无花丝，花药淡黄色，矩圆形，长2.2mm；花柱直立，无毛，上端甚弯曲；花盘明显，圆锥形，包围花柱的基部，无毛。果实椭圆形，长9～12mm，直径6～10mm，粉红色，密被银白色鳞片；果肉乳白色，粉质；果梗短，粗壮，长3～6mm。花期5～6月，果期9月。

【经济用途】①果味甜而微酸，可生食，亦可制果酱及糕点，还能酿酒；②本种为风沙地区造林的重要先锋树种；③木材可制家具；④花具浓郁香气，为良好的蜜源植物；⑤果实入药，治风寒咳嗽、寒湿、白带、痢疾腹泻、月经过多、遗精等症。

【生境分布】贵德、共和，常见于庭园、宅边及道旁、河岸阶地栽培。分布于我国华北、西北、东北及西南等地区，通常为栽培植物，也有野生。青海西宁及海东、黄南等地也有栽培。

东方沙枣

Elaeagnus angustifolia var. ***orientalis*** (Linnaeus) Kuntze

Elaeagnaceae 胡颓子科　Elaeagnus 胡颓子属

【形态特征】本变种与原变种的区别在于：花被下部的叶阔椭圆形，宽1.7～2.2cm，两端钝；果大，阔椭圆形，长1.5～2.4cm，栗色或黄色。

【生境分布】贵德有栽培。分布于新疆、甘肃、宁夏、内蒙古；中亚地区也有。青海尖扎有栽培。

肋果沙棘

Hippophae neurocarpa S. W. Liu & T. N. He

Elaeagnaceae 胡颓子科　Hippophae 沙棘属

【形态特征】 落叶灌木或小乔木，高0.6～5m；幼枝黄褐色，密被银白色或淡褐色鳞片和星状柔毛，老枝变光滑，灰棕色，先端刺状，呈灰白色；冬芽紫褐色，小，卵圆形，被深褐色鳞片。叶互生，叶片线形至线状披针形，长2～6(～8)cm，宽1.5～5mm，顶端急尖，基部楔形或近圆形，上面幼时密被银白色鳞片或灰绿色星状柔毛，后星状毛多脱落，蓝绿色，下面密被银白色鳞片和星状毛，呈灰白色，或混生褐色鳞片，而呈黄褐色。花序生于幼枝基部，簇生成短总状，花小，黄绿色，雌雄异株，先叶开放；雄花黄绿色，花萼2深裂，雄蕊4枚，2枚与花萼裂片对生，2枚与花萼裂片互生，雌花花萼上部2浅裂，裂片近圆形，长约1mm，具银白色与褐色鳞片，花柱圆柱形，褐色，稍弯，伸出花萼裂片外。果实为宿存的萼管所包围，圆柱形，弯曲，具5～7条纵肋（通常6条纵肋），长6～8(～9)mm，直径3～4mm，成熟时褐色，肉质，密被银白色鳞片，果皮质薄，与种子易分离；种子圆柱形，长4～6mm，黄褐色。

【生境分布】 兴海。生于河谷、阶地、河漫滩，海拔2900～4000m。分布于西藏、四川、甘肃。在青海亦分布于囊谦、久治、河南、祁连。

陆福根 摄

张海华 摄

西藏沙棘

Hippophae tibetana Schlechtendal

Elaeagnaceae 胡颓子科　Hippophae 沙棘属

【形态特征】 矮小灌木，高4～60cm，稀达1m；叶腋通常无棘刺。单叶，3叶轮生或对生，稀互生，叶片线形或矩圆状线形，长10～25mm，宽2～3.5mm，两端钝形，边缘全缘不反卷，上面幼时疏生白色鳞片，成熟后脱落，暗绿色，下面灰白色，密被银白色和散生少数褐色细小鳞片。雌雄异株；雄花黄绿色，花萼2裂，雄蕊4枚，2枚与花萼裂片对生，2枚与花萼裂片互生；雌花淡绿色，花萼囊状，顶端2齿裂。果实成熟时黄褐色，多汁，阔椭圆形或近圆形，长8～12mm，直径6～10mm，顶端具6条放射状黑色条纹；果梗纤细，褐色，长1～2mm。花期5～6月，果期9月。

【经济用途】 ① 本种果实较大，多汁，微酸而甜香，可生食，也可提取维生素A和维生素C，藏北群众还用以治肝炎；② 幼嫩枝叶和果实可做饲料。

【生境分布】 海南州各地。生于高寒草甸、灌丛、河漫滩、沟谷及河流两岸，海拔2800～5200m。分布于西藏、四川、甘肃；不丹、印度北部和尼泊尔也有。在青海亦分布于玉树、黄南、海北、海东各地及大通。

中国沙棘

醋柳　黄酸刺　酸刺柳　黑刺　藏名：达日布

***Hippophae rhamnoides* subsp. *sinensis* Rousi**

Elaeagnaceae 胡颓子科　Hippophae 沙棘属

【形态特征】 落叶灌木或乔木，高1～5m，高山沟谷可达18m，棘刺较多，粗壮，顶生或侧生；嫩枝褐绿色，密被银白色而带褐色鳞片或有时具白色星状柔毛，老枝灰黑色，粗糙；芽大，金黄色或锈色。单叶通常近对生，与枝条着生相似，叶片纸质，狭披针形或矩圆状披针形，长30～80mm，宽4～10(～13)mm，两端钝形或基部近圆形，基部最宽，上面绿色，初被白色盾形毛或星状柔毛，下面银白色或淡白色，被鳞片，无星状毛；叶柄极短，几无或长1～1.5mm。果实圆球形，直径4～6mm，橙黄色或橘红色；果梗长1～2.5mm；种子小，阔椭圆形至卵形，有时稍扁，长3～4.2mm，黑色或紫黑色，具光泽。花期4～5月，果期9～10月。

【经济用途】 ① 果入药，补肺、活血；治月经不调，肺结核、胃溃疡等症；② 果味酸甜可食，可制饮料，果酱，也可酿酒；③ 种子可榨油；④ 树皮含鞣质，可提制栲胶；⑤ 本种根系发达，生长迅速，为防风、固沙及水土保持的良好树种。

【生境分布】 青海各州县都有。生于高山灌丛、河谷两岸、阶地、河漫滩和山坡，海拔1800～3800m。中国特有种。分布于西南、西北、华北及河南。

柳兰 铁筷子 火烧兰 藏名：贡布甲班区孜

Chamerion angustifolium (Linnaeus) Holub

Onagraceae 柳叶菜科 Chamerion 柳兰属

【形态特征】 多年生草本，高0.5～1m。茎直立，稀分枝，被短柔毛或无毛。叶互生，叶片长椭圆状线形至披针状线形，长6～18.5cm，宽6～25mm，先端锐尖，边缘具波状齿或全缘，基部具短柄，被短柔毛。总状花序顶生，长20～28cm；苞片线形，被短柔毛；花序轴和花梗被短毛；萼片4枚，开展，线形，长1.7～1.9cm，宽3～3.7mm，先端渐尖，背面被短柔毛；花瓣4枚，红紫色，倒卵形至倒阔卵形，长1.9～2cm，宽1.2～1.5cm，先端微缺，边缘啃蚀状，基部渐狭成长2～3mm的爪；雄蕊8枚，1轮，长1～1.9cm，花丝基部扩大；子房棒状，长约1.3cm，外被短柔毛，花柱长约1.6cm，基部被柔毛，柱头4裂。蒴果圆柱形，长约2.3cm，含种子多数；种子倒卵形，先端具长约2mm的白色簇毛。花果期7～9月。

【经济用途】 ① 蜜源植物；② 全草入药，清热解毒、祛风除湿，止痒，治风寒湿热、疮疖疹毒，皮肤瘙痒。

【生境分布】 海南州各地。生于林下、林缘、山沟、河滩，海拔2180～3800m。分布于西藏、云南、四川、新疆、甘肃、陕西、宁夏、山西、河北、内蒙古、辽宁、吉林、黑龙江；日本、朝鲜及喜马拉雅地区、中亚地区、欧洲、北美洲也有。在青海亦分布于玉树、班玛、泽库、河南、大通、湟中、平安、乐都、民和、互助、祁连。

高山露珠草

Circaea alpina **Linnaeus**

Onagraceae 柳叶菜科 Circaea 露珠草属

【形态特征】 多年生草本，高11～23cm。地下茎纤细，具块茎。茎有时分枝，被短柔毛。叶对生，被短柔毛；叶片卵形、阔卵形至卵状心形，长1.1～3.9cm，宽8～25mm，先端急尖，边缘有疏锯齿，基部圆形至心形；叶柄长6～32mm。总状花序顶生或腋生；花序轴被开展柔毛（有时带腺头）；苞片三角状卵形，长约0.3mm，先端具腺头；延伸的托杯较浅；萼片2枚，开展至反曲，卵形至椭圆形，长1.4～1.5mm，宽约1mm，先端钝，3条脉于先端汇合；花瓣2枚，白色，倒阔卵形，长1.3～1.5mm，宽1.2～1.4mm，先端2裂，基部渐狭成长约2mm之爪；雄蕊2枚，长约1mm；子房下位，1室，花柱长约1mm，柱头头状。果棒状倒卵形，长约2.4mm，被钩状柔毛，含种子1枚。花果期7～9月。

【生境分布】 贵德、同德。生于岩隙、灌丛下、林下、田边，海拔2300～4300m。分布于西南、西北、华北、东北、华中；北温带其他地区也有。在青海亦分布于囊谦、玉树、班玛、久治、同仁、泽库、湟中、平安、乐都、民和、互助、门源。

苏清海 摄

沼生柳叶菜
沼泽柳叶菜　藏名：哦都莫宁
Epilobium palustre Linnaeus

Onagraceae 柳叶菜科　Epilobium 柳叶菜属

【形态特征】　多年生草本，高15～40cm。根状茎基部具鳞片（覆瓦状排列，半圆形，肉质）和鞭匐枝。茎单一或分枝，均匀被曲柔毛，无毛棱线。叶对生，叶片线形至狭披针形，长2.2～4.5cm，宽4～10mm，先端通常渐尖，边缘具疏齿或全缘，基部具短柄，疏生曲柔毛。近伞房花序；苞片互生，叶状；花序轴和花梗被曲柔毛；延伸托杯长约1.5mm；萼片4枚，狭卵形，长约3mm，宽约1.3mm，先端短渐尖，背面和边缘具短柔毛；花瓣4枚，紫红色倒卵形，长约5mm，宽约3mm，先端微缺，基部具短爪；雄蕊8枚，2轮，长1.5～2mm；子房圆柱形，长约1cm，外被白色曲柔毛，花柱长约4mm，柱头棒状。蒴果圆柱形，长4.4～6.8cm；种子倒披针形，长约2mm，顶端具短喙，被微乳突，簇毛长约6mm。花果期7～8月。

【经济用途】　全草入药，利水、消炎，治炎症引起的水肿。

【生境分布】　海南州各地。生于高山灌丛下、林下、林缘、河滩。分布于西藏、云南、四川、新疆、甘肃、陕西、宁夏、山西、河北、内蒙古、辽宁、吉林、黑龙江；北半球温带其他地区与寒带地区也有。在青海亦分布于治多、囊谦、玉树、称多、玛多、玛沁、河南、乌兰、西宁、大通、湟中、平安、乐都、民和、互助、门源。

短梗柳叶菜 滇藏柳叶菜 喜山柳叶菜

Epilobium royleanum Haussknecht

Onagraceae 柳叶菜科 Epilobium 柳叶菜属

【形态特征】 多年生草本，高30～50cm；具根状茎。茎分枝，具4条凸起的棱线，其中2条具曲柔毛。叶对生，叶片长椭圆形至披针形，长1.2～3.5cm，宽4～10mm，先端急尖，边缘具疣状齿突，基部具长1～3mm的柄，两面（沿脉）和边缘具曲柔毛。近伞房花序；苞片互生，叶状；花序轴和花梗被曲柔毛；延伸托杯长约1mm；萼片4枚，直立，狭卵形至披针形，长3.7～4.1mm，宽1～1.5mm，先端渐尖，背面和边缘具腺毛，具羽状脉；花瓣4枚，紫红色，倒卵形，长6.5～7mm，宽约4mm，先端微缺，基部具短爪；雄蕊8枚，2轮，长2.6～4mm；子房圆柱状，长1.6～1.8cm，外被腺毛，花柱长约3.5mm，无毛，柱头头状。蒴果圆柱形，长5.7～6cm，被腺毛；种子狭倒卵形，长约1.3mm，被微乳突，簇毛长约6.5mm。花果期7～9月。

【生境分布】 贵德、同德、贵南。在青海亦分布于玉树、班玛、玛沁、循化、乐都、民和、互助。生于林下、林缘、山坡、河滩，海拔1500～4200m。分布于西藏、云南、贵州、四川、新疆、甘肃、陕西、湖北、河南；阿富汗、克什米尔地区、印度也有。

杉叶藻　藏名：当布噶热

Hippuris vulgaris Linnaeus

Hippuridaceae 杉叶藻科　Hippuris 杉叶藻属

【形态特征】 多年生水生草本，高16～60cm。根状茎直径3～9mm，节上生不定根。茎直立，圆柱形，直径4～9mm，不分枝，具纵沟纹，无毛。叶轮生，每轮通常10～12枚，叶片线形，长1.3～3cm，宽1～1.6mm，先端钝，全缘，无毛，具单脉，无柄。花小，两性，稀单性，单生于叶腋；花梗极短，无毛；萼筒浅杯状，长约0.3mm，无毛，包围着雄蕊和花柱下部，无萼齿；无花瓣；雄蕊1枚，长约1.7mm，花丝线形，花药椭圆形，底着；子房近下位，椭圆形，长约1mm，1室，花柱丝状，长约2mm，被柔毛。核果淡紫色，椭圆形，长约1.4mm。花果期6～9月。

【经济用途】 ① 全草细嫩、柔软，产量较高，适于作猪、禽类及草食性鱼类的饲料；② 全草入药，消炎退烧，治肺炎、肝炎。

【生境分布】 贵德、共和。生于沼泽草甸、湖边、河畔、水池中，海拔2080～4600m。分布于西南、西北、华北、东北；欧洲、亚洲中部至日本及北美洲也有。在青海亦分布于囊谦、玉树、玛多、班玛、久治、玛沁、同仁、泽库、德令哈、乌兰、天峻、西宁、大通、互助、祁连、门源。

锁阳 乌兰高腰

Cynomorium songaricum Ruprecht

Cynomoriaceae 锁阳科　Cynomorium 锁阳属

【形态特征】 多年生肉质寄生草本，高28～39cm。地下茎短粗，具瘤突状吸收根。茎棕红色，圆柱形，基部粗壮，直径1.4～2.7cm，大部埋于沙中，上部仅露出地面数cm。叶互生，鳞片状，叶片阔卵形、三角状卵形至三角形，长3～8mm，宽2.6～11mm，先端急尖，无毛，具弧曲脉。总状花序棒状，长8～15.5cm，直径1.3～5cm；花序轴肉质肥厚；小苞片线形，肉质，长4～4.5mm，被微乳突；花梗长11.3mm，与花被片及子房外面均被微乳突；花杂性，同株；雄花：花被片3～4枚，线形，长约3.5mm；雄蕊1枚，长4～5mm，花药椭圆形，背着；退化雌蕊1枚，白色，长2.5～3mm，先端截形而具细齿；雌花：花被片(1～)3～4枚，线形至倒披针形，长1.3～1.5mm；子房半下位，椭圆形至球形，长约1mm，1室，具下垂胚珠1枚，花柱棒状，长约2mm；两性花与雌花的不同是：其花被片与花柱间具雄蕊1枚。坚果球形。外面被微乳突。花果期6～7月。

【经济用途】 ① 除去花序的肉质茎入药，益精兴阳，润燥滑肠，治阳痿，筋骨痿弱、老人及虚弱者便秘等；② 肉质茎富含鞣质，可提炼栲胶，并含淀粉，可酿酒，饲料及代食品；③ 花序可作紫色染料。

【生境分布】 贵德、共和。生于海拔2700～2900m的荒漠沙地，多寄生在白刺属*Nitraria*和红砂属*Reaumuria*等植物的根上。分布于陕西、甘肃、内蒙古、新疆、宁夏、陕西等地；中亚、伊朗、蒙古也有分布。在青海亦分布于海西州各地。

红毛五加 纪氏五加 老鸦珠子

Eleutherococcus giraldii (Harms) Nakai

Araliaceae 五加科 Eleutherococcus 五加属

【形态特征】 灌木，高1～3m；枝灰色；小枝灰棕色，无毛或稍有毛，密生直刺，稀无刺；刺下向，细长针状。叶有小叶5枚，稀3枚；叶柄长3～7cm，无毛，稀有细刺；小叶片薄纸质，倒卵状长圆形，稀卵形，长2.5～6cm，宽1.5～2.5cm，先端尖或短渐尖，基部狭楔形，两面均无毛，边缘有不整齐细重锯齿，两面不甚明显，网脉不明显；无小叶柄或几无小叶柄。伞形花序单个顶生，直径1.5～2cm，有花多朵；总花梗粗短，长5～7mm，稀长至2cm，有时几无总花梗，无毛；花梗长5～7mm，无毛；花白色；萼长约2mm，边缘近全缘，无毛；花瓣5枚，卵形，长约2mm；雄蕊5枚，花丝长约2mm；子房5室；花柱5枚，基部合生。果实球形，有5条棱，黑色，直径8mm。花期6～7月，果期8～10月。

【经济用途】 根皮及茎皮入药，代“五加皮”用，能祛风湿、强筋骨、散淤活血；治风湿性关节炎、小儿筋骨萎软、跌打损伤等症。

【生境分布】 贵德。生于灌木丛中，海拔2300～2600m。分布于四川、甘肃、陕西、宁夏、湖北、河南。在青海亦分布于循化、民和。

尖瓣芹

Acronema chinense H. Wolff

Apiaceae 伞形科　Acronema 丝瓣芹属

【形态特征】 直立草本，高30～75cm。根卵圆形，直径3～4mm。茎细弱，有细条纹，无毛。基生叶有柄，柄长2～5cm，叶鞘短而膜质；叶片阔三角形，通常二回羽状分裂，一回羽片有约1cm长的柄，二回羽片或裂片近无柄，裂片倒卵状楔形，长约4mm，宽3mm，顶端3裂；茎生叶具长柄，叶二回羽状分裂，末回裂片先端有少数钝锯齿或缺刻状锯齿，两面无毛。顶生伞形花序开展，有长而直立的花序梗；总苞片无或近无；伞辐3～6条，不等长，长2～5cm；小伞形花序有花3～6朵，花柄不等长，长2～10mm，有时着生于中间的小花近无柄；无萼齿；花瓣白色，卵形，长约1mm，宽0.5mm，脉1条，顶端短尖；花柱基扁压，花柱紧贴于花柱基。果实卵状长圆形，顶端略向外分离，长约2mm，宽1.2mm，主棱丝状；每棱槽内油管1条，合生面油管2条；分生果横剖面近半圆形；胚乳腹面平直。花期7月，果期8～9月。

【生境分布】 同德。生于灌丛下、林缘，海拔2600～3880m。中国特有种，分布于四川、甘肃。在青海亦分布于班玛、玛沁、泽库、乐都。

朱鑫鑫 摄

朱鑫鑫 摄

朱鑫鑫 摄

朱鑫鑫 摄

矮尖瓣芹

Acronema chinense var. ***humile*** S. L. Liou & R. H. Shan

Apiaceae 伞形科　Acronema 丝瓣芹属

【形态特征】 本变种与原变种的区别在于：植株矮小，高5～7cm，花序梗极短，长0.5～1.5cm。果期9月。

【生境分布】 共和。生于高山草甸和山间岩石缝隙湿润处，海拔4000～4460m。中国特有种。在青海亦分布于治多、玛多。

朱鑫鑫 摄

白芷 兴安白芷 河北独活 藏名：朱噶巧

Angelica dahurica (Fischer ex Hoffmann) Bentham & J.D. Hooker ex Franchet & Savatier

Apiaceae 伞形科 Angelica 当归属

【形态特征】 多年生高大草本，高1～2.5m。根圆柱形，有分枝，直径3～5cm，外表皮黄褐色至褐色，有浓烈气味。茎基部直径2～5cm，有时可达7～8cm，通常带紫色，中空，有纵长沟纹。基生叶一回羽状分裂，有长柄，叶柄下部有管状抱茎、边缘膜质的叶鞘；茎上部叶二至三回羽状分裂，叶片卵形至三角形，长15～30cm，宽10～25cm，叶柄长至15cm，下部为囊状膨大的膜质叶鞘，无毛或稀有毛，常带紫色；末回裂片长圆形、卵形或线状披针形，多无柄，长2.5～7cm，宽1～2.5cm，急尖，边缘有不规则的白色软骨质粗锯齿，具短尖头，基部两侧常不等大，沿叶轴下延成翅状；花序下方的叶简化成无叶的、显著膨大的囊状叶鞘，外面无毛。复伞形花序顶生或侧生，直径10～30cm，花序梗长5～20cm，花序梗、伞辐和花柄均有短糙毛；伞辐18～40条，中央主伞有时伞辐多至70条；总苞片通常缺或有1～2枚，成长卵形膨大的鞘；小总苞片5～10余枚，线状披针形，膜质，花白色；无萼齿；花瓣倒卵形，顶端内曲成凹头状；子房无毛或有短毛；花柱比短圆锥状的花柱基长2倍。果实长圆形至卵圆形，黄棕色，有时带紫色，长4～7mm，宽4～6mm，无毛，背棱扁，厚而钝圆，近海绵质，远较棱槽为宽，侧棱翅状，较果体狭；棱槽中有油管1条，合生面油管2条。花期7～8月，果期8～9月。

【经济用途】 ① 根入药，发表祛风、止痛活血、排脓消肿，治炎症、溃疡；② 种子可榨油，供工业用；③ 嫩茎剥皮后可供食用。

【生境分布】 贵德；栽培。分布于华北、东北地区及四川、甘肃、陕西、湖北、河南，均多栽培；日本、朝鲜、韩国和俄罗斯（西伯利亚）也有。青海西宁也见栽培。

张海华 摄

张海华 摄

贾留坤 摄

青海当归

Angelica nitida H. Wolff

Apiaceae 伞形科 Angelica 当归属

【形态特征】 多年生草本，高30～90cm。根圆锥形，多不分枝，黄棕色，长5～10cm。茎绿色或带紫色，有细槽纹，光滑无毛，仅上部有粗短硬毛。基生叶为一至二回羽状全裂，裂片2～4对；叶柄长3～5cm，基部膨大成宽管状的叶鞘，叶鞘长4～6.5cm，宽至2cm，两面无毛；茎上部叶为一至二回羽状全裂，叶片阔卵形，长5～8cm，宽5～7cm；顶生叶简化成囊状叶鞘，外面有短毛，顶端有3深裂的叶片；末回裂片长圆形至椭圆形，厚膜质，长1.5～4cm，宽1～2cm，上表面深绿色，下表面淡绿色，顶端钝，有白色膜质的短尖头，基部近截形，边缘锯齿钝圆，有缘毛。复伞形花序，直径6～10cm，伞辐9～19条，长1.5～4cm；无总苞片；小伞花序密集或近球形，有花18～40朵；小总苞片6～10枚，披针形，尾状渐尖；花无萼齿；花瓣白色或黄白色，少为紫红色，长卵形，顶端渐尖，稍反曲；花柱基扁平，紫黑色，花柱短而叉开。果实长圆形至卵圆形，长5～6.5cm，宽3.5～5cm，侧棱翅状，比果体狭，背棱线状，隆起，顶端有宿存的紫褐色扁平花柱基；背棱槽内有油管1条，极少为2条，侧棱槽内有油管2条，长短不等，合生面油管2条。花期7～8月，果期8～9月。

【经济用途】 ① 青海民间用花治头痛；② 根代当归入药，清心热、解毒，治血虚、月经不调、各种血淤头痛及关节炎。

【生境分布】 贵德、同德。生于灌丛、灌丛草甸、林缘、山坡、河谷，海拔3100～4050m。中国特有种，分布于四川北部、甘肃南部。在青海亦分布于达日、班玛、久治、玛沁、泽库、河南、大通、互助、门源。

旱芹 药芹

Apium graveolens Linnaeus

Apiaceae 伞形科 Apium 芹属

【形态特征】 二年生或多年生草本，高15～150cm，有强烈香气。根圆锥形，支根多数，褐色。茎直立，光滑，有少数分枝，并有棱角和直槽。根生叶有柄，柄长2～26cm，基部略扩大成膜质叶鞘；叶片长圆形至倒卵形，长7～18cm，宽3.5～8cm，通常3裂达中部或3全裂，裂片近菱形，边缘有圆锯齿或锯齿，叶脉两面隆起；较上部的茎生叶有短柄，叶片阔三角形，通常分裂为3枚小叶，小叶倒卵形，中部以上边缘疏生钝锯齿以至缺刻。复伞形花序顶生或与叶对生，花序梗长短不一，有时缺少，通常无总苞片和小总苞片；伞辐细弱，3～16条，长0.5～2.5cm；小伞形花序有花7～29朵，花柄长1～1.5mm，萼齿小或不明显；花瓣白色或黄绿色，圆卵形，长约1mm，宽0.8mm，顶端有内折的小舌片；花丝与花瓣等长或稍长于花瓣，花药卵圆形，长约0.4mm；花柱基扁压，花柱幼时极短，成熟时长约0.2mm，向外反曲。分生果圆形或长椭圆形，长约1.5mm，宽1.5～2mm，果棱尖锐，合生面略收缩；每棱槽内有油管1条，合生面油管2条，胚乳腹面平直。花期4～7月。

【经济用途】 ① 嫩茎叶为主要蔬菜之一；② 果实可提取芳香油；③ 全草及果入药，清热止咳、健胃、利尿、降压；④ 种子油可供制肥皂。

【生境分布】 海南州各地均有栽培。分布于欧洲、亚洲、非洲及美洲。我国南北各地均作蔬菜栽培。

紫花鸭跖柴胡 小柴胡 宽苞柴胡

Bupleurum commelynoideum (C. B. Clarke) Ridley

Apiaceae 伞形科 Bupleurum 柴胡属

【形态特征】 多年生草本。主根微粗，深褐色。数茎绿色，基部有残留叶鞘，高38～48cm，上部有时有1～2个侧枝，有细纵条纹。基生叶细长，线形，长8～18cm，宽2.5～4mm，顶端渐尖，无叶柄，不收缩，抱茎，表面鲜绿色，背面有时带紫色，基部紫色，具5条脉；茎中部叶卵状披针形，下半部扩大，至基部略收缩，抱茎，顶端渐尖，往往呈长尾状，长8～11cm，宽5～10mm，15～21条脉，边缘白膜质，茎顶部叶较短，狭卵形，顶端渐尖或有短尾尖，13～21条脉，3～5条脉直达顶端。伞形花序单生于枝顶，总苞片1～2枚，早落，不等大，卵形或披针形，长0.5～1.5cm，宽3～10mm，3～13条脉；伞辐3～7条，较粗，长1.5～5cm，结果后可延长至5cm以上；小伞形花序美丽，直径1.2～1.8cm；小总苞片7～9枚，2轮排列，卵形或广卵形，长7～9mm，宽3～5mm，超出花1倍以上，顶端钝圆有小尖头，基部略相连，表面绿色，背面多带粉紫蓝色，5～7条脉；小伞形花序有花16～30朵，花柄长1.5～2mm；花瓣背面紫色，边缘鲜黄色，腹面紫色或黄色，内卷，舌片梯形，中肋凸出，背部特显，深紫色；花柱基碟形，宽过子房，深紫色，很显著；柱头短而粗，直立，子房偶有由3心皮组成的。果实成熟时棕红色，短圆柱形，长2～2.5mm，直径1.5mm，棱条色淡，略成翼状，每棱槽中油管3条，合生面油管4条。花期8～9月，果期9～10月。

【生境分布】 共和。生于海拔3200～3400m的半阴坡灌丛和草地。中国特有种，分布于四川、云南、西藏。在青海亦分布于河南。

簇生柴胡

Bupleurum condensatum R. H. Shan et Yin Li

Apiaceae 伞形科 Bupleurum 柴胡属

【形态特征】 多年生矮小丛生草本，全体常带红色，植株高8～20cm。主根发达，纺锤形，长4～9cm，粗4～10mm，淡棕色，顶端有少数短支根。基生叶多而密集，鞘部无柄，重叠抱茎生长；叶片披针形或线形，长2～5.5cm，基部最宽处宽2～5mm，向上渐狭窄，顶端长渐尖，5～11条脉，茎生叶形状与基生叶相似，但较短小，披针形、线形或钻形，无柄，长1～3cm，基部宽2～3mm，5～7条脉，顶端长渐尖。顶生复伞形花序直径4～6cm，伞辐4～7条，不等长，长3～6cm；总苞片5～6枚，线形，长1.2～3mm，宽0.5～2mm；小总苞片6～8枚，少有5枚，披针形或卵状椭圆形，少数狭披针形或线形，顶端急尖或渐尖，有小突尖头，基部楔形，长3～5mm，宽1～1.7mm。小伞形花序有花14～20朵；花柄长1.2～1.8mm；花瓣黄色，卵状披针形，长0.5mm，顶端反折成小尖帽状，小舌片小，为花瓣全长的1/4～1/3，顶端2裂，花瓣基部楔形；花柱基黄色；花柱特长，基部粗壮，顶端细，2花柱叉开。果柄很短，长0.5～1mm，果很小，红棕色，卵圆形，长1.8～2.6mm，宽1.8～2mm，果棱极细，与果同色，故不明显，棱槽中油管1条，合生面2条。花期7～8月，果期8～9月。

【生境分布】 海南州各地（模式标本产地：大河坝）。生于山坡、草地、河滩，海拔3000～3650m。青海特有种，中国特有种。在青海亦分布于果洛、黄南、海西、海北。

密花柴胡

Bupleurum densiflorum Ruprecht

Apiaceae 伞形科 Bupleurum 柴胡属

【形态特征】 多年生草本。根颈粗壮。数茎稀疏丛生，少单生，高10～30cm，纤细，有1～2个短分枝。基生叶较多，狭披针形或线形，质薄，长6～13cm，宽3～7mm，顶端钝尖，中部以下变窄，成细长叶柄，基部抱茎，叶柄与叶片等长或超过，3～5条脉，表面绿色，背面粉绿色；茎生叶1～3枚，披针形，无柄，顶端渐尖，基部抱茎，有时有不明显耳状叶基，5～7条脉。伞形花序顶生，伞辐2～3条，很少4条，纤细，不等长，长1.5～5cm；总苞片1～3枚，不等大，披针形或卵形，长5～15mm，宽3～5mm，顶端渐尖或略钝，基部常扩大成耳状抱茎，5～9条脉；小总苞片5～6枚，卵形至阔卵形或圆状倒卵形，革质，超过小伞形花序，长5～7mm，宽3～7mm，顶端圆或钝，有小突尖头，7～9条脉，背面略带浅蓝色白霜；小伞形花序有花10～20朵；花柄长1.5～2mm；花瓣外面棕黄色，中脉隆起呈紫色，小舌片顶端2裂，黄色；花柱基暗紫色，直径超过子房。果长圆形，暗棕色，长3～4mm，直径2～2.5mm，有略锐的狭翼状棱，油管较粗大，每棱槽内2条，合生面2条。花期7～8月，果期8～9月。

【生境分布】 贵南、共和。生于沙丘、峡谷和灌丛草甸，海拔3200～3420m。分布于新疆；中亚地区也有。在青海亦分布于泽库、河南。

秦岭柴胡

Bupleurum longicaule var. ***giraldii*** H. Wolff

Apiaceae 伞形科 Bupleurum 柴胡属

【形态特征】 多年生丛生草本，高6～40cm。主根棕色。茎带紫色，有时分枝。基生叶线形、倒披针形至长圆形，长2.5～8cm，宽3～8mm，先端急尖，基部渐狭成长1～3.5cm的柄，具5～7条脉；茎生叶线形至披针形，长1.9～8cm，宽3～7mm，先端锐尖，基部扩大近心形抱茎，无柄，具11～15条脉。复伞形花序直径1.9～4.5cm；总苞片(1～)2～3枚，卵形、狭卵形至长圆形，长0.5～1.2cm，宽2～5mm，先端钝或具短尖头，具7～10条脉；伞辐4～11条，长0.8～3.5cm；小伞形花序直径4～7mm，具15～17朵花；小总苞片5～8枚，黄绿色，纸质，近椭圆形，长2.8～3mm，宽约2mm，先端具短尖头，具5条脉，稍超过花；花梗长1～1.3mm；花瓣黄色；花柱基宽于子房。果瓣横剖面五角形，每棱槽油管3条，合生面4条。花果期7～9月。

【经济用途】 全草入药，清热退烧，治感冒。

【生境分布】 贵德、兴海。生于山坡、草甸、滩地，海拔2600～4400m。中国特有种，分布于山西、陕西。在青海亦分布于囊谦、玉树、玛沁、乐都、互助、刚察、海晏。

马尔康柴胡　马尾柴胡　竹叶柴胡

Bupleurum malconense R. H. Shan & Yin Li

Apiaceae 伞形科　Bupleurum 柴胡属

【形态特征】 多年生草本，根增粗成锥形，紫褐色。茎3～5条，高30～65cm，茎直立，较细而硬挺，直径2～3mm，节间很短，基部紫色，表面有细纵条纹。基生叶多，狭线形，深绿色，质稍硬挺而厚，叶背绿色，长10～15cm，宽2.5～5mm，顶端渐尖，基部微狭或不变狭窄成鞘，抱茎，具5～7条脉；茎中、上部叶与基生叶同形而小，顶端渐尖，基部略窄半抱茎，3～5条脉。复伞形花序多而小，花序直径1～2cm；花序梗常带紫色；总苞片很小，2～3枚，线形或鳞片状，不等大，长1～5mm，宽0.5～1mm，顶端渐尖，具1～5条脉；伞辐3～5条，很少更多，长1～2cm，直挺；小伞形花序很小，直径4～6mm，花7～11朵；小总苞片5～8枚，披针形，长2～2.5mm，宽0.6～0.8mm，略短于或等于小伞形花序的长度，顶端渐尖，基部不收缩，3条脉，向背部突出；花黄色，直径约1mm；花柄长1～1.5mm或更短；花瓣的小舌片小，近方形，长为花瓣全长的1/4，顶端2裂；花柱基厚，盘形，直径显著大于子房。果实卵状椭圆形，褐色，长2.5～3mm，宽1.5～1.8mm，果柄长1～1.5mm。每棱槽中油管3条，合生面4条。花期7～9月，果期9～10月。

【生境分布】 同德。生于阶地、沟边、河滩，海拔3200～3750m。分布于四川西北部、甘肃南部。在青海亦分布于玉树、班玛、玛沁、河南。

短茎柴胡

Bupleurum pusillum Krylov

Apiaceae 伞形科　Bupleurum 柴胡属

【形态特征】 多年生矮小草本，丛生，呈蓝灰绿色，根粗短，木质化。茎高2～12cm，下部微触地，再斜上，分枝曲折。基部节间很短，基生叶簇生，并有枯萎残余叶柄，叶基有时带紫红色，基生叶线形或狭倒披针形，长2～5cm，宽1～4mm，质较厚，具3～5条平行脉，顶端尖锐，基部略狭，边缘干燥时常内卷；茎生叶较短而阔，披针形或狭卵形，长1～2cm，宽3～5mm，具7～9条脉，顶端尖锐，基部无柄，抱茎，边缘有细白边。复伞形花序顶生及侧生，直径1～2.5cm；花序梗长1～3cm；总苞片无或1～4枚，不等大，卵状披针形，长4～9mm，宽1～2.5mm；伞辐3～6条，不等长，长1.5～4mm；小总苞片5枚，稀6～7枚，绿色带紫色，背有白粉，质厚，卵形，长4.5～5mm，宽1.2～2mm，与小伞形花序等长或略长，顶端尖锐，有硬尖头，3条脉向背部凸出；小伞形花序直径4～6mm；花10～15朵；花柄长约1mm；花瓣黄色，舌片顶端2裂；花柱基深黄色。子房棱显著，棱间有白粉。果卵圆状椭圆形，棕色，长3.5～4mm，宽1.8～2.5mm，每棱槽油管3～4条，合生面4条。花期6～7月，果期8～9月。

【生境分布】 共和。生于山坡草地，海拔3200～3800m。分布于新疆、宁夏、内蒙古；俄罗斯（西伯利亚）和蒙古也有。在青海亦分布于称多和泽库。

小叶黑柴胡

***Bupleurum smithii* var. *parvifolium* R. H. Shan & Yin Li**

Apiaceae 伞形科　Bupleurum 柴胡属

【形态特征】　多年生草本，密丛生，高15～40cm。根黑褐色，分枝。茎细而微弯成弧形，下部微触地。叶片革质，线形，长2.8～11cm，宽3～5mm，具5～7条脉；基生叶具长2～3cm的柄；茎生叶下部者具柄，以上渐无柄，抱茎。复伞形花序直径1～3cm；总苞片无；小伞形花序直径6～7.3mm，小总苞片5～9枚，卵形、椭圆形至近长圆形，长3～3.3mm，宽0.9～2mm，具4～7条脉，等于或稍长于小伞形花序。花梗长1～2mm；花瓣黄色；花柱基扁盘形。幼果黄褐色，卵球形，长1.5mm，宽1mm，棱狭翅状，每棱槽油管3条，合生面3～4条。花果期7～9月。

【经济用途】　全草入药，治感冒发烧。

【生境分布】　贵南、共和。生于高山草甸、灌丛下、林缘、山坡、沙丘、田边，海拔2300～4100m。中国特有种，分布于甘肃、宁夏、内蒙古。在青海亦分布于治多、玉树、同仁、泽库、河南、西宁、大通、循化、乐都、互助、刚察、祁连、门源。

三辐柴胡

***Bupleurum triradiatum* Adams ex Hoffmann**

Apiaceae 伞形科　Bupleurum 柴胡属

【形态特征】　多年生矮小草本。茎单生或2～3条，直立，高7～20(～30)cm。基生叶较少，线形、披针形至椭圆状或卵状披针形，长2.5～10cm，宽3～10mm，顶端钝尖或急尖，下部渐狭，3～5(～7)条平行脉；茎生叶1～4枚，无柄，狭卵形或披针形，顶端渐尖或钝尖，基部圆形略狭或耳状抱茎，长1.5～6cm，下部最宽处宽3～7mm，基部抱茎，7～9条脉。复伞形花序1～3个，直径1.3～3cm；伞辐2～4条，直立，较粗，略等长，长1～2.5cm；总苞片1～3枚，卵形或广卵形，顶端急尖或钝尖，长6～20mm，宽2.5～10mm，较伞辐短，6～7条脉；小总苞片5～6(～8)枚，质薄，黄色或黄绿色，有时带红色或蓝紫色，长4～8mm，宽4～7mm，顶端圆钝或急尖，有小突尖头，基部圆形微相连，5～7条脉，长于小伞形花序；小伞形花序直径8～15mm，有花18～26朵，花柄长1～2mm；花瓣黄色或外面带紫色，有时紫褐色，边缘及内面黄色，反折处平，中脉不凸起，小舌片较大，方形；花柱基深黄色，比子房宽。果长椭圆形，长2.5～3mm，宽1.5～2mm，果柄长1～1.5mm，红棕色；果棱线状，明显，每棱槽中油管1～3条，合生面2～4条。花期7～8月，果期8～9月。

【相近种】　本种与密花柴胡*B. densiflorum*相似，区别在于小总苞片的色泽及小脉的明显与否。

【生境分布】　共和。生于灌丛、峡谷、阴坡，海拔3400～3700m。分布于西藏、四川、新疆；俄罗斯、日本也有。在青海亦分布于称多、玛沁、泽库、河南。

田葛缕子

Carum buriaticum Turczaninow

Apiaceae 伞形科　Carum 葛缕子属

【形态特征】 多年生草本，高20～80cm。根圆柱形，长达18cm，直径0.5～2cm。茎通常单生，稀2～5条，基部有叶鞘纤维残留物，自茎中、下部以上分枝。基生叶及茎下部叶有柄，长6～10cm，叶片长圆状卵形或披针形，长8～15cm，宽5～10cm，三至四回羽状分裂，末回裂片线形，长2～5mm，宽0.5～1mm；茎上部叶通常二回羽状分裂，末回裂片细线形，长5～10mm，宽约0.5mm。总苞片2～4枚，线形或线状披针形；伞辐10～15枚，长2～5cm；小总苞片5～8枚，披针形；小伞形花序有花10～30朵，无萼齿；花瓣白色。果实长卵形，长3～4mm，宽1.5～2mm，每棱槽内油管1条，合生面2条。花果期6～9月。

【相近种】 本种的体态与葛缕子*C. carvi*相似，但本种茎基部有叶鞘纤维残留物，基生叶三至四回羽状分裂，末回裂片较细，宽约0.5mm以下，有总苞片和小总苞片。

【经济用途】 ①果实含芳香油，可供制香料；②果实入药，能祛风健胃；③嫩叶细软，可蔬食。

【生境分布】 海南州各地。生于灌丛下、林下、林缘、山坡、滩地、道旁、田边，海拔1700～3700m。分布于西藏、四川及西北、华北、东北。在青海亦分布于囊谦、班玛、同仁、泽库、西宁、大通、乐都、民和、祁连、门源。

白瑜 摄

葛缕子

马缨子　藏茴香　藏名：羔鸟

***Carum carvi* Linnaeus**

Apiaceae 伞形科　Carum 葛缕子属

【形态特征】 多年生草本，高30～70cm，根圆柱形，长4～25cm，直径5～10mm，表皮棕褐色。茎通常单生，稀2～8条。基生叶及茎下部叶的叶柄与叶片近等长，或略短于叶片，叶片长圆状披针形，长5～10cm，宽2～3cm，二至三回羽状分裂，末回裂片线形或线状披针形，长3～5mm，宽约1mm，茎中、上部叶与基生叶同形，较小，无柄或有短柄。无总苞片，稀1～3枚，线形；伞辐5～10条，极不等长，长1～4cm，小总苞无或偶有1～3枚，线形；小伞形花序有花5～15朵，花杂性，无萼齿，花瓣白色，或带淡红色，花柄不等长，花柱长约为花柱基的2倍。果实长卵形，长4～5mm，宽约2mm，成熟后黄褐色，果棱明显，每棱槽内油管1条，合生面2条。花果期6～9月。

【经济用途】 ① 根、果入药，根能祛风除湿，治感冒发烧、关节疼痛；果治心脏病、胃腹疼痛、夜盲症；② 果实还可提取挥发油；③ 嫩茎叶可作蔬菜。

【生境分布】 海南州各地。生于高山草甸、高山灌丛、林下、林缘、道旁、田边，海拔2080～4050m。分布于西藏、四川及西北、华北、东北；欧洲、北美洲、北非也有。青海各州县均产。

朱鑫鑫 摄

白瑜 摄

芫荽 香荽 胡荽 香菜 藏名：乌索

Coriandrum sativum Linnaeus

Apiaceae 伞形科 Coriandrum 芫荽属

【形态特征】 一年生或二年生、有强烈气味的草本，高20～100cm。根纺锤形，细长，有多数纤细的支根。茎圆柱形，直立，多分枝，有条纹，通常光滑。根生叶有柄，柄长2～8cm；叶一至二回羽状全裂，羽片广卵形或扇形半裂，长1～2cm，宽1～1.5cm，边缘有钝锯齿、缺刻或深裂，上部的茎生叶三回以至多回羽状分裂，末回裂片狭线形，长5～10mm，宽0.5～1mm，顶端钝，全缘。伞形花序顶生或与叶对生，花序梗长2～8cm；伞辐3～7条，长1～2.5cm；小总苞片2～5枚，线形，全缘；小伞形花序有孕花3～9朵，花白色或带淡紫色；萼齿通常大小不等，小的卵状三角形，大的长卵形；花瓣倒卵形，长1～1.2mm，宽约1mm，顶端有内凹的小舌片，辐射瓣长2～3.5mm，宽1～2mm，通常全缘，有3～5条脉；花丝长1～2mm，花药卵形，长约0.7mm；花柱幼时直立，果熟时向外反曲。果实圆球形，背面主棱及相邻的次棱明显。胚乳腹面内凹。油管不明显，或有1个位于次棱的下方。花果期4～11月。

【经济用途】 ① 茎、叶作蔬菜和调香料，并有健胃消食的作用；② 果实可提芳香油；③ 种子含油约20%；④ 果入药，有清热、解表、祛风、透疹、健胃、祛痰之效。

【生境分布】 海南州各地。原产于地中海地区。我国其他地区均有栽培。西宁、海东也有栽培。

胡萝卜

Daucus carota var. **sativa** Hoffmann

Apiaceae 伞形科　Daucus 胡萝卜属

【形态特征】 二年生草本，高15～120cm。根肉质，长圆锥形，粗肥，呈红色或黄色。茎单生，全体有白色粗硬毛。基生叶薄膜质，长圆形，二至三回羽状全裂，末回裂片线形或披针形，长2～15mm，宽0.5～4mm，顶端尖锐，有小尖头，光滑或有糙硬毛；叶柄长3～12cm；茎生叶近无柄，有叶鞘，末回裂片小或细长。复伞形花序，花序梗长10～55cm，有糙硬毛；总苞有多数苞片，呈叶状，羽状分裂，少有不裂的，裂片线形，长3～30mm；伞辐多数，长2～7.5cm，果时外缘的伞辐向内弯曲；小总苞片5～7枚，线形，不分裂或2～3裂，边缘膜质，具纤毛；花通常白色，有时带淡红色；花柄不等长，长3～10mm。果实圆卵形，长3～4mm，宽2mm，棱上有白色刺毛。花期5～7月。

【相近种】 本变种与原变种野胡萝卜 *D. carota*（青海不产）区别在于：根肉质，长圆锥形，粗肥，呈红色或黄色。

【经济用途】 根作蔬菜食用。

【生境分布】 海南州各地；栽培。全国各地广泛栽培。

茴香

蘹蓍　小茴香　藏名：觉吾苏

Foeniculum vulgare (Linnaeus) Miller

Apiaceae 伞形科　Foeniculum 茴香属

【形态特征】 草本，高0.4～2m。茎直立，光滑，灰绿色或苍白色，多分枝。较下部的茎生叶柄长5～15cm，中部或上部的叶柄部分或全部成鞘状，叶鞘边缘膜质；叶片阔三角形，长4～30cm，宽5～40cm，四至五回羽状全裂，末回裂片线形，长1～6cm，宽约1mm。复伞形花序顶生或侧生，花序梗长2～25cm；伞辐6～29条，不等长，长1.5～10cm；小伞形花序有花14～39朵；花柄纤细，不等长；无萼齿；花瓣黄色，倒卵形或近倒卵圆形，长约1mm，先端有内折的小舌片，中脉1条；花丝略长于花瓣，花药卵圆形，淡黄色；花柱基圆锥形，花柱极短，向外叉开或贴伏在花柱基上。果实长圆形，长4～6mm，宽1.5～2.2mm，主棱5条，尖锐；每棱槽内有油管1条，合生面2条；胚乳腹面近平直或微凹。花期5～6月，果期7～9月。

【经济用途】 ① 茎、叶作蔬菜食用或作调味用；② 果实入药，理气和胃、祛寒疗疝、止痛，治肺炎、肺结核、胃病、消化不良、睾丸肿痛。

【生境分布】 海南州各地；栽培。原产于地中海地区，我国各地都有栽培。

贾留坤 摄

贾留坤 摄

白瑜 摄

裂叶独活

藏当归　多裂独活　藏名：朱噶巧

Heracleum millefolium **Diels**

Apiaceae 伞形科　Heracleum 独活属

【形态特征】　多年生草本，高5～30cm，有柔毛。根长约20cm，棕褐色；颈部被有褐色枯萎叶鞘纤维。茎直立，分枝，下部叶有柄，叶柄长1.5～9cm；叶片披针形，长2.5～16cm，宽达2.5cm，三至四回羽状分裂，末回裂片线形或披针形，长0.5～1cm，先端尖；茎生叶逐渐短缩。复伞形花序顶生和侧生，花序梗长20～25cm；总苞片4～5枚，披针形，长5～7mm；伞辐7～8条，不等长；小总苞片线形，有毛；花白色；萼齿细小。果实椭圆形，背部极扁，长5～6mm，宽约4mm，有柔毛，背棱较细；每棱槽内有油管1条，合生面2条，其长度为分生果长度的一半或略超过。花期6～8月，果期9～10月。

【经济用途】　全草入药，消肿、化痞、止血，治内腔疮疖、痞块、麻风病，外用消四肢肿胀、愈创伤。

【生境分布】　海南州各地。生于高山草甸、草原、灌丛、林下、湿沙地、岩隙，海拔2700～4800m。分布于西藏、云南、四川、甘肃；不丹也有。在青海亦分布于杂多、治多、曲麻莱、玉树、称多、玛多、达日、甘德、久治、玛沁、同仁、泽库、河南、天峻、大通、湟源、刚察、祁连。

长茎藁本

Ligusticum thomsonii C. B. Clarke

Apiaceae 伞形科　Ligusticum 藁本属

【形态特征】 多年生草本，高20～60cm。根多分叉，长可达15cm，直径2cm；根颈密被纤维状枯萎叶鞘。茎多条，自基部丛生，具条棱及纵沟纹。基生叶具柄，柄长2～10cm，基部扩大为具白色膜质边缘的叶鞘；叶片狭长圆形，长2～12cm，宽1～3cm，羽状全裂，羽片5～9对，卵形至长圆形，长0.5～2cm，宽0.5～1cm，边缘具不规则锯齿至深裂，背面网状脉纹明显，脉上具毛；茎生叶较少，仅1～3枚，无柄，向上渐简化。复伞形花序顶生或侧生，顶生者直径4～5cm，侧生者常小而不发育；总苞片5～6枚，线形，长0.5cm，具白色膜质边缘；伞辐12～20条，长1～2.5cm；小伞形花序具20～23朵花；小总苞片10～15枚，线形至线状披针形，先端尾状，具白色膜质边缘，长0.5～0.7cm；萼齿微小；花瓣白色，卵形，长约1mm，具内折小舌片；花柱基隆起，花柱2枚，向下反曲。分生果长圆状卵形，长4mm，宽2.5mm，主棱明显突起，侧棱较宽；每棱槽内油管3～4条，合生面8条；胚乳腹面平直。花期7～8月，果期9月。

【生境分布】 兴海。生于林下、林缘、高山灌丛、高山草甸、田边，海拔2600～4300m。分布于西藏、甘肃；印度、巴基斯坦也有。在青海亦分布于杂多、治多、曲麻莱、玉树、玛多、达日、班玛、甘德、久治、玛沁、同仁、泽库、河南、德令哈、大通、乐都、互助、刚察、祁连、门源。

宽叶羌活　大头羌　藏名：朱那

Notopterygium franchetii H. de Boissieu

Apiaceae 伞形科　Notopterygium 羌活属

【形态特征】 多年生草本，高60～180cm。有发达的根茎，基部多残留叶鞘。茎直立，少分枝，圆柱形，中空，有纵直细条纹，带紫色。基生叶及茎下部叶有柄，柄长1～22cm，下部有抱茎的叶鞘；叶大，三出式二至三回羽状复叶，一回羽片2～3对，有短柄或近无柄，末回裂片无柄或有短柄，长圆状卵形至卵状披针形，长3～8cm，宽1～3cm，顶端钝或渐尖，基部略带楔形，边缘有粗锯齿，脉上及叶缘有微毛；茎上部叶少数，叶片简化，仅有3枚小叶，叶鞘发达，膜质。复伞形花序顶生和腋生，直径5～14cm，花序梗长5～25cm；总苞片1～3枚，线状披针形，长约5mm，早落；伞辐10～17(～23)条，长3～12cm；小伞形花序直径1～3cm，有多数花；小总苞片2～5枚，线形，长3～4mm；花柄长0.5～1cm；萼齿卵状三角形；花瓣淡黄色，倒卵形，长1～1.5mm，顶端渐尖或钝，内折；雄蕊的花丝内弯，花药椭圆形，黄色，长约1mm；花柱2枚，短，花柱基隆起，略呈平压状。分生果近圆形，长5mm，宽4mm，背腹稍压扁，背棱、中棱及侧棱均扩展成翅，但发展不均匀，翅宽约1mm；油管明显，每棱槽3～4条，合生面4条；胚乳内凹。花期7月，果期8～9月。

【经济用途】 根及根状茎入药，表散风寒、通痹止痛，治风寒感冒、风湿性关节疼痛等。

【生境分布】 海南州各地。生于高山灌丛草甸、高山灌丛、林下、林缘，海拔2300～3900m。中国特有种，分布于四川、甘肃、陕西、山西、内蒙古、湖北。在青海亦分布于班玛、玛沁、同仁、泽库、河南、大通、湟源、湟中、循化、乐都、民和、互助、门源。

羌活 竹节羌活 蚕羌 藏名：朱那

Notopterygium incisum C. C. Ting ex H. T. Chang

Apiaceae 伞形科 Notopterygium 羌活属

【形态特征】 多年生草本，高50～150cm，根茎粗壮，伸长呈竹节状。根颈部有枯萎叶鞘。茎直立，圆柱形，中空，有纵直细条纹，带紫色。基生叶及茎下部叶有柄，柄长1～22cm，下部有长2～7cm的膜质叶鞘；叶为三出式三回羽状复叶，末回裂片长圆状卵形至披针形，长2～5cm，宽0.5～2cm，边缘缺刻状浅裂至羽状深裂；茎上部叶常简化，无柄，叶鞘膜质，长而抱茎。复伞形花序直径3～13cm，侧生者常不育；总苞片3～6枚，线形，长4～7mm，早落；伞辐7～18(～39)条，长2～10cm；小伞形花序直径1～2cm；小总苞片6～10枚，线形，长3～5mm；花多数，花柄长0.5～1cm；萼齿卵状三角形，长约0.5mm；花瓣白色，卵形至长圆状卵形，长1～2.5mm，顶端钝，内折；雄蕊的花丝内弯，花药黄色，椭圆形，长约1mm；花柱2枚，很短，花柱基平压稍隆起。分生果长圆状，长5mm，宽3mm，背腹稍压扁，主棱扩展成宽约1mm的翅，但发展不均匀；油管明显，每棱槽3条，合生面6条；胚乳腹面内凹成沟槽。花期7～8月，果期8～9月。

【经济用途】 根状茎入药，治风寒感冒、风湿性关节痛等。

【生境分布】 海南州各地。生于高山草甸、高山灌丛草甸、林下，海拔2700～4200m。中国特有种，分布于西藏、四川、新疆、甘肃、陕西。在青海亦分布于玉树、称多、曲麻莱（模式标本产地）、达日、班玛、久治、玛沁、泽库、河南、湟中、乐都、民和、祁连、门源。

镰叶前胡

Peucedanum falcaria Turczaninow

Apiaceae 伞形科 Peucedanum 前胡属

【形态特征】 多年生草本，高40～60cm，全株光滑。根颈短，存留有短小枯鞘纤维；根细长圆锥形，黄褐色。茎单一，通常不分枝，直立，有细条纹，轻微突起。基生叶少数，有短柄，基部具披针形叶鞘；叶片长卵形或椭圆形，一至二回羽状全裂，末回裂片5～10片，线状披针形或稍镰刀状弯曲，淡灰绿色，长1～3.5cm，宽1～3mm；茎生叶少数，向上逐渐简化，较小，无柄，叶鞘披针形或卵状披针形，边缘膜质，基部抱茎。复伞形花序顶生和腋生，直径3～6cm，总苞片无或1～3枚，细小，锥形；伞辐7～12条，不等长；小伞形花序有花15～20朵，花柄不等长；小总苞片10～13枚，披针状线形，不等长，边缘膜质，比花柄短；萼齿三角形，尖锐；花瓣宽卵形，顶端微凹，有内折的小舌片，长约1.5mm；花柱基圆锥形，暗紫红色，花柱延长，弯曲。果实倒卵形或广椭圆形，先端较宽，长5～6mm，宽4～4.5mm，果棱丝状突起，侧棱翅状，宽约1mm；每棱槽内有油管3条，合生面4～6条。花期7月，果期8月。

【生境分布】 共和。生于干山坡，海拔3400m。分布于新疆；蒙古、俄罗斯也有。

垫状棱子芹

Pleurospermum hedinii Diels

Apiaceae 伞形科　Pleurospermum 棱子芹属

【形态特征】 多年生莲座状草本，高1～5cm，直径10～15cm。根粗壮，圆锥状，直伸。茎粗短，肉质，直径1～1.5cm，基部被栗褐色残鞘。叶近肉质，基生叶连柄长7～12cm，叶片狭长椭圆形，二回羽状分裂，长3～5cm，宽1～1.5cm，一回羽片5～7对，近于无柄，卵形或长圆形，长3～7mm，羽状分裂，末回裂片倒卵形或匙形，长1.5～2.5mm，宽0.5～1.5mm，叶柄扁平，基部变宽达4mm；茎生叶与基生叶同形，较小。复伞形花序顶生，直径5～10cm；总苞片多数，叶状；伞辐多数，肉质，中间的较短，外面的长可达2～3cm；小总苞片6～14枚，倒卵形或倒披针形，长4～8mm，顶端常叶状分裂，基部宽楔形，有宽的白色膜质边缘；小伞形花序具7～30朵花，花柄肉质，长1～2mm；萼齿近三角形，长约0.5mm；花瓣淡红色至白色，近圆形，顶端有内折的小舌片；花丝与花瓣近等长，花药黑紫色，花柱基压扁，花柱直伸，长约0.8mm；子房椭圆形，明显有呈微波状褶皱的翅。果实卵形至宽卵形，长4～5mm，宽3～3.5mm，淡紫色或白色，表面有密集的细水泡状突起；果棱宽翅状，微呈波状褶皱；每棱槽有油管1条，合生面2条。花期7～8月，果期9月。

【生境分布】 兴海。生于高山碎石隙、高山草甸，海拔3980～4900m。中国特有种，分布于西藏。在青海亦分布于称多、达日、玛多、玛沁。

西藏棱子芹 藏名：加哇

Pleurospermum hookeri var. ***thomsonii*** C. B. Clarke

Apiaceae 伞形科 Pleurospermum 棱子芹属

【形态特征】 多年生草本，高10～40cm，全体无毛。根较粗壮，暗褐色，直径4～6mm。茎直立，单一或数茎丛生，圆柱形，有条棱。基生叶多数，连柄长10～20cm，叶柄基部扩展呈鞘状抱茎；叶片三角形，二至三回羽状分裂，羽片7～9对，一回羽片披针形或卵状披针形，最下1对羽片有明显的柄，向上逐渐变短，羽片长达3～5cm，宽1.5～2.5cm，末回裂片宽楔形，长宽各约5mm，羽状深裂呈线形小裂片；茎上部的叶少数，简化，叶柄常常只有膜质的鞘状部分。复伞形花序顶生，直径5～7cm；总苞片4～6枚，披针形或线状披针形，长1.5～2.5cm，顶端尾状分裂，边缘淡褐色透明膜质；伞辐5～12条，长2～4cm，有条棱；小总苞片10～18枚，与总苞片同形，略比花长；花多数，花柄长约5mm，扁平；花白色，花瓣近圆形，直径1～1.2mm，顶端有内折的小舌片，基部有短爪；萼齿明显，狭三角形，长约1mm；花药暗紫色。果实卵圆形，长3～4mm，果棱有狭翅，每棱槽有油管3条，合生面6条。花期8月，果期9～10月。

【经济用途】 根入药，滋补健胃，治肾炎、腰痛、消化不良等症。

【生境分布】 同德、兴海。生于高山灌丛、高山草甸、高山流石坡，海拔3230～4750m。中国特有种，分布于西藏、云南、四川、甘肃。在青海亦分布于玉树、治多、曲麻莱、囊谦、称多、玛多、达日、甘德、久治、玛沁、泽库、大通、祁连。

青藏棱子芹

Pleurospermum pulszkyi Kanitz

Apiaceae 伞形科　Pleurospermum 棱子芹属

【形态特征】 多年生草本，高8～40cm，常带紫红色。根粗壮，暗褐色，直伸，下部有分叉，颈部有多数褐色带状残存叶鞘。茎直立，粗壮，基部少分枝，常短缩。叶明显有柄，叶柄下部扩展成卵圆形的叶鞘，叶片长圆形或卵形，长3～10cm，宽1～3cm，一至二回羽状分裂，最下1对羽片卵形或长圆形，长1～2cm，宽0.5～1.5cm，有短柄，向上逐渐简化，末回裂片长圆形或线形，长3～10mm，宽1～3mm。顶生复伞形花序直径15～20cm；总苞片5～8枚，圆形或披针形，长2～5cm，宽3～10mm，顶端钝尖或呈羽状分裂，边缘宽白色膜质，常带淡紫红色；伞辐通常5～10条，长5～12cm；小总苞片10～15枚，卵圆形或披针形，长1～2cm，比花或果为长，顶端渐尖，边缘宽白色膜质；小伞花序有花多数，花柄长5～8mm；侧生伞形花序较小，多不育，总苞常不分裂；伞辐长3～5cm；花白色，花瓣倒卵形，顶端钝，基部明显有爪；萼齿明显，三角形，花药暗紫色。果实长圆形，长5～6mm，宽2～3.5mm，果棱有狭翅，每棱槽中有油管3条，合生面6条。花期7月，果期8～9月。

【生境分布】 兴海。生于高山灌丛、高山草甸、高山碎石隙，海拔3800～4900m。中国特有种，分布于西藏、甘肃。在青海亦分布于杂多、治多、玉树、玛多、达日、久治、玛沁、同仁、泽库、河南、乌兰、天峻、大通、乐都、互助、祁连、门源。

白瑜 摄

朱鑫鑫 摄

朱鑫鑫 摄

朱鑫鑫 摄

青海棱子芹
Pleurospermum szechenyii **Kanitz**

Apiaceae 伞形科　Pleurospermum 棱子芹属

【形态特征】 多年生草本，高15～40cm。根直伸，圆锥状，暗褐色，直径约1cm。茎粗壮，不分枝或上部有分枝，基部被褐色膜质残存叶鞘，下部常匍生石间，上部分枝多纤细。基生叶和茎下部叶有长柄；叶片卵形或卵状披针形，长5～8cm，宽2～4cm，二至三回羽状分裂；一回羽片6～9对，无柄或近于无柄，下面数对一至二回羽状分裂，向上逐渐简化，变小；末回裂片披针形，有突尖，长2～3mm，宽约1mm，叶柄扁平，向下逐渐扩大成鞘；茎上部叶逐渐简化、变小。顶生的复伞形花序直径10～15cm；总苞片7～11枚，倒披针形，长3～4cm，顶端叶状分裂，基部渐狭，有白色膜质边缘；伞辐15～25条，不等长，中间的伞辐较短，长5～8cm或更长；小总苞片9～13枚，倒卵形或倒披针形，长6～8mm，顶端叶状分裂，基部宽楔形，有宽的白色膜质边缘；花柄压扁，有膜质翅，长6～8mm；花淡红色，花瓣倒卵形，长约2.5mm，顶端钝，基部紧缩；花药暗紫色，圆锥状，花柱直立。果实长圆形，长5～6mm，表皮密生细水泡状突起。果棱有微波状翅，每棱槽有油管1条，合生面2条。花期7月，果期8月。

【生境分布】 兴海、共和。生于草甸化草原、高山草甸、高山碎石隙，海拔3230～4150m。中国特有种，分布于甘肃南部。在青海亦分布于曲麻莱、甘德、玛沁、河南。

瘤果棱子芹
Pleurospermum wrightianum **H. de Boissieu**

Apiaceae 伞形科　Pleurospermum 棱子芹属

【形态特征】 多年生草本，高10～50cm。根粗壮，直伸，根颈部粗可达2cm，残存多数褐色叶鞘；茎直立，有条纹，带紫红色，上部有分枝，常有细疣状突起。基生叶有较长的柄，叶片狭长圆形至狭卵形，长约10cm，二至三回羽状分裂，一回羽片5～7对，稍远离，下部的裂片有短柄，末回裂片线状披针形，顶端尖锐；叶柄边缘有狭翅，基部扩展但不呈鞘状；茎生叶简化。顶生的复伞形花序大，直径15～20cm；总苞片7～9枚，线状披针形，长2～3cm，先端叶状分裂，基部变狭，有狭的膜质边缘，伞辐10～20条，不等长，中间的较周围的短，长5～10cm，常有细疣状突起；小总苞片与总苞片同形，长7～10mm，简化；小伞形花序有花10～15朵，花柄长6～12mm；侧生的复伞形花序比较小。果实卵形，长5～6mm，表面密生细水泡状微突起，果棱有明显的鸡冠状翅，沿沟槽散生小瘤状突起，每棱槽有油管1条，合生面2条。果期9～10月。

【生境分布】 同德。生于高山灌丛、高山草甸，海拔3400～4500m。中国特有种，分布于四川西部。在青海亦分布于杂多、玉树、称多、久治、班玛、玛沁。

条叶东俄芹
Tongoloa taeniophylla **(H. de Boissieu) H. Wolff**

Apiaceae 伞形科　Tongoloa 东俄芹属

【形态特征】 多年生草本，高5～25cm。根圆锥形，短。茎直立，少分枝，表面略呈暗紫色。基生叶的叶柄长4～5cm，细弱，基部有膜质而抱茎的叶鞘，叶片三角形，长2.5～4cm，通常二至三回羽状分裂或三出式二回羽状分裂，羽片6～7对，彼此相隔5～10mm；羽片长卵形至倒卵状披针形，长4～6mm，宽2～3mm，基部近楔形，上部边缘有不等的锯齿；总叶柄扩大呈鞘状。复伞形花序顶生，花序梗长3～7cm；通常无总苞片和小总苞片；伞辐6～10条，不等长，细弱，无毛；花柄不等长；萼齿细小，卵形，直立，花瓣紫红色，长倒卵形，长1.2～1.5mm，宽约1mm，基部狭窄呈爪状，脉1条，花丝与花瓣近等长或稍短，花药卵圆形，紫黑色，长约0.2mm，花柱基幼时扁压，花柱短，向外反曲。分生果幼时呈圆心形，主棱5条，无毛，每棱槽有油管2～3条。花果期7～9月。

【生境分布】 同德。生于灌丛中、高山草甸、高山碎石隙，海拔3650～4600m。中国特有种，分布于云南、四川。在青海亦分布于达日、甘德、久治、玛沁、河南。

迷果芹 小叶山红萝卜

Sphallerocarpus gracilis (Besser ex Treviranus) Koso-Poljansky

Apiaceae 伞形科 Sphallerocarpus 迷果芹属

【形态特征】 多年生草本，高50～120cm。根块状或圆锥形。茎圆形，多分枝，有细条纹，下部密被或疏生白毛，上部无毛或近无毛。基生叶早落或凋存；茎生叶二至三回羽状分裂，二回羽片卵形或卵状披针形，长1.5～2.5cm，宽0.5～1cm，顶端长尖，基部有短柄或近无柄；末回裂片边缘羽状缺刻或齿裂，通常表面绿色，背面淡绿色，无毛或疏生柔毛；叶柄长1～7cm，基部有阔叶鞘，鞘棕褐色，边缘膜质，被白色柔毛，脉7～11条。复伞形花序顶生和侧生；伞辐6～13条，不等长，有毛或无；小总苞片通常5枚，长卵形以至广披针形，长1.5～2.5mm，宽1～2mm，常向下反曲，边缘膜质，有毛；小伞形花序有花15～25朵；花柄不等长；萼齿细小；花瓣倒卵形，长约1.2mm，宽1mm，顶端有内折的小舌片；花丝与花瓣同长或稍超出，花药卵圆形，长约0.5mm。果实椭圆状长圆形，长4～7mm，宽1.5～2mm，两侧微扁，背部有5条突起的棱，棱略呈波状，棱槽内油管2～3条，合生面4～6条；胚乳腹面内凹。花果期6～9月。

【生境分布】 海南州各地。生于林下、灌丛下、草甸、草原和田边、河畔，海拔1800～4350m。分布于山西、河北、内蒙古、辽宁、吉林、黑龙江、新疆、甘肃、陕西；蒙古、俄罗斯（西伯利亚东部、远东地区）也有。在青海亦分布于治多、曲麻莱、囊谦、玉树、玛多、班玛、玛沁、尖扎、同仁、泽库、河南、德令哈、乌兰、西宁、大通、循化、乐都、民和、互助。

白瑜 摄

白瑜 摄

青海省科学技术学术著作出版资金资助出版

青海省海南藏族自治州维管植物图谱

[下卷]

周华坤　任　飞　霍　青　著

科 学 出 版 社

北　京

内 容 简 介

本书是中国科学院西北高原生物研究所、青海大学、海南藏族自治州科学技术局和青海省寒区恢复生态学重点实验室、省部共建三江源生态与高原农牧业国家重点实验室等多家单位与机构多年来进行植物资源考察和整理的成果之一。全书共记录青海省海南藏族自治州维管植物1244种（含种下等级），隶属99科443属，约占青海维管植物总数的46%。

本书全面系统地记录了海南藏族自治州维管植物的学名、中文名、别名、藏名（译音）、形态特征、地理分布和经济用途，并整理收录了1015种常见植物的彩色照片3400余幅，近距离呈现这些植物的生境及花、果实、叶片等识别特征，为海南藏族自治州及毗邻地区植物的识别、利用和生态保护提供第一手的参考资料。

本书具有较强的参考价值，可作为生态保护与建设者鉴定海南藏族自治州常见植物的参考书，也可作为青海省高等院校植物学及相关专业野外实习的参考用书，以及植物分类和生态旅游爱好者的实用工具书。

图书在版编目（CIP）数据

青海省海南藏族自治州维管植物图谱（上下卷）/ 周华坤等著. —北京：科学出版社，2020.6

ISBN 978-7-03-064561-6

Ⅰ. ①青… Ⅱ. ①周… Ⅲ. ①植物－海南藏族自治州－图谱 Ⅳ. ①Q948.524.42-62

中国版本图书馆CIP数据核字（2020）第036755号

责任编辑：罗 静 / 责任校对：郑金红
责任印制：肖 兴 / 书籍设计：北京美光设计制版有限公司

科学出版社 出版

北京东黄城根北街16号
邮政编码：100717
http://www.sciencep.com

北京九天鸿程印刷有限责任公司 印刷

科学出版社发行 各地新华书店经销

*

2020年6月第 一 版 开本：889×1194 1/16
2020年6月第一次印刷 印张：72 1/2
字数：2 450 000

定价：1280.00元（上下卷）

（如有印装质量问题，我社负责调换）

资助项目

第二次青藏高原综合科学考察研究项目：草地生态系统与生态畜牧业（2019QZKK0302）

青海省创新平台建设专项：青海省寒区恢复生态学重点实验室（2017-ZJ-Y20）

国家重点研发计划课题：“退化高寒草甸适应性恢复及生态功能提升技术与示范”（2016YFC0501901）

国家自然科学基金 - 面上项目：实验增温下高寒草甸植物功能多样性与功能冗余对群落稳定性的影响（31672475）

国家自然科学基金 - 青年项目：冷龙岭南坡高山草线过渡带植物的群落特征、分布格局及变化机制（31901171）

中国科学院科技服务网络计划（STS 计划：KFJ-STS-ZDTP-056）

中国科学院泛第三极专项子专题：典型高寒区域天然草地与人工草地耦合（XDA2005010405）

青海省科技厅项目：青海省海南州可持续发展创新示范区建设战略研究（2018-SF-136）

青海省科技厅重大科技专项（2019-SF-A12、2018-NK-A3-3、2016-NK-A7-BA-02）

青海省自然科学基金 - 面上项目（2019-ZJ-908）

青海省自然科学基金 - 青年项目（2018-ZJ-967Q）

青海大学省部共建三江源生态与高原农牧业国家重点实验室自主课题（2017-ZZ-04）

2017 年度青海三江源生态保护和建设二期工程科研和推广项目（2017-S-1）

青海省“高端创新人才千人计划”项目

编委会

主　　任　索南东智　张文魁

副主任　石金友　霍　青　周华坤　任　飞

成　　员　何香龙　旦　主　李桂花　闫　辉　卢元儒　宁发贵　张德显　韩龙彦

主　　编　周华坤　任　飞　霍　青

副主编　赵新全　石金友　陆福根　陈　哲

参编人员　朱鑫鑫　贾留坤　白　瑜　李小伟　张海华　苏清海　李波卡
张　磊　何　理　欧为友　师　燕　张　婵　米兆荣　周同永
李以康　张振华　索南吉　陈梦娇　温　军　汪新川　张中华
张　骞　贺有龙　汪海波　姚步青　马　真　张春辉　王　蕾
王宝林　王晓丽　杜岩功　杨晓霞　王芳萍　陈立同　李世雄
蔡　海　聂秀清　雷占兰　刘　塔　何生平　马向花　杨文磊
张毓幼　赵宏魁　胡桂莲　魏东升　孙爱文　李桂花　余　鹏
党国武　达洛太　陈　军　韩龙彦　邓艳芳　王　芳　徐文华
乔安海　于红妍　周秉荣　李红梅　杨永胜　王文颖　石国玺
金　欣　周彦艳　应成玉　郭　婧　佘延娣　马　丽　靳永忠
何香龙　蔡佩云　李文平　李文靖　肖　洒　王　凯　赵得萍
李惠梅　黄晓凤　牛建伟　刘选德　罗增海　范月君　芦光新
孙海群　徐成体　王党军　黄小涛　王立亚　辛玉春　孙　建
董世魁　徐　进　尚占环　徐兴良　宋明华　金艳霞　薛　雯
胡宜刚　常小峰　李军乔　施建军　盛庭岩　杨晓渊　仁钦端智
窦声云　张法伟　杨其恩　林　丽　刘海瑞　宋成刚　徐维新
曲家鹏　孙艳霞　闫　辉　马玉寿　张　波　贾永忠　时保国
李兰平　殷恒霞　梁德飞　李宏林　李希来　李春丽　宋喜英
张　丹　高　宇　任　静　林　淼　王慧春　杨文智　刘汉武
于　龙　巨秉花　龙　洲　郭小伟　苏洪烨　杨伟成　闫彩霞
张　雄　李领兄　赵依涓　韩　诺　潘思辰　李斌庆　徐得金
周玉碧　侯志强　坛　吉　王九峦　周海军　久美战斗

参编人员单位

中国科学院西北高原生物研究所　青海省寒区恢复生态学重点实验室
青海大学　省部共建三江源生态与高原农牧业国家重点实验室
海南藏族自治州科学技术局　海南藏族自治州科普与信息中心
中国科学院三江源国家公园研究院
海南藏族自治州林草局
中国科学院高原生物适应与进化重点实验室
信阳师范学院
中国科学院昆明植物研究所
宁夏大学
四川大学
兰州大学
福建农林大学
青海师范大学
河南师范大学
河南科技学院
中国科学院地理科学与资源研究所
中国科学院西北生态环境与资源研究院
中国科学院西双版纳热带植物园
中国科学院武汉植物园
北京师范大学
西北农林科技大学
青海省草原总站
青海省科学技术信息研究所有限公司
青海省水利水电科学研究院有限公司
青海民族大学
武威职业学院
青海省草地改良站
青海省海东市乐都区草原站
青海大学畜牧兽医科学院
青海畜牧兽医职业技术学院
青海省气象科学研究所
青海省牧草良种繁殖场
甘肃省华亭市自然资源局

序　一

海南藏族自治州（简称海南州）位于青藏高原东北部、青海湖之南，地处青海三江源国家自然保护区、青海三江源国家生态保护综合试验区和青海湖国家级自然保护区，其地域辽阔、资源丰富、人文荟萃、文化灿烂，是联合国教科文组织确定的“全球无公害超净区”的组成部分，是全国唯一的生态畜牧业可持续发展实验区，也是全国首批新能源示范城市。

海南州总面积 4.45 万平方千米，辖 5 县 36 个乡镇 424 个行政村，总人口 47.03 万，约 77% 为少数民族，其中藏族人口占 67%。地域广袤，四周环山，盆地居中，高原丘陵和河谷台地相间，地势起伏较大，环境复杂多样。平均海拔 3000 米以上，最高海拔 5305 米，最低海拔 2168 米，年均气温 4.6℃，日平均光照时间 7.9 小时，属典型的高原大陆性气候，具有草地、农田、荒漠、湖泊、湿地、林地等众多生态系统和极高的植物生物多样性。现有耕地 143 万亩（1 亩 ≈666.67 平方米），林地 348 万亩，天然草场 5411.7 万亩，森林覆盖率 10.8%，广泛分布冬虫夏草、甘草、雪莲、大黄、枸杞等 20 余种名贵草药，以及青海云杉、祁连圆柏、白桦、油松等树种，在生物多样性保护方面具有重要意义。境内青海湖是中国最大的内陆咸水湖，是青藏高原生物多样性宝库、国际重要湿地，有着“高原蓝宝石”的美誉。黄河横贯 5 县 20 个乡镇，流长 411 公里，拥有一级支流 101 条，输入黄河水量占流域总径流量的 19%，是“中华水塔”的重要组成部分。

《青海省海南藏族自治州维管植物图谱》体现了对习近平总书记“四个扎扎实实”重大要求和“青海最大的价值在生态、最大的责任在生态、最大的潜力也在生态”重要指示的深刻把握，是贯彻青海省委“一优两高”战略部署的具体实践。该书编著历时 5 年，是中国科学院西北高原生物研究所、青海大学、海南州科技局和青海省寒区恢复生态学重点实验室、省部共建三江源生态与高原农牧业国家重点实验室等单位与机构的一线科研工作者联合开展“第二次青藏高原综合科学考察研究”的成果。该书全面、科学、系统评估了海南州生态价值总量和植物资源潜力，通过完整记录海南州维管植物的形态特征、生境产地、经济用途、藏语名称、植物中文名和学名等内容，翔实系统地介绍海南州植物种类，记录高等植物 99 科 443 属 1244 种（含种下等级），收录大量精美图片展示常见植物的形态特征和分类特点，真实反映海南州地区五彩斑斓的植物资源和自然风貌，填补了海南州高等植物名录和图鉴等本底资料的空白，可读性高，参考价值大，对挖掘海南州高等植物资源、科学评估海南州生态潜力，加快推动科考成果转化、推进生态文明建设、促进生态环境保护和构建国家生态安全屏障具有重大实践意义，有助于加快实施三江源生态保护工程和国家公园示范省建设及国家可持续发展议程创新示范区创建。在该书即将出版之际，乐为之作序祝贺。

张文魁

青海省政协副主席、海南藏族自治州委书记

2019 年 8 月 28 日

序　二

海南藏族自治州（简称海南州）为青藏高原的东门户，以地处青海湖之南而得名，位于三江源生态保护区和青海湖自然保护区的核心区域，是“中华水塔”的重要组成部分，也是青海牧区与东部农业区的连接地带，地理位置承东接西，十分重要。

海南州总面积 4.45 万平方千米，人口 47.03 万人，其中藏族人口占 67%，在全国 10 个藏族自治州中有鲜明代表性和影响力，在泛第三极地区有典型示范性。海南州近零污染的生态环境得天独厚，是联合国教科文组织确定的“全球无公害超净区”的组成部分，天下黄河贵德清举世闻名，绿色畜产品享誉全国，是我国唯一的生态畜牧业国家可持续发展实验区。

海南州地域广阔，东西宽 260 千米，南北长 270 千米，境内地形四周环山，盆地居中，高原丘陵和河谷台地相间其中，地势起伏较大，环境复杂多样，景观类型多样，具有草地、农田、荒漠、湖泊、湿地、林地等众多的生态系统类型和极高的植物多样性。境内现有耕地 143 万亩，林地 348 万亩，天然草场 5411.7 万亩，森林覆盖率 10.8%，主要有青海云杉、祁连圆柏、白桦、油松等树种；林地和草地上生物资源丰富，冬虫夏草、雪莲、大黄等多种名贵药用资源分布其中，在地方经济发展、生物多样性利用与保护和区域生态安全方面都具有重要意义。

周华坤博士等著的《青海省海南藏族自治州维管植物图谱》包括海南州主要植物名录、常见植物图谱、植物形态特征、生境产地、经济用途说明、藏语名称、植物中文名索引和学名索引等内容，翔实系统地介绍了海南州植物种类，记录高等植物 99 科 443 属 1244 种（含种下等级），收录了大量精美图片用以展示常见植物的形态特征和分类特点。撰写出版该书是深入贯彻党中央国务院决策部署和省委省政府要求的具体体现：

（1）落实习近平总书记提出的青海“三个最大”指示资源的本底——“青海最大的价值在生态、最大的责任在生态、最大的潜力也在生态”，急需系统评估海南州生态价值总量和植物资源潜力。

（2）创建“国家可持续发展示范区”，急需摸清海南州植物资源的本底资料。目前海南州紧紧围绕落实联合国《2030 年可持续发展议程》，贯彻落实十九大精神和“创新、协调、绿色、开放、共享”五大发展理念及青海省“一优两高”发展战略，积极筹备创建国家可持续发展创新示范区。

（3）“以国家公园为主体的自然保护地体系示范省”的建设，急需海南州植物名录和图鉴等本底资料。海南州地处三江源国家公园和青海湖国家公园区域，积极响应推进省委十三届五次全会，要在全国率先形成以国家公园为主体的自然保护地体系，全面启动实施国家公园示范省建设。

（4）积极融入“第二次青藏高原综合科学考察研究”，急需海南州植物名录和图鉴等支撑材料。该书的出版有助于深入推动海南州科考成果转化、推进生态文明建设、促进生态环境保护和可持续发展，积极参与到国家第二次青藏科考工作中，在青藏高原的建设发展进程中发挥出青海作用。

该书编制历时 5 年，是中国科学院西北高原生物研究所、青海大学、中国科学院三江源国家公园研究院、海南州科技局和青海省寒区恢复生态学重点实验室、省部共建三江源生态与高原农牧业国家重点实验室等单位与机构众多一线科研工作者们辛勤劳动的成果，他们的足迹遍布海南州的山山水水和每一个角落。著书恰逢其时，可读性高，参考价值大，真实地反映了海南州地区五彩斑斓的植物资源和自然风貌，对挖掘海南州植物资源、科学评估海南州生态潜力具有实践意义，对国家生态安全屏障构建及三江源生态保护和建设工程具有极其重要的指导意义。在该书即将出版之际，乐为之作序祝贺。

2019 年 9 月 6 日

前　言

青海雄踞于有“世界屋脊”、“第三极”之称的青藏高原东北部，境内山峦起伏，沟壑纵横，河流交错，湖泊棋布，唐古拉山脉横亘千里，长江、黄河由此源远流长，“万山之祖”昆仑山巍巍屹立，“高原明珠”青海湖碧波荡漾。高原复杂多样的地形、神秘独特的地貌，以及差异显著的生境小气候，为植物提供了丰富多样的栖息地，造就了森林、草地、荒漠和湿地等多种生态系统共存的分布格局，涵盖了森林、灌丛、湿地、草甸、草原、荒漠、垫状植被、高山流石滩稀疏植被等众多植被类型，形成了青藏高原丰富而独特的植物景观。据估计，青海有维管植物约3000种（含种下等级），很多植物种类具有极高的经济价值和生态价值，其中包含药用植物约1000种、珍稀濒危保护植物约150种，青海特有植物约100种，是发展地方经济、建设生态青海得天独厚的重要战略资源。

海南藏族自治州（简称海南州）位于青海省的东部，因坐落于著名的青海湖之南而得名，是青藏高原的东门户，素有“海藏通衢”之称。海南州总面积4.45万平方千米，管辖共和、贵德、兴海、贵南、同德5县，孕育了华夏文明的黄河贯穿全境，举世闻名的青海湖镶嵌在此，自然风光雄浑壮美，人文历史悠久厚重。全州地势除青海南山外，呈西南向东北降低的趋势，由于黄河流经中部，整个地势又以黄河为中轴轴向倾斜。境内地形以山地为主，四周环山，西部与西南部有鄂拉山；盆地居中，高原丘陵和河谷台地相间其中，地势起伏较大，生境复杂多样。全州平均海拔在3000米以上，最高海拔5305米，最低海拔2168米。黄河横贯中南部5县20个乡镇，长411.3千米，有支流101条；以青海湖为主的6个内陆水系有支流40余条。自然独特的地貌和复杂多样的生境使海南州具有多种多样的生态系统类型，孕育了极高的生物多样性，在青海省具有很好的代表性。

《青海省海南藏族自治州维管植物图谱》记录维管植物（含部分常见栽培植物）1244种（含亚种、变种、变型等种下等级），隶属99科443属，约占青海高等植物的46%，其中蕨类植物7科8属10种，裸子植物植物3科6属12种，种子植物89科429属1222种。本书比较全面地介绍了青海省海南州维管植物的学名、中文名、藏名、别名、形态特征、地理分布和经济用途等，并整理收录了1015种植物的彩色照片3400余幅，近距离呈现植物的外观、生态环境或花、果、叶等的局部特写，为该地区维管植物的识别、利用和保护提供第一手参考资料。同时，书中列及的植物，除了标明其在海南州的分布外，还参考《青海植物志》和编者的野外记录，对其在青海省及国内外的分布也做了介绍，以便为海南州之外的植物识别和鉴定提供参考。近些年，涉及青藏高原植物生态和植物资源的调查研究越来越多，很多工作也需了解该地区植物种类和分布，本书具有较强的参考价值，可作为当地和外来生态保护与建设者鉴定海南州常见植物的参考书，也可作为高等院校植物学野外实习用书，以及植物分类学爱好者的实用工具书。

本书中有关植物学名和中文名的使用，以英文版中国植物志*Flora of China*（*FOC*）的最新修订为准；生境分布以调查结果为准，并参考《青海植物志》；植物形态特征的描述信息均来自《青海植物志》和《中国植物志》，并以《西藏植物志》和《中国高等植物图鉴》作为参考，最后根据页面排版需求，本着“简练但不失精准”的原则做了适当的删减和增改；植物经济用途的描述信息参考《中国植物志》、《青海经济植物志》、《西藏常用中草药》和《中华藏本草》；藏名的使用参考《中华藏本草》、《青海经济植物志》的记载，并请当地专家做了部分核实和校正。需要注意的是，*FOC*中部分植物的中文名和学名变动较大，如鹿蹄草科（*Pyrolaceae*）并入杜鹃花科（*Ericaceae*），鹅观草属（*Roegneria*）并入披碱草属（*Elymus*），凹舌兰属（*Coeloglossum*）修订为掌裂兰属（*Dactylorhiza*），沼兰属（*Malaxis*）修订为原沼兰属（*Malaxis*），甘青黄耆（*Astragalus tanguticus*）正名为蒺藜叶膨果豆（*Phyllolobium tribulifolium*），小苞黄耆（*Astragalus prattii*）正名为长小苞膨果豆（*Phyllolobium balfourianum*），广布红门兰（*Orchis chusua*）更名为广布小红门兰（*Ponerorchis chusua*），宽叶红门兰（*Orchis latifolia*）更名为掌裂兰（*Dactylorhiza hatagirea*），红花岩黄耆（*Hedysarum multijugum*）修订为红花山竹子（*Corethrodendron multijugum*），卷茎蓼更名为蔓首乌，膜荚黄芪更名为蒙古黄耆等，希望读者查阅时注意以*FOC*最新资料为准。另外，为方便物种检索和对照查阅中文志书资料，本书中植物科、属的排列顺序仍按照《青海植物志》和《中国植物志》中科属的排列顺序排列。同时，考虑到图谱图片的美观性，部分图片并非拍摄自海南州境内，特此说明。

本书的编撰得到了中国科学院西北高原生物研究所、青海大学和海南藏族自治州科技局等单位相关项目的资助，受到青海省寒区恢复生态学重点实验室、青海大学省部共建三江源生态与高原农牧业国家重点实验室、中国科学院高原生物适应与进化重点实验室和中国科学院三江源国家公园研究院等平台和机构的支持，并得到省内外植物学专家及相关部门技术人员的大力支持，部分图片承蒙陆福根、朱鑫鑫、李小伟、白瑜、张海华、苏清海、李波卡、何理、张磊、欧为友、陈哲、王蕾、周玉碧、王宝林、李以康、李世雄、温军、蔡海等老师提供和鉴定，本书的出版得到“青海省科学技术学术著作出版资金”资助和科学出版社及北京美光制版有限公司的大力支持，在此一并表示诚挚感谢。

因编者水平有限、难免有物种鉴定错误和物种信息漏误之处，恳请专家、学者批评指正。

周华坤

2019 年 9 月 1 日

目　　录

海南藏族自治州简介

海南藏族自治州维管植物区系

钝叶单侧花

Orthilia obtusata (Turczaninow) H. Hara

Ericaceae 杜鹃花科　Orthilia 单侧花属

【形态特征】　多年生常绿小草本，高4～15cm；根茎长，有分枝，生不定根及地上茎。叶近轮生于地上茎下部，叶片薄革质，阔卵形，较小，长1.2～2.3(～2.5)cm，宽1～1.6(～2)cm，先端圆钝，基部近圆形，边缘有圆齿，褐绿色，上面色深，下面苍白色；叶柄细，与叶片近等长。花葶上部有疏细小乳突，下部近光滑，有1～3枚卵状披针形鳞片状叶，长3～5mm，先端渐尖，基部抱花葶，淡绿色或褐色。总状花序较短，长1.4～2.5(～4)cm，有4～8朵花，偏向一侧；花序轴有细小乳突；花水平倾斜，或下部花半下垂，花冠卵圆形或近钟形，直径3.5～4.2mm，淡绿白色；花梗较短，长1.5～2mm，有细密小乳突，腋间有膜质苞片，短小，阔披针形或卵状披针形，长2.5～3mm，先端短渐尖；萼片卵圆形或阔三角状圆形，长1～1.2mm，基部宽0.9～1mm，先端圆钝，边缘有齿；花瓣5枚，长圆形，长4～4.5mm，宽2～2.3mm，基部有2个小突起，边缘有小齿；雄蕊10枚花丝细长，花药长1.4～1.8mm，宽0.6～0.9mm，顶孔裂，无小角，有细小疣，黄色；花柱直立，长4～5mm，伸出花冠，先端无环状突起；柱头肥大，5浅裂。蒴果近扁球形，直径4～4.5mm。花期7月；果期7～8月。

【生境分布】　贵德（拉加林场）。生于林下，海拔3100m。分布于云南、四川、新疆、甘肃、山西、内蒙古、黑龙江；北欧、北美洲及蒙古也有。

李小伟 摄

李小伟 摄

烈香杜鹃 黄花杜鹃 白香柴 藏名：大勒

Rhododendron anthopogonoides Maximowicz

Ericaceae 杜鹃花科 Rhododendron 杜鹃属

【形态特征】 常绿灌木，高1～1.5(～2)m，直立。枝条粗壮而坚挺，幼时密生鳞片或疏柔毛；叶芽鳞早落。叶片芳香，革质，卵状椭圆形、宽椭圆形至卵形，长(1.5～)2～3.5(～4.7)cm，宽1～1.8(～2.3)cm，顶端圆钝，具小突尖头，基部圆或稍截形，上面蓝绿色，无光泽，疏被鳞片或无，下面黄褐色或灰褐色，被密而重叠成层的暗褐色和带红棕色的鳞片；叶柄长2～4(～5)mm，被疏鳞片，上面有沟槽并被白色柔毛。花序头状顶生，有花10～20朵，花密集，花芽鳞在花期宿存；花梗短，长1～2mm，常无鳞片及毛；花萼发达，长3～4(～4.5)mm，淡黄红色或淡绿色，裂片长圆状倒卵形或椭圆状卵形，外面无鳞片，边缘蚀痕状，具少数鳞片或睫毛；花冠狭筒状漏斗形，长1～1.4cm，淡黄绿或绿白色，罕粉色，有浓烈的芳香，外面无鳞片，或稍有微毛，花管长5～11mm，内面特别在喉部密被髯毛，裂片开展，长1.5～3mm，远较花管短，长约为管长的1/4；雄蕊5枚，内藏于花冠；子房长1～2mm，5室，被鳞片，花柱短，约与子房等长，光滑。蒴果卵形，长3～4.5mm，具鳞片，被包于宿萼内。花期6～7月，果期8～9月。

【经济用途】 ①高山地区蜜源植物；②枝、叶、花含芳香油，可作高级香料或日用化妆品等，并有清热解毒、止咳平喘、健胃消肿、强身抗老等功能，常用于治疗气管炎，藏医广泛用于治疗肺病、喉炎、水土不服所致的气喘、尿道炎、消化不良、胃下垂、胃扩张、胃癌、肝癌、肝脾肿大、水肿等。

【生境分布】 贵德。生于高山阴坡，海拔3000～4100m。中国特有种，分布于甘肃。在青海亦分布于泽库、河南、湟中、循化、乐都、民和、互助、门源、海晏。

白瑜 摄

苏清海 摄

头花杜鹃　黑香柴　藏名：塔里那布

Rhododendron capitatum **Maximowicz**

Ericaceae 杜鹃花科　Rhododendron 杜鹃属

【形态特征】 常绿小灌木，高0.5～1.5m，分枝多，枝条直立而稠密。幼枝短，黑色或褐色，密被鳞片。叶芽鳞早落。叶片近革质，芳香，椭圆形或长圆状椭圆形，长(7～)10～18(～24)mm，宽(3～)5～10mm，顶端圆钝，无短突尖，基部宽楔形，上面灰绿或暗绿色，被灰白色或淡黄色鳞片，相邻接或重叠，下面淡褐色，具两色鳞片，鳞片无色或禾秆色，黄褐色或暗琥珀色，数量约相等而混生，相邻接或稍有间距；叶柄长2～3mm，被鳞片。花序顶生，伞形，有花2～5(～8)朵；花梗长1～3mm，被微柔毛或鳞片；花萼带黄色，裂片5枚，不等大，膜质，长圆形或卵形，长3～6mm，基部被疏毛或鳞片，边缘被睫毛；花冠宽漏斗状，长(10～)13～15(～17)mm，淡紫色或深紫色、紫蓝色，外面不被鳞片，花管较裂片短，长3～5mm，内面喉部密被绵毛，有时管外也有毛；雄蕊10枚，伸出，花丝近基部被毛，子房长约2mm，被灰白色鳞片和微柔毛，花柱常较雄蕊长，近基部偶有毛。蒴果卵圆形，长3.5～6mm，被鳞片。花期4～6月，果期7～9月。

【经济用途】 ① 叶和幼枝可提取芳香油，可治老年慢性气管炎；② 花和叶入药，祛胃寒、升胃温、止咳平喘，治咽喉肿痛、咳嗽痰喘、胃寒腹痛等症。

【生境分布】 贵德、同德、兴海。生于高山阴坡灌丛，海拔2970～4300m。中国特有种，分布于甘肃、四川北部。在青海亦分布于玛沁、尖扎、同仁、泽库、河南、湟中、循化、平安、乐都、互助、门源。

陇蜀杜鹃 藏名：大玛

Rhododendron przewalskii Maximowicz

Ericaceae 杜鹃花科 Rhododendron 杜鹃属

【形态特征】 灌木，高1～3m；幼枝粗，无毛。叶片椭圆形或长圆形，长5～10cm，宽2.5～5cm，先端钝或急尖，有小尖头，基部浅心状圆形或宽楔形，上面光滑，仅幼叶未展开时疏被白色短绒毛，下面光滑或被一层灰白色至淡红褐色的辐射状毛，毛被薄，常不连续，且脱落；叶柄长1～2cm，光滑。花序伞房状，具5～15朵花；花梗长至2cm，光滑；花萼长约1mm，无毛，裂片三角形；花冠钟形，白色或带粉红色，长2～3cm，筒部上方具紫红色斑点；雄蕊10枚，花丝基部有微毛；子房光滑。蒴果圆柱形，长2～2.5cm，弯曲，黑褐色。花果期6～7月。

【生境分布】 贵德。生于高山阴坡灌丛，海拔2800～3800m。中国特有种，分布于陕西、四川、甘肃。在青海亦分布于尖扎、泽库、湟中、循化、乐都、互助、门源。

苏清海 摄

白瑜 摄

苏清海 摄

苏清海 摄

千里香杜鹃 百里香杜鹃 黑香柴

Rhododendron thymifolium **Maximowicz**

Ericaceae 杜鹃花科 Rhododendron 杜鹃属

【形态特征】 常绿直立小灌木，高0.3～1.3m，分枝多而细瘦，疏展或成帚状。枝条纤细，灰棕色，无毛，密被暗色鳞片。叶芽鳞脱落。叶常聚生于枝顶，叶片近革质，椭圆形、长圆形、窄倒卵形至卵状披针形，长(3～)5～12(～18)mm，宽(1.8～)2～5(～7)mm，顶端钝或急尖，通常有短突尖，基部窄楔形，上面灰绿色，无光泽，密被银白色或淡黄色鳞片，下面黄绿色，被银白色、灰褐色至麦黄色鳞片，相邻接至重叠；叶柄长1～2mm，密被鳞片，无毛。花单生枝顶或偶成双，花芽鳞常宿存；花梗长0.5～1.5(～2)mm，密被鳞片，无毛；花萼小，环状，长0.5～1.2mm，带红色，裂片三角形、卵形至圆形，外面鳞片及缘毛多变，有或无。花冠宽漏斗状，长6～12mm，鲜紫蓝色以至深紫色，花管短，长(2～)3～4mm，外面散生鳞片或无，内面被柔毛；雄蕊10枚，长10～14mm，伸出花冠，花丝基部被柔毛或光滑；子房长约1mm，密被淡黄色鳞片，花柱短，长3～6mm或长9～16mm，细长，紫色，无毛或近基部被少数鳞片或毛。蒴果卵圆形，长2～3(～4.5)mm，被鳞片。花期5～7月，果期9～10月。

【经济用途】 幼枝、叶含芳香油，可治老年慢性气管炎。

【生境分布】 贵德。生于阴坡，海拔2800～3800m。中国特有种，分布于四川北部、甘肃。在青海亦分布于产尖扎、同仁、泽库、循化、平安、乐都、互助、门源。

苏清海 摄

北极果 当年枯

Arctous alpinus (Linnaeus) Niedenzu

Ericaceae 杜鹃花科 Arctous 北极果属

【形态特征】 落叶、垫状、稍铺散小灌木，高20～40cm，无毛；地下茎扭曲，黄褐色，皮层剥落，地上枝条密被宿存叶基；芽黄褐色，长3～4mm；枝淡黄棕色。叶互生，叶片倒卵形或倒披针形，厚纸质，长12～30(～40)mm，宽7～13mm，先端钝尖或近锐尖头，基部下延成短柄，通常有疏长睫毛，边缘有毛，具细锯齿，表面绿色，背面灰绿色，网脉明晰；叶柄长6～12mm，腹面具槽。花少数，组成短总状花序，生于去年生枝的顶端；基部有2～4枚苞片，叶状，长约5mm，先端具尖头，边缘干膜质，被绒毛，背面有光泽；花梗长约5mm，顶端稍粗大，无毛；花萼小，5裂，裂片宽而短，无毛；花冠坛形，长4～6mm，绿白色，口部齿状，5浅裂，外面无毛，里面有短硬毛；雄蕊8枚，长1～2mm，花药深红色，具芒状附属物，花丝被毛，花柱比雄蕊长，但短于花冠。浆果球形，直径6～9mm，有光泽，初时红色，后变为黑紫色，多汁。花期5～6月，果期7～8月。

【生境分布】 贵德、共和。生于云杉或柳树林下或灌木丛中，海拔2800～4200m。分布于新疆、四川、甘肃；欧洲、亚洲、北美洲也有。在青海亦分布于久治、泽库、乌兰、湟中、乐都、互助。

直立点地梅 藏名：噶帝

Androsace erecta **Maximowicz**

Primulaceae 报春花科 Androsace 点地梅属

【形态特征】 一年生或二年生草本。主根细长，具少数支根。茎通常单生，直立，高(2～)10～35cm，被稀疏或密集的多细胞柔毛。叶在茎基部多少簇生，通常早枯；茎生叶互生，椭圆形至卵状椭圆形，长4～15mm，宽1.2～6mm，先端锐尖或稍钝，具软骨质骤尖头，基部短渐狭，边缘增厚，软骨质，两面均被柔毛；叶柄极短，长约1mm或近于无，被长柔毛。花多朵组成伞形花序，生于无叶的枝端，亦偶有单生于茎上部叶腋的；苞片卵形至卵状披针形，长约3.5mm，叶状，具软骨质边缘和骤尖头，被稀疏的短柄腺体；花梗长1～3cm，疏被短柄腺体；花萼钟状，长3～3.5mm，分裂达中部，裂片狭三角形，先端具小尖头，外面被稀疏的短柄腺体，具不明显的2条纵沟；花冠白色或粉红色，直径2.5～4mm，裂片小，长圆形，宽0.8～1.2mm，微伸出花萼。蒴果长圆形，稍长于花萼。花期4～6月；果期7～8月。

【经济用途】 全草入药，解热、利水、干“黄水”，治热性水肿、溃疡、“黄水”病、炭疽等症。

【生境分布】 贵德、同德、兴海。分布于西藏、四川、云南、甘肃；尼泊尔也有。在青海亦分布于杂多、玉树、玛沁、同仁、泽库、湟源、大通、民和、乐都、湟源。

小点地梅

Androsace gmelinii **(Linnaeus) Roemer & Schultes**

Primulaceae 报春花科　Androsace 点地梅属

【形态特征】 一年生小草本。主根细长，具少数支根。叶基生，叶片近圆形或圆肾形，直径4～7mm，基部心形或深心形，边缘具7～9个圆齿，两面疏被贴伏的柔毛；叶柄长2～3cm，被稍开展的柔毛。花葶柔弱，高3～9cm，被开展的长柔毛；伞形花序具2～3(～5)朵花；苞片小，披针形或卵状披针形，长1～2mm，先端锐尖；花梗长3～15mm；花萼钟状或阔钟状，长2.5～3mm，密被白色长柔毛和稀疏腺毛，分裂约达中部，裂片卵形或卵状三角形，先端锐尖，果期略开张或稍反折；花冠白色，与花萼近等长或稍伸出花萼，裂片长圆形，长约1mm，宽0.5mm，先端钝或微凹。蒴果近球形。花期5～6月。

【生境分布】 同德。生于灌丛、草地，海拔2400～4500m。分布于四川、甘肃、内蒙古；蒙古、俄罗斯也有。在青海亦分布于玛多、久治、玛沁、尖扎、同仁、大通、湟中、循化、互助、祁连。

西藏点地梅

Androsace mariae Kanitz

Primulaceae 报春花科　Androsace 点地梅属

【形态特征】 多年生草本。主根木质，具少数支根。根出条短，叶丛叠生其上，形成密丛；有时根出条伸长，叶丛间有明显的间距，成为疏丛。莲座状叶丛直径1～3(～4)cm；叶两型，外层叶舌形或匙形，长3～5mm，宽1～1.5mm，先端锐尖，两面无毛至被疏柔毛，边缘具白色缘毛；内层叶匙形至倒卵状椭圆形，长7～15mm，先端锐尖或近圆形而具骤尖头，基部渐狭，两面无毛至密被白色多细胞柔毛，具无柄腺体，边缘软骨质，具缘毛。花葶单一，高2～8cm，被白色开展的多细胞毛和短柄腺体；伞形花序具2～7(～10)朵花；苞片披针形至线形，长3～4mm，与花梗、花萼同被白色多细胞毛；花梗在花期稍长于苞片，长5～7mm，花后伸长，果期长可达18mm；花萼钟状，长约3mm，分裂达中部，裂片卵状三角形；花冠粉红色，直径5～7mm，裂片楔状倒卵形，先端略呈波状。蒴果稍长于宿存花萼。花期6月。

【生境分布】 海南州各地。生于山坡、灌丛、草甸、林缘，海拔2030～4500m。中国特有种，分布于西藏、四川、甘肃、内蒙古。在青海亦分布于杂多、囊谦、称多、玛多、久治、玛沁、尖扎、同仁、泽库、都兰、乌兰、西宁、大通、湟源、循化、乐都、民和、互助、门源。

注：本种是适应性很强的高山植物，分布生境广，形态变异大。

雅江点地梅

Androsace yargongensis Petitmengin

Primulaceae 报春花科　Androsace 点地梅属

【形态特征】　多年生草本。主根不明显，多须根。地上部分具多数根出条；根出条稍粗壮，初被极稀疏的柔毛及腺体，渐变无毛，紫褐色，节间长(5～)10～15mm，节上有枯老叶丛。当年生叶丛位于顶端，直径7～13mm，从中抽出花葶及2～4个新根出条。叶呈不明显的两型，外层叶线形至舌状长圆形，长(2～)3～5mm，宽1～1.5mm，先端钝，早枯，枣红色，质地稍厚，两面无毛，边缘具稀疏短睫毛；内层叶常为匙状倒披针形或长圆状匙形，黄绿色，长5～9mm，宽约1.5mm，先端钝圆或微尖，背面上端有时带紫色或紫褐色，无毛或仅沿中肋被稀疏短硬毛，缘毛在先端较密。花葶单一，高5～25mm，被卷曲长柔毛和无柄腺体；伞形花序通常具5～6朵花；苞片椭圆形或长圆形，常对折成舟状，有时带紫色，长5～6mm，宽1.5～2.8mm，被柔毛和无柄腺体，基部微呈囊状；花梗短于苞片，长1～3mm，微弯，毛被同苞片；花萼钟状，长约3mm，分裂约达中部，裂片卵形或卵状三角形，先端钝，被长柔毛和缘毛；花冠白色或粉红色，直径6～8mm，裂片阔倒卵形，边缘微呈波状。花期6～7月；果期7～8月。

【生境分布】　同德、兴海。生于高山草甸，海拔3500～5000m。中国特有种，分布于四川、甘肃。在青海亦分布于治多、玉树、曲麻莱、玛多、班玛、久治、玛沁、河南、循化、互助、门源。

高原点地梅

Androsace zambalensis (Petitmengin) Handel-Mazzetti

Primulaceae 报春花科　Androsace 点地梅属

【形态特征】 多年生草本，植株由多数根出条和莲座状叶丛形成密丛或垫状体。根出条稍粗壮，深褐色，下部节间长可达7mm，节上具枯老叶丛，上部节间短或新叶丛叠生于老叶丛上而无明显间距。莲座状叶丛直径6～8mm；叶近两型，外层叶长圆形或舌形，长3.5～4.5mm，宽约1mm，早枯，深褐色，先端钝，稍向内弯拱，腹面疏被毛，背面被短硬毛，上部边缘被睫毛；内层叶狭舌形至倒披针形，长5～6mm，宽约1mm，毛被同外层叶，但较密。花葶单生，高1～2cm，被开展的长柔毛；伞形花序具2～5朵花；苞片倒卵状长圆形至阔倒披针形，长5～7mm，宽1.5～2.2mm，先端钝，背部和边缘具长柔毛；花梗短于苞片，长2～4mm，被柔毛；花萼阔钟形或杯状，长2.5～3mm，密被柔毛，分裂近达中部，裂片卵状三角形，先端稍钝；花冠白色，喉部周围粉红色，直径4.5～8mm，裂片阔倒卵形或楔状倒卵形，全缘或先端微凹。花期6～7月。

【生境分布】 兴海。生于沼泽草甸、湿地，海拔3600～5000m。分布于西藏、云南、四川；印度、尼泊尔也有。在青海亦分布于曲麻莱、玉树、玛多、玛沁、唐古拉地区、可可西里。

张海华 摄

海乳草

Glaux maritima **Linnaeus**

Primulaceae 报春花科　Glaux 海乳草属

【形态特征】 多年生草本。全株无毛。茎高3～25cm，直立或下部匍匐，节间短，通常有分枝。叶近于无柄，交互对生或有时互生，间距极短，仅1mm，或有时稍疏离，相距可达1cm，近茎基部的3～4对鳞片状，膜质，上部叶肉质，线形、线状长圆形或近匙形，长4～15mm，宽1.5～3.5(～5)mm，先端钝或稍锐尖，基部楔形，全缘。花单生于茎中上部叶腋；花梗长可达1.5mm，有时极短，不明显；花萼钟形，白色或粉红色，花冠状，长约4mm，分裂达中部，裂片倒卵状长圆形，宽1.5～2mm，先端圆形；雄蕊5枚，稍短于花萼；子房卵珠形，上半部密被小腺点，花柱与雄蕊等长或稍短。蒴果卵状球形，长2.5～3mm，先端稍尖，略呈喙状。花期6月；果期7～8月。

【生境分布】 海南州各地。生于河滩沼泽、草甸、盐碱地、沟边、阶地，海拔2800～4500m。分布于西藏、四川、新疆、甘肃、陕西、河北、内蒙古、辽宁、黑龙江、山东；欧洲、亚洲、北美洲也有。在青海亦分布于杂多、治多、囊谦、玉树、玛多、久治、尖扎、同仁、泽库、河南、格尔木、大柴旦、乌兰、西宁、大通、民和、刚察、门源。

陆福根 摄

羽叶点地梅 藏名：热衮巴

Pomatosace filicula Maximowicz

Primulaceae 报春花科 Pomatosace 羽叶点地梅属

【形态特征】 株高3～9cm，具粗长的主根和少数须根。叶多数，叶片线状矩圆形，长1.5～9cm，宽6～15mm，两面沿中肋被白色疏长柔毛，羽状深裂至近羽状全裂，裂片线形或窄三角状线形，宽1～2mm，先端钝或稍锐尖，全缘或具1～2个牙齿；叶柄甚短或长达叶片的1/2，被疏长柔毛，近基部扩展，略呈鞘状。花葶通常多枚自叶丛中抽出，高(1～)3～9(～16)cm，疏被长柔毛；伞形花序具(3～)6～12朵花；苞片线形，长2～6mm，疏被柔毛；花梗长1～12mm，无毛；花萼杯状或陀螺状，长2.5～3mm，果时增大，长达4～4.5mm，外面无毛，分裂略超过全长的1/3，裂片三角形，锐尖，内面被微柔毛；花冠白色，冠筒长约1.8mm，冠檐直径约2mm，裂片矩圆状椭圆形，宽约0.8mm，先端钝圆。蒴果近球形，直径约4mm，周裂成上下两半，通常具种子6～12粒。

【经济用途】 全草入药，治肝炎、高血压引起的发烧、子宫出血、月经不调、疝痛、关节炎等症。

【生境分布】 同德、兴海、共和。生于灌丛、林缘草地、草甸、林下湖边、干旱山坡，海拔3100～4800m。中国特有种，分布于四川、西藏。在青海亦分布于杂多、曲麻莱、囊谦、玉树、称多、玛多、班玛、久治、玛沁、尖扎、同仁、泽库、河南、天峻、祁连、门源。

黄花粉叶报春 黄花报春

Primula flava Maximowicz

Primulaceae 报春花科 Primula 报春花属

【形态特征】 多年生草本。根状茎粗短，具多数须根。叶丛基部有少数褐色芽鳞和枯叶柄；叶片阔卵圆形、椭圆形或有时近圆形，长1.5～4cm，宽1～2.5cm，先端钝圆，基部通常渐狭，有时近圆形而具极短的楔状下延部分，边缘具钝锯齿，稀具锐尖牙齿，干时近膜质，上面近于无毛或疏被短柔毛，下面被白粉或粉脱落而仅具粉质腺体，中肋及4～8对侧脉在下面明显；叶柄纤细，具狭翅，与叶片近等长，少数可长于叶片2～3倍。花葶稍纤细，高2～10cm，微被短柔毛；伞形花序顶生，具2～13朵花；苞片披针形，长5～10mm，被小腺毛，内面有时被粉；花梗通常长0.8～3cm，被小腺毛；花萼钟状，长4～6mm，外面被小腺毛，基部常具白粉，分裂约达全长的2/3，裂片狭长圆形或披针形，先端钝或锐尖，边缘具小腺毛。内面常被粉；花冠黄色，干后常变为绿色，冠筒管状，长12～14mm，喉部无环状附属物，冠檐直径1～1.5cm，裂片阔倒卵形，先端2深裂；长花柱花：雄蕊着生处接近冠筒中部，花柱长达冠筒口；短花柱花：雄蕊靠近冠筒口，花柱长达冠筒中部。蒴果通常稍短于花萼。花期5～8月。

【生境分布】 同德。生于灌丛、林下、石缝，海拔3200～4300m。中国特有种，分布于甘肃、四川。在青海亦分布于玉树、久治、玛沁、泽库、同仁、河南。

张海华 摄

张海华 摄

苞芽粉报春

Primula gemmifera Batalin

Primulaceae 报春花科　Primula 报春花属

【形态特征】 多年生草本。根状茎极短，具多数须根，常自顶端发出1至数个侧芽。叶片矩圆形、卵形或阔匙形，连柄长1～7cm，宽0.5～2cm，先端钝或圆形，基部渐狭窄，边缘具不整齐的稀疏小牙齿，两面秃净或仅下面散布少数小腺体，中肋稍宽扁，侧脉3～4对，极纤细；叶柄甚短至长于叶片1～2倍，但通常与叶片近等长，具狭翅。花葶稍粗壮，高8～30cm，无粉或顶端被白粉；伞形花序1～2轮，具2～16朵花，顶生；苞片狭披针形至矩圆状披针形，长3～10mm，基部稍膨大，常染紫色，微被粉；花梗长6～35mm，被粉质腺体；花萼狭钟状，长(5～)6～10mm，绿色或染紫色，外面被粉质腺体，边缘和内面被白粉，分裂达中部，裂片披针形至三角形边缘具小腺毛；花冠淡红色至紫红色，极少白色。冠筒长8～13mm，冠檐直径1.5～2.5cm，裂片阔倒卵形，先端具深凹缺；长花柱花：雄蕊着生于冠筒中部，花柱长达冠筒口；短花柱花：雄蕊着生于冠筒上部，靠近喉部环状附属物，花柱长约达冠筒中部。蒴果长圆形，略长于宿存花萼。花期5～8月，果期8～9月。

【生境分布】 同德。生于灌丛、阴坡、草地、河谷，海拔2300～4550m。中国特有种，分布于西藏、四川、甘肃。在青海亦分布于杂多、玉树、治多、玛多、久治、玛沁、尖扎、同仁、河南、循化、互助、祁连、门源。

天山报春 西伯利亚报春

Primula nutans **Georgi**

Primulaceae 报春花科　Primula 报春花属

【形态特征】 多年生草本，全株无粉。根状茎短小，具多数须根。叶丛基部通常无芽鳞及残存枯叶；叶片卵形、矩圆形或近圆形，长0.5～2.5(～3)cm，宽0.4～1.5cm，先端钝圆，基部圆形至楔形，全缘或微具浅齿，两面无毛，鲜时稍带肉质，中肋稍宽，侧脉通常不明显；叶柄稍纤细，通常与叶片近等长，有时长于叶片1～3倍。花葶高(2～)10～25cm，无毛；伞形花序1～2轮，具2～6(～10)朵花；苞片矩圆形，长5～8mm，先端钝或具骤尖头，边缘具小腺毛，基部下延成垂耳状，长1～1.5mm；花梗长0.5～2.2(～4.5)cm；花萼狭钟状，长5～8mm，具5条棱，外面通常有褐色小腺点，基部稍收缩，下延成囊状，分裂深达全长的1/3，裂片矩圆形至三角形，先端锐尖或钝，边缘密被小腺毛；花冠淡紫红色，冠筒口周围黄色，冠筒长6～10mm，喉部具环状附属物，冠檐直径1～2cm，裂片倒卵形，先端2深裂；长花柱花：雄蕊着生于冠筒中部，花柱微伸出筒口；短花柱花：雄蕊着生于冠筒上部，花药顶端微露出筒口，花柱长略超过冠筒中部。蒴果筒状，长7～8mm，顶端5浅裂。花期5～6月，果期7～8月。

【生境分布】 海南州各地。生于沼泽、湿地、草甸、山坡，海拔2700～4500m。分布于四川、新疆、甘肃、内蒙古；欧洲、亚洲、北美洲也有。在青海亦分布于玉树、玛多、班玛、久治、玛沁、尖扎、同仁、泽库、格尔木、德令哈、天峻、乐都、刚察、祁连、门源。

陆福根 摄

紫罗兰报春　朴氏报春

Primula purdomii **Craib**

Primulaceae 报春花科　Primula 报春花属

【形态特征】 多年生草本，具粗短的根状茎和肉质长根。叶丛基部由鳞片和叶柄包叠成假茎状，外围有枯叶柄，常分解成纤维状；鳞片披针形，长3～5cm，干时膜质，褐色。叶片披针形、矩圆状披针形或倒披针形，长3～12cm，宽1～2.5cm，先端锐尖或钝，基部渐狭窄，边缘近全缘或具不明显的小钝齿，通常极窄外卷，干时厚纸质，无粉或微被白粉，中肋宽扁，侧脉纤细，不明显；叶柄具阔翅，通常稍短于叶片并为鳞片所覆盖。花葶高6～42cm，近顶端被白粉（压干后可变为乳黄色）；伞形花序1轮，具3～26朵花；苞片线状披针形至钻形，长5～13mm；花梗长5～15mm，被白色或乳黄色粉，果时长2～5cm；花萼狭钟状，长6～10mm，分裂达中部，裂片矩圆状披针形，先端稍钝，外面被小腺毛，内面通常被粉；花冠蓝紫色至近白色，冠檐直径1.6～2cm，裂片矩圆形或狭矩圆形，长9～10mm，宽4～6mm，全缘；长花柱花：冠筒长11～13mm，雄蕊着生处距冠筒基部3～4mm，花柱长约6mm，稍高出花萼；短花柱花：冠筒长12～15mm，雄蕊着生于冠筒中部，花药顶端稍高出花萼，花柱长约2.5mm，高达花萼中部。蒴果筒状，约长于花萼1倍。花期6～7月，果期8月。

【生境分布】 贵德、同德。生于高山草甸、砾石坡、流石滩、湿润处，海拔3700～5000m。中国特有珍稀濒危植物，分布于四川、甘肃。在青海亦分布于杂多、治多、曲麻莱、囊谦、玉树、称多、久治、河南、门源（产地新纪录）。

狭萼报春

Primula stenocalyx **Maximowicz**

Primulaceae 报春花科 Primula 报春花属

【形态特征】 多年生草本，根状茎粗短，具多数须根。叶丛紧密或疏松，基部无鳞片，有少数枯叶柄；叶片倒卵形、倒披针形或匙形，连柄长1～5cm，宽0.5～1.5cm，先端圆形或钝，基部楔状下延，边缘全缘或具小圆齿或钝齿，两面无粉，仅具小腺体或下面被白粉或黄粉，中肋明显；叶柄通常甚短，具翅，有时伸长，仅稍短于叶片。花葶直立，高1～15cm，顶端具小腺体或有时被粉；伞形花序3～16朵花；苞片狭披针形，长5～10(～15)mm，基部稍膨大；花梗通常长3～15mm，多少被小腺体；花萼筒状，长6～10mm，具5条棱，外面多少被小腺体，分裂达全长的1/3～1/2，裂片矩圆形或披针形，先端锐尖或钝，边缘具小腺毛；花冠紫红色或蓝紫色，冠筒长9～15mm，冠檐直径1.5～2cm，裂片阔倒卵形，先端深2裂；长花柱花：雄蕊着生处距冠筒基部约2mm，花柱约与花萼等长；短花柱花：雄蕊着生处略高于冠筒中部，花柱长1.5～3mm。蒴果长圆形，与花萼近等长。花期5～7月，果期8～9月。

【生境分布】 贵德、同德。生于灌丛、阴坡、林下、草地，海拔2300～4400m。中国特有珍稀濒危植物，分布于西藏东部、四川西部、甘肃南部。在青海亦分布于杂多、囊谦、玉树、称多、久治、玛沁、尖扎、同仁、大通、乐都、民和、互助、门源。

甘青报春 唐古特报春 藏名：奥勒西

Primula tangutica **Duthie**

Primulaceae 报春花科 Primula 报春花属

【形态特征】 多年生草本，全株无粉。根状茎粗短，具多数须根。叶丛基部无鳞片；叶片椭圆形、椭圆状倒披针形至倒披针形，连柄长4～15(～20)cm，先端钝圆或稍锐尖，基部渐狭窄，边缘具小牙齿，稀近全缘，干时坚纸质，两面均有褐色小腺点，中肋稍宽，侧脉纤细，不明显；叶柄不明显或长达叶片的1/2，很少与叶片近等长。花葶稍粗壮，通常高20～60cm；伞形花序1～3轮，每轮5～9朵花；苞片线状披针形，长6～10(～15)mm；花梗长1～4cm，被微柔毛，开花时稍下弯；花萼筒状，长1～1.3cm，分裂达全长的1/3～1/2，裂片三角形或披针形，边缘具小缘毛；花冠朱红色，裂片线形，长7～10mm，宽约1mm；长花柱花：冠筒与花萼近等长，雄蕊着生处距冠筒基部约2.5mm，花柱长约6mm；短花柱花：冠筒长于花萼约0.5倍，雄蕊着生处约与花萼等高，花柱长约2mm。蒴果筒状，长于宿存花萼3～5mm。花期6～7月，果期8月。

【经济用途】 种子药用，治神经痛、关节痛、肺病、心脏病、高血压病及烫伤、疖疮等。

【生境分布】 贵德、同德、兴海、共和。生于阴坡湿地、林下草地、灌丛，海拔2600～4100m。中国特有种，分布于四川、甘肃。在青海亦分布于玉树、久治、玛沁、尖扎、同仁、河南、天峻、大通、湟中、循化、乐都、民和、互助、祁连。

白瑜 摄

岷山报春

Primula woodwardii I. B. Balfour

Primulaceae 报春花科　Primula 报春花属

【形态特征】 多年生草本。根状茎粗短，具肉质长根。叶丛基部由鳞片、叶柄包叠成假茎状，高2～6cm；鳞片披针形，干时膜质，褐色，有时顶端被黄粉。叶片披针形、矩圆状披针形或倒披针形，长6～12cm，宽1～3cm，先端锐尖或钝，基部渐狭窄，边缘具小圆齿或近全缘，厚纸质，幼时两面被微柔毛，渐变为无毛，无粉，中肋宽扁，侧脉不明显；叶柄具宽翅，通常稍短于叶片并为鳞片所覆盖。花葶高8～25cm，上部被微柔毛和小腺体；伞形花序1～2轮，具3～15朵花；苞片线状披针形，长5～8mm；花梗长5～20mm，被小腺毛；花萼狭钟状，长7～11mm，分裂略超过中部，裂片披针形，先端锐尖或稍钝；花冠蓝紫色、淡紫红色或淡紫色，筒部颜色较深，冠檐直径2～3cm，裂片披针形或窄矩圆形，常与筒部等长；长花柱花冠筒长约1cm，雄蕊着生处距冠筒基部约4mm，花柱长约5.5mm；短花柱花冠筒长12～13mm，雄蕊着生处距冠筒基部约8mm，花柱长约2.5mm。蒴果筒状，长8～15mm。花期6～7月。

【相近种】 本种与紫罗兰报春*P. purdomii*极近似，区别仅在于花冠裂片的形状和冠筒颜色的深浅；此外，紫罗兰报春的花冠裂片通常短于冠筒，花葶顶端被粉。

【生境分布】 兴海、共和。生于乱石堆、山顶岩石、高山灌丛草甸、阴坡，海拔3100～4800m。中国特有种，分布于甘肃、陕西。在青海亦分布于囊谦、玛多、久治、玛沁、尖扎、同仁、河南、大通、循化、乐都、互助、祁连、门源。

白瑜 摄

苏清海 摄

星毛补血草

金佛花　金色补血草　黄花矶松　金匙叶草

Limonium potaninii **Ikonnikov Galitzky**

Plumbaginaceae 白花丹科　Limonium 补血草属

【形态特征】　多年生草本，高10～40cm。茎基部被有残存叶柄和红褐色芽鳞。叶常早落；基生叶匙形或倒披针形，长1.5～3.5cm，宽0.6～1.2cm，先端钝圆，有时急尖，边缘全缘或有时波状皱缩，基部渐狭成柄；叶柄扁平，长至2cm。花序圆锥状；花序轴多数丛生，多分枝，不育枝多数，小枝曲折，密被疣状突起并生有星状毛；穗状花序生分枝顶端，初时密集近头状，后伸长，由3～5个小穗组成；小穗含2～3朵花；外苞长约3mm，宽卵形，第一内苞长约5mm，全部苞片在花蕾期带紫红色；花萼漏斗形，长6～7mm，筒部被毛，檐部金黄色，具5条脉，裂片狭三角形或近圆形，多变，先端具尖头、钩状小尖或无尖头，间生裂片多数；花冠橙黄色（干时）或金黄色。花果期6～8月。

【相近种】　本种与黄花补血草 *L. aureum*（海南州不产）的区别为：花梗和花序轴上有簇毛（星状毛）。

【经济用途】　① 花萼和根为民间草药，主要以花萼治妇女月经不调、鼻衄、带下；② 自然干花可做插花配花，俗称“勿忘我”。

【生境分布】　兴海、共和。生于山坡，河岸阶地，海拔2000～2900m。中国特有种，分布于甘肃。在青海亦分布于尖扎、同仁、西宁、民和（模式标本产地）。

鸡娃草 小蓝雪花

Plumbagella micrantha **(Ledebour) Spach**

Plumbaginaceae 白花丹科 Plumbagella 鸡娃草属

【形态特征】 一年生草本，高5～40cm。茎直立，多分枝，具棱，沿棱有小皮刺。叶片倒卵状披针形至卵状披针形或狭披针形，长2～9.5cm，宽0.7～3.5cm，先端急尖或渐尖，全缘，基部耳状抱茎。复穗状花序长0.5～3cm，含4～15个小穗，穗轴被毛；小穗含2～3朵花，苞片最下部者长，向上渐短，宽卵形，先端渐尖，常黑紫色；小苞片较苞片小，膜质；花萼绿色，长约4mm，筒部具5条棱，裂片5枚，狭三角形，两侧有具柄腺体，结果时棱上生出鸡冠状突起；花冠淡蓝紫色，略长于萼，狭钟形，裂片5枚。蒴果暗红褐色，具5条浅色条纹。花果期7～9月。

【经济用途】 全草入药，有杀虫、解毒的作用，外用可治疗各种皮肤癣。

【生境分布】 共和、贵南。生于荒地、田边、河滩、山坡，海拔2230～4200m。分布于西藏、四川、甘肃、新疆；中亚地区及蒙古、俄罗斯也有。在青海亦分布于杂多、治多、玛沁、达日、久治、泽库、河南、德令哈、湟源、西宁、乐都、互助、门源、祁连、刚察。

连翘

Forsythia suspensa **(Thunberg) Vahl**

Oleaceae 木犀科　Forsythia 连翘属

【形态特征】 落叶灌木。枝开展或下垂，棕色、棕褐色或淡黄褐色，小枝土黄色或灰褐色，略呈四棱形，疏生皮孔，节间中空，节部具实心髓。叶通常为单叶，或3裂至三出复叶，叶片卵形、宽卵形或椭圆状卵形至椭圆形，长2～10cm，宽1.5～5cm，先端锐尖，基部圆形、宽楔形至楔形，叶缘除基部外具锐锯齿或粗锯齿，上面深绿色，下面淡黄绿色，两面无毛；叶柄长0.8～1.5cm，无毛。花通常单生或2至数朵着生于叶腋，先于叶开放；花梗长5～6mm；花萼绿色，裂片长圆形或长圆状椭圆形，长(5～)6～7mm，先端钝或锐尖，边缘具睫毛，与花冠管近等长；花冠黄色，裂片倒卵状长圆形或长圆形，长1.2～2cm，宽6～10mm；花雌雄异位：在雌蕊长5～7mm的花中，雄蕊长3～5mm（短雄蕊长雌蕊花型），在雄蕊长6～7mm的花中，雌蕊长约3mm（长雄蕊短雌蕊花型）。果卵球形、卵状椭圆形或长椭圆形，长1.2～2.5cm，宽0.6～1.2cm，先端喙状渐尖，表面疏生皮孔；果梗长0.7～1.5cm。花期3～4月，果期7～9月。

【经济用途】 果实入药，清热解毒、散结消肿、排脓利尿，可治热病初起、痈肿疮疡、丹毒、淋病等症。

【生境分布】 贵德；栽培。野生者分布于河北、山西、陕西、山东、安徽西部、河南、湖北、四川，生于山坡灌丛、林下或草丛中，或山谷、山沟疏林中，海拔250～2200m。我国除华南地区外，其他各地均有栽培；日本也有栽培。

金钟花 迎春柳 迎春条 金梅花 金铃花

Forsythia viridissima Lindley

Oleaceae 木犀科 Forsythia 连翘属

【形态特征】 落叶灌木，高可达3m，全株除花萼裂片边缘具睫毛外，其余均无毛。枝棕褐色或红棕色，直立，小枝绿色或黄绿色，呈四棱形，皮孔明显，具片状髓。叶片长椭圆形至披针形，或倒卵状长椭圆形，长3.5～15cm，宽1～4cm，先端锐尖，基部楔形，通常上半部具不规则锐锯齿或粗锯齿，稀近全缘，上面深绿色，下面淡绿色，两面无毛，中脉和侧脉在上面凹入，下面凸起；叶柄长6～12mm。花1～3(～4)朵着生于叶腋，先于叶开放；花梗长3～7mm；花萼长3.5～5mm，裂片绿色，卵形、宽卵形或宽长圆形，长2～4mm，具睫毛；花冠深黄色，长1.1～2.5cm，花冠管长5～6mm，裂片狭长圆形至长圆形，长0.6～1.8cm，宽3～8mm，内面基部具橘黄色条纹，反卷；花雌雄异位：在雄蕊长3.5～5mm花中，雌蕊长5.5～7mm，在雄蕊长6～7mm的花中，雌蕊长约3mm。果卵形或宽卵形，长1～1.5cm，宽0.6～1cm，基部稍圆，先端喙状渐尖，具皮孔；果梗长3～7mm。花期3～4月，果期8～11月。

【相近种】 本种与连翘*F. suspensa*很相似，区别在于：本种的茎有片状髓，苞片小且圆钝，萼筒短于花冠筒；而连翘的茎中空，苞片长且尖锐，萼筒与花冠筒近等长。

【生境分布】 贵德有栽培。野生者分布于江苏、安徽、浙江、江西、福建、湖北、湖南、云南西北部，生于山地、谷地或河谷边林缘、溪沟边或山坡路旁灌丛中，海拔300～2600m。除华南地区外，全国各地均有栽培，尤以长江流域一带栽培较为普遍。

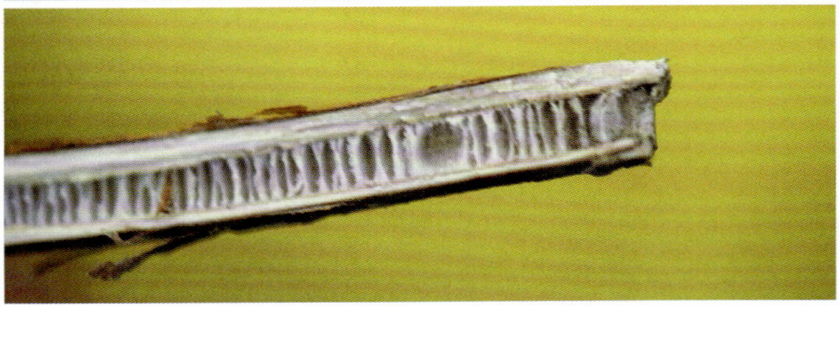

迎春花

Jasminum nudiflorum Lindley

Oleaceae 木犀科　Jasminum 茉莉属

【形态特征】 落叶灌木，直立或匍匐，高0.3～5m，枝条下垂。枝稍扭曲，光滑无毛，小枝四棱形，棱上多少具狭翼。叶对生，三出复叶，小枝基部常具单叶；叶轴具狭翼，叶柄长3～10mm，无毛；叶片和小叶片幼时两面稍被毛，老时仅叶缘具睫毛；小叶片卵形、长卵形或椭圆形、狭椭圆形，稀倒卵形，先端锐尖或钝，具短尖头，基部楔形，叶缘反卷，中脉在上面微凹入，下面凸起，侧脉不明显；顶生小叶片较大，长1～3cm，宽0.3～1.1cm，无柄或基部延伸成短柄，侧生小叶片长0.6～2.3cm，宽0.2～11cm，无柄；单叶为卵形或椭圆形，有时近圆形，长0.7～2.2cm，宽0.4～1.3cm。花单生于去年生小枝的叶腋，稀生于小枝顶端；苞片小叶状，披针形、卵形或椭圆形，长3～8mm，宽1.5～4mm；花梗长2～3mm；花萼绿色，裂片5～6枚，窄披针形，长4～6mm，宽1.5～2.5mm，先端锐尖；花冠黄色，直径2～2.5cm，花冠管长0.8～2cm，基部直径1.5～2mm，向上渐扩大，裂片5～6枚，长圆形或椭圆形，长0.8～1.3cm，宽3～6mm，先端锐尖或圆钝。花期6月。

【生境分布】 贵德有栽培。野生者分布于甘肃、陕西、四川、云南西北部，西藏东南部，生于山坡灌丛中，海拔800～2000m。我国及世界各地普遍栽培。

紫丁香

丁香　白丁香　华北紫丁香　藏名：阿加噶布

Syringa oblata Lindley

Oleaceae 木犀科　Syringa 丁香属

【形态特征】 灌木或小乔木，高可达5m；树皮灰褐色或灰色。小枝、花序轴、花梗、苞片、花萼、幼叶两面及叶柄均无毛而密被腺毛。小枝较粗，疏生皮孔。叶片革质或厚纸质，卵圆形至肾形，宽常大于长，长2～14cm，宽2～15cm，先端短凸尖至长渐尖或锐尖，基部心形、截形至近圆形，或宽楔形，上面深绿色，下面淡绿色；萌枝上叶片常呈长卵形，先端渐尖，基部截形至宽楔形；叶柄长1～3cm。圆锥花序直立，由侧芽抽生，近球形或长圆形，长4～16(～20)cm，宽3～7(～10)cm；花梗长0.5～3mm；花萼长约3mm，萼齿渐尖、锐尖或钝；花冠紫色或白色，长1.1～2cm，花冠管圆柱形，长0.8～1.7cm，裂片呈直角开展，卵圆形、椭圆形至倒卵圆形，长3～6mm，宽3～5mm，先端内弯略呈兜状或不内弯；花药黄色，位于距花冠管喉部。果倒卵状椭圆形、卵形至长椭圆形，长1～1.5(～2)cm，宽4～8mm，先端长渐尖，光滑。花期4～5月，果期6～10月。

【经济用途】 ① 常见庭园绿化观赏树种；② 花可提取芳香油；③ 根和枝入药，治头痛、失眠、烦躁、健忘等症。

【生境分布】 贵德、共和有栽培。分布于西南、西北（除新疆）、华北、东北等地；朝鲜、韩国也有。西宁及海东地区都有栽培。

暴马丁香 檀香 菩提树

Syringa reticulata (Blume) H. Hara subsp. ***amurensis*** (Rupr.) P. S. Green et M. C. Chang

Oleaceae 木犀科 Syringa 丁香属

【形态特征】 落叶小乔木或大乔木，高4～10m，可达15m，具直立或开展的枝条；树皮紫灰褐色，具细裂纹。枝灰褐色，无毛，当年生枝绿色或略带紫色晕，无毛，疏生皮孔，二年生枝棕褐色，光亮，无毛，具较密皮孔。叶片厚纸质，宽卵形、卵形至椭圆状卵形，或为长圆状披针形，长2.5～13cm，宽1～6(～8)cm，先端短尾尖至尾状渐尖或锐尖，基部常圆形，或为楔形、宽楔形至截形，上面黄绿色，干时呈黄褐色，侧脉和细脉明显凹入使叶面皱缩，下面淡黄绿色，秋时呈锈色，无毛，稀沿中脉略被柔毛，中脉和侧脉在下面凸起；叶柄长1～2.5cm，无毛。圆锥花序由1到多对着生于同一枝条上的侧芽抽生，长10～20(～27)cm，宽8～20cm；花序轴、花梗和花萼均无毛；花序轴具皮孔；花梗长0～2mm；花萼长1.5～2mm，萼齿钝、凸尖或截平；花冠白色，呈辐状，长4～5mm，花冠管长约1.5mm，裂片卵形，长2～3mm，先端锐尖；花丝与花冠裂片近等长或长于裂片可达1.5mm，花药黄色。果长椭圆形，长1.5～2(～2.5)cm，先端常钝，或为锐尖、凸尖，光滑或具细小皮孔。花期6～7月，果期8～10月。

【经济用途】 ① 树皮、树干及茎枝入药，具消炎、镇咳、利水的作用；② 花的浸膏质地优良，可广泛调制各种香精，是一种使用价值较高的天然香料。

【生境分布】 贵德、共和有栽培。野生者分布于黑龙江、吉林、辽宁；俄罗斯远东地区和朝鲜也有；现全国各地均有栽培。

小叶巧玲花 四季丁香 小叶丁香 菘萝茶

Syringa pubescens subsp. ***microphylla*** (Diels) M. C. Chang & X. L. Chen

Oleaceae 木犀科 Syringa 丁香属

【形态特征】 灌木，高约2m。老枝灰褐色，幼枝褐色，近圆柱形，连同花序轴及花梗密被短柔毛。叶片卵形、卵状椭圆形或披针形，稀近圆形或倒卵形，长7～25mm，宽3～12mm，先端急尖，全缘，具疏缘毛，基部宽楔形或近圆形，两面无毛或仅在下面中脉有疏毛。圆锥花序侧生，长约8cm，花多而密，花序轴紫色；花梗短，紫色，长1～2mm；花萼钟形，紫色，密被短柔毛，长约2mm，萼齿三角形；花冠紫红色，长7～12mm，冠筒细，裂片长圆形，长3～4mm，先端钝，内弯呈兜状，在开放时内面白色；雄蕊着生于冠筒喉部下方，距喉部约2mm，花药紫色或紫黑色，着生于距花冠管喉部0.5～3mm处。蒴果长椭圆形，长至13mm，先端渐尖，常外弯，密生皮孔。本种通常在春、秋各开一次花。花果期5～9月。栽培的每年开花两次，第一次春季，第二次8～9月，故称四季丁香，果期7～9月。

【相近种】 本亚种与原亚种巧玲花*S. pubescens*（青海不产）的区别在于：后者小枝、花序轴呈四棱形，通常无毛；花冠紫色；但有中间类型存在。

【生境分布】 贵德、贵南、同德、共和有栽培。野生者分布于四川、甘肃、陕西、宁夏、山西、河北、河南、湖北，生于山坡灌丛中，海拔2000～2310m。在青海民和、互助有野生，其余各地均为栽培。

百金花 麦氏埃蕾 东北埃蕾

Centaurium pulchellum var. ***altaicum***

(Grisebach) Kitagawa & H. Hara

Gentianaceae 龙胆科　Centaurium 白金花属

【形态特征】 一年生草本，高约10cm，全株无毛。茎直立，多分枝。叶片卵状椭圆形至披针形，长6～13mm，宽2～4mm，先端急尖，全缘，无柄。花多数，排列成疏散的二叉式或总状式聚伞花序；花梗细，近四棱形；花萼5深裂。裂片钻形，长约2mm，中脉在背面隆起呈脊状；花冠白色或粉红色，高脚杯状，长约13mm，冠筒狭长，圆柱形，喉部突然膨大，5裂，裂片短，狭长圆形，长约3mm；花丝长约2mm。蒴果椭圆形，先端具长的宿存花柱；种子黑色。花果期6～7月。

【相近种】 本变种与原变种美丽白金花*C. pulchellum*（青海不产）的区别是：本种的花具明显花梗，花萼裂片钻形，中脉在背面高高突起呈脊状，花冠白色或粉红色。

【生境分布】 贵德。生于黄河岸边的柳林下，海拔2500m。分布于我国除西南各省区外的其他地区；中亚地区及俄罗斯、白俄罗斯、高加索地区、印度也有。

李波卡 摄

李波卡 摄

李小伟 摄

镰萼喉毛花

Comastoma falcatum (Turczaninow ex Karelin et Kirilov) Toyokuni

Gentianaceae 龙胆科 Comastoma 喉花草属

【形态特征】 一年生草本，高4～25cm。茎从基部分枝，分枝斜升，基部节间短缩，上部伸长，花葶状，四棱形，常带紫色。叶大部分基生，叶片矩圆状匙形或矩圆形，长5～15mm，宽3～6mm，先端钝或圆形，基部渐狭成柄，叶脉1～3条，叶柄长达20mm；茎生叶无柄，矩圆形，稀为卵形或矩圆状卵形，长8～15mm，宽3～4mm，有时宽达6mm，先端钝。花5数，单生分枝顶端；花梗常紫色，四棱形，长达12cm，长4～6cm；花萼绿色或有时带蓝紫色，长为花冠的1/2，稀达2/3或较短，深裂近基部，裂片不整齐，形状多变，常为卵状披针形，弯曲成镰状，有时为宽卵形或矩圆形至狭披针形，先端钝或急尖，边缘平展，稀外反，近于皱波状，基部有浅囊，背部中脉明显；花冠蓝色、深蓝色或蓝紫色，有深色脉纹，高脚杯状，长(9～)12～25mm，冠筒筒状，喉部突然膨大，直径达9mm，裂达中部，裂片矩圆形或矩圆状匙形，长5～13mm，宽达7mm，先端钝圆，偶有小尖头，全缘，开展，喉部具1圈副冠，副冠白色，10束，长达4mm，流苏状裂片的先端圆形或钝，宽约0.5mm，冠筒基部具10个小腺体；雄蕊着生冠筒中部，花丝白色，长5～5.5mm，基部下延于冠筒上成狭翅，花药黄色，矩圆形，长1.5～2mm；子房无柄，披针形，连花柱长8～11mm，柱头2裂。蒴果狭椭圆形或披针形；种子褐色，近球形，直径约0.7mm，表面光滑。花果期7～9月。

【生境分布】 兴海、共和。生于高山草甸、高山流石滩、山坡草地、沼泽草甸，海拔3200～4850m。分布于西藏、四川、甘肃、新疆、山西、河北、内蒙古；克什米尔地区、印度、尼泊尔、蒙古、塔吉克斯坦、哈萨克斯坦、俄罗斯也有。在青海亦分布于杂多、治多、曲玛莱、玉树、囊谦、称多、玛多、玛沁、班玛、泽库、都兰、乌兰、德令哈、化隆、乐都、互助。

长梗喉毛花

Comastoma tenellum (Rottboll) Toyokuni

Gentianaceae 龙胆科　Comastoma 喉花草属

【形态特征】　一年生草本，高4～15cm。茎常从基部分枝，枝少而疏，斜升，四棱形。基生叶少，近无柄，矩圆状匙形，长5～16mm，宽至3mm，先端钝或圆形，基部渐狭成柄，叶脉在两面不明显或仅中脉在下面明显；茎生叶无柄，椭圆形或卵状矩圆形，长2～12mm，宽2～5mm，先端尖，下面中脉不明显。花5数，单生分枝顶端，大小不等；花梗斜伸，近四棱形，长达20cm；花萼绿色，长为花冠的1/2，长3～8mm，深裂近基部，裂片不整齐，卵状披针形或披针形，宽1～4mm，先端急尖或渐尖，有时具黑色边缘，基部有浅囊，背面有不明显的1～3条脉；花冠上部深蓝色或蓝紫色，下部黄绿色，具深蓝色脉纹，筒状，长6～10mm，果时长14～18mm，宽达4mm，中裂，裂片近直立，卵状矩圆形，长3～11mm，先端钝圆，喉部具1圈白色副冠，副冠5束，长2～2.5mm，上部流苏状条裂，冠筒基部具10个小腺体；雄蕊着生冠筒中部，花丝线形，白色，长约3mm，基部下延于冠筒成狭翅，花药黄色，宽椭圆形，长约1mm；子房无柄，狭椭圆形，花柱不明显，柱头2裂。蒴果无柄，略长于花冠；种子深褐色，宽矩圆形，长约0.5mm，表面平滑。花果期7～10月。

【生境分布】　兴海。生于山坡草地、沼泽草甸、高山草甸，海拔3200～4420m。分布于西藏、云南、四川、甘肃；克什米尔地区至不丹也有。在青海亦分布于曲麻莱、称多、泽库、河南、德令哈、可可西里、天峻、互助、祁连。

皱边喉毛花　林氏龙胆

Comastoma polycladum (Diels & Gilg) T. N. Ho

Gentianaceae 龙胆科　Comastoma 喉花草属

【形态特征】 一年生草本，高4～20cm。茎自基部起多次分枝，枝极多数或较少，常呈帚状，紫红色，近四棱形，棱上具短糙毛，稀无毛。基生叶在花时凋谢或存在，具短柄，匙形，连柄长6～11mm，宽2.5～5mm，先端圆形，基部渐狭成柄；茎生叶无柄，椭圆形或椭圆状披针形，长至20mm，宽至5mm，先端钝，边缘常外卷，具紫色皱波状边，基部渐狭，中脉在下面明显。聚伞花序顶生和腋生；花5数；花梗紫红色，近四棱形，斜伸，长至11cm；花萼绿色，长于冠筒，长6.5～9mm，深裂，裂片披针形或卵状披针形，先端渐尖，边缘黑紫色，外卷，皱波状，稀近平展，背面中脉明显；花冠蓝色，筒状，直径3～4mm，通常裂达中部，稀较浅，裂片狭矩圆形，长5～7mm，先端钝圆，喉部具1圈白色副冠，副冠10束，长约2.5mm，流苏状条裂，冠筒基部具10个小腺体；雄蕊着生于冠筒中部，花丝白色，线形，长约3.5mm，下延于冠筒上成狭翅；子房无柄，披针形，无花柱，柱头2裂。蒴果狭椭圆形或椭圆形，长1.2～1.5cm；种子黄褐色，矩圆形，长0.5～0.7mm，表面光滑。花果期8～9月。

【生境分布】 共和（模式标本产地：青海湖）。生于高山草甸、山坡草地、河滩，海拔2500～3670m。中国特有种，分布于甘肃、山西、内蒙古。在青海亦分布于玉树、玛沁、泽库、德令哈、循化、祁连、门源。

张海华 摄

张海华 摄

张海华 摄

喉毛花　藏名：贾底贾扎

***Comastoma pulmonarium* (Turczaninow) Toyokuni**

Gentianaceae 龙胆科　Comastoma 喉花草属

【形态特征】　一年生草本，高5～30cm。茎直立，单生，草黄色，近四棱形，具分枝，稀不分枝。基生叶少数，无柄，矩圆形或矩圆状匙形，长1.5～2.2cm，宽0.45～0.7cm，先端圆形，基部渐狭，中脉明显；茎生叶无柄，卵状披针形，长0.6～2.8cm，宽0.3～1cm，茎上部及分枝上叶变小，叶脉1～3条，仅在下面明显，先端钝或急尖，基部钝，半抱茎。聚伞花序或单花顶生；花梗斜伸，不等长，长至4cm；花5数；花萼开张，一般长为花冠的1/4，深裂近基部，裂片卵状三角形，披针形或狭椭圆形，通常长6～8mm，先端急尖，边缘粗糙，有糙毛，背面有细而不明显的1～3条脉；花冠淡蓝色，具深蓝色纵脉纹，筒形或宽筒形，直径6～7mm，稀达10mm，长9～23mm，通常长15～20mm，浅裂，裂片直立，椭圆状三角形、卵状椭圆形或卵状三角形，长5～6mm，先端急尖或钝，喉部具1圈白色副冠，副冠5束，长3～4mm，上部流苏状条裂，裂片先端急尖，冠筒基部具10个小腺体；雄蕊着生于冠筒中上部，花丝白色，线形，长约3mm，疏被柔毛，并下延冠筒上成狭翅，花药黄色，狭矩圆形，长1mm；子房无柄，狭矩圆形，无花柱，柱头2裂。蒴果无柄，椭圆状披针形，通常长2～2.7cm；种子淡褐色，近圆球形或宽矩圆形，直径0.8～1mm，光亮。花果期7～11月。

【生境分布】　贵德、兴海、共和。生于林下、灌丛、山坡、河滩、高山草地，海拔2600～4500m。分布于西藏、云南、四川、甘肃、陕西、山西；日本、俄罗斯也有。在青海亦分布于杂多、治多、曲麻莱、玉树、囊谦、称多、玛沁、班玛、久治、同仁、泽库、湟中、大通、循化、化隆、乐都、民和、互助、门源、祁连。

开张龙胆

Gentiana aperta Maximowicz

Gentianaceae 龙胆科　Gentiana 龙胆属

【形态特征】 一年生草本，高2～10cm。茎黄绿色，光滑，在下部多分枝，枝铺散。叶先端钝，边缘具不明显的膜质，平滑，两面光滑，叶脉在两面均不明显或具1～3条细脉，叶柄光滑，连合成长1～2mm的筒；基生叶在花期枯萎，宿存，卵形，长5～7mm，宽3～4mm；茎生叶疏离，远短于节间，卵形至椭圆形，长5～9mm，宽1～2.5mm，愈向茎上部叶愈狭窄。花数朵，单生于小枝顶端；花梗黄绿色，光滑，长4.5～15mm，裸露；花萼钟形，长5.5～6.5mm，萼筒具5条膜质纵纹，裂片披针形或线状披针形，长2.5～3.5mm，先端渐尖，边缘膜质，狭窄，光滑，中脉细，有时在背面呈脊状突起，并下延至萼筒上部，弯缺截形；花冠开张，淡蓝色或蓝色，具深蓝色宽条纹，喉部具黄绿色斑点，钟形，长9～12mm，裂片卵状椭圆形或狭椭圆形，长2～2.7(～4)mm，先端钝，褶矩圆形，长1.5～2(～3)mm，上部2深裂，小裂片先端急尖，全缘；雄蕊着生于冠筒下部，整齐，花丝钻形，长4～4.5mm，花药矩圆形，长0.6～0.8mm；子房椭圆形，长2～2.5mm，先端钝，基部渐狭，柄长1.5～2mm，花柱线形，连柱头长1.5～2mm，柱头2裂，裂片线形。蒴果外露或内藏，矩圆状匙形，长4～5mm，先端钝圆，具宽翅，两侧边缘具狭翅，基部渐狭，柄长至10mm；种子浅褐色，椭圆形，长0.9～1.1mm，表面具光亮的念珠状网纹。花果期6～8月。

【生境分布】 共和。生于山坡草地、草滩、沼泽草甸、灌丛下，海拔2600～4200m。青海特有种，中国特有种。在青海亦分布于西宁（模式标本产地）、大通、柴达木、天峻、乌兰、化隆、湟中、乐都、民和、祁连、门源。

刺芒龙胆 尖叶龙胆 藏名：完布

Gentiana aristata Maximowicz

Gentianaceae 龙胆科 Gentiana 龙胆属

【形态特征】 一年生草本，高3～10cm。茎黄绿色，光滑，在基部多分枝，枝铺散，斜上升。基生叶大，在花期枯萎，宿存，卵形或卵状椭圆形，长7～9mm，宽3～4.5mm，先端钝或急尖，具小尖头，边缘软骨质，狭窄，具细乳突或光滑，两面光滑，中脉软骨质，在下面突起，叶柄膜质，光滑，连合成长0.5mm的筒；茎生叶对折，疏离，短于或等于节间，线状披针形，长5～10mm，宽1.5～2mm，愈向茎上部叶愈长，先端渐尖，具小尖头，边缘膜质，光滑，两面光滑，中脉在下面呈脊状突起，叶柄膜质，光滑，连合成长1～2.5mm的筒。花多数，单生于小枝顶端；花梗黄绿色，光滑，长5～20mm，裸露；花萼漏斗形，长7～10mm，光滑，裂片线状披针形，长3～4mm，先端渐尖，具小尖头，边缘膜质，狭窄，光滑，中脉绿色，草质，在背面呈脊状突起，并向萼筒下延，弯缺宽，截形或圆形；花冠下部黄绿色，上部蓝色、深蓝色或紫红色，喉部具蓝灰色宽条纹，倒锥形，长12～15mm，裂片卵形或卵状椭圆形，长3～4mm，先端钝，褶宽矩圆形，长1.5～2mm，先端截形，不整齐短条裂状；雄蕊着生于冠筒中部，整齐，花丝丝状，钻形，长3～4mm，先端弯垂，花药弯拱，矩圆形至肾形，长0.7～1mm；子房椭圆形，长2～3mm，两端渐狭，柄粗，长1.5～2mm，花柱线形，连柱头长1.5～2mm，柱头狭矩圆形。蒴果外露，稀内藏，矩圆形或倒卵状矩圆形，长5～6mm，先端钝圆，有宽翅，两侧边缘有狭翅，基部渐狭成柄，柄粗壮，长至20mm；种子黄褐色，矩圆形或椭圆形，长1～1.2mm，表面具致密的细网纹。花果期6～9月。

【经济用途】 全草入药，解毒祛湿，治“黄水”疮。

【生境分布】 兴海。生于山坡草地、河滩草地、沼泽草地、高山草地、灌丛中，海拔2900～4600m。中国特有种，分布于西藏、四川、甘肃。在青海亦分布于玉树、称多、杂多、玛沁、久治、同仁、泽库、河南、大通、湟源、化隆、循化、乐都、互助、祁连、门源。

白条纹龙胆

Gentiana burkillii Harry Smith

Gentianaceae 龙胆科　Gentiana 龙胆属

【形态特征】　一年生草本，高2～8cm。茎淡紫红色，密被乳突，在基部多分枝，枝铺散，斜升。叶先端稍外反，圆形，具短小尖头，边缘软骨质，狭窄，具极细乳突，两面光滑，中脉软骨质，在背面呈脊状突起；基生叶稍大，在花期枯萎，宿存，卵状披针形或卵圆形，长4～6mm，宽2～3mm，叶柄宽，长1～2mm；茎生叶疏离、短于节间，稀密集、长于节间，倒卵形。长3～5mm，宽1.5～3mm，叶柄边缘具乳突，背面光滑，连合成长1～1.5mm的筒。花数朵，单生于小枝顶端；花梗淡紫红色，密被乳突，长3～7mm，藏于上部叶中或裸露；花萼筒形，萼筒长5～7mm，具5条白色膜质条纹与5条绿色条纹相间，裂片短，内拱，三角形，长1.5～2mm，先端急尖，边缘膜质，狭窄，光滑，中脉在背面呈脊状突起，并下延至萼筒基部，弯缺截形；花冠蓝色，筒形，仅稍长于花萼，长9～11mm，裂片卵形，长2～2.5mm，先端钝，褶卵形，长1.5～2mm，先端钝，全缘或边缘有少数细齿；雄蕊着生于冠筒中部，整齐，花丝丝状钻形，长1.5～2mm，花药狭矩圆形，长0.8～1mm；子房椭圆形，长2～2.5mm，两端钝，柄长1～1.5mm，花柱线形，连柱头长1.5～2mm，柱头2裂，裂片外反，线形。蒴果外露，矩圆形，长5～7mm，先端圆形，具宽翅，两侧边缘具狭翅，基部钝，柄长至27mm；种子黄褐色，椭圆形，长0.8～1mm，表面具明显的细网纹。花果期6～8月。

【生境分布】　兴海。生于山坡草地、谷地、沟边，海拔2200～4500m。分布于西藏；阿富汗、喜马拉雅西部、克什米尔地区、尼泊尔、俄罗斯也有。在青海亦分布于玉树、囊谦、杂多、治多、曲麻莱、玛多、玛沁、都兰、乌兰、循化、民和、刚察。

陆福根 摄

达乌里秦艽

达乌里龙胆 达弗里亚龙胆 小叶秦艽 小秦艽

Gentiana dahurica Fischer

Gentianaceae 龙胆科 Gentiana 龙胆属

【形态特征】 多年生草本，高10～25cm，全株光滑无毛，基部被枯存的纤维状叶鞘包裹。须根多条，向左扭结成一个圆锥形的根。枝多数丛生，斜升，黄绿色或紫红色，近圆形，光滑。莲座丛叶披针形或线状椭圆形。长5～15cm，宽0.8～1.4cm，先端渐尖，基部渐狭，边缘粗糙，叶脉3～5条，在两面均明显，并在下面突起，叶柄宽，扁平，膜质，长2～4cm，包被于枯存的纤维状叶鞘中；茎生叶少数，线状披针形至线形，长2～5cm，宽0.2～0.4cm，先端渐尖，基部渐狭，边缘粗糙，叶脉1～3条，在两面均明显，中脉在下面突起，叶柄宽，长0.5～10cm，愈向茎上部叶愈小，柄愈短。聚伞花序顶生及腋生，排列成疏松的花序；花梗斜伸，黄绿色或紫红色，极不等长，总花梗长至5.5cm，小花梗长至3cm；花萼筒膜质，黄绿色或带紫红色，筒形，长7～10mm，不裂，稀一侧浅裂，裂片5个，不整齐，线形，绿色，长3～8mm，先端渐尖，边缘粗糙，背面脉不明显，弯缺宽，圆形或截形；花冠深蓝色，有时喉部具多数黄色斑点，筒形或漏斗形，长3.5～4.5cm，裂片卵形或卵状椭圆形，长5～7mm，先端钝，全缘，褶整齐，三角形或卵形，长1.5～2～mm，先端钝，全缘或边缘啮蚀形；雄蕊着生于冠筒中下部，整齐，花丝线状钻形，长1～1.2cm，花药矩圆形，长2～3mm；子房无柄，披针形或线形，长18～23mm，先端渐尖，花柱线形，连柱头长2～4mm，柱头2裂。蒴果内藏，无柄，狭椭圆形，长2.5～3cm；种子淡褐色，有光泽，矩圆形，长1.3～1.5mm，表面有细网纹。花果期7～9月。

【经济用途】 根入药，祛风除湿、退虚热，主治风湿性关节痛、结核病潮热、黄疸。

【生境分布】 海南州各地。生于干草原、阳坡、河谷阶地、林中干旱山坡沙丘、田边，海拔2500～4300m。分布于西北、华北、东北；俄罗斯、蒙古也有。在青海亦分布于玛多、玛沁、同仁、泽库、德令哈、乌兰、湟源、湟中、化隆、循化、乐都、互助、刚察、祁连、门源。

青藏龙胆 藏名：吉解那步

Gentiana futtereri Diels & Gilg

Gentianaceae 龙胆科 Gentiana 龙胆属

【形态特征】 多年生草本，高5～10cm。根略肉质，须状。花枝多数丛生，铺散，斜升，黄绿色，光滑。叶先端急尖，边缘粗糙，叶脉在两面均不明显或仅中脉在下面明显，叶柄背面具乳突，莲座丛叶常不发达，线状披针形，长10～20mm，宽2～2.5mm，稀长2～4.5cm；茎生叶多对，愈向枝上部叶愈密、愈长，下部叶狭矩圆形，长3～6mm，宽1.5～2mm，中、上部叶线形或线状披针形，长6～20mm，宽1.5～2mm。花单生枝顶，基部包围于上部叶丛中；无花梗；花萼长为花冠的1/3～1/2，萼筒宽筒形或倒锥状筒形，长10～14mm，裂片与上部叶同形，长6～14mm，宽1.5～2mm，弯缺截形；花冠上部深蓝色，下部黄绿色，具深蓝色条纹和斑点，稀淡黄色至白色，具淡蓝灰色斑点，倒锥状筒形，长5～6cm，裂片卵状三角形，长6～7.5mm，先端急尖，全缘，褶整齐，宽卵形，长4～5mm，先端钝，边缘有不整齐细齿；雄蕊着生于冠筒中部，整齐，花丝钻形，长7～11mm，基部连合成短筒包围子房，花药狭矩圆形，长2.5～3mm；子房线形，长12～14mm，两端渐狭，柄细，长22～25mm，花柱线形，连柱头长4～5mm，柱头2裂，裂片外反，矩圆形。蒴果内藏，椭圆形，长15～18mm，两端渐狭，柄细，长至2.5cm；种子黄褐色，有光泽，宽矩圆形，长0.8～1mm，表面具蜂窝状网隙。花果期8～11月。

【经济用途】 花入药，治天花、气管炎、肺热咳嗽、肺炎、肺气肿、咽喉炎。

【生境分布】 贵德、贵南、同德（模式标本产地）、兴海、共和。生于高山草甸、山坡草地，海拔3580～4300m。中国特有种。在青海亦分布于玉树、囊谦、杂多、泽库、河南。

南山龙胆

Gentiana grumii **Kusnezow**

Gentianaceae 龙胆科　Gentiana 龙胆属

【形态特征】 一年生草本，高2.5～4cm。茎黄绿色，下部光滑，上部有细乳突，在基部多分枝，枝铺散。基生叶大，在花期枯萎，宿存，卵形或卵圆形，长6.5～10mm，宽3.5～6mm，先端钝，具短小尖头，边缘软骨质，光滑，两面光滑，叶脉1～3条，在下面突起，叶柄极短；茎生叶小，对折，疏离，与节间等长，矩圆状披针形至线状披针形，长5～6mm，宽1～2mm，先端钝至渐尖，具短小尖头，边缘膜质，狭窄，光滑，两面光滑，中脉在下面突起，叶柄连合成长1～1.5mm的筒。花数朵，单生于小枝顶端；花梗黄绿色，具细乳突，长2～5mm，藏于最上部一对叶中；花萼倒锥形，长5～6mm，裂片三角形，长1.5～2mm，先端急尖，具小尖头，边缘膜质，狭窄，光滑，中脉在背面突起，并向萼筒作短的下延，弯缺圆形或截形；花冠开张，上部深蓝色，下部黄绿色，外面有黄绿色宽条纹，喉部具多数蓝黑色斑点，倒锥形，长11～12(～14)mm，裂片卵形，长2～2.5mm，先端钝圆，褶卵形，长1.5～2mm，先端钝，全缘或边缘具不显明细齿；雄蕊着生于冠筒的中部，整齐，花丝丝状钻形，长3～3.5mm，花药稍弯曲，矩圆形，长1.3～1.5mm；子房椭圆形，长2.5～3mm，两端渐狭，柄长约1.5mm，花柱线形，连柱头长1.5～2mm，柱头2裂，裂片矩圆形。蒴果外露，矩圆形，长3～4mm，先端钝圆，有宽翅，两侧边缘有狭翅，基部钝，柄长至12mm；种子深褐色，狭椭圆形，长1～1.2mm，表面具细网纹。花果期6～7月。

【生境分布】 兴海、共和。生于山坡草地、河滩草甸、沼泽草甸，海拔3200～4400m。青海特有种，中国特有种。在青海亦分布于玉树、杂多、刚察、门源、湟中、互助。

蓝白龙胆

Gentiana leucomelaena Maximowicz ex Kusnezow

Gentianaceae 龙胆科　Gentiana 龙胆属

【形态特征】 一年生草本，高1.5～5cm。茎黄绿色，光滑，在基部多分枝，枝铺散，斜升。基生叶稍大，卵圆形或卵状椭圆形，长5～8mm，宽2～3mm，先端钝圆，边缘有不明显的膜质，平滑，两面光滑，叶脉不明显，或具1～3条细脉，叶柄宽，光滑，长1～2mm；茎生叶小，疏离，短于或长于节间，椭圆形至椭圆状披针形，稀下部叶为卵形或匙形，长3～9mm，宽0.7～2mm，先端钝圆至钝，边缘光滑，膜质，狭窄或不明显，叶柄光滑，连合成长1.5～3mm的筒，愈向茎上部筒愈长。花数朵，单生于小枝顶端；花梗黄绿色，光滑，长4～40mm，藏于最上部一对叶中或裸露，花萼钟形，长4～5mm，裂片三角形，长1.5～2mm，先端钝，边缘膜质，狭窄，光滑，中脉细，明显或否，弯缺狭窄，截形；花冠白色或淡蓝色，稀蓝色，外面具蓝灰色宽条纹，喉部具蓝色斑点，钟形，长8～13mm，裂片卵形，长2.5～3mm，先端钝，褶矩圆形，长1.2～1.5mm，先端截形，具不整齐的条裂；雄蕊着生于冠筒下部，整齐，花丝丝状，锥形，长2.5～3.5mm，花药矩圆形，长0.7～1mm；子房椭圆形，长3～3.5mm，先端钝，基部渐狭，柄长1.5～2mm，花柱短而粗，圆柱形，长0.5～0.7mm，柱头2裂，裂片矩圆形。蒴果外露或仅先端外露，倒卵圆形，长3.5～5mm，先端圆形，具宽翅，两侧边缘具狭翅，基部渐狭，柄长至19mm；种子褐色，宽椭圆形或椭圆形，长0.6～0.8mm，表面具光亮的念珠状网纹。花果期5～10月。

【生境分布】 兴海、共和。生于沼泽草甸、河滩草甸、高山草甸，海拔2500～4600m。分布于西藏、四川、甘肃、新疆；中亚地区及印度、尼泊尔、克什米尔地区、巴基斯坦、俄罗斯、蒙古也有。在青海亦分布于玉树、囊谦、称多、杂多、治多、曲麻莱、玛多、玛沁、同仁、泽库、河南、德令哈、茫崖、可可西里、门源。

云雾龙胆

Gentiana nubigena Edgeworth

Gentianaceae 龙胆科　Gentiana 龙胆属

【形态特征】 多年生草本，高8～17cm，基部被黑褐色枯老膜质叶鞘包围。枝2～5个丛生，其中有1～4个营养枝和1个花枝；花枝直立，常带紫红色，中空，近圆形，幼时具乳突，老时光滑。叶大部分基生，常对折，线状披针形、狭椭圆形至匙形，长2～6cm，宽0.4～1.1cm，先端钝或钝圆，基部渐狭，两面光滑或幼时具乳突，叶脉1～3条，在两面均明显，并在下面稍突起，叶柄膜质，长1～3cm；茎生叶1～3对，无柄，狭椭圆形或椭圆状披针形，长1.5～3cm，宽0.3～0.7cm，先端钝，中脉在下面稍突起。花1～2(～3)朵，顶生；无花梗或具短的花梗；花萼筒状钟形或倒锥形，长1.5～2.7cm，萼筒草质，有时膜质，具绿色或蓝色斑点，不开裂，裂片直立，不整齐，狭矩圆形，长2～8.5mm，先端钝，中脉在背面明显或否，弯缺窄，圆形或截形；花冠上部蓝色，下部黄白色，具深蓝色的细长的或短的条纹，漏斗形或狭倒锥形，长3.5～6cm，裂片卵形，长3～4.5mm，先端钝，上部全缘，下部边缘有不整齐细齿，褶偏斜，截形，边缘具不整齐波状齿或啮蚀状；雄蕊着生于冠筒下部，整齐。花丝钻形，长12～22mm，花药狭矩圆形或线形，长2～3.5mm；子房披针形，长1～1.6cm，两端渐狭，柄长1.7～2cm，花柱明显，连柱头长3～6mm，柱头2裂，裂片线形。蒴果内藏或仅先端外露，椭圆状披针形，长2～3cm，两端钝，柄长至3cm；种子黄褐色，有光泽，宽矩圆形或近圆形，长1.6～2mm，表面具海绵状网隙。花果期7～9月。

【生境分布】 兴海、共和。生于高山流石滩、高山草甸，海拔2800～4600m。分布于西藏、四川、甘肃；克什米尔地区、印度、尼泊尔、不丹也有。在青海亦分布于玛多、玛沁、同仁、河南、泽库、乐都、互助、祁连、门源。

假水生龙胆

Gentiana pseudoaquatica **Kusnezow**

Gentianaceae 龙胆科　Gentiana 龙胆属

【形态特征】　一年生草本，高3～5cm。茎紫红色或黄绿色，密被乳突，自基部多分枝，似丛生状，枝再作多次二歧分枝，铺散，斜升。叶先端钝圆或急尖，外反，边缘软骨质，具极细乳突，两面光滑，中脉软骨质，在背面突起；基生叶大，在花期枯萎，宿存，卵圆形或圆形，长3～6mm，宽3～5mm，叶柄宽，长1～2mm；茎生叶疏离或密集，覆瓦状排列，倒卵形或匙形，长3～5mm，宽2～3mm，叶柄边缘具乳突，背面光滑，连合成长1～1.5mm的筒。花多数，单生于小枝顶端；花梗紫红色或黄绿色，长2～13mm，藏于上部叶中或裸露；花萼筒状漏斗形，长5～6mm，裂片三角形，长1.5～2mm，先端急尖，边缘膜质，狭窄，光滑，中脉在背面呈脊状突起，并下延至萼筒基部，弯缺截形；花冠深蓝色，外面常具黄绿色宽条纹，漏斗形，长9～14mm，裂片卵形，长2～2.5mm，先端急尖或钝，褶卵形，长1.5～2mm，先端钝，全缘或边缘啮蚀形；雄蕊着生于冠筒中下部，整齐，花丝丝状，长3～3.5mm，花药矩圆形，长1～1.5mm；子房狭椭圆形，长2.5～3.5mm，两端渐狭，柄粗而短，长1～2mm，花柱线形，连柱头长1.5～2mm，柱头2裂，裂片外卷，线形。蒴果外露，倒卵状矩圆形，长3～4mm，先端圆形，有宽翅，两侧边缘有狭翅，基部钝，柄长至18mm；种子褐色，椭圆形，长1～1.2mm，表面具明显的细网纹。花果期4～8月。

【生境分布】　兴海、共和。生于河滩、沼泽草地、灌丛草甸、林下，海拔2300～4600m。分布于西藏、四川、甘肃、新疆、山西、河北、内蒙古、河南及东北地区；克什米尔地区、印度、不丹、格鲁吉亚、俄罗斯、蒙古、朝鲜也有。在青海亦分布于玉树、囊谦、称多、杂多、治多、曲麻莱、尖扎、同仁、泽库、化隆、互助。

白瑜 摄

偏翅龙胆

Gentiana pudica Maximowicz

Gentianaceae 龙胆科 Gentiana 龙胆属

【形态特征】 一年生草本，高3～12cm。茎黄绿色，光滑，在基部多分枝，枝铺散。叶片圆匙形或椭圆形，长4.5～9mm，宽1.2～3.5mm，愈向茎上部叶愈大，先端钝圆，边缘膜质，极狭窄，光滑或疏生细乳突，两面光滑，中脉在下面明显，叶柄光滑，连合成长1.5～3mm的筒，愈向茎上部筒愈长；基生叶在花期枯萎，宿存；茎生叶疏离，短于节间。花多数，单生于小枝顶端；花梗黄绿色，光滑，长10～25mm，裸露；花萼外面常带蓝紫色，筒状漏斗形，长10～12mm，裂片三角形，长2.5～3mm，先端钝，边缘膜质，平滑，中脉在背面高高突起呈龙骨状，并向萼筒下延成翅，弯缺截形；花冠上部深蓝色或蓝紫色，下部黄绿色，宽筒形或漏斗形，长20～25mm，喉部直径6～8mm，裂片卵形或卵状椭圆形，长4～5mm，先端钝或渐尖，褶宽矩圆形，长2.5～3.5mm，先端截形或钝，具不整齐细齿；雄蕊着生于冠筒中部，整齐，花丝丝状钻形，长4～5mm，花药狭矩圆形，长1.5～1.7mm；子房线状椭圆形，长6.5～7.5mm，两端渐狭，柄长3～4mm，花柱线形，连柱头长1.5～2mm，柱头2裂，裂片半圆形，蒴果内藏或先端外露，狭矩圆形，长8～10mm，两端钝，边缘无翅，柄长至7mm；种子褐色，有光泽，矩圆形或线状矩圆形，长1～1.2mm，表面具细网纹，一侧具翅。花果期6～9月。

【生境分布】 兴海。生于山顶草地、山坡草地、滩地，海拔2600～4200m。中国特有种，分布于四川、甘肃。在青海亦分布于玛沁、泽库、河南、化隆、循化、乐都、互助、祁连、门源。

管花秦艽 管花龙胆

Gentiana siphonantha Maximowicz ex Kusnezow

Gentianaceae 龙胆科 Gentiana 龙胆属

【形态特征】 多年生草本，高10～25cm，全株光滑无毛，基部被枯存的纤维状叶鞘包裹。须根数条，向左扭结成一个较粗的圆柱形的根。枝少数丛生，直立，下部黄绿色，上部紫红色，近圆形。莲座丛叶线形，稀宽线形，长4～14cm，宽0.7～2.5cm，先端渐尖，基部渐狭，边缘粗糙，叶脉3～5条，在两面均明显，并在下面突起，叶柄长3～6cm，被包于枯存的纤维状叶鞘中；茎生叶与莲座丛叶相似而略小，长3～8cm，宽0.3～0.9cm，无叶柄至叶柄长达2cm。花多数，无花梗，簇生枝顶及上部叶腋中，呈头状；花萼小，长为花冠的1/4～1/5，萼筒常带紫红色，长4～6mm，一侧开裂或不裂，先端截形，萼齿不整齐，丝状或钻形，长1～3.5mm；花冠深蓝色，筒状钟形，长2.3～2.6cm，裂片矩圆形，长3.5～4mm，先端钝圆，全缘，褶整齐或偏斜，狭三角形，长2.5～3mm，先端急尖，全缘或2裂；雄蕊着生于冠筒下部，整齐，花丝线状钻形，长11～14mm，花药矩圆形，长1.5～2.5mm；子房线形，长12～14mm，两端渐狭，柄长5～6mm，花柱短，连柱头长2～3mm，柱头2裂，裂片矩圆形。蒴果椭圆状披针形，长14～17mm，柄长6～7mm；种子褐色，矩圆形或狭矩圆形，长1.1～1.5mm，表面具细网纹。花果期7～9月。

【经济用途】 根入药，代秦艽用，祛风除湿、退虚热，主治风湿关节痛、结核病潮热、黄疸。

【生境分布】 兴海、共和。生于山顶草地、山坡草地、滩地，海拔2600～4200m。中国特有珍稀濒危植物，分布于四川、甘肃。在青海亦分布于玛沁、泽库、河南、化隆、循化、乐都、互助、祁连、门源。

注：本种叶子大小变化辐度较大。

鳞叶龙胆
石龙胆　鳞片龙胆　岩龙胆　小龙胆
Gentiana squarrosa Ledebour

Gentianaceae 龙胆科　Gentiana 龙胆属

【形态特征】　一年生草本，高2～8cm。茎黄绿色或紫红色，密被黄绿色有时夹杂有紫色乳突，自基部起多分枝，枝铺散，斜升。叶先端钝圆或急尖，具短小尖头，基部渐狭，边缘厚软骨质，密生细乳突，两面光滑，中脉白色软骨质，在下面突起，密生细乳突，叶柄白色膜质，边缘具短睫毛，背面具细乳突，仅连合成长0.5～1mm的短筒；基生叶大，在花期枯萎，宿存，卵形、卵圆形或卵状椭圆形，长6～10mm，宽5～9mm；茎生叶小，外反，密集或疏离，长于或短于节间，倒卵状匙形或匙形，长4～7mm，宽1.7～3mm。花多数，单生于小枝顶端；花梗黄绿色或紫红色，密被黄绿色乳突，有时夹杂有紫色乳突，长2～8mm，藏于或大部分藏于最上部叶中；花萼倒锥状筒形，长5～8mm，外面具细乳突，萼筒常具白色膜质和绿色叶质相间的宽条纹，裂片外反，绿色，叶状，整齐，卵圆形或卵形，长1.5～2mm，先端钝圆或钝，具短小尖头，基部圆形，突然收缩成爪，边缘厚软骨质，密生细乳突，两面光滑，中脉白色厚软骨质，在下面突起，并向萼筒下延成短脊或否，密生细乳突，弯缺宽，截形；花冠蓝色，筒状漏斗形，长7～10mm，裂片卵状三角形，长1.5～2mm，先端钝，无小尖头，褶卵形，长1～1.2mm，先端钝，全缘或边缘有细齿；雄蕊着生于冠筒中部，整齐，花丝丝状，长2～2.5mm，花药矩圆形，长0.7～1mm；子房宽椭圆形，长2～3.5mm，先端钝圆，基部渐狭成柄，柄粗，长0.5～1mm，花柱柱状，连柱头长1～1.5mm，柱头2裂，外反，半圆形或宽矩圆形。蒴果外露，倒卵状矩圆形，长3.5～5.5mm，先端圆形，有宽翅，两侧边缘有狭翅，基部渐狭成柄，柄粗壮，直立，长至8mm；种子黑褐色，椭圆形或矩圆形，长0.8～1mm，表面有白色光亮的细网纹。花果期4～9月。

【生境分布】　贵南、兴海、共和。生于山坡、干草原、河滩、荒地、高山草甸，海拔2230～3600m。分布于我国北方地区；中亚及克什米尔地区、巴基斯坦、尼泊尔、俄罗斯、蒙古、朝鲜、日本也有。在青海亦分布于同仁、泽库、格尔木、西宁、化隆、循化、乐都、互助、刚察、祁连。

麻花艽

蓟芥　左拧根　藏名：解吉尕保

Gentiana straminea **Maximowicz**

Gentianaceae 龙胆科　Gentiana 龙胆属

【形态特征】 多年生草本，高10～35cm，全株光滑无毛，基部被枯存的纤维状叶鞘包裹。须根多数，扭结成一个粗大、圆锥形的根。枝多数丛生，斜升，黄绿色，稀带紫红色，近圆形。莲座丛叶宽披针形或卵状椭圆形，长6～20cm，宽0.8～4cm，两端渐狭，边缘平滑或微粗糙，叶脉3～5条，在两面均明显，并在下面突起，叶柄宽，膜质，长2～4cm，包被于枯存的纤维状叶鞘中；茎生叶小，线状披针形至线形，长2.5～8cm，宽0.5～1cm，两端渐狭，边缘平滑或微粗糙，叶柄宽，长0.5～2.5cm，愈向茎上部叶愈小，柄愈短。聚伞花序顶生及腋生，排列成疏松的花序；花梗斜伸，黄绿色，稀带紫红色，不等长，总花梗长达9cm，小花梗长达4cm；花萼筒膜质，黄绿色，长1.5～2.8cm，一侧开裂呈佛焰苞状，萼齿2～5个，甚小，钻形，长0.5～1mm，稀线形，不等长，长3～10mm；花冠黄绿色，喉部具多数绿色斑点，有时外面带紫色或蓝灰色，漏斗形，长(3～)3.5～4.5cm，裂片卵形或卵状三角形，长5～6mm，先端钝，全缘，褶偏斜，三角形，长2～3mm，先端钝，全缘或边缘啮蚀形；雄蕊着生于冠筒中下部，整齐，花丝线状钻形，长11～15mm，花药狭矩圆形，长2～3mm；子房披针形或线形，长12～20mm，两端渐狭，柄长5～8mm，花柱线形，连柱头长3～5mm，柱头2裂。蒴果内藏，椭圆状披针形，长2.5～3cm，先端渐狭，基部钝，柄长7～12mm；种子褐色，有光泽，狭矩圆形，长1.1～1.3mm，表面有细网纹。花果期7～10月。

【经济用途】 藏医用全草治关节痛、肺病发烧、黄疸及二便不通；根也作为秦艽入药，是青海省大宗药材之一。

【生境分布】 海南州各地。生于山坡草地、河滩、灌丛、林缘、高山草甸，海拔2600～4500m。分布于西藏、四川、甘肃、宁夏及湖北西部；尼泊尔也有。在青海亦分布于玉树州及玛多、玛沁、久治、同仁、泽库、河南、德令哈、都兰、化隆、循化、湟源、湟中、大通、乐都、互助、门源、祁连。

条纹龙胆
Gentiana striata **Maximowicz**

Gentianaceae 龙胆科　Gentiana 龙胆属

【形态特征】 一年生草本，高10～30cm。根细、少分枝。茎淡紫色，直立或斜升，从基部分枝，节间长2～7cm，具细条棱。茎生叶无柄，稀疏，长三角状披针形或卵状披针形，长1～3cm，宽0.5～1.2cm，先端渐尖，基部圆形或平截，抱茎呈短鞘，边缘粗糙或被短毛，下部边缘及基部毛稍密，叶脉1～3条，下面沿中脉密被短柔毛，上部稀疏。花单生茎顶；花萼钟形，萼筒长1～1.3cm，具狭翅，裂片披针形，长8～11mm，先端尖，中脉突起下延呈翅。边缘及翅粗糙，被短硬毛，弯缺圆形；花冠淡黄色，有黑色纵条纹，长4～6cm，裂片卵形，长约7mm，宽约5mm，先端具长1～2mm的尾尖，褶偏斜，截形，宽约3mm，边缘具不整齐齿裂；雄蕊着生于冠筒中部，有长短二型，在长雄蕊花中，花丝线形，长8～15mm，在短雄蕊花中，花丝钻形，长2～5mm，花药淡黄色，矩圆形，长约3mm；子房矩圆形，长约1.5cm，柄长约1cm，花柱线形，长1～1.5cm，柱头线形，2裂，反卷。蒴果内藏或先端外露，矩圆形，扁平，长2～3.5cm，宽0.7～0.8cm，柄粗壮，长1.5～2cm，2瓣裂；种子褐色，长椭圆形，三棱状，沿棱具翅，长3～3.5mm，宽约2mm，表面具网纹。花果期8～10月。

【生境分布】 同德、共和。生于高山灌丛、河谷灌丛和林下，海拔3200～3900m。中国特有种。分布于四川、甘肃、宁夏。在青海亦分布于玛沁、久治、泽库、河南、湟中、乐都、门源（产地新纪录）。

陆福根 摄

陆福根 摄

大花龙胆 藏名：邦见恩保

Gentiana szechenyii Kanitz

Gentianaceae 龙胆科 Gentiana 龙胆属

【形态特征】 多年生草本，高5～7cm，基部被枯存的膜质叶鞘包围。主根粗大，短缩，圆柱形，具多数略肉质的须根。花枝数个丛生，较短，斜升，黄绿色，光滑。叶常对折，先端渐尖，边缘白色软骨质，密被乳突，中脉白色软骨质，在两面均明显，并在下面突起，密被乳突，叶柄白色膜质，光滑；莲座丛叶发达，剑状披针形，长4～6cm，宽0.3～1cm；茎生叶少，密集，椭圆状披针形或卵状披针形，长1.5～3cm，宽0.3～0.6cm。花单生枝顶，基部包于上部叶丛中；无花梗；花萼筒白色膜质，有时上部带紫红色，倒锥状筒形，长1.2～1.7cm，裂片稍不整齐，椭圆形，长7～17mm，先端钝，具短小尖头，边缘白色软骨质，具乳突，中脉白色软骨质，在背面突起，光滑或具乳突，弯缺宽，截形；花冠上部蓝色或蓝紫色，下部黄白色，具蓝灰色宽条纹，筒状钟形，长4～6cm，裂片卵圆形或宽卵形，长5～6mm，先端钝圆，具短小尖头，全缘，褶整齐，卵形，长2.5～3mm，先端钝，全缘；雄蕊着生于冠筒中部，整齐，花丝钻形，长15～17mm，花药狭矩圆形，长4～5mm；子房披针形，长1.2～1.5cm，先端渐尖，基部钝，柄粗壮，长1.7～2cm，花柱线形，长1～1.3cm，柱头2裂，裂片钝三角形。蒴果内藏，狭椭圆形，长1.7～2cm，先端渐尖，基部钝，柄粗壮，长至2.3cm；种子深褐色，矩圆形，长1～1.2mm，表面具浅蜂窝状网隙。花果期6～11月。

【经济用途】 花或全草入药，清热解毒，治肺热咳嗽、气管炎、毒热病、咽喉肿痛。

【生境分布】 兴海。生于高山草甸、山坡草甸、滩地，海拔3400～4700m。中国特有种，分布于西藏、四川、甘肃。在青海亦分布于玉树、杂多、治多、曲麻莱、玛多、玛沁、泽库、河南。

短茎三歧龙胆 仁昌龙胆

Gentiana trichotoma var. ***chingii*** (C. Marquand) T. N. Ho

Gentianaceae 龙胆科 Gentiana 龙胆属

【形态特征】 多年生草本，高5～8cm，基部被膜质枯叶鞘。根茎短，具肉质须根。枝2～4个，其中有1～2个花枝；花枝直立。叶大部分基生，线形；茎生叶多对，狭椭圆形或披针形，长2～4cm。花1～3朵，顶生、三歧分枝；花梗不等长；花萼倒锥形，长1.5～2cm，萼筒不开裂，裂片直立，不整齐，叶状，狭椭圆形或披针形，长4～8mm；花冠蓝色，或下部黄白色，具多数深色圆形斑点，漏斗形，长4～5cm，裂片卵形，长约4mm，褶偏斜，截形。蒴果内藏；种子表面具海绵状网隙。花果期7～9月。

【相近种】 本变种与原变种三歧龙胆*G. trichotoma*（青海产玛多、互助、祁连、门源）的区别是：植株低矮，高5～8cm，基生叶线形，花1～3朵，花冠具多数深色圆形斑点。

【生境分布】 兴海。生于阴坡草地、沼泽草甸灌丛中，海拔3200～4000m。中国特有种，分布于甘肃、云南西北部、四川西南部。在青海亦分布于玛沁、泽库、河南。

三色龙胆

Gentiana tricolor Diels & Gilg

Gentianaceae 龙胆科　Gentiana 龙胆属

【形态特征】 一年生草本，高3～5cm，茎紫红色，下部光滑，上部具细乳突，在基部多分枝，枝铺散，斜上升。基生叶大，在花期枯萎，宿存，倒卵圆形，长7～11mm，宽5～6.5mm，先端钝圆，具短小尖头，边缘光滑，软骨质，两面光滑，中脉软骨质，在下面突起，叶柄膜质，光滑，长2～3mm，连合成长0.5mm的筒；茎生叶对折，疏离，长于或等于节间，矩圆状披针形至线状披针形，长4～7mm，宽1.5～2.5mm，愈向茎上部叶愈长，先端钝至渐尖，具短小尖头，边缘膜质，狭窄，平滑，两面平滑，中脉在下面呈脊状突起，叶柄背面有细乳突或光滑，连合成长2～2.5mm的筒。花数朵，单生于小枝顶端；花梗紫红色，具细乳突，长2～5.5mm，藏于上部叶中；花萼倒锥形，长7～8mm，光滑，裂片披针形或三角形，长2.5～3mm，先端急尖，边缘膜质，狭窄，平滑，两面光滑，中脉绿色或白色，在背面呈脊状突起，并向萼筒下延，弯缺窄，截形；花冠常闭合，上部淡蓝色或蓝色，下部黄绿色，外面具绿色宽条纹，筒形，长11～13mm，裂片卵形或卵状椭圆形，长1.2～2mm，先端钝，具短小尖头，褶卵形，长1.5～2mm，先端钝，具极短小尖头，全缘或有不整齐细齿；雄蕊着生于冠筒中部，整齐，花丝丝状钻形，长4～4.5mm，花药直立，稍微弯曲，矩圆形，长约1mm；子房狭椭圆形，长2.5～3.5mm，两端渐尖，柄粗壮，长2～2.5mm，花柱线形，连柱头长约2mm，柱头2裂，裂片矩圆形。蒴果外露，倒卵状矩圆形，长5.5～6.5mm，先端钝圆，具宽翅，两侧边缘具狭翅，基部渐狭成柄，柄粗壮，长至15mm；种子黑褐色，矩圆形，长1.1～1.4mm，表面具细网纹。花果期6～8月。

【相近种】 本种易与刺芒龙胆*G. aristata*相混淆，但后者花冠的褶宽短圆形，先端截形，有不整齐短条裂。

【生境分布】 兴海、共和（模式标本产地：青海湖）。生于河滩草地、山坡草地、湖边草甸，海拔3050～4500m。中国特有种，主要分布于甘肃河西走廊。在青海亦分布于囊谦、治多、尖扎、同仁、互助。

蓝玉簪龙胆

双色龙胆　藏名：邦见恩保

Gentiana veitchiorum Hemsley

Gentianaceae 龙胆科　Gentiana 龙胆属

【形态特征】 多年生草本，高5～10cm。根略肉质，须状。花枝多数丛生，铺散，斜升，黄绿色，具乳突。叶先端急尖，边缘粗糙，叶脉在两面均不明显或仅中脉在下面明显，叶柄背面具乳突；莲座丛叶发达，线状披针形，长30～55mm，宽2～5mm；茎生叶多对，愈向茎上部叶愈密、愈长，下部叶卵形，长2.5～7mm，宽2～4mm，中部叶狭椭圆形或椭圆状披针形，长7～13mm，宽3～4.5mm，上部叶宽线形或线状披针形，长10～15mm，宽2～4mm。花单生枝顶，下部包围于上部叶丛中；无花梗；花萼长为花冠的1/3～1/2，萼筒常带紫红色，筒形，长1.2～1.4cm，裂片与上部叶同形，长6～11mm，宽2～3.5mm，弯缺截形；花冠上部深蓝色，下部黄绿色，具深蓝色条纹和斑点，稀淡黄色至白色，狭漏斗形或漏斗形，长4～6cm，裂片卵状三角形，长4～7mm，先端急尖，全缘，褶整齐，宽卵形，长2.5～3.5mm，先端钝，全缘或截形，边缘啮蚀形；雄蕊着生于冠筒中下部，整齐，花丝钻形，长9～13mm，基部连合成短筒包围子房，花药狭矩圆形，长3～3.5mm；子房线状椭圆形，长10～12mm，两端渐狭，柄长15～20mm，花柱线形，连柱头长5～6mm，柱头2裂，裂片线形。蒴果内藏，椭圆形或卵状椭圆形，长1.5～1.7cm，先端渐狭，基部钝，柄细，长至3cm；种子黄褐色，有光泽，矩圆形，长1～1.3mm，表面具蜂窝状网隙。花果期6～10月。

【生境分布】 兴海、共和。生于山顶草甸、草滩，河岸草地，海拔3200～4200m。分布于西藏、云南、四川、甘肃；印度、不丹、缅甸也有。在青海亦分布于玉树、称多、杂多、治多、曲麻莱、玛沁、泽库、河南。

紫红假龙胆

Gentianella arenaria **(Maximowicz) T. N. Ho**

Gentianaceae 龙胆科　Gentianella 假龙胆属

【形态特征】 一年生草本，高2～4cm，全株紫红色。茎从基部多分枝，铺散，基部节间极短缩，有条棱。基生叶和茎下部叶匙形或矩圆状匙形，连柄长5～8mm，宽1～1.3mm，先端钝圆，叶脉在两面均不明显，基部渐狭成柄，叶柄扁平，长至4mm。花4数，单生分枝顶端，直径3～4.5mm；花梗斜升，具条棱，长至3cm；花萼紫红色，长为花冠的2/3，长3～4.5mm，裂片匙形，先端钝圆，外反，基部狭缩，背面脉不明显；花冠紫红色，筒状，长5～5.5mm，浅裂，裂片矩圆形，长1.6～1.8mm，先端钝圆，冠筒基部具8个小腺体；雄蕊着生于冠筒中上部，花丝白色，线形，长约2mm，花药黄色，宽矩圆形，长0.2～0.3mm；子房无柄，卵状披针形，先端渐尖，与花柱界限不明，柱头裂片线形，外卷。蒴果卵状披针形，长6.5～7mm；种子深褐色，宽矩圆形，长至0.9mm，表面具极细网纹。花果期7～9月。

【生境分布】 共和。生于高山流石滩、河滩砾石中、高山草地、山谷草地，海拔3500～5400m。中国特有种，分布于西藏、甘肃。在青海亦分布于杂多、治多、曲麻莱、玉树、囊谦、称多、玛沁、祁连、门源。

黑边假龙胆

Gentianella azurea (Bunge) Holub

Gentianaceae 龙胆科　Gentianella 假龙胆属

【形态特征】 一年生草本，高2～25cm。茎直立，常紫红色，有条棱，从基部或下部起分枝，枝开展。基生叶早落；茎生叶无柄，矩圆形、椭圆形或矩圆状披针形，长3～22mm，宽1.5～7mm，先端钝，边缘微粗糙，基部稍合生，仅中脉在下面较明显。聚伞花序顶生和腋生，稀单花顶生；花梗常紫红色，不等长，长至4.5cm；花5数，直径4.5～5.5mm；花萼绿色，长为花冠的1/2，长4～9mm，深裂，萼筒短，长仅1.5～2mm，裂片卵状矩圆形、椭圆形或线状披针形，宽1～2mm，先端钝或急尖，边缘及背面中脉明显黑色，裂片间弯缺狭而长；花冠蓝色或淡蓝色，漏斗形，长5～14mm，近中裂，裂片矩圆形，长2～6mm，先端钝，冠筒基部具10个小腺体；雄蕊着生于冠筒中部，花丝线形，有时蓝色，长2～4.5mm，花药蓝色，矩圆形或宽矩圆形，长0.4～1mm；子房无柄，披针形，长4.5～10mm，先端渐尖，与花柱界限不明显，柱头小。蒴果无柄，先端稍外露；种子褐色，矩圆形，长1～1.2mm，表面具极细网纹。花果期7～9月。

【生境分布】 同德、兴海、共和。生于高山流石滩、高山草甸、山坡草地、湖边沼泽地，海拔2700～4850m。分布于西藏、云南、四川、甘肃、新疆；不丹、哈萨克斯坦、俄罗斯、蒙古也有。在青海亦分布于玉树、囊谦、杂多、治多、曲麻莱、玛沁、泽库、河南、德令哈、化隆、大通、湟中、乐都、刚察、祁连、门源。

朱鑫鑫 摄

扁蕾

Gentianopsis barbata (Froelich) Ma

Gentianaceae 龙胆科　Gentianopsis 扁蕾属

【形态特征】 一年生或二年生草本，高8～40cm。茎单生，直立，近圆柱形，下部单一，上部有分枝，条棱明显，有时带紫色。基生叶多对，常早落，匙形或线状倒披针形，长0.7～4cm，宽0.4～1cm，先端圆形，边缘具乳突，基部渐狭成柄，中脉在下面明显，叶柄长至0.6cm；茎生叶3～10对，无柄，狭披针形至线形，长1.5～8cm，宽0.3～0.9cm，先端渐尖，边缘具乳突，基部钝，分离，中脉在下面明显。花单生茎或分枝顶端；花梗直立，近圆柱形，有明显的条棱，长达15cm，果时更长；花萼筒状，稍扁，略短于花冠，或与花冠筒等长，裂片2对，不等长，异形，具白色膜质边缘：外对线状披针形，长7.5～20mm，基部宽2～3mm，先端尾状渐尖；内对卵状披针形，长6～12mm，基部宽4～6mm，先端渐尖；萼筒长10～18mm，口部宽6～10mm；花冠筒状漏斗形，筒部黄白色，檐部蓝色或淡蓝色，长2.5～5cm，口部宽达12mm，裂片椭圆形，长6～12mm，宽6～8mm，先端圆形，有小尖头，边缘有小齿，下部两侧有短的细条裂齿；腺体近球形，下垂；花丝线形，长8～12mm，花药黄色，狭长圆形，长约3mm；子房具柄，狭椭圆形，长2.5～3cm，花柱短，长1～1.5mm，子房柄长2～4mm。蒴果具短柄，与花冠等长；种子褐色，矩圆形，长约1mm，表面有密的指状突起。花果期7～9月。

【经济用途】 药用，功效同湿生扁蕾。

【生境分布】 贵德、兴海、共和。生于沼泽、河滩、山坡、灌丛中，海拔2700～4000m。分布于西南、西北、华北及东北地区；哈萨克斯坦、俄罗斯也有。在青海亦分布于玉树、囊谦、同仁、泽库、德令哈、都兰、乌兰、天峻、大通、湟源、湟中、化隆、乐都、民和、门源。

朱鑫鑫 摄

朱鑫鑫 摄

朱鑫鑫 摄

细萼扁蕾

Gentianopsis barbata* var. *stenocalyx H. W. Li

Gentianaceae 龙胆科　Gentianopsis 扁蕾属

【形态特征】 本变种与原变种的区别是：茎从基部分枝，呈帚状，花萼细筒形，口部宽2～4mm，长为花冠的1/2，远短于花冠筒，裂片线形。

【生境分布】 兴海、共和。生于高山草甸、半阴坡草甸、灌丛中、林中、河滩、沼泽地，海拔3700～4300m。中国特有种，分布于西藏、四川。在青海亦分布于杂多、曲麻莱、玉树、囊谦、称多、玛多、玛沁、都兰、刚察、祁连。

黄白扁蕾

***Gentianopsis barbata* var. *albiflavida* T. N. Ho**

Gentianaceae 龙胆科 Gentianopsis 扁蕾属

【形态特征】 本变种与变种细萼扁蕾*G. barbata* var. *stenocalyx*十分相似，唯花冠黄白色或淡黄色而不同。

【生境分布】 兴海。生于阳坡柏林下、山坡草地、沼泽地，海拔3050～4200m。青海特有种，中国特有种。在青海亦分布于杂多（模式标本产地）、玉树、泽库、门源。

湿生扁蕾

沼生扁蕾 藏名：假斗

***Gentianopsis paludosa* (Munro ex J. D. Hooker) Ma**

Gentianaceae 龙胆科 Gentianopsis 扁蕾属

【形态特征】 一年生草本，高3.5～40cm。茎单生，直立或斜升，近圆形，在基部分枝或不分枝。基生叶3～5对，匙形，长0.4～3cm，宽2～9mm，先端圆形，边缘具乳突，微粗糙，基部狭缩成柄，叶脉1～3条，不甚明显，叶柄扁平，长达6mm；茎生叶1～4对，无柄，矩圆形或椭圆状披针形，长0.5～5.5cm，宽2～14mm，先端钝，边缘具乳突，微粗糙，基部钝，离生。花单生茎及分枝顶端；花梗直立，长1.5～20cm，果期略伸长；花萼筒形，长为花冠之半，长1～3.5cm，裂片近等长，外对狭三角形，长5～12mm，内对卵形，长4～10mm，全部裂片先端急尖，有白色膜质边缘，背面中脉明显，并向萼筒下延成翅；花冠蓝色，或下部黄白色，上部蓝色，宽筒形，长1.6～6.5cm，裂片宽矩圆形，长1.2～1.7cm，先端圆形，有微齿，下部两侧边缘有细条裂齿；腺体近球形，下垂；花丝线形，长1～1.5cm，花药黄色，矩圆形，长2～3mm；子房具柄，线状椭圆形，长2～3.5cm，花柱长3～4mm。蒴果具长柄，椭圆形，与花冠等长或超出；种子黑褐色，矩圆形至近圆形，直径0.8～1mm。花果期7～10月。

【经济用途】 全草入药，治肝胆热症、肝炎、肺炎、小儿腹泻、流感等症。

【生境分布】 海南州各地。生于山坡草地、山麓、灌丛中、河滩，海拔2400～4500m。分布于西藏、云南、四川、甘肃、陕西、宁夏、山西、河北；尼泊尔、印度、不丹也有。在青海亦分布于杂多、治多、曲麻莱、玉树、囊谦、称多、玛多、玛沁、班玛、久治、同仁、泽库、河南、乌兰、天峻、大通、湟源、湟中、化隆、循化、乐都、民和、互助、刚察、海晏、祁连、门源。

椭圆叶花锚 藏名：贾蒂然果

Halenia elliptica **D. Don**

Gentianaceae 龙胆科　Halenia 花锚属

【形态特征】 一年生草本，高15～60cm。根具分枝，黄褐色。茎直立，无毛，四棱形，上部具分枝。基生叶椭圆形，有时略呈圆形，长2～3cm，宽5～15mm，先端圆形或急尖呈钝头，基部渐狭呈宽楔形，全缘，具宽扁的柄，柄长1～1.5cm，叶脉3条；茎生叶卵形、椭圆形、长椭圆形或卵状披针形，长1.5～7cm，宽0.5～2(～3.5)cm，先端圆钝或急尖，基部圆形或宽楔形，全缘，叶脉5条，无柄或茎下部叶具极短而宽扁的柄，抱茎。聚伞花序腋生和顶生；花梗长短不相等，长0.5～3.5cm；花4数，直径1～1.5cm；花萼裂片椭圆形或卵形，长(3～)4～6mm，宽2～3mm，先端通常渐尖，常具小尖头，具3条脉；花冠蓝色或紫色，花冠筒长约2mm，裂片卵圆形或椭圆形，长约6mm，宽4～5mm，先端具小尖头，距长5～6mm，向外水平开展；雄蕊内藏，花丝长3～5mm，花药卵圆形，长约1mm；子房卵形，长约5mm，花柱极短，长约1mm，柱头2裂。蒴果宽卵形，长约10mm，直径3～4mm，上部渐狭，淡褐色；种子褐色，椭圆形或近圆形，长约2mm，宽约1mm。花果期7～9月。

【经济用途】 全草入药，清热利湿，可治急性黄疸型肝炎、乙型肝炎、胆囊炎、头晕头痛、牙痛等症。

【生境分布】 海南州各地。生于林中空地、林缘、灌丛中、山坡草地、河滩、水边，海拔1900～4000m。分布于西南、西北、华北及湖南、湖北；尼泊尔、不丹、印度、哈萨克斯坦也有。在青海亦分布于杂多、玉树、囊谦、称多、玛沁、班玛、久治、同仁、泽库、河南、湟源、湟中、化隆、循化、大通、乐都、民和、互助、祁连、门源。

短药肋柱花

Lomatogonium brachyantherum (C. B. Clarke) Fernald

Gentianaceae 龙胆科　Lomatogonium 肋柱花属

【形态特征】 一年生草本，高1.5～4cm。茎单一或由基部发出2～4个分枝，枝细瘦，紫红色，基部节间极短缩，上部花葶状。叶大部分生于茎下部，无柄或有短柄，椭圆形或匙状矩圆形，长2～6mm，宽至3mm，先端钝，基部稍狭缩，中脉在下面较明显。花4～5数，单生茎或分枝顶端；花梗长5～20mm；花萼长为花冠的1/2，长3～5mm，裂片椭圆形或矩圆形，宽1～1.5mm，先端急尖，背面中脉稍突起；花冠蓝色，裂片椭圆形，长5～8mm，宽2～3mm，先端急尖，无白色边缘，呈不明显的二色，基部有2个邻近的腺窝，腺窝片状，1侧边缘有少数裂片状齿；花丝线形，长2～3mm，花药黄色，矩圆形或卵状矩圆形，长0.5～1mm；子房长4～5mm，无花柱，柱头下延于子房上部。蒴果与花冠等大；种子褐色，近球形，直径0.7mm。花果期8～9月。

【生境分布】 共和。生于湖边草地，海拔3200m。分布于西藏、新疆；阿富汗、不丹、印度、克什米尔地区和巴基斯坦也有。在青海亦分布于青海湖、德令哈（托素湖）、可可西里。

贾留坤 摄

肋柱花　加地侧蕊

Lomatogonium carinthiacum (Wulfen) Reichenbach

Gentianaceae 龙胆科　Lomatogonium 肋柱花属

【形态特征】　一年生草本，高3～30cm。茎带紫色，自下部多分枝，枝细弱，斜升，近四棱形，节间较叶长。基生叶早落，具短柄，莲座状，叶片匙形，长15～20mm，宽6～8mm，基部狭缩成柄；茎生叶无柄，披针形、椭圆形至卵状椭圆形，长4～20mm，宽3～7mm，先端钝或急尖，基部钝，不合生，仅中脉在下面明显。聚伞花序或花生分枝顶端；花梗斜上升，近四棱形，不等长，长达6cm；花5数，大小不相等，直径常8～20mm；花萼长为花冠的1/2，萼筒长不及1mm，裂片卵状披针形或椭圆形，长4～8(～11) mm，宽1.5～2.5mm，先端钝或急尖，边缘微粗糙，叶脉1～3条，细而明显；花冠蓝色，裂片椭圆形或卵状椭圆形，长8～14mm，先端急尖，基部两侧各具1个腺窝，腺窝管形，下部浅囊状，上部具裂片状流苏；花丝线形，长5～7mm，花药蓝色，矩圆形，长2～2.5mm，子房无柄，柱头下延至子房中部。蒴果无柄，圆柱形，与花冠等长或稍长；种子褐色，近圆形，直径1mm。花果期8～10月。

【生境分布】　共和。生于高山石质山坡、草甸、河滩湿地，海拔3656～4700m。分布于西藏、云南、四川、甘肃、新疆、山西、河北；欧洲、亚洲部分地区也有。在青海亦分布于称多、玉树、杂多、治多、曲麻莱、玛多、玛沁、泽库、河南及环青海湖地区。

大花肋柱花

Lomatogonium macranthum (Diels & Gilg) Fernald

Gentianaceae 龙胆科 Lomatogonium 肋柱花属

【形态特征】 一年生草本，高7～35cm。茎常带紫红色，分枝少而稀疏，斜升，近四棱形，节间长于叶。叶无柄，叶片卵状三角形、卵状披针形或披针形，长7～27mm，宽2～12mm，茎上部及小枝的叶较小，先端急尖或钝，基部钝，叶脉不明显或仅中脉在下面明显。花5数，生于分枝顶端，常不等大，直径一般2～2.5cm；花梗细瘦，弯垂或斜升，近四棱形，常带紫色，不等长，长至9cm；花萼长为花冠的1/2～2/3，裂片狭披针形至线形，稍不整齐，长7～11mm，先端急尖，边缘微粗糙，背面中脉明显；花冠蓝紫色，具深色纵脉纹，裂片矩圆形或矩圆状倒卵形，长13～20mm，先端急尖或钝，具小尖头，基部两侧各具1个腺窝，腺窝管形，基部稍合生，边缘具长约3mm的裂片状流苏；花丝线形，长8～11mm，仅下部稍增宽，花药蓝色，狭矩圆形，长3～3.2mm；子房无柄，长至16mm，柱头小，下延至子房下部。蒴果无柄，狭矩圆形或狭矩圆状披针形，长17～21mm；种子深褐色，矩圆形，长0.7～0.9mm，表面微粗糙，稍有光泽。花果期8～10月。

【生境分布】 兴海、共和。生于高山草甸、河谷阶地、林下空地、山坡，海拔3200～4700m。分布于西藏、四川、甘肃西南部；不丹、尼泊尔和印度（锡金）也有。在青海亦分布于杂多、治多、囊谦、玉树、泽库、河南、循化、祁连。

辐状肋柱花

Lomatogonium rotatum (Linnaeus) Fries ex Nyman

Gentianaceae 龙胆科　Lomatogonium 肋柱花属

【形态特征】　一年生草本，高15～40cm。茎不分枝或自基部有少数分枝，近四棱形，直立，绿色或常带紫色。叶无柄，叶片狭长披针形、披针形至线形，长至43mm，宽1.5～4mm，枝及上部叶较小，先端急尖，基部钝，半抱茎，中脉在两面明显。花5数，顶生和腋生，直径2～3cm，花梗直立或斜伸，四棱形，不等长，长至8cm；花萼较花冠稍短或等长，裂片线形或线状披针形，稍不整齐，长8～22(～27)mm，先端急尖，花冠淡蓝色，具深色脉纹，裂片椭圆状披针形或椭圆形，一般长1.5～2.5cm，先端钝或急尖，基部两侧各具1个腺窝，腺窝管形，边缘具不整齐的裂片状流苏；花丝线形，长6～8mm，花药蓝色，狭矩圆形，长3～4.5mm；子房无柄，长12～14mm，柱头小，三角形，下延至子房下部。蒴果狭椭圆形或倒披针状椭圆形，与花冠等长或稍长；种子淡褐色，圆球形，直径0.3～0.4mm，光滑。花果期8～9月。

【生境分布】　共和。生于山坡草地、灌丛中，海拔3000～4100m。分布于西北、华北、东北等地区；欧洲、北美洲部分地区及哈萨克斯坦、俄罗斯、日本也有。在青海亦分布于湟中、乐都、祁连、门源、刚察。

密序肋柱花

Lomatogonium rotatum var. ***floribundum*** (Franchet) T. N. Ho

Gentianaceae 龙胆科　Lomatogonium 肋柱花属

【形态特征】　本变种与原变种的区别是：茎常自上部分枝；圆锥状复聚伞花序密集；叶片宽披针形；花萼短于花冠。

【生境分布】　兴海（河卡）、共和。生于山坡草地、灌丛中，海拔3200～3400m。中国特有种，分布于华北地区。在青海亦分布于青海湖地区。

二叶獐牙菜 乌金草 藏名：代哇

Swertia bifolia Batalin

Gentianaceae 龙胆科 Swertia 獐牙菜属

【形态特征】 多年生草本，高10～30cm，具短根茎。须根黑褐色。茎直立，有时带紫红色，近圆形，具条棱，不分枝，基部被黑褐色枯老叶柄。基生叶1～2对，具柄，叶片矩圆形或卵状矩圆形，长1.5～6cm，宽0.7～3cm，先端钝或钝圆，基部楔形，渐狭成柄，叶脉3～7条，于下面明显突起，有时3～5条于顶端略联结，叶柄细，扁平，长2.5～4cm，基部连合；茎中部无叶；最上部叶常2～3对，无柄，苞叶状，卵形或卵状三角形，长7～18mm，宽4～6mm，常短于花梗，叶脉1～3条。简单或复聚伞花序具2～8(～13)朵花；花梗直立或斜伸，有时带蓝紫色，不等长，长0.5～5.5cm；花5数，直径1.5～2cm，花萼有时带蓝色，长为花冠的1/2～2/3，裂片略不整齐，披针形或卵形，长8～11mm，先端渐尖，背面有细而明显的3～5条脉；花冠蓝色或深蓝色，裂片椭圆状披针形或狭椭圆形，一般长1.5～2cm，有时长达3cm，宽0.5～0.8cm，先端钝，全缘或有时边缘啮蚀形，基部有2个腺窝，腺窝基部囊状，顶端具长3.5～4mm的柔毛状流苏；花丝线形，长9～11mm，基部背面具流苏状短毛，花药蓝色，狭矩圆形，长2.5～3mm；子房无柄，披针形，长6～8mm，先端渐尖，花柱不明显，柱头小，2裂。蒴果无柄，披针形，与宿存的花冠等长或有时稍长，先端外露；种子多数，褐色，矩圆形，长1.2～1.5mm，无翅，具纵皱折。花果期7～9月。

【生境分布】 共和。生于山坡草甸、灌丛中、流石滩，海拔3200～4300m。中国特有种，分布于西藏、四川、甘肃西南部、陕西（太白山）。在青海亦分布于玉树、称多、玛多、玛沁、久治、泽库、天峻、湟中、化隆、循化、乐都。

张海华 摄

张海华 摄

抱茎獐牙菜 藏茵陈 藏名：蒂达

Swertia franchetiana Harry Smith

Gentianaceae 龙胆科 Swertia 獐牙菜属

【形态特征】 一年生草本，高15～40cm。主根明显。茎直立，四棱形，棱上具窄翅，下部常带紫色，直径1.5～3mm，从基部起分枝，枝细弱，斜升。基生叶在花期枯存，具长柄，叶片匙形，长1～1.5cm，先端钝，基部渐狭，下面具叶脉1条；茎生叶无柄，披针形或卵状披针形，长10～37mm，宽1.5～8mm，茎上部及枝上的叶较小，先端锐尖，基部耳形，半抱茎，并向茎下延成窄翅，叶脉1～3条，在下面较明显。圆锥状复聚伞花序几乎占据了整个植株，多花；花梗粗，直立，四棱形，长至4cm；花5数，直径1.5～2.5cm；花萼绿色，稍短于花冠，裂片线状披针形，长7～12mm，先端锐尖，具小尖头，背面中脉突起；花冠淡蓝色，裂片披针形至卵状披针形，长9～15mm，先端渐尖，具芒尖，基部有2个腺窝，腺窝囊状，矩圆形，边缘具长柔毛状流苏；花丝线形，长5～7mm，花药深蓝灰色，线形，长2～2.5mm；子房无柄，窄椭圆形，花柱短，不明显，柱头2裂，裂片半圆形。蒴果椭圆状披针形，长1.2～1.6cm；种子近圆形，直径0.5mm，表面具细网状突起。花果期8～9月。

【经济用途】 全草入药，清肝利胆、健胃，治黄疸型肝炎、病毒性肝炎、胆囊炎、消化不良。

【生境分布】 共和。生于林缘、山坡草地、河滩。海拔2300～3800m。中国特有种，分布于西藏、四川、甘肃西南部。在青海亦分布于玉树、称多、玛沁、泽库、西宁、大通、湟中、化隆、乐都、互助。

李波卡 摄

张海华 摄

张海华 摄

四数獐牙菜

二型腺鳞草　藏茵陈　藏名：假斗

Swertia tetraptera Maximowicz

Gentianaceae 龙胆科　Swertia 獐牙菜属

【形态特征】 一年生草本，高5～30cm。主根粗，黄褐色。茎直立，四棱形，棱上有宽约1mm的翅，下部直径2～3.5mm，从基部起分枝，枝四棱形；基部分枝较多，长短不等，长2～20cm，纤细，铺散或斜升；中上部分枝近等长，直立。基生叶（在花期枯萎）与茎下部叶具长柄，叶片矩圆形或椭圆形，长0.9～3cm，宽(0.8～)1～1.8cm，先端钝，基部渐狭成柄，叶质薄，叶脉3条，在下面明显，叶柄长1～5cm；茎中上部叶无柄，卵状披针形，长1.5～4cm，宽达1.5cm，先端急尖，基部近圆形，半抱茎，叶脉3～5条，在下面较明显；分枝的叶较小，矩圆形或卵形，长不逾2cm，宽在1cm以下。圆锥状复聚伞花序或聚伞花序多花，稀单花顶生；花梗细长，长0.5～6cm；花4数，大小相差甚远，主茎上部的花比主茎基部和基部分枝上的花大2～3倍，呈明显的大小两种类型；大花的花萼绿色，叶状，裂片披针形或卵状披针形，花时平展，长6～8mm，先端急尖，基部稍狭缩，背面具3条脉；花冠黄绿色，有时带蓝紫色，开展，异花授粉，裂片卵形，长9～12mm，宽约5mm，先端钝，啮蚀状，下部具2个腺窝，腺窝长圆形，邻近，沟状，仅内侧边缘具短裂片状流苏；花丝扁平，基部略扩大，长3～3.5mm，花药黄色，矩圆形，长约1mm；子房披针形，长4～5mm，花柱明显，柱头裂片半圆形；蒴果卵状矩圆形，长10～14mm，先端钝；种子矩圆形，长约1.2mm，表面平滑；小花的花萼裂片宽卵形，长1.5～4mm，先端钝，具小尖头；花冠黄绿色，常闭合，闭花授粉，裂片卵形，长2.5～5mm，先端钝圆，啮蚀状，腺窝常不明显；蒴果宽卵形或近圆形，长4～5mm，先端圆形，有时略凹陷；种子较小。花果期7～9月。

【经济用途】 全草入药，治急性黄疸型肝炎、胆囊炎。

【生境分布】 贵德、兴海、共和。生于山顶草地、山坡湿地、山麓、河滩、灌丛中，海拔2300～4000m。中国特有种，分布于西藏、四川、甘肃。在青海亦分布于杂多、囊谦、玉树、称多、班玛、玛沁、久治、同仁、泽库、河南、大通、湟源、湟中、化隆、乐都、民和、互助、刚察、海晏、祁连、门源。

白瑜 摄

华北獐牙菜 乌氏当药 藏名：代哇

Swertia wolfgangiana **Gruning**

Gentianaceae 龙胆科 Swertia 獐牙菜属

【形态特征】 多年生草本，高8～55cm，具短根茎。茎直立，中空，近圆形，有细条棱，不分枝，基部直径1～2.5mm，被黑褐色枯老叶柄。基生叶1～2对，具长柄，叶片矩圆形或椭圆形，长2～9cm，宽1～3cm，先端钝或圆形，基部渐狭成柄，叶脉3～5条，在下面突起，叶柄扁平，长2.5～6cm；茎中部裸露无叶，上部具1～2对极小的、苞叶状的叶，卵状矩圆形，长1.5～3cm，宽0.5～1cm，先端钝，基部无柄，离生，半抱茎，叶脉1～3条，在下面细而明显。聚伞花序具2～7朵花或单花顶生；花梗黄绿色，直立和斜伸，不整齐，长2～5cm；花萼绿色，长为花冠的1/2～2/3，裂片卵状披针形，长8～13mm，宽3～5mm，先端急尖，具明显的白色膜质边缘，脉不明显；花冠黄绿色，背面中央蓝色，裂片矩圆形或椭圆形，长15～20mm，先端钝或圆形，稍呈啮蚀状，基部具2个腺窝，腺窝下部囊状，边缘具长3～4mm的柔毛状流苏；花丝线形，长8～12mm，基部背面具流苏状短毛，花药蓝色，矩圆形，长3～4mm；子房无柄，椭圆形，长8～15mm，花柱不明显，柱头小，2裂，裂片半圆形。蒴果无柄，椭圆形，与宿存花冠等长；种子深褐色，矩圆形，长1～1.2mm，具纵的皱折。花果期7～9月。

【经济用途】 花入药，退烧、利胆，治流行性感冒。

【生境分布】 兴海。生于高山草甸、阴坡灌丛中，海拔3470～4600m。中国特有种，分布于西藏、四川、甘肃、山西、湖北西部。在青海亦分布于玉树、曲麻莱、称多、玛多、玛沁、久治、同仁、泽库、河南、互助。

夹竹桃 红花夹竹桃 柳叶桃

Nerium oleander Linnaeus

Apocynaceae 夹竹桃科 Nerium 夹竹桃属

【形态特征】 常绿灌木，高可达5m。枝条灰绿色，初被白绒毛，老后脱毛。叶3～4枚轮生，下枝为对生，叶片披针形或窄披针形，长9～12cm，宽1～2cm，先端骤尖，基部楔形，全缘，反卷；上面深绿色，无毛，下面浅绿色，有多数凹陷，幼时被短绒毛，老后无毛；中脉明显，侧脉密生而平行，直达叶缘；叶柄短，长5～8mm，扁平，基部增宽，内具腺体。聚伞花序顶生，总花梗长3～6cm，微被毛；小花梗长0.7～1.4cm；苞片披针形；花萼5深裂，红色裂片披针形，被毛；花冠重瓣，深红色或粉红色，内轮为漏斗状，外轮为辐状，分裂至基部或部分联合，每花冠裂片基部具长圆形而顶部撕裂的鳞片；雄蕊着生于花冠筒中上部；无花盘。花期几乎全年，夏秋为最盛；果期一般在冬春季，栽培很少结果。

【经济用途】 ① 花大、艳丽且花期长，常作观赏植物；② 全株具强毒性，误食可致死，叶及茎皮可提制强心剂；③ 种子含油量58.5%，可作润滑油；④ 茎的韧皮纤维是很好的高级混纺原料，也可用于制作绳索及造纸；⑤ 茎、叶可制杀虫剂。

【生境分布】 贵德、贵南、共和；栽培。全国各地有栽培，尤以南方为多，常在公园、风景区、道路旁或河旁、湖旁周围栽培；长江以北栽培者须在温室越冬。野生于伊朗、印度、尼泊尔；现广植于世界热带地区。

鹅绒藤 中国牛皮消

Cynanchum chinense R. Brown

Asclepiadaceae 萝藦科 Cynanchum 鹅绒藤属

【形态特征】 缠绕草本；主根圆柱状，长约20cm，直径约5mm，干后灰黄色；全株被短柔毛。叶对生，叶片薄纸质，宽三角状心形，长4～9cm，宽4～7cm，顶端锐尖，基部心形，叶面深绿色，叶背苍白色，两面均被短柔毛，脉上较密；侧脉约10对，在叶背略为隆起。伞形聚伞花序腋生，两歧，着花约20朵；花萼外面被柔毛；花冠白色，裂片长圆状披针形；副花冠二型，杯状，上端裂成10个丝状体，分为2轮，外轮约与花冠裂片等长，内轮略短；花粉块每室1个，下垂；花柱头略为突起，顶端2裂。蓇葖双生或仅有1个发育，细圆柱状，向端部渐尖，长11cm，直径5mm；种子长圆形；种毛白色绢质。花期6～8月，果期8～10月。

【经济用途】 ① 全株可做驱风剂；② 根和茎的乳汁入药；根祛风解毒、健胃止痛，主治小儿食积；茎乳汁外敷，治常性疣赘。

【生境分布】 贵德、共和。生于灌丛中、田边、河滩地、干阳坡，海拔1800～2400m。分布于甘肃、陕西、宁夏、山西、河北、辽宁、河南、山东、江苏、浙江；朝鲜、韩国和蒙古也有。在青海亦分布于尖扎、西宁、循化、互助。

地梢瓜 地梢花 地瓜瓢

Cynanchum thesioides (Freyn) K. Schumann

Asclepiadaceae 萝藦科 Cynanchum 鹅绒藤属

【形态特征】 直立半灌木；地下茎单轴横生；茎自基部多分枝。叶对生或近对生，叶片线形，长3～5cm，宽2～5mm，叶背中脉隆起。伞形聚伞花序腋生；花萼外面被柔毛；花冠绿白色；副花冠杯状，裂片三角状披针形，渐尖，高过药隔的膜片。蓇葖果纺锤形，先端渐尖，中部膨大，长5～6cm，直径2cm；种子扁平，暗褐色，长8mm；种毛白色绢质，长2cm。花期5～8月，果期8～10月。

【经济用途】 ① 全草及果实入药，益气、通乳、消炎止痛，主治体虚、乳汁不下、气血两虚、咽喉疼痛，外用治瘊子；② 幼果可食。

【生境分布】 贵德、兴海、共和。生于山坡、河滩、阶地、半荒漠化草原，海拔1850～2700m。分布于新疆、甘肃、陕西、山西、河北、内蒙古、辽宁、吉林、黑龙江、河南、山东、江苏；朝鲜、蒙古、俄罗斯、中亚地区也有。在青海亦分布于尖扎、同仁、循化。

银灰旋花 亚氏旋花

Convolvulus ammannii Desrousseaux

Convolvulaceae 旋花科 Convolvulus 旋花属

【形态特征】 多年生草本，根状茎短，木质化，茎少数或多数，高2～10(～15)cm，平卧或上升，枝和叶密被贴生、稀半贴生银灰色绢毛。叶互生，叶片线形或狭披针形，长1～2cm，宽0.5～5mm，先端锐尖，基部狭，无柄。花单生枝端，具细花梗，长0.5～7cm；萼片5枚，长3～7mm，外萼片长圆形或长圆状椭圆形，近锐尖或稍渐尖，内萼片较宽，椭圆形，渐尖，密被贴生银色毛；花冠小，漏斗状，长(8～)9～15mm，淡玫瑰色或白色带紫色条纹，有毛，5浅裂；雄蕊5枚，长为花冠的1/2，基部稍扩大；雌蕊无毛，较雄蕊稍长，子房2室，每室2枚胚珠；花柱2裂，柱头2枚，线形。蒴果球形，2裂，长4～5mm。种子2～3枚，卵圆形，光滑，具喙，淡褐红色。

【经济用途】 全草入药，解表、止咳，治感冒、咳嗽。

【生境分布】 贵南、兴海、共和。生于干旱山坡、草原、荒滩、洪积扇、沼泽边缘，海拔1800～3400m。分布于我国西北至东北地区，以及西藏、河南；中亚地区及俄罗斯、蒙古、朝鲜也有。在青海亦分布于玛沁、同仁、尖扎、德令哈、都兰、乌兰、西宁、化隆、乐都、民和、刚察、门源。

田旋花

中国旋花　箭叶旋花　白花藤　藏名：波尔穷

Convolvulus arvensis Linnaeus

Convolvulaceae 旋花科　Convolvulus 旋花属

【形态特征】　多年生草本，根状茎横走，茎平卧或缠绕，有条纹及棱角，无毛或上部被疏柔毛。叶片卵状长圆形至披针形，长1.5～5cm，宽1～3cm，先端钝或具小短尖头，基部大多戟形或箭形及心形，全缘或3裂，侧裂片展开，微尖，中裂片卵状椭圆形，狭三角形或披针状长圆形，微尖或近圆；叶柄较叶片短，长1～2cm；叶脉羽状，基部掌状。花序腋生，总梗长3～8cm，1朵或有时2～3朵至多花，花柄比花萼长得多；苞片2枚，线形，长约3mm；萼片有毛，长3.5～5mm，稍不等，2枚外萼片稍短，长圆状椭圆形，钝，具短缘毛，内萼片近圆形，钝或稍凹，或多或少具小短尖头，边缘膜质；花冠宽漏斗形，长15～26mm，白色或粉红色，或白色具粉红或红色的瓣中带，或粉红色具红色或白色的瓣中带，5浅裂；雄蕊5枚，稍不等长，长为花冠的1/2，花丝基部扩大，具小鳞毛；雌蕊较雄蕊稍长，子房有毛，2室，每室2枚胚珠，柱头2枚，线形。蒴果卵状球形或圆锥形，无毛，长5～8mm。种子4枚，卵圆形，无毛，长3～4mm，暗褐色或黑色。

【经济用途】　全草入药，调经活血、滋阴补虚、止痒、祛风，主治神经性皮炎、牙痛、风湿性关节痛。

【生境分布】　海南州各地。生于山坡、田边、荒地，海拔1800～3900m。分布于西北、华北、东北及西藏、四川、江苏等地；世界大部分地区也有。在青海亦分布于玉树、称多、同仁、尖扎、德令哈及东部各市县。

欧洲菟丝子

大菟丝子　苜蓿菟丝子　藏名：赛格

Cuscuta europaea Linnaeus

Convolvulaceae 旋花科　Cuscuta 菟丝子属

【形态特征】 一年生寄生草本。茎缠绕，带黄色或带红色，纤细，毛发状，直径不超过1mm，无叶。花序侧生，少花或多花密集成团伞花序，花梗长1.5mm或更短；花萼杯状，中部以下连合，裂片4～5枚，有时不等大，三角状卵形，长1.5mm；花冠淡红色，壶形，长2.5～3mm，裂片4～5枚，三角状卵形，通常向外反折，宿存；雄蕊着生于花冠凹缺稍下处，花药卵圆形，花丝比花药长；鳞片薄，倒卵形，着生于花冠基部之上、花丝之下，顶端2裂或不分裂，边缘流苏较少；子房近球形，花柱2枚，柱头棒状，下弯或叉开，与花柱近等长，花柱和柱头短于子房。蒴果近球形，直径约3mm，上部覆以凋存的花冠，成熟时整齐周裂。种子通常4枚，淡褐色，椭圆形，长约1mm，表面粗糙。

【经济用途】 种子入药，益精壮阳、补肝肾、止泻，主治阳痿、遗精、尿频、头晕、目眩、腰膝酸软、视力减退、胎动不安等症。

【生境分布】 同德、兴海。寄生于草本植物上，海拔2500～4300m。分布于西南及北方一些省区；欧洲、亚洲、北美洲、非洲北部也有。在青海亦分布于玉树、称多、囊谦、尖扎、同仁、湟中、乐都、民和、互助、门源。

圆叶牵牛 牵牛花 喇叭花 紫花牵牛

Ipomoea purpurea (Linnaeus) Roth

Convolvulaceae 旋花科 Ipomoea 番薯属

【形态特征】 一年生缠绕草本，茎上被倒向的短柔毛，杂有倒向或开展的长硬毛。叶片圆心形或宽卵状心形，长4～18cm，宽3.5～16.5cm，基部圆，心形，顶端锐尖、骤尖或渐尖，通常全缘，偶有3裂，两面被疏或密的刚伏毛；叶柄长2～12cm，毛被与茎同。花腋生，单一或2～5朵着生于花序梗顶端成伞形聚伞花序，花序梗比叶柄短或近等长，长4～12cm，毛被与茎相同；苞片线形，长6～7mm，被开展的长硬毛；花梗长1.2～1.5cm，被倒向短柔毛及长硬毛；萼片近等长，长1.1～1.6cm，外面3枚长椭圆形，渐尖，内面2枚线状披针形，外面均被开展的硬毛，基部更密；花冠漏斗状，长4～6cm，紫红色、红色或白色，花冠管通常白色，瓣中带内面色深，外面色淡；雄蕊与花柱内藏；雄蕊不等长，花丝基部被柔毛；子房无毛，3室，每室2枚胚珠，柱头头状；花盘环状。蒴果近球形，直径9～10mm，3瓣裂。种子卵状三棱形，长约5mm，黑褐色或米黄色，被极短的糠秕状毛。

【经济用途】 ① 观赏花卉；② 种子也作为中药牵牛子、黑丑、白丑入药，有泻下、利尿、杀虫的功效，主治肾炎水肿、肝硬化腹水、便秘、虫积腹痛。

【生境分布】 贵德、共和有栽培。我国大部分地区有分布，生于平地至海拔2800m的田边、路边、宅旁或山谷林内，栽培或野生。本种原产于热带美洲，广泛引植于世界各地，或已成为归化植物。

锚刺果

Actinocarya tibetica **Bentham**

Boraginaceae 紫草科　Actinocarya 锚刺果属

【形态特征】　茎丛生，高3～10cm，上部疏生短伏毛，下部近无毛。基生叶倒披针形或匙形，长1.2～2.4cm，宽1.5～4.5mm，先端圆并有短尖头，基部渐狭，上面无毛，下面有疏短伏毛，茎生叶较小。花单生叶腋，花梗长达10mm；花萼长约1.5mm，裂片狭椭圆形，与花冠筒几等长，背面有短伏毛；花冠白色或淡蓝色，筒长约1.3mm，檐部裂片近圆形，长约0.8mm，喉部附属物浅2裂；雄蕊着生于花冠筒中部，花药卵形，很小；子房4裂，花柱短，柱头头状。小坚果狭倒卵形，长1.5～2mm，具长0.4～0.8mm的锚状刺和短糙毛，背面有杯状或鸡冠状突起。花果期7～8月。

【生境分布】　兴海。生于河漫滩、灌丛草甸及草甸破坏处，海拔3100～4500m。分布于西藏、甘肃；印度西北部、克什米尔地区也有。在青海亦分布于囊谦、久治、玛沁、同仁、泽库。

糙草
Asperugo procumbens Linnaeus

Boraginaceae 紫草科　Asperugo 糙草属

【形态特征】 一年生蔓生草本。茎细弱，攀缘，高可达90cm，中空，有5～6条纵棱，沿棱有短倒钩刺，通常有分枝。下部茎生叶具叶柄，叶片匙形或狭长圆形，长5～8cm，宽8～15mm，全缘或有明显的小齿，两面疏生短糙毛；中部以上茎生叶无柄，渐小并近于对生。花通常单生叶腋，具短花梗；花萼长约1.6mm，5裂至中部稍下，有短糙毛，裂片线状披针形，稍不等大，裂片之间各具2小齿，花后增大，左右压扁，略呈蚌壳状，边缘具不整齐锯齿，直径达8mm；花冠蓝色，长约2.5mm，筒部比檐部稍长，檐部裂片宽卵形至卵形，稍不等大，喉部附属物疣状；雄蕊5枚，内藏，花药长约0.6mm；花柱长约0.8mm，内藏。小坚果狭卵形，灰褐色，长约3mm，表面有疣点，着生面圆形。花果期7～9月。

【生境分布】 海南州各地。生于农田边、村舍附近、山坡干旱处，海拔3200～3900m。分布于西藏东北部、四川西部、陕西北部、山西、内蒙古；欧亚大陆温带地区、非洲也有。在青海亦分布于囊谦、久治、同仁、河南、西宁、大通、乐都、民和、海晏、门源。

针刺齿缘草

Eritrichium acicularum **Y. S. Lian & J. Q. Wang**

Boraginaceae 紫草科　Eritrichium 齿缘草属

【形态特征】 一年或二年生草本，高15～30cm。茎直立，多分枝，疏生短毛。基生叶匙形至倒披针形，有柄，后期常枯萎；茎生叶倒披针状线形或线形，长1～3.5cm，宽0.2～0.4cm，先端圆钝，基部楔形，两面被细伏毛，无柄。花序总状，花稀疏着生，苞片叶状；花梗纤细，长0.3～1cm，生微毛，花期直立，果期斜伸或稍弯曲；花萼裂片卵形或卵状长圆形，长1～2.5mm，外面被伏毛，内面被毛短而疏，花期直立，果期多平展；花冠蓝色，钟状筒形，筒长1～1.2mm，裂片卵形或近圆形，长1～1.2mm，附属物新月形；花药卵形；雌蕊基矮金字塔形，高0.5～0.7mm。小坚果背腹二面体形，生微毛，除棱缘的刺外，长2～2.5mm，宽约1mm，背面微凸，具小疣状突起，腹面隆起，着生面位于腹面中部，棱缘的刺针状，基部远离。

【生境分布】 同德。生于阳坡灌丛边，海拔3300m。中国特有种，分布于甘肃西部（肃南、山丹）。在青海亦分布于湟源（模式模本产地）。

青海齿缘草　青海假鹤虱

Eritrichium medicarpum **Y. S. Lian & J. Q. Wang**

Boraginaceae 紫草科　Eritrichium 齿缘草属

【形态特征】 多年生草本，高10～40cm。茎单一或数条丛生，生伏毛。基生叶倒披针形，长2～4cm，宽4～6mm，两面被伏毛，叶柄长3～4cm；茎生叶披针形或条形，长2～4cm，宽0.3～0.7cm，无柄。花序生茎顶和上部叶腋，有花5～10朵，花常生于苞片腋外；花梗长0.3～1cm，生短毛；花萼裂片线形，长约2mm，外面密生短伏毛，内面疏生微毛，花期直立；花冠蓝色或蓝紫色，钟状辐形，筒长1.5mm，檐部直径4～6mm，裂片倒卵形或近圆形，长约2.5mm，附属物矮梯形或近方形，高约0.5mm，常具小乳突；雄蕊生于花冠筒中部，花药卵形，长约0.5mm；花柱长1mm。小坚果背腹二面体形，被微毛，除棱缘的刺外，长2.5～3mm，宽1.2mm，背面微凸，腹面隆起，着生面位于腹面中部以下，棱缘的刺长可达1.9mm，先端有锚钩。花果期7～8月。

【生境分布】 贵南、共和。生于山坡草地、灌丛、沙丘、阳坡，海拔3200～3900m。青海特有种，中国特有种。在青海亦分布于玛沁、德令哈、都兰（模式标本产地）、乌兰、刚察、祁连。

异果齿缘草

Eritrichium heterocarpum **Y. S. Lian & J. Q. Wang**

Boraginaceae 紫草科　Eritrichium 齿缘草属

【形态特征】 一年或二年生草本，高15～40cm。茎直立，密生白色较短的糙伏毛，从基部分枝，分枝纤细。叶片线状长圆形，长1～2.5cm，宽3～7mm，先端圆钝，基部宽楔形，被伏毛，花序生茎和分枝顶端，开花后花序轴延伸，长可达10cm，有花10～20朵，稀疏着生；苞片叶状；花梗长2～3(～5)mm，叉开或稍弯垂，生短毛；花萼裂片卵形或卵状披针形，长约1.5mm，花期直立，果期平展，两面生伏毛；花冠蓝色，钟状辐形，筒长1.1～1.3mm，裂片长圆形至倒卵形，长1.1～1.3mm，附属物近半圆形，稍突出喉部，高约0.2mm，其下有1个乳突；雄蕊着生于花冠筒下部，花药卵圆形。小坚果异形，背腹压扁，除棱缘的刺外长约2mm，宽1～1.2mm，着生面位于腹面中部，棱缘具宽翅者，背腹面均光滑无毛或仅有微毛，小坚果较大，棱缘具狭翅或无刺者，背腹面均密生硬毛，小坚果常较小，缘翅边缘均有锚状刺。花果期7～8月。

【生境分布】 同德。生于干旱石质山坡，海拔3230m。中国特有种，分布于云南（中甸）。在青海亦分布于同仁（模式标本产地）。

矮齿缘草

Eritrichium humillimum W. T. Wang

Boraginaceae 紫草科　Eritrichium 齿缘草属

【形态特征】 多年生草本，高2～4cm，丛垫状。茎细弱，疏生短伏毛，常伸出垫丛。基生叶长圆形至长椭圆形，长0.3～1.2cm，宽2～4mm，上面疏生伏毛，下面无毛或近无毛；叶柄长1～2cm；茎生叶1～2枚。花序总状，长1～1.5cm，有2～5朵花；花梗纤细，长0.3～0.7cm，生短伏毛；花萼裂片披针状线形，长1.5～2mm，外面生伏毛，内面近无毛；花冠淡紫色，钟状辐形，筒长约1.2mm，檐部直径约5mm，裂片倒卵形或近圆形，长约2mm，附属物横向长圆形，长0.5～0.7mm，突出喉部；花药椭圆形，长0.5mm。小坚果背腹两面体形，除棱缘的刺外，长2mm，宽1mm，背面微凸，卵状三角形，生微毛或无毛，腹面有龙骨状突起，无毛，着生面位腹面中部或稍上，棱缘具膜质翅，翅上无毛或生微毛，翅缘啮蚀状。花果期7～8月。

【生境分布】 同德、贵德。生于干旱石质山坡，海拔3230m。中国特有种，分布于甘肃。在青海亦分布于同仁（模式标本产地）。

唐古拉齿缘草

***Eritrichium tangkulaense* W. T. Wang**

Boraginaceae 紫草科　Eritrichium 齿缘草属

【形态特征】　一年生或二年生草本，高5～15cm。茎数条丛生，常在基部分枝，被短伏毛。基生叶倒披针状匙形，长1～2cm，宽2～8mm，先端圆钝，基部渐狭成柄，两面被短伏毛，花后常枯萎；茎生叶卵状长圆形，长0.8～1.2cm，宽2～4mm，无柄。花序似总状花序，有5～10朵花，下部1～3枚苞片叶状，向上苞片急剧变小，以至缺如；花梗长3～5mm，生短伏毛，花期直立，果期多斜伸；花萼裂片线状长圆形至长圆形，长1～2mm，外面密被伏毛，内面先端疏被伏毛，花期直立，果期平展；花冠淡蓝色、淡紫色或黄色，钟状筒形，筒长约为裂片的2倍，裂片近圆形，长0.5～0.7mm，附属物不明显；花药卵圆形，长0.2～0.3mm；雌蕊基高约0.5mm。小坚果背腹压扁，被微毛或近无毛，除棱缘的刺外，长1～1.2mm，宽0.8mm，背盘平或微凸，腹面中肋龙骨突起，在着生面以上呈翅状，着生面卵形，位于腹面中部以下，棱缘的锚状刺披针状三角形，基部连合形成宽翅。花果期7～9月。

【生境分布】　同德。生于河谷干旱石隙，海拔3200m。中国特有种，分布于西藏北部、新疆、甘肃（酒泉）。

蓝刺鹤虱

Lappula consanguinea (Fischer & C. A. Meyer) Gurke

Boraginaceae 紫草科　Lappula 鹤虱属

【形态特征】 一年生或二年生草本，高达60cm。茎通常单生，稀2～3个簇生，上部具分枝，被糙伏毛或开展的硬毛。基生叶长圆状披针形，长达5cm，密生白色长硬毛，果期均枯萎；茎生叶披针形或线形，长2～5cm，宽3～6mm，扁平或沿中肋对折，先端钝，基部渐狭，两面密被具基盘的长硬毛，中脉在上面凹陷、下面明显突起。花序生茎及小枝顶端，果期伸长，长7～25cm；苞片小，线形；果梗极短，长1～3mm，被糙伏毛，直立；花萼深裂至基部，裂片线形，长2.5～3mm，果期增大，长4～5mm，呈星状开展；花冠淡蓝紫色，钟状，长3.5～4mm，檐部直径2.5～3mm，裂片长圆形或宽倒卵形，喉部附属物高约0.5mm。果实宽卵状，长2.5～3mm，宽约3.5mm；小坚果尖卵状，下半部宽，上部尖，故4个小坚果的基部相互靠紧而上部则有长圆形的空档，背面狭卵形，具颗粒状突起，边缘具3行锚状刺，第1行（内行）刺长约1.5mm，细而硬，斜升或直立，基部略增宽但相互离生，第2行刺稍短而硬呈棒状，第3行刺极短，仅生小坚果的腹面下部，小坚果腹面散生小疣状突起而其空档处平滑且有光泽；花柱伸出小坚果约1mm。花期6～7月，果期7～9月。

【生境分布】 共和。生于河滩、村舍边、荒地、路边及干旱山坡，海拔2600～3600m。分布于甘肃、新疆、宁夏、内蒙古、河北；俄罗斯、蒙古、巴基斯坦、克什米尔地区也有。在青海亦分布于都兰、香日德、德令哈、乐都、西宁、湟源。

狭果鹤虱

Lappula semiglabra (Ledebour) Gurke

Boraginaceae 紫草科　Lappula 鹤虱属

【形态特征】 一年生草本。茎高15～30cm，多分枝，有白色糙毛。基生叶多数，呈莲座状，匙形或狭长圆形或线状披针形，无柄，扁平，长2～3cm，宽2～4mm，先端钝，基部渐狭，全缘，上面通常无毛或有时被稀疏的糙毛，下面密被开展的白色糙毛，毛基部有基盘；茎生叶与基生叶相似，通常狭长圆形或倒披针形。花序在花期较短，果期急剧伸长，长可达12cm；叶状苞片披针形或狭卵形；花有短梗，结果后果梗通常弯曲，长达3mm；花萼5深裂，裂片长圆形，被糙毛，长1～1.5mm，果期伸长可达3mm，宽约0.5mm；花冠淡蓝色，钟状，长约3mm，檐部直径约2mm，裂片圆钝。小坚果4枚，皆同形，狭披针形，长3～4mm，背面散生疣状突起，沿中线的龙骨突起上通常具短刺或疣状突起，边缘具1行锚状刺，刺长4～5mm，基部略增宽且相互邻接，腹面具疣状突起或平滑；雌蕊基隐藏于小坚果之间。花果期6～9月。

【生境分布】 共和。生于石砾地，海拔3200m。分布于新疆、甘肃荒漠地区；中亚地区、阿富汗、巴基斯坦、伊朗、印度西北部、克什米尔地区也有。在青海亦分布于青海湖及柴达木盆地。

卵果鹤虱　卵盘鹤虱　中间鹤虱　蒙古鹤虱

Lappula patula (Lehmann) Ascherson ex Gurke

Boraginaceae 紫草科　Lappula 鹤虱属

【形态特征】 一年生草本。茎高20～35cm，中部以上有分枝，被灰白色细伏毛。基生叶莲座状，无柄，线形或匙形，长2.5～3cm，宽2～4mm，先端钝，全缘，两面被开展的灰白色糙毛，但上面的毛较稀疏，毛基部具小形基盘；茎生叶与基生叶相似，但较小而狭，多为线形。花序在花期较短，果期强烈伸长，长可达20(～23)cm，常在一侧着生多数果实；苞片叶状，线形。花小形，无梗或具短梗；花梗直，被伏毛，花期长不及1mm，果期伸长，可达2mm；花萼5裂至基部，被开展的糙毛，裂片线形至狭长圆形，花期长1.5～2mm，果期显著增长，长达5mm，星状开展；花冠淡蓝色，钟状，长约2.5mm，檐部直径1.5～2mm。果实卵圆形，小坚果皆同形，卵形，长约3mm，侧面有小瘤突，背面狭披针形，无龙骨突起，有小瘤突，边缘有1行锚状刺，刺长1.5～2.5mm，基部略增宽，远离，每侧通常有4～5个刺；花柱短，长

约0.5mm，略伸出小坚果。

【生境分布】 海南州各地。生于干旱山坡、田边，海拔1800～3500m。分布于西藏、四川西北部、甘肃西部及华北、东北；俄罗斯、蒙古也有。在青海亦分布于玛沁、尖扎、同仁、乌兰、西宁、循化、民和、乐都、互助、海晏、刚察、门源。

颈果草

Metaeritrichium microuloides W. T. Wang

Boraginaceae 紫草科 Metaeritrichium 颈果草属

【形态特征】 一年生草本。茎从基部辐射状分枝，平铺地面，肉质而压扁，粗可达3mm，长3～5cm。叶片匙形、阔椭圆形至倒卵状披针形，长1～2cm，宽5～8mm，下面疏生短硬毛，上面被毛稀疏以至无毛；叶柄扁平，长1～1.5cm。花单生叶腋或腋外，花梗压扁，果后伸长可达2cm；花萼蓝绿色，披针形，长约1.5mm，宽约0.5mm，果期增大，长达2mm，宽约1.2mm，内面上部被伏毛，外面毛少或几无毛；花冠小，紫蓝色，钟状筒形，筒长0.8～1mm，裂片近圆形，长约0.5mm，附属物横向半椭圆状，宽约0.4mm，高约0.1mm；花药卵状三角形，长约0.3mm；雌蕊基平坦。小坚果背腹二面体形，生微毛或无毛，除棱缘的刺外，长约2mm，宽约1.2mm，背盘和腹面均为卵形，着生面位于腹面近顶端，棱缘刺约10枚，三角形，长

0.8～1mm，先端有锚钩，基部连合形成宽翅，腹面下部边缘又生少数短的锚状刺。花果期7～8月。

【生境分布】 兴海。生于高山流石滩及附近草甸处、草甸裸处，海拔4350～4550m。中国特有珍稀濒危植物，分布于西藏（安多、班戈）。在青海亦分布于治多、玉树。

尖叶微孔草

Microula blepharolepis (Maximowicz) I. M. Johnston

Boraginaceae 紫草科 Microula 微孔草属

【形态特征】 茎高9～20cm，不分枝或有不明显的短分枝，有开展的刚毛。茎中部以下叶片卵形或狭卵形，包括柄长3～7cm，宽0.9～1.4cm，顶部急尖，基部圆形，突缩成长3～3.2cm的长柄，茎上部叶渐变小，具稍短柄，披针形，长1.5～4cm，顶端渐尖，基部宽楔形或渐狭，两面密被短伏毛；叶柄被刚毛。花少数在茎顶端或同时在茎顶部叶腋组成密集的短花序；苞片披针形，长2～4mm；花梗长0.5～2mm；花萼长约2mm，5裂近基部，裂片三角状披针形，外面密被长糙毛，内面疏被短伏毛；花冠檐部直径约2.5mm，无毛，5裂，裂片近圆形，筒长约1.8mm，无毛，附属物低梯形，高约0.5mm，顶端有短毛；花药狭椭圆形，长约0.6mm。

【生境分布】 同德、兴海（模式标本产地）。生于林下、山坡灌丛、滩地，海拔2300～3800m。青海特有种，中国特有种。在青海亦分布于玉树、班玛、玛沁、互助。

微孔草 锡金微孔草 野菠菜 猫儿眼

Microula sikkimensis (C. B. Clarke) Hemsley

Boraginaceae 紫草科 Microula 微孔草属

【形态特征】 茎高6～65cm，直立或渐升，常自基部起有长或短的分枝，或不分枝，被刚毛，有时还混生稀疏糙伏毛。基生叶和茎下部叶具长柄，叶片卵形、狭卵形至宽披针形，长4～12cm，宽0.7～4.4cm，顶端急尖、渐尖，稀钝，基部圆形或宽楔形，中部以上叶渐变小，具短柄至无柄，狭卵形或宽披针形，基部渐狭，边缘全缘，两面有短伏毛，下面沿中脉有刚毛，上面还散生带基盘的刚毛。花序密集，直径0.5～1.5cm，有时稍伸长，长约达2cm，生茎顶端及无叶的分枝顶端，基部苞片叶状，其他苞片小，长0.5～2mm；花梗短，密被短糙伏毛；花萼长约2mm，果期长达3.5mm，5裂近基部，裂片线形或狭三角形，外面疏被短柔毛和长糙毛，边缘密被短柔毛，内面有短伏毛；花冠蓝色或蓝紫色，檐部直径5～9(～11)mm，无毛，裂片近圆形，筒部长2.5～3.8(～4)mm，无毛，附属物低梯形或半月形，长约0.3mm，无毛或有短毛。小坚果卵形，长2～2.5mm，宽约1.8mm，有小瘤状突起和短毛，背孔位于背面中上部，狭长圆形，长1～1.5mm，着生面位于腹面中央。花果期5～9月。

【经济用途】 ① 本属植物为蜜源植物；②种 子油可食，含油率高；③ 全草入药，治热性病、眼炎。

【生境分布】 贵德、同德、兴海、共和。生于林下、林缘、灌丛、草甸及其破坏处、河滩地、砾石堆、干旱山坡、弃耕地、田边，海拔2300～4400m。分布于西藏东北部和南部、云南西北部、四川西部、甘肃、陕西西南部；印度（锡金）也有。在青海亦分布于杂多、治多、曲麻莱、囊谦、玉树、玛多、达日、班玛、久治、玛沁、同仁、泽库、西宁、大通、湟源、湟中、乐都、互助、民和、刚察、门源。

疏散微孔草

Microula diffusa (Maximowicz) I. M. Johnston

Boraginaceae 紫草科　Microula 微孔草属

【形态特征】 茎渐升，长(7～)15～20cm，多分枝，有刚毛。下部茎生叶具柄，上部的无柄，叶片狭长圆形或倒披针形，长2～6.5cm，宽0.5～1.5cm，顶端通常微尖，有时钝，基部渐狭，上面稍密被、下面疏被短糙伏毛，两面均散生刚毛。花在枝端形成长2～8cm类似总状花序的狭长花序，苞片叶状，线形或狭线形，长0.8～2.5cm，宽1～3mm；或少数花在叶腋形成密集的短花序；花梗长约0.8mm；花萼长约1.6mm，果期长达4.5mm，5深裂，裂片三角形，外面有长硬毛；花冠紫蓝色或白色，无毛，檐部直径2～3mm，5裂，裂片圆卵形，筒长约1mm，附属物半月形或低梯形，高约0.3mm。小坚果狭卵形，长2～2.2mm，宽约1.2mm，有稀疏小瘤状突起和短毛，背孔狭三角形，长1.2～1.5mm，在边缘之内的膜质突起高约0.3mm，着生面位于腹面近基部处。花果期7～9月。

【生境分布】 贵德（模式标本产地）、贵南、同德、兴海、共和。生于干旱山坡、河滩、沙丘、草地，海拔2800～3800m。中国特有种，分布于西藏东部、甘肃西北部和西南部。在青海亦分布于玉树、河南、泽库、德令哈、乌兰、都兰、天峻、共和、门源。

多花微孔草

Microula floribunda W. T. Wang

Boraginaceae 紫草科 Microula 微孔草属

【形态特征】 茎自基部分枝，渐升，长6～32cm，被短糙伏毛。茎下部叶有柄，上部叶无柄，叶片匙形、线状匙形或狭长圆形，长1.5～7.5cm，宽0.25～1.2cm，顶端圆形或钝，基部渐狭，两面密被具基盘的短糙伏毛，上面中脉稍下陷。花序腋生或顶生，多分枝而有多数花，多少呈圆锥状，长约为10cm，分枝被短伏毛；花梗长1～2.5mm。花萼长2～2.5mm，果期长3～3.5mm，外面密被糙伏毛，5裂近基部，裂片线状披针形；花冠深蓝色，檐部直径5～8mm，无毛，5裂，裂片圆倒卵形，筒部长2～3mm，无毛，附属物近梯形，高约0.6mm，有短硬毛。小坚果三角状卵形，长约2mm，宽约1.5mm，有小瘤状突起，背孔正三角形，位于果背面上部，长约1mm，着生面位于腹面基部之上。花期7～9月。

【生境分布】 同德。生于林缘、阳性山坡灌丛、草甸的干旱处、河滩，海拔3100～3850m。中国特有种，分布于西藏东部、四川西北部。在青海亦分布于囊谦、玉树、称多、玛沁、河南。

陈哲 摄

陈哲 摄

陈哲 摄

甘青微孔草

Microula pseudotrichocarpa W. T. Wang

Boraginaceae 紫草科　Microula 微孔草属

【形态特征】 茎直立或渐升，高10～44cm，自基部或中部以上分枝，有稀疏糙伏毛和稍密的开展刚毛。基生叶和茎下部叶有长柄，叶片披针状长圆形、匙状狭倒披针形或长圆形，长3～5.5cm，宽5～15cm，顶端微尖，基部渐狭，茎上部叶较小，无柄或近无柄，叶片狭椭圆形或狭长圆形，长1～3cm，两面有糙伏毛，并散生刚毛。花序腋生或顶生，初密集，近球形，果期常伸长，长达1.5cm；苞片披针形至狭椭圆形，长1～4mm；花梗长达1mm；在花序之下有1朵无苞片的花，具长达5mm的花梗；有时在茎中部分枝处有1朵与叶对生、具长梗的花。花萼长2～2.5mm，两面被短伏毛，外面散生少数长硬毛，5裂近基部，裂片线状三角形；花冠蓝色，无毛，檐部直径3.8～4.5(～5.5)mm，5裂，裂片宽倒卵形，筒部长1.5～2(～3)mm，附属物低梯形或半月形，长约0.3mm。小坚果卵形，长约2mm，宽约1.2mm，有小瘤状突起和极短的毛，背孔长圆形，长约1mm，着生面位于腹面近中部处。花期7～8月。

【生境分布】 贵德、同德、兴海、共和。生于林下、林缘干旱草地、灌丛、草甸、滩地，海拔2700～4500m。中国特有种，分布于西藏、四川、甘肃。在青海亦分布于囊谦、玉树、班玛、久治、玛沁、同仁、泽库、格尔木（南部）、都兰、天峻、大通、湟中、互助、民和、刚察、门源。

西藏微孔草
Microula tibetica Bentham

Boraginaceae 紫草科　Microula 微孔草属

【形态特征】 茎缩短，高约1cm，自基部有多数分枝，枝端生花序，疏被短糙毛或近无毛。叶均平展并铺地面上，叶片匙形，长3～13cm，宽0.8～2.8cm，顶端圆形或钝，基部渐狭成柄，边缘近全缘或有波状小齿，上面稍密被短糙伏毛，并散生具基盘的短刚毛，下面有具基盘的白色短刚毛。花序不分枝或分枝；苞片线形或长圆状线形，长2～20mm。两面有短毛，上面还有短刚毛；花梗长在0.8mm以下，果期伸长并下垂，粗壮，长达5mm，疏被短糙毛。花萼长约1.5mm，果期长约3mm，5深裂，裂片狭三角形，外面疏被短柔毛，边缘有短睫毛；花冠蓝色或白色，无毛，檐部直径3.2～4mm，裂片圆卵形，筒部长约1.2mm，附属物低梯形，高约0.3mm。小坚果卵形或近菱形，长2～2.5mm，宽1.6～2mm，有小瘤状突起，突起顶端有锚状刺毛，背孔不存在，着生面位于腹面中部或中部之上。花期7～9月。

【生境分布】 兴海。生于河漫滩、阳坡石流、向阳石质山坡，海拔3850～4400m。分布于西藏；印度（锡金）及克什米尔地区也有。在青海亦分布于杂多、治多、称多、久治、玛多、泽库、河南、可可西里、德令哈、天峻、祁连。

小花西藏微孔草

Microula tibetica var. ***pratensis*** (Maximowicz) W. T. Wang

Boraginaceae 紫草科　Microula 微孔草属

【形态特征】 本变种与原变种西藏微孔草的区别为：花较小，花冠檐部直径1.2～1.8mm；小坚果的背孔存在，位于果背面中央，椭圆形或圆形，长约0.5mm，着生面位于腹面中部。

【生境分布】 兴海、共和。生于草甸化草原、河滩、草甸破坏处、向阳石质山坡，海拔3300～4700m。中国特有种，分布于西藏东北部、南部、西南部及新疆南部。在青海亦分布于囊谦、玉树（巴颜喀拉山）、称多、玛多、玛沁、河南、可可西里、天峻、湟源（模式标本产地）、祁连。

狭叶微孔草

Microula stenophylla W. T. Wang

Boraginaceae 紫草科 Microula 微孔草属

【形态特征】 茎直立或渐升，长5～25cm，常自基部起多分枝，被短糙伏毛和开展的刚毛。叶片匙状线形或线形，长1.5～7.5cm，宽2～7mm，顶端微尖，基部渐狭，上面多少密被糙伏毛或带基盘的短硬毛，并混生带基盘的刚毛，边缘疏被短刚毛，下面只在中脉有疏刚毛，其他部分无毛。花自茎下部或中部起与叶对生，或数朵生分枝顶端形成密集或较狭长的短花序；花梗短。花萼长1.8～2mm，5裂近基部，裂片狭三角形，外面及边缘有长硬毛，内面有短伏毛；花冠蓝色或白色，无毛，檐部直径1.8～2(～4)mm，裂片近圆形，筒部长约1.8mm，附属物低梯形或半月形，高约0.3mm。小坚果三角状卵形，长2～2.5mm，宽约1mm，有小瘤状突起和短毛，背孔正三角形，长0.9～1.2mm，位于果背面上方，着生面位于腹面近基部处。花期6～8月。

【生境分布】 贵南、共和。生于沙滩、潮湿滩地，海拔3300～4000m。中国特有种，分布于西藏北部、四川西北部、甘肃西南部。在青海亦分布于治多、德令哈（模式标本产地）、青海湖。

宽苞微孔草

Microula tangutica Maximowicz

Boraginaceae 紫草科 Microula 微孔草属

【形态特征】 茎1至数条，高3～7cm，常自下部分枝，被向上斜展的短柔毛。基生叶及茎下部叶有柄，叶片匙形，长约达3cm，宽4～10(～14)mm，顶端圆钝，基部渐狭，两面均被短柔毛，茎中部及上部叶无柄，叶片匙形或椭圆形，长0.9～1.4cm。花序生茎和分枝顶端，有少数密集的花；苞片密集，宽卵形、圆卵形或近圆形，长3～8mm，宽2～6mm，顶端微尖，两面疏被短柔毛。花无梗，被苞片包围；花萼长约1.2mm，果期长约2mm，5裂近基部，裂片狭三角形，边缘有长柔毛，内面被短伏毛；花冠蓝色或白色，无毛，檐部直径约2.2mm，裂片近圆形，筒部长约1.1mm，附属物半月形，高约0.2mm。小坚果卵形，稍偏斜，长约1.8mm，宽约1.2mm，无毛，有稀疏小瘤状突起，背面有3条不明显的纵肋，背孔不存在，着生面位于腹面顶端。花期7～9月。

【生境分布】 贵德、同德、兴海、共和。多生于雪线附近流石滩及周边草甸、草甸裸处，海拔2800～4700m。中国特有种，分布于西藏东北部、甘肃（天祝）。在青海亦分布于囊谦、玉树、玛多、班玛、达日、玛沁、同仁、泽库、乌兰、乐都、互助、祁连、门源。

西藏附地菜

Trigonotis tibetica (C. B. Clarke) I. M. Johnston

Boraginaceae 紫草科 Trigonotis 附地菜属

【形态特征】 一年生或二年生草本，细弱，铺散。茎多分枝，高10～25cm，被短糙伏毛。基生叶及茎下部叶具柄，叶片椭圆状卵形至线形或披针形，长0.8～2cm，宽2～6mm，先端尖，基部楔形，两面被灰色短伏毛。花序顶生，疏松，仅基部具3～5个叶状苞片；花梗细，通常斜升，长达5mm；花萼5深裂，裂片狭卵形或披针形，直立，果期长达1.5mm；花冠浅蓝色或白色，钟状，筒部长约1.5mm，檐部直径约3mm，裂片倒卵形，长约1.5mm，喉部黄色，附属物5枚，半月形；雄蕊5枚，内藏，着生于花冠筒中部。小坚果4枚，斜三棱锥状四面体形，成熟后暗褐色，有光泽，通常平滑无毛，长1～1.5mm，背面凸呈卵形，具3条锐棱，腹面基底面向下方隆起，其余2个侧面近等大，中央具1条纵棱，具短柄；柄向一侧急弯。花期5～9月，果期6～9月。

【生境分布】 贵德、贵南、同德、兴海。生于河滩灌丛、草甸裸处、砾石堆、圆柏林下，海拔2500～4200m。分布于西藏、四川西部、甘肃（肃南）；尼泊尔、印度（锡金）、克什米尔地区也有。在青海亦分布于治多、曲麻莱、玉树、久治、玛沁、同仁、泽库、河南、天峻、湟中、循化、乐都。

附地菜

Trigonotis peduncularis (Triranus) Bentham ex Baker & Moore

Boraginaceae 紫草科　Trigonotis 附地菜属

【形态特征】 一年生或二年生草本。茎通常多条丛生，稀单一，密集，铺散，高5～30cm，基部多分枝，被短糙伏毛。基生叶呈莲座状，有叶柄，叶片匙形，长2～5cm，先端圆钝，基部楔形或渐狭，两面被糙伏毛，茎上部叶长圆形或椭圆形，无叶柄或具短柄。花序生茎顶，幼时卷曲，后渐次伸长，长5～20cm，通常占全茎的1/2～4/5，只在基部具2～3枚叶状苞片，其余部分无苞片；花梗短，花后伸长，长3～5mm，顶端与花萼连接部分变粗呈棒状；花萼裂片卵形，长1～3mm，先端急尖；花冠淡蓝色或粉色，筒部甚短，檐部直径1.5～2.5mm，裂片平展，倒卵形，先端圆钝，喉部附属物5枚，白色或带黄色；花药卵形，长0.3mm，先端具短尖。小坚果4枚，斜三棱锥状四面体形，长0.8～1mm，有短毛或平滑无毛，背面三角状卵形，具3条锐棱，腹面的2个侧面近等大而基底面略小，凸起，具短柄，柄长约1mm，向一侧弯曲。早春开花，花期甚长。

【经济用途】 ①全草入药，温中健胃、消肿止痛、止血；②嫩叶可供食用；③花美观，可栽培用以点缀花园。

【生境分布】 兴海。生于林下、林缘河滩、灌丛地、草甸，海拔2000～2800m。分布于西藏、云南、新疆、甘肃、内蒙古、辽宁、吉林、黑龙江、江西、福建、广西北部；欧洲东部、亚洲温带地区也有。在青海亦分布于同仁、大通、乐都、民和、门源。

聚合草 友谊草 爱国草

Symphytum officinale Linnaeus

Boraginaceae 紫草科 Symphytum 聚合草属

【形态特征】 丛生型多年生草本，高30～90cm，全株被向下稍弧曲的硬毛和短伏毛。根发达，主根粗壮，淡紫褐色。茎数条，直立或斜升，有分枝。基生叶通常50～80枚，最多可达200枚，具长柄，叶片带状披针形、卵状披针形至卵形，长30～60cm，宽10～20cm，稍肉质，先端渐尖；茎中部和上部叶较小，无柄，基部下延。花序含多数花；花萼裂至近基部，裂片披针形，先端渐尖；花冠长14～15mm，淡紫色、紫红色至黄白色，裂片三角形，先端外卷，喉部附属物披针形，长约4mm，不伸出花冠檐；花药长约3.5mm，顶端有稍突出的药隔，花丝长约3mm，下部与花药近等宽；子房通常不育，偶尔个别花内成熟1枚小坚果。小坚果歪卵形，长3～4mm，黑色，平滑，有光泽。花期5～10月。

【经济用途】 茎叶可作家畜青饲料。

【生境分布】 海南州各地。原产于欧洲，我国引种并广泛栽培，青海西宁、湟中、湟源及海东各县市都有栽培。

紫筒草

Stenosolenium saxatile **(Pallas) Turczaninow**

Boraginaceae 紫草科 Stenosolenium 紫筒草属

【形态特征】 多年生草本；根细锥形，根皮紫褐色，稍含紫红色物质。茎通常数条，直立或斜升，高10～25cm，不分枝或上部有少数分枝，密生开展的长硬毛和短伏毛。基生叶和下部叶匙状线形或倒披针状线形，近花序的叶披针状线形，长1.5～4.5cm，宽3～8mm，两面密生硬毛，先端钝或微钝，无柄。花序顶生，逐渐延长，密生硬毛；苞片叶状。花具长约1mm的短花梗；花萼长约7mm，密生长硬毛，裂片钻形，果期直立，基部包围果实；花冠蓝紫色、紫色或白色，长1～1.4cm，外面有稀疏短伏毛，花冠筒细，明显较檐部长，通常稍弧曲，檐部直径5～7mm，裂片开展；雄蕊螺旋状着生于花冠筒中部之上，内藏；花柱长约为花冠筒的1/2，先端2裂，柱头球形。小坚果的短柄长约0.5mm，着生面居短柄的底面。花果期5～9月。

【生境分布】 兴海。生于干旱山坡及半荒漠化草原砾石堆，海拔2000～2650m。分布于甘肃西北部、陕西北部、宁夏、山西、河北、内蒙古、辽宁、吉林、黑龙江；蒙古、俄罗斯也有。在青海亦分布于尖扎、西宁、民和。

张海华 摄

贾留坤 摄

张海华 摄

蒙古莸 白沙蒿 山狼毒 兰花茶

Caryopteris mongholica **Bunge**

Verbenaceae 马鞭草科 Caryopteris 莸属

【形态特征】 落叶小灌木，常自基部即分枝，高30～70cm；嫩枝紫褐色，圆柱形，有毛，老枝毛渐脱落。叶片厚纸质，线状披针形或线状长圆形，全缘，很少有稀齿，长0.8～4cm，宽2～7mm，表面深绿色，稍被细毛，背面密生灰白色绒毛；叶柄长约3mm。聚伞花序腋生，无苞片和小苞片；花萼钟状，长约3mm，外面密生灰白色绒毛，深5裂，裂片阔线形至线状披针形，长约1.5mm；花冠蓝紫色，长约1cm，外面被短毛，5裂，下唇中裂片较长大，边缘流苏状，花冠管长约5mm，管内喉部有细长柔毛；雄蕊4枚，几等长，与花柱均伸出花冠管外；子房长圆形，无毛，柱头2裂。蒴果椭圆状球形，无毛，果瓣具翅。花果期7～8月。

【经济用途】 ① 全草入药，味甘性温、消食理气、祛风湿、活血止痛，煮水当茶喝可治腹胀、消化不良；② 花和叶可提芳香油；③ 可庭园栽培供观赏。

【生境分布】 兴海、共和。生于干旱山坡，海拔2200～3200m。分布于甘肃、陕西、山西、内蒙古；蒙古也有。在青海亦分布于乌兰、循化。

光果莸 唐古特莸

Caryopteris tangutica Maximowicz

Verbenaceae 马鞭草科　Caryopteris 莸属

【形态特征】 直立灌木，高0.5～2m；嫩枝密生灰白色绒毛。叶片披针形至卵状披针形，长2～5.5cm，宽0.5～2cm，顶端钝或渐尖，基部圆形或楔形，边缘常具深锯齿，锯齿深达叶面1/3～1/2处，表面绿色，疏被柔毛，背面密生灰白色茸毛，侧脉5～8对，在叶背凸出明显，在表面常微凹；叶柄长0.4～1cm。聚伞花序紧密呈头状，腋生和顶生，无苞片和小苞片；花萼长约2.5mm，果萼长约6mm，外面密生柔毛，顶端5裂，分裂达中部以下，裂片披针形，结果时花萼增大；花冠蓝紫色，二唇形，下唇中裂片较大，边缘呈流苏状，花冠管长5～7mm，雄蕊4枚，与花柱同伸出花冠管外；子房无毛，柱头2裂。蒴果倒卵圆状球形，无毛，长约5mm，宽约4mm，果瓣具宽翅。花期7～9月，果期9～10月。

【相近种】 本种近似毛球莸C. trichosphoera（青海产于玉树、囊谦、称多），但后者叶片宽卵形至卵状长圆形，边缘有规则钝齿，齿深不超过叶面的1/3处，两面及花萼、花冠外有明显腺点，果瓣无明显的翅，可以区别。

【经济用途】 全株入药，调经活血、发表散寒、宣肺止咳，主治崩漏、白带、月经不调、感冒咳嗽、慢性支气管炎，外用治刀伤、烧伤、烫伤。

【生境分布】 贵德。生于山坡、灌丛中，海拔1850～3500m。中国特有种，分布于甘肃、四川、湖北、陕西、河南、河北。在青海亦分布于湟源、湟中、平安、循化、乐都、民和、互助、门源。

白苞筋骨草 甜格缩缩草 忽布筋骨草

藏名：森蒂

Ajuga lupulina Maximowicz

Lamiaceae 唇形科 Ajuga 筋骨草属

【形态特征】 多年生草本，具地下横走茎。根茎短，有时分枝。茎直立，粗壮，高7～35cm，四棱形，具槽，沿棱及节上被白色有节长柔毛，有时从下部分枝。叶片纸质，椭圆形，长0.9～7.5cm，宽0.5～2.5cm，先端钝或急尖，近全缘，基部楔形，下延，两面多少被有节柔毛；叶柄具翅，长小于3cm，基部略抱茎。穗状花序由多数轮伞花序组成；长4～19cm；苞叶黄白色、白色或绿紫色，卵形或阔卵形，长2～6.5cm，宽1.5～3.5cm，向上渐小，多为阔卵形，长宽近相等，先端急尖或渐尖，基部略狭，抱茎，全缘，两面多少被有节长柔毛。花梗短，被长柔毛。花黄白色、白色或黄绿色，具紫色斑纹；花萼狭钟形，长7～10mm，萼齿5枚，狭三角形，先端渐尖呈尾状，边缘被长柔毛；花冠长1.5～2.1cm，外面被长柔毛，内面有毛环，二唇形，上唇小，直立，2裂，裂片圆形，下唇延伸，3裂，中裂片较长；雄蕊4枚，2强。花柱无毛，伸出，较雄蕊略短，先端2浅裂，裂片细尖。小坚果4枚，倒卵状或倒卵长圆状三棱形，背部有突起网纹。花期7～9月，果期8～10月。

【经济用途】 全草入药，降压、利尿、镇痉、解热消炎，治高血压、中毒性肝损伤、咽喉炎、气管炎、尿路结石、癫痫、淋病、跌损淤凝、炭疽。

【生境分布】 海南州各地。生于河谷滩地、山坡、灌丛、高山草甸，海拔2900～4500m。中国特有种，分布于西藏、四川、甘肃、山西、河北。青海大部分地区都有分布，模式标本采自大通。

白花枝子花

异叶青兰　白花夏枯草　藏名：吉孜青保

Dracocephalum heterophyllum Bentham

Lamiaceae 唇形科　Dracocephalum 青兰属

【形态特征】 多年生草本，茎在中部以下具长的分枝，高5～40cm，四棱形或钝四棱形，密被倒向的小毛。茎下部叶具超过或等于叶片的长柄，柄长2.5～6cm，叶片宽卵形至长卵形，长1.3～4cm，宽0.8～2.3cm，先端钝或圆形，基部心形，下面疏被短柔毛或几无毛，边缘被短睫毛及浅圆齿；茎中部叶与基生叶同形，具与叶片等长或较短的叶柄，边缘具浅圆齿或尖锯齿；茎上部叶变小，叶柄变短，锯齿常具刺而与苞片相似。轮伞花序生于茎上部叶腋，长4.8～11.5cm，具4～8朵花，因上部节间变短而花又长过节间，故各轮花密集成穗状；花具短梗；苞片较萼稍短或为之1/2，倒卵状匙形或倒披针形，疏被小毛及短睫毛，边缘每侧具3～8个小齿，齿具长刺，刺长2～4mm。花萼长15～17mm，浅绿色，外面疏被短柔毛，下部较密，边缘被短睫毛，2裂几至中部，上唇3裂至本身长度的1/4～1/3，齿几等大，三角状卵形，先端具刺，刺长约15mm，下唇2裂至本身长度的2/3处，齿披针形，先端具刺。花冠白色，长1.5～3.5cm，外面密被白色或淡黄色短柔毛，二唇近等长。雄蕊无毛。小坚果4枚，倒卵状三棱形，黑褐色。花果期7～8月。

【经济用途】 全草入药，治黄疸型肝炎、肝热病、黄疸型发烧、口腔溃疡、头痛、眼翳、牙痛。

【生境分布】 青海全省各地。生于山坡、河滩、田边、沙丘，海拔2000～4700m。分布于西藏、四川、新疆、甘肃、宁夏、山西、内蒙古；俄罗斯也有。

甘青青兰
唐古特青兰　陇塞青兰　藏名：知羊哥
Dracocephalum tanguticum Maximowicz

Lamiaceae 唇形科　Dracocephalum 青兰属

【形态特征】 多年生草本，有臭味。茎直立，高15～55cm，钝四棱形，上部被倒向小毛，中部以下几无毛，节多，节间长2.5～6cm，在叶腋中生有短枝。叶具柄，柄长3～8mm，叶片椭圆状卵形或椭圆形，基部宽楔形，长2.6～4(～7.5)cm，宽1.4～2.5(～4.2)cm，羽状全裂，裂片2～3对，与中脉成钝角斜展，线形，长7～19(～30)mm，宽1～2(～3)mm，顶生裂片长14～28(～44)mm，上面无毛，下面密被灰白色短柔毛，边缘全缘，内卷。轮伞花序生于茎顶部5～9节上，通常具4～6朵花，形成间断的穗状花序；苞片似叶，但极小，只有1对裂片，两面被短毛及睫毛，长约为萼长的1/2～1/3。花萼长1～1.4cm，外面中部以下密被伸展的短毛及金黄色腺点，常带紫色，2裂至1/3处，齿被睫毛，先端锐尖，上唇3裂至本身2/3稍下处，中齿与侧齿近等大，均为宽披针形，下唇2裂至本身基部，齿披针形。花冠紫蓝色至暗紫色，长2～2.7cm，外面被短毛，下唇长为上唇的2倍。花丝被短毛。花期6～8月。

【经济用途】 全草入药，治胃炎、肝炎、月经不调、疮疡不愈。

【生境分布】 海南州各地。生于阳坡、阳坡林下、河谷，海拔2400～4200m。中国特有种，分布于西藏东南部、四川西部、甘肃西南部。青海大部分地区均有分布，模式标本采自祁连。

白瑜 摄

小头花香薷

Elsholtzia cephalantha Handel-Mazzetti

Lamiaceae 唇形科 Elsholtzia 香薷属

【形态特征】 一年生铺散草本，高5～17cm。茎通常多数，上升，简单或很少分枝，四棱形，被多少呈2列的卷曲白色疏柔毛或近无毛，具远离的成对茎叶，常具腋生小枝或腋生小枝簇。叶片宽卵状三角形，长及宽均0.5～4cm或较狭，先端急尖，基部截形或微心形，少有近圆形，边缘具圆锯齿，草质，上面绿色，疏被小疏柔毛，下面略与上面同色或稍带紫色，具极不明显的腺点及沿主脉上疏被小疏柔毛，侧脉约4对，与中脉两面稍明显；叶柄稍肥厚，长0.3～1.3cm，被与茎相同的毛。花序球形，顶生或腋生，无梗或具有较叶柄长的梗，疏花，直径4～7mm；苞片线形或匙状，基部楔形，长不及花萼，被具节长柔毛，花梗长1～2mm或较短。花萼杯状，长3～4mm，外面被具节长柔毛，内面无毛，果时增大，变无毛，10条脉，萼齿5枚，长1.5～2mm，近等长，线状披针形，先端钝。花冠筒在基部以上近球形，与萼筒近等长，冠檐宽钟形，稍长于萼齿，外面常被紫色具节串珠状长柔毛，5裂，裂片整齐，宽卵形或近三角形，先端圆形。雄蕊4枚，于花冠筒中部以上着生，近等长，花丝宽线形，基部具疏柔毛，花药球形，有时被疏柔毛，内藏或稍伸出花冠。花柱粗壮，先端浅2裂。小坚果球形，直径约2mm，被贴生的微柔毛。花期8月。

【生境分布】 同德。生于半阴坡裸地，海拔3400～4200m。中国特有种，分布于四川西北部。在青海亦分布于久治（逊木错湖）。

密花香薷

咳嗽草　密穗香薷　野紫苏　藏名：齐如色保

Elsholtzia densa **Bentham**

Lamiaceae 唇形科　Elsholtzia 香薷属

【形态特征】 草本，高20～60cm，密生须根。茎直立，自基部多分枝，分枝细长，茎及枝均四棱形，具槽，被短柔毛。叶片长圆状披针形至椭圆形，长1～4cm，宽0.5～1.5cm，先端急尖或微钝，基部宽楔形或近圆形，边缘在基部以上具锯齿，草质，上面绿色、下面较淡，两面被短柔毛，侧脉6～9对，与中脉在上面下陷、下面明显；叶柄长0.3～1.3cm，背腹扁平，被短柔毛。穗状花序长圆形或近圆形，长2～6cm，宽1cm，密被紫色串珠状长柔毛，由密集的轮伞花序组成；最下的1对苞叶与叶同形，向上呈苞片状，卵圆状圆形，长约1.5mm，先端圆，外面及边缘被具节长柔毛。花萼钟状，长约1mm，外面及边缘密被紫色串珠状长柔毛，萼齿5枚，后3枚稍长，近三角形，果时花萼膨大，近球形，长4mm，宽达3mm，外面被极密的串珠状紫色长柔毛。花冠小，淡紫色，长约2.5mm，外面及边缘密被紫色串珠状长柔毛，内面在花丝基部具不明显的小疏柔毛环，冠筒向上渐宽大，冠檐二唇形，上唇直立，先端微缺，下唇稍开展，3裂，中裂片较侧裂片短。雄蕊4枚，前对较长，微露出，花药近圆形。花柱微伸出，先端近相等2裂。小坚果卵珠形，长2mm，宽1.2mm，暗褐色，被极细微的柔毛，腹面略具棱，顶端具小疣突起。花果期7～10月。

【经济用途】 全草入药，发汗、解暑、利尿，治夏季感冒、发热无汗、中暑、急性胃炎、胸闷、口臭、小便不利；藏医用全草治胃病、疮疖、梅毒性鼻炎、喉炎，并能驱虫。

【生境分布】 海南州各地。生于荒地、田边、路边、水沟边，海拔1800～3800m。分布于西藏、云南、四川、新疆、甘肃、陕西、山西、河北；中亚地区及阿富汗、巴基斯坦、印度、尼泊尔也有。青海大部分地区均有分布。

高原香薷 小红苏 野木香叶

Elsholtzia feddei H. Leveille

Lamiaceae 唇形科 Elsholtzia 香薷属

【形态特征】 细小草本，高3～20cm。茎自基部分枝，被短柔毛。叶片卵形，长4～24mm，宽3～14mm，先端钝，基部圆形或阔楔形，边缘具圆齿，上面绿色，下面较淡，或下面常带紫色，上面密被短柔毛，下面被短柔毛，但沿脉上较长而密，腺点稀疏或不明显，侧脉约5对，与中脉在上面略凹陷、下面显著；叶柄长2～8mm，扁平，被短柔毛。穗状花序长1～1.5cm，生于茎、枝顶端，偏于一侧，由多花轮伞花序组成；苞片圆形，长宽约3mm，先端具芒尖，外面被柔毛，在脉上尤为明显；边缘具缘毛，内面无毛，脉紫色；花梗短，与序轴被白色柔毛。花萼管状，长约2mm，外面被白色柔毛，萼齿5枚，披针状钻形，具缘毛，长短不相等，通常前2枚较长，先端刺芒状。花冠红紫色，长约8mm，外被柔毛及稀疏的腺点，冠筒自基部向上扩展，冠檐二唇形，上唇直立，先端微缺，被长缘毛，全缘，下唇较开展，3裂，中裂片圆形，全缘，侧裂片弧形。雄蕊4枚，前对较长，均伸出，花丝无毛。花柱纤细，伸出，先端相等2浅裂。小坚果长圆形，长约1mm，深棕色。花果期9～11月。

【生境分布】 同德。生于河滩、田边、荒地、山坡草丛中，海拔2000～4100m。中国特有种，分布于西藏、云南、四川、甘肃、陕西、山西、河北。在青海亦分布于治多、曲麻莱、囊谦、玉树、称多、同仁、泽库、西宁、循化、民和、互助。

独一味 藏名：打巴

Lamiophlomis rotata (Bentham ex J. D. Hooker) Kudo

Lamiaceae 唇形科 Lamiophlomis 独一味属

【形态特征】 草本，高2.5～10cm；根茎伸长，粗厚，直径达1cm。叶常4枚，辐状两两相对，叶片菱状圆形、菱形、扇形、横肾形以至三角形，长(4～)6～13cm，宽(4.4～)7～12cm，先端钝、圆形或急尖，基部浅心形或宽楔形，下延至叶柄，边缘具圆齿，上面绿色，密被白色疏柔毛，具皱，下面较淡，仅沿脉上疏被短柔毛，侧脉3～5对，在叶片中部以下生出，其上再一侧分枝，因而呈扇形，与中肋均两面凸起；下部叶柄伸长，长可达8cm，上部者变短，几至无柄，密被短柔毛。轮伞花序密集排列成有短葶的头状或短穗状花序，有时下部具分枝而呈短圆锥状，长3.5～7cm，序轴密被短柔毛；苞片披针形、倒披针形或线形，长1～4cm，宽1.5～6mm，下部者最大，向上渐小，先端渐尖，基部下延，全缘，具缘毛，上面被疏柔毛，小苞片针刺状，长约8mm，宽约0.5mm。花萼管状，具10条脉，长约10mm，宽约2.5mm，外面沿脉上被疏柔毛，萼齿5枚，短三角形，先端具长约2mm的刺尖，自内面被丛毛。花冠长约1.2cm，外被微柔毛，内面在冠筒中部密被微柔毛，冠筒管状，基部宽约1.25mm，向上近等宽，至喉部略增大，宽达2mm，冠檐二唇形，上唇近圆形，直径约5mm，边缘具齿牙，自内面密被柔毛，下唇外面除边缘全缘外被微柔毛，内面在中裂片中部被髯毛，余部无毛，3裂，裂片椭圆形，长约4mm，宽约3mm，侧裂片较小，长约2.5mm，宽约2mm。花期6～7月，果期8～9月。

【经济用途】 全草入药，养骨、补髓、止血、接骨、止痛、引流“黄水”，治跌打损伤、筋骨疼痛、气滞闪腰、浮肿后流黄水、关节积黄水、骨松质发炎。

【生境分布】 兴海。生于高山草甸、灌丛下、河滩，海拔3430～4300m。分布于西藏、云南、四川、甘肃；尼泊尔、印度（锡金）、不丹也有。在青海亦分布于杂多、玉树、囊谦、称多、达日、玛沁、久治、河南、民和。

宝盖草 接骨草 莲台夏枯草

藏名：扎西古则

Lamium amplexicaule **Linnaeus**

Lamiaceae 唇形科　Lamium 野芝麻属

【形态特征】 一年生或二年生草本。茎高10～30cm，基部多分枝，上升，四棱形，具浅槽，常为深蓝色，几无毛，中空。茎下部叶具长柄，柄与叶片等长或超过之，上部叶无柄，叶片均圆形或肾形，长1～2cm，宽0.7～1.5cm，先端圆，基部截形或截状阔楔形，半抱茎，边缘具极深的圆齿，上面暗橄榄绿色，下面稍淡，两面均疏生小糙伏毛。轮伞花序6～10朵花，其中常有闭花授精的花；苞片披针状钻形，长约4mm，宽约0.3mm，具缘毛。花萼管状钟形，长4～5mm，宽1.7～2mm，外面密被白色直伸的长柔毛，内面除萼上被白色直伸长柔毛外，余部无毛，萼齿5枚，披针状锥形，长1.5～2mm，边缘具缘毛。花冠紫红色或粉红色，长1.7cm，外面除上唇被较密带紫红色的短柔毛外，余部均被微柔毛，内面无毛环，冠筒细长，冠檐二唇形，上唇直伸，长圆形，先端微弯，下唇稍长，3裂，中裂片倒心形，先端深凹，基部收缩，侧裂片浅圆裂片状。雄蕊花丝无毛，花药被长硬毛。花柱丝状，先端不等2浅裂。花盘杯状，具圆齿。子房无毛。小坚果倒卵圆形，具3条棱，淡灰黄色，表面有疣状突起。花期5～8月，果期7～8月。

【经济用途】 全草入药，治水肿、止血、高血压。

【生境分布】 贵德、兴海、共和。生于田边、田间、水沟边，海拔2160～4300m。分布于西南、西北、华中、华东；欧洲、亚洲其他地区也有。在青海亦分布于杂多、治多、曲麻莱、玉树、囊谦、称多、玛沁、久治、同仁、泽库、河南、西宁、湟中、乐都、民和、互助、门源。

白瑜 摄

白瑜 摄

益母草

九重楼　野天麻　红花艾　藏名：森蒂玛博

Leonurus japonicus **Houttuyn**

Lamiaceae 唇形科　Leonurus 益母草属

【形态特征】 二年生草本，高达1m。主根粗，直伸。茎直立，四棱形，密被倒向糙伏毛，多分枝。叶片长达9.5cm，掌状3深裂，裂片再3深裂或羽状分裂，小裂片宽3～5mm，先端渐尖，上面被糙伏毛，下面被短柔毛及腺点，两面异色；叶柄长2.5～4cm；最上部的苞叶无柄，稀不分裂。轮伞花序多花，组成疏离的穗状花序；小苞片刺状、具柔毛；花萼筒状，长5～7mm，外面密被短柔毛，萼齿5枚，钻状，先端针刺状；花冠紫红色或粉红色，长1.1～1.2cm，外面中部以上被柔毛，冠筒内面近基部有1圈水平向的毛环，二唇形，上唇直伸，长圆形，全缘，下唇略短或等长于上唇，3裂，中裂片倒心形，有明显的紫色脉纹；雄蕊4枚，平列于上唇之内，花丝有鳞状毛。花期6～8月。

【经济用途】 ① 花、果穗和全草入药，调经活血、祛淤生新、利尿消肿，主治月经不调、闭经、产后淤血腹痛、肾炎浮肿、小便不利、尿血；② 嫩苗入药称“童子益母草”，功效同全草，并有补血作用；③ 花治贫血体弱；④ 果称“茺蔚子”，有利尿、治眼疾、肾炎水肿、子宫脱垂之效。

【生境分布】 贵德。生于荒地、田边、水沟边，海拔2000～3000m。分布于全国各地；俄罗斯、日本、朝鲜及亚洲热带地区、非洲、美洲也有。在青海亦分布于同仁、循化、乐都、民和。

细叶益母草

四美草　风葫芦草　红龙串彩　石麻

Leonurus sibiricus Linnaeus

Lamiaceae 唇形科　Leonurus 益母草属

【形态特征】 二年生草本，高20～100cm。茎直立，四棱形，被倒向糙伏毛，常从基部分枝，丛生。叶片长3～5cm，掌状3全裂，裂片再3裂或羽状分裂，小裂片线形，宽1～2.5mm，边缘反卷，两面被糙伏毛；叶柄长约2cm，被糙伏毛；最上部苞叶3全裂。轮伞花序多花，组成疏离的穗状花序；小苞片刺状，被糙伏毛；花萼筒状，长约10mm，外面中部以上脉上密被有节长柔毛，基部被短柔毛，萼齿5枚，钻形，具刺尖，开展或下翻；花冠粉红色，长约1.6cm，外面在冠筒以上被长柔毛，内面近基部有毛环，二唇形，上唇比下唇长1/4，直伸，内面无毛，下唇3裂，中裂片倒心形，先端微凹，有紫色脉纹；雄蕊4枚，平列于上唇之内，花丝中部有鳞状毛，花药卵形。花期7月。

【生境分布】 贵德。生于山坡、田边、路边，海拔2230～2600m。分布于陕西北部、山西、河北、内蒙古；俄罗斯、蒙古也有。在青海亦分布于尖扎、西宁、乐都、互助。

薄荷 野薄荷 南薄荷 水薄荷 土薄荷
藏名：古蒂
Mentha canadensis Linnaeus

Lamiaceae 唇形科 Mentha 薄荷属

【形态特征】 多年生草本。茎直立，高30～60cm，下部数节具纤细的须根及水平匍匐根状茎，锐四棱形，具4条槽，上部被倒向微柔毛，下部仅沿棱上被微柔毛，多分枝。叶片长圆状披针形、披针形、椭圆形或卵状披针形，稀长圆形，长3～5(～7)cm，宽0.8～3cm，先端锐尖，基部楔形至近圆形，边缘在基部以上疏生粗大的牙齿状锯齿，侧脉5～6对，上面绿色；叶柄长2～10mm，腹凹背凸，被微柔毛。轮伞花序腋生，球形，花时直径约18mm，具梗或无梗，具梗时梗可长达3mm，被微柔毛；花梗纤细，长2.5mm，被微柔毛或近于无毛。花萼管状钟形，长约2.5mm，外被微柔毛及腺点，内面无毛，10条脉，不明显，萼齿5枚，狭三角状钻形，先端长锐尖，长1mm。花冠淡紫色，长4mm，外面略被微柔毛，内面在喉部以下被微柔毛，冠檐4裂，上裂片先端2裂，较大，其余3裂片近等大，长圆形，先端钝。雄蕊4枚，前对较长，均伸出于花冠之外，花丝丝状，无毛，花药卵圆形，2室，室平行。花柱略超出雄蕊，先端近相等2浅裂，裂片钻形。花盘平顶。小坚果卵珠形，黄褐色，具小腺窝。花期6～7月，果期7～8月。

【经济用途】 ① 幼嫩茎尖可作蔬菜或调味品；② 全草入药，治感冒发热、喉痛、头痛、目赤、皮肤风疹瘙痒、麻疹不透等症，此外对痈、疽、疥、癣、漆疮亦有效；③ 新鲜及干燥茎叶含“薄荷油”（可提取薄荷脑），广泛用于食品加工、医药制品和牙膏；干燥茎叶也常用作食品调味剂及清凉食品饮料添加剂。

【生境分布】 海南州各地。野生或栽培，海拔1900～2600m。分布于全国各地；亚洲、北美洲及俄罗斯、日本也有。在青海亦分布于同仁、西宁、湟源、乐都、循化、民和。

蓝花荆芥 蓝花青兰 藏名：奥噶完布

Nepeta coerulescens **Maximowicz**

Lamiaceae 唇形科 Nepeta 荆芥属

【形态特征】 多年生草本；根纤细而长。茎高10～40cm，不分枝或多茎，被短柔毛。叶片披针状长圆形，长2～5cm，宽0.9～2.1cm，生于侧枝上的小许多，先端急尖，基部截形或浅心形，上面橄榄绿色，下面略淡，两面密被短柔毛，下面除茸毛外，尚满布小的黄色腺点，边缘浅锯齿状，纸质，脉在上面下陷，下面稍隆起；上部的叶具短柄（长1～2.5mm）或无柄，下部的叶柄较长，长3～10mm。轮伞花序生于茎端4～5(～10)节上，密集成长3～5cm的卵形穗状花序，或展开长达8.5～12cm，总花梗2cm或无；苞叶叶状，向上渐变小，近全缘，发蓝色，苞片较萼长或近等长，线形或线状披针形，发蓝色，被睫毛。花萼长6～7mm，外面被短硬毛及黄色腺点，口部极斜，上唇3浅裂，齿三角状宽披针形，渐尖，下唇2深裂，齿线状披针形。花冠蓝色，长10～12mm，外被微柔毛，冠筒长约6mm，宽1.5mm，向上骤然扩展成长3～3.5mm、宽约4.5mm的喉，冠檐二唇形，上唇直立，长约3mm，2圆裂，下唇长约6.5mm，3裂，中裂片大，下垂，倒心形，长约3mm，宽约3.5mm，先端微缺，基部具隆起，被髯毛，侧裂片外反，半圆形，长1.5mm，宽2mm。雄蕊短于上唇。花柱略伸出。小坚果卵形，长1.6mm，宽1.1mm，褐色，无毛。花期7～8月，果期8月。

【经济用途】 全草入药，消炎、止血、排脓、杀菌。

【生境分布】 兴海。生于高山草甸、山坡多石处、河谷阶地、田边，海拔2900～4600m。中国特有种，分布于西藏、四川、甘肃。在青海亦分布于玉树州及玛多、玛沁、同仁、泽库、河南、德令哈、祁连、门源。

陆福根 摄

陆福根 摄

康藏荆芥 野藿香

Nepeta prattii H. Leveille

Lamiaceae 唇形科 Nepeta 荆芥属

【形态特征】 多年生草本。茎高70～90cm，四棱形，具细条纹，被倒向短硬毛或变无毛，其间散布淡黄色腺点，不分枝或上部具少数分枝。叶片卵状披针形、宽披针形至披针形，长6～8.5cm，宽2～3cm，向上渐变小，先端急尖，基部浅心形，边缘具密的牙齿状锯齿，上面橄榄绿色，微被短柔毛，下面淡绿色，沿脉疏被短硬毛，余部被腺微柔毛及黄色小腺点，侧脉每侧6～8条，斜上升，与中肋在上面微隆起、下面隆起；下部叶具短柄，柄长3～6mm，中部以上的叶具极短的柄以至无柄。轮伞花序生于茎、枝上部3～9节上，下部的远离，顶部的3～6轮密集成穗状，多花而紧密；苞叶与茎叶同形，向上渐变小，长1.2～1.5cm，具细锯齿至全缘，苞片较萼短或等长，线形或线状披针形，被腺微柔毛及黄色小腺点，具睫毛。花萼长11～13mm，疏被短柔毛及白色小腺点，喉部极斜，上唇3齿宽披针形或披针状长三角形，下唇2齿狭披针形，齿先端均长渐尖。花冠紫色或蓝色，长2.8～3.5cm，外疏被短柔毛，冠筒微弯，基部宽1.5mm，其伸出于萼的狭窄部分约等于萼长，喉部扩展，冠檐二唇形，上唇裂至中部成2钝裂片，下唇中裂片肾形，先端中部具弯缺，边缘嚼齿状，基部内面具白色髯毛，侧裂片半圆形。雄蕊短于下唇或后对略伸出。花柱先端近相等2裂，伸出上唇之外。小坚果倒卵状长圆形，长约2.7mm，宽1.5mm，腹面具棱，基部渐狭，褐色，光滑。花期6～7月，果期7～8月。

【生境分布】 同德、兴海。生于灌丛中、山坡草地、田边，海拔2300～3900m。中国特有种，分布于西藏、四川、甘肃、陕西、山西、河北。在青海亦分布于囊谦、玉树、称多、班玛、玛沁、同仁、泽库、河南、大通、湟源、湟中、循化、乐都、民和、互助、门源。

尖齿糙苏

***Phlomis dentosa* Franchet**

Lamiaceae 唇形科　Phlomis 糙苏属

【形态特征】 多年生草本，高25～80cm。茎多分枝，四棱形，具浅槽，被星状短毡毛及混生的中枝较长的星状糙硬毛，或被星状极短硬毛及混生的中枝较长的星状短硬毛。基生叶三角形或三角状卵形，长5.5～10cm，宽3～6cm，先端圆形，基部心形，边缘为不整齐的圆齿状，茎生叶同形，较小，苞叶卵状三角形至披针形，边缘为疏牙齿状，下部的远超过轮伞花序，向上渐变小以至与之等长或略短，叶片均上面橄榄绿色，被短硬毛或中枝较长的星状糙伏毛，稀被星状短柔毛，下面较淡，密被星状短柔毛，基生叶叶柄长2.5～10cm，茎生叶叶柄较短，苞叶叶柄极短至近无柄。轮伞花序多花，多数，生于主茎及侧枝上部；苞片针刺状，略坚硬，长7～10mm，密被星状微柔毛及混生的中枝特长的星状短缘毛。花萼管状钟形，长约9mm，宽约6mm，外面密被星状短绒毛，脉上具中枝特长的星状短硬毛，齿长约1mm，先端为长4～5mm的平展钻状刺尖，齿间形成2小齿，小齿顶端自内面具柔毛束。花冠粉红色，长约1.6cm，冠筒外面背面近喉部被短柔毛，余部无毛，内面有斜向、间断的毛环，冠檐二唇形，上唇长约8mm，外面密被星状短柔毛及具节长柔毛，边缘为不整齐的小齿状，下唇长约6mm，宽约7mm，外面密被星状短柔毛，3圆裂，中裂片阔倒卵形，较大，侧裂片卵形，较小。雄蕊常因上唇外反而露出，花丝被毛，后对基部在毛环上具反折的长距状附属物。花柱先端不等的2裂。小坚果无毛。花果期7～8月。

【经济用途】 根入药，祛风清热、止咳化痰、生肌敛疮，主治感冒咳嗽、气管炎、疮疡久不愈合。

【生境分布】 贵德。生于干旱山坡、田边、河滩，海拔1800～2800m。中国特有种，分布于甘肃、内蒙古、河北。在青海亦分布于同仁、尖扎、西宁、循化、乐都、民和、互助。

张海华 摄

李波卡 摄

渐光糙苏 渐光尖齿糙苏

Phlomis dentosa var. ***glabrescens*** Danguy

Lamiaceae 唇形科 Phlomis 糙苏属

【形态特征】 本变种与原变种的不同在于：茎被极疏具节短刚毛至近无毛；叶近无毛；苞片及花萼疏被具节刚毛及尘状微柔毛。

【生境分布】 贵德。生于山谷草丛，海拔2600m。中国特有种，分布甘肃、内蒙古。

甘西鼠尾草

紫丹参 红秦艽 藏名：吉子恩博

Salvia przewalskii Maximowicz

Lamiaceae 唇形科 Salvia 鼠尾草属

【形态特征】 多年生草本；根木质，直伸，圆柱锥状，外皮红褐色。茎高50～80cm，自基部分枝，上升，丛生，上部间有分枝，密被短柔毛。叶基生和茎生，均具柄，叶片三角状或椭圆状戟形，稀心状卵圆形，长5～11cm，宽3～7cm，先端锐尖，基部心形或戟形，边缘具近于整齐的圆齿状牙齿，草质，上面绿色，被微硬毛，下面灰白色，密被灰白绒毛；基生叶叶柄长6～21cm，茎生叶叶柄长1～4cm，密被微柔毛。轮伞花序具2～4朵花，疏离，组成长8～20cm的顶生总状花序；苞片卵圆形或椭圆形，长3～8mm，宽2.5～3.5mm，先端锐尖，基部楔形，全缘，两面被长柔毛；花梗长1～5mm，与序轴密被疏柔毛。花萼钟形，长11mm，外面密被具腺长柔毛，其间杂有红褐色腺点，内面散布微硬伏毛，二唇形，上唇三角状半圆形，先端有3短尖，下唇较上唇短，半裂为2齿，齿三角形，先端锐尖。花冠紫红色，长21～35(～40)mm，外被疏柔毛，在上唇散布红褐色腺点，内面离基部3～5mm有斜向的疏柔毛毛环，冠筒长约17mm，在毛环下方呈狭筒形，宽约2mm，自毛环向上逐渐膨大，直伸花萼外，至喉部宽约8mm，冠檐二唇形，上唇长圆形，全缘，下唇3裂，中裂片倒卵圆形，侧裂片半圆形。能育雄蕊2枚，伸于上唇下面，花丝扁平，长4.5mm，水平伸展，无毛。花柱略伸出花冠，先端2浅裂，后裂片极短。小坚果倒卵圆形，长3mm，宽2mm，灰褐色，无毛。花果期6～8月。

【经济用途】 ① 根入药，治胃出血、肺病、肺结核咯血；② 花序（或花）入药，治肝炎、肺热、咳嗽。

【生境分布】 贵德。生于山谷、林下、山坡、河滩，海拔1900～3800m。中国特有种。在青海亦分布于班玛、玛沁、尖扎、同仁、循化、民和、互助。

粘毛鼠尾草　藏名：吉子赛保

Salvia roborowskii Maximowicz

Lamiaceae 唇形科　Salvia 鼠尾草属

【形态特征】　二年生草本；根长锥形，褐色。茎直立，高10～90cm，多分枝，钝四棱形，具4条槽，密被有黏腺的长硬毛。叶片戟形或戟状三角形，长3～8cm，宽2.5～5.5cm，先端变锐尖或钝，基部浅心形或截形，边缘具圆齿，两面被粗伏毛，下面尚被浅黄色腺点；叶柄长2～6cm，下部者较长，向茎顶渐变短，毛被与茎同。轮伞花序4～6朵花，上部密集，下部疏离，组成顶生或腋生的总状花序；下部苞片与叶相同，上部苞片披针形或卵圆形，长5～15mm，边缘波状或全缘，被长柔毛及腺毛，有浅黄褐色腺点；花梗长约3mm，与花序轴被黏腺硬毛。花萼钟形，开花时长6～8mm，花后增大，外被长硬毛及腺短柔毛，其间混生浅黄褐色腺点，内面被微硬伏毛，二唇形，唇裂至花萼长的1/3，上唇三角状半圆形，长约3.5mm，宽约5mm，先端具3个短尖头，下唇与上唇近等长，浅裂成2齿，齿三角形，先端锐尖，具长约1mm的刺尖尖头。花冠黄色，短小，长1～1.3(～1.6)cm，外被疏柔毛或近无毛，内面离冠筒基部2～2.5mm处有不完全的疏柔毛毛环，冠筒稍外伸，在中部以下稍缢缩，出萼后膨大，至喉部宽约5mm，冠檐二唇形，上唇直伸，长圆形，全缘，下唇比上唇大，3裂，中裂片倒心形，先端微缺，基部收缩，侧裂片斜半圆形，宽约2mm。能育雄蕊2枚，伸至上唇，内藏或近外伸，花丝长约4mm，药隔弯成弧形，长约4mm，上下臂近等长，二下臂药室联合。花柱伸出，先端不相等2浅裂，后裂片较短。花盘前方略膨大。小坚果倒卵圆形，长2.8mm，直径1.9mm，暗褐色，光滑。花期6～8月，果期9～10月。

【生境分布】　青海全省各地。生于山谷、林中空地、河滩及田边，海拔2800～4200m。中国特有种，分布于西藏、云南、四川和甘肃西南部和西部。

山莨菪 唐古特山莨菪 甘肃赛莨菪 丈六深
藏名：唐川

Anisodus tanguticus (Maximowicz) Pascher

Solanaceae 茄科 Anisodus 山莨菪属

【形态特征】 多年生宿根草本，高40～80(～120)cm，茎无毛或被微柔毛；根粗大，近肉质。叶片纸质或近坚纸质，矩圆形至狭矩圆状卵形，长8～11cm，宽2.5～4.5cm，稀长14cm，宽4cm，顶端急尖或渐尖，基部楔形或下延，全缘或具1～3对粗齿，具啮蚀状细齿，两面无毛；叶柄长1～3.5cm，两侧略具翅。花俯垂或有时直立，花梗长2～4cm，有时生茎上部者长约1.5cm，茎下部者长达8cm，常被微柔毛或无毛；花萼钟状或漏斗状钟形，坚纸质，长2.5～4cm，外面被微柔毛或几无毛，脉劲直，裂片宽三角形，顶端急尖或钝，其中有1～2枚较大且略长；花冠钟状或漏斗状钟形，紫色或暗紫色，长2.5～3.5cm，内藏或仅檐部露出萼外，花冠筒里面被柔毛，裂片半圆形；雄蕊长为花冠长的1/2左右；雌蕊较雄蕊略长；花盘浅黄色。果实球状或近卵状，直径约2cm，果萼长约6cm，肋和网脉明显隆起；果梗长达8cm，挺直，顶端膨大。花期5～6月，果期7～8月。

【经济用途】 根及根茎入药，镇静镇惊、止痛解痉、止咳平喘，治热性传染病、腹胃疼痛及狂躁病等症，外用治溃疡恶疮及红肿疔毒；种子研细，取少许塞牙缝间止牙痛，内服宜慎。

【生境分布】 海南州各地。生于田边、山谷、山坡、村庄，海拔2300～4150m。分布于云南、西藏、甘肃；尼泊尔也有。在青海亦分布于玉树、囊谦、称多、杂多、曲麻莱、玛沁、班玛、同仁、泽库、河南、祁连（模式标本产地）、刚察、海晏、门源、湟源、湟中、互助。

辣椒 牛角椒 长辣椒 藏名：孜扎嘎

Capsicum annuum **Linnaeus**

Solanaceae 茄科 Capsicum 辣椒属

【形态特征】 一年生或多年生草本；高40～80cm。茎近无毛或微生柔毛，分枝稍“之”字形折曲。叶互生，枝顶端节不伸长而成双生或簇生状，叶片矩圆状卵形、卵形或卵状披针形，长4～13cm，宽1.5～4cm，全缘，顶端短渐尖或急尖，基部狭楔形；叶柄长4～7cm。花单生，俯垂；花萼杯状，不显著5齿；花冠白色，裂片卵形；花药灰紫色。果梗较粗壮，俯垂；果实（浆果）肉质，形状各异，未成熟时绿色，成熟后成红色、橙色或紫红色，味辣。种子扁肾形，长3～5mm，淡黄色。花果期5～11月。

【经济用途】 为重要的蔬菜和调味品，种子油可食用，果亦有驱虫和发汗之药效。

【生境分布】 贵德有栽培；世界各国普遍栽培，由于长期人工栽培、杂交育种，品种繁多，一般根据果实生长的状态、形状和大小，以及辣味程度而划分为若干品种。

曼陀罗

洋金花　闹羊花　醉心花　藏名：达杜惹

Datura stramonium Linnaeus

Solanaceae 茄科　Datura 曼陀罗属

【形态特征】 草本或半灌木，高0.5～1.5m，全株近于平滑或在幼嫩部分被短柔毛。茎粗壮，圆柱状，淡绿色或带紫色，下部木质化。叶片广卵形，顶端渐尖，基部不对称楔形，边缘有不规则波状浅裂，裂片顶端急尖，有时亦有波状牙齿，侧脉每边3～5条，直达裂片顶端，长8～17cm，宽4～12cm；叶柄长3～5cm。花单生于枝叉间或叶腋，直立，有短梗；花萼筒状，长4～5cm，筒部有5条棱角，棱间稍向内陷，基部稍膨大，顶端紧围花冠筒，5浅裂，裂片三角形，花后自近基部断裂，宿存部分随果实而增大并向外反折；花冠漏斗状，下半部带绿色，上部白色或淡紫色，檐部5浅裂，裂片有短尖头，长6～10cm，檐部直径3～5cm；雄蕊不伸出花冠，花丝长约3cm，花药长约4mm；子房密生柔针毛，花柱长约6cm。蒴果直立，卵状，长3～4.5cm，直径2～4cm，表面生有坚硬针刺或有时无刺而近平滑，成熟后淡黄色，规则4瓣裂。种子卵圆形，稍扁，长约4mm，黑色。花期6～9月，果期7～10月。

【经济用途】 ① 可栽培供药用或观赏；② 全株有毒，含莨菪碱，药用有镇痉、镇静、镇痛、麻醉作用，内服慎用，体弱禁用；③ 种子油可制肥皂和掺合油漆用。

【生境分布】 贵德、贵南、同德、共和。生于荒地、田埂，海拔2000～2500m。分布于我国各地；世界各洲都有。在青海亦分布于同仁、西宁、循化、民和。

天仙子

黑莨菪　马铃草　米罐子　藏名：浪汤则

Hyoscyamus niger Linnaeus

Solanaceae 茄科　Hyoscyamus 天仙子属

【形态特征】 二年生草本，高达1m，全株被黏性腺毛。根较粗壮，肉质而后变纤维质，直径2～3cm。一年生的茎极短，自根茎发出莲座状叶丛，叶片卵状披针形或长矩圆形，长可达30cm，宽达10cm，顶端锐尖，边缘有粗牙齿或羽状浅裂，主脉扁宽，侧脉5～6条直达裂片顶端，有宽而扁平的翼状叶柄，基部半抱根茎；第二年春茎伸长而分枝，下部渐木质化，茎生叶卵形或三角状卵形，顶端钝或渐尖，无叶柄而基部半抱茎或宽楔形，边缘羽状浅裂或深裂，向茎顶端的叶成浅波状，裂片多为三角形，顶端钝或锐尖，两面除生黏性腺毛外，沿叶脉并生有柔毛，长4～10cm，宽2～6cm。花在茎中部以下单生于叶腋，在茎上端则单生于苞状叶腋内，而聚集成蝎尾式总状花序，通常偏向一侧，近无梗或仅有极短的花梗。花萼筒状钟形，生细腺毛和长柔毛，长1～1.5cm，5浅裂，裂片大小稍不等，花后增大成坛状，基部圆形，长2～2.5cm，直径1～1.5cm，有10条纵肋，裂片开张，顶端针刺状；花冠钟状，长约为花萼的1倍，黄色而脉纹紫堇色；雄蕊稍伸出花冠；子房直径约3mm。蒴果包藏于宿存萼内，长卵圆状，长约1.5cm，直径约1.2cm。种子近圆盘形，直径约1mm，淡黄棕色。夏季开花、结果。

【经济用途】 ① 根、叶、种子入药，镇痉镇痛，可作镇咳药及麻醉剂，内服慎用；② 种子油可供制肥皂。

【生境分布】 海南州各地；栽培或逸为野生。生于荒地、田边、村庄附近，海拔1900～3250m。分布于西南、西北、华北；欧洲、中亚地区及印度、俄罗斯、蒙古也有。在青海亦分布于玛沁、同仁、尖扎、湟中、西宁、循化、化隆、乐都、民和、门源。

宁夏枸杞

中宁枸杞　山枸杞　藏名：折才玛

Lycium barbarum Linnaeus

Solanaceae 茄科　Lycium 枸杞属

【形态特征】 灌木，或栽培因人工整枝而成大灌木，高0.8～2m，茎粗10～20cm；分枝细密，野生时多开展而略斜升或弓曲，栽培时小枝弓曲而树冠多呈圆形，有纵棱纹，灰白色或灰黄色，无毛而微有光泽，有不生叶的短棘刺和生叶、花的长棘刺。叶互生或簇生，叶片披针形或长椭圆状披针形，顶端短渐尖或急尖，基部楔形，长2～3cm，宽4～6mm，栽培者长达12cm，宽1.5～2cm，略带肉质，叶脉不明显。花在长枝上1～2朵生于叶腋，在短枝上2～6朵同叶簇生；花梗长1～2cm，向顶端渐增粗，结果后多伸长。花萼钟状，长4～5mm，通常2中裂，裂片有小尖头或顶端又2～3齿裂；花冠漏斗状，紫红色，筒部长8～10mm，自下部向上渐扩大，明显长于檐部裂片，裂片长5～6mm，卵形，顶端圆钝，基部有耳，边缘无缘毛，花开放时平展；雄蕊的花丝基部稍上处及花冠筒内壁生1圈密绒毛；花柱稍伸出花冠。浆果红色（栽培类型中也有橙色），果皮肉质，多汁液，形状及大小经长期人工培育或植株年龄、生境的不同而多变，广椭圆状、矩圆状、卵状或近球状，顶端有短尖头或平截，有时稍凹陷。种子棕黄色。花果期5～9月，边开花边结果，采摘果实时成熟一批采摘一批。

【经济用途】 ① 果实中药称“枸杞子”，滋肝补肾、益精明目；② 藏医用果实入药，清心热、镇静，可治由“心热”引起的头痛、健忘、失眠、情绪反常及妇科病；③ 根皮中药称“地骨皮”，凉血除蒸、清肺降火，主治阴虚劳热、骨蒸盗汗、小儿疳积发热、肺热喘咳、吐血、衄血、尿血等症；④ 果柄及叶也是猪、羊的良好饲料。

【生境分布】 贵南、兴海、共和。生于山坡、河谷、水边、田边，海拔1900～3450m。中国特有种，分布于我国西北、华北。在青海亦分布于玉树、尖扎、西宁、循化、乐都、民和。

蕃茄　蕃柿　西红柿

Lycopersicon esculentum **Miller**

Solanaceae 茄科　Lycopersicon 蕃茄属

【形态特征】 一年生草本，茎高0.6～2m，全株被黏质腺毛，有强烈气味。茎直立，多分枝，易倒伏。叶羽状复叶或羽状深裂，长10～40cm，小叶极不规则，大小不等，常5～9枚，卵形或矩圆形，长5～7cm，边缘有不规则锯齿或裂片。花序总梗长2～5cm，常2～7朵花组成圆锥状聚伞花序；花梗长1～1.5cm；花萼辐状，裂片披针形，果时宿存；花冠辐状，黄色，直径约2cm，筒部短，5～6裂。浆果扁球状或近球状，肉质而多汁液，橘黄色或鲜红色，光滑；种子黄色。花果期夏秋季。

【经济用途】 果实为盛夏蔬菜和水果。

【生境分布】 海南州各地，原产于南美洲；我国南北广泛栽培。

烟草 烟叶

Nicotiana tabacum Linnaeus

Solanaceae 茄科　Nicotiana 烟草属

【形态特征】 一年生或多年生草本，全株被腺毛；根粗壮。茎高0.7～2m，基部稍木质化。叶片矩圆状披针形、披针形、矩圆形或卵形，顶端渐尖，基部渐狭至茎成耳状而半抱茎，长10～30(～70)cm，宽8～15(～30)cm，柄不明显或成翅状柄。圆锥状聚伞花序顶生，多花；花梗长5～20mm。花萼筒状或筒状钟形，长20～25mm，裂片披针形或三角状披针形，长短不等；花冠漏斗状，淡红色，筒部色更淡，稍弓曲，长3.5～5cm，檐部宽1～1.5cm，5浅裂，裂片急尖；雄蕊5枚，花丝不等长，其中1枚显著较其余4枚短，不伸出花冠喉部，花丝基部有毛。蒴果卵状或矩圆状，长约等于宿存萼。种子圆形或宽矩圆形，直径约0.5mm，褐色。夏秋季开花结果。

【经济用途】 ① 烟草工业的原料；② 全株也可作农药杀虫剂；③ 亦可药用，作麻醉、发汗、镇静和催吐剂。

【生境分布】 海南州各地均有零星栽培。原产于南美洲。我国南北各地广为栽培。

贾留坤 摄

贾留坤 摄

马尿泡 矮莨菪 藏名：唐川尕保

***Przewalskia tangutica* Maximowicz**

Solanaceae 茄科 Przewalskia 马尿泡属

【形态特征】 全体生草本，茎高5～30cm，常至少部分埋于地下。根粗壮，肉质；根茎短缩，有多数休眠芽。茎高。叶生于茎下部者鳞片状，常埋于地下，生于茎顶端者密集生，卵形、长椭圆状卵形至长椭圆状倒卵形，通常连叶柄长10～15cm，宽3～4cm，顶端圆钝，基部渐狭，边缘全缘或微波状，有短缘毛，下上两面幼时有腺毛，后来渐脱落而近秃净。总花梗腋生，长2～3mm，有1～3朵花；花梗长约5mm，被短腺毛。花萼筒状钟形，长约14mm，直径约5mm，外面密生短腺毛，萼齿3～5枚，圆钝，生腺质缘毛；花冠檐部黄色，筒部紫色，筒状漏斗形，长约25mm，外面生短腺毛，檐部5浅裂，裂片卵形，长约4mm；雄蕊生于花冠喉部，花丝极短；花柱显著伸出花冠，柱头膨大，紫色。蒴果球状，直径1～2cm，果萼椭圆状或卵状，长可达8～13cm，近革质，网纹凸起，顶端平截，不闭合。种子黑褐色，长3mm，宽约2.5mm。花期6～7月。

【经济用途】 根及种子入药，镇痛、镇痉、散肿；外敷治痈肿疔毒、皮肤病，内服慎用。

【生境分布】 同德、兴海、共和。生于山坡、滩地、河岸坡地等多石裸地，海拔3400～5100m。分布于西藏、四川、甘肃。在青海亦分布于玉树、称多、曲麻莱、玛多、玛沁、达日、泽库、河南、祁连。

红果龙葵 红葵

Solanum villosum Miller

Solanaceae 茄科 Solanum 茄属

【形态特征】 二年生直立草本，高25～40cm，多分枝，小枝被糙伏毛状短柔毛，并具有棱角状的狭翅，翅上具瘤状突起。叶片卵形至椭圆形，长2～5.5cm，宽1～3cm，先端尖，基部楔形下延，边缘近全缘，浅波状或基部具1～2齿，很少有3～4齿，两面均疏被短柔毛；叶柄具狭翅，长5～8mm，被与叶面相同的毛被。伞房状聚伞花絮，具2～6朵花，腋外生，被微柔毛或近无毛，总花梗长约1cm，花梗长约5mm，花白色或紫色，直径约7mm，花萼杯状，直径约2mm，外面被微柔毛，5浅裂，萼齿5枚，近三角形，长不及1mm，先端钝，基部两萼齿间连接处成弧形，花冠筒隐于萼内，长约1mm，冠檐长约5mm，5裂，裂片卵状披针形，长约3mm，边缘被绒毛；花丝长约0.5mm，花药黄色，长约1.5mm，顶孔向内；子房近圆形，直径约0.5mm，花柱丝状，长约3mm，中部以下被白色绒毛，柱头头状。浆果球状，成熟时朱红色，直径约6mm；种子近卵形，两侧压扁，直径约1mm。花果期5～10月。

【相近种】 本种植株与龙葵*S. nigrum*相近，易被误定，区别在于：后者幼枝常无毛，棱上无翅及突起，花序蝎尾状，浆果成熟后黑色。

【生境分布】 共和。生于水边、荒地，海拔2000～2500m。分布于新疆、甘肃、山西；欧洲也有。在青海亦分布于尖扎、循化、乐都、西宁。

野海茄 山茄

Solanum japonense **Nakai**

Solanaceae 茄科 Solanum 茄属

【形态特征】 多年生草本，长0.5～1.2m，茎直立或斜生，多分枝，无毛或小枝被疏柔毛。叶片三角状宽披针形或卵状披针形，通常长3～8.5cm，宽2～5cm，先端长渐尖，基部圆形或楔形，边缘波状，有时3～5裂，侧裂片短而钝，中裂片卵状披针形，先端长渐尖，无毛或在两面均被具节疏柔毛或仅脉上被疏柔毛，中脉明显，侧脉纤细，通常每边5条；在小枝上部的叶较小，卵状披针形，长2～3cm；叶柄长0.5～2.5cm，无毛或具疏柔毛。聚伞花序顶生或腋外生，疏毛，总花梗长1～1.5cm，近无毛，花梗长6～8mm，无毛，顶膨大；花萼浅杯状，直径约2.5mm，5裂，萼齿三角形，长约0.5mm；花冠紫色，直径约1cm，花冠筒隐于萼内，长不及1mm，冠檐长约5mm，基部具10个绿色斑点，先端5深裂，裂片披针形，长4mm；花丝长约0.5mm，花药长圆形，长2.5～3mm，顶孔略向前；子房卵形，直径不及1mm，花柱纤细，长约5mm，柱头头状。浆果圆形，直径约1cm，成熟后红色；种子肾形，直径约2mm。花期6～8月，果期7～9月。

【生境分布】 兴海。生于荒地、水边、田边、河滩灌丛中，海拔1900～2700m。分布于新疆、陕西、河北、河南、江苏、浙江、安徽、湖南、四川、云南、广西、广东及东北诸省。在青海亦分布于同仁、泽库、西宁、循化、乐都、民和、互助。

茄 落苏 紫茄 白茄

Solanum melongena Linnaeus

Solanaceae 茄科 Solanum 茄属

【形态特征】 草本，高达1m。茎直立，多枝，具星状绒毛。叶片卵形或卵状长圆形，大小多有变化，先端钝，边全缘或波状，两面均被星状绒毛。能孕花单生，花后下垂，不孕花组成蝎尾状，与能孕花并出；花萼钟形，外面被星状绒毛及小刺，裂片5枚，披针形；花冠辐状，被星状绒毛，裂片5枚，三角形，长约1cm。浆果肉质，大小及颜色有较大变异。

【经济用途】 ① 重要的蔬菜；② 根、茎、叶入药，为收敛剂，有利尿之效，叶也可以作麻醉剂；③ 种子为消肿药，也用作刺激剂，但容易引起胃弱及便秘，果生食可解食菌中毒。

【生境分布】 贵德、共和有栽培。全国各地广泛栽培；青海东部农业区广泛栽培。

阳芋
洋芋　马铃薯　土豆　荷兰薯　山药蛋　地蛋
Solanum tuberosum Linnaeus

Solanaceae 茄科　Solanum 茄属

【形态特征】　草本，高30～80cm，无毛或被疏柔毛。地下茎块状，扁圆形或长圆形，直径3～10cm，外皮白色、淡红色或紫色。叶为奇数不相等的羽状复叶，小叶常大小不等相间排列，顶裂片较大；叶柄长2.5～5cm；小叶6～8对，叶片卵形至长圆形，长1～6cm，宽1～3cm，先端尖，基部稍不相等，全缘，两面均被白色疏柔毛，侧脉每边6～7条，先端略弯，小叶柄长1～8mm。伞房花序顶生，后侧生，花白色或蓝紫色；萼钟形，直径约1cm，外面被疏柔毛，5裂，裂片披针形，先端长渐尖；花冠辐状，直径2.5～3cm，花冠筒隐于萼内，长约2mm，冠檐长约1.5cm，裂片5枚，三角形，长约5mm；雄蕊长约6mm，花药长为花丝长的5倍；子房卵圆形，无毛，花柱长约8mm，柱头头状。浆果圆球状，光滑，直径约1.5cm，成熟时绿白色。花期夏季。

【经济用途】　① 重要经济作物，块茎富含淀粉，可供食用，并为淀粉工业的主要原料；② 刚抽出的芽条及果实中有丰富的龙葵碱（有毒），为提取龙葵碱的原料。

【生境分布】　青海各地。原产于热带美洲的山地，现广泛种植于全球温带地区。我国各地均有栽培。

蒙古芯芭 大黄花

Cymbaria mongolica **Maximowicz**

Scrophulariaceae 玄参科 Cymbaria 芯芭属

【形态特征】 多年生丛生草本，高5～20cm。茎数条，多少被毛。叶无柄，对生，或在茎上部近于互生，被短柔毛，先端有1小凸尖，位于茎基者长圆状披针形，长约12mm，宽3～4mm，向上逐渐增长，成线状披针形，长23～25(～40)mm，宽3～4(～6)mm。花少数，腋生，1～6朵，具长3～10mm的弯曲或伸直的短梗；小苞片2枚，草质，长8～15mm，全缘或有1～2枚小齿，通常与萼管基部之间有一段长0.5～2mm的节间，有时紧贴于萼管基部；萼长15～30mm，被柔毛，管内的毛较短，萼齿5～6枚，基部狭三角形，各齿之间具1～2枚、偶有3枚长短不等的线状小齿，有时甚小或缺失；花冠黄色，长25～35mm，外面被短细毛；二唇形，上唇略作盔状，裂片向前而外侧反卷，内面口盖上有长柔毛，下唇3裂，开展，裂片近于相等，倒卵形；雄蕊4枚，2强，花丝着生于管的近基处，位于前方的长19～23mm，后方的长15～17mm，着生处有1个粗短凸起，其上及花丝基部均被柔毛，花丝上部通常无毛，或被微毛，花药外露，背着，通常顶部无毛或偶有少量长柔毛，倒卵形，药室上部联合，下部分离，端有刺尖，长3～3.6mm，宽1mm，纵裂；子房长圆形；花柱细长，与上唇近于等长。先端弯向前方。蒴果革质，长卵圆形，长10～11mm，宽5mm，厚2～3mm，室背开裂；种子长卵形，扁平，有时略带三棱形，长4～4.5mm，宽2mm，密布小网眼，周围有1圈狭翅。花期5～6月，果期6～9月。

【生境分布】 贵南、共和。生于干旱山坡、滩地、田边，海拔1800～3200m。分布于甘肃、陕西、山西、河北、内蒙古。在青海亦分布于尖扎、同仁、西宁、循化、乐都、民和、互助。

小米草
Euphrasia pectinata **Tenore**

Scrophulariaceae 玄参科 Euphrasia 小米草属

【形态特征】 植株直立，高10～30(～45)cm，不分枝或下部分枝，被白色柔毛。叶与苞叶无柄，叶片卵形至卵圆形，长5～20mm，基部楔形，每边有数枚稍钝、急尖的锯齿，两面脉上及叶缘多少被刚毛，无腺毛。花序长3～15cm，初花期短而花密集，逐渐伸长至果期果疏离；花萼管状，长5～7mm，被刚毛，裂片狭三角形，渐尖；花冠白色或淡紫色，背面长5～10mm，外面被柔毛，背部较密，其余部分较疏，下唇比上唇长约1mm，下唇裂片顶端明显凹缺；花药棕色。蒴果长矩圆状，长4～8mm。种子白色，长1mm。花果期6～9月。

【生境分布】 同德、兴海、共和。生于高山灌丛、草甸潮湿处、山沟流水旁、河漫滩、林缘、林下，海拔2200～4600m。分布于西藏、新疆、甘肃、宁夏、山西、河北、内蒙古；欧洲、蒙古、俄罗斯也有。在青海亦分布于囊谦、同仁、泽库、循化、互助、门源。

短腺小米草　藏名：兴替区疾

Euphrasia regelii Wettstein

Scrophulariaceae 玄参科　Euphrasia 小米草属

【形态特征】 一年生草本，高5～30cm。茎常不分枝或少有分枝，被伏生硬毛及腺毛。叶无柄，叶片宽卵形，长6～20mm，宽6～17mm，基部楔形，边缘条齿状，齿端有尾尖，两面多少被伏生硬毛和腺毛，背面靠边缘脉间密被腺状突起。花序一般占茎长的2/3；苞片叶状，显较叶大，杂有腺毛；花萼管状钟形，长约6mm，裂片狭三角形，先端渐尖而有尾尖，背面杂生腺毛；花冠白色至浅粉红色，有数条深色脉纹，长约9mm，上唇盔状，顶端2浅裂，较短，下唇较长，裂片先端凹缺。蒴果长约7mm；种子具多数狭的纵翅。花期6～8月，果期7～9月。

【经济用途】 全草入药，清热、除烦、利肺、利尿、愈疮，主治咽喉肿痛、肺热咳嗽、烦躁不安、口渴、口疮、头痛、小便不利。

【生境分布】 同德、兴海、共和。生于林下、林缘、河滩、灌丛、草甸、河边沼泽化草甸中，海拔2200～4200m。分布于西藏、新疆、山西、甘肃、河北、内蒙古、湖北；克什米尔地区、哈萨克斯坦及俄罗斯（远东地区）也有。在青海亦分布于杂多、曲麻莱、囊谦、玉树、称多、久治、尖扎、同仁、泽库、河南、西宁、大通、湟源、湟中、循化、乐都、民和、互助、祁连、门源。

短穗兔耳草 藏名：直打洒曾
Lagotis brachystachya **Maximowicz**

Scrophulariaceae 玄参科 Lagotis 兔耳草属

【形态特征】 多年生矮小草本，高4～8cm。根状茎短，不超过3cm；根多数，簇生，条形，肉质，长可达10cm，根颈外面为多数残留的老叶柄所形成的棕褐色纤维状鞘包裹。匍匐茎带紫红色，长可达30cm以上，直径1～2mm。叶全部基出，莲座状；叶柄长1～3(～5)cm，扁平，翅宽；叶片宽条形至披针形，长2～7cm，顶端渐尖，基部渐窄成柄，边全缘。花葶数条，纤细，倾卧或直立，高度不超过叶；穗状花序卵圆形，长1～1.5cm，花密集；苞片卵状披针形，长4～6mm，下部的可达8mm，纸质；花萼成2裂片状，约与花冠筒等长或稍短，后方开裂至1/3以下，除脉外均膜质透明，被长缘毛；花冠白色或微带粉红色或紫色，长5～6mm，花冠筒伸直较唇部长，上唇全缘，卵形或卵状矩圆形，宽1.5～2mm，下唇2裂，裂片矩圆形，宽1～1.2mm；雄蕊贴生于上唇基部，较花冠稍短；花柱伸出花冠外，柱头头状；花盘4裂。果实红色，卵圆形，顶端大而微凹，光滑无毛。花果期5～8月。

【经济用途】 全草入药，可治高血压、肺病、肺炎等症。

【生境分布】 海南州各地。生于河边滩地、阔叶疏林下、弃耕地及山坡裸地，海拔2600～4400m。中国特有种，分布于西藏、四川、甘肃。在青海亦分布于杂多、治多、曲麻莱、囊谦、玉树、称多、玛多、久治、玛沁、尖扎、同仁、泽库、河南、可可西里、天峻、西宁、湟源、刚察、祁连和大通（模式标本产地）。

短筒兔耳草
短管兔耳草　藏名：洪连

Lagotis brevituba Maximowicz

Scrophulariaceae 玄参科　Lagotis 兔耳草属

【形态特征】 多年生草本，高3～15cm。根状茎横卧；根颈有数枚鳞片状叶。茎1～4条，高出叶。基出叶3～6枚，具长1.5～4.5cm的柄，基部稍有扩大；叶片卵圆形或披针形，长1～5.5cm，宽1.5～3.2cm，顶端圆钝，基部宽楔形至近心形，边缘有圆齿；茎生叶宽卵形至倒卵形，远小于至稍小于基出叶，具短柄。穗状花序密集，果期伸长；苞片叶质，倒卵形至近圆形；花萼佛焰苞状，后方微裂，偶见深裂至2/3处，长7～9mm，具缘毛；花冠浅蓝色、蓝紫色至白色，筒部弯曲，略短于唇部，上唇线形或稍呈披针形，先端钝，极少2裂，下唇2～3裂，极少4～5裂，稍长；雄蕊内藏，花丝部分贴生于下唇边缘，极短，花药肾形；花柱内藏，柱头2浅裂。果实长圆形，长约5mm，外果皮薄。花期6～8月。

【经济用途】 全草入药，退烧、降血压、调经、解毒；藏医用于治全身发烧、肾炎、肺病、高血压、动脉粥样硬化、月经不调、综合性毒物中毒及“心热”等症。

【生境分布】 贵德、同德、兴海、共和。生于高山流石滩及其草甸处，海拔3700～5150m。中国特有种，分布于西藏、甘肃西部和西南部。在青海亦分布于杂多、囊谦、玉树、同仁、泽库、河南、乌兰、天峻、大通、互助、祁连、门源。

圆穗兔耳草
圆叶兔耳草　藏名：洪连
Lagotis ramalana Batalin

Scrophulariaceae 玄参科　Lagotis 兔耳草属

【形态特征】 多年生矮小草本，高5～8cm。根状茎斜走，长达5cm；根多数，条形，肉质，长可达15cm以上。叶3～6枚，全部基生；叶柄长1～3(～5)cm，扁平，翅宽，基部鞘状扩张；叶片卵形，与叶柄近等长，顶端圆钝，基部宽楔形，边缘具圆齿。花葶通常2至数条，直立或斜卧，较叶稍长，或偶有短于叶的；穗状花序卵球状，长1.5～2cm；苞片倒卵形至匙形，下部的长约8mm，纸质；萼裂片2枚，分生，披针形，薄膜质，边缘有细缘毛，比花冠短2.5倍；花冠蓝紫色，长6～7mm，花冠筒伸直，比唇部长约1倍，上唇卵形至矩圆形，宽1.5～2mm，顶端微凹或平截，下唇2裂，裂片长椭圆形；雄蕊2枚，伸出于花冠外；花柱较花冠稍短，柱头小，头状。果实椭圆形，长约7mm，含种子1颗。花果期5～8月。

【生境分布】 同德。生于高山流石滩及其草甸处，海拔4100～5300m。分布于西藏、四川西部、甘肃西南部；不丹也有。在青海亦分布于囊谦、玉树、玛多、久治、玛沁、河南。

李世雄 摄

肉果草 兰石草 藏名：巴亚巴

Lancea tibetica J. D. Hooker & Thomson

Scrophulariaceae 玄参科 Lancea 肉果草属

【形态特征】 多年生矮小草本，高3～7cm，最高不超过15cm，除叶柄有毛外其余无毛。根状茎细长，可达10cm，直径2～3mm，横走或斜下，节上有1对膜质鳞片。叶6～10枚，几成莲座状，叶片倒卵形至倒卵状矩圆形或匙形，近革质，长2～7cm，顶端钝，常有小凸尖，边全缘或有很不明显的疏齿，基部渐狭成有翅的短柄。花3～5朵簇生或伸长成总状花序，苞片钻状披针形；花萼钟状，革质，长约1cm，萼齿钻状三角形；花冠深蓝色或紫色，喉部稍带黄色或紫色斑点，长1.5～2.5cm，花冠筒长8～13mm，上唇直立，2深裂，偶有几全裂，下唇开展，中裂片全缘；雄蕊着生于近花冠筒中部，花丝无毛；柱头扇状。果实卵状球形，长约1cm，红色色至深紫色，被包于宿存的花萼内；种子多数，矩圆形，长约1mm，棕黄色。花期5～7月，果期7～9月。

【经济用途】 ① 全草入药，清肺祛痰、祛风除湿、滋阴养肺，解毒；② 根入药治肺炎、肺脓肿、哮喘、咯血、咳嗽失音；③ 花入药，可治风湿性关节炎、心脏病；④ 叶入药，愈疮，治疮疖、刀伤；⑤ 果实入药治月经不调、下腹疼痛、便秘等；⑥ 根入药，托引肺脓。

【生境分布】 青海省各地。生于高山灌丛、草甸、河漫滩、弃耕地、砾石滩地、林缘灌丛、河边草地、疏林内，海拔2240～4400m。分布于西藏、云南、四川、甘肃、陕西；印度也有。

疗齿草 齿叶草

Odontites vulgaris Moench

Scrophulariaceae 玄参科 Odontites 疗齿草属

【形态特征】 一年生草本。植株高20～60cm，全株被贴伏而倒生的白色细硬毛。茎常在中上部分枝，上部四棱形。叶无柄，叶片披针形至条状披针形，长1～4.5cm，宽0.3～1cm，边缘疏生锯齿。总状花序顶生；苞片下部的叶状；花萼钟形，长4～7mm，果期多少增大，裂片4枚，稀5枚，狭三角形，上方2枚略小；花冠紫色、紫红色或淡红色，长8～10mm，外被白色柔毛，上唇不规则齿裂，长圆形，下唇3裂，裂片先端有缺刻或无，略长。蒴果长4～7mm，上部被细刚毛。种子椭圆形，长约1.5mm。花期7～9月，果期8～10月。

【生境分布】 贵德。生于河滩草地湿处及黄河边干旱山坡阴处，海拔1900～2300m。分布于西北、华北、东北西北部；欧洲至蒙古也有。在青海亦分布于西宁、循化、民和。

贾留坤 摄

阿拉善马先蒿 黄甜蜜蜜

Pedicularis alaschanica Maximowicz

Scrophulariaceae 玄参科 Pedicularis 马先蒿属

【形态特征】 多年生草本，高10～35cm。根粗壮而短，向端渐细，有细状侧根或分枝；根颈有多对覆瓦状膜质卵形的鳞片。茎从根颈顶端发出，常多数，并在基部分枝，但上部决不分枝，中空，微有4条棱，密被短的锈色绒毛。叶基出者早败，茎生者茂密，下部者对生，上部者3～4枚轮生，花苞不计外，各茎仅2～3轮；叶柄下部者长达3cm，几与叶片等长，扁平，沿中肋有宽翅，被短绒毛，翅缘被卷曲长柔毛；叶片披针状长圆形至卵状长圆形，两面均近于光滑，长2.5～3cm，宽1～1.5cm，羽状全裂，裂片每边7～9枚，线形而疏距，不相对，长达6mm，宽1mm，边有细锯齿，齿常有白色胼胝，不反卷。花序穗状，生于茎端，长短不一，花轮可达10枚，下部花轮多间断；苞片叶状，茎下部者远长于花，柄多少膜质，膨大变宽，中上部者渐渐变短，略长至略短于花，基部卵形而宽，前部线形而仅具锐齿或浅裂；萼膜质，长圆形，长达13mm，前方开裂，萼齿5枚，后方1枚三角形全缘，其余三角状披针形而长，有反卷而具胼胝的锯齿；花冠黄色，长20～25mm，花管约与萼等长，管部于近端处向前弓曲，盔稍弓曲，前缘具厚褶，褶上具乳突，顶端渐细成为稍稍下弯的短喙，长2～3mm；雄蕊花丝着生于管的基部，前方1对顶端有长柔毛。

【经济用途】 带果全草入药，作夏枯草用，清肝火、散郁结，主治淋巴腺炎、淋巴结结核、高血压病、甲状腺肿大。

【生境分布】 海南州各地。生于阳面干旱山坡、沙地、田边、路边、草甸化草原、河漫滩，海拔2300～4300m。中国特有种，分布于西藏、甘肃、宁夏、内蒙古。在青海亦分布于杂多、治多、曲麻莱、囊谦、玉树、称多、玛多、玛沁、尖扎、同仁、格尔木、德令哈、都兰、乌兰、天峻、西宁、大通、平安、乐都、民和、互助、刚察、海晏、门源。

黄花鸭首马先蒿

Pedicularis anas var. ***xanthantha*** (H. L. Li) P. C. Tsoong

Scrophulariaceae 玄参科　Pedicularis 马先蒿属

【形态特征】　本变种与原变种的区别，在于：花为黄色，喙较长，长约达2mm。

【生境分布】　同德、兴海。生于高山草甸、灌丛、干旱山坡，海拔3400～3700m。中国特有种，分布于甘肃（岷山）。在青海亦分布于泽库。

鸭首马先蒿

Pedicularis anas Maximowicz

Scrophulariaceae 玄参科　Pedicularis 马先蒿属

【形态特征】　多年生草本，高(4.5～)15～30cm。根常有分枝。茎单条或自根颈上发出多条，紫黑色，有沟4条，沟中各有毛线1条，不分枝。叶基出者多少宿存，有长1.5～2.5cm的柄，完全无毛，茎生叶之柄短或无，长仅2.7～7mm；叶片长圆状卵形至线状披针形，羽状全裂，裂片7～11对，羽状浅裂至半裂，小裂片约3对，有具刺尖的锯齿，两面均无毛。花序头状至穗状；苞片下部者叶状，向上渐狭，基部变宽而膜质；萼为膨胀的卵圆形，常有紫斑或紫晕，具10条粗壮的脉，无毛或有疏密不等的长毛，齿5枚，不等，后方1枚较小，全缘或顶端有3枚齿，其余三角状卵形而以后侧方者为最大，均有锯齿，外面无毛或有长白毛，内方沿缘密生浅褐色茸毛；花冠紫色，或下唇浅黄色而盔暗紫红色，管长约7mm，在基部以上约以45°角向前上方膝屈，直径1.8mm，至花将败时则几以直角膝曲，自萼的缺口伸出，上方一段向喉扩大，喉宽约4mm，下唇长约7.5mm，宽约10mm，侧裂片肾形，盔镰状弯曲，直立部分前缘高约6mm，含有雄蕊的部分略膨大，额多少凸起，背线向前急斜而下与几伸直的下缘组成1个细而直的喙，长约1mm，宽0.6～1mm；花丝均无毛；花柱完全不伸出，或在同一植株中有伸出与不伸出，有时伸出达3.5mm。蒴果长达18mm，三角状披针形，锐尖头，约2/5为宿萼所包；种子长圆形，基部有种阜，种皮灰白色，有纵条纹，长约2mm。花期6～7月；果期7～8月。

【生境分布】　同德。生于高山灌丛、草甸、林缘，海拔3200～4000m。中国特有种，分布于四川北部与西部、甘肃南部。在青海亦分布于班玛、同仁、泽库、西宁、平安、乐都。

李波卡 摄

贾留坤 摄

短唇马先蒿

Pedicularis brevilabris Franchet

Scrophulariaceae 玄参科　Pedicularis 马先蒿属

【形态特征】 一年生草本，高8～45cm。根垂直向下，圆筒形，不变粗，根颈丛生须状侧根。茎单条或自基部成束发出，多至4～5条，直立或斜升，上部不分枝，主茎下部圆形，中空，被有疏毛，上部有浅纵沟，沟中有成行之白毛。叶下部者对生，柄细长，达2.5～3cm，上部者4枚轮生，具短柄或几无柄，叶片长卵形至椭圆状长圆形，长1.5～3cm，宽1.4～2cm，羽状深裂，裂片4～8对，卵状长圆形，基部扩大而与邻接的裂片相连，边缘有不规则锐锯齿。花序穗状，下部的花轮疏离达9cm，在花序短缩时则多少头状；苞片叶状，下方者长于花而上方者相等或较短；花萼钟形，管长7～8mm，上被白色长柔毛，前方不开裂，齿5枚，后方1枚较短，三角形，膜质而全缘，其余4枚长2～4mm，质较厚而为草质绿色，明显具柄，先端卵形膨大，常为不规则3裂或有重锐齿；花冠粉红色，长1.5～2cm，花管长6～8mm，在中部以上而约在萼喉的水平上向前弓曲，先端稍扩大，盔长9～12mm，显著长于冠筒，基部指向前上方，全长多少镰形弓曲，额圆形，先端略凸出作截形的小喙状，无齿，下唇亦明显短于盔，近于卵形，长6～8mm，宽6～9mm，有细缘毛，中裂较小，椭圆状卵形，向前伸出一半，后方侧面与侧裂相叠，并有细褶襞2条通向花喉；雄蕊着生于管的中部以下，2对花丝均无毛；花柱不伸出。花期7月。

【生境分布】 同德。生于林下、林缘灌丛草甸、河滩灌丛下，海拔2300～4000m。中国特有种，分布于四川北部、甘肃西南部及西部。在青海亦分布于囊谦、玉树、班玛、久治、同仁、泽库、大通、乐都、互助。

碎米蕨叶马先蒿 藏名：浪那尕洛

Pedicularis cheilanthifolia Schrenk

Scrophulariaceae 玄参科 Pedicularis 马先蒿属

【形态特征】 多年生草本，高5～28cm。根圆锥状，稍肉质。茎单出或从基部发出数枝，不分枝，稀上部也有分枝，沟内生有密毛。基生叶早枯；茎生叶3～4枚轮生，具长0.5～3cm的柄；叶片线状披针形或卵状披针形，长1.5～3.5cm，宽小于1.2cm，羽状全裂，裂片具齿。花序穗状，紧密，有时下部稍疏离；苞片叶状，下部者长于萼；花萼筒状钟形，长约12mm，前面开裂至1/2，背面脉上密被长毛，口部沿边缘具毛环，萼齿5枚，后方1枚狭三角形，全缘，其余4枚靠合，具钝齿；花冠花色多变，自紫红色一直退至纯白色，长约20mm，筒部在萼内膝曲，喉部内面具毛线及腺点，盔镰状弓曲，长约11mm，前端突狭成长约1mm的短喙，下唇宽心形，有褶，长约8mm，宽约13mm，中裂片较小，近卵圆形；花丝除基部及着生处外无毛，花药具突尖。花柱伸出。蒴果披针状三角形，锐尖而长，长达16mm，宽5.5mm，下部为宿萼所包，种子卵圆形，基部显有种阜，表面有纵向网纹，腹线有狭翅。花期6～9月，果期7～10月。

【生境分布】 海南州各地。生于林下、河滩地、路边、高山草甸破坏处、高山灌丛及草甸，海拔2500～4700m。分布于西藏、新疆、甘肃西部；中亚地区也有。在青海亦分布于杂多、治多、曲麻莱、囊谦、玉树、称多、久治、玛多、玛沁、同仁、泽库、河南、格尔木、德令哈、天峻、西宁、大通、乐都、互助、刚察、祁连、门源、可可西里。

中国马先蒿

Pedicularis chinensis **Maximowicz**

Scrophulariaceae 玄参科 Pedicularis 马先蒿属

【形态特征】 一年生草本，高10～35cm。主根圆锥形，有少数支根，长达8cm。茎单出或多条，直立或外方者弯曲上升或甚至倾卧，有深沟纹，有成行的毛或几光滑，有时上部偶有分枝。叶基生与茎生，基生叶具长柄，长达4cm，茎生叶具短柄；叶片披针状长圆形至线状长圆形，长达7cm，宽达2cm，羽状浅裂至半裂，裂片近端者靠近，向后较疏远，7～13对，卵形，基部下延成翅，两面无毛，边缘具细齿。花序穗状，紧密排列，有时呈伞房状；苞片叶状而较小，柄近基处膨大，常有长而密的缘毛；花梗短，长者可达10mm，被短细毛；花萼筒状，长15～18mm，生有白色长毛，下部较密，或有时无长毛而仅被密短毛，亦有具紫斑者，前方约开裂至2/5，萼齿2枚，基部有极短的柄，以上即膨大呈叶状，绿色，卵形至圆形，缘有缺刻状重锯齿；花冠黄色，管长4.5～5cm，外面有毛，盔稍偏斜，含雄蕊部分稍膨大，前端渐狭成指向喉部的半环状长喙，长6～8mm，喙端2浅裂，下唇为横的倒卵状长圆形，长约12mm，宽约20mm，中裂片宽倒卵形，两侧与侧裂片重叠，先端稍圆或平；花丝2对被密毛。蒴果长圆状披针形，长约24mm。种子长约2mm，表面具细纵肋，肋间有横隔。

【生境分布】 贵德、同德、兴海。生于河滩草地、灌丛湿处、林缘灌丛、林间空地湿草地、高山灌丛，海拔2300～3600m。中国特有种，分布于西藏、甘肃、山西、河北北部。在青海亦分布于久治、玛沁、同仁、泽库、河南、大能、湟源、湟中、循化、乐都、民和、互助、刚察、海晏、祁连、门源。

凸额马先蒿

Pedicularis cranolopha Maximowicz

Scrophulariaceae 玄参科 Pedicularis 马先蒿属

【形态特征】 多年生草本，高5～23cm，直立或稍倾卧，多少有毛。根常分枝。茎常铺散丛生，在大植株中斜升，不分枝，有清晰的沟纹，沿沟有成线的毛。基生叶大，有长3～8cm的柄，基部下延成翅，有时早枯，叶片长圆状披针形至披针状线形，羽状深裂，长达6cm，宽达15mm，裂片卵形至披针状长圆形，锐头，羽状浅裂至具重锯齿，每边达15枚，疏远，其间距有时宽于裂片本身，茎生叶有时下部者进对生，上部者互生。花序总状顶生；苞片叶状；花萼筒状，膜质，长12～20mm，前方开裂至2/5～1/2，外面光滑或有微毛；萼齿3枚，后方1枚多退化而很小，常全缘或略有锯齿，侧方2枚极大，基部有柄，上方卵状膨大，叶状而羽状全裂，裂片3～4对，有具刺尖的锯齿；花冠长4～5cm，外面有毛，盔直立部分略前俯，长约4mm，上端镰状弓曲向前上方，成为含有雄蕊的部分，长约6mm，其前端急细为略作半环状弓曲而端指向喉部的喙，长的7～8mm，端2深裂，在额部与喙的基部相接处有相当高凸而常为三角形的鸡冠状凸起，下唇宽过于长，宽约20mm，长约13mm，有密缘毛，侧裂多少折扇形，端圆而不凹，宽13mm，长约8mm，中裂片较小，两侧与侧裂片重叠；花丝2对均有密毛。花果期6～8月。

【相近种】 本种与中国马先蒿相似，主要区别在于：额部与喙的基部相接处有明显鸡冠状凸起。

【生境分布】 同德、兴海。生于林缘灌丛、草甸、河滩潮湿处、较干旱石质山坡，海拔3000～4400m。中国特有种，分布于西藏、四川北部、甘肃西部和西南部。在青海亦分布于杂多、囊谦、玉树、班玛、久治、玛沁、泽库、河南、德令哈、祁连、门源。

弯管马先蒿

***Pedicularis curvituba* Maximowicz**

Scrophulariaceae 玄参科　Pedicularis 马先蒿属

【形态特征】 一年生草本，高30～50(～62)cm。茎上部分枝或从基部分枝，棱上有毛。基生叶无，茎生叶最下部者常对生，具长达1.4cm的柄，上部者常4枚轮生，叶柄长1.5～4mm，叶片线状披针形、长圆状披针形至卵状长圆形，长达20～45mm，宽9～17mm，羽状全裂，裂片疏远，每边6～10枚，卵状披针形至线状披针形，长2～8mm，疏羽状开裂至具大锯齿，齿常有胼胝，两面均几无毛。花序顶生，约10轮，中下部花轮常疏离；下部苞片与花近等长；花萼近卵圆形，稍膨大，长9～11mm，前侧开裂至1/3，背面被毛，萼齿5枚，不等大，后方1枚三角形全缘或有齿，其余4枚靠合，先端具齿，齿常反卷而有胼胝；花冠黄色，长约2cm，盔颊部具短距状或小囊状突起，先端急狭成长约3.5mm的喙，下唇宽卵圆形，具褶，长宽近相等，基部具长约1mm的宽柄，裂片边缘具细齿或棱角，中裂片小于侧裂片近1/2，凸出一半，卵圆形，先端有突尖；花丝2对，近上部被柔毛，后方1对较疏。种子表面具蜂窝状网纹。花期7～8月。

【生境分布】 共和。生于山地阳坡、河滩地、田边、路边，海拔2400～3600m。中国特有种，分布于甘肃北部、西部、西南部。在青海亦分布于德令哈、乐都、互助、民和。

拟篦齿马先蒿

***Pedicularis pectinatiformis* Bonati**

Scrophulariaceae 玄参科　Pedicularis 马先蒿属

【形态特征】 多年生草本，高15～35cm。茎直立，自基部起分枝。叶3～4枚轮生，最下部者常对生，叶柄长5～23mm；叶片卵状披针形或长圆状披针形，长1.4～4.2cm，宽7～15mm，羽状全裂，裂片线状披针形，浅裂或深裂，具胼胝小尖。花序紧密，有时最下部疏离达6cm；苞片叶状；花萼长椭圆形，长10～12mm，膜质，前方不裂，外面脉上被粗毛，萼齿5枚，不等大，全缘或具钝齿；花冠紫红色，筒部长7～9mm，微弯曲，外面无毛，盔直立，其直立部分长约4mm，喙长约8mm，弯向喉部，先端浅裂，下唇开展，横的长圆形，长5～6mm，宽9～10mm，有短缘毛，侧裂片肾形，先端圆形，中裂片卵形，甚小，强烈兜状或成囊，先端2微裂；花丝2对无毛。花期7月。

【生境分布】 兴海。生于山坡草地，海拔3600～3900m。中国特有种，分布于四川西部。在青海亦分布于久治。

团花马先蒿

***Pedicularis sphaerantha* P. C. Tsoong**

Scrophulariaceae 玄参科　Pedicularis 马先蒿属

【形态特征】 多年生草本，高8～15cm。根肉质，纺锤形。茎单一或从基部发出数条，被毛。叶对生，基生叶具长达25mm的柄，常在花后期枯萎；茎生叶近无柄或具极短的宽柄，叶片椭圆形或宽椭圆形，长10～15mm，宽5～9mm，羽状深裂，裂片线形，有重锯齿，两面被较密柔毛。花序少花，密集成近头状，有时仅2朵花；苞片基部根形，膜质，上部叶质，亚掌状开裂，被密柔毛；花萼筒状钟形，长约9mm，背面脉上被较密多节长毛，萼齿5枚，后方1枚针状全缘，其余先端膨大而3裂，具柄；花冠紫红色，喙部颜色较深，长约20mm，筒部直立，近端处稍弯曲，长约12mm，内面近喉部被长柔毛，盔直立部分的前缘具耳状突起，上部以近直角弯曲，先端渐狭成长6～8mm的喙，喙稍向下弓曲，下唇宽大，长约10mm，宽约12mm，具缘毛，中裂片甚小，兜状，稍凸出，花丝前方1对有疏毛。蒴果长约12mm；种子细小，具纵网纹。花果期7～9月。

【生境分布】 同德。生于高山草甸及灌丛中、乱石堆，海拔3200～4200m。中国特有种，分布于西藏昌都地区。在青海亦分布于杂多、玉树、称多、玛沁、泽库、乐都、互助。

祁连费尔氏马先蒿 狭叶马先蒿

***Pedicularis pheulpinii* subsp. *chilienensis* P. C. Tsoong**

Scrophulariaceae 玄参科 Pedicularis 马先蒿属

【形态特征】 多年生草本，高5～20cm。根纺锤状而肉质。茎直立或斜升，单一或从基部分枝，被短毛。基生叶具长达12mm的柄；叶片狭披针形或线形，长8～22mm，宽不过5mm，羽状深裂，裂片线形，有钝齿，两面多少被毛。花序紧密，稍下部花轮疏离，有时仅2朵花；苞片基部膜质，向上近掌状开裂，具齿，背面及边缘被毛；花萼筒状钟形，长6～9mm，背面脉上被多节毛，齿5枚，最后1枚较小，全缘或有齿，其余先端膨大，具齿；花冠紫红色，长12～15mm，筒部伸直，长约9mm，外面常具腺点，有时杂有柔毛，盔颊部具囊状突起，前缘直，先端突狭成长约7mm的喙，喙向下弓曲，下唇宽卵形，长约7mm，宽约10mm，基部具楔形的短柄，无缘毛，裂片宽卵形，先端有突尖，中裂片较小或较大，稍呈兜状；花丝无毛。花期7～9月。

【相近种】 本亚种与原亚种费尔氏马先蒿*P. pheulpinii*（产四川西部）的叶形相似，主要区别为：较低矮（5～20cm），叶片裂片数目较少（仅7～14枚），下唇较大，宽达10mm，长约7mm。

【生境分布】 同德、兴海。生于高山灌丛、草甸、沼泽草甸、河漫滩、云杉林中空旷石滩上，海拔3350～4700m。中国特有种，分布于西藏、四川西部和西南部。在青海亦分布于杂多、治多、囊谦、玉树、称多、久治、玛沁、天峻、祁连（模式标本产地）。

硕大马先蒿

Pedicularis ingens **Maximowicz**

Scrophulariaceae 玄参科 Pedicularis 马先蒿属

【形态特征】 多年生草本，高15～110cm。鞭状根茎连着萝卜状肉质粗根。茎直立，粗壮，中空，有条纹，单一或偶见上部有纤细分枝，基部生有膜质的长圆形鳞片。叶下部者早枯，中部者最大，上部者渐短阔而为苞片，长3～11cm，宽4～15mm，羽状浅裂至深裂，基部耳状抱茎，裂片有细锯齿，齿端翻卷，两面无毛或有疏柔毛。花排列密集，花序长达20cm，苞片叶状，下部者等于或长于花，上部者一般短于花，基部宽卵形，端有尾尖，与萼片同生密粗毛；花萼筒状钟形，长9～13mm，萼齿5枚，长2～3mm，近等大，有细锯齿，翻卷；花冠黄色，长2～3cm，花冠筒长而细，上下等直径，近端处稍弯曲，长1.4～2.0cm，直径1.5mm，盔略膨大为舟形，弯曲，前端渐狭为极短的喙，喙端2裂，下缘有多节长缘毛，下唇长至10mm，宽1.2cm，裂片卵形至倒卵形，顶部急尖或有啮状小齿，有时具黄色缘毛，中裂片稍宽；花丝前方1对有疏毛，基部被长柔毛。蒴果长约1.6cm；种子长约3mm，表面具蜂窝状网纹，稍具3棱。花果期7～9月。

【生境分布】 贵德、兴海。生于山谷、河边灌丛、山坡草地、草甸、公路边，海拔3400～4600m。中国特有种，分布于西藏东部、四川北部、甘肃。在青海亦分布于杂多、囊谦、玛多、达日、甘德、久治、玛沁、泽库、河南。

甘肃马先蒿 红蜜罐草 藏名：吉子玛保

Pedicularis kansuensis **Maximowicz**

Scrophulariaceae 玄参科 Pedicularis 马先蒿属

【形态特征】 一年或两年生草本，高15～40cm。茎常自基部发出，有时单一而较纤细。叶3～4枚轮生，下部者具长达2cm的柄，向上渐短至近无柄；叶片线状长圆形至卵形，长达6cm，宽达1.7cm，羽状全裂，裂片多少披针形，浅裂至深裂，齿端常具胼胝而翻卷。花序可占茎长的2/3以上，中部以下多疏离；苞片下部叶状，向上渐为近3掌裂，稀不裂，基部膜质膨大，边缘具长缘毛；花萼近球形，长4～6mm，前方不裂或微裂，外面脉上多少被多节长硬毛，萼齿5枚，不等大，多少具齿；花冠紫红色或白色，长15～16mm，筒部在近基部膝曲，盔稍弯曲，额高凸，上缘常有波状的鸡冠状凸起，先端前缘无凸尖，下唇长6～8mm，宽7～9mm，侧裂片大，中裂片宽大于长；花丝前方1对上部被长毛，基部均有粗短毛。花期5～9月。

【经济用途】 全草入药，清热、调经、活血、固齿，治肝炎、月经不调等。

【生境分布】 海南州各地。生于林下、林缘、弃耕地、河滩、阳性干旱山坡、村舍旁、灌丛、草甸，海拔2200～4600m。分布于西藏、四川西部、甘肃；尼泊尔东部也有。在青海亦分布于杂多、曲麻莱、玉树、称多、玛多、久治、玛沁、尖扎、同仁、泽库、都兰、乌兰、天峻、西宁、大通、湟中、循化、乐都、民和、互助、刚察、海晏、祁连、门源。

白花甘肃马先蒿

Pedicularis kansuensis subsp. ***kansuensis*** f. ***albiflora*** Li

Scrophulariaceae 玄参科 Pedicularis 马先蒿属

【形态特征】 本白花变型与甘肃马先蒿的区别为：其花完全白色。

【生境分布】 同德、贵南。生于海拔3000～4000m的潮湿山坡上。中国特有种，分布于我国甘肃南部与四川西部，在青海亦分布于治多、曲麻莱、称多、玛多、久治、玛沁、尖扎、泽库、河南、都兰、天峻、祁连。

青海甘肃马先蒿

Pedicularis kansuensis subsp. ***kokonorica*** P. C. Tsoong

Scrophulariaceae 玄参科 Pedicularis 马先蒿属

【形态特征】 本亚种与原亚种甘肃马先蒿的区别为：较低矮，高很少超过20cm，基生叶较密，花序较密而常连续，虽有时亦间断，花管筒部在近中部或中部向前膝屈，而下唇裂片有较明显的凹缺。花期7月。

【生境分布】 同德、兴海、共和。中国特有种。生境同原亚种，分布于我国西藏北部；在青海亦分布于杂多、曲玛莱、玉树、称多、玛多、玛沁、德令哈、乌兰、西宁、民和、互助、刚察、祁连。

毛颏马先蒿

Pedicularis lasiophrys **Maximowicz**

Scrophulariaceae 玄参科　Pedicularis 马先蒿属

【形态特征】 多年生草本，高8～32cm；鞭状根茎细长。茎直立，不分枝，被卷曲状毛或仅有4条毛线。叶互生，在基部者最发达，有时成假莲座状，中部以上几无叶，基生者有短柄，稍上者即无柄而多少抱茎；叶片长圆状线形至披针状线形，长1.5～3.5(～4)cm，宽2～7(～11)mm，先端钝圆或急尖，边缘有羽状的裂片或深齿，裂片或齿两侧全缘，顶端复有重齿或小裂，上面散生疏白毛或近无毛，下面散生褐色的毛，沿中肋尤多。花序多少头状或伸长为短总状，而下部的花较疏；苞片叶状，披针状线形至三角状披针形，密生褐色腺毛；花萼钟形，被毛，长6～8mm，萼齿5枚，近等大，三角形全缘，长3～4mm；花冠淡黄色，筒部近直，稍长于花萼，无毛，下唇3裂，稍短于盔，裂片均圆形而有细柄，无缘毛或有极疏的缘毛，盔含有雄蕊的部分多少膨大，卵形，以直角自直立部分转折，前端突然细缩成稍稍下弯而光滑的喙，其前额与颏均密被黄色的毛，与其下缘的须毛相衔接；雄蕊花丝2对均无毛或基部有毛，花柱不伸出或稍稍伸出。果黑色，光滑，卵状椭圆形，有小凸尖，多少扁平，室相等，长达1cm，宽5mm；种子棕色，表面有蜂窝状孔纹，有明显的3条狭棱。花期7～8月。

【生境分布】 兴海、共和。生于高山灌丛、草甸、沼泽滩地、林缘灌丛、林下、公路边、岩石缝中、高山碎石带，海拔2500～4800m。中国特有种，分布于甘肃西部和西南部；在青海亦分布于杂多、囊谦、玉树、玛多、久治、玛沁、同仁、泽库、天峻、大通、湟中、乐都、祁连、门源。

长花马先蒿 藏名：鲁如色保

Pedicularis longiflora **Rudolph**

Scrophulariaceae 玄参科　Pedicularis 马先蒿属

【形态特征】 多年生低矮草本，高8～15cm，全身少毛。根多少纺锤形，肉质。茎常缩短，很少伸长。叶基生与茎生，基生叶常成密丛，有长1～2cm的柄，叶片椭圆形或狭长圆形，长9～28mm，宽不过8mm，羽状浅裂至深裂，有时最下部叶几为全缘，裂片5～9对，有重锯齿，齿常有胼胝而反卷，两面近无毛，背面常有疏散的白色肤屑状物；茎生叶稍大，具短柄。花序紧密，有时少花，有短梗；苞片与叶同形；花萼筒状，长1～14cm，前方开裂至中部，背面近无毛，仅口部边缘有时被疏毛，萼齿2枚，基部有短柄，顶端多少掌状开裂；花冠黄色，均腋生，长4.5～10cm，筒部外面有长柔毛，盔含雄蕊部分稍膨大，前端渐狭为长约7mm的喙，喙扭曲，先端指向花喉，2浅裂，下唇宽大于长，宽达23mm，长仅11～12mm，具长缘毛，裂片多少宽倒卵状线形，先端凹缺，中裂片稍小，近倒心形，明显向前凸出，长等于宽，均为5～6mm；侧裂片为斜宽卵形，凹头，外侧明显耳形，长约为中裂片的2倍；花丝2对密被毛。花柱明显伸出喙端。蒴果披针形，长达22mm，宽达6mm，约自萼中伸出3/5，基部有伸长的梗，长可达2cm；种子狭卵圆形，有明显的黑色种阜，表面有细肋，肋间有横隔。花期7～9月。

【生境分布】 兴海、共和。生于沼泽草甸、滩地，海拔2700～4100m。分布于甘肃、河北；蒙古、俄罗斯也有。在青海亦分布于天峻、大通、循化、刚察、门源。

管状长花马先蒿
斑唇马先蒿 藏名：鲁如色保
Pedicularis longiflora var. ***tubiformis*** (Klotzsch) P. C. Tsoong

Scrophulariaceae 玄参科 Pedicularis 马先蒿属

【形态特征】 低矮草本，高5～20cm，被疏毛。根单一或多数束生，细圆锥形。茎多粗短。叶基生与茎生，基生叶常成密丛，叶柄长1～2.5cm，下部膜质扩大，有疏长缘毛，叶片披针形至狭长圆形，长1～3.5cm，羽状深裂至全裂，裂片5～9对，具有胼胝而常反卷的重锯齿。花均腋生，梗长5～10mm；萼管状，长11～14mm，前方开裂约至2/5，有细缘毛，齿2枚，端掌状开裂；花冠黄色，长4～7cm，管外有毛，喙长约6mm，半环状卷曲，下唇宽过于长，宽达17mm，有长缘毛，中裂较小，约向前凸出一半，端凹入，近喉处有2个棕红色的斑点；花丝有密毛。蒴果披针形，长约2cm。花果期6～9月。

【相近种】 本变种与原变种长花马先蒿*P. longiflora* var. *longiflora*的区别为：花冠下唇近喉部有2枚棕红色斑点。

【经济用途】 全草入药，清热，治肝炎、胆囊炎、水肿、遗精、小便带脓血等症；全草健脾开胃、消食化积，治小儿疳积、食积不化、脘腹胀满等症。

【生境分布】 贵德、同德、兴海、共和。生于高山灌丛、草甸湿处、河滩灌丛，海拔2100～4800m。分布于西藏、云南西南部、四川西南部、甘肃西部和西南部；不丹、印度（锡金）、尼泊尔向西至克什米尔地区也有。在青海亦分布于杂多、治多、曲麻莱、囊谦、玉树、称多、玛多、达日、久治、玛沁、同仁、泽库、河南、德令哈、大通、乐都、互助、海晏、祁连、门源。

藓生马先蒿 藏名：漏日木保

Pedicularis muscicola Maximowicz

Scrophulariaceae 玄参科 Pedicularis 马先蒿属

【形态特征】 多年生草本，植株多毛。根茎粗，有分枝，端有宿存鳞片。茎丛生，在中间者直立，在外围者多弯曲上升或倾卧，长达25cm，常成密丛。叶互生，柄长达1.5cm，有疏长毛；叶片椭圆形至披针形，长达5cm，羽状全裂，裂片常互生，每边4～9枚，有小柄，卵形至披针形，有锐重锯齿，齿有凸尖，表面有疏短毛，沿中肋有密细毛，背面几光滑。花几乎着生于所有叶腋，花梗长达15mm，密被白长毛至几乎光滑；萼圆筒形，长达11mm，前方不裂，上有长毛，萼齿5枚，近等大，基部三角形而连于萼管，向上渐细，全缘，至近端处膨大成卵形，具少数锯齿；花冠红色至紫红色，管长4～7.5cm，外面有毛，盔直立部分很短，几在基部即向左方扭折使其顶部向下，前方渐细为卷曲或S形的长喙，喙因盔扭折之故而反向上方卷曲，长达10mm或更多，下唇极大，宽达2cm，长亦如之，侧裂极大，宽达1cm，稍指向外方，中裂较狭，为长圆形，长约8mm，宽6.5mm，钝头；花丝2对均无毛，花柱稍稍伸出喙端。蒴果稍扁平，偏卵形，长1cm，宽7mm，为宿萼所包。花期5～8月，果期8～10月。

【经济用途】 全草入药，生津安神、强心，主治气血虚损、虚痨多汗、虚脱衰竭；作藏药，治急性胃肠炎、食物中毒等症。

【生境分布】 同德、兴海。生于杂木林或云杉林下、阴湿灌丛、石缝中，海拔2300～3500m。中国特有种，分布于甘肃、陕西、山西及湖北。在青海亦分布于尖扎、同仁、泽库（麦秀）、大通、平安、湟源、循化、湟中、民和、互助、乐都、海晏、祁连、门源。

中国欧氏马先蒿
华马先蒿 藏名：吉子赛保
Pedicularis oederi subsp. ***oederi*** var. ***sinensis*** (Maxim.) Hurus

Scrophulariaceae 玄参科 Pedicularis 马先蒿属

【形态特征】 多年生草本，高5～15cm。根多少纺锤状，肉质；根颈外常具数枚长达13mm的膜质鳞片。茎单出或由根颈部发出数条，被长柔毛。基生叶发达，有长达28mm的柄，叶片线状长圆形，长达7cm，宽达14mm，羽状全裂，裂片浅裂，两面多少被毛；茎生叶互生，2～4枚，集中于茎下部。花序总状，紧密；苞片基部卵状披针形，上部有齿；花萼筒状，长约11mm，前侧不开裂，背面及齿上被较密长柔毛，萼齿5枚，后方1枚三角形全缘，其余4枚基部三角形，先端稍扩大或线形，有齿；花冠除盔端紫色或黑紫色外，其余黄色，长约22mm，筒部在近端处稍弓曲，盔长6～9mm，其直立部分的前缘中部具不明显三角形凸起，前端圆钝，前缘有凸尖，下唇近肾形，开展，宽几为长的2倍，中裂片近圆形，基部具柄，向前凸出；花丝前方1对上部被长柔毛。种子表面具细条纹，有横纹。花期6～8月，果期7～10月。

【经济用途】 全草入药，治肉食中毒、胃病、固齿。

【生境分布】 海南州各地。生于高山灌丛草甸、沼泽草甸土丘上及流石滩草甸和石隙处，海拔2800～5085m。中国特有种，分布于西藏、云南、四川、甘肃、陕西、山西、河北。在青海亦分布于杂多、治多、曲麻莱、囊谦、玉树、称多、玛多、久治、玛沁、尖扎、同仁、泽库、可可西里、格尔木、德令哈、都兰、乌兰、天峻、大通、循化、乐都、互助、刚察、海晏、祁连、门源。

绵穗马先蒿
Pedicularis pilostachya **Maximowicz**

Scrophulariaceae 玄参科　Pedicularis 马先蒿属

【形态特征】 多年生草本，高10～15cm。根肉质，橘红色。茎多斜升，自根颈部发出数条，密被绵毛。基生叶发达，具长达5cm的柄，叶片卵状披针形至倒披针形，长24～42mm，宽达12mm，羽状全裂，裂片多者达15对，线形或披针形，具齿，两面光滑；茎生叶1～2轮，形同基生叶，较小；花序除花冠外密被绒毡状绵毛；苞片披针形，顶部全缘或有疏锯齿；花萼筒状钟形，长13～15mm，膜质，前侧稍开裂，萼齿5枚，后方1枚几不存在或极低，宽三角形，其余4枚靠合，基部三角形，上部线形，全缘或有疏齿；花冠深紫红色或黑红色，稍长于萼，在萼口突然以直角向前膝屈，使盔指向前上方，冠筒喉部稍扩大，内面被腺毛；盔长7～11mm，前端圆钝，无喙及齿；下唇宽卵形，几向下方伸展，基部楔形，长7～11mm，宽10～12mm，中裂片稍小，近圆形；花丝无毛，花柱不伸出。种子长3～4mm，表面具纵翅，翅间有网纹。花期7～8月。

【生境分布】 贵德。中国特有种，仅产于祁连山地区，生于高山流石滩及其草甸上，海拔3200～4500m。分布于甘肃西部。在青海亦分布于乌兰、湟中、祁连、门源。

白瑜 摄

白瑜 摄

白瑜 摄

多齿马先蒿

Pedicularis polyodonta H. L. Li

Scrophulariaceae 玄参科 Pedicularis 马先蒿属

【形态特征】 多年生草本，高6～20cm。茎单出或自基部分枝（3～7条），直立，密被褐色短柔毛。叶2～4枚，对生，最下部都有长达1.8cm的柄，上部近无柄，宽大，扁平，具有狭翅，密被白色长柔毛；叶片三角状线形、卵形或卵状披针形，有时为三角状长卵形，长1～2.5cm，宽0.5～1.1cm，基部圆形至近心形，顶端钝，羽状浅裂，裂片短卵形或圆形，边缘具细圆齿，两面被较密柔毛。花序紧密，穗状，生于枝端，多少伸长，有时密集成头状。花朵数，略密集，有时最下部花轮具7cm的间距，长约为冠筒的1/2；苞片叶状，基部宽；花萼管状钟形，长1～1.3cm，密被短柔毛，前方不开裂，萼齿5枚，膜质，不等大，后方1枚狭小，狭三角形，全缘，其余4枚基部三角形，中部狭缩，上部略膨大，边缘具反卷的齿；花冠黄色，长约(19～)22～25mm，花管直立，与花萼近等长，喉部被长或短柔毛，盔弓曲，向上渐宽，额部具明显波状鸡冠状凸起，下缘有小齿3～5对，下唇短于盔，有极短却很明显的阔柄，3裂，裂片近圆形，近等大或中裂片稍大，基部缢缩，边缘啃蚀状，无缘毛，中部有2条高凸的褶襞通向花冠喉部；雄蕊着生于花管的近基部，花丝无毛，基部及着生处疏被短毛。柱头伸出盔外达2mm。蒴果长达15mm，三角状狭卵形；种子小，长0.7～1.5mm，黑色，具纵网纹。花果期7～9月。

【相近种】 本种与琴盔马先蒿*P. lyrata*（海南州不产）很相似，区别在于：多齿马先蒿植株较高，花序伸长，花较大，叶片基部较宽，呈三角形；而琴盔马先蒿植株低矮（2～6cm），花序近于头状，花较狭小，叶片多为长椭圆形。

【生境分布】 同德、兴海。生于高山草甸、灌丛、林缘、林下、林间草地、河滩地、阳性山坡灌丛地，海拔3000～4200m。中国特有种，分布于四川西北部与北部、甘肃西南部。在青海亦分布于囊谦、玉树、班玛、同仁、泽库。

普氏马先蒿 青藏马先蒿

***Pedicularis przewalskii* Maximowicz**

Scrophulariaceae 玄参科 Pedicularis 马先蒿属

【形态特征】 多年生草本，高15～20cm。根多少纺锤形而肉质。茎单出或由根颈发出，直立。基生叶发达，具长达3cm的柄，叶柄具缘毛，叶片线状长圆形，长达7cm，宽至11mm，边缘浅裂，两面多少被毛。花序密集，有时仅有2～3朵花；苞片叶状，稍长于或与花萼近等长；花萼卵状椭圆形，长15～18mm，口部收缩，前方开裂至中部，沿口部边缘被毛，背面毛被较密，齿5枚，聚于后方，不等大，有柄，顶部扩大为宽卵形，具条裂状重锯齿；花冠紫红色，喉部内面黄白色，具浓郁的香味，管部长28～33mm，外面被长毛及腺状毛，盔高约9mm，前端突狭成长约6mm的喙，喙端2深裂，稍向右扭，下唇宽大，长16～22mm，宽17～24mm，基部深心形，中裂片较小，宽卵形至近圆形，基部缢缩成柄；花丝2对密被毛，有时后方1对无毛至疏被毛。种子表面具细条纹，条纹间有横隔。花期6～8月。

【生境分布】 兴海。生于高山草甸、灌丛边草甸上，海拔3400～4950m。中国特有种，分布于西藏、甘肃西南部、四川西部。在青海亦分布于杂多、治多、曲麻莱、囊谦、玉树、称多、玛多、达日、玛沁、大通、乐都、互助。

假弯管马先蒿

Pedicularis pseudocurvituba P. C. Tsoong

Scrophulariaceae 玄参科　Pedicularis 马先蒿属

【形态特征】 多年生草本，高8～35cm。根圆锥形，稍肉质，根颈外有数枚卵形鳞片。除主茎直立外，从基部发出数条斜卧分枝，沟内具毛。基生叶具长达3.5cm的柄，叶片卵状长圆形或线状披针形，长达8cm，宽达22mm，羽状全裂，裂片披针形或椭圆形，近全裂；茎生叶多4枚轮生，形同基生叶。花序紧密，有时最下部疏离；苞片与花瓣近等长；花萼筒状钟形，果期膨大呈球形，长约13mm，膜质，前侧开裂至1/3，口部边缘具密毛环，齿5枚，近等大，基部三角形，边缘有粗锯齿；花冠黄色，长约2.3cm，筒部在萼口膝曲，膝曲处内面被长柔毛，喉部扩大，盔颊部具距状突起，先端急狭成长约3.5mm的喙，下唇宽大，长约12mm，宽17～20mm，裂片先端凹缺或有不规则钝齿，中裂片稍小于侧裂片的1/2，宽倒卵形，花丝2对，中部以上具长柔毛。种子表面具蜂窝状网纹。花期7～8月。

【生境分布】 兴海。青海特有种（模式标本采自海西州布尔汗布达山）。中国特有种。生于干旱山坡、河漫滩、山坡林下、岩石下，海拔3300～4300m。在青海亦分布于曲麻莱、玛多、玛沁、格尔木、德令哈、大柴旦、都兰、天峻、刚察。

劳氏马先蒿
青甘马先蒿　聚齿马藓蒿　偏齿马先蒿
***Pedicularis roborowskii* Maximowicz**

Scrophulariaceae 玄参科　Pedicularis 马先蒿属

【形态特征】 一年生草本，高20～45cm。茎圆形中空，具4条毛线，分枝或单一。基生叶早枯；茎生叶长圆形或卵状披针形，长2.5～6.5cm，宽1.5～3cm，羽状全裂，叶轴有齿状翅，裂片狭披针形至线形，深裂，小裂片有钝齿或胼胝。花序近头状，花期逐渐伸长，下部花轮常疏离；苞片下部者叶状而大，上部渐小，短于花萼，掌状3裂或不裂而有钝齿；花萼狭椭圆形，长6～8mm，果期增大包被果实，前侧开裂至一半以上，齿5枚，偏聚后方，线形；花冠黄色，喙部颜色较深，筒部近直立，长7～10mm，盔稍扭，连喙长约1.2cm，前端渐狭为喙，喙略直伸，喙端稍指向右下方，下唇卵圆形，无缘毛，长宽近相等，裂片钝头，侧裂片斜卵形，中裂片近圆形，向前凸出；花丝2对无毛，有时前方1对有毛。蒴果斜尖卵形；种子表面具纵网纹，一侧有狭翅。花果期7～9月。

【生境分布】 贵德。生于林下、灌丛、草甸，海拔2400～3400m。中国特有种，分布于四川北部、甘肃西部。在青海亦分布于湟源、湟中、循化、乐都、民和、海晏、门源。

罗氏马先蒿　草甸马先蒿
***Pedicularis roylei* Maximowicz**

Scrophulariaceae 玄参科　Pedicularis 马先蒿属

【形态特征】 多年生草本，高5～14cm。根多少肉质，具短的根茎。茎常自根颈部发出数条而丛生，有时单一，疏被长柔毛，节上尤密。叶大部基生，具长达2cm的柄；叶片长圆形或狭椭圆形，长1.5～3.5cm，宽达1.1cm，近羽状全裂，裂片多少长圆形，具翻卷的钝齿，两面疏被长柔毛；茎生叶2～4枚轮生，通常仅1～2轮，具短柄。花序紧密，下部花轮有时疏离；苞片与叶同形，柄基部加宽；花萼筒状钟形，长8～12mm，前方不裂或微裂，外面脉上被较密的长柔毛，齿5枚，不等大，有时最后1枚三角形，全缘，通常具齿或为羽裂；花冠紫红色，下唇中裂片两侧的基部具黄白色斑点，长15～16mm，筒部在近基部以直角膝曲，长10～12mm，盔长5～6mm，稍弓曲，先端前缘略具凸尖，下唇宽大，长8～10mm，宽13～15mm，裂片先端微凹缺或仅中裂片先端有凹缺，中裂片较小，两侧与侧裂片重叠；花丝2对无毛。花期6～8月。

【生境分布】 兴海。生于高山草甸、灌丛，海拔3400～4900m。分布于西藏、云南西北部、四川西南部、甘肃西部和西南部；喜马拉雅山脉中部至西部地区也有。在青海亦分布于杂多、治多、囊谦、玉树、久治、玛沁、泽库、天峻、大通、互助、祁连。

张海华 摄

张海华 摄

张海华 摄

粗野马先蒿

Pedicularis rudis Maximowicz

Scrophulariaceae 玄参科　Pedicularis 马先蒿属

【形态特征】 多年生草本，一般高约60cm，可达2m。鞭状根茎细长，肉质，根萝卜状增粗。茎直立，粗壮，中空，不分枝，有时基部或花序下部有分枝。叶茎生，茎中部较大，上部渐小而变为苞片；叶片线状长圆形，无柄而抱茎，长3～15cm，宽达0.8～2.2(～3)cm，羽状深裂至3/4处，两面疏被短毛，裂片紧密，多达24对，线形或披针形，具重锯齿，两面均有毛，齿间有胼胝。花序顶生，长穗状，至花期后伸长而花疏离；花萼狭钟形，长5～8mm，外面被毛，萼齿5枚，近等大，有时两齿之间另有小齿，边缘锯齿明显；花冠黄色或白色，长2.2～2.5cm，外面被毛，筒部长于花萼近2倍，中部弯曲，盔镰状弓曲，上部紫红色，盔端突狭为极小的尖喙，下缘有多节长缘毛；下唇多少直立，3裂，裂片近圆形或倒卵形，具多节长缘毛，中裂片稍大，从基部向喉部有2条不明显的褶，向下与2条毛线相连；花丝无毛；蒴果宽卵圆形，略侧扁，长约1.2cm，宽约8mm，先端有喙尖；种子多少肾形，长约2mm，表面有蜂窝状网纹及3条狭翅。花果期7～9月。

【生境分布】 贵德。生于山坡灌丛、林缘及林下，海拔2000～3700m。中国特有种，分布于四川西部、甘肃西部和西南部、内蒙古西部（阿拉善旗）。在青海亦分布于班玛（玛可河林场）、同仁、泽库、大通、湟中、乐都、平安、民和。

苏清海 摄

白瑜 摄

白瑜 摄

白瑜 摄

鹬形马先蒿

Pedicularis scolopax **Maximowicz**

Scrophulariaceae 玄参科　Pedicularis 马先蒿属

【形态特征】 多年生草本，高16～22cm，根多少木质化。根茎细长，下有粗肥纺锤状根，根颈端有膜质鳞片2～3轮，发出枝多条。茎自基部分枝，中间者多少直立，侧生者斜升，中空，密被白色短柔毛。基生叶少数，早枯；茎生叶茂密，常1～3轮，下部叶对生或3枚轮生，具长达2cm的叶柄，上部叶常4枚轮生，叶柄渐短，叶往上渐小而变为苞片。叶片卵状披针形，长1.5～3cm，宽6～10mm，羽状全裂，具狭轴翅，裂片线形，不相对，疏远，每边6～8枚，边缘具钝锯齿，多反卷而有白色胼胝。顶生花序穗状，均疏离；花4～6朵轮生，下部有时有3～4朵花轮间断；苞片基部扩大，具缘毛，上部叶状，最短与花萼近等长；花萼狭卵形，前侧开裂约至3/4，长约7mm，稍膨大，背面脉上被毛，萼齿5枚，后方1枚三角状钻形全缘，其余靠合，全缘或具不明显锯齿；花冠小，黄色，长11～14mm，花管筒细长，达10mm，盔颊部突起不明显，前端渐狭成长约3mm的喙，下唇卵状长圆形，长4～5mm，宽6～7mm，中裂片甚小，宽卵形，稍呈兜状，向前凸出，不与侧裂片重叠；侧裂片斜椭圆形；花丝前方1对有疏毛。柱头不伸出。种子表面具蜂窝状网纹及纵翅。花期7～8月。

【生境分布】 同德、兴海。生于阳性干旱山坡、弃耕地、公路边，海拔3000～3900m。中国特有种，分布于西藏、甘肃北部。在青海亦分布于治多、玉树、称多、玛沁。

白瑜 摄

白瑜 摄

白瑜 摄

半扭卷马先蒿 半扭转马先蒿

Pedicularis semitorta Maximowicz

Scrophulariaceae 玄参科 Pedicularis 马先蒿属

【形态特征】 一年生草本，高20～55cm。茎单一或有分枝，中空，有4条毛线。基生叶花期枯萎，茎生叶3～5枚轮生，下部有时有长达20mm的柄；叶片卵状长圆形或长圆形，长达5cm，宽达2.5cm，羽状全裂，疏或密，裂片浅裂至深裂，小裂片有齿，上面无毛或脉上有极疏的毛，下面近光滑，边缘有白色胼胝。花序穗状，下部花轮有时疏离；苞片下部者叶状，上部者掌状3裂，基部扩大膜质；花萼狭卵形，长7～9mm，前侧开裂至1/2，齿5枚，线形而偏聚于后侧；花冠黄色，管部直立，顶部略弯使花前俯，长7～8mm，盔自含雄蕊部分基部强烈扭转，前缘向前凸起，喙部扭转成环，喙端指向前上方，下唇宽卵形，裂片近圆形，先端圆钝，中裂片稍小，无缘毛；花丝2对有毛。蒴果斜尖卵形；种子具纵网纹，一侧有狭翅。花果期7～9月。

【生境分布】 同德。生于沙棘或圆柏林缘、林下、阳性山坡、干旱草坡、温性草原河滩上，海拔3000～4600m。中国特有种，分布于四川北部、甘肃中部与西南部。青海亦分布于玉树、久治、玛沁、湟中、门源。

四川马先蒿 藏名：浪那嘎保 浪那玛保

Pedicularis szetschuanica Maximowicz

Scrophulariaceae 玄参科 Pedicularis 马先蒿属

【形态特征】 一年生草本，高7～30cm。根颈部常具膜质鳞片。茎自基部分枝，上部决不分枝，有时单出，具4条毛线。叶多2轮，基部有长达1.5cm的柄，向上较短；叶片卵状椭圆形至三角状披针形，长1～3cm，宽5～10mm，羽状深裂至浅裂，疏被毛，边缘有时具胼胝。花序紧密，下部疏离；苞片下部者叶状，向上渐短，菱形；花萼钟形，除齿外膜质，长5～6mm，前方不裂，上部网脉明显，萼齿5枚，多少披针形，有不明显的锯齿，缘毛疏而长；花冠紫红色，长13～15mm，筒部在约2mm处膝曲，向喉部稍扩大，盔稍弯曲，长约5mm，鸡冠状突起不明显，先端前缘稍有小凸尖，下唇基部近心形，长8～9mm，宽11～12mm，侧裂片稍大，中裂片基部缢缩；花丝2对均无毛；柱头稍稍伸出。花期7～8月。

【经济用途】 花入药，治水肿、疮疖。

【生境分布】 同德。生于山脊草甸、圆柏林下、高山灌丛草甸，海拔3200～4300m。中国特有种，分布于西藏昌都、四川西北部及甘肃西南部。在青海亦分布于玉树、称多、久治、玛沁、同仁、泽库、河南。

三叶马先蒿
Pedicularis ternata Maximowicz

Scrophulariaceae 玄参科　Pedicularis 马先蒿属

【形态特征】 多年生草本，高达50cm。根肉质，橘红色。茎单出或簇生于根颈部，近无毛，中空。基生叶有长达8cm的柄，叶片长圆状披针形或披针形，长达8cm，宽达3cm，羽状全裂，裂片近线形，深裂至浅裂；茎生叶2～4轮，中部较大，形同基生叶。花序穗状，初时紧密，果期疏离，1～6轮；苞片有时最下部叶状，稍长于花，上部苞片基部加宽，卵状披针形至披针形，先端线形而有齿，被绵毛；花萼筒状钟形，长11～17mm，前方稍开裂，外面被较密绵毛，萼齿5～6枚，基部三角形，上部条形，全缘或有齿；花冠浅紫红色至深紫红色，筒部在萼齿外弓曲，长16～19mm，喉部扩大，内面被长柔毛，盔长5～6mm，前端圆钝，下缘具圆形凸起，下唇开展，基部有长约2mm的柄，具褶，裂片近等大，中裂片向前凸出，基部缢缩成柄；花丝光滑。种子具3条翅及纵条纹，条纹间具横隔。花期7～8月，果期8～9月。

【生境分布】 贵德、兴海、共和。生于高山灌丛、河滩林下、草甸，海拔3000～4500m。中国特有种，分布于甘肃、宁夏、内蒙古西部山地。在青海亦分布于囊谦、玛多、久治、玛沁、河南、德令哈、乌兰、天峻、大通、湟中、乐都、祁连、门源。

阴郁马先蒿
Pedicularis tristis Linnaeus

Scrophulariaceae 玄参科　Pedicularis 马先蒿属

【形态特征】 多年生草本，高15～60cm。根须状成圆丛，生于根颈之上，根颈下接鞭状根茎。茎直立，中空，有纵条纹，沿纹有毛，上部较密，不分枝。叶片线形至线状披针形，下部者较小，中部者最大，无柄，长达8cm，宽达2cm，羽状深裂至距中脉的1/2处，裂片三角形至卵形，锐头至圆头，有具刺尖的重锯齿，上面遍布白毛，下面主要在主脉上有长毛。花序总状，长者可达20cm，花疏密不等，下方者常远距；苞片常三角状卵形，而有亚线形的长尖，有毛；花萼狭钟形，常被密毛或近无毛，长达15mm，萼齿5枚，近等大，线状披针形，几全缘，稍短于萼管，有时后方1枚较小；花冠黄色，冠筒与萼齿等长或稍长于萼齿，其脉显示扭旋，使花多少转向，外面被毛，下唇不很开展，近直立，3裂，中裂较宽，其长稍过于盔，盔弓曲，端钝而常有喙状小凸尖，下缘有浓密的长须毛；雄蕊药室钝圆，花丝无毛；花柱常自盔端伸出，长短不等，有时伸出部分达4.5mm。花期7～9月。

【生境分布】 贵德、同德。生于山坡灌丛、草甸、林间草地、山脊云杉林下、田边，海拔2700～4000m。分布于四川西部、甘肃、山西；俄罗斯、蒙古也有。在青海亦分布于久治、玛沁、尖扎、同仁、泽库、河南、门源。

聂秀青 摄

轮叶马先蒿
Pedicularis verticillata Linnaeus

Scrophulariaceae 玄参科　Pedicularis 马先蒿属

【形态特征】 多年生草本，高4～40cm。根多少木质化。茎单出或从根颈分出，具沟棱，沟内有成行的毛。基出叶宿存，有长达10mm的柄，边缘有长柔毛；茎生叶1～2轮，具柄，叶片线状长圆形至卵状长圆形，长达2.5cm，宽达6mm，羽状全裂，裂片多少卵形，有疏齿，有时具胼胝而翻卷。花序紧密，最下一轮常疏离；苞片羽状浅裂至仅有齿而基部膜质加宽，下部者与花近等长；花萼卵球形，长5～6mm，前方强开裂，背面脉上及边缘密被具腺端的多细胞长毛，齿多3枚，偏聚后方，后方1枚三角形，全缘，侧方多成1个大齿而有时先端有凹缺；花冠紫红色，长11～13mm，筒部约在2.5mm处向前以直角膝曲，盔端稍有三角状突起，下唇中裂片具柄，向前凸出；花丝前方1对有毛。花期7～8月。

【生境分布】 同德、兴海。生于山坡草甸阳处、灌丛、河边滩地，海拔3380～4600m。在青海亦分布于杂多、治多、曲麻莱、玉树、称多、玛多、玛沁、尖扎、天峻、大通、湟中、刚察、门源。

注：本种为广布种，在体态及花、果的大小上变化较多。

李波卡 摄

李波卡 摄

唐古特轮叶马先蒿

唐古特马先蒿　唐古拉马先蒿

Pedicularis verticillata subsp. ***tangutica*** (Bonati) P. C. Tsoong

Scrophulariaceae 玄参科　Pedicularis 马先蒿属

【形态特征】 本亚种与原亚种轮叶马先蒿*P. verticillata* var. *verticillata*的区别在于：花序下的苞片极明显，多长于花，近羽状全裂，花序上毛被较厚，被以与原亚种相同的毛被；花萼多5枚分离，偶有3枚者；基生叶较大，有长达1.8cm的柄。花期6～7月。

【生境分布】 同德、兴海、共和。生于山坡草甸、灌丛下及河边，海拔3060～4380m。中国特有种，分布于四川西北部、甘肃、山西。在青海亦分布于玉树、玛沁、乌兰、大通、乐都、互助、海晏。

细穗玄参

Scrofella chinensis Maximowicz

Scrophulariaceae 玄参科　Scrofella 细穗玄参属

【形态特征】 多年生草本，高15～53cm。根状茎细长。茎直立，单一，稀有分枝，光滑。叶互生，无柄；叶片线状披针形或线状倒披针形，长1～5.5cm，宽4～11mm，先端钝或渐尖，基部半抱茎，全缘，无毛或有时幼叶被白色柔毛。穗状花序顶生，小花密集，长2～4.5cm，花序轴、苞片、花萼裂片均被细腺毛；苞片钻形，金黄色，具缘毛；花梗长不过1mm；花萼几开裂至基部，果期呈金黄色，长约2.5mm，膜质，裂片5枚，钻形，长2mm，后方1枚较大；花冠黄绿色或浅黄色，果期为黑绿色，筒部坛状，长约2mm，檐部二唇形，上唇兜状，顶端平截或有微圆齿，下唇喉部加厚，3裂，中裂片长为上唇的1/2，尖齿状，翻卷，侧裂片圆齿状，不明显；雄蕊2枚，着生于花冠筒中部，微露，花药2室；花柱微露；花盘腺状。蒴果长约4mm，成熟后腹缝开裂；种子多数，扁圆形，长近1mm，表面具蜂窝状网纹。花期7～8月。

【生境分布】 同德。生于高山灌丛、河滩草地、沼泽滩地、林缘，海拔3100～3900m。中国特有种，分布于四川北部、甘肃东南部及西南部。在青海亦分布于班玛、久治、玛沁、同仁、河南、平安。

砾玄参

Scrophularia incisa **Weinmann**

Scrophulariaceae 玄参科　Scrophularia 玄参属

【形态特征】 半灌木状草本，高20～50(～70)cm。茎近圆形，无毛或上部生微腺毛。叶片狭矩圆形至卵状椭圆形，长(1～)2～5cm，顶端锐尖至钝，基部楔形至渐狭呈短柄状，边缘变异很大，从有浅齿至浅裂，稀基部有1～2枚深裂片，无毛，稀仅脉上有糠秕状微毛。顶生、稀疏而狭的圆锥花序长10～20(～35)cm，聚伞花序有花1～7朵，总梗和花梗都生微腺毛；花萼长约2mm，无毛或仅基部有微腺毛，裂片近圆形，有狭膜质边缘；花冠玫瑰红色至暗紫红色，下唇色较浅，长5～6mm，花冠筒球状筒形，长约为花冠之半，上唇裂片顶端圆形，下唇侧裂片长约为上唇的1/2，雄蕊约与花冠等长，退化雄蕊长矩圆形，顶端圆至略尖；子房长约1.5mm，花柱长约为子房的3倍。蒴果球状卵形，连同短喙长约6mm。花期6～8月，果期8～9月。

【生境分布】 贵德、同德、兴海、共和。生于山坡林缘、干旱山坡、沙质草滩，海拔2550～3400m。分布于甘肃、宁夏、内蒙古、黑龙江；蒙古、俄罗斯及中亚地区也有。在青海亦分布于民和、刚察、祁连、门源。

甘肃玄参

Scrophularia kansuensis Batalin

Scrophulariaceae 玄参科　Scrophularia 玄参属

【形态特征】　多年生矮小草本，高5～40cm。根状茎细长，节上常有小球形、直径达5mm的结节。茎中空，直立，多少四棱形，有腺毛。叶片卵形，基部圆形至近心形，长1～3cm，边儿全缘至有不规则粗齿，上面几无毛至具疏毛，下面毛较密，叶柄长达2cm。聚伞花序退化，具1～2朵花，单生上部叶腋，多少聚成顶生狭花序，总梗长1～2.5cm，花梗略短，均生腺毛；花萼长4～5mm，有腺毛，裂片长卵形至卵状披针形，顶端钝至锐尖；花冠绿白色，长约10mm，花冠筒多少球形，上唇显著长于下唇，上唇裂片倒卵形，下唇裂片近圆形；雄蕊稍短于下唇，退化雄蕊近圆形；花柱长4～5mm，稍长于卵形的子房。蒴果卵圆形，长约8mm。花果期5～8月。

【生境分布】　同德（河北乡）。生于圆柏林下，海拔3450m。中国特有种，分布于四川北部、甘肃西南部。

小花玄参

Scrophularia souliei Franchet

Scrophulariaceae 玄参科　Scrophularia 玄参属

【形态特征】　多年生细弱小草本，高3～20cm，全株被多细胞腺毛，至茎上部腺毛呈颗粒状。根状茎细长，常有球形、直径达5mm的小结节，外被鳞片。茎直立或多少弯曲上升，多分枝，有疏毛。叶对生，叶片卵形、三角状卵形、少有矩圆状卵形，长0.9～4cm，宽达3.2cm，基部楔形至近截形，边缘有不规则大钝齿，上面疏生压平之白毛，下面脉上有疏毛。花序顶生，狭圆锥状而疏，聚伞花序对生，多具3朵花，总梗细长，长者达17mm，花梗长仅2mm，有短腺毛；苞片叶状，至花序上部者为钻形，长仅1mm；花细小，花萼多少成盘状，长仅1mm，裂片三角状卵形；花冠长约2mm，绿色而喉部带褐色，花冠筒球形，上唇裂片宽圆，相邻边缘互不重叠，下唇显著短于上唇，裂片甚小于上唇裂片；雄蕊不伸出，唯因下唇裂片外反而微微显露，退化雄蕊近圆形至肾形；子房长约0.7mm，具约略等长的花柱；柱头近头状。蒴果尖卵形，长4～5mm。花果期6～7月。

【生境分布】　同德、共和。生于林缘、滩地、山坡草地，海拔2900～4000m。中国特有种，分布于四川、甘肃。在青海亦分布于称多、久治、同仁、河南、门源（产地新纪录）。

朱鑫鑫 摄

朱鑫鑫 摄

朱鑫鑫 摄

北水苦荬 藏名：曲子嘎保

Veronica anagallis-aquatica **Linnaeus**

Scrophulariaceae 玄参科 Veronica 婆婆纳属

【形态特征】 多年生（稀为一年生）草本，通常全株无毛，极少在花序轴、花梗、花萼和蒴果上有几根腺毛。根茎斜走。茎直立或基部倾斜，不分枝或分枝，高10～100cm。叶无柄，上部的半抱茎，多为椭圆形或长卵形，少为卵状矩圆形，更少为披针形，长2～10cm，宽1～3.5cm，全缘或有疏而小的锯齿。花序比叶长，多花；花梗与苞片近等长，上升，与花序轴成锐角，果期弯曲向上，使蒴果靠近花序轴，花序通常不宽于1cm；花萼裂片卵状披针形，急尖，长约3mm，果期直立或叉开，不紧贴蒴果；花冠浅蓝色、浅紫色或白色，直径4～5mm，裂片宽卵形；雄蕊短于花冠。蒴果近圆形，长宽近相等，几乎与萼等长，顶端圆钝而微凹，花柱长1.5～2mm。花期4～9月。

【经济用途】 ①嫩苗可食；②全草入药，治水肿；带虫瘿果的全草入药，活血止血、解毒消肿，治咽喉肿痛、肺结核咯血、风湿疼痛、月经不调、血小板减少性紫癜、跌打损伤；外用治骨折、痈疖肿毒。

【生境分布】 贵德。生于水中、沼泽地，海拔2200～3900m。广布于长江以北及西南、西北各地；亚洲温带地区、欧洲常见。在青海亦分布于玉树、称多、同仁、西宁、大通、湟源、湟中、民和、互助。

两裂婆婆纳

Veronica biloba Linnaeus

Scrophulariaceae 玄参科　Veronica 婆婆纳属

【形态特征】 一年生草本，植株高5～50cm。茎直立，通常中下部分枝，疏生白色柔毛。叶全部对生，有短柄，叶片矩圆形至卵状披针形，长5～30mm，宽4～13mm，基部宽楔形至圆钝，边缘有疏而浅的锯齿，花序长2～40cm，各部分疏生白色腺毛；苞片比叶小，披针形至卵状披针形；花梗与苞片等长，花后伸展或多少向下弯曲；花萼侧向较浅裂，裂达3/4，裂片4枚，卵形或卵状披针形，急尖，果期长达4～8mm，具明显的3条脉；花冠白色、蓝色或紫色，直径3～4mm，后方裂片圆形，其余3枚卵圆形；花丝短于花冠。蒴果长3～4.5mm，宽4～5mm，被腺毛，几乎裂达基部而成2个分果，凹口叉开30°～45°，裂片顶端圆钝，宿存的花柱比凹口低得多。种子长1.2～1.5mm，有不明显的横皱纹。花期5～6月，果期6～8月。

【生境分布】 同德。生于林下、林缘、灌丛边、草甸、弃耕地及草甸破坏处，海拔2500～3700m。分布于西藏、四川西部、新疆、甘肃、陕西、宁夏；亚洲中部和西部也有。在青海亦分布于玉树、同仁、泽库、河南、西宁、大通、循化、互助、门源。

长果婆婆纳

青海婆婆纳　藏名：冬那端赤

Veronica ciliata Fischer

Scrophulariaceae 玄参科　Veronica 婆婆纳属

【形态特征】 多年生草本，植株高4～30cm。茎丛生，上升，不分枝或基部分枝，有2列或几乎遍布全株的灰白色细柔毛。叶无柄或下部的有极短的柄，叶片卵形至卵状披针形，长1.5～3.5cm，宽0.5～2cm，两端急尖，少钝，全缘或中段有尖锯齿或整个边缘具尖锯齿，两面被柔毛或几乎变无毛。总状花序1～4支，侧生于茎顶端叶腋，短而花密集，几乎成头状，少伸长的，除花冠外各部分被多细胞长柔毛或长硬毛；苞片宽条形，长于花梗，花梗长1～3mm；花萼裂片5枚，条状披针形，后方1枚甚小或缺失，其余4枚花期长3～4mm，果期稍伸长，可达8mm，宽至1.5mm；花冠蓝色或蓝紫色，长3～6mm，筒部短，占全长的1/5～1/3，内面无毛，裂片4～5枚，倒卵圆形至长矩圆形；花丝大部分游离。蒴果卵状锥形，狭长，顶端钝而微凹，长5～8mm，宽2～3.5mm，几乎遍布长硬毛，花柱长1～3mm。种子矩圆状卵形，长0.6～0.8mm。花期6～8月。

【经济用途】 全草入药，清热解毒、祛风利湿，治肝炎、胆囊炎、风湿痛、荨麻疹、高血压等症。

【生境分布】 贵德、同德、兴海、共和。生于高山灌丛、草甸及草甸破坏处、林下、阳性干旱山坡、流石滩草甸处，海拔2450～4600m。分布于西藏北部、四川西北部及西北各地；蒙古、中亚地区、俄罗斯也有。在青海亦分布于杂多、治多、曲玛莱、囊谦、玉树、称多、玛多、久治、玛沁、同仁、泽库、河南、格尔木、都兰、乌兰、天峻、刚察、西宁、大通、湟源、湟中、乐都、互助、门源、祁连。

毛果婆婆纳

Veronica eriogyne H. Winkler

Scrophulariaceae 玄参科　Veronica 婆婆纳属

【形态特征】 多年生草本，植株高20～50cm。茎直立，不分枝或有时基部分枝，通常有2列多细胞白色柔毛。叶对生，无柄，叶片披针形至条状披针形，长2～5cm，宽4～15mm，边缘有整齐的浅刻锯齿，两面脉上生多细胞长柔毛。总状花序2～4支，侧生于茎近顶端叶腋，花期长2～7cm，花密集，穗状，果期伸长，达20cm，具长3～10cm的总梗，花序各部分被多细胞长柔毛；苞片宽条形，远长于花梗；花萼裂片5枚，宽条形或条状披针形，长3～4mm；花冠紫色或蓝色，长约4mm，筒部长，占全长的1/2～2/3，筒内微被毛或否，裂片5枚，倒卵圆形至长矩圆形，前方2枚较窄；花丝大部分贴生于花冠上。蒴果长卵形，上部渐狭，顶端钝，被毛，长5～7mm，宽2～3.5mm，花柱长2～3.5mm。种子卵状矩圆形，长0.6mm。花期7月。

【生境分布】 贵德、同德、共和、兴海。生于河滩灌丛、草地、高山灌丛、草甸、林下，海拔2500～4500m。中国特有种，分布于西藏、四川、甘肃。在青海亦分布于曲麻莱、玉树、称多、班玛、久治、玛沁、同仁、泽库、河南、海晏、民和、互助、祁连、门源。

朱鑫鑫 摄

丝梗婆婆纳

Veronica filipes P. C. Tsoong

Scrophulariaceae 玄参科　Veronica 婆婆纳属

【形态特征】　多年生草本，植株高6～15cm。茎多支丛生，上升，下部常紫色。下部叶鳞片状，正常叶卵形至圆形，长12～25mm，宽6～18mm，顶端圆钝至急尖，基部楔状渐狭成短柄，两面多少被多细胞柔毛或硬毛，下部叶全缘或具圆齿，上部叶边缘具钝齿或尖齿。总状花序多支，侧生叶腋，除花冠外，各部被多细胞柔毛，花期近头状，花后略伸长，有花数朵；苞片倒卵状披针形至宽条形，比花梗长或短；花梗长3～10mm；花萼裂片4～5枚，如5枚，则后方1枚甚小，其余4枚宽条形至条状椭圆形，长3～5mm；花冠蓝色或淡紫色，长5～7mm，筒部短，长0.8～1.8mm，因而花冠呈辐状，筒内有1圈柔毛，裂片4枚，长卵形至圆形；雄蕊与花冠等长或伸出2mm。蒴果短，矩圆形或卵圆形，侧扁，长3mm，宽2.5mm，被长硬毛，花柱长5～7mm。种子每室数颗，矩圆形，扁而平滑，长1.2mm，宽0.8mm。花期6～8月。

【生境分布】　贵德、兴海。生于高山流石滩及草甸，海拔3700～4350m。中国特有种，分布于四川西北部、甘肃西南部。在青海亦分布于称多、泽库、河南、乌兰。

光果婆婆纳　藏名：冬那端迟

Veronica rockii H. L. Li

Scrophulariaceae 玄参科　Veronica 婆婆纳属

【形态特征】　多年生草本，植株高17～40cm。茎直立，通常不分枝，极少下部分枝，有2列多细胞柔毛。叶对生，无柄，叶片卵状披针形至披针形，长1.5～8cm，宽0.4～2cm，基部圆钝，边缘有三角状尖锯齿，两面疏被柔毛或变无毛。总状花序2至数支，侧生于茎顶端叶腋，几乎垂直上升，花期长2～7cm，果期伸长达15cm，各部分被柔毛；苞片条形，通常比花梗长；花萼裂片5枚，条状椭圆形，花期长约3mm，果期伸长达4～6mm，后方1枚很小或缺失；花冠蓝色或紫色，长3～4mm，后方裂达1/2，前方裂达3/5，裂片4枚，倒卵圆形至椭圆形，筒内无毛；花丝远短于花冠，大部贴生于花冠上；子房及蒴果均无毛，极少有几根毛。蒴果卵形至长卵状锥形，渐狭而顶端钝，长4～8mm，宽2.5～4mm，花柱长约1mm。花期6～7月，果期7～9月。

【经济用途】　地上部分入药，清热、愈疮生肌、止血降压，治高血压、肝炎；外用生肌愈创，治疖痈疮疡。

【生境分布】　同德。生于林下、林缘灌丛、林间空地、河滩灌丛，海拔2400～4400m。中国特有种，分布于四川北部、甘肃、陕西、山西、河北、河南、湖北。在青海亦分布于囊谦、玉树、称多、班玛、久治、玛沁、泽库、河南、大通、循化、民和、乐都、互助。

唐古拉婆婆纳

Veronica vandellioides **Maximowicz**

Scrophulariaceae 玄参科 Veronica 婆婆纳属

【形态特征】 多年生小草本，植株高5～25cm，全株多少被多细胞白色柔毛。茎多支丛生，极少单生，细弱，上升或多少蔓生。叶对生，近无柄至有长达1cm的叶柄，叶片卵圆形，基部心形或平截形，顶端钝，长7～20mm，宽6～18mm，每边具2～5个圆齿。总状花序多支，侧生于茎上部叶腋或几乎所有叶腋，退化为只具单花或2朵花，在仅具单花情况下，轴的中部有苞片（看起来像小苞片）；花序梗（在单花情况下为苞片以下部分）纤细，长6～20mm；苞片宽条形至披针形，长不及5mm；花梗纤细，长3～10mm；花萼裂片4枚，下方1枚较窄，长椭圆形，花期长约3mm，果期长4～6mm；花冠浅蓝色、粉红色或白色，略比萼长，裂片4枚，圆形至卵形；雄蕊略短于花冠。蒴果近于倒心状肾形，基部平截状圆形，长3～4mm，宽5～6mm，花柱长2mm。种子南瓜子形，长1.2～1.5mm。花果期6～8月。

【生境分布】 同德。生于林缘、灌丛、河滩、林下，海拔2300～3850m。中国特有种，分布于西藏、四川西部、甘肃、陕西（太白山）。在青海亦分布于囊谦、玉树（模式标本产地）、班玛、久治、玛沁、同仁、河南、民和、乐都、互助。

苏清海 摄

白瑜 摄

四川波罗花 四川角蒿 藏名：乌却玛博

Incarvillea berezovskii **Batalin**

Bignoniaceae 紫葳科 Incarvillea 角蒿属

【形态特征】 多年生草本，具茎，植株无毛，高达1m。叶为一回羽状复叶；侧生小叶3～6对，长椭圆形，长6～7cm以上，宽2cm以上，基部偏斜，顶端的1～2对小叶基部下延，近无柄，顶生小叶椭圆形，较侧生小叶微大，长2～7cm，宽1～3.2cm，全缘或有时具粗钝齿。总状花序顶生，具17朵花以上，疏散，长达53cm；花梗长0.5～1cm；苞片长0.5～1.5cm，披针形；小苞片2枚，线形。花萼钟形，嫩黄绿色，长15(～30)mm，宽8～15mm，萼齿宽三角形，顶端锐尖，长约4mm，宽4～7mm。花冠玫瑰色或洋红色，花冠筒长3.5～5cm，基部逐渐收缩，顶端微弯，裂片卵形，长约2cm，宽1.5～2.4cm，开展。雄蕊两两成对，花丝黄绿色，花药黄色。子房圆柱形，嫩绿色，花柱细长，淡黄色，柱头扁平，2裂。蒴果四棱形，长8～10cm，宽1～1.3cm，顶端尖，2瓣开裂，果瓣革质。种子淡褐色，贝壳状，薄壳质，长4.5mm，宽3mm，具有宽1mm的周翅，两面被鳞片及微柔毛。花期5～7月，果期7～10月。

【经济用途】 ① 根和根茎入药，消积化食、利胆、敛"黄水"，治"黄水"病、食积腹胀、气滞胸闷、黄疸病；② 花入药，治高血压、肺结核、肺炎、肺出血、气滞腹胀、月经不调；③ 种子入药，治中耳炎、耳脓等症。

【生境分布】 贵南。生于山坡草地、田边，海拔3500～3800m。中国特有珍稀濒危植物，分布于西藏、四川。在青海亦分布于玉树、玛沁。

密生波罗花 密花角蒿 藏名：乌却玛博

Incarvillea compacta **Maximowicz**

Bignoniaceae 紫葳科 Incarvillea 角蒿属

【形态特征】 多年生草本，花期高达20cm，果期高30cm。根肉质，圆锥状，长15～23cm。叶为一回羽状复叶，聚生于茎基部，长8～15cm；侧生小叶2～6对，卵形，长2～3.5cm，宽1～2cm，顶端渐尖，基部圆形，顶端小叶近卵圆形，比侧生小叶较大，全缘。总状花序密集，聚生于茎顶端，1至多支从花丛叶腋中抽出；苞片长1.8～3cm；小苞片2枚；花梗长1～4cm，线形。花萼钟状，绿色或紫红色，具深紫色斑点，长12～18mm，萼齿三角形，长6～12mm，宽5～7mm。花冠红色或紫红色，长3.5～4cm，直径约2cm，花冠筒外面紫色，具黑色斑点，内面具少数紫色条纹，裂片圆形，长1.7～2.8cm，宽2～3.9cm，顶端微凹，具腺体。雄蕊4枚，2强，着生于花冠筒基部，花药两两靠合；退化雄蕊小，弯曲。子房长圆形，2室，每室胚珠2列，花柱长达4cm，柱头扇形。蒴果长披针形，两端尖，木质，具明显的4条棱，长约11cm，宽及厚约1cm。花期5～7月，果期8～12月。

【生境分布】 海南州各地。生于阳性石质山坡，海拔2400～4600m。中国特有种，分布于西藏、甘肃。本种全省大部分地区均产，叶大小多变，总状花序在花期时密集于未抽出叶丛的茎顶端，花期后，茎整体伸长，花序明显具分枝或分枝短而苞片好像位于花梗中部附近。

矮生豆列当

Mannagettaea hummelii **Harry Smith**

Orobanchaceae 列当科　Mannagettaea 豆列当属

【形态特征】 寄生植物，植株矮小，高3~5cm。茎极短，长1~1.5cm。叶极少数，鳞片状，宽卵状三角形，长宽均为6~7mm，两面近无毛，先端稍钝。花常数朵至十几朵簇生于茎的顶端，成伞房花序；苞片长卵形，长1.8~2cm，宽0.4~0.6cm，顶端渐尖，边缘密被长绵毛；花梗极短，长约0.2cm。小苞片2枚，线形，贴生于花梗上部或花萼筒的基部，长1.5~1.6cm，宽0.1~0.15cm，常具1条脉，下部无毛，上部被长绵毛。花萼筒状，长1.5~1.7cm，顶端5浅裂，裂片三角形，近等大，长3~5mm，宽2.5~3.5mm，或有的裂片顶端又再2齿裂，或有时后面1~2枚裂片较小，长0.2cm，或后面的2枚裂片之间深裂至基部。花冠紫色，稍弯曲，长2.2~2.5(~3)cm，筒部远比唇部长，顶端及内面密被长绵毛，上唇全缘或顶端2浅裂，长5~8mm，下唇3裂，裂片线形，长4~5mm，基部宽0.1~0.15cm，裂片之间不具褶。雄蕊4枚，花丝着生于距筒基部1cm处，长1~1.5cm，下部密被长绵毛，上部渐变光滑，花药长卵形，长1.6~1.8mm，外面被白色长柔毛，稀变无毛，基部具小尖头。子房长卵形，长6~7mm，宽3~4mm，胎座4枚，两两靠合，花柱长0.8~1cm，近无毛，柱头近球形。蒴果长圆形或卵状球形，长0.8~1cm，直径6mm。种子多数，甚小，长圆形，长约0.15mm，外面网状。花期6~7~月，果期8~9月。

【生境分布】 同德、兴海、共和。常寄生于鬼箭锦鸡儿*Caragana jubata*的根上，海拔3200~4300m。分布于甘肃西南部和西部；俄罗斯也有。在青海亦分布于称多、玛沁、祁连。

豆列当

Mannagettaea labiata Harry Smith

Orobanchaceae 列当科 Mannagettaea 豆列当属

【形态特征】 寄生草本，高10～11cm，地上部分仅高3～3.5cm。茎粗壮，极短。叶少数，鳞片状，叶片卵状披针形，长1.5cm，宽6～9mm。花多数，常8～10朵密集簇生于茎的顶端，呈近头状花序；苞片卵状披针形，长1.8～2.2cm，宽4～5mm，顶端渐尖，两面近无毛，连同小苞片和花冠裂片边缘密被淡黄白色多细胞长绵毛；花梗长约0.5cm或近无梗；小苞片2枚，线状披针形，长2～2.2cm。花萼筒状，长2.5～3cm，顶端5裂，近轴面1枚裂片极小狭三角形，长宽均为2～2.5mm，或几乎缺无，其余4枚裂片近等大，狭三角形，长6～9mm，基部宽3～4.5mm，顶端近急尖。花冠二唇形，黄褐色，直立，长3.5～6cm，筒部明显长于唇部，近圆筒形，向上渐膨大，上唇长于下唇，长1.8～2cm，稍弯曲，全缘，顶端钝圆，下唇3裂，裂片近等大，狭披针形，长1～1.2cm，基部宽3～4mm，先端渐尖，外面近无毛，内面及边缘密被长绵毛，常具1～3条脉。雄蕊4枚，着生于距筒基部1～1.2cm处，花丝稍粗壮，长3～3.5cm，中部以下密被长绵毛，向上渐变无毛，花药长卵形，长3～3.5mm，密被黄白色长绵毛，基部具小尖头。子房卵球形，长7～7.5mm，宽5～6mm，侧膜胎座4枚，两两靠合，花柱长4～4.5cm，被稀疏的柔毛，柱头膨大，近球形。花期7～8月。

【生境分布】 共和（青海湖西部）。寄生于锦鸡儿属（*Caragana* spp.）植物的根部，海拔3200～3700m。中国特有种，分布于四川西部（松潘）。在青海亦分布于班玛（玛可河林场）。

弯管列当 二色列当 欧亚列当

Orobanche cernua Loefling

Orobanchaceae 列当科 Orobanche 列当属

【形态特征】 一年生、二年生或多年生寄生草本，高15～35(～40)cm，全株密被腺毛，常具多分枝的肉质根。茎黄褐色，圆柱状，不分枝，直径0.6～1.5cm。叶片三角状卵形或卵状披针形，长1～1.5cm，宽5～7mm，连同苞片、花萼和花冠外面密被腺毛，内面近无毛。花序穗状，长5～20(～30)cm，具多数花；苞片卵形或卵状披针形，长1～1.5cm，宽5～6mm。花萼钟状，长1～1.2cm，2深裂至基部，或前面分裂至基部，而后面仅分裂至中部以下或近基部，裂片顶端常2浅裂，极少全缘，小裂片线形，常后面2枚较长，前面2枚较短，先端尾尖。花冠长1～2.2cm，在花丝着生处（特别是在花期后）明显膨大，向上缢缩，口部稍膨大，筒部淡黄色，在缢缩处稍扭转地向下膝状弯曲；上唇2浅裂，下唇稍短于上唇，3裂，裂片淡紫色或淡蓝色，近圆形，边缘不规则地浅波状或具小圆齿。雄蕊4枚，花丝着生于距筒基部5～7mm处，长6～8mm，无毛，基部稍增粗，花药卵形，长1～1.2mm，常无毛。子房卵状长圆形，花柱稍粗壮，长6～8mm，无毛，柱头2浅裂。蒴果长圆形或长圆状椭圆形，长1～1.2cm，直径5～7mm，干后深褐色。种子长椭圆形，长0.4～0.5mm，直径0.18mm，表面具网状纹饰，网眼底部具蜂巢状凹点。花期5～7月，果期7～9月。

【生境分布】 兴海、共和。常寄生于蒿属（*Artemisia* spp.）植物根上，海拔2100～3100m。分布于新疆、甘肃、陕西、山西、河北、内蒙古、吉林西部；欧洲、地中海地区、中亚地区、高加索地区、俄罗斯也有。在青海亦分布于尖扎、西宁。

周玉碧 摄

列当 藏名：莪卓象匝

Orobanche coerulescens Stephan

Orobanchaceae 列当科 Orobanche 列当属

【形态特征】 二年生或多年生寄生草本，高(10～)15～40(～50)cm，全株密被蛛丝状长绵毛。茎直立，不分枝，具明显的条纹，基部常稍膨大。叶片卵状披针形，长1.5～2cm，宽5～7mm，生于茎下部的较密集，上部的渐变稀疏，连同苞片和花萼外面及边缘密被蛛丝状长绵毛。花多数，排列成穗状花序，长10～20cm，顶端钝圆或呈锥状；苞片与叶同形并近等大，先端尾状渐尖。花萼长1.2～1.5cm，2深裂达近基部，每裂片中部以上再2浅裂，小裂片狭披针形，长3～5mm，先端长尾状渐尖。花冠深蓝色、蓝紫色或淡紫色，长2～2.5cm，筒部在花丝着生处稍上方缢缩，口部稍扩大；上唇2浅裂，极少顶端微凹，下唇3裂，裂片近圆形或长圆形，中间的较大，顶端钝圆，边缘具不规则小圆齿。雄蕊4枚，花丝着生于筒中部，长1～1.2cm，基部略增粗，常被长柔毛，花药卵形，长约2mm，无毛。雌蕊长1.5～1.7cm，子房椭圆状或圆柱状，花柱与花丝近等长，常无毛，柱头常2浅裂。蒴果卵状长圆形或圆柱形，干后深褐色，长约1cm，直径0.4cm。种子多数，干后黑褐色，不规则椭圆形或长卵形，长约0.3mm，直径0.15mm，表面具网状纹饰，网眼底部具蜂巢状凹点。花期4～7月，果期7～9月。

【经济用途】 全草入药，为强壮剂，补肾壮阳、强筋骨、润肠，主治性神经衰弱、肾虚、腰腿酸软、老年体虚、大便干燥；外用治小儿腹泻、肠炎、痢疾。

【生境分布】 贵德、同德、共和。常寄生于蒿属（*Artemisia* spp.）植物根上，海拔2300～3500m。分布于西藏、云南、四川、山东、湖北及西北、华北、东北；中亚地区、高加索地区、俄罗斯、朝鲜、日本也有。在青海亦分布于囊谦、称多、西宁、互助等地。

李小伟 摄

张海华 摄

张海华 摄

狸藻 闸草

Utricularia vulgaris **Linnaeus**

Lentibulariaceae 狸藻科 Utricularia 狸藻属

【形态特征】 水生草本。匍匐枝圆柱形，长15～80cm，宽0.5～2mm，多分枝，无毛，节间长3～12mm。叶器多数，互生，2裂达基部，裂片卵形、椭圆形或长圆状披针形，长1.5～6cm，宽1～2cm，先羽状深裂，后二至四回二歧状深裂；末回裂片毛发状，顶端急尖或微钝，边缘具数个小齿，顶端及齿端各有1至数条小刚毛，其余部分无毛。秋季于匍匐枝及其分枝的顶端产生冬芽，冬芽球形或卵球形，长1～5cm，密被小刚毛。捕虫囊通常多数，侧生于叶器裂片上，斜卵球状，侧扁，长1～3mm，具短柄；口侧生，上唇具2条多少分枝的刚毛状附属物，下唇无附属物。花序直立，长10～30cm，中部以上具3～10朵疏离的花，无毛；花序梗圆柱状，粗1～2.4mm，具1～4个鳞片；苞片与鳞片同形，基部着生，宽卵形、圆形或长圆形，顶端急尖、圆形或2～3浅裂，基部耳状，膜质，长3～7mm；无小苞片；花梗丝状，长6～15mm，于花期直立，果期明显下弯。花萼2裂达基部，裂片近相等，卵形至卵状长圆形，长2.5～33mm，上唇顶端微钝，下唇顶端截形或微凹。花冠黄色，长12～18mm，无毛；上唇卵形至近圆形，长6～9mm，下唇横椭圆形，长6～12mm，宽9～16mm，顶端圆形或微凹，喉凸隆起呈浅囊状；距筒状，基部宽圆锥状，顶端多少急尖，较下唇短并与其成锐角叉开，仅远轴的内面散生腺毛。雄蕊无毛；花丝线形，弯曲，长1.5～2mm，药室汇合。子房球形，无毛；花柱稍短于子房，无毛；柱头下唇半圆形，边缘流苏状，上唇微小，正三角形。蒴果球形，长3～5mm，周裂。种子压扁，具6角和细小的网状突起，直径0.5～0.7mm，厚0.3～0.4mm，褐色，无毛。花期6～8月，果期7～9月。

【生境分布】 共和（青海湖）。生于水中，海拔2800～3400m。分布于四川西北部、新疆、甘肃、山西、河北、内蒙古、辽宁、吉林、黑龙江、河南、山东；北半球温带地区也有。在青海亦分布于德令哈（克鲁克湖）、门源。

陆福根 摄

陆福根 摄

陆福根 摄

平车前

车前草 车串串 小车前 藏名：塔热木

Plantago depressa Willdenow

Plantaginaceae 车前科 Plantago 车前属

【形态特征】 一年生或二年生草本。直根长，具多数侧根，多少肉质。根茎短。叶基生呈莲座状，平卧、斜展或直立；叶片纸质，椭圆形、椭圆状披针形或卵状披针形，长3～12cm，宽1～3.5cm，先端急尖或微钝，边缘具浅波状钝齿、不规则锯齿或牙齿，基部宽楔形至狭楔形，下延至叶柄，叶脉5～7条，上面略凹陷，于背面明显隆起，两面疏生白色短柔毛；叶柄长2～6cm，基部扩大成鞘状。花序3～10个；花序梗长5～18cm，有纵条纹，疏生白色短柔毛；穗状花序细圆柱状，上部密集，基部常间断，长6～12cm；苞片三角状卵形，长2～3.5mm，内凹，无毛，龙骨突宽厚，宽于两侧片，不延至或延至顶端。花萼长2～2.5mm，无毛，龙骨突宽厚，不延至顶端，前对萼片狭倒卵状椭圆形至宽椭圆形，后对萼片倒卵状椭圆形至宽椭圆形。花冠白色，无毛，冠筒等长或略长于萼片，裂片极小，椭圆形或卵形，长0.5～1mm，于花后反折。雄蕊着生于冠筒内面近顶端，同花柱明显外伸，花药卵状椭圆形或宽椭圆形，长0.6～1.1mm，先端具宽三角状小突起，新鲜时白色或绿白色，干后变淡褐色。胚珠5枚。蒴果卵状椭圆形至圆锥状卵形，长4～5mm，于基部上方周裂。种子4～5枚，椭圆形，腹面平坦，长1.2～1.8mm，黄褐色至黑色；子叶背腹向排列。花期5～7月，果期7～9月。

【经济用途】 藏药用全草，治肠热腹痛、腹泻、肾脏病、肺热病、尿血等症；中医用种子，代车前。

【生境分布】 海南州各地。生于灌丛草甸、山坡、田边、路边，海拔2300～4100m。分布于全国各地；中亚地区、印度、俄罗斯、蒙古、日本也有。在青海亦分布于杂多、囊谦、玉树、治多、曲麻莱、玛多、久治、玛沁、尖扎、同仁、河南、德令哈、都兰、西宁、大通、湟中、循化、乐都、民和、互助、刚察、门源。

车前 藏名：那热木

Plantago asiatica Linnaeus

Plantaginaceae 车前科 Plantago 车前属

【形态特征】 二年生或多年生草本。须根多数。根茎短，稍粗。叶基生呈莲座状，平卧、斜展或直立；叶片薄纸质或纸质，宽卵形至宽椭圆形，长4～12cm，宽2.5～6.5cm，先端钝圆至急尖，边缘波状、全缘或中部以下有锯齿、牙齿或裂齿，基部宽楔形或近圆形，多少下延，两面疏生短柔毛；叶脉5～7条；叶柄长2～15(～27)cm，基部扩大成鞘，疏生短柔毛。花序3～10个，直立或弓曲上升；花序梗长5～30cm，有纵条纹，疏生白色短柔毛；穗状花序细圆柱状，长3～40cm，紧密或稀疏，下部常间断；苞片狭卵状三角形或三角状披针形，长2～3mm，长过于宽，龙骨突宽厚，无毛或先端疏生短毛。花具短梗；花萼长2～3mm，萼片先端钝圆或钝尖，龙骨突不延至顶端，前对萼片椭圆形，龙骨突较宽，两侧片稍不对称，后对萼片宽倒卵状椭圆形或宽倒卵形。花冠白色，无毛，冠筒与萼片约等长，裂片狭三角形，长约1.5mm，先端渐尖或急尖，具明显的中脉，于花后反折。雄蕊着生于冠筒内面近基部，与花柱明显外伸，花药卵状椭圆形，长1～1.2mm，顶端具宽三角形突起，白色，干后变淡褐色。胚珠7～15(～18)枚。蒴果纺锤状卵形、卵球形或圆锥状卵形，长3～4.5mm，于基部上方周裂。种子5～6(～12)枚，卵状椭圆形或椭圆形，长(1.2～)1.5～2mm，具角，黑褐色至黑色，背腹面微隆起；子叶背腹向排列。花期4～8月，果期6～9月。

【经济用途】 ① 全草和种子入药，有清热利尿作用，种子可镇咳、祛痰、止泻、明目，治难产；② 种子含油8.57%～13.18%，可以制肥皂，油渣可作酱油；③ 全草亦作猪饲料；④ 作农药可防治蚜虫、红蜘蛛等虫害。

【生境分布】 贵南。生于阴坡灌丛、路旁、河滩，海拔2300～4100m。分布于全国各地；俄罗斯、日本、印度尼西亚也有。在青海亦分布于曲麻莱、班玛、西宁、大通、乐都、互助。

小车前 条叶车前 细叶车前

Plantago minuta **Pallas**

Plantaginaceae 车前科 Plantago 车前属

【形态特征】 一年生或多年生小草本，叶、花序梗及花序轴密被灰白色或灰黄色长柔毛，有时变近无毛。直根细长，无侧根或有少数侧根。根茎短。叶基生呈莲座状，平卧或斜展；叶片硬纸质，线形、狭披针形或狭匙状线形，长3～8cm，宽1.5～8mm，先端渐尖，边缘全缘，基部渐狭并下延，叶柄不明显，叶脉3条，基部扩大成鞘状。花序2至多数；花序梗直立或弓曲上升，长(1～)2～12cm，纤细；穗状花序短圆柱状至头状，长0.6～2cm，紧密，有时仅具少数花；苞片宽卵形或宽三角形，长2.2～2.8mm，宽稍过于长，龙骨突延至顶端，先端钝圆，干时变黑褐色，与萼片外面密生或疏生长柔毛，或仅龙骨状及边缘有长柔毛，毛宿存或于花后脱落，稀近无毛。花萼长2.7～3mm，龙骨突较宽厚，延至萼片顶端，前对萼片椭圆形或宽椭圆形，后对萼片宽椭圆形。花冠白色，无毛，冠筒约与萼片等长，裂片狭卵形，长1.4～2mm，全缘或先端波状或有啮齿状细齿，中脉明显，花后反折。雄蕊着生于冠筒内面近顶端，花丝与花柱明显外伸，花药近圆形，先端具三角形小尖头，长约1mm，干后黄色。胚珠2枚。蒴果卵球形或宽卵球形，长3.5～4(～5)mm，于基部上方周裂。种子2粒，椭圆状卵形或椭圆形，长(2.5～)3～4mm，深黄色至深褐色，有光泽，腹面内凹成船形；子叶左右向排列。花期6～8月，果期7～9月。

【生境分布】 贵德、共和。生于山坡、田边、路边，海拔1800～3200m。分布于陕西、甘肃、宁夏、内蒙古、新疆；俄罗斯、哈萨克斯坦和蒙古也有。在青海亦分布于尖扎、西宁、乐都、民和。

白瑜 摄

李小伟 摄

大车前 大猪耳朵草 钱贯草

Plantago major Linnaeus

Plantaginaceae 车前科 Plantago 车前属

【形态特征】 二年生或多年生草本。须根多数。根茎粗短。叶基生呈莲座状，平卧、斜展或直立；叶片草质、薄纸质或纸质，宽卵形至宽椭圆形，长3～18(～30)cm，宽2～11(～21)cm，先端钝尖或急尖，边缘波状、疏生不规则牙齿或近全缘，两面疏生短柔毛或近无毛，少数被较密的柔毛，脉(3～)5～7条；叶柄长(1～)3～10(～26)cm，基部鞘状，常被毛。花序1至数个；花序梗直立或弓曲上升，长(2～)5～18(～45)cm，有纵条纹，被短柔毛或柔毛；穗状花序细圆柱状，(1～)3～20(～40)cm，基部常间断；苞片宽卵状三角形，长1.2～2mm，宽与长约相等或略超过，无毛或先端疏生短毛，龙骨突宽厚。花无梗；花萼长1.5～2.5mm，萼片先端圆形，无毛或疏生短缘毛，边缘膜质，龙骨突不达顶端，前对萼片椭圆形至宽椭圆形，后对萼片宽椭圆形至近圆形。花冠白色，无毛，冠筒等长或略长于萼片，裂片披针形至狭卵形，长1～1.5mm，于花后反折。雄蕊着生于冠筒内面近基部，与花柱明显外伸，花药椭圆形，长1～1.2mm，通常初为淡紫色，稀白色，干后变淡褐色。胚珠12～40枚。蒴果近球形、卵球形或宽椭圆球形，长2～3mm，于中部或稍低处周裂。种子(8～)12～24(～34)枚，卵形、椭圆形或菱形，长0.8～1.2mm，具角，腹面隆起或近平坦，黄褐色；子叶背腹向排列。花期6～8月，果期7～9月。

【生境分布】 海南州各地。生于林缘、河边、路边、河滩湿地，海拔1790～3200m。多型种，分布于我国各省区；欧洲、亚洲、北美洲也有。在青海亦分布于同仁、西宁、乐都、民和。

拉拉藤 刺果猪殃殃 藏名：桑子嘎保

Galium spurium Linnaeus

Rubiaceae 茜草科 Galium 拉拉藤属

【形态特征】 多年生多枝、蔓生或攀缘状草本，通常高20～60cm；根须状；茎有4条棱角；棱上、叶缘、叶中脉上均有倒生的小刺毛。叶4～6枚轮生，叶片纸质或近膜质，带状倒披针形或长圆状倒披针形，长1～3.5cm，宽2～5mm，顶端有针状凸尖头，基部渐狭成楔形，两面常有紧贴的刺状毛，常萎软状，干时常卷缩，1条脉，近无柄。聚伞花序腋生或顶生，具1～3朵花，花小，4数，有纤细的花梗；花萼被钩毛，萼檐近截平；花冠黄绿色或白色，辐状，裂片长圆形，长不及1mm，镊合状排列；子房被毛，花柱2裂至中部，柱头头状。果近球形或双球形，密被钩状毛，果梗直立或于其上部下弯。花果期7～9月。

【经济用途】 全草药用，清热解毒、消肿止痛、利尿、散淤，治淋浊、尿血、跌打损伤、肠痈、疖肿、中耳炎等。

【生境分布】 贵德、共和。生于河边、阳坡灌丛、农田、山坡，海拔2200～4300m。分布于全国各地。在青海亦分布于囊谦、玉树、称多、玛多、班玛、久治、同仁、泽库、德令哈、西宁、民和、互助、刚察、门源。

北方拉拉藤　砧草　藏名：桑子嘎保

Galium boreale **Linnaeus**

Rubiaceae 茜草科　Galium 拉拉藤属

【形态特征】　多年生直立草本，高20～65cm；茎有4条棱角，无毛或有极短的毛。叶4枚轮生，叶片纸质或薄革质，狭披针形或线状披针形，长1～3cm，宽1～4mm，顶端钝或稍尖，基部楔形或近圆形，边缘常稍反卷，两面无毛，边缘有微毛；基出脉3条，在下面常凸起，在上面常凹陷；无柄或具极短的柄。聚伞花序顶生和生于上部叶腋，常在枝顶结成圆锥花序式，密花；花小；花梗长0.5～1.5mm；花萼被毛；花冠白色或淡黄色，直径3～4mm，辐状，花冠裂片卵状披针形，长1.5～2mm；花丝长约1.4mm，花柱2裂至近基部。果小，直径1～2mm，果瓣单生或双生，密被白色稍弯的糙硬毛；果柄长1.5～3.5mm。花期6～8月，果期7～9月。

【经济用途】　全草及根入药，清热止血、活血去淤；根主治吐血、衄血、便血、血崩、尿血、月经不调、经闭腹痛、淤血肿痛、跌打损伤、赤痢；全草主治肺炎、肾炎及阴道滴虫病。

【生境分布】　共和。生于阴坡、山坡、田边，海拔2350～3500m。分布于西藏、四川、新疆、甘肃、陕西、宁夏、山西、河北及东北；欧洲、亚洲、北美洲也有。在青海亦分布于玉树、同仁、泽库、湟源、乐都、民和。

蓬子菜　蓬子草　藏名：桑子嘎保

Galium verum Linnaeus

Rubiaceae 茜草科　Galium 拉拉藤属

【形态特征】 多年生近直立草本，基部稍木质，高25～45cm；茎有4条棱角，被短柔毛或糠秕状毛。叶片纸质，6～10枚轮生，线形，通常长1.5～3cm，宽1～1.5mm，顶端短尖，边缘极反卷，常卷成管状，上面无毛，稍有光泽，下面有短柔毛，稍苍白，干时常变黑色，叶脉1条，无柄。聚伞花序顶生和腋生，较大，多花，通常在枝顶结成带叶的、长可达15cm、宽可达12cm的圆锥花序状；总花梗密被短柔毛；花小，稠密；花梗有疏短柔毛或无毛，长1～2.5mm；萼管无毛；花冠黄色，辐状，无毛，直径约3mm，花冠裂片卵形或长圆形，顶端稍钝，长约1.5mm；花药黄色，花丝长约0.6mm；花柱长约0.7mm，顶部2裂。果小，果瓣双生，近球状，直径约2mm，无毛。花期4～8月，果期5～10月。

【经济用途】 全草及根入药，功效同北方拉拉藤。

【生境分布】 贵南、共和。生于高山草甸灌丛、河滩、山坡、路旁，海拔2100～4300m。分布于西南、西北、华北、东北和长江流域；欧洲、亚洲、北美洲、北部非洲也有。在青海亦分布于玛沁、尖扎、同仁、泽库、河南、大通、湟源、刚察、乐都、民和、祁连。

毛蓬子菜　绒毛蓬子菜

Galium verum var. ***tomentosum*** C. A. Meyer

Rubiaceae 茜草科　Galium 拉拉藤属

【形态特征】 本变种与原变种蓬子菜的区别为：叶上面被毛，粗糙；萼管和果被毛。花果期6～9月。

【生境分布】 兴海。生于山坡、田边、河滩地，海拔2900～3610m。分布于内蒙古、甘肃、河北、黑龙江、吉林、辽宁、山西、四川、新疆；日本也有。在青海亦分布于玉树、尖扎、乐都、刚察、门源。

粗糙蓬子菜

Galium verum var. ***trachyphyllum*** Wallroth

Rubiaceae 茜草科　Galium 拉拉藤属

【形态特征】 本变种与原变种的区别为：叶上面被短硬毛，较粗糙，下面多少被短硬毛；花萼与果无毛。

【生境分布】 共和。生于河滩、山坡、田边，海拔2350～3300m。分布于甘肃、陕西、内蒙古、河南、山东、江苏、安徽及东北；朝鲜和欧洲也有。在青海亦分布于尖扎、同仁、民和、门源。

茜草 藏名：座

Rubia cordifolia **Linnaeus**

Rubiaceae 茜草科 Rubia 茜草属

【形态特征】 草质攀援藤木，长通常1.5～3.5m；根状茎和其节上的须根均红色；茎数至多条，从根状茎的节上发出，细长，方柱形，有4条棱，棱上生倒生皮刺，中部以上多分枝。叶通常4枚轮生，叶片纸质，披针形或长圆状披针形，长0.7～3.5cm，顶端渐尖，有时钝尖，基部心形，边缘有齿状皮刺，两面粗糙，脉上有微小皮刺；基出脉3条，极少外侧有1对很小的基出脉。叶柄长通常1～2.5cm，有倒生皮刺。聚伞花序腋生和顶生，多回分枝，有花十余朵至数十朵，花序和分枝均细瘦，有微小皮刺；花冠淡黄色，干时淡褐色，盛开时花冠檐部直径3～3.5mm，花冠裂片近卵形，微伸展，长约1.5mm，外面无毛。果球形，直径通常4～5mm，成熟时橘黄色。花期8～9月，果期10～11月。

【经济用途】 ① 全草入药，清热止血、活血去淤，藏医用全草治肺炎、肾炎及阴道滴虫病；② 根入药，利尿、通经行血，用于治疗咯血、吐血、月经不调、闭经腹痛等症；③ 新鲜嫩叶加食盐，外敷治疗疮，有吸脓消肿之效；③ 根是一种媒染性的天然染料，用于染动物和植物性纤维，在食品工业上为一种天然的红色食用色素。

【生境分布】 贵德、贵南、同德、兴海。生于河谷、阴坡、林下、沙丘，海拔2000～4200m。分布于西藏、云南、四川；亚洲及澳大利亚也有。在青海亦分布于玉树、囊谦、称多、班玛、玛沁、同仁、泽库、湟源、湟中、循化、乐都、民和、互助、祁连。

刚毛忍冬

Lonicera hispida **Pallas ex Schultes**

Caprifoliaceae 忍冬科　Lonicera 忍冬属

【形态特征】 落叶灌木，高达2～3m；幼枝常带紫红色，连同叶柄和总花梗均具刚毛或兼具微糙毛和腺毛，很少无毛，老枝灰色或灰褐色。冬芽长达1.5cm，有1对具纵槽的外鳞片，外面有微糙毛或无毛。叶片厚纸质，形状、大小和毛被变化很大，椭圆形、卵状椭圆形、卵状矩圆形至矩圆形，有时条状矩圆形，长(2～)3～7(～8.5)cm，顶端尖或稍钝，基部有时微心形，近无毛或下面脉上有少数刚伏毛或两面均有疏或密的刚伏毛和短糙毛，边缘有刚睫毛。总花梗长(0.5～)1～1.5(～2)cm；苞片宽卵形，长1.2～3cm，有时带紫红色，毛被与叶片同；相邻两萼筒分离，常具刚毛和腺毛，稀无毛；萼檐波状；花冠白色或淡黄色，漏斗状，近整齐，长(1.5～)2.5～3cm，外面有短糙毛或刚毛或几无毛，有时夹有腺毛，筒基部具囊，裂片直立，短于筒；雄蕊与花冠等长；花柱伸出，至少下半部有糙毛。果实先黄色后变红色，卵圆形至长圆筒形，长1～1.5cm；种子淡褐色，矩圆形，稍扁，长4～4.5mm。花期5～6月，果期7～9月。

【经济用途】 花蕾供药用，清热解毒，新疆民间用以治感冒、肺炎等症。

【生境分布】 贵德、兴海、共和。生于河谷、山坡、灌丛中、林缘，海拔2450～4100m。多型种，分布于西藏、云南、四川、新疆、甘肃、宁夏、陕西、河北；印度、哈萨克斯坦、蒙古也有。在青海亦分布于杂多、治多、曲麻莱、囊谦、玉树、称多、班玛、玛沁、久治、尖扎、同仁、泽库、乌兰、大通、湟源、平安、循化、乐都、民和、互助、祁连、门源。

苏清海 摄

忍冬
金银花　金银藤　二色花藤　鸳鸯藤　老翁须
Lonicera japonica Thunberg

Caprifoliaceae 忍冬科　Lonicera 忍冬属

【形态特征】 半常绿藤本；幼枝橘红褐色，密被黄褐色、开展的硬直糙毛、腺毛和短柔毛，下部常无毛。叶片纸质，卵形至矩圆状卵形，有时卵状披针形，稀圆卵形或倒卵形，极少有1至数个钝缺刻，长3～5(～9.5)cm，顶端尖或渐尖，少有钝、圆或微凹缺，基部圆或近心形，有糙缘毛，上面深绿色，下面淡绿色，小枝上部叶通常两面均密被短糙毛，下部叶常平滑无毛而下面多少带青灰色；叶柄长4～8mm，密被短柔毛。总花梗通常单生于小枝上部叶腋，与叶柄等长或稍较短，下方者则长达2～4cm，密被短柔后，并夹杂腺毛；苞片大，叶状，卵形至椭圆形，长2～3cm，两面均有短柔毛或有时近无毛；小苞片顶端圆形或截形，长约1mm，为萼筒的1/2～4/5，有短糙毛和腺毛；萼筒长约2mm，无毛，萼齿卵状三角形或长三角形，顶端尖而有长毛，外面和边缘都有密毛；花冠白色，有时基部向阳面呈微红色，后变黄色，长(2～)3～4.5(～6)cm，唇形，筒稍长于唇瓣，很少近等长，外被多少倒生的开展或半开展糙毛和长腺毛，上唇裂片顶端钝形，下唇带状而反曲；雄蕊和花柱均高出花冠。果实圆形，直径6～7mm，熟时蓝黑色，有光泽；种子卵圆形或椭圆形，褐色，长约3mm，中部有1条凸起的脊，两侧有浅的横沟纹。花期4～6月（秋季亦常开花），果期10～11月。

【经济用途】 ① 花蕾入药，中药称“金银花”，清热解毒、消炎退肿，对细菌性痢疾和各种化脓性疾病都有疗效；② 花及花蕾可代茶饮。

【生境分布】 贵德有栽培。全国各地栽培；除黑龙江、内蒙古、宁夏、青海、新疆、海南和西藏无自然生长外，全国各地均有分布；日本和朝鲜也有分布。西宁植物园也有栽培。

矮生忍冬

Lonicera rupicola **var.** ***minuta*** **(Batalin) Q. E. Yang**

Caprifoliaceae 忍冬科 Lonicera 忍冬属

【形态特征】 落叶多枝矮灌木，高5～30cm，临冬时当年小枝大部枯死，幼枝、叶两面或至少上面、叶柄和苞片均被肉眼难见的微糙毛；小枝淡黄褐色，叶脱落后枝顶呈针刺状，老枝灰褐色。叶对生，叶片条形或条状倒披针形，短枝上的叶常较宽而呈条状矩圆形至卵状矩圆形，长5～12mm，宽2～3mm，顶端钝，基部楔形或圆形至近截形，边缘多少背卷，上面中脉明显下陷，下面凸起；叶柄长约1mm。花生于当年小枝下部，几无总花梗，芳香；苞片叶状，条状披针形至条形，约与萼齿等长；杯状小苞常2裂，与萼齿等长或略较长，顶端近截形，连同萼齿均有微糙缘毛；相邻两萼筒分离，长1.5～2mm，萼檐浅杯状，长约与萼筒等，萼齿卵状三角形或狭卵形，顶钝；花冠淡紫红色，筒状漏斗形，长约1.4cm，筒长约1cm，内面连同裂片中下部有短柔毛，裂片近卵形，略不相等，长3.5～4mm；花丝生于花冠筒口，极短，花药长约2mm，稍高出花冠筒；花柱内藏，长约7mm。浆果卵圆形或近圆形，长约7mm。花期5～6月。

【相近种】 本变种与原变种岩生忍冬*L. rupicola*（海南州不产）的区别在于植株低矮，分枝密、叶片较小。

【生境分布】 兴海、共和。在生于河滩、山坡，海拔2780～4550m。中国特有种，分布于甘肃西北部。在青海亦分布于治多、曲麻莱、称多、玛多、玛沁、久治、河南、德令哈、乌兰、都兰、刚察、海晏、门源、祁连。

红花岩生忍冬 红花忍冬 萘西

Lonicera rupicola var. ***syringantha*** (Maximowicz) Zabel

Caprifoliaceae 忍冬科 Lonicera 忍冬属

【形态特征】 落叶灌木，高0.2～1.2m。幼枝被白色卷曲柔毛和腺毛，枯枝先端棘状。叶3～4枚轮生，稀对生，叶片线状长圆形至长圆形，长7～20mm，宽2～6mm，先端急尖或钝，边缘反卷，基部楔形至圆形或平截，上面无毛，下面无毛或疏生短柔毛；总花梗极短；苞片叶状，长于花萼；杯状小苞4裂，裂片先端平截，具微毛和腺体；双花萼筒分离，无毛，萼齿披针形，略长于萼筒，长约2mm；花冠淡紫红色或紫红色，筒状，长8～12mm，外面被毛，内面上部有毛，裂片卵形，长至5mm；花药及花柱藏于冠筒内。浆果红色，圆形，长6～8mm。花果期6～9月。

【相近种】 本变种与原变种岩生忍冬*L. rupicola*（海南州不产）的区别仅在于叶下面无毛或疏生短柔毛。

【生境分布】 贵德、兴海、共和。生于山谷、山坡灌丛中、河滩，海拔2400～3750m。分布于西藏、云南、四川、甘肃、宁夏；印度也有。在青海亦分布于玛沁、久治、尖扎、同仁、泽库、河南、贵德、西宁、大通、湟源、湟中、乐都、民和、互助、祁连、门源。

唐古特忍冬 陇塞忍冬

Lonicera tangutica **Maximowicz**

Caprifoliaceae 忍冬科 Lonicera 忍冬属

【形态特征】 落叶灌木，高2～4m；幼枝无毛或有2列弯的短糙毛，有时夹生短腺毛，二年生小枝淡褐色，纤细，开展。冬芽顶渐尖或尖，外鳞片2～4对，卵形或卵状披针形，顶渐尖或尖，背面有脊，被短糙毛和缘毛或无毛。叶片纸质，倒披针形至矩圆形或倒卵形至椭圆形，顶端钝或稍尖，基部渐窄，长1～4(～6)cm，两面常被稍弯的短糙毛或短糙伏毛，上面近叶缘处毛常较密，有时近无毛或完全秃净，下面有时脉腋有趾蹼状鳞腺，常具糙缘毛；叶柄长2～3mm。总花梗生于幼枝下方叶腋，纤细，稍弯垂，长1.5～3(～3.8)cm，被糙毛或无毛；苞片狭细，有时叶状，略短于至略超出萼齿；小苞片分离或连合，长为萼筒的1/4～1/5，有或无缘毛；相邻两萼筒中部以上至全部合生，椭圆形或矩圆形，长2～4mm，无毛，萼檐杯状，长为萼筒的2/5～1/2或相等，顶端具三角形齿或浅波状至截形，有时具缘毛；花冠白色、黄白色或有淡红晕，筒状漏斗形，长(8～)10～13mm，筒基部稍一侧肿大或具浅囊，外面无毛或有时疏生糙毛，裂片近直立，圆卵形，长2～3mm；雄蕊着生花冠筒中部，花药内藏，达花冠筒上部至裂片基部；花柱高出花冠裂片，无毛或中下部疏生开展糙毛。果实红色，直径5～6mm；种子淡褐色，卵圆形或矩圆形，长2～2.5mm。花期6～7月，果期7～8月。

【生境分布】 贵德。生于山谷、山坡、林缘，海拔2450～3750m。分布于西藏、云南、四川、湖北、甘肃、宁夏、陕西；不丹、印度和尼泊尔也有。在青海亦分布于玉树、班玛、尖扎、同仁、泽库、西宁、大通、循化、乐都、民和、互助（模式标本产地）、祁连、门源。

莛子藨 羽裂叶莛子藨 棉蛋 白梅子

Triosteum pinnatifidum **Maximowicz**

Caprifoliaceae 忍冬科 Triosteum 莛子藨属

【形态特征】 多年生草本；茎开花时顶部生分枝1对，高达60cm，具条纹，被白色刚毛及腺毛，中空，具白色的髓部。叶羽状深裂，基部楔形至宽楔形，近无柄，叶片倒卵形至倒卵状椭圆形，长8～20cm，宽6～18cm，裂片1～3对，无锯齿，顶端渐尖，上面浅绿色，散生刚毛，沿脉及边缘毛较密，背面黄白色；茎基部的初生叶有时不分裂。聚伞花序对生，各具3朵花，无总花梗，有时花序下具全缘的苞片，在茎或分枝顶端集合成短穗状花序；萼筒被刚毛和腺毛，萼裂片三角形，长3mm；花冠黄绿色，狭钟状，长1cm，筒基部弯曲，一侧膨大成浅囊，被腺毛，裂片圆而短，内面有带紫色斑点；雄蕊着生于花冠筒中部以下，花丝短，花药矩圆形，花柱基部被长柔毛，柱头楔状头形。果实卵圆，肉质，具3条槽，长10mm，冠以宿存的萼齿；核3枚，扁，亮黑色。种子凸平，腹面具2条槽。花期5～6月，果期8～9月。

【生境分布】 贵德。生于山坡灌丛中及林下，海拔2500～3700m。分布于四川、湖北、河南、甘肃、宁夏、陕西、河北、山西；日本也有。在青海亦分布于玛沁、班玛、同仁、大通、湟中、循化、乐都、民和、互助（模式标本产地）。

白瑜 摄

蒙古荚蒾 蒙古绣球花 土连树

Viburnum mongolicum (Pallas) Rehder

Adoxaceae 五福花科 Viburnum 荚蒾属

【形态特征】 落叶灌木，高0.6～2m；幼枝、叶下面、叶柄和花序均被簇状短毛，二年生小枝黄白色，浑圆，无毛。叶片纸质，宽卵形至椭圆形，稀近圆形，长2.5～5(～6)cm，顶端尖或钝形，基部圆或楔圆形，边缘有波状浅齿，齿顶具小突尖，上面被簇状或叉状毛，下面灰绿色，侧脉4～5对，近缘前分枝而互相网结，连同中脉上面略凹陷或不明显，下面凸起；叶柄长4～10mm。聚伞花序直径1.5～3.5cm，具少数花，总花梗长5～15mm，第一级辐射枝5条或较少，花大部生于第一级辐射枝上；萼筒矩圆筒形，长3～5mm，无毛，萼齿波状；花冠淡黄白色，筒状钟形，无毛，筒长5～7mm，直径约3mm，裂片长约1.5mm；雄蕊约与花冠等长，花药矩圆形。果实红色而后变黑色，椭圆形，长约10mm；核扁，长约8mm，直径5～6mm，有2条浅背沟和3条浅腹沟。花期5月，果期8～9月。

【生境分布】 贵德、共和有栽培。生于山坡、林下，海拔2300～2700m，或栽植于路边。野生分布于甘肃、宁夏、陕西、山西、河北、内蒙古；蒙古、俄罗斯也有。在青海亦分布于西宁、大通、湟源、平安、乐都、民和、互助、门源。

五福花
Adoxa moschatellina Linnaeus

Adoxaceae 五福花科　Adoxa 五福花属

【形态特征】 多年生矮小草本，高8～15cm；根状茎横生，末端加粗；茎单一，纤细，无毛，有长的匍匐枝。基生叶1～3枚，为一至二回三出复叶；小叶片宽卵形或圆形，长1～2cm，3裂，小叶柄长0.6～1.2cm，叶柄长4～9cm；茎生叶2枚，对生，3深裂，裂片再3裂，叶柄长1cm左右。花序有限生长，5～7朵花成顶生聚伞性头状花序，无花柄。花黄绿色，直径4～6mm；花萼浅杯状，顶生花的花萼裂片2枚，侧生花的花萼裂片3枚；花冠幅状，管极短，顶生花的花冠裂片4枚，侧生花的花冠裂片5枚，裂片上乳突约略可见；内轮雄蕊退化为腺状乳突，外轮雄蕊在顶生花为4枚，在侧生花为5枚，花丝2裂几至基部，花药单室，盾形，外向，纵裂；子房半下位至下位，花柱在顶生花为4枚，侧生花为5枚，基部连合，柱头4～5枚，点状。核果。花期4～7月，果期7～8月。

【生境分布】 同德。生于林下灌丛，海拔2600～3600m。分布于云南、四川、新疆、山西、河北、黑龙江；欧洲、亚洲温带地区、北美洲也有。在青海亦分布于玛沁、大通、循化、互助、海晏、祁连、门源。

缬草

香草　珍珠香　满坡香　五里香　藏名：甲贝

***Valeriana officinalis* Linnaeus**

Valerianaceae 败酱科　Valeriana 缬草属

【形态特征】 多年生高大草本，高可达100～150cm；根状茎粗短呈头状，须根簇生；茎中空，有纵棱，被粗毛，尤以节部为多，老时毛少。匍枝叶、基出叶和基部叶在花期常凋萎。茎生叶卵形至宽卵形，羽状深裂，裂片7～11枚；中央裂片与两侧裂片近同形同大小，但有时与第1对侧裂片合生成3裂状，裂片披针形或条形，顶端渐窄，基部下延，全缘或有疏锯齿，两面及柄轴多少被毛。花序顶生，成伞房状三出聚伞圆锥花序；小苞片中央纸质，两侧膜质，长椭圆状长圆形、倒披针形或线状披针形，先端芒状突尖，边缘多少有粗缘毛。花冠淡紫红色或白色，长4～5(～6)mm，花冠裂片椭圆形，雌雄蕊约与花冠等长。瘦果长卵形，长4～5mm，基部近平截，光秃或两面被毛。花期5～7月，果期6～10月。

【经济用途】 根、根茎及全草入药，安神宁心、祛风止痛、解毒，治心悸气短、失眠、腹胀、关节疼痛等症。

【生境分布】 贵德。生于林下、灌丛、草甸，海拔2600～4000m。分布于西藏、贵州、四川、甘肃、陕西、宁夏、山西、河北、湖北、湖南、河南、山东；欧洲、亚洲也有。在青海亦分布于囊谦、玉树、称多、班玛、久治、同仁、泽库、河南、湟源、湟中、循化、乐都、民和、互助、祁连、门源。

小缬草 唐古特缬草 藏名：札贝

Valeriana tangutica Batal

Valerianaceae 败酱科 Valeriana 缬草属

【形态特征】 多年生小草本，高8～20(～30)cm，除节部被毛外，全株无毛。根状茎斜升，被纤维状老叶鞘包裹，根细带状，根状茎及根具浓烈香味。基生叶薄纸质，阔卵形或矩圆状卵形，长1～3cm，宽0.5～1cm，全缘或大头羽裂，顶裂片大，圆形、阔卵圆形或椭圆形，长0.5～1.5cm，宽0.5～1.2cm，全缘，侧裂片小，1～3对，椭圆形或狭椭圆形，先端钝，稀具小尖头，全缘；叶柄长3～5cm；茎上部叶对生，羽状3～7深裂，裂片椭圆状披针形或披针形，全缘。聚伞花序顶生，半球状，直径1～2cm；苞片披针形，边缘膜质；花萼多裂，花时内卷，不明显；花冠筒状漏斗形，长约5.5mm，冠檐直径1～2mm，花冠5裂，裂片倒卵形；雌雄蕊近等长，均伸出花冠之外。果椭圆形，无毛。花果期6～8月。

【经济用途】 清热解毒、消散肿胀、接骨托脓，治流感、骨折、痈疖肿毒。

【生境分布】 海南州各地。生于林下、灌丛、田边，海拔2800～4300m。分布于甘肃、宁夏、内蒙古。在青海亦分布于囊谦、治多、玛沁、尖扎、同仁、泽库、河南、德令哈、天峻、循化、乐都、互助、祁连、门源。

圆萼刺参 蘑苓草 藏名：江策尔

Morina chinensis Y. Y. Pai

Morinaceae 刺参科 Morina 刺参属

【形态特征】 多年生草本；根粗壮，通常不分枝或在下部有细小分枝；茎高(15～)20～50(～70)cm，有明显的纵沟，下部光滑，紫色，上部通常带紫色，被白色绒毛，在基部常留有褐色纤维状残叶。基生叶6～8枚，簇生，线状披针形，长10～20(～25)cm，宽1～1.5(～2)cm，质地较坚硬，先端渐尖，基部下延抱茎，边缘具不整齐的浅裂片，裂片近三角形，裂至中脉的一半，边缘有3～9枚硬刺，上面深绿色，背面浅绿色，光滑，中脉明显。花茎从叶丛中生出；茎生叶与基生叶相似，但较短，长5～15cm，4～6枚叶（通常4枚）轮生，2～3轮，向上渐小，裂片边缘具硬刺。轮伞花序顶生，6～9节，紧密穗状，花后各轮疏离，每轮有总苞苞片4枚，总苞片叶状，长卵形，渐尖，长2.5～3.5cm，边缘具密集的刺，基部更多；小总苞隐藏于总苞之内，钟形，长1～1.4cm，顶端平截，边缘有10条以上硬刺，长短不等，通常2条较长，可达6mm，基部有柄，外面疏被长柔毛；萼露出总苞外约3mm，草质，二唇形，长(6～)8～10mm，每唇片先端2裂，裂片钝圆，先端无刺尖，脉明显，外面光滑，内面被绒毛，基部具髯毛；花冠二唇形，短于花萼，长6～7mm，淡绿色，上唇2裂，下唇3裂，疏被柔毛；雄蕊4枚，上面2枚能育，贴生于花冠管上部，下面2枚退化，着生于花冠管基部，花药不外露；花柱稍长于雄蕊，柱头头状。瘦果长圆形，长2～3mm，褐色，表面有皱纹，顶端斜截形，具宿存花萼，藏于小总苞内。花期7～8月，果期9月。

【经济用途】 种子入药，活血、止痛、解挛，治口眼歪斜、头晕目眩、关节疼痛、小便失禁及腰痛等症。

【生境分布】 贵德、同德、兴海、共和。生于灌丛中、山坡、林中空地、河滩，海拔2200～4850m。分布于四川、甘肃、内蒙古。在青海亦分布于玉树、玛沁、达日、同仁、泽库、河南、大通、乐都、刚察、祁连、门源。

青海刺参　小花刺参　藏名：江策噶博

Morina kokonorica K. S. Hao

Morinaceae 刺参科　Morina 刺参属

【形态特征】 多年生草本，高(20～)30～50(～70) cm；根粗壮，长40cm，不分枝或下部分枝；茎单一，稀具2～3分枝，下部具明显的沟槽，光滑，上部被绒毛，基部多有残存的褐色纤维状残叶。基生叶5～6枚，簇生，坚硬，线状披针形，长(7～)10～15(～20) cm，宽1～1.5cm，先端渐尖，基部渐狭成柄，边缘具深波状齿，齿裂片近三角形，裂至近中脉处，边缘有3～7枚硬刺，中脉明显，两面光滑；茎生叶似基生叶，长披针形，常4叶轮生，2～3轮，向上渐小，基部抱茎。轮伞花序顶生，6～8节，紧密穗状，花后各轮疏离，每轮有总苞片4枚；总苞片长卵形，近革质，长2～3cm，渐尖，边缘具多数黄色硬刺；小总苞钟状，藏于总苞内，长1.2～1.5cm，网脉明显，具柄，边缘具10条以上的硬刺，刺长短不等，通常有1～2条较长，可达7mm；萼杯状，质硬，长8～12(～15)mm，露出总苞之外约3mm，外面光滑，内面有柔毛，基部具髯毛，2深裂，每裂片再2～3裂，成4～5(～6)枚裂片，裂片披针形，先端常具刺尖；花冠二唇形，5裂，淡绿色，外面被毛，长6～8mm，较花萼为短；雄蕊4枚，能育雄蕊2枚，着生于花冠管的上部，花丝短，被长柔毛，不育雄蕊2枚，生于花冠管的基部，几无柄；花柱不露出花冠之外，较雄蕊稍长，柱头头状。瘦果褐色，圆柱形，近光滑，长6～7mm，具棱，顶端斜截形。花期6～8月，果期8～9月。

【经济用途】 幼苗入药，催吐、健胃；根入药，消肿、托引“黄水”，治水肿、疮疖痈肿。

【生境分布】 兴海、共和（模式标本产地：青海湖）。生于山坡、草地，海拔3100～4800m。中国特有种，分布西藏、四川、甘肃。在青海亦分布于玉树、杂多、曲麻莱、治多、囊谦、同仁、刚察。

朱鑫鑫 摄

朱鑫鑫 摄

西瓜

Citrullus lanatus (Thunberg) Matsumura & Nakai

Cucurbitaceae 葫芦科　Citrullus 西瓜属

【形态特征】 一年生蔓生藤本；茎、枝粗壮，具明显的棱沟，被长而密的白色或淡黄褐色长柔毛。卷须较粗壮，具短柔毛，二歧，叶柄粗，长3～12cm，粗0.2～0.4cm，具不明显的沟纹，密被柔毛；叶片纸质，三角状卵形，带白绿色，长8～20cm，宽5～15cm，两面具短硬毛，脉上和背面较多，3深裂，中裂片较长，倒卵形、长圆状披针形或披针形，顶端急尖或渐尖，裂片又羽状或二重羽状浅裂或深裂，边缘波状或有疏齿，末次裂片通常有少数浅锯齿，先端钝圆，叶片基部心形，有时形成半圆形的弯缺，弯缺宽1～2cm，深0.5～0.8cm。雌雄同株。雌、雄花均单生于叶腋。雄花花梗长3～4cm，密被黄褐色长柔毛；花萼筒宽钟形，密被长柔毛，花萼裂片狭披针形，与花萼筒近等长，长2～3mm；花冠淡黄色，直径2.5～3cm，外面带绿色，被长柔毛，裂片卵状长圆形，长1～1.5cm，宽0.5～0.8cm，顶端钝或稍尖，脉黄褐色，被毛；雄蕊3枚，近离生，1枚1室，2枚2室，花丝短，药室折曲。雌花花萼和花冠与雄花同；子房卵形，长0.5～0.8cm，宽0.4cm，密被长柔毛，花柱长4～5mm，柱头3枚，肾形。果实大形，近于球形或椭圆形，肉质，多汁，果皮光滑，色泽及纹饰各式。种子多数，卵形，黑色、红色，有时为白色、黄色、淡绿色或有斑纹，两面平滑，基部钝圆，通常边缘稍拱起，长1～1.5cm，宽0.5～0.8cm，厚1～2mm，花果期夏季。

【经济用途】 ① 果肉多汁甘甜，作水果食用；② 果皮药用，有清热解毒、利尿之效，并可腌制作菜；③ 种子可以榨油或炒食；④ 瓜藤可以造纸或作人造丝原料。

【生境分布】 贵德有栽培。全国各地栽培，品种甚多，外果皮、果肉及种子形式多样。青海海东地区也有栽培。

甜瓜 香瓜 哈密瓜 白兰瓜 华莱士瓜

Cucumis melo **Linnaeus**

Cucurbitaceae 葫芦科 Cucumis 黄瓜属

【形态特征】 一年生匍匐或攀援草本；茎、枝有棱，有黄褐色或白色的糙硬毛和疣状突起。卷须纤细，单一，被微柔毛。叶柄长8～12cm，具槽沟及短刚毛；叶片厚纸质，近圆形或肾形，长、宽均8～15cm，上面粗糙，被白色糙硬毛，背面沿脉密被糙硬毛，边缘不分裂或3～7浅裂，裂片先端圆钝，有锯齿，基部截形或具半圆形的弯缺，具掌状脉。花单性，雌雄同株。雄花数朵簇生于叶腋；花梗纤细，长0.5～2cm，被柔毛；花萼筒狭钟形，密被白色长柔毛，长6～8mm，裂片近钻形，直立或开展，比筒部短；花冠黄色，长2cm，裂片卵状长圆形，急尖；雄蕊3枚，花丝极短，药室折曲，药隔顶端引长；退化雌蕊长约1mm。雌花单生，花梗粗糙，被柔毛；子房长椭圆形，密被长柔毛和长糙硬毛，花柱长1～2mm，柱头靠合，长约2mm。果实的形状、颜色因品种而异，通常为球形或长椭圆形，果皮平滑，有纵沟纹或斑纹，无刺状突起，果肉白色、黄色或绿色，有香甜味；种子污白色或黄白色，卵形或长圆形，先端尖，基部钝，表面光滑，无边缘。花果期夏季。

【经济用途】 ① 果实为盛夏甜美水果；② 种子和瓜蒂（果梗）入药，瓜蒂能催吐、退黄疸，主治食积不化，食物中毒、癫痫痰盛；外用治急慢性肝炎、肝硬化；种子能清肺、化痰、排脓、润肠，主治肺脓疡、慢性支气管炎、大便不畅。

【生境分布】 贵德有栽培。全国各地广泛栽培。世界温带至热带地区也广泛栽培。青海民和、乐都、循化、化隆等地也有栽培。

黄瓜 胡瓜

Cucumis sativus Linnaeus

Cucurbitaceae 葫芦科　Cucumis 黄瓜属

【形态特征】 一年生蔓生或攀援草本；茎、枝伸长，有棱沟，被白色的糙硬毛。卷须细，不分歧，具白色柔毛。叶柄稍粗糙，有糙硬毛，长10～16(～20)cm；叶片宽卵状心形，膜质，长、宽均7～20cm，两面甚粗糙，被糙硬毛，3～5个角或浅裂，裂片三角形，有齿，有时边缘有缘毛，先端急尖或渐尖，基部弯缺半圆形，宽2～3cm，深2～2.5cm，有时基部向后靠合。雌雄同株。雄花常数朵在叶腋簇生；花梗纤细，长0.5～1.5cm，被微柔毛；花萼筒狭钟状或近圆筒状，长8～10mm，密被白色的长柔毛，花萼裂片钻形，开展，与花萼筒近等长；花冠黄白色，长约2cm，花冠裂片长圆状披针形，急尖；雄蕊3枚，花丝近无，花药长3～4mm，药隔伸出，长约1mm。雌花单生或稀簇生；花梗粗壮，被柔毛，长1～2cm；子房纺锤形，粗糙，有小刺状突起。果实长圆形或圆柱形，长10～30(～50)cm，熟时黄绿色，表面粗糙，有具刺尖的瘤状突起，极稀近于平滑。种子小，狭卵形，白色，无边缘，两端近急尖，长5～10mm。花果期夏季。

【经济用途】 ① 果实作蔬菜；② 果实作药用，清热利尿，主治烦渴、小便不利，外用治烫火伤；③ 藤入药，消炎、祛痰、镇痉，治腹泻、痢疾、癫痫、高血压。

【生境分布】 海南州各地都有栽培，品种繁多。我国各地普遍栽培，且许多地区均有温室或塑料大棚栽培；现广泛种植于温带和热带地区。

南瓜 倭瓜 番瓜 饭瓜 番南瓜

***Cucurbita moschata* Duchesne**

Cucurbitaceae 葫芦科 Cucurbita 南瓜属

【形态特征】 一年生蔓生草本；茎常节部生根，伸长达2～5m，密被白色短刚毛。叶柄粗壮，长8～19cm，被短刚毛；叶片宽卵形或卵圆形，质稍柔软，有5角或5浅裂，稍钝，长12～25cm，宽20～30cm，侧裂片较小，中间裂片较大，三角形，上面密被黄白色刚毛和茸毛，常有白斑，叶脉隆起，各裂片之中脉常延伸至顶端，成一小尖头，背面色较淡，毛更明显，边缘有小而密的细齿，顶端稍钝。卷须稍粗壮，与叶柄一样被短刚毛和茸毛，3～5歧。雌雄同株。雄花单生；花萼筒钟形，长5～6mm，裂片条形，长1～1.5cm，被柔毛，上部扩大成叶状；花冠黄色，钟状，长8cm，直径6cm，5中裂，裂片边缘反卷，具皱褶，先端急尖；雄蕊3枚，花丝腺体状，长5～8mm，花药靠合，长15mm，药室折曲。雌花单生；子房1室，花柱短，柱头3枚，膨大，顶端2裂。果梗粗壮，有棱和槽，长5～7cm，瓜蒂扩大成喇叭状；瓠果形状多样，因品种而异，外面常有数条纵沟或无。种子多数，长卵形或长圆形，灰白色，边缘薄，长10～15mm，宽7～10mm。

【经济用途】 ① 果实营养丰富，可作蔬菜，亦可掺和谷物作主食；② 种子含油，可食用，也可制皂；③ 种子入药，有驱除绦虫、蛲虫、蛔虫的作用；④ 叶可制土农药灭蚜虫，也可提制天然食用绿色素，用以食品、饮料和日用化妆品调色；⑤ 藤纤维用以造纸和人造棉。

【生境分布】 海南州各地；栽培。原产于墨西哥到中美洲一带，世界各地普遍栽培。明代传入我国，现南北各地广泛种植。青海海东农业区也广泛栽培。

朱鑫鑫 摄

西葫芦 菜瓜

Cucurbita pepo Linnaeus

Cucurbitaceae 葫芦科 Cucurbita 南瓜属

【形态特征】 一年生蔓生草本；茎有棱沟，有短刚毛和半透明的糙毛。叶柄粗壮，被短刚毛，长6～9cm；叶片质硬，挺立，三角形或卵状三角形，先端锐尖，边缘有不规则的锐齿，基部心形，弯缺半圆形，深0.5～1cm，宽3～4cm，上面深绿色，下面颜色较浅，叶脉在背面稍凸起，两面均有糙毛。卷须稍粗壮，具柔毛，分多歧。雌雄同株。雄花单生；花梗粗壮，有棱角，长3～6cm，被黄褐色短刚毛；花萼筒有明显5角，花萼裂片线状披针形；花冠黄色，常向基部渐狭呈钟状，长5cm，直径3cm，分裂至近中部，裂片直立或稍扩展，顶端锐尖；雄蕊3枚，花丝长15mm，花药靠合，长10mm。雌花单生，子房卵形，1室。果梗粗壮，有明显的棱沟，果蒂变粗或稍扩大，但不成喇叭状。果实形状因品种而异；种子多数，卵形，白色，长约20mm，边缘拱起而钝。

【经济用途】 果实作蔬菜。

【生境分布】 海南州各地；栽培。世界各国普遍栽培；我国清代始从欧洲引入，现各地均有栽培。

喜马拉雅沙参

Adenophora himalayana **Feer**

Campanulaceae 桔梗科　Adenophora 沙参属

【形态特征】 多年生草本，高10～70cm。根细，常稍稍加粗，最粗只达到近1cm。茎常数支发自一条茎基上，不分枝，通常无毛，少数有倒生短毛，极个别有倒生长毛，高15～60cm。基生叶心形或近于三角形卵形；茎生叶卵状披针形、狭椭圆形至条形，无柄或有时茎下部的叶具短柄，全缘至疏生不规则尖锯齿，无毛或极少数有毛，长3～12cm，宽0.1～1.5cm。单花顶生或数朵花排成假总状花序，决不成圆锥花序。花萼无毛，筒部倒圆锥状或倒卵状圆锥形，裂片钻形，长5～10mm，宽1～1.5(～2)mm；花冠蓝色或蓝紫色，钟状，长17～22mm，裂片4～7mm，卵状三角形；花盘粗筒状，长3～8mm，直径可达3mm；花柱与花冠近等长或略伸出花冠。蒴果卵状矩圆形。花期7～9月。

【生境分布】 贵德。生于林中空地、灌丛中及山坡草地，海拔2400～4500m。分布于西藏、四川、新疆、甘肃；喜马拉雅及中亚山地的其他国家也有。在青海亦分布于玉树、称多、囊谦、杂多、治多、曲麻莱、班玛、同仁、泽库、河南、大通、乐都、互助、门源。

长柱沙参

Adenophora stenanthina (Ledebour) Kitagawa

Campanulaceae 桔梗科　Adenophora 沙参属

【形态特征】 多年生草本，茎常数支丛生，高40～120cm，有时上部有分枝，通常被倒生糙毛。基生叶心形，边缘有深刻而不规则的锯齿；茎生叶从丝条状到宽椭圆形或卵形，长2～10cm，宽1～20mm，全缘或边缘有疏离的刺状尖齿，通常两面被糙毛。花序无分枝，因而呈假总状花序或有分枝而集成圆锥花序。花萼无毛，筒部倒卵状或倒卵状矩圆形，裂片钻状三角形至钻形，长1.5～5(～7)mm，全缘或偶有小齿；花冠细，近于筒状或筒状钟形，5浅裂，长10～17mm，直径5～8mm，浅蓝色、蓝色、蓝紫色、紫色；雄蕊与花冠近等长；花盘细筒状，长4～7mm，完全无毛或有柔毛；花柱长20～22mm。蒴果椭圆状，长7～9mm，直径3～5mm。花期8～9月。

【生境分布】 海南州各地。生于柏树林下、灌丛中、草坡、河谷，海拔2600～3900m。分布于甘肃、宁夏、陕西、内蒙古、山西；蒙古、俄罗斯也有。在青海亦分布于玉树、囊谦、玛沁、久治、同仁、泽库、河南、天峻、乌兰、德令哈、香日德、西宁、大通、湟源、湟中、乐都、民和、互助、刚察、祁连、门源。

钻裂风铃草 针叶风铃草

Campanula aristata **Wallich**

Campanulaceae 桔梗科 Campanula 风铃草属

【形态特征】 根胡萝卜状。茎通常2至数支丛生，直立，高10～50cm。基生叶卵圆形至卵状椭圆形，具长柄；茎中下部的叶披针形至宽条形，具长柄，中上部的条形，无柄，长(1.5～)2～7cm，全缘或有疏齿，全部叶无毛。花萼筒部狭长，长0.5～1.5cm，直径约1.5mm，裂片丝状，长(3～)7～18(～25)mm，通常比花冠长，少较短的；花冠蓝色或蓝紫色，长7～15mm。蒴果圆柱状，下部略细些，长2～4cm，直径约3mm。种子长椭圆状，棕黄色，长约0.7mm。花期6～8月。

【生境分布】 同德、兴海、共和。生于高山流石滩、灌丛中、高山草甸、山坡草地，海拔3200～4600m。分布于西藏、云南、四川、甘肃、陕西；克什米尔地区至印度（锡金）也有。在青海亦分布于玉树、囊谦、称多、杂多、治多、玛沁、同仁、泽库、天峻、湟中、祁连、门源、刚察。

绿花党参
Codonopsis viridiflora **Maximowicz**

Campanulaceae 桔梗科 Codonopsis 党参属

【形态特征】 根常肥大呈纺锤状或圆锥状，长10～15cm，直径1～1.5cm，表面灰黄色，上部有少数环纹，下部则疏生横长皮孔。主茎1～3枚发自一条茎基，近于直立，高30～70cm，直径1～3mm，侧枝着生于主茎近下部，纤细，不育，疏被短硬毛或近于无毛。叶在主茎上的互生，在茎上部的小而呈苞片状，在侧枝上的对生或近于对生，似一羽状复叶；叶片阔卵形、卵形、矩圆形或披针形，长1.5～3.5(～5)cm，宽1.3～3cm，顶端钝，叶基微心形或较圆钝，叶缘疏具波状浅钝锯齿，叶脉明显，上面绿色，下面灰绿色，两面被稀疏或稍密的短硬毛。花1～3朵，着生于主茎及侧枝顶端；花梗长6～15cm，近无毛或下部疏生硬毛；花萼贴生至子房中部，筒部半球状，具10条明显辐射脉，光滑无毛，长约3mm，直径约1.3cm；裂片间弯缺尖狭，裂片卵形至矩圆状披针形，长12～15mm，宽6～7mm，顶端钝，边缘疏具波状浅钝锯齿，顶端疏生硬毛及缘毛；花冠钟状，长1.7～2cm，直径约2cm，黄绿色，仅近基部微带紫色，内外光滑无毛，浅裂，裂片三角形，顶端微钝，长宽皆约7mm，花冠筒长约为1cm，直径约1.5cm；雄蕊无毛，花丝基部微扩大，长约5mm，花药亦长约5mm。蒴果直径1.5cm。种子多数，椭圆状，无翼，细小，棕黄色，光滑无毛。花果期7～9月。

【生境分布】 贵德。生于林下、灌丛中、河滩、山坡及田边，海拔2750～3800m。中国特有种，分布于四川西北部、甘肃、宁夏、陕西。在青海亦分布于玉树、囊谦、同仁、泽库、湟中、循化、乐都、民和、互助、门源。

蓝钟花　藏名：莪吉夏

Cyananthus hookeri C. B. Clarke

Campanulaceae 桔梗科　Cyananthus 蓝钟花属

【形态特征】 一年生草本。茎通常数条丛生，近直立或上升，长3.5～20cm，疏生开展的白色柔毛，基部生淡褐黄色柔毛或无毛，有短分枝，分枝长1.5～10cm。叶互生，花下数枚常聚集呈总苞状；叶片菱形、菱状三角形或卵形，长3～7mm，宽1.2～4mm，先端钝，基部宽楔形，突然变狭成叶柄，边缘有少数钝牙齿，有时全缘，两面被疏柔毛。花小，单生茎和分枝顶端，几无梗；花萼卵圆状，长3～5mm，外面密生淡褐黄色柔毛，或完全无毛，裂片(3～)4(～5)枚，三角形，两面生柔毛，为筒长的1/2～1/3；花冠紫蓝色，筒状，长7～10(～15)mm，外面无毛，内面喉部密生柔毛，裂片(3～)4(～5)枚，倒卵状矩圆形，顶端生3～4根褐黄色柔毛；雄蕊4枚；花柱伸达花冠喉部以上，柱头4裂。蒴果卵圆状，成熟时露出花萼外。种子长卵圆状，长约1.2mm，宽约0.4mm。花期8～9月。

【生境分布】 同德。生于山坡和路边，海拔3550～3900m。分布于西藏、云南、四川、甘肃南部；尼泊尔也有。在青海亦分布于玉树（江西沟）、囊谦、同仁。

苏清海 摄

顶羽菊 苦蒿

Rhaponticum repens (Linnaeus) Hidalgo

Asteraceae 菊科　Rhaponticum 漏芦属

【形态特征】 多年生草本，高25～70cm。根直伸。茎单生，或少数茎成簇生，直立，自基部分枝，分枝斜升，全部茎枝被蛛丝毛，被稠密的叶。全部茎叶质地稍坚硬，长椭圆形、匙形或线形，长2.5～5cm，宽0.6～1.2cm，顶端钝、圆形或急尖而有小尖头，边缘全缘，无锯齿或具少数不明显的细尖齿，或叶羽状半裂，侧裂片三角形或斜三角形，两面灰绿色，被稀疏蛛丝毛或脱毛。植株含多数头状花序，头状花序多数在茎枝顶端排成伞房花序或伞房圆锥花序。总苞卵形或椭圆状卵形，直径0.5～1.5cm。总苞片约8层，覆瓦状排列，向内层渐长，外层与中层卵形或宽倒卵形，包括附属物长3～11mm，宽2～6mm，上部有附属物，附属物圆钝；内层披针形或线状披针形，包括附属物长约1.3cm，宽2～3mm，顶端附属物小。全部苞片附属物白色，透明，两面被稠密的长直毛。全部小花两性，管状，花冠粉红色或淡紫色，长1.4cm，细管部长7mm，檐部长7mm，花冠裂片长3mm。瘦果倒长卵形，长3.5～4mm，宽约2.5mm，淡白色，顶端圆形，无果喙，基底着生面稍见偏斜。冠毛白色，多层，向内层渐长，长达1.2cm，全部冠毛刚毛基部不连合成环，不脱落或分散脱落，短羽毛状。花果期5～9月。

【经济用途】 地上部分入药，清热解毒、活血消肿，主治痈疽疖疮、无名肿毒、关节炎。

【生境分布】 海南州各地。生于荒漠草原、农田边、山坡、荒地，海拔1800～3000m。分布于我国华北、西北；中亚地区及俄罗斯、蒙古、伊朗也有。在青海亦分布于黄南、海西、海南各州县及海东农业区。

白瑜 摄

灌木亚菊

Ajania fruticulosa (Ledebour) Poljakov

Asteraceae 菊科　Ajania 亚菊属

【形态特征】 小半灌木，高8～40cm。老枝麦秆黄色，花枝灰白色或灰绿色，被稠密或稀疏的短柔毛，上部及花序和花梗上的毛较多或更密。中部茎叶圆形、扁圆形、三角状卵形、肾形或宽卵形，长0.5～3cm，宽1～2.5cm，规则或不规则二回掌状或掌式羽状3～5分裂。一回侧裂片1对或不明显2对，通常三出，但变异范围在二至五出；中上部和中下部的叶掌状3～4全裂或有时掌状5裂，或全部茎叶3裂。全部叶有长叶柄，末回裂片线钻形、宽线形、倒长披针形，宽0.5～5mm，顶端尖或圆钝，两面同色或近同色，灰白色或淡绿色，被等量的顺向贴伏短柔毛；叶耳无柄。头状花序小，少数或多数在枝端排成伞房花序或复伞房花序。总苞钟状，直径3～4mm。总苞片4层，外层卵形或披针形，长1mm，中内层椭圆形，长2～3mm。全部苞片边缘白色或带浅褐色，膜质，顶端圆钝，仅外层基部或外层被短柔毛，其余无毛，麦秆黄色，有光泽。边缘雌花5枚，花冠长2mm，细管状，顶端3～5个齿。瘦果长约1mm。花果期7～9月。

【生境分布】 海南州各地。多型种，生于干旱山坡、荒地，海拔2000～2900m。分布于西藏、新疆、甘肃、陕西、内蒙古；中亚地区也有。在青海亦分布于尖扎、格尔木、西宁、乐都。

柳叶亚菊

Ajania salicifolia (Mattfeld ex Rehder & Kobuski) Poljakov

Asteraceae 菊科　Ajania 亚菊属

【形态特征】 小半灌木，高30～60(～120)cm。根茎木质，多分枝。茎分枝，有长20～30cm的当年花枝和顶端有密集的莲座状叶丛的不育短枝。花枝紫红色，被绢毛，上部及花序枝上的毛稠密。叶片线形、狭线形或披针形，全缘，长5～10cm，宽3～10mm，上部叶渐小，全部叶两面异色，上面绿色，无毛，下面白色，被密厚的绢毛。头状花序多数在枝端排成密集的伞房花序；总苞钟状，直径4～6mm；总苞片4层，外层卵形，长2mm，中内层卵形、卵状椭圆形至线状披针形，长3～4mm，仅外层外面被稀绢毛，全部苞片边缘棕褐色宽膜质。边花雌性，约6朵，花冠细管状，长2mm，顶端3个尖齿裂；中央花两性，黄色，花冠长3.5mm。瘦果长1.8mm。花果期6～9月。

【生境分布】 贵德、共和。生于林缘、山坡灌丛、田边、路边，海拔2450～3440m。中国特有种，分布于四川、甘肃、陕西。在青海亦分布于同仁、泽库、大通、湟中、乐都、民和、互助、门源。

细叶亚菊 藏名：普芒噶布

Ajania tenuifolia (Jacquemont ex Candolle) Tzvelev

Asteraceae 菊科　Ajania 亚菊属

【形态特征】 多年生草本，高9～20cm。根茎短，发出多数的地下匍茎和地上茎，匍茎上生稀疏的宽卵形浅褐色苞鳞。茎自基部分枝，分枝弧形斜升或斜升。茎枝被短柔毛，上部及花序梗上的毛稠密。叶二回羽状分裂，半圆形、三角状卵形或扇形，长宽1～2cm，通常宽大于长。一回侧裂片2～3对，末回裂片长椭圆形或倒披针形，宽0.5～2mm，顶端钝或圆，自中部向下或向上叶渐小，全部叶两面同色、近同色或稍异色，被毛，叶柄长0.4～0.8cm。头状花序少数在茎顶排成直径2～3cm的伞房花序；总苞钟状，直径约4mm；总苞片4层，外层披针形，长2.5mm，中内层椭圆形至倒披针形，长3～4mm。仅外层被稀疏的短柔毛，其余无毛；全部苞片顶端钝，边缘宽膜质，膜质内缘棕褐色，膜质外缘无色透明。边花雌性，7～11朵，细管状，花冠长2mm，顶端2～3个齿裂；中央花两性，管状，长3～4mm，全部花冠黄色，外面有腺点，花果期7～9月。

【经济用途】 ①地上部分入药，杀虫、干“黄水”、愈疮疡，治虫病、咽喉病、溃疡病等，亦可煎膏，功效相同；②可提取香精。

【生境分布】 海南州各地。生于河滩、草甸裸地、多石山坡，海拔3000～4500m。分布于西藏、四川、甘肃；印度也有。在青海亦分布于玉树、囊谦、称多、玛多、玛沁、班玛、久治、尖扎、同仁、泽库、河南、都兰、天峻、湟源、大通、循化、乐都、互助、祁连、门源。

青海二色香青 青海香青 藏名：甘达巴扎

***Anaphalis bicolor* var. *kokonorica* Y. Ling**

Asteraceae 菊科 Anaphalis 香青属

【形态特征】 多年生草本，高15～35cm。根状茎细，多分枝，不育枝多，具莲座丛叶。茎多数丛生，不分枝，叶片疏生，被灰白色和黄白色绵毛和头状具柄腺毛。莲座丛叶小，密被绵毛；茎下部叶在花期枯萎；中部和上部叶直立或开展，线状长圆形，先端钝或尖，边缘平，有波状反卷，基部沿茎下沿成翅，两面被与茎同样的毛，仅中脉在下面明显。头状花序多数，在茎端密集成复伞房状；花序梗极短；总苞钟形；总苞片多层，外层卵形，上部黄白色，基部浅褐色，内层椭圆状披针形，先端钝；小花长4～4.5mm。瘦果近无毛。花果期7～9月。

【经济用途】 地上部分入药，祛风湿、消痞瘤，治“培根”病、痞瘤肿块、风湿病、流感等症。

【生境分布】 贵德、同德、兴海、共和。生于干山坡、阳坡石缝中、灌丛中、河滩，海拔2400～3800m。中国特有种，分布于甘肃。在青海亦分布于久治、泽库、河南、平安、乐都、互助、门源（模式标本产地）、刚察。

淡黄香青

铜钱花　清明菜　藏名：甘达巴扎

Anaphalis flavescens Handel-Mazzetti

Asteraceae 菊科　Anaphalis 香青属

【形态特征】 根状茎稍细长，木质；匍枝细长，有膜质鳞片状叶及顶生的莲座状叶丛。茎从膝曲的基部直立或斜升，高10～22cm，细，被灰白色蛛丝状绵毛，稀白色厚绵毛，下部有较密的叶。莲座状叶倒披针状长圆形，长1.5～5cm，宽0.5～1cm，下部渐狭成长柄，顶端尖或稍钝；基部叶在花期枯萎；下部及中部叶长圆状披针形或披针形，长2.5～5cm，宽0.5～0.8cm，直立或依附于茎上，边缘平，基部沿茎下延成狭翅，顶端尖，具褐色枯焦状长尖头；上部叶较小，狭披针形，长1～1.5cm；全部叶被灰白色或黄白蛛丝状绵毛或白色厚绵毛，有多少显明的离基三出脉。头状花序6～16个密集成伞房或复伞房状；花序梗长3～5mm。总苞宽钟状，长8～10mm，宽约10mm；总苞片4～5层，稍开展，外层椭圆形、黄褐色，长约6mm，基部被密绵毛；内层披针形，长达10mm，宽3～4mm，顶端尖，上部淡黄色或黄白色，有光泽；最内层线状披针形、长6～8mm，有长达全长1/3～1/2的爪部。花托有缝状短毛。雌株头状花序外围有多层雌花，中央有3～12朵雄花；雄株头状花序有多层雄花，外层有10～25朵雌花。花冠长4.5～5.5mm。冠毛较花冠稍长；雄花冠毛上部稍粗厚，有锯齿。瘦果长圆形，长1.5～1.8mm，被密乳头状突起。花期7～9月，果期8～9月。

【生境分布】 贵德、同德、兴海、共和。生于河滩、山坡、高山草地、高山流石滩，海拔2200～4800m。中国特有种，分布于西藏、四川、陕西南部、甘肃。在青海亦分布于玉树、囊谦、称多、扎多、治多、曲麻莱、玛多、达日、玛沁、久治、尖扎、同仁、泽库、河南、乌兰、天峻、西宁、大通、乐都、互助、祁连、门源。

铃铃香青　铃铃香　铜钱花

Anaphalis hancockii **Maximowicz**

Asteraceae 菊科　Anaphalis 香青属

【形态特征】 根状茎细长，稍木质，匍枝有膜质鳞片状叶和顶生的莲座状叶丛。茎从膝曲的基部直立，高5～35cm，稍细，被蛛丝状毛及具柄头状腺毛，上部被蛛丝状密绵毛，常有稍疏的叶。莲座状叶与茎下部叶匙状或线状长圆形，长2～10cm，宽0.5～1.5cm，基部渐狭成具翅的柄或无柄，顶端圆形或急尖；中部及上部叶直立，常贴附于茎上，线形或线状披针形，稀线状长圆形而多少开展，边缘平，顶端有膜质枯焦状长尖头；全部叶薄质，两面被蛛丝状毛及头状具柄腺毛，边缘被灰白色蛛丝状长毛，有明显的离基三出脉或另有2条不显明的侧脉。头状花序9～15个，在茎端密集成复伞房状；花序梗长1～3mm。总苞宽钟状，长8～9mm（稀达11mm），宽8～10mm；总苞片4～5层，稍开展；外层卵圆形，长5～6mm，红褐色或黑褐色；内层长圆状披针形，长8～10mm，宽3～4mm，顶端尖，上部白色；最内层线形，有长占全长1/3～1/2的爪部。花序托有缝状毛，雌株头状花序有多层雌花，中央有1～6朵雄花；雄株头状花序全部有雄花。花冠长4.5～5mm，冠毛较花冠稍长，雄花冠毛上部较粗扁，有锯齿。瘦果长圆形，长约1.5mm，被密乳头状突起。花期6～8月，果期8～9月。

【经济用途】 ①药用，功效同青海二色香青；②花序含芳香油，可作调香原料。

【生境分布】 贵德、同德、兴海、共和。生于河滩草地、山谷、山坡、灌丛及高山草甸，海拔2800～4200m。中国特有种，分布于西藏、四川、甘肃、陕西、山西、河北。在青海亦分布于玉树、杂多、治多、曲麻莱、玛多、班玛、玛沁、久治、同仁、泽库、河南、大通、湟中、乐都、互助、祁连、刚察、门源。

朱鑫鑫 摄

朱鑫鑫 摄

乳白香青 大矛香艾 藏名：甘达巴扎

Anaphalis lactea **Maximowicz**

Asteraceae 菊科 Anaphalis 香青属

【形态特征】 根状茎粗壮，灌木状，多分枝，直立或斜升，上端被枯叶残片，有顶生的莲座状叶丛或花茎。茎直立，高10～40cm，稍粗壮，不分枝，草质，被白色或灰白色绵毛，下部有较密的叶。莲座状叶披针状或匙状长圆形，长6～13cm，宽0.5～2cm，下部渐狭成具翅而基部鞘状的长柄；茎下部叶较莲座状常稍小，边缘平，顶端尖或急尖，有或无小尖头；中部及上部叶直立或依附于茎上，长椭圆形、线状披针形或线形，长2～10cm，宽0.8～1.3cm，基部稍狭，沿茎下延成狭翅，顶端渐尖，有枯焦状长尖头；全部叶被白色或灰白色密绵毛，有离基3出脉或1条脉。头状花序多数，在茎和枝端密集成复伞房状，花序梗长2～4mm。总苞钟状，长(5～)6(～7)mm，直径5～7mm；总苞片4～5层，外层卵圆形，长约3mm，浅褐色或深褐色，被蛛丝状毛；内层卵状长圆形，长约6mm，宽2～2.5mm，乳白色，顶端圆形；最内层狭长圆形，长5mm，有长约占全长2/3的爪部。花托有缝状短毛。雌株头状花序有多层雌花，中央有2～3朵雄花；雄株头状花序全部雄花。花冠长3～4mm。冠毛较花冠稍长；雄花冠毛上部宽扁，有锯齿。瘦果圆柱形，长约1mm，近无毛。花果期7～9月。

【经济用途】 全草入药，功效同青海二色香青。

【生境分布】 海南州各地。生于高山草甸、山谷滩地、山坡草甸、灌丛、林下、林缘、河边、田边，海拔2600～4700m。中国特有种，分布于四川西北部、甘肃。在青海亦分布于玛多、玛沁、尖扎、同仁、泽库、河南、都兰、乌兰、天峻、大通、湟源、湟中、乐都、民和、互助、刚察、海晏、祁连、门源。

牛蒡 恶实 大力子 藏名：切松

***Arctium lappa* Linnaeus**

Asteraceae 菊科 Arctium 牛蒡属

【形态特征】 二年生草本，具粗大的肉质直根，有分枝支根。茎直立，高达2m，粗壮，基部直径达2cm，通常带紫红色或淡紫红色，有多数高起的条棱，分枝斜升，多数，全部茎、枝被稀疏的乳突状短毛及长蛛丝毛，并混杂以棕黄色的小腺点。基生叶宽卵形，长达30cm，宽达21cm，边缘具稀疏的浅波状凹齿或齿尖，基部心形，有长达32cm的叶柄，两面异色，上面绿色，有稀疏的短糙毛及黄色小腺点，下面灰白色或淡绿色，被薄绒毛或绒毛稀疏，有黄色小腺点，叶柄灰白色，被稠密的蛛丝状绒毛及黄色小腺点，但中下部常脱毛。茎生叶与基生叶同形或近同形，被毛，接花序下部的叶小，基部平截或浅心形。头状花序多数或少数，在茎枝顶端排成疏松的伞房花序或圆锥状伞房花序，花序梗粗壮。总苞卵形或卵球形，直径1.5～2cm。总苞片多层，多数，外层三角状或披针状钻形，宽约1mm，中内层披针状或线状钻形，宽1.5～3mm；全部苞片近等长，长约1.5cm，顶端有软骨质钩刺。小花紫红色，花冠长1.4cm，细管部长8mm，檐部长6mm，外面无腺点，花冠裂片长约2mm。瘦果倒长卵形或偏斜倒长卵形，长5～7mm，宽2～3mm，两侧压扁，浅褐色，有多数细脉纹，有深褐色的色斑或无色斑。冠毛多层，浅褐色；冠毛刚毛糙毛状，不等长，长达3.8mm，基部不连合成环，分散脱落。花果期6～9月。

【经济用途】 ① 根入药，内服治妇科炎症，外用治神经痛；② 果实入药，为利尿解热药，治浮肿、麻疹、感冒咳嗽、咽喉肿痛、疮毒、散脓，也治便秘。

【生境分布】 海南州各地。栽培或野生。生于荒地、田边、宅旁和路边，海拔1800～2500m。分布于全国各地；欧洲、亚洲也有。在青海亦分布于同仁、尖扎、西宁、乐都、民和、循化。

白瑜 摄

碱蒿 盐蒿 大莳萝蒿 糜糜蒿 臭蒿 伪茵陈

Artemisia anethifolia Weber ex Stechmann

Asteraceae 菊科 Artemisia 蒿属

【形态特征】 一、二年生草本；植株有浓烈的香气。主根单一，垂直，狭纺锤形。茎单生，稀少数，高20～50cm，直立或斜上，具纵棱，下部半木质化，分枝多而长；茎、枝初时有短绒毛，后渐脱落无毛，叶初时被短柔毛，后渐稀疏，近无毛。基生叶椭圆形或长卵形，长3～4.5cm，宽1.5～2.5(～3)cm，二至三回羽状全裂，每侧有裂片3～4枚，每裂片再次羽状全裂，小裂片狭线形，长(3～)4～8mm，宽1～2mm，先端钝尖，叶柄长2～4cm，开花时渐萎谢；中部叶卵形、宽卵形或椭圆状卵形，长2.5～3cm，宽1～2cm，一至二回羽状全裂，每侧有裂片3～4枚，侧边中部裂片常再次羽状全裂，裂片或小裂片狭线形，开展，长0.6～1.2cm，宽0.5～1.5mm；上部叶与苞片叶无柄，5或3全裂或不分裂，裂片或不分裂之苞片叶狭线形。头状花序半球形或宽卵形，直径2～3(～4)mm，具短梗，下垂或斜生，基部有小苞叶，在分枝上排成穗状花序式的总状花序，并在茎上组成疏散、开展的圆锥花序；总苞片3～4层，外中层总苞片椭圆形或披针形，背面微有白色短柔毛或近无毛，有绿色中肋，边缘膜质，内层总苞片卵形，近膜质，背面无毛；花序托凸起，半球形，具白色托毛；雌花3～6朵，花冠狭管状，花柱伸出花冠外，上端分叉长，叉端稍钝；两性花18～28朵，花冠管状，檐部黄色或红色，花药线形，先端附属物尖，长三角形，花药基部有小尖头或稍钝，花柱与花冠近等长，先端2叉，叉端截形，叉口与叉端有睫毛。瘦果椭圆形或倒卵形，顶端偶有不对称的冠状附属物。花果期8～10月。

【经济用途】 ① 民间采基生叶作中药“茵陈”代用品；② 牧区作牲畜饲料。

【生境分布】 贵南、兴海、共和。生于荒地、田边、干草原、碱性滩地、河岸阶地，海拔2230～3230m。分布于我国西北、华北地区及黑龙江；蒙古、俄罗斯也有。在青海亦分布于西宁、刚察。

贾留坤 摄

贾留坤 摄

贾留坤 摄

莳萝蒿 肇东蒿 小碱蒿 伪茵陈

Artemisia anethoides **Mattfeld**

Asteraceae 菊科 Artemisia 蒿属

【形态特征】 一、二年生草本；植株有浓烈的香气。主根单一，狭纺锤形，侧根多数。茎单生，高30～60(～90)cm，淡红色或红色，分枝多，具小枝；茎、枝均被灰白色短柔毛，叶片两面密被白色绒毛。基生叶与茎下部叶长卵形或卵形，长3～4(～5)cm，宽2～4cm，三（至四）回羽状全裂，小裂片狭线形或狭线状披针形，叶柄长，花期均凋谢；中部叶宽卵形或卵形，长2～4cm，宽1～3cm，二至三回羽状全裂，每侧有裂片(1～)2～3枚，小裂片丝线形或毛发状，长2～5mm，宽0.3～0.5mm，先端钝尖，近无柄，基部裂片半抱茎；上部叶与苞片叶3全裂或不分裂，裂片或不分裂的苞片叶狭线形。头状花序近球形，多数，直径1.5～2(～2.5)mm，具短梗，下垂，基部有狭线形的小苞叶，在分枝上排成复总状花序或为穗状花序式的总状花序，并在茎上组成开展的圆锥花序；总苞片3～4层，外中层总苞片椭圆形或披针形，背面密被白色短柔毛，具绿色中肋，边缘膜质，内层总苞片长卵形，近膜质，背面无毛花序托具托毛；雌花3～6朵，花冠狭管状，花柱线形，伸出花冠外，先端2叉，叉端锐尖；两性花8～16朵，花冠管状，花药线形，先端附属物尖，长三角形，基部钝或有短尖头，花柱与花冠近等长，先端2叉，叉端截形，叉口与叉端有睫毛。瘦果倒卵形，上端平整或略偏斜，微有不对称的冠状附属物。花果期8～9月。

【经济用途】 ① 民间常采基生叶作中药“茵陈”的代用品；② 在牧区作牲畜的饲料。

【生境分布】 共和。生于干旱山坡、草原、荒漠，海拔2900～3600m。分布于我国西北、华北、东北地区及四川、河南、山东；蒙古及中亚地区也有。在青海亦分布于都兰、格尔木。

龙蒿 狭叶青蒿 蛇蒿 椒蒿 青蒿

Artemisia dracunculus **Linnaeus**

Asteraceae 菊科 Artemisia 蒿属

【形态特征】 半灌木状草本。根粗大或略细，木质，垂直；根状茎粗，木质，直立或斜上，直径0.5～2cm，常有短的地下茎。茎通常多数，成丛，高40～150(～200)cm，褐色或绿色，有纵棱，下部木质，稍弯曲，分枝多，开展，斜向上；茎、枝初时微有短柔毛，后渐脱落。叶无柄，初时两面微有短柔毛，后两面无毛或近无毛，下部叶花期凋谢；中部叶线状披针形或线形，长(1.5～)3～7(～10)cm，宽2～3mm，先端渐尖，基部渐狭，全缘；上部叶与苞片叶略短小，线形或线状披针形，长0.5～3cm，宽1～2mm。头状花序多数，近球形、卵球形或近半球形，直径2～2.5mm，具短梗或近无梗，斜展或略下垂，基部有线形小苞叶，在茎的分枝上排成复总状花序，并在茎上组成开展或略狭窄的圆锥花序；总苞片3层，外层总苞片略狭小，卵形，背面绿色，无毛，中内层总苞片卵圆形或长卵形，边缘宽膜质或全为膜质花序托小，凸起；雌花6～10朵，花冠狭管状或稍呈狭圆锥状，檐部具2(～3)裂齿，花柱伸出花冠外，先端2叉，叉端尖；两性花8～14朵，不育，花冠管状，花药线形，先端附属物尖，长三角形，基部圆钝，花柱短，上端棒状，2裂，不叉开，退化子房小。瘦果倒卵形或椭圆状倒卵形。花果期7～10月。

【生境分布】 兴海、共和。生于干草原、河滩、高山草原、荒地，海拔3100～3900m。分布于西北、华北、东北；欧洲、亚洲及北美洲的草原及荒漠地区广布。在青海亦分布于泽库、乌兰、德令哈、刚察、门源。

矮沙蒿

Artemisia desertorum **var.** ***foetida*** **(Jacquemont ex Candolle) Y. Ling & Y. R. Ling**

Asteraceae 菊科 Artemisia 蒿属

【形态特征】 与原变种沙蒿A. desertorum的区别在于：本变种植株矮小，茎多数，成丛；不分枝或分枝极短。茎下部与中部叶一（至二）回羽状深裂，小裂片线形，先端尖。头状花序大，直径2.5～3mm，直立，具短梗，在茎上排成穗状花序式的总状花序，稀少成总状花序式的狭圆锥花序；总苞片边膜质，褐色。

【生境分布】 共和。生于山坡、石质地，海拔3200～4100m。分布于四川、西藏；印度、巴基斯坦、尼泊尔也有。在青海亦分布于称多、曲麻莱。

黄花蒿

草蒿　青蒿　臭黄蒿　黄香蒿　藏名：堪那

Artemisia annua Linnaeus

Asteraceae 菊科　Artemisia 蒿属

【形态特征】 一年生草本；植株有浓烈的挥发性香气。根单生，垂直，狭纺锤形；茎单生，高1～2m，有纵棱，幼时绿色，后变褐色或红褐色，多分枝；茎、枝、叶两面及总苞片背面无毛或初时背面微有极稀疏短柔毛，后脱落无毛。叶片纸质，绿色；茎下部叶宽卵形或三角状卵形，长3～7cm，宽2～6cm，绿色，两面具细小脱落性的白色腺点及细小凹点，三至四回栉齿状羽状分裂，第一回全裂，第二回深裂，第三回深裂至浅裂，末回小裂片齿状或条裂，长1～2mm，宽0.5～1mm，中肋明显，在叶面上稍隆起，中轴两侧有狭翅而无小栉齿，叶柄长1～2cm，基部有半抱茎的假托叶；中部叶二（至三）回栉齿状的羽状深裂，小裂片栉齿状三角形（稀为细短狭线形），具短柄；上部叶与苞片叶一（至二）回栉齿状羽状深裂，近无柄。头状花序球形，多数，直径1.5～2.5mm，有短梗，下垂或倾斜，基部有线形的小苞叶，在分枝上排成总状或复总状花序，并在茎上组成开展、尖塔形的圆锥花序；总苞片3～4层，内外层近等长，外层总苞片长卵形或狭长椭圆形，中肋绿色，边膜质，中内层总苞片宽卵形或卵形，花序托凸起，半球形；花深黄色，雌花10～18朵，花冠狭管状，檐部具2(～3)裂齿，外面有腺点，花柱线形，伸出花冠外，先端2叉，叉端钝尖；两性花10～30朵，结实或中央少数花不结实，花冠管状，花药线形，上端附属物尖，长三角形，基部具短尖头，花柱近与花冠等长，先端2叉，叉端截形，有短睫毛。瘦果小，椭圆状卵形，略扁。花果期8～11月。

【经济用途】 ① 全草入药，含青蒿素，主治伤暑、疟疾、虚热、肺结核发热、鼻衄、便血；② 民间用鲜叶揉汁，治疥癣、恶疮，消蜂毒；③ 也作农药用，可防治蚜虫、水稻螟虫、小麦锈病等；④ 种子含油28.75%，可作肥皂、润滑油。

【生境分布】 海南州各地。生于田边、荒地、山坡，海拔2230～3100m。广布全国；欧洲、亚洲及北美洲也有。

绒毛蒿

Artemisia campbellii J. D. Hooker & Thomson ex C. B. Clarke

Asteraceae 菊科　Artemisia 蒿属

【形态特征】 半灌木状草本，植株有刺激性臭味。根细，侧根多，木质或半木质；根状茎稍粗或细。茎通常多数，成丛，稀少单生，高20～35cm，有细纵棱，下部稍木质化，上部有少数分枝，枝长3～5cm；茎、枝密被淡黄色或灰黄色细绒毛，叶片两面密被灰白色或淡灰黄色绒毛或叶面毛少或脱落。叶片厚纸质；基生叶与茎下部叶卵形，长2.5～4cm，宽1.5～2.5cm，二（至三）回羽状全裂，每侧有裂片3～5枚，裂片长0.5～1.5cm，宽0.3～0.5cm，每裂片再3深裂或羽状深裂，小裂片披针形或线状披针形，长3～5mm，宽0.5～1mm，先端尖，边缘稍反卷，叶柄长0.5～1.5cm，基部略宽大，半抱茎，并有小型假托叶；中部与上部叶卵形，长2～3cm，宽1.5～2.5cm，一至二回羽状深裂或全裂，每侧具裂片3～4(～5)枚，小裂片狭线形或狭线状披针形，无柄，基部裂片半抱茎；苞片叶3～5全裂或不分裂，裂片或不分裂之苞片叶狭线形或狭线状披针形。头状花序半球形，直径3～4(～5)mm，无梗，在分枝上每3～5枚密集着生，成密穗状或复穗状花序，并在茎上组成狭窄的圆锥花序。总苞片3层，外中层总苞片狭卵形或卵形，背面密被短柔毛，边缘褐色，膜质，内层总苞片长卵形，半膜质，近无毛；雌花8～10朵，花冠狭圆锥状或狭管状，檐部具2裂齿，花柱伸出花冠外，先端2叉，叉端尖；两性花15～18朵，花冠管状，花药线形，先端附属物尖，长三角形，基部圆钝，花柱与花冠近等长，先端2叉，叉端截形。瘦果小，长圆形或倒卵形。花果期7～11月。

【生境分布】 兴海。生于阳坡灌丛中、山坡石缝中、河滩、湖边，海拔3800～4500m。分布于西藏、四川；克什米尔地区、印度（锡金）、巴基斯坦、不丹也有。在青海亦分布于玉树、杂多、曲麻莱、治多、玛多。

纤杆蒿

Artemisia demissa Krascheninnikov

Asteraceae 菊科　Artemisia 蒿属

【形态特征】 一、二年生草本。主根细，单一。茎少数、成丛，稀少单一，高5～20cm，自下部分枝，枝多，下部枝长10～15cm，通常与侧边茎均匍地生长；茎、枝初时密被淡灰黄色柔毛，以后渐脱落，通常紫红色。叶初时两面被灰白色短柔毛，后毛渐稀疏或无毛，叶质稍薄；基生叶与茎下部叶长圆形或宽卵形，长1～1.5cm，宽0.8～1.3cm，二回羽状全裂，每侧裂片2～3枚，再次羽状全裂或3全裂，小裂片狭线状披针形或狭长椭圆状披针形，长3～5mm，宽1mm，先端有硬短尖头，叶柄长0.5～1cm，茎下部叶的叶柄基部有小形的假托叶；中部叶与苞片叶卵形，羽状全裂，每侧裂片1～3枚，裂片狭线形或狭线状披针形，基部具假托叶，无柄。头状花序卵球形，直径1.5～2mm，无梗或有极短的梗，单枚或间有2～5枚集生，在茎端或在分枝上排成短穗状花序，并在茎上组成狭窄的穗状花序式的圆锥花序；总苞片3层，外层总苞片卵形或长卵形，背面初时有短柔毛，后毛渐脱落，紫红色或绿色，边狭膜质，中内层总苞片长卵形或椭圆状卵形，半膜质；雌花10～19朵，花冠狭管状或狭圆锥状，檐部具2裂齿，花柱线形，稍伸出花冠外，先端2叉，叉端尖；两性花3～8朵，不育，花冠管状，雄蕊小，线形，先端附属物尖，长三角形，基部圆钝，花柱短小，顶端钝，2裂，不叉开，退化子房小。瘦果倒卵形。花果期7～9月。

【经济用途】 青海民间取本种基生叶、幼苗及幼叶作“茵陈”的代用品。

【生境分布】 共和（模式标本产地：青海湖）。生于滩地、山坡下部，海拔3200～4100m。分布于西藏、四川、甘肃、内蒙古西部；塔吉克斯坦也有。在青海亦分布于治多、玛多。

沙蒿

Artemisia desertorum Sprengel

Asteraceae 菊科　Artemisia 蒿属

【形态特征】 多年生草本。主根明显，木质或半木质，侧根少数；根状茎稍粗，短，半木质，直径4～10mm，有短的营养枝。茎单生或少数，高30～70cm，具细纵棱；上部分枝，枝短或长，斜贴向茎端；茎、枝幼时被微柔毛，后渐脱落无毛。叶片纸质，上面无毛，背面初时被薄绒毛，后无毛；

茎下部叶与营养枝叶长圆形或长卵形，长2～5cm，宽1.5～4.5cm，二回羽状全裂或深裂，每侧有裂片2～3枚，裂片椭圆形或长圆形，长1～1.5(～2)cm，宽0.3～0.6cm，每裂片常再3～5深裂或浅裂，小裂片线形、线状披针形或长椭圆形，长0.5～1.5cm，宽1～1.5mm，叶柄长1～3cm，除基生叶外，叶柄基部有线形、半抱茎的假托叶；中部叶略小，长卵形或长圆形，一至二回羽状深裂，基部宽楔形，叶柄短，具小型、半抱茎的假托叶；上部叶3～5深裂，基部有小型的假托叶；苞片叶3深裂或不分裂，线状披针形或线形，基部假托叶小。头状花序多数，卵球形或近球形，直径2.5～3mm，有短梗或近无梗，基部有小苞叶，在分枝上排成穗状花序式的总状花序或复总状花序，而在茎上组成狭而长的扫帚形的圆锥花序；总苞片3～4层，外层总苞片略小，卵形；中层总苞片长卵形；外中层总苞片背面深绿色或带紫色，初时微有薄毛，后脱落无毛，边白色，膜质，内层总苞片长卵形，半膜质，背面无毛；雌花4～8朵，花冠狭圆锥状或狭管状，檐部具2(～3)裂齿，花柱长，伸出花冠外，先端2叉，叉端长锐尖；两性花5～10朵，不孕育，花冠管状，花药线形，先端附属物尖，长三角形，基部圆钝，花柱短，先端稍膨大，不叉开。瘦果倒卵形或长圆形。花果期8～10月。

【生境分布】 海南州各地。生于田边、河岸、湖滨、滩地、山坡、林缘，海拔2400～4750m。分布于我国西南、西北、华北、东北；朝鲜、日本、俄罗斯、印度、巴基斯坦也有。青海亦分布于玉树、囊谦、玛多、玛沁、班玛、久治、同仁、泽库、河南、格尔木、乌兰、德令哈、西宁、大通、湟中、乐都、互助。

朱鑫鑫 摄

杭爱龙蒿

***Artemisia dracunculus* var. *changaica* (Krascheninnikov) Y. R. Ling**

Asteraceae 菊科 Artemisia 蒿属

【形态特征】 本变种与原变种的区别在于：叶不分裂或侧边偶有1(～2)枚细小、狭线形的侧裂片。头状花序直径3～4mm，近无梗，在茎上组成狭窄、总状花序式的圆锥花序。

【生境分布】 共和。生于山坡、滩地，海拔2420～3400m。分布于新疆、甘肃、宁夏；蒙古也有。在青海亦分布于祁连、门源。

青藏蒿

***Artemisia duthreuil-de-rhinsi* Krascheninnikov**

Asteraceae 菊科 Artemisia 蒿属

【形态特征】 多年生草本。主根稍粗，黑色，半木质，垂直，侧根少数；根状茎粗，略长，木质，直立，直径达6～8mm，有营养枝。茎多数，成丛，高10～20(～30)cm，下部稍木质化，不分枝或有少数着生头状花序的细而短的分枝；茎、枝幼时有灰白色或灰黄色长柔毛，后稍稀疏。叶片纸质，初时两面被黄色或灰黄色绢质短柔毛，后毛渐稀疏；基生叶与茎下部叶近卵形或长圆形，长2～3cm，宽1.5～2cm，二回羽状全裂，每侧有裂片3～4枚，裂片椭圆形，再成3～5深裂或全裂，小裂片披针形，长3～5mm，宽1～1.5mm，先端钝尖，叶柄长1～2cm；中部叶与上部叶卵形或长圆形，羽状全裂，每侧有裂片2～3枚，裂片线状披针形，长0.5～1.5cm，宽2～3mm，具短柄或近无柄；苞片叶不分裂，线状披针形，常成镰状弯曲，通常比花序分枝长。头状花序球形，无梗，直径2.5～3.5mm，基部有小苞叶，在茎端或短的花序分枝上排成密集的穗状花序，并在茎上组成狭窄的圆锥花序；总苞片3～4层，外层总苞片略小，外、中层总苞片披针形、卵形或长卵形，背面绿色，初时密被短柔毛，后渐稀疏，边膜质，内层总苞片长卵形或长圆形，半膜质，背面近无毛；雌花6～9朵，花冠狭管状，花柱伸出花冠外，先端2叉，叉端尖；两性花8～14朵，不孕育，花冠管状，花药线形，先端附属物尖，长三角形，基部圆钝，花柱短，先端稍棒状，不叉开。瘦果长圆形或宽倒卵形。花果期7～10月。

【生境分布】 兴海。生于石质山坡、山坡草地、灌丛中，海拔3300～4750m。中国特有种，分布于西藏、四川。在青海亦分布于玉树、治多、久治、玛沁、玛多、可可西里、祁连。

直茎蒿 劲直蒿 藏名：察尔汪

***Artemisia stricta* Edgeworth**

Asteraceae 菊科 Artemisia 蒿属

【形态特征】 一、二年生草本。主根细，单一，狭纺锤状，偶有营养枝。茎单一，稀少数，高20～40(～90)cm，紫红色或黄褐色，有细纵棱，自茎中下部开始分枝，枝长5～8(～15)cm；茎、枝初时有灰白色柔毛，后渐无毛。叶片质薄，初时被灰白色柔毛，后渐脱落；基生叶与茎下部叶卵形或长卵形，长1.5～2.5(～3)cm，宽1～2(～2.5)cm，二至三回羽状全裂，叶柄长2～2.8cm，花期叶常萎谢；中部叶长圆形或长卵形，长1～2cm，宽0.5～0.8cm，二回羽状全裂，每侧裂片(3～)4枚，裂片长1～1.5cm，宽0.4～0.8cm，再次3全裂，小裂片狭线形或狭线状披针形，长2～3mm，宽1～1.5mm，叶柄长0.5～1(～2)cm，基部有小型的假托叶；上部叶与苞片叶一至二回羽状全裂，无柄。头状花序近球形或卵球形，直径2～2.5mm，无梗，直立，在分枝或分枝的小枝上2至数枚排成密集的穗状花序，并在茎上组成略狭窄或稍开展的圆锥花序；总苞片3层，外层总苞片卵形，先端钝，背面绿色或带紫色，初时被短柔毛，后脱落无毛，边缘狭膜质，中、内层总苞片长卵形，边宽膜质或全为半膜质；雌花10～20朵，花冠狭管状或狭圆锥状，檐部具2裂齿，花柱略伸出花冠外，先端2叉，叉端尖；两性花3～5朵，不孕育，花冠管状，花药线形，先端附属物尖，长三角形，基部钝，花柱短，先端圆钝，2裂，不叉开，退化子房不明显。瘦果倒卵形。花果期7～9月。

【经济用途】 青海民间入药，作“茵陈”用。

【生境分布】 同德、兴海、共和。生于河滩、田边、滩地、干旱山坡，海拔3000～4100m。分布于西藏、云南、四川、新疆、甘肃；克什米尔地区、印度、尼泊尔也有。在青海亦分布于玉树、治多、曲麻莱、玛沁、久治、泽库、河南、门源。

牛尾蒿

荻蒿　紫杆蒿　米蒿　指叶蒿　藏名：普儿芒

Artemisia dubia Wallich ex Besser

Asteraceae 菊科　Artemisia 蒿属

【形态特征】 多年生半灌木状草本。根状茎粗短，直径0.5～2cm，有营养枝。茎多数或少数，丛生，直立或斜向上，高80～120cm，基部木质，纵棱明显，紫褐色或绿褐色，分枝多，开展；茎、枝幼时被短柔毛，后渐稀疏或无毛。叶片厚纸质或纸质，叶面微有短柔毛，背面毛密，宿存；基生叶与茎下部叶大，卵形或长圆形，羽状5深裂，有时裂片上还有1～2枚小裂片，无柄，花期叶凋谢；中部叶卵形，长5～12cm，宽3～7cm，羽状5深裂，裂片椭圆状披针形、长圆状披针形或披针形，长3～8cm，宽5～12mm，先端尖，边缘无裂齿，基部渐狭，楔形，成柄状，有小型、披针形或线形的假托叶；上部叶与苞片叶指状3深裂或不分裂，裂片或不分裂的苞片叶椭圆状披针形或披针形。头状花序多数，宽卵球形或球形，直径1.5～2mm，有短梗或近无梗，基部有小苞叶，在分枝的小枝上排成穗状花序或穗状花序状的总状花序，而在分枝上排成复总状花序，在茎上组成开展、具多级分枝的大型圆锥花序；总苞片3～4层，外层总苞片略短小，外、中层总苞片卵形、长卵形，背面无毛，有绿色中肋，边膜质，内层总苞片半膜质；雌花6～8朵，花冠狭小，略呈圆锥形，檐部具2裂齿，花柱伸出花冠外甚长，先端2叉，叉端尖；两性花2～10朵，不孕育，花冠管状，花药线形，先端附属物尖，长三角形，基部圆钝，花柱短，先端稍膨大，2裂，不叉开。瘦果小，长圆形或倒卵形。花果期8～10月。

【经济用途】 地上部分入药，清热、利肺、消炎、杀菌，治咽喉肿痛、瘟疫热症、肺热咳嗽、肺气肿、气管炎、炭疽病等。

【生境分布】 贵德、同德、兴海、共和。生于河滩、河谷阶地、田边，海拔2200～3800m。分布于云南、四川、贵州、湖北、广西、河南、山东、甘肃、宁夏、陕西、山西、河北、内蒙古；克什米尔地区、印度、尼泊尔、不丹也有。在青海亦分布于班玛、同仁、泽库、河南、大通、循化、乐都、互助。

冷蒿 白蒿 小白蒿 兔毛蒿 寒地蒿 刚蒿 茵陈蒿

Artemisia frigida **Willdenow**

Asteraceae 菊科 Artemisia 蒿属

【形态特征】 多年生草本，有时略成半灌木状。根状茎粗短或略细，有多条营养枝，并密生营养叶。茎直立，丛生，稀单生，高(10～)30～60(～70)cm，基部多少木质化，上部分枝或不分枝；茎、枝、叶及总苞片背面密被淡灰黄色或灰白色、稍带绢质的短绒毛，后茎上毛稍脱落。茎下部叶与营养枝叶长圆形或倒卵状长圆形，二（至三）回羽状全裂，每侧有裂片(2～)3～4枚，小裂片线状披针形或披针形，叶柄长0.5～2cm；中部叶长圆形或倒卵状长圆形，一至二回羽状全裂，每侧裂片3～4枚，中部与上半部侧裂片常再3～5全裂，下半部侧裂片不再分裂或有1～2枚小裂片，小裂片长椭圆状披针形、披针形或线状披针形，长2～3mm，宽0.5～1.5mm，先端锐尖，基部裂片半抱茎，并成假托叶状，无柄；上部叶与苞片叶羽状全裂或3～5全裂，裂片长椭圆状披针形或线状披针形。头状花序半球形、球形或卵球形，直径(2～)2.5～3(～4)mm，在茎上排成总状花序或为狭窄的总状花序式的圆锥花序；总苞片3～4层，外、中层总苞片卵形或长卵形，背面密被短绒毛，有绿色中肋，边缘膜质，内层总苞片长卵形或椭圆形，背面近无毛，半膜质或膜质；花序托有白色托毛；雌花8～13朵，花冠狭管状，檐部具2～3裂齿，花柱伸出花冠外，先端2叉，叉枝长，叉端尖；两性花20～30朵，花冠管状，花药线形，先端附属物尖，长三角形，基部圆钝，花柱与花冠近等长，先端2叉，叉端截形。瘦果长圆形或椭圆状倒卵形，上端圆，有时有不对称的膜质冠状边缘。花果期7～9月。

【经济用途】 ① 全草入药，清热、利湿、退黄，主治湿热黄疸、小便不利、风痒疮疥，民间也用于治各种出血、肾热、月经不调、疮痈；② 优质牲畜饲料。

【生境分布】 海南州各地。生于干旱山坡、沙滩、河岸阶地，海拔2230～4300m。分布于西北、华北、东北及西藏；亚洲及北美洲温带也有。在青海亦分布于称多、玛多、都兰、乌兰、西宁、平安、乐都、互助。

陆福根 摄

陆福根 摄

紫花冷蒿 黑紫冷蒿

***Artemisia frigida* var. *atropurpurea* Pampanini**

Asteraceae 菊科 Artemisia 蒿属

【形态特征】 本变种与原变种区别在于：植株矮，高10～18cm。头状花序半圆形，直径3.5～4.5mm，在茎上多组成穗状花序，稀少为穗状花序式的狭圆锥花序，花冠檐部紫色。

【生境分布】 贵南、同德、共和。生于干旱山坡、林下、河滩，海拔2400～3500m。中国特有种，分布于新疆、甘肃、宁夏、内蒙古。在青海亦分布于格尔木、都兰、互助。

甘肃蒿

***Artemisia gansuensis* Y. Ling & Y. R. Ling**

Asteraceae 菊科 Artemisia 蒿属

【形态特征】 多年生半灌木状草本。主根木质，垂直，侧根多；根状茎稍粗，木质，直径0.5～1cm。茎多数或少数，常成小丛，下部木质，上部草质，高18～30(～40)cm，具细棱，棕褐色或黄褐色，分枝长3～8cm；茎、枝、叶两面及总苞片背面初时被灰白色微柔毛，后脱落无毛或近无毛。叶小，基生叶与茎下部叶宽卵形或近圆形，长2～3(～3.5)cm，宽2～3cm，二回羽状全裂，每侧裂片3枚，稀2或4枚，再成3全裂，小裂片狭线形，长0.5～0.8cm，宽0.5～1mm，先端具小尖头，叶柄短；中部叶宽卵形或近圆形，长、宽1.5～2.5cm，一（至二）回羽状全裂，每侧裂片2(～3)枚，小裂片狭线形，长0.3～0.5cm，宽约0.5mm，近无柄；上部叶与苞片叶无柄，5或3全裂。头状花序小，卵钟形或宽卵形，直径1.5～2mm，梗长1～2mm或近无梗，基部小苞叶极小，不明显，头状花序在分枝端或小枝上排成穗状花序式的狭总状花序，并在茎上组成中等开展的圆锥花序；总苞片3(～4)层，外、中层总苞片草质，卵形或长卵形，边缘宽膜质，内层总苞片半膜质；雌花3～6朵，花冠狭管状或狭圆锥状，檐部具2裂齿，花柱长，伸出花冠外，先端2叉，叉端钝尖；两性花4～8朵，不孕育，花冠管状，花药线形，先端附属物尖，长三角形，基部圆钝，花柱线形，短，先端膨大，2裂，不叉开。瘦果小，倒卵形，具细纵纹。花果期8～10月。

【生境分布】 贵德。生于河滩，海拔约2300m。中国特有种，分布于甘肃、宁夏、陕西、山西、河北、内蒙古。

江孜蒿

***Artemisia gyangzeensis* Y. Ling & Y. R. Ling**

Asteraceae 菊科 Artemisia 蒿属

【形态特征】 半灌木状草本。主根粗而长，木质；根状茎粗大，常有营养枝。茎直立，多数，成丛，高20～30cm，茶褐色，有细纵棱，下部半木质或近木质；具多数着生头状花序的分枝，枝纤细，短，长4～5cm；茎、枝初时微有短柔毛，后无毛。叶两面无毛；基生叶花期萎谢；茎下部与中部叶卵形或长圆形，长3.5～4.5cm，宽2～3cm，二回羽状全裂，每侧裂片3枚，裂片长0.8～1.2cm，宽0.5cm，再次羽状全裂，每侧具小裂片1～2枚，小裂片狭线状披针形或狭长线形，长0.5～1cm，宽1.5～2mm，中肋白色，明显，在叶背面稍凸起，叶柄长1～2cm，基部两侧有2～3枚狭线形的假托叶；上部叶羽状全裂；苞片叶长，3全裂或不分裂，狭线状披针形。头状花序球形或宽卵球形，直径2.5～3.5mm，在短的分枝上单枚或数枚集生，并排成穗状花序，而在茎上组成狭长的圆锥花序；总苞片3～4层，内、外层近等长或内层略长于外层，外、中层总苞片卵形或长卵形，背面无毛，具绿色中肋，边缘膜质，内层总苞片长圆形或长卵形，半膜质；雌花3～8朵，花冠狭管状或狭圆锥状，檐部具2裂齿，花柱伸出花冠外，先端2叉，叉端尖；两性花10～20朵，不孕育，花冠管状，花药线形，先端附属物尖，长三角形，基部圆钝，花柱短，顶端膨大，2裂，不叉开，退化子房小。瘦果小，倒卵形或倒卵状椭圆形。花果期7～9月。

【生境分布】 共和（青海湖）。生于沙丘、山前洪积平地，海拔2820～3300m。中国特有种，分布于西藏、甘肃南部。在青海亦分布于都兰（诺木洪）。

细裂叶莲蒿 两色万年蒿 小裂齿蒿

Artemisia gmelinii **Weber ex Stechmann**

Asteraceae 菊科 Artemisia 蒿属

【形态特征】 多年生半灌木状草本。主根稍粗，木质；根状茎略粗，木质，有多数多年生木质的营养枝。茎通常多数，丛生，高10～40(～80)cm，下部木质，上部半木质，紫红色，自下部分枝，稀不分枝；茎、枝初时被灰白色绒毛，后渐稀疏或无毛。叶上面初时被灰白色短柔毛，后渐稀疏或近无毛，暗绿色，常有凹穴与白色腺点或凹皱纹，背面密被灰色或淡灰黄色蛛丝状柔毛；茎下部、中部与营养枝叶卵形或三角状卵形，长2～4cm，宽1～2cm，二至三回栉齿状的羽状分裂，第一至二回为羽状全裂，每侧裂片4～5枚，裂片间排列紧密，小裂片栉齿状的短线形或短线状披针形，边缘通常具数枚小栉齿，栉齿长1～2mm，宽0.2～0.5mm，稀无小栉齿，叶柄长0.8～1.3cm，基部有小型栉齿状分裂的假托叶；上部叶一至二回栉齿状的羽状分裂；苞片叶呈栉齿状羽状分裂或不分裂，而为披针形或披针状线形。头状花序近球形，直径3～4(～6)mm，有短梗或近无梗，斜生或下垂，密集着生在茎端或在分枝端排成穗状花序或为穗状花序式的总状花序，并在茎上组成狭窄的总状花序式的圆锥花序；总苞片3～4层，外层总苞片椭圆形或椭圆状披针形，背面有灰白色短柔毛或近无毛，边缘狭膜质，中层总苞片卵形，无毛，边缘宽膜质，内层总苞片膜质花序托凸起，半球形；雌花10～12朵，花冠狭圆锥状，背面有腺点，花柱线形，略伸出花冠外，先端2叉；两性花40～60朵，花冠管状，背面微有腺点，花药线形，上端附属物尖，长三角形，基部钝，花柱与花冠近等长，先端2叉，叉端截形，有睫毛。瘦果长圆形，果壁上有细纵纹。花果期8～10月。

【生境分布】 贵南、同德、兴海、共和。生于阳坡砾石地、山坡、河岸阶地、河滩，海拔2900～4250m。分布于西藏、四川、新疆、甘肃、宁夏、内蒙古；哈萨克斯坦、俄罗斯、蒙古也有。在青海亦分布于玉树、杂多、治多、玛多、玛沁、达日、泽库、门源。

臭蒿 海定蒿 藏名：桑子那保

Artemisia hedinii Ostenfeld

Asteraceae 菊科 Artemisia 蒿属

【形态特征】 一年生草本；植株有浓烈臭味。根单一、垂直。茎单生，稀少数，高15～60(～100)cm，紫红色，具纵棱，不分枝或具着生头状花序的分枝，枝长4～8cm；茎、枝无毛或疏被短腺毛状短柔毛。叶绿色，背面微被腺毛状短柔毛；基生叶多数，密集成莲座状，长椭圆形，长10～14cm，宽2～3.5cm，二回栉齿状羽状分裂，每侧有裂片20余枚，裂片长1～1.5cm，宽0.5～1cm，再次羽状深裂或全裂，小裂片具多枚栉齿，栉齿细小，短披针形或长三角形，长2～3mm，宽0.2～1mm，齿尖细长，锐尖，叶柄短或近无叶柄；茎下部与中部叶长椭圆形，长6～12cm，宽2～4cm，二回栉齿状羽状分裂，第一回全裂，每侧裂片5～10枚，裂片长圆形或线状披针形，长0.3～1.5cm，宽2～4mm，每裂片具多枚小裂片，小裂片两侧密被细小锐尖的栉齿，中轴与叶柄两侧均有少数栉齿，中肋白色，略隆起，下部叶柄长4～5cm，中部叶柄长1～2cm，基部稍平展，半抱茎，并有小型栉齿状分裂的假托叶；上部叶与苞片叶渐小，一回栉齿状羽状分裂。头状花序半球形或近球形，直径3～4(～5)mm，在茎端及短的花序分枝上排成密穗状花序，并在茎上组成密集、狭窄的圆锥花序；总苞片3层，内、外层近等长，外层总苞片椭圆形或披针形，背面无毛或微有腺毛状的短柔毛，边缘紫褐色或深褐色，膜质，中、内层总苞片椭圆形或卵形，近膜质或膜质，无毛；花序托凸起，半球形；雌花3～8朵，花冠狭圆锥状或狭管状，檐部具2～3裂齿，花柱短，微伸出花冠外，先端稍叉开，叉端钝尖；两性花15～30朵，花冠管状，檐部紫红色，外面有腺点。瘦果长圆状倒卵形，纵纹稍明显。花果期7～9月。

【经济用途】 地上部分入药，治“赤巴”病、胆囊炎、黄疸型肝炎。

【生境分布】 海南州各地。生于滩地、河滩、山坡、田边，海拔2700～4700m。分布于西藏、云南、四川、新疆、甘肃、内蒙古；巴基斯坦、克什米尔地区、印度、尼泊尔、塔吉克斯坦也有。青海大部分州、县均产。

垫型蒿 小灰蒿

Artemisia minor Jacquemont ex Besser

Asteraceae 菊科 Artemisia 蒿属

【形态特征】 垫状型半灌木状草本。根木质，粗，垂直；根状茎粗大，木质，黑色，直径2～4.5cm，上面常具多数短小的老茎残基及多数短的营养枝。茎多数，直立，细，丛生，高10～15cm，下部多少木质化，少分枝；上部分枝短或不分枝；茎、枝、叶两面及总苞片背面密被灰白色或淡灰黄色平贴丝状绵毛。茎下部与中部叶近圆形、扇形或肾形，长0.6～1.2cm，宽0.5～1cm，二回羽状全裂，每侧裂片2(～3)枚，每裂片再3～5全裂，小裂片披针形或长椭圆状披针形，长1～2mm，宽0.5～1mm，叶柄长4～8mm；上部叶与苞片叶小，羽状全裂或深裂或3全裂或不分裂，裂片或不分裂的苞片叶狭线状披针形，具短叶柄或无叶柄。头状花序半球形或近球形，直径(3～)5～10mm，有短梗或近无梗，在茎上排成穗状花序式的总状花序；总苞片3～4层，内、外层近等长或内层略长于外层，外、中层总苞片卵形或长卵形，边缘宽膜质，紫色，内层总苞片椭圆形，半膜质或膜质；花序托半球形，密生白色托毛；雌花10～18朵，花冠瓶状或狭圆锥状，檐部具(2～)3～4裂齿，紫色，花柱伸出花冠外，先端2叉，叉端尖；两性花50～80朵，花冠管状，檐部紫色，花药长椭圆形，上端附属物尖，长三角形，基部有短尖头，花柱线形，先端2叉，叉端截形，有睫毛。瘦果倒卵形，上端常有不对称的冠状附属物。花果期7～10月。

【生境分布】 兴海、共和。生于沙滩、干旱山坡、洪积扇、河滩，海拔2900～4600m。分布于西藏、新疆、甘肃；伊朗、巴基斯坦、克什米尔地区、印度也有。在青海亦分布于玛多、格尔木、乌兰、都兰。

纤梗蒿 藏砂蒿 伏地蒿

Artemisia pewzowii C. Winkler

Asteraceae 菊科 Artemisia 蒿属

【形态特征】 一、二年生或近于多年生草本。主根单一，狭纺锤状，垂直。茎少数或单一，高40～50cm，基部稍粗，略木质化；自基部分枝，枝开展，长5～15cm或更长，紫红色或黄褐色，有细纵棱；茎、枝、叶初时被灰白色短柔毛，后脱落。基生叶与茎下部叶卵形，长2～3cm，宽1～1.5cm，二回羽状全裂，每侧裂片2～3枚，每裂片再羽状全裂或3全裂，小裂片狭线状披针形或椭圆状披针形，长3～5mm，宽0.5～1mm，叶柄长1.5～3.5mm；中部叶二回羽状全裂，每侧裂片(1～)2～3枚，每裂片再3～5全裂，小裂片丝线形或近毛发状，长0.5～1cm，宽0.3～0.5mm，基部有小型的假托叶，近无柄；上部叶3～5全裂，裂片狭线形或丝线形，无叶柄。头状花序小，卵球形，直径1～1.5mm，有纤细的短梗，通常数枚在分枝的小枝上排成疏松的总状花序，在各分枝上排成复总状花序，而在茎上常组成开展、并具多级分枝的圆锥花序，有时为中等开展或略狭窄的圆锥花序；总苞片3～4层，外层总苞片小，质薄，长卵形，背面无毛，边狭膜质，中、内层总苞片卵形或椭圆形，半膜质或全膜质；雌花2～4朵，花冠狭管状，檐部具2(～3)裂齿，花柱伸出花冠外，先端2叉，叉端尖；两性花3～8朵，不孕育，花冠管状，花药线形，先端附属物尖，长三角形，基部圆钝，花柱短，先端略膨大，2裂，不叉开，退化子房不明显。瘦果小。花果期7～9月。

【生境分布】 贵南、同德、兴海、共和。生于干旱山坡、滩地、草原，海拔2560～4000m。分布于西藏、新疆、甘肃；中亚地区也有。在青海亦分布于同仁、泽库、河南、湟源、乐都、刚察。

蒙古蒿 蒙蒿 狭叶蒿 狼尾蒿 水红蒿

Artemisia mongolica (Fischer ex Besser) Nakai

Asteraceae 菊科 Artemisia 蒿属

【形态特征】 多年生草本。茎少数或单生，高40～120cm，具明显纵棱；分枝多，长(6～)10～20cm，斜向上或略开展；茎、枝初时密被灰白色蛛丝状柔毛，后稍稀疏。叶片纸质或薄纸质，上面绿色，被疏毛或近无毛，背面密被灰白色蛛丝状绒毛；下部叶片卵形或宽卵形，二回羽状全裂或深裂，第一回全裂，每侧有裂片2～3枚，裂片再次羽状深裂或为浅裂齿，叶柄长，花期叶萎谢；中部叶片卵形、近圆形或椭圆状卵形，长(3～)5～9cm，宽4～6cm，（一至）二回羽状分裂，第一回全裂，每侧有裂片2～3枚，裂片再次羽状全裂，稀深裂或3裂，小裂片披针形、线形或线状披针形，先端锐尖，边缘不反卷，基部渐狭成短柄，叶柄长0.5～2cm，两侧偶有1～2枚小裂齿，基部常有小型的假托叶；上部叶与苞片叶卵形或长卵形，羽状全裂或5或3全裂，裂片披针形或线形，无裂齿或偶有1～30枚浅裂齿，无柄。头状花序多数，椭圆形，直径1.5～2mm，无梗，直立或倾斜，有线形小苞叶，在分枝上排成密集的穗状花序，并在茎上组成狭窄或中等开展的圆锥花序；总苞片3～4层，覆瓦状排列，外层总苞片较小，卵形或狭卵形，背面密被灰白色蛛丝状毛，边缘狭膜质，中层总苞片长卵形或椭圆形，背面密被灰白色蛛丝状柔毛，边宽膜质，内层总苞片椭圆形，半膜质，背面近无毛；雌花5～10朵，花冠狭管状，檐部具2裂齿，紫色，花柱伸出花冠外，先端2叉，反卷，叉端尖；两性花8～15朵，花冠管状，背面具黄色小腺点，檐部紫红色，花药线形，先端附属物尖，长三角形，基部圆钝，花柱与花冠近等长，先端2叉，叉端截形并有睫毛。瘦果小，长圆状倒卵形。花果期8～10月。

【经济用途】 ① 全草入药，作“艾”的代用品，有温经、止血、散寒、祛湿等作用；② 可提取芳香油，配制香精，供化工工业用；③ 全株作牲畜饲料，又可作纤维与造纸的原料。

【生境分布】 贵德。玛沁、生于河边、田边、山坡草地、林缘，海拔2000～3200m。分布于全国绝大部分地区；俄罗斯、蒙古、朝鲜、日本也有。在青海亦分布于同仁、泽库、河南、都兰、西宁、大通、湟中、循化、乐都、互助、门源。

白瑜 摄

贾留坤 摄

贾留坤 摄

小球花蒿 大叶青蒿 小白蒿 芳枝蒿

Artemisia moorcroftiana Wallich ex Candolle

Asteraceae 菊科 Artemisia 蒿属

【形态特征】 半灌木状草本。茎少数或单生，高50～70cm，紫红色或褐色，纵棱明显；上半部有着生头状花序的短分枝，枝长3～6(～8)cm；茎、枝初时被灰白色或淡灰黄色短柔毛，后渐稀疏或近无毛。叶片纸质，绿色，叶面微被绒毛，背面密被灰白色或灰黄色短绒毛；茎下部叶长圆形、卵形或椭圆形，长6～10cm，宽2～3cm，二（至三）回羽状全裂或深裂，第一回全裂，每侧具裂片(4～)5～6枚，再次羽状深裂，小裂片披针形或线状披针形，长1～1.5cm，先端锐尖，边缘稍反卷，有时有浅裂齿，中轴具狭翅，偶有浅裂齿，叶柄长1～3cm，基部有小型假托叶；中部叶卵形或椭圆形，二回羽状分裂，第一回近全裂或深裂，每侧有裂片(4～)5～6枚，第二回为深裂或为浅裂齿，无柄或近无柄；上部叶羽状全裂或3～5全裂，裂片椭圆形、披针形或线状披针形，偶有浅裂齿；苞片叶3全裂或不分裂，而为线状披针形。头状花序稍多数，球形或半球形，直径4～5mm，无梗，有线形的小苞叶，在茎端或短的分枝上密集排成穗状花序，并在茎上组成狭而长的圆锥花序；总苞片3～4层，外层总苞片略小，卵形，背面绿色，被灰白色或淡灰黄色短柔毛，边缘狭膜质，中层总苞片略大，卵形或长卵形，背面被短柔毛，边缘宽膜质，内层总苞片长卵形或椭圆形，半膜质，背面无毛或近无毛；雌花15～20朵，花冠狭管状或狭圆锥状，檐部具2裂齿，花柱伸出花冠外，先端2叉，叉端尖；两性花30～35朵，花冠管状，外面有小腺点、花药线形或披针形，先端附属物尖，长三角形，基部圆，花柱与花冠等长，开花时略伸出花冠外，先端2叉，叉端截形，并有睫毛。瘦果小，长卵形或长圆状倒卵形。花果期7～9月。

【经济用途】 全草入药，有止血、消炎的作用。

【生境分布】 贵德、同德、兴海、共和。生于河滩、阳坡岩石间、山坡草地、田边，海拔2900～4500m。分布于西藏、四川、云南、甘肃、宁夏；巴基斯坦及克什米尔地区也有。在青海亦分布于玉树、称多、杂多、治多、曲麻莱、玛多、玛沁、班玛、久治、同仁、泽库、河南、湟源、乐都、门源。

昆仑蒿 祁连山蒿 南山蒿

Artemisia nanschanica Krascheninnikov

Asteraceae 菊科 Artemisia 蒿属

【形态特征】 多年生草本，植株有臭味。茎多数，成丛，直立或斜向上，高10～20(～30)cm，有细纵棱，紫红色，通常不分枝，仅上部具着生头状花序的短分枝；茎、枝初时微有灰白色或灰黄色平贴柔毛，后稀疏或无毛。叶片纸质，初时两面被灰白色或灰黄色略带绢质的平贴短柔毛，后毛渐稀疏或无毛；茎下部叶与营养枝叶匙形、倒卵形或宽卵形，长1～2cm，宽0.5～1cm，羽状或近于掌状深裂或浅裂，稀少近全裂，裂片小，斜向叶先端，椭圆形、长圆形或椭圆状披针形，长0.5～1cm，宽1～2mm，先端钝尖，叶基部渐狭成短柄，柄长0.3～0.6cm；中部叶匙形或倒卵状楔形，自叶上端斜向基部的(2～)3(～4)深裂，稀少近全裂，裂片椭圆形或线形，长0.5～0.8cm，宽1(～2)mm，叶基部渐狭成柄，上部叶匙形，自叶上端斜向基部的2～3深裂或浅裂或不分裂。头状花序半球形或近球形，直径3～3.5(～4)mm，无梗或有短梗，初时在茎端与短的分枝上排成密集的短穗状花序或穗状花序式的总状花序，而在茎上组成狭窄总状花序式的圆锥花序，或茎无分枝，而头状花序在茎上组成穗状花序式的总状花序；总苞片3～4层，外层总苞片略短小，外、中层总苞片卵形或长卵形，背面初时被灰黄色短柔毛，后稀疏或近无毛，边缘褐色，宽膜质，内层总苞片半膜质；雌花10～15朵，花冠狭管状，檐部具2裂齿，花柱略伸出花冠外，先端2叉，叉端钝尖；两性花12～20朵，不孕育，檐部背面疏被短柔毛，花药线形，先端附属物尖，长三角形，基部钝，花柱短，先端略膨大，2裂，不叉开。瘦果长圆形、长圆状倒卵形。花果期7～10月。

【生境分布】 兴海、共和。生于山坡、滩地、沙滩、高山草地，海拔3200～4600m。中国特有种，分布于西藏、新疆南部、甘肃西南部。在青海亦分布于杂多、治多、曲麻莱、玛多、玛沁、达日、久治、德令哈、祁连、刚察。

褐苞蒿　褐鳞蒿

Artemisia phaeolepis Krascheninnikov

Asteraceae 菊科　Artemisia 蒿属

【形态特征】 多年生草本；植株有浓烈挥发性气味。茎单生或少数，高15～40cm，有纵棱，下部通常无毛，上部初时密被平贴柔毛，后脱落；通常不分枝或茎中部具少数着生头状花序的细短分枝。叶片质薄，上面近无毛，微有小凹点，背面初时微有灰白色长柔毛，后渐脱落无毛；基生叶与茎下部叶椭圆形或长圆形，二至三回栉齿状的羽状分裂；中部叶椭圆形或长圆形，长2～6cm，宽1.5～3cm，二回栉齿状的羽状分裂，第一回全裂，每侧有裂片5～7(～8)枚，叶片前部及中部裂片与中轴近成直角叉开，下部裂片先端略偏向叶柄，每裂片两侧具多枚栉齿状或短披针形的小裂片，小裂片全缘或有小锯齿，小裂片与小锯齿先端有硬尖头，背脉凸起，叶缘常加厚；叶柄长3～5cm，中部叶柄基部常有小型的假托叶；上部叶一至二回栉齿状羽状分裂；苞片叶披针形或线形，全缘或边缘有少量栉齿。头状花序少数，半球形，直径4～6mm，有短梗，下垂，在茎上或在细短的分枝上排成总状花序或为穗状花序状的总状花序，而在茎上排成总状花序式的狭圆锥花序；总苞片3～4层，内、外层近等长，外层总苞片长卵形，背面近无毛，边褐色，膜质，中、内层总苞片长卵形或卵形，无毛，边缘褐色，宽膜质或全为膜质；花序托凸起，半球形；雌花12～18朵，花冠狭管状或狭圆锥状，背面有腺点，檐部具2裂齿，花柱长，伸出花冠外，先端2叉，外弯；两性花40～80朵，全孕育或有时中央花不孕育，花冠管状，背面有腺点，檐部外面初时常有短柔毛，后渐脱落，花药线形或倒披针形，上端附属物尖，长三角形，基部具短尖头，花柱与花冠等长或稍短于花冠，先端2叉，花后叉开，叉端有短睫毛。瘦果长圆形或长圆状

倒卵形，具不明显的纵纹。花果期7～10月。

【生境分布】 贵德、同德、兴海。生于灌丛中、山坡草地、河滩，海拔2900～4350m。分布于西藏、新疆、甘肃、宁夏、山西、内蒙古；蒙古、俄罗斯也有。在青海亦分布于玉树、达日、泽库、德令哈、门源、刚察。

藏岩蒿

Artemisia prattii (Pampanini) Y. Ling & Y. R. Ling

Asteraceae 菊科　Artemisia 蒿属

【形态特征】 小灌木状。根粗长，木质；根状茎粗短，木质，常有营养枝。茎少数，常成小丛，木质，高30～50cm；自基部开始分枝，枝木质，长10～25cm。叶片厚纸质，无毛；基生叶、茎下部及营养枝叶具柄；中部叶片长圆形或近圆形，长2～3cm，宽2～2.5cm，羽状全裂，每侧具裂片2～3枚，裂片狭线形，长0.8～1.2cm，宽1～1.5mm，先端有小尖头，无柄；上部叶3～5全裂；苞片叶不分裂，狭线形。头状花序球形，稀近卵球形或宽卵球形，直径2.5～3mm，有短梗或近无梗，在分枝上单生或2～3枚集生并排成总状或穗状花序，而在茎上组成开展、略伸长的圆锥花序；总苞片3～4层，外层总苞片略小，卵形，背面无毛，中肋绿色，边缘狭膜质，中、内层总苞片长圆形，边缘宽膜质或全为半膜质；雌花5～8朵，花冠狭管状或狭圆锥状，檐部具2裂齿，花柱伸出花冠外，先端2叉，叉端钝尖；两性花6～15朵，不孕育，花冠管状，花药线形，先端附属物尖，长三角形，基部圆，花柱短，先端稍膨大，2裂，不叉开，退化子房极小。瘦果小，倒卵形或椭圆状倒卵形。花果期7～9月。

【生境分布】 共和。生于沙丘、山前洪积滩上，海拔2900～3300m。中国特有种，分布于西藏、四川。在青海亦分布于都兰、德令哈、格尔木、大柴旦。

灰苞蒿　白蒿子

Artemisia roxburghiana Besser

Asteraceae 菊科　Artemisia 蒿属

【形态特征】 半灌木状草本。茎少数或单生，直立，高50～120cm，紫红色或深褐色，具纵棱，分枝多；茎、枝被灰白色蛛丝状薄柔毛。叶片厚纸质或纸质，上面深绿色，初时微有短柔毛，后脱落，背面密被灰白色蛛丝状绒毛；下部叶片卵形或长卵形，二回羽状深裂或全裂，具长柄，花期叶凋谢；中部叶片卵形、长卵形或长圆形，长6～10cm，宽4～6cm，二回羽状全裂，每侧裂片(2～)3枚或间有4枚，裂片椭圆形或长卵形，两侧中部裂片常再次羽状全裂或深裂，每侧具1～3枚披针形、线状披针形的小裂片或为深裂齿，小裂片长0.5～1.5cm，宽2～2.5mm，先端锐尖，边稍反卷或不反卷，中轴具狭翅，叶基部渐狭成柄，叶柄长1.5～2cm，基部有小型半抱茎的假托叶；上部叶片卵形，一（至二）回羽状全裂，裂片边缘偶有浅裂齿，具短柄或近无柄；苞片叶3～5全裂或不分裂，裂片或不分裂之苞片叶为线状披针形或披针形，无柄，基部常有小型假托叶。头状花序多数，卵形、宽卵形或近半球形，稀为长圆形，直径2～3mm，无梗或有短梗，下倾，基部常有小苞叶，在分枝或分枝的小枝上疏松排列或数枚集生并排成穗状或穗状花序状的总状花序，而在茎上组成开展的圆锥花序；总苞片3～4层，外层总苞片略短小，狭卵形或椭圆形，背面被灰白色蛛丝状短绒毛，边缘膜质，中层总苞片长圆形或倒卵状长圆形，背面被灰白色蛛丝状短绒毛或毛略少，边宽膜质，内层总苞片长圆状倒卵形，半膜质，背面毛少或近无毛；雌花5～7朵，花冠狭管状，檐部紫色，具2裂齿，背面微有小腺点，花柱伸出花冠外，先端2叉，叉端尖；两性花10～20朵，花冠管状或高脚杯状，檐部反卷，紫色或黄色，花药线形，先端附属物尖，长三角形，基部圆钝，花柱与花冠近等长，先端2叉，叉端截形，并有睫毛。瘦果小，倒卵形或长圆形。花果期8～10月。

【经济用途】 全草入药，作“艾”的代用品，有温经、散寒、止血的作用。

【生境分布】 贵德、同德、兴海、共和。生于田边、山坡草地、河边、林缘、灌丛中，海拔2200～4000m。分布于西藏、云南、四川、贵州、湖北、甘肃、陕西；阿富汗、印度、克什米尔地区、尼泊尔、泰国也有。在青海亦分布于玉树、囊谦、玛沁、班玛、泽库、河南、都兰、乌兰、西宁、大通、循化、乐都、门源、祁连。

白莲蒿

白蒿　万年蒿　香蒿　铁杆蒿　蚊艾

Artemisia santolinifolia Turczaninow ex Besser

Asteraceae 菊科　Artemisia 蒿属

【形态特征】 半灌木状草本。茎多数，常组成小丛，高50～100(～150)cm，褐色或灰褐色，具纵棱，下部木质，皮常剥裂或脱落，分枝多而长；茎、枝初时被微柔毛，后下部脱落无毛，上部宿存或无毛，上面绿色，初时微有灰白色短柔毛，后渐脱落，幼时有白色腺点，后腺点脱落，留有小凹穴，背面初时密被灰白色平贴的短柔毛，后无毛。茎下部与中部叶片长卵形、三角状卵形或长椭圆状卵形，长2～10cm，宽2～8cm，二至三回栉齿状羽状分裂，第一回全裂，每侧有裂片3～5枚，裂片椭圆形或长椭圆形，每裂片再次羽状全裂，小裂片栉齿状披针形或线状披针形，每侧具数枚细小三角形的栉齿或小裂片短小成栉齿状，叶中轴两侧具4～7枚栉齿，叶柄长1～5cm，扁平，两侧常有少数栉齿，基部有小型栉齿状分裂的假托叶；上部叶片略小，一至二回栉齿状羽状分裂，具短柄或近无柄；苞片叶栉齿状羽状分裂或不分裂，为线形或线状披针形。头状花序近球形，下垂，直径2～3.5(～4)mm，具短梗或近无梗，在分枝上排成穗状花序式的总状花序，并在茎上组成密集或略开展的圆锥花序；总苞片3～4层，外层总苞片披针形或长椭圆形，初时密被灰白色短柔毛，后脱落无毛，中肋绿色，边缘膜质，中、内层总苞片椭圆形，近膜质或膜质，背面无毛；雌花10～12朵，花冠狭管状或狭圆锥状，外面微有小腺点，檐部具2(～3)裂齿，花柱线形，伸出花冠外，先端2叉，叉端锐尖；两性花20～40朵，花冠管状，外面有微小腺点，花药椭圆状披针形，上端附属物尖，长三角形，基部圆钝或有短尖头，花柱与花冠管近等长，先端2叉，叉端有短睫毛。瘦果狭椭圆状卵形或狭圆锥形。花果期8～9月。

【经济用途】 ① 民间入药，清热、解毒、祛风、利湿之效，可作“茵陈”的代用品，又作止血药；② 牧区作牲畜的饲料。

【生境分布】 同德。生于河滩、田边、山坡、林缘，海拔2300～3420m。分布于全国大部分地区；中亚及克什米尔地区、巴基斯坦、印度、阿富汗、尼泊尔、蒙古、俄罗斯、朝鲜、日本也有。在青海亦分布于玛沁、尖扎、泽库、河南、西宁、大通、乐都、平安、互助。

朱鑫鑫 摄

猪毛蒿 石茵陈 北茵陈 藏名：察尔旺

Artemisia scoparia **Waldstein & Kitaibel**

Asteraceae 菊科 Artemisia 蒿属

【形态特征】 多年生草本或近一、二年生草本，植株有浓烈的香气。茎通常单生，稀2～3枚，高40～90(～130)cm，红褐色或褐色，有纵纹；常自下部开始分枝，茎、枝幼时被灰白色或灰黄色绢质柔毛，以后脱落。基生叶与营养枝叶两面被灰白色绢质柔毛。叶片近圆形、长卵形，二至三回羽状全裂，具长柄，花期叶凋谢；茎下部叶初时两面密被灰白色或灰黄色略带绢质的短柔毛，后毛脱落，叶片长卵形或椭圆形，长1.5～3.5cm，宽1～3cm，二至三回羽状全裂，每侧有裂片3～4枚，再次羽状全裂，每侧具小裂片1～2枚，小裂片狭线形，长3～5mm，宽0.2～1mm，不再分裂或具1～2枚小裂齿，叶柄长2～4cm；中部叶初时两面被短柔毛，后脱落，叶片长圆形或长卵形，长1～2cm，宽0.5～1.5cm，一至二回羽状全裂，每侧具裂片2～3枚，不分裂或再3全裂，小裂片丝线形或为毛发状，长4～8mm，宽0.2～0.3(～0.5)mm，多少弯曲；茎上部叶与分枝上叶及苞片叶3～5全裂或不分裂。头状花序近球形，稀近卵球形，极多数，直径1～1.5(～2)mm，具极短梗或无梗，基部有线形的小苞叶，在分枝上偏向外侧生长，并排成复总状或复穗状花序，而在茎上再组成大型、开展的圆锥花序；总苞片3～4层，外层总苞片草质、卵形，背面绿色、无毛，边缘膜质，中、内层总苞片长卵形或椭圆形，半膜质；花序托小，凸起；雌花5～7朵，花冠狭圆锥状或狭管状，冠檐具2裂齿，花柱线形，伸出花冠外，先端2叉，叉端尖；两性花4～10朵，不孕育，花冠管状，花药线形，先端附属物尖，长三角形，花柱短，先端膨大，2裂，不叉开，退化子房不明显。瘦果倒卵形或长圆形，褐色。花果期7～10月。

【经济用途】 ① 根入药，清热利肺，治气管炎、肺病；② 本种基生叶、幼苗及幼叶等入药，在青海省作为茵陈蒿的代用品（土茵陈）；③ 全草入药，有发汗、解热、利尿的作用，主治黄疸、肝炎。

【生境分布】 贵南、同德、共和。生于山坡、荒地、田边，海拔2230～3600m。分布遍及全国；欧亚大陆的温带地区也有。在青海亦分布于玛沁、都兰、天峻、泽库、西宁、乐都、互助、门源。

大籽蒿

山艾　大白蒿　大头蒿　苦蒿　藏名：肯甲

Artemisia sieversiana **Ehrhart ex Willdenow**

Asteraceae 菊科　Artemisia 蒿属

【形态特征】 一、二年生草本。主根单一，垂直，狭纺锤形。茎单生，直立，高50～150cm，细，有时略粗，稀下部稍木质化，基部直径可达2cm，纵棱明显，分枝多；茎、枝被灰白色微柔毛。下部与中部叶片宽卵形或宽卵圆形，两面被微柔毛，长4～8(～13)cm，宽3～6(～15)cm，二至三回羽状全裂，稀为深裂，每侧有裂片2～3枚，裂片常再成不规则的羽状全裂或深裂，基部侧裂片常有第三次分裂，小裂片线形或线状披针形，长2～10mm，宽1～1.5(～2)mm，有时小裂片边缘有缺齿，先端钝或渐尖，叶柄长(1～)2～4cm，基部有小型羽状分裂的假托叶；上部叶及苞片叶羽状全裂或不分裂，而为椭圆状披针形或披针形，无柄。头状花序大，多数，半球形或近球形，直径4～6mm，具短梗，稀近无梗，基部常有线形的小苞叶，在分枝上排成总状花序或复总状花序，而在茎上组成开展或略狭窄的圆锥花序；总苞片3～4层，近等长，外、中层总苞片长卵形或椭圆形，背面被灰白色微柔毛或近无毛，中肋绿色，边缘狭膜质，内层长椭圆形，膜质；花序托凸起，半球形，有白色托毛；雌花2(～3)层，20～30朵，花冠狭圆锥状，檐部具(2～)3～4裂齿，花柱线形，略伸出花冠外，先端2叉，叉端钝尖；两性花多层，80～120朵，花冠管状，花药披针形或线状披针形，上端附属物尖，长三角形，基部有短尖头，花柱与花冠等长，先端叉开，叉端截形，有睫毛。瘦果长圆形。花果期6～10月。

朱鑫鑫 摄

朱鑫鑫 摄

朱鑫鑫 摄

朱鑫鑫 摄

【经济用途】 ① 全草入药，清热解毒、祛风湿、消肿，治咽喉疾病、肺部疾病、咯血衄血、气管炎、风湿麻痹、痈疖肿毒，其浸膏对气管炎疗效甚好；② 花蕾入药，消炎止痛，主治痈肿疔毒、黄水疮、皮肤湿疹、宫颈糜烂等（用花蕾水煎洗患处）。

【生境分布】 海南州各地。生于海拔2500～4000m的河谷阶地、荒地、河漫滩、农田。分布于我国东北、西北、华东至西南等地。

圆头蒿

白砂蒿　黄蒿　黄毛菜籽　油砂蒿　香蒿

Artemisia sphaerocephala Krascheninnikov

Asteraceae 菊科　Artemisia 蒿属

【形态特征】 小灌木。主根粗长，木质，垂直，侧根多，木质，水平伸展或斜向下；根状茎粗大，木质，直径1～4cm，有营养枝。茎通常多枚，成丛，稀单一，高80～150cm，灰黄色或灰白色，光滑，干时灰褐色，常扭曲，具薄片状剥落的外皮，纵棱细，稍明显，分枝多而长，长15～30cm或更长，向上斜展或近于平展或弧曲，初时具灰白色短柔毛，后脱落，光滑，灰黄色或上部枝部分为淡紫红色，常具短枝，短枝上常再抽新小枝。叶片稍厚，半肉质，干后坚硬，黄绿色，初时两面密被灰白色短柔毛，后脱落无毛；短枝上叶常密集着生成簇生状；茎下部、中部叶片宽卵形或卵形，长2～5(～8)cm，宽1.5～3(～4)cm，二回或一至二回羽状全裂，每侧有裂片(1～)2～3枚，两侧中部裂片最长，常再3全裂，小裂片线形或稍弧曲，近镰形，长(0.5～)1～2(～3)cm，宽(1～)1.5～2mm，先端有小硬尖头，边缘明显反卷，基部下延，半抱茎，叶柄长0.3～0.8cm，基部常有线形的假托叶；上部叶羽状分裂或3全裂；苞片叶不分裂，线形，稀3全裂。头状花序球形或近球形，直径3～4mm，具短梗，下垂，在分枝的小枝上排成穗状花序式的总状花序或复总状花序，而在茎上组成大型、开展的圆锥花序；总苞片3～4层，外层总苞片卵状披针形，半革质，背面淡黄色，光滑，有绿色中肋，背面突起，中、内层总苞片圆卵形，边缘宽膜质或全为半膜质；雌花4～12朵，花冠狭管状，檐部具2裂齿，花柱伸出花冠外，先端2叉；两性花6～20朵，不孕育，花冠管状，外面具腺点，花药线形，先端附属物尖，长三角形，基部圆，花柱短，先端膨大，2裂，不叉开，退化子房小，结实后头状花序及花易于脱落。瘦果小，黑色，果壁上具胶质物。花果期7～10月。

【生境分布】 贵南、共和。生于沙丘上，海拔3100～3250m。分布于新疆、甘肃、宁夏、陕西、山西、内蒙古；蒙古也有。在青海亦分布于都兰、格尔木。

藏龙蒿

Artemisia waltonii J. R. Drummond ex Pampanini

Asteraceae 菊科　Artemisia 蒿属

【形态特征】 小灌木状或为半灌木。主根粗长，木质；根状茎粗，木质，直径可达2.5cm。茎多数，成丛，高30～60cm，栗褐色或紫褐色，有不明显纵纹及疏腺点，分枝多，长5～18cm，开展；茎、枝初时微有短柔毛，后光滑无毛。叶初时两面被灰白色柔毛，后脱落无毛；基生叶与茎下部叶片长卵形或长圆形，长2～2.5cm，宽1.5～1.8cm，二回羽状全裂或深裂，每侧裂片3枚，小裂片线状披针形或狭线形，叶柄长0.2～0.5cm；中部叶一（至二）回羽状全裂，裂片形状变化大，线形或线状披针形，长0.5～1.5cm，宽1.5～2.5mm，先端有短尖头，边缘反卷，侧边中部裂片偶再分裂，叶脉在叶上面凹下，背面稍凸起，叶基部楔形，渐狭，无柄，基部有小型假托叶状的小裂片；上部叶3～5深裂；苞片叶不分裂，披针形或狭镰形。头状花序球形、近球形或近卵球形，直径2.5～3.0(～3.5)mm，近无梗，下垂，在分枝上排成穗状花序式的总状花序或复总状花序，而在茎上组成开展的圆锥花序；总苞片3层，外层总苞片略短小，卵形或狭卵形，背面光滑，中、内层总苞片长卵形；雌花18～29朵，花冠狭管状，花柱伸出花冠外，先端2叉，叉端尖；两性花20～30朵，不孕育，花冠管状，檐部有短柔毛，花药线形，先端附属物尖，长三角形，基部有小尖头或稍圆，花柱短，顶端稍膨大，2裂，不叉开。瘦果长圆形至倒卵形。花果期5～9月。

【生境分布】 同德。生于阳坡柏林下、山坡、阴坡及山脚下草地，海拔3200～4200m。中国特有种，分布于西藏、云南、四川。在青海亦分布于玉树、称多、囊谦、杂多、治多、班玛。

毛莲蒿

老羊蒿　结白蒿　山蒿　白蒿　藏名：桑孜哇

Artemisia vestita Wallich ex Besser

Asteraceae 菊科　Artemisia 蒿属

【形态特征】　半灌木状草本或为小灌木状。植株有浓烈的香气。茎直立，多数，丛生，稀单一，高50～120cm，下部木质，分枝多而长；茎、枝紫红色或红褐色，被蛛丝状微柔毛。叶面绿色或灰绿色，有小凹穴，两面被灰白色密绒毛或上面毛略少，背面毛密；茎下部与中部叶片卵形、椭圆状卵形或近圆形，长(2～)3.5～7.5cm，宽(1.5～)2～4cm，二（至三）回栉齿状羽状分裂，第一回全裂或深裂，每侧有裂片4～6枚，第二回为深裂，小裂片小，边缘常具数枚栉齿状深裂齿，裂齿细小，近椭圆形，长1～2mm，宽0.2～0.5mm，有时裂齿上有1～2枚小锯齿，先端有小尖头，中轴两侧有栉齿状小裂片，叶柄长0.8～2cm，基部常有小型栉齿状的假托叶；上部叶小，栉齿状羽状深裂或浅裂；苞片叶分裂或不分裂，而为披针形，边缘有少量栉齿。头状花序多数，球形或半球形，直径2.5～3.5(～4)mm，有短梗或近无梗，下垂，基部有线形小苞叶，在茎的分枝上排成总状花序、复总状花序或近似于穗状花序，上述花序常在茎上组成开展或略为开展的圆锥花序；总苞片3～4层，内、外层近等长，外层总苞片卵状披针形或长卵形，背面被灰白色短柔毛，中肋明显，绿色，边缘狭膜质，中、内层总苞片卵形或宽卵形，中层总苞片背面微有短柔毛，边缘宽膜质，内层总苞片背面无毛，膜质；花序托小，凸起；雌花6～10朵，花冠狭管状，檐部具2裂齿，花柱伸出花冠外，先端2叉，外弯；两性花13～20朵，花冠管状，花药线形，上端附属物尖，长三角形，基部钝，花柱与花冠管近等长，先端2叉，叉端截形。瘦果长圆形或倒卵状椭圆形。花果期8～9月。

【经济用途】　地上部入药，清热、消炎、祛风、利湿，治风湿性关节炎、炭疽病、"黄水"病等。

【生境分布】　同德。生于阳山坡、河边、田边、林缘及林下，海拔2400～3900m。分布于西藏、云南、四川、贵州、广西、湖北、新疆、甘肃；巴基斯坦、印度、尼泊尔、克什米尔地区也有。在青海亦分布于玉树、称多、玛沁、尖扎、泽库、格尔木、都兰、乌兰、西宁、大通、湟中、乐都、互助、刚察。

日喀则蒿

Artemisia xigazeensis Y. R. Ling & M. G. Gilbert

Asteraceae 菊科　Artemisia 蒿属

【形态特征】　半灌木状草本或为小灌木状。主根粗而长，木质，直径0.5～0.7cm；根状茎木质，粗短，有多条营养枝。茎多数，木质，高30～40cm，紫褐色或茶褐色，有不明显的纵棱，分枝多，下部枝长5～10cm；茎、枝、叶初时被灰白色微柔毛，后脱落。基生叶、茎下部叶与营养枝叶长圆形，长1.5～2.5cm，宽1～1.5cm，（一至）二回羽状全裂，每侧裂片4～5枚，两侧中部与基部裂片常再成羽状全裂或3全裂或不再分裂，裂片或小裂片狭线形或狭线状披针形，长0.3～1cm，宽0.5mm，开展，通常向叶基部弯曲，先端有硬尖头，叶柄长1～1.7cm，基部常有小型的假托叶；中部叶片长圆形，长1～1.5cm，宽0.7～1.3cm，一至二回羽状全裂，每侧有裂片2～3枚，裂片狭线形或狭线状披针形，长3～7mm，宽约0.5mm，叶柄长0.8～1.3cm；上部叶3～5全裂；苞叶3全裂或不分裂。头状花序卵球形或卵钟形，直径1.5～2.5mm，有短梗或近无梗，在分枝上初时密集着生，后渐疏离，排成穗状花序式的总状花序或复总状花序，并在茎上组成狭窄的圆锥花序；总苞片3层，外层总苞片卵形或狭卵形，背面绿褐色，无毛，边缘膜质，中、内层总苞片卵形或椭圆形，无毛，边缘宽膜质；雌花5～8朵，花冠狭圆锥状，花柱长，伸出花冠外，先端2叉，叉端尖；两性花5～9朵，不孕育，花冠管状，雄蕊线形，先端附属物尖，长三角形，基部钝，花柱短，先端略膨大，2裂，不叉开。瘦果倒卵形。花果期7～10月。

【生境分布】 兴海（羊曲）。生于河谷和路边，海拔2900～3000m。中国特有种，分布于西藏、甘肃。

星舌紫菀 块根紫菀 藏名：漏庆 露米

Aster asteroides (Candolle) Kuntze

Asteraceae 菊科 Aster 紫菀属

【形态特征】 多年生草本。茎常单生，高2～15(～30)cm，纤细，紫色或下部绿色，被开展的毛和紫色腺毛，中部以上或上部常无叶。基部叶密集，在花期生存，叶片倒卵圆形或长圆形，长1～4cm，宽0.4～0.8，稀1.7cm，基部渐狭成短柄，近全缘，少有细齿；中部叶片长圆形或长圆状匙形，顶端钝或渐尖，无柄，上部叶片线形；全部叶上面被疏或密的长毛，下面无毛或仅沿脉有毛，有长缘毛，有离基三出脉。头状花序在茎端单生，直径2～3.5cm。总苞半球形，直径0.7～1.5cm；总苞片2～3层，近等长，线状披针形，长5.5～7mm，宽1～1.5mm，顶端渐细尖，草质，紫绿色，背面及边缘有紫褐色密毛，背面或基部有长柔毛。舌状花1层，30～60朵，管部长1.5mm，舌片蓝紫色，长10～20mm，宽1～2mm，顶端尖；管状花橙黄色，管部长1mm，裂片长1～2mm，有黑色或无色腺毛；花柱附片长0.5～0.75mm。冠毛2层，外层极短，膜片状，白色，内层长4～5mm，有白色或污白色微糙毛。瘦果长圆形，长达3mm，被白色疏毛或绢毛。花果期6～8月。

【经济用途】 花入药，退烧、解毒，治流行性感冒、发烧、邪热、痉挛、食物中毒。

【生境分布】 兴海。生于沼泽草甸、山坡草地、高山草甸、高山灌丛中、高山流石滩，海拔2750～4800m。分布于西藏、四川；不丹、印度（锡金）、尼泊尔、克什米尔地区也有。在青海亦分布于玉树、囊谦、称多、杂多、治多、曲麻莱、玛多、玛沁、久治、尖扎、同仁、乐都、互助、刚察、祁连、门源。

重冠紫菀

青海紫菀　藏名：美朵露米

Aster diplostephioides (Candolle) Bentham ex C. B. Clarke

Asteraceae 菊科　Aster 紫菀属

【形态特征】 多年生草本。茎直立，高16～45cm，粗壮，下部为枯叶残存的纤维状鞘所围裹，被卷曲或开展的柔毛，上部被具柄腺毛，不分枝，上部有较疏的叶或几无叶。下部叶与莲座状叶长圆状匙形或倒披针形，渐狭成细长或具狭翅而基部宽鞘状的柄，连同柄长6～16cm，稀达22cm；叶片宽1～4cm，顶端尖或近圆形，有小尖头，全缘或有小尖头状齿；中部叶长圆状或线状披针形，基部稍狭或近圆形；上部叶渐小，长至3.5mm，宽0.4mm；全部叶质薄，上面被微腺毛或近无毛，下面沿脉和边缘有开展的长疏毛，离基三出脉和侧脉在下面稍高起，网脉显明。头状花序单生，直径6～9cm。总苞半球形，直径2～2.5cm；总苞片约2层，线状披针形，顶端细尖，较花盘为长，长15mm，宽1～3mm，外层深绿色，草质，背面被较密的黑色腺毛，特别在基部被长毛，内层边缘有时狭膜质。舌状花常2层，80～100朵；管部长1.5mm；舌片蓝色或蓝紫色，线形，长20～30mm，宽1～2.5mm；管状花长5～6mm，上部紫褐色或紫色，后黄色，近无毛，管部长1.5～2mm，裂片长1mm；花柱附片长1.25mm。冠毛2层，外层极短，膜片状，白色，内层污白色，有长4.5～5mm的微糙毛。瘦果倒卵圆形，长3～3.5mm，宽1～1.5mm，除边肋外，两面各1条肋，被黄色密腺点及疏贴毛。花期7～9月，果期8～9月。

【经济用途】 花入药，清热解毒，治头痛、眼痛。

【生境分布】 海南州各地。生于灌丛中、草甸、滩地、河谷阶地，海拔2800～4600m。分布于西藏、云南、四川、甘肃；不丹、尼泊尔、印度、巴基斯坦也有。在青海亦分布于玉树、囊谦、称多、杂多、曲麻莱、玛沁、班玛、久治、同仁、泽库、河南、德令哈、大通、湟中、平安、循化、祁连、门源。

狭苞紫菀

Aster farreri W. W. Smith & Jeffrey

Asteraceae 菊科　Aster 紫菀属

【形态特征】 多年生草本，根状茎细长，颈部粗壮。茎直立，高30～60cm，基部为枯叶残存的纤维状鞘所围裹，单生或丛生，或与莲座状叶丛生，有棱，下部被开展的长毛，上部常稍紫色，被密卷毛和疏长毛，通常不分枝，下部有较密而上部有疏生的叶。茎下部叶及莲座状叶狭匙形，下部渐狭成长柄，长5～13cm，稀达22cm，宽1.2～2.2cm，顶端稍尖，全缘或有小尖头状疏齿；中部叶线状披针形，长7～13cm，宽0.7～2cm，顶端渐尖，基部稍狭或圆形而半抱茎；上部叶小，线形，细尖；全部叶质稍薄，上面被疏长伏毛，下面沿脉和边缘被长毛；中脉在下面稍凸起，侧脉显明。头状花序在茎端单生，直径5～8cm。总苞半球形，直径2～2.4cm；总苞片约2层，近等长，线形，长10～14mm，宽1mm，顶端渐细尖，外层被长毛，草质，内层几无毛，边缘常狭膜质。舌状花约100朵或更多；舌片紫蓝色，长20～30mm，宽约1mm。管状花长约7mm，管部长2mm，上部黄色，被疏毛，裂片长1～1.5mm。冠毛2层，外层极短，膜片状；内层白色或污白色，有与管状花花冠等长的微糙毛。瘦果长圆形，长3mm，宽1～1.2mm，一面有肋，被短粗毛，几无腺或下部近无毛。花期7～8月，果期8～9月。

【生境分布】 贵德。生于灌丛中、林下、高山草甸，海拔2600～3200m。中国特有种，分布于四川、甘肃、河北、山西。在青海亦分布于同仁、乌兰、湟源、湟中、乐都、民和、互助、祁连、门源。

萎软紫菀 柔软紫菀 太白菊 肺经草
藏名：漏庆 露米

Aster flaccidus Bunge

Asteraceae 菊科 Aster 紫菀属

【形态特征】 多年生草本，根状茎细长，有时具匍匐枝。茎直立，高5～30(～40)cm，不分枝，被皱曲或开展的长毛，上部常杂有具柄腺毛，或仅有腺毛，下部有密集的叶。基部叶及莲座状叶匙形或长圆状匙形，长2～7cm，宽0.5～2cm，下部渐狭成短或长的柄，顶端圆形或尖，边缘无齿或稀有少数浅齿，茎部叶3～5枚，叶片长圆形或长圆状披针形，长3～7cm，宽0.3～2cm，基部渐狭或急狭，常半抱茎，上部叶小，线形；全部叶质薄，两面被密长毛或近无毛，或有腺；离基三出脉和侧脉细。头状花序在茎端单生，直径3.5～5(～7)cm。总苞半球形，直径1.5～2(～3)cm，被白色或深色长毛或有腺毛；总苞片2层，线状披针形，近等长，长0.7～10(～12)mm，宽1.5～2(～2.2)mm，草质，顶端尖或渐尖，内层边缘狭膜质。舌状花40～60朵，管部长2mm，上部有短毛；舌片紫色，稀浅红色，长13～25(～30)mm，宽1.5～2.5mm。管状花黄色，长5.5～6.5mm，管部长1.5～2.5mm；裂片长约1mm，被短毛；花柱附片长0.5～1.2mm。冠毛白色，外层披针形，膜片状，长1.5mm，内层有多数长6～7mm的糙毛。瘦果长圆形，长2.5～3.5mm，有2条边肋，或一面另有1条肋，被疏贴毛，或杂有腺毛，稀无毛。花果期6～9月。

【经济用途】 全草入药，清热解毒、止咳，主治肺脓肿、肺炎、肺结核、百日咳；藏医用花入药，退烧、解毒、治流感、发烧、食物中毒。

【生境分布】 全省各地均产。生于河滩、草甸、高山草甸、高山流石滩，海拔2800～5000m。分布于西藏、云南、四川、新疆、甘肃、陕西、河北、山西；巴基斯坦、克什米尔地区、印度、尼泊尔、蒙古、中亚地区、俄罗斯也有。

灰枝紫菀 灰木紫菀 藏名：漏穷

Aster poliothamnus **Diels**

Asteraceae 菊科 Aster 紫菀属

【形态特征】 丛生亚灌木，高40～100cm。茎多分枝，帚状，直径达1cm，树皮灰褐色，撕裂，当年生枝直立，长15～40cm，纤细，被密短糙毛或柔毛，有腺，有密集的叶。下部叶枯落；中部叶长圆形或线状长圆形，长1～2(～3)cm，宽0.2～0.5(～0.8)cm，全缘，基部稍狭或急狭，顶端钝或尖，边缘平或稍反卷；上部叶小，椭圆形；全部叶上面被短糙毛，下面被柔毛，两面有腺点，中脉在下面凸起，侧脉不显明。头状花序在枝端密集成伞房状或单生；花序梗细，长1～2.5cm，有疏生的苞叶。总苞宽钟状，长5～7mm，直径5～7mm；总苞片4～5层，覆瓦状排列，外层卵圆形或长圆状披针形，长2～3mm，全部或上部草质，顶端尖，外面或仅沿中脉被密柔毛和腺点；内层长达7mm，宽0.7mm，近革质，上部草质且带红紫色，有缘毛。舌状花10～20朵，淡紫色，管部长2mm，舌片长圆形，长7～10mm，宽1.2～2mm，有4条脉；管状花黄色，长5～6mm，管部长1.6～2mm，裂片长0.7mm。冠毛污白色，长约5mm，有近等长的微糙毛或另有少数外层短毛。瘦果长圆形，长2～2.5mm，常一面有肋，被白色密绢毛。花期6～9月，果期8～10月。

【经济用途】 花入药，退烧、解毒，治流感、发烧、食物中毒。

【生境分布】 贵德、兴海、共和。生于干旱山坡，峡谷阳坡石崖上和林间空地，海拔2500～3800m。中国特有种，分布于西藏、四川、甘肃。在青海亦分布于玉树、玛沁、班玛、久治、同仁、泽库、河南、循化、湟源、湟中、乐都、民和。

阿尔泰狗娃花

阿尔泰狗哇花　阿尔泰紫菀　藏名：其米

Aster altaicus Willdenow

Asteraceae 菊科　Aster 紫菀属

【形态特征】 多年生草本，有横走或垂直的根。茎直立，高20～60(～100)cm，被上曲或有时开展的毛，上部常有腺，上部或全部有分枝。基部叶在花期枯萎；下部叶条形、矩圆状披针形、倒披针形或近匙形，长2.5～6cm，稀达10cm，宽0.7～1.5cm，全缘或有疏浅齿；上部叶渐狭小，条形；全部叶两面或下面被粗毛或细毛，常有腺点，中脉在下面稍凸起。头状花序直径2～3.5(～4)cm，单生枝端或排成伞房状。总苞半球形，直径0.8～1.8cm；总苞片2～3层，近等长或外层稍短，矩圆状披针形或条形，长4～8mm，宽0.6～1.8mm，顶端渐尖，背面或外层全部草质，被毛，常有腺，边缘膜质。舌状花约20朵，管部长1.5～2.8mm，有微毛；舌片浅蓝紫色，矩圆状条形，长10～15mm，宽1.5～2.5mm；管状花长5～6mm，管部长1.5～2.2mm，裂片不等大，长0.5～1mm或1～1.4mm，有疏毛。瘦果扁，倒卵状矩圆形，长2～2.8mm，宽0.7～1.4mm，灰绿色或浅褐色，被绢毛，上部有腺。冠毛污白色或红褐色，长4～6mm，有不等长的微糙毛。花果期5～9月。

【经济用途】 花入药，治咽喉痛、感冒咳嗽、胃痛、中暑发痧，外用治虫蛇咬伤。

【生境分布】 全省各州县均产。生于河滩、山坡荒地，海拔1800～4200m。分布于西北、华北、东北及四川等地；亚洲温带广布。

半卧狗娃花

Aster semiprostratus (Grierson) H. Ikeda

Asteraceae 菊科　Aster 紫菀属

【形态特征】　多年生草本，主根长，直伸，颈短，生出多数簇生茎枝。茎枝平卧或斜升，很少直立，基部或下部常为泥砂覆盖，长5～15cm，被平贴的硬柔毛，基部分枝，有时叶腋有具密叶的不育枝。叶片条形或匙形，长1～3cm，宽2～4mm，顶端宽短尖，基部渐狭，全缘，两面被平贴的柔毛或上面近无毛，散生闪亮的腺体；中脉上面稍下陷，下面稍凸起，有时基部有3条脉。头状花序单生枝端，宽1.5～3cm；总苞半球形，直径1.3cm；总苞片3层，披针形，渐尖，长6～8mm，宽0.8～1.8mm，绿色，外面被毛和腺体，内层边缘宽膜质。舌状花20～35朵，管部长约2mm；舌片蓝色或浅紫色，长1.2～1.5cm，宽约2.1mm。管花黄色，长4～6mm，管部长1.5～2.3mm，裂片1长4短，长1.2～1.5mm，花柱附属物三角形。冠毛浅棕红色，长4～5mm。瘦果倒卵形，长1.7～2mm，宽0.7～0.9mm，被绢毛，上部有腺。花果期8～9月。

【生境分布】　贵南、兴海、共和。生于山坡、沙地、河滩，海拔3160～4500m。分布于西藏；尼泊尔、克什米尔地区也有。在青海亦分布于称多、曲麻莱、玛多、玛沁、都兰、刚察、祁连。

夏河云南紫菀　夏河紫菀

Aster yunnanensis var. ***labrangensis*** (Handel-Mazzetti) Y. Ling

Asteraceae 菊科　Aster 紫菀属

【形态特征】　多年生草本，高30～50cm。根茎长，有分枝。茎直立，上部分枝，被紫褐色或白色腺毛及短毛，基部被纤维。莲座丛叶和下部叶长圆形或倒披针形，长4～12cm，宽1.2～2cm，先端钝圆或急尖，边缘有骨质小齿，基部渐狭成柄，两面被疏短毛和腺毛，叶柄扁，长达8cm；茎中上部叶长圆形、卵状披针形或线状披针形，较小，先端渐尖，全缘，基部心形或圆形，半抱茎。头状花序具2～5朵花，在茎端排成伞房状；花序梗长达8cm；总苞半球形，长约1cm，宽2～2.5cm；总苞片2层，线形，宽1～2mm，先端渐尖，背面被长毛和紫色腺毛；舌状花蓝紫色，舌片线形，长约2cm，干时内卷；管状花黄色，长5～7mm。瘦果被毛；冠毛2层，外层极短，内层长5～6mm。花果期7～9月。

【生境分布】　兴海、共和。生于林缘、灌丛中、山坡草地、高山草甸，海拔3300～4300m。中国特有种，分布于西藏、四川、甘肃。在青海亦分布于玉树、囊谦、称多、杂多、治多、玛沁、久治、泽库、河南、天峻、刚察。

拉萨狗娃花

Aster gouldii C. E. C. Fischer

Asteraceae 菊科　Aster 紫菀属

【形态特征】 一年生草本，有直根。茎高10～40cm，自基部具铺散的分枝或直立而在中下部起分枝，纤细，被平贴的糙伏毛或开展的短硬毛并混有腺毛。叶片宽条形、倒披针形或匙形，长0.7～3.5cm，宽1.5～6mm，顶端钝或急尖，基部无柄或狭成不明显的柄，全缘，两面被平贴的糙伏毛，散布有腺。头状花序直径1.5～2.5cm；总苞半球形，直径1～1.5cm；总苞片2～3层，近等长，条形或披针形，长5～7mm，宽0.8～1.8mm，外层草质，渐尖，绿色或带紫色，被腺状短柔毛和疏长毛，内层有白色膜质边缘。舌状花25～40朵，管部长1.5～2.1mm；舌片淡紫色或浅蓝色，长1～1.1cm，宽1.5～2mm。管状花黄色，长3.5～5mm，管部长1～1.2mm，裂片5枚（稀4枚），不等长，其中1枚裂片长1.1～1.3mm，其余的长0.7～0.9mm。冠毛污白色或浅棕色，较管状花花冠短，长3～3.2mm，舌状花冠毛常较短。瘦果倒卵形，长2～2.5mm，宽1～1.2mm，扁，绿色，有黑斑，被绢毛，顶部有少数腺点。

【生境分布】 共和。生于山坡、石崖、阶地、草甸，海拔3160～4300m。分布于西藏；不丹和印度（锡金）也有。在青海亦分布于玉树、囊谦、称多、杂多、曲麻莱、泽库、河南。

中亚紫菀木

Asterothamnus centraliasiaticus **Novopokrovsky**

Asteraceae 菊科　Asterothamnus 紫菀木属

【形态特征】 多分枝半灌木，高20～40cm。根状茎粗壮，直径超过1cm，茎多数，簇生，下部多分枝，上部有花序枝，直立或斜升，基部木质，坚硬，具细条纹，有被绒毛的腋芽，外皮淡红褐色，被灰白色短绒毛，后多少脱毛，当年生枝被灰白色卷曲的短绒，后多少脱毛，变绿色。叶较密集，斜上或直立，长圆状线形或近线形，长(8～)12～15mm，宽1.5～2mm，先端尖，基部渐狭，边缘反卷，具1条明显的中脉，上面被灰绿色，下面被灰白色卷曲密绒毛。头状花序较大，长8～10mm，宽约10mm，在茎枝顶端排成疏散的伞房花序，花序梗较粗壮，长或较短，少有具短花序梗而排成密集的伞房花序；总苞宽倒卵形，长6～7mm，宽9mm，总苞片3～4层，覆瓦状，外层较短，卵圆形或披针形，内层长圆形，顶端全部渐尖或稍钝，通常紫红色，背面被灰白色蛛丝状短毛，具1条紫红色或褐色的中脉，具白色宽膜质边缘。外围有7～10朵舌状花，舌片开展，淡紫色，长约10mm；中央的两性花11～12朵，花冠管状，黄色，长约5mm，檐部钟状，有5枚披针形的裂片；花药基部钝，顶端具披针形的附片；花柱分枝顶端有短三角状卵形的附器。瘦果长圆形，长3.5mm，稍扁，基部缩小，具小环，被白色长伏毛；冠毛白色，糙毛状，与花冠等长。花果期7～9月。

【生境分布】 海南州各地。生于干山坡、洪积扇、河岸、荒漠中的水边，海拔1880～3600m。分布于甘肃、内蒙古；中亚地区及蒙古也有。在青海亦分布于尖扎、同仁、格尔木、德令哈、大柴旦、都兰、循化。

小花鬼针草

细叶刺针草　小刺叉　小鬼叉　锅叉草　一包针

Bidens parviflora Willdenow

Asteraceae 菊科　Bidens 鬼针草属

【形态特征】　一年生草本。茎高20～90cm，下部圆柱形，有纵条纹，中上部常为钝四方形，无毛或被稀疏短柔毛。叶对生，具柄，柄长2～3cm，背面微凸或扁平，腹面有沟槽，槽内及边缘有疏柔毛，叶片长6～10cm，二至三回羽状分裂，第一次分裂深达中肋，裂片再次羽状分裂，小裂片具1～2个粗齿或再作第三回羽裂，最后一次裂片条形或条状披针形，宽约2mm，先端锐尖，边缘稍向上反卷，上面被短柔毛，下面无毛或沿叶脉被稀疏柔毛，上部叶互生，二回或一回羽状分裂。头状花序单生茎端及枝端，具长梗，开花时直径1.5～2.5mm，高7～10mm。总苞筒状，基部被柔毛，外层苞片4～5枚，草质，条状披针形，长约5mm，边缘被疏柔毛，果时伸长，可达8～15mm，内层苞片稀疏，常仅1枚，托片状。托片长椭圆状披针形，开花时长6～7mm，膜质，具狭而透明的边缘，果时长达10～13mm。无舌状花，盘花两性，6～12朵，花冠筒状，长4mm，冠檐4齿裂。瘦果条形，略具4条棱，长13～16cm，宽1mm，两端渐狭，有小刚毛，顶端芒刺2枚，长2～3.5mm，有倒刺毛。

【经济用途】　全草入药，清热解毒、活血散淤，主治感冒发热、咽喉肿痛、肠炎、阑尾炎、痔疮、跌打损伤、冻疮、毒蛇咬伤等症。

【生境分布】　贵德、兴海。生于河滩、农田边、路边，海拔2000～2800m。分布于甘肃、陕西、河南、山东及西南、华北、东北；俄罗斯，日本、朝鲜也有。在青海亦分布于尖扎、同仁、循化。

星毛短舌菊

Brachanthemum pulvinatum (Handel-Mazzetti) C. Shih

Asteraceae 菊科　Brachanthemum 短舌菊属

【形态特征】 小半灌木，高15～45cm。根粗壮，直伸，木质化。自根头顶端发出多数的木质化的枝条。老枝灰色、扭曲，枝皮剥落；幼枝浅褐色。除老枝外，全株被稠密贴伏的尘状星状毛，有发育的腋芽。叶片全形楔形、椭圆形或半圆形，长0.5～1cm，宽0.4～0.6cm，三至五回掌状、掌式羽状或羽状分裂；裂片线形，长3～6mm，宽0.5mm，顶端钝或圆形。叶柄长达8mm。花序下部的叶明显3裂。全部叶灰绿色，被贴伏的尘状星状毛，或后变稀毛。叶腋有密集的叶簇。头状花序单生或枝生3～8个头状花序，排成不总是规则的疏散伞房花序，花梗长2.5～7cm，常弯曲下垂，少有枝生2个头状花序。总苞半球形或倒圆锥形，直径6～8mm。总苞片4层，外层卵形或宽卵形，长2.5mm，中层椭圆形，长4～4.5mm，内层倒披针形，长约4mm。中、外层外面被稠密贴伏的尘状星状毛，内层几无毛。全部苞片边缘褐色膜质，顶端钝圆。舌状花黄色，7～14朵，舌片椭圆形，长约5mm，顶端2个微尖齿。瘦果长2mm。花果期7～9月。

【生境分布】 贵德。生于洪积扇、干河滩、干旱山坡、盐碱滩，海拔2300～3800m。中国特有种，分布于新疆、甘肃、宁夏、内蒙古。在青海亦分布于大柴旦、德令哈、西宁。

李小伟 摄

李小伟 摄

三角叶蟹甲草

Parasenecio deltophyllus (Maximowicz) Y. L. Chen

Asteraceae 菊科 Parasenecio 蟹甲草属

【形态特征】 多年生草本，根状茎粗壮，直伸，具多数纤维状须根。茎单生，高25～60cm，直立，具明显的沟棱，被疏生柔毛或近无毛，叶具柄，下部叶在花期枯萎凋落，中部叶三角形，长4～10cm，宽5～7cm，顶端急尖，基部截形或楔形，边缘具不规则的浅波状齿，齿端钝，具小尖头，上面无毛，下面被疏短柔毛，基生脉3～5条，侧脉向上分叉，叶柄长3～6cm，无翅，被白色卷毛或疏腺毛；上部叶渐小，最上部叶披针形，具短叶柄，头状花序数个至10个，下垂，在茎端或上部叶腋排列成伞房状花序；花序梗长10～30mm，被疏卷毛和腺毛，具3～8枚线形小苞片。总苞钟状，长6～8mm，宽5～10mm；总苞片8～10枚，长圆形，长8mm，宽2～3mm，顶端渐尖，有髯毛，边缘宽膜质，外面被疏白色柔毛和腺毛。小花多数（约38朵），花冠黄色或黄褐色，长5～7mm，管部细，长约3mm，檐部钟状，裂片披针形，顶端被微毛；花药伸出花冠，基部长尾状；花柱分枝细长，外弯，顶端截形，被较长的乳头状微毛。瘦果圆柱形，长3～4mm，无毛，具肋。冠毛白色，长6～7mm。花期7～8月，果期8～9月。

【生境分布】 贵德、兴海。生于河滩、山坡草丛中、林下，海拔2450～3850m。中国特有种，分布于四川、甘肃。在青海亦分布于玛沁、泽库、湟中、循化、乐都、互助。

金盏菊 金盏花

Calendula officinalis **Linnaeus**

Asteraceae 菊科 Calendula 金盏花属

【形态特征】 一年生草本，高20～75cm，通常自茎基部分枝，绿色或多少被腺状柔毛。基生叶长圆状倒卵形或匙形，长15～20cm，全缘或具疏细齿，具柄，茎生叶长圆状披针形或长圆状倒卵形，无柄，长5～15cm，宽1～3cm，顶端钝，稀急尖，边缘波状具不明显的细齿，基部多少抱茎。头状花序单生茎枝端，直径4～5cm，总苞片1～2层，披针形或长圆状披针形，外层稍长于内层，顶端渐尖，小花黄色或橙黄色，长于总苞的2倍，舌片宽达4～5mm；管状花檐部具三角状披针形裂片，瘦果全部弯曲，淡黄色或淡褐色，外层的瘦果大半内弯，外面常具小针刺，顶端具喙，两侧具翅，脊部具规则的横折皱。花期4～9月，果期6～10月。

【经济用途】 ① 观赏花卉；② 根及花入药，根活血散淤、行气利尿，花凉血、止血，主治疝气、胃寒疼痛、肠风便血。

【生境分布】 海南州各地均有栽培；我国各地广泛栽培供观赏。

翠菊 五月菊

Callistephus chinensis (Linnaeus) Nees

Asteraceae 菊科　Callistephus 翠菊属

【形态特征】 一年生或二年生草本，高(15～)30～100cm。茎直立，单生，有纵棱，被白色糙毛，基部直径6～7mm，或纤细达1mm，分枝斜升或不分枝。下部茎叶花期脱落或生存；中部茎叶卵形、菱状卵形、匙形或近圆形，长2.5～6cm，宽2～4cm，顶端渐尖，基部截形、楔形或圆形，边缘有不规则的粗锯齿，两面被稀疏的短硬毛，叶柄长2～4cm，被白色短硬毛，有狭翼；上部的茎叶渐小，菱状披针形，长椭圆形或倒披针形，边缘有1～2个锯齿，或线形而全缘。头状花序单生于茎枝顶端，直径6～8cm，有长花序梗。总苞半球形，宽2～5cm；总苞片3层，近等长，外层长椭圆状披针形或匙形，叶质，长1～2.4cm，宽2～4mm，顶端钝，边缘有白色长睫毛，中层匙形，较短，质地较薄，染紫色，内层苞片长椭圆形，膜质，半透明，顶端钝。雌花1层，在园艺栽培中可为多层，红色、淡红色、蓝色、黄色或淡蓝紫色，舌片长2.5～3.5cm，宽2～7mm，有长2～3mm的短管部；两性花花冠黄色，檐部长4～7mm，管部长1～1.5mm。瘦果长椭圆状倒披针形，稍扁，长3～3.5mm，中部以上被柔毛。外层冠毛宿存，内层冠毛雪白色，不等长，长3～4.5mm，顶端渐尖，易脱落。花果期5～10月。

【经济用途】 观赏花卉。

【生境分布】 海南州各地均有栽培。我国吉林、辽宁、河北、山西、山东、云南及四川等地有野生，生长于山坡撂荒地、山坡草丛、水边或疏林荫蔽处。全国各地栽培；日本、朝鲜都有广泛的栽培和野生类型，俄罗斯及欧洲各国植物园引种栽培。

灌木小甘菊

Cancrinia maximowiczii C. Winkler

Asteraceae 菊科　Cancrinia 小甘菊属

【形态特征】 小半灌木，高20～50cm，多枝。上部小枝细长呈帚状，具细棱，被白色短绒毛和褐色的腺点。叶片长圆状线形，有叶柄，长1.5～3cm，宽5～12mm，羽状深裂；裂片2～5对，不等大，镰状，顶端短渐尖，全缘或有1～2个小齿，边缘常反卷；最上部叶线形，全缘或有齿，全部叶上面被疏毛或几无毛，下面被白色短绒毛，两面有褐色腺点。头状花序2～5个在枝端排成伞房状；总苞钟状或宽钟状，直径5～7mm，总苞片3～4层，覆瓦状排列，外层卵状三角形或长圆状卵形，被疏柔毛和褐色腺点，有淡褐色的狭膜质边缘，内层长圆状倒卵形，边缘膜质，顶端钝。花冠黄色，宽筒状，长约2mm，冠檐5个短裂齿，有棕色腺点。瘦果长约2mm，具5条纵肋和腺体；冠毛膜片状，5裂达基部，长约1mm，不等大，有时边缘撕裂，顶端多少具芒尖。花果期7～9月。

【生境分布】 海南州各地。生于干旱山坡、干河滩，海拔1800～3900m。分布于新疆、甘肃；蒙古也有。在青海亦分布于玛沁、尖扎、同仁、泽库、德令哈、乌兰、都兰、香日德、循化、西宁、互助、门源、祁连。

丝毛飞廉 藏名：江才尔

Carduus nutans Linnaeus

Asteraceae 菊科 Carduus 飞廉属

【形态特征】 多年生草本，高40～150cm。根圆柱形。茎直立，粗壮而质软，中空，具纵棱及茎翅，翅缘密生细刺，上部有分枝，被白色有节柔毛。叶片长圆状披针形或长椭圆形，长达30cm，宽2～5cm，羽状深裂，裂片三角形、斜长圆形或卵形，边缘具缺刻齿及硬针刺。两面光滑或下面疏生白色柔毛或有节柔毛，基部沿茎下延成茎翅；茎上部叶较小，羽状浅裂，裂片边缘具硬针刺，头状花序单生或少数簇生于枝顶；总苞钟形或半球形，长1.5～2cm，宽1～2cm。总苞片多层，不等长，外层短，卵状披针形，先端具硬针刺，内层长，线状披针形，先端渐尖，紫红色；小花管状，紫红色，长约15mm，花丝有白色柔毛。瘦果扁平，光滑；冠毛白色，糙毛状，1层，长约10mm。花果期7～9月。

【相近种】 本种与节毛飞廉*C. acanthoides*易混淆，区别在于本种叶上面绿色，下面灰绿色或浅灰白色，而节毛飞廉叶两面均绿色。

【经济用途】 ① 优良蜜源植物；② 全草及根入药，散淤、止血，主治吐血、鼻衄、尿血、功能性子宫出血、白带、乳糜尿、泌尿系感染，外用治痈疖、疔疮；③ 根、籽入药，催吐（藏医用法）。

【生境分布】 贵德、共和。生于荒地、山坡、田边，海拔2230～4000m。分布于全国各地；欧洲、北美洲、亚洲（中亚至东北亚）也有。在青海亦分布于囊谦、杂多、治多、同仁、泽库、河南、西宁、乐都、民和。

矮天名精

Carpesium humile **C. Winkler**

Asteraceae 菊科　Carpesium 天名精属

【形态特征】 多年生草本。根茎粗短，具多数纤维状根。茎直立，高12～25cm，单一或上部分枝，被污黄色绒毛状长柔毛，下部较疏，上部及花梗上极密，基部直径约4mm。基叶宿存，长椭圆形，长6～9cm，宽2.5～4cm，先端锐尖或钝，基部楔形或阔楔形，下延成极短的柄，上面深绿色，被柔毛，下面淡绿色，被白色长柔毛，沿叶脉较密，在中肋基部及叶柄密集成绒毛状，两面均有粒状腺点，边缘有不显著的小齿或近全缘，中部叶长椭圆形或椭圆状披针形，先端短渐尖，基部阔楔形，无柄。头状花序单生茎、枝端及上部叶腋，具短梗或几无梗；苞叶3～7枚，披针形，长8～16mm，先端渐尖，被柔毛。总苞盘状，直径1～1.5cm，长约8mm，苞片4层，外层披针形，长7～8mm，宽2～3.5mm，先端渐尖，上部草质，基部干膜质，背面被疏长柔毛，内层条形，干膜质，先端锐尖。雌花筒状，长约2mm，筒部被柔毛，上部稍扩大，5齿裂，两性花长2.5～3mm，筒部细窄，被柔毛，冠檐显著扩大，呈漏斗状，5齿裂。瘦果长约3mm。

【生境分布】 贵德（模式标本产地）、共和。生于山谷、灌丛中、林间空地、林缘，海拔2300～2800m。中国特有种，分布于西藏、四川。在青海亦分布于民和、互助。

白瑜 摄

白瑜 摄

红花

草红花　红蓝花　刺红花　藏名：杂各尔更

Carthamus tinctorius Linnaeus

Asteraceae 菊科　Carthamus 红花属

【形态特征】　一年生草本。高(20～)50～100(～150) cm。茎直立，上部分枝，全部茎枝白色或淡白色，光滑，无毛。中下部茎叶披针形、卵状披针形或长椭圆形，长7～15cm，宽2.5～6cm，边缘大锯齿、重锯齿、小锯齿以至无锯齿而全缘，极少有羽状深裂的，齿顶有针刺，针刺长1～1.5mm，向上的叶渐小，披针形，边缘有锯齿，齿顶针刺较长，长达3mm。全部叶质地坚硬，革质，两面无毛无腺点，有光泽，基部无柄，半抱茎。头状花序多数，在茎枝顶端排成伞房花序，为苞叶所围绕，苞片椭圆形或卵状披针形，包括顶端针刺长2.5～3cm，边缘有针刺，针刺长1～3mm，或无针刺，顶端渐长，有篦齿状针刺，针刺长2mm。总苞卵形，直径2.5cm。总苞片4层，外层竖琴状，中部或下部有收缢，收缢以上叶质，绿色，边缘无针刺或有篦齿状针刺，针刺长达3mm，顶端渐尖，长1～2mm，收缢以下黄白色；中内层硬膜质，倒披针状椭圆形至长倒披针形，长达2.2cm，顶端渐尖。全部苞片无毛无腺点。小花红色、橘红色，全部为两性，花冠长2.8cm，细管部长2cm，花冠裂片几达檐部基部。瘦果倒卵形，长5.5mm，宽5mm，乳白色，有4条棱，棱在果顶伸出，侧生着生面。无冠毛。花果期5～8月。

【经济用途】　① 花入药，退烧清热、通经活血、止血，主治肺炎、肝炎、月经过多、闭经、经痛、淤血作痛、冠心病、心绞痛、跌打损伤等；② 花含红色素，可提取色素。

【生境分布】　海南州各地庭院栽培。

蓝花矢车菊　矢车菊　蓝芙蓉　车轮花

Cyanus segetum Hill

Asteraceae 菊科　Cyanus 蓝花矢车菊属

【形态特征】　一年生或二年生草本，高30～70cm或更高，直立，自中部分枝，极少不分枝。全部茎枝灰白色，被薄蛛丝状卷毛。基生叶及下部茎叶长椭圆状倒披针形或披针形，不分裂，边缘全缘无锯齿或边缘疏锯齿至大头羽状分裂，侧裂片1～3对，长椭圆状披针形、线状披针形或线形，边缘全缘无锯齿，顶裂片较大，长椭圆状倒披针形或披针形，边缘有小锯齿。中部茎叶线形、宽线形或线状披针形，长4～9cm，宽

4～8mm，顶端渐尖，基部楔状，无叶柄，边缘全缘无锯齿，上部茎叶与中部茎叶同形，但渐小。全部茎叶两面异色或近异色，上面绿色或灰绿色，被稀疏蛛丝毛或脱毛，下面灰白色，被薄绒毛。头状花序多数或少数在茎枝顶端排成伞房花序或圆锥花序。总苞椭圆状，直径1～1.5cm，有稀疏蛛丝毛。总苞片约7层，全部总苞片由外向内椭圆形、长椭圆形，外层与中层包括顶端附属物长3～6mm，宽2～4mm，内层包括顶端附属物长1～11cm，宽3～4mm。全部苞片顶端有浅褐色或白色的附属物，中、外层的附属物较大，内层的附属物较小，全部附属物沿苞片短下延，边缘流苏状锯齿。边花增大，超长于中央盘花，蓝色、白色、红色或紫色，檐部5～8裂，盘花浅蓝色或红色。瘦果椭圆形，长3mm，宽1.5mm，有细条纹，被稀疏的白色柔毛。冠毛白色或浅土红色，2列，外列多层，向内层渐长，长达3mm，内列1层，极短；全部冠毛刚毛状。花果期2～8月。

【经济用途】 ① 观赏花卉；② 蜜源植物；③ 边花入药，可以利尿，全草浸出液可以明目。

【生境分布】 贵德、贵南、共和；栽培供观赏，有逸生。

川甘岩参

川甘毛鳞菊　青甘岩参　青甘莴苣

Cicerbita roborowskii **(Maximowicz) Beauverd**

Asteraceae 菊科　Cicerbita 岩参属

【形态特征】　多年生草本，高20～90cm。根状茎短缩，生等粗的支根。茎单生，直立，细，基部直径3mm，上部圆锥花序状分枝，花序分枝被稀疏的白色长或短刺毛。基生叶大头倒向羽状或栉齿状羽状深裂或全裂，全长4.5～10cm，宽1.5～3cm，顶裂片或宽大，或卵形、三角形、卵状箭头形，或狭窄，线形或披针形，顶端急尖，有小尖头，边缘全缘、微波状或有小尖头，侧裂片2～7对，长椭圆形、椭圆形、长三角形或线形，顶端急尖或钝，边缘全缘或一侧有1个锯齿，最下方的侧裂片常锯齿状，全部侧裂片基部与叶轴宽融合；中下部茎叶与基生叶同形并等样分裂，有翼柄，基部耳状扩大，顶裂片长椭圆状披针形、披针形至线状披针形，侧裂片1～6对，线形、宽线形或披针形，边缘全缘或几全裂；最上部茎叶小，披针形或线状披针形，不裂，无柄，基部箭头状或小耳状；全部叶两面无毛。头状花序多数，在茎枝顶端排成圆锥状花序。总苞圆柱状，长1cm，宽0.4mm；总苞3～4层，外层三角形或长卵形，长2～3.5mm，宽2mm，中、内层长椭圆形或线状长椭圆形，长9～10mm，宽1～1.8mm，全部总苞片顶端急尖或钝，紫红色。舌状小花10～12朵，紫红色。瘦果长椭圆形，红黑色，压扁，长3.2mm，宽1.5mm，边缘宽厚，每面有3～5条高起的细肋，两面被稠密短直毛，上部及上部沿边缘的毛较长，顶端渐尖成长1.5mm的喙。外层冠毛极短，糙毛状，内层冠毛毛状，白色，长6mm，稀锯齿状。花果期7～9月。

【生境分布】　贵南、同德。生于林下、林缘、灌丛、山坡草丛、田边，海拔2300～3700m。中国特有种，分布于西藏、四川、甘肃、宁夏、内蒙古。在青海亦分布于玉树、囊谦、玛沁、同仁、泽库、河南、乐都、民和、门源。

蒿子杆 茼蒿

Glebionis carinata **(Schousboe) Tzvelev**

Asteraceae 菊科 Glebionis 茼蒿属

【形态特征】 一年生草本，高20～60cm，全株近无毛。茎直立，自中部以上分枝。茎中下部叶倒卵形或椭圆形，长8～10cm，宽至2cm，通常二回羽状深裂或浅裂，侧裂片3～8对，披针形至线形。头状花序单生或少数在茎枝顶端排列成近伞房状花序；总苞宽杯形，直径1.5～2cm；总苞片4层，卵形或椭圆形，长至1cm，边缘褐色膜质；舌状花黄色，舌片椭圆形，长约1.5cm；管状花黄色。舌状花瘦果具3条宽翅肋，腹面1条翅肋延伸于果实顶端，并高于花冠基部成喙状或芒尖状；管状花瘦果两侧压扁，有2条突起的肋，间肋明显；冠毛不存在。花果期6～9月。

【生境分布】 海南州各地；栽培作蔬菜用。我国北方广泛栽培，吉林有野生。青海东部农业区也有栽种。

藏蓟 马刺盖

Cirsium arvense **var.** ***alpestre*** **Nageli**

Asteraceae 菊科 Cirsium 蓟属

【形态特征】 多年生草本，高达1m。根状茎细长。茎直立，有分枝，密被绒毛。叶片长圆形、披针形或倒披针形，长3～15cm，宽1～4cm，羽状浅裂至深裂，侧裂片宽卵形、半圆形或呈三角齿状，先端及边缘具长硬针刺和短刺，上面无毛或有疏毛，下面密被灰白色绒毛，叶柄短。头状花序单生茎和枝顶端，呈伞房状；雌雄异株，雌株头状花序大，雄株的较小；总苞钟形或宽钟形，长1.5～2.6cm，宽1.2～2cm，总苞片多层，不等长，外层卵形或卵状披针形，长3～5mm，先端具刺尖，边缘有绒毛，内层线形，先端渐尖，常弯曲；小花紫红色，雌花长达2.1cm，雄花长约1.5cm。瘦果倒卵形，光滑；冠毛污白色，多层，羽毛状，在果期与花冠等长或雄株者较短。花果期6～8月。

【生境分布】 兴海、共和。生于荒地、农田、河滩，海拔1800～3300m。分布于西藏、新疆、甘肃；欧洲也有。在青海亦分布于同仁、泽库、德令哈、格尔木、都兰、乌兰、循化、民和、刚察。

刺儿菜 大蓟 小蓟 野红花 大刺儿菜
藏名：江策噶博

Cirsium arvense var. ***integrifolium*** Wimmer & Grabowski

Asteraceae 菊科 Cirsium 蓟属

【形态特征】 多年生草本，高20～100cm。根状茎细长，横走，多分枝。茎直立，上部有分枝或不分枝，被白色蛛丝状毛。叶片椭圆形、长圆形至披针形，向上渐小，先端钝或急尖，全缘，具齿或浅裂，有短针刺，基部渐狭呈柄，两面无毛或下面有时被稀疏的绒毛；基生叶和茎下部叶长2～15cm，宽1.5～10cm，边缘具大齿或侧裂片；中上部叶渐小，全缘或有小齿。头状花序1至多数，生于茎和枝顶端；总苞钟状，总苞片多层，不等长，外层长圆状披针形，内层披针形，先端急尖或渐尖，具短刺尖，边缘具短缘毛；雌雄异株；雄株头状花序小，总苞长1.5～2cm，小花两性，花冠紫红色，长1.5～2cm；雌株头状花序大，总苞长达2.7cm，小花雌性，花冠紫红色，长2.5～2.8cm。瘦果略扁平，光滑；冠毛污白色，多层，羽毛状，在果期与花冠等长或雄株者稍短。花果期7～9月。

【经济用途】 全草入药，能凉血、止血、去淤消肿，主治吐血、衄血、尿血、崩漏、痈疮、肝炎、肾炎。

【生境分布】 贵德。生于荒地、农田、水沟边，海拔1800～2700m。分布几遍全国；欧亚大陆部分地区也有。在青海亦分布于尖扎、同仁、泽库、西宁、大通、乐都、民和、互助。

葵花大蓟 聚头蓟

Cirsium souliei (Franchet) Mattfeld

Asteraceae 菊科 Cirsium 蓟属

【形态特征】 多年生无茎草本。叶基生，莲座状，狭披针形或长圆状披针形，长10～30cm，宽2～6cm，先端急尖，羽状浅裂至深裂，裂片卵形、卵状披针形或偏斜椭圆形，边缘有小裂片、齿和密针刺，两面被有节柔毛，上面叶轴和下面的毛稍多，有时上面近无毛，叶柄不明显或有短柄。头状花序多数，无或有短花序梗，簇生于莲座叶丛中间；总苞半球形，长2～3cm，宽达4cm，总苞片多层，近等长或向内层稍长，外层卵状披针形或披针形，宽2～4mm，全部或上部边缘具针刺，内层线形，近膜质，边缘无刺，先端针刺不坚硬；小花管状，紫红色，长1.8～2.1cm，管部长为檐部的2倍。瘦果黑褐色；冠毛白色，多层，羽毛状，果期与花冠等长。花果期7～9月。

【经济用途】 全草入药，凉血、消淤散肿；主治吐血、鼻出血、尿血、子宫出血、黄疸、疮痈。

【生境分布】 海南州各地。生于高山草地，河滩荒地、退化草滩，海拔2500～4400m。分布于西藏、四川、甘肃；印度（锡金）也有。在青海亦分布于玉树、囊谦、杂多、治多、曲麻莱、玛沁、久治、同仁、泽库、河南、大通、乐都、互助、门源。

两色金鸡菊　蛇目菊　昆仑雪菊　天山雪菊

Coreopsis tinctoria Nuttall

Asteraceae 菊科　Coreopsis 金鸡菊属

【形态特征】　一年生草本，无毛，高30～100cm。茎直立，上部有分枝。叶对生，下部及中部叶有长柄，二次羽状全裂，裂片线形或线状披针形，全缘；上部叶无柄或下延成翅状柄，线形。头状花序多数，有细长花序梗，直径2～4cm，排列成伞房或疏圆锥花序状。总苞半球形，总苞片外层较短，长约3mm，内层卵状长圆形，长5～6mm，顶端尖。舌状花黄色，舌片倒卵形，长8～15mm，管状花红褐色、狭钟形。瘦果长圆形或纺锤形，长2.5～3mm，两面光滑或有瘤状突起，顶端有2枚细芒。花期5～9月，果期8～10月。

【经济用途】　全草入药，清热解毒、抗菌消炎、化湿，主治急慢性痢疾、目赤肿痛、痈疮肿痛。

【生境分布】　贵德；栽培供观赏。原产于北美洲，我国各地常见栽培。

秋英　波斯菊　张大人花　芫菱梅

Cosmos bipinnatus Cavanilles

Asteraceae 菊科　Cosmos 秋英属

【形态特征】 一年生或多年生草本，高1～2m。根纺锤状，多须根，或近茎基部有不定根。茎无毛或稍被柔毛。叶二次羽状深裂，裂片线形或丝状线形。头状花序单生，直径3～6cm；花序梗长6～18cm。总苞片外层披针形或线状披针形，近革质，淡绿色，具深紫色条纹，上端长狭尖，较内层短或近等长，长10～15mm，内层椭圆状卵形，膜质。托片平展，上端成丝状，与瘦果近等长。舌状花紫红色、粉红色或白色；舌片椭圆状倒卵形，长2～3cm，宽1.2～1.8cm，有3～5个钝齿；管状花黄色，长6～8mm，管部短，上部圆柱形，有披针状裂片；花柱具短突尖的附器。瘦果黑紫色，长8～12mm，无毛，上端具长喙，有2～3个尖刺。花期6～8月，果期9～10月。

【生境分布】 海南州各地；栽培花卉。原产于墨西哥至巴西，现世界各地广泛栽培。

褐毛垂头菊

Cremanthodium brunneopilosum S. W. Liu

Asteraceae 菊科　Cremanthodium 垂头菊属

【形态特征】 多年生草本，全株灰绿色或蓝绿色。根肉质，粗壮，多数。茎单生，直立，高达1m，最上部被白色或上半部白色、下半部褐色有节长柔毛（在果期均变成褐色），下部光滑，基部直径达1.5cm，被厚密的枯叶柄包围。丛生叶多达7枚，与茎下部叶均具宽柄，柄长6～15cm，宽1.5～2.5cm，光滑，基部具宽鞘，叶片长椭圆形至披针形，长6～40cm，宽2～8cm，先端急尖，全缘或有骨质小齿，基部楔形，下延成柄，上面光滑，下面至少在脉上有点状柔毛，叶脉羽状平行或平行；茎中上部叶4～5枚，向上渐小，狭椭圆形，基部具鞘；最上部茎生叶苞叶状，披针形，先端渐尖。头状花序辐射状，下垂，1～13个，通常排列成总状花序，偶有单生，花序梗长1～9cm，被褐色有节长柔毛；总苞半球形，长1.2～1.6cm，宽1.5～2.5cm，被密的褐色有节长柔毛，基部具披针形至线形、草质的小苞片，总苞片10～16枚，2层，披针形或长圆形，宽3～5mm，先端长渐尖，内层具褐色膜质边缘。舌状花黄色，舌片线状披针形，长2.5～6cm，宽2～5mm，先端长渐尖或尾状，膜质近透明，管部长5～7mm；管状花多数，褐黄色，长8～10mm，管部长约2mm，檐部狭筒形，冠毛白色，与花冠等长。瘦果圆柱形，长约6mm，光滑。花果期6～9月。

【生境分布】 同德、兴海、共和。生于沼泽草甸、河谷滩地，海拔3300～4400m。中国特有种，分布于西藏、四川。在青海亦分布于玉树、治多、曲麻莱、玛多、玛沁、达日、久治、同仁、泽库、河南。

盘花垂头菊 藏名：曲豆那保

Cremanthodium discoideum Maximowicz

Asteraceae 菊科　Cremanthodium 垂头菊属

【形态特征】 多年生草本。根肉质，多数。茎单生，直立，高15～30cm，上部被白色和紫褐色有节长柔毛，下部光滑。丛生叶和茎基部叶具柄，柄长1～6cm，光滑，基部鞘状，叶片卵状长圆形或卵状披针形，长1.5～4cm，宽0.7～1.5cm，先端钝，全缘，稀有小齿，基部圆形，两面光滑，上面深绿色，下面灰绿色，叶脉羽状，在两面均不明显；茎生叶少，下部叶无柄，披针形，半抱茎，上部叶线形。头状花序单生，下垂，盘状，总苞半球形，长8～10mm，宽1.5～2.5cm，被密的黑褐色有节长柔毛，总苞片8～10枚，2层，线状披针形，宽1～3mm，先端渐尖或急尖。小花多数，紫黑色，全部管状，长7～8mm，管部长2～3mm，冠毛白色，与花冠等长或略长。瘦果圆柱形，光滑，长2～4mm。花果期6～8月。

【经济用途】 全草入药，舒筋活络，治中风、偏瘫。

【生境分布】 同德、兴海、共和。生于高山草地、灌丛中，海拔3000～4500m。分布于西藏、四川、甘肃；尼泊尔也有。全省各地高山均产。

车前叶垂头菊

车前状垂头菊　藏名：奥嘎

Cremanthodium ellisii (J. D. Hooker) Kitamura

Asteraceae 菊科　Cremanthodium 垂头菊属

【形态特征】 多年生草本。根肉质，多数。茎直立，单生，高8～60cm，不分枝或上部花序有分枝，上部被密的铁灰色长柔毛，下部光滑，紫红色，条棱明显，基部直径达1cm，被厚密的枯叶柄纤维。丛生叶具宽柄，柄长1～13cm，宽达1.5cm，常紫红色，基部有筒状鞘，叶片卵形、宽椭圆形至长圆形，长1.5～19cm，宽1～8cm，先端急尖，全缘或边缘有小齿至缺刻状齿，或达浅裂，基部楔形或宽楔形，下延，近肉质，两面光滑或幼时被少许白色柔毛，叶脉羽状，在下面明显突起；茎生叶卵形、卵状长圆形至线形，向上渐小，全缘或边缘有小齿，具鞘或无鞘，半抱茎。头状花序1～5个，通常单生，或排列成伞房状总状花序，下垂，辐射状，花序梗长2～10cm，被铁灰色柔毛；总苞半球形，长0.8～1.7cm，宽1～2.5cm，被密的铁灰色柔毛，总苞片8～14枚，2层，宽2～9mm，先端急尖，被白色睫毛，外层窄，披针形，内层宽，卵状披针形。舌状花黄色，舌片长圆形，长1～1.7cm，宽2～7mm，先端钝圆或急尖，管部长3～5mm；管状花深黄色，长6～7mm，管部长2～3mm，冠毛白色，与花冠等长。瘦果长圆形，长4～5mm，光滑。花果期7～10月。

【经济用途】 全草入药，治胆囊炎、头痛、中毒性疼痛、疮痈疔疖。

【生境分布】 全省各地高山均产。生于高山草甸、流石滩，海拔3500～4900m。分布于西藏、云南、四川、甘肃；喜马拉雅、克什米尔地区也有。

苏清海 摄

陆福根 摄

苏清海 摄

矮垂头菊 藏名：明涧色布

Cremanthodium humile **Maximowicz**

Asteraceae 菊科 Cremanthodium 垂头菊属

【形态特征】 多年生草本。根肉质，生于地下茎的节上，每节2～3条根。地上部分的茎直立，单生，高5～20cm，上部被黑色和白色有节长柔毛，下部光滑，基部直径2～3mm，无枯叶柄；地下部分的茎横生或斜生，根茎状，有节，节上被鳞片状叶及不定根，其长度随砾石层的深浅和生长的年龄成正相关。无丛生叶丛。茎下部叶具柄，叶柄长2～14cm，光滑，基部略呈鞘状，叶片卵形或卵状长圆形，有时近圆形，长0.7～6cm，宽1～4cm，先端钝或圆形，全缘或具浅齿，上面光滑，下面被密的白色柔毛，有明显的羽状叶脉；茎中上部叶无柄或有短柄，叶片卵形至线形，向上渐小，全缘或有齿，下面被密的白色柔毛。头状花序单生，下垂，辐射状，总苞半球形，长0.7～1.3cm，宽1～3cm，被密的黑色和白色有节柔毛，总苞片8～12枚，1层，基部合生成浅杯状，分离部分线状披针形，宽2～3mm，先端急尖或渐尖。舌状花黄色，舌片椭圆形，伸出总苞之外，长1～2cm，宽3～4mm，先端急尖，管部长约3mm；管状花黄色，多数，长7～9mm，管部长约3mm，檐部狭楔形，冠毛白色，与花冠等长。瘦果长圆形，长3～4mm，光滑。花果期7～11月。

【经济用途】 全草入药，清热、解毒、止痛，治感冒发烧、血热、胆囊炎、中毒性胃痛、化脓性发烧、头痛、炭疽病。

【生境分布】 全省各地高山均产。生于高山流石滩地，海拔3500～4900m。分布于西藏、云南、四川、甘肃；不丹也有。

朱鑫鑫 摄

条叶垂头菊 藏名：明涧色布

Cremanthodium lineare Maximowicz

Asteraceae 菊科 Cremanthodium 垂头菊属

【形态特征】 多年生草本，全株蓝绿色。根肉质，多数。茎1～4条，常单生，直立，高7～30(～45) cm，光滑或最上部被稀疏的白色柔毛，基部直径1～3mm，被枯叶柄纤维包围。丛生叶和茎基部叶无柄或具短柄，柄与叶片通常无明显的界线，叶片线形或线状披针形，长达23cm，宽0.25～3cm，一般宽2.5～5mm，先端急尖，全缘，基部楔形，下延成柄，两面光滑，叶脉平行，通常不明显；茎生叶多数，披针形至线形，苞叶状。头状花序单生，辐射状，下垂，总苞半球形，长1～1.2cm，宽1～2.5cm，光滑或基部有稀疏的柔毛，总苞片12～14枚，2层，披针形或卵状披针形，宽2～4mm，先端急尖，具白色睫毛，背部黑灰色，边缘具狭膜质。舌状花黄色，舌片线状披针形，长达4cm，宽2～3mm，先端长渐尖，管部长约2mm；管状花黄色，长5～7mm，管部长1.5～2mm，冠毛白色，与花冠等长。瘦果长圆形，长2～3mm，光滑。花果期7～10月。

【经济用途】 药用，功效同矮垂头菊。

【生境分布】 同德、兴海、共和。生于沼泽草甸、河岸滩地、水沟边，海拔3100～4500m。中国特有种，分布于四川、西藏、甘肃。在青海亦分布于玛多、玛沁、达日、久治、泽库、河南、门源。

北方还阳参
Crepis crocea (Lamarck) Babcock

Asteraceae 菊科　Crepis 还阳参属

【形态特征】 多年生草本，高12～35cm。根细。茎直立，单生或少数丛生，上部花序有分枝，被腺毛和柔毛。叶大部基生，倒披针形，长3～8cm，宽6～10mm，倒向羽状深裂或边缘有羽状小齿，顶裂片大，先端尾状渐尖，基部渐狭成具翅的柄，两面有白色皱曲的柔毛或脱毛；茎生叶线形，全缘或下半部边缘有小齿，向上渐小，无柄。头状花序单生枝顶，有时排成伞房状；总苞钟形，长8～15mm，直径达12mm，总苞片背部被腺毛、硬毛和白色柔毛，外层线形，远短于内层，不等长，内层线状长圆形，先端急尖，边缘膜质，等长；舌状花多数，黄色，舌片线形，长约10mm，宽至1mm。瘦果梭形，长约6mm，褐棕色，具不等形纵肋约14条，粗肋上有小刺；冠毛白色，长约8mm。花果期7～8月。

【生境分布】 贵南、兴海。生于沙丘、荒地、田边、水沟边及山坡，海拔2230～3300m。分布于西北、华北、东北；蒙古、俄罗斯也有。在青海亦分布于尖扎、都兰、西宁、乐都。

弯茎假苦菜　弯茎还阳参
Askellia flexuosa (Ledebour) W. A. Weber

Asteraceae 菊科　Askellia 假苦菜属

【形态特征】 多年生草本，高3～35cm。根茎细，分枝。茎直立或匍生，从基部起作多次二歧分枝，老时枝灰白色，近似半灌木。叶多少肉质；基生叶倒披针形或匙形，长1.5～7cm，宽0.3～1.5cm，羽状深裂或具波状齿，裂片披针形或长圆形，边缘具尖齿，基部渐狭成翅状柄，两面无毛；茎下部叶与基生叶同形，近等大；中上部叶线形，全缘或羽状浅裂，向上渐小，无柄。头状花序单生分枝端；总苞圆柱形，长5～8mm，直径约2mm，外层总苞片小，长约1mm，卵状披针形，先端尖，内层总苞片线状长圆形，等长，无毛，先端急尖，边缘白色膜质；小花舌状，黄色，舌片长圆形，长约7mm，宽至2mm，管部长约5mm。瘦果圆柱形，长约5mm，具10条等形纵肋；冠毛白色，长约5mm。花果期6～8月。

【生境分布】 同德、兴海、共和。生于山坡、田边、沙地、河滩及湖边，海拔1900～5000m。分布于西藏、甘肃、内蒙古；中亚及克什米尔地区、印度、蒙古也有。在青海亦分布于称多、囊谦、杂多、治多、曲麻莱、玛多、玛沁、达日、同仁、泽库、格尔木、都兰、乌兰、可可西里、循化、互助、门源、祁连、刚察。

陆福根 摄

菊花 鞠 秋菊

Chrysanthemum morifolium (Ramatuelle) Tzvelev

Asteraceae 菊科　Chrysanthemum 菊属

【形态特征】　多年生草本，高60～150cm。茎直立，分枝或不分枝，被柔毛。叶片卵形至披针形，大小多变，羽状浅裂或半裂，有短柄，叶下面被白色短柔毛。头状花序辐射状，1至数个，生于茎枝顶端，大小不等，最大直径达20cm。总苞片多层，外层外面被柔毛。舌状花多层，花色繁多，舌片形状多样；管状花黄色，多数。瘦果常不发育；无冠毛。花期8～10月。

【生境分布】　各地栽培供观赏，品种繁多。

大丽花 天竺牡丹 大理菊 苕菊 洋芍药

Dahlia pinnata Cavanilles

Asteraceae 菊科　Dahlia 大丽花属

【形态特征】　多年生草本，有巨大棒状块根。茎直立，多分枝，高1.5～2m，粗壮。叶一至三回羽状全裂，上部叶有时不分裂，裂片卵形或长圆状卵形，下面灰绿色，两面无毛。头状花序大，有长花序梗，常下垂，宽6～12cm。总苞片外层约5枚，卵状椭圆形，叶质；内层膜质，椭圆状披针形。舌状花1层，白色、红色或紫色，常卵形，顶端有不明显的3个齿，或全缘；管状花黄色，有时栽培种全部为舌状花。瘦果长圆形，长9～12mm，宽3～4mm，黑色，扁平，有2个不明显的齿。花期6～12月，果期9～10月。

【生境分布】　海南州各地；栽培供观赏。原产于墨西哥，全世界广泛栽培。品种繁多，可分为单瓣、细瓣、菊花状、牡丹花状、球状等类型。适于花坛、花径丛栽，另有矮生品种适于盆栽。

砂蓝刺头

Echinops gmelinii Turczaninow

Asteraceae 菊科 Echinops 蓝刺头属

【形态特征】 二年生草本，高10～30cm。主根细，根皮褐色。茎直立，淡黄色，密被头状腺毛，上部有少数分枝或不分枝。茎下部叶披针形或线状披针形，长2～7cm，宽至1.2cm，先端急尖，边缘具三角状刺齿或针刺，基部抱茎，两面被头状腺毛及蛛丝状毛，有时脱毛；茎上部叶较小，与下部叶同形，两面疏被毛或脱毛。复头状花序单生茎或枝端，球形，直径2～3.5cm；头状花序多数，长达1.5cm，基部具白色毛状小苞片（基毛），基毛与头状花序等长或稍短，糙毛状，非扁毛状；总苞片约12个，3～4层，线形或线状倒披针形，先端渐尖成针刺，边缘及背部被短羽状毛，内面无毛，常黑色，有光泽；小花管状，蓝色，长约8mm，深5裂。瘦果狭倒锥形，长约7mm，先端平截，被稠密的向上直毛，遮盖冠毛；冠毛呈杯状，长约1mm，膜片状，基部合生。花果期7～8月。

【生境分布】 贵德、贵南、共和。生于海拔2200～3400m的沙漠、滩地及河堤上。分布于华北、东北及河南北部；俄罗斯、蒙古也有。在青海亦分布于都兰、乌兰。

李小伟 摄

李小伟 摄

飞蓬

Erigeron acris Linnaeus

Asteraceae 菊科　Erigeron 飞蓬属

【形态特征】 二年生或多年生草本，高15～60cm。主根粗，颈部常分枝。茎单生或数个丛生，被长硬毛，最上部常有腺毛。基生叶和茎下部叶倒披针形，长4～8cm，宽0.6～1.2cm，先端钝圆或急尖，全缘或有疏齿，基部渐狭成长柄，两面被硬长毛；中上部叶小，披针形，长3～5cm，宽至8mm，先端急尖，全缘，基部略狭，两面被硬长毛，无柄。头状花序多数，在茎顶端排列成圆锥状花序或少数成伞房状排列；总苞半球形，长5～7mm，宽6～8mm；总苞片3层，线形，宽约1mm，先端渐尖，紫色，背面被长硬毛；雌花二型，舌状花淡紫色，长5～7mm，略长于冠毛，内层雌花细管状，无色，长约5mm；两性花管状，黄色，长5～6mm，上部有微毛。瘦果被短毛；冠毛2层，白色，外层短，内层长5～7mm。花果期7～8月。

【生境分布】 贵德。生于河滩、田边、灌丛、山坡草地，海拔2500～3800m。分布于西藏、四川、新疆、甘肃、陕西、宁夏、河北、山西、内蒙古、吉林、辽宁；北美洲、中亚地区及俄罗斯、日本、蒙古也有。在青海亦分布于玉树、囊谦、称多、玛沁、班玛、久治、泽库、河南、同仁、循化、湟中、民和、互助、祁连、门源。

向日葵 丈菊

Helianthus annuus Linnaeus

Asteraceae 菊科 Helianthus 向日葵属

【形态特征】 一年生高大草本。茎直立，高1～3m，粗壮，被白色粗硬毛，不分枝或有时上部分枝。叶互生，叶片心状卵圆形或卵圆形，顶端急尖或渐尖，有3条基出脉，边缘有粗锯齿，两面被短糙毛，有长柄。头状花序极大，直径10～30(～40)cm，生枝端，常下倾。总苞片多层，叶质，覆瓦状排列，卵形至卵状披针形，顶端尾状渐尖，被长硬毛或纤毛。花托平或稍凸，有半膜质托片。舌状花多数，黄色，舌片开展，长圆状卵形或长圆形，不结实。管状花极多数，棕色或紫色，有披针形裂片，结果实。瘦果倒卵形或卵状长圆形，稍扁压，长10～15mm，有细肋，常被白色短柔毛，上端有2个膜片状早落的冠毛。花期7～9月，果期8～9月。

【经济用途】 ① 种子含油量高，为半干性油，味香可口，供食用；② 花穗、种子皮壳及茎杆可作饲料及工业原料，制人造丝及纸浆等；③ 根及茎髓入药，能清热利尿、止咳平喘。

【生境分布】 海南州各地；栽培。原产于北美洲，世界各国均有栽培，品种繁多，在头状花序的大小色泽及瘦果形态上有许多变异。

菊芋 洋姜 菊藷 五星草 洋羌 番羌

Helianthus tuberosus Linnaeus

Asteraceae 菊科 Helianthus 向日葵属

【形态特征】 多年生草本，高1～3m，有块状的地下茎及纤维状根。茎直立，有分枝，被白色短糙毛或刚毛。叶通常对生，有叶柄，但上部叶互生；下部叶卵圆形或卵状椭圆形，有长柄，长10～16cm，宽3～6cm，基部宽楔形或圆形，有时微心形，顶端渐细尖，边缘有粗锯齿，有离基三出脉，上面被白色短粗毛、下面被柔毛，叶脉上有短硬毛，上部叶长椭圆形至阔披针形，基部渐狭，下延成短翅状，顶端渐尖，短尾状。头状花序较大，少数或多数，单生于枝端，有1～2个线状披针形的苞叶，直立，直径2～5cm，总苞片多层，披针形，长14～17mm，宽2～3mm，顶端长渐尖，背面被短伏毛，边缘被开展的缘毛；托片长圆形，长8mm，背面有肋，上端不等3浅裂。舌状花通常12～20朵，舌片黄色，开展，长椭圆形，长1.7～3cm；管状花花冠黄色，长6mm。瘦果小，楔形，上端有2～4个有毛的锥状扁芒。花期8～9月。

【经济用途】 ① 块茎含有丰富的淀粉，可供食用，也是优良饲料；② 新鲜的茎、叶作青贮饲料；③ 块茎含菊糖，是治疗糖尿病的良药，可供工业制菊糖及酒精，也可加工制成酱菜；④ 块茎、茎、叶入药，清热凉血、接骨，主治热病、肠热泻血、跌打骨伤。

【生境分布】 海南州各地；栽培。原产于北美洲，我国各地广泛栽培。

张海华 摄

张海华 摄

旋覆花 金佛花 金佛草 六月菊

***Inula japonica* Thunberg**

Asteraceae 菊科 Inula 旋覆花属

【形态特征】 多年生草本，高20～60cm。根茎短，横生或斜生。茎直立，上部有分枝，被长伏毛。叶互生；基生叶在花期早落；茎中部叶长圆形、椭圆形或披针形，长5～10cm，宽1.7～4cm，先端渐尖或急尖，全缘或有软骨质小齿，上面无毛，下面有短伏毛及腺点，基部渐狭，楔形；上部叶渐小，披针形或线状披针形。头状花序少数或多数，在茎端排成伞房状花序；花序梗细，被毛；总苞半球形，长6～7mm；总苞片5～6层，线状披针形，近等长，先端渐尖，背面被毛，外层草质，内层干膜质；舌状花黄色，舌片线形，长约10mm；管状花黄褐色，长5～6mm，花冠纤细。瘦果圆柱形，被短毛；冠毛白色，与管状花花冠等长。花果期8月。

【经济用途】 ① 头状花序入药，能降气、化痰、行水，主治痰多咳喘、噫气、呕吐、胸膈痞闷、水肿；② 根及叶治刀伤、疔毒，煎服也可平喘镇咳。

【生境分布】 贵德。生于水边、农田边，海拔1900～2600m。分布于我国大部分地区；俄罗斯、蒙古、朝鲜、日本也有。在青海亦分布于尖扎、西宁、循化、乐都、民和。

蓼子朴

黄喇嘛　秃女子草　山猫眼　黄蓬花　砂旋覆花

Inula salsoloides (Turczaninow) Ostenfeld

Asteraceae 菊科　Inula 旋覆花属

【形态特征】 亚灌木，高20～50cm。根状茎横走，有鳞片状叶。茎直立，多分枝，有毛。叶互生，无柄，叶片披针形、卵状披针形或线状长圆形，长3～7mm，宽1～2(～4)mm，先端钝，全缘，基部心形，耳状半抱茎，上面无毛，下面有毛及腺体。头状花序单生小枝顶端；总苞钟形，长7～9mm，宽约6mm；总苞片多层，不等长，线状披针形或长圆形，宽约1mm，黄色，干膜质，外层很短，向内层渐长；舌状花黄色，舌片线形，长约6mm；管状花黄色，长至8mm，花冠纤细，管部长为檐部的2倍。瘦果有细棱，被毛及腺体；冠毛白色，与管状花花冠等长。花果期7～9月。

【经济用途】 ① 全草入药，清热利湿、杀虫，主治急性细菌性痢疾、急慢性肠炎、疮痈肿毒、黄水疮、湿疹，并可灭蛆；② 固沙植物。

【生境分布】 贵德、共和。生于沙丘、河滩、湖边沙地、水边，海拔1880～3000m。分布于新疆、甘肃、陕西、宁夏、内蒙古、河北、山西、辽宁；中亚地区及蒙古也有。在青海亦分布于尖扎、格尔木、乌兰、西宁、循化、民和。

张海华 摄

张海华 摄

多色苦荬

窄叶小苦荬　剪刀甲　飞天台　颠倒菜

Ixeris chinensis subsp. ***versicolor*** (Fischer ex Link) Kitamura

Asteraceae 菊科　Ixeris 苦荬菜属

【形态特征】 多年生草本，高3～40cm。主根较粗，肉质。茎从基部分枝，分枝斜升或匍生，无毛。基生叶呈莲座状，线形至线状披针形或倒披针形，长2～16cm，宽0.3～1.2cm，先端尖，全缘或有疏齿至不规则羽裂，侧裂片有时长达2cm，线形或线状披针形；茎生叶1～2枚，线状披针形，全缘，无柄，略抱茎。头状花序在分枝端排成聚伞花序；总花序梗细，不等长；总苞筒状，长6～9mm，直径约3mm，外层总苞片极小，卵形，内层线状披针形，等长，先端有短毛；小花舌状，淡黄色、深黄色、淡紫色或白色，舌片长圆形，长约7mm。瘦果纺锤形，红棕色，长7mm，喙细，长约3mm，果体具等形纵肋10条，肋上有小刺；冠毛白色，长约5mm。花果期6～8月。

【经济用途】 全草入药，清热利胆，治黄疸型肝炎、胆囊炎、胃炎等症。

【生境分布】 海南州各地。生于河边、田边、山坡，海拔1850～3900m。分布于全国各地；越南、俄罗斯、朝鲜、日本也有。在青海亦分布于玉树、称多、囊谦、玛沁、尖扎、同仁、泽库、西宁、湟源、大通、湟中、循化、乐都、民和、互助。

美头火绒草

Leontopodium calocephalum (Franchet) Beauverd

Asteraceae 菊科　Leontopodium 火绒草属

【形态特征】 多年生草本，高3～35cm。根状茎细长，有分枝，不育茎顶生叶丛。茎直立，不分枝，被白色蛛丝状绵毛，下部常脱毛。不育茎的叶和茎下部叶线状披针形或线形，长1～6cm，宽1.5～5mm，先端急尖，有小尖头，基部窄，渐狭成褐色长鞘；中上部叶卵状披针形至线状披针形，长至5cm，宽0.2～0.8mm，抱茎，上部渐尖；全部叶上面常无毛，下面被疏的白色茸毛。苞叶卵状披针形，与茎上部叶同形同大或稍窄，上面被厚的茸毛，下面毛较稀疏而薄，呈绿色，较花序长2～5倍，开展成星状苞叶群，或因花序分枝而成分散的苞叶群。头状花序多数，密集，宽达1.5cm；总苞长4～6mm，被柔毛；总苞片4层，先端褐色，三角状；小花异形或雌雄异株。瘦果被短粗毛。花果期7～8月。

【经济用途】 代火绒草*L. leontopodioides*入药。

【生境分布】 贵德、兴海、共和。生于河滩、山坡、灌丛中、高山草甸，海拔2600～3900m。中国特有种，分布于云南、四川、甘肃。在青海亦分布于玛沁、班玛、久治、同仁、泽库、河南、湟中、化隆、循化、乐都、互助、门源。

戟叶火绒草

Leontopodium dedekensii **(Bureau & Franchet) Beauverd**

Asteraceae 菊科　Leontopodium 火绒草属

【形态特征】 多年生草本，高15～50cm。根状茎木质，多分枝，有不育茎。茎直立，被灰白色蛛丝状绵毛，顶端节间长而无叶，下部叶腋有腋芽或由它发育而成的分枝。叶片线形或线状长圆形，长1～3cm，宽0.15～0.4cm，先端钝或急尖，边缘稍反卷，基部扩大，心形或箭形，抱茎，上面被灰色绵毛，略显绿色，下面被白色茸毛；下部叶在花期不枯萎，上部叶直立或开展。苞叶披针形或长线形，基部渐狭，两面被白色或灰白色茸毛或下面毛较疏，比花序长，开展成星状苞叶群，或数个分苞叶群。头状花序多数，密集或疏散；总苞直径约4mm；总苞片约3层，先端及边缘褐色；小花异形或雌雄异株。瘦果有乳突或短粗毛。花果期7～8月。

【生境分布】 贵德、兴海。生于河谷、山坡、灌丛中、林下，海拔2380～4400m。分布于西藏、云南、四川、贵州、湖南、甘肃、陕西；缅甸北部也有。在青海亦分布于玉树、囊谦、称多、杂多、治多、曲麻莱、玛沁、班玛、久治、尖扎、同仁、泽库、河南、大通、湟中、乐都、民和。

火绒草

火绒蒿　大头毛香　老头艾　藏名：扎托巴

Leontopodium leontopodioides (Willdenow) Beauverd

Asteraceae 菊科　Leontopodium 火绒草属

【形态特征】 多年生草本，高10～35cm。根状茎粗，有分枝，有不育茎。茎直立，被灰白色长柔毛。下部叶花期枯萎；中上部叶近直立，全部叶线状长圆形、线状披针形或线形，稀线状匙形，长1.5～3cm，宽2～5mm，先端钝或急尖，有小尖头，边缘平或稍波状反卷，基部狭或等宽，上面被灰白色柔毛，呈灰绿色，下面有密绵毛，呈灰白色。苞叶少，较上部叶短，长圆形或线形，两面被密白色茸毛，或下面毛较疏，不形成明显的苞叶群。头状花序多数，无花序梗，密集，或在雌株具花序梗，在茎端排成疏的伞房状；总苞半球形，长7～8mm；总苞片约4层，先端褐色，下部被绵毛；小花异形，雌雄异株，稀同株，长约3mm。瘦果有乳突或短粗毛；冠毛在花后期增长。花果期7～9月。

【经济用途】 全草药用，清热、解毒、止血，治流感、矿物药中毒、疮疖疔毒、出血等症；亦可作艾灸用。

【生境分布】 海南州各地。生于田边、山坡、水边、河滩、林缘，海拔1700～3600m。分布于我国西北、华北及东北等地，以及山东半岛；蒙古、俄罗斯、日本、朝鲜也有。在青海亦分布于同仁、泽库、德令哈、香日德、乌兰、西宁、循化、乐都、民和、互助、门源。

长叶火绒草　兔耳子草　窄叶火绒草

***Leontopodium junpeianum* Kitamura**

Asteraceae 菊科　Leontopodium 火绒草属

【形态特征】 多年生草本，高3～25cm。根状茎多分枝，有多数不育茎和少数花茎，密丛生，或因分枝细长而成疏丛，有明显的紫红色长叶鞘。茎直立，紫红色，被白色柔毛或茸毛。莲座丛叶和基生叶线状匙形，长2～4cm，宽2～3mm，先端急尖，基部渐狭成柄，柄基部扩大成紫红色叶鞘；茎生叶直立，线状倒披针形或线形，长至5cm，宽2～4mm，先端急尖，有小尖头，基部略狭；全部叶上面脱毛，绿色，下面被密的白色茸毛。苞叶狭披针形或线状长圆形，先端急尖或渐尖，上面被白色长茸毛，下面毛较疏，较花序长达3倍，开展成星状苞叶群。头状花序多数或少数，密集；总苞长约5mm，宽略大于长；总苞片约3层，先端黑色，急尖；小花异形，雌雄异株，长约3mm。冠毛略长于花冠。花果期7～8月。

【生境分布】 贵德、兴海、共和。生于草地、河滩、山坡、高山草甸、山顶倒石堆，海拔3200～4400m。分布于西藏、四川、甘肃、陕西、山西、河北、内蒙古；克什米尔地区也有。在青海亦分布于玉树、囊谦、杂多、治多、达日、玛沁、班玛、久治、同仁、泽库、河南、德令哈、乌兰、大通、循化、刚察、祁连、门源。

矮火绒草

Leontopodium nanum (J. D. Hooker & Thomson ex C. B. Clarke) Handel-Mazzetti

Asteraceae 菊科　Leontopodium 火绒草属

【形态特征】 多年生草本，垫状丛生，或根状茎分枝细或稍粗壮木质，被密集或疏散的褐色鳞片状枯叶鞘，有顶生的莲座状叶丛，疏散丛生或散生。无花茎或花茎短至长达18cm，直立，细弱或稍粗壮，草质，不分枝，被白色绵状厚茸毛，全部有密集或疏生的叶，节间短至上部长达3cm。基部叶在花期生存并为枯叶残片和鞘所围裹；茎部叶较莲座状叶稍长大，直立或稍开展，匙形或线状匙形，长7～25mm，宽2～6mm，顶端圆形或钝，有隐没于毛茸中的短尖头，下部渐狭成短窄的鞘部，边缘平，质稍厚，两面被白色或上面被灰白色长柔毛状密茸毛。苞叶少数，与茎上部叶同形，但较短小，与花序同长，稀较短或较长1.5倍，直立，不开展成星状苞叶群。头状花序直径6～13mm，单生或3个密集，稀多至7个。总苞长4～5.5mm，被灰白色绵毛；总苞片4～5层，披针形，顶端无毛，尖或渐尖，或稍钝，深褐色或褐色，超出毛茸之上。小花异形，但通常雌雄异株。花冠长4～6mm；雄花花冠狭漏斗状，有小裂片；雌花花冠细丝状，花后增长。冠毛亮白色；雄花冠毛细，有短毛或长锯齿，或上部粗厚；雌花冠毛细，或上部稍厚，光滑或有微齿，花后增长，远长于花冠，长达10mm。不育的子房和瘦果无毛或多少有短粗毛。花期5～7月，果期6～8月。

【生境分布】 海南州各地。生于山坡草地、高山草甸、山谷滩地、滨湖沙地，海拔3200～5000m。在青海亦分布于玉树、囊谦、称多、杂多、治多、曲麻莱、玛多、达日、玛沁、久治、尖扎、同仁、泽库、可可西里、乌兰、天峻、互助、刚察、门源。分布于西藏、四川、甘肃、新疆、陕西；印度、克什米尔及中亚地区也有。

白瑜 摄

黄白火绒草 灰黄火绒草

Leontopodium ochroleucum **Beauverd**

Asteraceae 菊科 Leontopodium 火绒草属

【形态特征】 多年生草本，高3～9cm。根状茎有分枝，具褐色叶鞘。茎及不育枝密集，丛生，被淡黄色或白色茸毛。莲座丛叶长圆形、线状匙形或线状舌形，有时为线状披针形，长1～2.5cm，宽2～3mm，先端钝或急尖，基部渐狭成鞘；茎生叶与莲座丛叶同形，较短；全部叶两面被毛与茎相同，或莲座丛叶的上面常脱毛，呈灰绿色。苞叶较茎上部叶短，椭圆形或长圆状披针形，先端钝或急尖，两面被淡黄色密茸毛或下面有时毛较疏，常多数，开展成星状苞叶群。头状花序密集；总苞长4～5mm，较宽；总苞片约3层，先端无毛，近渐尖，黑褐色，下部被白色柔毛；小花异形，雌雄异株或边缘的头状花序为雌性。冠毛稍长于小花。花果期7～8月。

【生境分布】 同德、兴海。生于路边、沼泽草甸和山顶草甸，海拔3300～4500m。分布于新疆、西藏；中亚地区及俄罗斯、蒙古、印度（锡金）也有。在青海亦分布于乌兰、都兰、祁连、海晏。

弱小火绒草

Leontopodium pusillum (Beauverd) Handel-Mazzetti

Asteraceae 菊科 Leontopodium 火绒草属

【形态特征】 矮小多年生草本，根状茎分枝细长，丝状，有疏生的褐色短叶鞘，后叶鞘脱落，长达6cm或更长，顶端有1个或少数不育的或生长花茎的莲座状叶丛；莲座状叶丛围有枯叶鞘，散生或疏散丛生。花茎极短，高2～7(～13)cm，细弱，草质，被白色密茸毛，全部有较密的叶，节间极短至长达15mm。叶片匙形或线状匙形，下部叶和莲座状叶在花期生存，长达3cm，宽达0.2～0.4(～0.5)cm，有长和稍宽的鞘部，茎中部叶直立或稍开展，长1～2cm，宽0.2～0.3cm，顶端圆形或钝，无明显的小尖头，边缘平，下部稍狭，无柄，草质，稍厚，两面被白色或银白色密茸毛，常褶合。苞叶多数，密集，与茎上部叶多少同形，多少同长，宽2～3mm，基部较急狭，两面被白色密茸毛，较花序稍长或长达2倍，通常开展成直径1.5～2.5cm的苞叶群。头状花序直径5～6mm，3～7个密集，稀1个。总苞长3～4mm，被白色长柔毛状茸毛；总苞片约3层，顶端无毛，宽尖，无色或深褐色，超出毛茸之上。小花异形或雌雄异株。花冠长2.5～3mm；雄花花冠上部狭漏斗状，有披针形裂片；雌花花冠丝状。冠毛白色；雄花冠毛上端棒状粗厚或稍细而有毛状细锯齿；雌花冠毛细丝状，有疏细锯齿。不育的子房无毛；瘦果无毛或稍有乳头状突起。花期7～8月。

【经济用途】 本种在青海为草滩地的主要植物成分，羊极喜食。

【生境分布】 兴海。生于退化草地、河滩、高山草甸、沼泽草甸及山顶湿草甸，海拔3600～5000m。分布于西藏、新疆。在青海亦分布于玉树、囊谦、称多、杂多、治多、玛多、玛沁、格尔木、可可西里、德令哈、乌兰、祁连、门源。

银叶火绒草

Leontopodium souliei **Beauverd**

Asteraceae 菊科　Leontopodium 火绒草属

【形态特征】 多年生草本，根状茎细，横走，有1个或少数簇生的花茎和少数不育的莲座状叶丛，根出条细长，匍枝状，长达6cm，平卧，无细根，有不久枯萎的叶和顶生的叶丛。茎从膝曲的基部直立，高6～25cm，纤细，草质，后稍坚挺，不分枝，稀上部有花序枝，被白色蛛丝状长柔毛，下部有较密的叶。莲座状叶上面常脱毛，基部渐狭成短狭的鞘部；茎部叶直立，常附贴于茎上或稍开展，叶片狭线形或舌状线形，长1～4cm，宽1～3(～4)mm，下部叶基部等宽，无柄，上部叶基部稍扩大，半抱茎，顶端尖，有短小尖头，叶质，两面被同样的或下部叶上面被较疏薄的银白色绢状茸毛，上部叶基部还被长柔毛。苞叶多数，较茎上部叶稍短、稍尖，基部不扩大，两面被银白色长柔毛或白色茸毛，或下面茸毛较薄，较花序长2～3倍，密集，开展成直径约2cm的苞叶群，或有长达3mm的花序梗而开展成直径达5cm的复苞叶群。头状花序直径5～7mm，少数密集，或达20个。总苞长3.5～4mm，有长柔毛状密茸毛；总苞片约3层，顶端无毛，褐色，宽尖，稍露出毛茸之上。小花异形，雄花或雌花较少，或雌雄异株。花冠长3～4mm，雄花花冠狭漏斗状，有卵圆形裂片；雌花花冠丝状。冠毛白色，较花冠稍长，下部有细齿；雄花冠毛上部多少棒状粗厚，有锯齿，雌花冠毛细。不育的子房常无毛；瘦果被短粗毛或无毛。花期7～8月，果期9月。

【生境分布】 共和。生于河滩、山坡、高山草甸、高山倒石堆，海拔3700～4750m。中国特有种，分布于云南、四川、甘肃。在青海亦分布于杂多、玛沁、泽库、河南、大通、乐都、互助、祁连。

掌叶橐吾 甘青橐吾

Ligularia przewalskii (Maximowicz) Diels

Asteraceae 菊科　Ligularia 橐吾属

【形态特征】 多年生草本。根肉质，细而多。茎直立，高30～130cm，细瘦，光滑，基部直径3～4mm，被长的枯叶柄纤维包围。丛生叶与茎下部叶具柄，柄细瘦，长达50cm，光滑，基部具鞘，叶片卵形，掌状4～7裂，长4.5～10cm，宽8～18cm，裂片3～7深裂，中裂片二回3裂，小裂片边缘具条裂齿，两面光滑，稀被短毛，叶脉掌状；茎中上部叶少而小，掌状分裂，常有膨大的鞘。总状花序长达48cm；苞片线状钻形；花序梗纤细，长3～4mm，光滑；头状花序多数，辐射状；小苞片常缺；总苞狭筒形，长7～11mm，宽2～3mm，总苞片(3～)4～6(～7)，2层，线状长圆形，宽约2mm，先端钝圆，具褐色睫毛，背部光滑，边膜狭膜质。舌状花2～3朵，黄色，舌片线状长圆形，长达17mm，宽2～3mm，先端钝，透明，管部长6～7mm；管状花常3朵，远出于总苞之上，长10～12mm，管部与檐部等长，花柱细长，冠毛紫褐色，长约4mm，短于管部。瘦果长圆形，长约5mm，先端狭缩，具短喙。花果期6～10月。

【经济用途】 ① 花及叶入药，主治黄疸型肝炎、食物中毒；② 根也作为“紫菀”入药，润肺、化痰、止咳，主治支气管炎、咳喘、肺结核、咯血。

【生境分布】 海南州各地。生于河谷草地、灌丛、林缘，海拔2000～3900m。中国特有种，分布于四川、甘肃、宁夏、陕西、内蒙古、山西、江苏。在青海亦分布于玉树、黄南、海东、海北等州县。

箭叶橐吾 藏名：龙肖

Ligularia sagitta (Maximowicz) Mattfeld ex Rehder & Kobuski

Asteraceae 菊科 Ligularia 橐吾属

【形态特征】 多年生草本。根肉质，细而多。茎直立，高25～70cm，光滑或上部及花序被白色蛛丝状毛，后脱毛，基部直径达1cm，被枯叶柄纤维包围。丛生叶与茎下部叶具柄，柄长4～18cm，具狭翅，翅全缘或有齿，被白色蛛丝状毛，基部鞘状，叶片箭形、戟形或长圆状箭形，长2～20cm，基部宽1.5～20cm，先端钝或急尖，边缘具小齿，基部弯缺宽，长为叶片的1/3～1/4，两侧裂片开展或否，外缘常有大齿，上面光滑，下面有白色蛛丝状毛或脱毛，叶脉羽状；茎中部叶具短柄，鞘状抱茎，叶片箭形或卵形，较小；最上部叶披针形至狭披针形，苞叶状。总状花序长6.5～40cm；苞片狭披针形或卵状披针形，长6～15mm，宽至7mm，稀较长而宽，长达6.5cm，先端尾状渐尖；花序梗长5～70mm；头状花序多数，辐射状；小苞片线形；总苞钟形或狭钟形，长7～10mm，宽4～8mm，总苞片7～10枚，2层，长圆形或披针形，先端急尖或渐尖，背部光滑，内层边缘膜质。舌状花5～9朵，黄色，舌片长圆形，长7～12mm，宽约3mm，先端钝，管部长约5mm；管状花多数，长7～8mm，檐部伸出总苞之外，管部长3～4mm，冠毛白色与花冠等长。瘦果长圆形，长2.5～5mm，光滑。花果期7～9月。

【经济用途】 根、叶入药，外用治疮疖；内服催吐。

【生境分布】 贵德、同德、兴海、共和。生于山坡、林缘、灌丛中，海拔1950～3600m。分布于西藏、四川、甘肃、宁夏、河北、内蒙古、山西、黑龙江；喜马拉雅东部地区和蒙古也有。在青海亦分布于囊谦、玛沁、德令哈、西宁、大通、循化、互助、门源、祁连。

唐古特橐吾

Ligularia tangutorum Pojarkova

Asteraceae 菊科 Ligularia 橐吾属

【形态特征】 多年生草本，高40～100cm，灰绿色。须根肉质，簇生。茎直立，无毛或最上部有毛，基部密被褐色枯叶柄。丛生叶和基生叶宽卵形或宽椭圆形，长6～21cm，宽3～13cm，先端急尖，边缘有小齿或波状大齿，基部近平截或宽楔形，突然狭缩成宽翅状柄或至少柄的上部具宽翅，两面无毛，叶脉羽状，中脉较粗，在下面明显；叶柄有鞘，长3～15cm，上部具宽翅，基部紫红色；茎中上部叶椭圆形或长圆形，直立，抱茎，长4～8cm，宽至4.5cm。总状花序长达15cm，疏离；苞片线状披针形；头状花序多数，辐射状，下垂；总苞陀螺形，长6～8mm，宽至10mm；总苞片8～10枚，长圆形或狭披针形，先端钝或急尖；舌状花6～10朵，黄色，舌片长圆形，长约10mm；管状花黄色，长6～7mm。瘦果长约4mm；冠毛与管状花冠等长。花果期7～9月。

【生境分布】 同德。生于山坡、灌丛中、林下，海拔2700～4000m。中国特有种，分布于甘肃。在青海亦分布于玛沁、泽库、平安、乐都、民和、互助、门源。

白瑜 摄

白瑜 摄

黄帚橐吾　藏名：热肖

Ligularia virgaurea (Maximowicz) Mattfeld

Asteraceae 菊科　Ligularia 橐吾属

【形态特征】 多年生灰绿色草本。根肉质，多数，簇生。茎直立，高15～80cm，光滑，基部直径2～9mm，被厚密的褐色枯叶柄纤维包围。丛生叶和茎基部叶具柄，柄长达21.5cm，全部或上半部具翅，翅全缘或有齿，宽窄不等，光滑，基部具鞘，紫红色，叶片卵形、椭圆形或长圆状披针形，长3～15cm，宽1.3～11cm，先端钝或急尖，全缘至有齿，边缘有时略反卷，基部楔形，有时近平截，突然狭缩，下延成翅柄，两面光滑，叶脉羽状或有时近平行；茎生叶小，无柄，卵形、卵状披针形至线形，长于节间，稀上部者较短，先端急尖至渐尖，常筒状抱茎。总状花序长4.5～22cm，密集或上部密集，下部疏离；苞片线状披针形至线形，长达6cm，向上渐短；花序梗长3～10(～20)mm，被白色蛛丝状柔毛；头状花序辐射状，常多数，稀单生；小苞片丝状；总苞陀螺形或杯状，长7～10mm，一般宽6～9mm，稀在单生头状花序较宽，总苞片10～14枚，2层，长圆形或狭披针形，宽1.5～5mm，先端钝至渐尖而呈尾状，背部光滑或幼时有毛，具宽或窄的膜质边缘。舌状花5～14朵，黄色，舌片线形，长8～22mm，宽1.5～2.5mm，先端急尖，管部长约4mm；管状花多数，长7～8mm，管部长约3mm，檐部楔形，窄狭，冠毛白色与花冠等长。瘦果长圆形，长约5mm，光滑。花果期7～9月。

【经济用途】 ①嫩苗入药，清热解毒、干“黄水”、愈疮，治“培根”“赤巴”合并症、中毒、“黄水”病；②根入药，祛风湿、愈疮。

【生境分布】 海南州各地。生于沼泽边缘、山麓草地、滩地、山坡湿地，海拔2700～4400m。分布于西藏、云南、四川、甘肃；尼泊尔、不丹也有。在青海亦分布于玉树、果洛、黄南、海北等州县。

乳苣 蒙山莴苣 紫花山莴苣 苦菜

Lactuca tatarica (Linnaeus) C. A. Meyer

Asteraceae 菊科 Lactuca 莴苣属

【形态特征】 多年生草本，高15～60cm。根垂直直伸。茎直立，有细条棱或条纹，上部有圆锥状花序分枝，全部茎枝光滑无毛。中下部茎叶长椭圆形或线状长椭圆形或线形，基部渐狭成短柄，柄长1～1.5cm或无柄，长6～19cm，宽2～6cm，羽状浅裂或半裂，或边缘有多数或少数大锯齿，顶端钝或急尖，侧裂片2～5对，中部侧裂片较大，向两端的侧裂片渐小，全部侧裂片半椭圆形或偏斜的宽或狭三角形，边缘全缘或有稀疏的小尖头或边缘多锯齿，顶裂片披针形或长三角形，边缘全缘或边缘细锯齿或稀锯齿；向上的叶与中部茎叶同形或宽线形，但渐小。全部叶片质地稍厚，两面光滑无毛。头状花序约含20朵小花，多数，在茎枝顶端狭或宽圆锥花序。总苞圆柱状或楔形，长2cm，宽约0.8mm，果期不为卵球形；总苞片4层，不成明显的覆瓦状排列，中外层较小，卵形至披针状椭圆形，长3～8mm，宽1.5～2mm，内层披针形或披针状椭圆形，长2cm，宽2mm，全部苞片外面光滑无毛，带紫红色，顶端渐尖或钝。舌状小花紫色或紫蓝色，管部有白色短柔毛。瘦果长圆状披针形，稍压扁，灰黑色，长5mm，宽约1mm，每面有5～7条高起的纵肋，中肋稍粗厚，顶端渐尖成长1mm的喙。冠毛2层，纤细，白色，长1cm，微锯齿状，分散脱落。花果期6～9月。

【生境分布】 贵德、共和。生于河滩、沙滩、田边、山坡荒地，海拔1800～2900m。分布于我国西北、华北、东北；欧洲、中亚地区及俄罗斯、蒙古也有。在青海亦分布于尖扎、格尔木、乌兰、都兰、西宁、乐都、民和。

白瑜 摄

莴苣　莴笋

Lactuca sativa Linnaeus

Asteraceae 菊科　Lactuca 莴苣属

【形态特征】　一年生草本。高30～70cm，有白色乳汁。茎粗，肉质，直径达6cm。基生叶丛生，倒卵形或椭圆形，全缘或皱波状，两面无毛；茎生叶向上渐小，椭圆形或三角状卵形，基部心形，抱茎。头状花序多数，在茎枝顶部排成伞房状圆锥花序；总苞卵形，总苞片外层卵状披针形，内层长圆形。全部小花舌状，黄色。瘦果倒卵状椭圆形，每面有7～8条纵肋，喙细长，与果体等长或稍长；冠毛白色。

【经济用途】　①蔬菜，生食、熟食或腌渍为酱菜；②废弃的老叶为良好的青饲料。

【生境分布】　海南州各地均有栽培；全国及青海省大部分地区栽培。

贾留坤　摄

贾留坤　摄

栉叶蒿 篦齿蒿

Neopallasia pectinata **(Pallas) Poljakov**

Asteraceae 菊科 Neopallasia 栉叶蒿属

【形态特征】 一年生草本。茎自基部分枝或不分枝，直立，高5～40cm，常带淡紫色，多少被稠密的白色绢毛。叶片长圆状椭圆形，栉齿状羽状全裂，裂片线状钻形，单一或有1～2个同形的小齿，无毛，有时具腺点，无柄，羽轴向基部逐渐膨大，下部和中部茎生叶长1.5～3cm，宽0.5～1cm，或更小，长0.3～0.5(～1)cm，上部和花序下的叶变短小。头状花序无梗或几无梗，卵形或狭卵形，长3～4(～5)mm，单生或数个集生于叶腋，多数头状花序在小枝或茎中上部排成多少紧密的穗状或狭圆锥状花序；总苞片宽卵形，无毛，草质，有宽的膜质边缘，外层稍短，有时上半部叶质化；内层较狭。边缘的雌性花3～4朵，能育，花冠狭管状，全缘；中心花两性，9～16朵，有4～8朵着生于花托下部，能育，其余着生于花托顶部的不育，全部两性花花冠5裂，有时带粉红色。瘦果椭圆形，长1.2～1.5mm，深褐色，具细沟纹，在花托下部排成一圈。花果期7～9月。

【经济用途】 全草入药，消炎止痛、清肝利胆，主治急性黄疸型肝炎、头痛、头晕。

【生境分布】 兴海。生于荒漠、干河滩、山坡、荒地，海拔2100～2600m。分布于我国西南、西北、华北、东北；中亚地区及俄罗斯也有。在青海亦分布于尖扎、德令哈、乌兰、西宁、化隆。

刺疙瘩 青海鳍蓟

Olgaea tangutica **Iljin**

Asteraceae 菊科 Olgaea 猬菊属

【形态特征】 多年生草本，高40～60cm。有主根。茎直立，具茎翅，翅缘有尖刺，一面密被白色绒毛，一面光滑，有光泽，上部具长分枝，基部密被枯叶柄纤维。叶片线形或线状椭圆形，长5～20cm，宽1～2.5cm，先端渐尖，有刺尖，侧裂片不整齐，三角形，边缘具2～3个刺齿及小刺，基部渐狭呈柄；中上部叶无柄，基部下延成茎翅，上面光滑，下面密被白色绒毛。头状花序单生枝顶；总苞宽钟形，长2.5～3cm，宽2.5～4cm。总苞片多层，线形或线状披针形，先端针刺状，不等长；小花蓝紫色，管状，长2.5～2.8cm。瘦果光滑，有斑点；冠毛多层，浅褐色，糙毛状，不等长，向内层渐长，与花冠管部等长。花果期7～9月。

【生境分布】 贵德。生于山坡、山坡灌丛下，田边，海拔1900～2700m。分布于甘肃、陕西、河北、山西、宁夏、内蒙古。在青海亦分布于西宁、大通、循化、乐都、民和、互助，门源。

日本毛连菜

Picris japonica **Thunberg**

Asteraceae 菊科　Picris 毛连菜属

【形态特征】 多年生草本，高40～120cm。茎直立，有分枝，密生褐色钩状硬毛。茎下部叶长圆形或倒披针形，长6～17cm，宽1～2.5cm，先端尖，边缘有小齿，两面有钩状硬毛，基部渐狭，有柄；中上部叶稍小，向茎部渐小，披针形至线形，无柄，半抱茎，全缘。头状花序多数，在茎端排成伞房状；总梗不等长；总苞钟形，基部近圆形，长宽近相等，直径约1cm，黑灰色，密被钩状硬毛和白色绒毛；总苞片不等长，外层线形，短，内层线状披针形，较长，先端渐尖，边缘膜质。小花黄色，舌片线形，长约8mm。瘦果长圆形，有时略弯，红棕色或棕褐色，长约5mm，纵肋突起，具显著的皱纹，使果体呈横格状，先端狭，近喙状或有极短的喙；冠毛淡黄棕色，长约8mm。花果期7～8月。

【生境分布】 同德。生于田边、河滩、山坡，海拔2230～3800m。分布于我国西北、华北、华中、东北；俄罗斯、日本也有。在青海亦分布于玉树、囊谦、称多、玛沁、班玛、尖扎、同仁、泽库、西宁、湟源、大通、循化、乐都、民和。

川西小黄菊 鞑新菊 藏名：阿恰塞俊

Tanacetum tatsienense (Bureau & Franchet) K. Bremer & Humphries

Asteraceae 菊科 Tanacetum 菊蒿属

【形态特征】 多年生草本，高5～30cm。茎直立，单生或数个丛生，被白色长柔毛，上部常紫褐色，基部被褐色枯存叶柄。基生叶长圆形，连柄长2～7cm，宽至1cm，一至二回篦齿状羽状全裂，裂片线形，先端尖，两面被白色柔毛，叶轴宽约1.5mm；茎生叶少，向上渐小，羽状全裂，下部叶柄长，与叶片近等长，上部叶近无柄。头状花序辐射状，单生茎端；总苞半球形，直径1～1.2cm；总苞片多层，线状披针形或长圆形，长5～10mm，边缘褐色膜质；舌状花橘红色，舌片长圆形，长1～1.5cm；管状花黄色或橘黄色，长5～6mm。瘦果圆柱形，具肋及细肋；冠毛冠状、膜片状，稀无冠毛。花果期7～9月。

【经济用途】 头状花序入药，治跌打损伤、脑震荡、太阳穴头痛。

【生境分布】 同德。生于高山草地、灌丛中，海拔2600～4850m。分布于西藏、云南、四川。在青海亦分布于玉树、囊谦、称多、玛多、玛沁、久治、河南。

张海华 摄

张海华 摄

贾留坤 摄

无梗风毛菊

Saussurea apus **Maximowicz**

Asteraceae 菊科　Saussurea 风毛菊属

【形态特征】　多年生无茎或几无茎莲座状草本，高2～3cm。根状茎被稠密的黑褐色叶残迹。基生叶狭披针形，长2～6cm，宽0.6(～1.2)cm，先端急尖，边缘有羽状尖齿，齿尖下弯，上面被腺毛，下面无毛，基部鞘状扩大；花序下的叶片紫红色，卵形或卵状披针形，与花序等长或稍短。头状花序单生茎端；总苞半球形或钟形，长1.5～2cm，宽1.5～3cm，被长硬毛；总苞片3～5层，近等长，黑紫色，外层卵状披针形，内层线形，先端渐尖，弯曲；小花蓝紫色，管状，长约15mm。瘦果无毛；冠毛2层，内层羽毛状，上部白色，下部淡褐色。花果期7～8月。

【生境分布】　兴海。生于高山滩地、河滩、山坡砂地，海拔4000～5300m。中国特有种，分布于西藏。在青海亦分布于玉树、称多、治多、曲麻莱、玛多、玛沁、可可西里、乌兰、德令哈、祁连。

沙生风毛菊　藏名：杂迟哇冒卡

Saussurea arenaria Maximowicz

Asteraceae 菊科　Saussurea 风毛菊属

【形态特征】 多年生草本，高4～10cm。根状茎细长，有分枝。无茎或有茎，茎直立，单生或数个丛生，被白色绒毛或近光滑，基部密被枯叶柄。叶片线状长圆形，长3～9cm，宽至1.5cm，先端渐尖，边缘具波状齿或缺刻，稀全缘，基部楔形，下延成柄，上面无毛，下面密被白色绒毛；基生叶具长柄，茎生叶具短柄，柄长达4cm，有翅，半抱茎。头状花序单生；总苞宽钟形，长达3.5cm，直径2.5～3.5cm；总苞片5～6层，外层卵状披针形，长至1.5cm，背部被绒毛，内层线形，长达2.5cm；小花管状，长达2.2cm，红紫色，檐部长5～8mm，裂片5枚，线形。瘦果无毛，有棱；冠毛淡棕色，2层，外层短，粗毛状，内层羽毛状，与花冠等长。花果期7～9月。

【经济用途】 全草入药，治肝炎、胆囊炎、感冒发烧。

【生境分布】 贵南、同德、兴海、共和。生于河滩、沙地、山坡草地及山顶草甸，海拔3200～4500m。中国特有种，分布于西藏、甘肃。在青海亦分布于囊谦、治多、曲麻莱、玛多、玛沁、泽库、都兰、德令哈、大柴旦、祁连。

青藏风毛菊

Saussurea ovatifolia Y. L. Chen & S. Yun Liang

Asteraceae 菊科　Saussurea 风毛菊属

【形态特征】　根粗壮，直径达2cm，圆柱状，颈部被枯叶柄。无茎或有短茎，常数个丛生，有分枝，被白色长柔毛。基生叶莲座状，卵形、卵状心形、近圆形或长圆形，长1.5～13cm，宽1～8cm，先端钝或急尖，边缘有微齿、锯齿或下部羽裂，具1～3对裂片，基部心形、圆形或楔形，上面绿色，具短糙毛和蛛丝状毛，下面密被白色绒毛，叶柄长达14cm，被绒毛，基部扩大，鞘状抱茎；茎生叶较小，具柄。头状花序多数，在茎、枝顶或在叶丛中簇生成伞房状；花序梗短，被绒毛；总苞钟形，长1.5～2.5cm，宽1～1.5cm；总苞片5～6层，近等长，被绒毛，线状披针形，先端渐尖、具刺芒；小花蓝紫色，管状，长至2cm。瘦果无毛，有皱褶；冠毛2层，淡褐色，内层羽毛状，比花冠短。花果期8～9月。

【生境分布】　同德、兴海、共和（模式标本产地：塔秀寺）。生于河滩沙地、山坡草地及山坡石地，海拔3600～4500m。分布于西藏。在青海亦分布于囊谦、称多、杂多、曲麻莱、玛多、玛沁、都兰、祁连。

异色风毛菊 褐毛风毛菊 矮丛风毛菊

Saussurea brunneopilosa **Handel-Mazzetti**

Asteraceae 菊科 Saussurea 风毛菊属

【形态特征】 多年生草本，高5～30cm。根状茎有分枝，颈部被纤维状撕裂的残鞘并发出不育枝与花茎。茎直立，不分枝，密被白色长绢毛。基生叶狭线形，长3～10(～15)cm，宽1mm，近基部加宽呈鞘状，边缘全缘，内卷，上面无毛，下面密被白色绢毛；茎生叶与基生叶类似。头状花序单生茎端，基部有多数通常超过头状花序，且在果期呈星状排列的最上部茎叶。总苞近球形，直径2cm；总苞片4层，外层卵状椭圆形，长1.1cm，宽3mm，顶端长渐尖，紫褐色，外弯，中层椭圆状披针形，长1.2cm，宽2mm，顶端紫色，内层线状披针形，长2～3cm，宽1mm，外面紫色，全部总苞外面被褐色和白色的长柔毛。小花紫色，长1.4cm，细管部与檐部各长7mm。瘦果圆锥状，长3.5mm，无毛，顶端有小冠。冠毛2层，外层白色，短，糙毛状，内层长，黄褐色，羽毛状。花果期7～8月。

【生境分布】 贵南、兴海、共和。生于高山碎石带、高山草甸、灌丛、滩地，海拔3000～4500m。中国特有种，分布于甘肃。在青海亦分布于玛多、玛沁、泽库、德令哈、乌兰、都兰、天峻、化隆、乐都、互助、刚察、祁连、门源。

灰白风毛菊

Saussurea cana Ledebour

Asteraceae 菊科　Saussurea 风毛菊属

【形态特征】　多年生草本，高8～20cm。根状茎木质，粗壮，颈部被褐色枯叶柄，有分枝，丛生。茎直立，被灰白色绒毛。叶片线形，长1.5～3.5cm，宽0.2～0.4cm，先端急尖或渐尖，边缘反卷，全缘或羽状浅裂，基部渐狭成短柄，上面绿色，被稀疏绒毛或脱毛，下面密被灰白色绒毛；基生叶和茎下部叶有短柄，柄基部鞘状；茎生叶无柄，基部不扩大，常全缘。头状花序多数，在茎端排列成伞房状；花序梗短，被毛；总苞筒状，长10～12mm，宽4～6mm，被白色绵毛；总苞片5～7层，不等长，上部及边缘紫红色，外层和中层卵形，长3～8mm，先端钝圆，中、内层长圆形，先端钝或稍尖，被白色丛毛；小花紫红色，长约12mm。瘦果无皱褶；冠毛白色，2层，内层羽毛状，比花冠短。花果期7～8月。

【生境分布】　贵德、共和。生于干旱山坡、谷底，海拔2100～2700m。分布于西北、华北；中亚地区及俄罗斯也有。在青海亦分布于西宁、平安、互助。

抱茎风毛菊　仁昌风毛菊　冷风菊

Saussurea chingiana Handel-Mazzetti

Asteraceae 菊科　Saussurea 风毛菊属

【形态特征】　多年生草本，高15～60cm。主根圆柱形，颈部被褐色枯叶柄，有分枝。茎直立，有茎翅，被白色绒毛，上部有分枝。基生叶和茎下部叶披针形，长达20cm，宽至4cm，倒向羽状分裂，先端渐尖，基部渐狭成柄，羽裂片下弯，两面有腺状短毛；叶柄紫红色，被绒毛，长达10cm，基部膨大，鞘状；茎上部叶羽状分裂至全缘，披针形至线形，较小，无柄，基部沿茎下延成茎翅。头状花序多数，在茎枝顶端排列成伞房状；花序梗短，被绒毛；总苞钟形或狭钟形，长约10mm，宽5～7mm；总苞片5～6层，不等长，无毛，先端钝，具紫红色、膜质、半圆形附片，外层卵形，长约3mm，内层披针形；小花紫红色，管状，长约10mm。瘦果无毛；冠毛2层，淡黄色，内层羽毛状，比花冠短。花果期8月。

【生境分布】　贵南。生于林下、林间、山坡草地、田边及河边，海拔2600～3450m。中国特有种，分布于甘肃。在青海亦分布于同仁、泽库、大通、湟中、乐都、互助、祁连、门源。

白瑜 摄

白瑜 摄

达乌里风毛菊

Saussurea daurica Adams

Asteraceae 菊科　Saussurea 风毛菊属

【形态特征】 多年生草本，高8～30cm，全株灰绿色。根状茎细长，有分枝。茎直立，无毛，不分枝或上部有分枝。丛生叶和茎下部叶披针形，长1.5～9cm，宽0.8～3cm，羽状浅裂至深裂，或有齿，顶裂片较大，侧裂片长圆形至线形，常下弯，齿三角形，较小；茎生叶线状披针形，较基生叶小，先端急尖，边缘具三角状齿或羽状浅裂，裂片线形；全部叶两面无毛，叶柄细长，基部扩大，半抱茎，不下延。头状花序多数，在茎、枝顶端排成伞房状；花序梗短；总苞筒形，长10～14mm，宽4～6mm；总苞片5～6层，不等长，先端或上半部紫红色，外层卵形，长2～3mm，先端钝，内层线状披针形，先端长渐尖；小花管状，紫红色，长约14mm。瘦果无毛，顶端有膜质小冠；冠毛2层，外层短，内层羽毛状，长约10mm。花果期7～9月。

【生境分布】 兴海、共和。生于盐碱地、沼泽地、湖边，海拔2670～3600m。分布于我国东北、华北；俄罗斯、蒙古也有。在青海亦分布于格尔木、大柴旦、都兰、乌兰。

川西风毛菊

Saussurea dzeurensis Franchet

Asteraceae 菊科　Saussurea 风毛菊属

【形态特征】 多年生草本，高20～60(～90)cm。根状茎粗，颈部被多数纤维状叶柄残迹。茎直立，有翼，翼有锯齿，被稀疏的绵毛或后脱毛，上部有伞房花序状分枝，基生叶有长叶柄，茎生叶的叶片基部沿茎下延成具齿的茎翼，全部叶倒向羽状分裂，侧裂片3～6对，三角形，边缘有锯齿；上部茎叶渐小，卵状披针形，边缘有粗齿，全部叶上面被稀疏的糙毛，下面被白色蛛丝毛。头状花序通常7～10个，在茎枝顶端排成伞房花序，花序梗有线形苞叶，被稀疏的绵毛。总苞卵形，长1～1.2cm；总苞片革质，被绢状柔毛，顶端钝或急尖，边缘黑色，外层及中层卵形或披针形，内层长圆形。小花白色，长8～9mm。瘦果长3.5mm。冠毛淡黄褐色，外层短，糙毛状，内层羽毛状。花果期7～9月。

【生境分布】 同德。生于阳坡林缘、石崖上及阶地，海拔2600～3870m。在青海亦分布于班玛、久治、泽库、河南、同德。中国特有种，分布于四川、甘肃。

柳叶菜风毛菊
柳兰叶风毛菊 藏名：叶古兴那步
Saussurea epilobioides **Maximowicz**

Asteraceae 菊科 Saussurea 风毛菊属

【形态特征】 多年生草本，高25～60cm。根状茎短。茎直立，不分枝，无毛，单生。基生叶花期脱落；下部及中部茎生叶无柄，叶片线状长圆形，长8～10cm，宽1～2cm，顶端长渐尖，基部渐狭成深心形而半抱茎的小耳，边缘有具长尖头的深密齿，上面有短糙毛，下面有小腺点；上部茎生叶小，与下部及中部茎生叶同形，但渐小，基部无明显的小耳。头状花序多数，在茎端排成密集的伞房花序，有短花序梗。总苞钟状或卵状钟形，直径6～8mm；总苞片4～5层，外层宽卵形，顶端有黑绿色长钻状马刀形附属物，附属物反折或稍弯曲，中层长圆形，顶端有黑绿色钻状马刀形附属物，附属物反折或稍弯曲，内层长圆形或线状长圆形，顶端急尖或稍钝，全部总苞片几无毛。小花紫色，长1～1.1cm。瘦果圆柱状，无毛，长3～4mm。冠毛污白色，2层，外层短，糙毛状，内层长，羽毛状。花果期8～9月。

【经济用途】 全草入药，镇痛、止血、解毒、愈创，治刀伤、产后流血不止等症。

【生境分布】 同德、兴海。生于山坡草丛和灌丛中，海拔2500～4200m。中国特有种，分布于四川、甘肃。在青海亦分布于玛沁、班玛、久治、同仁、泽库、乐都、民和、互助、祁连、门源。

红柄雪莲

Saussurea erubescens Lipschitz

Asteraceae 菊科　Saussurea 风毛菊属

【形态特征】 多年生草本，高5～50cm。茎直立，不分枝，单生，被白色绢状长毛。丛生叶和茎下部叶披针形或椭圆形，长4～15cm，宽0.8～3cm，先端急尖或渐尖，边缘有整齐的小齿，基部渐狭成扁平的柄，两面被短腺毛，中脉麦秆黄色，较宽，被白色长毛，在下面明显突起，叶柄长达6cm，基部稍扩大；茎上部叶膜质，卵形或舟形，淡紫色，被白色长毛，半包被头状花序或不包被。头状花序1～12个，在茎端单生或排成伞房状；花序梗长1～6cm，被白色长粗毛；总苞倒锥形，长15～20mm，宽12～20mm；总苞片4～6层，全部或边缘黑褐色，被白色长柔毛，外层卵状披针形，宽约3mm，中、内层线形，先端渐尖；小花黑紫色，管状，长约15mm。瘦果无毛；冠毛淡褐色；2层，内层羽毛状，比花冠短。花果期7～9月。

【生境分布】 贵南、兴海、共和。生于河滩、山坡草地、高山草甸，海拔3400～4900m。中国特有种，分布于西藏、甘肃。在青海亦分布于囊谦、称多、杂多、治多、曲麻莱、玛沁、班玛、久治、同仁、泽库、河南、柴达木地区。

球花雪莲 球苞雪莲 球花风毛菊

Saussurea globosa F. H. Chen

Asteraceae 菊科 Saussurea 风毛菊属

【形态特征】 多年生草本，高4～15cm。根状茎短，颈部被褐色枯叶柄。茎直立，常单生，紫色，被长柔毛，后脱毛。基生叶与茎下部叶披针形或椭圆形，长1.5～9.5cm，宽0.4～2.5cm，先端急尖，边缘有整齐三角状齿，基部渐狭成柄，两面被密或疏的短腺毛，叶柄长达10cm，紫红色，基部稍扩大，鞘状；茎生叶披针形或长圆形，窄而小，基部扩大，紫红色；最上部叶苞叶状，卵状披针形或舟形，黑紫色，膜质，被白色长粗毛，不包被头状花序。头状花序1～5个，在茎端单生或簇生；花序梗长达7cm，被长粗毛；总苞球形或钟形，长1～1.5cm，宽0.8～1(～2.5) cm；总苞片4～5层，黑色，被白色长粗毛，先端渐尖，外层卵形，内层披针形，下部黄色；小花蓝紫色，管状，长13～15mm。瘦果无毛；冠毛2层，外层短，内层羽毛状，比花冠短；花果期7～9月。

【生境分布】 兴海、共和。生于山坡草甸、滩地、沼泽草甸、灌丛中，海拔3160～4800m。中国特有种，分布于甘肃、四川、陕西。在青海亦分布于玉树、囊谦、称多、玛多、玛沁、泽库、河南、湟源、互助、祁连、门源。

鼠曲雪兔子　鼠麹雪兔子　鼠麹风毛菊

Saussurea gnaphalodes (Royle ex Candolle) Schultz Bipontinus

Asteraceae 菊科　Saussurea 风毛菊属

【形态特征】 多年生多次结实丛生草本，高1～6cm。根状茎细长，通常有数个莲座状叶丛。茎直立，基部有褐色叶柄残迹。叶密集，叶片长圆形或匙形，长0.6～3cm，宽3～8mm，基部楔形渐狭成柄，顶端钝或圆形，边缘全缘或上部边缘有稀疏的浅钝齿；最上部叶苞叶状，宽卵形；全部叶质地稍厚，两面同色，灰白色，被稠密的灰白色或黄褐色绒毛。头状花序无小花梗，多数在茎端密集成直径为2～3cm的半球形的总花序。总苞长圆状，直径8mm；总苞片3～4层，外层长圆状卵形，长7mm，宽3.5mm，顶端渐尖，外面被白色或褐色长绵毛，中、内层椭圆形或披针形，长9mm，宽3mm，上部或上部边缘紫红色，上部在外面被白色长柔毛，顶端渐尖或急尖。小花紫红色，长9mm，细管部长5mm，檐部长4mm。瘦果倒圆锥状，长3～4mm，褐色。冠毛鼠灰色，2层，外层短，糙毛状，长3mm，内层长，羽毛状，长8mm。花果期6～8月。

【生境分布】 兴海、共和。生于高山流石滩，海拔4000～5300m。分布于西藏、四川、新疆；尼泊尔、印度西北部、巴基斯坦、中亚至阿尔泰地区也有。在青海亦分布于称多、治多、曲麻莱、玛多、玛沁、可可西里、德令哈、乌兰、天峻、祁连。

黑毛雪兔子

Saussurea inversa Raab-Straube

Asteraceae 菊科 Saussurea 风毛菊属

【形态特征】 多年生多次结实丛生草本，高5～13cm。根状茎细长，被稠密的黑色叶柄残迹，有数个莲座状叶丛。茎直立，被淡褐色的绒毛。莲座状叶丛的叶及下部茎生叶狭倒披针形或狭匙形，长3～6cm，宽达1cm，顶端急尖，羽状浅裂，基部渐狭成柄，叶柄与叶片近等长，最上部茎生叶线状披针形，先端渐尖，边缘全缘或有齿，全部叶两面被稠密或稀疏白色或淡黄褐色的绒毛，或最上部茎生叶两面被黑色绒毛。头状花序无小花序梗，多数，密集于稍膨大的茎端，成半球形的总花序，总花序直径4cm。总苞圆柱状，直径6mm；总苞片3层，外层线形，长7mm，宽1mm，顶端急尖，外面近顶端被白色长绵毛，中层长披针形，长8mm，宽1.5mm，顶端急尖，外面被长绵毛，内层椭圆形或长椭圆形，长7～8mm，宽1～2mm，顶端急尖，外面近顶端被白色长绵毛，边缘白色膜质；全部总苞片外面紫色。小花紫红色，长9mm，细管部长4mm，檐部长5mm。瘦果褐色，长3mm。冠毛黑色，2层，外层糙毛状，长1.5mm，向下反折并覆盖于瘦果上，内层长，羽毛状，长8mm。花果期7～9月。

【生境分布】 共和。生于高山流石滩及草甸，海拔3700～5000m。分布于四川、西藏。在青海亦分布于玉树、称多、杂多、曲麻莱、玛多、玛沁、久治、同仁、泽库、乌兰、都兰（模式标本产地：布尔汗布达山）、祁连、门源。

白瑜 摄

白瑜 摄

重齿风毛菊

Saussurea katochaete Maximowicz

Asteraceae 菊科 Saussurea 风毛菊属

【形态特征】 多年生无茎莲座状草本。根垂直直伸。根状茎短，被稠密的纤维状撕裂的叶柄残迹。叶莲座状，有宽叶柄，柄长1.5～6cm，被稀疏的蛛丝毛或无毛，叶片椭圆形、椭圆状长圆形、匙形、卵状三角形或卵圆形，长3～9cm，宽2～4cm，基部楔形、圆形或截形，顶端渐尖、急尖、钝或圆形，边缘有细密的尖锯齿或重锯齿，两面异色，上面绿色，无毛，下面白色，被稠密的白色绒毛，侧脉多对，在下面突起，明显。头状花序1个，无花序梗或有短花序梗，单生于莲座状叶丛中，极少植株有2～3个头状花序。总苞宽钟状，直径达4cm；总苞片4层，外层三角形或卵状披针形，长9mm，宽6mm，顶端渐尖，边缘紫黑色狭膜质，中层卵形或卵状披针形，长1.2～1.4cm，宽5.5～6mm，顶端渐尖或急尖，上半部边缘黑色狭膜质，内层长椭圆形或宽线形，长1.7cm，宽3.5mm，近顶端边缘紫色狭膜质，顶端急尖，全部总苞片外面无毛。小花紫色，长1.9cm，细管部长1.2cm，檐部长7mm。瘦果褐色，长4mm，三棱状。冠毛2层，浅褐色，外层短，糙毛状，反折并包围瘦果，内层长，羽毛状，长1.5cm。花果期7～10月。

【生境分布】 贵德、兴海、共和。生于河滩、灌丛、高山草甸及高山流石滩，海拔2800～4650m。分布于西藏、四川、甘肃。在青海亦分布于玉树、囊谦、称多、杂多、治多、曲麻莱、玛多、玛沁、久治、泽库、湟中、循化、乐都、互助、祁连、门源。

尖头风毛菊　皱叶风毛菊

Saussurea malitiosa Maximowicz

Asteraceae 菊科　Saussurea 风毛菊属

【形态特征】　二年生草本。根纺锤形。茎直立，高10～40cm，被稀疏或稠密的长柔毛，基部被褐色的叶柄残迹。基生叶有叶柄，叶柄长1～2cm，柄基鞘状扩大，被灰白色的稠密绵毛，叶片纸质，长圆形至披针形，长2.5～5cm，宽1～1.5cm，羽状深裂，裂片线形，下弯，顶端渐尖或急尖，有软骨质小尖头，边缘全缘，反卷，上面绿色，几无毛，下面被稠密的灰白色绵毛状柔毛；中部与上部茎生叶渐小，有短叶柄或无柄，与基生叶同形并等样分裂并被有同样的毛被。头状花序5～15个，在茎端排列成紧密的伞房花序，小花梗极短且粗，被稠密的柔毛或无毛。总苞卵球形或钟形，直径1.2～1.5cm，密被绵毛；总苞片5～7层，顶部渐尖，有软骨质刺状小尖头，尖头下弯或直立，外层卵形至披针形，顶端淡褐色，中层偏斜卵形，顶端通常紫色，内层线形，顶端紫色。小花紫红色，长20～22mm。瘦果有横皱纹。冠毛2层，白色，外层短，糙毛状，内层长，羽毛状。花果期6～7月。

【生境分布】　兴海、共和。生于灌丛中、砂质山坡，海拔3000～4300m。分布于甘肃。在青海亦分布于玛多、玛沁、大柴旦、德令哈、都兰。

水母雪兔子　水母雪莲　藏名：恰果素巴

Saussurea medusa Maximowicz

Asteraceae 菊科　Saussurea 风毛菊属

【形态特征】　多年生草本，高5～20cm，全株密被白色绵毛。根肉质，粗壮。茎直立，顶端膨大，基部被褐色枯叶柄。茎下部叶密集，圆形或扇形，长宽几相等，长2～25cm，边缘具条裂状齿，叶柄长2～5cm；茎上部叶菱形或披针形，羽状浅裂，下翻；最上部叶线形，围绕花序；全部叶两面有白色密绵毛。头状花序多数，无柄，在茎端密集成半球形，外围密被绵毛的苞叶；总苞狭筒形，长至17mm，宽约5mm；总苞片多层，膜质，线状长圆形或倒披针形，近等长，先端或外层总苞片黑紫色，光滑；小花管状，蓝紫色，长10～12mm，檐部长约5mm。瘦果线状倒披针形，长约9mm，黑褐色；冠毛白色，2层，外层短，粗毛状，内层羽毛状，与花冠等长。花果期7～9月。

【经济用途】　全草入药，祛风除湿、舒筋活络、引产、补血、解毒，主治风湿痛、类风湿关节炎、皮肤病、痛经、月经不调等症。

【生境分布】　贵德、同德、兴海、共和。生于高山流石滩，海拔3700～5200m。分布于西藏、云南、四川、甘肃；克什米尔地区、尼泊尔也有。在青海亦分布于玉树、囊谦、称多、杂多、治多、曲麻莱、玛多、玛沁、同仁、泽库、河南、格尔木、可可西里、大柴旦、都兰、天峻、大通、湟源、湟中、互助、祁连、门源。

披针叶风毛菊 藏名：杂迟哇冒卡

Saussurea souliei **Franchet**

Asteraceae 菊科　Saussurea 风毛菊属

【形态特征】 多年生草本，高3～10cm。根状茎细长，分枝，颈部被褐色枯叶柄。无茎或有短茎，被白色蛛丝状毛。叶大部基生，线状披针形，长3～6cm，宽约0.2cm，先端急尖，全缘基部渐狭成短柄，上面绿色，无毛，下面密被白色绒毛；全部叶或茎上部叶均高于头状花序；最上部叶小，苞片状。头状花序常单生，少有2～3个在茎顶部簇生；总苞钟形，长1.5～2cm，宽约1cm；总苞片3～4层，不等长，黑紫色，被白色绒毛或近光滑，先端急尖，外层卵状披针形或狭卵形，内层披针形至线状披针形；小花紫红色，管状，长约1.2cm。瘦果无毛；冠毛2层，外层短，内层羽毛状，短于花冠。花果期7～8月。

【经济用途】 地上部分入药，清热、凉血、疏肝，治"赤巴"病、肝炎、胆囊炎、感冒发烧、内脏出血。

【生境分布】 同德、兴海。生于高山流石滩、高山草甸、灌丛中，海拔3500～4900m。中国特有种，分布于四川、甘肃。在青海亦分布于治多、玛多、久治、泽库、循化、乐都、互助、祁连。

贾留坤 摄

钝苞雪莲 瑞苓草

Saussurea nigrescens Maximowicz

Asteraceae 菊科 Saussurea 风毛菊属

【形态特征】 多年生草本，高15～45cm。根状茎细。茎簇生或单生，直立，被稀疏的长柔毛或后变无毛，基部被残存的叶柄。基生叶有长或短柄，叶片线状披针形或线状长圆形，长8～15cm，宽约1cm，顶端急尖或渐尖，基部楔形渐狭，边缘有倒生细尖齿，两面被稀疏长柔毛或后变无毛；中部和上部茎生叶渐小，无柄，顶端急尖或渐尖，基部半抱茎；最上部茎生叶小，紫色，不包围总花序。头状花序有长小花梗，小花梗直立，长1.5～7cm，被稀疏长柔毛，头状花序1～6个在茎顶成伞房状排列。总苞狭钟状，直径1～1.5cm；总苞片4～5层，干后黑褐色或深褐色，顶端钝或稍钝，外面被白色长柔毛，外层卵形，向内层渐长，披针形或线状披针形。小花紫色，长1.4cm。瘦果长圆形，长3mm。冠毛污白色或淡棕色，2层，外层短，糙毛状，内层长，羽毛状。花果期7～9月。

【经济用途】 全草入药，活血调经、清热明目，主治月经不调、虚痨骨蒸、目疾。

【生境分布】 贵德、兴海、共和。生于灌丛中、山谷草地、山坡，海拔2900～3950m。中国特有种，分布于甘肃、河南。在青海亦分布于同仁、泽库、德令哈、乌兰、大通、贵德、湟中、乐都、互助、刚察、门源。

小花风毛菊

Saussurea parviflora (Poiret) Candolle

Asteraceae 菊科　Saussurea 风毛菊属

【形态特征】 多年生草本，高30～80cm。根状茎横走。茎直立，上部伞房花序状分枝，有狭翼，被稀疏的短柔毛或无毛。基生叶花期凋落；下部茎生叶椭圆形或长圆状椭圆形，长8～30cm，宽1.5～2.5(～4)cm，顶端渐尖，基部沿茎下延成狭翼，有翼柄，翼柄长0.5～2cm，边缘有锯齿；中部茎生叶披针形或椭圆状披针形，长12～15cm，宽2～3.5cm，顶端渐尖；上部茎生叶渐小，披针形或线状披针形，无柄，基部渐狭，顶端渐尖，全部叶上面绿色，无毛或被微毛，下面灰绿色，无毛或被微毛。头状花序多数，在茎枝顶端排列成伞房状花序，小花梗短，几无毛。总苞钟状，直径5～6mm；总苞片5层，顶端或全部暗黑色，无毛或有睫毛，外层卵形或卵圆形，长2mm，宽1.8mm，顶端急尖或钝，中层长椭圆形，长1.1mm，宽2mm，顶端钝，内层长圆形或线状长椭圆形，长1.1cm，宽0.8mm，顶端钝，常被丛卷毛。小花紫色，长1cm，管部与檐部各长5mm。瘦果长3mm。冠毛白色，外层短，糙毛状，长2mm，内层长，羽毛状，长6～7mm。花果期7～9月。

【生境分布】 贵南。生于林下、灌丛中、山坡、谷底，海拔2300～3400m。分布于四川、甘肃、新疆、宁夏、山西、河北；俄罗斯、蒙古也有。在青海亦分布于玛沁、班玛、同仁、泽库、河南、大通、湟源、湟中、循化、乐都、互助。

张海华 摄

红叶雪兔子 红毛雪兔子

Saussurea paxiana Diels

Asteraceae 菊科 Saussurea 风毛菊属

【形态特征】 多年生有茎草本。茎高5～14cm，紫红色，被黄褐色绵毛。根状茎短，被褐色残存的叶柄。基生叶与下部茎生叶椭圆形、长椭圆形、匙形、椭圆状披针形，长5～9cm，宽1～2cm，顶端急尖或渐尖，边缘有锯齿，齿顶有小尖头，基部楔形渐狭成宽叶柄，叶柄长3～4cm，被稠密绵毛，柄基扩大，两面异色，无毛，上面绿色，下面紫红色；中部茎生叶小；最上部茎叶长圆形或披针形，下半部被褐色绵毛。头状花序少数（2～5个），在茎端密集成直径为5cm的半球形的总花序。总苞长圆状，直径1cm；总苞片4层，外层长三角形，长1.2cm，宽4mm，顶端渐尖，外面被褐色绵毛，中层披针形，长1.2cm，宽3mm，顶部草质长渐尖，外面被褐色长绵毛，内层长披针形或长椭圆状线形，长1.4cm，宽约2mm，顶端急尖，外面被褐色绵毛。小花深红色，长1.7cm，细管部长9.5mm，檐部长7.5mm。瘦果圆柱状，长3mm，褐色。冠毛2层，外层短，糙毛状，长1.5mm，内层长，羽毛状，长1.3cm。花果期6～8月。

【生境分布】 兴海。生于高山流石滩及草甸，海拔4000～5000m。中国特有种，分布于西藏、四川。在青海亦分布于囊谦、称多、治多、玛多、玛沁、泽库、河南、祁连。

陆福根 摄

褐花雪莲 褐花风毛菊

Saussurea phaeantha Maximowicz

Asteraceae 菊科 Saussurea 风毛菊属

【形态特征】 多年生草本，高15～30(～40)cm。根状茎斜升。茎直立，密被或疏被长柔毛，基部被褐色的叶柄残迹。基生叶披针形，长5～10cm，宽0.8～1.5cm，顶端渐尖，基部渐狭成长1cm的短叶柄或无叶柄，边缘有细齿，上面被白色柔毛，下面被绵毛或蛛丝毛；茎生叶渐小，披针形或线状披针形，无柄，基部半抱茎；最上部叶苞叶状，包围头状花序，椭圆形或披针形，膜质，紫色，边缘全缘。头状花序小，5～15个在茎顶密集成伞房状总花序，无小花梗或有极短的小花梗。总苞卵状钟形，直径1～1.5cm；总苞片4层，外面被白色长柔毛，顶端急尖或钝，外层卵状披针形，长1.2cm，宽6mm，中层披针形或椭圆状披针形，长1.4cm，宽3.5mm，内层长披针形或线状披针形，长1cm，宽1.1mm，全部苞片紫褐色。小花褐紫色，长1.2cm，管部与檐部等长。瘦果长圆形，紫褐色，长3～4mm。冠毛污白色，外层短，糙毛状，长2mm，内层长，羽毛状，长9mm。花果期6～9月。

【生境分布】 兴海、共和。生于沼泽地、灌丛中、高山草甸、流石滩，海拔3300～4900m。中国特有种，分布西藏、四川、甘肃。在青海亦分布于称多、治多、玛多、玛沁、久治、泽库、河南、德令哈、乌兰、湟中、化隆、循化、乐都、互助、祁连、门源。

白瑜 摄

弯齿风毛菊

Saussurea przewalskii **Maximowicz**

Asteraceae 菊科 Saussurea 风毛菊属

【形态特征】 多年生草本，高(6～)15～25cm。根状茎粗，颈部被褐色鞘状残迹。茎直立，粗壮，黑紫色，被白色蛛丝状绵毛。基生叶基部渐狭成长翼柄，翼柄长4～8cm，柄基鞘状扩大，叶片全形长椭圆形，长8～15cm，宽1～2cm，羽状浅裂或半裂，侧裂片4～6对，三角形，顶端有小尖头，边缘有少数小锯齿，顶裂片三角形，顶端急尖或钝。茎生叶少数，3～4枚，与基生叶同形并等样分裂，渐小，基部渐狭成短柄或几无柄，接花序下部的叶线状披针形，无柄，羽状浅裂或半裂，全部叶两面异色，上面绿色，被稀疏蛛丝毛或无毛，下面灰白色，被稠密的白色蛛丝状绒毛。头状花序小，6～8个聚集于茎端，排成球形的总花序，几无花序梗。总苞卵形，直径6～8mm；总苞片5层，外层卵状披针形，长6mm，宽3mm，上部长渐尖，黑紫色，外面被白色稀疏长柔毛，中层椭圆形，长8mm，宽2mm，顶端急尖，上部黑紫色，内层长椭圆形，长9mm，宽1.5mm，上部紫色，顶端急尖。小花紫色，长8mm，细管部长3mm，檐部长5mm。瘦果圆柱状，长3mm，无毛。冠毛污褐色，2层，外层短，糙毛状，长2mm，内层长，羽毛状，长7mm。花果期7～9月。

【生境分布】 兴海、共和。生于阴坡、杜鹃灌丛中和林下，海拔3000～4500m。分布于云南、西藏、四川、甘肃、陕西。在青海亦分布于玉树、称多、班玛、久治、泽库、河南、湟源、湟中、循化、乐都、互助、祁连。

小风毛菊 矮小风毛菊

Saussurea minuta C. Winkler

Asteraceae 菊科　Saussurea 风毛菊属

【形态特征】 多年生矮小草本。根状茎细长，生多数细根，上部被稠密的褐色鞘状残迹。茎细，高2～3cm。基生叶线形或线状披针形，几革质，长3～7cm，宽2～4mm，两面异色，上面绿色，无毛，下面白色，密被白色短柔毛，顶端急尖，有小尖头，边缘全缘，反卷，基部有细柄，柄红色，鞘状扩大，茎生叶少数，与基生叶类似。头状花序单生茎端。总苞狭钟状；总苞片3～4层，基部革质，外层三角形，内层长圆状线形，顶端钝，全部总苞片紫色，外面无毛或内层外面有白色短柔毛。小花紫蓝色。冠毛2层，白色，外层短，糙毛状，内层长，羽毛状。花期9月。

【生境分布】 同德、兴海。生于水边、沼泽草甸、山顶裸地、高山草甸，海拔3600～4700m。中国特有种，分布于西藏、四川。在青海亦分布于玉树、都兰（模式标本产地：布尔汗布达山）、称多、治多、曲麻莱、玛多、玛沁、泽库。

星状雪兔子

星状风毛菊　藏名：苏尔公玛保

Saussurea stella Maximowicz

Asteraceae 菊科　Saussurea 风毛菊属

【形态特征】 无茎莲座状草本，全株光滑无毛。根倒圆锥状，深褐色。叶莲座状，星状排列，叶片线状披针形，长3～19cm，宽3～10mm，无柄，中部以上长渐尖，向基部常卵状扩大，边缘全缘，两面同色，紫红色或近基部紫红色，或绿色，无毛。头状花序无小花梗，多数，在莲座状叶丛中密集成半球形的直径为4～6cm的总花序。总苞圆柱形，直径8～10mm；总苞片5层，覆瓦状排列，外层长圆形，长9mm，宽3mm，顶端圆形，中层狭长圆形，长10mm，宽5mm，顶端圆形，内层线形，长1.2cm，宽3mm，顶端钝；全部总苞片外面无毛，但中层与外层苞片边缘有睫毛。小花紫色，长1.7cm，细管部长1.2cm，檐部长5mm。瘦果圆柱状，长5mm，顶端具膜质的冠状边缘。冠毛白色，2层，外层短，糙毛状，长3mm，内层长，羽毛状，长1.3cm。花果期7～9月。

【经济用途】 全草入药，治中毒性热症及骨折、风湿性筋骨痛。

【生境分布】 同德、兴海、共和。生于河滩草甸、水边、高山阴湿山坡及沼泽草甸，海拔2450～4500m。分布于西藏、云南、四川、甘肃；印度（锡金）、不丹也有。在青海亦分布于玉树、囊谦、称多、杂多、治多、曲麻莱、玛多、玛沁、久治、泽库、河南、互助、刚察、祁连、门源。

尖苞风毛菊 钻苞风毛菊

Saussurea subulisquama **Handel-Mazzetti**

Asteraceae 菊科 Saussurea 风毛菊属

【形态特征】 多年生草本，高4～30cm。根状茎粗，颈部被稠密的黑褐色叶柄残迹，残迹有时纤维状撕裂。茎直立，被稠密的蛛丝毛，有时脱毛。基生叶有长或短的柄，柄长4～7cm，叶片长椭圆形，长7～15cm，宽2.5～3cm，羽状深裂或浅裂，侧裂片4～7对，集中在叶的中部以下，卵形或三角形，顶端急尖或钝，有小尖头，边缘全缘，顶裂片较大；茎生叶与基生叶等样分裂，有短柄，全部叶两面异色，上面绿色，无毛，下面灰白色，被薄蛛丝状绒毛。头状花序单生茎端。总苞钟状，直径2cm；总苞片5～6层，被稀疏的蛛丝毛或几无毛，革质，外层披针形，长1.2～1.4cm，宽3mm，顶端渐尖，中层披针形，长1.5～1.7cm，宽3mm，顶部渐尖，内层宽线形，长2.2cm，宽1.8mm，顶端短渐尖。小花紫色，长1.8cm，细管部长1.4cm，檐部长4mm。瘦果圆柱状，长4mm，无毛。冠毛浅褐色，2层，外层短，糙毛状，长2mm，内层长，羽毛状，长1.5cm。花果期7～9月。

【生境分布】 兴海、共和。生于山坡、草甸、灌丛中、柏林下，海拔3230～4600m。中国特有种，分布于四川、甘肃。在青海亦分布于玉树、囊谦、杂多、曲麻莱、玛多、班玛、久治、祁连、门源。

横断山风毛菊

美丽风毛菊　藏名：漏子多保

Saussurea superba **J. Anthony**

Asteraceae 菊科　Saussurea 风毛菊属

【形态特征】 多年生草本，高4～25cm。根状茎粗，有时分枝，颈部密被褐色枯叶柄。无茎至有高的茎，直立，密被白色粗毛。基生叶莲座状，倒披针形或椭圆形，长3～10cm，宽1～3.5cm，先端钝或急尖，全缘，偶有小齿，密被白色缘毛，基部渐狭成柄，两面疏被短糙伏毛，中脉宽，淡黄白色；茎生叶狭倒披针形至线状披针形，较小。头状花序单生；总苞宽钟形，直径2.5～4cm，无毛；总苞片4～5层，不等长，外层黑褐色，卵状披针形，长11.5cm，先端渐长，内层线状披针形或线形，长达2.5cm，先端长渐尖，上半部黑褐色，下半部黄色，革质；小花管状，蓝紫色，长约2.5cm。瘦果无毛，有黑色花纹；冠毛2层，外层短，白色，糙毛状，内层淡褐色，羽毛状，长2cm。花果期7～9月。

【经济用途】 根入药，治流行性感冒、咽肿痛、麻疹、荨麻疹及食物中毒，并有镇静麻醉的作用。

【生境分布】 同德、兴海、共和。生于山坡草地、滩地、河滩、高山草甸，海拔2850～4600m。分布于西藏、云南、甘肃。在青海亦分布于玉树、囊谦、称多、杂多、治多、曲麻莱、玛多、玛沁、班玛、久治、泽库、河南、德令哈、天峻、乐都、互助、刚察、祁连、门源。

林生风毛菊

Saussurea sylvatica Maximowicz

Asteraceae 菊科 Saussurea 风毛菊属

【形态特征】 多年生草本，高12～75cm。根状茎有分枝或不分枝，颈部被褐色叶柄。茎直立，单生或2个并生，上部花序有簇生分枝，被白色绒毛，下部光滑，有翅。基生叶短而窄，花期枯萎；茎中部叶线状长圆形，长3～12cm，宽0.4～1.5cm，先端钝或急尖，边缘有密的小尖齿，齿端有骨质尖头，常弯曲，基部下延成长而有尖齿的茎翅，两面光滑；茎上部叶狭披针形至线形，渐小。头状花序1～7个，在茎端排成伞房状或单生茎端；花序梗长0.5～15cm，被绒毛；总苞半球形，长1～1.5cm，宽1.5～2cm；总苞片黑色，有绒毛，4～6层，不等长，外层卵状长圆形或长圆形，长约5mm，宽至2mm，先端急尖，内层线形，长至1.5cm，先端渐尖；小花蓝紫色，管状，长约12mm。瘦果无毛；冠毛2层，外层短，禾秆黄色，糙毛状，长2mm，内层长，羽毛状，淡褐色，比花冠短。花果期7～9月。

【生境分布】 兴海、共和。生于林下、灌丛中及山坡草丛中，海拔2700～4200m。中国特有种，分布于甘肃。在青海亦分布于玉树、称多、玛沁、班玛、久治、泽库、河南、大通、湟中、祁连、门源。

陆福根 摄

陆福根 摄

陆福根 摄

唐古特雪莲 东方风毛菊 藏名：漏子多保

Saussurea tangutica **Maximowicz**

Asteraceae 菊科 Saussurea 风毛菊属

【形态特征】 多年生草本，高16～70cm。根状茎粗，上部被多数褐色残存的叶柄。茎直立，单生，被稀疏的白色长柔毛，紫色或淡紫色。基生叶有叶柄，柄长2～6cm；叶片长圆形或宽披针形，长3～9cm，宽1～2.3cm，顶端急尖，基部渐狭，边缘有细齿，两面有腺毛；茎生叶长椭圆形或长圆形，顶端急尖，两面有腺毛；最上部茎生叶苞叶状，膜质，紫红色，宽卵形，顶端钝，边缘有细齿，两面有粗毛和腺毛，包围头状花序或总花序。头状花序无小花梗，1～5个，在茎端密集成直径3～7cm的总花序或单生茎顶。总苞宽钟状，直径2～3cm；总苞片4层，黑紫色，外面被黄白色的长柔毛，外层椭圆形，长5mm，宽2mm，顶端钝，中层长椭圆形，长1cm，宽2.5mm，顶端渐尖，内层线状披针形，长1.5cm，宽2mm，顶端长渐尖。小花蓝紫色，长1cm，管部与檐部等长。瘦果长圆形，长4mm，紫褐色。冠毛2层，淡褐色，外层短，糙毛状，长5mm，内层长，羽毛状，长1cm。花果期7～9月。

【经济用途】 全草入药，治流感、咽喉痛、食物中毒、风湿性关节痛等症。

【生境分布】 兴海、共和。生于高山流石滩、高山草甸，海拔3800～5000m。中国特有种，分布于西藏、云南、四川、甘肃。在青海亦分布于称多、治多、曲麻莱、玛多、玛沁、同仁、泽库、德令哈、乌兰、天峻、大通、湟源、湟中、化隆、互助、祁连、门源。

草甸雪兔子

Saussurea thoroldii **Hemsley**

Asteraceae 菊科　Saussurea 风毛菊属

【形态特征】 无茎莲座状多年生草本，全株无毛。根倒圆锥状，深褐色；根状茎粗，密被纤维状撕裂的叶柄残迹。叶多数，莲座状，叶片狭披针形或线形，长2～4cm，宽3～5mm，有短而宽的叶柄，两面绿色，无毛，羽状深裂，侧裂片5对，下弯或水平伸展，椭圆形、长椭圆形或宽线形，边缘全缘或少锯齿。头状花序有小花梗，花梗长4mm，无毛，多数，在莲座状叶丛中排成直径3～4cm的半球形总花序。总苞圆柱形，直径5mm；总苞片4层，外层椭圆形，长4mm，宽1.5mm，顶端钝，中、内层近等长，长圆形，长6mm，宽3mm；全部苞片外面无毛，但上部边缘具睫毛。小花蓝紫色，长7mm，管部长5mm，檐部长2mm。瘦果圆柱状，褐色，长2～3mm。冠毛2层，褐色，外层短，糙毛状，长2mm，内层长，羽毛状，长6mm。花果期7～9月。

【生境分布】 兴海、共和。生于河滩、沙丘、高山草甸，海拔3150～4750m。分布于西藏、新疆；克什米尔地区也有。在青海亦分布于治多、玛多、德令哈、祁连、刚察。

贾留坤 摄

陆福根 摄

贾留坤 摄

西藏风毛菊

Saussurea tibetica **C. Winkler**

Asteraceae 菊科　Saussurea 风毛菊属

【形态特征】 多年生直立草本，高10～16cm。茎禾秆色，密被灰白色长柔毛，有棱。叶片线形，长3～8cm，宽1～3mm，两面被灰白色长柔毛，下面的毛较密，边缘全缘，内卷，顶端急尖，基部扩大鞘状抱茎。头状花序2个，生茎枝顶端。总苞倒圆锥状，直径2～3cm；总苞片4层，紫色，外层长圆状卵形，长8mm，宽3～5mm，顶端渐尖，外面密被白色长柔毛，中层线状披针形，长1～1.2cm，宽2～3mm，顶端渐尖或急尖，外面被白色长柔毛，内层线形，长1.1cm，宽1mm，顶端渐尖，外面无毛。小花紫色，长9～11mm，细管部长6～7mm，檐部长3～4mm。瘦果倒卵状长圆形，长3.5mm，顶端有小冠，无毛。冠毛污白色或淡黄褐色，2层，长1～2mm，糙毛状，外层羽毛状，长7～8mm。花果期7～8月。

【生境分布】 兴海、共和（模式标本产地：塔秀寺）。生于河滩沙地、山坡草地及山坡石地，海拔3600～4500m。中国特有种，分布于西藏。在青海亦分布于囊谦、称多、杂多、曲麻莱、玛多、玛沁、都兰、祁连。

贾留坤 摄

聂秀青 摄

羌塘雪兔子
Saussurea wellbyi Hemsley

Asteraceae 菊科　Saussurea 风毛菊属

【形态特征】 多年生一次结实莲座状无茎草本。根圆锥形，褐色，肉质。根状茎被褐色残存的叶。叶莲座状，无叶柄，叶片线状披针形，长2～5cm，宽2～8mm，顶端长渐尖，基部扩大，卵形，宽8mm，上面中部以上无毛，中部以下被白色绒毛，下面密被白色绒毛，边缘全缘。头状花序无小花梗或有长近2mm的小花梗，多数在莲座状叶丛中密集成半球形的直径为4cm的总花序。总苞圆柱状，直径6mm；总苞片5层，外层长椭圆形或长圆形，长7mm，宽4mm，顶端急尖，紫红色，外面密被白色长柔毛，中层长圆形，长1.2cm，宽2.5mm，顶端圆形，内层长披针形，长9mm，宽2mm，顶端渐尖，外面无毛。小花紫红色，长1cm，细管部与檐部各长5mm。瘦果圆柱状，黑褐色，长3mm。冠毛淡褐色，2层，外层短，糙毛状，长2mm，内层长，羽毛状，长9mm。花果期7～9月。

【生境分布】 兴海。生于高山流石滩、山顶湿地，海拔4300～5300m。中国特有种，分布于西藏、四川。在青海亦分布于玉树、囊谦、称多、治多、曲麻莱、玛多、玛沁、可可西里。

贾留坤 摄

贾留坤 摄

张海华 摄

帚状鸦葱　假叉枝鸦葱　藏名：巴多拉

Scorzonera pseudodivaricata **Lipschitz**

Asteraceae 菊科　Scorzonera 鸦葱属

【形态特征】 多年生草本，高7～50cm。根垂直直伸，直径达9mm。茎自中部以上分枝，分枝纤细或较粗，长或短，成帚状，极少不分枝；全部茎枝被尘状短柔毛或稀毛至无毛，茎基被纤维状撕裂的残鞘，极少残鞘全缘，不裂。叶互生或植株含有对生的叶序，叶片线形，长达16cm，宽0.5～5mm，向上的茎生叶渐短或全部茎生叶短小或极短小而几成针刺状或鳞片状，基生叶的基部鞘状扩大，半抱茎，茎生叶的基部扩大半抱茎或稍扩大而贴茎，全部叶顶端渐尖或长渐尖，有时外弯成钩状，两面被白色短柔毛或脱毛、稀疏毛而至无毛。头状花序多数，单生茎枝顶端，形成疏松的聚伞圆锥状花序，含多数（7～12枚）舌状小花。总苞狭圆柱状，直径5～7mm；总苞片约5层，外层卵状三角形，长1.5～4mm，宽1～4mm，中、内层椭圆状披针形、线状长椭圆形或宽线形，长1～1.8cm，宽2～3mm；全部总苞片顶端急尖或钝，外面被白色尘状短柔毛。舌状小花黄色。瘦果圆柱状，长达8mm，初时淡黄色，成熟后黑绿色，无毛，有多数高起的纵肋，肋上有脊瘤状突起或无。冠毛污白色，冠毛长1.3cm，大部为羽毛状，羽枝蛛丝毛状，向顶端为锯齿状，在冠毛与瘦果连接处有蛛丝状毛环。花果期6～8月。

【经济用途】 全草入药，消炎散肿、解毒接骨，治齿龈炎，外用治疔疮、痈疽、乳腺炎等症。

【生境分布】 贵德、兴海、共和。生于干旱山坡、滩地、荒漠、河谷阶地，海拔2100～3200m。分布于新疆、甘肃、宁夏、陕西、山西、内蒙古；中亚地区及蒙古也有。在青海亦分布于尖扎、同仁、都兰、乌兰、德令哈、大柴旦、西宁、化隆、循化、乐都、民和。

异羽千里光 高原千里光

Senecio diversipinnus Y. Ling

Asteraceae 菊科 Senecio 千里光属

【形态特征】 多年生草本，高40～100cm。根茎短粗，具多数肉质须根。茎直立，粗壮或细瘦，上部有分枝，被短腺毛。基生叶在花期枯落；茎生叶向上渐小，倒披针形或狭倒披针形，长7～30cm，宽2～12cm，羽状或大头羽状全裂或深裂，顶裂片三角状卵形或戟状披针形，长3～12cm，宽1～12cm，一般宽约5cm，先端渐尖或尾状，边缘有齿；侧裂片4～6对，长圆形或披针形，先端渐尖或尾状，两面披微毛和短腺毛或上面脱毛；叶柄细长，基部耳状抱茎。头状花序辐射状，多数，在茎端排成复伞房状；花序梗被短毛和蛛丝状毛，有线形苞片；总苞狭钟形，长4～5mm，宽2～3mm；总苞片8～10枚，线状长圆形，边缘白色膜质；舌状花2～3朵，黄色，舌片线形，长约5mm；管状花黄色，长约6mm。瘦果圆柱形，被短毛；冠毛白色，长约6mm。花果期7～8月。

【生境分布】 兴海、共和。生于河滩草地、山谷坡地、林缘、林下，海拔2300～4000m。中国特有种，分布于四川、甘肃。在青海亦分布于玉树、玛沁、班玛、久治、泽库、河南、大通、乐都、互助。

天山千里光

Senecio thianschanicus Regel & Schmalhausen

Asteraceae 菊科 Senecio 千里光属

【形态特征】 多年生草本，高3～40cm。根状茎短，具须根。茎直立，常单生，不分枝或上部有分枝，被白色蛛丝状毛或脱毛。基生叶多变异，圆形、长圆形或倒卵形，叶片长0.7～2.5cm，宽0.4～1.5cm，全缘或有小齿，基部近圆形或楔形，两面无毛，叶柄细，长达5cm；茎生叶披针形、长圆形或线形，长1～10cm，宽0.4～1.5cm，先端急尖，全缘、有浅齿或羽状浅裂，裂片或齿三角形，上面无毛，下面被白色蛛丝状毛，无柄或有柄，半抱茎。头状花序辐射状，单生或2至多数，在茎枝顶端排成伞房状；花序梗具线形苞片；小外苞片线形；总苞钟形，长5～6mm，宽约5mm，稀稍宽；总苞片14～18枚，线状长圆形，先端尖三角形，紫褐色；舌状花黄色，舌片长圆形，长约6mm；管状花多数，黄色，长约6mm。瘦果无毛；冠毛白色，长约6mm。花果期7～9月。

【生境分布】 贵德、同德、兴海、共和。生于河滩、山谷、水边、灌丛中、林缘、山顶，海拔2700～4500m。分布于西藏、四川、甘肃和新疆；中亚地区也有。在青海亦分布于玉树、称多、杂多、曲麻莱、玛多、达日、玛沁、同仁、泽库、德令哈、都兰、湟源、乐都、互助、门源、祁连。

白瑜 摄

白瑜 摄

缢苞麻花头 蕴苞麻花头

Klasea centauroides subsp. ***strangulata*** (Iljin) L. Martins

Asteraceae 菊科 Klasea 麻花头属

【形态特征】 多年生草本，高40～80cm。根状茎细长。茎直立，不分枝或分枝，被疏的有节柔毛，基部被枯叶柄纤维。基生叶与茎下部叶椭圆形或倒披针形，长6.5～20cm，宽1.2～6cm，羽状浅裂至深裂，或具羽状大齿，裂片长圆形。披针形或三角形，长达2.5cm，宽0.4～1cm，全缘或边缘有齿；中部叶渐小，羽状浅裂或全缘；最上部常无叶；全部叶两面粗糙，疏被有节短柔毛。头状花序单生茎和枝端；总苞半球形，长2～2.5cm，宽2～3.5cm；总苞片多层，革质，紧密的覆瓦状排列，外层和中层卵形，长5～15mm，宽至6mm，先端急尖，被绒毛，有小刺尖，内层线状披针形，长至2.5cm，先端渐尖；小花管状，紫红色，长2～2.5cm。瘦果扁压，有肋；冠毛褐色，多层，不等长，长约7mm。花果期7～8月。

【生境分布】 贵德。生于田边、水沟边，海拔2230～3200m。中国特有种，分布于四川、甘肃、陕西、河北、山西。在青海亦分布于同仁、西宁、大通、湟中、循化、乐都、民和、互助。

苣荬菜 苦苦菜

Sonchus wightianus **Candolle**

Asteraceae 菊科 Sonchus 苦苣菜属

【形态特征】 多年生草本，高15～60cm。茎直立，不分枝，单生，无毛。叶片长倒披针形、长披针形或狭长圆形，长8～18cm，宽1～4.5cm，先端钝，边缘有波状齿至不规则羽状浅裂，稀全缘，仅具细小齿，基部渐狭呈柄；柄有狭翅，基部耳状抱茎，耳常扩大，边缘有小齿，两面无毛；上部叶小，卵形至披针形，全缘。头状花序单生或2至数个在茎或枝端排成伞房状花序；总苞宽钟形，长宽略相等，长约1cm，含多数小花；总苞片3～4层，外层短，向内渐长，内层狭披针形，先端渐尖，背部无腺毛；小花极多数，黄色，长约2cm，舌片线形，长约0.6cm。瘦果纺锤形，棕色，长约3mm，稍扁，具6～7条纵肋，肋上有横纹；冠毛白色，绵软，长约1.5cm。花果期7～9月。

【经济用途】 全草入药，称"败酱"，清热解毒、消肿排脓、祛淤止痛，主治肠痈、疮疖肿毒、肠炎、痢疾、带下、产后淤血腹痛。

【生境分布】 全省各州县均产。生于田边、水沟旁、荒地、山坡湿地，海拔2000～4000m。分布于我国西部及北部地区；俄罗斯、蒙古、朝鲜、日本也有。

苦苣菜 滇苦苣菜

Sonchus oleraceus Linnaeus

Asteraceae 菊科　Sonchus 苦苣菜属

【形态特征】 一、二年生草本，高达1m，具直根。茎粗，中空，无毛。叶变化较大，大头羽状分裂，顶裂片大，宽三角形，长3～7cm，宽2～8cm，侧裂片1～4对，卵状三角形至披针形，有时不分裂或仅有顶裂片，无侧裂片，两面无毛；叶柄具宽翅，翅缘有齿，柄基部扩大，戟形或心形，抱茎，边缘有尖齿；由基部向上，叶渐小，不裂，无柄，抱茎。头状花序数个，在茎端排成伞房状聚伞花序；总苞钟形，长约10mm，直径6～7mm；总苞片3～4层，外层短，向内渐长，内层狭披针形，先端渐尖，背部中脉疏牛腺状长毛；小花多数，舌状，黄色，舌片线形，长约5mm。瘦果红褐色，长圆状倒卵形，长约3mm，稍扁，每面具3条纵肋，肋间有横纹，先端钝，基部狭缩；冠毛白色，长约6mm。花果期7～9月。

【经济用途】 全草入药，与苣荬菜相同。

【生境分布】 海南州各地。生于荒地、田边，海拔2230～3450m。分布于全国；世界各地也有。在青海亦分布于玉树、玛沁、久治、同仁、都兰、西宁、乐都、大通。

空桶参 糖芥绢毛菊 藏名：索贡巴

***Soroseris erysimoides* (Handel-Mazzetti) C. Shih**

Asteraceae 菊科 Soroseris 绢毛菊属

【形态特征】 多年生草本，高3～40cm。根粗，肉质。茎圆柱状，中空，有多数纵棱，直径达2cm。叶散生茎上，叶片倒披针形至线状长圆形，长3～9cm，宽0.1～1.2cm，全缘，有时边缘皱波状，两面无毛，基部下延成长柄。头状花序极多数，密集茎端成半球形；总花梗长3～6mm，具线形小苞片；总苞圆柱形，长7～12mm；总苞片4枚，2层，长圆形，无毛；小花4朵，舌状，鲜黄色，舌片长圆形，长约6mm，宽2mm，管部长约4mm。瘦果长圆形，长5～6mm，棕色；冠毛长6～8mm，白色或上半部黑灰色，下半部白色。花果期7～9月。

【经济用途】 全草入药，润肺止咳、调经止血、消炎、下乳，治感冒咳嗽、支气管炎、乳汁不下、乳腺炎、月经不调、白带、衄血、疮疖痈肿；藏医用全草治头部外伤、食物中毒。

【生境分布】 贵德、同德、兴海、共和。生于高山草地、高山灌丛中，海拔3300～5400m。分布于西藏、云南、四川、甘肃、陕西；印度、不丹也有。青海省除柴达木北部及西北部不产外，各州县高山地带均有分布。

盘状合头菊

Syncalathium disciforme (Mattfeld) Y. Ling

Asteraceae 菊科　Syncalathium 合头菊属

【形态特征】 多年生草本，莲座状，高2～4cm。茎极短，顶端膨大。茎生叶及连接团伞花序下部莲座状叶丛的叶匙形、长倒披针形或倒卵形，包括短翼柄长约2cm，宽0.8～1cm，边缘有锯齿，全部叶通常紫红色，上面下部及叶柄被稠密白色短柔毛。头状花序多数或少数在膨大的茎顶集成直径为2～6cm的团伞花序，含5朵舌状小花。总苞狭圆柱状，直径3mm；总苞片1层，5枚，近等长，长椭圆状，长1.3cm，宽约3mm，顶端圆形或钝，外面沿中脉有稀疏的小硬毛或脱毛而至无毛。舌状小花紫色。瘦果倒披针形，压扁，长3mm，宽约1mm，顶端圆形，无喙状物，一面有1条而另一面有2条细纵脉纹。冠毛灰黑色，长7mm，微锯齿状。花果期9～10月。

【生境分布】 兴海。生于高山流石滩、山坡沙石地、路边碎石堆，海拔3500～4700m。中国特有珍稀濒危植物，分布于四川、甘肃。在青海亦分布于治多、称多、曲麻莱、玛沁、达日、久治、河南、循化。

李世雄 摄

万寿菊 孔雀草 臭芙蓉

Tagetes erecta **Linnaeus**

Asteraceae 菊科 Tagetes 万寿菊属

【形态特征】 一年生草本，高30～150cm。茎直立，粗壮，具纵细条棱，分枝向上平展。叶羽状分裂，长5～10cm，宽4～8cm，裂片长椭圆形或披针形，边缘具锐锯齿，上部叶裂片的齿端有长细芒；沿叶缘有少数腺体。头状花序单生，直径5～8cm，花序梗顶端棍棒状膨大；总苞长1.8～2cm，宽1～1.5cm，杯状，顶端具齿尖；舌状花黄色或暗橙色；长2.9cm，舌片倒卵形，长1.4cm，宽1.2cm，基部收缩成长爪，顶端微弯缺；管状花花冠黄色，长约9mm，顶端具5个齿裂。瘦果线形，基部缩小，黑色或褐色，长8～11mm，被短微毛；冠毛有1～2个长芒和2～3个短而钝的鳞片。花期7～9月。

【经济用途】 花序入药，能清热解毒、化痰止咳，治百日咳、气管炎、眼结膜炎、咽炎、口腔炎、牙痛，外用治腮腺炎、乳腺炎、痈疮肿毒。

【生境分布】 贵德、共和有栽培。原产于墨西哥，我国各地均有栽培。

多裂蒲公英

Taraxacum dissectum (Ledebour) Ledebour

Asteraceae 菊科　Taraxacum 蒲公英属

【形态特征】 多年生草本。根颈部密被黑褐色残存叶基，叶腋有褐色细毛。叶片线形，稀披针形，长2～5cm，宽3～10mm，羽状全裂，顶端裂片长三角状戟形，全缘，先端钝或急尖，每侧裂片3～7片，裂片线形，先端钝或渐尖，全缘，裂片间无齿或小裂片，两面被蛛丝状短毛，叶基有时显紫红色。花葶1～6个，长于叶，高4～7cm，花时常整个被丰富的蛛丝状毛；头状花序直径10～25mm；总苞钟状，长8～11mm，总苞片绿色，先端常显紫红色，无角；外层总苞片卵圆形至卵状披针形，长(3.5～)5～6mm，宽(1.5～)3.5～4mm，伏贴，中央部分绿色，具有宽膜质边缘；内层总苞片长为外层总苞片的2倍；舌状花黄色或亮黄色，花冠喉部的外面疏生短柔毛，舌片长7～8mm，宽1～1.5mm，基部筒长约4mm，边缘花舌片背面有紫色条纹，柱头淡绿色。瘦果淡灰褐色，长(4～)4.4～4.6mm，中部以上具大量小刺，以下具小瘤状突起，顶端逐渐收缩为长0.8～1mm的喙基，喙长4.5～6mm；冠毛白色，长6～7mm。花果期5～9月。

【经济用途】 蒲公英属植物全草入药，治溃疡、高烧、肠胃炎、胆囊炎、阑尾炎、肝炎、痢疾、腮腺炎、咽喉炎。

【生境分布】 贵南、兴海。生于林下、山坡草地、河谷阶地，海拔2230～3200m。分布于新疆、甘肃、内蒙古；蒙古、俄罗斯也有。在青海亦分布于尖扎、同仁、西宁、民和、门源。

深裂蒲公英 亚洲蒲公英 戟叶蒲公英

Taraxacum scariosum (Tausch) Kirschner & Štepanek

Asteraceae 菊科 Taraxacum 蒲公英属

【形态特征】 多年生草本。根颈部有暗褐色残存叶基。叶片线形或狭披针形，长4～20cm，宽3～9mm，具波状齿，羽状浅裂至羽状深裂，顶裂片较大，戟形或狭戟形，两侧的小裂片狭尖，侧裂片三角状披针形至线形，裂片间常有缺刻或小裂片，无毛或被疏柔毛。花葶数个，高10～30cm，与叶等长或长于叶，顶端光滑或被蛛丝状柔毛；头状花序直径30～35mm；总苞长10～12mm，基部卵形；外层总苞片宽卵形、卵形或卵状披针形，有明显的宽膜质边缘，先端有紫红色突起或较短的小角；内层总苞片线形或披针形，较外层总苞片长2～2.5倍，先端有紫色略钝突起或不明显的小角；舌状花黄色，稀白色，边缘花舌片背面有暗紫色条纹，柱头淡黄色或暗绿色。瘦果倒卵状披针形，麦秆黄色或褐色，长3～4mm，上部有短刺状小瘤，下部近光滑，顶端逐渐收缩为长1mm的圆柱形喙基，喙长5～9mm；冠毛污白色，长5～7mm。花果期4～9月。

【生境分布】 全省各地均产。生于河滩、山坡、高山草甸，海拔2600～4800m。分布于我国北部及西藏；中亚地区及蒙古、俄罗斯也有。

川甘蒲公英

Taraxacum lugubre Dahlstedt

Asteraceae 菊科　Taraxacum 蒲公英属

【形态特征】 多年生草本。根垂直，根颈部具褐色残存叶基。叶片线状披针形，长10～25cm，宽2.5～3.5cm，羽状深裂，侧裂片多数，裂片短三角形或宽三角形，倒向，全缘，顶端裂片较大，戟状三角形或戟形，背面被疏蛛丝状柔毛；叶柄长，常粉紫色。花葶数个，高达25cm，与叶等长或稍长于叶，顶端密被蛛丝状柔毛；头状花序直径35～55mm；总苞长15～20mm，暗紫色；外层总苞片宽卵状披针形或卵形，先端无小角，稀增厚，具明显的白色膜质边缘；内层总苞片宽线形，长约为外层总苞片的2倍，先端钝；舌状花黄色，边缘花舌片背面具紫色条纹，花柱和柱头暗绿色，干时黑色。瘦果倒卵状楔形，麦秆黄色，长约4mm，上部有短而尖的小瘤，顶端突然缢缩为短柱状喙基，喙长3～4mm；冠毛白色。

【生境分布】 兴海。生于山坡草地、碎石地、滩地，海拔2500～4500m。分布于四川、甘肃。在青海亦分布于玉树、杂多、曲麻莱、玛沁、久治、泽库、大通、循化、互助。

蒙古蒲公英

蒲公英　婆婆丁　姑姑英　黄花地丁　藏名：苦尔芒

Taraxacum mongolicum **Handel-Mazzetti**

Asteraceae 菊科　Taraxacum 蒲公英属

【形态特征】　多年生草本。根圆柱状，黑褐色，粗壮。叶片倒卵状披针形、倒披针形或长圆状披针形，长4～20cm，宽1～5cm，先端钝或急尖，边缘有时具波状齿或羽状深裂，有时倒向羽状深裂或大头羽状深裂，顶端裂片较大，三角形或三角状戟形，全缘或具齿，每侧裂片3～5片，裂片三角形或三角状披针形，通常具齿，平展或倒向，裂片间常夹生小齿，基部渐狭成叶柄，叶柄及主脉常带红紫色，疏被蛛丝状白色柔毛或几无毛。花葶1至数个，与叶等长或稍长，高10～25cm，上部紫红色，密被蛛丝状白色长柔毛；头状花序直径30～40mm；总苞钟状，长12～14mm，淡绿色；总苞片2～3层，外层总苞片卵状披针形或披针形，长8～10mm，宽1～2mm，边缘宽膜质，基部淡绿色，上部紫红色，先端增厚或具小到中等的角状突起；内层总苞片线状披针形，长10～16mm，宽2～3mm，先端紫红色，具小角状突起；舌状花黄色，舌片长约8mm，宽约1.5mm，边缘花舌片背面具紫红色条纹，花药和柱头暗绿色。瘦果倒卵状披针形，暗褐色，长4～5mm，宽1～1.5mm，上部具小刺，下部具成行排列的小瘤，顶端逐渐收缩为长约1mm的圆锥至圆柱形喙基，喙长6～10mm，纤细；冠毛白色，长约6mm。花期4～9月，果期5～10月。

【经济用途】　全草入药，清热、退烧、利胆、健胃，治“培根病”、“赤巴”病、肝病、胆病、血病、胃病、咽喉热病，外用治疮疖痈肿。

【生境分布】　青海省大部分县市均产。生于荒地、水边、田边、河滩，海拔2000～4000m。分布于全国大部分省区（华南不产）；俄罗斯、蒙古、朝鲜也有。

注：本种分布广，植株大小变异较大。

白缘蒲公英
热河蒲公英　山蒲公英　河北蒲公英

Taraxacum platypecidum Diels

Asteraceae 菊科　Taraxacum 蒲公英属

【形态特征】 多年生草本。根颈部有黑褐色残存叶柄。叶片宽倒披针形或倒披针形，长10～30cm，宽2～4cm，羽状分裂，每侧裂片5～8片，裂片三角形，全缘或有疏齿，侧裂片较大，三角形，疏被蛛丝状柔毛或几无毛。花葶1至数个，高达45cm，上部密被白色蛛丝状绵毛；头状花序大型，直径40～45mm；总苞宽钟状，长15～17mm，总苞片3～4层，先端有或无小角；外层总苞片宽卵形，中央有暗绿色宽带，边缘为宽白色膜质，上端粉红色，被疏睫毛，内层总苞片长圆状线形或线状披针形，长约为外层总苞片的2倍；舌状花黄色，边缘花舌片背面有紫红色条纹，花柱和柱头暗绿色，干时多少黑色。瘦果淡褐色，长约4mm，宽1～1.4mm，上部有刺状小瘤，顶端突然缢缩为圆锥形至圆柱形的喙基，喙基长约1mm，喙纤细，长8～12mm；冠毛白色，长7～10mm。花果期7～8月。

【生境分布】 兴海。生于山坡碎石地、草地、山顶，海拔3400～4260m。分布于东北、华北及甘肃；俄罗斯（远东地区）、日本、朝鲜也有。在青海亦分布于玉树、同仁、泽库、门源。

狗舌草　藏名：阿恰塞俊

Tephroseris kirilowii (Turczaninow ex Candolle) Holub

Asteraceae 菊科　Tephroseris 狗舌草属

【形态特征】 多年生草本，根状茎斜升，常覆盖以褐色宿存叶柄，具多数纤维状根。茎单生，稀2～3个，近葶状，直立，高20～60cm，不分枝，密被白色蛛丝状毛，有时或多或少脱毛。基生叶数个，莲座状，具短柄，在花期生存，长圆形或卵状长圆形，长5～10cm，宽1.5～2.5cm，顶端钝，具小尖，基部楔状至渐狭成具狭至宽翅叶柄，两面密被或疏的白色蛛丝状绒毛；茎生叶少数，向茎上部渐小，下部叶倒披针形或倒披针状长圆形，长4～8cm，宽0.5～1.5cm，钝至尖，无柄，基部半抱茎，上部叶小，披针形，苞片状，顶端尖。头状花序直径1.5～2cm，3～11个排列成多少伞形状顶生伞房花序；花序梗长1.5～5cm，密被蛛丝状绒毛，多少被黄褐色腺毛，基部具苞片，上部无小苞片。总苞近圆柱状钟形，长6～8mm，宽6～9mm，无外层苞片；总苞片18～20个，披针形或线状披针形，宽1～1.5mm，顶端渐尖或急尖，绿色或紫色，草质，具狭膜质边缘，外面被密或有时疏的蛛丝状毛，或多少脱毛。舌状花13～15朵，管部长3～3.5mm；舌片黄色，长圆形，长6.5～7mm，宽2.5～3mm，顶端钝，具3个细齿，4条脉。管状花多数，花冠黄色，长约8mm，管部长4mm，檐部漏斗状；裂片卵状披针形，长1.2mm，急尖，顶端具乳头状毛。花药长2.2mm，基部钝，附片卵状披针形；花

柱分枝长约1mm。瘦果圆柱形，长2.5mm，密被硬毛。冠毛白色，长约6mm。花期7～9月。

【经济用途】 全草入药，清热、解毒、利尿，主治肺脓疡、尿路感染、小便不利、白血病、口腔炎、疖肿。头状花序入药，治头痛、神经痛。

【生境分布】 共和。生于田边、阴坡草地和干草坡，海拔2500～3500m。分布于我国西北、华北、东北、华中、华南及四川；俄罗斯、日本、朝鲜也有。在青海亦分布于尖扎、同仁、门源。

毛果橙舌狗舌草

Tephroseris rufa var. ***chaetocarpa*** C. Jeffrey & Y. L. Chen

Asteraceae 菊科　Tephroseris 狗舌草属

【形态特征】 本变种与原变种橙舌狗舌草 *T. rufa*的区别仅在于瘦果被短柔毛。

【生境分布】 共和（青海湖）。生于山坡草地，海拔3200m。中国特有种，分布于甘肃、河北、山西。

橙舌狗舌草 藏名：阿恰塞俊

Tephroseris rufa (Handel-Mazzetti) B. Nordenstam

Asteraceae 菊科 Tephroseris 狗舌草属

【形态特征】 多年生草本，根状茎缩短，直立或斜升，具多数纤维状根。茎单生，直立，高9～60cm，不分枝，下部绿色或紫色，被白色绵状绒毛，或常多少脱毛。基生叶数个，莲座状，具短柄，在花期生存，卵形、椭圆形或倒披针形，长2～10cm，宽1.5～3cm，顶端钝至圆形，基部楔状狭成叶柄，全缘或具疏小尖齿，具羽状脉，纸质，两面初时被疏蛛丝状绒毛，后变无毛；叶柄长0.5～3cm，具宽或狭翅，基部扩大；下部茎生叶长圆形或长圆状匙形；中部茎生叶无柄，长圆形或长圆状披针形，长3～6cm，宽0.5～1cm，顶端钝，基部扩大且半抱茎，向上部渐小，上部茎生叶线状披针形至线形，急尖，两面被疏蛛丝状毛，脱毛至近无毛，杂有疏至密柔毛。头状花序辐射状，或稀盘状，2～20个排成密至疏的顶生近伞形状伞房花序；花序梗长1～4.5cm，被密至疏的蛛丝状绒毛及柔毛，基部具线形苞片或无苞片。总苞钟状，长6～7mm，宽7～10mm，无外层苞片；总苞片20～22枚，褐紫色或仅上端紫色，披针形至线状披针形，宽1～1.5mm，顶端渐尖，草质，外面被密至疏的蛛丝状毛及褐色柔毛至变无毛。舌状花约15朵，管部长5mm，舌片橙黄色或橙红色，长圆形，长约20mm，宽2.5～3mm，顶端具3个细齿，具4条脉；管状花多数，花管橙黄色至橙红色，或黄色而具裂片橙黄色，长7～8mm，宽3.5～4mm，檐部漏斗状，裂片卵状披针形，长1.2mm，尖，具乳头状毛。花药长2.5mm，基部钝，附片卵状披针形。瘦果圆柱形，长3mm，无毛或被柔毛；冠毛稍红色，长3.5～4mm。

【生境分布】 贵南、同德、兴海、共和。生于山坡草地、灌丛中、林下及高山草甸，海拔3200～4150m。中国特有种，分布于西藏、四川、甘肃。在青海亦分布于玉树、囊谦、称多、杂多、治多、曲麻莱、玛多、达日、玛沁、班玛、久治、尖扎、同仁、泽库、河南、乌兰、天峻、刚察、门源。

苏清海 摄

陆福根 摄

张海华 摄

陆福根 摄

款冬 款冬花 冬花 虎须 九尽草

Tussilago farfara **Linnaeus**

Asteraceae 菊科 Tussilago 款冬属

【形态特征】 多年生草本。根状茎横生地下，褐色。早春花叶抽出数个花葶，高5～10cm，密被白色茸毛，有鳞片状、互生的苞叶，苞叶淡紫色。头状花序单生顶端，直径2.5～3cm，初时直立，花后下垂；总苞片1～2层，总苞钟状，结果时长15～18mm，总苞片线形，顶端钝，常带紫色，被白色柔毛及脱毛，有时具黑色腺毛；边缘有多层雌花，花冠舌状，黄色，子房下位；柱头2裂；中央的两性花少数，花冠管状，顶端5裂；花药基部尾状；柱头头状，通常不结实。瘦果圆柱形，长3～4mm；冠毛白色，长10～15mm。后生出基生叶阔心形，具长叶柄，叶片长3～12cm，宽4～14cm，边缘有波状、顶端增厚的疏齿，掌状网脉，下面被密白色茸毛；叶柄长5～15cm，被白色绵毛。

【经济用途】 花蕾入药，有润肺下气、化痰止咳之功效，主治咳逆喘息、风寒哮喘、慢性气管炎。

【生境分布】 贵德。生于河边或山坡，海拔约2500m。分布于我国大部分地；在欧洲、亚洲及非洲北部的一些地区也有。在青海亦分布于互助、民和、西宁、乐都、大通等地。

苍耳 粘头婆 虱马头 刺八裸 苍浪子 青棘子 藏名：齐才

Xanthium strumarium Linnaeus

Asteraceae 菊科 Xanthium 苍耳属

【形态特征】 一年生草本，高30～50cm。茎直立，被短糙毛，常从基部分枝。叶片宽卵形或心形，长5～12cm，宽4～7cm，先端急尖，基部浅心形，边缘3～5浅裂或具不规则细齿，两面均粗糙，上面脉上及下面被糙毛，叶柄细长，被短毛。头状花序单生，雌雄同株；雄花序顶生，球形，直径4～6mm；总苞片长圆状披针形，分离，具多数不结实的两性花，花冠具5个宽裂片，雄蕊5枚；雌头状花序卵形，外层总苞片小，分离，被毛，内层合生成囊状，成熟时连同喙长8～10mm，外面具钩状刺和细毛，内有2朵小花，雌花无花冠，花柱分枝线形，伸出坚硬的果喙外。瘦果2枚，包于总苞内。花果期7～9月。

【经济用途】 ① 全草入药，清热解毒，治肾炎；② 果实入药，发汗利尿，有镇痉、镇痛作用，治肌肉神经麻痹、关节痛、梅毒、水肿；③茎叶入药，外敷治疥癣、湿疹、虫咬伤。

【生境分布】 青海大部分地区均产。生于水边、荒地、农田及路边，海拔1800～3700m。分布于全国各地；欧洲、中亚地区及伊朗、印度、俄罗斯、朝鲜及日本也有。

黄缨菊

黄冠菊　九头妖　藏名：绎策那保当美

Xanthopappus subacaulis **C. Winkler**

Asteraceae 菊科　Xanthopappus 黄缨菊属

【形态特征】 多年生无茎草本。根粗壮，直径可达2.5cm，棕褐色。茎基极短，粗厚，被纤维状撕裂的褐色的叶柄残鞘。叶莲座状，坚硬，革质，长椭圆形或线状长椭圆形，长20～30cm，宽5～8cm，羽状深裂，叶柄长达10cm，基部扩大成鞘，中脉在下面突起，粗厚；侧裂片8～11对，中部侧裂片半长椭圆形或卵状三角形，长2～3cm，宽1～1.5cm，侧脉及细脉及中脉在两面明显，并在边缘及顶端延伸成长或短的针刺，自中部向上或向下的侧裂片渐小，与中部侧裂片同形，边缘及顶端具等针刺。两面异色，上面绿色，无毛，下面灰白色，被密厚的蛛丝状绒毛，叶柄上的绒毛稠密或变稀疏。头状花序多数，达20个，密集成团球状，花序梗粗壮，长5～6cm，有1～2个线形或线状披针形的苞叶。总苞宽钟状，宽达6cm。总苞片8～9层，最外层披针形，长2～2.5cm，坚硬，革质，顶端渐尖成芒刺；中、内层披针形或长披针形，坚硬，革质，长3～3.5cm；最内层线形或宽线形，硬膜质。全部苞片外面有微糙毛，最内层苞片糙毛较稠密。小花黄色，花冠长3.5cm，檐部不明显，顶端5浅裂，裂片线形。瘦果偏斜倒长卵形，长约7mm，宽约4mm，压扁，有不明显的脉纹，基底着生面平或稍见偏斜，顶端果缘平展，边缘全缘。冠毛多层，淡黄色或棕黄色，等长，冠毛刚毛糙毛状，向顶端渐细，基部连合成环，整体脱落。花果期7～9月。

【经济用途】 全草入药，凉血、止血，治吐血、子宫出血等，根及果实藏医用于催吐。

【生境分布】 海南州各地。生于阳坡、荒地，海拔2230～4250m。分布于云南、四川、甘肃。在青海亦分布于玉树、囊谦、杂多、治多、玛多、河南、天峻、西宁、互助、祁连、刚察、门源。

陆福根 摄

无茎黄鹌菜

Youngia simulatrix (Babcock) Babcock & Stebbins

Asteraceae 菊科　Youngia 黄鹌菜属

【形态特征】 多年生矮小丛生草本。根垂直直伸，根颈被褐色残存的叶柄。茎极短缩，长约1cm，顶端有极短的花序分枝，全部茎枝光滑无毛。叶莲座状，倒披针形，包括基部渐狭的叶柄，长1.5～5.5cm，宽0.5～1.5cm，顶端圆形、急尖或短渐尖，边缘全缘、波状浅钝齿或稀疏的凹尖齿，两面被不明显的多细胞节毛或脱毛。头状花序含13～18朵舌状小花，4～7个密集簇生于莲座状叶丛中或莲座状叶丛的顶端；花序梗无毛。总苞圆柱状钟形，长12～16mm，干后黑绿色或淡黄绿色；总苞片4层，中、外层极短，卵形，长2～3mm，宽1.5mm，顶端钝或短渐尖，内层及最内层长，披针形，长12～16mm，宽1.8～2mm，顶端急尖，基部外面沿中脉有时海绵质加厚；全部总苞片外面及内面无毛。舌状小花黄色，花冠管外面无毛。瘦果黑褐色，纺锤状，长4mm，向两端收窄，向顶端有收缢，顶端无喙，有14条粗细不等的纵肋，肋上有小刺毛。冠毛2层，白色，长10～11mm，微糙。花果期7～9月。

【生境分布】 海南州各地。生于河滩、沙地、山坡、沼地、田边，海拔3100～4400m。分布于西藏、甘肃；印度（锡金）也有。在青海亦分布于玉树、囊谦、杂多、治多、曲麻莱、称多、玛多、同仁、泽库、河南、天峻、都兰、乐都、门源、祁连、刚察。

细叶假还阳参 细叶黄鹌菜

Crepidiastrum tenuifolium (Willdenow) Sennikov

Asteraceae 菊科 Crepidiastrum 假还阳参属

【形态特征】 多年生草本，高10～70cm。根木质，垂直直伸。茎直立，单生或少数茎成簇生，基部粗达4mm，被褐色残存的叶柄，自下部或基部伞房花序状或伞房圆锥花序状分枝，分枝斜升，全部茎枝无毛。基生叶多数或极多数，长7～17cm，宽2～5cm，羽状全裂或深裂，侧裂片6～12对，对生、偏斜对生或互生，长椭圆形、披针形、线形或线状披针形，极少线状丝形，顶端渐尖，边缘全缘或有稀疏的锯齿或线形的尖裂片，两面无毛，叶柄长3～9cm，柄基稍扩大，内面有棕色或浅褐色的长绒毛；中上部茎生叶向上渐小，与基生叶同形并等样分裂或线形不裂，有向基部渐狭短或稍长的翼柄；接头状花序分枝下部的叶或花序梗上的叶更小，线钻形。头状花序直立、下倾或下垂，中等大小，有9～15朵舌状小花，多数或少数在茎枝顶端排成伞房花序或伞房圆锥花序。总苞圆柱状，长8～10mm；总苞片4层，黑绿色，外层及最外层短小，长卵圆形，长达1.2mm，宽约1mm，顶端急尖，内层及最内层长，披针形，长8～10mm，顶端急尖，全部总苞片外面被白色稀疏长且弯曲的绢毛，极少无毛，近顶端有角状附属物。舌状小花黄色，花冠管外面有微柔毛。瘦果黑色或黑褐色，纺锤形，长4～6mm，向顶端收窄，顶端无喙，有10～12条不等粗纵肋，肋上有小刺毛。冠毛白色，长4～6mm，微粗糙。花果期7～9月。

【生境分布】 兴海。生于阳坡、岩石间，海拔2300～3700m。分布于西藏、新疆、华北及东北地区；俄罗斯也有。在青海亦分布于湟源、大通。

百日菊

百日草　火毡花　鱼尾菊　节节高　步步登高

Zinnia elegans Jacquin

Asteraceae 菊科　Zinnia 百日菊属

【形态特征】　一年生草本。茎直立，高30～100cm，被糙毛或长硬毛。叶片宽卵圆形或长圆状椭圆形，长5～10cm，宽2.5～5cm，基部稍心形抱茎，两面粗糙，下面被密的短糙毛，基出脉3条。头状花序直径5～6.5cm，单生枝端，无中空、肥厚的花序梗。总苞宽钟状；总苞片多层，宽卵形或卵状椭圆形，外层长约5mm，内层长约10mm，边缘黑色。托片上端有延伸的附片；附片紫红色，流苏状三角形。舌状花深红色、玫瑰色、紫堇色或白色，舌片倒卵圆形，先端2～3齿裂或全缘，上面被短毛，下面被长柔毛。管状花黄色或橙色，长7～8mm，先端裂片卵状披针形，上面被黄褐色密茸毛。雌花瘦果倒卵圆形，长6～7mm，宽4～5mm，扁平，腹面正中和两侧边缘各有1条棱，顶端截形，基部狭窄，被密毛；管状花瘦果倒卵状楔形，长7～8mm，宽3.5～4mm，极扁，被疏毛，顶端有短齿。花期6～9月，果期7～10月。

【生境分布】　贵德、共和有栽培，观赏植物，有单瓣、重瓣、卷叶、皱叶和各种不同颜色的园艺品种。原产于墨西哥，在我国各地栽培很广，有时成为野生。

水烛 狭叶香蒲

Typha angustifolia Linnaeus

Typhaceae 香蒲科 Typha 香蒲属

【形态特征】 多年生水生、沼生挺水草本。根状茎粗大，黄褐色。茎圆柱形，直立，丛生，高1.5～3m，具白色髓。叶基部具鞘，鞘具白色膜质边缘；叶片条形、剑形或线形，长0.5～2m，宽4～10mm。顶生穗状花序棍棒状，长30～60cm，雄雌花序之间不联结，中间间隔为2～4cm；雄花序狭棒状，长20～30cm，黄色或褐黄色；雌花序粗棒状或短圆柱形，长20～40cm，褐色；雄花无柄，雄蕊2～3枚，花粉单粒；雌花具有匙形的小苞片，小苞片先端褐色，短于柱头，子房长椭圆形，具细长的柄，柄基部具多数毛，毛稍短于柱头，与小苞片近等长，花柱细长，柱头条形，褐色。小坚果长圆形，黄褐色。花果期6～9月。

【生境分布】 贵德、贵南、共和。生于海拔2200～2800m的淡水池沼、湖泊和渠边。分布于全国各地；北半球大部分地区也有。青海亦分布于格尔木、德令哈、都兰、乌兰、湟源、湟中、平安、循化、化隆、乐都、互助、西宁和大通。

白瑜 摄

无苞香蒲

Typha laxmannii Lepechin

Typhaceae 香蒲科　Typha 香蒲属

【形态特征】 多年生挺水草本。根状茎粗大，褐色或黄褐色，直径8～10mm，横走于泥中；须根多数，纤细。茎丛生，高0.8～1m，圆柱形，直立，具白色髓。叶互生，基部具长鞘，鞘具白色膜质边缘，叶片条形、剑形或线形，长0.3～0.6m，宽2～6mm。穗状花序棍棒状，长10～30cm，雄雌花序之间不联结，中间间隔为1～3cm；雄花序狭棒状，长7～12cm，黄色或褐黄色，花序轴具毛；雌花序粗棒状或短圆柱形，长10～20cm，褐色；雄花具短柄，雄蕊3枚，花丝基部合生，基部具长毛，花粉单粒；雌花无小苞片，子房长椭圆形，具细长的柄，柄基部具白色硬长毛，毛稍短于柱头，花柱细长，柱头略膨大，褐色；不育雌蕊褐色，倒卵形。小坚果长圆形，黄褐色，具长柄。花果期7～9月。

【生境分布】 贵南、共和。生于淡水池沼、湖泊和渠边，海拔2200～2800m。分布于全国各地；北半球大部分地区也有。在青海亦分布于尖扎、德令哈、都兰、湟中、循化、乐都、互助。

朱鑫鑫 摄

朱鑫鑫 摄

朱鑫鑫 摄

蓖齿眼子菜

龙须眼子菜 红线儿菹 藏名：齐相噶莫

Stuckenia pectinata (Linnaeus) Borner

Potamogetonaceae 眼子菜科 Stuckenia 蓖齿眼子菜属

【形态特征】 多年生沉水草本。根茎细长，黄白色，分枝网络状，节与节间明显，节上生有多数须根，秋季产生白色块茎。茎圆柱形，分枝发达至不分枝，直径0.5～1.5mm，基部于水底匍匐，节与节间明显，长0.5～5cm，黄绿色、绿红色至紫红色。叶互生，叶片线形或丝状，先端钝，全缘，无柄；叶基部与托叶贴生成叶鞘，抱茎至完全与茎分离，长1～5cm，中肋绿色至紫红色，边缘无色膜质，叶鞘上端具膜质无色叶舌，宿存，先端渐尖；叶片长1～10cm，宽0.5～1.5mm，叶脉3条。穗状花序顶生，长1.5～3cm，浮于水面；花序柄长1～35cm，与茎等粗，黄绿色至绿红色；小花稀疏排列于穗轴上，呈念珠状或较紧密呈棒状；花小，花被片4枚，黄绿色，圆形，有爪；雄蕊4枚，无花丝；雌蕊心皮4枚，分离。果实倒卵形、斜倒卵形至卵圆形，长约3mm，宽约2mm，有短喙，背部无中脊或具棱、突起，腹面平直或下陷，有时具有突起、棱或其他饰物。花果期6～9月。

【经济用途】 全草入药，可清热解毒，内服治肺炎、熬膏外用治疮疖。

【生境分布】 全省各地均产。生于池塘、湖泊和河流浅滩，海拔2800～3300m。分布于我国各地区；广泛分布于全世界。

浮叶眼子菜 藏名：索尔登

Potamogeton natans Linnaeus

Potamogetonaceae 眼子菜科 Potamogeton 眼子菜属

【形态特征】 多年生水生草本。根茎发达，白色，常具红色斑点，多分枝，节处生有须根。茎圆柱形，直径1.5～2mm，通常不分枝，或极少分枝。浮水叶革质，卵形至矩圆状卵形，有时为卵状椭圆形，长4～9cm，宽2.5～5cm，先端圆形或具钝尖头，基部心形至圆形，稀渐狭，具长柄；叶脉23～35条，于叶端连接，其中7～10条显著；沉水叶质厚，叶柄状，呈半圆柱状的线形，先端较钝，长10～20cm，宽2～3mm，具不明显的3～5条脉；常早落；托叶近无色，长4～8cm，鞘状抱茎，多脉，常呈纤维状宿存。穗状花序顶生，长3～5cm，具花多轮，开花时伸出水面；花序梗稍有膨大，粗于茎或有时与茎等粗，开花时通常直立，花后弯曲而使穗沉没水中，长3～8cm。花小，花被片4枚，绿色，肾形至近圆形，直径约2mm；雌蕊4枚，离生。果实倒卵形，外果皮常为灰黄色，长3.5～4.5mm，宽2.5～3.5mm；背部钝圆，或具不明显的中脊。花果期7～10月。

【生境分布】 贵德。生于淡水池沼、湖泊，海拔约2300m。分布于西藏、云南、新疆、辽宁、吉林、黑龙江；日本及中亚地区、欧洲和北美洲也有。在青海也见于西宁。

川蔓藻

Ruppia maritima Linnaeus

Ruppiaceae 川蔓藻科 Ruppia 川蔓藻属

【形态特征】 多年生沉水小草本。茎细弱，具明显的节间。叶丝状，细弱，基部与托叶合生，托叶抱茎，叶片长2～5cm，直径约1mm。花穗形成伞形花序，具花序梗；花两性，无花被；雄蕊2枚；雌蕊心皮4枚。小坚果有喙，具较长的果柄。花果期7～9月。

【生境分布】 共和（青海湖）。生于水中，海拔3300m。分布于江苏、浙江沿海；世界各地广布。

角果藻 角茨藻

Zannichellia palustris Linnaeus

Zannichelliaceae 角果藻科 Zannichellia 角果藻属

【形态特征】 多年生水生小草本。根状茎横走，节上生须根。茎纤弱，长3～10cm，分枝少。叶对生，沉水，基部具膜质鞘状托叶，叶片线形，扁平，长2～7cm，宽1.5～3mm，具1条脉。花无梗，单性；雄花具雄蕊1枚，花丝细，具2个药室；雌花具心皮4枚，花柱柱头盾状。果实长圆形，扁平，先端具喙，背部具脊；种子直生，子叶卷绕。花果期7～9月。

【生境分布】 共和（青海湖）。生于淡水和半咸水的湖泊、池沼，海拔2200～3300m。分布于全国各地；世界各大洲也有。在青海亦分布于乌兰、湟中、民和。

水麦冬 藏名：贝都牙扎

Triglochin palustris Linnaeus

Juncaginaceae 水麦冬科 Triglochin 水麦冬属

【形态特征】 多年生湿生草本，植株弱小。根茎短，生有多数须根。叶全部基生，叶片条形，长达20cm，宽约1mm，先端钝，基部具鞘，两侧鞘缘膜质，残存叶鞘纤维状。花葶细长，直立，圆柱形，无毛；总状花序，花排列较疏散，无苞片；花梗长约2mm；花被片6枚，绿紫色，椭圆形或舟形，长2～2.5mm；雄蕊6枚，近无花丝，花药卵形，长约1.5mm，2室；雌蕊由3枚合生心皮组成，柱头毛笔状。蒴果棒状条形，长约6mm，直径约1.5mm，成熟时自下至上呈3瓣开裂，仅顶部联合。花果期6～10月。

【经济用途】 全草入药，清热、利湿、消炎、消肿，治腹水。

【生境分布】 全省各地均产。生于沼泽、滩地、湖泊及湿地，海拔2200～4300m。分布于西南、西北、华北及东北地区；欧亚大陆温带也有。

海韭菜 藏名：那然木

Triglochin maritima Linnaeus

Juncaginaceae 水麦冬科 Triglochin 水麦冬属

【形态特征】 多年生草本，植株稍粗壮。根茎短，着生多数须根，常有棕色叶鞘残留物。叶全部基生，叶片条形，长7～30cm，宽1～2mm，基部具鞘，鞘缘膜质，顶端与叶舌相连。花葶直立，较粗壮，圆柱形，光滑，中上部着生多数排列较紧密的花，呈顶生总状花序，无苞片，花梗长约1mm，开花后长可达2～4mm。花两性；花被片6枚，绿色，2轮排列，外轮呈宽卵形，内轮较狭；雄蕊6枚，分离，无花丝；雌蕊淡绿色，由6枚合生心皮组成，柱头毛笔状。蒴果6棱状椭圆形或卵形，长3～5mm，直径约2mm，成熟后呈6瓣开裂。花果期6～9月。

【经济用途】 果实入药，滋补、清热、养阴、生津止渴及止泻、镇静，并可治眼痛。

【生境分布】 全省各地均产。生于沼泽、滩地、湖泊、河流及湿地，海拔2200～4300m。分布于西南、西北、华北、东北及山东各地；南北温带也有。

白瑜 摄

细叶芨芨草 秦氏芨芨草

Achnatherum chingii (Hitchcock) Keng

Poaceae 禾本科 Achnatherum 芨芨草属

【形态特征】 多年生草本。须根稀疏，细弱，具直伸的根状茎。秆直立，平滑无毛，高40～70cm，直径约1.5mm，具2～3节。叶鞘短于节间，平滑无毛；叶舌膜质，披针形，长2～4mm，顶端常2浅裂或钝圆；叶片纵卷如针状，质地柔软，稍粗糙，长3～6cm，直径0.5～1mm，基生叶长达25cm。圆锥花序狭窄，长12～20cm，宽约1cm，分枝细，多孪生，斜向上伸，下部裸露，上部疏生小穗；小穗长7～10mm，草绿色或基部紫色；颖膜质，光亮，第一颖长7～8mm，具1条脉，第二颖长8～10mm，具3条脉；外稃长6～8mm，背部上部无毛，下部被短柔毛，具不明显的5条脉，边脉不于顶端汇合，顶端2裂，芒自裂齿间伸出，长10～15mm，一回膝曲，芒柱扭转且生短毛，芒针无毛，基盘长约1mm，钝圆，具微毛；内稃稍短于外稃，具2条脉，脉间被短柔毛；鳞被3枚，长1.5～2.5mm，披针形；花药长约2mm，顶端无毛；子房平滑。颖果长圆柱形，长约4mm。花果期7～9月。

【生境分布】 贵德、同德。生于山坡林缘、林下、草地，海拔2170～3800m。中国特有种，分布于西藏、四川、云南、甘肃、陕西、山西。在青海亦分布于玉树、班玛、泽库、大通、乐都、互助、门源。

光药芨芨草

Achnatherum psilantherum Keng ex Tzvelev

Poaceae 禾本科 Achnatherum 芨芨草属

【形态特征】 多年生草本。须根较细而柔韧。秆直立，丛生，细弱，高40～60cm，直径1～1.5mm，具2～3节，基部具有分蘖并宿存枯萎的叶鞘。叶鞘平滑，短于节间；叶舌膜质，长约0.5mm，顶端截平，常具裂齿；叶片内卷成细线状，稍糙涩，茎生者长8～9cm，基生者长达12cm。圆锥花序稍紧缩，狭窄，长5～12cm，宽约1cm，分枝细弱，2至数枚簇生，略倾斜上升，长达2.5cm，自下部或中部以上具少数小穗；小穗紫色，长约6mm；颖几等长或比第一颖稍短，膜质，披针形，先端渐尖且白色透明，下部紫色，具3条脉；外稃长约4mm，顶端具2个微齿，背部密被短柔毛，具3条脉，脉于顶端汇合，基盘短而钝，长约0.3mm，芒长约1.5cm，一回膝曲，芒柱扭转；内稃具2条脉，脉间被微毛，无脊；花药长约2mm，顶端无毛。花果期6～9月。

【生境分布】 同德、兴海、共和。生于山坡草地、河岸草丛、河滩，海拔2300～4050m。中国特有种，分布于四川、甘肃。在青海亦分布于治多、玉树、同仁、泽库、格尔木、乌兰、西宁、大通、湟源、互助、刚察、海晏、祁连、门源。

羽茅 光颖芨芨草

Achnatherum sibiricum (Linnaeus) Keng ex Tzvelev

Poaceae 禾本科 Achnatherum 芨芨草属

【形态特征】 多年生草本。须根较粗。秆直立，平滑，疏丛，高60～150cm，具3～4节，基部具鳞芽。叶鞘松弛，光滑，上部者短于节间；叶舌厚膜质，长0.5～2mm，平截，顶端具裂齿；叶片扁平或边缘内卷，质地较硬，上面与边缘粗糙，下面平滑，长20～60cm，宽3～7mm。圆锥花序较紧缩，长10～30(～60)cm，宽2～3cm，分枝3至数枚簇生，稍弯曲或直立斜向上伸，具微毛，长2～5cm，稀长达10cm，自基部着生小穗；小穗草绿色或紫色，长8～10mm；颖膜质，长圆状披针形，顶端尖，近等长或第二颖稍短，背部微粗糙，具3条脉，脉纹上具短刺毛；外稃长6～7mm，顶端具2个微齿，被较长的柔毛，背部密被短柔毛，具3条脉，脉于顶端汇合，基盘尖，长约1mm，具毛，芒长18～25mm，一回或不明显的二回膝曲，芒柱扭转且具细微毛；内稃约等长于外稃，背部圆形，无脊，具2条脉，脉间被短柔毛；花药长约4mm，顶端生毫毛。颖果圆柱形，长约4mm。花果期7～9月。

【生境分布】 兴海。生于山坡草地、林缘，海拔2200～3400m。分布于西藏、河南、山东及西北、华北、东北诸省；蒙古、印度、俄罗斯也有。在青海亦分布于民和、祁连。

芨芨草

Achnatherum splendens (Trinius) Nevski

Poaceae 禾本科 Achnatherum 芨芨草属

【形态特征】 植株具粗而坚韧、外被砂套的须根。秆直立，坚硬，内具白色的髓，形成大的密丛，高50～250cm，直径3～5mm，节多聚于基部，具2～3节，平滑无毛，基部宿存枯萎的黄褐色叶鞘。叶鞘无毛，具膜质边缘；叶舌三角形或尖披针形，长5～10(～15)mm；叶片纵卷，质坚韧，长30～60cm，宽5～6mm，上面脉纹凸起，微粗糙，下面光滑无毛。圆锥花序长(15～)30～60cm，开花时呈金字塔形开展，主轴平滑，或具角棱而微粗糙，分枝细弱，2～6枚簇生，平展或斜向上升，长8～17cm，基部裸露；小穗长4.5～7mm（除芒），灰绿色，基部带紫褐色，成熟后常变草黄色；颖膜质，披针形，顶端尖或锐尖，第一颖长4～5mm，具1条脉，第二颖长6～7mm，具3条脉；外稃长4～5mm，厚纸质，顶端具2个微齿，背部密生柔毛，具5条脉，基盘钝圆，具柔毛，长约0.5mm，芒自外稃齿间伸出，直立或微弯，粗糙，不扭转，长5～12mm，易断落；内稃长3～4mm，具2条脉而无脊，脉间具柔毛；花药长2.5～3.5mm，顶端具毫毛。花果期6～9月。

【经济用途】 ①早春幼嫩时，为牲畜良好的饲料；②良好的纤维植物，为优良的纸浆原料；③可用于编织筐、草帘及扫帚等。

【生境分布】 海南州各地。生于微碱性的草滩、石质山坡、干山坡、林缘草地、荒漠草原，海拔2200～4100m。分布于西藏、四川、新疆、甘肃、宁夏、陕西、山西、河北、内蒙古、吉林；巴基斯坦、印度、阿富汗、蒙古、俄罗斯也有。在青海亦分布于囊谦、玉树、称多、玛多、玛沁、尖扎、同仁、泽库、格尔木、大柴旦、都兰、乌兰、天峻、西宁、乐都、民和、刚察、海晏、祁连、门源、循化。

白瑜 摄

醉马草

Achnatherum inebrians (Hance) Keng ex Tzvelev

Poaceae 禾本科　Achnatherum 芨芨草属

【形态特征】 多年生草本。须根柔韧。秆直立，少数丛生，平滑，高60～100cm，直径2.5～3.5mm，通常具3～4节，节下贴生微毛，基部具鳞芽。叶鞘稍粗糙，上部者短于节间，叶鞘口具微毛；叶舌厚膜质，长约1mm，顶端平截或具裂齿；叶片质地较硬，直立，边缘常卷折，上面及边缘粗糙，茎生者长8～15cm，基生者长达30cm，宽2～10mm。圆锥花序紧密呈穗状，长10～25cm，宽1～2.5cm；小穗长5～6mm，灰绿色或基部带紫色，成熟后变褐铜色，颖膜质，几等长，先端尖，常破裂，微粗糙，具3条脉；外稃长约4mm，背部密被柔毛，顶端具2个微齿，具3条脉，脉于顶端汇合且延伸成芒，芒长10～13mm，一回膝曲，芒柱稍扭转且被微短毛，基盘钝，具短毛，长约0.5mm；内稃具2条脉，脉间被柔毛；花药长约2mm，顶端具毫毛。颖果圆柱形，长约3mm。花果期7～9月。

【经济用途】 本种有毒，牲畜误食后，轻则致疾、重则死亡。

【生境分布】 海南州各地。生于山坡草地、田边、路旁、草丛、河滩、高山灌丛，海拔1900～3700m。分布于西藏、四川西部、新疆、甘肃、陕西、内蒙古；蒙古也有。在青海亦分布于治多、曲麻莱、玉树、称多、玛沁、尖扎、同仁、泽库、乌兰、天峻、西宁、大通、湟源、湟中、循化、乐都、平安、民和、互助、刚察、门源。

陈哲 摄

冰草

大麦草　小麦草　野麦草　麦穗草　山麦草

Agropyron cristatum (Linnaeus) Gaertner

Poaceae 禾本科　Agropyron 冰草属

【形态特征】 秆成疏丛，上部紧接花序部分被短柔毛或无毛，高20～60(～75)cm，有时分蘖横走或下伸成长达10cm的根茎。叶片长5～15(～20)cm，宽2～5mm，质较硬而粗糙，常内卷，上面叶脉强烈隆起成纵沟，脉上密被微小短硬毛。穗状花序较粗壮，矩圆形或两端微窄，长2～6cm，宽8～15mm；小穗紧密平行排列成两行，整齐呈蓖齿状，含(3～)5～7朵小花，长6～9(～12)mm；颖舟形，脊上连同背部脉间被长柔毛，第一颖长2～3mm，第二颖长3～4mm，具略短于颖体的芒；外稃被稠密的长柔毛或显著地被稀疏柔毛，顶端具短芒长2～4mm；内稃脊上具短小刺毛。

【经济用途】 ①带菌的果穗入药，清热利湿，治淋病及赤白带下等疾病；②优良牧草。

【生境分布】 贵南、兴海、共和。生于干燥山坡、草滩、沙地、山谷、湖岸，海拔2800～4500m。分布于新疆、甘肃、陕西、宁夏、山西、河北、内蒙古及东北各省；中亚地区、俄罗斯、蒙古、日本，乃至北美洲也有。在青海亦分布于玛多、格尔木、德令哈、都兰、乌兰、西宁、刚察、祁连、门源。

毛沙生冰草

***Agropyron desertorum* var. *pilosiusculum* (Melderis) H. L. Yang**

Poaceae 禾本科 Agropyron 冰草属

【形态特征】 多年生草本。常具下伸根茎。秆疏丛，高30～60cm，具3～4节，花序下密被柔毛。叶鞘短于节间，光滑无毛；叶舌顶端平截，长约0.5mm；叶片长5～10cm，宽1.5～3mm，两面粗糙或被短柔毛。穗状花序直立，长3～7cm，宽6～10mm；穗轴密被柔毛，节间长1～3mm；小穗单生于穗轴各节，排列不呈篦齿状，长7～10mm，含4～7朵小花；颖舟形，无毛或脊上具稀疏短纤毛，第一颖长约3mm，第二颖长4～5mm，顶端具长1～2mm的芒尖；外稃舟形，具5条脉，背部及边缘密被长柔毛，第一外稃长5～7mm，顶端具长1～2mm的芒尖；内稃与外稃等长或稍长，顶端2裂，脊上疏生短纤毛；花药长3～4mm。花期7～8月。

【相近种】 本变种与原变种沙生冰草*A. desertorum*（青海不产）的主要区别在于：外稃密被长柔毛。

【生境分布】 共和。生于沙地，海拔3200m。分布于内蒙古；蒙古也有。

多花剪股颖

小花剪股颖　微药剪股颖　拟粟剪股颖

Agrostis micrantha Steudel

Poaceae 禾本科　Agrostis 剪股颖属

【形态特征】 多年生草本。秆丛生，高30～52cm，直径0.8～1mm，具3～4节。叶鞘疏松抱秆，有纵条纹，无毛或仅近上部边缘具细柔毛，多短于或基部者长于节间，顶生叶鞘长8～12cm；叶舌干膜质，长0.5～2mm，背部具短柔毛，基部下延；叶片扁平或干时内卷，长5～8cm，宽1.2～2mm，具微毛或稍粗糙或下面近于平滑。圆锥花序狭窄或成椭圆形，长10～17cm，分枝线形，微粗糙，2～6枚簇生于各节，直立或斜伸展，小穗均匀地着生于枝上，小穗柄长1～1.5mm，有时较短，先端呈棒状；小穗灰绿色，长2.5～3mm；两颖近相等或第一颖较长0.5mm，先端渐尖，脊上微粗糙；外稃长1.5mm，具不显的3～5条脉，无芒；内稃微小；花药乳白色，长0.5mm。颖果窄距形，长约1mm。花果期7～9月。

【生境分布】 同德、贵南。生于林缘、草甸、河滩地，海拔2600～3380m。分布于西藏、云南西北部、四川西部、甘肃和陕西；缅甸、印度也有。在青海亦分布于互助。

甘青剪股颖

Agrostis hugoniana Rendle

Poaceae 禾本科　Agrostis 剪股颖属

【形态特征】 多年生草本，具根头。秆稠密丛生，直立或有时基部膝曲，具2节，高15～33cm，直径1～2mm。叶鞘疏松抱秆，基部鞘老后常破碎成纤维状；叶舌膜质，长约2mm，先端截平，背面微粗糙；叶片长2～8cm，宽1.5～3mm，扁平，线形，先端渐尖，两面及边缘粗糙。圆锥花序紧缩，呈穗状，长3.5～9cm，宽5～15mm，每节具3～6个分枝，分枝长达4cm；小穗柄长0.7～2mm，微粗糙；小穗长3～4mm，暗紫色；第一颖较第二颖长约0.2mm，脊和上部边缘具小刺毛而微糙涩；外稃长2～2.5mm，具较明显的5条脉，先端钝而有细齿，无芒或仅顶部具极短的芒，基盘两侧具长约0.2mm的短毛；内稃长约0.5mm；花药长0.7～0.8mm。颖果纺锤形，长约1.5mm。花果期8～9月。

【生境分布】 贵南、同德、兴海、共和。多生于灌丛、高山草地、河滩、林缘，海拔2500～4200m。中国特有种，多分布于甘肃、陕西西部和四川西北部。在青海亦分布于杂多、玉树、玛多、久治、玛沁、泽库、大通、湟中、乐都、祁连、门源。

岩生剪股颖　川西剪股颖

Agrostis sinorupestris L. Liu ex S. M. Phillips & S. L. Lu

Poaceae 禾本科　Agrostis 剪股颖属

【形态特征】 多年生草本。具根头或有细短根茎。秆密丛，直立或基部膝曲，平滑，秆高15～30cm，具2节。叶鞘平滑，疏松抱茎，基部叶鞘质较薄，老后常破碎成纤维状；叶舌膜质，顶端截平，背面微粗糙，长约2mm；叶片扁平，线形，顶端渐尖，两面及边缘粗糙，长2～8cm，基生叶长达13cm。圆锥花序开展，长4～8cm，宽5～15mm；分枝稍粗糙，直立贴生，每节具3～6枚，长约3cm；小穗暗紫色或古铜色，长2.8～3mm；两颖近等长，或第一颖长于第二颖约0.2mm，脊和上部边缘具小刺毛而粗糙；外稃背部平滑，顶端钝而具细齿，长2～2.5mm，具较明显的5条脉，基盘两侧具短毛，芒位于外稃中部，长3.5～4mm，膝曲；内稃长约0.5mm；花药长0.7～0.8mm。花果期8～9月。

【相近种】 本种与甘青剪股颖相近，主要区别在于：本种圆锥花序较为开展但小穗较小；外稃具较长的芒，自背中部伸出，膝曲。

【生境分布】 兴海。生于山坡、高山灌丛、林缘、河滩草地，海拔2000～4100m。中国特有种，分布于西藏、云南、四川及甘肃。在青海亦分布于玉树、称多、班玛、久治、玛沁、泽库、河南、乐都、民和、互助、祁连、门源。

野燕麦 乌麦 燕麦草 藏名：达干

Avena fatua Linnaeus

Poaceae 禾本科 Avena 燕麦属

【形态特征】 一年生草本。须根较坚韧。秆直立，光滑无毛，高60～120cm，具2～4节。叶鞘松弛，光滑或基部者被微毛；叶舌透明膜质，长1～5mm；叶片扁平，长10～30cm，宽4～12mm，微粗糙，或上面和边缘疏生柔毛。圆锥花序开展，金字塔形，长10～25cm，分枝具棱角，粗糙；小穗长18～25mm，含2～3朵小花，其柄弯曲下垂，顶端膨胀；小穗轴密生淡棕色或白色硬毛，其节脆硬易断落，第一节间长约3mm；颖草质，几相等，通常具9条脉；外稃质地坚硬，第一外稃长15～20mm，背面中部以下具淡棕色或白色硬毛，芒自稃体中部稍下处伸出，长2～4cm，膝曲，芒柱棕色，扭转。颖果被淡棕色柔毛，腹面具纵沟，长6～8mm。花果期4～9月。

【经济用途】 带果的全草入药，可补虚损、敛汗、止血，主治体虚多汗、崩漏、肺结核等病症。

【生境分布】 全省各地均产。生于荒芜田野或田间杂草丛中，海拔2200～3450m。广布全国各地；欧洲、亚洲、非洲的温寒带地区也有，北美洲也有。

光稃野燕麦

***Avena fatua* var. *glabrata* Petermann**

Poaceae 禾本科　Avena 燕麦属

【形态特征】 与原变种野燕麦*A. fatua*的主要区别在于：外稃光滑无毛。其他性状、花果期、用途均似原变种。

【生境分布】 全省大部分地区均产。生于山坡草地、路旁及农田中。分布于全国各地；欧洲、亚洲及北非也有。

燕麦　铃当麦　香麦　藏名：达干

***Avena sativa* Linnaeus**

Poaceae 禾本科　Avena 燕麦属

【形态特征】 本种似野燕麦*A. fatua*，其主要性状为：小穗含1～2朵小花；小穗轴近于无毛或疏生短毛，不易断落；第一外稃背部无毛，基盘仅具少数短毛或近于无毛，无芒，或仅背部有1个较直的芒，第二外稃无毛，通常无芒。

【经济用途】 谷粒磨成面粉供食用。

【生境分布】 全省各地。全国大多数地区也广为种植。

菵草 菵米 水稗子

Beckmannia syzigachne (Steudel) Fernald

Poaceae 禾本科 Beckmannia 菵草属

【形态特征】 一年生草本。秆直立，高15～90cm，具2～4节。叶鞘无毛，多长于节间；叶舌透明膜质，长3～8mm；叶片扁平，长5～20cm，宽3～10mm，粗糙或下面平滑。圆锥花序长10～30cm，分枝稀疏，直立或斜升；小穗扁平，圆形，灰绿色，常含1朵小花，长约3mm；颖草质，边缘质薄，白色，背部灰绿色，具淡色的横纹；外稃披针形，具5条脉，常具伸出颖外的短尖头；花药黄色，长约1mm。颖果黄褐色，长圆形，长约1.5mm，先端具丛生短毛。花果期4～10月。

【生境分布】 兴海、共和。生于水沟边、河滩、林缘、路边草丛，海拔2225～3600m。分布于全国各地；也广布世界各地。在青海亦分布于玉树、班玛、河南、德令哈、天峻、西宁、大通、乐都、民和、互助、刚察、门源。

白瑜 摄

白羊草

Bothriochloa ischaemum (Linnaeus) Keng

Poaceae 禾本科　Bothriochloa 孔颖草属

【形态特征】 多年生草本。秆丛生，直立或基部倾斜，高25～70cm，直径1～2mm，具3至多节，节上无毛或具白色髯毛；叶鞘无毛，多密集于基部而相互跨覆，常短于节间；叶舌膜质，长约1mm，具纤毛；叶片线形，长5～16cm，宽2～3mm，顶生者常缩短，先端渐尖，基部圆形，两面疏生疣基柔毛或下面无毛。总状花序4至多数着生于秆顶呈指状，长3～7cm，纤细，灰绿色或带紫褐色，总状花序轴节间与小穗柄两侧具白色丝状毛；无柄小穗长圆状披针形，长4～5mm，基盘具髯毛；第一颖草质，背部中央略下凹，具5～7条脉，下部1/3具丝状柔毛，边缘内卷成2条脊，脊上粗糙，先端钝或带膜质；第二颖舟形，中部以上具纤毛；脊上粗糙，边缘亦膜质；第一外稃长圆状披针形，长约3mm，先端尖，边缘上部疏生纤毛；第二外稃退化成线形，先端延伸成一膝曲扭转的芒，芒长10～15mm；第一内稃长圆状披针形，长约0.5mm；第二内稃退化；鳞被2枚，楔形；雄蕊3枚，长约2mm。有柄小穗雄性；第一颖背部无毛，具9条脉；第二颖具5条脉，背部扁平，两侧内折，边缘具纤毛。花果期7～9月。

【经济用途】 ① 优良牧草；② 根可制各种刷子。

【生境分布】 兴海。生于山坡草地、路边，海拔1880～2600m。分布遍及全国；世界温暖地区均有。在青海亦分布于尖扎、同仁、循化。

短柄草

Brachypodium sylvaticum (Hudson) P. Beauvois

Poaceae 禾本科 Brachypodium 短柄草属

【形态特征】 多年生草本。秆丛生，直立或膝曲上升，高50～90cm，具6～7节，节密生细毛。叶鞘大多短于节间，被倒向柔毛；叶舌厚膜质，长1～2mm；叶片长10～30cm，宽6～12mm，两面散生柔毛或仅上面脉上有毛。穗形总状花序长10～18cm，着生10余枚小穗；穗轴节间长1～2cm，直立或弯曲；小穗柄长约1mm，被微毛；小穗圆筒形，长20～30(～40)mm，含6～12(～16)朵小花；小穗轴节间长约2mm，贴生细毛；颖披针形，顶端尖或具尖状短芒，上部与边缘被短毛；第一颖长7～9mm，具5～7条脉；第二颖长8～12mm，具7～9条脉；外稃长圆状披针形，长6～13mm，具7～9条脉，背面上部与基盘贴生短毛；芒细直，长8～12mm，微糙涩；内稃短于外稃，顶端截平钝圆，脊具纤毛；花药长约3mm；子房顶端具毛。花果期7～9月。

【生境分布】 同德。生于山坡、林下，海拔2300～4300m。分布于西藏、四川、甘肃、陕西、江苏等地；印度、尼泊尔、日本及欧洲也有。在青海亦分布于囊谦、玉树、班玛、泽库、河南、湟中、互助。

无芒雀麦

Bromus inermis Leysser

Poaceae 禾本科 Bromus 雀麦属

【形态特征】 多年生草本，具横走根状茎。秆直立，疏丛生，高50～120cm，无毛或节下具倒毛。叶鞘闭合，无毛或有短毛；叶舌长1～2mm；叶片扁平，长20～30cm，宽4～8mm，先端渐尖，两面与边缘粗糙，无毛或边缘疏生纤毛。圆锥花序长10～20cm，较密集，花后开展；分枝长达10cm，微粗糙，着生2～6枚小穗，3～5枚轮生于主轴各节；小穗含6～12朵花，长15～25mm；小穗轴节间长2～3mm，生小刺毛；颖披针形，具膜质边缘，第一颖长4～7mm，具1条脉，第二颖长6～10mm，具3条脉；外稃长圆状披针形，长8～12mm，具5～7条脉，无毛，基部微粗糙，顶端无芒，钝或浅凹缺；内稃膜质，短于外稃，脊具纤毛；花药长3～4mm。颖果长圆形，褐色，长7～9mm。花果期7～9月。

【经济用途】 著名优良牧草，营养价值高，产量大，适口性好，利用季节长，耐寒旱，耐放牧，适应性强，为建立人工草场和环保固沙的主要草种。

【生境分布】 共和、同德。生于路边、河岸、山坡草地，海拔2230～3800m。分布于贵州、四川、新疆、甘肃、陕西、山西、河北、内蒙古、黑龙江、吉林、辽宁；欧亚大陆温带地区也有，世界各地均有引种栽培。在青海亦分布于玉树、泽库、西宁、互助。

雀麦

Bromus japonicus **Thunberg**

Poaceae 禾本科 Bromus 雀麦属

【形态特征】 一年生草本。秆直立，高40～90cm。叶鞘闭合，被柔毛；叶舌先端近圆形，长1～2.5mm；叶片长12～30cm，宽4～8mm，两面生柔毛。圆锥花序疏展，长20～30cm，宽5～10cm，具2～8个分枝，向下弯垂；分枝细，长5～10cm，上部着生1～4枚小穗；小穗黄绿色，密生7～11朵小花，长12～20mm，宽约5mm；颖近等长，脊粗糙，边缘膜质，第一颖长5～7mm，具3～5条脉，第二颖长5～7.5mm，具7～9条脉；外稃椭圆形，草质，边缘膜质，长8～10mm，一侧宽约2mm，具9条脉，微粗糙，顶端钝三角形，芒自先端下部伸出，长5～10mm，基部稍扁平，成熟后外弯；内稃长7～8mm，宽约1mm，两脊疏生细纤毛；小穗轴短棒状，长约2mm；花药长1mm。颖果长7～8mm。花果期5～7月。

【生境分布】 贵南、兴海、共和。生于山坡草地、田埂、林缘、河漫滩，海拔2420～3200m。广布我国长江、黄河流域；印度、朝鲜、俄罗斯及欧洲也有。在青海亦分布于泽库、格尔木、大柴旦、乌兰、湟中、乐都。

大雀麦

Bromus magnus Keng

Poaceae 禾本科 Bromus 雀麦属

【形态特征】 多年生疏丛型草本。秆高1～1.2m，具6～8节。叶鞘具柔毛；叶舌长3～4mm，顶端撕裂；叶片长20～30cm，宽6～8mm，上面具柔毛，微粗糙。圆锥花序开展，长约30cm，稍弯垂；分枝长达15cm，孪生于各节；小穗含5～7朵小花，长约25mm，宽5～6mm；成熟后叉开，宽达10mm，各部质地较薄；小穗轴节间长3～4mm，被微毛，明显外露；颖狭窄，边缘膜质，第一颖长7～8mm，具1条脉，第二颖长9～11mm，具3条脉；外稃狭窄，长约12mm，宽约1mm（一侧），具5条脉，间脉不明显，下部疏生糙毛，顶端伸出长4～7mm的细弱直芒；花药长3mm。花果期7～8月。

【生境分布】 同德。生于林缘、石隙、水边，海拔2250～3440m。中国特有种，分布于甘肃、四川、西藏。在青海亦分布于泽库、西宁。

华雀麦

Bromus sinensis Keng ex P. C. Keng

Poaceae 禾本科 Bromus 雀麦属

【形态特征】 多年生疏丛型草本。秆高50～70cm，直径约2mm，具3～4节，无毛或生有倒毛。叶鞘生柔毛，具叶耳，顶生叶鞘短于其叶片，长约10cm；叶舌长1～3mm，背面与边缘具毛，先端裂齿状；叶片直立或卷折，长15～25cm，宽3～5mm，多少生柔毛，中脉在下面隆起。圆锥花序开展，长12～24cm，垂头，各节具2～4个分枝；分枝微粗糙，长达10cm，具1～3枚小穗或基部主枝含小枝而有4～5枚小穗；小穗柄顶端变粗；小穗含5～8朵小花，长约15mm，宽6～8mm，花期张开呈扇形，各部被毛；小穗轴节间长2～3mm，背面被短毛，倾斜脱节；颖先端渐尖或成芒状，被短毛，第一颖长约8mm，具1条脉，第二颖长10～15mm，具3条脉；外稃披针形，长10～15mm，一侧宽1.5mm，具5条脉，背面生短柔毛，先端延伸成向外反曲的芒，芒长8～15mm；内稃长8～10mm，先端具2个微齿，脊生小纤毛；花药长2～3mm，自小花顶端伸出。花期7月。

【生境分布】 共和。生于灌丛、高山草丛、山坡草地，海拔2900～4400m。中国特有种，分布于西藏东部、云南、四川。在青海亦分布于杂多、囊谦、玉树、久治、玛沁、泽库、互助。

旱雀麦

Bromus tectorum Linnaeus

Poaceae 禾本科 Bromus 雀麦属

【形态特征】 一年生草本。秆直立，高20～60cm，具3～4节。叶鞘生柔毛；叶舌长约2mm；叶片长5～15cm，宽2～4mm，被柔毛。圆锥花序开展，长8～15cm，下部节具3～5个分枝；分枝粗糙，有柔毛，细弱，多弯曲，着生4～8枚小穗；小穗密集，偏生于一侧，稍弯垂，含4～8朵小花，长10～18mm；小穗轴节间长2～3mm；颖狭披针形，边缘膜质，第一颖长5～8mm，具1条脉，第二颖长7～10mm，具3条脉；外稃长9～12mm，一侧宽1～1.5mm，具7条脉，粗糙或生柔毛，先端渐尖，边缘薄膜质，有光泽，芒细直，自两裂片间伸出，长10～15mm；内稃短于外稃，脊具纤毛；花药长0.5～2mm。颖果长7～10mm，贴生于内稃。花果期6～9月。

【经济用途】 为温性荒漠区的早春牧草。

【生境分布】 海南州各地。生于山坡、河滩、田边、高山灌丛、林缘，海拔2300～4200m。分布于甘肃、西藏、云南、四川；印度、欧洲、北美洲和北非也有。在青海亦分布于杂多、治多、曲麻莱、囊谦、玉树、称多、玛沁、同仁、泽库、河南、大通、湟中、化隆、循化、乐都、互助、刚察、门源。

拂子茅

Calamagrostis epigeios (Linnaeus) Roth

Poaceae 禾本科　Calamagrostis 拂子茅属

【形态特征】 多年生草本，具根状茎。秆直立，平滑无毛或花序下稍粗糙，高45～100cm，直径2～3mm。叶鞘平滑或稍粗糙，短于或基部者长于节间；叶舌膜质，长5～9mm，长圆形，先端易破裂；叶片长15～27cm，宽4～8(～13)mm，扁平或边缘内卷，上面及边缘粗糙，下面较平滑。圆锥花序紧密，圆筒形，劲直，具间断，长10～25(～30)cm，中部直径1.5～4cm，分枝粗糙，直立或斜向上升；小穗长5～7mm，淡绿色或带淡紫色；两颖近等长或第二颖微短，先端渐尖，具1条脉，第二颖具3条脉，主脉粗糙；外稃透明膜质，长约为颖的1/2，顶端具2个齿，基盘的柔毛几与颖等长，芒自稃体背中部附近伸出，细直，长2～3mm；内稃长约为外稃的2/3，顶端细齿裂；小穗轴不延伸于内稃之后，或有时仅于内稃基部残留1微小的痕迹；雄蕊3枚，花药黄色，长约1.5mm。花果期7～9月。

【经济用途】 ① 牲畜喜食的牧草；② 根茎顽强，抗盐碱土壤，又耐强湿，是固定泥沙、保护河岸的良好材料。

【生境分布】 共和。生于沟渠旁，海拔2300～3200m。分布遍及全国；欧亚大陆温带地区皆有。在青海亦分布于西宁。

大拂子茅

Calamagrostis macrolepis **Litvinov**

Poaceae 禾本科　Calamagrostis 拂子茅属

【形态特征】　多年生草本，具根茎。秆直立，较粗壮，高90～120cm，直径3～4mm，具4～5节，花序下稍糙涩。叶鞘平滑无毛，长于或上部者短于节间；叶舌纸质或厚膜质，长5～12mm，顶端易破碎；叶片长15～40cm，宽5～9mm，扁平或边缘内卷，上面和边缘稍粗糙，下面平滑。圆锥花序紧密，披针形，有间断，长20～25cm，宽3～4.5cm，分枝直立，粗糙，长1～3cm，自基部即密生小穗；小穗长9～11mm，淡绿色，成熟时带紫色或草黄色；颖片锥状披针形，不等长，第一颖长9～11mm，第二颖长7～9mm，具1条脉，第二颖基部具3条脉，主脉粗糙；外稃长4～5mm，顶端微2裂，自裂齿间或稍下伸出1个细直的芒，芒长3～4mm，基盘具长7～9mm的柔毛；内稃约短于外稃1/3，小穗轴不延伸于内稃之后；雄蕊3枚，花药长2.5～3mm。花期7～9月。

【生境分布】　贵南。生于山坡草地，海拔约3200m。分布于新疆、山西、河北、内蒙古、吉林、黑龙江等地；中亚地区也有。

假苇拂子茅　光柄野青茅

Calamagrostis pseudophragmites **(A. Haller) Koeler**

Poaceae 禾本科　Calamagrostis 拂子茅属

【形态特征】　秆直立，高40～100cm，直径1.5～4mm。叶鞘平滑无毛，或稍粗糙，短于节间，有时在下部者长于节间；叶舌膜质，长4～9mm，长圆形，顶端钝而易破碎；叶片长10～30cm，宽1.5～5(～7)mm，扁平或内卷，上面及边缘粗糙，下面平滑。圆锥花序长圆状披针形，疏松开展，长10～20(～35)cm，宽(2～)3～5cm，分枝簇生，直立，细弱，稍糙涩；小穗长5～7mm，草黄色或紫色；颖线状披针形，成熟后张开，顶端长渐尖，不等长，第二颖较第一颖短1/4～1/3，具1条脉或第二颖具3条脉，主脉粗糙；外稃透明膜质，长3～4mm，具3条脉，顶端全缘，稀微齿裂，芒自顶端或稍下伸出，细直，细弱，长1～3mm，基盘的柔毛等长或稍短于小穗；内稃长为外稃的1/3～2/3；雄蕊3枚，花药长1～2mm。花果期7～9月。

【经济用途】　① 可作饲料；② 生活力强，可为防沙固堤的材料。

【生境分布】　海南州各地。生于山坡草地、河岸阴湿处，海拔1650～3900m。分布于云南、贵州、四川、湖北及西北、华北、东北诸省区；欧亚大陆温带区域也有。在青海亦分布于囊谦、玉树、尖扎、泽库、河南、格尔木、德令哈、都兰、乌兰、西宁、大通、湟源、民和、互助、乐都、祁连、门源。

沿沟草 藏名：当布噶热

Catabrosa aquatica (Linnaeus) P. Beauvois

Poaceae 禾本科 Catabrosa 沿沟草属

【形态特征】 多年生草本，须根细弱。秆直立，质地柔软，高20～70cm，基部有横卧或斜升的长匍匐茎，于节处生根。叶鞘闭合达中部，松弛，光滑，上部者短于节间；叶舌透明膜质，顶端钝圆，长2～5mm；叶片柔软，扁平，长5～20cm，宽4～8mm，两面光滑无毛，顶端呈舟形。圆锥花序开展，长10～30cm，宽4～12cm；分枝细长，斜升或稀与主轴垂直，在基部各节多成半轮生，主枝长2～6cm，基部裸露，或具排列稀疏的小穗；小穗柄长于0.5mm；小穗绿色、褐绿色或褐紫色，含(1～)2(～3)朵小花，长2～4(～5.8)mm；颖半透明膜质，近圆形至卵形，顶端钝圆或近截平，有时锐尖，第一颖长0.5～1.2mm，第二颖长1～2mm，脉不清晰；外稃边缘及脉间质薄，长2～3mm，顶端截平，具隆起的3条脉，光滑无毛；内稃与外稃近等长，具2条脊，无毛；花药黄色，长约1mm。颖果纺锤形，长约1.5mm。花果期4～8月。

【生境分布】 共和。生于水溪边、河岸、沼泽边湿地，海拔2230～4000m。分布于云南、四川、甘肃、新疆、内蒙古；欧洲、亚洲、美洲的温带区域也有。在青海亦分布于玉树、称多、玛多、久治、乌兰、西宁、大通、祁连、门源。

窄沿沟草

Catabrosa aquatica var. ***angusta*** Stapf

Poaceae 禾本科 Catabrosa 沿沟草属

【形态特征】 与原变种的区别在于：植株低矮，有时具匍匐茎；叶片窄且短；圆锥花序狭窄，紧缩，分枝很短，斜升或紧贴主轴，主枝长1～2cm；小穗及颖片均较小，外稃长1.5～2.2mm。

【生境分布】 共和。生于河滩，海拔3200～4700m。分布于西藏西北部、云南和四川北部。在青海亦分布于治多、曲麻莱、玉树、玛沁、同仁、河南。

虎尾草 棒锤草 刷子头 盘草

Chloris virgata **Swartz**

Poaceae 禾本科 Chloris 虎尾草属

【形态特征】 一年生草本。秆直立或基部膝曲，高12～75cm，直径1～4mm，光滑无毛。叶鞘背部具脊，包卷松弛，无毛；叶舌长约1mm，无毛或具纤毛；叶片线形，长3～25cm，宽3～6mm，两面无毛或边缘及上面粗糙。穗状花序5至10余枚，长1.5～5cm，指状着生于秆顶，常直立而并拢成毛刷状，有时包藏于顶叶膨胀的叶鞘中，成熟时常带紫色；小穗无柄，长约3mm；颖膜质，1条脉；第一颖长约1.8mm，第二颖等长或略短于小穗，中脉延伸成长0.5～1mm的小尖头；第一小花两性，外稃纸质，两侧压扁，呈倒卵状披针形，长2.8～3mm，3条脉，沿脉及边缘被疏柔毛或无毛，两侧边缘上部1/3处有长2～3mm的白色柔毛，顶端尖或有时具2个微齿，芒自背部顶端稍下方伸出，长5～15mm；内稃膜质，略短于外稃，具2条脊，脊上被微毛；基盘具长约0.5mm的毛；第二小花不育，长楔形，仅存外稃，长约1.5mm，顶端截平或略凹，芒长4～8mm，自背部边缘稍下方伸出。颖果纺锤形，淡黄色，光滑无毛而半透明，胚长约为颖果的2/3。花果期6～10月。

【生境分布】 贵德、贵南、兴海、共和。生于路旁荒野、河岸沙地，海拔1850～3600m。分布遍及全国各地；两半球热带至温带均有。在青海亦分布于尖扎、同仁、西宁、循化、乐都、民和。

无芒隐子草
Cleistogenes songorica (Roshevitz) Ohwi

Poaceae 禾本科 Cleistogenes 隐子草属

【形态特征】 多年生草本。秆丛生，直立或稍倾斜，高15～50cm，基部具密集枯叶鞘。叶鞘长于节间，无毛，鞘口有长柔毛；叶舌长0.5mm，具短纤毛；叶片线形，长2～6cm，宽1.5～2.5mm，上面粗糙，扁平或边缘稍内卷。圆锥花序开展，长2～8cm，宽4～7mm，分枝开展或稍斜上，分枝腋间具柔毛；小穗长4～8mm，含3～6朵小花，绿色或带紫色；颖卵状披针形，近膜质，先端尖，具1条脉，第一颖长2～3mm，第二颖长3～4mm；外稃卵状披针形，边缘膜质，第一外稃长3～4mm，5条脉，先端无芒或具短尖头；内稃短于外稃，脊具长纤毛；花药黄色或紫色，长1.2～1.6mm。颖果长约1.5mm。花果期7～9月。

【经济用途】 本种为优良牧草，各种家畜均喜采食。

【生境分布】 兴海。生于干山坡，河漫滩，海拔2400～2800m。分布于新疆、甘肃、宁夏、陕西、内蒙古；日本、俄罗斯（西伯利亚）、中亚地区也有。在青海亦分布于西宁。

糙隐子草
Cleistogenes squarrosa (Trinius) Keng

Poaceae 禾本科 Cleistogenes 隐子草属

【形态特征】 多年生草本。秆直立或铺散，密丛生，纤细，高10～30cm，具多节，干后常成蜿蜒状或回旋状弯曲，植株绿色，秋季经霜后常变成紫红色。叶鞘多长于节间，无毛，层层包裹直达花序基部；叶舌具短纤毛；叶片线形，长3～6cm，宽1～2mm，扁平或内卷，粗糙。圆锥花序狭窄，长4～7cm，宽5～10mm；小穗长5～7mm，含2～3朵小花，绿色或带紫色；颖具1条脉，边缘膜质，第一颖长1～2mm，第二颖长3～5mm；外稃披针形，具5条脉，第一外稃长5～6mm；先端常具较稃体为短或近等长的芒；花药长约2mm。花果期7～9月。

【生境分布】 兴海。生于干草原、滩地，海拔约3300m。分布于新疆、甘肃、宁夏、陕西、山西、河北、内蒙古、辽宁、吉林、黑龙江、山东；蒙古、日本、俄罗斯、高加索、中亚地区及欧洲也有。

薏苡 菩提子
Coix lacryma-jobi Linnaeus

Poaceae 禾本科 Coix 薏苡属

【形态特征】 一年生粗壮草本，须根黄白色，海绵质，直径约3mm。秆直立丛生，高1～2m，具10多节，节多分枝。叶鞘短于其节间，无毛；叶舌干膜质，长约1mm；叶片扁平宽大，开展，长10～40cm，宽1.5～3cm，基部圆形或近心形，中脉粗厚，在下面隆起，边缘粗糙，通常无毛。总状花序腋生成束，长4～10cm，直立或下垂，具长梗。雌小穗位于花序之下部，外面包以骨质念珠状的总苞，总苞卵圆形，长7～10mm，直径6～8mm，珐琅质，坚硬，有光泽；第一颖卵圆形，顶端渐尖呈喙状，具10余脉，包围着第二颖及第一外稃；第二外稃短于颖，具3条脉，第二内稃较小；雄蕊常退化；雌蕊具细长之柱头，从总苞之顶端伸出；颖果小，含淀粉少，常不饱满；雄小穗2～3对，着生于总状花序上部，长1～2cm；无柄雄小穗长6～7mm，第一颖草质，边缘内折成脊，具有不等宽的翼，顶端钝，具多数脉，第二颖舟形；外稃与内稃膜质；第一及第二小花常具雄蕊3枚，花药橘黄色，长4～5mm；有柄雄小穗与无柄者相似，或较小而呈不同程度的退化。花果期6～12月。

【经济用途】 本种为念佛穿珠用的菩提珠子，总苞坚硬，美观，按压不破，有白、灰、蓝紫等各色，有光泽而平滑，基端的孔大，易于穿线成串，工艺价值大。

【生境分布】 贵德偶见栽培。全国大部分地区有野生或栽培；分布于亚洲东南部与太平洋岛屿，世界的热带、亚热带、非洲、美洲的湿热地带均有种植或逸生。

发草 深山米芒

Deschampsia cespitosa (Linnaeus) P. Beauvois

Poaceae 禾本科 Deschampsia 发草属

【形态特征】 多年生草本。须根柔韧。秆直立或基部稍膝曲，丛生，高30～150cm，具2～3节。叶鞘上部者常短于节间，无毛；叶舌膜质，先端渐尖或2裂，长5～7mm；叶片质韧，常纵卷或扁平，长3～7mm，宽1～3mm，分蘖者长达20cm。圆锥花序疏松开展，常下垂，长10～20cm，分枝细弱，平滑或微粗糙，中部以下裸露，上部疏生少数小穗；小穗草绿色或褐紫色，含2朵小花；小穗轴节间长约1mm，被柔毛；颖不等，第一颖具1条脉，长3.5～4.5mm，第二颖具3条脉，等于或稍长于第一颖；第一外稃长3～3.5mm，顶端啮蚀状，基盘两侧毛长达稃体的1/3，芒自稃体基部1/4～1/5处伸出，劲直，稍短于或略长于稃体；内稃等长于或略短于外稃；花药长约2mm。花果期7～9月。

【生境分布】 海南州各地。生于高山草甸、灌丛、河滩地、林缘、路旁、田边、山坡草地，海拔2300～4500m。分布于西南、华北、东北诸省区；世界温寒带地区也有。在青海亦分布于杂多、囊谦、玉树、称多、班玛、久治、玛沁、尖扎、泽库、河南、乌兰、天峻、大通、湟中、湟源、乐都、民和、互助、刚察、祁连、门源。

小穗发草

***Deschampsia cespitosa* subsp. *orientalis* Hulten**

Poaceae 禾本科　Deschampsia 发草属

【形态特征】 本变种与原变种的区别在于：小穗小，长2.5～3.5mm；芒自稃体背中部或稍下处伸出。

【生境分布】 共和。生于河滩、灌丛，海拔3100～3600m。分布于新疆（阿勒泰）；俄罗斯（东西伯利亚和远东地区）、蒙古北部、朝鲜、日本及美国北部也有。在青海亦分布于班玛、大通、湟源、刚察。

短枝发草　滨发草

***Deschampsia cespitosa* subsp. *ivanovae* (Tzvelev) S. M. Phillips & Z. L. Wu**

Poaceae 禾本科　Deschampsia 发草属

【形态特征】 多年生草本。须根较粗韧。秆直立，紧密丛生，光滑无毛，高30～90cm，常具2节。叶鞘光滑无毛，松弛；叶舌膜质，长5～7mm，顶端渐尖且常2裂；叶片线形，直立，通常卷折，上面粗糙，下面光滑无毛，长2～8cm，宽1～2mm，基部分蘖叶长达30cm，宽达3mm，有时扁平。圆锥花序疏松稍开展，长10～20cm，分枝较细弱，屈曲，粗糙，多3叉分歧，长达10cm，1/3～1/2以下裸露，顶具较多小穗；小穗长卵形，长5～7mm，含2～3朵小花，灰褐色、暗紫色或褐紫色；小穗轴节间长1.2～2mm，具柔毛；颖等于或长于小穗，两颖近相等，先端锐尖，第一颖长(4～)5～7mm，具1条脉，第二颖长6～7mm，具3条脉；第一外稃长(3.5～)4～4.5mm，顶端截平而呈啮蚀状，基盘两侧毛长约1mm，芒自稃体近基部伸出，第二小花的芒可自中部伸出，劲直，等于或略长于稃体；内稃约与外稃等长，脊上粗糙；花药长2～2.5mm。花果期7～9月。

【生境分布】 同德、兴海、共和。生于高山草甸、灌丛、河滩、草丛、林下，海拔3400～4300m。中国特有种，分布于西藏、云南、四川、甘肃、陕西有。在青海亦分布于囊谦、称多、玛多、久治、玛沁、泽库、乌兰、大通、互助、乐都、祁连、门源。

穗发草

***Deschampsia koelerioides* Regel**

Poaceae 禾本科　Deschampsia 发草属

【形态特征】 多年生草本。须根粗且长，柔韧。秆直立，密集丛生，光滑无毛，高5～30cm，基部具多数残存叶鞘。叶鞘疏松，光滑无毛；叶舌透明膜质，披针形，先端渐尖，长2～4mm；叶多基生，茎生者仅1～2枚，叶片多纵卷，稀扁平，线形，宽1～4mm，上面粗糙，下面光滑，基生叶长达8cm，茎生叶长1～3cm。圆锥花序紧缩呈穗状圆柱形，或稍疏松为卵圆形，长2～7cm，宽1～2.5cm，分枝缩短或近于不分枝，光滑无毛；小穗褐黄色或褐紫色，有光泽，长4～6mm，常含2朵小花；小穗轴节间长0.8～1.2mm，被0.5～1mm的柔毛；颖与小穗几等长，两颖等长或第一颖稍短于第二颖，第一颖具1条脉，第二颖具3条脉；外稃长3～4mm，顶端具啮蚀状锯齿，基盘钝，被长0.5～1mm的毛，芒自稃体基部1/5～1/4处伸出，直立或稍弯曲，与稃体等长或略短；雄蕊3枚，花药紫色，长1.5～2.2mm。花期7～8月。

【生境分布】 兴海。生于高山灌丛草甸、山坡草地、河漫滩、灌丛向，海拔3200～4500m。分布于西藏、新疆、甘肃、内蒙古；喜马拉雅西北部、土耳其、亚洲中部、俄罗斯（西西伯利亚）也有。在青海亦分布于曲麻莱、囊谦、玉树、玛沁、泽库、格尔木、乌兰、大通、祁连、门源。

黄花野青茅

***Deyeuxia flavens* Keng**

Poaceae 禾本科　Deyeuxia 野青茅属

【形态特征】 多年生草本。秆直立，平滑无毛，高40～60cm，直径1～1.5mm，具2节。叶鞘平滑，上部者短于节间；叶舌膜质，长2.5～4mm，顶端具齿裂；叶片扁平，长3～12cm，宽3～5mm，两面粗糙。圆锥花序疏松开展，长8～15cm，宽5～8cm，分枝细弱，平展或斜向上升，长2.5～7cm，常孪生，稀3～4枚簇生，1/2以下裸露，稍粗糙；小穗长4～6mm，黄褐色或紫色；颖片卵状披针形，先端尖，第一颖约长于第二颖1mm，具1条脉，脉纹粗糙；外稃长3.5～5mm，顶端具2个长约1mm的短芒尖，基盘两侧的柔毛长为稃体的1/3～1/4，芒自稃体近基部伸出，长5～6mm，近中部膝曲，芒柱扭转；内稃约短于外稃1/3，膜质，顶端具微齿裂，具2条脉；延伸小穗轴长0.5～1mm，与其所被柔毛共长约2.5mm；花药长1～1.5mm，黄色或淡紫色。颖果黄褐色，椭圆形，长约2mm。花果期8～9月。

【经济用途】 优良饲料。

【生境分布】 同德、兴海。生于高山草甸、林间草地、河谷草丛、灌丛中，海拔2800～4500m。中国特有种，分布于西藏、四川西北部、甘肃。在青海亦分布于杂多、曲麻莱、囊谦、玉树、称多、玛沁、泽库、河南、大通、湟源、乐都、互助、祁连、门源。

青海野青茅

Deyeuxia kokonorica (Keng ex Tzvelev) S. L. Lu

Poaceae 禾本科　Deyeuxia 野青茅属

【形态特征】 多年生草本，具细弱的根状茎。秆直立，平滑无毛，高15～40cm，直径1～1.5mm，常具2节，顶节具秆基6～20cm；叶鞘稍糙涩，上部者短于节间，顶生叶鞘数倍长于其叶片；叶舌膜质，两侧下延，长1～3mm，顶端钝且具细齿裂；叶片线状披针形，扁平或内卷，长3～8cm，基生叶长可达12cm，宽1.5～4mm，顶生叶常短而窄，长约1cm，宽约0.5mm，上面和边缘粗糙，下面无毛。圆锥花序紧密成穗状，长2～6.5cm，宽6～10mm，基部1～2节可不具分枝，分枝短，粗糙，直立贴生，自基部即生小穗和小枝，小穗柄粗糙；小穗长约4mm，紫色，顶端常为古铜色；颖片宽披针形，背部具小刺毛而粗糙，两颖近等长，第一颖具1条脉，第二颖具3条脉；外稃长约3.5mm，中部以上具小刺毛而粗糙，顶端具细齿裂，基盘两侧的柔毛长约2mm，芒自稃体基部1/7处伸出，长约3mm，微弯，下部稍扭转，不伸出小穗之外；内稃微短于外稃，具2条脊，沿脊带紫色；延伸小穗轴长约1.5mm，与其所被柔毛共长达3mm；花药长约2mm，紫色。花期8～9月。

【生境分布】 共和（模式标本产地：青海湖）。生于高山草甸、灌丛草甸、湖边草地，海拔3150～4200m。中国特有种，分布于甘肃。在青海亦分布于玉树、泽库、刚察、祁连、门源。

朱鑫鑫 摄

朱鑫鑫 摄

朱鑫鑫 摄

朱鑫鑫 摄

糙野青茅

Deyeuxia scabrescens (Grisebach) Munro ex Duthie

Poaceae 禾本科　Deyeuxia 野青茅属

【形态特征】　多年生草本。秆直立，紧接花序以下甚粗糙，高60～80(～100)cm，直径2～4mm，具3～4节，节无毛。叶鞘除基部者外均短于节间，无毛，稍粗糙，疏松裹茎；叶舌厚膜质，披针形，长4～6mm；叶片直立，长15～25cm，宽3～5mm，质硬，内卷，两面粗糙。圆锥花序紧密，长15～20cm，宽约3cm，分枝数枚簇生，直立或斜向上升，与其小穗柄甚粗糙；小穗长4.5～6mm，草黄色或紫色；颖片长圆状披针形，粗糙，近等长或第一颖稍长且边缘具纤毛，具1条脉，第二颖具3条脉；外稃长4～5mm，顶端具细齿，背部粗糙，基盘两侧的柔毛长1～1.5mm，芒自背中部附近伸出，长6～8mm，基部1/3以下膝曲，芒柱扭转；内稃约短于外稃1/3，延伸小穗轴长1.5～2mm，与其所被柔毛共长3～4mm；雄蕊3枚，花药长2～2.5mm。花果期7～10月。

【经济用途】　优良饲料。

【生境分布】　同德。生于高山草地、林下、灌丛、山坡、河滩，海拔2300～4300m。分布于西藏、云南、四川、甘肃、陕西、湖北；印度也有。在青海亦分布于杂多、囊谦、玉树、称多、班玛、久治、玛沁、河南、大通、民和、互助。

矮野青茅

Deyeuxia tibetica var. ***przevalskyi*** (Tzvelev) P. C. Kuo & S. L. Lu

Poaceae 禾本科　Deyeuxia 野青茅属

【形态特征】　本变种与原变种的区别为：植株矮小，高5～10cm。圆锥花序短缩，呈卵圆形或圆柱形，长1～1.5(～2)cm，宽约1.5cm。颖片粗糙。

【生境分布】　兴海。生于山坡草地、高山草甸、河岸沙滩地，海拔2900～4750m。中国特有种，分布于西藏。在青海亦分布于杂多、治多、玉树、玛多、玛沁、德令哈、都兰。

稗

Echinochloa crusgalli (Linnaeus) P. Beauvois

Poaceae 禾本科　Echinochloa 稗属

【形态特征】　一年生草本。秆高(10～)50～100(～150)cm，光滑无毛，基部倾斜或膝曲。叶鞘疏松裹秆，平滑无毛，下部者长于而上部者短于节间；叶舌缺；叶片扁平，线形，长3～14cm，宽5～20mm，无毛，边缘粗糙。圆锥花序直立，近尖塔形，长6～20cm；主轴具棱，粗糙或具疣基长刺毛；分枝斜上举或贴向主轴，有时再分小枝；穗轴粗糙或生疣基长刺毛；小穗卵形，长3～4mm，脉上密被疣基刺毛，具短柄或近无柄，密集在穗轴的一侧；第一颖三角形，长为小穗的1/3～1/2，具3～5条脉，脉上具疣基毛，基部包卷小穗，先端尖；第二颖与小穗等长，先端渐尖或具小尖头，具5条脉，脉上具疣基毛；第一小花通常中性，其外稃草质，上部具7条脉，脉上具疣基刺毛，顶端延伸成1枚粗壮的芒，芒长0.5～1.5(～3)cm，内稃薄膜质，狭窄，具2条脊；第二外稃椭圆形，平滑，光亮，成熟后变硬，顶端具小尖头，尖头上有1圈细毛，边缘内卷，包着同质的内稃，但内稃顶端露出。花果期夏秋季。

【生境分布】　共和。生于路边、山坡、水沟边、农田中，海拔2225～2520m。分布遍及全国；世界温暖地区均有。在青海亦分布于西宁。

无芒稗

Echinochloa crusgalli var. ***mitis*** (Pursh) Petermann

Poaceae 禾本科　Echinochloa 稗属

【形态特征】　秆高50～120cm，直立，粗壮；叶片长20～30cm，宽6～12mm。圆锥花序直立，长10～20cm，分枝斜上举而开展，常再分枝；小穗卵状椭圆形，长约3mm，无芒或具极短芒，芒长常不超过0.5mm，脉上被疣基硬毛。

【生境分布】　共和。生于水边、路边草地，海拔2200～2600m。分布遍及全国；世界温暖地区均有。在青海亦分布于西宁、乐都。

硬穗披碱草 硕穗披碱草

Elymus barystachyus L. B. Cai

Poaceae 禾本科 Elymus 披碱草属

【形态特征】 多年生草本。根须状。秆疏丛生或单生，高50～80cm，具3～5节，下部节明显膝曲。叶鞘无毛，基部者常长于节间；叶舌顶端钝圆，长约1mm；叶片扁平，长7～22cm，宽4～8mm，上、下两面光滑无毛。穗状花序直立，较紧密，常呈淡紫色，长8～18cm，宽5～9mm；穗轴棱边具小纤毛，节间长4～8mm；小穗2枚生于一节或上部及下部各节仅具1枚，长10～18mm，含4～6朵小花；颖条状披针形，具4～7条脉，脉上疏生短刺毛，长7～10mm，顶端渐尖或具长约1.5mm的短尖头；外稃披针形，具5条脉，上部及边缘密生短柔毛，第一外稃长7～8mm，顶端尖或具长1～2mm的短芒；内稃顶端钝圆，脊上部具纤毛；花药黑色或黄色，长约2mm。花果期7～8月。

【生境分布】 共和。生于河岸、林下，海拔2700～3300m。中国特有种，分布于西藏、四川。在青海亦分布于班玛。

披碱草

Elymus dahuricus Turczaninow ex Grisebach

Poaceae 禾本科 Elymus 披碱草属

【形态特征】 秆疏丛，直立，高70～140cm，基部膝曲。叶鞘光滑无毛；叶片扁平，稀可内卷，上面粗糙，下面光滑，有时呈粉绿色，长15～25cm，宽5～9(～12)mm。穗状花序直立，较紧密，长14～18cm，宽5～10mm；穗轴边缘具小纤毛，中部各节具2枚小穗而接近顶端和基部各节只具1枚小穗；小穗绿色，成熟后变为草黄色，长10～15mm，含3～5朵小花；颖披针形或线状披针形，长8～10mm，先端长达5mm的短芒，有3～5枚明显而粗糙的脉；外稃披针形，上部具5条明显的脉，全部密生短小糙毛，第一外稃长9mm，先端延伸成芒，芒粗糙，长10～20mm，成熟后向外展开；内稃与外稃等长，先端截平，脊上具纤毛，至基部渐不明显，脊间被稀少短毛。

【生境分布】 青海省各地均产。生于山坡、草地、河滩、沟沿、林缘、路旁、灌丛，海拔1800～4100m。分布于西藏、云南、四川、新疆、甘肃、陕西、山西、河北、内蒙古、河南及东北各省；喜马拉雅地区、土耳其、伊朗、中亚地区、俄罗斯、蒙古、朝鲜、日本也有。

毛叶毛盘草

Elymus barbicallus var. ***pubifolius*** (Keng) S. L. Chen

Poaceae 禾本科 Elymus 披碱草属

【形态特征】 多年生草本。秆疏丛，高45～70cm，具3～4节，节与叶鞘均平滑无毛。叶鞘下部长于节间，而上部短于节间；叶舌长约0.5mm；叶片常扁平，长8～18cm，宽3～5mm，上面显著被柔毛。穗状花序直立或微弯，疏松，长10～16cm；穗轴棱边疏生短刺毛，节间长6～14mm；小穗绿色；长12～20mm（芒除外），含5～8朵小花；颖近条状披针形，具4～6条脉，脉上粗糙，边缘狭膜质，顶端渐尖，第一颖长6～8mm，第二颖长7～9mm；外稃背部光滑或上部及边缘粗糙，具5条脉，基盘具长达0.6mm的髭毛，第一外稃长8～10mm，顶端芒直伸或微弯，长16～25mm；内稃与外稃近等长，顶端平截或钝圆，脊上部具纤毛；花药黄色，长2～2.5mm。花期7月。

【相近种】 本变种与原变种毛盘草E. barbicallus（毛盘鹅观草）的主要区别是：叶片表面显著疏生长柔毛。

【生境分布】 同德。生于山坡草地，海拔2600～3100m。中国特有种，分布于甘肃、陕西、山西、河北、内蒙古。在青海亦分布于西宁。

短芒披碱草

Elymus breviaristatus Keng ex P. C. Keng

Poaceae 禾本科　Elymus 披碱草属

【形态特征】 多年生草本。秆疏丛生，具短而下伸的根茎，直立或基部膝曲，高约70cm，基部常被有少量白粉。叶鞘光滑；叶片扁平，粗糙或下面平滑，长4～12cm，宽3～5mm。穗状花序疏松，柔弱而下垂，长10～15cm，通常每节具2枚小穗，有时接近先端各节仅具1枚小穗，穗轴边缘粗糙或具小纤毛；小穗灰绿色稍带紫色，长13～15mm，含4～6朵小花；颖长圆状披针形或卵状披针形，具1～3条脉，脉上粗糙，长3～4mm，先端渐尖或具长仅1mm的短尖头；外稃披针形，上部具显明的5条脉，全部被短小微毛或有时背部平滑无毛，或边缘两侧被短刺毛，第一外稃长8～9mm，顶端具粗糙的短芒，芒长(1～)2～5mm；内稃与外稃等长，先端钝圆或微凹陷，脊上具纤毛，至下部毛渐不显，脊间被微毛。花果期7～8月。

【相近种】 本种与老芒麦*E. sibiricus*很相似，但颖短小无芒，以及外稃仅具短芒，可以区别。

【生境分布】 兴海、共和。在生于山坡、草地、湖岸、河边，海拔2700～4300m。中国特有种，分布于西藏、四川。青海亦分布于杂多、囊谦、玛多、玛沁、乌兰、西宁、刚察、门源。

重穗披碱草 垂穗披碱草

Elymus nutans **Grisebach**

Poaceae 禾本科 Elymus 披碱草属

【形态特征】 秆直立，基部稍呈膝曲状，高50～70cm。基部和根出的叶鞘具柔毛；叶片扁平，上面有时疏生柔毛，下面粗糙或平滑，长6～8cm，宽3～5mm。穗状花序较紧密，通常曲折而先端下垂，长5～12cm，穗轴边缘粗糙或具小纤毛，基部的1～2节均不具发育小穗；小穗绿色，成熟后带有紫色，通常在每节生有2枚，而接近顶端及下部节上仅生有1枚，多少偏生于穗轴一侧，近于无柄或具极短的柄，长12～15mm，含3～4朵小花；颖长圆形，长4～5mm，2颖几相等，先端渐尖或具长1～4mm的短芒，具3～4条脉，脉明显而粗糙；外稃长披针形，具5条脉，脉在基部不明显，全部被微小短毛，第一外稃长约10mm，顶端延伸成芒，芒粗糙，向外反曲或稍展开，长12～20mm；内稃与外稃等长，先端钝圆或截平，脊上具纤毛，其毛向基部渐次不显，脊间被稀少微小短毛。

【生境分布】 青海省各地均产。生于山坡、草原、林缘、灌丛、田边、路旁、河渠、湖岸，海拔2600～4900m。分布于西藏、云南、四川、新疆、甘肃、陕西、河北、内蒙古；喜马拉雅地区、土耳其、中亚地区、俄罗斯、蒙古也有。

老芒麦 细弱披碱草

Elymus sibiricus Linnaeus

Poaceae 禾本科 Elymus 披碱草属

【形态特征】 多年生草本。秆单生或成疏丛，直立或基部稍倾斜，高60～90cm，粉红色，下部的节稍呈膝曲状。叶鞘光滑无毛；叶片扁平，有时上面生短柔毛，长10～20cm，宽5～10mm。穗状花序较疏松而下垂，长15～20cm，通常每节具2枚小穗，有时基部和上部的各节仅具1枚小穗；穗轴边缘粗糙或具小纤毛；小穗灰绿色或稍带紫色，含(3～)4～5朵小花；颖狭披针形，长4～5mm，具3～5条明显的脉，脉上粗糙，背部无毛，先端渐尖或具长达4mm的短芒；外稃披针形，背部粗糙无毛或全部密生微毛，具5条脉，脉在基部不太明显，第一外稃长8～11mm，顶端芒粗糙，长15～20mm，稍展开或反曲；内稃几与外稃等长，先端2裂，脊上全部具有小纤毛，脊间亦被稀少而微小的短毛。

【生境分布】 青海省各地均产。生于山坡、路旁、河滩、沟谷、林缘、灌丛，海拔2200～4100m。分布于西藏、云南、四川、新疆、甘肃、陕西、宁夏、山西、河北、内蒙古及东北各省；喜马拉雅地区、土耳其、中亚地区、俄罗斯、蒙古、朝鲜、日本也有。

肃草

Elymus strictus (Keng) S. L. Chen

Poaceae 禾本科 Elymus 披碱草属

【形态特征】 秆直立，疏丛，质较坚硬，高50～60cm，基部的节微呈膝曲状。叶片较坚硬，内卷，长8～16cm，宽4～6mm，灰绿色或被粉质，上面被毛，下面无毛。穗状花序劲直，长14～18cm；小穗灰绿色，疏松排列于穗轴的两侧，含5～8朵小花；颖先端渐尖或具小尖头，长7～10mm，第一颖较第二颖短1～2mm，具5～7条明显而强壮的脉，脉上粗糙；外稃背部平滑或仅上部微粗糙，下部两侧接近边缘处具微毛，上部明显具5条脉，脉上糙粗，第一外稃长9～10mm，先端芒长14～22mm，芒粗糙，微反曲；内稃与外稃等长，顶端截平或微凹，脊间上部被微毛。

【生境分布】 兴海、共和。生于山坡、草地、沟谷、林缘、河滩，海拔2200～3800m。中国特有种，分布于西藏、四川、甘肃、陕西、宁夏、山西和内蒙古。在青海亦分布于囊谦、玉树、同仁、湟中、循化、乐都、互助。

短颖披碱草 短颖鹅观草 垂穗鹅观草

Elymus burchan-buddae (Nevski) Tzvelev

Poaceae 禾本科 Elymus 披碱草属

【形态特征】 多年生草本。根须状，有时基部分蘖密集而形成根头。秆单生，直立，基部稍倾斜上升，高20～60cm，具2～3节。叶鞘大多短于节间，光滑；叶舌极短；叶片扁平或边缘内卷，长5～9cm（蘖生叶可长达16cm），宽1.5～3mm，无毛或下面粗糙，上面疏生柔毛。穗状花序细弱，弯折下垂，常带紫色，长3～11cm，基部的小穗有时不发育；小穗长10～18mm（芒除外），含2～4朵小花及1枚不孕外稃；颖卵状披针形或披针形，先端锐尖，光滑无毛，第一颖具3条脉，长2～5mm，第二颖具4～5条脉，长3～6mm；外稃上部具明显的5条脉，疏被短硬毛，第一外稃长7～10mm，先端芒长20～25mm；内稃与外稃等长，先端钝头，脊上具极小纤毛；花药黑色，长约1.3mm。花果期7～9月。

【生境分布】 贵德、同德、兴海、共和。生于河边、路旁、灌丛、草甸、山坡、草地、林缘，海拔2800～4500m。分布于西藏、云南、四川、新疆、甘肃、内蒙古。在青海亦分布于杂多、曲麻莱、囊谦、玉树、班玛、玛沁、同仁、泽库、湟源、河南、德令哈、都兰、乐都、化隆、互助、祁连、门源。

朱鑫鑫 摄

朱鑫鑫 摄

朱鑫鑫 摄

芒颖披碱草 芒颖鹅观草

Elymus aristiglumis (Keng & S. L. Chen) S. L. Chen

Poaceae 禾本科 Elymus 披碱草属

【形态特征】 多年生草本。根须状。秆疏丛或单生，高15～50cm，具2～3节，无毛。叶鞘光滑，长于或短于节间；叶舌长0.3～1mm，顶端平截；叶片扁平，长2～8cm，宽2～5mm，上面粗糙或疏生柔毛，下面无毛。穗状花序密集，下垂，带紫色，长6～8cm；穗轴粗糙，弯折，节间一般长2～4mm；小穗单生，常偏于穗轴一侧，具极短之柄，长11～15mm（芒除外），含2～4朵小花；颖狭披针形，具1～3条粗糙之脉，顶端芒长3～6mm，第一颖长3～4mm，第二颖长3～5mm；外稃具5条脉，背部粗糙或上部密生小刺毛，第一外稃长9～10mm，顶端芒反曲，长15～30mm；内稃与外稃近等长，顶端微凹或平截，脊上具短纤毛；花药黑色，长约1.5mm。花果期7～9月。

【生境分布】 兴海。生于山坡、草甸、河滩，海拔3400～5000m。中国特有种，分布于西藏、四川、新疆、甘肃。在青海亦分布于玉树、玛多、格尔木、可可西里、都兰、门源。

岷山披碱草 岷山鹅观草 耐久鹅观草

Elymus durus (Keng) S. L. Chen

Poaceae 禾本科 Elymus 披碱草属

【形态特征】 多年生草本。根须状。秆疏丛或单生，高10～60(～80)cm，具2～3节，节有时稍膝曲。叶鞘短于或长于节间，基部者偶尔被倒生柔毛；叶舌极短；叶片长3～14cm，宽2～4.5mm，无毛或上面密被微毛，边缘有时具纤毛。穗状花序弯曲下垂，带紫色，长2.5～6cm；穗轴无毛或粗糙，节间一般长2.5～8mm；小穗单生，长13～18mm（芒除外），含3～6朵小花，基部具长0.5～1.5mm的短柄；颖披针形，通常具3条脉，脉上有时粗糙，顶端尖或具小尖头，第一颖长3.5～4.5mm，第二颖长4～6mm；外稃明显具5条脉，背部贴生小刺毛，第一外稃长8～10mm，顶端芒粗糙、反曲，长15～30mm；内稃与外稃等长或略短，顶端平截，脊上被短纤毛；花药黑色，长约1.5mm。花果期7～10月。

【生境分布】 同德、兴海。生于山坡、草地、灌丛、砾石滩，海拔3000～5400m。中国特有种，分布于西藏、云南、四川、新疆、甘肃。在青海亦分布于玛多、河南、格尔木、互助。

光花披碱草 光花鹅观草

Elymus leianthus (Keng) S. L. Chen

Poaceae 禾本科 Elymus 披碱草属

【形态特征】 多年生草本。根须状。秆疏丛，高35～50cm，通常具4节，光滑无毛。叶鞘平滑，长于节间；叶舌黄褐色，长约0.5mm，顶端平截；叶片扁平或内折，长5～11cm，宽2～4mm，无毛或上面被微毛。穗状花序微弯，淡绿色，长6～12cm，宽约7mm，基部包藏于鞘内；穗轴棱边具细刺毛，节间长5～8mm；小穗单生，长12～15mm（芒除外），含3～6朵小花；颖长圆状披针形，具3～5条脉。脉上微粗糙，边缘狭膜质，顶端尖或具小尖头，长4～7mm；外稃披针形，具5条脉，背面无毛，边缘狭膜质，第一外稃长9～10mm，顶端延伸成长4～5mm的短芒；内稃与外稃近等长，顶端微凹或钝圆，脊上部具小刺毛；花药黄色，长2～3mm。花期7月。

【生境分布】 兴海。生于河岸、塘边，海拔2300～3200m。中国特有种，在青海亦分布于大通（模式标本产地）。

贫花鹅观草

Elymus trachycaulus (Link) Gould ex Shinners.

Poaceae 禾本科 Elymus 披碱草属

【形态特征】 多年生草本。须根有时具沙套。秆丛生，高40～90cm，微糙涩，具4～6节，下部节稍膝曲。叶鞘无毛，通常长于节间；叶舌顶端平截，长0.5～1mm；叶片扁平，长5～20cm，宽2.5～6.5mm，两面光滑或上面微粗糙。穗状花序直立，狭窄，疏松，长10～25cm；穗轴棱边粗糙，节间长6～15mm；小穗单生，灰绿色或带黄色，与穗轴紧贴，长10～16mm，含3～6朵小花；颖条状披针形，具5～7条粗糙的脉，顶端渐尖以至呈芒状，边缘膜质，长10～15mm；外稃披针形，无毛，上部明显具5条脉，脉上稍糙涩，顶端无芒或具小尖头，第一外稃长8～11mm；内稃短于外稃0.5～1.2mm，顶端钝尖或急尖，脊上被短柔毛；花药黄色，长约1.2mm。花果期7～9月。

【生境分布】 海南州各地。引种栽培牧草，原产于北美洲，甘肃、宁夏、河北、内蒙古也有栽培。青海尖扎、同仁、泽库、河南等牧场和草场也有种植。

扭轴披碱草 扭轴鹅观草

Elymus schrenkianus (Fischer & C. A. Meyer) Tzvelev

Poaceae 禾本科 Elymus 披碱草属

【形态特征】 多年生草本。根须状。秆疏丛，高25～60cm，2～3节，无毛。叶鞘平滑，大都长于节间；叶舌顶端平截，长0.4～0.8mm；叶片扁平，长4～12cm，宽2～5mm，粗糙或上面疏生柔毛。穗状花序密集，下垂，长3～9cm，穗轴下或基部常扭曲，穗轴节间长2～7mm；小穗单生，常偏于穗轴一侧，基部具极短之柄，长12～17mm（芒除外），含4～6朵小花；颖狭披针形，具3条脉，背部光滑或粗糙，顶端具长2～5mm的短芒，第一颖长3～4.5mm，第二颖长4～5mm；外稃具5条脉，背部粗糙或被短刺毛，第一外稃长约9mm，顶端芒直伸或微弯，长15～35mm；内稃与外稃近等长，顶端平截或微凹，脊上具短纤毛；花药长1.4～1.7mm。花果期7～9月。

【生境分布】 兴海。生于山坡草甸、河滩沟沿，海拔3700～4100m。分布于西藏、新疆；喜马拉雅地区、中亚地区、俄罗斯、蒙古也有。在青海亦分布于河南、冷湖、湟中。

中华披碱草 中华鹅观草

Elymus sinicus (Keng) S. L. Chen

Poaceae 禾本科 Elymus 披碱草属

【形态特征】 多年生草本。常具短根茎。秆疏丛，高30～70cm，具3～4节，光滑。叶鞘无毛，短于或长于节间；叶舌长约0.4mm，顶端平截；叶片通常内卷，长4～15cm，宽2～4mm，上面疏生柔毛，下面无毛。穗状花序直立，绿色或稍带紫色，长6～10cm；穗轴棱边具短纤毛，节间长4～8mm；小穗单生，长12～15mm（芒除外），含4～5朵小花；颖近条状披针形，具3～5条脉，脉上粗糙，顶端渐尖，第一颖长6～7mm，第二颖长6.5～8mm；外稃背面粗糙或被短刺毛，上部5条脉明显，第一外稃长8～9mm，顶端芒劲直，长10～18mm；内稃与外稃近等长，顶端钝尖或微下凹，脊上部疏生短纤毛；花药长约2mm。花果期7～9月。

【生境分布】 共和。生于山坡、草原、林缘、田边，海拔2200～3600m。中国特有种，分布于四川、甘肃、陕西、宁夏、山西和内蒙古。在青海亦分布于泽库、循化、乐都。

林地披碱草 林地鹅观草

Elymus sylvaticus (Keng & S. L. Chen) S. L. Chen

Poaceae 禾本科 Elymus 披碱草属

【形态特征】 多年生草本。须根较粗长。秆疏丛，微糙涩，高100～120cm，基部直径约3mm，具4～5节。叶鞘无毛，通常短于节间；叶舌长约0.5mm，顶端平截；叶片扁平，长13～25cm；宽5～8mm，上面粗糙，下面较平滑。穗状花序直立，稍密集，带紫色，长7～13cm；穗轴粗糙，棱边具纤毛，节间长4～5mm；小穗单生，长10～12mm（芒除外），通常含3朵小花；颖近条状披针形，粗糙，具3～5条脉，脉上疏生小刺毛，边缘狭膜质，长7～8.5mm，顶端具长1～2mm的短芒；外稃5条脉不明显，背部疏生短刺毛，第一外稃长8～10mm，顶端具长3～5mm的短芒，顶端侧面具微齿；内稃与外稃近等长，顶端微凹，脊上具短纤毛，花药长约2mm。花期8月。

【生境分布】 同德。生于林缘灌丛，海拔约3300m。中国特有种，分布于新疆。

九顶草 冠芒草

Enneapogon desvauxii P. Beauvois

Poaceae 禾本科 Enneapogon 九顶草属

【形态特征】 一年生草本。秆直立，高5～20cm，节常膝曲，密被柔毛，基部鞘内常具隐藏小穗。叶鞘多短于节间，密被短柔毛，鞘内常有分枝；叶舌极短，顶端具纤毛；叶片多内卷，密被短柔毛，长2～10cm。圆锥花序短穗状，紧密呈圆柱形，铅灰色或成熟后为草黄色，长1.5～2.5cm，宽6～10mm；小穗常含2～3朵小花，顶端小花退化；小穗轴节间无毛；颖质薄，边缘宽膜质，披针形，具脊，具3～5(～7)条脉，顶端尖，背部被短柔毛，第一颖长3～3.5mm，第二颖长4～5mm；外稃背部被柔毛，尤以边缘更甚，具9条脉，脉于顶端形成9条直立的具羽毛的芒，芒略不等长，长2～4mm，第一外稃长2～2.5mm；内稃近等长于外稃，脊具纤毛；花药长0.3～0.5mm。花果期7～9月。

【生境分布】 兴海、共和。生于山坡、河滩，海拔1890～3200m。分布于新疆、甘肃、宁夏、河北、山西、内蒙古、辽宁、安徽等地；印度、中亚地区及非洲也有。在青海亦分布于循化、乐都。

大画眉草
Eragrostis cilianensis (Allioni) Vignolo-Lutati ex Janchen

Poaceae 禾本科 Eragrostis 画眉草属

【形态特征】 一年生草本。秆粗壮，高30～90cm，直径3～5mm，直立丛生，基部常膝曲，具3～5个节，节下有1圈明显的腺体。叶鞘疏松裹茎，脉上有腺体，鞘口具长柔毛；叶舌为1圈成束的短毛，长约0.5mm；叶片线形，扁平，伸展，长6～20cm，宽2～6mm，无毛，叶脉上与叶缘均有腺体。圆锥花序长圆形或尖塔形，长5～20cm，分枝粗壮，单生，上举，腋间具柔毛，小枝和小穗柄上均有腺体；小穗长圆形或卵状长圆形，墨绿色带淡绿色或黄褐色，扁压并弯曲，长5～20mm，宽2～3mm，有10～40朵小花，小穗除单生外，常密集簇生；颖近等长，长约2mm，颖具1条脉或第二颖具3条脉，脊上均有腺体；外稃呈广卵形，先端钝，第一外稃长约2.5mm，宽约1mm，侧脉明显，主脉有腺体，暗绿色而有光泽；内稃宿存，稍短于外稃，脊上具短纤毛。雄蕊3枚，花药长0.5mm。颖果近圆形，直径约0.7mm。花果期7～9月。

【生境分布】 贵南、兴海、共和。生于荒芜草地、田边、路旁，海拔1880～2800m。分布遍及全国各地；全世界热带、温带地区均有。在青海亦分布于西宁、循化、乐都。

小画眉草
Eragrostis minor Host

Poaceae 禾本科 Eragrostis 画眉草属

【形态特征】 一年生草本。秆纤细，丛生，膝曲上升，高15～50mm，直径1～2mm，具3～4节，节下具有1圈腺体。叶鞘较节间短，疏松裹茎，叶鞘脉上有腺体，鞘口有长毛；叶舌为1圈长柔毛，长0.5～1mm；叶片线形，平展或卷缩，长3～15cm，宽2～4mm，下面光滑，上面粗糙并疏生柔毛，主脉及边缘都有腺体。圆锥花序开展而疏松，长6～15cm，宽4～6cm，每节1个分枝，分枝平展或上举，腋间无毛，花序轴、小枝及柄上都有腺体；小穗长圆形，长3～8mm，宽1.5～2mm，含3～16朵小花，绿色或深绿色；小穗柄长3～6mm；颖锐尖，具1条脉，脉上有腺点，第一颖长1.6mm，第二颖长约1.8mm；第一外稃长约2mm，广卵形，先端圆钝，具3条脉，侧脉明显并靠近边缘，主脉上有腺体；内稃长约1.6mm，弯曲，脊上有纤毛，宿存；雄蕊3枚，花药长约0.3mm。颖果红褐色，近球形，直径约0.5mm。花果期6～9月。

【经济用途】 优良饲料。

【生境分布】 贵德、贵南、兴海。生于荒芜田野、草地、路旁、干河滩，海拔2200～2600m。分布遍及全国各地；世界温暖地带均有。在青海亦分布于西宁。

贾留坤 摄

黑穗画眉草

Eragrostis nigra **Nees ex Steudel**

Poaceae 禾本科　Eragrostis 画眉草属

【形态特征】 多年生草本。秆丛生，直立或基部稍膝曲，高30～60cm，直径1.5～2.5mm，基部常压扁，具2～3节。叶鞘疏松裹茎，长于或短于节间，两侧边缘有时具长纤毛，鞘口有白色柔毛，长0.2～0.5mm；叶舌长约0.5mm；叶片线形，扁平，长2～25cm，宽3～5mm，无毛。圆锥花序开展，长10～2.3cm，宽3～7cm，分枝单生或轮生，纤细，曲折，腋间无毛；小穗柄长2～10mm，小穗长3～5mm，宽1～1.5mm，黑色或墨绿色，含3～8朵小花；颖披针形，先端渐尖，膜质，具1条脉，第二颖或具3条脉，第一颖长约1.5mm，第二颖长1.8～2mm；外稃长卵圆形，先端为膜质，具3条脉，第一外稃长约2.2mm；内稃稍短于外稃，弯曲，脊上有短纤毛，先端圆钝，宿存。雄蕊3枚，花药长约0.6mm。颖果椭圆形，长为1mm。花果期6～9月。

【生境分布】 贵德。生于山坡草地、黄土丘陵、田间、道旁，海拔1200～3600m。分布于云南、四川、贵州、甘肃、陕西、河南、江西、广西；印度、东南亚地区也有。在青海亦分布于尖扎、同仁、化隆、循化、乐都、民和。

葱岭羊茅

Festuca amblyodes **V. I. Kreczetowicz & Bobrov**

Poaceae 禾本科　Festuca 羊茅属

【形态特征】 多年生草本，密丛生。秆直立，平滑，高15～30cm，具1节。叶鞘平滑无毛；叶舌长约0.2mm，齿裂；叶片细线形，纵卷，长为秆高的1/3～1/2，叶横切面具维管束5条，厚壁组织束5(～7)条，在下表皮内有，上表皮具毛。圆锥花序疏松，花期开展，长3～5cm，分枝单生，平滑或稀微粗糙，长(1.5～)2～4cm，中部以下裸露，上部疏生少数小穗；小穗绿色或紫色，长7～11mm，含3～4(～5)朵小花；小穗轴节间长约1mm，粗糙；颖片背部平滑，边缘窄膜质，或具纤毛，第一颖披针形，具1条脉，长2.5～3mm，第二颖长圆状披针形，具3条脉，长约4mm；外稃背上部粗糙，具5条脉，顶端具长1～2mm的芒，第一外稃长4.5～6.2mm；内稃近等长于外稃，顶端微2裂，两脊粗糙，花药长2.5～3mm；子房顶端无毛。花果期6～8月。

【生境分布】 共和。生于山沟、阳坡、草甸草原，海拔3230～3650m。分布于新疆；帕米尔、克什米尔、中亚地区也有。在青海亦分布于泽库、刚察、祁连、门源。

朱鑫鑫 摄

朱鑫鑫 摄

短叶羊茅

Festuca brachyphylla Schultes & J. H. Schultes

Poaceae 禾本科 Festuca 羊茅属

【形态特征】 多年生草本，丛生。秆直立，平滑，高5～15cm。叶鞘平滑；叶舌长约0.2mm，截平，具纤毛；叶片对折或纵卷，长1.5～8cm，宽0.5～1mm；叶横切面具维管束5条，厚壁组织束3条，仅存在于叶中脉下表皮内及两边缘。圆锥花序紧密呈穗状，长2～4cm，宽约8mm，分枝粗糙，每节着生1～2枚，长0.5～1cm，自基部即着生小穗；小穗紫红色或褐紫色，长5～6mm，含3～4朵小花；小穗轴节间长约0.6mm，平滑或微粗糙；颖片平滑，边缘窄膜质，顶端尖或稍钝，第一颖披针形，具1条脉，长约2mm，第二颖椭圆状披针形，具3条脉，长2.5～3mm；外稃背上部粗糙，具5条脉，顶端具芒，芒长1～1.5mm，第一外稃长4～4.5mm；内稃近等长于外稃，顶端微2裂，两脊粗糙；花药长约0.5mm；子房顶端无毛。花果期7～9月。

【生境分布】 同德、兴海、共和。在生于高山草甸、山坡、河漫滩、碎石地，海拔2700～4500m。分布于西藏、新疆、甘肃；欧洲、中亚地区、俄罗斯（西伯利亚）、北美洲也有。青海亦分布于玛多、大通、祁连、门源。

矮羊茅

Festuca coelestis (St.-Yves) V. I. Kreczetowicz & Bobrov

Poaceae 禾本科 Festuca 羊茅属

【形态特征】 多年生草本，密丛生。秆细弱，平滑无毛，高4～10(～15)cm，基部宿存短的褐色枯鞘。叶鞘平滑；叶舌极短具纤毛；叶片纵卷呈刚毛状，较硬直，平滑无毛，长1.5～6(～10)cm；叶横切面具维管束5～7条，具厚壁组织束3条，较细弱。圆锥花序紧密呈穗状，长(1～)2～3cm，分枝短，微粗糙；小穗紫色或褐紫色，长5～6mm，含3～6朵小花；颖片背部平滑，顶端渐尖，第一颖窄披针形，具1条脉，长约2mm，下部边缘常具细短纤毛，第二颖宽披针形至倒卵形，具3条脉，长约3mm；外稃背部平滑或上部常粗糙，顶端具长1.5～2mm的芒，第一外稃长3.5～4mm；内稃具2条脊，脊粗糙；花药长(0.8～)1～1.4mm；子房顶端无毛。花果期7～9月。

【生境分布】 兴海。生于高山草甸、山坡草地、灌丛、林缘、河滩等处，海拔2900～4600m。分布于西藏、云南、四川、新疆、甘肃、湖北等地；克什米尔西部及中亚地区也有。在青海亦分布于杂多、治多、曲麻莱、囊谦、玉树、称多、玛多、同仁、大通、门源。

朱鑫鑫 摄

玉龙羊茅

Festuca forrestii St.-Yves

Poaceae 禾本科 Festuca 羊茅属

【形态特征】 多年生草本，密丛生。秆直立，较坚硬，平滑无毛或粗糙，高30～60cm。叶鞘光滑无毛；叶舌极短；叶片长为秆高的1/3～1/2，内卷，两面平滑或下面微粗糙；叶横切面具维管束5条，厚壁组织束7条，与维管束相对应，仅存在于下表皮内。圆锥花序疏松，长3～6cm，分枝单一，长1～2cm，枝顶端着生小穗；小穗淡绿色带紫色，长8～10mm，含5～7朵小花；小穗轴节间长约1mm，粗糙；颖片背部平滑或上部微粗糙，边缘常具纤毛，窄膜质，先端急尖或渐尖，第一颖披针形，具1条脉，长2.5～3.5mm，第二颖卵状披针形，具3条脉，长4～5(～6)mm；外稃背部平滑或微粗糙，顶端芒长3～5(～7)mm，第一外稃长5～6(～7)mm；内稃稍短于外稃，顶端微2裂，脊粗糙，脊间微粗糙；花药长2～2.5(～2.8)mm；子房顶端光滑无毛或具稀微毛。花果期7～9月。

【生境分布】 贵南、共和、兴海。生于高山草甸、阳山坡、沟谷、草地，海拔3200～4400m。中国特有种，分布于西藏、云南、四川。在青海亦分布于杂多、囊谦、玉树、治多、曲麻莱、格尔木、民和、海晏、祁连、门源。

毛稃羊茅

Festuca rubra subsp. ***arctica*** (Hackel) Govoruchin

Poaceae 禾本科 Festuca 羊茅属

【形态特征】 多年生草本，具细弱根茎。秆较硬直，或基部稍膝曲，平滑无毛，高20～60(～70)cm，具2～3节。叶鞘平滑无毛，下部者短于而上部者长于节间；叶舌长约1mm，平截，具纤毛；叶片常对折，平滑无毛或上面稀有微毛，长(8～)10～20(～35)cm，秆生叶较短，长2～5cm，宽约2mm；叶横切面具维管束5～9条，厚壁组织束5～7条。圆锥花序紧缩，或花期稍开展；分枝每节1～2枚，粗糙，长1～3(～4)cm；小穗褐紫色，长8～10mm，含4～6朵小花；小穗轴节间长约0.8mm，背具刺毛；颖片背上部和中脉粗糙或具短毛，顶端尖或渐尖，边缘窄膜质或具纤毛，第一颖长3～4mm，具1条脉，第二颖长4～5mm，具3条脉；外稃背部全部被毛，具不明显的5条脉，顶端具芒，芒长2～3mm，第一外稃长约5.5mm；内稃顶端具2个齿，两脊具纤毛或粗糙，脊间具微毛；花药长2～3mm；子房顶端无毛。花果期6～8月。

【生境分布】 兴海、共和。生于阳坡、灌丛草甸、林下草丛、河滩、河谷，海拔2150～4500m。分布于西藏、四川西部、新疆、甘肃及华北地区；中亚地区、俄罗斯（西伯利亚）、欧洲也有。在青海亦分布于杂多、治多、曲麻莱、囊谦、玉树、玛多、久治、玛沁、尖扎、都兰、乌兰、天峻、大通、湟中、乐都、民和、互助、海晏、祁连、门源。

朱鑫鑫 摄

朱鑫鑫 摄

微药羊茅

Festuca nitidula Stapf

Poaceae 禾本科　Festuca 羊茅属

【形态特征】 多年生草本。秆疏丛生；直立，平滑无毛，高10～40(～50)cm，具1～2节。叶鞘下部闭合，平滑无毛；叶舌长约1mm，具纤毛；叶片纵卷或折叠，平滑，长3～10(～15)cm，顶生者长1～2cm，宽0.5～2(～3)mm；叶横切面具维管束7～11(～13)条，厚壁组织束较细弱，与维管束相对应，在上表皮内均有，在下表皮内仅主脉有，两边缘亦有。圆锥花序疏松开展，常下垂，长(3～)5～12cm；分枝孪生或单一，开展，平滑或微粗糙，长(2～)4～8cm，中部以下裸露，上部着生小枝与小穗；小穗紫红色，长5～6mm，含(2～)3～5朵小花；小穗轴节间长约1mm，甚粗糙；颖片背部平滑，边缘膜质，顶端较钝，第一颖披针形，具1条脉，长1.5～2.5mm，第二颖宽披针形，具3条脉，长3～3.5mm；外稃背部粗糙，具5条脉，顶端具芒，芒长1～2mm，第一外稃长约4mm；内稃约等长于外稃，顶端膜质且微2裂，两脊粗糙；花药椭圆形，长0.5～0.6mm，子房顶端被稀疏的微毛。花果期7～9月。

【生境分布】 同德、兴海。生于高山草甸、河滩湿草地、灌丛，海拔2500～4800m。分布于西藏、四川西部、甘肃西部；印度西北部、喜马拉雅山区也有。在青海亦分布于杂多、玉树、曲麻莱、囊谦、称多、玛多、久治、泽库、大通、互助、海晏、祁连、门源。

朱鑫鑫 摄

朱鑫鑫 摄

甘肃羊茅

Festuca kansuensis Markgraf-Dannenberg

Poaceae 禾本科　Festuca 羊茅属

【形态特征】 多年生草本，密丛生。秆直立，细弱，平滑无毛，或稀具微毛；叶舌长约0.5mm，平截，具纤毛；叶片纵卷，细丝状，上面平滑，下面粗糙，长10～20cm；叶横切面具维管束5条，厚壁组织束7条。圆锥花序直立，狭窄但疏松，花期稍开展；分枝单一或孪生，微粗糙，长1～3cm，下部1/3裸露；小穗黄绿色或微紫色，长7～8mm，含3～4朵小花；小穗轴节间长约1mm，粗糙；颖片背部平滑，边缘窄膜质，先端渐尖，第一颖窄披针形，具1条脉，长3～3.5mm，第二颖宽披针形，具3条脉，长4～5mm；外稃背上部微粗糙，顶端具芒，芒长1.5～2.7mm，第一外稃长约5.5mm；内稃近等长于外稃，顶端微2裂，具2条脊，脊粗糙；子房顶端无毛；花药长2.5～2.9mm。花果期6～8月。

【生境分布】 同德、兴海、共和。生于阳坡、草甸化草原，海拔3200～3700m。中国特有种，分布于甘肃。在青海亦分布于祁连。

素羊茅

Festuca modesta Nees ex Steudel

Poaceae 禾本科　Festuca 羊茅属

【形态特征】 多年生草本。具粗短根头。秆直立，平滑无毛，高80～100cm，直径约4mm，具2～3节，基部宿存枯萎贴生白色倒向毛的叶鞘。叶鞘粗糙或平滑，均短于节间；叶舌膜质，截平或撕裂状，长2～5mm；叶片扁平，无毛，上面光滑，下面及边缘微粗糙，长10～20cm，基生叶长可达60cm，宽5～9(～15)mm；叶横切面具维管束11～27条或更多，厚壁组织成束，与维管束相对应，上、下表皮内均存在，具明显的泡状细胞。圆锥花序开展，直立或顶端弯垂，长20～25cm；分枝单一，基部常孪生，长5～13cm，1/3～1/2以下裸露，平滑或微粗糙，上部着生小枝和小穗；小穗灰绿色，长7～12mm，含(1～)2～4朵小花；小穗轴节间长1～2mm，粗糙；颖片背部平滑，边缘膜质，第一颖窄披针形，长2～3mm，具1条脉，顶端渐尖，第二颖椭圆状披针形，长3.5～5mm，具3条脉，顶端膜质且稍钝或微裂；外稃背部粗糙，具5条脉，边缘膜质且粗糙或具微毛，顶端无芒，钝或锐尖，第一外稃长7～8mm；内稃近等长或稍短于外稃，顶端2裂，具2条脊，脊部粗糙或具短纤毛；花药淡黄色或乳白色，长2.5～2.8mm。颖果长3～4.5mm，顶端有毛。花果期5～8月。

【生境分布】 同德。生于山坡林缘、灌丛草甸、山沟林下，海拔2300～4600m。分布于四川、云南、甘肃、陕西（秦岭南北坡）；印度、尼泊尔也有。在青海亦分布于杂多、治多、曲麻莱、囊谦、玉树、玛沁、同仁、河南、大通、湟源、乐都、互助。

朱鑫鑫 摄

朱鑫鑫 摄

朱鑫鑫 摄

朱鑫鑫 摄

羊茅

Festuca ovina Linnaeus

Poaceae 禾本科　Festuca 羊茅属

【形态特征】 多年生草本，密丛生，鞘内分枝。秆具条棱，细弱，直立，平滑无毛或在花序下具微毛或粗糙，高15～20cm，基部残存枯鞘。叶鞘开口几达基部，平滑，秆生者远长于其叶片；叶舌截平，具纤毛，长约0.2mm；叶片内卷成针状，质较软，稍粗糙，长(2～)4～10(～20)cm，宽0.3～0.6mm；叶横切面具维管束5～7条，厚壁组织在下表皮内连续呈环状马蹄形，上表皮具稀疏的毛。圆锥花序紧缩呈穗状，长2～5cm，宽4～8mm；分枝粗糙，基部主枝长1～2cm，侧生小穗柄短于小穗，稍粗糙；小穗淡绿色或紫红色，长4～6mm，含3～5(～6)朵小花；小穗轴节间长约0.5mm，被微毛；颖片披针形，顶端尖或渐尖，平滑或顶端以下稍糙涩，第一颖具1条脉，长1.5～2.5mm，第二颖具3条脉，长2.5～3.5mm；外稃背部粗糙或中部以下平滑，具5条脉，顶端具芒，芒粗糙，长1～1.5mm，第一外稃长3～3.5(～4)mm；内稃近等长于外稃，顶端微2裂，脊粗糙；花药黄色，长2～2.2mm；子房顶端无毛。花果期6～9月。

【生境分布】 贵南、兴海、共和。生于山坡草地、高山草甸、河岸沙滩地，海拔3200～4750m。分布于西藏、云南、四川、新疆、甘肃、陕西（秦岭）、宁夏、内蒙古、吉林、黑龙江、山东、安徽，江苏有栽培；欧亚大陆温寒带地区也有。在青海亦分布于杂多、治多、曲麻莱、玉树、玛沁、同仁、天峻、乐都、门源。

朱鑫鑫 摄

紫羊茅

Festuca rubra Linnaeus

Poaceae 禾本科　Festuca 羊茅属

【形态特征】 多年生草本，具短根茎或具根头。疏丛或密丛生，秆直立，平滑无毛，高30～60(～70)cm，具2节。叶鞘粗糙，基部者长于而上部者短于节间；叶舌平截，具纤毛，长约0.5mm，叶片对折或边缘内卷，稀扁平，两面平滑或上面被短毛，长5～20cm，宽1～2mm；叶横切面具维管束7～11条，厚壁组织束9～11(～13)条，与维管束相对应，存在于下表皮内，边缘有2束，上表皮具较稀疏的毛。圆锥花序狭窄，疏松，花期开展，长7～13cm；分枝粗糙，长2～4cm，基部者长可达5cm，1/3～1/2以下裸露；小穗淡绿色或深紫色，长7～10mm；小穗轴节间长约0.8mm，被短毛；颖片背部平滑或微粗糙，边缘窄膜质，顶端渐尖，第一颖窄披针形，具1条脉，长2～3mm，第二颖宽披针形，具3条脉，长3.5～4.5mm；外稃背部平滑或粗糙或被毛，顶端芒长1～3mm，第一外稃长4.5～5.5mm；内稃近等长于外稃，顶端具2个微齿，两脊上部粗糙；花药长2～2.5mm；子房顶端无毛。花果期6～9月。

【生境分布】 贵南、兴海、同德、共和。生于山地草原、草甸、山坡阴处、河漫滩，海拔3200～4650m。分布遍及全国（除华南外）；北半球温寒带地区均有。在青海亦分布于杂多、囊谦、玉树、治多、尖扎、格尔木、德令哈、天峻、刚察、海晏、祁连、门源。

瑞士羊茅

Festuca valesiaca **Schleich ex Gaudin**

Poaceae 禾本科　Festuca 羊茅属

【形态特征】 多年生草本，密丛生。秆直立，平滑，具1～2节，高20～35(～50)cm。叶鞘平滑无毛；叶舌平截，具纤毛，长约0.2mm；叶片细弱，常对折，刚毛状或细丝状，粗糙或稀平滑，长6～15(～20)cm；叶横切面具维管束5条，厚壁组织束3条或稀5条，常较粗糙有较细弱者。圆锥花序紧密，狭窄，长2.5～5(～8)mm；分枝直立，粗糙；小穗黄褐色或褐色，稀有淡绿色带紫色，长4～5(～6)mm，含3～4朵小花；颖片背部平滑，边缘窄膜质，先端急尖，第一颖窄披针形，具1条脉，长2～2.6mm，第二颖宽披针形，具3条脉，长3～3.2mm；外稃背部宽披针形，具3条脉，长3～3.2mm；外稃背部平滑或粗糙，顶端具芒，芒长约2mm，第一外稃长3.2～4.2mm；内稃长圆形，具2条脊，脊粗糙；花药长1.6～2.4mm；子房顶端无毛。花果期6～8月。

【生境分布】 兴海、共和。生于山坡草地、草滩，海拔3200～4100m。分布于新疆、西藏、云南、四川；欧洲、俄罗斯、蒙古也有。在青海亦分布于治多、玉树、湟源、海晏。

中华羊茅

Festuca sinensis Keng ex E. B. Alexeev

Poaceae 禾本科　Festuca 羊茅属

【形态特征】 多年生草本。具鞘外分枝，疏丛。秆直立或基部倾斜，高50～80cm，直径1～2mm，具4节，节无毛而呈黑紫色；叶鞘松弛，具条纹，无毛，长于或稍短于其节间，顶生者长16～22cm，甚长于其叶片；叶舌长0.3～1.5mm，革质或膜质，具短纤毛；叶片质硬，直立，干时卷折，无毛或上面被微毛，长6～16cm，宽1.5～3.5mm，顶生者甚退化，长3～6cm；叶横切面具维管束7～13条，厚壁组织成束，与维管束相对应，上表皮内均有，下表皮内仅主脉有，具泡状细胞。圆锥花序开展，长10～18cm；分枝下部孪生，主枝细弱，长6～11cm，中部以下裸露，上部一至二回地分出小枝，小枝具2～4枚小穗；小穗淡绿色或稍带紫色，长8～9mm，含3～4朵小花；小穗轴节间长约1mm，具微刺毛；颖片顶端渐尖，第一颖具1(～3)条脉，长5～6mm，第二颖具3(～4)条脉，长7～8mm；外稃上部具微毛，具5条脉，顶端具长0.8～2mm的短芒，第一外稃长约7mm；内稃长约6mm，先端具2个微齿，脊具小纤毛；花药长1.2～1.8mm；子房顶端无毛或被少量的毛。颖果长约5mm。花果期7～9月。

【生境分布】 贵德、同德、兴海、共和。生于湿草地、林缘、山坡、山谷及草甸，海拔2150～4800m。中国特有种，分布于四川、甘肃。在青海亦分布于杂多、治多、曲玛莱、囊谦、玉树、称多、玛多、玛沁、泽库、河南、西宁、大通、湟中、乐都、互助、海晏、祁连、门源。

朱鑫鑫 摄

朱鑫鑫 摄

异燕麦

Helictotrichon hookeri (Scribner) Henrard

Poaceae 禾本科　Helictotrichon 异燕麦属

【形态特征】 多年生草本。须根细弱。根茎明显或不甚明显。秆直立，丛生，光滑无毛，高25～70cm，通常具2节。叶鞘松弛，背部具脊，较粗糙；叶舌透明膜质，披针形，长3～6mm；叶片扁平，两面均粗糙，长5～10cm，宽2.5～4mm，基部分蘖者长达25cm。圆锥花序紧缩，淡褐色，有光泽，长8～12cm，宽1.5～2cm，分枝常孪生，粗糙，直立或稍斜升，具1～4枚小穗；小穗含3～6朵小花（顶花退化），长11～17mm（芒除外），小穗轴节间长1.5～2mm，背面具长1～2mm的柔毛；颖披针形，上端膜质，下部均具3条脉，第一颖长9～12mm，第二颖长10～13mm；外稃上部透明膜质，成熟后下部变硬且为褐色，具9条脉，第一外稃长10～13mm，基盘具长1～1.5mm的柔毛，芒自稃体中部稍上处伸出，粗糙，长12～15mm，下部约1/3处膝曲，芒柱稍扁，扭转；内稃甚短于外稃，第一内稃长7～8mm，脊上部具细纤毛；花药长约4mm；子房上部被短毛。花期7～9月。

【生境分布】 贵南、兴海。生于山坡草地、高山灌丛、山地草原，海拔2800～4300m。分布于云南、四川、新疆、甘肃及华北、东北等地；中亚地区、俄罗斯（西伯利亚）、蒙古、朝鲜也有。在青海亦分布于杂多、囊谦、玉树、称多、同仁、泽库、天峻、循化、刚察、祁连、门源。

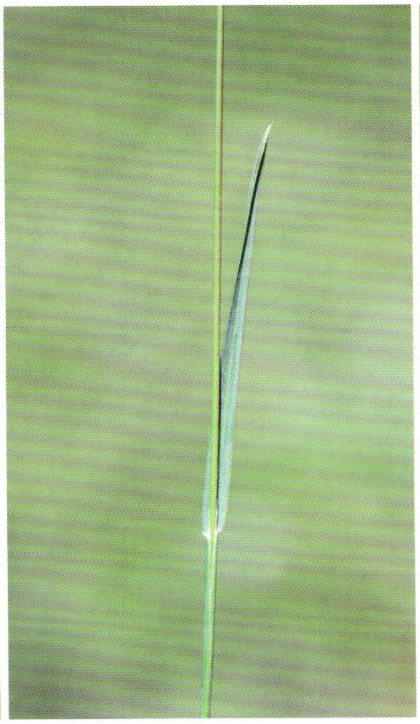

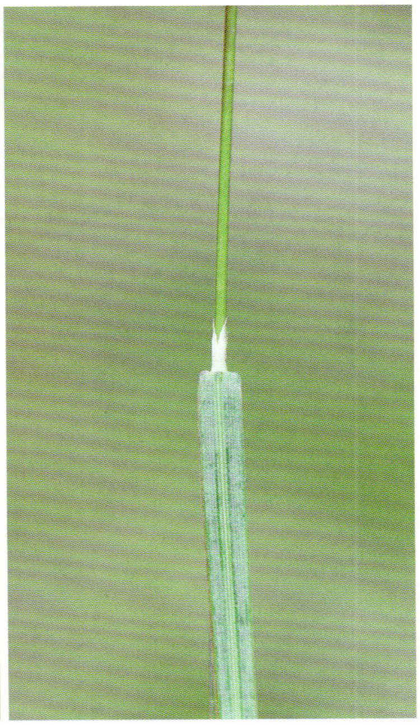

藏异燕麦 藏野燕麦

Helictotrichon tibeticum (Roshevitz) J. Holub

Poaceae 禾本科 Helictotrichon 异燕麦属

【形态特征】 多年生草本。须根较细韧。秆直立，丛生，高15～70cm，具2～3节，花序以下茎被微毛。叶鞘紧密裹茎，常短于节间，被稠密短毛或光滑无毛；叶舌短小，长约0.5mm，顶端具纤毛；叶片质硬，常内卷如针状，粗糙或上面被短毛，长1～5cm，宽1～2mm，基部分蘖者长达30cm。圆锥花序紧缩呈穗状，卵形或长圆形，黄褐色或深褐色，长2～6cm，主轴和分枝与小穗柄均被微毛；小穗含2～3朵小花，通常第三小花退化，长约1cm（芒除外）；小穗轴节间长约2mm，两侧具长达2mm的白柔毛；颖披针形，无毛仅脊上粗糙，第一颖长7～9mm，具1条脉，第二颖较第一颖稍长，具3条脉；外稃质较硬，顶端2齿裂，背部粗糙或具短纤毛，第一外稃长7～9mm，常具7条脉，基盘具长达1.5mm的柔毛，芒自稃体中部稍上处伸出，长1～1.5cm，粗糙，膝曲，芒柱稍扭转；内稃略短于外稃，具2条脊，脊上具微纤毛；花药长约4mm；颖果长圆形，长约4mm，顶端具茸毛。花果期7～8月。

【生境分布】 全省大部分地区均产。生于高山草原、高山草甸、灌丛、林下及湿润草地，海拔2860～4520m。中国特有种，分布于西藏、四川、新疆、甘肃。

疏花藏异燕麦

***Helictotrichon tibeticum* var. *laxiflorum* Keng ex Z. L. Wu**

Poaceae 禾本科　Helictotrichon 异燕麦属

【形态特征】　本变种与原变种区别在于：秆高50～100cm；圆锥花序较疏松，长6～14cm，分枝较长，长1～2cm；小穗含3～4朵小花。

【生境分布】　兴海。生于山坡、草甸草原，海拔3200～3400m。分布于四川。在青海亦见于门源。

茅香　毛鞘茅香

***Anthoxanthum nitens* (Weber) Y. Schouten & Veldkamp**

Poaceae 禾本科　Anthoxanthum 黄花茅属

【形态特征】　多年生草本。根茎细长。秆直立，平滑，上部长且裸露，高50～60cm。叶鞘平滑无毛或被毛极少或密生柔毛，长于节间；叶舌透明膜质，顶端啮蚀状，长2～5mm；叶片质较厚，披针形，上面被微毛，长约5cm，宽约7mm，基生者长可达30cm。圆锥花序卵形或疏松呈金字塔形，长约10cm；分枝细长，光滑，上升或平展，常孪生或3枚簇生，下部裸露；小穗淡黄褐色，有光泽，长3.5～6mm；颖膜质，具1～3条脉，两颖近等长或第一颖稍短；雄花外稃稍短于颖，背上部被微毛，边缘具纤毛；顶具微小尖头；孕花外稃顶端锐尖，上部被短毛，长约3.5mm。花果期6～9月。

【生境分布】　兴海。生于水旁、阴坡、河滩、湿草地，海拔2900～4500m。分布于西藏、云南、新疆、甘肃、山西、河北、陕西、四川、内蒙古、山东等地；欧洲也有。在青海亦分布于杂多、玉树、曲麻莱、玛多、西宁、门源、囊谦、尖扎、玛沁。

光稃香草 光稃茅香

Anthoxanthum glabrum (Trinius) Veldkamp

Poaceae 禾本科 Anthoxanthum 黄花茅属

【形态特征】 多年生草本。根茎细长，黄色。秆高15～22cm，具2～3节，平滑，上部常裸露。叶鞘密生微毛，长于节间；叶舌透明膜质，长2～5mm，先端啮蚀状；叶片披针形，质较厚，上面被微毛，秆生者较短，长2～5cm，宽约2mm，基生者较长而窄狭。圆锥花序疏松，卵形至金字塔形，长约5cm；小穗黄褐色，有光泽，长2.5～3mm；颖膜质，具1～3条脉，等长或第一颖稍短；雄花外稃等长或较长于颖片，背部向上渐被微毛或几乎无毛，边缘具纤毛；两性花外稃锐尖，长2～2.5mm，上部被短毛。花果期6～9月。

【生境分布】 兴海、共和。生于山坡、湿草地、河漫滩、草甸、路边、灌丛中，海拔2200～3800m。分布于河北、辽宁；俄罗斯也有。在青海亦分布于囊谦、玉树、玛沁、尖扎、泽库、西宁、大通、刚察。

大看麦娘 草原看麦娘

Alopecurus pratensis Linnaeus

Poaceae 禾本科 Alopecurus 看麦娘属

【形态特征】 多年生草本。具短根茎。秆少数丛生，直立或基部稍膝曲，高达1.5m，具3～5节。叶鞘光滑，大都短于节间，松弛；叶舌膜质，长2～4mm；叶片长5～25cm，宽3～10mm，上面平滑。圆锥花序圆柱状，长3～8cm，宽6～10mm，灰绿色；小穗椭圆形，长约5mm；颖下部1/3互相连合，脊上具纤毛，侧脉也具短毛；外稃等长或稍长于颖，顶端生微毛，芒长6～8mm，近稃体基部伸出，中部膝曲，上部粗糙，显著外露；雄蕊3枚，花药黄色，长2～2.5mm。颖果半椭圆形，长约3mm。花果期6～8月。

【生境分布】 同德牧场引种栽培。

大麦 藏名：索哇

Hordeum vulgare Linnaeus

Poaceae 禾本科 Hordeum 大麦属

【形态特征】 一年生草本。秆粗壮，光滑无毛，直立，高50～100cm，具4～7节。叶鞘松弛抱茎，多无毛或基部具柔毛；两侧有两披针形叶耳；叶舌膜质，长1～2mm；叶片长9～20cm，宽6～20mm，扁平。穗状花序长3～8cm（芒除外），直径约1.5cm，小穗稠密，每节着生3枚发育的小穗；小穗均无柄，长1～1.5cm（芒除外）；颖线状披针形，外被短柔毛，先端常延伸为8～14mm的芒；外稃具5条脉，先端延伸成芒，芒长8～15cm，边棱具细刺；内稃与外稃几等长。颖果熟时粘着于稃内，不脱出。花果期6～8月。

【经济用途】 ① 谷粒为制啤酒及麦芽糖的原料，也可作面食；②谷粒入药为滋养强壮剂，并可治脚气病；③ 麦芽助消化，夏季能解暑开胃，又能治疗因乳汁郁积引起的乳房胀痛，并可断奶；④ 秆可编织草帽、玩具或造纸。

【生境分布】 海南州各地；我国南北各地栽培。

二棱大麦 栽培二棱大麦 大麦 元麦

Hordeum distichon **Linnaeus**

Poaceae 禾本科 Hordeum 大麦属

【形态特征】 一年生草本，须根较细弱。秆高60～80cm，具5～6节，平滑无毛。叶鞘短于节间；叶耳弯月形，环包于茎，叶舌膜质，长约1.5mm；叶片长15～20cm，宽6～7mm。穗状花序长达20cm（连同芒），宽7～8mm；穗轴节间长2～3mm，扁平，两侧棱具细毛，成熟时坚韧不断落；中间小穗可育，其颖长约5mm，具长约5mm的细芒；外稃长约10mm，芒长达15cm。颖果扁平，长约10mm；两侧小穗不育，具长约2mm的小穗柄，颖长约5mm，宽约0.5mm，具长约5mm的细芒，不育外稃长约8mm。花期7～8月，果期8～9月。

【经济用途】 栽培作物，颖果作饲料。

【生境分布】 海南州各地；栽培作物。河北、青海、西藏等地区均有种植。

王蕾 摄

王蕾 摄

王蕾 摄

青稞 裸麦 藏名：奈

***Hordeum distichon* var. *nudum* Linnaeus**

Poaceae 禾本科　Hordeum 大麦属

【形态特征】 一年生草本。秆直立，光滑，高约100cm，直径4～6mm，具4～5节。叶鞘光滑，大都短于或基部者长于节间，两侧具两叶耳，互相抱茎；叶舌膜质，长1～2mm；叶片长9～20cm，宽8～15mm，微粗糙。穗状花序成熟后黄褐色或为紫褐色，长4～8cm（芒除外），宽1.8～2cm；小穗长约1cm；颖线状披针形，被短毛，先端渐尖呈芒状，长达1cm；外稃先端延伸为长10～15cm的芒，两侧具细刺毛。颖果成熟时易于脱出稃体。

【经济用途】 ① 谷粒是青藏高原牧民的主要食粮，也是青稞酒主要的酿酒原料；② 颖果入药，治肺热咳嗽、小儿肺炎、胃灼痛、“培根”病、“赤巴”病等症。

【生境分布】 海南州各地。我国西北、西南各省区常栽培。适宜高原清凉气候。

六棱大麦 野生六棱大麦

Hordeum agriocrithon A. E. Aberg

Poaceae 禾本科 Hordeum 大麦属

【形态特征】 本种与栽培的大麦H. vulgare外形极近似，仅穗轴在成熟时呈现逐节断落的野生性状；中间小穗颖长5～6mm，宽约1mm，背部密生细毛，芒细弱，长约10mm；外稃长达14mm，芒长约15cm；两侧生小穗与中间者形态略同，均可育。颖果长圆形，长约12mm。花期6～7月，果期8～9月。

【生境分布】 贵德。为大麦麦田中的半野生杂草。

王蕾 摄

王蕾 摄

王蕾 摄

钝稃野大麦

Hordeum spontaneum C. Koch

Poaceae 禾本科 Hordeum 大麦属

【形态特征】 一年生草本。须根细弱而较稀疏。秆高40～50cm，具5～6个节，平滑无毛，微被灰白色蜡粉。叶鞘短于节间，平滑，松弛包茎，叶舌黄褐色，平截，长约1mm；叶耳两个，环抱于茎，长2～3mm；叶片长5～10cm，宽4～6mm。穗状花序长4～6cm（连同芒）宽约1cm，成熟时黑褐色，穗轴节间扁平，长约3mm，两侧棱具短毛，成熟或干后逐节断落，落痕扁圆形，维管束痕迹明显，居中无柄的小穗长1～1.4cm，其颖长约5mm，宽不及1mm；外稃具长4～6cm的芒，芒具向上短刺毛，背面被细毛。颖果长圆形而稍扁，长6～7mm，宽约2mm，顶具细毛，两侧小穗具长约2mm的柄，颖窄披针形，长5～6mm，具长约10mm的细芒；外稃长约5mm，顶部钝圆；为不育性。花期6～7月，果期8～9月。

【生境分布】 贵德、贵南、兴海、共和。农田杂草。分布于四川，西藏；阿富汗、印度、哈萨克斯坦、巴基斯坦、俄罗斯、土库曼斯坦、乌兹别克斯坦及亚洲西南部、非洲东北部都有分布。在青海亦分布于西宁、湟中、湟源及东部农业区。

紫大麦草 小药大麦 紫野麦草

Hordeum roshevitzii **Bowden**

Poaceae 禾本科 Hordeum 大麦属

【形态特征】 多年生草本，具短根茎。秆直立，丛生，光滑无毛，高25～65cm，质较软，具3～4节，下部的节多膝曲，光滑。叶鞘基部者长于而上部者短于节间；叶舌膜质，长约0.5mm；叶片长3～14cm，宽3～4mm，常扁平。穗状花序长4～7cm，宽5～6mm，绿色或带紫色；穗轴节间长约2mm，边具纤毛；三联小穗的两侧生者具长约1mm的柄，颖及外稃均为刺芒状；中间小穗无柄；颖刺芒状，长6～8mm；外稃披针形，长5～6mm，背部光滑，先端具长3～5mm的芒，内稃与外稃等长；花药长约1.5mm。花果期6～8月。

【生境分布】 兴海、共和、贵德、贵南。生于湖岸、河滩、林缘、山坡、草地，海拔2300～3200m。分布于四川、新疆、甘肃、陕西、河北、内蒙古；中亚地区、俄罗斯、蒙古、日本也有。在青海亦分布于德令哈、乌兰、西宁、湟源。

糙毛以礼草 糙毛鹅观草 善变鹅观草

Kengyilia hirsuta (Keng) J. L. Yang et al.

Poaceae 禾本科 Kengyilia 以礼草属

【形态特征】 多年生草本。植株具根头或短根茎，嫩枝基部常倾斜横卧。秆基部具鞘内分蘖，坚硬直立，高40～70m，紧接花序下被短柔毛，具2～3节，第二节有时膝曲。叶鞘无毛；叶片质较厚，扁平或边缘内卷，长6～9cm（蘖生者长可达25cm），宽3～5mm，两面无毛或上面疏生柔毛，下面有的密生微毛，边缘具短硬纤毛。穗状花序直立，长(3～)6～8cm，宽7～10mm，淡绿色或淡紫色；小穗密接呈覆瓦状排列，或下部者较疏松，长10～15mm（芒除外），含3～7朵小花；颖卵状长圆形，淡绿色，先端渐尖或具短尖头，第一颖长4.5～6mm，第二颖长5～7mm（包括长约1.5mm的小尖头），具3～4条脉，无毛或主脉上半部粗糙；外稃全部具长硬毛，黄棕色，具5条脉，第一外稃长8～10mm，先端芒糙涩，长2～6mm，劲直或稍向后反曲；内稃与外稃等长或稍短，先端微凹，脊上具刺状纤毛；花药铅绿色。花果期7～9月。

【生境分布】 海南州各地。生于山坡、草地、河滩、湖岸，海拔3000～4300m。中国特有种，分布于甘肃、新疆。在青海亦分布于杂多、曲麻莱、囊谦、玉树、玛多、玛沁、泽库、河南、乌兰、刚察、海晏、门源。

朱鑫鑫 摄

疏花以礼草 疏花鹅观草

Kengyilia laxiflora (Keng) J. L. Yang et al.

Poaceae 禾本科 Kengyilia 以礼草属

【形态特征】 多年生草本。秆密丛生，直立或基部膝曲，高50～70cm，叶片长约10cm，宽约3mm，通常内卷。叶鞘无毛，短于节间；叶舌顶端平截，长约0.5mm；叶片扁平或稍内卷，长6～20cm，宽2～4mm，无毛或上面疏生长柔毛。穗状花序较柔弱而弯曲或下垂，长10～15cm，基部节间长可超过2cm；小穗两侧排列而疏松，长16～22mm，通常含6～9朵小花；颖短小，无毛，草质，柔韧，具膜质边缘，第一颖长约4mm，通常具3条脉，第二颖长6～7mm，通常具5条脉；外稃披针形，具5条脉，顶端急尖或渐尖，有时具长1～2mm的芒，全部贴生短小刺毛，第一外稃长可达11mm（连同短芒）；内稃略长于外稃，脊具微小纤毛。

【生境分布】 兴海。生于河谷、林缘，海拔2800～3300m。中国特有种，分布于四川、甘肃。在青海亦分布于班玛、同仁。

大颖以礼草 大颖草

Kengyilia grandiglumis (Keng) J. L. Yang et al.

Poaceae 禾本科 Kengyilia 以礼草属

【形态特征】 多年生草本。秆成疏丛，基部倾斜或膝曲，高40～70cm，平滑无毛。叶鞘平滑无毛；叶片内卷或对折，灰绿色，长6.5～17cm（分蘖叶长达25cm），宽1～4mm，先端长渐尖，上面微糙涩，下面平滑无毛。穗状花序长7～8cm，穗轴节间无毛；小穗长10～13mm，含3～5朵小花；颖长圆状披针形，灰绿色或带紫色，边缘质薄近于膜质，上部偏斜，无毛或上部疏生柔毛，先端长渐尖至具短尖头，通常具3条脉，或第二颖具4～5条脉，长8～10mm，第二颖几等长或第一颖稍短；外稃背部上方及其两侧密生长糙毛，中央近基部处常平滑无毛，具5条脉，第一外稃长约9mm，先端具长1～3mm的小尖头；内稃稍短于外稃，先端凹陷，上部被微毛，脊的上部具短小刺毛，其余部分平滑无毛；花药黑色或暗绿色。

【经济用途】 优良牧草，贵南县有大量栽培。

【生境分布】 贵南、共和。中国特有种。栽培或野生。生于山坡、草地、河滩、峡谷、沙丘、湖岸、田边，海拔2300～4100m。在青海亦分布于囊谦、玉树、河南（模式标本产地）、互助、海晏。

无芒以礼草 无芒鹅观草

Kengyilia mutica (Keng) J. L. Yang et al.

Poaceae 禾本科 Kengyilia 以礼草属

【形态特征】 多年生草本。具短根茎。秆疏丛，秆高35～60cm，在花序之下具柔毛，具2～3节，下部的节呈膝曲状。叶鞘光滑无毛；叶片坚硬，无毛，宽4～6mm，分蘖叶狭窄，长达19cm。穗状花序直立，紧密，长5～7cm，宽约8mm；小穗淡绿色，长约12mm，含4～5朵小花，顶生者发育不全；颖长圆状卵圆形，长5～6mm，无毛或具微毛，先端锐尖，常具3条脉，中脉隆起；外稃密生长柔毛，先端急尖或具极微小短尖头，具5条脉，第一外稃长约9.5mm；内稃等长或稍长于外稃，先端钝或微凹，脊的上部具纤毛。花药灰黑色或淡黄色，长2～3mm。花期7月。

【生境分布】 贵德（模式标本产地）。青海特有种，中国特有种。生于河岸、沙滩、草地，海拔2900～4000m。在青海亦分布于囊谦、祁连。

大黑药以礼草

***Kengyilia melanthera* var. *tahopaica* (Keng) S. L. Chen**

Poaceae 禾本科 Kengyilia 以礼草属

【形态特征】 多年生草本。植株具横走或倾斜下伸根茎；秆疏丛生，直立，有光泽，高40～60cm，具2～3节。叶片长2.5～8cm（蘖生叶片可长达12cm），宽2～4mm。穗状花序直立或稍弯曲，伸出鞘外，长11～19cm，宽1～1.5cm；小穗紧密排列而偏于一侧，长1～1.4cm，含3～5朵小花；颖长圆状披针形，具长柔毛，具3～5条脉及短尖头，第一颖长4～6mm，第二颖长5～7mm；外稃背面密生长柔毛，具5条脉，第一外稃长约8mm，无芒或仅具长约1mm的短尖头；内稃略与外稃等长或稍短，顶端截平或微凹陷，脊上具纤毛，脊间被微毛；花药黑色。

【相近种】 本变种与原变种黑药以礼草的区别为：植株较高（40～60cm），穗状花序裸出鞘外较长（11～19cm）；穗轴节间密生柔毛；颖显著具长柔毛，以及外稃无芒或仅具长约1mm的短尖头。

【生境分布】 兴海（模式标本产地）、共和。青海特有种，中国特有种。生于山坡、灌丛、草地、河岸，海拔2700～4300m。在青海亦分布于玛多、德令哈、都兰、大通、门源。

硬秆以礼草 硬秆鹅观草

***Kengyilia rigidula* (Keng) J. L. Yang et al.**

Poaceae 禾本科 Kengyilia 以礼草属

【形态特征】 多年生草本。具下伸根茎。秆成疏丛，质硬，直立或基部膝曲，高50～90cm，具3～4节，紧接花序下无毛。叶鞘无毛，短于节间，分蘖叶鞘倒生柔毛；叶片内卷，直立，两面具柔毛，边缘具纤毛，长3～10cm，宽2～4mm，蘖生者长可达25cm，宽仅1～2mm。穗状花序弯曲，长7.5～8cm；小穗长10～15mm，含4～6朵小花；颖卵状披针形，先端锐尖，无毛，具3～4条脉，主脉上部微粗糙，第一颖有时具1～2条脉，长2～4mm，第二颖长3～5mm；外稃长圆状披针形，全部疏生柔毛，具5条脉，第一外稃长7～8mm，先端芒长1～3mm；内稃与外稃等长或稍长，先端下凹；脊自基部1/5以上具短硬纤毛，背部贴生短毛，向基部渐稀少；花药带黑色或黄色。花果期7～9月。

【生境分布】 同德。生于山坡、灌丛、河谷，海拔3400m。中国特有种，分布于西藏、甘肃。在青海亦分布于泽库、河南。

窄颖以礼草 窄颖鹅观草

***Kengyilia stenachyra* (Keng) J. L. Yang et al.**

Poaceae 禾本科 Kengyilia 以礼草属

【形态特征】 多年生草本。常具下伸根茎。秆直立，高40～100cm，紧接花序下平滑无毛，具3节，其第二节膝曲。叶鞘无毛；叶片质硬，干后内卷，长5～15cm，宽3～5mm，上面被微毛，下面无毛。穗状花序疏松，稍下垂，有时带紫色，长5～12cm，宽约1cm；小穗草黄色或带紫色，长12～15mm（芒除外），含4～5朵小花；颖窄矩形，先端尖，长约4mm或第二颖长约5mm，具1～3条脉，脉上具小刺毛；外稃疏生（或上部密生）较长的硬毛，第一外稃长约10mm，先端芒糙涩，长5～10mm；内稃短于外稃，先端截平或微凹，脊间上部被刺状纤毛；花药带黑色。花果期7～9月。

【生境分布】 同德。生于河滩沙地、阳坡，海拔3200～4300m。中国特有种，分布于四川、甘肃。在青海亦分布于杂多、玉树、玛多、同德、刚察。

梭罗以礼草

***Kengyilia thoroldiana* (Oliver) J. L. Yang et al.**

Poaceae 禾本科 Kengyilia 以礼草属

【形态特征】 多年生草本。常具下伸或横走的根茎。秆丛生，下部有倾斜，高5～25cm，具2～3节，无毛。叶鞘无毛或疏生柔毛，长于或短于节间；叶舌极短或几缺如；叶片扁平或内卷，长2～8cm，宽2～4.5mm，无毛或上、下两面密生短柔毛。穗状花序弯曲或稍直立，常密集呈长圆状卵圆形，长2～5cm；

穗轴无毛或密被柔毛，节间长1～3mm；小穗常偏于穗轴一侧，长9～14mm，含3～6朵小花；颖长圆状披针形，具3～5条脉，背面密生长柔毛，顶端尖至具短尖头，第一颖长5～6.5mm，第二颖长5～7.5mm；外稃背部密生粗长柔毛，第一外稃长7～8mm，顶端短尖头长1～2mm。内稃与外稃等长或稍短，顶端下凹，脊上部具长纤毛；花药长1.5～1.9mm。花果期7～10月。

【生境分布】 兴海、同德（栽培）。生于山坡草地、谷底多沙处及河岸坡地、滩地，海拔3700～5000 m。分布于西藏、新疆、甘肃；印度（锡金）也有。在青海亦分布于杂多、曲麻莱、囊谦、玉树、玛多、达日、玛沁、格尔木、治多（可可西里）、祁连。

陆福根 摄

芒落草 芒稃草 郦氏落草 矮落草

***Koeleria litvinowii* Domin**

Poaceae 禾本科 Koeleria 落草属

【形态特征】 多年生草本，密丛生。秆低矮簇生或高达50cm，花序下被绒毛。叶鞘大多长于节间或稍短于节间，遍布柔毛，上部叶鞘膨大；叶舌膜质，边缘须状，长1～2mm；叶片扁平，边缘具较长的纤毛，两面被短柔毛，亦可无毛，长3～5cm，宽2～4mm，分蘖者长5～15cm，宽1～2mm。圆锥花序穗状，草绿色或带淡褐色，有光泽，长圆形，下部常有间断，长4.5～12cm，主轴及分枝均密被短柔毛；小穗长5～6mm，含2朵（稀3朵）小花，小穗轴节间被长柔毛，其毛长约1mm；颖长圆形至披针形，先端尖，边缘宽膜质，脊上粗糙，第一颖长4～4.5mm，具1条脉，第二颖长约5mm，基部具3条脉；外稃披针形，先端及边缘宽膜质，具不明显的5条脉，背部具微细的点状毛，于顶端以下约1mm处伸出1短芒，芒长1～2.5mm，基盘钝，具微毛，第一外稃长约5mm；内稃稍短于外稃，先端2裂，脊上微粗糙；花药长约1.5mm。花果期6～9月。

【生境分布】 海南州各地。生于山坡草地、林缘、河滩、灌丛、山坡草甸，海拔2200～4300m。分布于西藏、四川、新疆、甘肃；中亚地区也有。在青海亦分布于杂多、治多、曲麻莱、囊谦、玉树、称多、玛多、久治、玛沁、泽库、河南、都兰、西宁、大通、湟中、民和、互助、乐都、门源。

落草 小花落草

Koeleria macrantha (Ledebour) Schultes

Poaceae 禾本科 Koeleria 落草属

【形态特征】 多年生草本，密丛生。秆直立，具2～3节，高25～60cm，在花序下密生绒毛。叶鞘灰白色或淡黄色，无毛或被短柔毛，枯萎叶鞘多撕裂残存于秆基；叶舌膜质，截平或边缘呈细齿状，长0.5～2mm；叶片灰绿色，线形，常内卷或扁平，长1.5～7cm，宽1～2mm，下部分蘖叶长5～30cm，宽约1mm，被短柔毛或上面无毛，上部叶近于无毛，边缘粗糙。圆锥花序穗状，下部间断，长5～12cm，宽7～18mm，有光泽，草绿色或黄褐色，主轴及分枝均被柔毛；小穗长4～5mm，含2～3朵小花，小穗轴被微毛或近于无毛，长约1mm；颖倒卵状长圆形至长圆状披针形，先端尖，边缘宽膜质，脊上粗糙，第一颖具1条脉，长2.5～3.5mm，第二颖具3条脉，长3～4.5mm；外稃披针形，先端尖，具3条脉，边缘膜质，背部无芒，稀顶端具长约0.3mm之小尖头，基盘钝圆，具微毛，第一外稃长约4mm；内稃膜质，稍短于外稃，先端2裂，脊上光滑或微粗糙；花药长1.5～2mm。花果期6～9月。

【生境分布】 全省大部分地区都有分布。生于林缘、灌丛、山坡草地、草原、河边、路旁，海拔2200～4000m。广布于全国各地；欧亚大陆温带地区也有。

羊草

Leymus chinensis (Trinius ex Bunge) Tzvelev

Poaceae 禾本科　Leymus 赖草属

【形态特征】 多年生草本，具下伸或横走根茎；须根具沙套。秆散生，直立，高40～90cm，具4～5节。叶鞘光滑，基部残留叶鞘呈纤维状，枯黄色；叶舌截平，顶具裂齿，纸质，长0.5～1mm；叶片长7～18cm，宽3～6mm，扁平或内卷，上面及边缘粗糙，下面较平滑。穗状花序直立，长7～15cm，宽10～15mm；穗轴边缘具细小睫毛，节间长6～10mm，最基部的节长可达16mm；小穗长10～22mm，含5～10朵小花，通常2朵生于1节，或在上端及基部者常单生，粉绿色，成熟时变黄色；小穗轴节间光滑，长1～1.5mm；颖锥状，长6～8mm，等于或短于第一小花，不覆盖第一外稃的基部，质地较硬，具不显著3条脉，背面中下部光滑，上部粗糙，边缘微具纤毛；外稃披针形，具狭窄膜质的边缘，顶端渐尖或形成芒状小尖头，背部具不明显的5条脉，基盘光滑，第一外稃长8～9mm；内稃与外稃等长，先端常微2裂，上半部脊上具微细纤毛或近于无毛；花药长3～4mm。花果期6～8月。

【生境分布】 兴海。生于溪水旁砾石间，海拔约2700m。分布于新疆、甘肃、陕西、山西、河北、内蒙古及东北各地；中亚地区、俄罗斯、蒙古、朝鲜、日本也有。

粗穗赖草

Leymus crassiusculus L. B. Cai

Poaceae 禾本科　Leymus 赖草属

【形态特征】 多年生草本。具木质下伸根茎。秆丛生，高70～110cm，茎基粗约4mm，具2～3节。叶鞘短于节间，无毛或有时边缘具纤毛，基部者常撕裂呈纤维状；叶舌长1.5～2mm，顶端平截；叶片常内卷，长18～35cm，宽4～7mm，光滑或上面微粗糙。穗状花序直立，稠密，长15～20cm，宽1.5～2cm；穗轴密被长柔毛，节间长4～10mm；小穗常4～6枚生于1节，长12～18mm，含4～7朵小花；颖线形，具1条脉，边缘膜质具纤毛，两颖近等长，长10～13mm；外稃披针形，具不明显5条脉，密被柔毛，第一外稃长8～10mm，顶端具长约2mm的短尖头；内稃与外稃近等长，顶端微凹，两脊疏生短刺毛；花药长约5mm。花期6～7月。

【生境分布】 兴海。生于山坡、草地、农田边，海拔2500～2900m。中国特有种，分布于山西。在青海亦见于大柴旦。

弯曲赖草

Leymus flexus L. B. Cai

Poaceae 禾本科　Leymus 赖草属

【形态特征】 多年生草本。具下伸根茎。秆疏丛，高50～100cm，具3～4节。叶鞘长于或短于节间，无毛或下部叶鞘具柔毛，基部者有时撕裂呈纤维状；叶舌长1～1.6mm，顶端钝圆；叶片常内卷，长12～27cm，宽4～5mm，上面微粗糙，下面平滑。穗状花序微弯，疏松，淡棕色，长12～25cm，宽7～10mm；穗轴密被短柔毛，节间长7～15mm；小穗常2～3枚生于一节，长11～17mm，含3～7朵小花；颖近于线形，长10～14mm，具1～2条脉，边缘常具纤毛，两颖近等长；外稃披针形，具5条脉，背部粗糙或密被长柔毛，第一外稃长9～10mm，顶端具2～3mm长的短芒；内稃与外稃近等长，脊上部具短纤毛；花药长3～4mm。花果期7～9月。

【生境分布】 兴海。生于山坡、渠边、撂荒地，海拔2200～4000m。中国特有种，分布于新疆、甘肃、山西。在青海亦分布于囊谦、玛多、格尔木、冷湖、西宁、门源。

宽穗赖草

Leymus ovatus (Trinius) Tzvelev

Poaceae 禾本科　Leymus 赖草属

【形态特征】　多年生草本，具下伸根茎。秆单生，基部具枯褐色纤维状叶鞘，高70～100cm，具3～4节，光滑无毛或于花序下密被贴生细毛。叶鞘光滑无毛；叶舌膜质，截平，长约1mm，被细毛；叶片长5～15cm，宽5～8mm，扁平或内卷，上面密被白色长柔毛，下面密被短毛。穗状花序直立，密集成椭圆形或长椭圆形，长5～9cm，宽1.5～2.5cm；穗轴密被柔毛，节间长2～6mm，基部者长达10mm；小穗4枚生于1节，长10～20mm，无柄或具长约1mm的短柄，含5～7朵小花；小穗轴节间长约1mm，贴生短柔毛；颖线状披针形，先端狭窄如芒，下部具窄膜质边，常具不明显的3条脉，脊部粗糙，两颖近等长，长10～13mm，覆盖或不覆盖第一外稃的基部；外稃披针形，先端渐尖或具长1～3mm的芒，背面明显5～7条脉，上部被稀疏而贴生的短刺毛，边缘具纤毛，基盘具长约1mm的硬毛，第一外稃长8～10mm；内稃与外稃等长或稍短，脊的上半部具纤毛；花药长3.5～4mm。花果期7～8月。

【生境分布】　同德、共和。生于河滩、沟沿、湖岸、山间草地、草场，海拔2800～3650m。分布于西藏、新疆、甘肃；中亚地区、俄罗斯、蒙古也有。在青海亦分布于都兰、刚察、祁连。

赖草

Leymus secalinus (Georgi) Tzvelev

Poaceae 禾本科　Leymus 赖草属

【形态特征】　多年生草本，具下伸和横走的根茎。秆单生或丛生，直立，高25～120cm，具3～5节，光滑无毛或在花序下密被柔毛。叶鞘光滑无毛，或在幼嫩时边缘具纤毛；叶舌膜质，截平，长1～1.5mm；叶片长8～30cm，宽4～7mm，扁平或内卷，上面及边缘粗糙或具短柔毛，下面平滑或微粗糙。穗状花序直立，长10～15(～24)cm，宽10～17mm，灰绿色；穗轴被短柔毛，节与边缘被长柔毛，节间长3～7mm，基部者长达20mm；小穗通常2～3枚稀1或4枚生于每节，长10～20mm，含4～7(～10)朵小花；小穗轴节间长1～1.5mm，贴生短毛；颖短于小穗，线状披针形，先端狭窄如芒，不覆盖第一外稃的基部，具不明显的3条脉，上半部粗糙，边缘具纤毛，第一颖短于第二颖，长8～15mm；外稃披针形，边缘膜质，先端渐尖或具长1～3mm的芒，背具5条脉，被短柔毛或上半部无毛，基盘具长约1mm的柔毛，第一外稃长8～10(～14)mm；内稃与外稃等长，先端常微2裂，脊的上半部具纤毛；花药长3.5～4mm。花果期7～9月。

【生境分布】　全省各地均产。生于山坡草地、河滩湖岸、林缘路旁，海拔1900～4300m。分布于西藏、四川、新疆、甘肃、陕西、宁夏、山西、河北、内蒙古及东北各省；中亚地区、俄罗斯、蒙古、朝鲜、日本也有。

扇穗茅
Littledalea racemose **Keng**

Poaceae 禾本科　Littledalea 扇穗茅属

【形态特征】 多年生草本，具短根状茎。秆高30～40cm，直径约2mm，常具3节，顶节距秆基6～10cm。叶鞘平滑松弛；叶舌膜质，长2～5mm，顶端撕裂；叶片长4～7cm，宽2～5mm，下面平滑，上面生微毛。圆锥花序几成总状；分枝单生或孪生，长2～5cm，细弱而弯曲，顶端着生。1枚大形小穗，下部裸露；小穗扇形，长2～3cm，含6～8朵小花；小穗轴节间平滑，长约2.5mm；颖披针形，干膜质，顶端钝，第一颖长5～9mm，具1条脉，第二颖长12～14mm，具3条脉；外稃带紫色，具7～9条脉，平滑或有点状粗糙，边缘与上部膜质，顶端具不规则缺刻，第一外稃长20～25mm，宽4～5mm；内稃窄小，长不及外稃的1/2，背部具微毛，两脊生纤毛；花药长6mm。花果期7～9月。

【生境分布】 贵德、共和。生于山坡草地、灌丛、河边、滩地、草甸、沙滩，海拔2700～4900m。中国特有种，分布于西藏、四川。在青海亦分布于曲麻莱、玉树、称多、玛多、玛沁、格尔木、都兰、湟源、祁连、门源。

黑麦草

Lolium perenne Linnaeus

Poaceae 禾本科　Lolium 黑麦草属

【形态特征】 多年生草本，具细弱根茎。秆丛生，高30～90cm，具3～4节，质软，基部节上生根。叶舌长约2mm；叶片线形，长5～20cm，宽3～6mm，柔软，具微毛，有时具叶耳。穗形穗状花序直立或稍弯，长10～20cm，宽5～8mm；小穗轴节间长约1mm，平滑无毛；颖披针形，为其小穗长的1/3，具5条脉，边缘狭膜质；外稃长圆形，草质，长5～9mm，具5条脉，平滑，基盘明显，顶端无芒，或上部小穗具短芒，第一外稃长约7mm；内稃与外稃等长，两脊生短纤毛。颖果长约为宽的3倍。花果期7～8月。

【生境分布】 共和。生于田边，海拔2200～3100m。我国引种栽培用作牧草，西藏、云南、西北、华北及华东地区有逸生者；原产于欧洲，亚洲温带及非洲西北部也有引种栽培。在青海亦见于西宁。

欧黑麦草　欧毒麦

Lolium persicum Boissier & Hohenacker

Poaceae 禾本科　Lolium 黑麦草属

【形态特征】 一年生草本。秆高20～70cm，具3～4节，在花序以下的部分微粗糙。叶鞘无毛；叶舌短，长约0.5mm；叶片线形，长10～15cm，宽2～3(～8)mm，扁平，质薄，上面粗糙。穗形总状花序长10～20cm，穗轴节间长1～2cm，粗糙；小穗含5～7朵小花，长10～15mm；小穗轴节间长约0.5mm，被微小刺毛；颖长约1cm，具5条脉；外稃披针形，长9～15mm，具5条脉，边缘膜质，顶端有细而微弯的芒，芒长7～12mm，第一外稃长约8mm；内稃与外稃近等长或稍短，脊上具纤毛。花果期6～7月。

【生境分布】 共和，引种栽培后逸生。生于河边、山坡、路旁、盐化草甸土上，海拔1400～2300m。分布于新疆（阿克苏）、甘肃（民勤）、陕西；伊朗、中亚、高加索、帕米尔有分布。在青海亦分布于西宁。

甘肃臭草 勃氏臭草

Melica przewalskyi Roshevitz

Poaceae 禾本科　Melica 臭草属

【形态特征】 多年生草本。疏丛，具细弱根状茎。秆细弱，直立，高40～100cm，向上粗糙，具多数节。叶鞘闭合几达鞘口，向上粗糙或基生者密被柔毛，上部者短于而下部者长于节间，通常撕裂；叶舌极短或几缺如；叶片长线形，扁平或疏松纵卷，斜向上升，长10～22cm，宽2～6mm，上面被微毛或柔毛，下面粗糙。圆锥花序狭窄，长12～30cm，主轴向上粗糙，每节具2～3分枝，分枝直立；小穗带紫色，线状披针形，长5～9(～11)mm，含孕性小花3朵，顶生不育外稃1枚，极小；小穗轴节间光滑，微曲折，长2～2.5mm；颖薄草质，边缘与顶端膜质，顶端尖，中脉粗糙，第一颖长2～3.5mm，具1条脉，第二颖长3～5mm，具3～5条脉；外稃硬纸质，顶端钝，和边缘均为膜质，背面细点状粗糙，第一外稃长4～6mm，具7条脉；内稃长3.5～5mm，脊上部具细纤毛；花药带紫色，长0.5～1mm。花期7～8月。

【生境分布】 同德、兴海。生于林下、灌丛、路旁，海拔2300～4100m。中国特有种，分布于西藏、四川、甘肃、陕西（秦岭太白山）。在青海亦分布于囊谦、玉树、称多、玛多、久治、同仁、泽库、河南、大通、湟源、湟中、互助、祁连、门源。

抱草

Melica virgata Turczaninow ex Trinius

Poaceae 禾本科　Melica 臭草属

【形态特征】 多年生草本，须根细而较韧。秆直立，丛生，高30～80cm，细而质硬。叶鞘闭合至近鞘口，均长于节间或有时上部者短于节间，无毛，光滑或较粗糙；叶舌干膜质，长约1mm；叶质较硬，通常纵卷，长7～15cm，宽(1～)2～4(～6)mm，上面粗糙，稀生柔毛，下面微粗糙。圆锥花序细长狭窄，长8～25cm，宽约1cm；分枝直立或斜向上升，粗糙，着生少数小穗；小穗柄纤细，长1.5～5mm，顶端稍膨大，被微毛；小穗长3.5～6(～7)mm，含孕性小花2～3(4～5)枚，成熟后呈紫色，顶生不育外稃聚集成小球形；小穗轴节间长约1mm，光滑；颖草质，顶端及边缘白色膜质，顶端尖，第一颖卵形，长1.5～3mm，具不明显的(1～)3～5条脉，第二颖宽披针形，长2.5～4mm，具较明显的5条脉；外稃草质，披针形，顶端钝，边缘膜质，背面颗粒状或细点状粗糙，有时沿脉疏具糙毛，第一外稃长3.5～5mm，具7条脉；内稃略短于或等于外稃，脊上被细纤毛；花药长1.5～1.8mm。颖果倒卵形，长约1.8mm，褐色。花果期5～7月。

【生境分布】 兴海。生于山坡、风化岩石间，海拔2248～3900m。分布于西藏、四川、甘肃、宁夏、江苏（南京）及华北诸省区；俄罗斯（西伯利亚）、蒙古也有。在青海亦分布于玉树、称多、西宁。

青甘臭草

***Melica tangutorum* Tzvelev**

Poaceae 禾本科 Melica 臭草属

【形态特征】 多年生草本，须根细长。秆直立，疏丛，高30～80cm，直径1～2mm，光滑，近花序处粗糙，具4节。叶鞘闭合几达鞘口，粗糙，下部者长于而上部者短于节间；叶舌膜质，长2～6.5mm，无毛或背面被短柔毛；叶片扁平或纵卷，长10～15cm，宽2～4mm，两面均粗糙。圆锥花序狭窄，较稠密，稍偏向一侧，下部有时间断，分枝较短，直立与花序主轴平行，光滑；小穗柄纤细，曲折，粗糙，顶端具短毛；小穗淡绿色，长4～7mm，含孕性小花2～3朵，顶生不育外稃聚集成小球形；小穗轴节间长约1mm，光滑；颖纸质，上面1/2及边缘透明，短于小穗，长4～5mm，具3～5条脉，第二颖与小穗等长，长4～7mm，具5～7条脉；外稃硬草质，长圆状卵形，顶端1/6～1/7为膜质，浅2裂或具缺刻，背面颗粒状粗糙，第一外稃长3～4.5mm，具7～9条脉；内稃椭圆形，长2.5～3mm，被短毛，脊上被短纤毛；花药长0.7～1mm。花期5～7月。

【生境分布】 兴海。生于山脚阳坡、河谷山坡，海拔2230～3150m。分布于四川、甘肃；蒙古也有。在青海亦分布于西宁、大通。

固沙草

***Orinus thoroldii* (Stapf ex Hemsley) Bor**

Poaceae 禾本科 Orinus 固沙草属

【形态特征】 多年生草本。具长的根茎，直径1～3mm，其上密被有光泽的鳞片，鳞片老后易脱落。秆直立，细硬，平滑无毛或偶有极稀疏的长柔毛，高12～20(25)cm。叶鞘被长柔毛，近鞘口处毛通常较密；叶舌膜质，钝圆，先端常呈撕裂状，长1～1.5mm；叶片扁平或内卷呈刺毛状，先端尖锐，长2～6(9)cm，宽2～5mm，两面均稀疏被有少许柔毛，有时在叶片基部边缘两侧被有疣毛。圆锥花序长4.5～7.5(～15)cm，分枝单生，长(1)3～5(7)cm；小穗含2～3～5朵小花，长5～6.5(11)mm；小穗轴无毛，长(1～)1.5～2.5mm；颖宽披针形，质薄，常背部带紫色而边缘膜质透明，无毛或亦可被少量长柔毛，第一颖具1脉，长3～4mm，第二颖具3脉，长4～5mm；外稃遍生长柔毛，具3条脉，无芒，有时具小尖头，背部具浅褐色至黑褐色斑点，或有时黑褐色斑连成一片几达基部，第一外稃长4.5～5(7)mm，基盘无毛；内稃与外稃等长或稍长（有时稍短乃至显著短于外稃，长仅及其3/4），先端有裂，脊及脊的两侧均被长柔毛，脊间上半部具黑褐色斑，亦具柔毛；花药淡黄色，长(1～)3～3.5mm。颖果狭长圆形，具棱。花果期8～9月。

【生境分布】 海南州各地。生于山坡、草原、河滩、湖岸、林缘及沙丘，海拔2300～4400m。中国特有种，分布于西藏、甘肃、四川、新疆。在青海亦分布于泽库、西宁、大通、祁连、海晏、刚察、都兰、称多、玉树、杂多、囊谦等地。

鸡爪草

***Orinus anomala* Keng ex P. C. Keng & L. Liu**

Poaceae 禾本科 Orinus 固沙草属

【形态特征】 多年生草本。根茎多节，节间短，光滑无毛，密生鳞片。秆疏丛生，直立，高35～50cm，节下疏生微毛。根出叶鞘草黄色，密集呈覆瓦状，无毛，先端尖而不具叶片，或叶片退化，长仅5～7mm，宽约2mm，茎生叶鞘质较硬，无毛或鞘口处疏生柔毛；叶舌短，长约0.5mm，截平；叶片质较硬，直立，内卷，先端长渐尖，呈锥状，长7～12cm，宽2～3.5mm，无毛或上面稍糙涩而基部疏生少许柔毛。圆锥花序线形，长约10cm，分枝单生（稀可每节生有2枝），直立，稍糙涩；小穗含1～2朵小花，长5～6mm，黄绿色或带暗绿色，小穗轴节间长约1.5mm，顶端略被细毛茸；颖膜质，先端渐尖，无毛，脊上部稍糙涩，第一颖具1~3条脉，长3～3.5mm，第二颖具3条脉，长4～4.5mm；外稃长圆状披针形，先端尖，具3条脉，无芒，边缘内卷处及脊的下半部疏生柔毛，第一外稃长约5mm；内稃与外稃等长或稍短，先端稍凹，脊的上部稍糙涩；鳞被2枚，长约0.5mm；雄蕊3枚，黄色，长约2mm。花果期8～9月。

【生境分布】 共和。生于山坡、草原、河谷，海拔2900～3400m。中国特有种，分布于四川；在青海亦分布于海晏、河南等地

青海固沙草

Orinus kokonorica (K. S. Hao) Tzvelev

Poaceae 禾本科 Orinus 固沙草属

【形态特征】 多年生草本。具密被鳞片的根茎，鳞片老后易脱落。秆直立，质较硬，粗糙或光滑无毛，高(20～)30～50cm。叶鞘无毛或粗糙，有时被短糙毛，长于节间；叶舌膜质，截平，边缘撕裂呈纤毛状，长0.5～1mm；叶片质较硬，先端长渐尖，常内卷呈刺毛状，基部稍呈耳形，长4～9cm，基部宽2～3mm，两面皆糙涩或被短刺毛，边缘具顺向短刺毛呈锯齿状。圆锥花序线形，长4～7(～19)cm，分枝单生，直立，棱边具短刺毛，具(3～)4～6(～11)枚小穗，小穗长(4～)7～8.5mm，含2～3(～5)朵小花；小穗轴节间疏生细短毛，长1～1.5mm；颖披针形，质薄，背部常带黑紫色，边缘膜质呈土黄褐色，无毛，第一颖具1条脉，先端尖，长3.5～5mm，第二颖具3条脉，先端尖或钝，长4.5～6mm；外稃质薄，背部黑褐色而先端及基部为黄褐色，具3条脉，先端呈细齿状，或中脉伸出成小尖头，脊的两侧及边缘或下部疏生长柔毛，基盘两侧疏生短毛，第一外稃长5～5.5mm；内稃与外稃等长，先端尖或微凹，具2条脊，脊上及脊的两侧疏生短毛；花药长约3mm。颖果狭长圆形，具3条棱。花期8月。

【经济用途】 为良好的固沙植物。

【生境分布】 贵德、贵南、同德、兴海、共和（模式标本产地）。生于干旱山坡及高山草原，海拔2230～4400m。中国特有种，分布于甘肃。在青海亦分布于玉树、囊谦、称多、杂多、治多、曲麻莱、门源、祁连、刚察、海晏、乌兰、西宁、乐都等地。

陆福根 摄

落芒草

Piptatherum munroi (Stapf) Mez

Poaceae 禾本科　Piptatherum 落芒草属

【形态特征】　多年生草本。须根稍粗壮，有时具砂套。具根头。秆丛生，直立或基部倾斜，高30～80cm，平滑无毛，具3～5节。叶鞘无毛或微粗糙，基部者多长于节间或短于节间；叶舌膜质，披针形，长2～5mm，先端钝；叶多集中在基部，扁平，直立，无毛或微粗糙，先端渐尖，长6～30cm，宽2～5mm，上部者稀疏且较短，有时仅长约3cm。圆锥花序疏松开展，长10～25cm，宽3～15cm，每节分枝常2枚（稀1或3枚），分枝粗糙，具细刺毛或几光滑，细弱，开展或向上，长达20cm，上部1/3处着生小穗，下部2/3裸露；小穗卵状披针形，灰绿色或先端及边缘带紫红色；颖与小穗等长，两颖几相等或第一颖稍长，长5～7mm，先端渐尖呈喙状，且微粗糙，具3～7条脉，侧脉多在基部，脉间常有小横脉；外稃披针形，褐色，革质，长4～5mm，被贴生柔毛，果期为黑褐色且背脊变光滑无毛，具5条脉，基盘光滑无毛，芒自稃体顶端伸出，细弱，直立或稍弯曲，长3～7mm，粗糙；鳞被3枚，上面1枚线形且较小，长约1mm，下面2枚卵状披针形，雄蕊3枚，花药黄色，长2～2.5mm，顶生毫毛。花果期6～8月。

【生境分布】　同德、兴海、共和。生于高山灌丛、林缘、山地阳坡、农田路边，海拔2230～4100m。分布于西藏、四川、云南、甘肃；阿富汗东部及兴都库什山到喜马拉雅山区也有。在青海亦分布于杂多、治多、曲麻莱、囊谦、玉树、称多、久治、玛沁、泽库、河南、西宁、大通、循化、互助、刚察、门源。

藏落芒草

Piptatherum tibeticum Roshevitz

Poaceae 禾本科　Piptatherum 落芒草属

【形态特征】　多年生草本。须根较粗壮，具短根茎。秆丛生，直立，高30～100cm，基部直径1～3mm，平滑无毛，具2～5节。叶鞘松弛，无毛，常短于节间；叶舌膜质，卵圆形或披针形至长披针形，先端钝或尖，长3～10mm；叶片直立，扁平或稍内卷，先端渐尖，长5～25cm，宽2～4mm，无毛或微粗糙。圆锥花序疏松开展，偶不伸展，长10～20cm，宽3～14cm，最下部1节具3～5分枝，分枝伸展，纤细，粗糙；小穗黄绿色、紫色或有时灰白色，先端为紫红色，卵形；颖草质，几相等，长3.5～5mm，卵圆形，先端渐尖，无毛或被短毛，具5～7条脉，侧脉不达先端弓曲与中脉结合，形似小横脉；外稃褐色，卵圆形，长2.5～3.5mm，具5条脉，被贴生柔毛，果期变黑褐色，且脊光滑，基盘光滑无毛，芒细弱，粗糙，长5～7mm，易脱落，内稃扁平，边缘被外稃所包，被贴生柔毛，具2条脉；鳞被3枚，膜质，上面1枚线形且较小，下面2枚卵形。雄蕊3枚，花药黄色，长约1mm，顶端具毫毛。颖果卵形，长约2mm。花果期6～8月。

【生境分布】　同德、兴海。生于山坡草地、阳坡、河边草地、山麓田边，海拔2100～3900m。中国特有种，分布于西藏、四川、甘肃、陕西。在青海亦分布于玉树、称多、班玛、西宁、大通、循化、互助。

稷　糜子

Panicum miliaceum Linnaeus

Poaceae 禾本科　Panicum 黍属

【形态特征】　一年生栽培草本。秆直立，单生或少数丛生，有时有分枝，高约45cm，节密被髭毛，节下具疣状基毛。叶鞘松弛，被疣基毛；叶舌膜质，长约1mm，具长约2mm的纤毛；叶片线状披针形，两面具疣基长柔毛或无，边缘常粗糙，长6～20cm。圆锥花序开展或紧密，成熟时下垂，长6～18cm，分枝具角棱，边缘具糙刺毛，下部裸露，上部密生小枝与小穗；小穗卵状椭圆形，长4～5mm；颖纸质，无毛，第一颖正三角形，长为小穗的1/2～2/3，顶端尖或锥尖，通常具5～7条脉，第二颖与小穗等长，常具1条脉，其脉于顶端渐汇合成喙状；第一外稃形似第二颖，具11～13条脉；内稃透明膜质，较短小，顶端微凹。谷粒圆形或椭圆形，成熟后因品种不同，而有黄、乳白、褐、红和黑等色。第二外稃背部圆形，平滑，具7条脉；内稃具2条脉；鳞被较发育，长约0.5mm，宽约0.7mm，多脉。花果期7～8月。

【生境分布】　兴海、共和、贵德；栽培或有逸生。我国西北、西南、华北、东北、华东、华南等地地区有栽培，新疆偶有野生；亚洲、欧洲、美洲、非洲温暖地区均有。在青海亦分布于西宁和东部农业区。

白草 白花草 白穗狼尾草 中亚狼尾草
藏名：都尔哇

Pennisetum flaccidum Grisebach

Poaceae 禾本科 Pennisetum 狼尾草属

【形态特征】 多年生草本。具横走根茎。秆直立，单生或丛生，高20～90cm。叶鞘疏松包茎，近无毛，基部者密集近跨生，上部短于节间；叶舌短，具长1～2mm的纤毛；叶片狭线形，长10～25cm，宽5～8(～10)mm，两面无毛。圆锥花序紧密，直立或稍弯曲，长5～15cm，宽约10mm；主轴具棱角，无毛或罕疏生短毛，残留在主轴上的总梗长0.5～1mm；刚毛柔软，细弱，微粗糙，长8～15mm，灰绿色或紫色；小穗通常单生，卵状披针形，长3～8mm；第一颖微小，先端钝圆、锐尖或齿裂，脉不明显；第二颖长为小穗的1/3～3/4，先端芒尖，具1～3条脉；第一小花雄性，罕为中性，第一外稃与小穗等长，厚膜质，先端芒尖，具3～5(～7)条脉，第一内稃透明，膜质或退化；第二小花两性，第二外稃具5条脉，先端芒尖，与其内稃同为纸质；鳞被2枚，楔形，先端微凹；雄蕊3枚，花药顶端无毫毛；花柱近基部联合。颖果长圆形，长约2.5mm。叶表皮细胞结构为上下表皮近相同，均为无波纹、微波纹、壁薄的长细胞。花果期7～10月。

【经济用途】 ①优良牧草；②干燥的根茎入药，可清热凉血、利尿，主治急性肾炎、尿血、鼻衄、肺热咳嗽、胃热烦渴。

【生境分布】 全省各地均产。生于山坡、河滩、田边、灌丛、路旁、水沟边，海拔1850～4000m。分布于西南、西北、华北、东北等地；俄罗斯、日本、中亚地区也有。

芦苇 苇子草 芦芽 苇葭

Phragmites australis (Cavanilles) Trinius ex Steudel

Poaceae 禾本科 Phragmites 芦苇属

【形态特征】 多年生高大草本。具粗壮发达的匍匐根茎。秆中空，直立，平滑、坚韧，不分枝，高1～2m，直径2～10mm，节下常具白粉。叶鞘圆筒形，无毛或具细毛；叶舌极短，密生毛；叶片扁平，平滑或边缘粗糙，长10～40cm，宽1～3.5cm；圆锥花序直立或微下垂，长10～40cm；分枝及小枝粗糙，下部枝腋间具白色柔毛；小穗带紫褐色，含3～7朵小花，长12～16mm；颖披针形，具3条脉，第一颖长3～7mm，第二颖长5～11mm；第一小花常为雄性，其外稃狭长披针形，长8～15mm，内稃长3～4mm；孕性外稃长9～16mm，顶端长渐尖，基盘细长，具长6～12mm的丝状柔毛，内稃狭小，脊上粗糙，长约3.5mm。花果期7～9月。

【经济用途】 ①固堤造陆先锋环保植物；②秆为造纸原料或作编席织帘及建棚材料；③茎、叶嫩时为饲料；④根茎、茎秆、叶及花序均可入药；根茎（药材名“芦根”）能清热生津，止呕利尿，主治热病烦渴、胃热呕逆、肺热咳嗽、小便不利、热淋等；茎秆（药材名“苇茎”）能清热排脓，主治肺痛吐脓血；叶能清肺止呕、止血、解毒；花序能止血解毒。

【生境分布】 贵德、贵南、兴海、共和。生于湖边、沼泽、沙地、河岸、田边等处，海拔2000～3200m。分布遍及全国；世界温带地区皆有。在青海亦分布于班玛、同仁、泽库、西宁、大通、循化、格尔木、德令哈、都兰、乌兰、天峻。

陆福根 摄

高原早熟禾

***Poa pratensis* subsp. *alpigena* (Lindman) Hiitonen**

Poaceae 禾本科　Poa 早熟禾属

【形态特征】 多年生草本，具弧形匍匐根茎。秆高约15cm，直径约1mm，基部短倾卧而后弯曲上升，直立，单一，具1～2节。叶鞘长于其节间，顶生者长于其叶片，平滑无毛；叶舌长约1mm；叶片长2～5cm，宽1～2mm，扁平或沿中脉折叠，顶端尖，两面和边缘粗糙，有时平滑无毛，蘖生叶片长约12cm。圆锥花序直立，较稠密，狭窄，长3～5(～7)cm，宽约1.5cm，带紫色；分枝每节2～4枚，稍曲折，花期开展，微粗糙，基部主枝长1.5～3cm，下部裸露；小穗含2～3朵小花，长3～4mm，颖近相等，长2～3mm，两脊微粗糙；外稃顶端与边缘具膜质，间脉明显，脊上部粗糙，中部以下具纤毛，边脉下部1/3具柔毛，基盘绵毛丰富，第一外稃长约3.5mm；内稃与外稃近等长，脊上粗糙；花药长约1.2mm。花果期7～8月。

【生境分布】 兴海。生于高山草地、高山草甸、林下草地、河漫滩、河旁，海拔2230～4350m。分布于西藏、云南、四川北部、河北、内蒙古；印度、不丹、伊朗、尼泊尔及中亚地区、欧亚大陆温带也有。在青海亦分布于治多、囊谦、玉树、玛多、尖扎、同仁、天峻、西宁、乐都、民和、互助、刚察、海晏、门源。

细叶早熟禾

***Poa pratensis* subsp. *angustifolia* (Linnaeus) Lejeun**

Poaceae 禾本科　Poa 早熟禾属

【形态特征】 多年生草本，具匍匐根状茎。秆丛生，直立，高30～60cm，平滑无毛。叶鞘稍短于其节间而数倍长于其叶片；叶舌截平，长0.5～1mm；叶片狭线形，对折或扁平，茎生叶长3～9cm，宽约2mm；分蘖叶片内卷，长达20cm，宽约1mm。圆锥花序长圆形，长5～10cm，宽约2cm；分枝直立或上升，微粗糙；3～5枚着生于各节，基部主枝长2～5cm，裸露部分长1～2cm，侧生小穗柄短；小穗卵圆形，长4～5mm，含2～5朵小花，绿色或带紫色；颖近相等，顶端尖，脊上微粗糙，长2～3mm，第一颖稍短，具1条脉；外稃顶端尖，具狭膜质，脊上部1/3微粗糙，下部2/3和边脉下部1/2具长柔毛，间脉明显，无毛，基盘密生长绵毛，第一外稃长约3mm；内稃等长或稍长于其外稃，脊具短纤毛；花药长约1.2mm；颖果纺锤形，扁平，长约2mm。花期6～7月，果期7～9月。

【经济用途】 优良牧草和草坪绿化环保植物。

【生境分布】 同德。生于河滩、山坡，海拔1700～3800m。分布于西藏、云南、四川、新疆、甘肃、宁夏、陕西、河北、内蒙古、山西、辽宁、吉林、黑龙江；广布于欧洲各国，克什米尔地区也有。在青海亦分布于泽库、乐都、民和。

早熟禾

***Poa annua* Linnaeus**

Poaceae 禾本科　Poa 早熟禾属

【形态特征】　一年生或二年生草本。秆丛生，直立或基部稍倾斜，细弱，高8～20cm。叶鞘中部以下闭合；叶舌膜质，钝圆，长1～2mm；叶片质地柔软，顶端呈船形，边缘微糙涩，长2～10cm，宽2～5mm。圆锥花序开展，长2～7cm；分枝每节1～2枚；小穗含3～5朵小花，长3～6mm；颖顶端钝，边缘宽膜质，第一颖具1条脉，长1.5～2mm，第二颖具3条脉，长2～3mm；外稃顶端钝，具宽膜质边缘，有明显的5条脉，脊中部或2/3以下具长柔毛，间脉无毛，边脉下部具柔毛，基盘不具绵毛，第一外稃长3～4mm；内稃等长或稍长于外稃，脊上具长纤毛；花药淡黄色，长约0.8mm。花果期7～9月。

【生境分布】　兴海。生于灌丛草甸、林下、林缘、沟旁、河漫滩，海拔2800～4350m。广布于我国大多数省区；欧洲、亚洲及北美洲也有。在青海亦分布于治多、囊谦、称多、久治、同仁、泽库、河南、湟中、乐都、互助。

波密早熟禾

***Poa bomiensis* C. Ling**

Poaceae 禾本科　Poa 早熟禾属

【形态特征】　多年生草本。秆高10～25cm，具2～3节。叶鞘平滑，长于节间；叶舌顶端钝或截平，长约1mm；叶片扁平，光滑，质软，长6～8cm。圆锥花序狭长，稍下垂，长7～11cm；分枝孪生，细弱，上举，平滑或微粗糙，基部主枝长3～4cm，下部裸露；小穗含2～3朵小花，长5～6mm；颖顶端渐尖，脊上部粗糙，第一颖狭披针形，具1条脉，长3～3.5mm，第二颖阔披针形，具3条脉，长4～4.5mm；外稃厚纸质，顶端尖，边缘狭膜质，具5～7条脉，侧脉明显隆起，背部和基盘均无毛，第一外稃长4.5～5mm；内稃稍短于外稃，脊上微粗糙；花药长1～1.5mm。花果期6～8月。

【生境分布】　兴海。生于山谷、河滩、草地、灌丛、高山草甸、坡麓、山坡，海拔3810～5100m。中国特有种，分布于西藏。在青海亦分布于称多、治多、曲麻莱、玛多、久治、玛沁、同仁、河南、德令哈、都兰、乌兰、天峻、大通、湟中、祁连。

渐尖早熟禾

Poa attenuata Trinius

Poaceae 禾本科　Poa 早熟禾属

【形态特征】 多年生草本，密丛生。具下伸的根茎或具根头。秆直立，花序以下部分粗糙，高约30cm，具1～2节。叶鞘粗糙，长于节间；叶舌膜质，白色，顶端钝或呈撕裂状，长1.5～3mm；叶片扁平，或对折，糙涩或下面较平滑，长4～6cm。圆锥花序狭窄，长3～5.5cm；分枝直立，粗糙，长12cm；小穗带紫色，含2～3(～5)朵小花，长4～4.5mm，颖狭披针形，顶端渐尖成尾状，具3条脉，脊上糙涩，第一颖长3～3.5mm，第二颖长3.5～4.5mm；外稃顶端尖，膜质，脊中部以下及边脉基部具柔毛，基盘无毛或有少量的绵毛，第一外稃长约4mm；内稃稍短于外稃，脊上具短纤毛；花药长约1.5mm。花期6～7月。

【生境分布】 兴海、共和。生于高山草甸、河岸沙滩、山坡灌丛，海拔2160～4300m。分布于西藏、云南、四川西北部、新疆；印度西北部、俄罗斯（西西伯利亚南部）也有。在青海不分布于杂多、尖扎、乐都。

花丽早熟禾 小早熟禾

Poa calliopsis Litvinov ex Ovczinnikov

Poaceae 禾本科　Poa 早熟禾属

【形态特征】 多年生草本。具匍匐根茎。秆平滑无毛，高3～10cm。叶鞘平滑；叶舌长1～2mm；叶片常对折或扁平，平滑无毛，长2～4cm，宽2～3mm。圆锥花序疏松，长2～5cm；分枝开展，微粗糙，长约2cm；小穗含2～3朵小花，长3.5～4mm；两颖近相等，顶端钝，边缘宽膜质，长2.2～3mm，第一颖具1条脉，第二颖具3条脉；脊上粗糙；外稃质薄，顶端宽膜质，其下呈金黄色，基部紫色，具膜质边缘，第一外稃长约3.5mm，脉具柔毛，脉间无毛，基盘具绵毛；内稃稍短于外稃，脊上微粗糙；花药长约1.8mm。花果期6～8月。

【生境分布】 兴海。生于山地、阴坡、草甸、林下、山间河滩、草地、湖边、灌丛，海拔3000～5000m。分布于西藏、四川、新疆、甘肃；印度西北部、克什米尔地区、帕米尔、巴基斯坦、伊朗、中亚地区也有。在青海亦分布于治多（可可西里）、曲麻莱、玉树、称多、玛多、久治、玛沁、尖扎、同仁、泽库、格尔木、天峻、海晏、门源。

阿洼早熟禾 冷地早熟禾

Poa araratica Trautvetter

Poaceae 禾本科　Poa 早熟禾属

【形态特征】 多年生草本。秆丛生，直立或基部膝曲，紧接花序下微粗糙，高20～60cm，具2～3节。叶鞘平滑，基部者常带紫红色；叶舌膜质，截平或半圆形，长0.53mm；叶片内卷或对折，上面微糙涩，下面平滑无毛，长3～9(～16)cm，宽0.5～1mm。圆锥花序狭窄，长2～8cm；分枝每节具2～4枚，粗糙，直立或上举，稀开展，基部主枝下部裸露；小穗含2～3朵小花，长3～4.5mm；颖披针形至卵状披针形，顶端渐尖，脊上粗糙，具3条脉，第一颖长1.5～3mm，第二颖长2～2.5mm；外稃顶端尖，稍有膜质，具5条脉，间脉不明显，脊及边脉基部微被短柔毛或无毛，基盘无毛或具少量绵毛，第一外稃长3～3.5mm；内稃脊上稍粗糙；花药长1～2mm。花果期6～9月。

【生境分布】 全省各地均产。生于山坡草地、高山草甸、灌丛、林缘、河滩、疏林、草原，海拔2300～4300m。分布于新疆、西藏；尼泊尔、蒙古、俄罗斯、中亚地区、亚洲西南部也有分布。

垂枝早熟禾

Poa szechuensis* var. *debilior (Hitchcock) Soreng & G. Zhu

Poaceae 禾本科 Poa 早熟禾属

【形态特征】 多年生草本。秆疏丛，直立或基部稍膝曲，平滑无毛，高50～60cm，具4～5节。叶鞘平滑无毛，长于节间；叶舌截平而具不规则的微齿，长2～4mm；叶片扁平或对折，上面及边缘微粗糙，长5～8cm，宽2～3mm。圆锥花序疏松，开展，长10～20cm；分枝每节具2～3枚，微粗糙，基部主枝长3～7cm，中部以下裸露；小穗含3～4朵小花，长3～4mm；颖窄披针形，顶端尖，脊上微粗糙，第一颖具1条脉，长约2mm，第二颖较宽，具3条脉，长约3mm；外稃顶端稍有膜质，具明显的5条脉，脊中部以下和边脉1/4具短柔毛，基盘具极少量的绵毛，第一外稃长3～3.5mm；内稃稍短于外稃，脊上粗糙；花药长约0.5mm。花果期7～9月。

【生境分布】 兴海。生于河边草地、林缘、河滩、灌丛、山坡，海拔2450～3600m。中国特有种，分布于四川、甘肃、陕西。在青海亦分布于玉树、玛沁、同仁、泽库、河南、西宁、乐都、互助、祁连。

朱鑫鑫 摄

朱鑫鑫 摄

朱鑫鑫 摄

喜巴早熟禾 光盘早熟禾

Poa hylobates **Bor**

Poaceae 禾本科 Poa 早熟禾属

【形态特征】 多年生草本。秆疏丛，直立，平滑无毛，高约40cm，具3～4节。叶鞘平滑无毛，长于节间；叶舌膜质，长2～4mm；叶片扁平或对折，上面及边缘稍粗糙，下面平滑，长8～15cm。圆锥花序狭窄，长6～10cm；分枝每节具2～3枚，粗糙，直立，中部以下裸露，基部主枝长约3cm；小穗含2～4朵小花，长5～6.5mm；颖披针形，顶端尖，具3条脉，第一颖长4～5mm，第二颖长4.5～6mm；外稃顶端膜质，具5条脉，间脉不甚明显，仅脊下部被微毛，边脉和基盘均无毛，第一外稃长4～5mm；内稃稍短于外稃，脊上具短纤毛；花药黄色，长约2mm。花果期6～9月。

【生境分布】 贵南、兴海。生于山沟林下、阳坡灌丛、草甸、滩地、阳坡岩石缝中，海拔2300～4500m。分布于四川、新疆、西藏；尼泊尔也有。在青海亦分布于杂多、囊谦、玛多、玛沁、泽库、互助、祁连。

高寒早熟禾

川青早熟禾 印度早熟禾 中亚早熟禾

Poa albertii **subsp.** ***kunlunensis*** **(N. R. Cui) Olonova & G. Zhu**

Poaceae 禾本科 Poa 早熟禾属

【形态特征】 多年生草本。秆密丛，直立，高10～25cm，具1～2节。叶鞘无毛，长于节间，顶生者长于其叶片；叶舌膜质，钝圆而有齿裂，长1.5～2mm；叶片扁平或内卷，无毛或上面微粗糙，长2～4cm，宽约1mm。圆锥花序狭窄，紧密，长2～4(～5)cm；分枝孪生，直立，粗糙，基部主枝长1～1.5cm；小穗紫色或灰紫色，含2～3朵小花，长3～5mm；小穗轴无毛或粗糙；颖近等长，顶端锐尖，具3条脉或第一颖稀可具1条脉，脊上微粗糙；外稃顶端窄膜质，具不明显的5条脉，脊和边脉下部具微细毛，脉间无毛，基盘具少量的绵毛，第一外稃长2.5～3.5mm；内稃近等长于外稃，脊上粗糙或具细短纤毛；花药长1～1.5mm。花果期6～9月。

【生境分布】 共和。生于山坡、河滩草甸，海拔2600～4500m。分布于四川西部、西藏；俄罗斯、印度、亚洲中部和西南地区也有。在青海亦分布于囊谦、玛多、玛沁、同仁、德令哈、都兰、民和。

林地早熟禾

Poa nemoralis **Linnaeus**

Poaceae 禾本科 Poa 早熟禾属

【形态特征】 多年生草本。秆细弱，平滑，高30～45cm，具2～4节。叶鞘平滑，稍长于节间，顶生者短于其叶片；叶舌截平或半圆形，长0.5～1mm；叶片质薄而扁平，长10～20cm，宽1～2mm。圆锥花序狭窄而较松散，长10～15cm；分枝每节1～3枚，纤细，下部裸露，上部疏生2～5枚小穗；小穗绿色，含1～3朵小花，长3～4mm；颖披针形，边缘膜质，具3条脉，与小穗近等长，顶端渐尖；外稃质地薄，顶端与边缘宽膜质，脊与边脉下部具柔毛，基盘具少量的绵毛，第一外稃长约4mm；内稃稍短于外稃，脊上粗糙；花药长约1.5mm。花果期7月。

【生境分布】 同德。生于林间湿草地、田边，海拔2400～3200m。分布于西藏、云南、四川、甘肃及华北、东北诸省；广布于世界温带地区。在青海亦分布于同仁、互助、祁连。

山地早熟禾

Poa versicolor **subsp.** ***orinosa*** **(Keng) Olonova & G. Zhu**

Poaceae 禾本科 Poa 早熟禾属

【形态特征】 多年生草本。秆丛生，直立，高约45cm，具3～4节，顶节位于中部以下。叶鞘无毛，均长于节间；叶舌膜质，顶端尖，长2～4mm；叶片扁平或上部对折，两面稍粗糙，长3～10cm。圆锥花序狭窄较稀疏，长8～10cm，宽仅5mm；分枝孪生，直立，粗糙，中部以下裸露，基部主枝长3～4cm；小穗含2～3朵小花，长3～4mm；颖卵状披针形，紫色，顶端尖，具3条脉，第一颖侧脉不明显，长2.5～3mm，第二颖长3～3.5mm；外稃上部稍带紫色，顶端具膜质，具5条脉，间脉不甚明显，脊中部以下和边脉下部具柔毛，基盘具极少量的绵毛，第一外稃长约3.5mm；内稃微短于外稃，脊上粗糙；花药长约1.5mm。花果期7～8月。

【生境分布】 贵南、兴海。生于山坡草地、河滩、灌丛、林缘、山沟潮湿处，海拔2400～4700m。分布于西藏、四川北部、陕西。在青海亦分布于囊谦、称多、曲麻莱、班玛、泽库、都兰、西宁、大通、祁连、门源。

法氏早熟禾 少叶早熟禾

Poa faberi **Rendle**

Poaceae 禾本科 Poa 早熟禾属

【形态特征】 多年生草本。秆密丛，直立，紧接花序下微粗糙，高15～35cm，常具2节。叶鞘微糙涩；多长于节间；叶舌白色膜质，常呈撕裂状或顶端尖，长2～4mm；叶片常对折，质较硬，两面糙涩或下面平滑，长3～6cm；宽约1mm。圆锥花序紧密，长4～8cm；分枝2～3枚，直立，糙涩，中部以下裸露，基部主枝长1.5～3cm；小穗含3～5朵小花，长4.5～6mm；颖披针形，顶端尖，具3条脉，脊上微粗糙，第一颖长2～3mm，第二颖长3～4mm；外稃顶端稍有膜质，具5条脉，间脉不明显，脊与边脉下部具短柔毛，基盘具少量的绵毛，第一外稃长约3.5mm；内稃近等长于外稃，脊上微粗糙；花药长约2mm。花果期7～8月。

【生境分布】 贵德、兴海、共和。生于石质山坡、山沟林下、河滩、草甸，海拔1800～3600m。中国特有种，分布于四川北部、甘肃。在青海亦分布于玉树、河南、乌兰、西宁、乐都、民和、互助、祁连、门源。

宿生早熟禾

Poa perennis **Keng ex P. C. Keng**

Poaceae 禾本科 Poa 早熟禾属

【形态特征】 多年生草本。秆密丛，直立，平滑，高20～30cm，具2节。叶鞘平滑，常短于节间；叶舌膜质，长1.5～2mm；叶片狭线形，长5～10cm；宽1～1.5mm。圆锥花序卵圆形，疏松开展，长5～8cm；分枝每节着生1～2枚，下部常裸露，上部着生2～3枚小穗；小穗常紫色，含2～4朵小花，长4～5mm；颖披针形，质较硬，顶端尖，脊上部微粗糙，第一颖具1条脉，长约2mm，第二颖具3条脉，长约3mm；外稃顶端较尖，间脉常不明显，几乎全部无毛，基盘不具绵毛，第一外稃长约4mm；内稃近等长或微短于外稃，脊上微粗糙；花药长1.5～mm。花果期7～9月。

【生境分布】 贵南、同德、兴海、共和。生于山坡、草甸、灌丛、滩地，海拔2800～4500m。中国特有种，分布于西藏、云南。在青海亦分布于杂多、曲麻莱、囊谦、玉树、玛沁、泽库、河南、湟中、门源。

波伐早熟禾

Poa albertii **subsp.** ***poophagorum*** **(Bor) Olonova & G. Zhu**

Poaceae 禾本科 Poa 早熟禾属

【形态特征】 多年生草本。秆密丛，平滑，高12～20cm，仅具1节。叶鞘平滑无毛；叶舌膜质，钝圆，长约2mm；叶片边缘内卷，长2～7cm，宽约1.5mm。圆锥花序狭窄，长2～5cm；分枝每节具1～4枚，直立，微粗糙或平滑，基部主枝长约1cm，自基部即生小穗；小穗紫色或褐黄色，含2～4朵小花，长3～5mm；颖卵状披针形，顶端尖，质较薄，具3条脉，平滑无毛，第一颖长2～2.5mm，第二颖长约3mm；外稃顶端稍具膜质，具不明显的5条脉，脊上微粗糙，背部全部无毛或边脉下部有微细毛，基盘无毛，第一外稃长约3mm；内稃近等长于外稃，脊上平滑或微粗糙；花药长1.5～2mm。花果期6～8月。

【生境分布】 兴海、共和。生于高山草甸、草原、山坡草地、河漫滩、冲积扇前缘、路旁，海拔2800～4810m。分布于西藏、云南、四川；尼泊尔、印度（锡金）也有。在青海亦分布于杂多、治多、久治、玛沁、同仁、泽库、格尔木、德令哈、都兰、乌兰、天峻、刚察、祁连、门源。

草地早熟禾
Poa pratensis Linnaeus

Poaceae 禾本科　Poa 早熟禾属

【形态特征】　多年生草本。具匍匐根茎。秆疏丛生，直立，平滑无毛，高50～80cm，具2～3节。叶鞘糙涩或平滑；叶舌膜质，长1～2mm；叶片扁平或内卷，长6～20cm或蘖生者长逾40cm，宽2～4mm。圆锥花序开展，金字塔形或卵圆形，顶端稍下垂，长15～20cm；分枝每节有3～5枚，基部主枝长5～10cm，下部裸露；小穗含2～4朵花，长4～6mm；颖卵圆形至卵状披针形，顶端渐尖至急尖，脊上粗糙，第一颖长约3mm，具1条脉，第二颖长3～4mm，具3条脉；外稃纸质，顶端尖且稍有膜质，脊与边脉在中部以下具长柔毛，间脉明显，基盘具稠密而长的白色绵毛，第一外稃长3～3.5mm；内稃稍短于外稃，具2条脊，脊粗糙；花药长1.5～2mm。花果期6～8月。

【生境分布】　兴海。生于山坡草地、草原、灌丛、河漫滩、林下、路旁、河边，海拔2080～4300m。分布于西藏、云南、四川、山东、江西（牯岭）及西北、华北、东北各省；广布于北半球的温带区域。在青海亦分布于杂多、囊谦、玉树、玛多、尖扎、同仁、泽库、格尔木、都兰、西宁、大通、循化、乐都、民和、互助、刚察、祁连、门源。

青海早熟禾
Poa qinghaiensis Soreng & G. Zhu

Poaceae 禾本科　Poa 早熟禾属

【形态特征】　多年生草本。秆密丛，基部倾斜或膝曲，高5～10cm，具1～2节。叶鞘平滑，多长于节间；叶舌膜质，钝圆，长0.5～2mm；叶片扁平或对折，常平滑，柔软，长2～8cm，宽约1mm。圆锥花序稀疏，长2～4cm；分枝每节具1～2枚，细弱，微粗糙，长1～1.5cm，裸露部分长0.5～1cm，上部着生排列成覆瓦状的小穗；小穗绿色，稀微带紫色，含4～5朵小花，长3～4mm；颖卵状披针形，顶端尖，脊上部微粗糙，第一颖具1条脉，长约2mm，第二颖具3条脉，长约2.5mm；外稃顶端钝圆且具膜质，间脉明显，脊中部以下和边脉下部具柔毛，基盘常无毛，第一外稃长约2mm；内稃稍短于外稃，脊上具短纤毛；花药长约0.3mm。花果期6～8月。

【生境分布】　同德。生于草甸、灌丛、高山山坡、湖边湿沙地，海拔3200～4650m。中国特有种，分布于甘肃、新疆东南部、西藏东北部。在青海亦分布于称多、治多、曲麻莱、玛多、平安。

锡金早熟禾
Poa sikkimensis (Stapf) Bor

Poaceae 禾本科　Poa 早熟禾属

【形态特征】　一年生草本。秆丛生，直立，高5～60cm，具1～4节。叶鞘倒向粗糙，下部者短于节间，上部者长于节间；叶舌膜质，半圆形，长约3mm；叶片扁平或对折，长3～8cm，宽1～4mm，平滑无毛。圆锥花序开展，长6～10cm；分枝每节2～3枚，细弱，微粗糙，中部以下裸露，基部主枝长(3～)5(～7)cm；小穗微带紫色，含2～6朵小花，长3.5～6mm；颖宽披针形或卵圆形，顶端尖，边缘具窄膜质，第一颖具1条脉，长约1.5～3mm，第二颖具3条脉，长2～3.5mm；外稃顶端狭膜质，背部微粗糙，间脉明显，脊与边脉均无毛，或脊和边脉中部以下具短柔毛，基盘无绵毛，第一外稃长2.5～3mm；内稃稍短于外稃，或于外稃近等长，脊上粗糙或具细短纤毛；花药黄色，长0.5～0.7mm。花果期6～8月。

【生境分布】　共和、同德、兴海。生于山坡草地、砾石地、林缘，海拔2700～4500m。分布于西藏、云南、四川；印度西北部、不丹、尼泊尔、克什米尔地区也有。在青海亦分布于杂多、囊谦、曲麻莱、班玛、玉树、西宁、湟中、乐都、民和、门源、泽库。

堇色早熟禾　华灰早熟禾

Poa araratica **subsp.** ***ianthina*** (Keng ex Shan Chen) Olonova & G. Zhu

Poaceae 禾本科　Poa 早熟禾属

【形态特征】 多年生草本。秆疏丛，直立，微粗糙，高25～40cm，具1～2(～4)节。叶鞘无毛，长于节间，基部者有时微带紫红色，顶生者稍长于其叶片；叶舌钝圆，薄膜质，长1.5～3mm；叶片扁平或内卷，灰绿色，上面微粗糙，下面近于平滑，长3～8cm。圆锥花序狭窄，紧密，长4～8cm；分枝每节具2～3枚，直立贴生，微粗糙，长1～2cm；小穗灰绿色，顶端微带紫色，含2～3朵小花，长约4mm；颖片阔披针形或狭卵圆形，顶端尖，呈点状粗糙，具3条脉，长2.5～3mm；外稃顶端具窄膜质，具不明显的5条脉，脊中部以下及边脉下部具细短柔毛，脉间呈细点状，粗糙，基盘具少量绵毛，第一外稃长2.5～3mm；内稃稍短于或近等于外稃，脊微粗糙；花药长1～1.5(～2)mm。花果期6～9月。

【生境分布】 兴海、共和。生于山坡、草地、林下、灌丛、草甸、河滩，海拔2600～4500m。中国特有种，分布于西藏、四川西北部及华北、东北诸省。在青海亦分布于杂多、囊谦、玉树、班玛、玛沁、河南、大通、乐都、民和、互助、刚察、海晏、祁连、门源。

朱鑫鑫 摄

朱鑫鑫 摄

朱鑫鑫 摄

四川早熟禾

Poa szechuensis Rendle

Poaceae 禾本科　Poa 早熟禾属

【形态特征】 一年生草本。植株细弱柔软。秆微粗糙，高20～45cm，具3～4节。叶鞘微粗糙，除基部者外均短于节间；叶舌钝圆或几截平，长1～2mm；叶片扁平，平滑，质地柔软，长5～8cm；宽1～3mm。圆锥花序开展，长5～8cm；分枝每节具1～2枚，细弱，长2～4cm，中部以下裸露；小穗绿色，含2～3朵小花，长2～2.5mm；颖披针形，顶端锐尖，脊微粗糙，第一颖具1条脉，长1～1.5mm，第二颖具3条脉，长1.5～2mm；外稃顶端稍具膜质，间脉常不明显，脊中部以下微被柔毛，边脉无毛，基盘不具绵毛，第一外稃长约2mm；内稃近等长于外稃，脊微粗糙或具短纤毛；花药长约0.4mm。花果期7～9月。

【生境分布】 贵德、同德。生于林下、草甸、山沟、河滩、林缘，海拔1850～4100m。分布于云南、四川、河北、山西；印度（锡金）和尼泊尔也有。在青海亦分布于杂多、泽库、乐都、民和、互助、门源。

西藏早熟禾

Poa tibetica **Munro ex Stapf**

Poaceae 禾本科 Poa 早熟禾属

【形态特征】 多年生草本。具长而较粗壮的根茎。秆单生，平滑无毛，高20～50cm。叶鞘平滑无毛，或基部被极细的微毛；叶舌干膜质，钝圆，长1～2mm；叶片扁平或对折，质厚，上面及边缘微粗糙，下面平滑无毛，长5～15cm；宽2～3mm。圆锥花序紧缩成穗状，下部有时有间断，长约6cm，宽8～15cm，分枝每节具2～4枚，平滑无毛，基部主枝长1～3cm，侧枝自基部即生小穗；小穗含3～5朵小花，长5～7mm；颖边缘具狭膜质，第一颖较窄，具1条脉，长3～4mm，第二颖具3条脉，长4～5mm，脊上部微粗糙，边缘下部具短纤毛；外稃顶端及边缘窄膜质，其下微带黄色，间脉不明显，脊与边脉的中部以下具细直的柔毛，脊与脉间上部微粗糙或贴生微毛，基盘无绵毛，第一外稃长约5mm；内稃近等长或稍短于外稃；花药紫色，长约2mm。花果期6～8月。

【生境分布】 兴海、共和。生于山坡草地、河滩、湖边湿地，海拔2500～5000m。分布于西藏、新疆、甘肃；印度西北部、伊朗、阿富汗、巴基斯坦、克什米尔地区及中亚地区也有。在青海亦分布于杂多、玉树、玛多、玛沁、格尔木、都兰、乌兰、天峻、西宁、大通、刚察、祁连、门源。

朱鑫鑫 摄

朱鑫鑫 摄

朱鑫鑫 摄

朱鑫鑫 摄

长芒棒头草

Polygogon monspeliensis (Linnaeus) Desfontaines

Poaceae 禾本科　Polypogon 棒头草属

【形态特征】　一年生草本。秆直立或基部膝曲，平滑无毛，高8～60cm，具2～5节。叶鞘松弛抱茎，上部微粗糙；叶舌膜质，2深裂或呈不规则地撕裂状，长2～8mm；叶片扁平，上面及边缘粗糙，下面较平滑，长2～15cm，宽2～9mm。圆锥花序穗状，长(1～)3～10cm；小穗淡灰绿色，成熟后枯黄色，长2～2.5mm（包括基盘）；颖片倒卵状披针形，背部被短刺毛，脊与边缘具细纤毛，顶端2浅裂，自裂口处伸1细长而粗糙的芒，芒长3～7mm，或第一颖芒较短；外稃背部平滑无毛，顶端具微齿，中脉延伸成约与稃体等长而易落的细芒；内稃较小，透明膜质，具不明显的2条脉；花药长约0.8mm。颖果倒卵状长圆形，长约1mm。花果期7～9月。

【生境分布】　贵德、贵南、兴海。生于河滩、潮湿地、水沟边，海拔1800～3050m。分布于全国各地；广布于世界的温暖地区。在青海亦分布于格尔木、德令哈、都兰、乌兰、西宁、循化、乐都、民和、互助。

单花新麦草

Psathyrostachys kronenburgii (Hackel) Nevski

Poaceae 禾本科　Psathyrostachys 新麦草属

【形态特征】　多年生草本。具短根茎，须根粗壮并有沙套。秆丛生，高35～70cm，3～4节，无毛。叶鞘光滑，秆基部叶鞘常枯碎成纤维状；叶舌膜质，长1～2mm，顶端具齿；叶片长2～10cm，宽2～4mm，上、下两面无毛或粗糙。穗状花序直立，长5～10cm，宽6～8mm；穗轴侧棱具白色长柔毛，节间长2～3mm；小穗排列紧密，通常3枚生于1节，长6～7mm，含1朵小花和1朵棒状不孕花；颖针刺状，脉不明显，周围密被柔毛，两颖近等长，长5～7mm；外稃披针形，长6～7mm，具5条脉，背部被柔毛，顶端渐尖成1～2mm长的短芒；内稃与外稃近等长，顶端2裂齿，脊上粗糙或具纤毛，脊间疏生短柔毛；花药长3～4mm。花果期6～8月。

【生境分布】　共和。生于山坡、河岸、田埂，海拔2100～3200m。分布于新疆、甘肃、内蒙古；中亚地区也有。在青海亦分布于尖扎、西宁、乐都。

太白细柄茅

Ptilagrostis concinna (J. D. Hooker) Roshevitz

Poaceae 禾本科　Ptilagrostis 细柄茅属

【形态特征】　多年生草本。秆密丛生，直立，平滑，高10～20cm。叶鞘平滑，紧密抱茎；叶舌钝圆，粗糙，边缘下延与叶鞘边结合，秆生叶舌顶端微2裂，常呈紫色；叶片纵卷呈细线形，长约10cm，秆生叶短缩至1～2cm。圆锥花序狭窄，长2～5cm，宽1～2cm，基部分枝处常具披针形膜质苞片；分枝长1～2cm，细弱，贴向主轴直伸，多孪生；小穗深紫色或紫红色，长4～5(～6)mm；颖膜质，宽披针形，平滑无毛，几等长，第一颖具1条脉，第二颖具3条脉；外稃长3.5～4mm，顶端2裂，背上部无毛而粗糙，基部被柔毛，基盘钝圆，具短毛，芒长1～1.4cm，全被柔毛，一回或不明显二回膝曲，芒柱微扭转；内稃近等长于外稃，具2条脉，脉间疏被毛；花药顶端具毫毛。花果期7～9月。

【生境分布】　兴海。生于高山草甸、山顶草地、山地阴坡灌丛，海拔3900～4700m。分布于西藏、四川西北部、甘肃、陕西（秦岭北坡太白山）；印度（锡金）、喜马拉雅地区、俄罗斯南部也有。在青海亦分布于杂多、曲麻莱、囊谦、玉树、久治、泽库、门源。

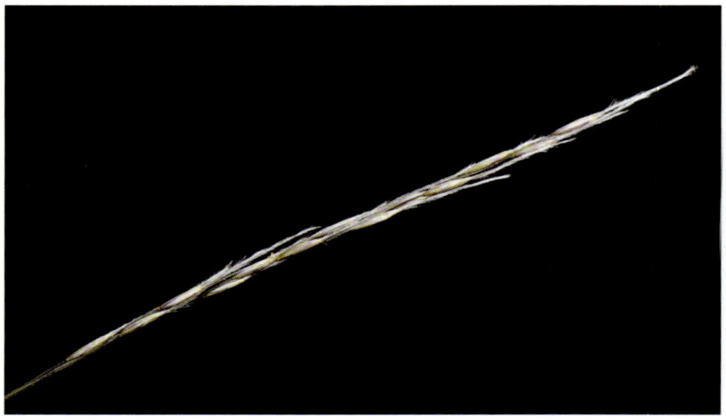

双叉细柄茅
Ptilagrostis dichotoma **Keng ex Tzvelev**

Poaceae 禾本科　Ptilagrostis 细柄茅属

【形态特征】 多年生草本，秆密丛生，直立，平滑，高40～50cm。叶鞘稍粗糙；叶舌膜质，三角形或披针形，长2～3mm；叶片呈细线形，长约20cm，秆生叶短缩，长1.5～2.5cm。圆锥花序开展，长9～12cm；分枝细弱呈丝状，通常孪生，下部裸露，上部1～3次的二出叉状分枝，叉顶着生小穗，基部主枝长达5cm；小穗柄细，长5～15mm，其柄及分枝的腋间具枕；小穗灰褐色，长5～6mm；颖膜质，顶端稍钝，边缘透明膜质，具3条脉，侧脉短；外稃长约4mm，顶端2裂，背上部微糙涩或具微毛，下部具柔毛，基盘稍钝，具短毛，芒长1.2～1.5cm，膝曲，芒柱扭转且具长2.5～3mm的柔毛，芒针被长约1mm的短毛；内稃约等长于外稃，背圆形，具柔毛；花药顶端具毫毛。花果期7～8月。

【生境分布】 兴海、共和。生于高山草甸、山坡草地、河滩、灌丛中，海拔3200～4500m。分布于西藏、四川西部、甘肃、陕西（秦岭南坡）；不丹、印度北部和尼泊尔也有。在青海亦分布于杂多、治多、囊谦、玉树、久治、泽库、河南、天峻、大通、互助、祁连、门源。

小花细柄茅

***Ptilagrostis dichotoma* var. *roshevitsiana* Tzvelev**

Poaceae 禾本科 Ptilagrostis 细柄茅属

【形态特征】 本变种植株细弱，秆直立，高5～15cm，直径0.5～1mm。圆锥花序疏松，长2～5cm，分枝细丝状，常孪生，长0.5～3cm，基部分枝处无膜质苞片（但西藏产者却具有）；小穗淡黄色，基部微带紫色，长3～4mm；颖薄膜质，先端钝，具3条脉；外稃长2.5～3mm，基盘稍钝，长约0.2mm，具短毛，芒长8～10mm，细弱，全被长1.5～2mm的柔毛；花药长1～1.2mm，顶端无毛或具少数毫毛。花果期7～8月。

【生境分布】 兴海。生于高山草甸、河谷阶地、河漫滩、丘陵坡地、沟旁，海拔2400～5000m。分布于西藏、四川西部、甘肃南部。在青海亦分布于治多、曲麻莱、玉树、泽库、天峻、祁连、门源。

窄穗细柄茅

***Ptilagrostis junatovii* Grubov**

Poaceae 禾本科 Ptilagrostis 细柄茅属

【形态特征】 多年生草本。秆丛生，直立，平滑，高15～30cm，直径约1mm。叶鞘平滑无毛，短于节间；叶舌钝圆，长约2mm，基生叶舌长约0.5mm；叶片纵卷呈针状，平滑，长5～15cm，茎生者短缩至1～2cm。圆锥花序狭窄，长4～8cm，宽1～1.5cm；分枝细弱，常孪生，顶端着生少数小穗；小穗淡褐色，基部带紫色，长5～7mm；颖披针形，顶端微粗糙，具3条脉，外稃长4.5～6mm，顶端具2个微齿，背部1/2以下被柔毛，上部平贴短毛，基盘钝圆，具短毛，芒自裂齿间伸出，长1～1.5cm，一回膝曲多呈直角，芒柱扭转且具较长的柔毛，芒针具短毛；内稃微短于外稃，边缘膜质，具2条脉，基部被柔毛；花药顶端无毫毛。花果期7～9月。

【生境分布】 兴海。生于高山草甸、山坡草地、河滩草丛、林下、灌丛中，海拔3200～4500m。分布于西藏、四川西部、新疆；哈萨克斯坦、蒙古和俄罗斯也有。在青海亦分布于乌兰、河南、祁连、门源。

展穗碱茅

***Puccinellia diffusa* (V. I. Kreczetowicz) V. I. Kreczetowicz ex Drobow**

Poaceae 禾本科 Puccinellia 碱茅属

【形态特征】 多年生草本。秆直立，细弱，平滑，高30～50cm。叶鞘无毛，顶端边缘膜质；叶舌长约1.5mm；叶片扁平或对折，粗糙，长5～14cm，宽约1mm。圆锥花序开展，长10～15cm，主轴平滑；分枝纤细，粗糙，2～4枚簇生于各节，平展或斜向上升，下部裸露，分枝顶端常单生1枚小穗；小穗柄微粗糙；小穗常带紫色，含4～8朵小花，长5～6mm；颖顶端较钝圆，第一颖长卵圆形，长约1.2mm，第二颖椭圆形或卵圆形，长约2mm；外稃顶端钝圆，有金黄色膜质的边缘或细纤毛，背基部被短柔毛；内稃具2条脊，脊上部微粗糙，下部稍有柔毛；花药长约1.5mm。花果期7～8月。

【生境分布】 共和。生于河边砾石地、碱草滩、草地，海拔1900～4300m。分布于西藏；中亚地区也有。在青海亦分布于囊谦、玛多、乌兰、民和。

疏穗碱茅

***Puccinellia roborovskyi* Tzvelev**

Poaceae 禾本科 Puccinellia 碱茅属

【形态特征】 多年生草本。秆丛生，高20～40cm，有1～2节，顶节位于下部1/4处。叶鞘平滑无毛；叶舌长约2mm；叶片内卷，宽约1mm。圆锥花序长5～10cm，疏散；分枝孪生，腋间有枕，长3～5cm，纤细平展，下部常裸露，上部生有1～3枚小穗；小穗柄平滑或微粗糙；小穗含3～5朵小花，长6～7mm，带紫色；小穗轴细直，长约1mm；颖顶端尖，第一颖长约1.5mm，第二颖长2mm；外稃长约3(～3.5)mm，披针形，顶端渐尖，边缘具黄色膜质，基部脉上有柔毛；内稃微短于外稃，具2条脊，微粗糙或光滑。花药长2mm。花果期7～8月。

【生境分布】 共和。生于湖边沙地、滩地，海拔3200～4300m。分布于西藏。在青海亦分布于玛多。

毛稃碱茅

Puccinellia dolicholepis (V. I. Kreczetowicz) Pavlov

Poaceae 禾本科　Puccinellia 碱茅属

【形态特征】 多年生草本。秆丛生，直立或基部有时膝曲，高20～30cm。叶鞘短于节间；叶舌长约1mm；叶片内卷稀扁平，质地较硬，两面无毛，长4～12cm，宽1.2～1.5mm。圆锥花序较狭窄，后期疏松，长6～11cm；分枝较细，孪生，粗糙，下部裸露；小穗常带紫色，含3～5朵小花，长5～7mm；第一颖长圆形，顶端稍尖，具1条脉，长1～1.5mm，第二颖卵圆形，具3条脉，长2～2.5mm；外稃顶端尖或渐尖，具明显的5条脉，背基部脉及脉间具短柔毛，第一外稃长3.5～4mm；内稃稍短于外稃，具2条脊，脊上部粗糙，中下部具纤毛；花药长约2mm。花期7月。

【生境分布】 共和。生于盐生草滩、沙砾地，海拔3900～4300m。分布于西藏；中亚地区及高加索地区也有。在青海亦分布于玛多、格尔木。

碱茅　铺茅

Puccinellia distans (Jacquin) Parlatore

Poaceae 禾本科　Puccinellia 碱茅属

【形态特征】 多年生草本。秆丛生，直立或基部膝曲，常压扁，高15～30cm。叶鞘平滑无毛；叶舌干膜质，半圆形或顶端具齿裂，长1～1.5mm；叶片扁平或内卷，上面微粗糙，下面近于平滑，长2～7cm，宽1～2mm。圆锥花序幼时为叶鞘所包藏，后伸出开展，长8～10cm，分枝细长，下部裸露；小穗柄极短；小穗含3～6朵小花，长4～6mm；小穗轴节间平滑无毛；颖质较薄，顶端钝，具不整齐细裂齿，第一颖具1条脉，长约1mm，第二颖具3条脉，长约1.2mm；外稃顶端钝或截平，其顶端与边缘均具不整齐的细裂齿，背基部被微短毛，具不明显的5条脉，第一外稃长约2mm；内稃等长或稍长于外稃，脊微粗糙；花药长约0.8mm。花果期6～9月。

【经济用途】 家畜喜食的牧草。

【生境分布】 贵德。生于沟边、路边、草丛、河滩、林下，海拔1900～4400m。分布于新疆及东北、华北诸地；欧亚大陆温带也有。在青海亦分布于曲麻莱、格尔木、都兰、西宁、湟中、民和。

微药碱茅

Puccinellia micrandra (Keng) Keng & S. L. Chen

Poaceae 禾本科　Puccinellia 碱茅属

【形态特征】 多年生草本。秆丛生，直立或膝曲上升，高10～50cm。叶鞘无毛，长于节间；叶舌干膜质，顶端截平或三角形，长约1mm；叶片内卷，质较硬而直立，上面及边缘粗糙，长1～4cm，宽1～2mm。圆锥花序开展呈金字塔形，长5～8cm；分枝平展，上部微粗糙，下部裸露而平滑，每节具2～4枚；小穗淡黄绿色，成熟后呈紫色，含2～4(～5)朵小花，长2.5～4mm；颖顶端较尖，其顶端边缘具有呈纤毛状的细齿，第一颖具1条脉，长0.6～1mm，第二颖具3条脉，长约1.2mm；外稃顶端钝圆且具纤毛状的细齿，具不明显的5条脉，基盘被短柔毛，第一外稃长约1.5mm；内稃等长于外稃，具2条脊，脊平滑；花药长约0.5mm。花果期7～9月。

【生境分布】 共和。生于渠边、路边草丛、田边，海拔2230～3100m。中国特有种，分布于甘肃、河北、内蒙古、黑龙江等地；蒙古也有。在青海亦分布于格尔木、都兰、乌兰、天峻、共和、西宁。

星星草

***Puccinellia tenuiflora* (Grisebach) Scribner & Merrill**

Poaceae 禾本科　Puccinellia 碱茅属

【形态特征】 多年生草本，疏丛型。秆直立，高30～50cm，直径约1mm，具3～4节，节膝曲，顶节位于下部1/3处。叶鞘短于其节间，顶生者长5～10cm，平滑无毛；叶舌膜质，长约1mm，钝圆；叶片长2～6cm，宽1～3mm，对折或稍内卷，上面微粗糙。圆锥花序长10～20cm，疏松开展，主轴平滑；分枝2～3枚生于各节，下部裸露，细弱平展，微粗糙；小穗柄短而粗糙；小穗含2～4朵小花，长约3mm，带紫色；小穗轴节间长约0.6mm；颖质地较薄，边缘具纤毛状细齿裂，第一颖长约0.6mm，具1条脉，顶端尖，第二颖长约1.2mm，具3条脉，顶端稍钝；外稃具不明显5条脉，长1.5～1.8mm，宽约0.8mm，顶端钝，基部无毛；内稃等长于外稃，平滑无毛或脊上有数个小刺；花药线形，长1～1.2mm。花果期6～8月。

【经济用途】 茎叶含蛋白质较高，是家畜和骆驼喜食的优良牧草。

【生境分布】 贵南、同德、兴海、共和。生于河滩、水沟旁、农田边、渠岸、芨芨草滩中，海拔1850～4000m。分布于新疆及东北、华北诸地；蒙古、俄罗斯也有。在青海亦分布于都兰、西宁、民和、刚察、海晏。

狗尾草　谷莠子　莠　藏名：都齐局

Setaria viridis (Linnaeus) P. Beauvois

Poaceae 禾本科　Setaria 狗尾草属

【形态特征】　一年生草本。秆直立或基部膝曲，高10～50cm，常较细弱，也有高达90cm者。叶鞘无毛或具疏柔毛或疣毛，边缘具较长的纤毛；叶舌极短，具长1～2mm的纤毛；叶片扁平，通常无毛，边缘粗糙，长4～20cm，宽2～10mm。圆锥花序紧密呈圆柱形，微弯垂或直立，长28cm；刚毛粗糙，或微粗糙，直立或稍扭曲，通常绿色、褐黄色或变为紫红色，长4～12mm；小穗铅绿色，椭圆形，2～5个簇生于主轴上或更多的小穗着生在小枝上，顶端钝，长2～2.5mm；第一颖卵形，长约为小穗的1/3，顶端钝或稍尖，具3条脉，第二颖椭圆形，近等长于小穗，具5～7条脉；第一外稃顶端钝，与小穗等长，具5～7条脉，其内稃短小狭窄；第二外稃背部具细点状皱纹，顶端钝，边缘内卷，包卷同质的内稃；鳞被楔形；花柱基部分离。颖果灰白色。花果期7～10月。

【经济用途】　① 秆、叶可作饲料，也可入药，治痈淤、面癣；② 全草加水煮沸20分钟后，滤出液可喷杀菜虫；③ 小穗可提炼糠醛。

【生境分布】　贵德、贵南、兴海、共和。生于山坡、河滩、田边、路旁、水沟边、荒野，海拔1800～3600m。分布遍及全国；世界温带和亚热带地区均有。在青海亦分布于玉树、称多、玛沁、尖扎、同仁、西宁、化隆、循化、乐都、民和。

三蕊草 短药地胆

Sinochasea trigyna Keng

Poaceae 禾本科 Sinochasea 三蕊草属

【形态特征】 多年生草本。秆直立，平滑无毛，但在花序下稍糙涩，高7～40cm。叶鞘稍粗糙；叶舌长0.5～1mm，具极短的纤毛；叶片内卷，长3～8.5cm，顶生者常退化呈针状且长仅1cm，蘖生者长可达16cm。圆锥花序紧缩呈穗状，长5～8.5cm；分枝直立贴生；小穗淡绿色或带紫色，含1朵小花，脱节于颖之上，长8～11mm；小穗轴延伸于内稃之后，微小而平滑或稀有疏生少数柔毛；颖草质，披针形，顶端渐尖，边缘狭膜质，具5～7条脉；外稃质薄，长8～9mm，背部被长柔毛，顶端2深裂几达稃体中部，具5条脉，中脉自裂片间延伸成1膝曲扭转的长9～13mm的芒，基盘微小，钝圆，具短毛；内稃具2条脉，脉间被柔毛，顶端微2裂，长6～8mm；鳞被2枚，披针形；雄蕊3枚，花药黄色，长约1mm；花柱3枚，极短，柱头3枚，帚刷状，长约3mm。花果期8～9月。

【生境分布】 兴海、共和。中国特有珍稀濒危植物。生于高山草甸、山坡草地，海拔3800～4400m。分布于西藏。在青海亦分布于杂多、玉树、天峻、河南、刚察（模式标本产地：三角城）、海晏、祁连。

冠毛草

Stephanachne pappophorea (Hackel) Keng

Poaceae 禾本科 Stephanachne 冠毛草属

【形态特征】 多年生草本。秆丛生，直立，平滑，草黄色，基部宿存枯萎的叶鞘，高10～35cm，具4～5节。叶鞘微糙涩，紧密抱茎；叶舌膜质，顶端齿裂，长2～3mm；叶片无毛或边缘微粗糙，长5～20cm，宽1～3mm。圆锥花序紧密呈穗状，具光泽，黄绿色或成熟后呈枯草黄色，长4～18cm，宽约1cm；小穗长5～7mm；颖窄披针形，顶端成芒状渐尖，具1～3条脉，中脉粗糙，两颖近等长或第二颖稍短；外稃长3～4mm，顶端2裂，裂片长1.2～1.8mm，其先端延伸成长约0.5mm的短尖头，裂片基部生有1圈长3～4mm的冠毛状柔毛，其下密生短毛，具5条脉，基盘被短毛，芒自裂片间伸出，长6～8mm，近中部微膝曲，芒柱稍扭转；内稃稍短于外稃，疏生短柔毛；花药深黄色，长1～1.2mm。花果期7～9月。

【生境分布】 兴海、共和。生于干山坡、干草原、干河滩及路边，海拔2230～3600m。分布于新疆、甘肃；蒙古、中亚地区也有。在青海亦分布于格尔木、柴达木、都兰、西宁。

狼针草

Stipa baicalensis Roshevitz

Poaceae 禾本科 Stipa 针茅属

【形态特征】 多年生草本。秆直立，丛生，高50～80cm，具3～4节，基部宿存枯萎的叶鞘。叶鞘平滑，或于幼嫩时微粗糙；叶舌基生者平截或2裂，长0.5～1mm，秆生者钝圆或2裂，长1.5～2mm，均具睫毛；叶片纵卷呈线形，上面具疏柔毛，下面平滑，基生叶长可达40cm。圆锥花序基部常藏于叶鞘内，长20～30cm；分枝细弱，直立上升；小穗灰绿色或紫褐色；颖尖披针形，顶端细丝状，长2.5～3.5cm，第一颖具3条脉，第二颖具5条脉；外稃顶端关节处生1圈短毛，具5条脉，背部沿脉纹贴生短毛成行，长12～14mm，基盘尖锐，密生柔毛，长约4mm，芒二回膝曲，光亮无毛，边缘微粗糙，芒柱扭转，第一芒柱长3～5cm，第二芒柱长1.5～2cm，芒针长约10cm；内稃具2条脉；花药黄色，长约5mm。花果期7～9月。

【经济用途】 幼嫩时为干草原、草甸草原地区牲畜喜食的牧草。

【生境分布】 贵南、共和。生于山坡草地，海拔2900～3100m。分布于西藏、甘肃、陕西、山西、河北、内蒙古、辽宁、吉林、黑龙江；蒙古、俄罗斯也有。在青海亦分布于泽库、大通。

异针茅

Stipa aliena **Keng**

Poaceae 禾本科　Stipa 针茅属

【形态特征】 多年生草本。须根坚韧；秆丛生，直立，平滑无毛，秆高15～35cm，具1～2节。叶鞘平滑；叶舌膜质，长0.8～1.5mm，顶端钝圆或2裂，背部具微毛；叶片纵卷呈线形，上面粗糙，下面光滑，秆生叶长3～8cm，基生叶长为秆高的1/2～2/3。圆锥花序较紧缩，长10～15cm；分枝单生或孪生，斜向上升，顶部者长1～2cm，基部者长4～7cm，下部裸露，上部着生少数小穗；小穗灰绿色或变为紫色，长10～13mm；颖片近等长，披针形，顶端细渐尖，具5～7条脉；外稃长6.5～7.5mm，背部遍生细短毛，具5条脉，基盘尖锐，长约1mm，密被短毛；芒二回膝曲，芒柱扭转，第一芒柱长4～5mm，具长1～2mm的柔毛，第二芒柱近等长于第一芒柱，被微毛，芒针长1～1.6cm，无毛；内稃与外稃等长，具2条脉，背部具短毛。颖果圆柱形，长约5mm，具浅腹沟。花果期7～9月。

【相近种】 接近疏花针茅S. penicillata，但植株较矮，高20～40cm，光滑无毛；叶舌钝圆或2裂，长1～1.5mm；花序较紧缩，长10～15cm，具少数小穗，分枝亦短，腋内无枕；芒柱的毛较短，长约1.5mm等是其区别点。

【经济用途】 叶质柔软，草原或草甸草原地区的优良牧草。

【生境分布】 海南州各地。生于山坡草甸、阳坡灌丛、冲积扇及河谷阶地，海拔3100～4600m。分布于西藏、四川、甘肃。在青海亦分布于杂多、治多、曲麻莱、囊谦、玉树、玛多、久治、玛沁、泽库、河南、天峻、大通、刚察、祁连、门源。

短花针茅

Stipa breviflora **Grisebach**

Poaceae 禾本科　Stipa 针茅属

【形态特征】 多年生草本。须根粗壮、坚韧且长。秆直立，基部有时膝曲且宿存枯叶鞘，高20～50cm，具2～3节。叶鞘基部者具短柔毛；叶舌具缘毛，基生者短钝，长0.5～1.5mm，秆生者顶端常2裂，长可达2mm；叶片纵卷呈针状，秆生者长3～7cm，基生者长为秆高的1/2～2/3。圆锥花序狭窄，基部常为顶生叶鞘所包；分枝细而平滑，孪生，直立上伸，上部可再分枝而具少数小穗；小穗灰绿色或浅褐色，长10～15mm；颖披针形，顶端渐尖，具3条脉，近等长或第一颖稍长；外稃长5.5～6mm，具5条脉，背部沿脉纹被毛成行，顶生1圈短毛，其下具微小硬刺毛，基盘尖锐，长约1mm，密生柔毛，芒二回膝曲，芒柱扭转且具长约0.6mm的短柔毛，第一芒柱长1～1.5cm，第二芒柱长0.7～1cm，芒针长3～6cm，具长1～1.5mm的羽状毛；内稃与外稃近等长，具2条脉，背部疏被柔毛。颖果长圆柱形，绿色，长约4.5mm。花果期6～9月。

【经济用途】 返青早，为荒漠草原地区的主要牧草。

【生境分布】 海南州各地。生于山坡、石质山坡、河谷阶地，海拔2230～3800m。分布于西藏、四川、新疆、甘肃、宁夏、山西、河北、内蒙古；尼泊尔也有。在青海亦分布于玉树、尖扎、德令哈、都兰、乌兰、天峻、西宁、湟源、乐都、民和、海晏、刚察。

长芒草

Stipa bungeana Trinius

Poaceae 禾本科　Stipa 针茅属

【形态特征】　多年生草本。须根坚韧，外具沙套。秆紧密丛生，基部膝曲，高20～50cm。叶鞘无毛或边缘具纤毛，基部者内有隐藏小穗；基生叶舌钝圆形，顶端具短柔毛，长约1mm，秆生叶舌披针形，顶端常2裂，两侧下延与叶鞘边缘结合，长3～5mm；叶片纵卷呈针状，长3～15(～17)cm。圆锥花序常为顶生叶鞘所包，成熟后可伸出鞘外，长10～20cm；分枝细弱，每节有2～4枚；小穗灰绿色或浅紫色；颖顶端延伸成细芒，边缘膜质，长10～15mm，具3～5条脉；外稃顶端关节处具1圈短毛，背部沿脉纹密生短毛成行，具5条脉，长5～6mm，基盘尖锐，密生柔毛，芒二回膝曲扭转，有光泽，边缘微粗糙，第一芒柱长1～1.5cm，第二芒柱长0.5～1cm，芒针稍弯曲，长3～5cm；内稃近等长于外稃，具2条脉。颖果细长圆柱形；但在隐藏的小穗中者则为卵圆形，长约3mm，被无芒且无毛的稃体紧密包裹。花果期6～8月。

【生境分布】　贵德、同德、兴海、共和。生于石质山坡、黄土丘陵、河谷阶地、路旁，海拔1800～3900m。分布于西南、西北、华北、东北诸省及江苏、安徽；蒙古、日本也有。在青海亦分布于囊谦、玉树、玛沁、尖扎、同仁、平安、循化、乐都、民和、互助、化隆、西宁、门源。

沙生针茅

Stipa caucasica **subsp.** ***glareosa*** (P. A. Smirnov) Tzvelev

Poaceae 禾本科　Stipa 针茅属

【形态特征】 多年生草本。须根较粗壮、坚韧，外具沙套。秆直立，丛生，细弱，粗糙，高15～25cm，具1～2节。叶鞘具密毛；叶舌短而钝圆，长约1mm，边缘具长1～2mm的纤毛；叶片纵卷呈针状，下面粗糙或具细微的柔毛，秆生叶长2～5cm，基生叶长为秆高的2/3。圆锥花序基部被顶生叶鞘所包，长约10cm；分枝短，仅具1个小穗；小穗淡草黄色；颖尖披针形，膜质，顶端细丝状，近等长，长2～3cm，基部具3～5条脉；外稃顶端关节处具1圈短毛，背部沿脉纹被毛成行，具5条脉，长约8mm，基盘尖锐，密被柔毛，芒一回膝曲，芒柱扭转，长约1.5cm，具长约2mm的柔毛，芒针长约3cm，具长约4mm的柔毛；内稃近等长于外稃，背部疏被短柔毛。花果期5～10月

【经济用途】 优良牧草。

【生境分布】 共和。生于石质山坡、戈壁沙滩，海拔2800～4100m。分布于西藏、新疆、甘肃、陕西、宁夏、河北、内蒙古；蒙古、俄罗斯（西伯利亚）及帕米尔地区也有。在青海亦分布于格尔木、德令哈、大柴旦、都兰、祁连、刚察。

西北针茅

Stipa sareptana var. ***krylovii*** (Roshevitz) P. C. Kuo & Y. H. Sun

Poaceae 禾本科　Stipa 针茅属

【形态特征】 多年生草本。须根稠密。秆丛生，直立，高40～60cm，具3～4节，基部宿存枯萎的叶鞘。叶鞘平滑无毛；叶舌膜质，基生者顶端钝，长1～2mm，秆生者披针形，长(4～)5～7mm；叶片纵卷呈针状，质地柔韧光滑，秆生者长10～20cm，基生者长为秆高的1/2。圆锥花序基部为顶生叶鞘所包，长10～20cm；分枝细弱，2～4枚簇生；小穗草绿色或成熟时变为紫色；颖膜质，披针形，近等长，顶端细丝状，具5条脉，长2～2.5cm；外稃长9～11mm，具5条脉，顶端关节处生有1圈短毛，其下无刺毛，背部具贴生成纵行的短毛，基盘尖锐，密生柔毛，芒二回膝曲，光亮，长10～15cm，芒柱扭转，芒针卷曲；内稃背部无毛；花药长3～4.5mm。花果期7～9月。

【经济用途】 为草原地区冬季草场主要牧草。

【生境分布】 海南州各地。生于干山坡、平滩地、河谷阶地、山前洪积扇、路边，海拔2200～3900m。分布于西藏、新疆、甘肃、宁夏、山西、河北、内蒙古；俄罗斯（西伯利亚）也有。在青海亦分布于玉树、泽库、德令哈、都兰、乌兰、天峻、西宁、平安、乐都、互助、刚察、海晏、祁连、门源。

毛疏花针茅

Stipa penicillata var. ***hirsuta*** P. C. Kuo & Y. H. Sun

Poaceae 禾本科　Stipa 针茅属

【形态特征】 本变种与原变种的主要区别为：叶鞘及叶片密被灰白色柔毛；叶舌背面及边缘具纤毛；芒

【生境分布】 海南州各地。青海特有种（模式标本产地：共和），中国特有种。生于山坡下部沙地或沟坡上，海拔3600～4500m。在青海亦分布于玉树、囊谦、称多、杂多、治多、曲麻莱、都兰、乌兰、天峻、格尔木、德令哈。

大针茅
Stipa grandis P. A. Smirnov

3～4cm，第一颖具3条脉，第二颖具5条脉；外稃顶端关节处生1圈短毛，其下无刺毛，背部具贴生成纵行的短毛，具5条脉，长15～16mm，基盘尖锐，具柔

疏花针茅
Stipa penicillata Handel-Mazzetti

Poaceae 禾本科　Stipa 针茅属

【形态特征】 多年生草本。须根坚韧。秆高30～60cm，具1～2节，基部宿存枯叶鞘。叶鞘微粗糙；叶舌披针形，长3～7mm；叶片纵卷呈线形，粗糙，长10～20cm，基生者长达30cm。圆锥花序开展，长15～25cm，分枝孪生（上部者可单生），腋间具枕，下部裸露，上部疏生小穗2～4枚；小穗柄长1～4cm；小穗紫色或绿色；颖片披针形，长8～10mm，顶端细渐尖，具5条脉，基部有时有短脉纹，两颖近等长或第一颖稍长；外稃长5～7mm，背部遍生柔毛，基盘尖锐，密被毛，芒二回膝曲，芒柱扭转，第一芒柱长3～7mm，第二芒柱长4～5mm，均具长3～4mm的白色柔毛，芒针粗糙，无毛，长7～18mm；内稃具2条脉，背部具短毛；花药长约4mm。颖果长约5mm。花果期7～9月。

【经济用途】 优良牧草。

【生境分布】 贵南、同德、兴海、共和（模式标本产地：青海湖）。生于林缘、阳坡、河谷阶地，海拔3100～4500m。中国特有种，分布于西藏、四川、新疆、甘肃、陕西（仅见于秦岭太白山）。在青海亦分布于玉树、囊谦、称多、杂多、治多、曲麻莱、玛多、久治、玛沁、泽库、河南、德令哈、都兰、天峻、大通、刚察、祁连、门源。

座花针茅

Stipa subsessiliflora (Ruprecht) Roshevitz

Poaceae 禾本科　Stipa 针茅属

【形态特征】 多年生草本。根较细而坚韧，秆密丛，直立而平滑，高20～40cm，具2～3节。叶鞘平滑无毛，上部者长于节间，而下部者短于节间；叶舌披针形，边缘具细短毛，长2～3mm；叶片纵卷呈线形，下面粗糙，秆生者长2～3cm，基生者长可达15cm。圆锥花序长7～12cm，基部被顶生叶鞘所包，成熟时伸出鞘外；小穗长6～7mm；颖片紫色，尖披针形，顶端白色膜质；外稃长约5mm，背部被散生柔毛，基盘尖锐，长约2mm，密被毛，芒二回膝曲，长2～2.4cm，芒柱扭转且具长约3mm的羽状毛，芒针直立，无毛；内稃具2条脉，与外稃近等长；花药顶端无毛；颖果圆柱形，长约6mm，黑褐色。花果期7～9月。

【经济用途】 草质柔软，适口性好，是草原或草甸草原地区的优良牧草之一。

【生境分布】 共和。生于山坡草甸、高寒草原、砂砾地、河谷阶地，海拔2600～4400m。分布于新疆、甘肃；中亚地区也有。在青海亦分布于玛多、格尔木、德令哈、大柴旦、都兰、刚察、海晏。

狭穗针茅　紫花芨芨草

Stipa regeliana Hackel

Poaceae 禾本科　Stipa 针茅属

【形态特征】 多年生草本。须根坚韧。秆直立，平滑无毛，高20～40cm，基部宿存枯叶鞘。叶鞘平滑无毛，具膜质边缘，脉纹明显突起；叶舌膜质，披针形，贴生微毛，顶端常2裂，长4～6mm；叶片纵卷呈线形，叶尖黄褐色，干后破裂为呈画笔状细毛，秆生叶长2～5cm，基生叶长为秆高的1/3～1/2。圆锥花序狭窄呈穗状，长3～8cm；分枝短，每节具1～2枚，贴向主轴；小穗紫色或褐色，长11～14mm；两颖近相等，或第一颖稍长，披针形，顶端尖或渐尖，白色膜质，下部紫色，具5～7条脉，侧脉细而短；外稃厚纸质，长7～8mm，背部遍生细毛，具不明显的5条脉，其诸脉于顶端汇合，基盘尖锐，密生短柔毛，芒长2～2.5cm，两回膝曲或似一回膝曲，芒柱扭转且具短柔毛，芒针被细短刺毛；内稃具2条脉，脉间被疏短柔毛；花药顶端无毛。花果期7～9月。

【生境分布】 同德、兴海、共和。生于高山草甸、山谷冲积平原或滩地上，海拔3100～4600m。分布于西藏、四川、新疆、甘肃、宁夏、内蒙古；帕米尔东部和喜马拉雅地区也有。在青海亦分布于杂多、治多、曲麻莱、玉树、称多、玛多、久治、玛沁、泽库、河南、天峻、祁连。

朱鑫鑫 摄

朱鑫鑫 摄

朱鑫鑫 摄

朱鑫鑫 摄

戈壁针茅

***Stipa tianschanica* var. *gobica* (Roshevitz) P. C. Kuo & Y. H. Sun**

Poaceae 禾本科　Stipa 针茅属

【形态特征】 多年生草本，秆高30～80cm，具2～3节。叶鞘平滑无毛；分蘖叶舌钝，秆生叶舌披针形，长3～5mm。圆锥花序基部常为叶鞘所包，长10～20cm；小穗草黄色，颖披针形，长1.8～2.5cm；外稃长9～11mm，基盘长约3mm；芒两回膝曲扭转，第一芒柱长1.5～2cm，第二芒柱长约1cm，芒针长9～10cm；内稃与外稃几等长。颖果圆柱形，长约6mm。花、果期6～8月。

【相近种】 本变种与原变种天山针茅的区别为：颖长较短；外稃顶端光滑，不具毛环。

【生境分布】 兴海、共和。生于石砾山坡或戈壁滩上，海拔2200～3900m。分布于新疆、甘肃、陕西、宁夏、山西、河北、内蒙古；蒙古也有。在青海亦分布于尖扎、泽库、德令哈、大柴旦、都兰、乌兰、西宁、大通、湟源、平安、循化、民和、刚察、祁连。

钝基草 帖木儿草

***Achnatherum saposhnikovii* (Roshevitz) Nevski**

Poaceae 禾本科　Achnatherum 芨芨草属

【形态特征】 多年生草本。具短根茎。秆丛生，直立，细弱，高30～50cm，具2～3节，基部宿存枯萎的叶鞘。叶鞘平滑，紧密抱茎，常短于节间；叶舌薄膜质，长约0.5mm；叶片直立，质地较硬，纵卷呈针状，长5～12cm。圆锥花序狭窄，紧密呈穗状，长3.5～6cm，宽约6.5mm；分枝微粗糙，贴向主轴，自基部即生小穗；小穗淡绿色，成熟后呈草黄色，具短柄，含1朵两性小花，长5～6mm；颖披针形，背部点状粗糙，顶端渐尖，具3条脉，中脉甚粗糙，第一颖稍长于第二颖；外稃背部被短毛，顶端微2裂，长约3mm，基盘短钝，具髯毛，芒自裂齿间伸出，直或膝曲在基部稍扭转，微粗糙，长约4mm；内稃稍短于外稃，具2条脉，脉间具短毛；鳞被3枚；花药顶端无毫毛，长约2mm。颖果长约2mm。花果期8～9月。

【生境分布】 贵德。生于干山坡，海拔2350～3600m。分布于新疆、甘肃、内蒙古；中亚地区也有。在青海亦分布于都兰、西宁（南山、北山）。

锋芒草 大虱子草

Tragus mongolorum **Ohwi**

Poaceae 禾本科　Tragus 锋芒草属

【形态特征】 一年生草本。秆丛生，基部常膝曲而向上斜倾或平卧地面，高4.5～12cm。叶鞘无毛，短于节间；叶舌纤毛状，长约1mm；叶片扁平，边缘疏生小刺毛，长2～4cm，宽2～4mm。花序紧密呈穗状，长2～5cm，宽约8mm；小穗长4～4.5mm，通常3个簇生，其中1个退化；第一颖退化，极微小，薄膜质，第二颖革质，背部具5条肋，肋上具钩刺，顶端具明显伸出刺外的小尖头；外稃膜质，长约3mm，具不明显的3条脉；内稃薄膜质，稍短于外稃，背部凸起，脉不明显，稍短于外稃。雄蕊3枚；花药卵圆形；花柱柱头2裂，帚状。颖果稍扁，卵圆形，长约2.5mm。花果期7～9月。

【生境分布】 贵德、兴海、共和。生于干山坡、干河滩，海拔2200～2900m。分布于云南、四川西部、甘肃、宁夏、山西、内蒙古；世界温暖地区均有。

李小伟 摄

李小伟 摄

李小伟 摄

长穗三毛草

Trisetum clarkei (J. D. Hooker) R. R. Stewart

Poaceae 禾本科 Trisetum 三毛草属

【形态特征】 多年生。秆丛生，直立，花序以下被密或较稀疏的柔毛，高30～70cm，具2～3节。叶鞘被柔毛；叶舌膜质，长1～2mm；叶片扁平，多柔软，被柔毛或粗糙，长5～20cm。圆锥花序穗状，细长，疏松，下部常具间断，有光泽，浅褐色、浅绿色或草黄色；分枝被柔毛，直立或稍倾斜；小穗含2～3朵小花，长4～6mm；小穗轴节间被柔毛；颖狭披针形，透明膜质，不等长，中脉粗糙，第一颖具叶脉1条，长4～4.5mm，第二颖具3条脉，长5～6mm；外稃背部粗糙，顶端具2个裂齿，具5条脉，第一外稃长3.5～4mm，基盘被微毛，芒自稃体背部顶端稍下处伸出，反曲，长约4mm；内稃膜质，稍短于外稃，具粗糙的2条脊；鳞被透明膜质；雄蕊3枚，花药黄色，长约1mm。花期7～9月。

【生境分布】 同德、兴海。生于高山林下、灌丛、山坡草地、草原，海拔2850～4500m。分布于西藏、云南、四川、新疆、甘肃、陕西；喜马拉雅山西北部、从印度到喀什m尔和巴基斯坦也有。在青海亦分布于杂多、囊谦、玉树、玛多、班玛、久治、泽库、河南、西宁、大通、湟中、乐都、民和、互助、祁连、门源。

朱鑫鑫 摄

朱鑫鑫 摄

西伯利亚三毛草

Trisetum sibiricum Ruprecht

Poaceae 禾本科　Trisetum 三毛草属

【形态特征】 植株具短根茎。秆平滑，直立或基部稍膝曲，高50～90cm，具3～4节。叶鞘平滑无毛或粗糙；叶舌膜质，顶端具不规则的齿裂，长1～2(～5)mm；叶片扁平，粗糙或上面具短柔毛，长6～20cm，宽4～9mm。圆锥花序狭窄且疏松，长10～20cm；分枝平滑或微粗糙；小穗黄绿色或褐色，有光泽，含2～4朵小花，长6～9mm（芒除外）；小穗轴被短柔毛，长约1.5mm；两颖不等长且短于小穗，第一颖具1条脉，长4～6mm，第二颖具3条脉，长5～8mm；外稃硬纸质，褐色，顶端2微裂齿，背部粗糙，基盘钝，具短毛，芒自稃体顶端下约2mm处伸出，向外反曲，长7～9mm，第一外稃长5～7mm；内稃略短于外稃，顶端微2裂；花药黄色或顶端紫色，长2～3mm。花果期6～8月。

【经济用途】 本种为优良的饲料。

【生境分布】 共和。生于山坡草地、草原、灌丛、草甸等处，海拔2900～4000m。分布于西藏、云南、四川、甘肃、陕西、湖北（神农架）及华北、东北诸地；日本、韩国、蒙古、俄罗斯、亚洲中部和西南部、欧洲东部和北美洲也有。在青海亦分布于玉树、久治、玛沁、同仁、泽库、大通、湟中、乐都、互助、海晏、祁连、门源。

朱鑫鑫 摄

朱鑫鑫 摄

蒙古穗三毛

Trisetum spicatum subsp. ***mongolicum*** Hulten ex Veld-kamp

Poaceae 禾本科　Trisetum 三毛草属

【形态特征】　多年生草本。秆密丛生，直立，花序下通常具绒毛，高8～30cm，具1～3节。叶鞘被微毛或近于平滑；叶舌透明膜质，顶端常撕裂，长1～2mm；叶片扁平或纵卷，被微毛或近于平滑，长2～15cm，宽2～4mm。圆锥花序紧缩呈短穗状，卵圆形至长卵形，下部有时有间断，轮廓为卵圆形或长卵形，浅绿色或紫红色，具光泽，长1.5～5cm，宽0.5～2cm；分枝被柔毛；小穗含2(～3)朵小花，长2～4mm；小穗轴节间被长柔毛，长1～1.5mm；两颖近相等，透明膜质，中脉粗糙，第一颖具叶脉1条，第二颖具3条脉；外稃纸质，顶端具2裂齿，边缘膜质，背部粗糙，基盘具短柔毛，第一外稃长3～5mm，芒自稃体顶端稍下处伸出，长3～4mm，直立或微弯；内稃略短于外稃；花药黄色或带紫红色，长约1.5mm。花果期6～9月。

【相近种】　本变种与原变种穗三毛（海南州不产）的区别在于：秆、叶片和叶鞘被微毛或近于平滑；圆锥花序稠密，穗状且短，呈卵圆形或长卵形；小穗稍小；颖呈卵圆形；外稃的芒较短，直立或微弯。

【生境分布】　兴海。生于山坡草地、高山草原、流石滩，海拔2900～5400m。分布于西藏、四川、新疆；俄罗斯、蒙古也有。在青海亦分布于治多、玛多、玛沁、格尔木、大通、祁连。

小麦 普通小麦 冬小麦 藏名：卓

Triticum aestivum **Linnaeus**

Poaceae 禾本科　Triticum 小麦属

【形态特征】 一年生草本。秆直立，丛生，高40～120cm，具6～7节，光滑无毛。叶鞘平滑，常短于节间；叶舌顶端疏生细毛、平截，长1～2mm；叶耳弯形爪状，抱茎；叶片扁平，长10～30cm，宽5～10mm，上、下两面常无毛。穗状花序直立，长5～10cm（芒除外），宽10～15mm；穗轴棱边和节上有时着生短柔毛，节间长3～5mm；小穗单生于穗轴各节，长9～12mm（芒除外），含3～7朵小花；颖卵形，背部隆起成脊，具不明显的5～9条脉，顶端一侧平截，长6～8mm，中脉常延伸成短尖头；外稃扁圆形，背部无毛、稍具脊，具5～9条脉，第一外稃长8～10mm，顶端无芒或具长短不一的粗糙芒；内稃具2条脊，脊上疏生小纤毛；花药长2.5～3.5mm。花果期6～8月。

【经济用途】 北方的主要粮食作物。

【生境分布】 海南州各地；青海东部农业区普遍栽培，品种、类型繁多，适应性广。

玉蜀黍

Zea mays **Linnaeus**

Poaceae 禾本科　Zea 玉蜀黍属

【形态特征】 一年生高大粗壮的栽培作物。秆直立，实心，不具分枝，基部各节具气生支柱根，高1～3m（因品种而异）。叶鞘无毛，具横脉，鞘口具茸毛；叶舌干膜质，长约5mm；叶片宽大，具强壮的中脉，边缘呈波状皱折。雄性圆锥花序顶生；雄小穗孪生，含2朵小花，长约1cm；颖膜质，近等长，背部隆起，具9～11条脉；外稃与内稃均透明膜质，近等长于颖；花药橙黄色，长约5mm。雌花序肉穗状，腋生；雌小穗成对，密集成纵行，8～14(～30)行，排列于粗壮且呈海绵状的穗轴上；颖较宽，无脉，近等长，拱圆而环抱2朵小花；第一小花不育，外稃透明膜质，比颖短小；内稃小或退化不存在；第二小花正常发育；外稃与内稃透明膜质；雌蕊具一极长（长达50cm）、纤细且被短毛的丝状花柱，远伸出鞘状苞叶以外，绿黄色、紫红色或黑褐色。颖果略呈球形，成熟后超出颖和稃之外。花果期夏秋季。

【经济用途】 重要的经济作物和粮食作物。

【生境分布】 贵德；全国各地均广为栽培。世界热带和温带地区广泛种植。青海东部农业区有栽培。

华扁穗草

Blysmus sinocompressus Tang & Wang

Cyperaceae 莎草科　Blysmus 扁穗草属

【形态特征】　多年生草本。匍匐根状茎细长，黄色，有节，节上生根。秆散生，高10～26cm，扁三棱形，中部以下生叶，基部具褐色宿存叶鞘。叶片条形，宽1～4mm，顶端近三棱状，边缘微内卷，有细齿；叶舌短，膜质。苞片叶状，通常长于花序；小苞片鳞片状，膜质；穗状花序单一，顶生，长圆形，长1.5～2.2cm，宽0.6～1.5cm；小穗4～12个，排成2列，卵状披针形或长椭圆形，长5～6mm，有2～9朵两性花；鳞片长卵形，锈褐色，膜质，长3.5～4mm，背面具3～5条脉；下位刚毛3～6枚，卷曲，比小坚果长约2倍，有倒刺；雄蕊3枚，花药长圆形，长2～3mm；柱头2枚，比花柱长约1倍。小坚果宽倒卵形，平凸状，长约2mm。花果期6～9月。

【生境分布】　全省各地均有分布。生于沟谷、溪边、河滩潮湿处和沼泽地上，海拔1900～4200m。分布于西藏、云南、四川、甘肃、陕西、山西、河北、内蒙古。

内蒙古扁穗草

Blysmus rufus (Hudson) Link

Cyperaceae 莎草科　Blysmus 扁穗草属

【形态特征】 多年生草本。根状茎细，匍匐。秆高5～10cm，近圆柱形，通常丛生。基部叶鞘淡褐色，无叶片，秆生叶细条形，短于秆，顶端钝，带褐色。苞片鳞片状，棕褐色，或为叶状，绿色，顶端尖。穗状花序顶生，长0.8～1.5cm，宽4～7mm，具4～6个小穗，排成2列；小穗长5～6mm，具2～3朵花；鳞片椭圆状卵形，长5～6mm，背面具3条脉；下位刚毛退化，仅残留少许痕迹；雄蕊3枚，花药长3～4mm，顶端具药隔；柱头2枚。小坚果长圆状卵形或椭圆形，平凸状，长约4mm。花果期6～7月。

【生境分布】 共和。生于湖边或沼泽草甸，海拔2900～3000m。分布于内蒙古及东北西部；蒙古、俄罗斯及欧洲一些国家也有。在青海亦分布于柴达木、刚察。

北疆薹草

Carex arcatica Meinshausen

Cyperaceae 莎草科　Carex 薹草属

【形态特征】 多年生草本。根状茎匍匐。秆高20～50cm。叶短于秆，宽2～3mm，基部具黑褐色的叶鞘。苞片刚毛状；小穗2～4枚，疏远，基部小穗具长10～15mm的穗柄，向上渐短；顶生小穗雄性，圆柱形，长2～4cm；侧生小穗雌性，长圆形或圆柱形，长1～3cm；雌花鳞片长圆状披针形，长约2.5mm，宽0.7～0.9mm，紫棕色，中脉绿色，具狭的白色膜质边缘，顶端圆钝或锐尖；果囊倒卵圆形或近圆形，稍长于鳞片，并宽于鳞片2～3倍，平凸状，黄棕色，密生小突起，基部具短柄，顶端具短喙，喙口微凹，口缘生小刺，无脉；柱头2枚。小坚果倒卵圆形，长约2mm。花果期3～6月。

【生境分布】 共和。生于沼泽地、河岸阶地或水边，海拔2680～3250m。分布于新疆、内蒙古；俄罗斯、中亚地区也有。在青海亦分布于互助。

扁囊薹草

Carex coriophora Fischer & C. A. Meyer ex Kunth

Cyperaceae 莎草科　Carex 薹草属

【形态特征】 多年生草本。根状茎匍匐。秆高30～50cm，三棱形。叶短于秆，宽3～5mm。苞片短叶状，具长鞘；小穗3～4枚，小穗柄纤细，长2～3cm，弯曲或下垂；顶生小穗雄性，长圆状圆柱形，长1～1.5cm，侧生小穗雌性，长圆形，长1.5～2cm；雌花鳞片长圆状披针形，长约4mm，暗紫红色，中间色淡，具狭的白色膜质边缘，顶端锐尖，具1条脉；果囊宽椭圆形，极压扁，三棱状，长4～4.2mm，褐色，顶端急缩成短喙，具明显色淡的边缘，上部边缘有时具小刺、粗糙，脉不明显；柱头3枚。小坚果椭圆形，长约1.5mm，具柄。花果期7～8月。

【生境分布】 同德。生于山谷草甸、林缘、水边，海拔2600～3500m。分布于甘肃、山西、河北、内蒙古；俄罗斯也有。在青海亦分布于泽库、祁连、门源。

朱鑫鑫 摄

黑褐穗薹草 暗褐薹草 白尖薹草

Carex atrofusca subsp. ***minor*** (Boott) T. Koyama

Cyperaceae 莎草科 Carex 薹草属

【形态特征】 多年生草本。根状茎匍匐。秆高20～30cm，三棱形，基部具淡褐色的老叶鞘。叶短于秆，宽2～3mm，扁平。苞片短叶状，具长鞘；小穗3～4枚，小穗柄纤细；顶生小穗雄性，长圆形，长0.8～1.5cm；侧生小穗雌性，卵形或卵状长圆形，长1.6～2cm；雌花鳞片长圆状披针形，长4～5mm，暗紫红色，中脉色淡，顶端渐尖。果囊宽椭圆形或长圆形，长4～4.5mm，扁三棱形，下部麦秆黄色，上部暗紫红色，边缘黄绿色，顶端急缩成短喙，喙口具2枚齿，无脉；柱头3枚。小坚果椭圆形、钝三棱形，长约1mm，基部具长柄。花果期6～8月。

【生境分布】 青海各地。生于山坡草甸、河漫滩或灌丛草甸，海拔2600～5000m。分布于西藏、云南、四川、甘肃；尼泊尔、印度（锡金）也有。

细叶薹草

Carex duriuscula subsp. ***stenophylloides*** (V. I. Kreczetowicz) S. Yun Liang & Y. C. Tang

Cyperaceae 莎草科 Carex 薹草属

【形态特征】 本亚种与白颖薹草*C. duriuscula* subsp. *rigescens*的区别在于：叶片内卷成丝状；植株高12～20cm，花期7～8月。

【生境分布】 共和。生于湖滨湿地和河边沙地，海拔3100～4700m。分布于西藏、新疆、甘肃、陕西、内蒙古；俄罗斯（西伯利亚）、中亚地区、朝鲜、蒙古、伊拉克、伊朗、阿富汗也有。在青海亦分布于玉树、玛多、大柴旦、治多（可可西里）、刚察（青海湖）。

密生薹草

Carex crebra V. I. Kreczetowicz

Cyperaceae 莎草科 Carex 薹草属

【形态特征】 多年生草本。根状茎较短。秆密丛生，高10～35cm，细而扁的三棱形，基部具暗褐色、撕裂成纤维状的老叶鞘。叶短于秆，宽1～1.5mm，边缘内卷成芒状。苞片鞘状，最下1枚苞叶芒状；小穗3～4枚，下部为苞鞘所包，具很短的小穗柄；顶生小穗雄性，圆柱形，长6～20mm；侧生小穗雌性，具密生的几朵至10余朵雌花，长圆形或圆柱形，长7～20mm；雌花鳞片宽长圆形，长4.5～5mm，顶端钝，具小短尖，具1～3条脉，绿色，两侧红褐色，具宽的白色膜质边缘；果囊倒卵状披针形，长约4mm，短于鳞片，淡黄绿色，上部被短柔毛，喙口截形，基部渐狭成短柄，脉不明显；柱头3枚。小坚果椭圆状倒卵形、三棱形，长约3mm，淡黄色，顶端具短尖，基部具短柄。花果期6～8月。

【生境分布】 同德、兴海、共和。生于山坡、河谷、河滩、林下、灌木丛中或草地，海拔2300～4400m。分布于西藏、四川、甘肃、陕西。在青海亦分布于玉树、互助、大通、乐都、同仁、泽库、囊谦。

朱鑫鑫 摄

白颖薹草

Carex duriuscula subsp. ***rigescens*** (Franchet) S. Yun Liang & Y. C. Tang

Cyperaceae 莎草科　Carex 薹草属

【形态特征】 多年生草本。根状茎细长，匍匐。秆高5～15cm，基部具黑褐色、呈纤维状分裂的老叶鞘。叶短于秆，宽1.5～2mm，扁平。穗状花序卵形或长圆状卵形，长1～1.6cm；苞片鳞片状；小穗3～5枚，密生，卵形，长5～8mm，雄雌顺序；雌花鳞片椭圆形或卵形，长2.5～3mm，淡锈褐色，顶端锐尖，具短尖，具宽的白色膜质边缘；果囊椭圆形或卵形，与鳞片近等长，平凸状，锈褐色，革质，顶端急缩成短喙，喙口具2枚齿，基部圆形，略具海绵状组织，两面具多脉；柱头2枚。小坚果椭圆形，长约2.5mm。花果期7～8月。

【生境分布】 兴海、共和。生于山坡和农田边。分布于甘肃、陕西、宁夏、山西、河北、内蒙古、河南、山东、辽宁、吉林；俄罗斯（远东地区）也有。在青海亦分布于治多、同仁、冷湖、都兰、西宁、大通、民和、互助。

无脉薹草
Carex enervis C. A. Meyer

Cyperaceae 莎草科 Carex 薹草属

【形态特征】 多年生草本。根状茎长而匍匐。秆高8～25cm。叶短于秆，宽1.5～2.5mm，扁平。穗状花序卵状椭圆形或长圆形，长8～13mm；苞片刚毛状；小穗多数，紧密，雄雌顺序，卵状披针形，长5～7mm；雌花鳞片长圆状卵形或卵状披针形，长约4mm，栗色，顶端锐尖或渐尖，具短尖，具白色膜质边缘，中脉明显；果囊卵状椭圆形至卵形，与鳞片近等长，下部黄绿色，上部及两侧锈色，顶端急缩成中等长的喙，喙缘粗糙，喙口斜，边缘中部以上粗糙，脉不明显或无脉；柱头2枚。小坚果长圆形，长约1.5mm。花果期7～8月。

【生境分布】 兴海、共和。生于山坡、沼泽、沼泽草甸，海拔2500～4500m。分布于四川、新疆、甘肃、山西及东北；蒙古及中亚地区也有。在青海亦分布于杂多、囊谦、玉树、玛多、互助。

喜马拉雅薹草 格里薹草 黑穗薹草
Carex nivalis Boott

Cyperaceae 莎草科 Carex 薹草属

【形态特征】 多年生草本。根状茎长。秆高35～55cm，扁三棱形。叶短于秆，宽3～4mm。苞片短叶状，短于花序；小穗4～5枚，小穗柄纤细直立，长1～4cm；顶生的1枚雄性，长圆形或倒卵形，长1.5～2.5cm，其余为雌性，长圆形或圆柱形，长2～2.5cm；雌花鳞片披针形，长4～5.3mm，中间白绿色，两侧紫红色，顶端渐尖，边缘窄，白色膜质；果囊长圆形，长4.5～5mm，紫红色，基部白色，膜质，无毛；顶端突然收缩成短喙，喙缘稍具稀疏细齿，喙口微凹。小坚果疏松地包于果囊中，长圆形或椭圆形，长约2.5mm，基部具长柄。花柱基部不增粗，柱头3枚。花果期6～7月。

【生境分布】 同德。生于高山草甸、水边或沟边、阴坡林下，海拔3230～3900m。阿富汗、喜马拉雅西北部也有。在青海亦分布于久治、玛沁、河南。

无穗柄薹草 伊凡薹草

Carex ivanoviae T. V. Egorova

Cyperaceae 莎草科 Carex 薹草属

【形态特征】 多年生草本。根状茎细长，匍匐。秆高6～20cm，钝三棱形，基部具褐色、分裂成纤维状的老叶鞘。叶短于秆，细条形，宽约1mm，内卷。苞片披针形或芒状，无鞘；小穗2～4枚，接近，无穗柄；顶生小穗雄性，长圆形，长1～2cm。侧生小穗雌性，椭圆状披针形或长形，长约1.5cm；雌花鳞片卵形或长圆状卵形，长3～5mm。栗色，有光泽，顶端渐尖，具白色膜质边缘；果囊卵状披针形，长3.5～5mm，褐色。顶端渐狭成喙，喙口无毛，2裂；柱头3枚。小坚果椭圆形，长2～3mm，钝三棱形。花果期6～8月。

【生境分布】 贵德、同德、兴海、共和。生于干旱山坡、草原、草甸中，海拔2600～5000m。分布于西藏。

甘肃薹草

Carex kansuensis Nelmes

Cyperaceae 莎草科 Carex 薹草属

【形态特征】 多年生草本。根状茎短。秆高60～115cm，粗壮，锐三棱形，坚硬，基部具紫红色的老叶鞘。叶短于秆，宽5～7mm。最下部的苞片叶状，与花序近等长。上部的刚毛状，无鞘；小穗5枚，最下部的1个小穗长约3cm，小穗柄纤细；顶生小穗雌雄顺序，其余雌性，在雌小穗基部有时也常具雄花，圆柱形，长2～3.5cm；雌花鳞片椭圆状披针形，长3.5～4mm，暗紫色，顶端急尖，具狭的白色膜质边缘；果囊卵状椭圆形至近圆形，与鳞片近等长，麦秆黄色，有时上部带黄褐色或紫红色斑点，压扁，顶端急缩成短喙，喙口具2个小齿，无明显的脉；柱头3枚。小坚果长圆形或倒卵状长圆形，长约2mm，有3条棱。花果期6～9月。

【生境分布】 海南州各地。生于山坡灌丛中或高山草地林下，海拔2700～4500m。分布于西藏、云南、四川、甘肃、陕西。

贾留坤 摄

柄状薹草

Carex pediformis C. A. Meyer

Cyperaceae 莎草科 Carex 薹草属

【形态特征】 多年生草本。根状茎短。秆密丛生，高10～25cm，钝三棱形，上部稍粗糙，基部具褐色、撕裂成纤维状的老叶鞘。叶短于秆，宽2～3mm，平展，边缘粗糙。苞片佛焰苞状，顶端短叶状或芒状，短于小穗；小穗3～5枚，具长1～3.5cm的小穗柄，穗轴直；顶生小穗雄性，少数上面2枚雄性，近棍棒状，长8～12mm，其余小穗为雌性，圆柱形，长1.5～2cm，疏生多数雌花；雌花鳞片卵形，长3.5～4mm，顶端急缩成短尖，两侧锈褐色，中脉绿色；果囊倒卵形、钝三棱形，长约3mm，短于鳞片，上部被短柔毛，顶部急缩成极短的喙，喙口微凹，两侧脉明显隆起，其余脉不明显，基部渐狭为短柄；柱头3枚。小坚果紧包于果囊内，倒卵形、三棱形，长约2.5mm，淡褐黄色，具短柄。

【经济用途】 优良牧草，干草用作编织各种垫子。

【生境分布】 共和。生于林下、灌丛中或河边湿地，海拔3400～3900m。分布于新疆、甘肃、陕西、河北、山西、内蒙古及东北；蒙古、朝鲜、俄罗斯也有。在青海亦分布于玉树、玛沁。

青藏薹草

Carex moorcroftii **Falconer ex Boott**

Cyperaceae 莎草科　Carex 薹草属

【形态特征】　多年生草本。根状茎匍匐，粗壮。秆高10～25cm，三棱形，基部具褐色、撕裂成纤维状的老叶鞘。叶短于秆，宽2～3mm，革质。苞片刚毛状，短于花序，无鞘；小穗4～5枚，紧密，仅基部小穗稍离生，基部小穗具短柄，其余无柄；顶生小穗雄性，长圆形至圆柱形，长1～1.7cm；侧生小穗雌性，卵形或长圆形，长0.8～1.8cm；雌花鳞片卵状披针形，长3.5～5mm，紫红色，顶端渐尖，边缘具白色膜质；果囊椭圆状倒卵形或椭圆形，等长于或稍短于鳞片，有3条棱，革质，黄绿色，顶端急缩成短喙，喙口具2枚齿，脉不明显；柱头3枚。小坚果倒卵形，长约2mm，有3条棱。花果期6～8月。

【生境分布】　全省各地均产。生于河漫滩、湖边湿沙地、阴坡潮湿处，海拔2100～4900m。分布于西藏、甘肃。

朱鑫鑫 摄

朱鑫鑫 摄

朱鑫鑫 摄

圆囊薹草

Carex orbicularis Boott

Cyperaceae 莎草科　Carex 薹草属

【形态特征】　多年生草本。根状茎匍匐，秆高10～30cm，三棱形。叶短于秆，宽约2mm，扁平。苞片刚毛状，无鞘；小穗2～4枚，彼此接近，无柄或具短柄；顶生小穗雄性，圆柱形，长1.2～2.2cm；侧生小穗雄性，卵形或长圆形，长9～15mm；雌花鳞片长圆形或长圆状披针形，长1.5～2mm，暗紫色，中脉色淡，具极狭的白色膜质边缘；果囊卵圆形或倒卵形，稍长于鳞片，宽于鳞片2～3倍，平凸状，下部淡褐色，上部暗紫色，密生小突起，顶端具短喙，喙口微凹，疏生小刺，脉不明显；柱头2枚。小坚果卵形，长约2mm。花果期7～8月。

【生境分布】　共和。生于沟边、湖边、沼泽、草甸，海拔2800～4100m。分布于西藏、新疆、甘肃、内蒙古；俄罗斯、印度尼西亚、巴基斯坦等也有。在青海亦分布于治多、西宁、互助。

无味薹草

Carex pseudofoetida Kukenthal

Cyperaceae 莎草科　Carex 薹草属

【形态特征】　多年生草本。根状茎匍匐。秆高5～15cm，扁圆筒形，平滑。基部具褐色的老叶鞘。叶短于秆或与秆等长，宽1～2.5mm。穗状花序卵形或长圆形。长1～1.8cm；苞片鳞片状；小穗聚集成头状，雄雌顺序，长圆形，长5～7mm；雌花鳞片卵形或椭圆形，长约2.5mm，膜质，栗褐色，边缘具白色膜质；果囊卵形，平凸状，长于鳞片。长3.5～4mm，下部禾秆色，上部锈色，顶端渐狭成中等长的喙，喙栗褐色，微粗糙，脉不明显，基部近圆形，具短柄；柱头2枚。坚果小。花果期6～8月。

【生境分布】　贵南、共和。生于沼泽草甸、水边、河滩地，海拔3200～5000m。分布于西藏；蒙古、俄罗斯（西伯利亚西部）、伊朗、阿富汗、印度西北部及中亚地区也有。在青海亦分布于治多（可可西里）、囊谦、玉树、同德、互助、刚察（青海湖）。

泽库薹草

Carex zekogensis Y. C. Yang

Cyperaceae 莎草科　Carex 薹草属

【形态特征】　多年生草本。根状茎长而细。秆高15～20cm，钝三棱形。叶短于秆或与秆近等长，宽1～2mm。苞片叶状，具长鞘，短于花序；小穗4～5枚，小穗轴呈“之”字形，穗柄延长，细，下垂；上部2～3枚雄性，相互接近，条形，顶端1枚最长，长1.5～2cm，其余的相当短；下部的雌性，相互远离，幼嫩时窄长圆形，成熟时卵形；果囊斜展，长2～3cm，具4～10朵花；雌花鳞片卵形或卵状披针形，长4～5mm，褐色，边缘白色膜质，顶端渐尖；果囊倒卵形或宽卵形，长5～6mm，革质，栗紫色，无毛，有光泽，顶端急缩成长喙，喙长2.5mm，粗糙，喙口2裂；柱头3枚。小坚果钝三棱形，黄绿色。花果期7～8月。

【生境分布】　同德。青海特有种，中国特有珍稀濒危植物。生于山坡草地、阳坡、林下、水边、路旁，海拔2800～3900m。在青海亦分布于囊谦、玉树、玛沁、尖扎、泽库、湟中、乐都。

红棕薹草

Carex przewalskii T. V. Egorova

Cyperaceae 莎草科　Carex 薹草属

【形态特征】 多年生草本。根状茎短。秆高20～30cm，丛生，直立，三棱形，基部叶鞘纤维状分裂，褐色。叶短于秆，宽2～3mm，扁平。苞片短叶状，与花序近等长或稍短，具鞘；小穗4～7枚，接近，小穗柄短，上部1～5个为雄性，圆柱形，长10～20mm；其余雌性，顶部有时具雄花，长圆形或卵状椭圆形，长7～20mm，花密生；雌花鳞片卵状长圆形或卵状披针形，长3.5～5mm，红棕色，顶端急尖，边缘具狭的白色膜质；果囊长圆状披针形或椭圆状卵形，扁三棱形，长4～5mm，膜质，上部红棕色，下部淡黄色，顶端渐狭成喙，喙口为白色膜质，微凹缺，上部边缘稍粗糙；花柱具疏毛，柱头2(～3)枚。小坚果椭圆形或宽卵形，扁三棱状，长约2mm，具长约1mm的柄。花果期6～9月。

【生境分布】 海南州各地。生于高山草甸、河漫滩草甸、沟边、灌丛下，海拔2500～4500m。分布于云南、四川、甘肃。在青海亦分布于杂多、治多、玉树、玛多、德令哈、天峻、尖扎、同仁、泽库、河南、刚察、海晏、祁连、门源。

糙喙薹草

Carex scabrirostris Kukenthal

Cyperaceae 莎草科　Carex 薹草属

【形态特征】 多年生草本。根状茎延长，斜向下。秆高20～55cm，三棱形，基部具灰褐色、纤维状分裂的老叶鞘。叶短于秆，宽1.5～2.5mm。苞片短叶状，短于花序，具长鞘；小穗3～5枚，基部小穗柄长4～6.5cm，纤细；上部2～3枚接近，雄性，基部有时具雌花，圆柱形，长0.8～1.5cm；其余雌性，顶端有时具雌花，较疏远，长圆形或圆柱形，长1～2.4cm；雌花鳞片卵形或卵状披针形，长3.5～4.5mm，紫褐色，顶端渐尖，具短尖，具狭的白色膜质边缘，具1条脉；果囊披针形，长于鳞片，长5.5～6mm，三棱形，下部麦秆黄色，上部紫褐色，两侧边缘具小刺毛，顶端急缩成长喙，喙顶斜裂，脉不明显；花柱长，有疏毛，柱头3枚。小坚果椭圆形或倒卵状椭圆形，长2.5～3mm，褐色。花果期6～8月。

【生境分布】 兴海。生于阴坡草甸、灌丛、林下、草原或峡谷的潮湿阴坡上，海拔2600～4500m。中国特有种，分布于西藏、四川、甘肃、陕西。在青海亦分布于杂多、治多、曲麻莱、玉树、玛多、玛沁、尖扎、同仁、泽库、大通、湟源、乐都、民和、祁连、门源。

朱鑫鑫 摄

贾留坤 摄

贾留坤 摄

朱鑫鑫 摄

干生薹草

Carex aridula V. I. Kreczetowicz

Cyperaceae 莎草科　Carex 薹草属

【形态特征】 多年生草本。根状茎细长，匍匐。秆矮小，高4～20cm，基部具紫红色、分裂成纤维状的老叶鞘。叶短于秆。条形，宽约1mm，粗糙，边缘反卷。苞片刚毛状或鳞片状，无鞘；小穗2～3枚，接近顶生小穗雄性，棒状，具短柄；侧生小穗雌性，长圆形或球形，长5～8mm，无小穗柄；雌花鳞片卵形或宽卵形，长约3mm、棕色，顶端锐尖，具宽的白色膜质边缘，脉1条；果囊球状倒卵形，稍长于鳞片，革质，肿胀，黄褐色，有光泽，顶端急缩成短喙，喙顶端膜质，斜裂，无脉；花柱基膨大，柱头3枚，长为花柱的2倍。小坚果倒卵形，有3条棱，长约3mm。花果期6～9月。

【生境分布】 兴海、共和。生于阳坡、河滩、草甸、灌丛中或林下，海拔2300～4400m。中国特有种，分布于西藏、甘肃。在青海亦分布于玉树、河南、大通、乐都、民和、祁连、门源。

唐古拉薹草

Carex tangulashanensis Y. C. Yang

Cyperaceae 莎草科 Carex 薹草属

【形态特征】 多年生草本。极矮小。根状茎长而细。秆高2～3cm。叶浅绿色，坚硬，扁平，顶端渐尖，边缘和脉粗糙。花序隐在叶丛中；小穗3～4枚，小穗柄长1.5～2cm；顶生1～2枚小穗雄性，长圆形，长6～9mm，栗褐色，直立；侧生2～3枚小穗雌性。具4～6朵花；栗褐色，长4～6mm；雌花鳞片椭圆状披针形或卵状披针形，长约2.5mm，栗褐色，顶端急尖，具1条脉；果囊长圆形或椭圆形，长约3mm，与鳞片近等长，钝三棱形，革质，幼时浅绿色，成熟时栗褐色，有光泽，无毛，顶端急缩成喙，具2个明显的齿，基部宽楔形；柱头3枚。小坚果菱形，长约1.5mm。花果期7～8月。

【生境分布】 兴海、共和。中国特有种。生于山坡、沟边、草甸、河滩，海拔3600～4400m。在青海亦分布于杂多、玉树、天峻、门源。

朱鑫鑫 摄

朱鑫鑫 摄

短刚毛荸荠 阔基荸荠

Eleocharis abnormal Y. D. Chen

Cyperaceae 莎草科 Eleocharis 荸荠属

【形态特征】 具匍匐根状茎。秆丛生，高8～25cm。叶无叶片，仅在秆基部具1～2个叶鞘；叶鞘基部紫褐色，长1.2～3.5cm，鞘口斜截形；小穗宽卵形或长圆形，长3～8mm，宽3～4mm；鳞片在小穗基部的1片中空无花，其余鳞片均有花，卵形或宽卵形，长约3.5mm，中间紫褐色，具透明的干膜质边缘；下位刚毛4枚，细，具倒刺，短于小坚果。小坚果倒卵形，双凸透镜状，长约1.5mm，平滑，黄褐色；花柱基短圆锥形，长为小坚果的1/4～1/3，宽为小坚果的1/3～1/2，基部白色，上部深褐色；柱头2枚。花果期7～8月。

【生境分布】 共和（模式标本产地：青海湖）。海南州特有种，青海特有种，中国特有种。生于湖边浅水处，海拔约3300m。

耳海荸荠 硬秆荸荠

Eleocharis erhaiensis Y. D. Chen

Cyperaceae 莎草科 Eleocharis 荸荠属

【形态特征】 具长的匍匐根状茎。秆丛生，高10～25cm，直径1mm。叶无叶片，仅在秆基部具1～2个叶鞘，叶鞘下部紫红色，鞘口斜截形，长1.5～5cm；小穗长圆形，长5～10mm，宽约3mm，具10余朵花；鳞片在小穗下面的1片中空无花，其余鳞片全有花，卵形或宽卵形，长约3mm，中间深褐色，顶端急尖，边缘为透明的干膜质；下位刚毛4～6枚，稍长于小坚果，细，具稀疏倒刺。小坚果倒卵形，双凸透镜状，长1.8～2mm，黄褐色；花柱基三角形，长为小坚果的1/3，宽为小坚果的1/2，成熟时深褐色；柱头2枚。

【生境分布】 共和（模式标本产地：青海湖）。海南州特有种，青海特有种，中国特有珍稀濒危植物。生于沼泽地、浅水中或潮湿处，海拔3200～3300m。

本兆荸荠

Eleocharis penchaoi Y. D. Chen

Cyperaceae 莎草科 Eleocharis 荸荠属

【形态特征】 具长的根状茎。秆丛生，高25～35cm，直径约2mm。叶无叶片，仅在秆基部具1～2枚叶鞘，叶鞘长5～7cm，鞘口截形；小穗长圆形，长约8mm，宽3～4mm。鳞片在小穗基部的1片中空无花，其余鳞片全有花，卵形，长约4mm，暗褐色，顶端钝；下位刚毛4枚，细长，具倒刺，稍长于小坚果，小坚果倒卵形，双凸透镜状，长约1.7mm；花柱基钝三角形，顶端深褐色，长为小坚果的1/4～1/3；柱头2枚。花果期7～8月。

【生境分布】 共和（模式标本产地：青海湖）。海南州特有种，青海特有种，中国特有种。生于湖边浅水中，海拔约3300m。

扁基荸荠 似扁基荸荠

Eleocharis fennica Palla ex Kneucker & G. Zinserling

Cyperaceae 莎草科 Eleocharis 荸荠属

【形态特征】 秆丛生，高10～15cm，细弱，具纵肋条。叶无叶片，仅在秆基部具2枚长叶鞘，鞘暗血红色，鞘口截形，具三角形小齿；小穗圆筒形，长7～15mm，宽约3mm。鳞片在小穗基部的1片中空无花，其余鳞片全有花，卵形，长约3mm，深红褐色或深褐色，顶端钝，边缘干膜质；下位刚毛缺。小坚果倒卵形至宽倒卵形，双凸透镜状，长1～1.4mm，平滑；花柱基顶部压扁，侧面呈横长圆形，长为小坚果的1/4～1/3，宽为小坚果的1/2，白色或微黄色；柱头2枚。花果期7～8月。

【生境分布】 共和。生于湖边浅水处，海拔3100～3300m；分布于西北地区；欧洲及俄罗斯、蒙古也有。在青海亦分布于德令哈（可鲁克湖）。

青海荸荠

Eleocharis qinghaiensis Y. D. Chen

Cyperaceae 莎草科 Eleocharis 荸荠属

【形态特征】 具长的匍匐根状茎。秆丛生，细弱，高25～30cm。叶无叶片，仅在秆基部具1～2个叶鞘；叶鞘紫红色，平滑，长3～4cm；小穗长圆形，长5～7mm，具少数花；鳞片在小穗基部的1片中空无花，其余鳞片全有花，卵形，长约4mm，淡褐色，具紫色条纹，顶端钝圆，具宽的透明的边缘；下位刚毛5～6枚，具倒刺，稍短于小坚果。小坚果宽倒卵形，双凸透镜状，长约1.7mm，黄绿色或麦秆黄色；花柱基短圆锥形，长为小坚果的1/3～1/2，宽超过小坚果的1/2，白色；柱头2枚。花果期7～8月。

【生境分布】 共和（模式标本产地：青海湖）。海南州特有种，青海特有种，中国特有种。生于湖边浅水中，海拔约3300m。

沼泽荸荠 中间型荸荠

Eleocharis palustris (Linnaeus) Roemer & Schultes

Cyperaceae 莎草科 Eleocharis 荸荠属

【形态特征】 具长的匍匐根状茎。秆丛生，圆柱形，高15～60cm，直径1.5～3mm，具钝的纵肋条。叶无叶片，只在秆基部具1～2枚叶鞘；叶鞘长1～7cm，基部稍带暗红色，鞘口截形；小穗卵形或长圆状卵形，少数卵状披针形，长7～15mm，宽3～5mm。鳞片在小穗基部的1片中空无花，其余鳞片全有花，长圆状卵形或卵形，长3～4mm，黑褐色，顶端急尖，边缘白色；下位刚毛4枚，具倒刺，稍长于小坚果。小坚果倒卵形或宽倒卵形，双凸透镜状，长约1.2mm，成熟时褐色；花柱基呈短的圆锥形，长为小坚果的1/4，宽为小坚果的1/3；柱头2枚。花果期7～8月。

【生境分布】 兴海、共和。生于湖边、沼泽地、路边，海拔2800～3800m，分布于我国东北各省和内蒙古；欧洲、蒙古、俄罗斯、日本和北美洲也有。在青海亦分布于都兰、乌兰、天峻、格尔木、德令哈。

单鳞苞荸荠 郭氏荸荠

Eleocharis uniglumis (Link) Schultes

Cyperaceae 莎草科 Eleocharis 荸荠属

【形态特征】 具长或短的匍匐根状茎。秆单生或丛生，细弱，高10～15cm，具钝的纵肋。叶无叶片，仅在秆的基部具2～3枚叶鞘；叶鞘下部血红色，上部黄绿色，鞘口截形或微斜，长1～4cm；小穗狭卵形、卵形或长圆形，长3～8mm，具几朵花；鳞片在小穗基部的1片中空无花，其余鳞片全有花，长圆状披针形，长约4mm，两侧血紫色，顶端钝，具透明干膜质的边缘；下位刚毛6枚，等长或稍长于小坚果，白色，具倒刺。小坚果倒卵形或宽倒卵形，双凸透镜状，长1.4～1.7mm，成熟时褐色；花柱基半椭圆形，顶端具小短尖，长为小坚果的1/3～1/2，宽约小坚果的1/2，白色；柱头2枚。花果期5～6月。

【生境分布】 共和。生于河边、水边或沼泽地中，海拔约1900m。分布于新疆；欧洲北部和大西洋沿岸及俄罗斯、蒙古、印度也有。在青海亦分布于民和。

具刚毛扁基荸荠 怪基荸荠 似扁基荸荠

Eleocharis fennica var. ***sareptana*** (G. Zinserling) G. Zinserling

Cyperaceae 莎草科 Eleocharis 荸荠属

【形态特征】 本变种与原变种的扁基荸荠的区别在于小坚果具下位刚毛。

【生境分布】 共和。生于湖边浅水处，海拔约3300m。分布于西北地区；欧洲及俄罗斯、蒙古也有。

嵩草

Kobresia myosuroides (Villars) Fiori

Cyperaceae 莎草科 Kobresia 嵩草属

【形态特征】 多年生草本。根状茎短。秆丛生，纤细，高5～50cm，具3条钝棱，基部具栗褐色或暗色枯死叶鞘。叶短于秆或长于秆。丝状。花序为简单穗状，细长，条状圆柱形，长1～2.5cm，直径约2mm；支小穗多数，下部疏生，上部较密，顶生的为雄性，侧生的为雄雌顺序，在基部雌花的上部具1(～2)朵雄花，少为仅具1朵雌花；鳞片宽卵形或长圆形，长2.5～4mm，栗色，中脉明显，顶端锐尖或钝，具狭的白色膜质边缘；先出叶长圆形，长3～4mm，栗色，边缘在腹面下部约1/3处愈合，顶端截形，白色膜质，具微粗糙的2条脊；花柱基部不增大，柱头3枚。小坚果双凸透镜状或三棱形，倒卵状长圆形，长2～2.5mm，顶端具短喙。花果期7～9月。

【生境分布】 全省各地均有分布。生于高山草甸、山坡、河滩、灌丛、谷地、林下、草甸化草原、高山流石坡，海拔2100～4500m。分布于西藏、云南、四川及西北、华北、东北；欧洲、亚洲北部和北美洲也有。

线叶嵩草
Kobresia capillifolia (Decaisne) C. B. Clarke

Cyperaceae 莎草科 Kobresia 嵩草属

【形态特征】 多年生草本。根状茎短。秆丛生，高10～40cm，纤细，有钝三棱，基部具黑棕色枯死叶鞘。叶多短于秆，丝状。花序为简单穗状，狭椭圆形至圆柱形，长1.5～3cm，直径3～4mm；支小穗多数，花序上部较密生，下部较疏，顶生的为雄性，侧生的为雄雌顺序，基部雌花的上部具1～3(～5)朵雄花；鳞片长圆状卵形，长4～5.5mm，顶端钝，棕褐色，具白色膜质边缘，有3条脉，中脉明显；先出叶长圆形，长4～5mm，棕褐色，顶端白色膜质，截形或钝，边缘在腹面下部1/3处愈合，有2条脊或不明显；柱头3(～2)枚。小坚果倒卵状椭圆形或椭圆形，双凸透镜状或有3条棱，长3～3.5mm，顶端近无喙。花果期6～9月。

【生境分布】 全省各地均产。生于高山草甸、山麓、山坡、林间、灌丛、草甸化草原、河谷、溪边、河滩，海拔2490～4700m。分布于西藏、四川、新疆、甘肃、河北、内蒙古；尼泊尔、巴基斯坦至中亚地区也有。

丝叶嵩草 细叶嵩草

Kobresia filifolia (Turczaninow) C. B. Clarke

Cyperaceae 莎草科 Kobresia 嵩草属

【形态特征】 多年生草本。根状茎短，木质。秆密丛生，高10～45cm，纤细，直径0.5～1mm，基部枯死叶鞘棕褐色。叶与秆近等长或略短于秆，丝状，边缘内卷，宽约1mm。花序穗状，狭卵形或长圆状卵形，一般基部有分枝，长1～2cm，宽约5mm，浅棕褐色；苞片鳞片状，具芒尖，长约4mm；支小穗雄雌顺序，在基部雌花的上部有1～6朵雄花；鳞片宽卵形，棕褐色，长3.5～4(～5)mm，中部色浅，具3条脉，顶端急尖或钝，具宽的白色膜质边缘；先出叶长圆状卵形，长3～4mm，浅黄褐色，膜质，无脊或具2条脊，顶端钝，边缘在腹面仅基部愈合；柱头2～3枚。小坚果椭圆形、倒卵形或倒卵状长圆形，长约3mm，顶端渐狭成短喙。花果期6～8月。

【生境分布】 贵德、贵南、兴海。生于河滩、山顶、山坡、山谷、林下、灌丛、沙丘、草甸化草原，海拔2400～4200m。分布于甘肃、山西、河北、内蒙古；蒙古、俄罗斯也有。在青海亦分布于囊谦、玉树、尖扎、乐都、互助、祁连、门源、刚察。

矮生嵩草

Kobresia humilis (C. A. Meyer ex Trautvetter) Sergievskaja

Cyperaceae 莎草科 Kobresia 嵩草属

【形态特征】 多年生草本。根状茎短。秆丛生，高3～15cm，有钝棱，具条纹，基部具棕褐色呈纤维状分裂的枯死叶鞘。叶短于秆，扁平，宽1～2mm，基部对折。花序为简单穗状，椭圆形，长5～15mm，直径约5mm，顶生的支小穗雄性，侧生的为雄雌顺序，在基部雌花的上部具2～5朵雄花；鳞片黄褐色，中间绿色，具3条脉，边缘白色膜质，着生在小穗基部的为宽卵形，长3～4mm，顶端截形或微凹，有或无芒尖，在小穗中部的为长椭圆形或卵状椭圆形，长4～5mm，顶端渐尖或钝；先出叶长圆形或长椭圆形，长约4mm，淡褐色，2条脊微粗糙，边缘在腹面仅基部愈合；柱头2～3枚。小坚果倒卵形或椭圆状倒卵形，双凸透镜状、平凸状或扁三棱形，长2.5～3mm，具短喙。花果期5～9月。

【生境分布】 贵南、共和、兴海。生于山坡、谷地、丘陵、河滩、灌丛、草原、林缘林下、高山草甸、山坡草甸、沼泽草甸，海拔2500～4700m。分布于西藏、四川、新疆、甘肃、河北、内蒙古；中亚地区至蒙古也有。在青海亦分布于杂多、玉树、玛多、玛沁、泽库、德令哈、都兰、天峻、乐都、互助、刚察、门源。

甘肃嵩草
Kobresia kansuensis Kukenthal

Cyperaceae 莎草科　Kobresia 嵩草属

【形态特征】 多年生草本。根状茎短。秆丛生，高大粗壮，高20～70cm，直径3～4mm，三棱形，基部有多数黑棕色枯死叶鞘。叶短于秆，宽约5mm，基部对折。花序复穗状，卵状椭圆形至狭长圆形，长约3.5cm，直径约8mm；小穗密集，多数，长圆形，长约1cm；苞片鳞片状，褐色，宽卵形，具芒尖；支小穗多数，顶生的为雄性，侧生的为雌性或雄雌顺序，在雌花上部具1～3朵雄花；鳞片卵状披针形，长约4mm，褐色，中肋黄色，顶端渐尖。先出叶长圆形，长约4mm，边缘仅在腹面基部愈合，下部黄色，上部褐色，顶端钝或截形，具白色膜质边缘，2条脊粗糙；柱头3枚。小坚果狭长圆形，长约3mm，有3条棱，顶端具短喙。花果期6～9月。

【生境分布】 同德。生于阴坡灌丛、河滩、山谷、沼泽草甸，海拔3500～4800m。分布于西藏、云南、四川、甘肃；不丹、尼泊尔也有。在青海亦分布于玉树、囊谦、称多、杂多、治多、曲麻莱、久治、玛沁、同仁、泽库、河南。

康藏嵩草 藏北嵩草

Kobresia littledalei C. B. Clarke

Cyperaceae 莎草科 Kobresia 嵩草属

【形态特征】 多年生草本。根状茎短。秆较粗壮，密丛生，钝三棱形或圆柱形，高10～25cm，直径1～2mm，基部有暗棕色枯死叶鞘。叶基生，一般短于秆，针状，质地坚韧。花序简单穗状，长圆形，黄褐色；支小穗密生，顶生的为雄性，侧生的为雄雌顺序，在基部雌花的上部有3～4朵雄花；鳞片长圆形，长4～4.5mm，黄褐色至棕色，中肋色浅，边缘膜质，顶端钝；先出叶长圆状卵形，浅黄褐色，薄膜质，无脉无脊，长3～4mm，顶端钝圆，边缘在腹面仅基部愈合；柱头3枚。小坚果长圆状倒卵形，长2.5～3mm，栗色，具3条棱，顶端有短喙。花果期6～8月。

【生境分布】 共和。生于河滩、沼泽草甸、山坡草甸、山凹低湿处，海拔3150～5500m。中国特有种，分布于西藏、新疆。在青海亦分布于杂多、曲麻莱、囊谦、玉树、玛多、治多（可可西里）。

大花嵩草 吉隆嵩草 大苞嵩草 匍茎嵩草

Kobresia macrantha Boeckeler

Cyperaceae 莎草科 Kobresia 嵩草属

【形态特征】 多年生草本。具细长匍匐状根状茎。秆散生，高6～20cm，纤细，有三钝棱，基部具浅褐色或褐色枯死叶鞘。叶基生，短于秆，扁平，宽1～3mm。花序复穗状，卵形或长圆状卵形，长1.5～2cm；苞片鳞片状，顶端具芒；小穗密生，椭圆形，长4～10mm，雄雌顺序；支小穗2～8枚，顶生1～3枚雄性，其余雌性，各具1朵雌花；鳞片卵状披针形，长4～5mm，顶端尖，中肋黄绿色，两侧黄褐色或褐色，边缘白色膜质；先出叶卵状披针形，长约3mm，膜质，黄色，脊平滑，脉不明显，顶端凹或截形，边缘在腹面仅基部愈合；花柱长，柱头2枚；退化小穗轴与果柄近等长。小坚果椭圆状卵形、椭圆状倒卵形或近圆形，平凸状，长约2mm，基部具长约1mm的柄。花果期6～8月。

【生境分布】 贵南、共和。生于沙丘、沙地、河滩、湖边、平缓山坡，海拔2500～4800m。分布于西藏、四川、甘肃；尼泊尔也有。在青海亦分布于玉树、治多（可可西里）、互助、刚察、门源。

短轴嵩草

Kobresia vidua **(Boott ex C. B. Clarke) Kukenthal**

Cyperaceae 莎草科　Kobresia 嵩草属

【形态特征】　多年生草本。根状茎短。秆丛生，高5～20cm，纤细，直径约1mm，坚硬，具条棱，基部具褐色枯死叶鞘。叶短于秆，丝状，边缘内卷，宽0.5～1mm。花序简单穗状，顶生，雌雄异株；雄花序长圆形，长约1cm，直径约5mm，雄花鳞片长圆状披针形或披针形，长5～8mm，中部黄绿色，两侧淡褐色，边缘白色膜质，顶端圆钝；雌花序圆柱形，长2～3cm，直径约2mm；雌花鳞片卵形，长3～4mm，中间绿色，有3条脉，两侧棕褐色，顶端钝；支小穗多数，疏生或上部稍紧密，各有1朵雌花；先出叶囊状，边缘在腹面愈合达顶部，长圆形，长3.5～4mm，淡黄绿色，2条脊平滑，顶端褐色具短喙，喙口稍倾斜；退化小穗轴短小；柱头3枚。小坚果长圆形，压扁，具3条棱，长3～3.5mm，顶端具短喙，伸出于先出叶之外。花果期5～7月。

【生境分布】　兴海。生于高山草甸、山坡、滩地、灌丛，海拔3200～4800m。分布于西藏、云南、四川、甘肃；尼泊尔也有。在青海亦分布于杂多、曲麻莱、囊谦、玉树、玛多、同仁、大通、乐都、互助。

高山嵩草 小嵩草

Kobresia pygmaea (C. B. Clarke) C. B. Clarke

Cyperaceae 莎草科 Kobresia 嵩草属

【形态特征】 多年生草本。根状茎短。秆矮小，密集丛生，高3～5cm，纤细，有三钝棱或圆柱形，基部具多数暗褐色枯死叶鞘。叶与秆近等长，纤细，丝状。花序简单穗状，卵状长圆形或卵状椭圆形，短小，长约5mm，直径约2mm，雌雄异序或同序而为雄雌顺序；支小穗少数，密生，全部单性，有时顶生的为雄性，只具1朵雄花，侧生的为雌性，只具1朵雌花；雌花鳞片宽卵形或长圆状卵形，长2.5～4mm，顶端圆钝，有时具短芒尖，中间黄绿色，有3条脉，两侧棕褐色；先出叶紧包小坚果，椭圆形，长约3mm，膜质，下部黄色，上部棕褐色，背部具2条脊，边缘在腹面仅基部愈合；退化小穗轴长为小坚果的一半；花柱短，柱头3枚。小坚果倒卵形，长约2mm，三棱形。花果期6～8月。

【生境分布】 全省各地均产。生于河滩、草甸、山坡、山顶、沟谷、砾石滩、灌丛、林下，海拔3200～4800m。分布于西藏、云南、四川、甘肃、山西、河北、内蒙古；尼泊尔、不丹、印度（锡金）和克什米尔地区也有。

粗壮嵩草

Kobresia robusta Maximowicz

Cyperaceae 莎草科　Kobresia 嵩草属

【形态特征】　多年生草本。根状茎短缩或斜向伸长。秆丛生，高10～60cm，有时极矮，粗壮，坚硬，有3条钝棱，基部枯死叶鞘黄褐色，有光泽。叶短于秆，线形，宽约2mm，坚硬，边缘内卷。花序简单穗状，圆柱形，长3～5cm，直径5～8mm；支小穗多数，顶生的为雄性，侧生的为雄雌顺序，在基部雌花的上部具3～4朵雄花；雌花鳞片较大，宽卵形，长可达9mm，顶端钝，中肋黄绿色，两侧浅棕色，具宽的白色膜质边缘，有3条脉；先出叶囊状、椭圆状披针形，长近1cm，浅棕色，上部白色膜质，边缘在腹面愈合达中部以上；柱头3枚。小坚果长圆形，长约5mm，有3条棱，棱面凹陷，基部具短柄，顶端具短喙。花果期6～9月。

【生境分布】　贵南、兴海、共和。生于沙丘、沙滩、河岸沙地、干山坡、沙砾地，海拔2890～4700m。分布于西藏、甘肃；蒙古也有。在青海亦分布于杂多、囊谦、玉树、玛多、玛沁、格尔木、乌兰、治多（可可西里）、刚察。

喜马拉雅嵩草
Kobresia royleana (Nees) Boeckeler

Cyperaceae 莎草科　Kobresia 嵩草属

【形态特征】 多年生草本。根状茎短。秆丛生，高5～30cm，下部圆柱形，上部三棱形，基部枯死叶鞘棕色。叶短于秆，扁平，宽3～6mm，基部对折。花序复穗状或圆锥状，卵形或长圆形，长1.5～2cm；小穗密集，长圆形，长6～10mm；苞片鳞片状，具芒或无芒；支小穗多数，雄雌顺序，在基部雌花的上方有1～6朵雄花；鳞片长圆状卵形，长约3mm，淡褐色，中肋黄绿色，边缘白色膜质或不明显，顶端钝或尖；先出叶椭圆状披针形，与鳞片近等长，边缘在腹面仅基部愈合，浅黄褐色，2条脊微粗糙，脉不明显或仅在下部明显；花柱短，柱头3枚。小坚果狭长，倒披针形，长2.5～3mm，有3条棱，顶端具很短的喙。花果期5～9月。

【生境分布】 全省各地均产。生于高山草甸、山坡、灌丛、河谷、河边、湖边、林下、沼泽草甸，海拔2800～4650m。分布于西藏、云南、四川；尼泊尔、印度（锡金）、不丹也有。

贾留坤 摄

西藏嵩草

Kobresia tibetica **Maximowicz**

Cyperaceae 莎草科　Kobresia 嵩草属

【形态特征】　多年生草本。根状茎短。秆密集丛生，较粗壮，高(5～)10～15cm，直径1～2mm，有钝棱或圆柱形，具条纹，基部具浅褐色至深褐色枯死叶鞘。叶短于秆，丝状，宽约1mm，边缘反卷。花序为简单穗状，长圆形或狭长圆形，长1～2cm，直径4～5mm；支小穗密生，顶生的为雄性，侧生的为雄雌顺序，在基部雌花的上部有3～4朵雄花；鳞片长圆形，长3.5～4.5mm，褐色，中肋黄色，边缘白色膜质，顶端钝，无芒尖，中肋在顶端以下消失；先出叶长圆形，长2.5～4.5mm，边缘在腹面仅基部愈合，淡棕色，透明膜质，无脊无脉或具不明显的1～2条脊，顶端钝、截形或凹缺；柱头3枚。小坚果倒卵形或长圆状倒卵形，长2～3mm，栗色，有光泽，压扁三棱形，顶端具短喙。花果期6～8月。

【生境分布】　同德、兴海、共和。生于沼泽草甸、水边、河滩、灌丛、山顶、山坡，海拔2550～4950m。分布于西藏、四川、甘肃；中亚地区及不丹、印度（锡金）、尼泊尔和俄罗斯（西伯利亚）也有。在青海亦分布于杂多、治多（可可西里）、曲麻莱、囊谦、玛多、玛沁、泽库、柴达木、乌兰、互助、刚察、祁连、门源。

双柱头针蔺 双柱头藨草

Trichophorum distigmaticum (Kukenthal) T. V. Egorova

Cyperaceae 莎草科 Trichophorum 针蔺属

【形态特征】 植株矮小，具细长匍匐根状茎。秆纤细，高10～25cm，近于圆柱状，平滑，无秆生叶，具基生叶。叶片刚毛状，最长达18mm；叶鞘长于叶片，长可达25mm，棕色，最下部2～3个仅有叶鞘而无叶片。花单性，雌雄异株；小穗单一，顶生，卵形，长约5mm，宽2.5～3mm，具少数花；鳞片卵形，顶端钝，薄膜质，长约3.5mm，麦秆黄色，半透明，具光泽，或有时下部边缘呈白色，上部为棕色；无下位刚毛；具3个不发育的雄蕊；花柱长，柱头2枚，外被乳头状小突起。小坚果宽倒卵形，平凸状，长约2mm，成熟时呈黑色。花果期7～8月。

【生境分布】 兴海、共和（青海湖）。生于高山草原、平缓阳坡、半阳坡潮湿处或水边，海拔2550～4600m。分布于西藏、四川、甘肃；非洲、欧洲和澳大利亚也有。在青海亦分布于玉树、囊谦、称多、杂多、治多、曲麻莱、久治、玛沁、尖扎、同仁、泽库、大通、民和、互助、祁连、门源。

细莞 细秆藨草

Isolepis setacea (Linnaeus) R. Brown

Cyperaceae 莎草科　Isolepis 细莞属

【形态特征】 矮小丛生草本，无匍匐根状茎。秆高3～12cm，直径约0.5mm，圆柱状，具槽。叶片线状，常短于秆，宽约0.5mm，有时很短，呈三角形，或有时只有叶鞘。苞片1～2枚，卵披针形，顶端有长芒或仅具短尖，基部两侧为暗紫红色，长3～10mm，少有达12mm。小穗单生或2～3个簇生于秆的顶端，卵形，长2.5～4mm，具多数花；鳞片卵形或近于椭圆形，顶端纯圆，长1.5mm，背面具1条脉，绿色，两侧暗紫红色或紫红色；无下位刚毛；雄蕊2枚，花丝初时短而粗，有棕色细点，花药长圆形，药隔稍突出；花柱短，柱头2～3枚，细长。小坚果宽倒卵形或近于圆形，平凸状或近三棱形，长0.75mm，淡棕色，具许多粗的纵肋和密而细的平行横纹。花期7～8月，果期8～9月。

【生境分布】 贵德、共和。生于河滩、水中或沼泽地，海拔1900～3900m。分布于西藏、云南、四川、甘肃、陕西；亚洲其他地区及欧洲、非洲和澳大利亚也有。在青海亦分布于玉树、称多、西宁、民和、循化、门源。

扁秆荆三棱 扁秆藨草

Bolboschoenus planiculmis (F. Schmidt) T. V. Egorova

Cyperaceae 莎草科　Bolboschoenus 三棱草属

【形态特征】 多年生草本。具匍匐根状茎和块茎。秆高50～80cm，较细，三棱形，平滑，近花序处粗糙。叶基生和秆生，扁平，宽2～4mm，顶端渐尖，下部具长叶鞘。苞片叶状，1～3枚，长于花序；长侧枝聚伞花序短缩成头状；支小穗1～6个，卵形或长圆形，长1.8～2cm，直径1～1.2cm，具多数两性花；鳞片长圆形，长5～7mm，膜质，褐色或锈褐色，疏被柔毛，中脉延伸成短芒，顶端具撕裂缺刻；下位刚毛4～6枚，有倒刺，长为小坚果的1/2～2/3；雄蕊3枚；花柱长，柱头2枚。小坚果倒卵形或宽倒卵形，扁平，两面微凹，长约3mm，宽2.5～2.8mm。花期5～6月，果期7～9月。

【经济用途】 块茎可作药用，有止咳、破血通经、行气、消积、止痛的作用，可治慢性气管炎、产后淤阻腹痛、消化不良、闭经、胸腹肋疼痛等症，为荆三棱的类同品。

【生境分布】 共和。生于水边湿地或浅水处，海拔1600～2820m。分布于云南、新疆、甘肃、山东、江苏、浙江；俄罗斯（东西伯利亚、远东地区）、朝鲜、日本也有。在青海亦分布于格尔木、德令哈、大柴旦、乌兰、西宁。

水葱

Schoenoplectus tabernaemontani (C. C. Gmelin) Palla

Cyperaceae 莎草科　Schoenoplectus 水葱属

【形态特征】　多年生草本。根状茎粗壮，匍匐。秆高0.5～1m，圆柱形，平滑。叶鞘管状，仅最上部的1枚具叶片；叶片条形，长1～10cm。苞片1枚，直立，钻形，似为秆的延长，通常短于花序；长侧枝聚伞花序有3～10个不等长的辐射枝，辐射枝长2～5cm，每枝有1～3枚小穗；小穗卵形或卵状长圆形，长5～8mm，宽3～4mm，具多数花；鳞片椭圆形或宽卵形，棕色或红褐色，长2.5～3mm，顶端微凹，边缘微透明，具纤毛，常有锈色小瘤状突起，背部中肋延伸至凹缺处成小尖，下位刚毛6枚，与小坚果近等长，有倒刺；雄蕊3枚，柱头2枚。小坚果倒卵形，近扁平，平滑，灰褐色，长约2mm。花果期6～9月。

【经济用途】　① 地下部分药用，除湿利尿，治水肿、胀满、小便不利；② 秆可编席。

【生境分布】　贵德、共和。生于水边和沼泽，海拔2740～3200m。分布于西南、西北、华北和东北；朝鲜、日本、澳大利亚和美洲也有。在青海亦分布于格尔木。

浮萍

***Lemna minor* Linnaeus**

Lemnaceae 浮萍科　Lemna 浮萍属

【形态特征】 漂浮水生小草本。叶状体表面绿色，椭圆形至近圆形，长2～5mm，宽2～3mm，扁平，全缘，具3条脉；背面仅着生1条根，较长，无维管束；侧囊着生于叶状体背面一侧，囊中形成营养芽和花芽。花序包括1朵雌花和2朵雄花，花序外包以膜质佛焰苞；花单性，雌雄同株；雄花仅1枚雄蕊，具花丝；雌花单一，花柱短。果实不开裂；种子1枚，具12～15条纵肋，外种皮肉质。花果期6～9月。

【生境分布】 贵德。生于淡水池塘、湖泊、沼泽，海拔2200～2800m。分布于全国各地；世界各地也有。在青海亦分布于化隆、循化、民和。

栗花灯心草

***Juncus castaneus* Smith**

Juncaceae 灯心草科　Juncus 灯心草属

【形态特征】 多年生草本。茎基部锈红色。须根多数，黑色。根状茎横走，黄色，节与节间明显。茎秆直立，圆柱形、光滑无毛，中空，下部包以革质芽苞叶，高25～45cm，直径2～3mm，绿色。叶茎生，多生于秆中部以下，抱茎，具鞘，无叶耳；叶片内卷，端部对折，基部叶较短，长5～30cm，宽3～4mm，表面光滑。头状花序由3～10个小花聚合而成，再由多数头状花序组成疏伞状复合花序；小花梗长约2mm；总苞片叶状，具锈红色膜质边缘，长10～15cm，宽于叶片；花被片6枚，膜质，披针形，栗褐色，长4～5mm；雄蕊6枚，短于花被片；子房卵圆锥形，淡黄色，花柱柱状，柱头3裂，裂片钻状扭曲，长约2mm。蒴果三棱状圆锥形，栗褐色，长于花被；种子椭圆形，两端具长的尾状附属物。花果期7～9月。

【生境分布】 贵南、兴海、共和。生于高山灌丛、草地，海拔3500～4500m。分布于云南、四川、甘肃、陕西；俄罗斯（西伯利亚）及欧洲也有。在青海亦分布于玛沁、同仁、泽库、天峻、西宁、大通、湟源、湟中、平安、化隆、循化、乐都、民和、互助、刚察、海晏、祁连、门源。

小灯心草 藏名：杂达鞠

Juncus bufonius Linnaeus

Juncaceae 灯心草科　Juncus 灯心草属

【形态特征】 一年生湿生、水生小草本。须根多数，纤细。茎斜生或平卧，分枝散生，光滑无毛，具纵沟，高5～20cm，基部红褐色，上部绿色。叶茎生和基生，叶鞘膨胀，具白色或无色边缘；叶片线形，长2～6cm，宽约1mm。二歧聚伞花序；花单生枝腋或茎顶，排列较疏松，先出叶膜质，每花下面具3枚卵状膜质苞片；花两性，花被片草质，黄绿色，披针形，长4～6mm；雄蕊6枚，短于花被片，花药浅黄色；子房卵状圆锥形，花柱短，柱头3裂。蒴果三角状距圆形，具小尖头，与花被片等长；种子细小，长约0.4mm。花果期7～9月。

【经济用途】 茎入药，理气止痛、调经活血、清热利尿，治咽喉肿痛、烦渴不安、肝郁气滞、胸肋胀满、月经不调、膀胱热症、小便不利等。

【生境分布】 全省各地均产。生于河滩、渠道、沼泽和湿地，海拔2200～4400m。分布于全国各地；世界各地也有。

温军 摄

锡金灯心草 假栗花灯心草

Juncus sikkimensis J. D. Hooker

Juncaceae 灯心草科　Juncus 灯心草属

【形态特征】 多年生草本。须根多数，黑色。根状茎横走，节与节间明显，长达7～10cm，直径2～3mm，淡黄色。茎秆直立，圆柱形，光滑无毛，稍具纵肋，中空，高7～20cm，直径约2mm，绿色。叶1～2枚，近基生，抱茎，具鞘，叶耳小，膜质；叶片近圆柱状，向心面有槽，长5～15cm，宽约3mm，表面光滑，多少具横隔。头状花序由3～7朵小花聚合而成，2个头状花序疏散地生于茎顶；总苞片叶状，具较宽的锈红色膜质边缘；小花梗长约2mm；花被片6枚，2轮，膜质，披针形，栗红色，具白色至无色边缘，长5～6mm；雄蕊6枚，短于花被片，花药黄色；花柱柱头裂片钻状扭曲，长约2mm，子房卵圆形。蒴果三棱状椭圆形，红褐色，长于花被；种子小而多数，椭圆形，具尾状附属物。花果期7～9月。

【生境分布】 兴海、共和。生于高山草地，海拔3200～4300m。分布于西藏、云南、四川、甘肃；喜马拉雅地区也有。在青海亦分布于杂多、玉树、久治、玛沁、同仁、天峻、祁连。

长柱灯心草　长柱灯芯草　北方灯心草

Juncus przewalskii Buchenau

Juncaceae 灯心草科　Juncus 灯心草属

【形态特征】　多年生小草本。丛生。须根多数，黑褐色。根状茎横走，红褐色。茎秆直立，丛生，光滑无毛，高3～25cm，直径约1mm，绿色。叶茎生、基生或蘖生，基生叶抱茎，具鞘，鞘具白色至红褐色膜质边缘，叶耳大而钝圆；茎生叶仅1枚，具2～3cm的鞘；叶片针状，长1～20cm，宽约1mm，表面光滑。头状花序由4～10朵小花聚合而成，单一顶生；总苞片4～6枚，鳞片状，淡黄色至红褐色，顶端尖锐，稍长于花序，花期开展；小花梗长1～2mm；花被片6枚，披针形，淡黄色，长4～5mm；雄蕊6枚，长于花被片，花药黄色；花柱长达3mm，柱头3裂，裂片条形，相对较粗，扭曲；子房卵圆形，淡黄色。蒴果三棱状卵圆形，长于花被，有小尖头，黄褐色；种子纺锤形，褐色，两端具尾状附属物。花果期6～9月。

【生境分布】　同德。生于高山灌丛、草甸，海拔3200～4200m。中国特有种，分布于甘肃、陕西。在青海亦分布于囊谦、玛沁、同仁、互助、门源。

展苞灯心草

Juncus thomsonii Buchenau

Juncaceae 灯心草科　Juncus 灯心草属

【形态特征】　多年生草本，高(5～)10～20(～30)cm；根状茎短，具褐色须根。茎直立，丛生，圆柱形，直径0.6～1mm，淡绿色。叶全部基生，常2枚；叶片细线形，长1～10cm，顶端有胼胝体；叶鞘红褐色，边缘膜质；叶耳明显，钝圆。头状花序单一顶生，有4～8朵花，直径5～10mm；苞片3～4枚，开展，卵状披针形，长3～8mm，宽1～3mm，顶端钝，红褐色；花具短梗；花被片长圆状披针形，等长或内轮稍短，长约5mm，宽约1.6mm，顶端钝，黄色或淡黄白色，后期背部变成褐色；雄蕊6枚，长于花被片；花药线形，黄色，长1.6～2mm；花丝长4.3～6.0mm；雌蕊具长约0.8mm的短花柱；柱头3分叉，线形，长1.1～2.2mm。蒴果三棱状椭圆形，长5.5～6mm，顶端有短尖头，具3个隔膜，成熟时红褐色至黑褐色。种子长圆形，长约1mm，两端具白色附属物，连同种子共长约2.8mm，锯屑状。花期7～8月，果期8～9月。

【生境分布】　全省大部分地区均有分布。生于高山灌丛、草甸，海拔3200～4200m。分布于西藏、四川、云南、甘肃、陕西；喜马拉雅地区也有。

喜马灯心草
喜马拉雅灯心草　无耳灯心草　藏名：杂达鞠
Juncus himalensis Klotzsch

Juncaceae 灯心草科　Juncus 灯心草属

【形态特征】 多年生草本。茎基部锈红色。须根多数，黑色。根状茎横走，灰色，节与节间明显，直径约2mm。茎秆直立，圆柱形，光滑无毛，中空，下部包以革质芽苞叶，高25～45cm，直径3～4mm，绿色。叶茎生，基部叶较短，抱茎，具鞘，无叶耳；叶片内卷，上部对折，长5～30cm，宽3～4mm。头状花序由4～8朵小花聚合而成，再由多数头状花序组成疏伞状复合花序；小花梗长约2mm，下有鳞片状先出叶；总苞片叶状，具锈红色膜质边缘，长10～15cm；花被片6枚，膜质，披针形，栗红色，长4～5mm；雄蕊6枚，短于花被片，花药黄色；子房卵圆形，淡黄色，柱头裂片钻状扭曲，长约2mm。蒴果三棱状长圆形，栗褐色，长于花被；种子椭圆形，两端具尾状附属物。花果期7～9月。

【相近种】 本种与栗花灯心草*J. castaneus*很相似，主要区别在于：本种植株较高且粗壮，叶较宽；花序较长，头状花序较多；雄蕊花丝较长；花被片淡褐色；蒴果具3个不完全的隔膜。

【经济用途】 药用，功效同小灯心草。

【生境分布】 海南州各地。生于高山灌丛草地，海拔3500～4500m。分布于西藏、云南、四川及甘肃；喜马拉雅地区也有。在青海亦分布于曲麻莱、囊谦、称多、班玛、玛沁、同仁、河南。

蓝苞葱　蓝苞韭　藏名：夏郭

Allium atrosanguineum Schrenk

Liliaceae 百合科　Allium 葱属

【形态特征】　多年生草本。高5～30cm。鳞茎单生或数个丛生，圆柱形，鳞茎外皮灰褐色、条裂，近似纤维状。叶管状，中空，比花葶短，直径2～5mm。花葶圆柱形，中空，直径1.5～4mm。伞形花序球形，具多数花；总苞蓝色，2裂；小花梗不等长，无小苞片；花大，黄色，后变红色或紫色；花被片长9～12mm，宽3～5mm，倒卵状长圆形或长圆形，先端急尖或钝；花丝比花被片短，不伸出，基部或下部合生成管状；子房基部具蜜腺，花柱不伸出花被片外。花期7～9月。

【经济用途】　全草入药，治妇女病。

【生境分布】　兴海。生于高山流石滩、山坡、灌丛、沼泽草甸，海拔3400～4880m。分布于西藏、云南、四川、新疆、甘肃；中亚地区、俄罗斯及蒙古也有。在青海亦分布于杂多、治多、囊谦、玉树、玛多、久治、玛沁、河南、互助、祁连、门源。

洋葱

Allium cepa Linnaeus

Liliaceae 百合科　Allium 葱属

【形态特征】　二年生草本。鳞茎粗大，近球状至扁球状；鳞茎外皮紫红色、褐红色、淡褐红色、黄色至淡黄色，纸质至薄革质，内皮肥厚，肉质，均不破裂。叶片圆筒状，中空，中部以下最粗，向上渐狭，比花葶短，粗在0.5cm以上。花葶粗壮，高可达1m，中空的圆筒状，在中部以下膨大，向上渐狭，下部被叶鞘；总苞2～3裂；伞形花序球状，具多而密集的花；小花梗长约2.5cm。花粉白色；花被片具绿色中脉，矩圆状卵形，长4～5mm，宽约2mm；花丝等长，稍长于花被片，约在基部1/5处合生，合生部分下部的1/2与花被片贴生，内轮花丝的基部极为扩大，扩大部分每侧各具1齿，外轮的锥形；子房近球状，腹缝线基部具有帘的凹陷蜜穴；花柱长约4mm。花果期5～7月。

【经济用途】　鳞茎供食用。

【生境分布】　贵德有栽培。原产于亚洲西部，在国内外均广泛栽培。

镰叶韭

Allium carolinianum Redoute

Liliaceae 百合科 Allium 葱属

【形态特征】 多年生草本。高7～50cm。鳞茎单生，有时2～3枚丛生，狭卵状或卵状圆柱形，鳞茎外皮灰褐色，近革质，条状纵裂，不呈纤维状。叶片扁平，条形或披针形，常弯曲，比花葶短，宽5～12mm，先端钝。花葶粗壮，直径达1cm，或细，直径约0.4cm；总苞常带紫色，2裂，宿存；花梗极短，果期略伸长；伞形花序具多数密集的花，球形，直径达4cm；花紫红色或淡黄色，花被片长圆形，长5～8mm，宽约2.5mm，先端钝；花丝长于花被片，外露，基部合生；子房基部具蜜腺，花柱伸出花被片外。花果期7～9月。

【生境分布】 共和。生于高山流石滩、山间滩地、冲积扇、干山坡疏林下，海拔2900～5000m。分布于西藏、新疆、甘肃；中亚地区、阿富汗、尼泊尔也有。在青海亦分布于杂多、治多（可可西里）、曲麻莱、囊谦、玉树、称多、玛多、玛沁、都兰、德令哈、格尔木（唐古拉山）、海晏、祁连。

陈哲 摄

陈哲 摄

折被韭

Allium chrysocephalum Regel

Liliaceae 百合科　Allium 葱属

【形态特征】 多年生草本。鳞茎圆柱状，有时下部增粗，粗0.5～1cm；鳞茎外皮淡棕色至棕色，薄革质，顶端条裂。叶片宽条形，扁平，略呈镰状弯曲，常为花葶的1/2长，稀近等长，宽3～10mm。花葶圆柱状，中空，高5～27cm，下部被叶鞘；总苞干膜质，2～3裂，近与花序等长，宿存；伞形花序球状或半球状，具多而密集的花；小花梗近等长，等长于或略长于花被片，基部无小苞片；花亮草黄色；外轮花被片矩圆状卵形，舟状，长5.5～6.5mm，宽2.2～3mm，钝头，内轮的矩圆状披针形，长7～8mm，宽2～2.7mm，先端向外反折；花丝约为内轮花被片长度的2/3，长4.5～6mm，基部约1mm合生并与花被片贴生，分离部分锥形；子房卵状至卵球状，腹缝线基部具蜜穴；花柱长2～3mm。花果期7～9月。

【生境分布】 兴海。生于高山草甸、高山灌丛中，海拔3400～4500m。中国特有种，分布于甘肃。在青海亦分布于曲麻莱、囊谦、玉树、称多、玛多、甘德、玛沁、泽库、河南、湟中、门源。

天蓝韭 藏名：齐乌郭

Allium cyaneum Regel

Liliaceae 百合科 Allium 葱属

【形态特征】 多年生草本。鳞茎数枚聚生，圆柱状，细长，粗2～4(～6)mm；鳞茎外皮暗褐色，老时破裂成纤维状，常呈不明显的网状。叶片半圆柱状，上面具沟槽，比花葶短或超过花葶，宽1.5～2.5(～4)mm。花葶圆柱状，高10～30(～45)cm，常在下部被叶鞘；总苞单侧开裂或2裂，比花序短；伞形花序近扫帚状，有时半球状，少花或多花，常疏散；小花梗与花被片等长或长为其2倍，稀更长，基部无小苞片；花天蓝色；花被片卵形或矩圆状卵形，长4～6.5mm，宽2～3mm，稀更长或更宽，内轮的稍长；花丝等长，从比花被片长1/3直到比其长1倍，常为花被片长度的1.5倍，仅基部合生并与花被片贴生，内轮的基部扩大，无齿或每侧各具1个齿，外轮的锥形；子房近球状，腹缝线基部具有帘的凹陷蜜穴；花柱伸出花被外。花果期8～10月。

【经济用途】 ① 全株可食，代替韭菜；② 全草入药，治胃寒、积食不化、寒性泄泻、心悸失眠、胸闷气短、肠胃寄生虫等。

【生境分布】 兴海、共和。生于高山流石滩、山顶草甸、山坡、灌丛草甸，海拔2900～4800m。分布于西藏、四川、湖北、甘肃、陕西、宁夏；韩国也有。在青海亦分布于治多、曲麻莱、玉树、称多、玛多、达日、班玛、天峻、乐都、互助、祁连、门源。

杯花韭 藏名：札郭

Allium cyathophorum Bureau & Franchet

Liliaceae 百合科 Allium 葱属

【形态特征】 多年生草本。鳞茎单生或数枚聚生，圆柱状或近圆柱状，具较粗的根；鳞茎外皮灰褐色，常呈近平行的纤维状，有时呈网状。叶片条形，背面呈龙骨状隆起，通常比花葶短，宽2～5mm。花葶圆柱状，常具2条纵棱，高13～35cm，下部被叶鞘；总苞单侧开裂，稀2～3裂，宿存；伞形花序近扇状，多花，松散；小花梗不等长，从与花被片近等长直至比其长3倍，基部无小苞片；花紫红色至深紫色；花被片椭圆状矩圆形，先端钝圆或微凹，长7～9mm，宽3～4mm，内轮的稍长；花丝比花被片短，长4.5～5.8mm，2/3～3/4合生成管状，内轮花丝分离部分的基部常呈肩状扩大，外轮的狭三角形；子房卵球状，外壁具细的疣状突起；花柱不伸出花被；柱头3浅裂。花果期6～8月。

【生境分布】 同德。生于林下、灌丛、山坡草地，海拔3360～4400m。中国特有种，分布于西藏、云南、四川。在青海亦分布于囊谦、玉树、班玛、玛沁、河南。

张海华 摄

张海华 摄

葱 藏名：宗

Allium fistulosum Linnaeus

Liliaceae 百合科　Allium 葱属

【形态特征】 鳞茎单生，圆柱状，稀为基部膨大的卵状圆柱形，粗1～2cm，有时可达4.5cm；鳞茎外皮白色，稀淡红褐色，膜质至薄革质，不破裂。叶片圆筒状，中空，向顶端渐狭，约与花葶等长，粗在0.5cm以上。花葶圆柱状，中空，高30～50(～100)cm，中部以下膨大，向顶端渐狭，约在1/3以下被叶鞘；总苞膜质，2裂；伞形花序球状，多花，较疏散；小花梗纤细，与花被片等长，或为其2～3倍长，基部无小苞片；花白色；花被片长6～8.5mm，近卵形，先端渐尖，具反折的尖头，外轮的稍短；花丝为花被片长度的1.5～2倍，锥形，在基部合生并与花被片贴生；子房倒卵状，腹缝线基部具不明显的蜜穴；花柱细长，伸出花被外。花果期4～7月。

【经济用途】 ①鳞茎做蔬菜食用；②鳞茎和种子入药，发汗解表、祛痰、利尿、健胃、杀菌，可治伤风感冒、蛔虫性肠梗阻、痈疖肿痛、消化不良及跌打损伤的肿痛。

【生境分布】 海南州各地。原产于中国西部，世界各地广泛栽培。

碱韭 紫花韭

Allium polyrhizum Turczaninow ex Regel

Liliaceae 百合科　Allium 葱属

【形态特征】 多年生草本。鳞茎成丛地紧密簇生，圆柱状；鳞茎外皮黄褐色，破裂成纤维状，呈近网状，紧密或松散。叶片半圆柱状，边缘具细糙齿，稀光滑，比花葶短，粗0.25～1mm。花葶圆柱状，高7～35cm，下部被叶鞘；总苞2～3裂，宿存；伞形花序半球状，具多而密集的花；小花梗近等长，从与花被片等长直到比其长1倍，基部具小苞片，稀无小苞片；花紫红色或淡紫红色，稀白色；花被片长3～7(～8.5)mm，宽1.3～3(～4)mm，外轮的狭卵形至卵形，内轮的矩圆形至矩圆状狭卵形，稍长；花丝等长、近等长或略长于花被片，基部1/6～1/2合生成筒状，合生部分的1/3～1/2与花被片贴生，内轮分离部分的基部扩大，扩大部分每侧各具1个锐齿，极少无齿，外轮的锥形；子房卵形，腹缝线基部深绿色，不具凹陷的蜜穴；花柱比子房长。花果期6～8月。

【经济用途】 茎叶可食，作蔬菜或调味原料。

【生境分布】 贵德、共和。生于干旱山坡、草原、滩地、盐湖边、河滩，海拔2700～3800m。分布于新疆、甘肃、宁夏、内蒙古、河北及东北三省；中亚地区、俄罗斯、蒙古也有。在青海亦分布于德令哈、都兰、乌兰、湟源、互助、刚察、海晏。

青甘韭 野韭 藏名：扎郭

Allium przewalskianum Regel

Liliaceae 百合科 Allium 葱属

【形态特征】 鳞茎数枚聚生，有时基部被以共同的网状鳞茎外皮，狭卵状圆柱形；鳞茎外皮红色，较少为淡褐色，破裂成纤维状，呈明显的网状，常紧密地包围鳞茎。叶片半圆柱状至圆柱状，具4～5条纵棱，短于或略长于花葶，粗0.5～1.5mm。花葶圆柱状，高10～40cm，下部被叶鞘；总苞与伞形花序近等长或较短，单侧开裂，具常与裂片等长的喙，宿存；伞形花序球状或半球状，具多而稍密集的花；小花梗近等长，比花被片长2～3倍，基部无小苞片，稀具很少的小苞片；花淡红色至深紫红色；花被片长(3～)4～6.5mm，宽1.5～2.7mm，先端微钝，内轮的矩圆形至矩圆状披针形，外轮的卵形或狭卵形，略短；花丝等长，为花被片长的1.5～2倍，在基部合生并与花被片贴生，蕾期花丝反折，刚开放时内轮的先伸直，随后外轮的伸直，内轮花丝基部扩大成矩圆形，扩大部分为花丝长度的1/3～1/2，每侧各具1个齿，有时两齿弯曲，互相交接，外轮的锥形；子房球状，基部无凹陷的蜜穴；花柱在花刚开放时被包围在3枚内轮花丝扩大部分所组成的三角锥体中，花后期伸出，而近与花丝等长。花果期6～9月。

【经济用途】 ① 全株可食，代替韭菜；② 全草入药，治寒性胃病、消化不良、胃肠寄生虫病等。

【生境分布】 贵德、贵南、兴海、共和。生于阳坡、河谷石崖、山坡田边及林缘，海拔2300～4300m。分布于西藏、云南、四川、甘肃、新疆、陕西、宁夏；印度和尼泊尔也有。在青海亦分布于治多、曲麻莱、囊谦、玉树、称多、久治、玛沁、同仁、泽库、河南、都兰、乌兰、德令哈、湟中、乐都、互助、刚察、海晏、祁连、门源。

蒜 葫 藏名：果夹

Allium sativum **Linnaeus**

Liliaceae 百合科 Allium 葱属

【形态特征】 鳞茎球状至扁球状，通常由多数肉质、瓣状的小鳞茎紧密地排列而成，外面被数层白色至带紫色的膜质鳞茎外皮。叶片宽条形至条状披针形，扁平，先端长渐尖，比花葶短，宽可达2.5cm。花葶实心，圆柱状，高可达60cm，中部以下被叶鞘；总苞具长7～20cm的长喙，早落；伞形花序密具珠芽，间有数花；小花梗纤细；小苞片大，卵形，膜质，具短尖；花常为淡红色；花被片披针形至卵状披针形，长3～4mm，内轮的较短；花丝比花被片短，基部合生并与花被片贴生，内轮的基部扩大，扩大部分每侧各具1个齿，齿端成长丝状，长超过花被片，外轮的锥形；子房球状；花柱不伸出花被外。花期7月。

【经济用途】 ① 幼苗、花葶和鳞茎均供蔬食；② 鳞茎入药，健胃、止痢、止咳、杀菌、驱虫，可预防流行性感冒、流行性脑脊髓膜炎，还可治肺结核、百日咳、细菌性痢疾、肠炎、蛲虫病、钩虫病、食欲不振、消化不良，外用治阴道滴虫、急性阑尾炎。

【生境分布】 海南州各地。原产于亚洲西部或欧洲，世界各地广泛栽培。

高山韭 藏名：齐乌郭

Allium sikkimense Baker

Liliaceae 百合科 Allium 葱属

【形态特征】 多年生草本。鳞茎数枚聚生，圆柱状，粗0.3～0.5cm；鳞茎外皮暗褐色，破裂成纤维状，下部近网状，稀条状破裂。叶片狭条形，扁平，比花葶短，宽2～5mm。花葶圆柱状，高15～40cm，有时矮到5cm，下部被叶鞘；总苞单侧开裂，早落；伞形花序半球状，具多而密集的花；小花梗近等长，比花被片短或与其等长，基部无小苞片；花钟状，天蓝色；花被片卵形或卵状矩圆形，先端钝，长6～10mm，宽3～4.5mm，内轮的边缘常具1至数枚疏离的不规则小齿，且常比外轮的稍长而宽；花丝等长，为花被片长的1/2～2/3，基部合生并与花被片贴生，合生部分高约1mm，内轮的基部扩大，有时每侧各具1个齿，外轮的基部也常扩大，有时每侧亦各具1个齿；子房近球状，腹缝线基部具明显的有窄帘的凹陷蜜穴；花柱比子房短或近等长。花果期7～9月。

【相近种】 本种以条形、扁平的叶片，天蓝色的花，花丝比花被片短，花被片卵形至卵状矩圆形，内轮边缘常具小齿而易被识别。

【生境分布】 同德、共和。生于山坡灌丛中、高山草甸、林缘，海拔2900～5000m。在青海亦分布于囊谦、玉树、称多、久治、玛沁、同仁、泽库、河南、唐古拉山、湟源、湟中、互助、祁连、门源。

唐古薤 唐古韭 藏名：夏郭

Allium tanguticum Regel

Liliaceae 百合科 Allium 葱属

【形态特征】 鳞茎卵球状至卵状，粗1～1.5cm；鳞茎外皮灰褐色至灰黄色，纸质，老时顶端常呈纤维状。叶片条形，上面呈沟状，比花葶短，宽1～3(～4) mm，叶片和叶鞘沿纵脉具细糙齿。花葶圆柱状，高15～40cm或更高，下部被叶鞘；总苞2裂，比花序短；伞形花序半球状至近球状，具多而密集的花；小花梗近等长，比花被片长2～3倍，基部具小苞片；花紫色或紫红色；花被片狭披针形至卵状披针形，先端渐尖，长4～6mm，宽1～1.8mm；花丝等长，为花被片长的1.5(～2)倍，在基部合生并与花被片贴生，内轮分离部分的基部扩大成狭长三角形，明显比外轮基部宽；子房近球状，腹缝线基部具凹陷的蜜穴；花柱略伸出花被外。花果期7～9月上旬。

【经济用途】 全草入药，治妇女病。

【生境分布】 同德。生于阳坡、灌丛、林下、滩地、沙丘，海拔2300～3500m。中国特有种，分布于西藏、甘肃。在青海亦分布于称多、同仁、泽库、乌兰、西宁、乐都、互助、刚察、海晏。

韭 韭菜 起阳草

Allium tuberosum Rottler ex Sprengel

Liliaceae 百合科 Allium 葱属

【形态特征】 具倾斜的横生根状茎。鳞茎簇生，近圆柱状；鳞茎外皮暗黄色至黄褐色，破裂成纤维状，呈网状或近网状。叶片条形，扁平，实心，比花葶短，宽1.5～8mm，边缘平滑。花葶圆柱状，常具2条纵棱，高25～60cm，下部被叶鞘；总苞单侧开裂，或2～3裂，宿存；伞形花序半球状或近球状，具多但较稀疏的花；小花梗近等长，比花被片长2～4倍，基部具小苞片，且数枚小花梗的基部又为1枚共同的苞片所包围；花白色；花被片常具绿色或黄绿色的中脉，内轮的矩圆状倒卵形，稀为矩圆状卵形，先端具短尖头或钝圆，长4～7(～8)mm，宽2.1～3.5mm，外轮的常较窄，矩圆状卵形至矩圆状披针形，先端具短尖头，长4～7(～8)mm，宽1.8～3mm；花丝等长，为花被片长的2/3～4/5，基部合生并与花被片贴生，合生部分高0.5～1mm，分离部分狭三角形，内轮的稍宽；子房倒圆锥状球形，具3条圆棱，外壁具细的疣状突起。花果期7～9月。

【经济用途】 ① 叶、花葶和花均作蔬菜食用；② 种子入药。

【生境分布】 海南州各地。原产于亚洲东南部，现在世界各地普遍栽培。

攀援天门冬 海滨天冬 寄马椿

Asparagus brachyphyllus Turczaninow

Liliaceae 百合科 Asparagus 天门冬属

【形态特征】 多年生攀援植物。块根肉质，近圆柱状，粗7～15mm。茎近平滑，长20～100cm，分枝具纵凸纹，通常有软骨质齿。叶状枝每4～10枚成簇，近扁的圆柱形，略有几条棱，伸直或弧曲，长4～12(～20)mm，粗约0.5mm，有软骨质齿，较少齿不明显；鳞片状叶基部有长1～2mm的刺状短距，有时距不明显。花通常每2～4朵腋生，淡紫褐色；花梗长3～6mm，关节位于近中部；雄花花被长7mm，花丝中部以下贴生于花被片上；雌花较小，花被长约3mm。浆果直径6～7mm，成熟时红色，通常有4～5颗种子。花期5～6月，果期8月。

【生境分布】 贵德、贵南、兴海。生于山坡、田边及草滩，海拔2230～3700m。分布于宁夏、陕西、山西、河北、吉林；朝鲜也有。在青海亦分布于玉树、尖扎、同仁、西宁、湟源、乐都、互助。

贾留坤 摄

贾留坤 摄

贾留坤 摄

羊齿天门冬
滇百部 月牙一支蒿 土百部 千锤打
Asparagus filicinus D. Don

Liliaceae 百合科 Asparagus 天门冬属

【形态特征】 多年生直立草本，通常高30～100cm。根成簇，从基部开始或在近基部成纺锤状膨大，膨大部分长短不一，一般长2～4cm，宽5～10mm。茎近平滑，分枝通常有棱，有时稍具软骨质齿。叶状枝每4～11枚成簇，扁平，镰刀状，长3～15mm，宽0.8～2mm，有中脉；鳞片状叶基部无刺。花每1～2朵腋生，淡绿色，有时稍带紫色；花梗纤细，长12～20mm，关节位于近中部；雄花花被长约2.5mm，花丝不贴生于花被片上，花药卵形，长约0.8mm；雌花和雄花近等大或略小。浆果直径5～6mm，有2～3枚种子。花期5～7月，果期8～9月。

【经济用途】 根和根茎入药，滋补、祛风、干黄水，治"龙"病、黄水病、身体虚弱、淋病、皮肤瘙痒等症。

【生境分布】 贵德。生于林下、林缘、山坡，海拔2200～3750m。分布于云南、四川、贵州、甘肃、陕西、山西、河南、湖北、湖南、浙江；印度、不丹、缅甸也有。在青海亦分布于囊谦、玉树、班玛、循化、民和。

张海华 摄

张海华 摄

戈壁天门冬

Asparagus gobicus N. A. Ivanova ex Grubov

Liliaceae 百合科　Asparagus 天门冬属

【形态特征】　多年生半灌木，坚挺，近直立，高15～45cm。根细长，粗1.5～2mm。茎上部通常回折状，中部具纵向剥离的白色薄膜，分枝常强烈回折状，略具纵凸纹，疏生软骨质齿。叶状枝每3～8枚成簇，通常下倾或平展，和分枝交成钝角；近圆柱形，略有几条不明显的钝棱，长0.5～2.5cm，粗0.8～1mm，较刚硬；鳞片状叶基部具短距，无硬刺。花每1～2朵腋生；花梗长2～4mm，关节位于近中部或上部；雄花花被长5～7mm，花丝中部以下贴生于花被片上；雌花略小于雄花。浆果直径5～7mm，成熟时红色，有3～5枚种子。花期5月，果期6～9月。

【生境分布】　贵德。生于干旱山坡，海拔2300～3200m。分布于甘肃、宁夏、陕西、内蒙古；蒙古也有。在青海亦分布于循化、乐都。

长花天门冬
Asparagus longiflorus Franchet

Liliaceae 百合科　Asparagus 天门冬属

【形态特征】 草本，近直立，高20～170cm。根较细，粗约3mm。茎通常中部以下平滑，上部多少具纵凸纹并稍有软骨质齿，较少齿不明显；分枝平展或斜升，具纵凸纹和软骨质齿，嫩枝尤甚，很少齿不明显。叶状枝每4～12枚成簇，伏贴或张开，近扁的圆柱形，略有棱，一般伸直，长6～15mm，通常有软骨质齿，很少齿不明显；茎上的鳞片状叶基部有长1～5mm的刺状距，较少距不明显或具硬刺，分枝上的距短或不明显。花通常每2朵腋生，淡紫色；花梗长6～12(～15)mm，关节位于近中部或上部；雄花花被长6～7mm，花丝中部以下贴生于花被片上；雌花较小，花被长约3mm。浆果直径7～10mm，成熟时红色，通常有4枚种子。

【生境分布】 贵德、贵南、共和。生于山坡草地、河岸、河滩、田边、林缘，海拔2230～3800m。中国特有种，分布于甘肃、陕西、山西、河北、河南、山东。在青海亦分布于玉树、称多、尖扎、同仁、泽库、大通、西宁、湟源、湟中、乐都、互助、门源。

甘肃贝母 岷贝 西北贝母 藏名：阿毕卡

Fritillaria przewalskii Maximowicz

Liliaceae 百合科 Fritillaria 贝母属

【形态特征】 多年生草本。高20～50cm。鳞茎由2枚鳞片组成，直径5～10(～15)mm。下部叶对生，上部叶互生，叶片条形，长3～10cm，宽3～12mm，先端钝或渐尖，不卷曲或最上部的先端卷曲；叶状苞片1枚，狭而长，先端尾状渐尖，卷曲或不卷曲。花单生，偶有2朵，浅黄色或红黄色，有黑紫色或紫褐色斑点；花被片长圆形或长圆状倒卵形，长2～3.2cm，宽7～11mm，先端钝或有小尖，内层较外层的宽；雄蕊长为花被片的一半，花丝有乳突；柱头裂片短，长不逾1mm。蒴果长宽近相等，直径1～1.3cm。花果期6～7月。

【经济用途】 ① 鳞茎入药，为药材“川贝”主要来源之一，清热润肺、化痰止咳、补血，治气管炎、感冒；② 叶入药，治骨节积“黄水”；③花粉入药，治头痛、由高烧引起的神经症状或颅内并发症。

【生境分布】 贵德、贵南。中国特有珍稀濒危植物。生于高山灌丛、草地、林缘，海拔2400～4400m。分布于四川、甘肃。在青海亦分布于杂多、囊谦、玉树、称多、玛沁、班玛、尖扎、同仁、泽库、河南、湟中、乐都、民和、互助。

白瑜 摄

暗紫贝母 松贝 冲松贝 藏名：阿毕卡

Fritillaria unibracteata P. K. Hsiao & K. C. Hsia

Liliaceae 百合科 Fritillaria 贝母属

【形态特征】 多年生草本。高10～25cm。鳞茎由2枚鳞片组成，直径6～8mm。茎直立，具紫斑，光滑。下部叶对生，上部叶互生，叶片条形或条状披针形，长1.5～4.5cm，宽2～6mm，先端钝，不卷曲。花单生，深紫色，有黄褐色小方格；叶状苞片1枚，先端不卷曲；花被片长圆形或卵状长圆形，内层者较外层宽，长1.6～2.2cm，宽约1.1cm；雄蕊长约为花被片的1/2，花药基着，花丝具乳突或无；柱头裂片极短，长不逾1mm。蒴果长约1.5cm，直径约1cm。花果期6～9月。

【经济用途】 药用，功效同甘肃贝母。

【生境分布】 兴海。中国特有珍稀濒危植物。生于灌丛、阴坡草丛中，海拔3600～4100m。分布于四川西北部。在青海亦分布于久治、玛沁、河南。

张磊 摄

少花顶冰花

Gagea pauciflora (Turczaninow ex Trautvetter) Ledebour

Liliaceae 百合科 Gagea 顶冰花属

【形态特征】 多年生草本。高5～30cm。鳞茎外被多层褐色枯叶鞘，内藏少数小鳞茎。基生叶常1枚，线形，与茎等长或较长，宽2～2.5mm；茎生叶2～3枚，下部者较长，上部者短小，苞片状，基部半抱茎，边缘及脉上有短毛。花单生或2～5朵排成伞房花序；花被黄绿色，花被片条形，长2～3cm，宽3～5mm，先端渐尖，边缘膜质，白色，中部绿色，脉纹显著；雄蕊长为花被片的1/2；子房长约3mm，花柱与子房等长，柱头3深裂。蒴果长圆形，长1～1.5cm，直径约8mm，比花被片短；种子红色，三角形，扁平。花果期5～6月。

【生境分布】 同德、兴海。生于山坡灌丛、草丛、河滩，海拔2300～4500m。分布于西藏、甘肃、陕西、河北、内蒙古、黑龙江；俄罗斯、蒙古也有。在青海亦分布于曲麻莱、玛多、玛沁、尖扎、同仁、格尔木、德令哈、西宁、大通、刚察。

黄花菜 金针菜 柠檬萱草

Hemerocallis citrina Baroni

Liliaceae 百合科 Hemerocallis 萱草属

【形态特征】 多年生草本。高1m左右。根近肉质，中下部常有纺锤状膨大。花葶与叶等长或稍长，顶端有分枝。叶宽达2cm，上部外弯。假二歧状圆锥花序，具多数花；花梗较短，通常长不到1cm，苞片窄而长呈披针形，自下向上渐短小，宽3～6mm；花被淡黄色，裂片长5～8cm，内3片宽2～3cm，花被管长2～4cm。蒴果钝三棱状椭圆形，长3～5cm。种子20多枚，黑色，有棱。花期7～8月，果期8～9月。

【生境分布】 贵德、共和；引种栽培。

小黄花菜

Hemerocallis minor Miller

Liliaceae 百合科 Hemerocallis 萱草属

【形态特征】 多年生草本。根一般较细，绳索状，粗1.5～3(～4)mm，不膨大。叶长20～60cm，宽3～14mm。花葶稍短于叶或近等长，顶端具1～2朵花，少有具3朵花；花梗很短，苞片近披针形，长8～25mm，宽3～5mm；花被淡黄色；花被管较短，通常长1～2.5cm，极少能近3cm；花被裂片长4.5～6cm，内3片宽1.5～2.3cm。蒴果椭圆形或矩圆形，长2～2.5cm，宽1.2～2cm。花果期5～9月。

【生境分布】 贵德、共和曾引种栽培。生于海拔2300m以下的草地、山坡或林下。分布于黑龙江、吉林、辽宁、内蒙古（东部）、河北、山西、山东、陕西和甘肃（东部）；也分布于朝鲜和俄罗斯。

萱草 忘忧草 藏名：玛能果柞

Hemerocallis fulva (Linnaeus) Linnaeus

Liliaceae 百合科 Hemerocallis 萱草属

【形态特征】 多年生草本。根近肉质，中下部有纺锤状膨大；叶一般较宽；花早上开晚上凋谢，无香味，橘红色至橘黄色，内花被裂片下部一般有“∧”形彩斑。花果期为5～7月。花橘黄色；花被管较粗短，长2～3cm；内花被裂片宽2～3cm。栽培品种繁多，如常见的金娃娃萱草*H. fulva*‘Golden Doll’：叶基生，叶片条形，排成2列，长约25cm，宽1cm。株高30cm，花葶粗壮，高约35cm。螺旋状聚伞花序，花7～10朵。花冠漏斗形，花直径7～8cm，金黄色。花期5～11月，单花开放5～7天。

【经济用途】 根状茎和块根入药，清热利尿、凉血、止血，治腮腺炎、黄疸、膀胱炎、尿血、小便不利、月经不调、衄血、便血等病症；外用治乳腺炎和流行性腮腺炎。本品有毒性，服过量可致瞳孔扩大、呼吸抑制，甚至失明等，用时须谨慎或听从医嘱。

【生境分布】 海南州各地；栽培做观赏花卉。全国各地常见栽培，秦岭以南各地有野生。

金娃娃萱草

川百合

Lilium davidii **Duchartre**

Liliaceae 百合科　Lilium 百合属

【形态特征】　多年生草本。鳞茎扁球形或宽卵形，高2～4cm，直径2～4.5(～7)cm；鳞片宽卵形至卵状披针形，长2～3.5cm，宽1～1.5cm，白色。茎高50～100cm，有的带紫色，密被小乳头状突起。叶多数，散生，在中部较密集，叶片条形，长7～12cm，宽2～3(～6)mm，先端急尖，边缘反卷并有明显的小乳头状突起，中脉明显，往往在上面凹陷，在背面凸出，叶腋有白色绵毛。花单生或2～8朵排成总状花序；苞片叶状，长4～7.5cm，宽3～7mm；花梗长4～8cm；花下垂，橙黄色，向基部约2/3处有紫黑色斑点。外轮花被片长5～6cm，宽1.2～1.4cm；内轮花被片比外轮花被片稍宽，蜜腺两边有乳头状突起，在其外面的两边有少数流苏状的乳突。花丝长4～5.5cm，无毛，花药长1.4～1.6cm，花粉深橘红色；子房圆柱形，长1～1.2cm，宽2～3mm；花柱长为子房的2倍以上，柱头膨大，3浅裂。蒴果长矩圆形，长3.5cm，宽1.6～2cm。花果期6～8月。

【经济用途】　鳞茎含淀粉，质量优，栽培产量高，可供食用。

【生境分布】　贵德有栽培。西宁及东部农业区也有栽培。四川、云南、陕西、甘肃、河南、山西和湖北有野生，生于山坡草地、林下潮湿处或林缘，海拔850～3200m。

张磊 摄

张磊 摄

卷丹　卷丹百合　虎皮百合　藏名：达思麦朵

Lilium tigrinum Ker Gawler

Liliaceae 百合科　Lilium 百合属

【形态特征】 多年生草本。鳞茎近宽球形，高约3.5cm，直径4～8cm；鳞片宽卵形，长2.5～3cm，宽1.4～2.5cm，白色。茎高0.8～1.5m，带紫色条纹，具白色绵毛。叶散生，叶片矩圆状披针形或披针形，长6.5～9cm，宽1～1.8cm，两面近无毛，先端有白毛，边缘有乳头状突起，有5～7条脉，上部叶腋有珠芽。花3～6朵或更多；苞片叶状，卵状披针形，长1.5～2cm，宽2～5mm，先端钝，有白绵毛；花梗长6.5～9cm，紫色，有白色绵毛；花下垂，花被片披针形，反卷，橙红色，有紫黑色斑点；外轮花被片长6～10cm，宽1～2cm；内轮花被片稍宽，蜜腺两边有乳头状突起，尚有流苏状突起；雄蕊四面张开；花丝长5～7cm，淡红色，无毛，花药矩圆形，长约2cm；子房圆柱形，长1.5～2cm，宽2～3mm；花柱长4.5～6.5cm，柱头稍膨大，3裂。蒴果狭长卵形，长3～4cm。花期7～8月，果期9～10月。

【经济用途】 ① 鳞茎富含淀粉，供食用；② 鳞茎入药，润肺止咳，治肺病咳嗽、体虚；③花含芳香油，可作香料。

【生境分布】 贵德、贵南、共和有栽培。

山丹 细叶百合 藏名：达思麦朵

Lilium pumilum Redoute

Liliaceae 百合科 Lilium 百合属

【形态特征】 多年生草本。鳞茎卵形或圆锥形，高2～3cm，直径1～2cm，鳞片长圆形或长卵形，白色。茎高15～40cm，有乳突及紫色条纹。叶多生于茎中部，叶片条形，长3～6cm，宽约3mm，先端尖，边缘有细乳突。花单生或数朵排成总状花序，鲜红色，无斑点，下垂；花被片反卷，长3～4cm，宽约1cm，长圆形或长圆状披针形；蜜腺两边有乳突；花丝长约0.5cm，无毛，花药黄色，长圆形，长约1cm；子房圆柱形，花柱长达子房的1倍，柱头膨大，3裂。蒴果长达2cm；种子多数。花果期6～8月。

【经济用途】 ① 鳞茎含淀粉，供食用；② 鳞茎入药，润肺止咳、清热安神、利尿接骨、愈疮，治痨嗽咳血、虚烦惊悸、浮肿、小便不利、骨折、创伤；③ 花美丽，可栽培供观赏，也含挥发油，可提取供香料用。

【生境分布】 贵德、贵南、兴海，野生和庭院栽培。生于干山坡、山坡农田边，海拔1900～3500m。分布于四川、甘肃、陕西、宁夏、华北及东北地区；俄罗斯、蒙古、朝鲜也有。在青海亦分布于同仁、泽库、西宁、湟源、湟中、平安、循化、乐都、民和、互助、门源。

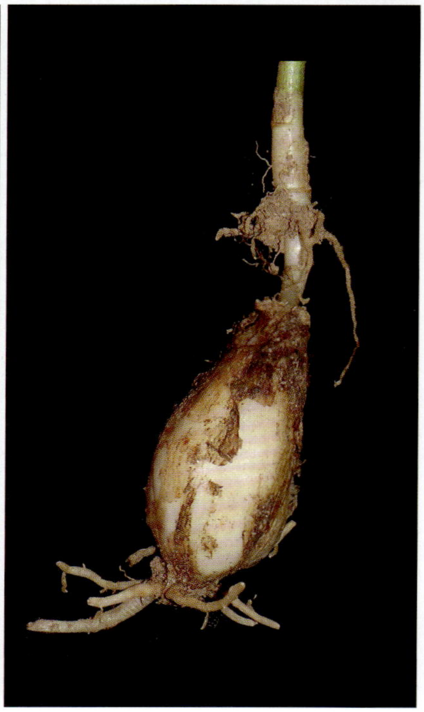

洼瓣花　藏名：阿哇

Lloydia serotina (Linnaeus) Reichenbach

Liliaceae 百合科　Lloydia 洼瓣花属

【形态特征】 多年生草本。高8～15cm。鳞茎被多层褐色、条裂的枯叶鞘。基生叶常2枚，或因不育叶丛尚未分立，而叶数有所增加，叶片与茎等高或短，基部扩大形成长鞘，包被鳞茎；茎生叶多枚，多短小，长1～4cm，宽约2mm，半抱茎。花1～3朵，白色而有紫色斑，向基部斑纹色加深，向上常有3条紫色脉；花被片长9～14mm，宽约7mm，倒卵状长圆形或椭圆形，先端急尖，基部内面常有1个凹穴；雄蕊长为花被片的2/3，花丝无毛；子房长圆形，长约3mm，与花柱等长，柱头3浅裂。蒴果倒卵状长圆形。花果期6～8月。

【经济用途】 全草或鳞茎入药，治跌打损伤、痈疖肿毒、沙眼。

【生境分布】 兴海。生于高山草甸，山坡灌丛、山坡岩石缝中，海拔2600～4100m。分布于西南、西北、华北及东北各地；欧洲、亚洲及北美洲温带地区均有。在青海亦分布于玉树、治多、曲麻莱、玛沁、久治、尖扎、同仁、天峻、循化、互助。

白瑜 摄

白瑜 摄

西藏洼瓣花

高山罗蒂 狗牙贝 尖贝 藏名：阿哇

Lloydia tibetica Baker ex Oliver

Liliaceae 百合科 Lloydia 洼瓣花属

【形态特征】 植株高10～30cm。鳞茎顶端延长、开裂。基生叶3～10枚，宽1.5～3mm，边缘通常无毛；茎生叶2～3枚，向上逐渐过渡为苞片，通常无毛，极少在茎生叶和苞片的基部边缘有少量疏毛；花1～5朵；花被片长13～20mm，黄色，有淡紫绿色脉；内花被片宽6～8mm，内面下部或近基部两侧各有1～4个鸡冠状褶片，外花被片宽约为内花被片的2/3；内外花被片内面下部通常有长柔毛，较少无毛；雄蕊长约为花被片的一半，花丝除上部外均密生长柔毛；子房长3～4(～5)mm，花柱长4～6(～8)mm；柱头近头状，稍3裂。花期5～7月。

【经济用途】 鳞茎入药，功效同洼瓣花。

【生境分布】 共和。生于海拔2300～4100m的山坡或草地上。分布于西藏、四川、湖北、陕西、甘肃和山西；也分布于尼泊尔。

卷叶黄精 滇钩吻 老虎姜 藏名：惹尼

Polygonatum cirrhifolium (Wallich) Royle

Liliaceae 百合科 Polygonatum 黄精属

【形态特征】 多年生草本。高达1m。根茎圆柱状或联珠状，直径约达1cm或节部（联珠）达2cm，长达15cm。茎直立，直径2～8mm。叶在茎上部者4～6枚轮生，多轮，中部者3叶轮生、对生或有时互生；也有叶大都生于茎中上部者，轮生、对生和互生兼有；叶片线状披针形至狭披针形，长6～14cm，宽3～18mm，一般宽3～7mm，先端卷曲成环或钩状，边缘外卷，基部狭缩成短柄，茎下部常无叶。花序常具2朵花，有时多至4朵花；总花梗长1～1.2cm，花梗长2～10mm；苞片膜质，线形，位于花梗基部或早落；花紫红色或淡紫色，筒状，长6～8mm，直径2～3mm，裂片长约2mm，先端被短毛；雄蕊略高于花被筒部；子房长2～3mm，花柱稍短于子房。浆果球形，红色。花果期6～9月。

【经济用途】 根状茎入药代黄精，滋补、延年益寿、温胃、干脓、清热、开胃、舒身。

【生境分布】 贵德、同德、兴海、共和。生于林下、林缘、灌丛、山坡草丛、碎石堆中，海拔2400～3900m。分布于西藏、云南、四川、甘肃、宁夏、陕西；印度、尼泊尔也有。在青海亦分布于杂多、囊谦、玉树、治多、久治、班玛、尖扎、同仁、河南、西宁、湟源、平安、循化、乐都、民和、互助、刚察、海晏、祁连、门源。

陆福根 摄

陆福根 摄

轮叶黄精 红果黄精 地吊 藏名：惹尼

Polygonatum verticillatum (Linnaeus) Allioni

Liliaceae 百合科 Polygonatum 黄精属

【形态特征】 多年生草本。高15～50cm。根茎节间长，节膨大，但不为连珠状，粗大的节上常有芽。茎直立，直径2～4mm。叶生于茎上部或中部以上，茎下部无叶；叶3枚轮生，兼有对生或互生，或全为对生和互生，叶片长圆状披针形、披针形或线形，长4.5～10cm，宽5～18mm，先端急尖或渐尖，不卷曲，边缘不外卷，基部渐狭成短柄。花多单生或2朵成花序，总花梗或花梗细，长3～13mm；花紫红色或淡紫色，长8～10mm，筒部直径2～3mm，裂片长2～4mm，先端具短毛；雄蕊与筒部等高；子房长约3mm，与花柱等长。浆果球形，红色，直径6～10mm。花果期5～9月。

【经济用途】 根状茎入药，功效同卷叶黄精。

【生境分布】 贵德。生于林下、林缘、山坡草地、灌丛、河滩草丛，海拔2400～3800m。分布于西藏、云南、四川、甘肃、陕西、山西。在青海亦分布于囊谦、玉树、班玛、玛沁、尖扎、同仁、泽库、循化、乐都、民和、互助、祁连、门源。

玉竹

萎蕤　尾参　铃铛菜　地管子　藏名：洛尼

Polygonatum odoratum (Miller) Druce

Liliaceae 百合科　Polygonatum 黄精属

【形态特征】 多年生草本。高15～40cm。根茎圆柱形，直径6～8mm。叶生于茎的上部，互生，4～9枚，叶片卵形、卵状披针形或椭圆形，长3.5～8.5cm，宽2～5.5cm，先端钝，基部近圆形或宽楔形，叶下面脉上有乳突或平滑。花序具1～2朵花；总花梗短，花梗长约2cm；花淡绿色或白色，长16～19mm，筒部直径4～5mm，裂片长3～4mm，先端具短毛；雄蕊与筒部等高；子房长约5mm，花柱长约12mm。浆果黑蓝色，球形，直径约1cm。花果期6～9月。

【经济用途】 ① 根状茎含淀粉，可制糕点、酿酒、蜜饯；② 鳞茎入药，为滋养强壮剂，主治身体虚弱、多汗、多尿、遗精等，并可与冰糖煎服，可润肺生津、抗衰老。

【生境分布】 贵德。生于林下，海拔2200～2800m。分布于甘肃、山西、河北、内蒙古、辽宁、吉林、黑龙江、湖北、湖南、河南、山东、江西、安徽、江苏、台湾；韩国、日本、蒙古、俄罗斯和欧洲也有。在青海亦分布于尖扎、同仁、大通、循化、民和、互助、祁连、门源。

白瑜 摄

唐菖蒲 十样锦 菖兰 荸荠莲

Gladiolus gandavensis **Vaniot Houtt**

Iridaceae 鸢尾科 Gladiolus 唐菖蒲属

【形态特征】 多年生草本。球茎扁圆球形，直径2.5～4.5cm，外包有棕色或黄棕色的膜质包被。叶基生或在花茎基部互生，叶片剑形，长40～60cm，宽2～4cm，基部鞘状，顶端渐尖，嵌叠状排成2列，灰绿色，有数条纵脉及1条明显而突出的中脉。花茎直立，高50～80cm，不分枝，花茎下部生有数枚互生的叶；顶生穗状花序长25～35cm，每朵花下有苞片2枚，膜质，黄绿色，卵形或宽披针形，长4～5cm，宽1.8～3cm，中脉明显；无花梗；花在苞内单生，两侧对称，有红、黄、白或粉红等色，直径6～8cm；花被管长约2.5cm，基部弯曲，花被裂片6枚，2轮排列，内、外轮的花被裂片皆为卵圆形或椭圆形，上面3片略大（外花被裂片2片，内花被裂片1片），最上面的1片内花被裂片特别宽大，弯曲成盔状；雄蕊3枚，直立，贴生于盔状内花被裂片内，长约5.5cm，花药条形，红紫色或深紫色，花丝白色，着生在花被管上；花柱长约6cm，顶端3裂，柱头略扁宽而膨大，具短绒毛，子房椭圆形，绿色，3室，中轴胎座，胚珠多数。蒴果椭圆形或倒卵形，成熟时室背开裂；种子扁而有翅。花期7～9月，果期8～10月。

【经济用途】 ①著名的观赏花卉；②球茎可入药，味苦、性凉、清热解毒，治腮腺炎、淋巴腺炎及跌打损伤等。

【生境分布】 海南州各地均有栽培。世界各地广为栽培，并有逸生。

野鸢尾

二叉鸢尾 白射干 扇子草 羊角草 扁蒲扇

Iris dichotoma Pallas

Iridaceae 鸢尾科 Iris 鸢尾属

【形态特征】 多年生草本。须根黄白色，多数。地下块茎明显具节，形状不规则。花葶直立，实心，高40～60cm，二歧分枝，分枝处具披针形的叶片。叶多基生，基部鞘状，互相套叠，叶片条形或剑形，长10～35cm，宽2～3cm，上部多少弯曲呈镰形；平行脉，无中脉。多数花排列成聚伞状花序；花和花序下具4～5枚膜质苞片，苞片具白色边缘，内含3～4朵花；花两性，辐射对称，单生，花梗短，无花管；花被片6枚，两轮排列，内轮裂片和外轮裂片不同形，外轮大，蓝白色；雄蕊3枚，花药外裂；子房下位，心皮3枚，中轴胎座，胚珠多数，花柱1枚，柱头3裂，花柱分枝花瓣状。蒴果长圆形，成熟时室背开裂；种子褐色，椭圆形，两端具翅。花果期6～9月。

【生境分布】 共和偶见移栽，供观赏。青海野生者见于循化和民和，生于山坡、草地，海拔2300m。分布于我国北方；俄罗斯、蒙古也有。

德国鸢尾

Iris germanica **Linnaeus**

Iridaceae 鸢尾科　Iris 鸢尾属

【形态特征】 多年生草本。根状茎粗壮而肥厚，常分枝，扁圆形，斜伸，具环纹，黄褐色；须根肉质，黄白色。叶直立或略弯曲，淡绿色、灰绿色或深绿色，常具白粉，叶片剑形，长20～50cm，宽2～4cm，顶端渐尖，基部鞘状，常带红褐色，无明显的中脉。花茎光滑，黄绿色，高60～100cm，上部有1～3个侧枝，中、下部有1～3枚茎生叶；苞片3枚，草质，绿色，边缘膜质，有时略带红紫色，卵圆形或宽卵形，长2～5cm，宽2～3cm，内包含有1～2朵花；花大，鲜艳，直径可达12cm；花色因栽培品种而异，多为淡紫色、蓝紫色、深紫色或白色，有香味；花被管喇叭形，长约2cm，外花被裂片椭圆形或倒卵形，长6～7.5cm，宽4～4.5cm，顶端下垂，爪部狭楔形，中脉上密生黄色的须毛状附属物，内花被裂片倒卵形或圆形，长、宽各约为5cm，直立，顶端向内拱曲，中脉宽，并向外隆起，爪部狭楔形；雄蕊长2.5～2.8cm，花药乳白色；花柱分枝淡蓝色、蓝紫色或白色，长约5cm，宽约1.8cm，顶端裂片宽三角形或半圆形，有锯齿，子房纺锤形，长约3cm，直径约5mm。蒴果三棱状圆柱形，长4～5cm，顶端钝，无喙，成熟时自顶端向下开裂为3瓣；种子梨形，黄棕色，表面有皱纹，顶端生有黄白色的附属物。花期4～5月，果期6～8月。

【经济用途】 著名的观赏花卉，品种甚多。

【生境分布】 贵德；栽培供观赏。原产于欧洲，我国各地庭园常见栽培。

锐果鸢尾 小排草

Iris goniocarpa Baker

Iridaceae 鸢尾科　Iris 鸢尾属

【形态特征】 多年生草本。根状茎短，棕褐色；须根细，质地柔嫩，黄白色，多分枝。叶片柔软，黄绿色，条形，长10～25cm，宽2～3mm，顶端钝，中脉不明显。花葶高10～25cm，无茎生叶；苞片2枚，膜质，绿色，略带淡红色，披针形，长2～4cm，宽5～8mm，顶端渐尖，向外反折，内包含有1朵花；花蓝紫色，直径3.5～5cm；花梗甚短或无；花被管长1.5～2cm，外花被裂片倒卵形或椭圆形，长2.5～3cm，宽约1cm，有深紫色的斑点，顶端微凹，基部楔形，中脉上的须毛状附属物基部白色，顶端黄色，内花被裂片狭椭圆形或倒披针形，长1.8～2.2cm，宽约5mm，顶端微凹，直立；雄蕊长约1.5cm，花药黄色；花柱分枝花瓣状，长约1.8cm，顶端裂片狭三角形，子房绿色，长1～1.5cm。蒴果黄棕色，三棱状圆柱形或椭圆形，长3.2～4cm，直径1.2～1.8cm，顶端有短喙。花期5～6月，果期6～9月。

【生境分布】 海南州各地均产。生于高山草地、灌丛，海拔3200～4900m。分布于我国西南诸省及甘肃、陕西；喜马拉雅地区也有。在青海亦分布于杂多、治多、曲麻莱、囊谦、玉树、称多、玛多、达日、班玛、甘德、久治、玛沁、尖扎、同仁、泽库、河南、湟源、湟中、平安、化隆、乐都、民和、互助、门源。

朱鑫鑫 摄

鸢尾 蓝蝴蝶 白花鸢尾 蝴蝶花

Iris tectorum **Maximowicz**

Iridaceae 鸢尾科 Iris 鸢尾属

【形态特征】 多年生草本。基部宿存纤维状枯叶鞘。须根多数。根状茎粗大，二歧分枝，直径约1cm。花茎直立，高20～50cm。叶多基生，少互生，基部鞘状，互相套叠，稍弯曲，叶片宽剑形，长15～50cm，宽1～4cm。多数花排列成总状或圆锥状花序；花和花序下具2～3枚草质苞片，长5～7cm，宽2～3cm，内含1～2朵花；花被片6枚，两轮排列，外轮通常较大，蓝紫色，下弯，向轴面中脉具鸡冠状附属物，栽培有白花者外花被裂片爪部带有浅黄色斑纹；内轮花被片平展；花被管喇叭形；雄蕊3枚，着生于外轮花被片基部，花药黄色，花丝细，白色；子房纺锤状，花柱柱头3裂，每裂片复2裂，花柱分枝花瓣状，蓝色；蒴果具6条肋，成熟时室背开裂成3瓣；种子黑色，无附属物。花果期6～9月。

【经济用途】 ①庭园花卉。②根状茎入药，消积、通便、散淤、截疟，并代射干*Belamcanda chinensis*用。

【生境分布】 兴海、共和有栽培。青海常见地栽花卉，原产于我国淮河以南地区，我国大部分地区有栽培；东南亚也有。青海西宁、大通、湟中、化隆、循化、民和、乐都、格尔木等地也有栽培。

白花马蔺

马蔺　蠡实　兰花草　马莲　藏名：玛能择玛

Iris lactea Pallas

Iridaceae 鸢尾科　Iris 鸢尾属

【形态特征】 多年生密丛草本。基部宿存纤维状枯叶鞘，棕红色至灰褐色。须根多数，黑褐色。根状茎木质，块状，缩短。花茎高15～50cm，具1～3枚茎生叶。叶基生，少茎生，基部鞘状，互相套叠，直立，叶片条形，长7～70cm，宽4～5mm。2～4朵花生于茎顶，苞片3～4枚，宽于叶，草质。花直径5～9cm，具短梗；花被片6枚，两轮排列，外轮通常较大，白色、黄白色、浅蓝色、蓝色或蓝紫色，斜伸，先端稍反折，向轴面光滑，具深色脉纹，倒披针形；内轮花被片3枚，直立或斜伸，蓝紫色；花被管喇叭状；雄蕊3枚，花药黄色，条形；子房纺锤状，花柱柱头3裂，每裂片复3裂，花柱分枝花瓣状，蓝色。蒴果具平截的喙，近圆柱形，成熟时开裂；种子棕褐色，多面体状梨形。花果期6～9月。

【经济用途】 ① 种子入药，退烧、解毒、驱虫，治阑尾炎、蛔虫和蛲虫病；② 耐盐碱、耐践踏，根系发达，可用于水土保持和改良盐碱土；③ 叶在冬季可作牛、羊、骆驼的饲料，并可供造纸及编织用。

【生境分布】 全省各地均产。生于山坡草地，海拔2500～3400m。分布于西北、华北、东北；朝鲜、蒙古、俄罗斯及中亚和西亚地区也有。

天山鸢尾

Iris loczyi **Kanitz**

Iridaceae 鸢尾科 Iris 鸢尾属

【形态特征】 多年生密丛草本，折断的老叶叶鞘宿存于根状茎上，棕色或棕褐色。地下生有不明显的木质、块状根状茎，暗棕褐色。叶片质地坚韧，直立，狭条形，长20～40cm，宽约3mm，顶端渐尖，基部鞘状，无明显的中脉。花茎较短，不伸出或略伸出地面，基部常包有披针形膜质的鞘状叶；苞片3枚，草质，长10～15cm，宽约1.5cm，中脉明显，顶端渐尖，内包含有1～2朵花；花蓝紫色，直径5.5～7cm；花被管甚长，丝状，长达10cm，外花被裂片倒披针形或狭倒卵形，长6cm，宽1～2cm，爪部略宽，内花被裂片倒披针形，长4.5～5cm，宽7～8mm；雄蕊长约2.5cm；花柱分枝长约4cm，宽约8mm，顶端裂片半圆形，子房纺锤形，长约1.2cm。果实长倒卵形至圆柱形，长4～7cm，直径约2cm，顶端略有短喙，有6条明显的肋，新鲜时红褐色，苞片宿存于果实的基部。花果期6～9月。

【生境分布】 全省各地均产。生于干旱山坡、高山草地、寒漠砾地，海拔2200～4900m。分布于西藏、四川、新疆、甘肃、宁夏及内蒙古；蒙古、俄罗斯及中亚和西亚地区也有。

粗根鸢尾 甘肃鸢尾

Iris tigridia Bunge

Iridaceae 鸢尾科 Iris 鸢尾属

【形态特征】 多年生草本。基部宿存纤维状枯叶鞘。须根肉质，黄白色，上下近等粗，侧根较少。根状茎块状，缩短。花茎直立，高2～13cm，实心，基部包以数枚膜质鳞片叶。叶基生，条形，基部鞘状，互相套叠，长5～25cm，宽2～4mm。花1～2朵，无梗或具短梗；苞片2～3枚，膜质，披针形，黄色、绿黄色，边缘膜质，稍带紫红色；花被片6枚，紫红色，直径约5cm；外轮花被片3枚，通常较大，下弯，向轴面中脉具黄色棒毛状附属物；内轮花被片3枚，直立；花被管细管状；雄蕊3枚，着生于外轮花被片基部，花药紫色；子房纺锤状，花柱柱头3裂，每裂片复2裂，花柱分枝花瓣状，蓝色。蒴果卵圆形，长2～4cm，成熟时室背开裂成3瓣；种子红褐色，梨形，无附属物。花果期6～9月。

【生境分布】 兴海、共和。生于山坡草地，海拔2200～3200m。分布于甘肃、黑龙江、辽宁、吉林、内蒙古、山西、四川；哈萨克斯坦、蒙古和俄罗斯也有。青海亦分布于尖扎。

白瑜 摄

白瑜 摄

白瑜 摄

白瑜 摄

卷鞘鸢尾 藏名：玛能择玛

Iris potaninii **Maximowicz**

Iridaceae 鸢尾科 Iris 鸢尾属

【形态特征】 多年生草本，植株基部围有大量老叶叶鞘的残留纤维，棕褐色或黄褐色，毛发状，向外反卷。根状茎木质，块状，很短；根粗而长，黄白色，近肉质，少分枝。叶片条形，花期叶片长4～8cm，宽2～3mm，果期长可达20cm，宽3～4mm。花茎极短，不伸出地面，基部生有1～2枚鞘状叶；苞片2枚，膜质，狭披针形，长4～4.5cm，宽约6mm，顶端渐尖，内包含有1朵花；花黄色，直径约5cm；花梗甚短或无；花被管长1.5～3.7cm，下部丝状，上部逐渐扩大成喇叭形，外花被裂片倒卵形，长约3.5cm，宽约1.2cm，顶端微凹，中脉上密生有黄色的须毛状附属物，内花被裂片倒披针形，长约2.5cm，宽0.8～1cm，顶端微凹，直立；雄蕊长约1.5cm，花药短宽，紫色；花柱分枝扁平，黄色，长约2.8cm，宽约6mm，顶端裂片近半圆形，外缘有不明显的牙齿，子房纺锤形，长约7mm。果实椭圆形，长2.5～3cm，宽1.3～1.6cm，顶端有短喙，成熟时沿室背开裂，顶端相连；种子梨形，直径约3mm，棕色，表面有皱纹。花期5～6月，果期7～9月。

【经济用途】 种子入药，退烧、解毒、驱虫，治阑尾炎、蛔虫和蛲虫病。

【生境分布】 海南州各地均产。生于高山草地、寒漠砾地，海拔3200～4900m。分布于西藏、甘肃；蒙古和俄罗斯也有。在青海亦分布于杂多、治多（可可西里）、曲麻莱、囊谦、玉树、称多、玛多、达日、班玛、甘德、久治、玛沁、尖扎、同仁、泽库、河南、天峻、门源。

蓝花卷鞘鸢尾

Iris potaninii var. ***ionantha*** Y. T. Zhao

Iridaceae 鸢尾科　Iris 鸢尾属

【形态特征】 本变种与原变种的区别为：花被片及花柱为蓝色。

【生境分布】 与原变种相同。

青海鸢尾

Iris qinghainica Y. T. Zhao

Iridaceae 鸢尾科　Iris 鸢尾属

【形态特征】 多年生密丛草本，植株基部存留折断的老叶叶鞘常分裂成毛发状的纤维，棕褐色。地下生有不明显的木质、块状根状茎；须根绳索状，灰褐色。叶片灰绿色，狭条形，长5～15cm，宽2～3mm，顶端渐尖，无明显的中脉。花茎甚短，不伸出地面，基部常包有披针形的膜质鞘状叶；苞片3枚，草质，绿色，对折，边缘膜质，淡绿色，披针形，长6～10cm，宽6～18mm，内包含有1～2朵花，花蓝紫色或蓝色，直径4.5～5cm；花被管长管状，长7～10cm，外花被裂片狭倒披针形，长3～3.5cm，宽约5mm，上部向外反折，爪部狭楔形，内花被裂片狭倒披针形至条形，长3cm，宽约4mm，直立；雄蕊3枚，长1.8～2cm；花柱分枝长约2.5cm，宽约3mm，顶端裂片狭披针状三角形，子房细圆柱形，中间略粗，长约1.5cm。花果期6～9月。

【生境分布】 贵南、兴海、共和（模式标本产地：青海湖南岸）。生于高山草地，海拔3200～4000m。中国特有种，分布于甘肃西南部。在青海亦分布于刚察。

准噶尔鸢尾

Iris songarica **Schrenk ex Fischer & C. A. Meyer**

Iridaceae 鸢尾科　Iris 鸢尾属

【形态特征】　多年生草本。基部宿存纤维状枯叶鞘，棕红色至灰褐色。须根多数，黑褐色。根状茎木质，块状，缩短。花茎高20～50cm，具1～3枚茎生叶。叶基生，少茎生，叶片条形，基部鞘状，互相套叠，直立，长10～70cm，宽4～5mm。2朵花，生于茎顶；苞片3～4枚，宽于叶，草质。花直径7～9cm，具短梗；花被片6枚，两轮排列；外轮通常较大，黄白色、蓝紫色或紫红色，提琴形，斜伸，先端稍反折，向轴面光滑，具深色脉纹；内轮花被片平展或斜伸，蓝紫色或紫红色；花被管喇叭状；雄蕊3枚，花药褐色，条形；子房纺锤状，花柱柱头3裂，每裂片复2裂，花柱分枝花瓣状，蓝紫色。蒴果具长尖喙，圆柱形，成熟时开裂；种子棕褐色，多面体状梨形。花果期6～9月。

【生境分布】　兴海。生于高山草地，海拔2800～4100m。分布于四川、新疆、甘肃、陕西、宁夏；蒙古及中亚地区也有。在青海亦分布于玛沁、同仁、泽库、湟中、祁连、门源。

火烧兰 小花火烧兰

Epipactis helleborine (Linnaeus) Crantz

Orchidaceae 兰科 Epipactis 火烧兰属

【形态特征】 地生兰。高22～63cm。根状茎短，具数条细而长的根。茎直立，上部被短柔毛，下部具2～4枚鞘，鞘之上生叶。叶2～5(～7)枚，互生，叶片卵形至卵状披针形。总状花序具5～30朵花，花序轴被短柔毛；花苞片叶状，卵状披针形至披针形，常下部的较花长，上部的较短；花黄绿色，下垂，稍开放；中萼片卵状披针形，长8～9mm，宽约4mm，舟状，端渐尖；侧萼片与中萼片相似，近等大，但稍斜歪；花瓣卵状披针形，较萼片稍小，唇瓣长5～6mm，下半部杯状，半球形，上半部三角形、卵形至心形，长约3mm，先端钝或急尖，近基部有2枚突起；蕊柱连花药长3～4mm；子房狭倒卵形，连花梗长12～13mm，扭转，被绒毛。花期7～8月，果期8～9月。

【经济用途】 根入药，理气行血，主治跌打损伤。

【生境分布】 贵德、同德。生于山坡林下或林缘草地，海拔2230～2800m。分布于西藏、云南、贵州、四川、新疆、甘肃、陕西、宁夏、山西、河北、内蒙古、辽宁、吉林、黑龙江、湖北、湖南、河南；不丹、尼泊尔、印度（锡金）、克什米尔地区、阿富汗、北美洲、俄罗斯（西伯利亚）、中亚地区至欧洲也有。在青海亦分布于尖扎、西宁、大通、湟源、湟中、循化、互助、门源。

小斑叶兰

袖珍斑叶兰　匍枝斑叶兰　南投斑叶兰

Goodyera repens (Linnaeus) R. Brown

Orchidaceae 兰科　Goodyera 斑叶兰属

【形态特征】 地生兰。高8～15cm。根状茎伸长、匍匐。茎直立，被淡黄色腺毛，下部生数枚叶。叶互生，叶片卵形或卵状椭圆形，长2～3cm，宽1～1.5cm，先端急尖，基部收狭成鞘、抱茎，上面具白色斑纹。总状花序长3～4cm，具几朵至10余朵花，花序轴被淡黄色腺毛；花苞片披针形，常长于子房；花小，白色或带粉红色；萼片外面被腺毛；中萼片卵状披针形，直立，长约4mm，舟状，先端钝，与花瓣靠合成兜状；侧萼片卵状椭圆形，稍斜歪，较中萼片长而宽，先端钝；花瓣长圆形，与中萼片长、宽近等，先端钝；唇瓣卵形，长约3.5mm，靠后部2/3凹陷呈囊状、半球形，囊内无毛，前部短，对褶呈舟状，不裂，先端钝；蕊柱短；蕊喙直立，2裂，裂片长达1mm；柱头1枚，较大，位于蕊喙之下，子房纺锤形，长5～6mm，扭转，几无柄，被疏腺毛。花期7～8月，果期8～9月。

【经济用途】 全草民间作药用。

【生境分布】 同德。生于山坡林下阴湿处或沟谷林下，海拔2190～3500m。分布于西藏、云南、贵州、四川、新疆、甘肃、陕西、山西、河北、内蒙古、辽宁、吉林、黑龙江、湖北、湖南、河南、安徽、台湾；日本、朝鲜、蒙古、俄罗斯（西伯利亚）至欧洲、缅甸、不丹至克什米尔地区、北美洲也有。在青海亦分布于大通、互助。

张海华 摄

西藏玉凤花

Habenaria tibetica **Schlechter**

Orchidaceae 兰科　Habenaria 玉凤花属

【形态特征】 地生兰。高18～28cm。块茎长圆形，肉质，长2～3cm。叶2枚，生于茎的近基部，近对生，叶片平展，卵圆形或卵形，长3～6.5cm，宽2.5～7cm，先端锐尖或钝，基部骤狭抱茎，叶表面具5(～7)条白色脉，显著。花葶直立，和花序轴均被乳突状柔毛；花序具3～8朵较疏散的花，长4～10cm；花苞片披针形，先端渐尖，令下部的长于或短于子房；花大，黄绿色至近白色；中萼片直立，卵形，舟状，长约9mm，宽约5mm，先端稍钝；侧萼片斜卵形，背折，长约11mm，宽约5mm，先端稍尖；花瓣直立，与中萼片靠合成兜状，斜长圆状披针形至斜卵状披针形，长约10mm，基部宽约3.5mm，基部前侧边缘延伸成1个三角形小裂片，裂片长约1.5mm，先端尖；唇瓣近基部3深裂，中裂片线形，直立，长约1.5cm，先端钝；侧裂片从线形基部向顶端渐狭成丝状，近顶端部分卷曲，长可达4cm，与中裂片相交，呈近90°夹角叉开或稍叉开伸展；距细棒形，长约2.3cm，近中部向末端明显增粗，向后平举或向前弯曲，较子房长得多；子房纺锤形，连花梗长1～1.5cm，扭转，被乳突状柔毛。花期7～8月。

【生境分布】 贵南。生于山坡林下、灌丛下的阴湿处或沟边岩石缝中，海拔3000～3600m。中国特有珍稀濒危植物，分布于西藏、四川、甘肃、云南。在青海亦分布于同仁、泽库、大通、湟中、乐都。

角盘兰 藏名：旺拉曼巴

Herminium monorchis (Linnaeus) R. Brown

Orchidaceae 兰科 Herminium 角盘兰属

【形态特征】 地生兰。高6～30cm。块茎圆球形，直径8～15mm。茎直立，下部具2～3枚叶。叶片椭圆形或椭圆状披针形，长3～7cm，宽1～2.5cm，先端急尖，基部渐狭抱茎。总状花序长5～19cm，具多数花；花苞片线状披针形，先端渐尖，下部的与子房等长；花小，黄绿色，垂头；中萼片狭卵形，长约3mm，宽约1.3mm，先端钝；侧萼片斜披针形，较中萼片稍长而狭，先端稍尖；花瓣狭菱状披针形，长约5mm，下部1/3处宽约1.2mm，且骤狭为线状披针形，肉质增厚，先端钝尖；唇瓣长约4mm，近基部宽约1.2mm，下部1/4处3裂，中裂片线形，肉质增厚，长约3mm，侧裂片三角形，稍叉开，较中裂片短很多，唇瓣基部凹陷呈浅囊；柱头2枚；子房圆柱形，长5～6mm，扭转，无毛。花期7～8月，果期9月。

【经济用途】 全草入药，有滋阴补肾、养胃、调经作用，治神经衰弱、头晕失眠、烦躁口渴、食欲不振、须发早白、月经不调。

【生境分布】 贵德、同德、兴海。生于山坡林下、林缘、灌丛、草地、河滩及沼泽地上，海拔2300～4500m。分布于西藏、云南、四川、甘肃、陕西、山西、河北、内蒙古、辽宁、吉林、黑龙江、河南、山东；日本、朝鲜、俄罗斯（西伯利亚）至欧洲、克什米尔地区至尼泊尔、印度（锡金）也有。在青海亦分布于囊谦、玉树、玛沁、同仁、泽库、河南、大通、湟源、湟中、民和、互助、祁连、门源。

张海华 摄

裂瓣角盘兰

Herminium alaschanicum Maximowicz

Orchidaceae 兰科　Herminium 角盘兰属

【形态特征】 地生兰。高(8～)15～30(～41)cm。块茎圆球形，直径1～3cm。茎直立，下部具2～4枚较密生的叶，上部有2～5枚苞片状小叶。叶片狭长圆状披针形或线形，长5～15cm，宽0.5～1(～1.8)cm，先端急尖或渐尖，基部渐狭抱茎。总状花序长4～14cm，具多数花；花苞片披针形，先端渐尖呈尾状，下部的长于子房；花小，绿色，垂头；中萼片卵形，长4～4.5mm，宽2～2.5mm，直立，先端钝；侧萼片斜长椭圆形，与中萼片等长且较狭，先端钝；花瓣卵状披针形，近中部骤狭成线形，似3裂，且肉质增厚，先端钝；唇瓣长圆形，近中部3深裂，裂片线形，中裂片较侧裂片稍短而宽，唇瓣基部具距，距长圆形，长约1.5mm，较明显；柱头2枚；子房圆柱形，长6～7mm，扭转，无毛，长6～7mm。花期7～8月，果期8～9月。

【经济用途】 同角盘兰。

【生境分布】 海南州各地。生于山坡灌丛、草地、沙丘、沟谷草滩，海拔2600～4300m。分布于西藏、云南、四川、甘肃、陕西、宁夏、山西、河北、内蒙古。在青海亦分布于囊谦、玉树、玛沁、同仁、河南、大通、湟中、乐都、互助、刚察、海晏、祁连、门源。

对叶兰 大二叶兰 华北对叶兰

Neottia puberula (Maximowicz) Szlachetko

Orchidaceae 兰科 Neottia 鸟巢兰属

【形态特征】 地生兰。高8～20cm。茎纤细，直立，具2枚对生叶，叶以上被短柔毛。叶生于茎的中部，叶片心形、宽卵形或宽卵状三角形，长1.5～3.5cm，宽1.5～2.5cm，先端急尖或钝，边缘多少皱波状。总状花序长2～8cm，具4～10余朵疏生的花；花苞片披针形，先端急尖，较具柄的子房短；花很小，黄绿色；中萼片直立，卵状长圆形，长约3mm，宽约1.2mm，先端钝；侧萼片斜卵状披针形，长约3.5mm，宽约1.5mm，先端钝，张开；花瓣直立，线形，长约2.5mm，宽约0.5mm，先端钝，与中萼片多少靠合；唇瓣向前伸，狭倒卵状楔形，长约6.5mm，前部宽约2.5mm，外侧边缘多少具乳突状缘毛，顶端2浅裂，裂片近平行，长约1mm，先端钝；蕊柱长约2mm；蕊喙宽卵形；子房近纺锤形，长约2.5mm，扭转；花梗长3～4mm，被短柔毛。花期7～8月，果期9月。

【生境分布】 贵德、同德。生于山坡林下阴湿处、林缘、沟谷灌丛下，海拔2000～3200m。分布于贵州、四川、甘肃、山西、河北、内蒙古、辽宁、吉林、黑龙江；日本、朝鲜、俄罗斯（远东至东西伯利亚地区）也有。在青海亦分布于大通、湟中、民和、互助。

尖唇鸟巢兰 小鸟巢兰 小燕巢兰

Neottia acuminata Schlechter

Orchidaceae 兰科 Neottia 鸟巢兰属

【形态特征】 腐生兰。植株高15～30cm。茎直立，无毛，中部以下具3～5枚鞘，无绿叶；鞘膜质，长1～5cm，抱茎。总状花序顶生，长7～12cm，具10～20余朵花；花序轴无毛且无乳头状突起；花苞片长圆状卵形，长2～3mm，先端钝，无毛；花梗长3～4mm，无毛；子房椭圆形，长2.5～3mm，无毛；花小，黄褐色，常3～4朵聚生而呈轮生状；中萼片狭披针形，长3～5mm，宽约0.8mm，先端长渐尖，具1条脉，无毛；侧萼片与中萼片相似，但宽达1mm；花瓣狭披针形，长2～3.5mm，宽约0.5mm；唇瓣形状变化较大，通常卵形、卵状披针形或披针形，长2～3.5mm，宽1～2mm，先端渐尖或钝，边缘稍内弯，具1条或3条脉；蕊柱极短，明显短于着生于其上的花药或蕊喙；花药直立，近椭圆形，长约1mm；柱头横长圆形，直立，左右两侧内弯，围抱蕊喙，2个柱头位于内弯边缘的内侧；蕊喙舌状，直立，长可达1mm。蒴果椭圆形，长约6mm，宽3～4mm。花期7～8月，果期8～9月。

【生境分布】 贵德、同德。生于山坡云杉林或杂木林下，海拔2220～3400m。分布于西藏、云南、四川、甘肃、陕西、山西、河北、内蒙古、吉林、湖北、河南、山东；日本、朝鲜、印度（锡金）、俄罗斯（远东地区）也有。在青海亦分布于乐都、互助、祁连、门源。

广布小红门兰 广布红门兰 库莎红门兰

Ponerorchis chusua (D. Don) Soo

Orchidaceae 兰科 Ponerorchis 小红门兰属

【形态特征】 地生兰。高12～30cm。块茎卵圆形，直径1～2cm。叶(1～)2～3枚，叶片长圆形、长圆状披针形至线形，长3.5～7(～11)cm，宽1～2.5cm，先端急尖，基部渐狭成鞘、抱茎。花葶直立；花序具2～9朵花，多偏向同一侧；花苞片披针形，最下部的长于或短于花，先端渐尖；花紫红色或淡紫色，中萼片近长圆形，长约8mm，宽约3mm，直立，先端稍钝；侧萼片为斜歪的长卵形，长约9mm，宽约4mm，先端稍钝，背折；花瓣直立，斜卵形，较中萼片短而略较宽，先端稍尖，与中萼片靠合成兜状；唇瓣较萼片长，3裂，中裂片长圆形或四方形，先端具短尖或微凹，侧裂片扩展，镰状长圆形，边缘全缘或有波状齿；距圆筒状，长于或等长于子房，向后近平展；蕊柱短，长约3mm；子房圆柱状纺锤形，长11～12mm，弓曲，扭转。花期6～7月，果期8～9月。

【生境分布】 贵德。生于山坡林下、灌丛或河滩草地上，海拔2000～4000m。分布于西藏、云南、四川、甘肃、陕西、内蒙古、吉林、黑龙江、湖北、台湾；日本、俄罗斯（西伯利亚）、尼泊尔、不丹、印度东北部和缅甸也有。青海亦分布于囊谦、玉树、同仁、湟中、乐都、民和、互助、门源。

欧为友 摄

掌裂兰 宽叶红门兰

Dactylorhiza hatagirea (D. Don) Soó

Orchidaceae 兰科 Dactylorhiza 掌裂兰属

【形态特征】 地生兰。高10～33cm。块茎前部掌状裂，裂片细长。叶3～6枚，叶片长圆形、披针形至线状披针形，长7～9(～15)cm，宽(1～)2～3.5cm，先端渐尖或急尖，基部收狭成鞘、抱茎，疏生或集生。花葶直立，粗壮，总状花序具几朵至20余朵花，长4.5～9cm，通常密集；花苞片披针形；先端长渐尖，最下部的长于花，有时带紫色；花紫红色或粉红色；萼片先端钝，稍内弯，中萼片直立，长圆形，长约9mm，宽约3.5mm；侧萼片为斜的卵状长圆形，长约10mm，宽4～5mm；花瓣直立，为斜的狭卵形，较中萼片稍短，近等宽，先端钝，内弯，与中萼片靠合成兜状；唇瓣前伸，卵圆形，长约9mm，宽约10mm，前部不裂或3浅裂，中裂片近卵形，较侧裂片长但小的多，侧裂片先端钝，边缘具波状齿；距圆锥状筒形，较子房稍短或稍长；蕊柱短，长约4mm；花药顶部尖；子房圆柱状，长12～14mm，扭转。花期7～8月。

【经济用途】 块茎入药。功效可以代替手参Gymnadenia conopsea。

【生境分布】 共和。生于山坡灌丛或河滩草地，海拔2950～3700m。分布于西藏、四川、新疆、甘肃、宁夏、内蒙古、吉林、黑龙江；蒙古、俄罗斯（西伯利亚）至欧洲、克什米尔地区至不丹、巴基斯坦、阿富汗至北非也有。在青海亦分布于玉树、玛沁、同仁、泽库、河南、乌兰、天峻、共和、民和、海晏、祁连、门源。

张海华 摄

凹舌掌裂兰

凹舌兰　绿花凹舌兰　台湾裂唇兰

Dactylorhiza viridis **(Linnaeus) R. M. Bateman**

Orchidaceae 兰科　Dactylorhiza 掌裂兰属

【形态特征】 地生兰。高11～42cm。块茎从基部2裂，而每裂部分的下部又2～3裂，裂片细长。茎直立，中部至上部具3～4枚叶。叶片椭圆形或椭圆状披针形，长3～11cm，宽1.5～4cm，先端急尖或稍钝，基部收狭成鞘、抱茎。总状花序长4～12cm，具少数或多数花；花苞片线形或线状披针形，明显比花长；花绿色或黄绿色；萼片卵状椭圆形，先端钝，基部常合生，长5～6mm，中萼片宽2.5～3mm，侧萼片斜歪，长4.5mm，较中萼片稍宽；花瓣线状披针形，长4～4.5mm，宽不及1mm；唇瓣肉质，紫褐色，倒披针形，长5～6mm，前部宽约2.5mm，基部具囊状距，近基部中央有1条短褶片，顶部3浅裂，裂片三角形，侧裂片比中裂片大而长；距卵形，长2～2.5mm；子房纺锤形，长7～9mm，扭转，无毛。花期6～7月，果期8～9月。

【经济用途】 块根药用，能大补元气、安神增智，治肾虚腰痛、肺虚咳喘、疲乏无力、阳痿不举。

【生境分布】 兴海、共和。生于山坡林下、灌丛、林缘或草地上，海拔2300～4500m。分布于西藏、四川、新疆、甘肃、陕西、宁夏、山西、河北、内蒙古、辽宁、吉林、黑龙江、湖北、河南、台湾；俄罗斯（西伯利亚）至欧洲、朝鲜、日本、克什米尔地区、尼泊尔、不丹、北美洲也有。在青海亦分布于囊谦、称多、玉树、玛沁、同仁、大通、湟中、循化、乐都、民和、互助、祁连、门源。

张海华 摄

陆福根 摄

孔唇兰

Porolabium biporosum (Maximowicz) Tang & F. T. Wang

Orchidaceae 兰科 Porolabium 孔唇兰属

【形态特征】 地生兰。植株矮小，高10～12cm。外形很像角盘兰属Herminium的植物。块茎圆球形，肉质，不裂，直径约1cm。茎纤细，直立，基部具1枚叶，叶之下具2枚筒状鞘。叶片线状披针形，直立伸展，长约7cm，宽约8mm，先端钝，基部成抱茎的鞘。总状花序顶生，具几朵疏生的花；花苞片小，宽卵形，较子房短很多；子房纺锤形，扭转，无毛，连花梗长5～6mm；花小，黄绿色或淡绿色；中萼片直立，卵形，凹陷呈舟状，长2.5mm，宽约1.5mm，先端钝，具1条脉，与花瓣靠合呈兜状；侧萼片反折或张开，斜狭卵形，长3mm，宽1.5mm，先端钝，具1条脉；花瓣直立，斜卵形，长2mm，宽1mm，先端钝，具1条脉；唇瓣向前伸展，舌状不裂，长2.8mm，基部宽1.5mm，无距，基部扩大，在内面具2个孔，向先端渐狭，先端钝；蕊柱短；花药很大，近呈兜状，药隔窄，药室稍小，侧生；花粉团2个，为具小团块的粒粉质，具短的花粉团柄和裸露的粘盘；蕊喙很大，三角形，具伸展的侧裂片；柱头1个，不裂，垫状，不贴生于蕊喙；退化雄蕊2枚，小，位于花药基部两侧。花期7月。

【生境分布】 共和（青海湖南岸）。生于海拔3000～3300m的湖边和高山草地中。分布于山西（五台山北台）。

绶草 盘龙参 红龙盘柱 一线香

Spiranthes sinensis (Persoon) Ames

Orchidaceae 兰科 Spiranthes 绶草属

【形态特征】 地生兰。高13～19cm。茎基部簇生数条粗、肉质的根，近基部生2～5枚叶。叶片宽线形或宽线状披针形，直立伸展，长3～10cm，宽5～10mm，先端急尖或渐尖，基部收狭具柄成鞘、抱茎。茎直立，上部被腺状柔毛至无毛。花序具多数密生的花，长4～9cm，呈螺旋状扭转；花苞片卵状披针形，先端长、渐尖，下部的长于子房；花小，紫红色、粉红色或白色，在花被轴上呈螺旋状排生；萼片的下部靠合；中萼片狭长圆形，舟状，长约4mm，宽约1.5mm，先端稍尖，与花瓣靠合成兜状，侧萼片斜披针形，长约5mm，宽约2mm，先端稍尖；花瓣斜菱状长圆形，端钝，与中萼片等长但较薄；唇瓣宽长圆形，凹陷，长约4mm，宽约2.5mm，先端极钝，前半部上面具长硬毛且边缘具强皱波状啃齿，唇瓣基部凹陷、浅囊状，囊内具2枚突起；子房纺锤形，长4～5mm，扭转，被腺状柔毛。花期7～8月。

【经济用途】 全草入药，清热凉血、消炎止痛和止血，治病后体虚、神经衰弱、肺结核咯血、咽喉肿痛、糖尿病、白带，外用治毒蛇咬伤。

【生境分布】 贵德。生于山坡林下、灌丛、草地或河滩沼泽草甸中，海拔1900～2260m。分布于全国各地；俄罗斯（西伯利亚）、蒙古、朝鲜、日本、阿富汗、克什米尔地区至不丹、印度、缅甸、越南、泰国、菲律宾、马来西亚、澳大利亚也有。在青海亦分布于西宁、大通、湟源、湟中、循化、乐都、民和、互助、门源。

欧为友 摄

原沼兰 沼兰

Malaxis monophyllos (Linnaeus) Swartz

Orchidaceae 兰科 Malaxis 原沼兰属

【形态特征】 地生兰。高18～32cm。假鳞茎卵形或椭圆形，外面被白色干膜质鞘。叶2枚，罕1枚，基生，叶片椭圆形至狭椭圆状披针形，基部收狭成1.5～5cm的长柄，鞘状抱茎，叶片长3.5～8cm，宽2～3.5cm，先端急尖。总状花序长4～15cm，具多数花；花苞片钻形或披针形，与连花梗的子房等长或较短；花很小，黄绿色，直径约3mm；中萼片卵状披针形，长约2mm，宽约1.2mm，先端稍尖；侧萼片与中萼片相似，等大；花瓣线形，较中萼片短，宽约0.2mm，先端稍尖；唇瓣位于上方，宽卵形，长约2.2mm，宽约1.5mm，先端骤狭呈尾状，尾占全长的1/3，凹陷，上部边缘外折并具疣状突起，基部两侧各具1枚耳状侧裂片；蕊柱短；子房狭卵形，具长的花梗，连花梗长4～5mm，花梗扭转，无毛。花期7月，果期8月。

【生境分布】 同德、贵德、贵南。生于山坡林下、林缘路边、灌丛和草地上，海拔2000～4100m。分布于西藏、云南、四川、甘肃、陕西、宁夏、山西、河北、内蒙古、辽宁、吉林、黑龙江、河南；日本、朝鲜至欧洲、北美洲也有。在青海亦分布于囊谦、玉树、泽库、大通、湟源、湟中、民和、互助、门源。

参 考 文 献

蔡联炳 , 苏旭 . 国产赖草属的分类修订 [J]. 植物研究 , 2007, 27(6):651-660.

蔡联炳 . 青海固沙草属的两个新纪录种 [J]. 植物研究 , 2004, 24(4):394-395.

蔡联炳 . 以礼草属的地理分布 [J]. 植物分类学报 , 2001, 39(3):248-259.

蔡联炳 . 以礼草属系统发育的分析 [J]. 西北植物学报 , 1999, 19(4):707-714.

蔡联炳 . 中国鹅观草属的分类研究 [J]. 植物分类学报 , 1997.

蔡照光 , 郎百宁 , 雷更新 , 等 . 青藏高原草场及其主要植物图谱 (青海卷)[M]. 北京 : 农业出版社 , 1989.

曹家豪 . 甘肃风毛菊属植物系统分类与区系地理 [D]. 西北师范大学 , 2016.

陈文俐 . 中国野青茅属的分类学修订 [D]. 中国科学院植物研究所 , 2001.

更吉卓玛 , 李彦 , 贾留坤 , 等 . 青海虎耳草属植物新分布 [J]. 生物学杂志 , 2018, 35(5):62-64.

郭柯 , 李渤生 , 郑度 . 喀喇昆仑山 - 昆仑山地区植物区系组成和分布规律的研究 [J]. 植物生态学报 , 1997, 21(2):105-114.

郭书贤 , 王冬梅 , 吴学明 , 等 . 青海柳属植物地理分布及其区系特点 [J]. 植物分类与资源学报 , 2007, 29(1):1-6.

海南藏族自治州地方志编纂委员会 . 海南州志 [M]. 北京 : 民族出版社 , 1997.

海南州年鉴编辑部 . 海南年鉴 [M]. 共和 : 海南州地方志编纂委员会 , 2010.

何理 . 泛喜马拉雅地区柳属的分类修订 [D]. 北京林业大学 , 2015.

侯向阳 , 孙海群 . 青海主要草地类型及常见植物图谱 [M]. 北京 : 中国农业科学技术出版社 , 2012.

环境保护部和中国科学院 . 中国生物多样性红色名录——高等植物卷 [Z]. 2013.

黄继红 , 马克平 , 陈彬 . 中国特有种子植物的多样性及其地理分布 [M]. 北京 : 高等教育出版社 , 2014.

黄继红 . 中国特有种子植物的特点及分布格局研究 [D]. 北京 : 中国科学院植物研究所 .

黄璐琦 , 李小伟 . 贺兰山植物资源图志 [M]. 福州 : 福建科技出版社 , 2017.

黄荣福 . 青海虫实属 (藜科) 二新变种 [J]. 中国科学院大学学报 , 1995, 33(3):306-307.

解焱 , 李典谟 , John MacKinnon. 中国生物地理区划研究 [J]. 生态学报 , 2002(10):1599-1615.

康云 , 张明理 . 中国膨果豆属 (豆科) 一新组合 [J]. 广西植物 , 2017, 37(2):225-227+224.

李迪强 , 李建文 . 三江源生物多样性 : 三江源自然保护区科学考察报告 [M]. 北京 : 中国科学技术出版社 , 2002.

李锡文 . 中国种子植物区系统计分析 [J]. 云南植物研究 , 1996(4):3-24

刘玉萍 , 吕婷 , 周勇辉 , 等 . 青藏高原特有属——固沙草属 (禾本科)2 个类群的修订 [J]. 西北植物学报 , 2017, 37(4):820-829.

刘玉萍 , 苏旭 , 周勇辉 , 等 . 固沙草属的分类现状及主要存在的问题 [J]. 草地学报 , 2015, 23(3):453-456.

刘玉萍 . 青藏高原特有属固沙草属的物种界定与遗传多样性研究 [D]. 陕西师范大学 , 2015.

卢学锋 , 张胜邦 . 青海野生药用植物 [M]. 西宁 : 青海民族出版社 , 2012.

卢学锋 , 张胜邦 . 青海野生植物图谱精选 [M]. 西宁 : 青海人民出版社 , 2010.

路安民 . 种子植物科属地理 [M]. 北京 : 科学出版社 , 1999.

路端正 , 张向辉 , 崔国发 . 《青海植物志》补遗 [J]. 北京林业大学学报 , 2002, 24(3):110.

罗达尚 . 中华藏本草 [M]. 北京 : 民族出版社 , 1997.

骆洋，何延彪，李德铢，等．中国植物志、Flora of China 和维管植物新系统中科的比较 [J]. 植物分类与资源学报，2012, 34(3):231-238.
马莉贞．青海省珍稀濒危保护植物的区系地理特征及保护现状研究 [D]. 兰州大学，2011.
马世鹏，孙海群．三江源自然保护区湿地种子植物区系分析 [J]. 青海大学学报（自然科学版），2015, 33(4):24.
青海木本植物志编委会．青海木本植物志 [M]. 西宁：青海人民出版社，1978.
孙海群，孙康迪，马世鹏．青海省野生种子植物区系分析 [J]. 黑龙江畜牧兽医，2016, (10):144-150.
孙海群．青海荒漠草地主要藜科牧草的生态地理特征及其饲用价值 [J]. 草业科学，1995, 12(5):18-20, 23.
孙海群．青海省天然草地主要豆科牧草的生态地理特征及饲用价值 [J]. 中国草地，1996(6):32-35.
覃海宁，杨永，董仕勇，等．中国高等植物受威胁物种名录 [J]. 生物多样性，2017, 25(7):696-744.
王立亚，康海军．三江源草地资源及主要植物图谱 [M]. 西宁：青海人民出版社，2011.
王一峰．青藏高原东缘风毛菊属植物生态与生物学研究 [D]. 兰州大学，2009.
吴玉虎，苟新京，梅丽娟．青海植物名录 [M]. 西宁：青海人民出版社，1998.
吴玉虎，梅丽娟．黄河源区植物资源及其环境 [M]. 西宁：青海人民出版社，2001.
吴玉虎，吴瑞华．青海东部黄河上游谷地种子植物区系 [J]. 云南植物研究，2006, 1(1):1-12.
吴玉虎．喀喇昆仑山和昆仑山地区禾本科植物区系 [J]. 植物研究，2005, 25(1):106-114.
吴玉虎．昆仑植物志（第 1 ～ 4 卷）[M]. 重庆：重庆出版社，2012-2016.
吴玉虎．青藏高原维管植物及其生态地理分布 [M]. 北京：科学出版社，2008.
吴玉虎．青海茶卡 - 共和盆地及其毗邻地区种子植物区系 [J]. 云南植物研究，2007, 29(3): 265-276.
吴玉虎．青海种子植物特有种及其生态地理分布 [J]. 云南植物研究，2006, 28(04):327 ～ 336.
吴征镒，孙航，周浙昆，等．中国种子植物区系地理 [M]. 北京：科学出版社，2011.
吴征镒，王荷生．中国自然地理——植物地理 [M]. 北京：科学出版社，1983.
吴征镒，周浙昆，李德铢，等．世界种子植物科的分布区类型系统 [J]. 云南植物研究，2003(3):245-257
吴征镒，周浙昆，孙航，等．种子植物分布区类型及其起源和分化 [M]. 昆明：云南科技出版社，2006.
吴征镒．西藏植物志 (1 ～ 5 卷)[M]. 北京：科学出版社，1983, 1987
吴征镒．中国被子植物科属综论 [M]. 北京：科学出版社，2003.
吴征镒．中国植被 [M]. 北京：科学出版社，1980.
吴征镒．中国植物志（英文版）[M]. 北京：科学出版社，2001.
吴征镒．中国种子植物属的分布区类型 [J]. 植物资源与环境学报，1991(S4).
杨永昌．青海的嵩草属植物 [J]. 中国科学院大学学报，1976, 14(1):41-50.
应俊生，陈梦玲．中国植物地理 [M]. 上海：上海科学技术出版社，2011.
应俊生，张玉龙．中国种子植物特有属 [M]. 北京：科学出版社，1994.
应俊生，张志松．中国植物区系中的特有现象 - 特有属的研究 [J]. 植物分类学报，1984, 22:259-268.
应俊生．中国种子植物特有属的分布区学研究 [J]. 植物分类学报，1996, 34:479-485.
应俊生．中国种子植物物种多样性及其分布格局 [J]. 生物多样性 2001, 9:393-398.
臧春鑫，蔡蕾，李佳琦，等．《中国生物多样性红色名录》的制定及其对生物多样性保护的意义 [J]. 生物多样性，2016, 24(5):610-614.
张树仁．青海嵩草属（莎草科）的修订 [J]. 西北植物学报，2003, 23(6):879-887.
张树仁．嵩草属植物的系统学研究 [D]. 中国科学院植物研究所，1998.

赵济 . 中国自然地理 [M]. 北京 : 高等教育出版社 , 1985.

赵一之 . 世界锦鸡儿属植物分类及基区系地理 [M]. 呼和浩特 : 内蒙古大学出版社 , 2009.

郑万钧 , 傅立国 , 诚静容 . 中国裸子植物 [J]. 植物分类学报 , 1975, 13(4):56-89.

中国科学院西北高原生物研究所 . 青藏高原药物图鉴 (1 ～ 2 册)[M]. 西宁 : 青海人民出版社 , 1972, 1978.

中国科学院西北高原生物研究所 . 青海经济植物志 [M]. 西宁 : 青海人民出版社 , 1987.

中国科学院西北高原生物研究所 . 青海植物志 (1 ～ 4 卷) [M]. 西宁 : 青海人民出版社 , 1992-1997.

中国科学院植物研究所 . 中国高等植物图鉴（第 1 ～ 5 册及补编 1 ～ 2 册）[M]. 北京 : 科学出版社 , 1972-1983.

中国科学院植物研究所 . 中国主要植物图说——豆科 [M]. 北京 : 科学出版社 , 1955.

中国科学院植物研究所 . 中国主要植物图说——禾本科 [M]. 北京 : 科学出版社 , 1959.

中国科学院中国植物志编辑委员会 . 中国植物志 [M]. 北京 : 科学出版社 , 1959-2004.

中国林业科学研究院 , 青海林业局 . 三江源自然保护区科学考察报告附录 _ 动植物名录 [M]. 北京 : 中国科学技术出版社 , 2001.

周兴民 . 青海植被 [M]. 西宁 : 青海人民出版社 , 1987.

中文名索引

D

E

F

G

K

L

T

W

X

Y

Z

学名索引

A

B

C

D

E

F

G

H

I

J

K

L

M

N

O

P

R

S

T

U

V

X

Y

Z

藏名索引